제1권

핵심 소방기술사

권순택 著

소방기술사
소방시설관리사

예문사

머 리 말

소방·방재시설 분야는 근래 많은 변화를 맞이하게 되었습니다. 건축물이 날로 초고층화·지하화·다양화·인텔리전트화 되어가고, 또 정부의 인명안전과 재난관리에 대한 정책강화 방향에 발맞추어 소방·방재시설 분야에서는 관련 제도·법규적으로도 개혁적인 변화와 새로운 정립이 이루어져 가고 있습니다.

그 대표적인 예로 과거 황무지나 다름없었던 소방감리현장에 소방감리배치기준 제정이 시발점이 되어 이를 근간으로 소방감리제도의 개혁적인 변화를 가져오게 되었고, 이제 이 제도가 현장에 제대로 정착되어 감에 따라 소방기술사를 포함한 소방의 국가기술자격자 수요가 급증하게 되었습니다.

이렇게 소방시설업계가 과거의 틀에서 벗어나 새로운 변화의 길로 접어 들었듯이 소방기술사 자격검정에서도 많은 변화가 이루어지고 있습니다. 즉 소방기술사 시험에서 과거와는 달리 이제는 실무기술 위주로 출제가 되고 있으며, 소방기술사가 실무에서 가장 많이 접하게 되는 소방·방재시설의 설계·감리·시공기술에 직접 관련되는 내용을 중심으로 출제되고 있는 것입니다.

저자는 건축현장에서 오랜기간 쌓은 소방·방재시설의 설계·감리·시공기술의 실무경력을 바탕으로, 또한 소방기술사, 소방시설관리사, 소방설비기사(기계·전기) 등의 자격시험 공부와 학원 소방기술사과정 강의를 다년간 해오면서 축적한 Know-How를 토대로 수험생이 최대한 높은 학습효과를 올릴 수 있도록 구성하였으며, 또한 소방·방재기술 관련 논문지 등 각종 기술자료들을 요약·정리하고 여기에 저자의 실무기술 경험을 최대한 접목시켜 이 책을 저술하였습니다.

이 교재의 특징

(1) 기출문제 및 최근 시험경향을 정밀하게 분석하여 향후 출제가 예상되는 문제와 중요 기출문제 위주로 구성하였다.
(2) 시험장에서 작성하는 답안형식과 동일한 형식 및 시험장 답안분량과

동일한 분량의 내용으로 구성함으로써 수험생들이 답안을 요약·정리하는 요령을 몸에 익히도록 하였다.
(3) 각종 법규(소방관계법규, 건축관계법규, 국가화재안전기준 및 NFPA·SFPE 기준 등)는 최근 개정된 내용에 맞추어 수록하였다.
(4) 소방·방재시설의 설계·감리·시공의 실무기술위주 문제를 많이 수록함으로써 새로운 출제경향에도 부응하고, 또 수험생의 향후 실무능력 배양에도 도움이 되고자 하였다.
(5) [부록]편에는 "답안작성의 세부요령"과 각종 법규(건축관계법규 및 소방관계법규) 중 소방기술사 시험에 관련되는 조항만을 선별·요약하여 수록하였다.

그러나 방대한 소방·방재기술 범위의 내용을 요약·정리하다 보니 일부는 미비하고 편협된 경향도 있음을 송구스럽게 생각하며 이런 부분에 대하여는 독자 여러분의 기탄없는 충고를 바탕으로 향후 보완 및 수정할 것을 약속드립니다. 아무쪼록 이 책이 소방기술사 시험을 준비하는 수험생 여러분에게 실질적인 도움이 되기를 기대합니다.

끝으로, 이 책의 출판에 힘써 주신 도서출판 예문사 사장님과 전문서적사업부 직원 여러분의 노고에 깊이 감사드립니다.

2025년 1월
저자 권 순 택 (stk9797 @ hanmail.net)

제1장 연소공학

[개장] 연소개론 ··· 3
  01. 연소·폭발의 영향인자 ··· 8
  02. 연소속도와 화염속도 ·· 10
  03. 화재성장의 3대 요소 ·· 11
  04. 화재의 성장속도 및 최고온도의 영향인자 ················ 14
  05. 증기의 농도와 연소한계 ··· 15
  06. 자연발화(Spontaneous Ignition) ································· 19
  07. 최소산소농도(MOC) ·· 20
  08. 최소산소농도와 Inerting ··· 21
  09. 산소한계지수(LOI) ··· 22
  10. 산소밸런스(OB) ·· 23
  11. 가연성 고체의 난연화 공법 ······································· 25
  12. 감광계수 ··· 27
  13. 연소생성물이 인체에 미치는 영향 ···························· 28
  14. 플라스틱의 연소특성 ·· 31
  15. 훈소(Smoldering) ·· 33
  16. 고분자 물질의 연소성상 ··· 34
  17. Fire Plume ··· 36
  18. 연소의 이상현상 ··· 38

제2장 방화공학

  01. 실내화재의 성상 ·· 43
  02. 중성대(Neutral Zone) ·· 46
  03. 표준 화재 시간-온도 곡선 ··· 48
  04. 통기량과 연료량에 따른 화재성상 ···························· 50
  05. Flashover와 Backdraft의 차이점 ································ 51
  06. 화재하중·화재강도·화재가혹도 ····························· 54
  07. 화재시 수손경감을 위한 건축설계 및 시공 ············· 56
  08. 액면화재(Pool Fire) ··· 57
  09. 식용유화재(K급화재) ··· 59
  10. 가연성 액체의 연소확대(Fire Spread)현상 ················ 60
  11. 수렴화재 ··· 61

12. 화재안전의 기본목적 ··· 62
13. Fire Modeling ··· 63
14. Fire Modeling시 고려사항 ································ 66
15. Fire Simulation ··· 69
16. 화재발생의 방지대책 ······································· 72
17. 전기화재의 발생원인 ······································· 74
18. 아아크(Arc)와 스파크(Spark) ························· 77
19. 전기화재 발생의 Mechanism ························· 78
20. 단면결함전선에서의 화재발생 Mechanism ······ 82
21. 전기Cable 방화대책 ·· 83
22. 과전류에 의한 화재발생 Mechanism ············ 85
23. 연기유동에 영향을 미치는 인자 ···················· 87
24. Hot Smoke Test ··· 90
25. 전실화재 가능성의 예측 (NFC 555) ············ 92
26. 콘 칼로리미터를 이용한 에너지(열) 방출속도 측정원리 ····· 94
27. 밀폐공간의 화재성상 ······································· 95

제3장 방폭공학

[개장] 폭발의 종류 ·· 99
01. 가스폭발과 가스화재 ····································· 103
02. 폭굉(Detonation)과 폭연(Deflagration) ········· 105
03. 분진폭발 ·· 107
04. 증기폭발 ·· 110
05. 수증기폭발의 예방대책 ································· 111
06. 반응폭주 ·· 112
07. 화염방지기(Flame Arrestor) ·························· 113
08. 전기기기의 방폭구조 ····································· 114
09. 방폭전기기기의 선정시 유의사항 ················ 117
10. 소염거리(Quenching Distance) ····················· 119
11. 화염일주한계 ··· 121
12. 가스폭발화재에 미치는 가스의 농도 및 불균일성의 영향 ····· 122
13. 저장조 내의 석유화재(Pool Fire) ················ 124
14. BLEVE와 Fire Ball ·· 125
15. 폭발사고의 대응(방어)대책 ···························· 129
16. 정전기 Spark에 의한 발화대책 ···················· 132

17. 가스누설경보기 ……………………………………………… 137
18. 폭발위험장소의 분류 ………………………………………… 141
19. 석유화학공장 화재·폭발사고의 유형 ……………………… 143
20. 석유화학공장에서의 화재·폭발 안전대책 ………………… 147

제 4 장　화재·폭발의 위험성평가

01. 정성적 위험성평가의 기법 ………………………………… 153
02. 정량적 위험성평가의 기법 ………………………………… 158
03. 위험성평가의 절차 …………………………………………… 162
04. HAZOP(Hazard and Operability) …………………………… 165
05. Hazard와 Risk ………………………………………………… 167
06. PSM(Process Safety Management) ………………………… 168
07. MSDS(Material Safety Data Sheet) ………………………… 170
08. 사고결과의 영향분석법(Consequence Analysis) ………… 171
09. 산업안전기준(KOSHA)의 위험성 판정기준 ……………… 174
10. 화학공장의 정량적 위험분석(QRA) ………………………… 176

제 5 장　위험물

01. 위험물의 종류 및 주요특성 ………………………………… 181
02. 위험물안전관리법에 의한 위험물의 위험등급 …………… 186
03. 위험물안전관리법에 의한 위험물의 분류한계 …………… 188
04. LPG·LNG …………………………………………………… 189
05. 위험물저장탱크의 Rollover 현상 …………………………… 192
06. 유류탱크화재의 특수현상 …………………………………… 194
07. 위험물 저장탱크의 종류별 화재특성 ……………………… 196
08. 위험물 저장탱크의 안전장치 ………………………………… 201
09. 석유류 저장·취급시의 폭발방지대책 ……………………… 204
10. 경질유탱크와 중질유탱크의 화재특성 …………………… 206
11. 특수가연물 …………………………………………………… 207
12. 방유제 ………………………………………………………… 209
13. 위험물제조소의 배출설비 …………………………………… 211
14. 윤화(Ring fire)현상 …………………………………………… 213
15. 독성물질의 표시법 …………………………………………… 214

제 6 장　건축방재

01. 건축물의 소방·방화시설 ··· 219
02. 방화재료의 성능기준 및 시험방법 ·· 221
03. 무창층·주요구조부 ·· 224
04. 내화구조 ··· 226
05. 방화구조 ··· 230
06. 방화벽·경계벽 ··· 231
07. 2 이상의 소방대상물을 하나의 소방대상물로
　　볼 수 있는 기준 ·· 233
08. 구획의 종류 ··· 235
09. 방화구획 ··· 237
10. 피난계단·특별피난계단·옥외피난계단 ·································· 241
11. 비상용승강기 및 승강장 ··· 245
12. 피난용승강기 ··· 246
13. 고층건축물의 피난안전구역 ·· 248
14. 내화·난연·방염 ·· 253
15. 방염의 개념 및 원리 ·· 255
16. 건축물의 방화계획 ·· 258
17. 건축물의 연소확대 방지대책 ·· 260
18. 상층으로의 연소확대 원리 ·· 263
19. Draft Curtain ··· 264
20. 내화시험 ··· 266
21. 고강도 콘크리트 기둥·보의 내화성능시험 ························· 269
22. 자동방화셔터, 방화문 및 방화댐퍼의 기준 ························· 271
23. 방화문의 성능시험 ·· 274
24. 구조용 강재의 온도와의 상관관계 ······································· 278
25. 내화피복 ··· 280
26. 건축내장재의 연소성능 평가방법 ··· 283
27. 콘크리트의 수열온도에 따른 열화 Mechanism ················· 286
28. 콘크리트의 폭렬현상 ·· 287
29. 건축물 내부마감재료의 적용기준 ··· 289
30. 건축물의 외벽마감재료 및 화재확산방지구조 ···················· 290
31. 화재에 대한 수동적 방화대책 ·· 292
32. 대형 쇼핑몰에서 피난계단의 문제점과 개선방안 ··············· 294
33. 발코니의 구조변경(거실화)에 따른 화재안전상
　　문제점 및 보완시설기준 ·· 296

34. 샌드위치 패널의 종류별 특성 및 화재위험성 ········· 299
35. 유리구획의 내화시험방법 ································· 302
36. 내화충전구조 ·· 304
37. 이중외피구조(Double Skin System) ················· 307

제7장 피난

01. 피난계획 ·· 315
02. 피난계획의 기본방향 ····································· 319
03. 피난모델의 종류(Type of Evacuation Models) ··· 322
04. 피난로(Means of Egress) ······························ 323
05. Dead-end와 Common Path ··························· 326
06. Fail Safe와 Fool Proof ································· 327
07. 국내 피난관련법규의 문제점 및 개선방안 ········ 328
08. 피난기구 ·· 330
09. 상용승강기의 피난수단으로 이용문제 ·············· 332
10. 인명안전설계 시의 기본요구사항(NFPA 101) ··· 334

제8장 소화약제화학

01. 분말소화약제의 종류별 특성 및 소화원리 ········ 339
02. 분말소화약제의 특수소화효과(녹다운효과, 비누화,
    방진작용, CDC) ·· 342
03. 포소화약제 관련 용어 ···································· 345
04. 포소화약제의 발포배율상 분류 ······················· 348
05. 알코올형 포소화약제 ····································· 349
06. 수성막 포소화약제 ·· 352
07. 포소화약제의 성분·특성·적용 ······················ 354
08. 강화액소화약제(Loaded Stream Agent) ·········· 355
09. Wet Chemical 소화약제 ································ 357
10. Soaking Time ·· 359
11. 부촉매 소화작용 ··· 361
12. 불활성화 방법 ·· 364
13. Peak농도·소염농도·불활성화농도 ················ 365
14. 가스계소화약제의 선형상수 ···························· 367
15. 물소화약제 ··· 368

16. 할로겐화합물 및 불활성기체 소화약제관련 용어 ············· 371
17. 할로겐화합물 및 불활성기체 소화약제의 종류 ················ 374
18. 최근 개발된 할로겐화합물 및 불활성기체 소화약제 ········ 381
19. 금속화재용 소화약제(Dry Powder) ································· 384
20. 소화약제의 보정계수 ·· 386
21. 소화약제의 오존층 파괴 Mechanism ······························· 387
22. PBPK 모델링 ·· 389

제 9 장 　 수계소화설비

[개장] 수계소화설비의 기본설계 ·· 393
01. 소방펌프의 기동·정지점 설정 ·· 401
02. 소방펌프의 성능시험 ·· 409
03. 소방펌프의 축동력 산정방법 ·· 411
04. 펌프의 비속도 ··· 414
05. 소방펌프 설계시 대수(수량) 분할의 필요성 ···················· 416
06. 펌프의 직렬·병렬운전 특성 ·· 418
07. 저층부·고층부 분리배관 시스템의 설계 ························ 421
08. Cavitation과 NPSH의 관계 ·· 423
09. Surging·Water Hammer ·· 425
10. Churn Pressure ··· 427
11. 가압수조 시스템 ·· 429
12. 소방용 합성수지(CPVC) 배관 ·· 432
13. 소방용 배관시스템 ·· 435
14. 감압장치방식의 종류 및 특징 ·· 438
15. 감압밸브 시스템 ·· 441
16. 건식밸브의 중간챔버 ·· 446
17. Quick Opening Device ··· 447
18. 건식밸브에 Priming Water를 채워두는 이유 ·················· 449
19. 건식밸브의 Water Columning 현상 ································ 450
20. 건식 스프링클러설비에서의 방수지연시간 ······················· 452
21. 저압건식밸브 시스템 ·· 454
22. 배관의 부식방지대책 ·· 456
23. 스프링클러의 화재감지특성과 방사특성 ·························· 459
24. 미분무소화설비 ·· 462
25. 미분무소화설비의 적용 ·· 466

26. 미분무소화설비의 설계기준 ································· 469
27. 첨가제가 혼합된 미분무수의 소화특성 ···················· 474
28. 무용접이음 배관 ·· 476
29. RTI, RDD, ADD ··· 478
30. 연소할 우려가 있는 개구부의 소화설비 ·················· 481
31. Skipping 현상 ··· 482
32. 스프링클러헤드의 종류 ··· 484
33. 스프링클러설비의 설계시 고려사항 ·························· 488
34. 스프링클러설비의 수리계산 절차 (NFPA기준) ········· 491
35. 현행 스프링클러설비 설계에서의 살수밀도에
    대한 문제점 ··· 496
36. 국내기준에 의한 스프링클러설비 설계의 문제점 ······ 498
37. 릴리프밸브의 기능 ·· 500
38. 연소방지설비 ··· 501
39. 압력수조식 소화설비시스템에서의 Air Lock ············ 502
40. 수계소화설비의 동결방지방법 ··································· 505
41. 배관 내의 정압과 동압의 관련성 ······························ 507
42. 스프링클러설비의 프리액션 인터록 시스템 ·············· 508
43. 위험물탱크에 대한 포소화설비의 설계절차 ·············· 512
44. 포소화약제의 혼합장치 ··· 515
45. ILBP(In Line Balanced Pressure Proportioner) ········ 518
46. 고발포 발생기(High Expansion Foam Generator) ···· 519
47. 표면하주입식 포소화설비 ·· 521
48. 압축공기포소화설비 ··· 523
49. 자동팽창포소화설비 ··· 526
50. 간이스프링클러설비 ··· 527
51. 화재조기진압용(ESFR) 스프링클러설비 ···················· 531
52. 주거용 스프링클러설비 ··· 534
53. 부압식 스프링클러설비 ··· 536
54. 강화액소화설비 ··· 539

제10장 가스계소화설비

[개장] 가스계소화설비의 시스템구조 ······························ 545
01. 저압식 CO_2 소화설비 ·· 552
02. 저압식 CO_2 소화설비에서 Vapor Delay Time ········· 554

03. CO_2 소화설비의 배관설계시 고려사항 ··················· 556
04. 가스계소화설비의 성능시험상 문제점 ··················· 557
05. 가스계소화설비의 설계시 고려사항 ····················· 559
06. 국내 가스계소화설비 설계의 문제점 ····················· 562
07. Door Fan Test ··· 564
08. Engineered System & Pre-engineered System ············ 566
09. 가스계소화약제의 방출특성 ································ 567
10. Piston Flow System ·· 570
11. 과압배출구 ·· 571
12. 가스계소화설비의 소화농도 측정방법 ···················· 573
13. 가스계소화설비의 작동시 화재감지부터
    설계농도 도달까지의 필요시간 ···························· 574
14. 할로겐화합물 소화설비의 배관 내 용적률 제한 ········· 577
15. 가스계소화설비의 작동시험 ································ 578
16. 소화가스약제량의 측정법 ··································· 579
17. 가스계소화설비의 Liquid Full ······························ 581
18. 가스계소화약제 방출시의 자유유출(Free Efflux) ········ 582
19. Feed Back System ··· 584
20. 고체에어로졸 소화설비 ······································ 585

제11장 제연설비

[개장] 제연설비의 설계 ·· 589
01. 연기제어방식의 종류 ··· 596
02. 송풍기의 종류별 특성 ·· 599
03. 제연설비 송풍기의 선정 및 설치시 고려사항 ············ 602
04. 송풍기의 풍량측정 ·· 604
05. 송풍기의 풍량제어방법 ······································ 607
06. 송풍기의 Surging 방지방법 ································· 611
07. 부속실제연설비의 설계순서 ································ 612
08. 급기가압제연설비의 유입공기배출 ························ 616
09. 부속실제연설비의 TAB ······································ 617
10. 국내 부속실제연설비의 문제점 ···························· 621
11. 피난경로의 연기에 대한 피난안전성 확보를 위한
    각 구간별 대응방법 ·· 624
12. 제연설비의 설계에 필요한 인자 ··························· 626

13. 도로터널의 제연설비 ·· 628
14. 제연설비 덕트의 설계 ·· 632
15. 플러그 홀링(Plug-holing)현상 ··· 635
16. 초고층건축물의 부속실제연설비에 대한 문제점과
    개선방안 ··· 637
17. 초고층건축물의 거실제연설비에 대한 문제점과 개선방안 ···· 641

제12장 자동화재탐지설비

01. 자동화재탐지설비 시스템의 종류 ······································· 647
02. NFC 72의 자동화재탐지설비 분류 ····································· 649
03. P형과 R형 자동화재탐지설비 ··· 653
04. 수신기의 구조 및 기능 ·· 655
05. 중계기의 종류별 특성 ·· 657
06. 자동화재탐지설비와 타 시스템 간의 연동 ······················· 659
07. MXL Network 자동화재탐지설비 ······································· 661
08. 연기감지기 ··· 663
09. 열감지기의 작동특성 ·· 665
10. 일반 화재감지기의 설치기준 ··· 666
11. 특수감지기의 종류 및 적응장소 ··· 668
12. 복합형감지기・다신호식감지기 ··· 670
13. 차동식 분포형 감지기 ·· 672
14. 정온식 감지선형 감지기 ·· 675
15. 2신호식 감지선형 감지기 ·· 677
16. 광센서 감지선형 감지기 ·· 679
17. 불꽃감지기 ··· 682
18. 광전식 분리형 감지장치 ·· 688
19. 이온화식 인공지능형 감지기 ··· 690
20. 광전식 공기흡입형 감지기 ·· 691
21. 차세대(향후) 개발 감지장치 ·· 693
22. 비화재보의 원인과 방지대책 ··· 695
23. 시각경보장치(Strobe Light) ··· 697
24. 화재감지기용 Thermister의 종류별 특성 ·························· 699
25. 자동화재탐지설비의 경계구역 ··· 701
26. R형 시스템에서 각 설비의 입・출력 회로수 산정 ············ 702

제13장 소방전기시설론

01. 종합방재센터 ·· 711
02. 유도등설비 ·· 713
03. 고휘도 유도등 ·· 717
04. 유도등의 배선방식 ·· 720
05. 유도등을 녹색으로 하는 이유 ·· 722
06. 피난유도선설비 ·· 723
07. 유도전동기의 기동방식 ·· 725
08. 내화배선・내열배선 ·· 728
09. 차폐배선(Shield배선) ··· 732
10. 무선통신보조설비 ·· 734
11. 누설동축케이블의 손실과 Grading ··· 739
12. 누전경보기 ·· 741
13. 케이블 연소방지용 도료의 도포기준 ····································· 743
14. 비상조명등설비 ·· 745
15. 비상방송설비 ·· 747
16. Seebeck 효과 ·· 750
17. 접지공사의 종류별 접지저항값 및 시공방법 ······················ 751
18. 접지저항의 측정방법 ·· 756
19. 피뢰설비 ·· 757
20. 축전지의 용량 산정방법 ·· 760
21. 비상전원과 예비전원 ·· 763
22. 소방전원보존형 발전기시스템 ·· 766
23. UPS(무정전 전원공급장치) ··· 769
24. ESS(전기저장장치) ··· 773
25. ESS(전기저장장치)의 화재방호대책 ······································· 781

제14장 성능위주 소방설계

01. Performance Based Fire Protection Engineering ················ 787
02. 성능위주 소방설계의 절차 ·· 790
03. 성능위주 소방설계 시 성능기준의 결정 ······························· 796
04. 성능위주 소방설계용 화재시나리오의 유형 ························· 798
05. 성능위주 소방설계의 시나리오 작성 ····································· 803

06. 성능위주 소방설계에 필요한 시험 ················· 806
07. 성능위주 내화구조 설계법 ···················· 808
08. 설계VE(Value Engineering) ··················· 810
09. 성능위주 피난설계 ························ 814

제15장 각종 건축물의 종류별 방재대책

01. 각종 건축물의 공통적인 방재대책 ················ 821
02. 각종 건축물의 용도별 방재적 특성 ················ 823
03. 초고층건축물의 소방방재대책 ··················· 829
04. 초고층건축물의 연돌효과 방지대책 ················ 834
05. ATRIUM 방재대책 ························ 837
06. 지하구의 소방·방화시설 ······················ 840
07. Life Line의 방재대책 ······················· 842
08. 지하철역사의 방재대책 ······················ 845
09. Multiplex(복합상영관) 방재대책 ················· 847
10. 공동주택의 방재대책 ······················· 850
11. Clean Room·반도체공장의 방재대책 ··············· 853
12. 집회장 무대부의 방재대책 ···················· 855
13. 다중이용업소의 소방·방화시설 ·················· 857
14. 선박의 방재대책 ························· 863
15. 차량화재의 예방대책 ······················· 865
16. 대형 물류(랙크식)창고의 방재대책 ················ 867
17. 대형 할인매장의 방재대책 ···················· 870
18. 호텔건축물의 방재대책 ······················ 872
19. 광산재해의 방재대책 ······················· 874
20. 도장공정의 화재예방대책 ····················· 876
21. 실내체육관의 방재대책 ······················ 879
22. 냉동창고의 방재대책 ······················· 881
23. 노인복지시설의 방재대책 ····················· 883
24. 냉각탑의 화재예방대책 ······················ 885
25. 목조건축물의 화재위험성과 안전대책 ··············· 887
26. 목조문화재 건축물의 방재대책 ·················· 890
27. 견본주택(모델하우스)의 방재대책 ················· 892
28. 도로터널의 소방·방재시설 ···················· 895
29. 도로터널의 위험도지수 산정기준 ················· 901

30. 덕트화재 ··· 904
31. 지진관련 방재대책 ·· 907
32. 실내사격장의 화재・폭발 안전대책 ·· 909
33. 전통시장의 화재안전대책 ·· 911
34. 원자력발전소의 화재방호대책 ·· 914
35. 박물관 수장고의 화재방호대책 ·· 918
36. 지하주차장의 화재안전대책 ·· 921
37. 전기차량 충전・주차구역의 화재안전대책 ·································· 924
38. 데이터센터의 화재안전대책 ·· 929
39. 풍력발전기(터빈)의 화재안전대책 ·· 931
40. 대형병원의 화재안전대책 ·· 934

제16장 기타・종합

01. 화재원인조사 및 감식요령 ·· 939
02. 화재원인조사의 진행순서 ·· 941
03. 물적증거에 의한 화재감식요령 ·· 943
04. 담배에 의한 화재의 감식요령 ·· 946
05. 전기화재 중 단락흔의 감식방법 ·· 948
06. 방화(放火 : Arson) ··· 950
07. 산불(임야)화재 ·· 953
08. 건축물 Remodeling에 따른 소방시설공사의 적법절차
    (설계・감리・시공) ·· 958
09. 건축물 Remodeling에 따른 소방시설의 변동사항 ··············· 961
10. 제조물책임법(Product Liability) ··· 962
11. 방재계획서와 소방계획서 ·· 965
12. 사전재난영향성 검토・평가 ·· 968
13. 다중이용업소의 화재위험평가제도 ·· 972
14. 소화기구의 배치기준 ··· 973
15. HPR 보험의 개념과 조건 ··· 976
16. 화재시 인체에 대한 온도의 영향성 ·· 977
17. 소방시설공사 감리업무 ··· 979
18. NFPA의 NFC와 국내화재안전기준(NFSC)의 개념적 차이 ······· 981
19. 소방시설의 TAB ·· 982
20. 소방시설의 내진설계기준 ·· 984

제17장 계산문제

01. 피난시간 계산 ·· 999
02. 열전달률 계산 ·· 1000
03. 누설면적 및 급기풍량 계산 ································ 1001
04. 차압 계산 ·· 1003
05. 동압을 포함한 수리계산 ···································· 1004
06. 옥외탱크저장소의 방유제 용량계산 ····················· 1007
07. 프로판가스의 폭발하한계 및 당량비 계산 ··········· 1008
08. 포소화설비의 설계계산 ······································ 1009
09. 폐쇄된 실의 화재하중 계산 ································ 1012
10. 부속실 제연설비의 설계계산 ······························ 1014
11. 소화전 노즐의 반동력 계산 ································ 1017
12. Fire Ball 관련 계산 ··· 1018
13. 수소가스의 한계방출량 계산 ······························ 1020
14. 연기배출량 계산 ·· 1021
15. 스프링클러설비의 헤드방사압력 계산 ·················· 1022
16. 스프링클러설비의 수리계산 - Ⅰ ························· 1024
17. 스프링클러설비의 수리계산 - Ⅱ ························· 1026
18. 펌프의 이론 소요동력 계산 ································ 1032
19. 할로겐화합물 및 불활성기체소화설비의 설계계산 ·········· 1033
20. 옥외탱크저장소의 소화설비 및 방유제 용량계산 ··········· 1036
21. 불꽃감지기의 배치계산 ······································ 1039
22. 소방시설 내진설계의 계산 ································· 1041
23. 소방시설 내진설계의 세장비 계산 ······················ 1048
24. 내진버팀대의 최소회전반경 및 길이 계산 ··········· 1050
25. 저·고층부 분리배관 시스템의 설계계산 ··············· 1051
26. 연결송수구의 송수압력 계산 ······························ 1053

부록 1 답안작성 세부요령 및 답안작성의 견본 1057

※ 소방기술사 법규문제 출제현황 ····························· 1068

부록 2   건축관계법규

[제1장] 건축법 ··· 1071
[제2장] 건축법 시행령 ··· 1076
[제3장] 건축물의 피난·방화구조 등의 기준에 관한 규칙 ····· 1093
[제4장] 건축물의 설비기준 등에 관한 규칙 ········· 1118
[제5장] 건축자재등 품질인정 및 관리기준 ········· 1123
[제6장] 발코니 등의 구조변경절차 및 설치기준 ········· 1134
[제7장] 건축물의 화재안전성능보강 방법 등에 관한 기준 ····· 1136
[제8장] 고강도 콘크리트 기둥·보의 내화성능 관리기준 ······ 1141

부록 3   소방관계법규

[제1장] 소방기본법 ··· 1149
[제2장] 소방기본법 시행령 ································· 1150
[제3장] 소방기본법 시행규칙 ····························· 1152
[제4장] 소방시설공사업법 ································· 1155
[제5장] 소방시설공사업법 시행령 ····················· 1156
[제6장] 소방시설 설치 및 관리에 관한 법률 ········· 1161
[제7장] 소방시설 설치 및 관리에 관한 법률 시행령 ············ 1168
[제8장] 소방시설 설치 및 관리에 관한 법률 시행규칙 ········· 1202
[제9장] 화재의 예방 및 안전관리에 관한 법률 ········· 1216
[제10장] 화재의 예방 및 안전관리에 관한 법률 시행령 ········ 1222
[제11장] 화재의 예방 및 안전관리에 관한 법률 시행규칙 ····· 1234
[제12장] 다중이용업소의 안전관리에 관한 특별법 ············· 1237
[제13장] 다중이용업소의 안전관리에 관한 특별법 시행령 ····· 1240
[제14장] 다중이용업소의 안전관리에 관한 특별법 시행규칙 ···· 1245
[제15장] 초고층 및 지하연계 복합건축물 재난관리에
        관한 특별법 ·· 1251
[제16장] 초고층 및 지하연계 복합건축물 재난관리에
        관한 특별법 시행령 ································· 1257
[제17장] 초고층 및 지하연계 복합건축물 재난관리에
        관한 특별법 시행규칙 ···························· 1264
[제18장] 소방시설의 내진설계기준 ····················· 1268

Chapter 01

연소공학

[개장] 연소개론 ·· 3
   01. 연소・폭발의 영향인자 ······································ 8
   02. 연소속도와 화염속도 ·· 10
   03. 화재성장의 3대 요소 ·· 11
   04. 화재의 성장속도 및 최고온도의 영향인자 ·········· 14
   05. 증기의 농도와 연소한계 ···································· 15
   06. 자연발화(Spontaneous Ignition) ······················· 19
   07. 최소산소농도(MOC) ·· 20
   08. 최소산소농도와 Inerting ··································· 21
   09. 산소한계지수(LOI) ·· 22
   10. 산소밸런스(OB) ··· 23
   11. 가연성 고체의 난연화 공법 ······························· 25
   12. 감광계수 ··· 27
   13. 연소생성물이 인체에 미치는 영향 ····················· 28
   14. 플라스틱의 연소특성 ·· 31
   15. 훈소(Smoldering) ··· 33
   16. 고분자 물질의 연소성상 ···································· 34
   17. Fire Plume ·· 36
   18. 연소의 이상현상 ··· 38

개 장

Professional Engineer Fire Protection

연소 개론

1. 연소의 기본개념

(1) 연소의 정의

연소현상이란 가연물과 산소와의 급격한 산화 발열 반응현상이다. 즉 가연성 물질이 공기 중의 산소와 결합하여 연쇄적인 화학반응을 일으키면서 열과 빛을 발생하는 현상으로 이때 방출되는 열로 인해 주위온도가 상승하고, 발생되는 열 복사선의 파장강도가 빛으로써 육안에 감지되는 것이다.

(2) 연소 화학반응식의 예

$$H_2 + \frac{1}{2}O_2 \xrightarrow[\text{가열}]{<\text{연 소}>} H_2O$$

발열(241 MJ/kmol) ↑

↑ 가열

(3) 연소의 기본요소

1) 연소의 3대 요소
   - 점화원(열)+산소+가연물
   - 적용[예] : 표면연소(Glowing Combustion)

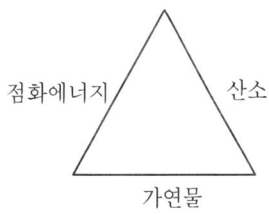

2) 연소의 4대 요소
   - 점화원(열)+산소+가연물+연쇄반응
   - 적용[예] : 불꽃연소(Flaming Combustion)

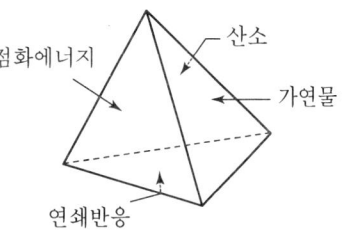

2. 연소의 종류(형태)

```
         ┌ 불꽃유무에 따른 분류 ┬ 불꽃연소
         │                    └ 무염연소 ┬ 표면연소(Surface Combustion)
         │                               └ 훈소(Smoldering)
         │
         │ 연소속도에 따른 분류 ┬ 정상연소
         │                    └ 비정상연소
연소 ┤
         │ 산화정도에 따른 분류 ┬ 완전연소
         │                    └ 불완전연소
         │
         │                    ┌ 고체연료 ┬ 표면연소
         │                    │         ├ 증발연소
         │                    │         ├ 분해연소
         │                    │         └ 자기연소
         │ 연소물질에 따른 분류 ┤
         │                    │ 액체연료 ┬ 증발연소
         │                    │         └ 분해연소
         │                    │
         │                    └ 기체연료 ┬ 예혼합연소
                                         └ 확산연소
```

(1) 불꽃 유무에 따른 분류

1) 불꽃연소(Flaming Combustion)

   ① 가연물이 증발 또는 열분해되면서 발생한 가연성 기체가 공기 중의 산소와 혼합되어 혼합기체 상태에서 불꽃을 내면서 연소하는 현상으로 화재의 양상은 표면화재이다.
   ② 연소의 4대 요소(가연물+점화원+산소+연쇄반응)가 필요함
   ③ 연소속도가 빠르고 불꽃을 내면서 연소한다.
   ④ 불꽃연소의 [예] : 액체연료, 기체연료, 열가소성 합성수지류의 액화, 증발, 분해에 의한 연소(고체의 경우에도 증발 또는 열분해에 의해 가연성 기체를 방출하는 물질은 불꽃연소한다.)
   ⑤ 소화방법 : 냉각소화, 질식(피복)소화, 산소희석소화, 연쇄반응 차단

2) 무염연소

   연소의 3대 요소(가연물+점화원+산소)에 의해 연소가 이루어지며, 연소의 연쇄반응이 없으므로 불꽃을 내지 않는 상태의 연소현상이다.

(가) 표면연소(Glowing Combustion : 작열연소)
① 가연물의 가열시 열분해에 의해 증발되는 성분 없이 물체 표면에서 산소와 직접 반응하여 연소하는 형태로서 불꽃발생 없이 연소하는 현상이다.
② 연소속도가 느리고 불꽃을 내지 아니하면서 연소하는 특성이 있어, 일명 '작열연소'라고도 하며, 화재의 양상은 심부화재이다.
③ 표면연소의 [예]
㉮ 코크스, 흑연, 숯(휘발성분이 없는 순수한 탄소)의 연소
㉯ 쉽게 산화될 수 있는 금속물질(Al, Mg, Na)의 연소
㉰ 목재, 종이, 열경화성 합성수지 등 : 초기에는 불꽃연소를 하다가 차츰 표면연소가 된다.

(나) 훈소(Smoldering)
① 연소과정에서 산소부족 또는 연료(가연성기체)부족으로 완전연소되지 못하는 상태에서 낮은 연소속도로 진행하는 연소현상
② 훈소상태에서는 연소자체의 화학반응은 이루어지고 있으나, 불꽃형성은 이루어지지 않는 연소상태이다.
③ 훈소의 [예]
㉮ 대팻밥, 왕겨 등이 적재된 상태에서의 연소
㉯ 밀폐된 실내공간에서의 연소

(2) 연소속도에 의한 분류

1) 정상연소
① 산소공급속도가 일정하며 연소속도가 균일하다.
② 열의 발생속도와 열의 방산속도가 균형되는 연소현상이다.
③ 화염의 위치·모양이 변하지 않고 균일하다.

2) 비정상연소
① 산소공급이 부족 또는 과잉된 상태의 연소로 연소속도가 불균일하다.
② 열의 발생속도 > 열의 방산속도
③ 화염의 위치·모양의 변화가 심하며, 폭발의 경우와 같이 연소가 격렬하게 일어나는 것도 비정상연소의 일종이다.

(3) 산화정도에 따른 분류

1) 완전연소

    ① 연소시 산소공급이 충분하여 가연성원소가 완전히 산화되는 연소현상
    ② 반응식 : $C + O_2 \rightarrow CO_2$

2) 불완전연소

    ① 연소시 산소공급이 불충분하고 가연성원소가 불완전 산화되는 연소현상
    ② 반응식 : $C + \frac{1}{2}O_2 \rightarrow CO$

(4) 연소물질에 따른 분류

1) 고체연료의 연소

    ① 분해연소(Decomposition Combustion)

    고체 가연물의 가열시 물질의 열분해 과정을 통해 발생한 가연성가스가 산소와 반응하여 연소하는 현상
    [예] 고분자 물질(목재, 종이, 플라스틱)의 연소

    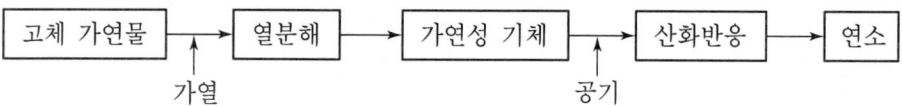

    ② 표면연소(작열연소 : Glowing Combustion)

    고체 가연물을 가열시 <열분해→가연성기체 발생>의 과정을 거치지 아니하고 고체 표면에서 직접 산화반응하여 불꽃을 동반하지 않는 연소현상
    [예] 숯(목탄), 코크스, 금속분(Mg) 등의 연소하는 현상

    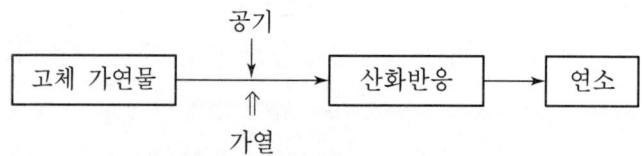

    ③ 증발연소(Evaporation Combustion)

    승화성 고체를 가열할 때 열분해 과정을 거치지 않고 연소 전에 액화되어 기체로 증발한 가연성가스가 공기 중의 산소와 산화반응하여 연소하는 현상
    [예] 나프탈렌, 파라핀, 유황, 양초 등의 연소

    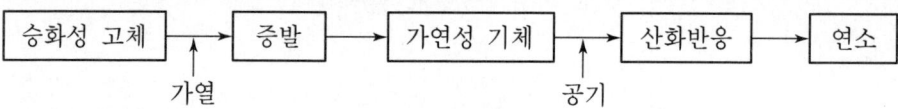

④ 자기연소(Self Combustion)

분자 내 산소를 포함하고 있는 물질을 가열할 때 외부 산소공급원 없이 연소하는 현상

[예] 제5류 위험물(질산에스테르류, 셀룰로이드류 등)의 연소

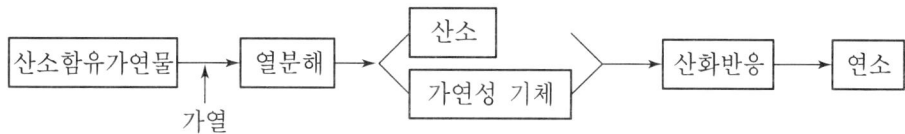

2) 액체연료의 연소

① 증발연소

액체연료는 액상 그대로 산소와 반응하지 않고 액체표면에서 증발한 연료증기가 산소와 반응하여 기상상태에서 연소한다.

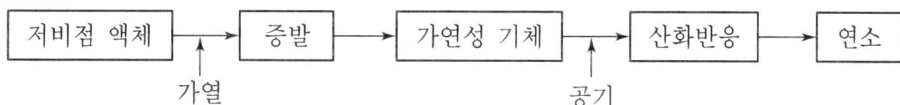

② 분해연소

고비점 액체인 중질유 등의 경우에는 연소 초기에는 증발연소를 하고 그 연소열에 의해서 연료성분이 열분해되면서 발생한 가연성가스가 연소하는 것을 분해연소라 한다.

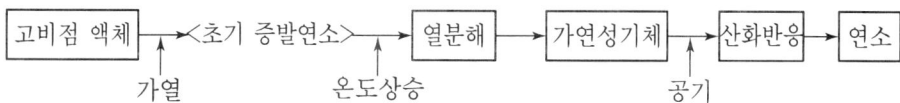

3) 기체연료의 연소

① 예혼합연소(Premixed Combustion)

가연성 가스와 공기가 미리 일정농도로 혼합된 상태에서의 연소

[예] 가솔린엔진 연소실의 연소작용, 분젠버너 연소, 가스폭발

② 확산연소(Diffusive Combustion)

가연성가스와 공기를 미리 혼합하지 아니하고 가연성가스가 대기 중으로 확산(분출)하면서 공기와 혼합기체를 형성하여 연소하는 형태

[예] 석유난로·가스레인지 연소, 가스화재 등

01. 연소·폭발의 영향인자

1. 개요

가연성 물질의 연소성에 관계되는 물성치는 궁극적으로 인화성과 발화성에 영향을 주는 인자들이며, 여기에는 다음과 같은 인자들이 있다.

2. 연소·폭발의 영향인자

(1) 인화점(Flash Point)

1) 가연물에 외부의 직접적인 점화원이 가해졌을 때 인화될 수 있는 최저온도
2) 즉, 가연물이 가열 또는 화학반응에 의하여 물체의 온도가 상승하여 증발되는 증기의 양이 증가함으로써 증기분자·산소의 조성이 연소 하한농도에 도달할 때 점화원 존재시 인화할 수 있는 최저온도를 그 가연물의 인화점이라 한다.

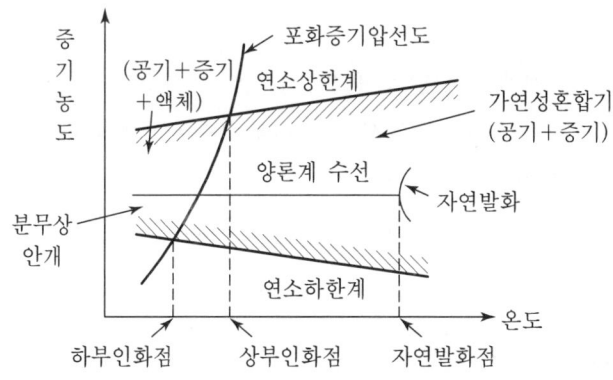

[가연성 증기가 연소범위에 미치는 온도의 영향]

(2) 연소점(Fire Point)

1) 연소상태에서 점화원을 제거하여도 연소가 지속될 수 있게 증기를 발생시킬 수 있는 최저온도를 연소점이라 한다.
2) 일반적으로 연소점이 인화점보다 5~10℃ 정도 더 높다.

(3) 발화점(AIT : Auto Ignition Temperature)

1) 가연물이 가열 또는 화학반응에 의하여 온도가 상승하여 어느 한도 이상의 에너지 준위에 도달하면, 가연물의 분자들이 활성화되어 외부 점화원의 공급 없

이 스스로 연소를 시작하는 것을 발화라고 하며, 이 때의 최저온도를 발화점이라 한다.

2) 발화점(AIT)의 영향인자
① 증기농도 : 양론농도에서 AIT가 최저
② 증기부피 : 부피가 증가할수록 AIT는 저하
③ 계의 압력 : 압력이 증가할수록 AIT는 저하
④ 촉매물질의 종류
⑤ 발화지연시간 및 흐름 조건

(4) 연소(폭발) 한계

1) 가연성 물질이 기체상태에 있을 때 산소와 혼합하여 일정한 농도범위 내에 있을 때 연소가 이루어지는데, 이 혼합농도범위를 연소범위 또는 연소한계라 한다.
2) 연소한계에 대한 영향인자
① 온도 : 높을수록 연소한계범위가 넓어진다.
② 압력 : 높을수록 연소상한계가 높아진다.
③ 산소농도 : 증가할수록 연소한계가 넓어진다.
④ 불활성가스 : 증가할수록 연소상한계가 낮아진다.

(5) 증발률

1) 액체상태의 온도가 상승함에 따라 분자들의 운동에너지가 증가하여 액체로부터 기체가 달아나는 현상을 증발(Evaporation)이라 한다.
2) 액체의 비등점이 낮을수록 증발속도가 빨라 증기를 빨리 확산시키므로 인화·폭발의 위험도가 높아진다.

(6) 최소발화에너지(MIE : Minimum Ignition Energy)

1) 가연성가스와 공기의 혼합가스에 착화원으로 점화할 때 발화에 필요한 최저에너지를 말한다.
2) 산출방식

$$착화에너지(\text{Joule}) = \frac{1}{2}CV^2$$

여기서, C : 콘덴서 용량[F]
V : 전압[V]

(7) 점성

1) 유체(Fluid)가 유동할 때 유체 자체 내에서 갖는 유동저항
2) 액체 위험물은 점성이 낮아지면 유동하기가 용이해지므로 결국 인화점·발화점도 낮아지게 된다.

(8) 비등점과 용융점(Boiling Point & Melting Point)

1) 비등점이 낮을수록 액체의 기화가 용이해지고 인화점도 낮아지므로 연소위험성이 높아진다.
2) 고체의 용융점이 낮을수록 액체로 변화하기 쉽고 화재 발생시 확산이 용이해지므로 위험성이 높아진다.

3. 결론

가연 물질의 연소방지 및 화재시 소화작용의 근본적인 원리는 바로 이 연소의 영향인자들을 제어하거나 그 인자들의 역할을 방해함으로써 이루어지는 것이다.

02 연소속도와 화염속도

1. 연소속도(Burning Velocity)

(1) 정의

1) 고체나 액체의 연료가 연소로 인해 단위시간당 소모되는 질량유속[$g/m^2 \cdot s$]
2) 즉, 연료가 연소로 인하여 소모되는 속도를 말한다.

(2) 연소속도의 범위

일반적인 고체 가연물에서 연소로 인해 소모되는 질량유속의 범위가 5~50[$g/m^2 \cdot s$]이며, 이 값이 5[$g/m^2 \cdot s$] 이하이면 소화가 이루어진다.

(3) 연소속도의 영향인자

1) 화원의 크기·위치
2) 가연물의 양·종류·분포상태
3) 화재실의 규모·형상·구조부재의 열적 성질

4) 공기의 공급상태(개구부의 크기 · 위치 · 형상)

5) 기상상태(온도, 습도, 풍속)

2. 화염속도(Flame Speed)

(1) 정의

1) 화염속도=연소속도+미연소가스의 유동속도

2) 화염은 이동하고 있는 미연소 · 혼합기체 속을 전파하여 진행한다. 즉, 화염속도에는 연소속도에 미연소 혼합기체의 이동속도가 가산되어 있다.

(2) 화염속도의 범위

1) 통상 화재의 화염확산속도 : 10cm/s~최고 10^5cm/s(폭굉)

2) 표면연소 시의 화염확산속도(바람이 있는 경우) : 1~100cm/s

3) 훈소 : 0.001~0.01cm/s

(3) 화염속도의 영향인자

1) 연료의 종류 및 가연성

2) 연료 · 바람 · 확산의 방향

3) 바람(기류)의 세기

03 화재성장의 3대 요소

1. 개요

(1) 화재성장의 3요소

점화, 화염확산, 연소속도를 말한다.

(2) 화재성장 3대 요소의 정의

1) 점화 : 화재성장이 시작되는 시점

2) 화염확산 : 화재경계의 확장

3) 연소속도 : 화재경계 내에서의 연료소모의 속도

2. 점화(Ignition)

(1) 액체연료

1) 인화점으로 알려진 최소표면온도에서 점화됨
2) 인화점은 표면에서 증발된 연료의 연소하한농도일 때의 온도와 일치함

(2) 고체연료의 점화시간 예측

1) 얇은 재료(종이·섬유 등) : $\rho \cdot c \cdot l$의 영향을 받음
2) 두꺼운 재료 : $\rho \cdot c \cdot k$의 영향을 받음

> 여기서, ρ : 밀도[kg/m³]
> c : 비열[kcal/kg·℃]
> k : 열전도율[kW/m·K]
> l : 두께[m]

(3) 고체와 액체의 점화는 공기 중에서 가스화 한 연료증기의 연소하한계 농도에서 작은 에너지원에 의한 인화 또는 충분한 온도에 의해 자체 발화한 후 화염확산이 이어진다.

3. 화염확산(Flame Spread)

(1) 화염확산의 속도

1) 통상 화재의 확산속도 : 10cm/s ~ 최고 10^5cm/s(밀폐공간에서의 폭굉)
2) 표면연소시 화염의 확산속도(바람이 있는 경우) : 1~100cm/s
3) 훈소 : 0.001~0.01cm/s

(2) 화염확산속도의 영향인자

1) 연료의 종류
2) 연료·바람·확산의 방향
3) 바람(기류)의 세기

4. 연소속도(Burning Rate)

(1) 정의

연소속도는 연료(재료) 소모의 질량유속[g/m²·s]으로 정의된다.

(2) 연소속도의 범위

일반적으로 표면에서의 질량유속범위 : 5~50[g/m²·s]이 값이 5 이하이면 소화된다.

5. 결론

(1) 화재제어(Fire Control)에서 이 화재성장의 3요소를 제어하는 것이 화재제어에 직접적인 영향을 미친다.
(2) 특히, 연소속도는 주위 물질에 대한 점화 가능성, Flash Over 가능성 및 화재진화를 위한 주수량과 밀접한 관계가 있다.

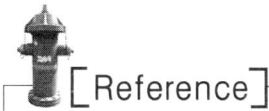

[Reference]

화재 성장속도

1. 화재성장속도는 총 연소열량에 비례하며, 시간의 제곱에 반비례한다.

   $Q = \alpha T^2$

   여기서, Q : 발생열량[w]
   α : 화재성장속도 상수
   T : 시간[sec]

2. 화재성장단계의 구분
   NFPA에서는 발화하여 1MW에 이르는 소요시간에 따라 4단계로 구분하고 있다.
   ① Ultra Fast : 75sec
   ② Fast : 150sec
   ③ Medium : 300sec
   ④ Slow : 600sec

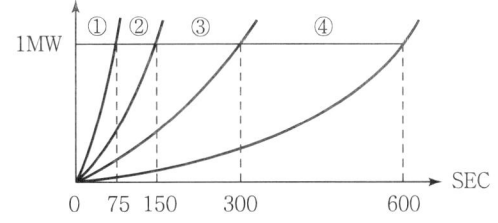

04. 화재의 성장속도 및 최고온도의 영향인자

1. 점화원의 크기 및 형태
화원의 크기가 클수록 열분해 속도가 빨라지고 F/O에 도달하는 시간이 짧아진다.

2. 건축내장재료의 난연성
실내마감재의 난연정도에 따라 F/O의 도달시간·온도에 현저한 차이가 난다.

3. 개구율
(1) 개구율이 어느 정도 이하로 적으면 공기공급 부족으로 열분해속도가 저하되어 F/O에 이르는 시간이 지연된다.
(2) 개구율이 당해 벽면적의 1/2~1/3인 경우 F/O에 최대 큰 영향이 되며, 1/16 이하이면 F/O 발생의 불가론이 실험으로 밝혀진 바 있다고 한다.

4. 연소속도

$$R = (5.5 \sim 6.0) A\sqrt{H}$$

R : 연소속도[kg/min], $A\sqrt{H}$: 개구 인자(A : 개구부 면적, H : 개구부 높이)

5. 화재실내 표면적

화재온도인자$[F_o] = \dfrac{A\sqrt{H}}{A_s}$

여기서, A_s : 실내 전체 표면적[m²]

6. 화재실내 바닥면적

화재지속시간$[T] = \dfrac{W}{R} = \dfrac{w \cdot Af}{(5.5 \sim 6.0) A\sqrt{H}}$

여기서, R : 연소속도[kg/min] W : 가연물량[kg]
Af : 바닥면적[m²] w : 화재하중[kg/m²]

05 증기의 농도와 연소한계

1. 개요

(1) 물질이 연소하는 데는 연소의 3요소(가연성물질, 산소, 점화에너지)가 필요하며, 가연성물질이 기체상태에 있을 때 산소와 혼합하여 일정한 농도범위 내에 있을 때 연소가 이루어진다.

(2) 공기에 대한 가연성기체의 연소 가능한 용량비가 최저인 농도를 연소하한계(LFL)라 하고, 최고인 농도를 연소상한계(UFL)라 한다. 또 이때의 하한계와 상한계 사이의 농도범위를 연소한계라 한다.

2. 공기 중 연소한계의 예

(1) 부탄(C_4H_{10}) : 1.9~8.5%

(2) 프로판(C_3H_8) : 2.2~9.5%

(3) 아세틸렌(C_2H_2) : 2.5~81%

(4) 에탄(C_2H_6) : 3.0~12.5%

(5) 에틸렌(C_2H_4) : 3.1~32%

(6) 수소(H_2) : 4.0~75%

(7) 메탄(CH_4) : 5.0~15%

(8) 일산화탄소(CO) : 13.5~74%

(9) 암모니아(NH_3) : 15.5~28%

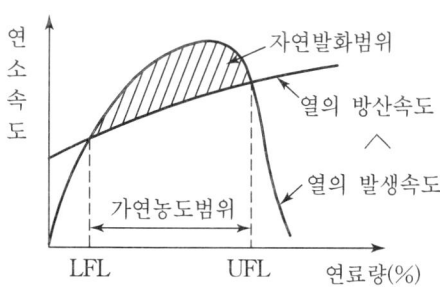

[가연한계의 적정성]

3. 연소한계의 계산

(1) Le Chatelier 공식에 의한 계산

1) $\dfrac{100}{L} = \dfrac{V_1}{L_1} + \dfrac{V_2}{L_2} + \dfrac{V_3}{L_3} + \cdots\cdots$

여기서, L : 혼합가스의 연소하한계[%]
$L_1, L_2, L_3 \cdots\cdots$: 각 성분의 연소하한계[%]
$V_1, V_2, V_3 \cdots\cdots$: 각 성분의 용적[%]

2) $\dfrac{100}{U} = \dfrac{V_1}{U_1} + \dfrac{V_2}{U_2} + \dfrac{V_3}{U_3} + \cdots\cdots$

여기서, U : 혼합가스의 연소상한계[%]
$U_1, U_2, U_3 \cdots\cdots$: 각 성분의 연소상한계[%]
$V_1, V_2, V_3 \cdots\cdots$: 각 성분의 용적[%]

(2) Jone's의 법칙에 의한 계산

<Jone's식> $\begin{cases} \text{LFL} = 0.55\,C_{st} \\ \text{UFL} = 3.50\,C_{st} \end{cases}$

여기서, C_{st} : 화학적 양론농도[%]

㉮ $C_{st}[\text{Vol\%}] = \dfrac{\text{연료몰수}}{\text{연료몰수} + \text{이론공기몰수}} \times 100$

$= \dfrac{\text{연료몰수}}{\text{연료몰수} + \text{이론산소몰수}/0.21} \times 100$

㉯ $C_{st}[\text{Wt\%}] = \dfrac{\text{연료질량}}{\text{연료질량} + \text{이론공기질량}} \times 100$

$= \dfrac{\text{연료질량}}{\text{연료질량} + \text{이론산소질량}/0.23} \times 100$

4. 연소한계에 대한 영향인자

(1) 산소농도

1) 산소농도가 증가할수록 연소한계의 범위는 넓어진다.
2) 메탄의 경우 연소농도범위가 공기 중에서는 5~15%이나, 산소 중에서는 5.1~61%로 넓어진다. 그러므로 산소 중에서 위험도가 훨씬 높아진다고 할 수 있다.

(2) 온도

1) 온도가 상승하면 분자운동이 활발해지므로 분자 간 유효충돌 가능성이 커져 화염의 전달이 용이하게 되므로 연소범위한계는 넓어진다.
2) 아레니우스 법칙에 의하면 화학반응은 일반적으로 온도가 10℃ 상승하면 반응속도가 2배로 증가되고, 폭발범위도 온도상승에 따라 확대되는 경향이 있다.

(3) 압력

1) 일반적으로 압력이 높아지면 분자 간의 평균거리가 짧아지므로 유효충돌이 증가되어 화염의 전달이 용이하게 되므로 연소한계가 넓어진다.
2) 이때, 연소하한은 크게 변하지 않으나 상한이 높아져 연소범위가 전체적으로 넓어진다.

(4) 불활성가스

1) 불활성가스를 투입하면 연소하한은 크게 변하지 않으나, 연소상한은 낮아지므로 전체적으로는 연소범위가 좁아진다.
2) 예로서, 가솔린 증기의 연소한계는
   ① 공기 중 : 1.4~7.6%이나,
   ② 질소 40%를 첨가하면 : 1.5~3.0%로 좁아진다.

(5) 화염의 전파방향

물질의 하부에서 점화된 경우 화염이 상향으로 전파되며, 이 경우가 하향 또는 측면 방향으로의 화염전파되는 경우보다 연소범위가 넓게 된다.

(6) 측정용기의 크기

1) 측정용기가 클수록 연소범위가 넓어진다.
2) 따라서, 연소범위가 적은 혼합기체일지라도 취급하는 저장용기가 크다면 연소범위가 넓어짐에 유의하여야 한다.

5. 결론

가연성가스의 폭발위험성을 낮추려면 결론적으로 연소한계범위를 축소하기 위한 다음과 같은 조치를 하여야 한다.
(1) 산소농도 : 낮게
(2) 온도 : 낮게

(3) 압력 : 낮게
(4) 불활성가스 농도 : 높게

[Reference]

연소범위의 측정방법

1. 시험기구
   내경 5mm, 길이 1,500mm의 상단부분이 폐쇄된 원통형 수직관을 사용함
2. 측정절차
   (1) 수직으로 세워진 시험장치 내부에 가연성가스, 산화제, 희석제의 혼합가스를 채운다.
   (2) 수직관의 개방된 하단에서 스파크나 작은 화염으로 혼합기체에 점화시켜 위로 상승하는 화염의 이동을 확인한다.
   (3) 가연성가스의 농도를 변화시키면서 반복 시험하여 수직관의 중간까지 화염이 확산될 수 있는 혼합기체상태를 연소범위 이내로 간주한다.
3. 측정에서의 의미
   (1) 직경 50mm
   시험관의 직경이 너무 작으면 화염이 관벽에 의해 냉각되어 소멸되므로, 관벽으로의 열손실이 연소한계에 거의 영향을 미치지 않는 최소구경이 약 5cm이기 때문이다.
   (2) 하단 발화
   화염전파가 가장 용이한 부분에서 측정하여 최악의 조건을 적용한다.
   상단에서 발화시킬 경우 화염 확대되는 범위가 좁게 된다.
   (3) 화염확산
   연소범위는 발화원에서 멀리 떨어진 부분으로 화염전파가 가능한 혼합기체의 조성범위로 간주한 것이다.
   즉, 연소범위 밖에서 화염전파가 일어나려면 외부에너지가 요구되는데, 이 외부에너지 없이 화염전파될 수 있는 혼합기체의 조성범위한계가 화염확산한계이다.

06. 자연발화(Spontaneous Ignition)

1. 개요

자연발화(Spontaneous Ignition)란, 가연성 물질을 인위적으로 가열하지 않고 공기 중에서 산화 또는 분해반응에 의하여 발생된 열이 축적되어 온도가 발화점에 도달함으로써 발화하는 현상을 말한다.

2. 자연발화의 조건

(1) 열전도율이 낮을 것
(2) 발화하는 물질보다 주위 온도가 높을 것
(3) 표면적이 넓어 공기와의 접촉 면적이 클 것
(4) 가연물이 분해·산화·중합·흡착·발효 등의 반응에 의하여 주위의 열을 흡수할 것
(5) 발생 또는 흡수된 열이 확산되지 않고 발화온도 이상으로 축적될 것
(6) 고온이면서 습도가 높을 것

3. 자연발화에 영향을 주는 인자

(1) 가연물의 발열량 또는 흡수열량 : ↑
(2) 열의 축적 : ↑
(3) 열의 전도율 : ↓
(4) 가열시간 : ↑
(5) 가연물의 표면적 : ↑
(6) 공기유통 : ↓ (공기의 유통이 심할수록 열축적이 어려워 자연발화되기 어려워진다.)
(7) 적재방법 : 여러 겹으로 중첩하여 적재할 경우 중심부의 보온성이 높아져 열축적이 커진다.
(8) 수분 : 적절한 수분이 존재할 경우 수분이 촉매 역할을 하여 반응속도가 가속화 된다.
(9) 가연물과 산화제와의 혼합농도
(10) 압력 : ↑
(11) 주위온도 : ↑
(12) 발화물질의 표면온도 : ↑
(13) 복사율 : ↑
(14) 방사율 : ↑

4. 자연발화의 방지대책

(1) 저장실의 온도를 낮게 한다.
(2) 저장실은 통풍이 잘 되게 한다.
(3) 저장실의 습도를 낮게 한다.
(4) 저장실의 압력을 낮게 한다.
(5) 적재 및 수납시 열이 축적되지 않게 한다.
(6) 자연발화성 위험물(제3류)의 경우 : 보호액(용기) 속에 저장한다.
　1) Na, k : 석유 속에 저장(물 접촉 방지)
　2) 황린 : 물 속에 저장(공기 접촉 방지)
　3) 알킬알루미늄 : 밀폐용기에 저장

07 최소산소농도(MOC)

1. 정의

(1) 화재 등에서 화염이 전파해 가려면 산소농도가 일정 이상 되어야 한다. 이때, 화염을 전파할 수 있는 최소한의 산소농도를 MOC(Minimum Oxygen Concentration)이라 한다.
(2) 폭발 및 연소는 연료농도와는 무관하게 산소농도를 감소시킴으로써 방지할 수 있으므로 최소산소농도는 폭발 및 화재방지의 유용한 기준이 된다.

2. 개념

(1) MOC(Minimum Oxygen Concentration)는 공기와 연료의 혼합기 중 산소의 부피를 나타내며 %의 단위를 갖는다.
(2) MOC 값은 실험데이터를 이용하여 산출하지만, 실험 데이터가 충분하지 못할 경우에는 다음의 산출공식에 의한 계산으로 산출한다.
　MOC = 연소하한계(LFL) × 산소의 양론계수
(3) 가연성혼합기에 불활성물질(CO_2, N_2, 수증기 등)을 첨가해서 산소농도를 낮춤으로써 그 연소범위를 축소시키고, 결국에는 연소범위를 소멸시켜서 소화되게 한다. 이러한 개념을 Inerting(불활성화)이라 한다.

3. 부탄의 MOC값 산출의 예

부탄의 완전연소 : $C_4H_{10} + 6\frac{1}{2}O_2 \rightarrow 4CO_2 + 5H_2O$

$MOC = LFL \times 산소의\ 양론계수 = LFL \times \dfrac{산소몰수}{연료몰수(1mol)}$

※ LFL(연소하한계)이 주어지지 않았을 경우에는 다음의 Jone's식을 이용하여 계산한다.

$<\text{Jone's식}> \begin{cases} LFL = 0.55 C_{st} \\ UFL = 3.50 C_{st} \end{cases}$

LFL=0.55(당량비)$\times C_{st}$(화학적 양론농도)

$C_{st} = \dfrac{연료몰수}{연료몰수 + 공기몰수} \times 100 = \dfrac{1}{1 + \dfrac{6.5}{0.21}} \times 100 = 3.13$

$LFL = 0.55 \times 3.13 = 1.72$

$MOC = 1.72 \times 6.5 = 11.19$

∴ $MOC = 11.19 vol\%$

08 최소산소농도와 Inerting

1. 정의

(1) 최소산소농도(MOC : Minimum Oxygen Concentration)

화염을 전파할 수 있는 최소한의 산소농도

(2) 불활성화(Inerting)

불활성가스를 투입하여 기상의 산소농도를 연소한계 농도인 14~15% 이하로 하는 과정을 Inerting(불활성화)이라 한다.

2. MOC와 Interting과의 관계

(1) LFL(연소하한계)은 공기 중의 연료를 기준으로 한다. 그러나 연소에 있어서는 산소도 핵심적인 요소이다.
(2) 화염을 전파하기 위해서는 연소할 수 있는 최소한의 산소농도가 요구된다.

(3) 폭발 및 화재는 연료농도에 관계없이 산소농도를 감소시켜도 방지할 수 있다.
(4) 결과적으로, 산소농도를 MOC 미만으로 낮추면 화염이 전파되지 못하여 소화가 되는데 이러한 개념을 Interting이라 한다.

3. 결론

(1) 불활성가스를 투입하여 소화할 때는 기상의 산소농도를 14~15% 이하로 하여야 한다. 이러한 과정을 불활성화(Inerting)라 하며 MOC 개념의 기초가 된다.
(2) 이때의 산소농도를 임계산소농도라 하며, 이 농도에서는 산소 부족으로 인하여 인체에 장해(산소결핍증)가 발생할 수 있다.

09 산소한계지수(LOI)

1. 정의

(1) LOI(Limited Oxygen Index)는 섬유류의 연소성(난연성)을 측정하는 척도이다. 즉 섬유류에 대해 착화하여 열원이 제거된 후에도 연소상태를 계속 지속할 수 있는 가능성을 측정하는 척도이다.
(2) 가연물을 수직으로 한 상태에서 가장 윗부분에 착화하였을 때 연소를 계속 유지시킬 수 있는 산소의 최저체적농도를 말한다. 즉, 연소를 지속하는데 필요한 최소한의 산소체적분율[%]을 말한다.

2. 상세 사항

(1) 난연섬유 또는 방염섬유 소재란 섬유제품에 불꽃이 접촉하고 있을때만 연소가 지속되지만 불꽃을 제거하면 연소상태가 중지되는 것을 말한다. 즉, 섬유자체가 연소되지 않도록 하는 것이 아니라 화재의 전파능력을 상실하게 하는 섬유를 말한다.
(2) 난연섬유 또는 방염섬유에서 소재는 산소한계지수(LOI)가 일반적인 면류의 섬유는 LOI가 17%라는 실험 결과가 있는데, 이것은 공기 중의 산소농도가 17% 미만으로 줄어들면 열원이 제거된 후에는 연소상태를 지속할 수가 없게 된다는 의미이다.
(3) 착화점이 높고 LOI가 높은 섬유류나 내장재료는 화재에 대하여 비교적 안전한데 이들은 쉽게 착화되지 않으며, 또 열원이 없으면 연소를 지속할 수 없기 때문이다.

3. LOI 산출

$$\text{LOI} = \frac{\text{산소체적}}{\text{산소체적} + \text{불활성가스 체적}} \times 100[\%] = \frac{O_2}{O_2 + N_2} \times 100 = \frac{\text{산소체적}}{\text{공기체적}} \times 100$$

4. 결론

(1) 섬유류 등에서 LOI가 높을수록 열원이 제거되면 연소가 즉시 중단될 가능성이 높아진다.

(2) 즉, LOI 지수가 높을수록 화재에 대한 안정성이 높다고 할 수 있다.

10 산소밸런스(OB)

1. 개념

(1) OB(Oxygen Balance)란, 화학 물질로부터 완전한 연소생성물을 만드는 데 필요한 산소의 과부족량을 나타내는 지수이다.

(2) 즉, 어떤 물질 100g으로부터 완전연소생성물을 만드는 데 필요한 산소의 과부족량을 g수로 나타낸 것으로, OB의 수치가 0에 가까울수록 산소가 양론조성에 가까운 것이므로 그만큼 폭발위험이 커진다.

- 산소가 과다함 : (+) → 가연성가스가 부족함
- 산소가 부족함 : (−) → 지연성가스가 부족함

2. 폭발 위험성

(1) 산소밸런스가 0에 가까울수록 폭발위험성이 큰 것으로 알려져 있다.

(2) 즉, 완전연소(양론조성)의 경우 OB=0에 가까우므로 폭발위험성이 가장 높고, 0을 중심으로 하여 양측으로 멀어질수록 폭발위험성이 저하하는 경향이 있다.

   1) OB = ±0~45 : 폭발위험 大

     [예] 니트로글리콜 : OB = 0

           니트로글리세린 : OB = 14

   2) OB = ±45~90 : 폭발위험 中

     [예] 피크린산 : OB = −45

3) OB = ±90~135 : 폭발위험 小

[예] 니트로에탄 : OB = −96

니트로프로판 : OB = −135

3. OB 산출 [예]

(1) 니트로글리세린의 경우

1) 반응식 : $2C_3H_5(ONO_2)_3 \rightarrow 6CO_2 + 5H_2O + 3N_2 + \frac{1}{2}O_2$

(니트로글리세린의 분자량 : 227g, 몰수 : 2mol)

2) 100g에 대한 산소량을 구하면,

$(2 \times 227) : (\frac{1}{2} \times 32) = 100 : OB$ 에서

∴ OB = 3.52

(2) 아세트아미드의 경우

1) 반응식 : $4C_2H_5NO_2 + 9O_2 \rightarrow 8CO_2 + 10H_2O + 2N_2$

(아세트아미드의 분자량 : 75g, 몰수 : 4mol)

2) 100g에 대한 산소량을 구하면

$(4 \times 75) : -(9 \times 32) = 100 : OB$ 에서

∴ OB = −96

4. 결론

(1) 산소밸런스(OB)란 자기반응성(폭발성) 물질의 자기반응에 필요한 산소의 과부족량을 말한다.

(2) 산소밸런스는 폭발성 물질의 폭발위력과 화학구조의 함수관계 및 폭발의 강도를 나타낸다.

11. 가연성 고체의 난연화 공법

1. 개요

(1) 가연성 고체재료를 난연화하는 방법은 연소 Cycle의 Process 중 어느 한 곳을 절단하면 된다.

(2) 즉, 흡열→분해→혼합→발화·연소→배출 과정으로 이루어지는 연소 Cycle Process의 어느 한 곳을 차단하는 것이다.

2. 난연화공법

(1) 열전달의 제어

고체표면에 열차단성이 높은 피막을 형성시키는 방법

(2) 열분해 속도의 제어

분해속도를 감소시켜 가연성가스의 발생을 적게 하거나, 분해속도를 증가시켜 그 연소에 필요한 온도범위 이내가 되지 않게 함

(3) 열분해 생성물의 제어

1) 발생가스 중 가연성가스 함량을 감소시키거나,
2) 비가연성가스나 액체를 발생시켜 산소와 치환하므로
3) 주위의 산소량을 감소시킴

(4) 기상반응의 제어(연쇄반응 억제)

1) 기상 중에 연쇄반응을 억제시키는 물질을 방출시켜 발염성을 감소시키는 방식
2) 기상반응억제용 난연제 : 할로겐화 탄화수소, CCl_4, CH_3Br

(5) 고상반응의 억제

1) 고상 중에 연쇄반응억제제를 방사하여 발염성을 감소시킨다.
2) 고상반응억제용 난연제 : 주기율표 15족 물질(무기 및 유기인 화합물) : P, As, Sb, Bi

3. 난연제 첨가방식

(1) 첨가형(후처리방식)

기성의 고분자물질에 난연제를 사후에 혼입하는 방식
  1) 침지법 : 수용액에 담갔다가 탈수·건조시킴
             방염가공의 주를 이룸
  2) Spray법 : 압축공기 등을 이용하여 분사하는 방식
  3) Brush법 : 방염액을 바르는 방식

(2) 반응형(선처리)

원료 합성(성형)단계에서 방염제와 혼합하여 친고분자와의 사이에 가교를 형성시키는 방식으로 첨가형에 비해 내구성과 내수성이 좋다.
  1) Poly Blend법 : 제품의 성형단계에서 방염제와 혼합하여 성형시키는 방식
  2) 공중합법(Copolymerization) : 제품 원료의 합성단계에서 원료에 방염성능을 공중합시키는 방식

4. 방염화학물질의 연소억제의 원리

(1) 방염화학물질의 가열시 비가연성가스 발생 : 주위 산소량 감소
(2) 방염화학물질의 반응으로 발생한 분자 및 원자단이 흡열반응을 하므로 연소의 연쇄반응을 방해한다.
(3) 방염화학물질 자체반응이 흡열반응이다.
(4) 연소반응을 변화시킬 수 있는 아주 작은 입자가 생성된다.

5. 결론

가연성고체를 난연화하는 공법은 연소Cycle의 어느 한 곳을 차단하는 것이다.
(1) 고체 표면에 피막을 형성시켜 열전달을 차단한다.
(2) 열분해 속도를 증가 또는 감소시켜 연소필요온도 이내가 되지 않게 한다.
(3) 열분해 생성물을 제어하여 가연농도범위 이내가 되지 않게 한다.
(4) 기상반응억제용 또는 고상반응억제용 난연제를 투입하여 발염성을 감소시킨다.

12 감광계수

1. 정의

(1) 연기의 농도변화에 따른 빛의 투과량 변화, 즉 가시거리의 변화를 나타내는 계수
(2) Lambert-Beer의 법칙에서 유도된 상대적 연기농도의 단위

2. 연기농도 표시방법

(1) 절대농도표시법

1) 중량농도법 : 단위체적당 연기입자의 중량[mg/m^3]으로 표시
2) 입자농도법 : 단위체적당 연기입자의 수량[개수/m^3]으로 표시

(2) 상대농도표시법

투과율법 : 감광계수에 의한 농도표시법

3. Lambert-Beer 법칙

연기농도와 감광량 사이에는 다음 계산식이 성립한다.

$$감광계수(C_s) = \frac{1}{L} \ln \frac{I_o}{I}$$

여기서, L : 연기층의 두께[m]
I : 연기가 있을 때 빛의 투과량[Lux]
I_o : 연기가 없을 때 빛의 투과량[Lux]

즉, 어떠한 연기층을 통과하는 평행광선의 세기는 그 연기층의 두께와 연기입자수에 따라 지수함수적인 감쇄를 나타낸다.

4. 감광계수와 가시거리의 관계

감광계수 × 가시거리 = K(Constant)

여기서, K : 보고자 하는 물체가 발광체인 경우(5~10)
보고자 하는 물체가 발광체가 아닌 경우(2~4)

감광계수(m⁻¹)	가시거리(m)	피난 요소
0.1	20~30m	• 연기감지기의 동작점 • 건물 내 비숙지자의 피난한계농도
0.5	3~5m	• 건물 내 숙지자의 피난한계농도
1.0	1~2m	• 거의 앞이 보이지 않을 정도의 농도
10	0.2~0.3m	• 화재 최성기 때의 연기농도

13. 연소생성물이 인체에 미치는 영향

1. 개요

(1) 연소생성물이란 물질의 연소 및 열분해에 의해 발생하는 물질로서 연소가스, 화염, 열, 연기 등이 포함된다.

(2) 연소생성물이 인체에 미치는 영향은 크게 2종류로 구분할 수 있다.
  1) 화염 및 열의 영향
  2) 연소가스 및 연기의 영향

2. 연소생성물이 인체에 미치는 영향

(1) 열의 영향

  1) 고온의 열기류 및 화염은 대류와 복사전열을 통해 인체에 열적 손상을 준다.
  2) 열적 손상의 종류
     ① 열응력 : 저온이지만 비교적 장시간 열과 접하였을 때
     ② 화상 : 고온에 근접시 즉각적인 발생

(2) 연기의 영향

  1) 시야 방해
     ① 피난 행동의 저해
     ② 심리적 불안감 초래

2) 질식 : 산소 부족 – 연기 입자가 산소와의 치환작용
3) 고온 : 열기류를 동반한 연기의 경우

(3) 연소가스의 영향

1) CO
   ① 대부분의 화재시, 특히 유기물질의 불완전연소시 생성
   ② 혈액속의 산소운반물질인 헤모글로빈과 결합하여 'CO-Hb'를 형성하여 산소운반기능을 저해하고 전신근육활동의 저해 등의 원인이 된다.

2) CO_2
   ① 일반화재시 유기물질의 완전연소 또는 불완전연소시에 발생
   ② 자체의 독성은 없으나
      ㉮ 산소희석으로 질식작용 유발 : 10% 농도에서 인체유해지수는 약 8~10배 증가
         10분 내 무의식화, 현기증, 무기력증, 두통
      ㉯ 호흡수를 증대시키므로 함께 존재하는 유독성가스의 흡입을 촉진

3) H_2S
   ① 고무 등 유황함유물질, LPG·LNG 등의 불완전연소시 발생
   ② 계란 썩는 냄새의 마취성
   ③ 저농도 : 눈·코·폐·상부기도 등의 자극·손상 및 신경계통 장애
      고농도 : 인체에 치명적인 독성으로 작용

4) HCl
   ① PVC 등 염소성분 유기물의 연소시 발생
   ② 대표적인 자극성 가스
   ③ 눈·코·상부기도·폐의 자극·손상

5) HCN
   ① 질소함유물질의 연소시 생성
   ② 세포 내에서 산화반응의 촉매작용을 행하는 산화요소의 활성을 저해
   ③ 저농도 : 마취작용, 눈·코·폐의 자극, 두통, 구역질
      고농도 : 흡입시 세포호흡정지, 의식불명 등의 맹독성

6) NH_3
   ① 질소함유물의 연소시 발생
   ② 눈·코·상부기도·폐의 자극·손상

7) SO_2
   ① 유황함유 물질의 연소시 발생
   ② 자극성이 강함(눈·코·폐 등)
   ③ 금속의 부식성이 강함

8) $COCl_2$
   ① PVC 등 염소성분 유기물질의 연소시 발생
   ② 인체의 맹독성 : 의식 상실, 피부로도 흡수
   ③ 백혈구 감소 : 백혈병 초래

9) CH_2CHCHO(아크롤레인)
   ① 셀룰로이드계의 훈소화재시 발생한다. 즉 종이, 목재 등의 불완전연소시와 폴리에틸렌의 열분해시 발생
   ② 맹독성
   ③ 자극성이 강함 : 감각기관과 폐에 동시에 작용
   ④ 허용농도 : 0.1ppm

3. 결론

(1) 연소에 의하여 생성되는 것으로는 열, 연기, 빛, 화염(불꽃), 연소가스 등이 있다.
(2) 연소생성물은 인체에 여러 가지 영향을 미치며, 크게 열적 손상과 비열적 손상으로 나누어지는데, 그 중에서도 인체에 가장 치명적인 것이 연소시 생성되는 유독가스에 의한 질식이며, 그 다음이 열에 의한 화상이라고 할 수 있다.

14 플라스틱의 연소특성

1. 개요

(1) 플라스틱은 물성상 작은 화원으로는 쉽게 착화하기 어렵지만, 일단 착화되면 그 연소열에 의해 열분해되면서 연소가 계속 이어진다.

(2) 연소 중에 화재 심부에 소화용 물을 주수하면 플라스틱 면에서 물을 흡수하지 않고 흘려버리기 때문에 주수에 의한 소화는 부적합하다.

2. 플라스틱 화재의 위험성

(1) 플라스틱 연소시 열방출률 : 일반 가연물질보다 3~5배 더 높다.

(2) 연소시 유독가스 다량 발생 : 플라스틱은 인공합성 고분자물질로서, 연소시 NH_3, HCN, HCl, (NO_2), $COCl_2$, 아크롤레인 등의 유독가스가 다량 발생

3. 실내 플라스틱의 열분해 및 연소과정

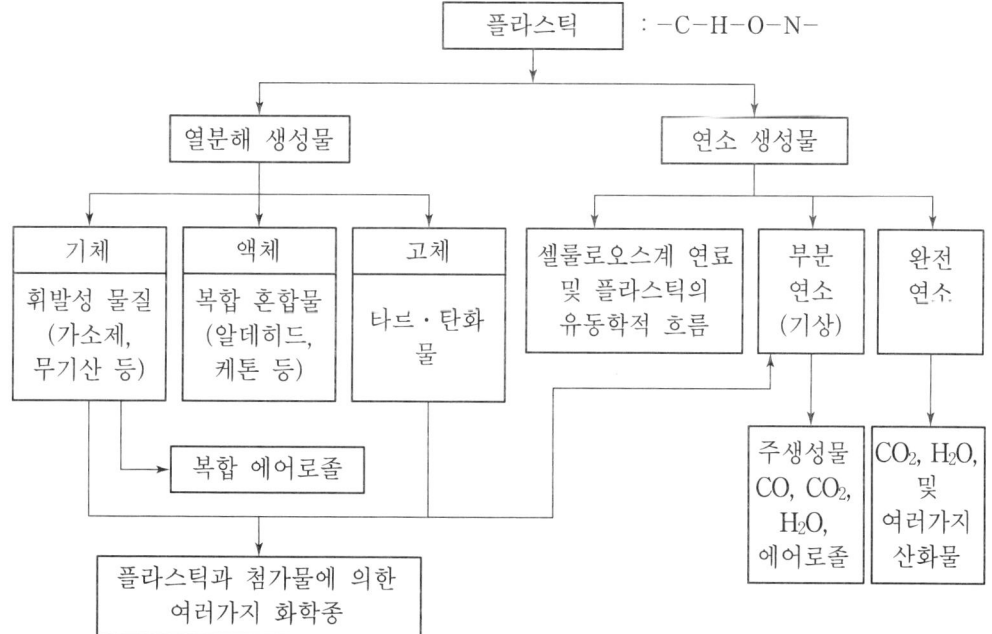

4. 플라스틱 공장의 화재위험요인

(1) 분진(Dusts)
플라스틱이 고체형태인 경우에는 점화가 어렵지만 분진형태인 경우에는 급속한 점화 및 연소가 이루어진다.

(2) 정전기
플라스틱은 전기저항성이 높으므로 정전기 축적이 용이함

(3) 유기용제(Flammable Solvents)
인화점이 낮아 쉽게 인화한다.

(4) 가열원(Heating Elements)
전기·기계 기구 등에서 부분적으로 가열된 부분이 점화원이 될 수 있다.

5. 플라스틱의 난연화방법

(1) 플라스틱 재질에서 가연물의 함량을 감소시킴
플라스틱 제조공정에서 불연성 무기물질을 첨가함

(2) 플라스틱 표면에 공기 접촉을 차단
즉 안티몬계 화합물 등으로 피복처리

(3) 공기의 공급을 억제
질소·할로겐 화합물을 투입하여 산소와 치환

(4) 플라스틱 재질을 내열화시킴
1) 플라스틱 제조공정에서 열안정제를 첨가
2) 열안정제 : 납화합물, Ba, Cd, Zn

6. PVC 제조

$$H_2C=CHCl \xrightarrow{\text{중합 반응}} (-CH_2-CHCl-)_n$$

[VCM : Vinyl Chloride Monomer]   [PVC : Poly Vinyl Chloride]

7. 결론

(1) 플라스틱 건축재료는 많은 장점이 있지만 화재시에는 상기에서 지적한 바와 같이 열방출률 및 유독가스가 다량 발생하는 위험이 잠재하고 있는 점을 감안하여 대체할 불연성재료가 있는지 먼저 확인할 필요가 있다.
(2) 플라스틱을 건축재료로 선택했을 때는 플라스틱의 난연화를 강구하고 그 재료의 발열량에 상응하는 소화설비 및 제연설비를 강화하여야 한다.

15 훈소(Smoldering)

1. 개요

고분자를 주체로 한 유기질 재료의 연소과정에서 산소공급이 부족하거나 분해생성가스에 가연성분이 적은 경우, 가연농도범위 내의 혼합기 형성이 되지 않아 화염생성이 되지 못한 상태로 서서히 연소가 진행되는 현상을 Smoldering이라 하며, 화재의 양상은 심부화재이다.

2. 훈소의 원리

(1) 밀폐공간의 화재성상

1) 실내연소 진행과정 : 초기연소 → 성장기 → F/O단계 → 성숙단계 → 진화단계
2) 특히, 성숙단계에서는 화재실 내 전체가 고온으로 되어 미연소된 가연물의 분해를 촉진한다.
3) 가열된 가스는 팽창 → 건물 외부로 배출
4) 이때 개구부가 파괴되지 않고 밀폐 공간을 유지할 경우 산소 부족으로 인해 훈소가 진행

(2) 훈소현상의 진행

1) 불꽃은 없어도 고온상태이므로 낮은 산소분압에서도 천천히 연소가 진행된다.
2) 목재 등의 내부 셀룰로오스에는 산소가 함유되어 있으므로 화재 심부에서는 연소화학반응이 서서히 계속된다.

3. 훈소의 생성물

(1) 훈소에서의 분해 생성물은 화염을 통하지 않고 그대로 계외로 방출한다.
(2) 일반적인 연소생성물은 CO_2, H_2O 등이지만, 훈소시에는 불완전연소로 인해 CO 및 미연소가스의 포름알데히드 등 알데히드류, 케톤류, 방향족 탄화수소 등이 배출되기 때문에 독성 및 특유의 냄새가 있는 생성물이 발생할 수 있다.

4. 훈소의 특성

(1) 느린 연소과정으로 공기가 많이 필요치 않으며,
(2) 고체표면에서 반응하고, 산소는 표면을 향해 확산된다.
(3) 표면은 불꽃없이 작열하여 숯이 생성되고, 온도는 1,000℃ 이상 된다.
(4) 훈소의 반응속도 : 1~5mm/min

16 고분자 물질의 연소성상

1. 개요

(1) 일반적인 건물 내에서 발생하는 화재는 내장재료나 가구를 구성하고 있는 고분자 물질을 주체로 하는 유기재료가 복잡하게 조합되어 연소하는 현상이다.
(2) 고분자 물질의 연소 Cycle Process
  흡열(가열) → 분해 → 혼합 → 발화·연소 → 배출

2. 고분자 물질의 연소과정

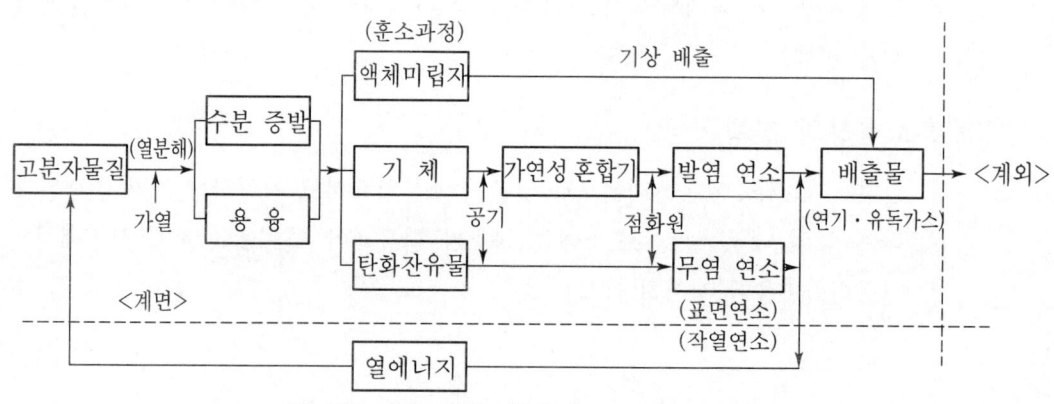

(1) 가열(Heating)

1) 외부 열량(복사·대류·전도) 공급으로 온도상승
2) 온도상승속도 : 고분자 물질의 비열·증발열·열전도율·융해열·공급열의 유입속도 등에 의해 결정된다.

(2) 분해(Decomposition)

고분자물질의 연소에 의한 생성물질

1) 분해생성물
   ① 기체
      ㉮ 가연성가스 : 메탄(CH_4), 에탄(C_2H_6), 아세틸렌(C_2H_2), CO, 아세톤 등
      ㉯ 불연성가스 : CO_2, 수증기(H_2O), Ar, N_2, 브롬산(CH_3Br), HCl 등
   ② 액체(미립자) : 방향족 물질(벤젠, 톨루엔 등)
   ③ 고체 : 탄소성 잔유물(Tar, 숯, 재)

2) 연소생성물
   ① 완전연소생성물 : CO_2, H_2O
   ② 불완전연소생성물 : CO, CO_2, H_2O, HCl, HCN, 에어로졸, 연기 등

(3) 점화(Ignition)

1) 외부 점화원 : 화염·스파크 등
2) 내부 점화원 : 고온도 및 혼합가스 조성에 의해 좌우된다.

(4) 연소

연소열은
1) 온도가 높을수록 : 전도열 증가
2) 가스팽창 증가 : 대류량 증가
3) 고체입자 가열 : 복사량 증가

(5) 훈소(Smoldering)

1) 고분자를 주체로 한 유기재료의 연소과정에서 산소공급이 부족하거나 분해생성가스에 가연성분이 적은 경우, 가연농도범위의 혼합기 형성이 되지 않아 화염이 생성되지 못한 채 연소가 서서히 진행되는 현상
2) 훈소에서의 분해 생성물은 화염을 통하지 않고 직접 경로로 외부로 방출되며, 특유의 냄새 또는 특성이 있는 생성물이 나올 가능성이 높다.

3. 고분자물질의 화재위험성

(1) 연기 및 연소가스 발생 : 피난 및 화재진압의 방해

(2) 산소농도 희박 : 질식 유발

(3) 화염 및 고열의 발생 : 화상

(4) 구조물 붕괴

　　1) 가열에 의한 붕괴

　　2) 가열된 구조물의 주수에 의한 급랭으로 인한 붕괴

17 Fire Plume

1. 정의

화염에서 부력에 의한 화염기둥의 열기류이다. 즉, 고온 연소생성물이 밀도차 때문에 생기는 유체내의 상승하는 힘(부력)에 의하여 연료원의 상부로 상승하는 열기류를 말한다.

2. Fire Plume의 구조

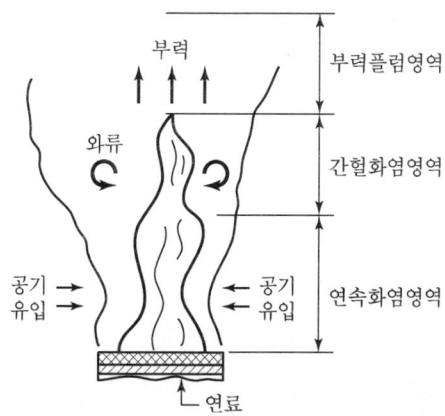

(1) 연속화염영역

연료 표면 바로위의 영역으로 지속적으로 화염이 존재하고 연소가스의 흐름을 가속시키는 영역

(2) 간헐화염영역

간헐적으로 화염의 존재와 소멸이 반복되는 영역으로 거의 일정한 유속이 유지되는 곳

(3) 부력플럼영역

높이에 따라 유속과 온도가 변화되는 곳으로 화염이 존재하지 않는 상승 열기류의 영역

3. 화재플럼의 구획경계와의 상호작용

(1) 구획벽의 방해플럼(Confined Plume)

1) 화원이 벽쪽이나 구석에 있다면 자유로운 공기의 인입에 제한이 생기므로 부력플럼 높이에 따른 온도가 천천히 저하하는데 이는 화염이 차가운 주변공기와의 혼합속도가 자유로운 공간에서 보다 훨씬 느리기 때문이다.
2) 연료 휘발분을 연소시키는데 필요한 충분한 공기 흡입을 위하여 화염의 크기가 커져 화염의 연장이 발생한다.

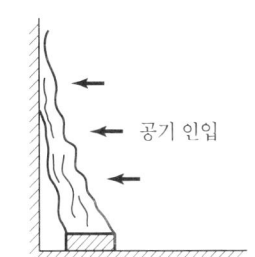

(2) 천정제트 흐름(Ceiling Jet Flow)

1) 수직범위의 화재플럼이 상승하다가 천장에 의해 제한을 받게 되면 상승 열기류가 수평으로 굴절되어 천장면을 따라 흐르게 되는 현상
2) Ceiling Jet는 고온의 연소생성물이 부력의 힘을 받아 천장면 아래에 얕은 층을 형성하는 비교적 빠른 속도의 가스흐름이다.

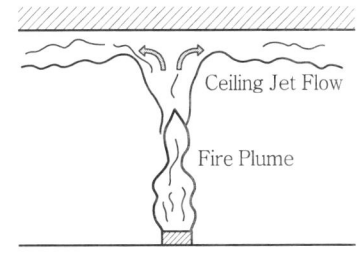

(3) 수평화염(Horizontal Flame)

1) 천장이 매우 낮거나 화재가 충분히 커서 화염이 직접 천장에 충돌되면 화염이 천정제트와 같이 수평으로 굴절될 뿐만 아니라 공기 인입속도가 현저하게 감소되기 때문에 화염길이가 상당히 연장된다. 이를 수평화염이라 한다.
2) 이는 비교적 안정된 구성으로 부양성의 고온가스가 차가운 공기위로 흐르기 때문이다.

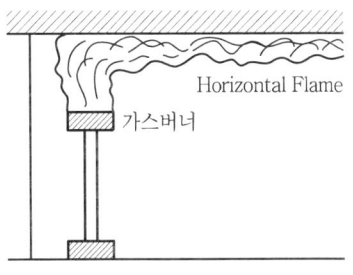

18. 연소의 이상현상

1. 개요

연소기의 연소방법에 따라 발생될 수 있는 연소의 이상현상에는 불완전연소, Back Fire(역화), Lifting(선화), Yellow-tip(황염), Blow-off 등이 있으며, 이러한 이상연소 현상은 연소효율의 저하 또는 화재발생의 원인이 될 수도 있다.

2. 연소의 이상현상

(1) 불완전연소

1) 공기(산소)부족 또는 연료의 과부족으로 인해 가연물의 일부가 연소반응에 참여하지 못하여 미연소가스가 발생되는 현상으로 특히 일산화탄소(CO)가 많이 발생한다.
2) 발생의 주원인
   ① 공기(산소)부족
   ② 연료-공기 혼합기의 혼합농도가 가연범위를 벗어났을 경우, 즉 가연성가스의 공급이 부족하거나 과대할 경우
   ③ 환기지배형 연소 즉, 연소실내로의 공기유입 및 연소가스의 배출이 불충분할 경우
   ④ 불꽃의 온도가 저하되었을 경우

(2) Back Fire(역화)

1) 불꽃이 역방향으로 진행하여 즉, 불꽃이 버너노즐의 염공을 따라 들어가 버너 내부의 혼합기 내에서 연소하는 현상
2) 발생의 주원인
   가스분출속도 < 연소(반응)속도 일 경우 발생
   ① 연료가스노즐이 막혀 가스의 분출압력이 저하된 경우
   ② 염공이 마모, 부식 등으로 인해 넓어진 경우
   ③ 버너 과열로 연료가스의 온도가 상승된 경우

(3) Lifting(선화)

1) 불꽃이 버너 노즐에서 부상하여 노즐과 일정간격을 두고 연소하는 현상
2) 발생의 주원인

    가스분출속도 > 연소(반응)속도 일 경우 발생
    ① 가스노즐의 분출압력이 과다하게 높은 경우
    ② 버너 염공이 일부 막히어 가스분출속도가 높아진 경우
    ③ 1차 공기량이 과다한 경우

(4) Yellow-tip(황염)

1) 불꽃의 끝 부분의 색이 적황색을 띠는 연소현상
2) 발생의 주원인

    연소중 완전하게 반응하지 못한 탄화수소가 열분해되면서 탄소입자가 분리되고 미연소상태로 적열되어 불꽃이 적황색으로 된다.

(5) Blow-off

1) 가스의 방출속도가 너무 높거나 공기의 유동이 너무 강하여, 불꽃의 기저부에 대한 공기흐름이 빨라지면 불꽃이 노즐에 정착하지 못하고 꺼져버리는 현상
2) 발생의 주원인

    ① 불꽃의 기저부에서 공기의 유속이 높을 경우
    ② 버너에서 가스분출속도가 너무 높거나 너무 낮은 경우

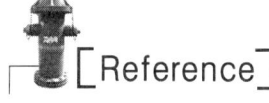

[Reference]

버너의 연소방식

1. 분젠식 연소
   (1) 가정용 가스렌지의 연소방식은 예혼합연소나 확산연소방식이 아닌 분젠식 연소방식이다.
   (2) 노즐에서 분출된 가스가 혼합관으로 들어갈 때 가스의 흐름속도에 의하여 혼합관 내에 압력저하가 발생되므로 인해 1차 공기가 유입된다.

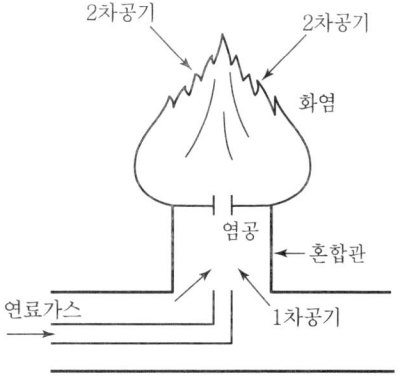

(3) 연료가스와 1차공기가 혼합된 상태로 염공을 통해 방출되면서 연소된다.
　　(4) 이때 미연소가스가 불꽃 주위로 확산되면서 2차공기를 흡입하면서 완전연소 되는 방식이다.
　　(5) 특징 : 불꽃의 길이가 짧으며, 온도는 높다.
2. 적화식 연소
　　(1) 연료가스를 1차공기와의 혼합없이 직접 대기중에 방출하여 확산연소 시키는 연소방식으로, 불완전연소 및 Yellow-tip(황염)현상이 발생되기 쉽다.
　　(2) 특징 : 불꽃의 길이가 길며, 온도는 낮다.
3. 세미 분젠식 연소
　　(1) 분젠식연소와 적화식연소의 중간형태의 연소방식이다.
　　(2) 즉, 분젠식에서의 1차공기량을 40% 이내로 제한하여 공급하는 방식이다.
4. 전체 1차공기식 연소
　　(1) 연소에 필요한 산소(공기)를 모두 1차공기로 공급(흡입)하는 연소방식이다.
　　(2) 이 연소방식은 연소 중 역화가 발생되기 쉬운 것이 단점이다.

Chapter 02
방화공학

01. 실내화재의 성상 ··· 43
02. 중성대(Neutral Zone) ···································· 46
03. 표준 화재 시간-온도 곡선 ······························ 48
04. 통기량과 연료량에 따른 화재성상 ···················· 50
05. Flashover와 Backdraft의 차이점 ··················· 51
06. 화재하중·화재강도·화재가혹도 ······················ 54
07. 화재시 수손경감을 위한 건축설계 및 시공 ········ 56
08. 액면화재(Pool Fire) ·· 57
09. 식용유화재(K급화재) ······································· 59
10. 가연성 액체의 연소확대(Fire Spread)현상 ······· 60
11. 수렴화재 ··· 61
12. 화재안전의 기본목적 ······································· 62
13. Fire Modeling ·· 63
14. Fire Modeling시 고려사항 ······························ 66
15. Fire Simulation ·· 69
16. 화재발생의 방지대책 ······································· 72
17. 전기화재의 발생원인 ······································· 74
18. 아아크(Arc)와 스파크(Spark) ·························· 77
19. 전기화재 발생의 Mechanism ·························· 78
20. 단면결함전선에서의 화재발생 Mechanism ······ 82
21. 전기Cable 방화대책 ······································· 83
22. 과전류에 의한 화재발생 Mechanism ··············· 85
23. 연기유동에 영향을 미치는 인자 ······················ 87
24. Hot Smoke Test ·· 90
25. 전실화재 가능성의 예측(NFC 555) ················· 92
26. 콘 칼로리미터를 이용한 에너지(열) 방출속도 측정원리 ············ 94
27. 밀폐공간의 화재성상 ······································· 95

01 실내화재의 성상

1. 개요

실내화재의 진행과정은 다음과 같이 5단계로 이루어진다.

(1) 발화단계(Ignition)
(2) 성장단계(Growth)
(3) 전실화재단계(Flashover)
(4) 성숙화재단계(Fully Developed)
(5) 소멸단계(Decay)

2. 실내화재의 성상

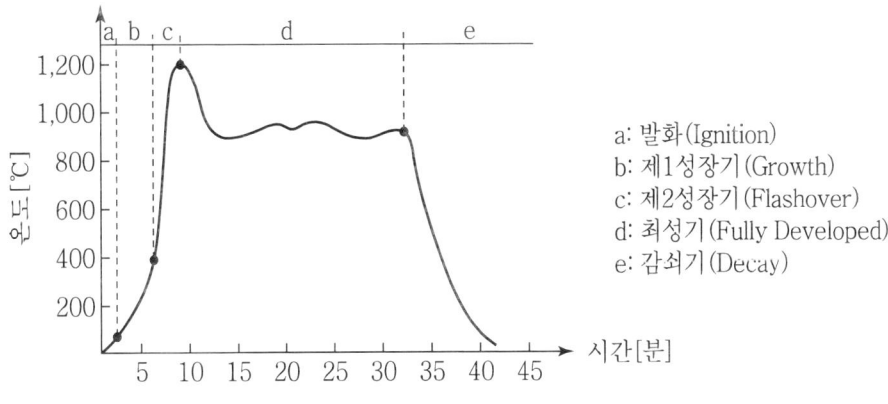

[목조건축물 실내화재의 경과]

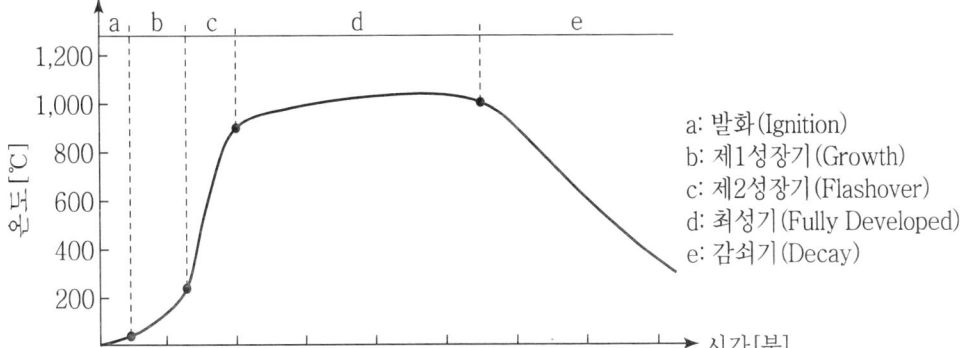

[내화건축물 실내화재의 경과]

(1) 발화단계(Ignition)

실내에 있는 가연물이 점화원에 노출되어 연소하기 시작하는 시점

(2) 성장단계(Growth)

1) 점화된 연료가 실의 구조나 환기조건에 무관하게 연료 자체의 연소특성에 따라 연소속도가 증가하는 과정
2) 이 단계에서 전실화재로 발전 여부가 결정된다.

(3) 전실화재단계(Flashover)

1) 실내화재에서 연소열에 의해 천장류(Ceiling Jet)의 온도가 상승하여 일정온도(약 600℃ 이상)에 도달하면 천장류에서 방출되는 복사열에 의해 실내 모든 가연물질이 열분해되면서 가연성 증기를 발생하여 착화됨으로써, 실내가연물 전체가 일시에 연소하면서 화염에 휩싸이는 현상
2) Flashover의 발생조건
   ① 바닥면이 받는 복사열량 : 20KW/m^2 이상
   ② 상부 연기층의 온도 : 500~600℃
   ③ 천장부(Roof)의 온도 : 800℃
3) Flashover 도달시간의 영향인자
   ① 화재실의 형태 및 크기
   ② 점화원의 위치 및 크기
   ③ 실내마감재료의 난연성
   ④ 개구부의 크기 : 당해 벽면적의 1/2~1/3 크기의 경우가 F.O에 최대 큰 영향을 미친다.
   ⑤ 연료의 적재높이 · 밀도 · 연속성

(4) 성숙화재단계(최성기) : 전실화재 후 단계(Post-flashover)

1) 전실화재 이후 화재의 완전 성숙단계로서 열방출률이 최고치에 달하게 되는 단계
2) 이 단계에서 실내온도를 결정하는 변수
   ① 연료의 연소열량
   ② 연료의 분포와 양
   ③ 공기유입상태 : 개구율

④ 단열효과
3) Pre-flashover에서는 연료지배형 화재양상이었으나, Post-flashover에서는 환기지배형 화재로 전환된다.
   ① Fuel Control Fire : 환기상태가 양호하여 연소에 필요한 산소가 충분히 공급되나, 연료가 충분치 못하여 연료량에 의해 화재가 제어되는 경우
   ② Ventilation Control Fire
      ㉮ 환기상태가 불량하여 산소공급이 원활하지 못하므로 공기유입상태에 의해 화재가 제어되는 경우
      ㉯ Flashover를 지난 후의 연소형태이다.

(5) 소멸단계(감쇠기) : Decay
성숙화재 단계를 지나서 연료가 거의 소진되고 열방출률이 감소하기 시작하여 진화되기까지의 단계

3. 결론

(1) 전실화재의 가능성 여부 및 전실화재까지의 도달시간은 거실피난 허용시간과 직결되는 사항으로 건축설계 당시부터 이에 대한 검토와 고려가 선행되어야 한다.
(2) 실내화재시 온도상승은 연료의 연소열량, 공기유입상태, 단열효과, 실내 크기 등에 의해 결정된다.

$$화재온도인자 = \frac{A\sqrt{H}}{A_S}$$

$$화재계속시간 = \frac{w \cdot Af}{5.5 \sim 6.0 A\sqrt{H}}$$

여기서, $A\sqrt{H}$: 개구 인자　　A_S : 실내 전체 표면적[m²]
　　　　w : 화재하중[kg/m²]　　Af : 실내 바닥면적[m²]

02. 중성대(Neutral Zone)

1. 개요

(1) 건축물의 실내화재시 열기류가 부력에 의해 상부(천장 하부)에 축적되므로, 이 부분에서 온도가 상승한 만큼 공기밀도가 감소하고 공기팽창에 의해 압력이 상승한다.

(2) 이로 인해 실내 상부의 압력은 실외보다 높고, 실내 하부의 압력은 실외보다 낮아지므로 이에 따른 실내·외로의 기류흐름이 상·하부 간에는 반대로 흐르게 된다.

(3) 이때 천장과 바닥 사이 높이의 중간지점에서는 실내·외 정압이 같은 부분이 있게 되는데 이 부분을 중성대라 한다.

2. 실내화재시 개구부의 압력분포

$P = \gamma h$, $\gamma = \rho g$ 에서

$$\rho = \frac{PM}{RT} = \frac{1 \times 28.95}{0.082 \times T} = \frac{353}{T} [\text{kg/m}^3]$$

$g = 9.8 [\text{m/sec}^2]$ 이므로,

$$\therefore \text{실내·외 압력차}(\Delta P) = \left(\frac{353}{T_o} - \frac{353}{T_i}\right) \times 9.8 \times h$$

$$= 3,460 \times \left(\frac{1}{T_o} - \frac{1}{T_i}\right) \times h [\text{Pa}]$$

여기서, M : 공기의 분자량 = 28.95[g/mol]
R : 기체상수 = 0.082[atm·L/mol·K]
T_o : 외부공기의 절대온도[K]
T_i : 내부공기의 절대온도[K]
h : 중성대 높이[m] : (바닥~중성대)

3. 개구부 크기에 따른 중성대의 변화

(1) 상·하부 개구부의 크기가 동일하고 중성대의 위치가 중간지점(1/2 위치)에 있는 경우에는 유입공기량과 유출공기량은 동일하다.

(2) 건물 하부(저층부)의 개구부 크기가 상부에 비해 작아질수록 건물 하부에서의 실내·외부 압력차가 커지므로 중성대의 위치가 올라간다.

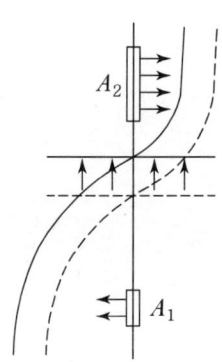

(3) 중성대의 위치가 높아질수록 건물 상부에서는 실내·외부의 압력차가 적어지므로 연기배출 또한 적어진다.

4. 중성대 관련 계산 [예]

화재실의 개구부 높이(H) 2m, 화재실내온도(T_i) 600℃, 외기온도(T_o) 25℃일 경우 개구부의 상·하단부의 실내·외 압력차(ΔP)를 구하시오.(단, 상·하 개구부의 크기는 동일함 : $A_1 = A_2$)

(1) 중성대 높이 산출

$$\frac{h_1}{h_2} = \frac{h_1}{H-h_1} = \left(\frac{A_2}{A_1}\right)^2 \times \frac{T_o}{T_i} \text{에서,}$$

$A_1 = A_2$ 이므로

$$\frac{h_1}{H-h_1} = \frac{T_o}{T_i}$$

$$\frac{h_1}{2-h_1} = \frac{298}{873} \text{에서, } h_1 = 0.51\text{m}$$

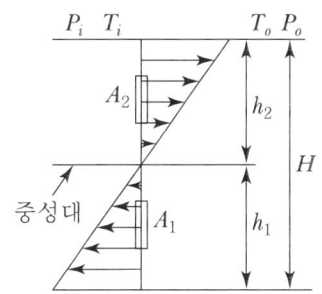

또는, 위의 식을 다시 정리하면

$$\therefore h_1 = \frac{H}{1+\left(\frac{A_1}{A_2}\right)^2 \times \left(\frac{T_i}{T_o}\right)} = \frac{2}{1+\left(\frac{1}{1}\right)^2 \times \left(\frac{873}{298}\right)} = 0.51\text{m}$$

(2) 상단부의 실내·외 압력차

$$\Delta P = 3{,}460 \times h_2 \left(\frac{1}{T_o} - \frac{1}{T_i}\right)$$

$$= 3{,}460 \times (2-0.51) \times \left(\frac{1}{298} - \frac{1}{873}\right) = 11.4\text{Pa}$$

(3) 하단부의 실내·외 압력차

$$\Delta P = 3{,}460 \times h_1 \left(\frac{1}{T_o} - \frac{1}{T_i}\right)$$

$$= 3{,}460 \times (-0.51) \times \left(\frac{1}{298} - \frac{1}{873}\right) = -3.9\text{Pa}$$

03 표준 화재 시간-온도 곡선

1. 정의

실물크기의 모형화재 실험을 여러 번 행하여 얻은 온도측정결과를 기초로 하여 화재 경과시간과 온도변화의 관계를 나타낸 곡선

2. 표준 화재 시간-온도 곡선

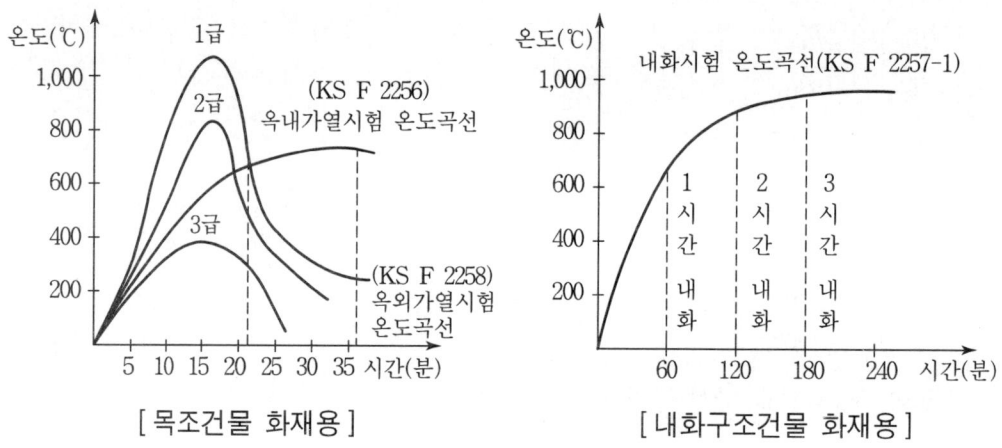

[목조건물 화재용]   [내화구조건물 화재용]

(1) 목조건축물의 화재

1) "고온 단기형" 화재이다.
2) 통상 출화 후 7~8분 경에 최성기에 도달하며 그 때의 실내온도 : 최고 1,100~1,200℃
3) 그 후 화세가 급속히 약화되어 출화 후 30분경에는 200~300℃까지 저하

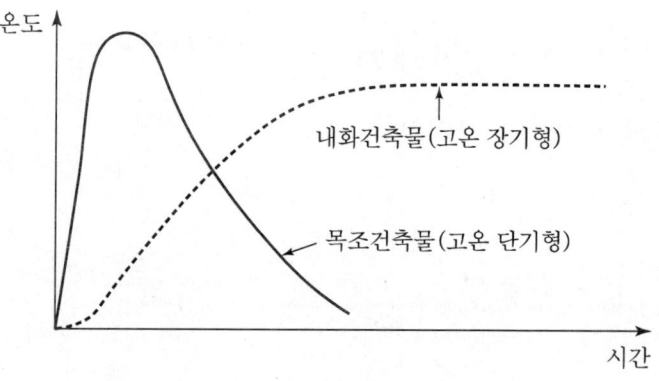

[내화건축물과 목조건축물의 화재특성]

(2) 내화구조 건물의 화재

1) "고온 장기형" 화재이다.
2) 화재 초기에는 100℃ 이하
3) 출화 후 20~30분 경 : 실내온도 800~1,000℃까지 상승
4) 그 후 이 온도를 잠시 지속한 후 서서히 낮아진다.

(3) 표준 화재 시간·온도의 관계식

⟨ISO 834를 근거로 한 표준식⟩

$$T - T_o = 345\log_{10}(8t+1)$$

여기서, T : 화재최고온도[K]
T_o : 화재초기온도[K]
t : 화재(시험)시간[min]

3. 표준 화재시간-온도 곡선을 이용한 부재의 내화도 결정 시의 문제점

(1) 재하가열시험방식이 아닌 단순가열시험방식이다.
(2) 시험 열원으로 프로판을 이용 → 연기 발생을 고려하지 아니한다.
(3) 단순히 곡선의 하부 면적만으로 화재가혹도를 파악하므로 면적이 같아도 화재강도의 차이가 발생할 수 있다.
(4) 실제 화재 시의 변수가 고려되지 아니한다.
  1) 가연물의 양
  2) 화재실의 온도
  3) 개구부의 크기 및 형상, 위치 등
  4) 건축 부재의 열적 특성치(열용량 등)
  5) 화재하중, 환기요소 등
(5) 과다 설계 시 비경제적이고 부족 설계 시 소화실패가 된다.

4. 결론

(1) 내화구조의 건축물은 견고하여 공기의 유동조건이 일정하므로 장시간 고온의 상태를 유지한다.
(2) 그러나 목조건축물은 공기유통이 좋으므로 최성기를 지나면 급속히 타버리고, 짧은 시간 동안만 고온을 유지한다.

04. 통기량과 연료량에 따른 화재성상

1. 개요

(1) 실내화재에서 화재성장속도와 화세의 크기는 그 화재실의 통기량과 내부 연소물질의 연소성에 의해 좌우된다.

(2) 그 형태는 환기지배형 화재와 연료지배형 화재로 대별된다.

2. 환기지배형 화재(Ventilation Control Fire)

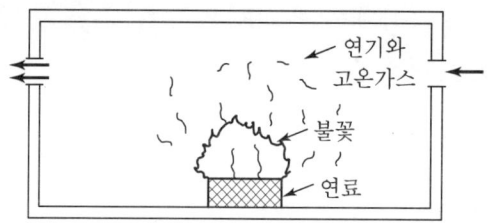

(1) 밀폐된 실내에서의 화재에서 환기가 불량하여 연소에 필요한 산소의 공급이 원활하지 않은 상태

(2) 연료의 당량비가 1보다 큰 경우이며, 공기량이 연소속도와 연소시간을 규제하는 연소현상이다.

연소속도$(R) = 5.5 \sim 6.0 \ A\sqrt{H}$

화재계속시간$(T) = \dfrac{W}{R} = \dfrac{w \cdot Af}{5.5 \sim 6.0 \ A\sqrt{H}}$

여기서, W : 가연물량[kg]
w : 화재하중[kg/m²]
Af : 실내 바닥면적[m²]
$A\sqrt{H}$: 개구인자
R : 연소속도[kg/min]

(3) 가연물이 자유롭게 연소되지 못하고 많은 열이 발생

(4) Flashover를 지난 후의 연소현상이며, 연소시간이 연장될 수 있다.

3. 연료지배형 화재(Fuel Control Fire)

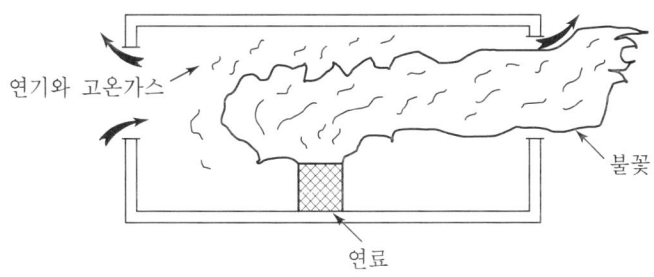

(1) 개구부가 큰 실내에서의 화재로 연료량은 적으나, 통기량이 충분한 경우의 화재
(2) 연료표면상에서 제한적으로 연소가 이루어진다.
(3) 연소시간이 짧고 외부에서 찬 공기가 유입되므로 실내의 온도는 높지 않다.
(4) 천장이 낮은 고층 건물에서는 불꽃이 (외부) 개구부를 통하여 상층으로 확산될 수 있다.
(5) 천장이 높은 경우에는 불꽃이 실내를 벗어나지 못한다.

05 Flashover와 Backdraft의 차이점

1. Flashover

(1) 정의

1) 실내의 국소화재로부터 실내 모든 가연물 표면이 연소하는 대화재로의 전이현상을 말한다.
2) 즉 국소화재의 연소열에 의해 천장류(Ceiling Jet)의 온도가 상승하여 일정온도(약 600℃)에 도달하면 그 천장류에서 방출하는 복사열에 의해 실내의 모든 미연소 가연물이 열분해되면서 가연성 증기를 발생하여 착화됨으로써 실내의 모든 가연물 전체가 일시에 연소하게 되어 화염에 휩싸이게 되는 현상

(2) Flashover 도달시간의 영향인자

1) 화재실의 형태 및 크기
2) 점화원의 위치 및 크기(면적)
3) 실내마감재료의 난연성
4) 개구부의 크기 : 당해 벽면적의 1/2~1/3 크기가 최대 영향

5) 연료의 밀도·높이·연속성
6) 열방출률
7) 습도

(3) Flashover 발생조건

1) 바닥면에서 받는 복사열량 : $20 \sim 40 kW/m^2$ 이상
2) 상부 연기층의 온도 : $500 \sim 600℃$
3) 천장부(Roof) 온도 : $800℃$
4) 산소농도 : 10% 이상
5) $CO_2/CO = 150$

(4) Flashover의 방지대책

1) 실내 내장재료의 불연화 또는 난연화
2) 개구부의 크기 및 모양을 제한
   Flashover에 최대 큰 영향의 개구부 크기 : 당해 벽면적의 1/2~1/3 크기
3) 화재실의 크기 및 형태
   화재실의 내부체적이 작을수록 Flashover 발생이 용이하다.
4) 건물 내 화재하중을 제한
   ① 수용가연물의 양을 적게
   ② 수용가연물의 불연화·난연화 또는 발열량이 적은 것을 사용

2. Backdraft

(1) 정의

실내화재에서 Flashover가 지난 후에는 산소부족으로 인해 연소는 잠재적인 진행만 하게 된다. 이때 출입문 등을 개방하여 공기가 들어가면 실내에 축적되었던 미연소의 가연성가스가 공기와 급격하게 반응하면서 폭발적으로 연소하게 되어 충격파를 수반하는 화염이 개구부로 분출하는 현상

(2) Backdraft의 방지대책

1) 환기
   출입문 개방 전에 상부의 환기구를 먼저 개방하여 고온의 가연성가스를 외부로 방출시킴

2) 살수냉각

① 소화용수를 방사 : 화재공간의 온도를 인화점 이하로 내린다.
② 소방호스를 화재실에 넣고 호스 주변공간은 밀폐한 채로 주수한다.
③ 출입문을 조금 개방함과 동시에 집중적으로 방수하면 폭발적인 연소는 방지 가능함

3) 폭발력의 억제

화재실 온도가 과열상태이고, 출입문이 안쪽으로 열리는 구조인 경우에는
① 출입문을 닫은 채로 정치시간을 두거나
② 출입문을 조금만 열어 공기공급을 약하게 하면 폭발적인 연소는 되지 않는다.

3. Flashover와 Backdraft의 차이점

	Flashover	Backdraft
발생시기	화재성장기에서 발생	감쇄기에서 발생
발생 영향인자	열의 공급	공기(산소) 공급
폭발·충격파	없다.	수반한다.
연소특성	실내의 모든 가연물의 일제 연소현상	가연물과 산소의 급격한 산화반응으로서 급격한 온도·압력 상승 및 팽창을 일으킨다.
방지대책	1) 천장의 불연화 2) 개구부 제한 3) 가연 물질의 제한 4) 화원의 억제	1) 폭발력의 억제 2) 환기 3) 소화용 주수(살수냉각) 4) 격리

4. 결론

(1) 건축물 내에서 화재 시의 Flashover는 재실자의 피난시간과 직접 연관되는 사항이므로, 성능위주설계 등에서 피난시간 검증 시 Flashover 발생시점을 기준으로 피난완료시간을 산정한다.

(2) 건축물 내에서 화재 시의 Backdraft는 소방대의 소화활동 시 화재실 내로 진입가능여부를 판단하는 중요한 요소로 적용되고 있다.

06 화재하중 · 화재강도 · 화재가혹도

1. 화재하중(Fire Load)

(1) 개념

1) 주어진 구역 내에 있는 예상 최대가연물질의 양을 말하며, 단위바닥면적에 대한 등가가연물량의 값이다.
2) 실제로 존재하는 가연물질의 양을 그에 상응하는 발열량의 목재로 환산하여 등가 목재중량으로 나타낸다.
3) 화재의 소화시 주수시간을 결정하는 인자이다.

(2) 화재하중의 산정방법

$$화재하중[kg/m^2] = \frac{\sum(H_t \cdot G_t)}{H_o \cdot A} = \frac{\sum Q_t}{4,500 \times A}$$

여기서, H_o : 목재의 단위발열량[kcal/kg]
A : 화재실의 바닥면적[m²]
H_t : 가연물의 단위발열량[kcal/kg]
G_t : 가연물의 양[kg]
$\sum Q_t$: 화재실 내 가연물의 전체 발열량[kcal]

2. 화재강도(Fire Intensity)

(1) 개념

1) 화재의 세기. 즉, 화재의 질적규모를 나타내는 척도이다.
2) 화재실에서의 단위시간당 열축적률. 즉, 화재실의 최고온도를 의미한다.
3) 소화시 주수율[$l/m^2 \cdot min$]을 결정하는 인자이다.

(2) 화재강도의 영향인자

1) 가연물의 연소열
2) 가연물의 비표면적
3) 공기(산소)의 공급
4) 화재실의 벽 · 천장 · 바닥의 단열성

3. 화재가혹도(Fire Severity)

(1) 개념

1) 화재의 양적규모(화재하중)와 질적규모(화재강도)를 포함하는 개념이다.
2) '화재가혹도 = 화재실의 최고온도 × 지속시간'으로 표현된다.
   여기서, 화재실의 최고온도 : 화재의 질적개념(화재강도)
          화재의 지속시간 : 화재의 양적개념(화재하중)

(2) 화재가혹도의 영향인자

1) 화재하중(가연물의 양 및 단위발열량)
2) 환기상태(산소의 공급)
3) 가연물의 연소속도
4) 가연물의 비표면적
5) 화재실의 벽·천장·바닥의 단열성

4. 결론

(1) 화재하중(Fire Load)

1) 화재의 규모를 판단하는 척도
2) 소화시 주수시간을 결정하는 인자

(2) 화재강도(Fire Intensity)

1) 화재의 세기(강도)를 나타내는 척도
2) 소화시 주수율[$l/m^2 \cdot min$]을 결정하는 인자

(3) 화재가혹도(Fire Severity)

1) 화재하중과 화재강도를 포함하는 개념
2) '화재가혹도 = 최고온도 × 지속시간'으로 표현된다.

07. 화재시 수손경감을 위한 건축설계 및 시공

1. 개요

건축물이 실내화재로 인해 가열되면 먼저 내벽 쪽부터 가열되어 팽창된다. 이때 외벽에 소화용수를 주수하면 외벽측은 냉각되어 수축하려는 경향이 생긴다. 즉 내측의 팽창과 외측의 수축이 서로 엇갈리게 작용하여 붕괴를 촉진하게 된다.

2. 주수로 인한 외벽의 변형

(1) 외벽의 변형은 다음 사항의 영향을 받는다.
   1) 내·외벽의 온도차
   2) 벽의 두께
   3) 벽 재질의 열팽창계수
   4) 벽의 높이 및 층고
(2) 내벽 쪽은 화열에 의해 팽창되는 반면, 외벽면은 소화용 주수에 의해 수축을 가져와 붕괴를 촉진하게 된다.
(3) 또, 이 과정에서 벽의 상부 부분이 기울어져도 벽이 파손되기 쉽다.
(4) 따라서 벽의 아랫부분의 두께를 강화시키면 붕괴위험성이 감소한다.

3. 결론

건축물 외벽의 내력벽 설계시에는 화재시의 이러한 팽창 및 수축률을 검토하여 구조적 내성을 갖도록 설계에 반영하여야 하며, 특히 다음과 같은 사항에 대하여 주안점을 두어야 할 것으로 판단된다.
(1) 벽의 상부보다 하부 및 아래층 부분의 벽두께를 강화시킨다.
(2) 건축구조강도의 설계치나 화재시험 결과에 의한 벽두께보다 더 크게 여유를 주어야 한다.
(3) 무엇보다 중요한 것은 건축설계자가 이러한 방재성능의 중요성을 인식하고 설계에서 적극적으로 고려하는 인식의 전환이 필요하다 하겠다.

08. 액면화재(Pool Fire)

1. 정의
(1) 가연성액체의 (개방된) 액면 위에서의 자유연소현상
(2) 즉 인화성액체의 액면이 대기 중에 노출된 상태에서 착화한 연소현상

2. 액면화재의 Mechanism

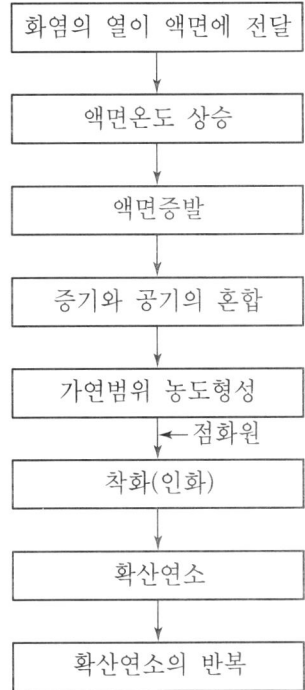

3. 액면화재에 영향을 주는 인자

(1) Pool의 직경

용기 직경이 클수록 화염 높이 증가율은 감소한다.(단, 직경이 1m 이상인 경우는 일정하다.) 용기가 작은 경우에는 용기의 가장자리를 통한 열전도가 크게 작용하여 액면온도가 급격히 상승하므로 화염높이도 증가하지만, 용기가 클수록 전도에 의한 열전달은 상대적으로 작아지므로 화염의 높이 증가도 감소하게 된다.

〈용기직경과 연소속도와의 관계〉

1) $D < 0.03$m : 층류화염

 연소속도(액면강하속도)는 직경에 반비례

2) 0.03m < D < 1.0m

  층류와 난류의 전이상태의 양상

3) D > 1.0m : 난류화염

  연소속도는 직경에 무관

(2) 증발열과 연소열

1) 가연성 액체의 연소속도는 곧 액면강하속도를 의미하며 다음 식으로 나타낼 수 있다.

$$H = F\left(\frac{H_c}{H_v}\right) = 0.076\left(\frac{H_c}{H_v}\right) \text{ [mm/min]}$$

여기서, F : 상수, H_c : 연소열, H_v : 증발열

2) 즉, 가연성 액체의 증발열이 적을수록, 연소열이 많을수록 액면강하속도가 빨라지고 연소속도도 증가한다.

(3) 연료의 질량연소속도(에너지 방출속도)

$$H_f = 0.23Q^{2/5} - 1.02D$$

여기서, Q : 에너지 방출속도[W/sec]
　　　　H_f : 화염높이[m]
　　　　D : 용기직경[m]

(4) 부력

증발된 가스가 부력에 의해 상승하므로 부력이 클수록 화염 높이가 커진다.

(5) 바람의 영향

바람에 의해 화염이 경사지게 되므로 그에 따라 화염과 액면 사이의 거리가 짧아져 화염으로부터 액면에 복사되는 열량이 많아서 연소속도가 빨라지게 되므로 화염이 더욱 커지게 된다.

4. 결론

Pool Fire는 주로 산업화재에서 발생하며, 이때 화염의 높이는 용기직경에 반비례하고, 에너지의 방출속도 · 연소속도 · 연소열량에 비례한다.

09. 식용유화재 (K급화재)

1. 서론

식용유 화재는 1998년까지 B급화재로 분류되었으나, 일반 유류화재와는 그 연소형태나 소화작업에 큰 차이가 있기 때문에 현재 NFPA는 물론 국내에서도 K급화재로 분류하고, ISO에서는 F급화재로 분류하고 있다.

2. 식용유 화재의 특성

(1) 일반 석유류화재의 특성

1) 발화점이 비점보다 높다.
2) 즉, 비점 이상의 온도에서 유면상의 증기가 발화(증발연소)할 수 있다.
3) 화염이 꺼지면 재발화하지 않는다.

(2) 식용유화재의 특성

1) 발화점(288~385℃)이 비점보다 낮다.
2) 즉, 비점 이하의 온도에서도 유면상의 증기가 발화할 수 있다.
3) 인화점과 발화점의 차이가 적다.
4) 화염을 제거해도 기름의 온도가 발화점 이상인 상태이므로 곧바로 재발화할 수 있다.

3. 소화방법

기름의 온도를 발화점 이하로 낮추거나, 공기 공급을 차단하여야 소화할 수 있다.
(1) 질식소화 : 뚜껑 등으로 덮어 질식소화
(2) 냉각소화 : 강화액소화설비, Water Mist, Wet Chemical 소화설비 또는 야채, 상온의 식용유 등, 물 이외의 것으로 주수하여 냉각소화

4. 결론

(1) 일반 석유류는 발화점이 비점보다 높은 데 비해, 식용유는 발화점이 비점보다 낮으므로 소화시 재발화 가능성이 높다.
(2) 따라서, 식용유 화재의 소화는 질식소화방법이 가장 유리하다.

10. 가연성 액체의 연소확대(Fire Spread)현상

1. 개요

(1) 가연성 액체의 액면상의 한 점에서 착화가 일어나면 화염은 액면을 따라서 일정한 속도로 퍼져나가는데, 이 현상을 액체화재의 연소확대(Fire Spread)라고 한다.

(2) 이 거동은 액체온도가 그 액체의 인화점보다 높은가 또는 낮은가에 따라 변한다.

2. 액온이 인화점보다 높은 경우

(1) 액면상의 증기는 어떤 위치에서도 가연범위에 들어있는 농도영역이 존재하며 착화가 되면 화염은 그 증기층을 통해 전파해 간다.

(2) 이러한 형식의 연소확대를 예혼합형 전파라고 한다.

(3) 이 경우의 Pool Fire는 관속의 가연성 혼합기의 화염전파와 비슷하며 약간의 차이는 증기공간에 농도구배가 있다는 점이다.

3. 액온이 인화점보다 낮은 경우

(1) 액면상에 가연범위에 포함되는 증기층이 형성되지 않으므로 부분적으로 가열해서 착화하여도 그대로 연소가 확대되지 않는다.

(2) 그러나 시간이 약간 경과하면 스스로의 화염면 온도에 의하여 미연소 액면이 예열되므로 연소확대가 시작된다. 이런 형식의 연소확대를 예열형 전파라고 한다.

(3) 이 경우, 화염은 일정속도로 진행하지 않고 가속과 감속을 반복하는 맥동적이 된다.

4. 연소확대의 최대속도

(1) 증기상의 농도가 화학양론적 혼합비가 되는 농도 이상이 되면 연소확대속도 및 화염의 크기는 더 이상 증가하지 않으므로 이때가 연소확대의 최대속도가 된다.

(2) 일반적으로 탄화수소나 알코올에서는 최대속도가 200cm/sec 전후이다.

5. 결론

가연성 액체의 액면상 연소확대현상은 액온이 인화점보다 높은 경우(예혼합형 전파)와 인화점보다 낮은 경우(예열형 전파)로 구분되는데, 예혼합형 전파의 경우 착화되면 곧바로 연소확대가 진행되는 반면, 예열형 전파인 경우에는 착화한 후 약간의 시간이 경과하여 액면이 예열되어야 연소확대가 시작된다.

11 수렴화재

1. 수렴화재의 원리

(1) 태양열의 돋보기 효과

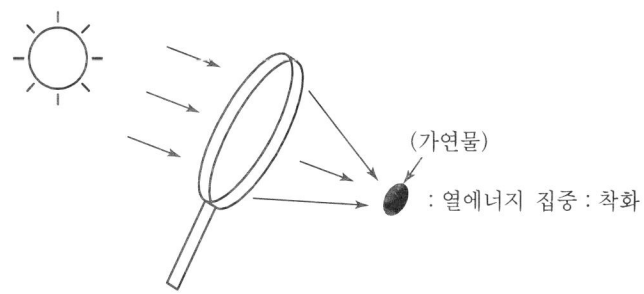

(2) 태양과 지구의 방위

1) 여름철 : 태양의 방위가 높다.
2) 겨울철 : 태양의 방위가 낮아 햇빛이 집안 깊숙이 인입
   주방, 베란다 등에서 착화하여 수렴화재 발생

2. 수렴화재의 사례

(1) PET병에 담긴 물

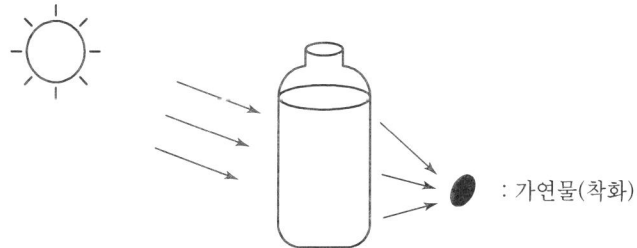

(2) 세숫대야의 반사광

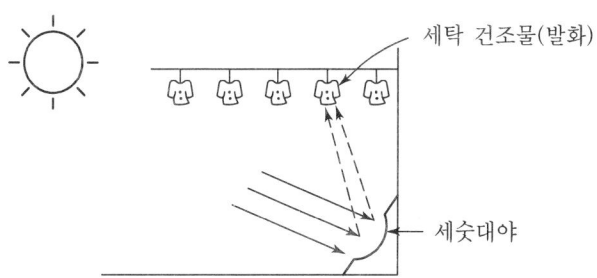

3. 결론

화재원인의 조사·분석에서 화재원인이 분명하지 않은 경우 또는 발화원이 미상인 경우에는 상기와 같은 수렴화재의 원인도 생각해 볼 필요가 있다.

12 화재안전의 기본목적

1. 화재안전의 기본목적

(1) 인명보호
화재로 인한 입주자·일반 이용자·소방관의 부상 및 인명의 손실을 최소화

(2) 재산보호
화재로부터 입게 되는 재산상의 피해와 문화적·역사적인 보존물의 피해를 최소화

(3) 기업활동의 보호
기업활동의 연속성 유지 및 생산·작업능력의 보호

(4) 환경피해의 최소화
화재로 인한 환경의 피해(열·연기·물·가스)를 최소화

2. 화재안전의 기타목적

(1) 건축비용의 절감
(2) 설계유연성의 최대화
(3) 역사적·문화적 건축물에 대한 피해의 최소화
(4) 입주자에 대한 화재안전관련 교육·훈련의 제공

3. 결론

이러한 화재안전의 목적에 대하여 보다 효과적이고 경제적으로 접근하기 위해서는 우선, 방화설계에 있어서 사양기준의 틀에 맞추는 설계보다는 성능실행위주적인 방화설계를 지향하여야 한다.

13 Fire Modeling

1. 개요

화재모델이란 화재현상을 수식적으로 완전하게 표현할 수 없는 경우, 이러한 부분을 시뮬레이션하여 근사적으로 수식화하고 그 결과를 분석하여 화재상황과 그에 따른 환경변화를 예측하는 것으로 존모델, 필드모델, 감지모델, 피난모델, 내화모델, 네트워크 모델 등이 있다.

2. Fire Model의 종류

(1) Field Model

1) 개념

① 화재예상공간을 많은 수의 작은 단위로 분할하고,

② 분할된 각 공간에 대하여 유체운동 및 열에너지 등에 관한 지배방정식을 적용한 정밀한 계산에 의하여,

③ 열·연기 이동상태 등의 연소현상과 화재상황을 예측·판단해가는 모델

2) 특성

① 장점

㉮ 정확하고 상세함

㉯ 단위공간 내에서 구체적인 연소가스의 흐름·온도분포 등을 계산할 수 있다.

② 단점

㉮ 대규모 공간에서 연소현상을 총체적으로 취급하기 곤란함

㉯ 큰 비용과 시간이 필요

(2) Zone Model

1) 개념

① 화재예상공간을 상부고온층과 하부실온층 등으로 크게 몇 개의 Zone으로 나누고,

② 화재발생시 각 Zone 내에서 발생할 화재현상과 각 Zone 간에 일어날 상호

작용에 관한 내용을 수식화된 모델을 이용해 기술하고,
③ 그 결과를 분석하여 화재상황을 예측하는 방법

2) 특성

① 장점

㉮ 건물 전체에 대한 종합적인 화재상황의 예측·평가에 유용하다.
㉯ 현재 가장 많이 사용된다.

② 단점

상세한 정보를 얻기 어렵다.

(3) NetWork Model

1) 개념

① 예상화재공간의 방 하나하나를 계산단위체적으로 고려하는 기법, 즉 화재실당 1개의 제어량을 이용
② 건물이 여러 개의 제어 Zone으로 나누어지고, 그 각각의 Zone은 균일한 압력과 온도를 갖는 것으로 가정한다.

2) 장점

① 화재실로부터 멀리 떨어진 공간의 상태를 예측
② 많은 실을 관장하는 고층건물에 적합

(4) 화재감지모델(Detector Response Model)

1) 개념

① 스프링클러 및 열·연기감지기의 반응시간을 계산하기 위한 모델
② 존모델 및 화재감지부의 반응을 결정하는 서브모델을 적용

2) 특성

① 화재감지기 작동에 따른 ASET와 RSET의 결정에 영향을 준다.
② 입력변수는 마감재료, 헤드·감지기의 설치위치, 작동온도, RTI, 열방출율 등
③ 적용 소프트웨어 : DATACT-QS, G-JET, LABENT 등

(5) 피난모델(Egress Model)

1) 개념

① 화재시 건물 내부의 거주자가 피난하는 데 소요되는 시간을 예측

② 존모델과 연계하여 화재시 실내체류가 가능한 시간을 예측

2) 기대 효과

① 화재시 피난시간 및 체류가능시간의 예측

② 피난시 정체되는 공간을 검토

③ 성능위주설계를 통하여 법규상의 문제점에 대한 대안을 제시

(6) 내화모델(Fire Endurance Model)

1) 개념

① 화재에 노출되는 건축부재의 화재성상을 예측하는 모델

② 개념적으로 필드모델과 동일한 해석을 수행함

2) Mechanism

① 건축부재를 작은 체적으로 분할하여

② 화재시의 열전달과 기계적 거동을 해석하고,

③ 최종적인 붕괴시점을 계산

3) 기대효과

① 기둥·보의 변형 및 붕괴되는 시간을 예측

② 임의의 부재단면에서의 시간-온도 곡선을 계산

3. 결론

(1) 화재모델의 적용

1) Field Model : 작은 단위공간 내에서 화재상황을 정밀하게 파악하는 데 유용함

2) Zone Model 및 Network Model : 건물 전체 화재상황을 예측하는 데 적합

(2) 화재 모델링의 기대효과

1) 화재시 실내온도 상승시간의 예측

2) 안전피난시간 계산

3) 연기의 생성 및 이동 계산

4) 스프링클러 및 화재감지기 작동시간 계산

5) 주요 방화대상물 간의 안전이동거리 계산

14. Fire Modeling시 고려사항

1. 개요
화재모델의 사용시에는 열과 연기에 대한 공학적 분석능력을 토대로 아래와 같은 사항을 충분히 고려하여 적절한 입력조건을 결정해야 한다.

2. 화재모델 사용시 고려사항

(1) 건축물의 공간 특성

1) 공간의 구성 및 규모
   ① 배치형태
   ② 공간의 길이·폭·높이
   ③ 천장의 높이 : 연기의 양, 연기경계면(Clear Layer) 높이
   ④ 방화구획 및 제연구역의 크기 : 피난시간의 판단 등을 결정하는 요소

2) 입면 설정
   여러 개의 실(Zone)을 모델링하는 경우, 각 실의 바닥높이를 각각 지정

3) 마감재
   마감재의 표면적과 재질의 종류를 통하여 열적 특성값(열전도율, 밀도, 비열)을 결정

4) 개구부
   ① 개구부의 면적 : 전체 공기 유통량을 결정
   ② 개구부의 위치·모양 : 개구부의 상단과 하단의 높이를 결정

(2) 화재 특성

1) 가연물의 종류(발열량)
2) 가연물의 양 : 화재지속시간을 결정
3) 화원 위치
4) 화원 면적

(3) 화재감지 및 소화설비

1) 열·연기감지기의 작동 기준값 선정
2) 스프링클러헤드 사양
    ① RTI(반응시간지수)
    ② K-factor(유량계수)
    ③ C-factor(방출계수)
    ④ 헤드작동온도
    ⑤ Spray Angle

(4) HVAC의 연동제어

1) 발화시 또는 스프링클러나 감지기 작동시 HVAC(Heating, Ventilating and Air Conditioning) 정지·제어의 결정
2) 배기구 위치선정

3. 결론

(1) 화재모델은 그것이 적합하게 사용되었을 경우에만 합리적이고 경제적인 방화설계가 가능하게 된다.
(2) 모델 사용자는 대상공간에 대한 열·연기의 공학적인 해석능력과 선정된 모델에 대한 특성의 이해가 필수적이다.
(3) 화재모델의 효과적 사용의 조건
    1) 입력자료의 적정한 선정
    2) 데이터 확보를 위한 관련분야의 연구 및 실행

[Reference]

1. 화재모델링의 입력자료

(1) 화재실의 크기 : 실의 길이·폭·높이 및 천장부의 부피·높이
(2) 방화구획 및 제연구역의 크기
(3) 화재하중
(4) 제연경계의 폭(0.6m 이상)
(5) 방화댐퍼 휴즈블링크의 작동온도

(6) 실내공기온도

(7) 실내로의 공기공급(환기상태)

(8) 외부의 온도 · 풍속 등의 기상자료

(9) 스프링클러헤드 사양

① K-factor(유량계수)

② C-factor(방출계수)

③ RTI(반응시간지수)

④ Spray Angle

⑤ 헤드작동온도

(10) 실내마감재 : 표면적과 재질

(11) 개구부 : 면적 및 위치

2. Zone Model과 Field Model의 차이점

	Zone Model	Field Model
화재 규모 적응 화재 해석 표현 지배방정식	대규모 : 다수층 · 다수실 연소확대 이후 거시적 표현 1층 상미분 방정식	소규모 : 소수실 초기화재 및 확대화재 상세 표현 2층 편미분방정식
보존식	• 에너지보존방정식 • 질량 보존식	• 에너지보존방정식 • 질량보존식 • 운동량보존식
수치해법	• 기어법 • 뉴턴법 • 롱게쿠터법	• 유한차분법 • 유한요소법 • 경계요소법
계산방식	• 컴퓨터(PC) • 워크스테이션(WS)을 이용한 계산	• 슈퍼컴퓨터를 이용한 계산
계산시간 계산비용	수 분~수 시간 무료~수 백만원	수 시간~수 십일 수 백만원~수 천만원
사용모델	ASET, CFAST, BRI	FDS, JASMINE, 3D

15. Fire Simulation

1. 개요

화재시뮬레이션이란 화재를 재현하여 실물실험을 하는 대신 공인된 전산프로그램을 이용하여 화재성상을 공학적으로 분석하고, 화재모델링 등을 통하여 연소에너지·연기의 발생량과 이동, 전실화재 등을 판단·예측하는 과정을 말한다.

2. 화재시뮬레이션의 기대효과

(1) 허용피난시간의 예측
(2) 소방시설의 유효성 검토 : 화재감지기 및 스프링클러의 작동시간 산출 등
(3) 열에너지의 발생·이동에 대한 구조물의 영향성 분석
(4) 연기의 발생량과 이동에 대한 분석

3. 주요 분석내용

(1) 화염전파(연소에너지 이동) : 시간대별 열Flux의 변화 등
(2) 연기발생량 및 연기층의 하강시간 예측 : (허용피난시간 관련)
(3) 연소가스의 유독성 : CO, CO_2, HCl, HCN 등의 시간대별 농도 변화 등
(4) 전실화재 도달시간 예측
(5) 화재실 실내온도의 예측
(6) 화재감지기 및 스프링클러 작동시간 예측

4. 화재 시뮬레이션의 적용 프로그램

(1) Field Model

 1) 화재예상공간을 많은 수의 작은 단위로 분할
 2) 화재시 열·연기의 유체운동과 에너지에 관한 지배방정식을 적용한 정밀한 계산에 의하여 화재상황을 예측
 3) 종류 : FLOW, 3D, JASMINE, FDS

(2) Zone Model

 1) 화재예상공간을 몇 개의 큰 Zone으로 분할

2) 화재시 각 Zone 내에서 일어날 화재현상과 각 Zone 상호간에 일어날 상호작용에 관한 내용을 수식화된 모델을 이용하여 기술

3) 종류 : ASET, CFAST, BRI, FASTLITE

(3) Network Model

1) 화재예상공간의 방 하나하나를 계산단위체적으로 고려하는 기법
2) 즉, 화재실당 1개의 제어량을 이용하므로 많은 실을 관장하는 데 유리함

(4) 경험모델(Experimental Model)

1) 실험결과에 근거하여 화재현상을 표현하는 모델
2) 즉, 화재실험에 의하여 측정한 데이터를 수학적 개념으로 해석하고, 현상을 지배하는 파라메터를 조사하여 현상론적으로 체계를 부여하기 위한 모델로 제안된 것이다.
3) 경험모델의 적용 [예]
   ① 화염모델(Fire Flame Model)
      가연물의 열분해·연소에 따라 발생하는 화염 및 화재기류의 상승에 대하여 평가하는 모델
   ② Ceiling-jet 모델
      화재기류의 천장면 등에서의 영향을 평가하는 모델
   ③ 압력분포모델
      건물 내의 압력분포에 따라 연기·가스 등을 함유한 화재기류의 유동을 분석한다.

5. 화재시뮬레이션 프로그램 운용시 유의사항

(1) 화재현상을 표현하는 기초방정식을 정확하게 수행하여야 한다.
(2) 비선형 방정식으로 모든 경우의 구득은 불가하므로, 적절한 수치해석이 필요함
(3) 적절한 Scheme 및 알고리즘을 선택하여야 한다.(계산시간과 기억용량이 필요이상으로 커져 사용이 불가능할 수도 있기 때문임)
(4) 실험치와 시뮬레이션 결과의 비교를 통해 모델의 타당성을 판단한다.
(5) 수학적·수치해석적으로 맞지 않지만 시뮬레이션 결과에는 그럴듯한 결과가 도출될 수도 있다는 점을 유의하여야 한다.(그러므로 Fire Dynamics에 대한 충분한 해석능력을 갖추어야 한다.)

6. 결론

〈화재시뮬레이션의 활용방안 및 기대효과〉

(1) 화재발생 후 진압까지의 시간 및 진압효율성 판단
(2) 허용피난시간 예측
(3) 소방시설의 유효성 검토
(4) 열에너지 이동에 대한 구조물의 영향성 분석

[Reference]

1. 실내화재시 사람의 체류가능 조건

(1) 실내 최대온도 : 100~110℃
(2) 최저 산소농도 : 15% 이상
(3) 연기층(청결층) 높이 : 바닥에서 1.5m 이상

2. Clear Layer 조건(인명안전기준)

(1) 실내 최대온도(열에 의한 영향) : 60℃ 이하
(2) 최저 산소농도 : 15% 이상
(3) CO 농도 : 1,400ppm 이하
(4) CO_2 농도 : 5% 이하
(5) 연기층(청결층) 높이(호흡한계선) : 바닥으로부터 1.8m 이상
(6) 허용가시거리 : 집회시설 및 판매시설 10m
        기타시설 5m
(7) 연기입자농도 : 5,000mg/m³ 이하

16 화재발생의 방지대책

1. 개요

(1) 재해발생의 Mechanism

　1) 원인계(사전대책)

　　① 위험평가
　　② 예방진단
　　③ 안전관리

　2) 현상계

　　① 예방(Prevention)
　　② 억제(Suppression)
　　③ 방호(Protection)

　3) 결과계(사후대책) : 보상 · 복구

(2) 물질의 발화조건

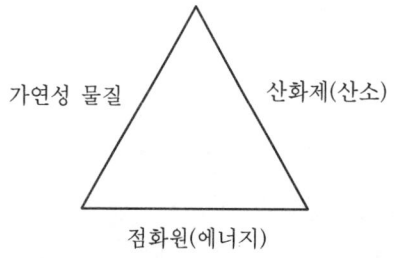

2. 물질발화의 예방대책

(1) 물질조건에 바탕을 둔 예방대책

　1) 재료의 불연화

　　① 재료 자체의 불연화 또는 난연화
　　② 발열속도가 낮은 재료로 교체

　2) 조성(농도) 변화

　　① 가연성물질과 산화제의 혼합조성을 가연범위 외(外)로 유지

㉮ 하한계 이하 : 통풍, 환기

㉯ 상한계 이상 : 휘발유 등의 밀폐 저장

② 불활성화(Purge) : 제3의 물질을 첨가하여 3성분계의 조성을 가연범위 외(外)로 유지

㉮ 단순 불활성물질을 혼합하는 방식

기체첨가제 : CO_2, N_2, 수증기

㉯ 연소억제제를 혼합하는 방식

연소억제제(라디칼 포착제 : Radical Scevenger)

: 할로겐화 탄화수소, 사염화탄소(CCl_4), 브롬화메틸(CH_3Br)

㉠ 연소의 화학반응에 직접 관계해서 OH와 같은 활성의 연쇄전달체를 포착하여 연쇄반응을 중단시키는 작용

㉡ Radical Scavenger의 Mechanism

- $OH + H_2 \rightarrow H_2O + H$: 발열전파반응
- $H + O_2 \rightarrow OH + O$: 연쇄분기반응
- $OH + Hx \rightarrow H_2O + X$: 억제반응
- $X + RH \rightarrow Hx + R$(알킬기) : 재생반응

(2) 발화에너지 조건에 바탕을 둔 예방대책

1) 전기회로 불꽃

① 방폭전기기기 : 전기불꽃이 발생하는 공간이 가연성가스가 존재하는 공간과 격리되는 구조

② 본질안전방폭 : 회로설계에서 전기회로 불꽃에너지를 가연성혼합기의 최소 발화에너지 미만으로 하는 방식

2) 정전기 불꽃

① 정전하의 발생을 방지

② 정전하의 축적을 방지

3) 열면에 의한 발화

발화 가능한 열면의 발생을 억제 : 열면의 크기 및 가연성 기체의 유속을 조절

4) 나화

인적 원인이 많으므로 관리에 의하여 제거 가능

17. 전기화재의 발생원인

1. 개요
전기화재의 원인을 분석하려면 연소의 3요소 중의 하나인 발화원이 전기에너지인 경우를 모두 분석하여야 하며, 이것은 출화경과에 따라 다음과 같이 분류한다.

2. 전기화재원인의 종류

(1) 과전류에 의한 발화
1) 전선에 전류가 흐르면 Joule의 법칙에 의해 열이 발생하는데, 과전류에 의해 발열과 방열의 평형이 깨지면 발화의 원인이 된다.
2) 과전류의 원인
   ① 과부하 운전
   ② 전선의 규정용량 미달

(2) 단락(Short)
1) 전선의 절연이 파괴되면 부하가 접속되어 있지 않은 상태에서 전원만의 폐회로가 구성되어 전류가 무한대로 흐르는 현상
2) 단락시 발생되는 열 및 스파크가 주위의 가연성물질에 착화

(3) 지락
전류가 흐르고 있는 전선로가 대지에 접촉하였을 때 전류가 대지로 흐르는 현상

(4) 누전
1) 전선이나 전기기기의 절연이 파괴되어 전류가 규정전로를 이탈하여 흐르는 현상
2) 누전시의 발열이 축적되어 가연물에 착화

(5) 접속부 과열(접촉불량)
1) 전선이나 단자 사이의 접촉불량으로 저항이 증가하여 열 발생
2) [예] 아산화동 발열현상

(6) Arc 또는 Spark에 의한 발화

전원스위치에 의한 전류의 차단 또는 투입시 발생하는 불꽃방전현상

(7) 절연체의 열화 또는 탄화

유기질 절연체의 경년변화에 의한 열화로 절연성 저하

(8) 열적 경과

발열체의 전기기기 등을 방열이 잘 되지 않는 장소에서 사용할 경우 열의 축적에 의하여 발화

(9) 낙뢰

1) 낙뢰가 전선로에 유입되었을 때 충격파 및 고전압의 발생으로 발화
2) 절연파괴 및 기기손상으로 인한 발화

(10) 정전기

1) 두 물체 간의 접촉, 분리, 마찰 등으로 전하가 발생하며, 이 전하가 물체 내에 축적되어 있다가 방전하면서 스파크를 발생한다.
2) 정전기 스파크로 인한 인화조건
   ① 정전기 스파크 에너지가 연료의 최소착화에너지 이상일 것
   ② 가연성가스의 혼합농도가 폭발범위 내에 있을 것
   ③ 방전하기에 충분한 전위가 있을 것

3. 전기화재의 방지대책

(1) 과전류

1) 전선의 용량을 부하의 허용전류 이상이 되는 것으로 선정
2) 과전류 차단기 또는 전력퓨즈 설치

(2) 누전

1) 누전차단기 설치(단, 소방설비의 전원회로는 제외)
2) 누전경보기 설치
3) 접지 및 Bonding
4) 정기적 검사 : 회로의 절연저항 측정

(3) Spark

1) 스파크 발생기구는 가연물에서 1m 이상 이격
2) 스파크 발생 예상부위는 방폭화 조치

(4) 접속부 과열

정기점검 실시 : 접속부에 접촉불량, 발열, 이완 등이 없도록 조치

(5) 절연체의 열화

정기점검 실시 : 불량·노후된 절연 부위는 교체

(6) 낙뢰

피뢰설비 설치

(7) 정전기

1) 정전기의 생성을 억제

① 습도를 높게 : 상대습도 70% 이상
② 물체 간 마찰·충격·접촉을 통제
③ 액체의 교반·침강·와류·유속의 통제
④ 불순물 등 이물질의 혼입을 통제
⑤ Spark Gap의 존재를 통제
⑥ 제전기 사용 : 공기의 이온화
⑦ 전기전도성 물질을 사용

2) 정전기 축적을 통제

① 접지 및 본딩
② 정전기 소멸시간 확보
③ 대전물체의 표면을 차폐
④ 제전기에 의한 대전방지 : 발생전하의 반대극성의 정전기를 공급하여 중화하는 방법

3) 정전기의 방전을 억제

① 대전물체 주위에서 마찰·충격을 제한
② 정전유도 및 방전가능성 물체의 접근을 제한

18. 아아크(Arc)와 스파크(Spark)

1. 개요

(1) 아아크(Arc)

흐르고 있는 전기를 끊을 때 즉, 접점이 떨어지는 순간 갑자기 절단되어 흐르던 전류가 큰 공기저항을 만나 계속 흐르려는 성질(관성의 법칙)에 의해 큰 저항이 걸려 열과 빛이 발생하는 현상

(2) 스파크(Spark)

전기를 투입할 때 즉, 접점이 붙는 순간 전위차로 인해 생기는 정전기의 두 전하가 어느 정도 이내의 거리로 오면 전하의 평형을 유지하려는 특성에 따라 큰 전류가 급격하게 흐르므로 인해 열과 빛이 발생하는 현상

2. Arc와 Spark의 공통점

(1) 매질(공기, 가스 또는 기름 등)의 절연이 파괴되어 절연매질을 통해서 이상전류가 흐른다는 점에서는 Arc나 Spark나 동일한 공통점이라 할 수 있다.

(2) 이러한 전류의 흐름에 의한 전기에너지 방출현상에 의해 강한 빛과 고온의 열을 발산한다는 점도 공통점이다.

(3) 즉, 절연된 두 전극 사이의 매질에 강한 전계가 가해지면 매질의 절연이 파괴되어 도전로를 형성하며, 이 도전로를 따라 전류가 흐른다. 이러한 이상전류의 흐름으로 인한 불꽃방전현상이 Arc와 Spark의 공통점이라 할 수 있다.

3. Arc와 Spark의 차이점

	Arc	Spark
발생원인	전기를 끊을 때(접점 개방시) : 흐르는 전류를 절단시키는 경우	전기를 투입할 때(접점 닫을 때) : 전위차가 다른 두 전하가 접근하게 되는 경우
발생시간	지속적(연속적)으로 발생	순간적으로 발생
전위	두 접점의 전위가 같을 때	두 접점의 전위가 다를 때
연소특성	전기(Arc)용접, 제철공장의 Arc로(용광로)	정전기방전, 가솔린엔진의 점화플러그, 벼락(번개)

4. 결론

(1) Arc와 Spark는 절연이 파괴되어 절연매질을 통해서 이상전류가 흐른다는 점과, 이러한 전류의 흐름에 의한 전기에너지 방출현상에 의해 강한 빛과 고온의 열을 발산한다는 점은 공통점이다.

(2) Arc는 흐르는 전류를 절단시키는 경우에 발생하며 또, 지속적(연속적)으로 발생하는데 비해, Spark는 전기를 투입할 때 즉, 전위차가 다른 두 전하가 접근할 때 발생하고 또, 순간적으로 발생하면서 고온의 고체입자를 발생하는 점이 차이점이라 할 수 있다.

19 전기화재 발생의 Mechanism

1. 개요

(1) 전기화재에서 발화의 주요인은 과전류 또는 방전불꽃으로 요약되며,

(2) 전기화재에서 발화의 형태로는 탄화현상(Graphite)과 아산화동 증식발열현상 등을 들 수 있다.

2. 전기화재 발생의 Mechanism

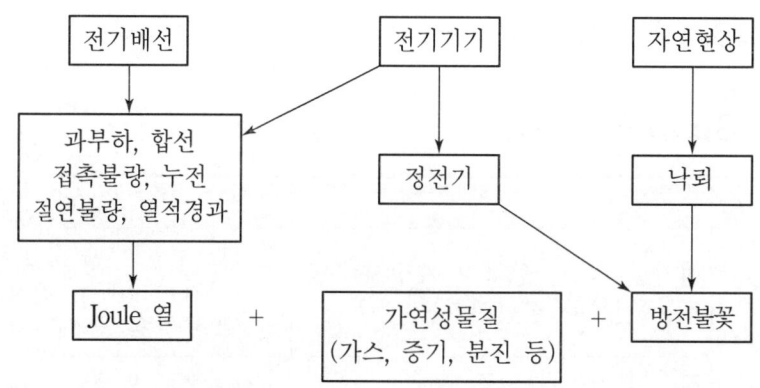

(1) 탄화현상(Graphite Phenomena)

  1) 정의

   전기적인 절연체인 유기물이나 무기물에는 전기가 통하지 않으나, 경년변화나

먼지·수분 등의 영향에 의한 미소불꽃방전 등으로 장기간 가열이 반복되면
재료의 절연성능이 열화되고 점차로 탄화되어 도전성을 띠게 되는 현상

2) 탄화현상에는 Tracking 현상과 가네하라 현상이 있다.

(2) Tracking 현상

1) 정의

전기절연물의 표면에서 경년변화나 먼지·수분 등의 영향으로 발생한 미소불꽃방전에 의하여 탄화도전통로(Track)가 생성되는 현상

2) Tracking의 Mechanism

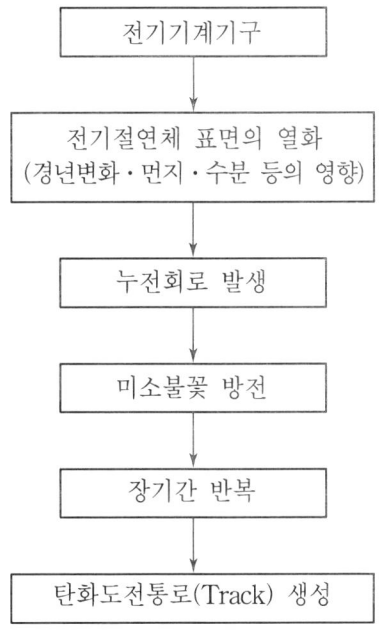

3) 트래킹현상에 영향을 주는 요인

① 인가전압의 크기
② 전극의 형상
③ 누설전류의 크기
④ 절연재료의 표면상태

4) 트래킹의 방지대책

① 과전류·누전차단기 설치
② 정격용량의 퓨즈·배선용차단기 적용
③ 배선은 정격용량 이상으로 설계
④ 분전반 내부로의 이물질 유입 방지
⑤ 환경제어 : 먼지, 습기, 부식성가스 등의 발생 방지
⑥ 소규모 방전방지 : 콘센트 이용시 플러그를 깊게 삽입 등
⑦ 내용연수에 따른 정기적인 부품 교체

(3) 가네하라 현상

1) 가네하라 이론

전기에 의한 탄화는 다른 조건에 의한 탄화보다 절연성이 적다는 이론

2) 가네하라 현상의 개념

Tracking 현상에 의해 생성된 탄화 도전로가 증식·확대되면 절연체의 탄화(흑연화)로 인하여 부도체상에서 도체상태로 되므로 전류가 잘 흐르게 되어 Joule 열이 증대하여 결국 발화하게 되는 현상

3) 가네하라 현상의 Mechanism

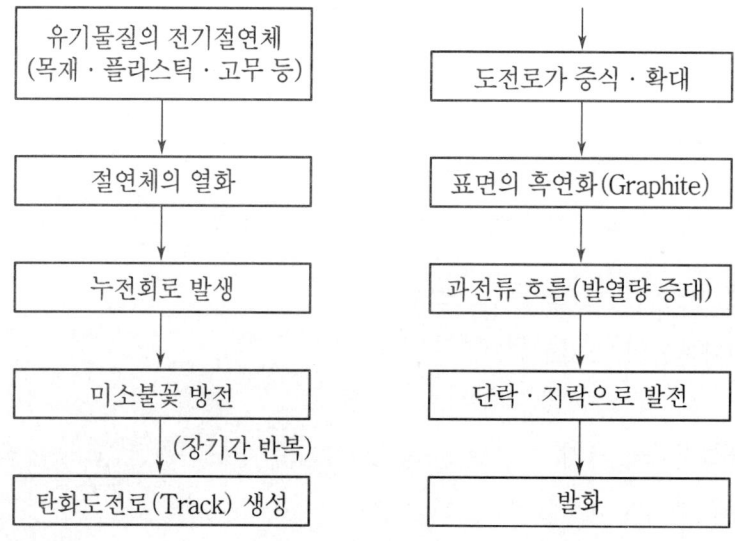

3. 아산화동 증식발열현상

(1) 개념

동선과 단자의 접속부분에 접촉불량이 있을 때 이 부분의 동이 산화·발열하여 주위의 동을 용해하여 들어가면서 아산화동(Cu_2O)이 증식되어 발열하는 현상

(2) 아산화동의 저항특성과 발열온도

1) 아산화동은 반도체로서 부(-)의 저항온도계수를 갖는다.
2) 온도가 상승하면 저항이 현저히 감소하여 1,050℃ 부근에서 약 3Ω 정도로 가장 적게 된다.
3) 아산화동에 일단 고온부가 생기면 타 부분보다 저항치가 낮은 이 부분에 집중적으로 전류가 흘러 고온상태가 유지된다.
4) 이때, 동의 융점이 1,080℃로 아산화동의 고온부 온도와 유사하므로 이 고온부 주위의 동이 녹아 산화하게 되며, 그 결과 아산화동이 증식되어간다.

(3) 발생조건 및 특징

1) 도체의 굵기 및 전류치에 따라 일정범위 내에서 발생하며 그 한계가 있다.
2) 경험적·실험적인 현상의 발생이 확인되어 있다고 해도 그 조건의 범위 내에서 반드시 발생하는 것은 아니다.
3) 즉, 단순히 줄의 법칙만으로는 설명되지 않으며 미소전류라도 발화할 수 있다는 것이 이 현상의 특징이다.

4. 결론

[Tracking 현상과 가네하라 현상의 차이점]

	Tracking	가네하라
개념	전기기구 재료의 절연성능 열화의 일종	저압누전화재의 발화기구
발생 대상물	전기기계기구	유기물질의 전기절연체
발화 여부	발화 미포함	발화까지 포함

20. 단면결함전선에서의 화재발생 Mechanism

1. 개요

(1) 전기화재의 주요원인으로 합선, 과부하, 누전, 접촉불량 등을 들 수 있다.

(2) 그러나, 합선에 의한 전기화재는 먼저 1차적인 과부하나 접촉불량에 의한 열 발생으로 전선피복이 녹아 전선의 단면적 감소가 원인이 되어 합선(Short)이 발생되는 경우가 많다.

2. 단면결함을 가진 전선에서의 발화과정

(1) 전선에서의 발열량은

1) 저항에 비례한다.
2) 저항은 전선로의 단면적에 반비례한다.
3) 저항은 전선로의 길이 및 재질의 고유저항에 비례한다.

(2) 발화 Mechanism

1) 접촉불량부위에서는 단면적의 감소로 저항 증가
2) 이로 인한 발열량 증가
3) 결함부위의 길이가 길어지면 저항증가로 인해 발열량이 더욱 증가됨
4) 발생한 열이 열전도 및 대류에 의해 주변으로 이동
5) 열발생 속도가 주변으로의 열전달속도보다 빠르면
   ① 전선의 온도상승
   ② 피복재 용융
   ③ 전선의 단락·합선
   ④ 아크 발생
   ⑤ 착화
6) 결함전선에서 발열온도가 과대할 경우
   ① 구리전선은 적열되어 곧 단선된다.
      이때의 온도는 구리의 용융온도보다 훨씬 낮음
   ② 즉, 구리선의 용융 만에 의한 단선이 아니고 전선에 작용하는 장력, 자중, 내부 응력 등을 감당하지 못하여 단선된다.

③ 이때, 피복재의 용융 및 발화 가능성은 낮다.
④ 다만, 구리선의 고온발열상태가 지속될 경우에는 피복재의 용융·발화가 진행될 수 있다.

3. 결론

전기 Cable의 화재예방대책으로 과부하, 누전 등의 방지도 중요하지만, 접속불량 등에 의한 전선의 단면결함으로 인한 발열의 원인을 제공하지 않도록 하는 것도 매우 중요하다.

21 전기Cable 방화대책

1. 개요

(1) 케이블의 피복재는 고분자화합물질로서 열에 의해 분해되며, 연소시 독성·부식성 연기를 발생하므로 2차재해도 유발할 수 있다.
(2) 케이블의 연소방지를 위해서는 Non halogen 난연재를 사용한다.

2. Cable의 연소특성

(1) Cable의 구조

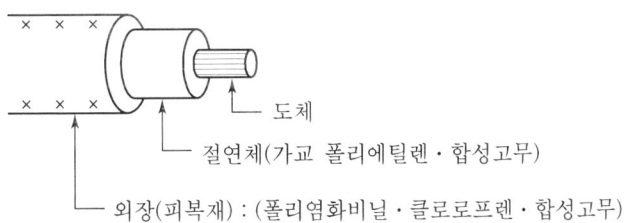

— 도체
— 절연체(가교 폴리에틸렌·합성고무)
— 외장(피복재) : (폴리염화비닐·클로로프렌·합성고무)

(2) 연소특성

1) Cable의 절연체 및 외장 피복재는 고분자화합물로 구성
2) 화재시 열에 의해 이 재료가 용융·분해되며
3) 이때 발생한 분해가스가 공기중의 산소와 반응하여 발화·연소한다.

(3) Cable의 배선상태와 연소성의 관계

1) 단조배선 < 다조배선

2) 수평배선 < 경사배선 < 수직배선

3. Cable 화재의 발생원인

(1) 자체발화

1) 과전류 : Cable 허용전류의 초과 사용
2) 단락·지락에 의한 대전류 Arc로 인한 발화
3) 누전 : 절연체 열화·파괴
4) 접속부 이완
5) 정전기

(2) 외부영향에 의한 인화

1) 케이블 주변의 가연물 연소에 의한 인화
2) 용접 불티에 의한 인화
3) 기타 전기기기류의 과열·연소

4. Cable 화재의 예방대책

(1) Cable의 난연화
    1) Cable 피복재로 난연재료 사용
    2) Cable 피복의 후처리로 난연화
        ① 방화도료(단, Non halogen 물질에 한함)
        ② 방화테이프
        ③ 방화시트

(2) 전선로의 설계·시공의 적정화
    1) 케이블을 금속덕트 또는 배선 전용실에 설치
    2) Cable을 Tray에 설치시 : 케이블 간 최소이격거리 이상 유지
    3) 약전류 전선과의 이격거리
        ① 저압·고압선 : 30cm 이상
        ② 특고압선 : 60cm 이상
    4) Cable의 구획 관통부 : 방화 Seal 처리

(3) Cable 온도감시장치 설치

(4) 누전경보기 설치

(5) 자동화재경보설비 설치
(6) 초기소화시스템 구축 : 장기적으로는 습식 스프링클러설비를 권장
(7) 정기적인 점검 및 절연진단 실시

5. 결론

상기 대책의 실용화를 촉진하기 위해서는
(1) 케이블 화재안전기준의 법규 보강
(2) 난연성 케이블에 대한 인증 및 시험기준의 제정
(3) 케이블의 난연화 기술 및 시공기술의 연구개발 등이 필요함

22. 과전류에 의한 화재발생 Mechanism

1. 개요

전기기기에서 안전하게 사용할 수 있는 정격전류 또는 도선의 정격용량보다 높은 전류가 흐르는 현상을 과전류라 하며, 이러한 과전류가 발생되면 발열량이 증가하여 발열과 방열의 균형이 깨져 발화의 원인이 될 수 있다.

2. 과전류를 일으키는 주요원인

(1) 과부하 운전
(2) 시스템 또는 배선회로의 단락
(3) 지락

3. 과전류에 의한 화재발생 Mechanism

(1) 'Joule의 법칙'에 의해 전류증가에 따른 발열량의 증가

$$H = I^2 RT$$

여기서, H : 발열량[kwh]
I : 전류[A]
R : 저항[Ω]
T : 시간[hr]

(2) 전류와 발열량의 상관관계

1) 정상운전시 정격전류(I_1)로 사용되는 시스템에 어떤 원인에 의해 과전류가 흐르게 되면, 발열량은 전류의 제곱에 비례하여 $H_1 \rightarrow H_2$로 증가한다.

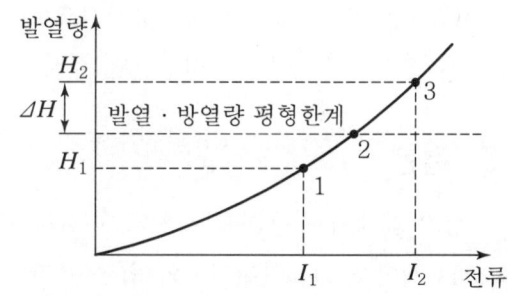

2) 발열량과 방열량의 평형한계가 2지점이라면, 그 한계를 초과한 양(ΔH)만큼 열이 축적된다.

3) 이렇게 발열량이 방열량보다 많은 상태가 지속된다면 그 발열량의 축적에 의해 그 부위가 과열되어 절연피복의 용융·연소 및 주변 가연물에 대하여도 열면(점화원) 역할을 하게 되어 발화한다.

4. 결론

〈과전류로 인한 화재발생의 예방대책〉

(1) 과전류 차단기 또는 전력퓨즈 설치
(2) 전선의 용량을 부하의 허용전류 이상 되는 것으로 선정
(3) 과전류의 원인이 될 수 있는 과부하운전, 단락, 지락 등을 방지한다.

23 연기유동에 영향을 미치는 인자

1. 개요

연기가 유동하는 요인을 크게 분류하면 실내압력차에 의한 것과 외부풍압에 의한 것, 그리고 실내의 강제기류에 의한 것이 있다.

2. 실내 압력차에 의한 연기유동

(1) 부력(Buoyancy)에 의한 압력변화

실내에서 난방 또는 화재로 인해 온도가 상승하면 고온부의 공기밀도가 저하되어 상승하려는 부력이 생긴다. 따라서, 고온부와 그 주위 부분과의 공기밀도차에 의한 부력에 의해 연기가 유동하게 된다. 또, 이때 화재실 내·외부의 압력차는 아래의 계산식으로 구할 수 있다.

$$\Delta P = P_o - P_i = (\gamma_o - \gamma_i)h = (\rho_o - \rho_i)g \cdot h$$

$$\rho = \frac{PM}{RT} = \frac{1 \times 28.96}{0.082 \times T} = \frac{353}{T} \, [\text{kg/m}^3]$$

$$\therefore \Delta P = \left(\frac{353}{T_o} - \frac{353}{T_i}\right) \times 9.8 \times h$$

$$= 3,460\left(\frac{1}{T_o} - \frac{1}{T_i}\right)h \, [\text{Pa}]$$

여기서, ΔP : 내·외부의 압력차[Pa]
P_o, P_i : 실내·외의 압력[Pa]
γ_o, γ_i : 실내·외의 공기비중량[kgf/m³]
ρ_o, ρ_i : 실내·외의 공기밀도[kg/m³]
g : 중력가속도 = 9.8[m/sec²]
h : 중성대로부터의 높이[m]
M : 공기분자량(28.96)
T_o, T_i : 실내·외 공기의 절대온도[K]
R : 기체상수 = 0.082[$l \cdot \text{atm/mol} \cdot \text{K}$]

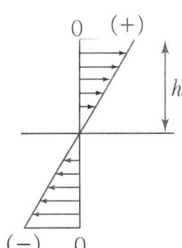

(2) 연돌효과(Stack Effect)

1) 건축물 내부의 온도가 외기온도보다 높으면 공기밀도가 낮아져 상승하려는 부력이 발생한다. 즉, 건축물 내·외부의 온도차로 인해 건축물 내의 상·하부 간에 공기밀도차가 발생하고 또, 그로 인해 부력이 발생하여 건축물 내의 수직공기 이동통로(계단, 엘리베이터샤프트, 파이프샤프트 등)에 상승기류가 형성되는 현상을 연돌효과(Stack Effect)라고 한다.

2) 또, 동절기에는 건축물 내부의 온도가 외부온도보다 높고 공기밀도는 낮기 때문에 상승기류가 발생하는 반면에, 하절기에는 건축물 내부의 온도가 외부온도보다 낮기 때문에 하강기류가 발생한다. 이 경우의 후자를 역연돌효과(Reverse Stack Effect)라고 한다.

3) 연돌효과에 의한 건축물 내·외부의 차압 계산

$$\Delta P = 3,460\left(\frac{1}{T_o} - \frac{1}{T_i}\right)h$$

여기서, ΔP : 내·외부 압력차[Pa]
T_o, T_i : 내·외 공기의 절대온도[K]
h : 중성대로부터의 높이[m]

위의 식에서 알 수 있듯이 건축물 내·외의 온도차(공기밀도차)와 중성대의 위치에 따라 건축물 내·외부의 압력차가 발생하고, 이 압력차에 의해 건축물 하부에서 건축물 내로 유입된 공기는 다시 건축물 내 상·하부 간의 공기밀도차에 의해 상승하려는 부력이 발생하여 건축물 상부로 이동하게 된다.

4) 고층건축물에서 고온연기는 매우 효과적으로 상층부로 이동하여 상층부에서부터 연기가 차게 되며, 그 연기층이 점차 커지면서 하강하게 된다. 따라서 화재 시 고층부에 있는 사람이 먼저 연기피해를 입게 된다.

(3) 공기팽창(Expansion)

1) 밀폐된 화재실의 온도가 상승하면 기체의 열팽창에 의해 기체용적이 보통 3배 이상 증대한다. 이때 그 주위 부분과의 압력차로 인해 연기가 유동하게 된다. 이들의 상관관계는 Boyle-Charles의 법칙을 이용하여 확인할 수 있다.

$$\frac{P_1 V_1}{T_1} = \frac{P_2 V_2}{T_2}$$

여기서, P : 절대압력, V : 체적, T : 절대온도

(2) 개방되는 문이 있는 화재실에서는 가스팽창에 의한 압력차를 무시할 수 있으나, 기밀이 유지된 화재실에서는 가스팽창에 의한 압력차가 중요한 역할을 한다.

3. 외부풍압에 의한 연기유동

(1) 기밀성능이 좋은 구조체의 건물에서는 외부 풍압효과에 의한 연기유동이 경미하나
(2) 개방창·개방문이 있거나 누설이 많은 구조의 건물에서, 특히 창문이 파손되었을 때 연기에 미치는 풍압효과가 매우 커서 건물 내부의 연기 이동에 큰 영향을 줄 수 있다.
(3) 바람으로 인해 건축물 표면에 작용하는 압력은 다음 식으로 표현할 수 있다.

$$P = C\rho \frac{V^2}{2}$$

여기서, P : 풍압[Pa]
C : 압력계수
ρ : 외부공기밀도[kg/m³]
V : 풍속[m/sec]

4. 건축물 내부의 강제기류에 의한 연기유동

(1) 공기조화설비(HVAC)의 영향

1) 건물 내의 공기조화설비 및 환기·배연설비 등의 기계력에 의한 기류의 강제 이동은 연기의 이동을 급속히 변화시킨다.
2) 따라서, 공조시스템 및 방연댐퍼 등을 화재감지장치와 연동시켜 화재시 자동으로 제어되게 하면 연기확산을 방지할 수 있다.

(2) 엘리베이터에 의한 피스톤 효과

1) 엘리베이터가 상·하로 이동할 때에는 엘리베이터 샤프트에 강한 압력이 작용한다.
2) 즉, 이동하는 엘리베이터 윗부분의 샤프트에는 피스톤 작용에 의해 가압이 발생하므로 인해 화재실의 연기가 다른 구역으로 급속히 확산하는 연기유동이 발생한다.
3) 또, 이동하는 엘리베이터 아랫부분의 샤프트에는 피스톤 작용에 의해 부압이 발생되므로 인해 연기가 엘리베이터 승강장 및 복도로 유입된다.

24. Hot Smoke Test

1. 개요

(1) 화재시험에서 실시험으로 한다면 연소에 의해 발생하는 연기에 독성·부식성과 많은 검댕을 포함하고 있으므로 환경피해와 실험 후 처리비용이 많이 발생한다.

(2) 이러한 문제점을 극복하기 위하여 인공적으로 발생시킨 무독성 연기에 열을 가해서 화재시와 유사한 온도 및 부력이 되게 한 상태에서 연기의 유동특성을 고찰하는 것이 Hot Smoke Test이다.

2. 시험방법

(1) 시험의 구성요소

　1) 무독성 연기 : 착색한 SF_6 가스

　2) 연기가열용 연료 : 에틸알코올

　3) 연기발생기(Smoke Generator)

　4) 가열용 팬

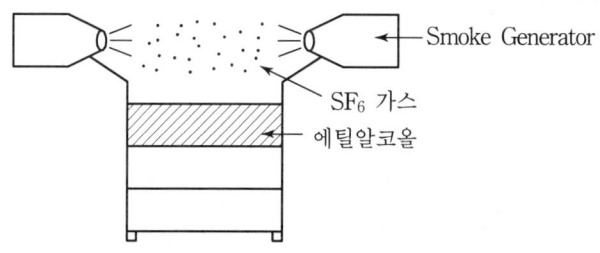

그림과 같이 가열팬의 Fire Tray에서 에틸알코올을 연소시키면서 연기발생기에서 분출되는 SF_6 가스를 가열시킨다.

(2) Ceiling Jet에 의한 천장부의 온도분포 측정

　1) 화재플럼의 고온과 부력에 의한 영향으로 천장부에 Ceiling Jet가 발생한다.

　2) Ceiling Jet에서는 화재플럼축의 중심으로부터 가까울수록 온도가 높으며 가장자리로 갈수록, 또 아래로 내려갈수록 공기유입 및 열전달에 의해 온도가 낮아진다.

　3) 이때 Hot Smoke Test를 통하여 Ceiling Jet 각 부위의 온도분포를 측정할 수 있다.

(3) 연기의 하강시간 및 확산과정시험

1) Ceiling Jet가 수평으로 확산하다가 수직벽을 만나면 Wall Jet 형태로 하강한다.
2) 이때 벽에 개구부가 있을 경우, 이를 통하여 다른 지역으로 확산한다.
3) 그 외의 벽쪽에서는 연기가 가장자리에서 부터 하강하면서 차기 시작하여 중앙으로 확산된다.
4) 이때 연기층의 Clear Layer 도달시간을 측정한다.

3. 기대효과

(1) 연기의 축적 및 이동과정의 분석
(2) 연기층의 온도분포 파악
(3) 연기의 Clear Layer 도달시간 산출 : 허용피난시간 계산에 반영
(4) 실외로의 연기누출시간 산출
(5) Hot Smoke Test로 실험한 결과와 화재시뮬레이션 프로그램에 의한 계산 결과와의 비교 분석

4. 결론

Hot Smoke Test를 통하여 연기층의 온도분포·이동성 등을 파악하여 허용피난시간 계산 및 감지기·스프링클러헤드의 선정 및 배치·설계에 반영하고, 제연설비도 성능위주로 실계한다면 소방설비의 신뢰성을 보다 높일 수 있고, 화재로부터 인명과 재산을 보호할 수 있는 설비가 될 것이다.

25. 전실화재 가능성의 예측 (NFC 555)

1. 개요

(1) 전실화재(Flash Over)는 실내화재시 천장 부분에 형성된 고온의 천장류(Ceiling Jet)에서 발생되는 복사열에 의해 실내의 연소 가능한 모든 물질이 연소하게 되는 상태를 말한다.

(2) 전실화재에 대한 예측은 거주가능시간 및 피난시간의 예측과 직결되는 것으로서 소방설계에서 매우 중요한 작업이다.

(3) 여기서는 NFPA 555의 '전실화재 가능성에 대한 예측지침'을 중심으로 하여 기술한다.

2. 전실화재 예측의 절차도

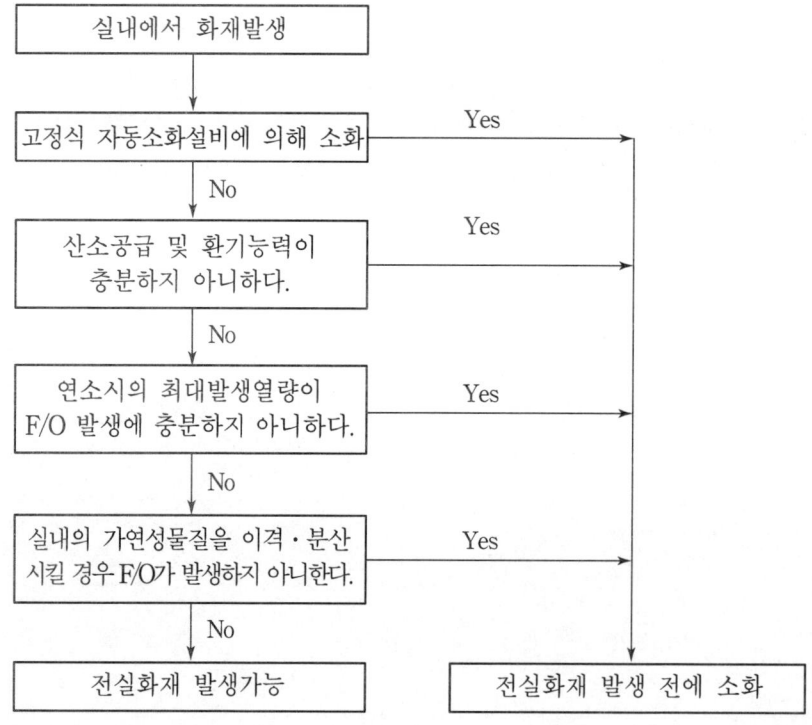

3. 전실화재 예측의 요소

(1) 고정식 자동소화설비

1) 설비의 신뢰도 평가
   ① 감지기 및 스프링클러의 응답특성(RTI)
   ② 소화수(약제)의 방사밀도 및 방사특성
   ③ 소화수(약제)의 방출지속시간
      ㉮ 국내 : 20분(단, 준초고층 : 40분, 초고층 : 60분)
      ㉯ NFPA : 30~120분
2) 자동소화설비의 설계·설치·유지에 관한 평가

(2) 산소공급 및 환기능력

1) 화재실에 대한 산소공급능력은 연소속도를 결정짓게 된다.
   ① 산소공급이 원활한 경우 : 연료지배형 화재(Fuel Controlled Fire)
   ② 산소공급이 부족한 경우 : 환기지배형 화재(Ventilation Controlled Fire)
2) 고온의 열 및 연기의 배출상태
3) 밀폐된 방에서의 연소지속시간
4) 실내천장류(Ceiling Jet)의 온도예측
5) 방 및 개구부의 모양·크기 : 방이 작고 천장이 낮으면 F/O에 유리함

(3) 연소 시 발생되는 열량

1) 수용가연물질의 연소발생열량 예측
2) 수용가연물질의 양 및 배치상태
3) 복사열에 의한 가열
4) 복사열에 의한 화재전파 예측
5) 연소속도

4. 결론

전실화재(Flash Over)의 예측요소는 크게 세 가지의 능력으로 귀결된다.
(1) 설치된 자동소화설비의 능력
(2) 산소공급능력 : 환기능력
(3) 수용가연물의 연소능력 : 연소 시 발생되는 열량

26. 콘 칼로리미터를 이용한 에너지(열) 방출속도 측정원리

1. 개요

(1) 콘 칼로리미터(Cone Calorimeter)를 이용한 건축재료의 화재연소특성 평가는 기존의 다른 시험방법에 비해 비교적 정확하고, 화재시 복합적으로 야기되는 여러 가지 연소특성들의 종합적인 측정이 가능하다.

(2) 가연성물질의 연소특성으로 발화지연성, 열방출속도, 연소생성물의 특성 등이 있으며, 이 중 열방출속도는 내장가구 등의 화재위험성 평가에서 매우 중요한 요소로 사용된다.

2. 열방출률(HRR : Heat Release Rate)에 관련되는 변수

(1) 연료의 밀도(Density of Fuel)
(2) 연료의 전도도(Conductivity of Fuel)
(3) 연료의 비열(Specific Heat of Fuel)
(4) 대기 중 산소의 질량비율
(5) 연료의 증발률
(6) 연료의 연소열
(7) 외부로의 열흐름도

3. 콘 칼로리미터시험

(1) 시험장치

 1) 복사전기히터 : Cone 형태
 2) 무게측정장치 : Sample의 질량을 측정
 3) 시험편 홀더
 4) 산소분석장치
 5) 배출시스템 : 유량측정장치 부착
 6) 교정용 버너 및 스파크 점화장치
 7) 데이터 수집 및 분석시스템

(2) 시험방법

1) 콘 형태의 복사전기히터 위에 Sample을 수평으로 설치한다.
2) 복사열 $25kW/m^2$ 또는 $35kW/m^2$에 10분간 노출시킨다.
3) 이때의 착화시간, 최대열방출률, 평균열방출률, 총방출열량을 측정한다.

4. 열방출속도의 측정원리

(1) 연소생성물 흐름 속의 산소농도를 측정하여,
(2) 그 유속으로부터 유도된 산소소비량을 측정하고
(3) 이로부터 열방출률을 유도하여 산출한다.
(4) 일반적으로 연소시 산소 1kg당 약 13,000kJ의 열방출을 한다고 가정하여 계산한다.

27 밀폐공간의 화재성상

1. 개요

(1) 밀폐공간에서 화재시 연소특성은 산소공급의 감소로 인해 불완전연소 및 훈소(Smoldering)가 많으며, 이로 인한 미연소가스 및 연기의 발생이 많아진다.
(2) 이 미연소가스가 잘 배출되지 않으면 결국 연소농도범위에 도달하여 Flash Over가 발생할 가능성이 높아진다.

2. 밀폐공간에서의 화재진행과정

<밀폐공간화재>→산소공급 부족→불완전연소→미연소가스·연기 다량발생→피난자 질식→연소농도 도달→F/O 발생

(1) 초기단계(산소공급이 충분할 때)

1) 연소확대 : 연소열에 의해 연소가스가 천장 쪽으로 확산
2) 연소가스 확산으로 인한 대류 현상 : 천장 쪽의 찬 공기는 아래쪽으로 이동
3) 실내온도 급상승
4) 가연물의 분해촉진
5) 가연성가스 발생 가속
6) Flash Over 발생(단, 산소공급이 양호할 때에 한함)

(2) 훈소단계
 1) 실내 산소농도가 급격히 감소
 2) 화재(연소)속도 감소
 3) CO 및 미연소가스 발생 증가
 4) 산소분압이 낮으므로 연소는 빨리 진행되지 못하지만 실내온도 상승에 의해 가연물 내부에서는 화학반응이 지속됨
 5) 이때 출입문 개방 등으로 외부 공기가 갑자기 유입되면 Back Draft 발생

3. 결론

밀폐공간에서의 화재는 연소초기 즉, 산소가 충분할 때는 연소가 빠르게 진행되지만 산소농도가 감소되고 난 후에는 훈소단계로 산소분압이 낮아 불완전연소로 인해 CO 등 미연소가스 발생이 증가하여 질식 등 매우 위험한 상태를 유발한다. 또, 이때 실내로 외부공기가 갑자기 유입되면 Back Draft 발생으로 폭발 등의 위험이 가중된다.

Chapter 03
방폭공학

- **[개장]** 폭발의 종류 ·· 99
  - 01. 가스폭발과 가스화재 ·· 103
  - 02. 폭굉(Detonation)과 폭연(Deflagration) ······················· 105
  - 03. 분진폭발 ··· 107
  - 04. 증기폭발 ··· 110
  - 05. 수증기폭발의 예방대책 ··· 111
  - 06. 반응폭주 ··· 112
  - 07. 화염방지기(Flame Arrestor) ·· 113
  - 08. 전기기기의 방폭구조 ·· 114
  - 09. 방폭전기기기의 선정시 유의사항 ······························ 117
  - 10. 소염거리(Quenching Distance) ···································· 119
  - 11. 화염일주한계 ··· 121
  - 12. 가스폭발화재에 미치는 가스의 농도 및 불균일성의 영향 ········· 122
  - 13. 저장조 내의 석유화재(Pool Fire) ······························· 124
  - 14. BLEVE와 Fire Ball ·· 125
  - 15. 폭발사고의 대응(방어)대책 ··· 129
  - 16. 정전기 Spark에 의한 발화대책 ·································· 132
  - 17. 가스누설경보기 ··· 137
  - 18. 폭발위험장소의 분류 ·· 141
  - 19. 석유화학공장 화재・폭발사고의 유형 ······················· 143
  - 20. 석유화학공장에서의 화재・폭발 안전대책 ················ 147

개 장

폭발의 종류

1. 개요

(1) 폭발의 정의

어떤 시스템에서 화학적 또는 물리적으로 변화를 일으켜 에너지 준위가 급격히 변화하면서 기계적인 일을 생성하는 것

(2) 폭발의 종류

1) 공정(Process)에 따른 분류

- 폭발
  - ① 물리적 폭발
    - 압력폭발
      - 보일러 폭발
      - 고압용기 파열
    - 증기폭발
      - 수증기폭발
        - 고온물체 수중 투입에 의한 폭발
        - 보일러 폭발
      - 저온액화가스의 수면유출에 의한 폭발
    - 전선(도선)폭발
  - ② 화학적 폭발
    - 산화폭발
      - 가스폭발
      - 분진폭발
      - 분무폭발(Mist 폭발)
      - 고체폭발
    - 분해폭발
    - 중합폭발
  - ③ 핵폭발

2) 폭발원인물질의 상태에 따른 분류

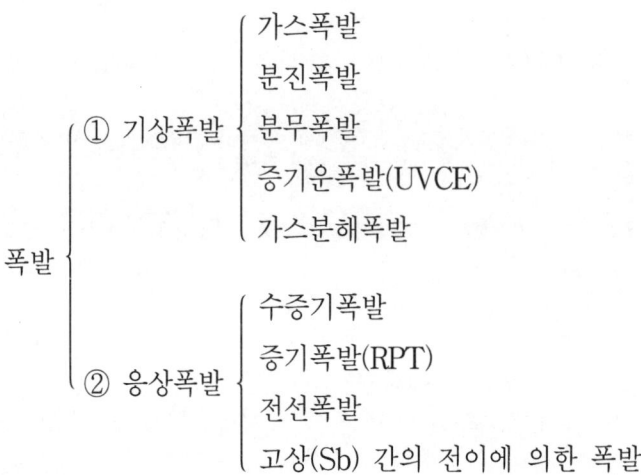

2. 폭발의 종류별 개념

여기서는 공정(Process)에 따른 폭발의 분류 위주로 기술한다.

(1) 물리적 폭발

1) 압력폭발

① 용기 내의 온도상승 또는 충격 등에 의해 내부압력이 비정상적으로 급상승하여 용기 등이 파괴되는 폭발현상
② [예] 고압용기의 파열, 보일러 폭발 등

2) 수증기폭발

고온물체가 물속에 투입되었을 때, 물의 일시적인 과열·비등으로 인하여 액상→기상으로의 상변화에 따른 기체팽창에 의한 폭발현상

3) 증기폭발(RPT : Rapid Phase Transition)

① 저온액화가스 또는 고온용융물질 등이 수면 위로 유출되었을 때, 저온액화가스 또는 물의 급격한 비등에 의한 기화현상으로, 즉 액상→기상으로의 상변화에 의한 폭발현상
② 증기폭발은 단순한 상변화에 의한 것으로 착화가 필요 없으나, 증기폭발로 인해 공기 중에 기화한 가스가 가연성일 경우, 가스폭발로 발전할 수 있다.
③ 증기폭발은 수증기폭발을 포함한다.

4) 도선(전선)폭발
   ① Al계 전선에 대전류를 흘렸을 때 과전류에 의한 발열현상으로 금속의 급격한 용융과 기화에 따른 폭발현상이 발생
   ② 즉, Al 도선의 고상 $\xrightarrow{(용융)}$ 액상 $\xrightarrow{(기화)}$ 기상으로의 급격한 전이과정에서의 폭발현상

(2) 화학적 폭발

1) 산화폭발

   산화폭발은 연소의 한 형태이며 가연성인 가스 또는 증기, 분진 등이 공기와 혼합되어 폭발농도범위 상태에서 착화원을 만나 급격한 산화반응에 의하여 폭발하는 현상

   <산화폭발의 종류>
   ① 가스폭발 : 가연성가스가 지연성가스와 혼합되어 폭발농도범위 내에서 점화원을 만나 급격히 연소하는 폭발현상
   ② 분진폭발 : 가연성 분진이 공기 중에 일정한 비율로 분포된 상태에서 점화원을 만나 급격한 연소에 의한 폭발
   ③ 분무(Mist)폭발 : 가연성액체가 무상 상태로 공기 중에 부유하고 있을 때 착화원이 가해지면 액적이 증기화하여 공기와 혼합하여 착화·폭발한다.
   ④ 고체폭발 : 화약, 유기과산화물, 유기발포제 등은 물질 자신이 산소를 갖고 있어 분자 내에서 급속한 산화반응이 발생하여 폭굉이 이루어지는 현상

2) 분해폭발
   ① 산소가 없는 조건에서도 자체의 분해반응시 그 반응열에 의한 열팽창 압력에 의해 폭발하는 현상
   ② [예] 분해성가스(아세틸렌, 산화에틸렌 등)와 자기분해성 고체류(디아조 화합물 등)의 분해시 폭발

3) 중합폭발

   염화비닐, 초산비닐 등의 중합물질 단량체(Monomer)가 급격히 중합할 때 그 반응열에 의한 열팽창 압력에 의해 폭발

(3) 핵폭발

원자핵의 분열 또는 융합에 의한 강력한 에너지의 방출현상

3. 폭발원인물질의 상태에 따른 분류

(1) 기상폭발

1) 가스폭발
2) 분진폭발
3) 분무(Mist)폭발
4) 증기운폭발(UVCE : Unconfined Vapor Cloud Explosion)
   ① 다량의 가연성 증기가 대기 중에 방출되었을 때 공기와 혼합되어 폭발농도 범위 내의 상태에서 점화원을 만나 폭발
   ② 증기운의 재해는 폭발보다는 화재가 보통이다. 즉 연소에너지의 약 20%만 폭풍파로 전환된다.
   ③ UVCE 방지대책
      ㉮ 휘발성이면서 가연성인 물질은 방출을 방지하고 재고량을 적게 유지한다.
      ㉯ 아주 낮은 농도에서 누설을 검지하는 가스분석기를 사용한다.
      ㉰ 누출되어도 Flash율을 최소화하는 조성조건으로 사용한다.
      ㉱ 누설시 초기단계에서 자동 차단하는 자동블록밸브를 설치한다.
5) 가스분해폭발
   ① 가연성가스 대부분은 분해할 때 흡열하나 에틸렌, 아세틸렌 등은 분해할 때 발열하는 가스로서, 그 분해시의 발열 → 열팽창 → 압력상승 → 압력방출 → 폭발로 진행
   ② 가스분해폭발에서는 지연성 가스가 필요치 않으나 가연성 가스로서 공기가 혼재할 경우에는 가스폭발의 위험이 있다.

(2) 응상폭발

응상이란, 「고상+액상」의 형태로 기상에 비해 밀도가 100~1,000배이다.
1) 수증기폭발
2) 증기폭발   : (물리적 폭발에서의 각 폭발현상과 동일함)
3) 전선(도선)폭발
4) 고상(Sb) 간의 전이에 의한 폭발
   무정형 안티몬(Sb)이 동일한 고체상(固相)의 안티몬으로 전이할 때 발열함으로써 주위의 공기가 팽창하여 폭발하는 현상

01 가스폭발과 가스화재

1. 개요

(1) 화재의 종류는 건축물화재, 석유화재, 가스화재 및 가스폭발로 구분된다.

(2) 그중에서도 가스화재와 가스폭발의 차이점은 다음과 같이 2가지로 대별할 수 있다.

    1) 에너지방출속도의 차이

    2) 화염전파의 차이

       ① 가스폭발 : '예혼합연소' - 기상 중의 화염전파

       ② 가스화재 : '확산연소' - 기상·액상·고상의 표면에서 화염전파

2. 가스폭발

(1) 가스폭발의 연소구조

  1) 대표적인 예혼합연소

  2) 메탄·수소와 같은 가연성가스가 공기 중에 산소와 혼합되어 가연농도범위 내의 상태에서 점화원을 만나서 연소·폭발하는 것

(2) 가스폭발의 종류

  1) 가연성 혼합가스의 폭발

    가연성가스 또는 가연성액체의 증기가 공기 중의 산소와 예혼합된 상태에서 점화원을 만나 폭발하는 것

  2) 가스분해폭발

    밀폐공간에서 가스분해 → 발열 → 열팽창 → 압력상승 → 폭발

  3) 비등액체의 팽창폭발

    용기 내의 액체 → 가열 → 비등 → 증기발생 → 증기팽창 → 폭발

3. 가스화재

(1) 가스화재의 연소구조

  1) 전형적인 확산연소

2) 난류 확산화염 형태
3) 즉, 노즐 또는 파괴된 구멍에서 방출되는 가연성가스가 주위 공기와 혼합됨과 동시에 연소하는 형태

(2) Fick's의 법칙

$$K = \frac{l}{d}$$

여기서, K : 연료의 종류 등에 의해 결정되는 상수
d : 가스유출구의 직경[m]
l : 화염길이[m]

∴ 가스화재의 화염길이는 유출구 직경에 의존하며 이는 가연성가스의 종류에 관계없이 성립한다.

4. 결론

[가스폭발과 가스화재의 차이점]

	가스폭발	가스화재
연소형태	예혼합연소	확산연소
화염전파	기상 중의 화염전파	액상·기상·고상의 표면에 대한 화염전파
연소속도 및 에너지방출속도	급격히 빠르다.	비교적 느리다.

02. 폭굉(Detonation)과 폭연(Deflagration)

1. 정의

(1) **폭연(Deflagration)**

1) 일반적인 열전도 및 Radical 반응으로서,
2) 발열반응의 연소 부분에서 미연소 부분으로 전도·대류·복사에 의해 발열반응이 전파되는 현상

(2) **폭굉(Detonation)**

1) 폭발시 화염전파속도의 가속이 현저하게 클 경우, 연소진행방향으로 압축파가 중첩되어 충격파가 생성된다.
2) 이 때는 반응속도가 급속히 증대하여 음속을 초과하며 폭발반응면과 충격파면이 거의 일체로 되어 전파하는데 이를 폭굉이라 한다.
3) 이때의 온도상승은 열의 전파에 의하기보다는 충격파의 압력에 기인한다.

2. 폭연과 폭굉의 차이점

(1) 폭연과 폭굉의 차이는 폭발시 발생하는 충격파의 속도에 의존한다.
  1) 폭연 : 폭발 중에서 연소속도가 음속 이하로 되는 경우
  2) 폭굉 : 연소속도가 음속 이상으로 되어 주변에 충격파를 발생시키는 경우
(2) 연소속도에 따른 구분
  1) 폭연 : 연소속도 0.1~10 m/sec
  2) 폭굉 : 연소속도 1,000~3,500 m/sec

3. 폭연에서 폭굉으로의 전이과정

Machanism : 착화 → 연소파 → 압축파 → 충격파 → 폭굉파

(1) 착화 후 화염전파에 의해 연소파가 형성되고 연소파에 의한 약한 압축파가 발생한다.
(2) 약한 압축파가 중첩되어 강한 압축파인 충격파가 발생한다.
(3) 충격파의 단열압축에 의해 온도가 발화온도 이상으로 상승하고 충격파가 그 배후에 연소를 수반하여 폭굉파가 형성된다.

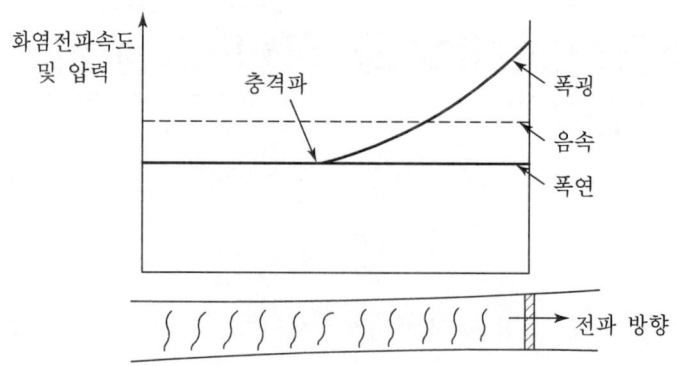

4. 폭굉유도거리

(1) 정의

폭굉유도거리(DID : Detonation Induction Distance)란, 관 중에 폭굉가스가 존재할 때 최초의 정상적인(완만한) 연소가 격렬한 폭굉으로 발전할 때까지의 거리(시간)를 말하며, 폭굉유도거리가 짧을수록 위험성이 높아진다.

(2) 폭굉유도거리가 짧아질 수 있는 조건

1) 정상연소속도가 큰 혼합가스일수록 짧아진다.
2) 관 속에 장애물이 있거나 관 지름이 작을수록 짧아진다.
3) 압력이 높을수록 짧아진다.
4) 점화원의 에너지가 클수록 짧아진다.

5. 결론

연소 및 폭연·폭굉은 다음과 같이 귀결된다.

	연소	폭연	폭굉
환경	개방계	개방계	밀폐계
연소형태	확산연소	확산연소	예혼합연소
화염전파속도	0.4m~0.5m/s	0.1~10m/s	1,000~3,500m/s
압력증가	–	초기압력의 8배 이하	초기압력의 20배 이상
폭발방지장치	유효	유효	무효

03 분진폭발

1. 분진폭발이란

괴상으로는 쉽게 연소되지 않는 고체가 미분화되어 공기와 일정한 비율로 혼합된 상태에서 착화원을 만나면 순간적으로 격렬하게 연소를 일으키는 현상을 말한다.

2. 분진폭발의 발생조건

  (1) 가연성일 것
  (2) 미분 상태
  (3) 착화원 존재
  (4) 분진농도가 폭발범위 내에 존재
  (5) 공기 중의 교반과 유동(충분한 산소 존재)

3. 분진폭발의 Mechanism

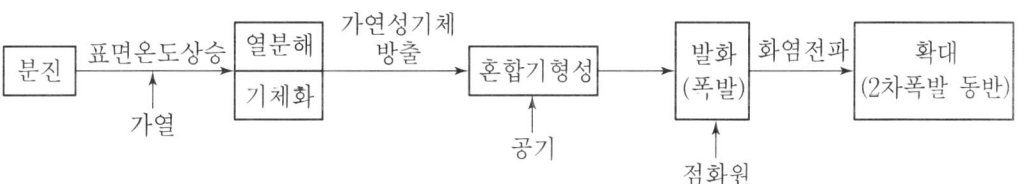

4. 분진폭발의 특성

  (1) 가스폭발과 비교하면
      1) 연소속도 및 폭발압력이 낮다.
      2) 연소시간 및 발생에너지는 크다.
  (2) 폭발이 발생하면 폭풍으로 인해 주변의 분진이 날려 2차, 3차의 폭발로 파급될 수 있다.
  (3) 불완전연소가 되기 쉬우므로 CO가 다량 발생, 가스중독의 위험이 있다.
  (4) 분체의 연소형태 : 표면연소, 분해연소, 증발연소

5. 분진폭발의 영향인자

(1) 분진의 물리·화학적 성질
    1) 발열량
    2) 발화온도
    3) 휘발성

(2) 입자의 직경과 형상·표면상태

(3) 입자의 분포도(농도)

(4) 산소농도

(5) 온도와 압력

(6) 수분함량

(7) 난류 및 분진의 부유성

6. 분진폭발의 예방대책

(1) 분진운의 생성방지
    1) 분진의 퇴적방지
    2) 정기적인 청소 및 환기
    3) 물분무설비 등의 작동 : 수분공급 및 정전기 방지

(2) 점화원 제거
    1) 불꽃(나화) : 공정에서 직접화기(불꽃) 사용 대신 간접화기 채택 권장
    2) 고온표면
    3) 용접시의 불똥
    4) 전기스파크 : 전기스위치류 및 전동기는 방진·방폭구조로 함
    5) 정전기
        ① 접지·본딩
        ② 습도 70% 이상 유지 등

(3) 불활성가스로 치환

(4) 습식공정 채용

(5) 전기방폭시설 설치

(6) 주위환경의 청결유지

(7) **폭발안전장치 설치** : 폭압방산설비, 폭발억제장치 등

7. 소화대책

(1) **조기 감지**

불꽃감지기 등 접점이 노출되지 않는 조기반응형 감지기 채택

(2) **소화**

1) 포소화설비 : 산소공급차단 및 냉각소화효과
2) 물분무설비 : 냉각
   ① 저압스프레이 사용
   ② 단, 고압제트로 살수하면 분진운을 형성할 수 있으므로 위험하다.
3) 불활성가스의 방출

8. 결론

분진폭발사고를 완전히 예방하는 것은 어려운 일이나 다음과 같은 방지책으로 폭발예방의 극대화 및 손실을 최소화하여야 하겠다.

(1) 분진운의 생성방지
(2) 점화원 제거
(3) 불활성가스로 치환
(4) 습식공정을 채용
(5) 폭발안전장치의 설치
(6) 주위환경의 청결유지

04 증기폭발

1. 정의
액상에서 기상으로의 급속한 상변화에 의한 기체체적 팽창으로 고압이 형성되어 폭풍을 일으키는 현상이며, 그 종류로는 수증기폭발, 보일러폭발, 저온액화가스의 수면 유출에 의한 폭발 등이 있다.

2. 종류별 특성 및 예방대책

(1) 수증기 폭발

1) 발생과정

① 물속에 고온의 용융금속을 대량으로 투입하면
② 고온용융물질이 용기 바닥으로 내려가면서 물을 흡수
③ 물이 급속히 가열·증발하면서 증기체적팽창으로 고압이 생성되어 폭발

2) 예방대책

① 로(爐) 내로 물의 침입 방지
② 고온 작업장 바닥의 건조
③ 주수분쇄설비의 안전설계

(2) 보일러 폭발

1) 발생과정

보일러와 같은 고압 포화수 저장용기의 일부 파손 등으로 고압 포화액의 급속한 기화로 인한 증기폭발

2) 예방대책

① 용기의 내압강도 확보
② 용기의 화재에 의한 가열방지
③ 용기의 외력에 의한 파손방지

(3) 저온액화가스의 수면유출에 의한 증기폭발

1) 발생과정

① 저온액화가스를 물 위에 유출

② 격심한 비등과 기화가 발생(액상→기상으로의 상변화에 의한 기체체적 팽창)

③ 큰 굉음을 동반한 폭발 발생

2) 예방대책

저온액화가스를 물 등의 고온액에 접촉되지 않게 한다.

05 수증기폭발의 예방대책

1. 개요

(1) 일반적으로 증기폭발은 착화원이나 가연물이 필요하지 않은 상변화에 기인하는 폭발이다.

(2) 수증기폭발의 기본적인 예방대책은 물과 고열물의 직접적인 접촉 기회를 주지 않는 것이다.

2. 예방대책

(1) 로 내로의 물의 침입을 방지 : 고온의 로 내에 물이 들어갈 기회를 주지 않는 것이 가장 중요하다. 물을 함유하고 있는 사이에 용융작업을 시작한다든지, 소화작업시 소화용 주수가 로 내에 들어가는 경우에 증기폭발사고가 발생하기 쉽다.

(2) 작업바닥의 건조

(3) 고온폐기물은 건조한 장소에 버리거나 저장한다.

(4) 주수 분쇄설비의 안전설계 : 고온물에 주수하여 급랭에 의하여 분쇄하는 경우

1) 물속에 고열물을 투입하는 것은 금물이다.

2) 고온물이 밖으로 흘러나오지 않도록 물을 뿌려주는 설비가 필요하다.

3) 주수에 대한 배수가 잘 되게 한다.

4) 물이 정체하지 않도록 하여야 한다.

06 반응폭주

1. 정의
발열반응이 일어나는 반응기시스템 내에서 냉각실패로 인해 반응속도가 비정상적으로 급속하게 상승하고, 반응용기 내의 온도와 압력이 급격히 상승되어 규정조건을 벗어나 반응이 과격화되는 현상으로 일명 'Run Way'라고도 한다.

2. 발생원인
(1) 원·부자재의 배합과정의 오류
(2) 위험물시스템(Utility)의 갑작스런 고장 또는 파손
(3) 서로 다른 물질의 혼합에 따른 혼합·반응발열
(4) 갑작스런 전원 차단
(5) 불순물의 농축
(6) 감압운전중인 반응기 내에 공기유입으로 인한 산화반응에 의한 발열

3. 방지대책
(1) 원·부재료의 신속한 공급차단장치 설치
(2) 보유한 위험물의 신속배출장치 설치
(3) 반응억제제 또는 불활성가스의 투입장치 설치
(4) 반응기에 냉각수 긴급공급장치 설치
(5) 반응기 관련 계측기, 제어장치 등을 병렬로 설계(Fail Safe System)
(6) 반응기 관련 위험요소 및 Hazard의 확인에 따른 안전대책 수립

4. 결론
반응폭주의 예방을 위하여 각종 안전장치의 설치도 중요하지만 무엇보다 중요한 것은 운전자가 자신이 관리하는 설비 내에서 진행하는 주반응은 물론 부반응까지도 정확히 파악하고, 각종 기기의 특성을 숙지함으로써 이상의 조기발견과 신속한 대응을 통하여 반응폭주 등의 발생을 미연에 방지하는 것이다.

07 화염방지기(Flame Arrestor)

1. 화염방지기란

폭발성 혼합기로 충만된 용기·배관 등의 내부에서 연소가 진행되는 경우, 배관 등으로 연결되어 있는 다른 설비로 화염이 전파되는 것을 방지하기 위한 안전장치이다.

2. 작용원리

(1) 용기, 배관 등의 내부 연소가스의 유통부분에 연소차단금속의 미세한 망을 설치
(2) 고온화염이 이러한 금속망에 접촉하는 순간 열전도에 의해 열을 빼앗긴다.
(3) 연소반응의 지속에 필요한 활성분자종(연쇄 연락자)이 고체면(금속망)에서 불활성화된다.

3. 화염방지기의 구조

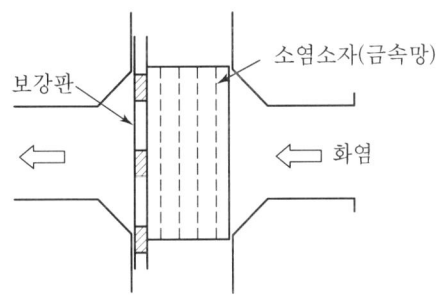

4. 설치 장소

(1) 석유류 탱크의 밸브 없는 통기관의 전단(개구부 등)
(2) 가연성가스 수송라인(가스 도관)
(3) 폐가스를 처리하는 Flare Stack
(4) 가스용접장치의 배관
(5) 용제회수덕트 설비

5. 결론

석유류탱크 및 가연성가스 수송라인 등에서 다른 설비로 연결되는 부위나 통기관 등에는 화염이 다른 설비로 전파되는 것을 방지하기 위한 안전장치로 Flame Arrestor를 반드시 설치하여야 한다.

08. 전기기기의 방폭구조

1. 개요

폭발성 혼합기체가 존재하고 있는 위험장소에 전기기기를 설치하였을 때 이것이 점화원이 되는 것을 방지하기 위해 다음 중 하나 이상의 조치를 취한 구조를 말한다.

(1) 전기기기 등에서 점화원이 될 우려가 있는 부분을 주위의 위험분위기와 격리되는 구조로 한다.
(2) 고온부나 스파크가 발생하지 않도록 안전도를 증대한다.
(3) 점화능력을 본질적으로 억제한다.

2. 전기기기 방폭구조의 종류

(1) 내압방폭구조(Exd)

1) 구조원리

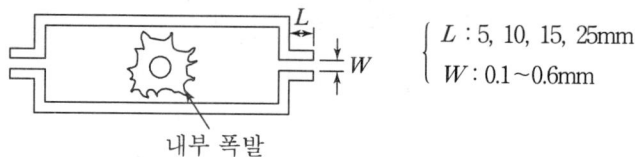

용기 내부에 폭발성가스가 침입하여 내부에서 점화·폭발하여도 용기가 폭발압력에 견딜 수 있고 외부로의 불꽃전파가 방지되도록 한 구조

2) 대상기기
① 전기기기의 각종 접점
② 개폐기, 변압기, 전동기, 계측기 등

(2) 유입방폭구조(Exo)

1) 구조원리

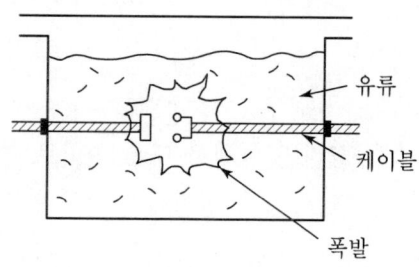

점화원이 될 우려가 있는 부분을 유류 속에 넣어 주위의 폭발성가스로부터 격리한 구조

2) 대상기기

① 전기기기의 접점
② 오일봉입형 변압기 등

(3) 압력방폭구조(Exp)

1) 구조원리

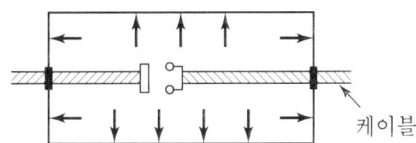

점화원이 될 우려가 있는 부분을 용기 내에 넣고 공기 또는 불활성가스 등을 압입하여, 내부가 정(+)압력이 되게 함으로써 외부의 가스가 침입하지 못하도록 한 구조

2) 대상 : 구획된 실내에 적용

(4) 안전증대 방폭구조(Exe)

1) 구조원리

통상의 상태에서 가연성가스의 점화원이 될 수 있는 전기불꽃이나 고온의 발생을 방지하기 위하여 기계적·전기적 구조상 특별히 안전도를 증강시킨 구조

2) 안전증대의 방법

① 절연성능의 향상 : 단락·지락 등의 예방
② 온도상승에 대한 안전도 향상
③ 용기의 구조적인 안전도 향상

3) 대상기기

① 단자 및 접속함
② 농형 유도전동기
③ 조명기구 등

(5) 본질안전 방폭구조(Exia, Exib)

1) 폭발성가스에 점화될 수 있는 최소전기에너지 미만으로 사용함으로써, 정상운전 또는 사고시에 전기불꽃이 발생하여도 점화가 이루어지지 않아 본질적으로 안전하다는 것이 실험으로 확인된 구조
2) 전원조건(적용되는 최소착화에너지)
   ① 전압 : 1.2V 이하
   ② 전류 : 100mA 이하
   ③ 전력 : 25mW 이하
3) 적용대상
   ① 건전지를 전원으로 하는 전기기기
   ② 100V, 200V를 변압기로 감압하여 저압으로 사용하는 기기
   ③ 기타 약전류 회로의 전기기기 : 전화기, 계측기, 제어기 등

(6) 특수방폭구조(Exs)

1) 상기 (1)~(5) 방폭구조 이외의 방폭구조로서 폭발성가스의 인화를 방지할 수 있는 것이 실험에 의하여 확인된 구조
2) 대상기기
   ① 미소전력회로의 기기
   ② 소용량 스위치기어 등

3. 방폭구조의 선정(적용)

(1) 0종 장소 : 본질안전 방폭구조
(2) 1종 장소 : 내압·압력·유입·안전증대·본질안전 방폭구조
(3) 2종 장소 : 내압·압력·유입·안전증대·본질안전 방폭구조
(4) 정상상태에서 아크, 스파크, 고온 표면의 발생이 없는 전기기기 : 안전증대 방폭구조

4. 결론

전기기기 방폭구조의 근본적인 개념은 다음과 같이 귀결할 수 있다.
(1) 전기기기를 주위의 위험분위기에서 격리시킴
(2) 전기기기에서 고온부·스파크 등이 발생하지 않도록 안전도를 증강시킴
(3) 점화능력의 본질적 억제

09. 방폭전기기기의 선정시 유의사항

1. 위험성 분위기 및 위험도에 적합한 적용
(1) 위험장소의 폭발성가스의 폭발등급 및 발화온도에 적합한 방폭구조 선정
(2) 동일 장소에 2종 이상의 폭발성가스가 존재할 경우 가장 위험도가 높은 가스에 기준할 것

2. 방폭구조 종류의 적합성을 고려
방폭구조의 종류에 따라 득실이 있으므로 대상 가스의 종류, 설치장소의 위험도 등에 적합한 방폭구조의 전기기기를 선정

3. 환경 조건에의 적응성
(1) 부식성가스 체류장소
(2) 고온도 또는 저온도인 장소
(3) 습기가 많은 장소
등에 적응할 수 있는 재질·구조가 고려될 것

4. 보수의 난이도
(1) 보수작업의 필요정도 및 난이도 고려
(2) 예비품의 상비 관련도 검토

5. 경제성
전기기기의 수명, 운전비, 보수비 등을 종합적으로 검토 후 선정

6. 전기기기 방폭구조의 표준환경조건(IEC 기준)
(1) 압력 : 0.8~1.1bar
(2) 온도 : $-20 \sim 40℃$
(3) 표고 : 해발 1,000m 이하
(4) 상대습도 : 45~85%
(5) 공해, 부식성가스, 진동 등이 존재하지 않는 환경

7. 방폭전기기기의 선정요건

(1) 방폭지역의 위험등급 구분 : (0종·1종·2종 장소)
(2) 가스 등의 발화온도
(3) 환경조건 : 주변온도, 상대습도, 표고, 먼지, 부식성가스
(4) 방폭구조 종류별 선정
    1) 내압방폭구조의 경우 : 최대 안전틈새
    2) 본질안전방폭구조 : 최소 점화전류
    3) 압력·유입·안전증 방폭구조 : 최고 표면온도

[Reference]

1. 방폭전기기기의 표시기호[예]

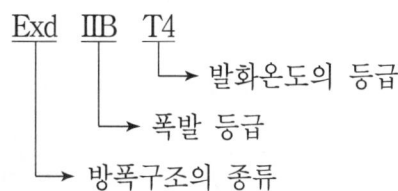

Exd ⅡB T4
→ 발화온도의 등급
→ 폭발 등급
→ 방폭구조의 종류

2. 방폭관련 온도등급

온도등급(KS 및 IEC 기준)	폭발성가스의 발화온도	전기기기의 최고 표면온도
T_1	450℃ 초과	300℃ 초과~450℃ 이하
T_2	300℃ 초과~450℃ 이하	200℃ 초과~300℃ 이하
T_3	200℃ 초과~300℃ 이하	135℃ 초과~200℃ 이하
T_4	135℃ 초과~200℃ 이하	100℃ 초과~135℃ 이하
T_5	100℃ 초과~135℃ 이하	85℃ 초과~100℃ 이하
T_6	85℃ 초과~100℃ 이하	85℃ 이하

10 소염거리(Quenching Distance)

1. 개요

(1) 연료-공기의 가연성 혼합기체 속에 두 전극이 마주보고 있을 경우 전극 간의 거리가 짧아질수록 최소착화에너지(MIE)는 감소하게 되며, 전극 간 거리가 일정 거리 이내로 되면 MIE가 급격히 무한대로 되어 그 거리 이하에서는 아무리 큰 에너지를 가해도 인화하지 않게 된다.

(2) 이와 같이 인화될 수 없는 전극과 전극 간의 최대거리를 소염거리(Quenching Distance)라 한다.

(3) 또, 구경이 작은 배관이나 좁은 덕트를 통한 화염전파에서는 배관구경이 일정 구경 이내로 작아지면 위와 같은 원리로 화염전파가 차단되어 화염이 소멸된다. 이렇게 화염전파가 차단되는 배관 등의 최대구경을 소염경(소염지름)이라 한다.

2. 소염의 원리

(1) 화염이 고체면에 접촉하거나 통과할 때 다음과 같은 현상이 발생한다.
   1) 고체면으로 열전달이 되고 이로 인한 열손실로 화염온도가 저하된다.
   2) 고체로부터 활성라디칼을 빼앗겨 연소의 연쇄반응이 억제된다.

(2) 전극 간의 간격이 좁아지면 전극을 통한 방열이 증대하고, 발열과 방열의 균형을 이룰 수가 없으므로 인한 열손실과 활성라디칼 감소로 인해, 화염온도가 저하되어 화염이 소멸하게 된다.

3. 소염거리의 특성

(1) 전기불꽃에 의한 인화는 전극의 간격에 의해 지배된다.
   즉, 전기불꽃과 같은 순간적인 발화에서도 전극 간의 거리가 소염거리 이하로 되면 전극을 통한 방열이 증대되어 발생열보다 커져 인화가 이루어지지 않게 된다.

(2) 전극 간의 간격이 좁아지면 열의 발생과 방열이 균형을 이루지 못한다.

(3) 전극 간의 간격이 어느 한계 이내로 좁아지면 에너지의 고·저에 관계없이 인화되지 않는다.

(4) 소염거리와 최소착화에너지(MIE)와의 관계

$$E = d^2 \left(\frac{\lambda}{v}\right)(Tb - Ta)$$

여기서, E : 최소착화에너지[Cal]
d : 소염거리[cm]
λ : 미연소가스의 열전도도[Cal/cm · K · sec]
v : 연소속도[cm/sec]
Tb : 화염온도[K]
Ta : 가스의 초기온도[K]

4. 소염경

(1) 위와 같은 소염거리의 개념에서 전극 간의 공간이 평행판의 공간이 아닌 속이 빈 원형의 공간일 경우에는 소염경 또는 소염지름이라 한다.
(2) 즉, 구경이 작은 배관이나 좁은 덕트를 통한 화염전파에서 배관구경이 일정구경 이내로 작아지면 위와 같은 원리로 화염전파가 차단되어 화염이 소멸된다. 이렇게 화염전파가 차단되는 배관 등의 최대구경을 소염경이라 한다.
(3) 소염경(지름)은 일반적으로 소염거리의 2.24배이다.
즉, 소염지름(d_s) = 2.24d가 된다.

5. 소염거리의 측정방법

(1) 원판이 달린 전극장치를 연료-공기의 가연성 혼합기체 중에 설치한다.
(2) 두 전극 간의 거리를 점차로 좁혀 두 전극 간의 거리가 일정 이내로 되었을 때 상당히 큰 착화에너지를 가해도 인화가 이루어지지 않는다. 이때의 두 전극 간 거리가 바로 소염거리이므로 이 두 전극 간의 거리를 측정한다.
(4) 평행판 간의 소염거리 계산

$$d = 0.1 \left(\frac{520}{T}\right)^{0.5} \times \left(\frac{1}{P}\right)^{0.9}$$

여기서, d : 소염거리[inch]
T : 온도[K]
P : 절대압력

6. 결론

(1) 전기불꽃과 같은 순간적인 발화에서도 전극 간의 거리가 소염거리 이하가 되면 전극을 통한 방열이 증대되어 발생열보다 커져 인화가 이루어지지 않게 되는데, 이것은 소염현상을 통해 방열이 착화에 중요한 역할을 하고 있음을 알 수 있다.
(2) 소염거리의 원리를 응용하여 화염방지기와 내압방폭기기 등 화염방지장치의 설계에 적용하는 것이 유용할 것으로 판단된다.

11 화염일주한계

1. 개요

(1) 화염일주한계란 가스용기 내부에서 폭발성가스가 폭발하였을 때 생성된 화염이 용기의 틈새를 통하여 외부로 전파되어 나가는 것을 화염일주라 하며, 이때 화염이 전파되지 않는 최대 틈새(간극)를 화염일주한계라 한다.
(2) 즉, 화염일주한계는 위험물이 용기 내에서 연소·폭발하는 경우 그때 발생한 화염이 어느 정도의 전파력을 가지고 있는지의 특성을 나타내는 기준이 된다.

2. 측정방법

(1) 폭발성 혼합가스를 서로 접속된 2개의 공간에 넣고, 그 사이에 미세한 틈이 있는 벽으로 분리한다.
(2) 한쪽 공간에서 점화하여 폭발하였을 때 그 벽체의 틈새를 통하여 다른 한쪽 공간으로 화염이 전파되어 인화·폭발하는 가능성을 실험한다.
(3) 실험에서 화염을 전파하는 틈새의 폭(간극)이 적을수록 화염전파력이 강하며 위험성이 높은 물질이다.

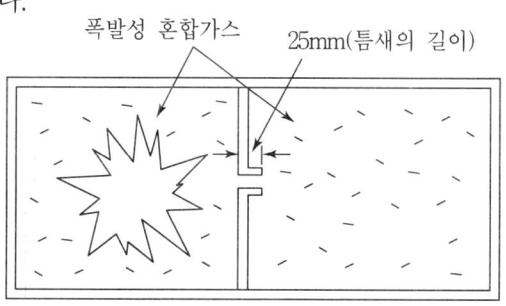

3. 화염일주한계에 따른 폭발등급

한국 및 IEC 기준		
폭발등급	화염일주한계(mm)	해당가스
IIA	0.9 초과	벤젠, 아세톤, 메탄 등
IIB	0.5 이상 0.9 이하	에틸렌 등
IIC	0.5 미만	수소, 아세틸렌 등

12. 가스폭발화재에 미치는 가스의 농도 및 불균일성의 영향

1. 개요

가스연료는 환경오염이 적고 사용상 편리한 반면, 가스의 누출 및 확산에 따른 가스폭발위험성이 따른다. 이러한 가스폭발사고의 대부분은 2차적인 화재로 전이하는 경우가 많다.

2. 가스폭발 후 화재로의 전이

(1) Mechanism

1) 가연물의 열분해 : 폭발화염으로 인한 열전달에 의함
2) 열분해된 가스의 착화
3) 열분해된 잔류 탄소물질의 연소

(2) 화재로의 전이에 대한 영향인자

1) 열전달량
2) 열전달의 형태 : 대류와 복사열 중 복사에 의한 전열이 가장 크다.

(3) 열전달 관계식

1) 가연물이 고체인 경우 열전도에 의한 열전달량(q)

$$q[\text{W}] = \alpha \cdot A \cdot \frac{\Delta t}{\Delta y}$$

여기서, A : 가연물의 면적[m²]

α : 열전도율[W/m·K]

$\dfrac{\Delta t}{\Delta y}$: 고체표면의 수직방향의 온도구배

2) 대류에 의한 열전달량(q)

$$q[\text{W}] = \alpha \cdot A \cdot (T_A - T_B)$$

여기서, A : 가연물의 표면적[m²]
α : 열전달계수[W/m²·K]
T_A : 가연물의 표면온도[K]
T_B : 주위온도[K]

3) 복사에 의한 열전달량(q)

$$q[\text{kW/m}^2] = \varepsilon \cdot \sigma \cdot T^4$$

여기서, ε : 방사율($0 < \varepsilon < 1$)
σ : 스테판볼츠만 상수 : 5.67×10^{-8}[W/m²·K⁴]
T : 절대온도(화염온도)

3. 농도 불균일성의 영향

(1) 화염지속시간

1) 농도 불균일 상태에서 폭발하는 경우 : 화염 체류시간 증가
2) 화염 체류시간이 길어지면 : 착화확률 증가

(2) 농도의 조성

1) 농도 > 당량비

① 화염의 복사열이 커서 열분해가 용이함
② 화염 체류시간이 길어져 화재로의 전이가 용이함

2) 농도 < 당량비 : 화염의 복사열이 적다.

4. 결론

(1) 고체 가연물이 열분해되어 착화하는 데 필요한 총열량은 화염 체류시간이 길수록 증가하고, 또 고체의 열분해가 용이해지므로 화재로의 전이가능성도 증가한다.
(2) 농도가 당량비보다 높은 경우 화염 체류시간이 길어지며, 화재로의 전이가 용이하다.

13. 저장조 내의 석유화재(Pool Fire)

1. 개요

액면화재(Pool Fire)의 구조는 화염으로부터 액면으로의 전열과 액체의 증발에 지배되며, 이때의 연료증기와 공기가 혼합하여 확산연소를 하는 과정의 반복이다.

2. 액면화재의 연소특성

(1) **액면강하속도** : 용기 크기에 의존

　1) 용기직경의 증가에 따라 액면 강하속도는 감소
　2) 단, 용기직경이 1m를 넘으면 용기직경에 관계없이 일정

(2) **화염으로부터 액면으로의 열전달방식**

　1) 액면상 기체의 대류작용
　2) 용기의 가장자리를 통한 열전도
　3) 화염의 복사열

(3) **화염형태**

　1) 용기가 작은 경우(직경 1m 이하) : 단일층류화염
　2) 용기가 큰 경우(직경 1m 초과) : 난류화염

3. 액면 아래의 온도 분포

　<조건> 착화 후 45분 경과
　　　　용기직경 : 53cm

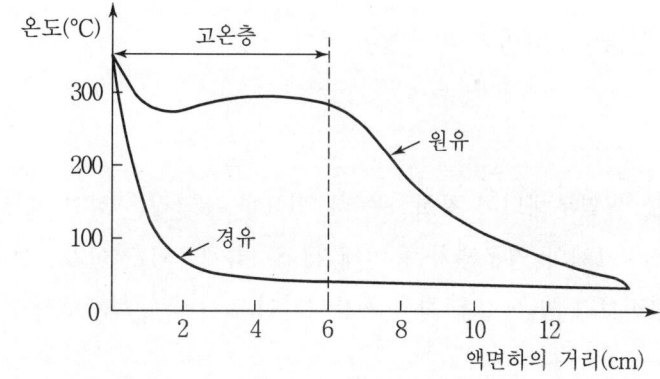

14 BLEVE와 Fire Ball

1. BLEVE(Boiling Liquid Expanding Vapor Explosion)

(1) 정의

용기 내의 액체가 비등하고 증기가 팽창하면서 폭발을 일으키는 현상

(2) 발생 Mechanism 요약

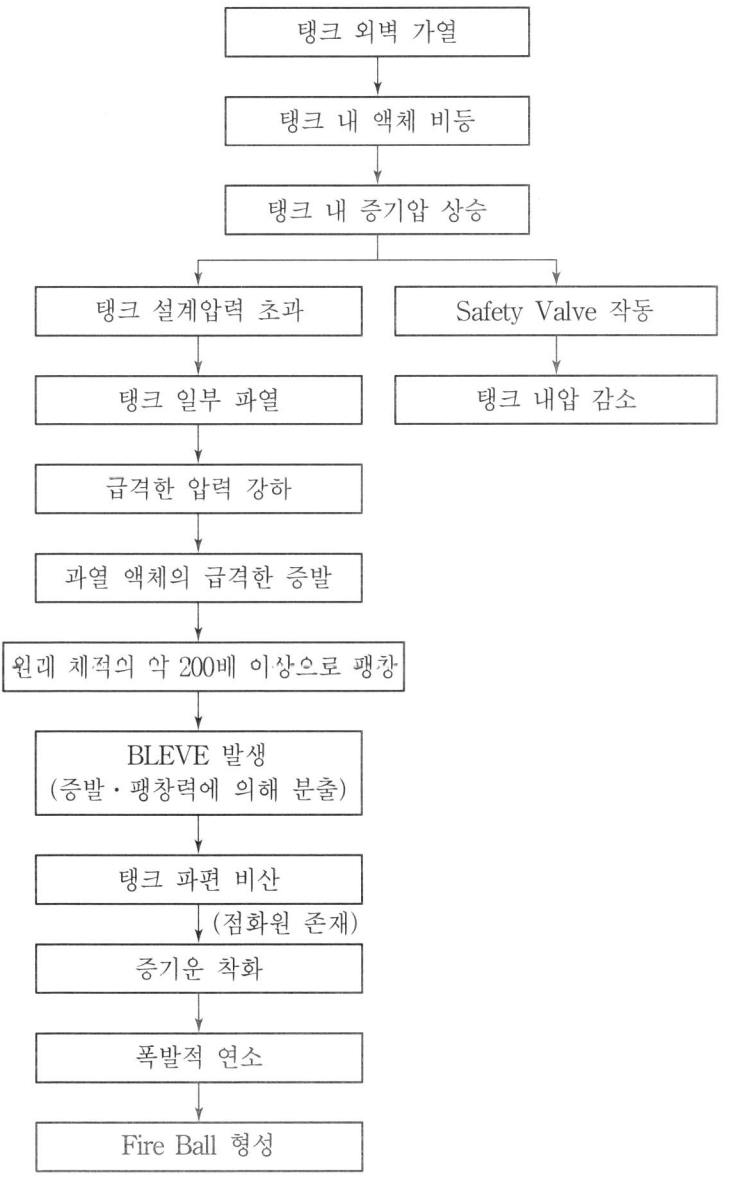

1) 용기 내의 액체가 대기압에서 갖는 비등점 이상으로 가열되면
2) 용기 내 액면상부 기체의 압력이 상승하여
3) 설계압력을 초과하면 용기 일부분이 파열
4) 갑작스런 압력강하로 과열액체가 폭발적으로 증발
5) 이 증발력에 의해 액체 원래 체적의 약 200배 이상으로 팽창
6) 이 팽창력에 의해 폭발적으로 외부로 분출
7) 탱크 파편 등이 멀리까지 비산

(3) BLEVE 방지대책

1) 용기에 대한 화열의 입열을 억제
   ① 탱크 외벽의 단열조치
   ② 탱크를 지하에 매설
   ③ 탱크를 지상에 설치하고 흙으로 쌓아 덮는 방식

2) 용기의 압력상승 방지

   감압 시스템(Blow Down)으로 탱크 내 압력을 감소시킴

3) 용기의 온도상승 방지

   탱크 표면에 냉각살수설비 설치

4) 방액제 바닥을 경사지게 설치(1.5도 이상)

   집액부에 화재 발생시 화염이 직접 탱크에 접하지 않도록 탱크 외면으로부터 최소 5m까지의 바닥은 경사도 1.5도 이상 되게 함

5) 폭발방지장치 설치
   ① 탱크 내벽에 열전도도가 좋은 물질을 설치
   ② 탱크 외벽의 열을 내부 액상부로 신속히 전달

2. Fire Ball

(1) 정의

1) 석유류 등에서 대량 증발한 가연성가스가 주위 공기와 혼합하여 가연범위 내의 조성조건에서 점화원을 만나 급격하게 연소할 때 생기는 대형화염
2) 이때, 부력의 힘으로 상승하면서 주변의 공기를 끌어들이므로 화염은 공모양 또는 버섯모양으로 된다.

(2) 발생 Mechanism

Fire Ball의 생성에는 두 가지 형태가 있다.

1) BLEVE에 의한 생성

① BLEVE에 의하여 가연성 액체 및 기체 혼합물이 대량으로 분출될 때
② 가연범위의 조성조건에서 점화원을 만나면 착화하여 Fire Ball 형성

2) UVCE(가연성 액화가스 누설)에 의하여 발생

① 용기·배관 등에서 가연성가스 누설
② 지면으로부터의 입열에 의해 기화·확산
③ 이때 가연범위 내의 조성조건에서 점화원을 만나면 착화하여 Fire Ball 형성

(3) Fire Ball의 크기 계산

1) BLEVE에 의한 Fire Ball인 경우

① 최대직경(D_{max}) : (하세가와-사토 계산식)

$$D_{max}[m] = 5.25 M^{0.314}$$

여기서, M : 탱크 내 저장연료의 질량[kg]

② 지속시간(T)

$$T[sec] = 0.825 M^{0.26}$$

③ 중심부 높이(H)

$$H[m] = 0.75 D_{max}$$

$$H[m] = 12.73 V^{\frac{1}{3}}$$

여기서, V : 연료증기의 체적[m³]

④ 최대 Heat Flux(q_{max})

$$q_{max}[kW/m^2] = 828 \frac{M^{0.771}}{R^2}$$

여기서, R : Fire Ball 중심 지면으로부터 해당 지점까지의 수평거리

2) UVCE에 의한 Fire Ball인 경우

① 최대직경(D_{max})

$$D_{max}[m] = 3.77 W^{0.325}$$

여기서, W : 연료+산화제(공기)의 중량[kgf]

② 지속시간(T)

$$T[sec] = 0.258 W^{0.349}$$

(4) Fire Ball 형성의 영향인자

1) 넓은 폭발농도범위
2) 낮은 증기밀도
3) 높은 연소열량
4) 유출되는 형태

(5) 복사열 크기에 따른 피해 범위

복사열 크기(kW/m²)	피해정도
5	부상
10	사망 가능
20	노출탱크에 물 분무 요구
30	기계적인 훼손 발생

3. BLEVE와 Fire Ball의 차이점

(1) BLEVE : 폭발압력이 주변 피해의 주원인이다.

(2) Fire Ball : 복사열이 주변 피해의 주원인이다.

4. 결론

BLEVE 발생 시 저장탱크의 폭발로 인해 탱크파편 등이 멀리까지 비산하는 위험이 있으며, Fire Ball 발생 시에는 공중에서 발산하는 강력한 복사열로 인해 주변에 큰 피해가 발생될 수 있다. 따라서, 이들의 발생방지대책에 대하여 설계에서부터 고려가 되어야 하겠다.

15. 폭발사고의 대응(방어)대책

1. 개요

폭발의 방어대책은 폭발을 사전에 예방할 수 있는 예방대책과 폭발사고 발생이 불가피해지는 경우 그 피해감소 및 확대감소를 위한 방호대책으로 나눌 수 있다.

2. 폭발예방대책(Explosion Prevention)

(1) 착화원 제거

   1) 정전기의 발생·축적 방지
   2) 전기불꽃 발생기구의 제한
   3) 발화온도 이상의 고온기구의 제한

(2) 인화성 혼합기의 연소범위농도 형성 방지

   1) 불활성화 : 하한농도 이하 유지
   2) 환기 : 하한농도 이하 유지
   3) 용기 밀봉 : 상한농도 이상 유지

(3) 가연성 물질의 불연화 또는 제거

   1) 분진운 및 증기운 생성 방지
   2) 연료누출 방지

(4) 전기기기의 방폭화

3. 폭발방호대책(폭발안전장치)

(1) 폭발봉쇄(Explosion Containment)

   1) 폭발압력에 충분히 견딜 수 있도록 건물의 구조 및 설비를 강하게 설치하는 것
   2) 안전거리 확보
   3) 확보 : 방폭벽, 차단물, 방폭 큐비클, 압력용기

(2) 폭발차단(Explosion Isolation)

   1) 폭발이 다른 설비로 전파될 때 자동으로 연결관을 차단할 수 있는 설비 설치

2) 초고속 검지설비와 차단밸브로 구성
3) Flame Arrestor(화염전파 저지 설비)

(3) 폭발진압(억제)장치(Explosion Suppression)

1) 폭발 초기단계에는 압력이 비교적 완만하게 상승하므로, 폭발초기단계에서 파괴적인 압력으로 발달하기 전에 인화성 분위기 내로 소화약제를 고속으로 분사하여 화염전파를 중단시키는 것
2) 폭발진압제 살포장치 : 폭발 초기에 높은 압력의 소화약제를 고속으로 분사하는 시스템으로 연소시작 후 10/1,000초~35/1,000초 이내에 작동한다.

(4) 폭발배출(Explosion Venting)

1) 폭발로 인해 발생되는 최대압력을 실이나 용기의 구조에 피해를 주지 않는 수준으로 제한하는 것이며 팽창된 연소가스 압력을 방출구를 통해 외부로 방출하는 개념이다.
2) 폭발위험이 있는 설비의 설치위치
   ① 건물의 최상단부에 위치시키고, 그 상부에 방출구로 폭발문이나 파열판 등을 설치한다.
   ② 건물 내에 내압력 벽으로 구획된 실에 설치
   ③ 옥외 별도로 작은 건물에 설치

(5) 용기의 폭발압력 방산설비

1) 파열판식 안전장치(Rupture Disc)

   압력용기 등에서 일정압력 이상의 과압이 되면 일정부분의 금속박판이 먼저 파괴되게 함으로써 전체 압력용기의 파손을 방지하는 것으로 주로 아래와 같은 경우에 사용한다.
   ① 이상반응 등 급격한 압력상승의 위험이 있어 큰 방출량을 필요로 할 때
   ② 안전밸브의 작동을 방해하는 침전물이나 고착물이 생길 수 있는 여건일 경우

2) 가용합금 안전장치
3) 폭압방산공
4) 저압용 압력방출장치
   ① 안전밸브 : 방출량이 비교적 적어 급격한 압력상승이나 폭발압력 방출에는 부적합

② Relief Hatch : 통기관 선단에 뚜껑을 설치
③ Pressure Vacuum Valve
④ 통기관(Vent)
⑤ 도관(Over Flow)

4. 결론

폭발의 방어대책을 위한 안전설계는 다음 요소에 주안점을 두고 설계하여야 한다.

(1) 폭발예방대책

1) 정전기 등의 점화원 제거
2) 조연성물질의 차단 : 인화성 혼합기의 연소범위농도 형성 방지
3) 가연성물질의 불연화 또는 제거

(2) 폭발방호대책

1) Explosion Containment (폭발봉쇄)
2) Explosion Isolation (폭발차단)
3) Explosion Suppression (폭발진압)
4) Explosion Venting (폭발배출)
5) 안전거리 확보

16. 정전기 Spark에 의한 발화대책

1. 정전기의 정의

정전기란 두 물체 간에 접촉·분리·마찰 등의 역학적 운동이 수반되어, 본래 전기적으로 중성 상태인 물체 내에서 정(+) 또는 부(-)의 어느 한쪽 극성의 전하가 과잉되는 현상을 말한다.

2. 정전기 발생의 Mechanism

(1) 정전기의 생성

1) 두 물체 간의 마찰·접촉·분리에 의한 발생
2) 정전유도에 의한 발생
3) 액체의 유동 및 교반·침강(특히 석유류 제품)
   ① 배관 내 유속이 높은 경우
   ② 액체 내 와류 생성

(2) 정전기의 축적(대전현상)

생성된 정전기는 물체가 절연되어 있는 경우 그 물체에 축적되는 현상

- 일반적으로 절연저항이 1MΩ 이상이면 정전기가 축적된다.
- 석유류 제품 : 전기전도도가 1만 Picosiemens/m 이하이면 정전기가 축적된다.

1) 마찰대전

   물체가 마찰할 때 접촉위치가 이동하면서 전하분리가 일어나 정전기가 발생하는 현상

2) 박리대전

   접촉된 물체가 떨어질 때 전하분리가 일어나 정전기가 발생하는 현상

3) 유동대전

   액체가 배관 내에서 유동될 때 발생되는 정전기

4) 충돌대전

   분체류의 입자간 또는 입자와 용기간의 충돌에 의해 접촉·분리가 일어나 정

전기가 발생하는 현상

5) 분출대전

분체, 액체, 기체가 단면적이 작은 개구부를 통하여 분출할 때 마찰에 의해 정전기가 발생하는 현상

6) 적하대전

고체 표면에 부착된 액체류가 물방울이 되어 떨어질 때 전하분리가 일어나서 정전기가 발생하는 현상

7) 비말(물보라)대전

공기 중에 분출된 액체류가 미세하게 비산되어 분리되고, 크고 작은 물방울로 될 때, 새로운 표면을 형성하므로 인해 정전기가 발생한다.

8) 유도대전

대전물체의 인근에 절연도체가 있을 경우 정전유도를 받아 전하분포가 불균일하게 되어 정전기가 발생하는 현상

(3) 정전기의 방전

1) Corona 방전

① 불평등한 전계에 의해 진계의 집중이 일어나는 부분만이 전리작용을 일으키는 국부방전이다.

② 즉, 대전물체의 돌기상태 끝부분에서 미약한 방전이 일어나는 현상

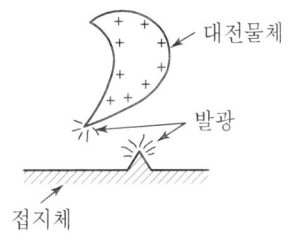

2) Brush 방전(Streamer 방전)

① 비교적 평활한 형상의 대전물체와 접지도체의 사이에서 발생하기 쉬운 방전현상

② 비교적 강한 파괴음과 발광을 동반하고 에너지밀도가 높으므로 착화원이 될 확률이 높다.

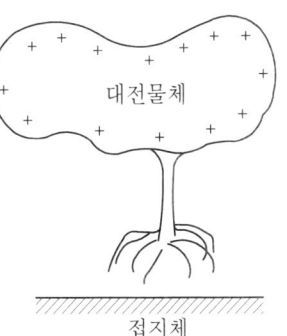

3) 불꽃방전

가스기구의 점화불꽃처럼 강한 발광과 파괴음을 수반하는 방전현상으로 대전

물체와 접지도체의 형태가 편평하고 간격이 좁은 경우 발생한다.

4) 연면방전

① Corona 방전이 절연체의 표면을 따라서 발생하는 방전현상
② 정전기가 대전된 절연체에 접지체가 근접하였을 경우, 그 사이에서 발생하는 불꽃방전과 동시에 절연체의 표면을 따라서 발생하는 방전현상

5) 뇌상방전

불꽃방전의 일종으로 번개와 같은 발광을 수반하며 강력하게 대전한 입자군이 대규모의 구름모양으로 확산되어 일어나는 특수한 방전현상

3. 정전기 방지대책

〈정전기로 인한 인화의 조건〉
(가) 정전기의 생성
(나) 정전기의 축적
(다) 인화범위 내의 가스농도 형성
∴ 정전기화재의 예방대책은 상기 3요소 중 1개 이상을 완전히 제거하면 된다.

(1) 정전기 생성 억제

1) Spark Gap의 존재를 통제 : 부유물질, 돌출부, Surge Buffle 등 스파크 촉진 물체의 제한
2) 액체의 교반·침강·와류·유속의 통제
3) 물체 간의 마찰·충격·접촉을 감소
4) 전기전도성 물질 사용
5) 습도를 높게(공기의 도전성 증가)

(2) 정전기의 축적을 억제(대전방지)

1) 접지(Grounding)

① 도체와 대지 사이를 전기적으로 접속하여 서로 등전위화시킴
② 정전기 대책을 위한 접지저항 : $10^6 \Omega$ 이하(1MΩ)
③ 접지 대상
㉮ 절연저항이 1,000Ω 이상인 설비·장치
㉯ 고전압 근처에 있는 설비·장치
㉰ 정전유도에 의해 대전할 우려가 있는 금속도체

2) 본딩(Bonding)

① 서로 절연된 도체와 도체 사이를 전기적으로 접속하여 서로 등전위화시킴
② 즉 물체에서 발생한 정전기를 도선을 통하여 다른 도체로 누설시켜 그 물체 내에 정전기가 축적되지 않도록 하는 것

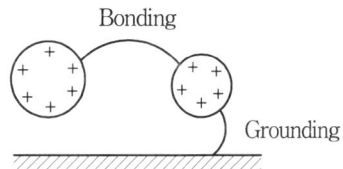

3) 제전기에 의한 대전방지

발생전하의 반대극성의 정전기를 공급하여 중화하는 방식

4) 정전기 소멸시간 부여

정전기 소멸시간을 준다.

5) 대전물체의 차폐

대전물체의 표면을 금속 또는 도전성 물질로 덮어씌운다.

6) 대전방지제 사용

7) 인체에 대한 대전방지대책

① 대전방지용 신발 및 대전방지복 착용
② 도전성 작업대 사용
③ Wrist-Strap을 사용하여 접지

(3) 정전기의 방전을 억제

1) 대전물체 주위에서 마찰·충격을 통제
2) 정전유도 및 방전가능성 물체의 사용을 제한

(4) 인화범위 내의 가스농도 형성의 제한

    1) 불활성화

    2) 환기

    3) 용기 밀봉

    4) 교체충전의 통제

4. 결론

〈정전기 재해방지의 기본원칙〉

(1) 생산환경의 정비 : 폭발분위기 생성의 방지

(2) 도체의 접지 및 본딩

(3) 인체의 대전방지

(4) 절연물의 대전방지

(5) 설비가동조건 및 운전의 정비

17 가스누설경보기

1. 개요

(1) 가스누설경보기는 가스시설에서 가스가 누출되어 공기 중의 가스농도가 폭발하한 계에 이르기 전에 가스를 검지하고, 경보신호를 송신하여 가스누출 사실을 관계자에게 알려주는 장치이다.
(2) 가스검지방식에는 반도체식, 접촉연소식, 기체열전도식 등이 있다.

2. 가스검지방식별 작동원리

(1) 반도체식

1) 구조

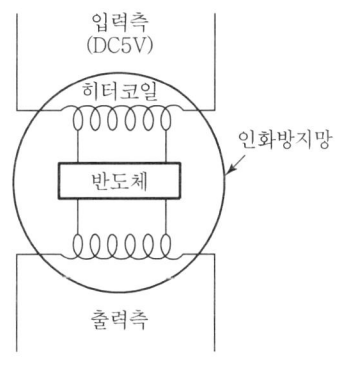

① 산화주석(SnO_2)으로 코팅된 크리스탈 반도체 주위에 히터코일 2개가 마주보고 설치되어 있다.
② 입력측에는 반도체를 350℃ 정도로 유지하기 위해 DC 5V의 전압을 유지한다.
③ 출력측은 전원 없이 전극 역할만 수행한다.

2) 작동원리

예열된 반도체 표면에 가스가 흡착되면 전기 전도도가 증가하여 전기저항이 감소하는 원리를 이용한 것
① 평상시 : 350℃로 예열된 반도체에 산소가 흡수되어 그에 따른 일정한 출력값을 유지하고 있다.
② 가스누설시 : 누설된 가스가 반도체 표면에 흡착되어 반도체 자체의 전기전도도가 증가하면 전기저항이 감소하므로 그만큼 전류 흐름이 증가한다. 이 전류의 흐름이 일정 기준 이상 증가하면 경보를 발하게 된다.

3) 특성

① 연소에 의한 발열을 이용하는 것이 아니기 때문에 검지 가능한 가스는 가연성에 한정되지 않고 여러가지 가스에도 적용된다.

② 비교적 저농도에도 민감하게 작동한다 : 가스농도의 증가에 따라 출력전압은 대수적으로 변화한다.
③ 온도 및 습도에 영향을 받지 않고, 수명이 길다.

(2) 접촉연소식(촉매소자형)

1) 구조

① 촉매소자는 백금선으로 만든 코일로 되어 있다.
② 보상소자는 촉매가 없어서 가스와 잘 반응하지 않는다.

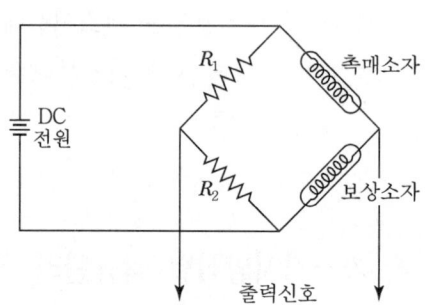

2) 작동원리

① 가연성가스가 촉매소자인 백금선 코일에 접촉되면 접촉연소현상이 발생되어 온도가 상승하고, 이에 따라 전기저항이 감소되는 현상을 이용한 것
② 촉매소자는 촉매로 코팅된 상태이므로 연소가 활발해져 온도상승이 크고, 보상소자는 촉매가 없어서 충분한 반응이 이루어지지 못하여 온도상승이 적게 된다.
③ 따라서, 이러한 두 소자의 온도차에 의한 저항차이를 검출하여 출력신호를 보내어 경보를 발하게 된다.

3) 특성

① 촉매에 따라 특정한 가스만을 검출할 수 있다.
② 온도·습도나 전원의 파동 등에 의해 오동작하지 않는다.

(3) 기체열전도식(Thermostat식)

1) 구조 및 작동원리

반도체의 가스에 대한 열전도 차이를 이용한 것
① 백금선 코일에 산화주석(SnO_2)의 반도체를 도포하고 가열한 상태에서,
② 가연성가스가 검지소자에 접촉하면 → 백금선 온도상승(공기와 가연성가스의 열전도가 다르므로) → 전기저항 변화
③ 전기저항 변화를 증폭기로 증폭하여 출력신호를 보내어 경보를 발하게 한다.

2) 특징

① 가연성가스 또는 가연성가스 중의 특정 성분만의 선택적인 검출은 원리상

불가하다. 즉, 공기와 열전도가 다른 가스라면 모두 검출할 수 있다.
② 0~100[%]의 가스농도 측정이 가능하다.

3. 가스누설경보기의 종류

(1) 일체형(단독형)

1) 가스누출을 검지하는 검지부와 경보부가 단일 케이스 내에 내장된 일체형의 구조
2) 일반 가정용으로 널리 사용

(2) 분리형

1) 가스 검지부와 경보부가 분리되어 설치된 형식
2) 주로 업무용·공장용으로 사용
3) 방수·방폭구조로 한다.

4. System의 구성

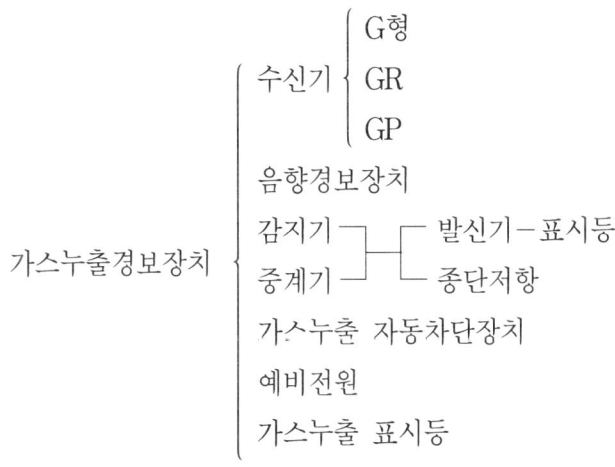

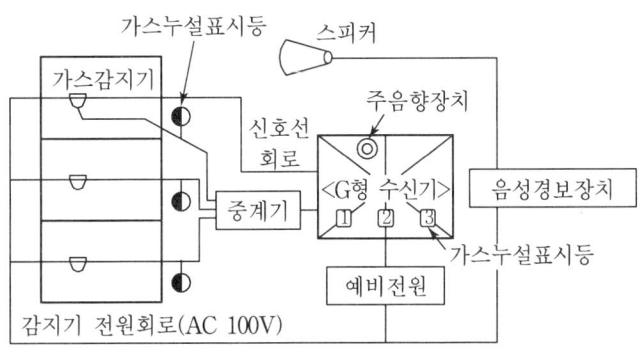

5. 설치기준

(1) 설치대상

1) 법규적 설치대상

   가스시설이 설치된 다음 각호의 시설
   ① 노유자·의료·숙박시설, 판매 및 영업시설
   ② 문화·집회 및 운동시설, 교육연구시설 중 청소년시설

2) 설치장소

   ① 주방, 가스중앙공급실
   ② 가스용기충전소
   ③ 차량가스충전소

(2) 감지기 설치기준

1) 사용 가스가 공기보다 무거운 경우
   ① 벽면의 하단부에(바닥면으로부터 30cm 이내)
   ② 연소기로부터 수평거리 4m 이내 설치

2) 사용 가스가 공기보다 가벼운 경우
   ① 벽면의 상단부에(천장면으로부터 30cm 이내)
   ② 연소기로부터 수평거리 8m 이내 설치

3) 수분·증기의 접촉이 없는 곳에 설치

4) 주위온도 40℃ 이하인 곳

(3) 음향장치

1) 사용전압의 80%에서 작동할 것
2) 1m 거리에서 90dB 이상(단독형 : 70dB 이상)

6. 결론

가스누설경보기의 가스검지원리는 크게 다음의 두 가지로 대별된다.

(1) 반도체 표면에 가스가 흡착하면 전류가 흐르기 쉬운 정도를 나타내는 도전율이 증가하는 원리를 응용한 방법

(2) 백금 가열선에 가스가 닿으면 온도 상승을 일으키고 전기저항이 변하는 원리를 응용한 것

18 폭발위험장소의 분류

1. 개요

폭발위험장소의 분류는 국가 또는 Code 종류에 따라 다음과 같이 분류하고 있다.

(1) 한국·일본 및 IEC 기준 : 0종 장소, 1종 장소, 2종 장소

(2) NFC 70 및 API 기준

　　1) Class I, Class II, Class III

　　2) Division I, Division II

　　3) Zone 0, Zone I, Zone II

2. 폭발위험장소의 분류

(1) 한국·일본(JIS) 및 IEC 기준

1) 0종 장소

　① 통상상태(정상운전상태)에서 가연(폭발)성 가스가 폭발범위 내의 농도로 지속될 수 있는 장소

　② [예] 탱크 내 액면상부공간, 가연성 가스용기 내부

　③ 방폭전기기기의 선정 : 본질안전 방폭구조

2) 1종 장소

　① 통상상태(정상운전상태) 또는 수선·보수시 가연성 가스가 누적·집적되어 위험 분위기로 될 수 있는 장소

　② [예] 0종 장소의 근접 주변, 인화성액체 충전장소

　③ 방폭전기기기의 선정 : 전체 방폭구조 종류(내압·압력·유입·안전증·본질안전) 모두 적용 가능

3) 2종 장소

　① 용기파열, 기기고장, 운전과실 등의 이상 상태에서 위험 분위기로 될 수 있는 장소

　② [예] 0종 또는 1종 장소에서 용기장치의 연결부 주변, 펌프의 Sealing 주변

③ 방폭전기기기의 선정 : 전체 방폭구조 종류(내압 · 압력 · 유입 · 안전증 · 본질안전) 모두 적용 가능

(2) 미국 기준 (NFC 70 및 API)

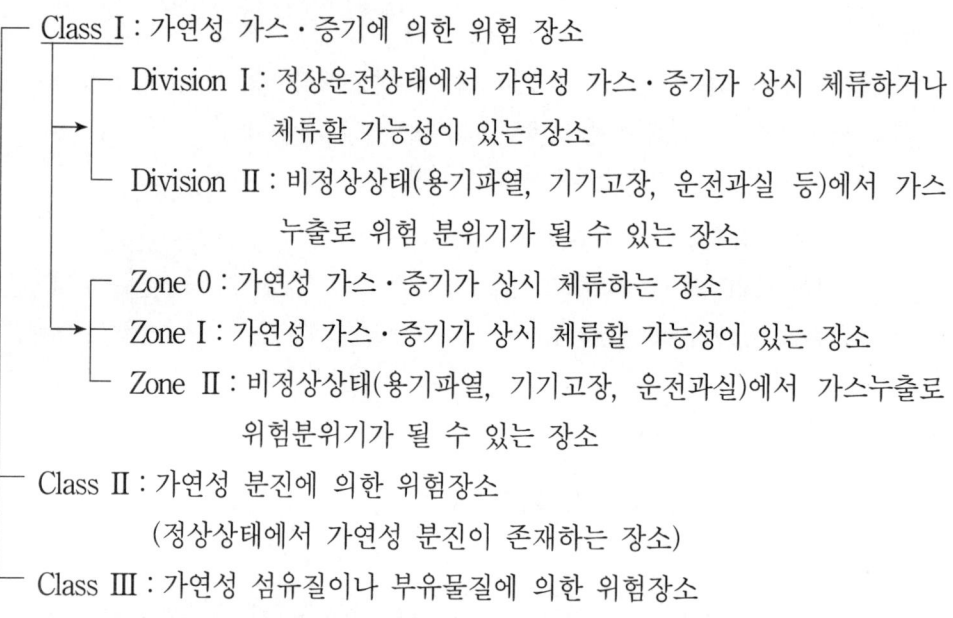

Class I	Division I	Zone 0
		Zone I
	Division II	Zone II
Class II		
Class III		

3. 결론

폭발위험장소의 분류는 다음과 같이 요약할 수 있다.
(1) 가스증기위험장소
    1) 0종 장소
    2) 1종 장소
    3) 2종 장소
(2) 분진위험장소

19. 석유화학공장 화재·폭발사고의 유형

1. 개요

(1) 석유화학공장에서의 화재·폭발사고는 대규모 개방계 탄화수소의 화재·폭발형태이며, 환경이나 조건에 따라 여러가지 형태의 개방계 화재를 초래할 수 있다.

(2) 모든 개방계 화재는 밀폐계 용기에서의 압력방출에서 시작하며 이때 방출시 점화원이 존재할 경우 Jet Flame 또는 Fire Ball이 형성된다.

2. 석유화학공장의 화재·폭발사고 유형

(1) Pool Fire

1) 정의

   개방용기의 액면 위에서의 자유연소현상

2) Mechanism

   액면온도가 상승하고 액면에서 증발이 발생하여 증기와 공기가 혼합하여 가연범위 농도가 형성된 상태에서 점화원이 가해지면 착화하여 확산연소가 진행된다. 이때 확산연소의 반복현상이 Pool Fire이다.

3) 화염높이에 영향을 주는 인자

   ① Pool의 직경 : 용기직경이 클수록 화염높이 증가율은 감소한다.
   ② 부력 : 부력이 클수록 화염높이가 높아진다.
   ③ 연료의 질량연소속도
   ④ 바람

(2) Jet Fire

1) 정의

   가압상태의 액체 또는 가스가 작은 구멍으로 분출될 때 착화되어 가스버너의 화염같은 양상으로 불꽃이 길게 늘어나는 현상

2) 특징

   ① Pool Fire에 비해 복사에너지가 크고, 근거리의 손상효과가 높다.

② 가압상태의 액체가 연무상태로 누출될 경우, 즉 Spray 상태에서는 인화점 미만의 온도에서도 쉽게 점화된다.

(3) UVCE(Unconfined Vapor Cloud Explosion)

1) 정의

   다량의 가연성 증기가 대기 중에 방출되었을 때 공기와 혼합되어 증기운을 형성하여 폭발농도범위 내의 상태에서 점화원을 만나 폭발하는 현상

2) 증기운 폭발에 영향을 주는 변수

   ① 방출된 가연성 물질의 양
   ② 방출된 물질의 증발률
   ③ 점화원의 위치
   ④ 점화원의 착화에너지
   ⑤ 증기운이 점화되기까지의 시간 지연
   ⑥ 방출된 물질의 폭발한계농도

3) 증기운 폭발의 방지대책

   ① 가연성 물질의 방출을 방지하고 재고량을 적게 유지
   ② 누설 초기단계에서 공급을 자동차단하는 자동차단밸브 설치
   ③ 누출되어도 Flash율을 최소화하는 조성조건에 한하여 사용

(4) Flash Fire

1) 정의

   가연성 증기가 대기 중에 방출되었을 때 폭발은 일어나지 않고, 연소만 진행되는 현상

2) 특징

   ① 갑작스런 산소의 소모로 인해 인명에 치명적일 수 있다.
   ② 공정 주요기기는 비교적 손상이 적으나, 전기케이블 같은 취약부 등에는 손상이 크다.

(5) BLEVE(Boiling Liquid Expanding Vapor Explosion)

1) 정의

   밀폐용기 내의 액체가 비등하고 증기가 팽창하면서 그 수용용기의 파열로 인

해 가압상태가 갑자기 풀어질 때 발생하는 급속한 기화로 인한 급격한 증기 팽창력에 의한 물리적 폭발현상

2) 발생 Mechanism

① 밀폐용기 내의 액체가 대기압 하에서의 비등점 이상으로 가열되면
② 용기 내 액면상부의 압력이 상승되어 설계압력을 초과하고
③ 용기의 일부분이 파열
④ 갑작스런 압력강하로 과열액체가 폭발적으로 기화
⑤ 이 증발력에 의해 원래 액체 체적의 약 200배 이상으로 팽창
⑥ 이 팽창력에 의해 폭발적으로 외부로 분출

3) 방지대책

① 용기에 화열의 입열을 억제
② 용기의 압력상승방지
③ 용기의 온도상승방지
④ 방액제 바닥을 경사지게 설치(1.5도 이상)
⑤ 용기폭발 방지장치 설치

(6) Fire Ball

1) 정의

BLEVE로 인한 가연성 증기의 분출이나, 용기·배관 등에서 가연성가스의 누설, 또는 가연성 액체에서 대량 증발한 가스가 주위공기와 혼합하여, 가연범위 내의 조성조건에서 점화원을 만나 급격하게 연소할 때 생성된 대형화염으로, 이때 부력의 힘으로 상승하면서 주변의 공기를 끌어들임으로써 화염의 형태가 공모양 또는 버섯모양으로 된다.

2) Fire Ball 형성의 영향인자

① 넓은 폭발농도범위
② 낮은 증기밀도
③ 높은 연소열량
④ 유출되는 형태

3. 결론

〈석유화학공장에서의 화재·폭발방지의 기본대책〉

(1) 착화원 관리
    1) 직화관리
    2) 화학반응열 제어
    3) 단열압축·고열 및 고온표면 관리
    4) 자연발화 통제

(2) 정전기 억제
    1) 정전기 발생제어 : 고체 간의 마찰·충격·분리 및 액체의 유동·유속의 제어
    2) 정전기 축적방지 : 접지, 본딩, 차폐
    3) 정전기 방전억제

(3) 폭발분위기 생성의 방지
    1) 인화(폭발)범위 내의 가스농도 형성의 제한
    2) Spark Gap의 존재를 통제
    3) 습도를 높게 유지

20. 석유화학공장에서의 화재·폭발 안전대책

1. 개요

(1) 석유화학공장은 석유 또는 천연가스를 주원료로 하여 각종 탄화수소제품을 생산하므로, 보유에너지가 커서 화재시 중대 재해위험이 있으며, 타 산업으로의 파급영향 또한 크다.

(2) 재해 위험요소의 제거노력이 완벽하다 하더라도 재해는 발생될 수 있으므로, 재해가 발생하더라도 그 피해를 최소화하는 방안 또한 강구되어야 한다.

2. 화학공장의 방재적 특수성

(1) 화학공장의 보유에너지(위험물질)가 타 산업에 비해 크다.
(2) 규모가 대체로 크며 사고 발생시 그 영향이 광범위하게 파급될 수 있다.
(3) 화학공장은 구조가 복잡하고 자동제어시스템이 많아 설계 및 관리기술이 전문화되어야 한다.
(4) 시스템 구성요소가 다양하여 각 요소마다 신뢰성 확보가 어렵다.
(5) 사고 발생시 주변피해 확대가 커질 수 있으며 국가 경제상의 손실 등 사회적 문제로까지 대두될 수 있다.

3. 석유화학공장의 일반적인 화재 원인

(1) 정전기가 점화원이 되어 발생하는 화재·폭발
(2) 화기작업시 인화에 의한 화재
(3) 장비 또는 설비의 파손·결함에 의한 화재·폭발
(4) 운전원의 조작실수 및 안전조치 미비에 의한 화재
(5) 반응기 내 심한 반응열에 의한 폭발화재
(6) 전기누전, 단락(Short) 및 전기적인 스파크에 의한 화재·폭발
(7) 가연성물질의 자연발화에 의한 화재

4. 주요설비별 위험요소

(1) 가열로, 고온반응기

1) 위험요인 : 산화·황화·질화반응, 열피로현상, 저온부식
2) 손상부품 : 배관, Tube Sheet, 댐퍼, 노즐, 반사판, 플랜지

(2) 열교환기, 응축기, 건조기, 증류기

1) 위험요인 : 각종 부식(저온·응력·접촉 부식), 공식 등
2) 손상부품 : 노즐, Tube Sheet, 배관, 플랜지, Return Bend

(3) 혼합·교반설비

1) 위험요인 : 각종 부식, 공식, 마모
2) 손상부품 : 교반기 Blade, 축, 볼트

(4) 진동설비, 원심분리기

1) 위험요인 : 각종 부식, 산화, 마모
2) 손상부품 : 여과망

(5) 수송설비

1) 위험요인 : 각종 부식, 마모
2) 손상부품 : 베어링, 배관, 펌프, 플랜지, 컨베이어

5. 방화대책

(1) 수동적(Passive) 방화대책

공정 또는 설비의 설계특성을 이용하여 위험성을 최소화하는 방법

1) 설비 자체의 내압강도 확보

   비상시 설비 내에 발생될 수 있는 압력 이상으로 설비의 내구성을 높이는 방법

2) 과압방지의 안전장치

   ① Safety Valve, Rupture Disk, 폭압방산공, 용융안전플러그
   ② Flare Stack
   ③ Blow Down

3) 출화방지

   ① 폭발분위기 억제 : 환기, 희석 등으로 혼합기 조성을 제어 : 폭발농도범위 외(外)로 유지

② 연료의 누출방지
③ 점화원 제어 : 정전기, 충격, 마찰, 단열압축, 과열, 자연발화 등의 억제
④ 정전기 대책 : 접지, 본딩 등

4) 공정 및 설비의 내화성 확보
5) 폭발범위 내의 가스농도 형성의 제한
6) 화재·폭발의 전파방지조치

① 입지조건 및 배치의 조정
② 방호벽
③ 긴급배출설비
④ 화염방지기(Flame Arrestor)

(2) 능동적(Active) 방화대책

1) 화재감지 및 경보시스템
2) 탱크외벽 냉각설비(물분무설비)
3) 소화용수설비
4) 고정식 자동소화설비
5) 이동식 수동소화설비

6. 결론

화학공장에서의 화재·폭발의 예방대책은 다음과 같이 귀결된다.

(1) 수동적 방화대책

1) 출화방지
2) 과압방지 안전장치
3) 설비 자체의 내압강도 확보
4) 공정 및 설비의 내화성 확보
5) 화재·폭발의 전파방지조치

(2) 능동적 방화대책

1) 화재감지 및 경보시스템
2) 탱크외벽 냉각설비
3) 고정식 자동소화설비
4) 이동식 수동소화설비

Chapter 04
화재·폭발의 위험성평가

01. 정성적 위험성평가의 기법 ·· 153
02. 정량적 위험성평가의 기법 ·· 158
03. 위험성평가의 절차 ··· 162
04. HAZOP(Hazard and Operability) ·································· 165
05. Hazard와 Risk ··· 167
06. PSM(Process Safety Management) ······························· 168
07. MSDS(Material Safety Data Sheet) ······························ 170
08. 사고결과의 영향분석법(Consequence Analysis) ············ 171
09. 산업안전기준(KOSHA)의 위험성 판정기준 ······················ 174
10. 화학공장의 정량적 위험분석(QRA) ··································· 176

01. 정성적 위험성평가의 기법

1. 개요

(1) 위험성평가는 대상물에 대한 위험요소를 발견하고 예상위험의 크기를 정량화하여 사고의 결과를 사전에 예측하는 것이다.

(2) 위험성평가 기법의 종류

   1) 정성적 위험성평가 : 공정상에 존재하는 잠재된 위험의 종류 및 성격을 분석하여 표현

   2) 정량적 위험성평가 : 정성적 위험성평가에 의해 발견된 위험요소(Hazard)가 사고로 전이할 가능성을 확률적으로 계산하여 사고결과를 예측함. 즉 위험성을 '발생확률×사고크기'로 구하여 표현

   3) 준정량적 위험성평가 : 위험의 크기를 상대적인 방법으로 비교·측정하여 표현

2. 정성적 위험성평가 기법의 종류

(1) HAZOP(Hazard and Operability)

   1) 정의

      공정상의 여러 분야 전문가들로 팀을 이루어 특정 Guide word를 사용하여 공장 내 공정상의 위험요소에 대하여 토론·연구·분석함으로써 공정의 잠재적 위험요소와 운전상의 문제점을 도출해 내는 공장내의 안전성 평가기법

   2) 대상 및 적용시기

      ① 신규공정의 설계단계, 기존설비의 운전단계 및 변경단계의 공정 전반에 적용
      ② 신규공정을 적용할 경우에는 설계도면이 거의 완성되는 시점에 적용

   3) 주요특징 및 수행자

      ① Guide word에 따른 조직적인 검토와 자유토론하는 방식
      ② 명확하게 정의된 설계 및 공정의 운전절차에 적용
      ③ 5~7명의 전문가와 보조인원이 참여한다.

   4) 장점

      ① 체계적·조직적 분석이 가능하다.

② 설계단계 및 운전단계에서의 다양한 Failure에 대한 검토와 대책 수립이 가능함

5) 단점

① 많은 인원과 시간이 소요된다.
② 과학적이고 구체적인 정보의 제공을 못할 수 있으며, 평가자 자질에 따라 결과가 달라질 수 있다.

(2) What-If

1) 정의

  공정상의 각 분야 전문가들에 대하여 What-If로 시작되는 질문표에 따라 질문하는 방식에 의해 공장 내 비정상적인 결과를 초래할 수 있는 사고를 예상·고려하는 질문분석기법의 위험성평가 방법

2) 대상 및 적용시기

  ① 공장 준공시점의 공정개발단계 및 초기 시운전단계에 적용한다.
  ② 공정을 변경하였을 경우 그 영향을 예측하기 위해 수행한다.

3) 주요특징 및 수행자

  ① 단순 위험사고에 대한 분석평가 방법이다.
  ② 조사 대상에 대한 운전자 및 2~3명의 전문가로 팀을 구성하여 수행한다.

4) 장점

  ① 분석이 비교적 용이하다.
  ② 시간과 경비가 적게 소요된다.

5) 단점

  ① 질문에 대한 응답자의 자질에 따라 결과가 달라질 수 있다.
  ② What-If의 내용에 따라 결과가 달라질 수 있으므로 질문내용을 정확하게 작성하여야 한다.

(3) Check List 기법

1) 정의

  미리 준비된 점검표(Check List)를 이용하여 각 척도들에 대하여 점수를 매겨 위험성을 평가하는 방식

2) 대상 및 적용시기

   설계, 설치시공, 시운전, 운전 중 및 운전정지 중, 등 모든 공정에 적용할 수 있다.

3) 주요특징 및 수행자

   ① 유경험자들이 미리 작성한 점검표(Check List) 기준에 의한 평가방식
   ② 미숙련 기술자도 수행이 가능하다.

4) 장점

   ① 타 기법에 비해 최소의 시간과 경비가 소요된다.
   ② 미숙련 기술자도 수행이 가능하며, 경영층이 검토할 수 있는 자료로 제공 가능
   ③ 점검수준의 조절·변경이 용이하고, 정보교환도 용이하다.

5) 단점

   ① 점검표(Check List) 작성자의 경험과 지식을 기반으로 평가하는 결과가 되므로 너무 주관적일 수 있기 때문에 정기적으로 점검표의 검토·보완이 되어야 한다.
   ② 점검표에 없는 사항에 대하여는 점검이 되지 않고 체계적인 위험확인이 어렵다.

(4) Dow and Mond Indices (상대위험순위 분석법 : Relative Ranking)

   1) 정의

      위험성의 정도에 따른 사고에 의한 피해 정도를 나타내는 상대적인 위험순위와 정성적인 정보를 얻을 수 있는 기법

   2) 대상 및 적용시기

      ① 설계단계 : 공정진행 중에 예상되는 위험지역 및 방호지역의 확인을 위해 적용
      ② 운전단계 : 운전 중 존재할 수 있는 위험을 제거해야 할 장소의 확인을 위해 적용

   3) 주요특징 및 수행자

      ① 위험물 또는 위험공정을 지수화하여 상대적으로 위험등급을 매겨 비교 평가하는 방식
      ② 각 공정에서 해당 공정을 잘 알고 있는 전문 유자격기술자가 수행한다.

4) 장점

① 위험을 수치화 할 수 있으므로 가시화가 가능하다.

② 대규모 화학공장에 존재하는 위험에 대하여도 간단하고 직접적인 상대위험 순위를 제공할 수 있다.

5) 단점

① 해당 공정을 잘 알고 있는 전문 유자격 기술자만이 수행할 수 있다.

② 진행중인 위험에 대한 평가 및 구체적인 위험 평가가 어렵다.

(5) PHA (예비위험 분석법 : Preliminary Hazard Analysis)

1) 정의

초기에 미리 위험요소를 검출함으로써 나중에 발견되어 발생되는 손해를 방지하는 위험평가 기법

2) 대상 및 적용시기

① 공장설립 초기단계에 적용하여 공장의 입지선정 등에 이용된다.

② 설계초기단계에서 공정의 기본요소와 물질이 정해진 상태에서 수행한다.

3) 주요특징 및 수행자

① 공정의 개발단계에서 실시하는 전형적인 정성적 위험평가기법이다.

② 공정을 잘 알고 있고 안전관련 지식이 있는 1~2명의 해당공정 기술진이 수행

4) 장점

① 공정의 초기위험을 사전에 예측·발견함으로써 시간과 경비절감을 할 수 있다.

② 소수의 인원으로 빠르게 진행할 수 있으므로 경제적이다.

③ 분석이 용이하고 다른 기법과 병행이 가능하다.

5) 단점

① 세밀한 위험분석과 구체적인 결과 도출이 어렵다.

② 복잡한 위험과 동시다발적으로 발생한 사고에 대한 평가는 불가능하다.

(6) Safety Review (안전성 검토법)

1) 정의

공정의 운영과 유지관리가 설계목적과 기준에 부합하는지 확인하는 기법

2) 대상 및 적용시기

　① 운전중인 공정에 주로 적용한다.

　② 위험도가 높은 공정에 대하여는 2~3년, 위험도가 낮은 공정에 대하여는 5~10년 주기로 수행

3) 주요특징 및 수행자

　① 공정의 운영과 유지관리가 설계목적에 부합하는지 확인하는 기법

　② 시스템의 운전자, 관리책임자, 안전관리자, 엔지니어 등 공장의 많은 사람들이 참여하여 수행한다.

4) 장점

　① 공장의 심각한 사고나 재해를 발생할 수 있는 운전조건이나 유지관리를 확인할 수 있다.

　② 잠재되어 있는 위험을 용이하게 찾을 수 있다.

5) 단점

　① 검토·평가하는 시간과 인력이 많이 소요된다.

　② 운전 중에 수행하므로 공장내의 각 관계자와 인터뷰를 하여야 한다.

(7) HEA (작업자 실수 분석법 : Human Error Analysis)

1) 정의

시스템의 운전자, 보수팀원, 기술자 등의 실수로 인한 위험요소와 이로 인한 다른 사람들의 작업에 영향을 미칠 수 있는 위험요소들을 평가하는 방법

2) 대상 및 적용시기

　① 공정의 설계, 설치, 운전 등 전반에 걸쳐 적용한다.

　② 시스템운전자의 실수를 유발할 수 있는 Hardware적 특성과 설계의 특성을 확인

3) 주요특징 및 수행자

　① 시스템의 운전자, 보수팀원, 기술자 등의 실수로 인하여 작업에 영향을 미칠 수 있는 위험요소들을 평가한다.

　② 한명의 전문가가 하나의 공정에 대한 평가를 수행한다.

4) 장점

　① 작업자에 대한 교육을 통해 실수를 줄이기 위한 시스템으로의 변경을 할

수 있다.

② 작업자 및 관계자를 통해 잠재되어 있는 위험을 용이하게 찾을 수 있다.

5) 단점

① 작업자의 실수에 대해서만 분석이 가능하다.

② 다양한 변수에 대한 통계자료가 없으면 세밀한 분석이 어렵다.

3. 결론

(1) 정성적 위험성평가에 의한 위험관리는 현재 선진국에서는 석유화학공장, 반도체공장 등에 폭넓게 사용되고 있다.

(2) 그러나 국내의 경우 사고의 통계자료 및 고장률 데이터 등이 집적되어 있지 않고 아직까지 위험성평가에 대한 올바른 이해가 부족하므로 성공적으로 도입·운영하기 위해서는 더 많은 연구 및 투자가 선행되어야 할 것으로 판단된다.

02 정량적 위험성평가의 기법

1. 개요

(1) 위험성평가란 공정에 대한 위험요소를 발견하고 예상위험의 크기를 정량화하여 사고의 결과를 사전에 예측하는 것으로, 위험성을 평가하는 기법의 종류에는 대표적으로 정성적 위험성평가와 정량적 위험성평가의 두 가지로 구분한다.

(2) 정성적 위험성평가는 공정상에 존재하는 잠재된 위험의 종류 및 성격을 분석하여 표현하는 방식인데 비해, 정량적 위험성평가는 정성적 위험성평가에 의해 발견된 위험요소(Hazard)가 사고로 전이할 가능성을 확률적으로 계산하여 사고결과를 예측하는 방식, 즉 위험성을 '발생확률×사고크기'로 구하여 표현하는 방식이다.

2. 정량적 위험성평가 기법의 종류

(1) ETA (사건수 분석기법 : Event Tree Analysis)

1) 정의

사건 초기에서부터 마지막 결과까지 여러가지 결과의 발생경로를 추론하여 발생확률을 산정하는 귀납적 분석기법

2) 대상 및 적용시기
   ① 시스템의 설계단계에서 수행 : 가정된 초기단계에서 발생할 수 있는 사고를 평가
   ② 기존 안전장치의 적합성을 평가하고, 안전장치의 이상으로 생길 수 있는 결과를 평가한다.

3) 주요특징 및 수행자
   ① 귀납적 분석방법으로 초기사건부터 마지막 결과까지 시간대별 표현이 가능하다.
   ② 전문가(설계기술자, 제조기술자, 技法전문가) 3~4명으로 구성하여 평가 수행

4) 수행절차
   ① 초기 사건의 선정
   ② 초기 사건에 대응할 수 있는 안전장치의 기능을 점검
   ③ ET(Event Tree) 작성
   ④ ET의 구조 해석 : 각 사고별 발생경로 기술
   ⑤ ET의 정량화 : 각 사고별 발생확률의 계산
   ⑥ 결과의 평가
   ⑦ 평가의 결과에 따른 위험에 대한 대책 수립

5) 장점
   ① 체계적인 정량적 평가가 가능하다.
   ② 발생가능한 사고의 유추(類推)가 용이하다.
   ③ 초기 오류에 대한 내성에 효과적이다.

6) 단점
   ① 해당 기술자의 지식과 경험정도에 따라 결과가 달라질 수 있다.
   ② 자료수집에 시간이 많이 소요된다.

(2) FTA (결함수 분석기법 : Fault Tree Analysis)

1) 정의

하나의 특정한 사고를 중심으로 하여 그 사고원인을 순차적으로 찾아내어, 그 발생확률을 산정하는 연역적 분석기법으로서, 사고의 확률을 정량적으로 예측하여 이를 줄이기 위한 대책을 찾기 위한 방법이다.

2) 대상 및 적용시기
　① 공장의 설계단계 및 운전중인 시스템을 대상으로 적용
　② 명확하게 정의된 대상에 적용

3) 주요특징 및 수행자
　① 연역적 분석방법으로 정성적 및 정량적 표현이 가능하다.
　② 숙련기술자(공정기술자, 운전기술자, 정비기술자) 2~3인으로 구성하여 평가 수행

4) 수행절차
　① Top Event 설정 : 최종적으로 발생될 하나의 특정 사고를 예상하여 설정
　② 대상 Process · Plant의 특성 파악
　③ FT(Fault Tree) 작성
　④ FT의 구조 해석 : 각 사고별 발생경로 기술
　⑤ FT의 정량화 : 각 사고별 발생확률의 계산
　⑥ 결과의 평가
　⑦ 평가의 결과에 따른 위험에 대한 대책 수립

5) 장점
　① 정성적 및 정량적 평가가 가능하다.
　② 사고원인 규명의 논리적 · 정량화 · 간편화가 가능하다.
　③ 시스템 결함의 진단 및 발견이 비교적 용이하다.

6) 단점
　① 평가자는 해당 평가대상 시스템에 대하여 지식과 경험이 풍부하여야 한다.
　② 복잡한 시스템은 평가시간이 과다하게 소요되고, 부품의 고장률 등에 대한 신뢰성이 요구된다.

(3) CCA (사고원인-결과 영향분석기법 : Cause Consequence Analysis)

1) 정의
　사고가 발생하였을 경우 인명 · 재산피해 또는 업무중단으로 인한 손실비용 등의 사고결과에 의해 발생되는 영향을 분석 · 추산하는 방법

2) 대상 및 적용시기
　① 시스템의 설계단계에 적용

② 운전중인 시스템을 대상으로 적용하여 평가 수행

3) 주요특징 및 수행자

① ETA(사건수 분석법)과 FTA(결함수 분석법)의 혼합방식의 평가기법이다.
② 사고의 원인과 그 사고결과의 영향을 분석·평가한다.
③ 풍부한 경험을 가진 전문가 2~4인으로 팀을 구성하여 평가 수행

4) 장점

① 예측되는 사고결과의 발생빈도를 정량화 할 수 있다.
② 상호간 전달 매체로의 이용이 가능하다.
③ 사고의 원인-결과에 대한 상호관계를 추정할 수 있다.

5) 단점

① 평가자가 해당 평가대상 시스템에 대하여 지식과 경험이 풍부하여야 한다.
② 즉, 사고발생이 되었던 시스템의 고장원인과 공정에 대한 전반적인 지식 등이 필요하다.

3. 결론

(1) 정량적 위험성평가는 논리적이고 체계적인 사고발생확률의 계량화가 가능하므로, 현재 선진국에서는 원자력발전소, 석유화학공장, 반도체공장 등에 폭넓게 사용되고 있다.

(2) 그러나, 국내의 경우 사고의 통계자료 및 고장률 데이터 등이 집적되어 있지 않고 아직까지 위험성평가에 대한 올바른 이해가 부족하므로 성공적으로 도입·운영하기 위해서는 더 많은 연구 및 투자가 선행되어야 할 것으로 판단된다.

[Reference]

1. FTA 계산 예

   (1) OR Gate

   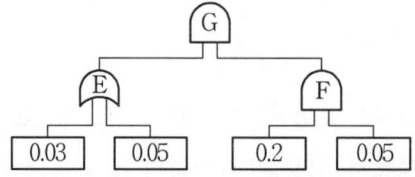

   $E = 1 - [(1-0.03) \times (1-0.05)] = 0.0785 = 7.85\%$

   (2) AND Gate

   $F = 0.2 \times 0.05 = 0.01$

   $\therefore G = E \times F = 0.0785 \times 0.01 = 0.000785 = 0.0785\%$

2. ETA 계산 예

   (A) 발생확률 $= 0.7 \times 0.5 = 0.35 = 35\%$

   (B) 발생확률 $= 0.3 \times 0.2 = 0.06 = 6\%$

   $\therefore$ 종합확률 $= 35 + 6 = 41\%$

   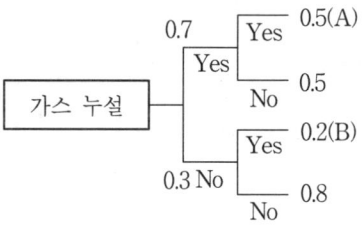

03 위험성평가의 절차

1. 개요

(1) 위험성평가 방법의 종류

　　1) 정성적 위험성평가

　　　　잠재된 위험의 종류 및 성격을 분석하여 표현

　　2) 정량적 위험성평가

　　　　위험성을 '사고의 발생확률×사고의 크기'로 구하여 표현

(2) 위험성평가의 일반적인 절차

    1) 위험성평가의 목표설정
    2) 위험성평가의 기법선정
    3) 위험의 발견
    4) 시나리오 작성
    5) 사고확률모델링
    6) 사고영향모델링
    7) 위험의 비교
    8) 위험 경감대책 수립

2. 위험성평가의 절차(위험관리의 절차)

(1) 위험성평가의 목표설정

    1) 위험경감 목표의 범위설정
    2) 안전투자비 우선순위결정
    3) 종업원 및 공공에 대한 위험성 기준의 적합성 평가

(2) 위험성평가 기법의 선정

    1) 정량적 위험성평가
    2) 준정량적 위험성평가
    3) 정성적 위험성평가

(3) 위험의 발견

    1) 경험적인 방법

        이전의 사고사례를 분석하는 방법

    2) 분석적인 방법

        ① 특정한 평가방법을 이용하여 잠재사고의 원인 및 유형을 발견
        ② 종류 : HAZOP, What-If, Check List, ETA, FTA

(4) 시나리오 작성

    시나리오 작성시 ETA를 사용하는 것이 효율적임

(5) 사고확률 모델링(사고의 확률을 예측하는 방법)

1) 사고의 통계자료를 이용
2) 물리학적인 분석방법
3) 주관적인 방법 : 전문가의 의견 및 공학적인 판단에 의한 방법
4) 확률론적 방법 : ETA, FTA 등을 이용

(6) 사고영향 모델링 적용

1) 누출원모델
2) 분산모델
3) 화재·폭발모델

(7) 위험의 비교

대상물에 대한 위험성평가의 결과, 이들 위험수치가 허용범위 내에 드는지 비교·검토한다.

(8) 위험감소 대책의 수립

1) 사고의 발생확률을 줄이는 방법
2) 사고의 영향을 최소화하는 방법

3. 결론

위험성평가의 실무적인 절차는 다음과 같이 요약할 수 있다.

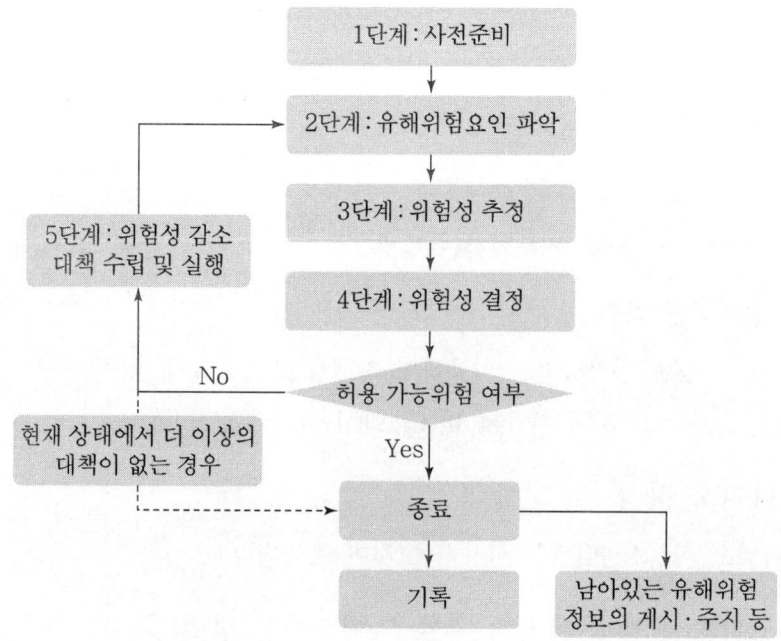

04. HAZOP(Hazard and Operability)

1. 개념

(1) 공정상의 여러분야 전문가들로 팀을 이루어 특정한 Guide Word를 사용하여 도론·연구·분석함으로써 공정의 위험요소와 운전상의 문제점을 도출해내는 공장 내의 안전성평가기법

(2) 토론방법으로는 팀의 리더가 공정의 분할된 Node마다 공정변수를 추출하여 공정의 각 Line마다 Guide Word를 적용하고 Brain Storming 토의방법을 응용하여 참가자의 자유로운 의사발표를 통하여 모든 경우의 일탈현상(이상 상태)을 찾아내는 방식

2. HAZOP의 수행절차

(1) 목적 및 연구범위 설정

1) 시스템을 여러 개의 Study Node로 분할하고,
2) 하나의 Node를 선택

(2) 팀 구성

1) 적정 구성인원 : 5~7명
2) 구성요원
    ① 설계기술자   ② 공정기술자
    ③ 운전감독자   ④ 보수정비감독자
    ⑤ 화학자   ⑥ 안전관리자

(3) 예비조사

1) 필요한 자료를 얻는다.
2) 자료를 적당한 연구형태로 바꾸고 연구절차를 계획

(4) 팀 구성원들의 회의 및 토론

1) Guide Word를 순차적으로 적용
2) 결과와 원인을 도출(위험요소/운전상의 문제점이 없는가?)
   팀 전체의 만장일치를 원칙으로 함

(5) HAZOP 보고서 작성

　1) 보고서 작성을 위한 검토회의 실시
　2) 결과들을 기록
　　① 사고의 결과 및 원인
　　② 중요위험사항
　　③ 개선제안사항

3. HAZOP Study의 전제조건

(1) 동일 기능에서 2가지 이상의 사고는 발생치 않는 것으로 한다.
　즉 Double Failure의 전제는 없는 것으로 한다.
(2) 안전장치는 정상작동한다.
(3) 장치와 설비는 설계 및 제작 사양에 적합하게 제작된 것으로 한다.
(4) 작업자는 위험상황 발생시 즉시 필요한 조치를 취한다.
(5) 사소한 사항이라도 간과하지 않는다.

4. HAZOP의 흐름도

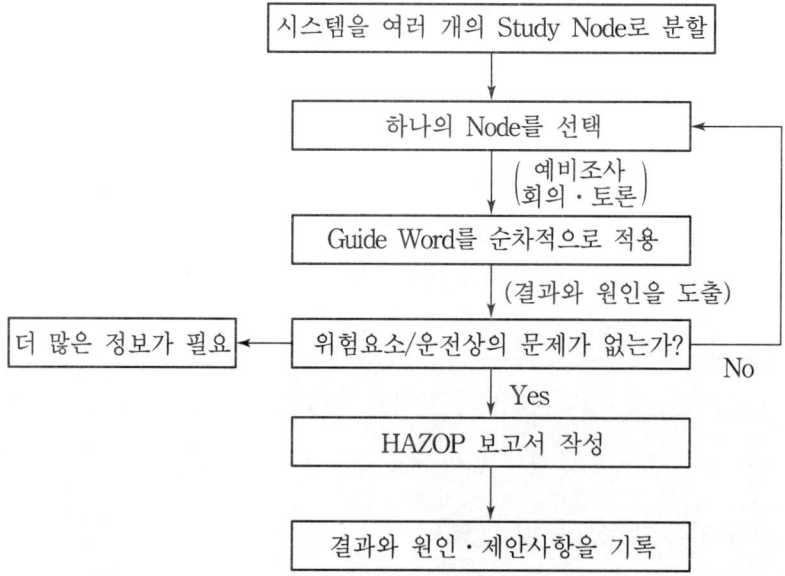

05. Hazard와 Risk

1. Hazard

(1) 개념
1) 사고 발생의 원인성, 즉 잠재적인 '위험성'을 나타낸다.
2) 인적·물적·환경적 또는 이들의 복합적인 손상을 입힐 잠재성을 지닌 물리적 또는 화학적인 상태를 말한다.

(2) Hazard의 예
폭발성·독성·발화성·산화성 등을 지닌 물질은 화재·폭발·중독을 일으키는 원인이 된다.

(3) Hazard를 찾는 위험성평가 기법
정성적 위험성평가 : HAZOP, What-If, Check List 등

2. Risk

(1) 개념
1) 사고 발생의 가능성. 즉 '위험도'를 나타낸다.
2) 위험의 정도를 정량적으로 평가한 것
3) Risk를 빈도 및 심도(가혹도)의 함수로 나타낼 수 있다.
   ∴ Risk = 사고의 발생빈도(Frequency) × 위험의 크기(Severity)

(2) Risk의 예
어떤 대상물이 존재·가동하는 과정에서 발생할 수 있는 모든 사고에서 생길 수 있는 피해의 기대치

(3) Risk를 찾는 위험성평가 기법
정량적 위험성평가
1) 빈도분석법(ETA, FTA)   2) 누출원모델
3) 분산모델   4) 화재·폭발모델
5) 사고영향모델

3. 종합적인 예

LPG의 가스홀더가 주변 화재로 가열·파손되어 BLEVE로 인한 Fire Ball까지 발생될 수 있다고 가정할 경우 예상되는 Hazard는 매우 크다.

그러나 실제 설비에서는 안전장치가 되어 있어 이러한 사고가 발생할 확률은 상당히 적으므로, 결과적으로 단순히 가스홀더가 존재함으로 인한 Risk는 적다고 할 수 있다.

4. 결론

	Hazard	Risk
의미	사고발생의 원인성	사고발생의 가능성
개념	위험성	위험도
평가 기법	정성적	정량적
판단 주체	당국·사회	이해 당사자
대상 시기	현실	미래
판단 대상	물질	사상자

06 PSM(Process Safety Management)

1. 개요

PSM(Process Safety Management)은 화학·위험물 취급 공장 등에서 재해예방을 위한 공정관리의 일환으로, 미국화학물질제조협회(CMA)와 미국석유협회(API)에 의해 발표되었다.

2. PSM의 목적

(1) 고도로 위험한 화학물질이 개재(介在)되는 화학적인 재해를 예방
(2) 이러한 재해가 부득이 발생할 시에는 그 피해를 최소화하여 근로자를 보호

3. 적용범위

(1) OSHA(Occupational Safety Health Administration)에서 정한 지정수량 이상의 화

학물질이 개재되는 공정

(2) 1,000LB 이상의 가연성 액체나 가스가 개재(介在)되는 공정

4. PSM의 요구사항(구성요소)

(1) 기술적 요소

1) 공정의 안전성자료 : 공정안전자료의 주기적인 보완 및 체계적인 관리
2) 공정의 위험성평가 : 공정 위험성평가의 체제구축 및 사후관리
3) 안전운전절차의 관리 : 안전운전절차의 보완 및 준수에 대한 관리

(2) 설비적 요소

1) 가동 전단계의 안전성 검토 : 유해·위험설비의 시운전 전 점검
2) 설비의 유지관리 : 설비별 위험등급에 따른 점검·보수 등의 효율적인 관리
3) 변경관리 : 설비 등의 변경 시 변경관리절차 준수

(3) 인적 요소

1) 근로자의 교육·훈련 : 근로자에 대한 실질적인 PSM 교육
2) 사고조사 : 정확한 사고의 원인규명 및 재발방지
3) 외주(협력)업체관리 : 외주(협력)업체 선정 시 안전관리수준 반영
4) 작업허가관리 : 안전작업허가의 절차 준수
5) 비상조치계획 수립 : 비상대응 시나리오 작성 및 주기적인 훈련
6) 자체감사 : 객관적인 자체감사 및 사후조치

5. 결론

(1) 우리나라에서도 국내 실정에 맞는 안전관리기법의 도입이 시급히 요구되고 있다.
(2) 현재 PSM의 12가지 구성요소에 아래 2가지 요소를 추가하면 더욱 효과적이다.

1) 고용주 참여
2) 안전설계 및 설치검사

07. MSDS(Material Safety Data Sheet)

1. 정의
(1) MSDS(Material Safety Data Sheet) : 물질안전보건 자료
(2) 유해화학물질을 제조·수입 또는 취급하는 사업자가 해당 물질에 대한 위험성 평가의 근거자료로 작성한 것

2. 목적
(1) 유해화학물질의 취급·사용으로 인한 화재·폭발·직업병 등의 산업 재해를 예방하여 근로자 및 실수요자를 보호하기 위한 기초자료의 제공
(2) 유해화학물질을 판매·양도하는 경우에 MSDS를 첨부하여 최종 사용자에게 전달

3. MSDS의 작성기준(ISO 등 외국기준)
(1) 제품명 및 제조회사 정보   (2) 제품의 성분 및 함유량
(3) 물리·화학적 특성   (4) 유해성 및 위험성
(5) 환경 영향성   (6) 저장·취급방법
(7) 누출 사고시 대처방법   (8) 화재·폭발시 대처방법
(9) 폐기시 주의사항   (10) 운송·기타 법규

4. 결론
MSDS를 이용하여 화학플랜트 등에서 위험물에 대한 위험성을 평가하는 기초자료로 제공함으로써, 공정의 Hazard를 분석하고 Risk를 평가하여 총체적인 산업재해를 예방하는 근간이 될 수 있다.

08. 사고결과의 영향분석법(Consequence Analysis)

1. 개요

(1) 사고결과의 영향분석은 공정상에서 발생하는 화재·폭발·독성가스의 누출 등 중대 산업사고가 발생했을 때 인간과 주변 시설물에 어떤 영향을 미치고, 그 피해와 손실이 어느 정도인가를 평가하기 위한 것이다.

(2) 화학공정에서 발생하는 사고는 화재·폭발·독성가스 누출 등이고 이들에 의한 피해정도는 그로 인하여 발생되는 복사열·파편·독성물질 및 사고 당시의 제반 환경·안전장치의 상태 등에 의해 결정된다.

2. 사고결과의 영향을 평가하기 위한 모델

(1) 평가모델링의 종류 및 과정

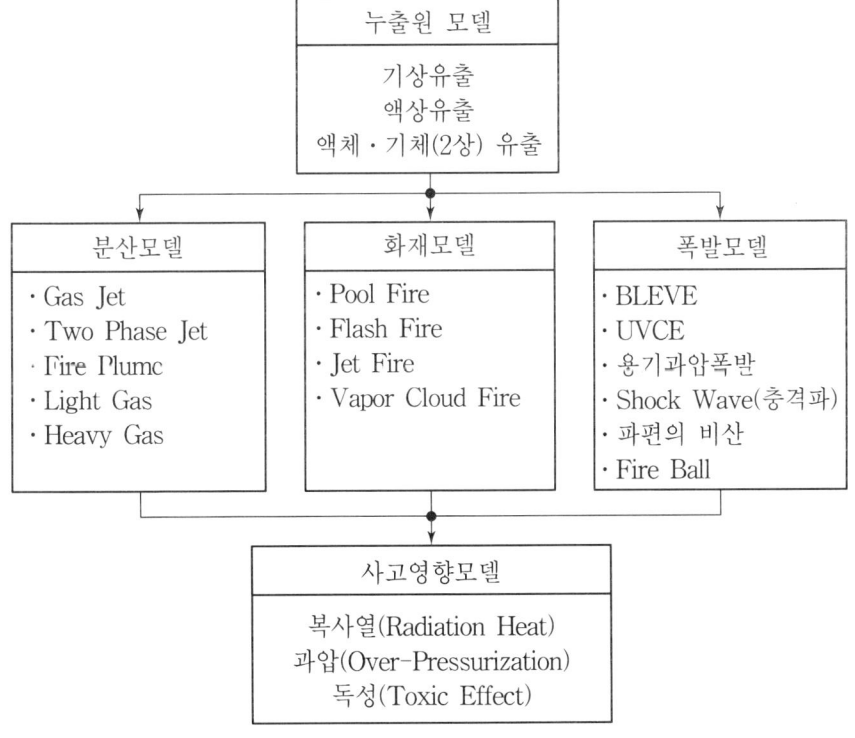

(2) 각 모델링의 내용

1) 누출모델

   저장용기나 이송관 등에서 인화성·폭발성 가스 또는 액체 등의 누출에 대한 모델링

   ① 구분
   - ㉮ 액상 누출 : Pool Fire Model 적용
   - ㉯ 증기(기상)누출 ⎫
   - ㉰ 2상계 누출   ⎭ Jet Fire Model 또는 분산모델 적용

   ② 누출량 산출

   누출용기의 상태, 누출 물질의 상, 누출시간, 누출 물질의 밀도, 누출공의 크기 등을 고려하여 산출

2) 분산모델

   ① 유해·위험물질이 대기 중에 누출된 경우 바람방향으로 분산된다.

   ② 분산모델은 누출된 증기운 또는 Plume의 형태·조성·크기 등을 산출하고 주어진 거리에서 시간대별 농도를 산출하여 화재·폭발의 영향을 평가하는 데 사용한다.

3) 화재모델

   ① 화재가 발생했을 때 얼마나 큰 에너지를 방출하고 그 에너지가 주변 인간 및 시설물에 얼마나 전달되는가를 계산하기 위한 모델링

   ② 종류
   - ㉮ Pool Fire 모델링
   - ㉯ Jet Fire 모델링
   - ㉰ Flash Fire 모델링

4) 폭발모델

   ① 폭발로 인한 충격파(Shock Wave)와 파편의 비산으로 인한 피해를 고려하는 모델링

   ② 종류
   - ㉮ 용기폭발모델링
   - ㉯ BLEVE 모델링
   - ㉰ UVCE 모델링

5) 사고영향모델

화재·폭발 모델링에 의하여 예측된 사항을 기초로 하여 그 영향으로 인한 피해를 예측하는 모델링

① 복사열에 의한 영향 : 인명과 건축구조물의 피해 발생
② 과압폭발에 의한 영향 : 인근 주변의 구조물 파손
③ 독성가스에 의한 영향 : 인명 피해 발생
④ 기타 열·연기·확산가스에 의한 영향

3. 결론

〈사고결과 영향분석(Consequency Analysis) 모델의 종류〉

(1) 누출원모델

기상누출, 액상누출, 2상계 누출

(2) 분산모델 : 물리·화학적 특성에 따른 분류

1) Light 가스 : 난류의 영향
2) Heavy 가스 : 중력의 영향

(3) 화재모델

1) Pool Fire
2) Jet Fire
3) Flash Fire

(4) 폭발모델

1) BLEVE
2) UVCE
3) Fire Ball

(5) 사고영향모델

1) 복사열에 의한 영향
2) 과압폭발에 의한 영향
3) 독성에 의한 영향

09 산업안전기준(KOSHA)의 위험성 판정기준

1. 개요

국내 산업안전기준(KOSHA)의 Code P-31에서 사고피해예측기법 내용 중 누출물질에 대한 확산, 화재(복사열) 및 폭발(과압)의 위험정도 여부를 판단할 수 있는 위험성 판정기준에 대하여 다음과 같이 정하고 있다.

2. 사고피해 예측절차

(1) 1단계(근본적인 위험요소의 확인) : HAZOP, 체크리스트 기법 등을 활용
(2) 2단계(누출모델) : 잠재적인 누출원 확인
(3) 3단계(확산모델) : 위험물질의 이격 거리에 따른 증기운의 크기·농도·형태 등의 예측
(4) 4단계(피해예측) : 근로자 및 인근 주민에게 미치는 복사열 피해 등

3. 누출물질에 의한 확산위험 판정기준

(1) 독성물질 : 1시간 동안 노출되어도 심각한 건강상의 악영향이 나타나지 않는 공기 중의 최대농도
[예] 염소 : 3ppm, 암모니아 : 200ppm
(2) 가연성가스 및 인화성물질 : 폭발하한농도가 되는 최대거리

4. 누출물질에 의한 화재(복사열)위험 판정기준

(1) $5[kW/m^2]$의 복사열이 미치는 거리
(2) 복사열 강도에 따라 통증을 느끼기 시작하는 시간

복사열 강도[kW/m²]	고통을 느끼기 시작하는 시간[sec]
1.6	60
2.9	30
4.7	16
11.7	4
19.9	2

5. 누출물질의 폭발(과압) 위험성 판정기준

(1) 과압피해

주변기기 및 근로자 등에 영향을 미치는 6.9[kPa]의 과압이 도달하는 거리

(2) 폭발과압영향의 판단기준

과압[kPa]	영 향
0.15	소음발생
5	주택의 구조물 파손
30	공장 건물의 파손
60	대형 화물차의 전파

6. 결론

산업안전기준(KOSHA)에서 위험판정기준은 독성물질의 경우 1시간 동안 노출 시 악영향이 나타나지 않는 공기 중의 최대농도이고, 복사열 및 과압에 의한 피해는 각각 5[kW/m^2]의 복사열과 6.9[kPa]의 과압이 영향을 미치는 최대거리로 규정하고, 이들을 위험판정의 기준으로 삼고 있다.

10. 화학공장의 정량적 위험분석(QRA)

1. 개요

(1) QRA(Quantitative Risk Assessment)란 미국의 화재·폭발위험 분석가인 Thomas E. Barry가 제안한 정량적 위험성평가방법으로 주로 화학공정의 위험분석에 많이 사용되고 있다.

(2) QRA의 수행순서

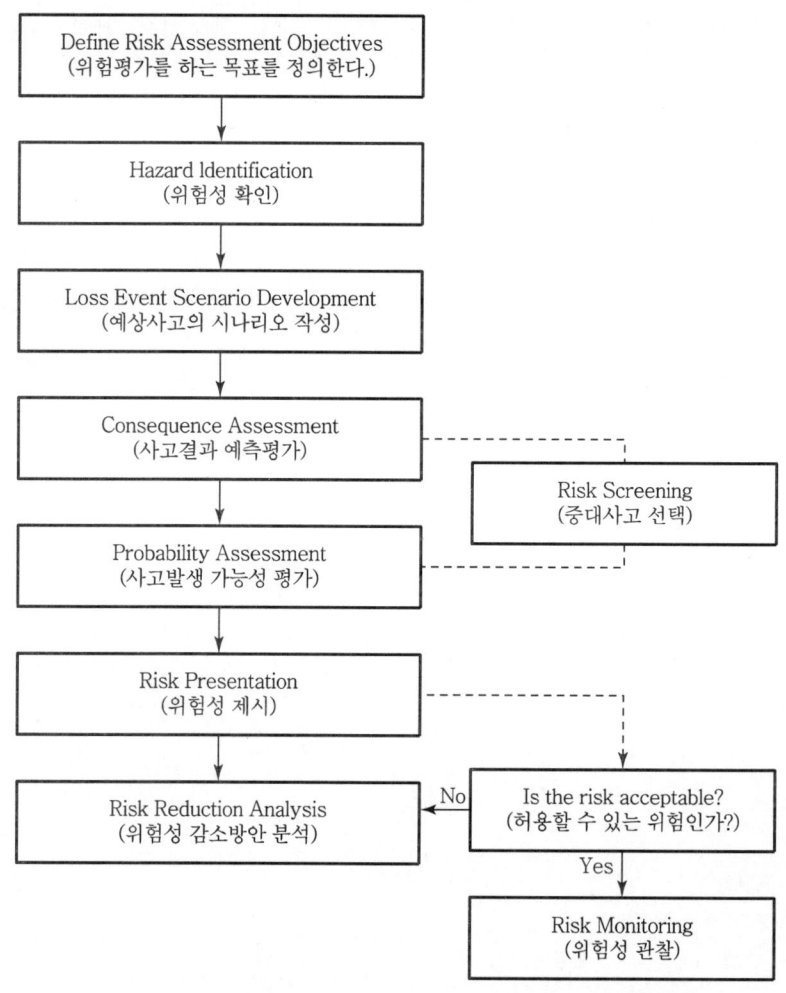

2. QRA를 수행하는 목적

(1) 위험요소의 확인
발생 가능한 모든 위험요소에 대한 사고발생 가능성과 그 결과를 보다 더 정확하게 예측하기 위함

(2) 본질적인 안전설계
QRA를 통한 정량적인 피해규모를 예측하여 Risk를 허용 가능한 범위 이내로 줄이도록 위험물질의 종류나 위험물질의 취급량을 조절하는 것

(3) Risk에 따른 시설개선 및 방재대책 수립

(4) 사고조사기법의 개발

(5) 안전문화의 정착

3. QRA를 수행하는 단계별 과정

(1) 제1단계 : 위험평가의 목표를 정의한다.
1) 공장의 위치, 보호조건, 규정에 적합하게 하는 등 경영자의 결정을 돕기 위한 것인지를 분명히 한다.
2) 위험분석의 목적이 다음의 어느 것인지 분명히 한다.
   ① 인명의 사상과 건강상 위험을 방지하기 위한 것인가?
   ② 재산 손실과 생산차질을 막기 위한 것인가?
   ③ 환경오염을 방지하기 위한 것인가?
   ④ 법적인 규정에 적합하게 하기 위한 것인가?
3) 상대적인 위험평가인지, 아니면 절대적인 평가인지 결정한다.
4) 허용할 수 있는 위험수준이 어느 정도인지 결정한다.

(2) 제2단계 : 위험성 확인
1) 생산, 취급, 저장, 또는 수송되는 위험물의 물리적·화학적 특성을 파악한다.
2) 공장의 생산 공정을 파악한다.
3) 공정상에 취약점이 있는지를 확인한다.
4) 과거의 사고기록을 조사한다.
5) Check list, What if, HAZOP, FMEA 또는 다른 적절한 방법을 이용해서 위험

성을 평가·확인한다.

(3) 제3단계 : 예상 사고의 시나리오 작성
1) 사고가 어떻게 발단될 것인가?
2) 사고의 진행과정은 어떻게 될 것인가?
3) 사고결과는 어떻게 될 것인가?

(4) 제4단계 : 사고결과의 예측·평가
1) 사고로 인해서 얼마나 많은 인명, 재산, 사업중단 등의 손실이 있겠는가?
2) 사고의 영향이 공장 내부뿐만 아니라 공장 외부로 확산될 가능성은 없는가?
3) 공장외부로 확산된다면 어느 정도의 거리까지 사고범위가 될 것인가?

(5) 제5단계 : 사고발생 가능성 평가
제4단계에서의 예측결과 중대한 사고로 판단되는 사고에 대해 결함수 분석법(FTA), 인간의 신뢰성 분석(HRA), 전문지식을 바탕으로 한 기술자의 판단을 이용해서 사고발생확률을 추정한다.

(6) 제6단계 : 위험성 제시(Risk 표현)
1) 재산손실 = 화재·사고의 빈도(A) × 재산손실의 확률(B)
2) 사업중단손실 = A × B × 사고결과가 사업중단으로까지 발전될 확률(C)
3) 인명피해 = A × 사상(死傷)자가 발생할 확률 × 사고현장에 사람이 있을 확률
이상의 검토결과 위험이 허용범위 이내에 있으면 여기서 끝낸다. 다만, 위험성이 적어도 도출된 위험에 대해서는 공정관리상 상시 감시·관찰을 해야 한다.

(7) 제7단계 : 위험 감소방안 분석
제6단계의 검토결과 위험정도가 허용할 수 있는 범위를 초과하는 것이라면 다음 방법을 이용해서 위험성을 감소시켜야 한다.
1) 설계, 시험, 유지보수 측면에서 설비의 고장 가능성을 감소시킨다.
2) 착화원 관리를 철저히 한다.
3) 훈련, 인사관리 등을 통해서 인간의 실수를 감소시킨다.

Chapter 05

위 험 물

01. 위험물의 종류 및 주요특성 ………………………………………… 181
02. 위험물안전관리법에 의한 위험물의 위험등급 ……………………… 186
03. 위험물안전관리법에 의한 위험물의 분류한계 ……………………… 188
04. LPG · LNG …………………………………………………………… 189
05. 위험물저장탱크의 Rollover 현상 …………………………………… 192
06. 유류탱크화재의 특수현상 …………………………………………… 194
07. 위험물 저장탱크의 종류별 화재특성 ………………………………… 196
08. 위험물 저장탱크의 안전장치 ………………………………………… 201
09. 석유류 저장 · 취급시의 폭발방지대책 ……………………………… 204
10. 경질유탱크와 중질유탱크의 화재특성 ……………………………… 206
11. 특수가연물 …………………………………………………………… 207
12. 방유제 ………………………………………………………………… 209
13. 위험물제조소의 배출설비 …………………………………………… 211
14. 윤화(Ring fire)현상 ………………………………………………… 213
15. 독성물질의 표시법 …………………………………………………… 214

01 위험물의 종류 및 주요특성

1. 개요

국내 위험물안전관리법 시행령 [별표 1]에서 위험물의 종류를 다음과 같이 제1류에서 제6류까지 분류하고 있으며, 각 류별 성질, 저장·취급방법, 소화방법은 다음과 같다.

2. 위험물안전관리법에 의한 위험물의 종류 및 주요특성

(1) 제1류 위험물

1) 품명

   염소산염류, 과염소산염류, 아염소산염류, 질산염류, 무기과산화물

2) 공통적인 성질

   ① 강산화성 고체의 유기화합물류(단, 그 중에 무기과산화물은 무기화합물)
   ② 자신은 불연성이면서 조연성 물질이다.
   ③ 가열·충격·마찰에 의해 산소방출

3) 저장·취급방법

   ① 마찰·충격을 피한다.
   ② 가열·화기를 피한다.
   ③ 용기는 밀봉하여 저장
   ④ 무기과산화물은 물과 접촉 금지

4) 소화방법

   ① 무기과산화물 : 건조사 등에 의한 피복소화
   ② 기타 : 물로 냉각소화

(2) 제2류 위험물

1) 품명

   황화린, 적린, 유황, 철분, Mg, 금속분, 인화성 고체(1기압에서 인화점 40℃ 미만인 고체)

2) 성질

① 가연성 고체의 환원성물질
② 착화온도 낮고, 연소속도 빠르다.
③ 산소와 결합이 용이하고 산화되기 쉽다.

3) 저장·취급방법

① 가열·화기·산화제와의 접촉을 피한다.
② 통풍이 잘되는 냉암소에 보관

4) 소화방법

① 철분·마그네슘·금속분류 : 건조사 등에 의한 피복소화
② 기타 : 물에 의한 냉각소화

(3) 제3류 위험물

1) 품명

알킬Al, 알킬Li, 알칼리금속류, K, Na, 황린

2) 성질

① 자연발화성 및 금수성 물질
② 물과 반응하여 발열 및 H_2 발생
③ 공기 중에 노출되면 자연발화(단, 금속 K, 금속 Na에 한한다.)

3) 저장·취급

① 수분 접촉 엄금
② 용기 밀봉
③ 대량 보관시는 소분하여 저장
④ 금속 K 및 금속 Na : 보호액(석유) 중에 보관
⑤ 알킬 Al, 알킬 Li : 불활성기체에 봉입하여 저장

4) 소화방법

① 질식소화만 허용(단, CO_2와는 반응하므로 사용 금지)
② 금속화재용 분말소화약제 사용
③ K, Na : 적응 소화약제가 없으므로 화재시 연소확대방지에 주력

(4) 제4류 위험물

1) 품명

① 특수 인화물류 : 디에틸에테르, 이황화탄소, 아세트알데히드

② 제1・2・3・4 석유류
③ 알코올류 : 1분자 내 탄소 원자수가 3개 이하인 포화1가 알코올
④ 동・식물유류 : 1기압에서 인화점 250℃ 미만인 동・식물류

2) 성질

① 인화점과 발화점이 모두 낮아 위험성이 크다.
② 물보다 가벼우나 증기비중은 공기보다 무겁다.
③ 전기 불양도체로서 정전기 축적이 용이하다.

3) 저장・취급

① 증기누설을 피한다.(용기 밀봉)
② 과열・화기・직사광선을 피한다.
③ 정전기대책의 설비 필요

4) 소화방법

① 질식소화가 유효함 : CO_2 분말, 기계포
② 수용성 액체인 경우 : 알코올형포 사용

5) 종류

품목	인화점	지정 수량	대표적 물질
특수인화물류(1기압에서 발화점 100℃ 이하, 비점 40℃ 이하)	-20℃ 이하	50l	디에틸에테르, 이황화탄소, 아세트알데히드, 산화프로필렌
제1석유류	21℃ 미만	200l(비수용성) 400l(수용성)	아세톤, 가솔린, 벤젠, 톨루엔
알코올류	-	400l	메틸알코올, 에틸알코올, 프로필알코올, 변성알코올
제2석유류	21℃ 이상 70℃ 미만	1,000l(비수용성) 2,000l(수용성)	경유, 등유, 포름산, 아세트산
제3석유류	70℃ 이상 200℃ 미만	2,000l(비수용성) 4,000l(수용성)	중유, 크레오소트유
제4석유류	200℃ 이상 250℃ 미만	6,000l	기어유, 실린더유
동・식물유류	250℃ 미만	10,000l	아마인유, 해바라기유, 대두유, 야자유

(5) 제5류 위험물

1) 품명

   유기과산화물, 질산에스테르류, 니트로화합물류, 니트로소화합물

2) 성질

   ① 자기반응성의 산소함유물질
   ② 가열·충격·마찰에 의해 폭발

3) 저장·취급방법

   ① 충격·마찰 금지
   ② 화기·가열을 피한다.
   ③ 대량 보관시는 소분하여 저장

4) 소화 방법

   ① 대량의 물에 의한 냉각소화(단, 화재 초기를 지나면 소화방법이 없다.)
   ② 질식소화는 효과가 없다.

(6) 제6류 위험물

1) 품명

   과산화수소, 과염소산, 질산

2) 성질

   ① 강산화성 액체
   ② 물과 접촉시 심한 발열
   ③ 유독성 및 부식성이 강함

3) 저장·취급방법

   ① 물·유기물·고체 산화제와의 접촉을 피한다.
   ② 용기 밀봉
   ③ 액의 유출시는 건조사 및 중화제로 중화한다.

4) 소화 방법

   ① 질식소화 : 건조사, CO_2
   ② 주수소화는 금지

[Reference]

<위험물의 요약 정리>

품 명	성 질	저장·취급	소 화
제1류 -염소산염류 -아염소산염류 -과염소산염류 -질산염류 -무기과산화물	<강산화성고체> -자신은 불연성, 조연성물질 -무색결정체 또는 백색분말 -가열·충격·마찰에 의해 산소발생 -물과 반응하여 산소 발생	-가열·화기·직사광선 금지 -용기밀봉 저장 -충격·마찰 금지 -수분접촉 금지(무기과산화물에 한함)	-무기과산화물 : 질식소화(건조사) -기타 : 냉각(물)소화
제2류 -황화린 -적린 -유황, Mg -철분, 금속분 -인화성고체	<가연성고체 및 환원성물질> -착화온도 낮고 연소속도 빠르다 -산소와 결합이 용이하여 산화되기 쉽다 -금속분,Mg : 물과 접촉시 발열	-가열·화기·직사광선 금지 -산화제와 접촉금지 -금속분,Mg : 물접촉금지 -통풍이 잘되는 냉암소에 저장	-금속분 : 질식소화(건조사) -기타 : 냉각(물)소화
제3류 -황린 -K, Na -알킬Li -알킬Al -알칼리(토)금속	<자연발화성 및 금수성물질> -물과 반응하여 발열 및 H_2가스 발생 -공기중에 노출되면 자연발화 (단, 금속K,금속Na에 한함)	-용기밀봉 저장 -수분 접촉 엄금 -대량보관시는 소분 저장 -금속K,금속Na : 보호액(석유)중에 저장	-질식소화 (물소화 금지) : 건조사, 팽창질석, 분말소화약제
제4류 -특수인화물 -제1~4석유류 -알코올류 -동식물류	<인화성액체> -인화점, 발화점이 모두 낮다 -전기 불양도체로서 정전기 축적이 용이함 -물보다 가벼우나 증기비중은 공기보다 무겁다	-가열·화기·직사광선 금지 -정전기 대책 필요 -증기 누설 방지 (용기밀봉 저장)	-질식소화 : 분말, 포, CO_2 (물소화 부적합)
제5류 -유기과산화물 -질산에스테르류 -니트로(소)화합물 -(디)아조화합물	<자기반응성물질> -외부 산소공급 없이 연소 -가열·충격·마찰에 의해 폭발 -장기간 저장시 자연발화 위험	-가열·충격·마찰 금지 -대량 보관할 경우 소분하여 저장	-대량 주수(물)소화(질식소화는 효과 없다)
제6류 -과염소산 -과산화수소 -질산	<산화성액체> -물과 접촉시 심한 발열 -조연성(산소함유)물질 -유독성 및 부식성이 강함	-용기밀봉 저장 -물, 유기물, 산화제와 접촉 금지	-질식소화 : CO_2, 건조사, 등 (물소화 금지)

<상기 위험물에 대한 저장·취급 및 소화방법의 요약>

1. 저장·취급 방법
   - 가열·화기·직사광선 금지 : 전체(1~6류)
   - 수분접촉 금지 : 1류(무기과산화물에 한함)·3류·6류

- 충격·마찰 금지 : 1·5류
- 저장용기 밀봉 : 1·3·4·6류
- 소분하여 저장 : 3·5류
- 통풍이 잘되는 냉암소에 보관 : 2류
- 정전기 대책 필요 : 4류
- 보호액 속에 저장 : 물 속 → 황인, CS_2
                    석유 속 → 금속K, 금속Na

2. 소화 방법
   - 제1류 : 무기과산화물 → 질식(피복)소화
              기타 → 냉각(물)소화
   - 제2류 : 금속분 → 질식소화
              기타 → 냉각소화
   - 제5류 : 냉각(물)소화
   - 기타(3·4·6)류 : 질식소화 및 부촉매소화

02 위험물안전관리법에 의한 위험물의 위험등급

1. 개요

국내의 위험물안전관리법 시행규칙 별표 19 Ⅴ항(위험물의 위험등급)에 의하면, 제1류~제6류 위험물을 위험정도에 따라 각각 위험등급 Ⅰ·Ⅱ·Ⅲ으로 구분하고 있으며, 이것을 위험물의 용기 및 수납 등의 기준으로 삼고 있다.

2. 국내 위험물안전관리법에 의한 위험물의 위험등급

(1) 위험등급 Ⅰ

1) 제1류 위험물 : 염소산염류, 아염소산염류, 과염소산염류, 무기과산화물류, 그 밖에 지정수량이 50kg 이하인 제1류 위험물

2) 제3류 위험물 : 칼륨, 나트륨, 알킬알루미늄, 알킬리튬, 황린, 그 밖에 지정수량이 10kg 이하인 제3류 위험물

3) 제4류 위험물 : 특수인화물

4) 제5류 위험물 : 유기과산화물, 질산에스테르류, 그 밖에 지정수량이 10kg 이하인 제5류 위험물

5) 제6류 위험물 : 전체

(2) 위험등급 II

1) 제1류 위험물 : 브롬산염류, 질산염류, 요드산염류, 그 밖에 지정수량이 300kg 이하인 1류 위험물

2) 제2류 위험물 : 황화린, 적린, 유황, 그 밖에 지정수량이 100kg 이하인 제2류 위험물

3) 제3류 위험물 : 알칼리금속(K, Na은 제외) 알칼리토금속, 유기금속화합물, 그 밖에 지정수량이 50kg 이하인 제3류 위험물

4) 제4류 위험물 : 제1석유류, 알코올류

5) 제5류 위험물 : 위험등급 I 의 것 이외 전체

(3) 위험등급 III

위험등급 I 및 위험등급 II에 해당되지 아니하는 위험물

3. NFPA기준(NFC30)에 의한 위험물의 위험등급

분류		인화점	비등점	비고
Class I (인화성액체)	I A	22.8℃(73°F) 미만	37.8℃(100°F) 미만	
	I B	22.8℃ 미만	37.8℃(100°F) 이상	
	I C	22.8℃~37.8℃ 미만		
Class II (가연성액체)	II	37.8℃~60℃ 미만		
Class III (가연성액체)	IIIA	60℃~93.5℃ 미만		
	IIIB	93.5℃ 이상		

03 위험물안전관리법에 의한 위험물의 분류한계

1. 개요

국내 위험물안전관리법 시행령 별표1의 [비고]에서 다음과 같이 위험물에 대한 분류한계 기준을 규정하고 있다.

2. 위험물안전관리법에 의한 위험물의 분류 한계

(1) 산화성고체

액체(1기압 및 20℃에서 액상인 것 또는 20~40℃에서 액상으로 되는 것) 또는 기체(1기압 및 20℃에서 기상인 것) 이외의 것으로서 산화위험성 또는 충격에 대한 민감성이 소방청장이 정하여 고시한 성질과 상태를 나타내는 것

(2) 철분

철의 분말로서 53㎛의 표준체를 통과하는 것이 50중량% 이상인 것

(3) 금속분류

알칼리금속·알칼리토금속류·철 및 마그네슘 이외의 금속분말을 말한다.
단, 구리분·니켈분 및 150㎛의 체를 통과하는 것이 50중량% 미만인 것은 제외한다.

(4) 인화성고체

1) 고형알코올
2) 1기압에서 인화점 40℃ 미만인 고체

(5) 특수인화물

1) 이황화탄소, 디에틸에테르
2) 1기압에서 발화점이 100℃ 이하인 것
3) 인화점 −20℃ 이하이고 비점이 40℃ 이하인 것

(6) 알코올류

1분자를 구성하는 탄소원자의 수가 1개~3개인 포화1가 알코올(변성알코올을 포함 한다) 다만, 다음 각목의 1에 해당하는 것은 제외한다.

1) 1분자를 구성하는 탄소원자의 수가 1개~3개 인 포화1가 알코올의 함유량이 60 중량% 미만인 수용액
2) 가연성액체량이 60 중량% 미만이고 인화점 및 연소점이 에틸알코올 60 중량% 수용액의 인화점 및 연소점을 초과하는 것

04. LPG · LNG

1. 개요

(1) LPG란, Liquefied Petroleum Gas(액화석유가스)의 약어이며, 원유의 정제과정에서 생성되는 기체상의 탄화수소를 액화시킨 혼합물이다.

(2) LNG란, Liquefied Natural Gas(액화천연가스)의 약어이며, 가스전의 천연가스를 -162℃로 냉각시켜 부피를 1/600로 압축시켜 액화한 무색·무취한 액체이다.

2. LPG와 LNG의 물성 비교

구 분	LPG	LNG
주성분	프로판(C_3H_8) + 부탄(C_4H_{10})	메탄(CH_4)
상온상태	• 상온에서 기체, 가압하면 액화(상온에서 0.6~0.7MPa으로 압축하여 액화) • 무색·무취 가스	• 상온에서 기체, 저온 시 액화 • 무색·무취 가스
체적변화	약 1/250(기체→액체)	약 1/600(기체→액체)
비중(기체)	프로판 : 1.52, 부탄 : 2.01 (액상일 경우에는 물보다 가볍다.)	메탄 : 0.554(단, -113℃ 이하에서는 공기보다 무겁다.)
비등점	프로판 : -42.1℃, 부탄 : -0.5℃	메탄 : -162℃
인화점	프로판 : -104℃, 부탄 : -74℃	메탄 : -188℃
발화점	프로판 : 450~525℃, 부탄 : 285~510℃	메탄 : 535~595℃
폭발한계	프로판 : 2.1~9.5%, 부탄 : 1.8~8.4%	메탄 : 5~15%
연소성	연소하한 및 인화점이 낮고, 발열량이 크므로 화재·폭발의 위험이 크다.	연소하한 및 발화점이 높아 누설시 쉽게 착화되지는 않으나 연소시 복사열이 크다.
유해성	독성은 없으나 마취성이 있다.	독성은 없으나 실내에 방사시 질식작용 및 초저온 액체상태로 피부에 접촉시 동상의 우려가 있다.

3. 방호대책

(1) LPG에 대한 방호대책

1) 수동적 대응

① 설치장소 : LPG는 기체상태에서 공기보다 무거우므로, 지표면에서 떨어진 상부에 설치하거나, 지하에 저장탱크를 매설하여 설치한다.
② 방유제 설치 : 저장탱크에서 누출된 LPG의 확산 방지
③ 충전시 : 주위에 화원이 없도록 하며, 충전차량의 움직임이 없도록 한다.
④ 저장·취급시 : 유자격자에 의해 관리되도록 한다.
⑤ 정전기에 대한 대비시설을 설치한다.

2) 능동적 대응

① 제거소화 : 화재시 저장된 LPG를 비상이송배관 등을 통하여 안전한 장소로 이송한다.
② 복사열 차단 : 저장탱크 외부면에 물분무설비를 설치하여 화재시 탱크를 냉각시켜 BLEVE를 방지한다.
③ LPG의 지면유출에 의한 화재 대응
 ㉮ 지면화재 초기 및 소량화재일 경우에는 포소화전·소화기 등으로 신속히 소화할 수 있도록 설치한다.
 ㉯ 그 후에는 고팽창포를 지면에 방사하여 발포층 아래에서 제어된 연소를 시켜 LPG를 태워 없앤다.
 ㉰ 이렇게 제어된 LPG연소는 정상연소시의 복사열 70% 이상을 감소시킬 수 있다.
 ㉱ 지면에 유출된 LPG를 완전히 연소시키지 않으면 잔류된 가스가 저부에 모여 재발화를 일으킬 수 있게 된다.

(2) LNG에 대한 방호대책

1) 수동적 대응

① 설치장소 : 지하에 저장탱크를 매설하여 설치한다.
② 충전시 : 주위에 화원이 없도록 하며, 충전차량의 움직임이 없도록 한다.
③ 저장·취급시 : 유자격자에 의해 관리되도록 한다.
④ 정전기에 대한 대비시설을 설치한다.

2) 능동적 대응
   ① 제거소화 : 화재시 저장된 LNG를 비상이송배관을 통하여 안전한 장소로 이송한다.
   ② Rollover 방지대책
      ㉮ 탱크에 LNG 충전시
         ㉠ Jet노즐(Special mixing nozzle)로 주입시킴으로써 잔류 LNG와 혼합되도록 하여 층상화 형성을 방지할 수 있다.
         ㉡ LNG의 밀도에 따라 구분하여 주입한다. 즉, 밀도차가 큰 것($10kg/m^3$ 초과)은 같은 탱크에 주입을 피한다.
      ㉯ 저장 LNG를 주기적으로 교반·혼합시킨다.
      ㉰ 탱크의 LNG 충전입구를 2개소로 분리하여 설치한다.
         • 상층부 : 중질LNG의 충전입구 설치
         • 하층부 : 경질LNG의 충전입구 설치
   ③ 유출가스에 대한 대응절차
      ㉮ 건물 내 LNG가 누출된 경우
         ㉠ 최우선적으로 LNG의 누출을 차단
         ㉡ 점화원과의 접촉을 차단
         ㉢ 환기 등을 통한 가연성혼합기 형성 억제
         ㉣ 증기운(Vapor Cloud)형성 방지
      ㉯ 건물 내 LNG가 누출되어 화재가 발생한 경우
         ㉠ LNG 누출로 인한 제트화재가 발생한 경우 무리한 진화보다는 연료 공급밸브를 차단한다.
         ㉡ 무리한 화재 진압시 증기운이 형성되어 폭발사고로 이어질 수 있으므로 자연적으로 소화되기를 기다린다.
      ㉰ LNG의 지면유출에 의한 화재 대응
         ㉠ LNG의 유출을 차단한다.
         ㉡ LNG Pool이 완전히 증발될 때까지 고팽창포를 살포하여 연소를 제한하고, 복사열을 차단한다.
         ㉢ 이 경우 포는 500 : 1 정도의 고팽창포가 적합하다.

05. 위험물저장탱크의 Rollover 현상

1. 개요

위험물저장탱크에서 Rollover 현상이란, LNG 등의 저장탱크에서 상·하층부의 밀도 차이에 의한 역전현상으로 인해 고밀도군과 저밀도군의 급격한 혼합이 일어나면서 열방출이 수반되는 현상이다.

2. 발생 Mechanism

(1) LNG 등의 위험물저장탱크에서 기존 저밀도의 수용물에 고밀도의 수용물을 하부에서 주입하면 탱크내의 기존 저밀도의 수용물은 상부로 상승하므로 두 수용물 간에 층화현상이 생긴다.

(2) 즉, 탱크의 하부에는 고밀도의 중질액, 상부에는 저밀도의 경질액으로 서로 다른 밀도층을 형성하게 된다.

(3) 이러한 상태에서 하층부에서는 상층부로부터 가압되고 있는데다 저장탱크 벽면과 바닥면으로부터의 지속적인 열의 유입으로 인해 하층부의 밀도가 저하된다.

(4) 한편, 상층부에서도 저장탱크 측벽으로부터 열이 전달되어 상부 액면에서 증발이 일어나므로 서서히 농축되어 액밀도가 상승한다.

(5) 그래서 하층부의 밀도가 상층부의 밀도보다 저하되면 상·하층이 반전하여 급격한 혼합이 일어나면서 교반시 입자간의 충돌에 의해 열방출이 발생하게 된다.

(6) 특히 상층부에서 온도가 일시에 상승하고 급격히 기화하여 대량의 BOG(Boiled off Gas : 증발가스)가 발생하게 되는데 이러한 현상을 Rollover 현상이라 한다.

3. 방지대책

(1) 탱크에 위험물 충전(주입)시

   1) Jet노즐(Special mixing nozzle)로 주입시킴으로써 잔류 수용물과 혼합되도록 하여 층상화 형성을 방지할 수 있다.
   2) 수용물의 밀도에 따라 구분하여 주입한다. 즉, 밀도차가 $10kg/m^3$을 초과하면 같은 탱크에 주입을 피한다.

(2) 저장 수용물을 주기적으로 교반·혼합시킨다.

(3) 탱크의 수용물 충전(주입)입구를 2개소로 분리하여 설치한다.

상층부에는 중질액용(고밀도용) 충전입구를 설치하고, 하층부에는 경질액용(저밀도용) 충전입구를 설치하여 이를 통하여 밀도에 따라 구분하여 주입하면 층화현상을 방지할 수 있다.

<이유>

상층부에 고밀도의 수용물을 주입하고 하층부에 저밀도의 수용물을 주입하게 되면 즉, 주입(하역) 시에는 배관을 통하여 소량씩 서서히 공급되므로 상·하층부 간에 급격한 혼합이 되지 아니하고 소량씩 서서히 혼합되므로 상·하층부 간에 층화현상이 발생되지 않는다. 그래서 Rollover 현상도 발생되지 않게 된다.

(4) 탱크에 감시설비를 설치한다.

수용물의 액위에 따른 온도와 밀도차를 감시하는 액위계·밀도계·온도계를 설치한다.

4. Rollover 발생대비 안전조치

(1) LNG 등의 위험물저장탱크에서 Rollover 발생시 많은 양의 Vapor가 발생하므로 탱크내의 압력이 상승한다.
(2) 따라서, 탱크내 압력 증가에 따라 작동하는 Relief valve 및 Vent를 설치하여 탱크를 방호하여야 한다.

5. 결론

위험물저장탱크의 Rollover 방지대책은 다음과 같이 귀결된다.
(1) 위험물을 저장탱크에 주입 시 수용물의 밀도차가 적은 것만 주입하고, 밀도차가 큰 것($10kg/m^3$ 초과)은 같은 탱크에 주입을 피한다.
(2) 제트노즐로 주입시켜 잔류 수용물과 혼합되도록 한다.
(3) 탱크에 수용물의 액위에 따른 온도와 밀도차를 감시하는 감시설비를 설치한다.
(4) 저장 수용물을 주기적으로 교반·혼합시킨다.
(5) 탱크의 충전(주입)구를 상·하부 2개소로 분리 설치하여, 상층부에 고밀도의 수용물을 주입하고 하층부에는 저밀도의 수용물을 주입한다.

06 유류탱크화재의 특수현상

1. 개요

중질유와 같이 점성이 높은 유류를 저장하는 위험물탱크에서 화재시 유류가 Over Flow 및 분출되어 화재가 확대되는 이상현상으로 Boil Over, Slop Over 및 Froth Over 등이 있다.

2. Boil Over

(1) 발생 Mechanism

원유나 중질유 등 다비점 성분을 가진 유류의 저장탱크에서 화재가 발생하여 유류 표면에 열류층이 형성된 상태로 화재가 장시간 진행될 경우, 이 열류층이 점차 하강하여 탱크바닥에 도달하게 된다. 이때 탱크저부에서 물-기름의 에멀션이 존재할 경우 고온 열류층의 온도에 의하여 물이 비등하여 수증기로 변하면서, 그 증기팽창에 의해 유류를 탱크상부로 밀어내므로 유류가 불이 붙은 채로 Over Flow 및 분출하여 화재가 확대되는 현상을 Boil Over 현상이라 한다.

(2) 발생조건

1) 유류가 광범위한 비점을 가진 혼합물일 것
2) 비증류분이 중질유일 것
3) 적당한 점성과 표면장력을 가져야 한다.
4) Tank 내에 수분이 존재할 경우

(3) 방지대책

1) 탱크 내 수용물의 기계적 교반 : 에멀션, 수층의 형성을 방지한다.
2) Tank 하부의 수분을 배출
3) Tank 하부 수분의 과열방지

3. Slop Over

(1) 발생 Mechanism

1) 중질유와 같이 점성이 큰 유류의 화재 시,

2) 유류표면의 온도가 물의 비점 이상이 된 상태에서,
3) 소화용수, 포수용액 등의 물이 들어가면 물이 비등하고, 열류의 교반으로,
4) 상부 고온열류층 아래의 찬 유류가 급히 열팽창하면서 유면을 밀어올리게 되어,
5) 유류가 불이 붙은 채로 Over Flow되는 현상을 Slop Over라 한다.

(2) 방지대책

소화설비로 포소화설비가 적합하며, 특히 포의 유동성과 초기 소화속도가 우수한 수성막포를 사용하는 것이 효과적이다.

4. Froth Over

(1) 발생 Mechanism

1) 유류탱크 등에서 화재가 발생하지 않은 상태에서,
2) 고온으로 가열된 중질유나 아스팔트 등을 탱크하부의 수층에 투입하면,
3) 고온의 유류나 아스팔트가 수층에 도달하여 장시간 경과하고, 물이 비등하는 시간이 오래 경과되면,
4) 그 증기팽창의 축적된 에너지에 의해 유류와 함께 탱크 외부로 Over Flow 및 분출이 발생되는 현상을 Froth Over라 한다.

(2) 방지대책

1) Tank 하부의 수분을 배출 : 수층 형성 방지
2) 고온의 중질유 등은 식혀서 탱크에 투입

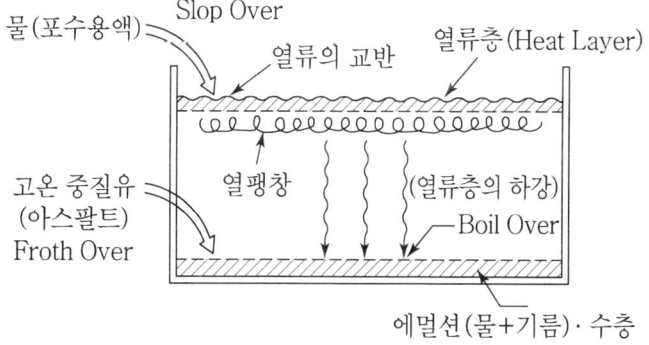

07 위험물 저장탱크의 종류별 화재특성

1. 개요

석유류 저장탱크는 화재시 가열로 인한 압력증가에 따른 폭발이나 BLEVE 현상과 Fire Ball이 동반되기도 하고, 조기진화가 되지 않을 경우 화재탱크의 복사열에 의해 인접탱크로 화세가 확대됨으로써 막대한 재산 손실과 커다란 사회문제로 까지 대두될 수도 있다.

2. 저장탱크의 종류

(1) CRT(Cone Roof Tank)

1) 개요

원추형의 고정지붕을 갖춘 탱크이며, 증기압이 낮은 유류에만 적합하다.

2) 장점

① 설치비가 싸다.
② 포소화설비 적용범위가 넓다.

3) 단점

① 증발손실이 많다.
② 화재위험도가 높다.
③ 소화가 어렵다. : (유표면 전체가 화재에 노출됨)

(2) FRT(Floating Roof Tank)

1) 개요

탱크상부에 고정된 지붕 없이 액표면 위에 액위와 같이 움직이는 부유지붕을 설치하고 탱크 내부의 증기공간을 없앰으로써 제품의 증발손실을 줄일 수 있도록 한 형태의 탱크

2) 적용제품

증기압이 높은 제품(RVP : 0.014MPa 이상)에 적용

3) 장점

① 증발 손실이 적다.

② 화재위험도가 낮다.

③ 소화가 용이하다. : 부유지붕과 탱크벽면 사이의 환상 Seal 지역에만 화재 발생하기 때문임

4) 단점

① 눈이 많은 지역에서는 부적합하다.

② 먼지 등이 유입되기 쉽다.

③ 화재진압 중 과다한 냉각수 또는 포수용액이 지붕에 살포되면 그 중력에 의해 지붕이 가라앉을 위험이 있다.

④ 설치비가 고가이다.

(3) IFRT(Internal Floating Roof Tank)

1) 개요

CRT와 FRT를 조합한 방식이다. 즉, CRT형식의 탱크 내부 액면 위에 FRT의 부유지붕을 설치한 방식으로써 증기압이 높은 유류제품에 적용한다.

2) 구조

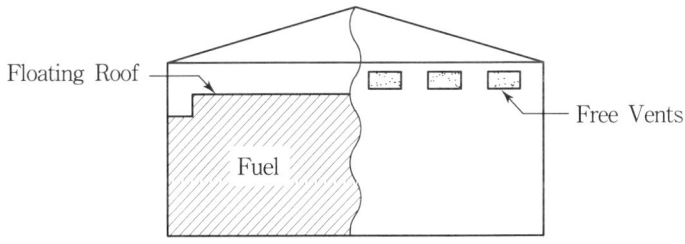

3) 장단점

① 장점

㉮ FRT 장점과 동일하면서도 빗물, 눈 또는 먼지 등의 피해를 막을 수 있다.

㉯ 증발손실의 감소(단, 부유지붕의 Sealing이 정상일 경우에 한 함) 및 화재예방에 유리하다.

② 단점

㉮ 부유지붕의 Sealing 상태가 불량할 경우 상부에 설치된 Free Vent를 통하여 증발손실이 커진다.

㉯ 일반 CRT에 저장할 경우 인화상한농도 이상으로(농도범위 밖으로) 유지할 증기농도가 IFRT에서는 이보다 희석되어 인화농도범위 내로 존재하게 되므로 화재·폭발의 위험성이 있다고 할 수 있다.

(4) VVST(Variable Vapor Space Tank)

1) 특징

   탱크상부공간의 부피변화가 가능한 방식

2) 종류

   ① Lifter Roof 방식
   ② Flexible-Diaphragm 방식

3) 장점

   증발손실(일교차 등에 의한 Loss)을 줄일 수 있다.

3. 저장탱크의 소화설비

(1) 탱크화재 소화설비

포소화설비 (공기포)
- 반고정식 : 화학소방차를 이용하여 포를 공급하는 방식
- 고정식
  - Ⅰ형 : CRT에 적용
  - Ⅱ형 : CRT에 적용
  - Ⅲ형 : 표면하 주입식에 적용
  - Ⅳ형 : 반표면하 주입식에 적용
  - 특형 : FRT에 적용

(2) 지면화재 소화설비

이동식 포소화설비(포노즐) : 보조 포소화전설비

(3) 탱크 벽면의 냉각설비 : 화재탱크 및 인접탱크의 냉각

현재 국내에서는 이에 대하여 법규적으로 규정되어 있지 않으나, 화재탱크의 화세억제 및 벽면보호와 인접탱크의 화재예방을 위해 국내기준에도 본 설비의 설치대상이 규정되어야 할 것으로 판단된다.

4. 저장탱크별 화재특성

(1) CRT

1) CRT의 탱크내 액면 상부에는 평상시 가연성 증기가 다량 존재하므로, 화재시 화재초기에 폭발을 수반한다.
2) 탱크의 지붕은 탱크 측판(벽면)과의 접합이 다른 부분보다 약하게 되어 있으므로, 폭발초기에 분리되어 날아 가버린다.
3) 폭발 후에는 액표면 전체에 걸쳐 Pool Fire가 진행된다.
4) 중질유, 원유, 등 점성이 높고 다비점 성분을 가진 유류의 경우에는 Pool Fire 진행 도중 고온의 열류층(Heat Layer) 표면에 소화용수나 포가 주입되면, 물이 급격히 비등하여 열류층과 아래의 차가운 유류와의 교반작용으로 Slop Over가 발생하게 된다.
5) 또한, 여기서, Pool Fire가 지속되면 액면이 점차 낮아져 고온의 열류층(Heat Layer)이 탱크 바닥의 에멀젼 상태의 수분과 접촉하게 되어 Boil Over가 발생하게 된다.

(2) FRT

1) FRT는 증기공간이 없는 부유지붕이므로 인해, 화재는 증기누출이 가능한 부유지붕과 측판(벽면)사이의 환형 Seal 부분에서 발생되어 Ring Fire 형태로 확산된다.
2) 고정포방출구 형식은 특형 포방출구를 적용하여야 한다.
3) 탱크화재의 소화시에 너무 많은 양의 포를 방사하면 부유지붕이 가라앉을 수 있으므로 주의를 요한다.

(3) IFRT

1) 화재초기에는 FRT에서와 같이 환형 Seal 부분에서 발생되어 Ring Fire 형태로 확산된다.
2) 위험물을 CRT에 저장하였을 경우 인화상한농도 이상으로 유지할 증기농도가 IFRT에서는 이보다 희석되어 인화농도범위 내로 존재하게 되므로 탱크 내에서 화재·폭발의 위험성이 있다고 할 수 있다.
3) 화재가 지속되면 부유지붕이 변형되어 가라앉게 되며, 이때부터는 CRT에서의 화재형태로 진행하게 된다.

5. 저장탱크별 화재 시 대응방법

(1) CRT 및 IFRT 화재

1) 포소화설비에 적응하는 고정포방출구 : Ⅰ형 또는 Ⅱ형 포방출구
2) 포소화설비의 고정포방출구(Ⅰ형 또는 Ⅱ형 포방출구)를 통하여 탱크 내 유면에 포를 방사하여 소화 및 유면을 보호한다.
3) 탱크의 외부 벽면에는 물분무설비로 물을 분사하여 냉각시킨다.
4) 인접한 위험물탱크에도 물분무설비로 물을 분사하여 냉각시키고 복사열을 차단한다.
5) 탱크에 저장된 위험물을 안전한 장소로 이송한다.
6) 지면화재의 소화 : 보조 포소화전 및 대형소화기로 탱크 주변의 지면화재를 소화한다.
7) 열류층(Heat Layer)이 형성된 경우
   ① 소화용 포를 간헐적으로 주입하여 소규모 Slop over를 발생시켜 열류층을 냉각시킨다.
   ② 수용물을 빠르게 순환시켜 열류층을 제거한다.
8) 화재탱크의 저부에서 일부가 파손되어 위험물이 누출될 경우
   ① 수용물이 저인화점 액체인 경우 : 누출액체 위에 즉시 포를 방출하여 증발 억제
   ② 화재탱크 내에 수용물보다 비중이 큰 물을 다량 주입하여 수용물 대신 물이 누설되도록 하고, 수용물은 안전한 장소로 이송한다.

(2) FRT 화재

1) 포소화설비의 적응하는 고정포방출구 : 특형 포방출구
2) 화재초기에는 소화기로 진화 가능함
3) 환상부로 화재 확대시 포소화설비의 고정포방출구(특형 포방출구)를 통하여 탱크 내 환상부분에 포를 방사하여 소화한다.
4) 탱크의 외부 벽면에는 물분무설비로 물을 분사하여 냉각시킨다.
5) 인접한 위험물탱크에도 물분무설비로 물을 분사하여 냉각시키고 복사열을 차단한다.
6) 탱크에 저장된 위험물을 안전한 장소로 이송한다.
7) 지면화재의 소화 : 보조 포소화전 및 대형소화기로 탱크 주변의 지면화재를 소화한다.

08 위험물 저장탱크의 안전장치

1. 탱크의 구조적인 안전장치
(1) 탱크의 지붕판을 측판보다 얇게 하고 보강재 등으로 접합하지 아니할 것
(2) 지붕판과 측판의 연결부위는 다른 부분보다 약하게 할 것

2. 탱크 외벽 냉각장치
(1) 살수냉각설비
(2) 보냉장치(보온단열재로 피복)

3. 탱크 내 불활성화
(1) 불활성가스로 치환 : 폭발한계농도 이하 유지
(2) 공기로 치환 : 대용량의 송풍기로 공기 주입
(3) 탄화수소에 의한 Seal : 폭발상한계 이상 유지

4. 통기장치
(1) 밸브 없는 통기관 : 최소한 입·출고 배관경보다 큰 관경 사용
(2) 대기밸브 부착 통기관 : $0.1kg/cm^2$ 이하에서 작동

5. 과충전 방지장치
(1) 연료주입구에 자동차단밸브 설치
(2) 연료탱크 내 고액위 감지장치 설치(탱크 내 액위 계측설비와는 별개로 설치)

6. 고압력 방출장치
(1) 파열판식(Rupture Disk) 안전장치
(2) 폭압 방산공
(3) 가용합금 안전장치

7. 저압력 방출장치

(1) 안전밸브(Safety Valve)
(2) Relief Hatch
(3) 도관(Over Flow)

8. 정전기 대책

(1) 탱크의 접지 및 Bonding
(2) 연료주입구의 정전기 제거 설비
(3) 저증기압 제품과 고증기압 제품의 Switch Loading 금지
(4) 석유류 배관 이송시 유속 제한
(5) 정전기 소멸시간(정치시간) 제공 : 연료주입작업 종료 후
(6) 도전화에 의한 대전방지 : 습도 증대, 대전방지제, 공기의 이온화

9. 피뢰설비 설치

10. 화염전파 방지장치 : Flame Arrestor

11. 소화설비

(1) 탱크화재 소화설비

　자동식 포소화설비 : 불꽃감지기와 연동

(2) 지면화재 소화설비

　1) 보조 포소화설비
　2) 이동식 방수총 포소화설비(Foam Cannon Monitor)

(3) 탱크외벽면 냉각설비

　물분무설비 : 복사열 차단효과

12. 안전거리 확보

화재 등 재해가 발생할 경우 주위의 방호대상물에 영향을 미치지 않도록 확보하여야 할 수평거리

조 건	안전거리
사용전압 7,000V초과 35,000V 이하의 특고압가공전선	3m 이상
사용전압 35,000V 초과의 특고압가공전선	5m 이상
주거용 건축물(제조소 부지 내의 것은 제외)	10m 이상
고압가스·액화석유가스·도시가스를 저장 또는 취급하는 시설	20m 이상
• 학교 : 초·중·고등학교 및 대학 • 병원 : 의료법에 의한 병원급 의료기관 • 공연장·영화관 : 수용인원 300명 이상 • 복지시설 : 수용인원 20명 이상	30m 이상
문화재 : 문화재보호법에 의한 유형문화재 및 지정문화재	50m 이상

13. 보유공지 확보

(1) 위험물 시설의 주위에 확보해야 할 절대공간
(2) 이 공간에는 어떤 물건도 존치를 금함
(3) 보유공지의 기능

    1) 화재시 연소확대 방지
    2) 소화활동공간 제공
    3) 피난상 필요공간 제공
    4) 점검·보수 등의 공간 확보

취급하는 위험물의 최대수량	보유공지의 너비
지정수량의 10배 이하	3m 이상
지정수량의 10배 초과	5m 이상

14. 누출액 확산방지시설(방유제) 설치

09. 석유류 저장·취급시의 폭발방지대책

1. 개요

석유류는 제4류 위험물로서 인화점 및 발화점이 낮고, 전기불양도체로서 정전기 축적이 용이한 인화성 액체이므로 화재폭발의 위험성이 높아 저장·취급시 다음과 같은 안전대책과 주의를 요한다.

2. 석유류의 화재 특성

(1) 대표적인 인화성 액체로서 인화점이 낮아 인화가 대단히 쉽다.
(2) 착화온도도 비교적 낮아 연소범위 하한이 낮다.
(3) 전기불량도체로서 정전기 축적이 용이함
(4) 물에는 불용성
(5) 증기는 공기보다 무거우므로 바닥에 체류한다.

3. 저장·취급시의 폭발방지대책

(1) 저장탱크 관련사항
　1) 탱크는 공기가 샐 수 없는 구조로 하고, 지붕판은 측판보다 얇게 할 것
　2) 탱크에 위험물 주입시 Full로 채우지 아니할 것 : (가연성 액체는 온도가 상승하면 부피가 팽창하기 때문)
　3) 고증기압·경질유의 경우
　　① Floating Roof Tank 채택
　　② 증기공간에 불활성 가스를 주입하여 저장
　4) 탱크에 주입시, 고증기압 제품과 저증기압 제품이 Switch Loading되지 않게 한다.
　5) 더운 날씨에 찬 액체를 더운 공기 중에 있는 탱크에 주입할 때도 주의를 요한다.

(2) 정전기 대책
　1) 저장탱크의 Grounding 및 Bonding : 본딩의 저항은 1,000Ω 이하로 유지
　2) 고증기압제품과 저증기압제품의 Switch Loading 금지
　3) 액체의 와류 및 낙차를 통제
　4) 배관 내 유속을 제한

5) Spark Gap의 존재를 통제 : 용기 내 돌출부, Surge Buffle, 부유물질 등
6) 연료주입구에 정전기 제거설비 설치
7) 탱크주입작업 종료 후 정전기 소멸시간을 준다.

(3) 과충전 방지조치

1) 연료주입구에 자동차단밸브 설치
2) 탱크 내 액위계측 설비와는 별도로 고액위 감지장치 설치
3) 저장탱크에 송유 또는 충전시에는 항시 작업자가 현장에 대기할 것

(4) 탱크 내부의 불활성화 조치

1) 불활성화 가스로 치환 : 폭발하한계농도 이하 유지
2) 공기로 치환 : 송풍기로 공기 주입
3) 탄화수소에 의한 Seal : 폭발상한계 이상 유지

4. 결론

석유류는 화재·폭발의 위험성이 높은 인화성 액체이므로 출화방지대책이 무엇보다 중요하며, 석유류 화재·폭발방지대책의 기본원칙은 다음과 같다.

(1) 연료의 누출방지
(2) 폭발성 혼합기의 폭발농도범위 내 형성방지
(3) 점화원 제거(정전기 대책 포함)

10. 경질유탱크와 중질유탱크의 화재특성

1. 개요

(1) 인화성 액체의 저장시 위험성은 탱크의 크기나 개수보다는 저장액체의 특성 및 저장량, 탱크의 구조 등에 의해 영향을 받는다.

(2) 탱크에 저장시 증발손실의 방지책
   1) FRT 채택 : 증발 공간을 제한(Floating Roof Tank 채용)
   2) 압력탱크 채택 : 압력에 의한 증발 억제
   3) 여러 개의 CRT의 통기관끼리 연결
   4) 증기 공간에 불활성 가스를 주입
   5) 지상탱크의 경우 : 흰색 도장
   6) Vapor Dome Roof Tank 채택

2. 경질유 탱크의 화재특성

(1) 경질유란

1) 비점이 낮은 가연성 액체로서 일반적으로 100°F에서 증기압이 4psia 이상인 것
2) 단, 증기압이 2~4psia인 것 중에서 메탄올, 에탄올 등도 포함된다.
3) 대표적인 경질유 : 가솔린

(2) 경질유 탱크의 화재특성

1) 탱크 내에서 경질유의 증발유가 공기와 혼합되어 연소범위 내의 농도상태에서 착화원을 만나면 폭발이 발생한다.
2) 그 폭발력으로 탱크의 지붕이 파괴될 수 있다.
3) 그 후 개방상태에서는 정상연소상태로서 액면화재(Pool Fire)의 연소현상을 나타낸다.
4) 이때의 연소속도는 액면강하시간으로 나타낸다.

3. 중질유 탱크의 화재특성

(1) 중질유란

비점이 높고, 100°F에서 증기압이 2psia 미만으로 되는 액체

[예] 디젤, 케로신, 중유, 아스팔트 등

(2) 중질유 탱크의 화재특성

1) 저장탱크 내의 증기공간이 상온에서는 연소농도범위 이하가 되어 위험성이 덜 하나,
2) 비정상적인 가열이나 화재로 인해 저장액체가 인화점까지 가열되면 증기공간이 연소범위 내의 농도로 된다.
3) 그러므로 Cone Roof Tank에 저장이 가능하나 화재 노출에 대한 방호를 위하여 물분무 냉각설비가 필요하다.
4) 특히, 원유와 같이 다비점 성분의 경우 화재시 Boil Over 및 Slop Over의 발생이 용이해진다.
5) 또, 아스팔트와 같은 중질유가 저장되는 탱크 Car에서는 Froth Over가 발생되기 쉽다.

11 특수가연물

1. 정의

소방법령상의 특수가연물이란, 화재가 발생하면 그 연소확대가 급격하게 빠른 물질로서 소방기본법 시행령 별표 2에서 정하는 것을 말한다.

2. 특수가연물의 종류 및 지정수량

품 명	지정수량	내 용
면화류	200kg 이상	불연성 또는 난연성이 아닌 면상 또는 팽이 모양의 섬유 및 마사 원료
나무껍질 및 대팻밥	400kg 이상	−
넝마 및 종이 부스러기	1,000kg 이상	불연성 또는 난연성이 아닌 것

사류	1,000kg 이상	불연성 또는 난연성이 아닌 실과 누에고치(솜털 포함)
볏짚류	1,000kg 이상	마른 볏짚·마른 북더기와 이들의 제품 및 건초
가연성 고체류	3,000kg 이상	1) 인화점 40℃ 이상~100℃ 미만 2) 인화점 100℃ 이상~200℃ 미만으로서 연소열량 8kcal/g 이상인 것 3) 인화점 200℃ 이상으로서 연소열량 8kcal/g 이상이며, 융점 100℃ 미만인 것
석탄·목탄류	10,000kg 이상	코크스, 조개탄, 연탄, 활성탄, 석유 코크스, 석탄가루를 물에 갠 것
가연성 액체류	2m³ 이상	1) 1기압, 20℃ 이하에서 액상인 것으로서 가연성 액체량이 40중량% 이하이면서 인화점 40℃ 이상~70℃ 미만이고, 연소점이 60℃ 이상인 것 2) 1기압, 20℃에서 액상인 것으로서 가연성 액체량이 40중량% 이하이면서 인화점이 70℃ 이상~250℃ 미만인 것 3) 동·식물유류로서 다음 중 1에 해당하는 것 ① 1기압, 20℃에서 액상이고 인화점이 250℃ 이상인 것 ② 1기압, 20℃에서 액상이고 인화점이 250℃ 미만인 것으로서 위험물안전관리법에 의한 용기·수납·저장 기준에 적합한 것
목재 가공품 및 나무 부스러기	10m³ 이상	—
합성수지류 (고무류 포함)	발포시킨 것 : 20m³ 이상 그 밖의 것 : 3,000kg 이상	

3. 취급방법

(1) 저장·취급 장소에 표지설치

　　표지의 기재사항 : 품명, 최대수량, '화기취급금지' 등

(2) 쌓는 높이 : 10m 이하

(3) 쌓는 부분의 바닥면적 : 50m²(석탄·목탄류는 200m²) 이하

(4) 쌓는 부분의 바닥면적 사이 상호간의 거리 : 1m 이상

12. 방유제

1. 서언
방유제란, 인화성액체위험물의 옥외탱크저장소에서 탱크의 파손 등으로 위험물이 누출될 경우, 그 누출된 위험물을 일정한 장소에 가두어 두기 위한 둑을 말한다.

2. 방유제의 설치기준

(1) 방유제의 용량
1) 탱크가 하나인 경우 : 그 탱크용량의 110% 이상
2) 탱크가 2기 이상인 경우 : 최대 탱크용량의 110% 이상

(2) 방유제의 구조
1) 면적 : 8만m² 이하
2) 높이 : 0.5~3.0m
3) 하나의 방유제 내 탱크의 수 : 10기 이하
4) 높이 1m 이상인 경우 : 계단 또는 경사로를 50m 간격으로 설치
5) 재질 : 철근콘크리트 또는 흙담

(3) 방유제 내의 간막이둑
1) 방유제 내에 용량 1,000만l 이상인 탱크가 있는 경우, 당해 탱크마다 간막이둑을 설치
2) 높이 : 0.3m 이상(단, 방유제 높이보다 0.2m 낮은 높이로 할 것)
3) 재질 : 철근콘크리트, 흙담

(4) 방유제와 탱크의 거리
1) 지름 15m 미만의 탱크 : 탱크높이의 1/3 이상의 거리
2) 지름 15m 이상의 탱크 : 탱크높이의 1/2 이상의 거리

(5) 구내 도로와의 위치 및 구조
1) 방유제 외면의 1/2 이상은 노면 폭 3m 이상의 구내 도로와 직접 접할 것
2) 단, 방유제 내 탱크용량 합계가 20만l 이하인 경우에는 노면 폭 3m 이상의 도로 또는 공지와 접하는 것으로 할 수 있다.

3. 방유제의 설계시 유의할 사항 및 문제점

(1) 방유제 용량 산정

그림과 같이 최대탱크의 용적과 최대탱크 이외 탱크의 방유제 높이 이하 부분의 용적(기초부분 용적 포함) 및 모든 탱크의 기초부분의 용적을 모두 합산한 용적을 방유제의 용량으로 하여야 한다.

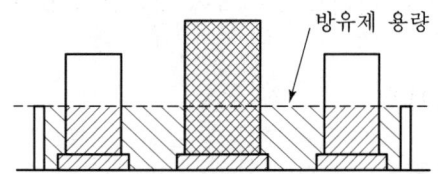

방유제 용량 = (최대탱크용량 × 1.1) + (기타 탱크의 방유제 높이 이하 부분의 용적) + (모든 탱크의 기초부분의 용적) + (당해 방유제 내에 있는 간막이 둑 및 배관 등의 용적)

(2) 국내에는 방유제의 바닥구배에 관한 규정이 없다.

〈개선안〉

바닥의 배수 및 바닥에서의 Pool Fire 방지를 위해 1% 이상의 구배가 필요함

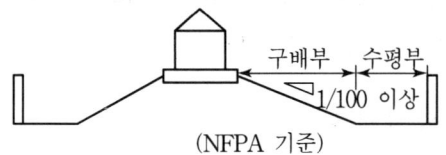

(NFPA 기준)

(3) 방유제 높이

1) 현행기준 : 0.5m 이상 ~ 3m 이하
2) 문제점 : 순찰·점검 및 화재진압활동에 불리함
3) 개선안 : 외국기준 및 국내의 종전기준인 1.5m 이하로 개선이 필요하다.

(4) 저유시설 및 유분리장치

1) 현행 국내기준 : 이에 대한 규정이 없다.
2) 개선안 : 방유제 내 위험물 누출사고에 대비, 저유시설 및 유분리장치의 설치 의무화가 요구됨

13 위험물제조소의 배출설비

1. 개요

(1) 가연성증기 또는 미분이 체류할 우려가 있는 위험물제조소 내에서 취급하는 위험물의 가연성증기 및 미분은 공기보다 무거운 것이 대부분이다.

(2) 이러한 공기비중이 무거운 증기 등이 체류할 우려가 있는 장소에는 일반 환기설비로는 하부에 체류하고 있는 증기의 원활한 배출을 기대할 수 없으므로 하부의 증기를 옥외의 높은 장소로 강제적으로 배출하는 배출설비가 필요하다.

2. 위험물제조소의 배출설비

(1) 위험물제조소 건축물의 구조

1) 지하층이 없도록 할 것
2) 연소의 우려가 있는 외벽은 내화구조로 할 것
3) 벽·기둥·바닥·보·서까래 및 계단은 불연재료로 할 것
4) 액체위험물을 취급하는 건축물의 바닥은 위험물이 침윤하지 못하는 재료를 사용하고 적당한 경사를 두어 그 최저부에 저유설비를 할 것

(2) 위험물제조소 배출설비의 구조

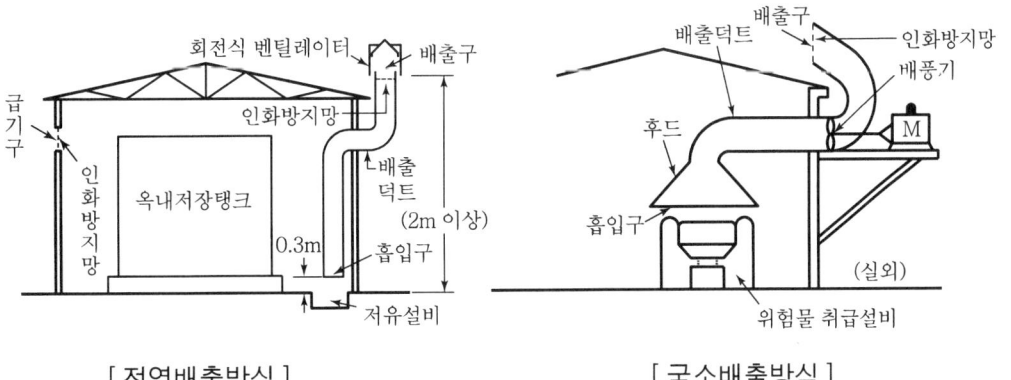

[전역배출방식]   [국소배출방식]

3. 위험물제조소 배출설비의 설치기준

(1) 배출방식
1) 국소배출방식으로 할 것
2) 다만, 전역배출방식을 적용할 수 있는 경우
   ① 위험물 취급설비가 배관이음 등으로만 된 경우
   ② 건축물의 구조, 작업장소의 분포 등의 조건에 의하여 전역방식이 유효한 경우
3) 강제배출방식으로 할 것
   배풍기 및 배출덕트·후드를 이용하여 강제적으로 배출하는 것을 말한다.

(2) 배출용량
1) 1시간당 배출용량 : 배출장소 용적의 20배 이상인 것으로 할 것
2) 전역방출방식은 바닥면적 $1m^2$ 당 $18m^3/h$ 이상으로 할 것

(3) 급기구 및 배출구의 기준
1) 급기구
   ① 높은 곳에 설치할 것
   ② 가는 눈의 구리망 등으로 인화방지망을 설치할 것
2) 배출구
   ① 배출관의 흡입구는 바닥으로부터 높이 0.3m 위치가 되게 설치한다.
   ② 외부 배출구는 지상 2m 이상의 연소의 우려가 없는 장소에 설치할 것
   ③ 벽을 관통하는 배출덕트에는 그 관통 부위에 화재시 자동으로 폐쇄되는 방화댐퍼를 설치할 것

(4) 배풍기
1) 강제배기방식으로 할 것
2) 옥내덕트의 내압이 대기압 이상 되지 않는 위치에 설치할 것

4. 결론

(1) 위험물제조소에는 가연성 증기 또는 미분이 체류하여 화재·폭발의 위험성 분위기가 되지 않도록 유효한 배출설비를 설치하여야 하며, 체류하는 증기 등의 공기비중에 적합한 배출설비를 설치 운용하여야 한다.

(2) 국내에는 이에 대하여 위험물안전관리법 시행규칙 별표4(제조소의 위치·구조 및 설비의 기준)에서 규정하고 있다.

14 윤화(Ring fire)현상

1. 개념

유류저장탱크에서 윤화(Ring fire)현상이란, 유류저장탱크 등에서 포소화약제를 방사하여 화재진압 시 탱크액면의 중앙부 쪽은 소화가 되더라도 탱크의 가장자리 부분은 탱크 벽면의 고열로 인해 유류가 가열되어 있으므로 포소화약제의 거품이 신속하게 소멸되어 소화가 되지 않으므로 인해 탱크의 가장자리 부분에만 화염이 지속되는 현상을 말한다.

2. 발생원인

(1) 유류저장탱크의 저장물이 발화점이 낮은 경질유이고 저장탱크의 벽면이 금속성 재질인 상태에서 액면화재(Pool Fire)가 발생한 경우

  탱크 벽면의 고온도로 인한 열전도에 의해 탱크의 가장자리 부분의 포가 파괴됨

(2) 유류저장탱크 화재의 소화시 내열성이 약한 포소화약제(수성막포, 합성계면활성제포)를 사용하는 경우

  내열성이 약한 포가 고열의 유면 위에 방사되었을 경우 포가 급속히 소멸되므로 소화가 되지 못한다.

(3) 포 방출구(주입구) 부근에 포가 유면을 덮지 못하는 경우

  포의 방출구 부근에는 포의 방출력으로 인해 거품이 밀려나 유면을 덮지 못하므로 이 부분은 소화가 되지 못한다.

3. 예방대책

(1) 포소화설비의 포소화약제를 내열성이 우수한 것으로 채용한다.
(2) 특히 저인화점 액체의 저장물에 대하여는 내열성이 우수한 단백포 또는 불화단백포를 사용한다.
(3) 물분무냉각설비를 탱크의 외벽면에 설치하여, 화재시 자동으로 탱크의 외부면에 분무수를 방사하여 복사열의 수열을 차단하고 탱크를 냉각시키는 시스템을 구축한다.

15. 독성물질의 표시법

1. 개요

(1) 독성물질 표시법은 실험동물에 독성물질을 투입하였을 때 실험동물이 죽게 되는 투여량 또는 투여농도로서 독성물질의 척도로 사용한다.

(2) 독성물질의 표시는 LD(치사량), LC(치사농도), TD, TLV, FED 등으로 나타내고 있다.

2. 독성 물질의 표시법

(1) LD(Lethal Dose) : 치사량

1) 정의 : 실험동물에 독성물질을 경구투입 실험에 의해 투여하였을 때 사망하게 되는 독성물질의 양

2) 단위 : mg/kg

   여기서, kg : 동물의 체중
   mg : 독성물질의 중량

3) [예] LD_{50} : 실험동물(쥐)에 독성물질을 경구투입 실험에 의해 투입하였을 때 실험동물의 50%가 사망하게 되는 독성물질의 투여량

(2) LC(Lethal Concentration) : 치사농도

1) 정의 : 실험동물에 공기와 혼합된 독성물질을 흡입실험에 의해 4시간 동안 흡입시켰을 때 사망하게 되는 독성물질의 기준농도

2) 단위 : ppm

3) [예] LC_{50} : 실험동물(쥐)에 독성물질을 흡입실험에 의해 4시간 동안 흡입시켰을 때 실험동물의 50%가 사망하게 되는 독성물질의 농도

(3) TD(Toxic Dose)

실험용 생물에 독성물질을 투여하였을 때 실험생물의 감응작용이 죽음 이외의 바람직하지 않은 독성으로 나타내게 될 때 그 독성 물질의 투여량

(4) TLV(Threshold Limit Value) : 허용한계농도

정상 작업 조건하에서 유해물질에 노출되었을 때 아무런 악영향을 주지 않는 최대 허용한계농도 값, TLV 농도표시법은 다음의 3종류로 구분한다.

1) TLV-TWA(Time Weighted Average Concentration)
   ① 1일에 8시간씩, 1주일에 40시간으로 정상 근무하는 동안 계속 노출되어도 아무런 악영향을 주지 않는 최대 평균농도값
   ② $\text{TWA} = \dfrac{C_1 T_1 + C_2 T_2 \ldots\ldots C_n T_n}{8}$

   여기서, C : 유해요인 측정농도[ppm 또는 mg/m³]
   T : 유해요인의 발생시간[HR]

2) TLV-STEL(Short Term Exposure Limit) : 단시간 노출 허용농도
   ① 정의 : 짧은시간(15분) 노출되었을 때 유해한 증상이 나타나지 않는 최고허용농도
   ② 조건 : 노출시간(15분) 사이의 간격을 최소 60분의 휴식시간으로 하여 하루에 4번 이상의 휴식은 허용되지 않는다.

3) TLV-C(Ceiling Value) : 최대 허용한계농도
   근로자가 1일 작업시간 동안에 잠시라도 노출되어서는 아니되는 최고 한계농도 즉, 단 한순간이라도 초과하지 않아야 하는 최대 허용한계농도를 의미한다.

(5) FED(Fractional Effective Dose)

1) 각각의 독성 물질이 혼재한 상태에서 전체적인 독성의 영향을 정량적으로 평가하기 위한 방법
2) FED의 방정식의 기본식

$$\text{FED} = \sum_{t=1}^{n} \sum_{t_1}^{t_2} \dfrac{C_i}{(C_t)_i} \Delta t$$

   여기서, C_i : 물질의 독성 농도
   $(C_t)_i$: 물질의 LC_{50}에 해당하는 Dose(농도×시간)
   Δt : 시간의 증가량[min]

3. 결론

독성이란, 물질의 물리적인 정수가 아니므로 어떤 정확성을 가지고 그것을 측정하는 것은 곤란하다. 측정은 동물실험을 통해서 행하고, 그 결과는 인체에 적용 및 결부해 가는 연구에 의해 나타내는 것이다.

Chapter 06
건축방재

01. 건축물의 소방·방화시설 ········ 219
02. 방화재료의 성능기준 및
    시험방법 ···························· 221
03. 무창층·주요구조부 ················ 224
04. 내화구조 ···························· 226
05. 방화구조 ···························· 230
06. 방화벽·경계벽 ····················· 231
07. 2 이상의 소방대상물을 하나의
    소방대상물로 볼 수 있는 기준 · 233
08. 구획의 종류 ························ 235
09. 방화구획 ···························· 237
10. 피난계단·특별피난계단·
    옥외피난계단 ······················ 241
11. 비상용승강기 및 승강장 ········ 245
12. 피난용승강기 ······················· 246
13. 고층건축물의 피난안전구역 ···· 248
14. 내화·난연·방염 ··················· 253
15. 방염의 개념 및 원리 ············· 255
16. 건축물의 방화계획 ················ 258
17. 건축물의 연소확대 방지대책 ···· 260
18. 상층으로의 연소확대 원리 ······ 263
19. Draft Curtain ······················ 264
20. 내화시험 ···························· 266
21. 고강도 콘크리트 기둥·보의
    내화성능시험 ······················ 269
22. 자동방화셔터, 방화문 및
    방화댐퍼의 기준 ·················· 271
23. 방화문의 성능시험 ················ 274
24. 구조용 강재의 온도와의
    상관관계 ···························· 278
25. 내화피복 ···························· 280
26. 건축내장재의 연소성능
    평가방법 ···························· 283
27. 콘크리트의 수열온도에 따른
    열화 Mechanism ·················· 286
28. 콘크리트의 폭렬현상 ············· 287
29. 건축물 내부마감재료의
    적용기준 ···························· 289
30. 건축물의 외벽마감재료 및
    화재확산방지구조 ·················· 290
31. 화재에 대한 수동적 방화대책 ···· 292
32. 대형 쇼핑몰에서 피난계단의
    문제점과 개선방안 ················ 294
33. 발코니의 구조변경(거실화)에
    따른 화재안전상 문제점 및
    보완시설기준 ······················ 296
34. 샌드위치 패널의 종류별 특성
    및 화재위험성 ····················· 299
35. 유리구획의 내화시험방법 ······· 302
36. 내화충전구조 ······················· 304
37. 이중외피구조(Double Skin
    System) ····························· 307

01 건축물의 소방·방화시설

1. 개요

건축물의 소방·방화시설을 크게 분류하면 수동적 방화(Passive Fire Protection)개념의 방화시설 및 피난시설, 그리고 능동적 방화(Active Fire Protection) 개념의 소방시설로 분류할 수 있다.

2. 방화시설(Passive Fire Protection)

건축물의 구조부재에 의한 수동적 방화개념의 시설로서 화재연소방지 및 화재확산방지의 목적으로 사용된다.

(1) 연소방지시설(건축재료의 불연화)

방화재료 : 불연재료, 준불연재료, 난연재료

(2) 화재확산방지시설(구획화)

방화구획 : 내화구조·방화구조의 벽 및 바닥, 방화문, 자동방화셔터, 방화댐퍼, 방화용 Seal(화재차단재) 등으로 구성

3. 피난시설

유사시 거주자의 피난용도로 사용되는 건축구조물
(1) 계단
　　1) 직통계단
　　2) 피난계단, 옥외피난계단
　　3) 특별피난계단 및 특별피난계단부속실
(2) 비상탈출구
(3) 피난안전구역
(4) 헬리포트, 인명구조공간 및 대피공간

4. 소방시설(Active Fire Protection)

화재시 소화, 경보, 피난, 소화활동 등의 용도로 사용되는 기계·기구 또는 설비

(1) 소화설비

물 또는 그 밖의 소화약제를 사용하여 소화하는 기계·기구 또는 설비
1) 소화기구
   ① 소화기
   ② 간이소화용구 : 에어로졸식 소화용구, 투척용 소화용구, 소공간용 소화용구 및 소화약제 외의 것을 이용한 간이소화용구
   ③ 자동확산소화기
2) 자동소화장치
   ① 주거용 주방자동소화장치　② 상업용 주방자동소화장치
   ③ 캐비닛형 자동소화장치　　④ 가스자동소화장치
   ⑤ 분말자동소화장치　　　　⑥ 고체에어로졸자동소화장치
3) 옥내소화전설비(호스릴옥내소화전설비 포함)
4) 옥외소화전설비
5) 스프링클러설비등
   ① 스프링클러설비
   ② 간이스프링클러설비(캐비닛형 간이스프링클러설비 포함)
   ③ 화재조기진압용 스프링클러설비
6) 물분무등소화설비
   ① 물분무소화설비　　② 미분무소화설비
   ③ 포소화설비　　　　④ 이산화탄소소화설비
   ⑤ 할론소화설비　　　⑥ 할로겐화합물 및 불활성기체 소화설비
   ⑦ 분말소화설비　　　⑧ 강화액소화설비
   ⑨ 고체에어로졸소화설비

(2) 경보설비

화재발생 사실을 통보하는 기계·기구 또는 설비
1) 비상경보설비 : 비상벨설비, 자동식사이렌설비
2) 단독경보형 감지기　　　3) 자동화재탐지설비
4) 시각경보기　　　　　　5) 화재알림설비
6) 비상방송설비　　　　　7) 자동화재속보설비
8) 통합감시시설　　　　　9) 누전경보기
10) 가스누설경보기

(3) 피난구조설비

화재가 발생할 경우 피난하기 위하여 사용하는 기구 또는 설비

1) 피난기구 : 피난사다리, 구조대, 완강기, 간이완강기, 피난교, 피난용트랩, 미끄럼대, 공기안전매트, 다수인피난장비, 승강식피난기
2) 인명구조기구 : 방열복, 방화복(안전모, 보호장갑, 안전화 포함), 공기호흡기, 인공소생기
3) 유도등 : 피난유도선, 피난구유도등, 통로유도등, 객석유도등, 유도표지
4) 비상조명등 및 휴대용비상조명등

(4) 소화용수설비

화재를 진압하는 데 필요한 물을 공급하거나 저장하는 설비

1) 상수도소화용수설비
2) 소화수조·저수조, 그 밖의 소화용수설비

(5) 소화활동설비

화재를 진압하거나 인명구조활동을 위하여 사용하는 설비

1) 제연설비
2) 연결송수관설비
3) 연결살수설비
4) 비상콘센트설비
5) 무선통신보조설비
6) 연소방지설비

02 방화재료의 성능기준 및 시험방법

1. 개요

(1) 방화재료라 함은 건축재료 중 불연성의 것 또는 잘 타지 아니하는 성질의 것으로 구성된 재료를 말하며, 방화성능의 등급에 따라 불연재료·준불연재료·난연재료로 구분한다.

(2) 국내 건축물 내부마감재료에 대하여는 KS F ISO 1182(불연성 시험), KS F ISO 5660-1(열방출률 시험) 및 KS F 2271 중 가스유해성 시험을 중심으로 난연성능기준을 규정하여 시행하고 있다.

2. 방화재료의 성능기준 및 시험방법

(1) 불연재료

1) 불에 타지 아니하는 성질을 가진 재료로서 KS F ISO 1182(불연성 시험) 및 KS F 2271 중 가스유해성 시험 결과 다음과 같은 불연재료의 성능기준을 충족하는 것

2) 성능기준 및 시험방법

① 불연성 시험 (KS F ISO 1182)
  ㉮ 시험방법
    ㄱ) 가열로 내에 시험체를 넣고 가열로의 평균온도가 10분 동안 750±5℃ 유지되게 가열
    ㄴ) 가열 개시 후 20분에 가열로 내의 최고온도를 측정.
    ㄷ) 가열 종료 후 시험체의 질량감소율을 측정.
    ㄹ) 시험은 시험체에 대하여 총 3회 실시.
  ㉯ 성능기준
    ㄱ) 가열시험 개시 후 20분간 가열로 내의 최고온도가 최종평형온도 보다 20K 초과 상승하지 아니할 것 (단, 20분 동안 평형에 도달하지 않을 경우에는 최종 1분간의 평균온도를 최종평형온도로 한다)
    ㄴ) 가열 종료 후 시험체의 질량 감소율이 30% 이하일 것

② 가스유해성 시험 (KS F 2271)
  ㉮ 시험방법
    ㄱ) 가열시간 : 6분 (부열원 : 3분, 주열원 : 3분)
    ㄴ) 시험용기 내에 실험용 쥐(Mouse)와 가열된 연소가스를 주입하여 쥐의 행동정지시간을 측정.
    ㄷ) 시험은 시험체가 실내에 접하는 면에 대하여 2회 실시
  ㉯ 성능기준
    시험결과 실험용 쥐의 평균 행동정지시간이 9분 이상일 것

(2) 준불연재료

1) 불연재료에 준하는 성질을 가진 재료로서 KS F ISO 5660-1(열방출률 시험) 및 KS F 2271 중 가스유해성 시험에 의한 시험 결과 다음과 같은 준불연재료의 성능기준을 충족하는 것

2) 성능기준 및 시험방법
   ① 열방출률 시험 (KS F ISO 5660-1의 콘칼로리 미터법에 의한 시험)
      ㉮ 시험방법
         ㄱ) 가열강도 : 열량 50[kw/m²]으로 10분 동안 가열
         ㄴ) 시험은 시험체가 실내에 접하는 면에 대하여 3회 실시
      ㉯ 성능기준
         ㄱ) 가열시험 개시 후 10분 동안 총방출열량이 8[MJ/m²] 이하 일 것
         ㄴ) 10분간의 최대 열방출률이 10초 이상 연속으로 200[kW/m²]을 초과하지 아니할 것
         ㄷ) 10분간 가열 후 시험체를 관통하는 방화상 유해한 균열, 구멍 및 용융 등이 없을 것
   ② 가스유해성 시험 (KS F 2271)
      가스유해성 시험결과 실험용 쥐의 평균 행동정지시간이 9분 이상일 것

(3) 난연재료

1) 불에 잘 타지 아니하는 성질을 가진 재료로서 KS F ISO 5660-1 및 KS F 2271 중 가스유해성 시험에 의한 시험결과 다음과 같은 난연재료의 성능기준을 충족하는 것
   다만, 복합자재인 경우에는 건축물의 실내에 접하는 부분에 12.5mm이상의 방화석고보드로 마감하거나, 또는 KS F 2257-1(건축부재의 내화시험)에 의한 시험결과 15분의 차염성능 및 이면온도가 120K 이상 상승하지 않는 재료로 마감하는 경우에는 이것을 난연재료로 인정한다.

2) 성능기준 및 시험방법
   ① 열방출률 시험 (KS F ISO 5660-1의 콘칼로리 미터법에 의한 시험)
      ㉮ 시험방법
         ㄱ) 가열강도 : 열량 50[kw/m²]으로 5분 동안 가열
         ㄴ) 시험은 시험체가 실내에 접하는 면에 대하여 3회 실시
      ㉯ 성능기준
         ㄱ) 가열시험 개시 후 5분 동안 총방출열량이 8[MJ/m²] 이하 일 것
         ㄴ) 5분간의 최대 열방출률이 10초 이상 연속으로 200[kW/m²]을 초과하지 아니할 것

ㄷ) 5분간 가열 후 시험체를 관통하는 방화상 유해한 균열, 구멍 및 용 융 등이 없을 것

② 가스유해성 시험(KS F 2271)

가스유해성 시험결과 실험용 쥐의 평균행동정지 시간이 9분 이상일 것

3. 결론

적용 시험	방화재료	시험 방법	성능 기준
불연성 시험 (KS F ISO 1182)	불연재료	• 가열로의 평균온도가 10분 동안 750±5℃ 유지되게 가열 • 가열 개시 후 20분에 가열로 내의 최고온도를 측정 • 시험횟수 : 3회 실시	• 온도상승 : 가열시험 개시후 20분 동안 최고온도가 최종 평형온도보다 20K 초과 상승하지 아니할 것 • 질량 감소율 : 30% 이하
열방출률 시험 (KS F ISO 5660-1)	준불연재료 난연재료	• 가열강도 : 50[kw/m²]으로 10분(난연재료는 5분) 동안 가열 • 시험횟수 : 3회 실시	• 10분(난연재료 : 5분)간의 총 방출열량이 8[MJ/m²] 이하 • 10분(난연재료 : 5분) 동안의 최대 열방출률이 10초 이상 연속으로 200[kW/m²]을 초과하지 아니할 것
가스유해성 시험 (KS F 2271)	불연재료 준불연재료 난연재료	• 가열시간 : 6분(부열원 : 3분, 주열원 : 3분) • 시험횟수 : 2회 실시	• 실험용 쥐의 평균 행동정지 시간이 9분 이상일 것

03 무창층 · 주요구조부

[무창층]

1. 개요

소방시설법 시행령 제2조 제1호에서 무창층에 대한 정의 및 설치기준을 다음과 같이 규정하고 있다.

2. 무창층이란

지상층 중 다음 각목의 요건을 모두 갖춘 개구부의 면적 합계가 당해 층 바닥면적의

1/30 이하가 되는 층을 말한다.
(1) 개구부의 크기가 지름 50cm 이상의 원이 내접할 수 있을 것
(2) 그 층 바닥면으로부터 개구부 밑부분까지의 높이가 1.2m 이내일 것
(3) 화재시 건축물로부터 쉽게 피난할 수 있도록 창살, 그 밖의 장애물이 설치되지 아니할 것
(4) 개구부가 도로 또는 차량이 진입할 수 있는 빈터로 향할 것
(5) 내부 또는 외부에서 쉽게 파괴 또는 개방할 수 있을 것

[주요구조부]

1. 주요구조부의 구성요소

건축물의 주요구조부의 구성요소에 대하여 건축법 제2조 제1항 제7호에서 다음과 같이 규정하고 있다.

(1) 내력벽　　　(2) 지붕틀　　　(3) 바닥
(4) 기둥　　　　(5) 주계단　　　(6) 보

2. 주요구조부의 적용 제외

(1) 사이 기둥　　　(2) 최하층 바닥
(3) 작은 보　　　　(4) 옥외 계단
(5) 차양　　　　　(6) 기타 유사한 것으로서 건축물 구조상 중요하지 아니한 부분

3. 건축물의 주요구조부에 대한 구조 제한

(1) 구조안전 확인대상 건축물(구조안전 확인서류를 허가권자에게 제출)

1) 층수 : 2층(목구조건축물은 3층) 이상
2) 높이 : 13m 이상
3) 처마높이 : 9m 이상
4) 연면적 : 200m²(목구조건축물은 500m²) 이상
5) 기둥과 기둥 사이의 거리 : 10m 이상
6) 단독주택 및 공동주택
7) 국가적 문화유산으로서 국토교통부령으로 정하는 것

(2) 구조안전 확인을 건축구조기술사가 하여야 하는 건축물
  1) 6층 이상인 건축물   2) 특수구조건축물
  3) 건축법상의 다중이용건축물   4) 준다중이용건축물
  5) 3층 이상의 필로티형식 건축물

04 내화구조

1. 내화구조의 개념

(1) 정의
건축물의 주요구조부가 통상의 화염온도에서 일정시간 동안 내화성능을 유지하고, 화재 후에는 간단한 수리로 재사용이 가능한 구조

(2) 내화구조의 목적
1) 화재확산의 방지
2) 화열에 대한 건축물의 구조적 안전성 확보

(3) 내화구조의 기능
1) 차열 및 화재 확산의 차단   2) 충격 및 소화용 주수에 대한 강도 유지
3) 장기 설계하중의 지지   4) 화재 후 재사용 가능

2. 내화구조의 법규적 대상 건축물

건축물의 용도 및 층수	해당 용도의 바닥면적 합계
3층 이상 또는 지하층이 있는 건축물	모두 해당
문화 및 집회시설, 장례식장·주점영업 등의 관람석 또는 집회실	200m² 이상
건축물의 2층이 다중주택, 공동주택, 의료·아동·노인복지·숙박시설 등인 것	400m² 이상
전시장, 동·식물원, 판매시설, 위락시설, 체육관, 강당, 창고시설, 운수시설, 위험물저장·처리시설	500m² 이상
공장	2,000m² 이상

3. 내화구조의 설치기준

	철근콘크리트조 또는 철골철근콘크리트조	철골조	기타
벽 ( ) 안은 외벽 중 비내력벽	두께 10(7)cm 이상	골구를 철골조로 하고 그 양면을 ① 두께 4(3)cm 이상의 철망모르타르 ② 두께 5(4)cm 이상의 콘크리트블록, 벽돌, 석재 로 덮은 것	벽돌조로서 두께 19(7)cm 이상
기둥 ( ) 안은 경량 골재 사용의 경우	최소지름 25cm 이상	최소지름 25cm 이상의 철골조에 ① 6(5)cm 이상의 철망모르타르 ② 7cm 이상의 콘크리트블록, 벽돌, 석재 ③ 5cm 이상의 콘크리트 로 덮은 것	—
보 ( ) 안은 경량 골재 사용의 경우	모든 것 해당	철골의 양면을 ① 6(5)cm 이상의 철망모르타르 ② 5cm 이상의 콘크리트 로 덮은 것	철골조의 지붕틀로서 그 아래에 반자가 없거나 불연재료로 된 반자가 있는 경우
바닥	두께 10cm 이상	—	철재 양면을 5cm 이상의 콘크리트 또는 철망모르타르로 덮은 것
지붕	모든 것 해당	—	철재로 보강된 유리블록·망입유리·콘크리트블록조·벽돌조·석조
계단	모든 것 해당	모든 것 해당	철재로 보강된 콘크리트블록조·벽돌조·석조
기타	한국건설기술연구원장이 국토교통부장관이 정하여 고시하는 기준에 따라 품질관리상태를 확인한 결과 적정하다고 인정하고, 품질시험을 실시한 결과 내화구조의 성능기준에 적합하다고 인정한 것		

4. 내화구조의 성능기준

용도구분(1)		용도·규모 층수/최고 높이(m) (2)	벽						보·기둥	바닥	지붕·지붕틀
			외벽			내벽					
			내력벽	비내력벽		내력벽	비내력벽				
				연소우려가 있는 부분 (가)	연소우려가 없는 부분 (나)		간막이벽 (다)	승강로·계단실의 수직벽			
일반시설	아래의 주거시설 및 산업시설에 해당하지 않는 모든 시설	12/50 초과	3	1	0.5	3	2	2	3	2	1
		12/50 이하	2	1	0.5	2	1.5	1.5	2	2	0.5
		4/20 이하	1	1	0.5	1	1	1	1	1	0.5
주거시설	단독주택, 공동주택, 숙박시설, 의료시설	12/50 초과	2	1	0.5	2	2	2	3	2	1
		12/50 이하	2	1	0.5	2	1	1	2	2	0.5
		4/20 이하	1	1	0.5	1	1	1	1	1	0.5
산업시설	공장, 창고시설, 위험물 저장 및 처리시설, 자동차관련시설 중 정비공장, 자연순환 관련 시설	12/50 초과	2	1.5	0.5	2	1.5	1.5	3	2	1
		12/50 이하	2	1	0.5	2	1	1	2	2	0.5
		4/20 이하	1	1	0.5	1	1	1	1	1	0.5

[비고 1]

가. 용도구분(1)

　　건축물이 하나 이상의 용도로 사용될 경우, 가장 높은 내화시간의 용도를 적용함

나. 건축물의 층수/높이(2)

　　건축물의 부분별 높이 또는 층수가 다를 경우, 최고 높이 또는 최고 층수를 적용
　　건축물의 층수/높이의 산정은 건축법 시행령 제119조에 따른다. 다만, 승강기탑, 계단탑, 망루, 장식탑, 옥탑 그 밖에 이와 유사한 부분은 건축물의 높이와 층수의 산정에서 제외한다.

[비고 2]

가. 연소 우려가 있는 부분(가)

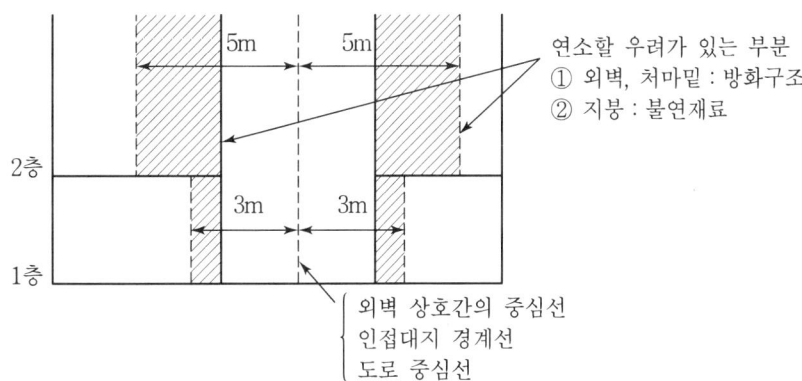

내화구조 이외의 건축물로서 2개 동 이상이 인접하여 설치된 경우, 외벽 상호간의 중심선으로부터 1층은 3m 이내, 2층 이상은 5m 이내의 거리에 있는 건축물의 각 부분을 '연소할 우려가 있는 부분'으로 한다. : (「건축물의 피난·방화구조기준에 관한 규칙」 제22조 제2항)

나. 연소 우려가 없는 부분(나) : 위의 '연소 우려가 있는 부분'에 해당하지 아니하는 부분을 말한다.

다. 간막이벽(다) : 건축법령에 따라 내화구조로 해야 하는 벽을 말한다.

라. 외벽의 내화성능시험은 건축물 내부면을 가열하는 것으로 한다.

5. 내화성능기준의 문제점

(1) 국내의 내화성능기준은 위 표와 같이 건축물의 용도, 층수 및 최고높이를 기준으로 30분~3시간으로 정해져 있다.

(2) 이는 단순히 「표준온도시간곡선」에 따라 정해진 것이다. 즉, 「표준온도시간곡선」에 의해 30분내화(840℃), 1시간내화(945℃), 2시간내화(1,050℃), 3시간내화(1,100℃)로 나눈 것이다.

(3) 「표준온도시간곡선」은 표준화재실험 후 결정한 것이므로 여러 가지 한계점을 가지고 있다. 즉, 구획실 화재에서의 화재하중, 환기요소, 열전달, 화재가혹도 등의 다양한 화재변수요소를 반영하지 못하는 한계를 가지고 있다.

(4) 결국, 내화구조설계는 건축물의 화재성상에 따른 에너지 방출률에 의한 내화구조의 한계점을 확인하여야 하므로, 위와 같은 사양기준에 의존하지 않고 화재하중, 환기요소, 열전달, 화재가혹도 등을 고려하는 성능위주 내화설계를 적용하는 것이 바람직하다 하겠다.

05 방화구조

1. 방화구조의 정의
(1) 건축물의 화재에서 일정시간 동안 일정구획에 한정시킬 수 있는 성능을 가진 구조로서 국토해양부령이 정하는 기준에 적합한 구조
(2) 화재에 대한 내화성능은 없으므로 화재 후 재사용은 불가함

2. 방화구조의 법규적 대상 건축물
연면적 1,000m² 이상인 목조건축물 중 「건축물의 피난·방화구조 등의 기준에 관한 규칙」 제22조 제2항의 "연소할 우려가 있는 부분"에 해당하는 경우에는 그 외벽 및 처마 밑의 구조를 방화구조로 하고, 그 지붕은 불연재료로 하여야 한다.

3. 방화구조의 설치기준
(1) 철망모르타르 바르기 : 바름두께 2cm 이상
(2) 석고판 위에 시멘트모르타르 또는 회반죽을 바른 것 : 두께 2.5cm 이상
(3) 시멘트모르타르 위에 타일을 붙인 것 : 두께 2.5cm 이상
(4) 심벽에 흙으로 맞벽치기한 것
(5) 「산업표준화법」에 따른 한국산업표준이 정하는 바에 따라 시험한 결과 방화 2급 이상에 해당하는 것

4. 방화구조와 내화구조의 차이점

	내화구조	방화구조
목적	1) 화열에 대한 구조안전성 확보 2) 화재확산의 방지	화재확산의 방지
기능	1) 차열 및 화재확산의 차단 2) 충격 및 소화용 주수에 대한 강도 유지 3) 장기설계하중의 지지	화재를 일정구획에 국한
화재 후 재사용 여부	재사용 가능	재사용 불가

06 방화벽·경계벽

1. 경계벽

(1) 정의
건축물 내에서 서로 접하는 다른 점유권 또는 소유권을 갖는 두 개의 세대, 객실, 병실, 교실 등의 사이 벽으로서 국토교통부령으로 정하는 기준에 따라 설치한 것

(2) 설치대상
1) 단독주택 중 다가구주택의 각 가구 간 또는 공동주택의 각 세대 간 경계벽
2) 공동주택 중 기숙사의 침실, 의료시설의 병실, 학교의 교실 또는 숙박시설의 객실 간 경계벽
3) 제1종 근린생활시설 중 산후조리원의 다음 각 호의 어느 하나에 해당하는 경계벽
   ① 임산부실 간 경계벽
   ② 신생아실 간 경계벽
   ③ 임산부실과 신생아실 간 경계벽
4) 제2종 근린생활시설 중 다중생활시설의 호실 간 경계벽
5) 노유자시설 중 노인복지주택의 각 세대 간 또는 노인요양시설의 호실 간 경계벽

(3) 구조 및 설치기준
공통기준 : 내화구조로 하고, 지붕밑 또는 바로 윗층의 바닥판까지 닿게 설치

〈다가구주택·공동주택인 경우〉 : (주택건설기준 등에 관한 규정 제14조)
1) 철근콘크리트조 또는 철골·철근콘크리트조로서 두께 15cm 이상인 것
2) 무근콘크리트조·콘크리트블록조·벽돌조 또는 석조로서 두께 20cm(시멘트모르터·회반죽·석고플라스터 바름두께를 포함) 이상인 것
3) 조립식주택부재인 콘크리트판으로서 두께 12cm 이상인 것
4) 1)호~3)호의 것 외에 국토교통부장관이 정하여 고시하는 기준에 따라 한국건설기술연구원장이 차음성능을 인정하여 지정하는 구조인 것

〈다가구주택·공동주택이 아닌 경우〉 : (피난·방화구조 기준/규칙 제19조)
1) 철근콘크리트조·철골철근콘크리트조로서 두께 10cm 이상인 것
2) 무근콘크리트조 또는 석조로서 두께 10cm 이상인 것

3) 콘크리트블록조 또는 벽돌조로서 두께 19cm 이상인 것
4) 국토교통부장관이 정하여 고시하는 기준에 따라 국토교통부장관이 지정하는 자 또는 한국건설기술연구원장이 실시하는 품질시험에서 그 성능이 확인된 것

2. 방화벽

(1) 정의
건축물에서 화재가 발생한 경우 일정한 시간 동안 불길이 이웃 건축물로 건너갈 수 없도록 차단하는 벽으로서 국토교통부령으로 정하는 기준에 따라 설치한 것

(2) 설치대상
연면적 1,000m^2 이상인 건축물 : (방화벽으로 구획하되, 각 구획마다 바닥면적의 합계가 1,000m^2 미만이 되게 하여야 한다)

(3) 설치제외대상
1) 주요구조부가 내화구조이거나 불연재료인 건축물
2) 단독주택(단, 다중주택 및 다가구주택은 제외한다)
3) 내부설비의 구조상 방화벽으로 구획할 수 없는 창고시설
4) 동물 및 식물관련시설, 발전시설, 교도소·소년원 또는 묘지관련시설의 용도로 쓰는 건축물
5) 철강관련 업종의 공장 중 제어실로 사용하기 위하여 연면적 50m^2 이하로 증축하는 부분

(4) 구조 및 설치기준
1) 내화구조로서 홀로 설 수 있는 구조일 것
2) 방화벽의 양쪽 끝과 윗쪽 끝을 건축물의 외벽면 및 지붕면으로부터 0.5m 이상 튀어 나오게 할 것
3) 방화벽에 설치하는 출입문의 너비 및 높이는 각각 2.5m 이하로 하고, 해당 출입문에는 60분방화문 또는 60+ 방화문을 설치할 것

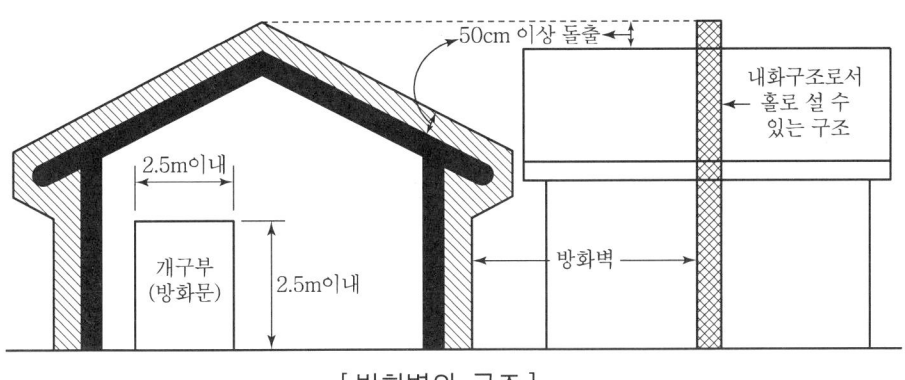

[방화벽의 구조]

[Reference]

지하구의 방화벽 설치기준

(1) 방화벽의 위치는 분기구 및 국사·변전소 등의 건축물과 지하구가 연결되는 부위 (건축물로부터 20m 이내)에 설치할 것
(2) 내화구조로서 홀로 설 수 있는 구조일 것
(3) 방화벽에 출입문을 설치하는 경우 60분 방화문 또는 60+ 방화문으로 할 것
(4) 케이블·전선 등의 방화벽 관통부에는 국토교통부고시에 따른 내화채움구조로 마감할 것

07 2 이상의 소방대상물을 하나의 소방대상물로 볼 수 있는 기준

1. 적용 대상

2 이상의 특정소방대상물이 다음 각목의 1에 해당되는 구조의 복도·통로로 연결된 경우에는 이를 하나의 소방대상물로 본다.

(1) 내화구조로 된 연결통로가 다음의 1에 해당하는 경우
  1) 벽이 없는 구조로서 그 길이가 6m 이하인 것

2) 벽이 있는 구조로서 그 길이가 10m 이하인 것(단, 벽 높이가 바닥과 천장 사이 높이의 1/2 이상인 경우에 한함)
　(2) 내화구조가 아닌 연결통로로 연결된 경우
　(3) 컨베이어 또는 플랜트설비 배관 등으로 연결되어 있는 경우
　(4) 지하보도, 지하상가, 지하가로 연결된 경우
　(5) 방화셔터 또는 방화문이 설치되지 아니한 피트로 연결된 경우
　(6) 지하구로 연결된 경우

2. 적용 제외

연결 통로의 양쪽 말단과 소방대상물 간의 연결 부분이 다음 각목의 1에 적합한 경우에는 별개의 소방대상물로 본다.
　(1) 화재시 경보설비 또는 자동소화설비와 연동하여 자동으로 닫히는 방화셔터 또는 방화문이 설치된 경우
　(2) 화재시 자동 방수되는 방식의 드렌처설비 또는 개방형 스프링클러헤드가 설치된 경우

3. 연결통로의 설치기준 : (건축법 시행령 제81조 제5항)

　(1) 주요구조부 : 내화구조
　(2) 마감재료 : 불연재료
　(3) 너비 · 높이 : 각각 5m 이하
　(4) 밀폐된 구조인 경우
　　벽면적의 1/10 이상 크기의 창문을 설치(단, 지하층으로서 환기설비를 설치한 경우에는 제외)
　(5) 복도 · 통로의 연결 부분 : 방화셔터 또는 방화문 설치

4. 결론

2 이상의 소방대상물을 하나의 소방대상물로 보느냐 각각의 소방대상물로 보느냐에 따라, 소방시설의 적용부터 달라질 수 있기 때문에 소방설계 시 우선 이에 대하여 명확히 판단한 후에 소방시설을 적용하여야 하겠다.

08 구획의 종류

1. 개요
건축물에서 방재관련 구획의 종류로는 방화구획, 방연구획, 안전구획, 관리구획이 있으며 그 목적 및 효과, 구성 등은 다음과 같다.

2. 방화구획

(1) 목적 및 효과
1) 연소범위를 일정장소에 국한 : 화재확산방지
2) 일정시간 이상의 내화성능을 갖는다.
3) 방화구획은 차연성능이 있으므로 방연구획도 겸할 수 있다.

(2) 구성
1) 내화구조의 벽·바닥
2) 60분방화문 또는 60+ 방화문 : (자동방화셔터 포함)
3) 방화벽 : 비(非)내화구조의 건축물인 경우에 한함
4) 경계벽 : 공동주택의 각 세대·의료시설의 병실·학교의 교실·숙박시설의 객실 간의 구획
5) 내화충진재 : 국토교통부장관이 인정하는 것
6) 방화댐퍼 : 덕트의 방화구획 관통부위에 설치

3. 방연구획

(1) 목적 및 효과
1) 연기의 유동·확산을 억제
2) 내화성은 요구되지 않고 차연성만 요구됨
3) 매달음벽이 인정된다.

(2) 구성
1) 기밀성이 있는 불연재료로 구획
2) 방연문(연기감지기 연동자동개폐방식)
3) 제연 경계벽 : Glass Screen도 사용됨

4) 덕트의 방연댐퍼
   5) 관통부의 내화충진재(Seal)

4. 안전구획

 (1) 목적 및 효과
   1) 피난경로의 피난안전 확보를 위하여 설치
      즉 피난경로에 화염과 연기의 침입을 방지하기 위하여 설치하는 구획
   2) 피난경로를 따라 복도·로비·계단 부속실·계단실 등을 방화구획 및 방연구획하는 것에 의하여 실현

 (2) 구성
   내화성 및 기밀성이 있는 불연재료로 구획

5. 관리구획

 (1) 목적
   방재정보의 전달 및 방재관리의 적정화를 도모하기 위한 구획

 (2) 대상
   1) 방재센터
   2) 소방설비용 감시제어반실
   3) 비상발전기실 등

6. 결론

건축물에서 방재관련 구획의 개념·용도는 다음과 같이 귀결할 수 있다.
 (1) 방화구획 : 연소범위를 일정장소에 국한
 (2) 방연구획 : 연기의 유동·확산을 억제
 (3) 안전구획 : 피난경로에 화염과 연기의 침입을 방지
 (3) 관리구획 : 방재정보의 전달 및 방재관리의 적정화를 도모

09 방화구획

1. 개요

방화구획이란 건축물 내에서 화재시 연소범위를 일정 장소에 국한하여 화재의 확산을 방지하기 위한 것으로, 일정시간 이상의 내화성능이 있는 벽·바닥·갑종방화문 등으로 구획한 것을 말한다.

2. 방화구획의 종류

(1) 면적별 구획

동일 층에서 평면적인 연소확대를 한정하기 위해 일정한 바닥면적마다 구획하는 것

1) 지상 10층 이하의 층

    바닥면적 1,000m²(단, 자동식소화설비가 설치된 경우는 3,000m²) 이하마다 구획

2) 지상 11층 이상의 층

    ① 실내마감재료가 불연재료인 경우 : 바닥면적 500m² 이하마다 구획
    ② 실내마감재료가 불연재료가 아닌 경우 : 바닥면적 200m² 이하마다 구획

    ※ 상기 각 호에서 자동식소화설비가 설치된 경우에는 상기 바닥면적의 3배의 면적으로 한다.

(2) 층별 구획

상층 또는 하층으로의 연소확대를 방지하기 위해 방화성능이 있는 구획부재를 사용하여 매 층(모든 층)마다 층간별로 구획 또는 분리하는 것

(3) 용도별 구획

1) 당해 건축물 내에서 관리 이용 형태가 다른 2 이상의 용도가 존재하는 경우 그 사이를 방화구획하는 것
2) 건축법시행령 제46조 3항에 의하여 주요구조부를 내화구조로 하여야 하는 부분과 다른 부분과의 사이를 방화구획하는 것

(4) 수직 관통부 구획

1) 건축물 내에서 바닥을 관통하여 수직으로 연속되는 공간과 다른 부분과의 사

이를 내화성능을 갖는 벽이나 방화문으로 구획하는 것
2) [예] : 계단실, 승강기의 승강로, 에스컬레이터, 린넨슈트

3. 방화구획의 구성

(1) 내화구조의 벽·바닥
(2) 60분 방화문 또는 60+ 방화문 : 자동방화셔터 포함
(3) 내화채움재료 : 국토교통부장관이 고시한 내화채움성능을 인정한 구조로 된 것
(4) 방화댐퍼 : 덕트의 방화구획 관통부위에 설치
(5) 방화벽 : 非내화구조 건축물의 방화구획용 벽
(6) 경계벽 : 공동주택의 세대·의료시설의 병실·학교의 교실·숙박시설의 객실 간의 방화구획용 벽

4. 방화구획의 완화적용대상

(1) 문화 및 집회시설, 장례식장, 운동시설의 용도로 쓰이는 거실로서 시선 및 활동 공간의 확보를 위하여 불가피한 부분
(2) 물품의 제조·가공·운반 등(보관은 제외)에 필요한 고정식 대형기기 또는 설비의 설치를 위하여 불가피한 부분
(3) 계단실·복도 또는 승강기의 승강장 및 승강로로서 그 건축물의 다른 부분과 방화구획으로 구획된 부분
(4) 주요구조부가 내화구조 또는 불연재료로 된 주차장
(5) 복층형 공동주택의 세대별 층간 바닥 부분
(6) 단독주택, 동물 및 식물 관련시설, 군사시설로 쓰는 건축물
(7) 건축물의 최상층 또는 피난층으로서 대규모 회의장·강당·스카이라운지·로비 또는 피난안전구역 등의 용도로 사용하기 위하여 불가피한 부분

5. 성능위주설계 가이드라인상의 방화구획 기준

(1) 건축물의 주요 설비공간 및 공용시설물은 다른 부분과 방화구획할 것(종합방재실, 소화펌프실, 제연팬룸실, 기계실, 전기실, 공용물품창고 등)
(2) 판매시설 등 대형 공간 및 에스컬레이터, 지하주차장 램프구간에 방화구획용 방화셔터를 설치하는 경우에는 3m 이내에 피난층 방향으로 피난이 가능한 고정식 방화문을 설치할 것

1) 작동방식을 사용형태별 위험요소 방안하여 1단 또는 2단으로 구분할 것
2) 방화셔터 상부 천장 내부와 악세스플로어 내부는 구획성능이 확보되도록 할 것
3) 기동용 화재감지기는 설치 높이에 따른 적응성을 고려하여 적용할 것
4) 방화셔터 하부 바닥에는 셔터 하강지점임을 표시하고 비상구(피난구)가 설치된 지점의 바닥에는 피난 유도표시(화살표, 픽토그램 등)를 할 것

(3) 쌍여닫이 방화문일 경우 순차적인 폐쇄가 되도록 순위조절기를 설치할 것
(4) 수직·수평 방화구획 관통부에는 내화채움성능이 인정된 구조로 메우고 해당 내용을 도면 및 내역에 표기할 것
(5) 밸브실, EPS, TPS 등의 공용부 수직샤프트는 수평 및 수직 방화구획하고, 세대 내부 샤프트는 수평 방화구획할 것
(6) 평상시 개방 운영(근린생활시설 등)이 예상되는 방화문에는 수신기와 연동하여 작동하는 자동폐쇄장치를 설치할 것
(7) 물류창고의 경우 물품의 제조·가공·보관 및 운반 등에 필요한 고정식 대형기기 설비의 설치를 위하여 불가피한 부분과 그 이외의 부분을 각각 방화구획할 것
(8) 매립형방화문(포켓도어) 등에는 고리형(컵핸들) 손잡이가 설치되지 않도록 할 것

6. 방화구획의 설치기준

(1) 내화구조로 된 바닥·벽 및 방화문(자동방화셔터 포함)으로 구획
(2) 방화문은 언제나 닫힌 상태를 유지하거나, 화재로 인한 열·연기에 의하여 자동으로 닫히는 구조로 할 것
(3) 급수관·배전관 등이 방화구획을 관통하는 경우, 그 관과 방화구획 사이의 틈새를 규정된 내화시간 이상 견딜 수 있는 내화채움성능이 인정된 구조로 메울 것
(4) 환기·난방 또는 냉방시설의 풍도가 방화구획을 관통하는 경우, 그 관통 부분에 다음 각목의 기준에 적합한 댐퍼를 설치한다.
1) 화재로 인한 연기 또는 불꽃을 감지하여 자동적으로 닫히는 구조로 할 것. 다만, 주방 등 연기가 항상 발생하는 부분에는 온도를 감지하여 자동적으로 닫히는 구조로 할 수 있다.
2) 국토교통부장관이 정하여 고시하는 비차열성능 및 방연성능 등의 기준에 적합할 것

[Reference]

1. 방화댐퍼의 기준(국내기준)

(1) 내화성능시험 결과 비차열 1시간 이상의 성능이 있을 것

(2) KS F 2822(방화댐퍼의 방연시험방법)에서 규정한 방연성능
    폐쇄시 누출량 : 온도 20℃, 압력차 19.6N/m²에서 통기량이 5m³/min·m² 이하일 것

(3) 미끄럼부는 열팽창, 녹, 먼지 등에 의해 작동이 저해받지 않는 구조일 것

(4) 방화댐퍼의 주기적인 작동상태, 점검, 청소 및 수리 등 유지·관리를 위하여 검사구·점검구는 방화댐퍼에 인접하여 설치할 것

(5) 부착방법 : 구조체에 견고하게 부착시키는 공법으로, 화재시 덕트가 탈락, 낙하해도 손상되지 아니할 것

(6) 배연기의 압력에 의해 방재상 해로운 진동 및 간격이 발생하지 않는 구조일 것

2. 방화댐퍼의 NFPA 기준(NFPA 90A-5-4)

(1) 내화성능

   1) 내화성능 3시간 미만인 벽체·바닥에 설치되는 방화댐퍼 : 1.5시간 이상의 내화성능이 있을 것

   2) 내화성능 3시간 이상인 벽체·바닥에 설치되는 방화댐퍼 : 3시간 이상의 내화성능이 있을 것

(2) 작동온도

   1) 방화댐퍼의 Fusible link 작동(용융)온도는 71℃(160°F) 이상일 것

   2) 연기제어시스템 등 기타의 시스템이 작동중이거나 또는 작동 중단시 처할 수 있는 최대온도보다 약 28℃(50°F) 더 높은 온도에서 작동될 것

10. 피난계단·특별피난계단·옥외피난계단

1. 설치개념

(1) 피난계단은 고층건축물의 핵심 피난통로로서 피난이 완료될 때까지 최고의 안전구획이다.

(2) 따라서, 특별피난계단의 구조는 방화구획·방연구획 및 제연기능이 확보되어야 하므로 내화성 및 기밀성이 있는 불연재료로 구획하여야 한다.

2. 법규적 설치대상

(1) 피난계단

지상 5층 이상 또는 지하 2층 이하의 층으로부터 피난층 또는 지상으로 통하는 직통계단

(2) 특별피난계단

1) 지상 11층 이상 또는 지하 3층 이하의 층(단, 바닥면적 400m² 미만인 층은 제외)으로부터 피난층 또는 지상으로 통하는 직통계단

2) '피난계단' 설치대상 중에서 판매시설의 용도로 쓰이는 층으로부터의 직통계단은 그 중 1개 이상을 특별피난계단으로 설치

(3) 옥외피난계단

지상 3층 이상인 층(피난층은 제외)으로서 다음 각 호의 어느 하나에 해당하는 용도로 쓰는 층

1) 문화 및 집회시설 중 공연장 또는 위락시설 중 주점영업의 용도로 쓰는 층으로서 그 층 거실의 바닥면적 합계가 300m² 이상인 것

2) 문화 및 집회시설 중 집회장의 용도로 쓰는 층으로서 그 층 거실의 바닥면적 합계가 1,000m² 이상인 것

3. 설치기준

(1) 피난계단

1) 내화구조의 벽으로 구획

2) 실내마감재료 : 불연재료
3) 예비전원에 의한 조명설비 구비
4) 계단실에서 옥외에 접하는 창문(단, 망입유리의 붙박이창으로서 면적 1m² 이하인 것은 제외)은 다른 부분 창문과의 거리가 2m 이상일 것
5) 계단실에서 옥내에 접하는 창문은 망입유리의 붙박이창으로서 면적 1m² 이하일 것
6) 계단실의 출입구
   ① 유효너비 : 0.9m 이상
   ② 피난방향으로 열 수 있는 것으로서 언제나 닫힌 상태를 유지하거나 연기 또는 불꽃을 감지하여 자동으로 닫히는 구조로 된 60+ 방화문 또는 60분 방화문으로 설치
7) 계단
   ① 내화구조
   ② 피난층 또는 지상까지 직접 연결되도록 할 것
   ③ 돌음계단이 아닐 것

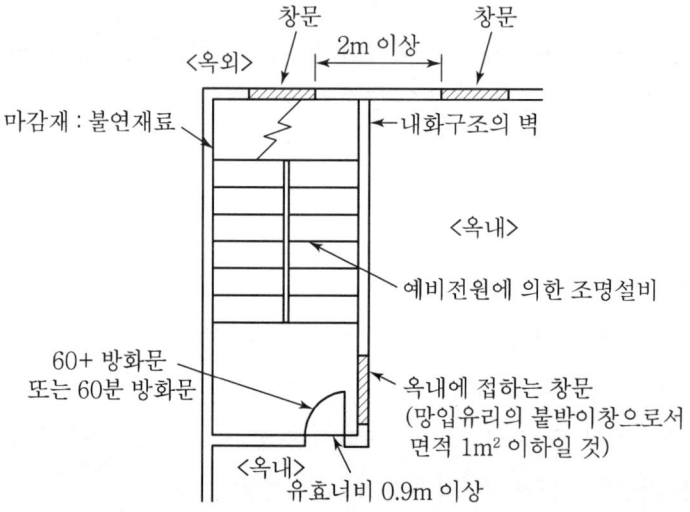

(2) 특별피난계단

1) 건축물 내부에서 계단실로 통하는 구조가 다음 각 호의 1의 것으로 될 것
   ① 노대를 통하여 연결
   ② 외부를 향하여 열 수 있고, 면적 1m² 이상의 창문이 있는 부속실(면적 3m² 이상)을 통하여 연결
   ③ 제연설비가 있는 부속실을 통하여 연결

2) 계단실 또는 부속실에서 옥내와 접하는 창문 등을 설치하지 아니 할 것
3) 내화구조의 벽으로 구획
4) 실내마감재료 : 불연재료
5) 예비전원에 의한 조명설비
6) 계단
　① 내화구조
　② 피난층 또는 지상까지 직접 연결되도록 할 것
　③ 돌음계단이 아닐 것
7) 기타 구조는 다음 그림과 같다.

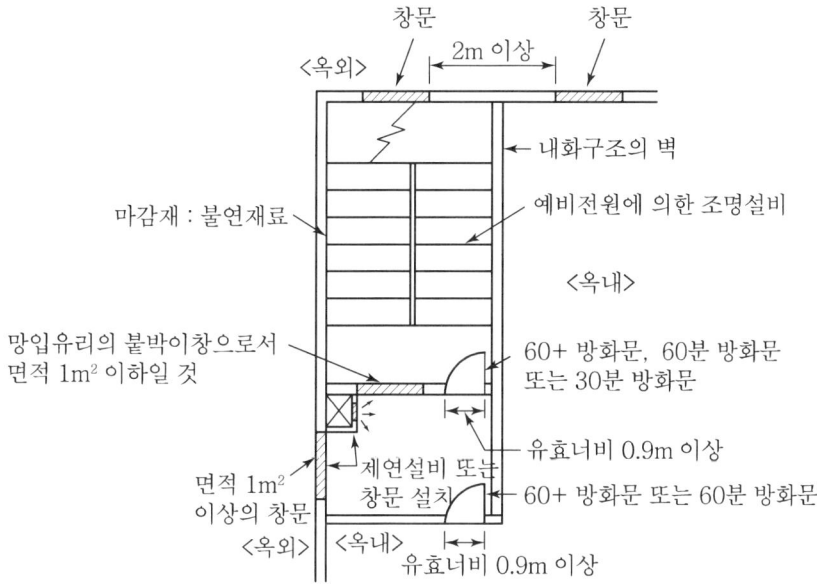

(3) 옥외피난계단

1) 그 계단으로 통하는 출입구 외의 창문등(망입유리의 붙박이창으로서 면적이 1m² 이하인 것은 제외)으로부터 2m 이상의 거리를 두고 설치
2) 건축물 내부에서 계단으로 통하는 출입구는 60+ 방화문 또는 60분방화문으로 설치
3) 계단의 유효너비는 0.9m 이상
4) 계단은 내화구조로 하고 지상까지 직접 연결되도록 할 것

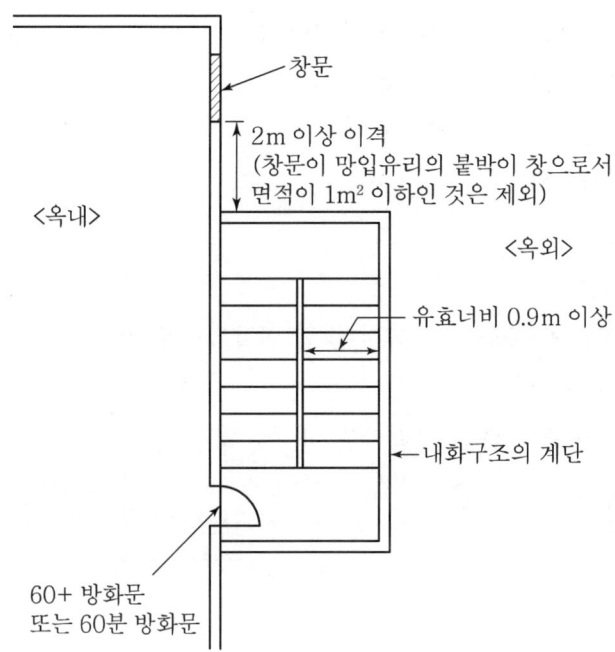

4. 성능위주설계 가이드라인상의 피난계단·복도·통로 설치기준

(1) 2개소 이상의 피난계단을 설치하는 경우 계단실 또는 부속실 각 출입구의 직선거리는 건축물 대각선 최장 길이의 1/2 이상 이격시킬 것
(2) 피난계단과 피난계단 사이에는 구획된 복도 또는 통로로 연결할 것
(3) 막다른 복도의 길이는 15m 이하로 할 것
(4) 모든 피난층에서 계단실 출구 전체 피난용량의 50% 이상은 건물 밖으로 직접 연결하거나, 계단실에서 건물 밖까지 연결되는 복도는 1시간 이상 방화구획할 것
(5) 피난계단의 계단실에는 화재 위험성이 있는 시설물 설치를 금지할 것
(6) 특별피난계단부속실은 $4m^2$ 이상의 유효면적으로 계획할 것
(7) 매립형방화문(포켓도어) 설치 시 피난상 장애가 되지 않도록 설치할 것
(8) 쌍여닫이 방화문일 경우 순차적인 폐쇄가 되도록 순위조절기를 설치할 것
(9) 주출입문은 필로티 주차장과 연결되지 않은 방향으로 설치하고, 여건상 불가능할 시 주출입문을 자동폐쇄장치가 부착된 60분 방화문으로 구성할 것
(10) 연돌효과 방지대책을 수립할 것
(11) 공동주택에 설치하는 특별피난계단은 세대복도 및 비상용승강기의 승강장과 공유하지 않는 별도의 부속실을 확보할 것

11. 비상용승강기 및 승강장

1. 설치목적
(1) 건축물에서 화재시 소방대의 소화활동에 사용
(2) 유사시 거주자의 인명구조에 사용

2. 법규적 설치대상
(1) 높이 31m 초과 건축물
(2) 대수 가산 : 높이 31m를 초과하는 각 층 중에서 최대 바닥면적이 1,500m²를 초과하는 경우, 그 1,500m²를 초과하는 부분의 매 3,000m²마다 (+)1대씩 가산

3. 설치제외대상
(1) 높이 31m를 넘는 각 층을 거실 이외의 용도로 사용하는 건축물
(2) 높이 31m를 넘는 전체 층의 바닥면적 합계가 500m² 이하
(3) 높이 31m를 넘는 층수가 4개 층 이하로서 200m² 이하마다 방화구획된 경우(단, 실내마감재가 불연재료인 경우는 500m²)

4. 설치기준(구조)
(1) 화재시 Call하면 1층으로 내려와 대기할 것
(2) 승강기 내부에서도 원하는 층에서 세울 수 있으나, 일정한 층에 자동정지되지 아니할 것
(3) 피난계단·부속실 등에 연결되게 설치
(4) 2대 이상 설치하는 경우 일정한 간격을 두고 설치
(5) 평상시에는 일반용으로도 사용 가능할 것
(6) 전용전화설비 설치
(7) 운행속도 : 60m/min 이상
(8) 방수형 구조일 것
(9) 예비전원
  1) 용량 : 2시간 이상 작동용량
  2) 정전시 60초 이내 필요전력용량 발생 및 수동전환이 가능할 것

3) 전원용 배선 : 내화배선

5. 비상용승강기 승강장의 구조

(1) 당해 건축물의 다른 부분과 내화구조로 구획
(2) 실내마감재 : 불연재료
(3) 승강장의 바닥면적 : 승강기 1대당 6m² 이상
(4) 노대 또는 외부를 향하여 열 수 있는 창문이나 배연설비를 설치
(5) 예비전원에 의한 조명설비를 설치
(6) 승강장은 각 층의 내부와 연결되도록 하되, 그 출입구에는 60+ 방화문 또는 60분 방화문을 설치(단, 피난층에는 방화문 제외 가능)
(7) 피난층의 승강장 출입구로부터 도로 또는 공지에 이르는 거리가 30m 이하일 것
(8) 승강장의 출입구에 표지설치

6. 비상용승강기의 승강로 구조

(1) 승강로는 당해 건축물의 다른 부분과 내화구조로 구획
(2) 각 층으로부터 피난층까지 이르는 승강로를 단일구조로 연결하여 설치할 것

12 피난용승강기

1. 개요

피난용승강기는 고층건축물에서 화재 시 거주자의 신속한 피난을 위해 상용승강기보다 내화·배연·소방설비 등의 기준이 강화된 승강기로, 평상시에는 일반용으로 사용하고 화재 등 유사시에는 피난용으로 사용하기 위한 것이다. 즉, 화재 시 소방대가 사용하는 비상용승강기와는 별개로 재실자의 피난용도로 사용한다.

2. 법규적 설치대상

건축법상의 고층건축물(층수 30층 이상 또는 높이 120m 이상)

3. 피난용승강기 승강장의 구조

(1) 승강장의 출입구를 제외한 부분은 해당 건축물의 다른 부분과 내화구조의 바닥 및 벽으로 구획할 것
(2) 승강장은 각 층의 내부와 연결될 수 있도록 하되, 그 출입구에는 60+ 방화문 또는 60분 방화문을 설치할 것. 이 경우 방화문은 언제나 닫힌 상태를 유지할 수 있는 구조일 것
(3) 실내에 접하는 부분(바닥 및 반자 등 실내에 면한 모든 부분을 말한다)의 마감(마감을 위한 바탕을 포함한다)은 불연재료로 할 것
(4) 승강장의 바닥면적은 승강기 1대당 $6m^2$ 이상으로 할 것
(5) 예비전원으로 작동하는 조명설비를 설치
(6) 승강장의 출입구 부근의 잘 보이는 곳에 해당 승강기가 피난용승강기임을 알리는 표지를 설치
(7) 「건축물의 설비기준 등에 관한 규칙」 제14조에 따른 배연설비를 설치하거나, 「소방시설법 시행령」 별표 5 제5호 가목에 따른 제연설비를 설치할 것

4. 피난용승강기 승강로의 구조

(1) 승강로는 해당 건축물의 다른 부분과 내화구조로 구획할 것
(2) 각 층으로부터 피난층까지 이르는 승강로를 단일구조로 연결하여 설치
(3) 승강로 상부에 「건축물의 설비기준 등에 관한 규칙」 제14조에 따른 배연설비를 설치

5. 피난용승강기 기계실의 구조

(1) 출입구를 제외한 부분은 당해 건축물의 다른 부분과 내화구조의 바닥 및 벽으로 구획할 것
(2) 출입구에는 60+ 방화문 또는 60분방화문을 설치할 것

6. 피난용승강기 전용 예비전원

(1) 정전시 피난용승강기, 기계실, 승강장 및 폐쇄회로 텔레비전 등의 설비를 작동할 수 있는 별도의 예비전원설비를 설치
(2) (1)호에 따른 예비전원은 초고층건축물의 경우에는 2시간 이상, 준초고층건축물의 경우에는 1시간 이상 작동이 가능한 용량일 것

(3) 상용전원과 예비전원의 공급을 자동 또는 수동으로 전환이 가능한 설비를 갖출 것
(4) 전선관 및 배선은 고온에 견딜 수 있는 내열성 자재를 사용하고, 방수조치를 할 것

7. 결론

(1) 국내의 현행 피난용승강기는 고층건축물(30층 이상 또는 높이 120m 이상)에만 의무적으로 설치하도록 규정하고 있는데, 이것을 건축물의 용도 및 수용인원의 거주밀도 등을 고려하여 설치대상을 정하여야 한다.
(2) 피난용승강기의 근접 부위에 피난계단도 설치되어야 화재 시 피난용승강기로 피난자가 몰리는 병목현상을 방지할 수 있게 된다.

13. 고층건축물의 피난안전구역

1. 개요

(1) 정의

피난안전구역이란, 건축법상의 고층건축물에서 피난층 또는 지상으로 통하는 특별피난계단과 직접 연결되는 대피공간으로서 방화구획, 방연구획 및 비상통신시설 등의 각종 소방안전시설을 갖추어 화재 시 이 곳으로 대피하면 임시 피난·안전이 보장되는 공간을 말한다.

(2) 법정 설치대상 및 설치층

1) 초고층건축물 : 지상층 30개 층마다 1개소 이상 설치
2) 준초고층건축물 : 해당 건축물 지상층 전체 층수의 1/2에 해당하는 층으로부터 상·하 5개층 이내에 1개소 이상 설치(다만, 피난층 또는 지상으로 통하는 직통계단을 설치하는 경우에는 설치를 제외할 수 있다)
3) 지상 16층~29층인 지하연계복합건축물로서 지상층별 거주밀도가 m^2당 1.5명을 초과하는 층
4) 초고층건축물 또는 지하연계복합건축물의 지하층이 문화 및 집회시설, 판매시설, 운수시설, 업무시설, 숙박시설 등의 용도로 사용되는 경우 : 해당 지하층에 피난안전구역 또는 선큰 설치

(3) 피난안전구역의 기능

1) 화재발생 시 재해약자 등을 배려한 수직피난동선의 임시 휴식공간 기능
2) 유사 시 일시적인 피난혼잡을 완화하여 피난자의 판단력을 확보
3) 피난보조인력 또는 구조인력의 지휘소 역할

2. 피난안전구역의 건축관련 설치기준(건축물의 피난·방화구조/규칙 제8조의2)

(1) 피난안전구역은 건축물의 해당층 전체를 대피공간으로 한다. 다만, 기계실, 보일러실, 전기실 등 건축설비를 설치하기 위한 공간과 같은 층에 설치할 수 있다. 이 경우 피난안전구역은 건축설비가 설치되는 공간과 내화구조로 구획하여야 한다.
(2) 피난안전구역으로 연결되는 특별피난계단은 피난안전구역을 거쳐서 상·하층으로 갈 수 있는 구조로 설치
(3) 피난안전구역의 바로 아래층 및 윗층은 「건축물의 설비기준 등에 관한 규칙」에 적합한 단열재를 설치. 이 경우 아래층은 최상층에 있는 거실의 반자 또는 지붕 기준을 준용하고, 위층은 최하층에 있는 거실의 바닥 기준을 준용할 것.
(4) 피난안전구역의 내부마감재료는 불연재료로 설치
(5) 건축물의 내부에서 피난안전구역으로 통하는 계단은 특별피난계단의 구조로 설치
(6) 비상용승강기는 피난안전구역에서 승하차 할 수 있는 구조로 설치
(7) 식수공급을 위한 급수전을 1개소 이상 설치하고 예비전원에 의한 조명설비를 설치
(8) 관리사무소 또는 방재센터 등과 긴급연락이 가능한 경보 및 통신시설을 설치
(9) 피난안전구역의 면적은 다음 식으로 구한 면적 이상일 것
   1) 지상층 : (피난안전구역 윗층의 재실자 수 × 0.5) × 0.28m^2
   2) 지하층 : (해당 층의 시용형태별 수용인원의 합 × 0.1) × 0.28m^2
   3) 지상 16층~29층인 지하연계복합건축물로서 지상층별 거주밀도가 m^2당 1.5명을 초과하는 층 : 해당 층의 사용형태별 면적 합계 × 0.1m^2(1/10에 해당하는 면적)
(10) 피난안전구역의 높이는 2.1m 이상
(11) 「건축물의 설비기준 등에 관한 규칙」 제14조에 따른 배연설비를 설치
(12) 기타 소방청장이 정하는 소방 등 재난관리를 위한 설비를 갖출 것

3. 피난안전구역의 소방시설관련 설치기준(고층건축물 화재안전기술기준 2.6.1)

(1) 제연설비

피난안전구역과 비제연구역간의 차압은 50Pa(옥내에 스프링클러설비가 설치된 경

우에는 12.5Pa) 이상 되게 하여야 한다. 다만, 피난안전구역의 한쪽 면 이상이 외기에 개방된 구조의 경우에는 제연설비를 설치하지 아니할 수 있다.

(2) 비상조명등

피난안전구역의 비상조명등은 상시 조명이 소등된 상태에서 그 비상조명등이 점등되는 경우 각 부분의 바닥에서 조도는 10lx 이상이 될 수 있도록 설치

(3) 휴대용 비상조명등

1) 피난안전구역에는 휴대용비상조명등을 다음 각 호의 기준에 따라 설치하여야 한다.
   ① 초고층건축물에 설치된 피난안전구역 : 피난안전구역 위층의 재실자수(「건축물의 피난·방화구조 등의 기준에 관한 규칙」 별표 1의 2에 따라 산정된 재실자 수)의 10분의 1 이상의 수량을 설치
   ② 지하연계 복합건축물에 설치된 피난안전구역 : 피난안전구역이 설치된 층의 수용인원(영 별표 2에 따라 산정된 수용인원)의 10분의 1 이상의 수량을 설치
2) 건전지 및 충전식 밧데리의 용량은 40분 이상 유효하게 사용할 수 있는 것으로 한다. 다만, 피난안전구역이 50층 이상에 설치되어 있을 경우 밧데리 용량은 60분 이상으로 할 것

(4) 피난유도선

1) 피난안전구역이 설치된 층의 계단실 출입구에서부터 피난안전구역의 주출입구 또는 비상구까지 설치할 것
2) 계단실에 설치하는 경우 계단 및 계단참에 설치할 것
3) 피난유도 표시부의 너비는 최소 25mm 이상으로 설치할 것
4) 광원점등방식(전류에 의해 빛을 내는 방식)으로 설치하되, 60분 이상 유효하게 작동할 것

(5) 인명구조기구

1) 방열복, 인공소생기를 각 2개 이상 비치할 것
2) 45분 이상 사용할 수 있는 성능의 공기호흡기(보조마스크를 포함)를 2개 이상 비치할 것. 다만, 피난안전구역이 50층 이상에 설치되어 있을 경우에는 동일한 성능의 예비용기를 10개 이상 비치할 것
3) 화재 시 쉽게 반출할 수 있는 곳에 비치할 것

4) 인명구조기구가 설치된 장소의 보기 쉬운 곳에 "인명구조기구"라는 표지판 등을 설치할 것

4. 설치기준의 보완이 요구되는 사항

위의 규정된 피난안전구역설치기준 외에 추가로 보완이 요구되는 사항은 다음과 같다.

(1) 면적기준의 과학적 근거에 의한 세부화

현행 설치기준 중 면적기준에 대하여 건축물의 용도에 따른 거주밀도에 대한 기준은 있으나 보다 더 과학적인 기준이 필요하다. 즉, 피난대상자의 신체적·심리적 특성을 고려한 피난시뮬레이션 등의 과학적인 분석을 통하여 합리적인 대피공간의 면적을 확보할 수 있도록 하는 세부기준이 필요 함

(2) 내화성능

대피공간과 다른 공간과는 확실하게 구획하는 것은 물론, 보다 강화된 방화성능을 갖추어야 한다. 즉, 일정시간 이상의 방화 및 내화기능을 수행할 수 있는 구조로 하는 세부기준이 필요하다.

(3) 방연성능

옥내에서 피난안전구역으로 통하는 출입문 등 모든 개구부는 급기가압식 제연설비를 설치한 전실을 통하여 방연구획하도록 하는 기준 즉, 피난안전구역 출입문 앞에 부속실을 설치하고 여기에 부속실제연설비(급기가압식)를 설치하는 기준의 정립이 요구된다.

(4) 수용품의 제한기준

대피공간 내에 설치하는 시설물 및 수용하는 물품은 일절 불연재료 또는 준불연재료로 제한하는 기준이 필요하다.

(5) 비상설비의 추가적용

1) 별도의 비상전원설비
2) CCTV 설치

5. 성능위주설계 가이드라인상의 피난안전구역 설치기준

(1) 피난안전구역을 건축설비가 설치된 공간(기계실 등)과 같은 층에 설치하는 경우에

는 출입문을 각각 별도로 구성하고, 구조상 불가피하여 공간을 서로 경유할 경우에는 이중문(60분 방화문 또는 60+ 방화문)으로 구획할 것
(2) 피난안전구역 외벽은 아래층 화재로부터 영향을 받지 않도록 제연외기취입구, 소방관진입창 등 최소한의 개구부를 제외하고는 다른 부분과 완전구획할 것
(3) 초고층건축물일 경우 하부 피난안전구역은 소방고가차(52m, 70m)가 접근 가능한 층에 설치하여 화재 시 신속한 인명구조가 이루어질 수 있도록 권장
(4) 비상용 및 피난용승강기의 층 선택 버튼에 피난안전구역 설치 층을 별도 표기하여 재실자 등이 그 위치를 평소 인지할 수 있도록 할 것
(5) 상층부에서 피난안전구역으로 들어가는 진입로는 픽토그램으로 표시할 것
(6) 하향식피난구 착지지점에서 피난안전구역으로 연결되는 경로에는 광원점등식 피난유도선을 설치할 것
(7) 피난안전구역에서의 피난자의 장시간 체류를 고려하여 비상전원, 위생설비(화장실), 급수설비를 갖출 것

6. 결론

국내에서 고층건축물의 피난안전구역은 건축법령을 통하여 현재 시행되고 있지만, 보다 향상된 피난안전성을 확보하기 위해서는 건축물의 용도 및 재실자의 행동특성을 고려한 피난시뮬레이션 등의 과학적인 분석을 통하여 피난안전구역의 세부면적기준 및 방·내화성능의 기준을 제정하고 또, 피난안전구역 내 수용품의 불연화 및 별도의 비상설비 등의 관련기준에 대하여도 보완이 요구된다.

14 내화·난연·방염

1. 내화(Fire Resistant)

(1) 정의

화재시 높은 열이 가해져도 일정시간 동안 하중지지력의 손실없이 방화구획의 성능을 유지하고 화재에 견딜 수 있는 능력

(2) 내화성능의 목적

1) 화열로부터 건축물 구조의 안전성 확보
2) 화재확산방지

(3) 내화성능 판정방법

1) 실제화재시의 발열량을 기준으로 한 표준화재시간·온도곡선으로 판정
2) 내화조치가 될 부재에 열량을 가했을 때
   ① 구조의 안전성
   ② 단열성
   ③ 균열발생 여부
   등을 만족하는 시간을 기준으로 표현

2. 난연(Fire Retardant)

(1) 정의

화재의 확산을 저지하거나 그 속도를 지연시킬 수 있는 능력으로 내화의 개념보다 내열성이 떨어진다.

(2) 적용

1) 실내에 고정·부착된 부재의 난연성능을 표시하는 데 적용
2) 천장용 반자, 칸막이용 벽체 등에 적용

(3) 난연성능 표시방법

국토교통부 고시(제2006-476호) : 불연재료, 준불연재료, 난연재료

(4) 난연성능 판정방법

1) 화재 초기에 발생되는 열원을 기준으로 평가
2) 난연재료의 방화재료시험시 : '연소가스 유해성시험' 추가 실시

3. 방염(Flame Resistant)

(1) 정의
본래 가연성인 물질의 표면에 난연성을 부여하는 약제처리를 하는 것

(2) 방염성능 판정방법
1) 순간적인 열원이 재료에 접하였을 때 잔염이나 탄화현상의 지속시간에 따라 판정
2) 방염성능재료는 순간적인 접염일 경우에만 그 성능이 있고, 지속적으로 화염에 노출될 때에는 일반가연물과 같이 발화될 수 있음

(3) 소방법령상 실내장식물의 방염처리대상 건축물
1) 근린생활시설 중 의원, 조산원, 산후조리원, 체력단련장, 공연장 및 종교집회장
2) 건축물의 옥내에 있는 시설로서 문화 및 집회시설, 종교시설, 운동시설(수영장은 제외)
3) 의료시설, 교육연구시설 중 합숙소, 노유자시설, 숙박이 가능한 수련시설, 숙박시설
4) 다중이용업소, 방송통신시설 중 방송국 및 촬영소
5) 층수가 11층 이상인 것(아파트는 제외한다)

(4) 방염 대상 물품
1) 창문용 커튼
2) 전시용 또는 무대용의 합판·섬유판
3) 카펫
4) 두께 2mm 미만의 벽지류로서 종이벽지를 제외한 것
5) 암막·무대막
6) 섬유 또는 합성수지류 등을 원료로 하는 소파·의자(단란주점·유흥주점·노래연습장의 영업장에 한함)

(5) 방염성능기준
1) 버너의 불꽃을 제거한 때부터 불꽃을 올리며 연소하는 상태가 그칠 때까지의

시간(잔염시간) : 20초 이내
2) 버너의 불꽃을 제거한 때부터 불꽃을 올리지 아니하고 연소하는 상태가 그칠 때까지의 시간(잔신시간) : 30초 이내
3) 탄화면적 : 50cm² 이내, 탄화한 길이 : 20cm 이내
4) 완전히 녹을 때까지 불꽃의 접촉횟수 : 3회 이상
5) 발연량 측정시 최대연기밀도 : 400 이하

15 방염의 개념 및 원리

1. 개요

방염이란 본래 가연성인 물질의 표면에 난연성을 부여하는 약제처리를 한 것으로 방염의 원리 및 방염처리방법은 다음과 같다.

2. 고분자물질의 연소과정

<흡열과정>　<분해과정>　　　　<혼합과정> <발화과정> <배출과정>

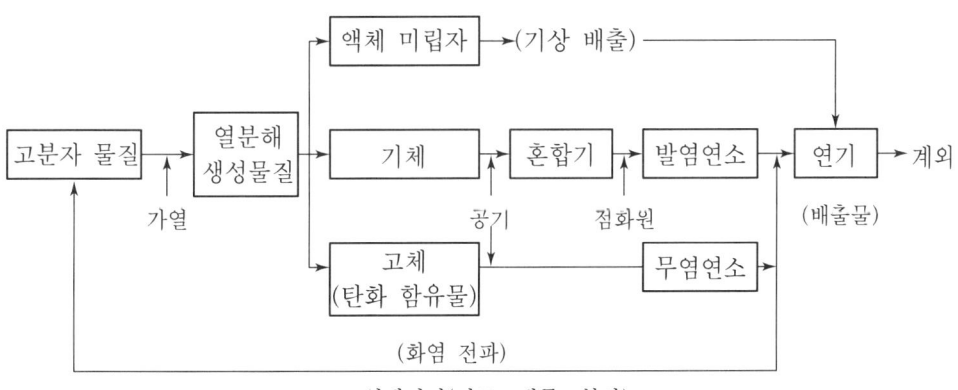

3. 가연성 고체의 난연화공법

고체의 난연화공법의 기본개념은 다음 중 어느 하나 이상의 방법으로 연소 Cycle Process를 절단하는 것이다.

(1) 열전달의 제어

　　고체표면에 열차단성이 높은 피막을 형성시키는 방법

(2) 열분해속도의 제어

　　열분해속도를 감소시켜 가연성가스의 발생을 적게 하거나, 분해속도를 증가시켜 연소에 필요한 온도범위 내가 되지 않게 함

(3) 열분해생성물의 제어

　　비가연성가스를 발생시켜 상대적으로 산소량을 감소시키는 방식 : (산소치환)

(4) 기상반응의 제어(연쇄반응 억제)

　　1) 기상 중에 연쇄반응억제물질(할로겐계 등)을 방출하여 발염성을 감소
　　2) 기상반응억제용 난연제 : 할로겐화 탄화수소, CCl_4, CH_3Br

(5) 고상반응 억제

　　1) 고상 중에 연쇄반응억제제를 방사하여 발염성을 감소시킨다.
　　2) 고상반응억제용 난연제 : 주기율표 15족 물질(무기 및 유기인화합물) : P, As, Sb, Bi

4. 방염의 원리(이론)

(1) 피복효과

　　용융염류의 막이 섬유표면을 피복하여 산소공급을 차단

(2) 희석효과

　　열분해에 의해 발생하는 불연성가스로 가연성가스의 농도를 희석

(3) 냉각효과

　　방염가공제의 용융이나 승화시 흡열적인 상변화에 의한 냉각작용

(4) 화학적 효과

　　섬유소의 분해생성물질과 중간적으로 결합해서 비휘발성 물질을 형성하고 이것이 촉매역할을 하여 물과 잔사로의 분해를 촉진시키는 것

5. 방염처리방법

(1) 커튼 등 직물류 : 침지법 적용

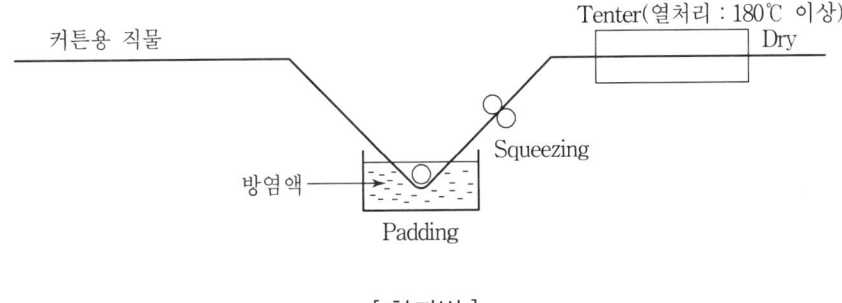

[침지법]

(2) 카펫

1) 자기소화성이 있는 섬유로 제조
2) Back Coating 공정에서 Latex에 방염제(수산화알루미늄)를 첨가하여 제조

(3) 합성수지(FRP) : Poly Blend법

원료에 방염제를 혼합한 후 성형한다.

(4) 합판·목재 : Spray법

합판이나 목재를 건축물에 설치한 후 방염도료를 Spray(1~6회)하거나 붓으로 칠한다.(3~4회)

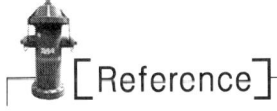[Reference]

[국내 방화·방염제도의 개선방안]

(1) 방화재료에 대한 시험기준
  1) 국내 : 재료의 연소성, 열방출률, 연소가스유해성으로만 판단
  2) 선진국 : 위의 연소성, 열방출성, 연소가스유해성 외에도 화염확대성, 연기발생지수 등 화재확대성상을 고려한 종합적인 판단

〈개선안〉

인명피해를 극소화할 수 있는 효과적인 시험기준 마련
① 화재성장 단계별로 화재안전성능을 나타낼 수 있는 시험기준
② 화재확대성상을 고려한 종합적인 성능수준을 표시할 수 있는 기준

③ 즉, 표면화염 확산, 연기발생총량에 대한 제한기준 마련
(2) 법규적 미비
1) 소방법 : 실내장식물에 한정 : 가구류·집기류 등은 제외
2) 건축법 : 실내마감재료에 한정

〈개선안〉
① 소방법령상의 실내장식물에 소파, 침대 등 가연성이 높은 것을 포함
② 실내장식물과 실내마감재료에서 플라스틱계 재료의 사용을 제한

16 건축물의 방화계획

1. 개요

건축물의 방화계획은 다음 사항을 기본목표로 하여 건축기획단계에서부터 고려 및 반영하여야 한다.

(1) 출화방지
(2) 연소확대 방지
(3) 피난안전 확보
(4) 소화활동의 원활화
(5) 화재에 따른 붕괴방지

2. 방화계획

(1) 건축물 배치계획

1) 소방대 차량진입로 확보
2) 피난용 공지 확보
3) 소화활동공간 확보
4) 인접건물과의 안전한 인동거리 확보

(2) 평면계획

화재시 소화활동·피난·화재 확대방지 등을 고려하여 건축물의 방재기능상 필요한 평면적 공간의 구성을 계획하는 것

1) 방화구획 : 연소범위를 일정한 범위 내로 국한하기 위한 구획
2) 방연구획 : 연기의 유동·확산을 억제하기 위한 구획
3) 안전구획 : 피난로에 화연의 침입을 방지하기 위한 구획
4) 관리구획 : 정보전달 및 방재관리의 적정화를 도모하기 위한 구획(방재센터 등)

(3) 단면계획

건축물의 상·하층으로의 재해전파를 방지하기 위하여 수직방향의 구획공간을 계획하는 것

1) 수직통로의 전용구획

    승강기의 승강로·Pipe Shaft·계단실 등의 방화·방연구획

2) 중간 절연층 확보

    초고층 빌딩의 경우 중간 기계실 등을 피난공간으로 활용

3) 옥상의 안전공간 확보

(4) 입면계획

건물의 외장에 면한 벽·창·발코니·출입구·커튼월 구조 등의 방재기능적 구조에 대한 계획

1) 개구부를 통한 상층 연소확대 방지시설

    Cantilever, Spandrel, 수막설비, 망입유리

2) 피난을 위한 발코니·옥외계단 설치

(5) 피난계획

1) 2방향 피난로 확보
2) 피난계산 및 시뮬레이션에 의한 피난용량 확보
3) 피난로의 안전구획 확보

(6) 연소확대 방지계획

1) 출화방지계획

    ① 내장재의 불연화 및 방염
    ② 화원대책
    ③ 전기배선의 내화도 확보

2) 화재확대 방지계획

    ① 방화·방연구획
    ② 창을 통한 상층연소 방지대책 : Cantilever, Spandrel 등

3) 인접건물로의 유소확대 방지계획

① 안전인동거리 확보
② 연소 우려가 있는 개구부의 방호조치

(7) 내화구조계획

주요구조부는 내화구조로 층별·용도별 요구내화성능에 맞게 계획한다.

(8) 설비계획

1) 방연·배연계획
2) 소방설비계획
3) 기타 설비의 고장이 화재로의 연결 위험이 없는지 검토
4) 공조설비 : 덕트계의 방화·방연조치
5) 전기설비 : 배선의 내화도 확보
6) 급·배수 설비 : 소화용수 확보대책 수립

17 건축물의 연소확대 방지대책

1. 개요

(1) 건축물의 화재시에는 조기발견과 초기소화가 최선의 방안이지만, 부득이하게 그렇게 되지 못하였을 경우에는 화재를 발화장소에 국한하여 연소확대를 방지하는 방안을 건축설계단계에서부터 고려하는 것이 중요하다.
(2) 특히, 도시의 건축물은 밀집되어 있으므로 내부연소확대는 물론 외부연소확대 방지대책도 고려하여야 한다.

2. 건축물의 내부연소 확대방지대책

(1) 방화구획

1) 구성 요소

① 내화구조의 벽·바닥
② 갑종방화문(자동방화셔터 포함)

③ 방화댐퍼(FD, FSD)

④ 내화충진재(Fire Stopping)

2) 방화구획의 종류

① 면적구획 : 수평방향 연소확대방지

② 층간구획 : 상부층으로의 연소확대방지

③ 용도별 구획

㉮ 관리 이용형태 및 용도가 다른 구역 사이를 구획

㉯ 주요구조부를 건축법에 의한 내화구조로 하여야 하는 부분과 기타 부분과의 구획

④ 수직관통부 구획

㉮ 승강기의 승강로, 계단실, Pipe Shaft 등

㉯ 특히, 차연성이 요구됨

⑤ 피난경로 구획

㉮ 1차 안전구역 : 복도

㉯ 2차 안전구역 : 계단부속실

㉰ 3차 안전구역 : 특별피난계단실

(2) 방연구획

1) 피난로의 방연성능 확보

2) 수직개구부 및 덕트·배관 등의 구획 관통부 밀폐

3) 공조덕트의 방연구획선 관통 부위 : 방연댐퍼 설치

4) 상용 승강기의 승강장에도 방연구획이 요구됨

(3) 창문을 통한 상층 연소확대 방지대책

1) Spandrel 높이 증대 : 90cm 이상

2) Cantilever(발코니) 설치 : 50cm 이상

3) 창문모양

① 종축이 긴 모양으로 설치 : ▯

② ▭ : 화염이 외부로 분출 상승시 배면이 진공이 되므로 화염이 벽쪽으로 달라붙으려는 힘이 작용된다.

4) 창문에는 망입유리 또는 Drencher설비 설치

5) 창의 크기는 가급적 최소화

3. 건축물의 외부연소 확대방지대책(인접건물로의 유소방지대책)

(1) 인접건물과의 안전한 인동거리 확보

1) 건축법규상(건축물의 피난·방화구조규칙 제22조) '연소할 우려가 있는 부분'

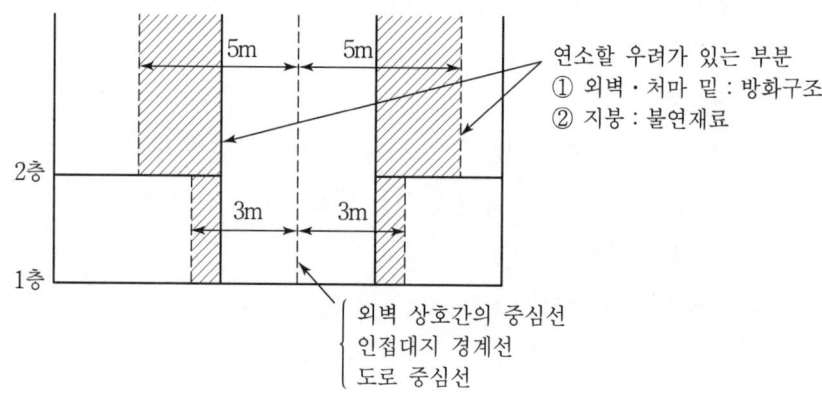

<연면적 1,000m² 이상인 목조 건축물인 경우>

위의 그림상의 거리 이내 부분(사선 부분)의 외벽 및 처마 밑은 방화구조로 하고 지붕은 불연재료로 하여야 한다.

2) 소방법규(소방시설법 시행규칙 제7조 및 시행령 별표 5 제1호 사목 1) 옥외소화전설비 설치대상(지상 1층·2층의 바닥면적 합계 9천m² 이상)에서, 같은 구(區) 내에 둘 이상의 특정소방대상물이 "연소 우려가 있는 구조"(다음 각 호의 기준에 모두 해당하는 것)로 된 경우에는 이를 하나의 특정소방대상물로 본다.

① 건축물대장의 건축물현황도에 대지경계선 안에 둘 이상의 건축물이 있는 경우
② 각각의 건축물이 다른 건축물의 외벽으로부터 수평거리가 1층의 경우에는 6m 이하, 2층 이상의 층의 경우에는 10m 이하인 경우
③ 개구부가 다른 건축물을 향하여 설치되어 있는 경우

(2) 건물의 외벽 방호조치

1) 외벽 및 외벽에 면한 주요 부재 : 불연재료 또는 방화구조
2) 가연구조의 외벽인 경우 : Drencher설비

(3) 개구부 방호조치

1) 출입용 개구부

① 방화문 또는 자동방화셔터 설치
② Drencher설비 설치

③ 재질 및 구조 : 주위 벽과 동등 이상의 방화성능

2) 창문 개구부

① 고정식 또는 자동폐쇄식의 망입유리창문

② 자동방화댐퍼

③ 유리블록

(4) 인접건물과의 사이에 방화용 벽 설치

1) 불연구조의 공간쌓기벽

2) 자립할 수 있는 차단벽

3) 패러핏(Parapet) 또는 날개벽

(5) 옥외소화전설비의 설치

4. 결론

건축물의 연소확대 방지대책은 내부연소 확대억제방안으로 방화구획, 방연구획, 창을 통한 상층부의 연소확대 방지대책과 건축물의 외부연소확대 방지방안으로 요약된다.

18 상층으로의 연소확대 원리

1. 개요

건축물 화재에서 창문 등의 개구부 부위에 Cantilever 또는 Spandrel이 미흡할 경우에는 아래층에서의 화염이 상부층의 창을 파괴하여 쉽게 위층으로 화염이 전파되어 연소확대가 진행된다. 이때 상층으로의 연소확대되는 원리와 그 방지대책은 다음과 같다.

2. 외부창으로 분출되는 화염이 상층의 창을 파괴하는 원리

(1) 열원으로 상승기류가 상부로 휩쓸려 올라간 자리에 공기를 보충하기 위해 상승기류의 폭을 향하여 수평방향으로 공기흐름이 발생한다. : (Entrainment)

(2) 이때 벽쪽(화염의 배면)에서는 이 흐름(Entrainment)이 약하여 부압이 되므로 상승 열기류가 벽쪽으로 달라붙는다.

(3) 개구부의 폭이 좁은 경우 옆에서도 공기를 공급하기 때문에 달라붙는 현상이 미약하지만, 개구부의 폭이 크면 이를 기대할 수 없기 때문에 달라붙는 현상이 현저하다.
(4) 이로 인해 상층부에 창이 있는 경우, 이 열기류가 창을 가열하게 되어 창이 파괴된다.(그림 참조)

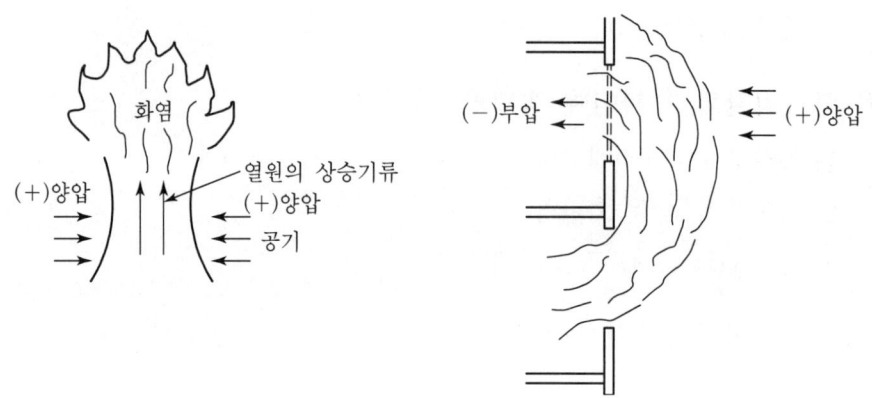

3. 상층으로의 연소확대 방지대책

(1) 창문의 형태를 장장형(☐)으로 설치
(2) Cantilever 설치 : 50cm 이상
(3) Spandrel 높이 증대 : 90cm 이상
(4) 창문에 망입유리(방화유리) 설치
(5) 창문에 Drencher 설치

19. Draft Curtain

1. 개요

(1) 바닥면적이 넓고, 지붕이 높은 장소 등에서 화재시 열·연기의 급속한 확산을 방지하고, 지붕의 개구부를 통한 연기배출효과를 높이기 위하여 천장면에 매달아 설치하는 일종의 차광막이다.
(2) 천장이 높은 곳에 스링클러헤드가 설치된 경우, 화재시 그 지역 안의 열기류를 가두어 그 지역 내의 헤드만 작동하게 하고, 인접지역의 헤드는 작동을 방지함으로써 설비의 작동이 효과적으로 되게 한다.

2. 적용장소

(1) 항공기 격납고
(2) 도장공장의 분무도장 작업실
(3) 공연장, Atrium 공간, 극장
(4) 기타 바닥면적이 넓고, 지붕이 높은 장소

3. 설치기준

(1) 바닥으로부터 천장 또는 지붕까지 높이의 1/8 이상의 길이(최소 60cm)로 천장 또는 지붕에 매달아 설치

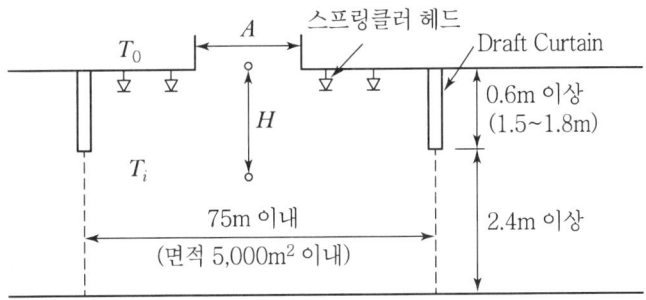

(2) 재질
    화재 초기에 분열되거나 용융되지 않는 불연성 재질
(3) 배출장치
    바닥면적 30m²당 배출구 면적 1m² 이상의 자동식 열·연기 배출장치

4. 배출효과

(1) 상기 그림에서 T_0와 T_i 온도차가 클수록 배출효과 증대
(2) 배출구 높이(H)가 높을수록 배출효과 증대
(3) 배출구 면적(A)이 클수록 배출효과 증대

5. 결론

(1) Draft Curtain은 바닥면적이 넓고, 천장이 높은 장소에서 화재시 열·연기의 확산을 저지하고 배출효과를 높이기 위하여 사용한다.
(2) 배출효과를 높이기 위해서는 배출구의 높이(H)와 배출구의 면적을 크게 하여야 한다.

20. 내화시험

1. 개요

(1) **내화시험** : 건축물의 구조체 또는 구획부재에 대하여 화재에 견디는 내화성능을 시험하여 측정하는 것으로 국내에서는 KS F 2257-1 및 KS F 2257-4~2257-9의 기준을 적용하고 있다.

(2) **내화시험방법** : KS F 2257-1에서의 표준시간·온도곡선에 의한 온도로 가열시험 또는 재하가열시험을 실시하여 차열성, 차염성 및 재하시의 하중지지력을 평가한다.

(3) **가열온도** : 노 내의 평균온도는 다음 관계식을 따르도록 조절되어야 한다.

$$T = 345\log_{10}(8t+1) + 20$$

여기서, T : 가열로 내 평균온도[℃]
t : 시간[분]

2. 내화시험 방법 및 성능기준

(1) **차열성(Isulation)시험**

1) 건축물 구획부재가 한쪽면에서 가열될 때, 비가열면으로의 열전달을 억제하는 성능. 즉, 가열면 이면의 온도상승을 규정된 수준 이하로 제한하는 성능

2) 측정
이동열전대를 사용하여 시험 중 높은 온도가 예측되는 부위의 비가열면 온도를 측정한다.

3) 성능기준
시험 중 시험체의 비가열면 온도가 다음과 같이 상승하지 아니하고, 구획 기능을 유지하는 경과시간으로 정한다.
① 평균온도 : 초기온도 보다 140K를 초과하여 상승
② 최고온도 : 초기온도 보다 180K를 초과하여 상승

(2) **차염성(Integrity)시험**

1) 건축물 구획부재가 한쪽면에서 가열될 때, 화염이나 고온가스의 통과 또는 비가열면에서의 화염발생을 방지하는 성능을 시험한다.

2) 측정

시험 중 시험체에 나타나는 개구부의 발생위치나 특성에 따라 면패드나 균열게이지를 사용하여 측정한다.

① 면 패드 : 면패드(100×100×20mm)를 시험체 표면에서 발생한 개구부에 30초 동안 또는 면패드가 착화될 때까지 댄다.

② 균열게이지 : 6mm용 및 25mm용의 균열게이지를 사용하여 시험체의 관통여부를 측정한다.

3) 성능기준

시험 중 다음의 상황이 발생되지 않고, 시험체가 구획 기능을 유지하는 경과시간으로 정한다.

① 시험체 비가열면에서 10초 이상 지속되는 화염발생

② 면패드 시험에서 면패드에 착화발생

③ 균열게이지 측정

㉮ 6mm균열게이지 : 시험체를 관통하여 가열로 내부로 삽입되고, 그 틈을 따라 길이 방향으로 150mm를 이동하는 것

㉯ 25mm균열게이지 : 시험체를 관통하여 가열로 내부로 삽입되는 것

(3) 하중지지력 시험

1) 건축물 내력부재의 시험체가 변형량 및 변형률의 성능기준을 초과하지 않고 하중을 지지하는 능력을 시험하는 것으로 재하기열시험을 한다. 단, 내화피복된 구조물은 비재하가열시험으로 한다.

2) 측정

① 재하가열시험(단, 내화피복 된 시험체는 비재하가열시험)을 통하여 시험 중 시험체의 변형량 및 변형률을 측정한다.

② 측정은 시험재하 적용 전·후 및 가열 중 1분 간격으로 변형을 측정한다

3) 성능기준

① 휨 부재(수평부재)

㉮ 변형량 : $D[\text{mm}] = \dfrac{L^2}{400d}$

㉯ 변형률 : $R[\text{mm/min}] = \dfrac{L^2}{9,000d}$

여기서, L : 시험체의 스팬[mm]

d : 구조단면의 최대 압축력을 받도록 설계된 위치에서부터 최대 인장력을 받도록 설계된 위치까지의 거리[mm] (즉, 구조 단면의 직경을 말한다)

② 축방향 재하부재(수직부재)

㉮ 수축량 : $C[\text{mm}] = \dfrac{h}{100}$

㉯ 변형률 : $R[\text{mm/min}] = \dfrac{3h}{1,000}$

여기서, h : 시험체의 초기 높이(길이)[mm]

③ 내화피복된 보·기둥의 성능기준
비재하 가열시험에서 시험체 각 단면별 강재의 온도가 다음 온도 이하 일 것
㉮ 평균온도 : 538℃ 이하
㉯ 최고온도 : 649℃ 이하

3. 결론

내화시험은 KS F 2257-1에서 정한 표준시간·온도곡선에 의한 온도로 가열시험 또는 재하가열시험을 실시하여 차열성, 화염성 및 재하시의 하중지지력을 평가한다.

(1) 차열성(Insulation) 시험

건축물·구획부재가 한쪽면에서 가열될 때 이면으로의 열전달을 억제하는 성능을 측정하는 시험

(2) 차염성(Integrity) 시험

건축물 구획부재가 한쪽면에서 가열될 때 화염이나 고온가스의 통과 또는 이면에서의 화염발생을 방지하는 성능을 시험

(3) 하중지지력 시험

건축물 내력부재에 재하가열을 하였을 때 변형률의 성능기준을 초과하지 않고 하중을 지지하는 능력을 시험

21 고강도 콘크리트 기둥·보의 내화성능시험

1. 개요

(1) 고강도 콘크리트는 일반 콘크리트보다 압축강도와 내구성이 우수하므로 초고층 건축물의 신축 등에 많이 사용되고 있으나, 화열에는 취약한 편이므로 화재시 건축물의 붕괴 위험성도 간과할 수 없다고 할 수 있다.

(2) 이에, 국토교통부에서 설계기준강도 50MPa 이상의 콘크리트를 사용하는 기둥·보에 대하여 내화성능을 확인하는 기준과 시험방법 등을 정하여 고시하였다.

2. 내화성능 시험체의 제작

시험체는 다음 기준에 따른 시험체를 2개 제작하여 시험한다.

(1) 시험체의 단면 : 해당 콘크리트를 사용하는 기둥의 단면 중 가장 작은 단면의 기둥으로 한다.

(2) 시험용 기둥의 높이 : 1.5m

(3) 시험체 제작시 내화성능 확보를 위한 재료, 공법 등은 시공현장과 동일하게 적용하여 제작한다.

(4) 온도측정 : 시험체의 1/2 높이에서 아래 그림 위치의 주철근에서 측정하며, 온도측정용 열전대를 콘크리트 타설 전에 피복방향의 주철근 표면에 고정을 위한 구멍을 뚫고 철근내부에 온도센서를 미리 삽입하여 설치한다.

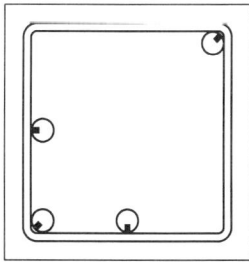
철근콘크리트 구조
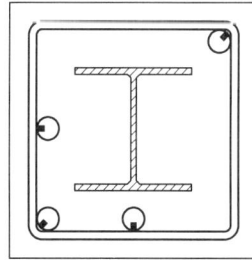
철골철근콘크리트 구조
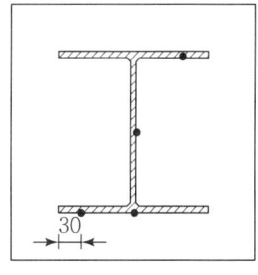
철골조

[열전대 설치 및 온도측정 위치]

(5) 철골철근콘크리트 기둥형 시험체의 경우, 외부의 주철근에 온도센서를 설치하며, 철골만 배치되는 경우에는 KS규격에서 정한 기둥의 내화시험방법의 열전대 위치를 따른다.

(6) 시험체 제작시 콘크리트 타설방법은 수직타설을 원칙으로 한다.
(7) 양생은 상온의 실내에서 실시하며, 양생기간은 3개월 이상을 원칙으로 한다.

3. 내화성능 시험방법

(1) 시험용 가열로
1) 재하가열시험 : 수직부재용 가열로를 이용하고, KS F 2257-7의 시험방법에 의한다.
2) 비재하가열시험 : 수평부재용 가열로를 이용하여 시험한다.

(2) 시험체 확인
1) 제품의 세부도면, 재료설명서 등의 확인
2) 구성재료 및 시험체의 제출도면과 동일여부의 확인
3) 시험체의 제작기록현황 확인

(3) 시험체 설치
1) 수평가열로 하부에 ALC패널 등을 이용하여 시험체 중앙이 화구의 높이에 맞도록 설치한다.
2) ALC 등의 패널 위에 세라믹 울을 50mm 두께로 설치하여 시험체 하부로의 열전달을 막는다.
3) 시험체는 양측면의 화구로부터 등간격이 되도록 시험체의 중심과 로의 중심선이 일치되게 설치하며, 시험체간의 거리는 ALC 등의 패널 위에서 가능한 멀리 이격시킨다.
4) 시험체 상부에 세라믹 울을 50mm 이상 덮어 상부로의 열전달을 차단하고, 철사 또는 벽돌 등으로 고정한다.
5) 기둥형 시험체의 크기에 따라 2개 또는 1개의 시험체를 설치하고, 온도측정 부위별 열전대를 연결한다.

(4) 내화시험 실시
1) 기둥형 시험체를 크기에 따라 2개 또는 1개로 설치하고, 온도측정 부위별 열전대를 설치한다.
2) 내화시험은 KS F 2257-1(건축부재의 내화시험방법-일반요구사항)의 표준시간-가열온도곡선을 이용하여 해당성능의 시간까지 가열한다.
3) 시험중 시험체에 설치된 열전대를 이용하여 시험체 내부의 온도를 측정한다.

4) 시험중 시험체의 온도가 성능기준을 초과할 경우 그 직전을 내화성능시간으로 하며 성능기준을 초과하지 않을 경우, 종료시간을 내화성능으로 한다.

4. 내화성능 기준

위의 시험방법으로 시험한 결과 내화성능의 기준은 국토교통부고시 제2005-122호에서 규정한 내화성능시간까지 주철근의 온도가 평균 538℃, 최고 649℃ 이하이어야 한다.

22 자동방화셔터, 방화문 및 방화댐퍼의 기준

1. 개요

건축물 내에서 방화구획선상의 출입구에는 방화문 또는 자동방화셔터를 설치하며 또, 넓은 공간에 부득이하게 내화구조로 된 벽을 설치하지 못하는 경우에는, 화재 시 불꽃, 연기 및 열을 감지하여 자동폐쇄되는 방식의 자동방화셔터를 설치한다.

2. 자동방화셔터

(1) 셔터의 구성 및 설치기준

1) 전동방식 또는 수동방식에 의해 개폐할 수 있는 장치와 화재발생 시 불꽃, 연기 및 열에 의하여 자동폐쇄되는 장치 일체로 구성
2) 셔터는 피난이 가능한 60+ 방화문 또는 60분방화문으로부터 3m 이내에 별도로 설치할 것
3) 셔터는 화재 시 불꽃감지기 또는 연기감지기에 의한 일부폐쇄와 열감지기에 의한 완전폐쇄가 이루어질 수 있는 구조로 할 것

(2) 셔터의 성능기준

1) 내화성능

    KS F 2268-1(방화문의 내화시험)에 따른 내화시험 결과 비차열성능 1시간 이상

2) 차연성능

    KS F 4510(중량셔터)에서 규정한 차연성능 : 차압 25Pa에서 공기누설량 0.9 [$m^3/min \cdot m^2$] 이하일 것

3) 개폐성능

KS F 4510(중량셔터)에서 규정한 개폐성능

① 개폐시의 평균속도

개폐기능	내측의 높이	
	2m 미만	2~4m
전동개폐	2~6m/min	2.5~6.5m/min
자중강하	2~6m/min	3~7m/min

② 개폐할 때 상부끝 및 하부끝에서 자동으로 정지해야 한다.
③ 강하 중에 임의의 위치에서 확실하게 정지할 수 있을 것
④ 장애물 감지장치가 장애물을 감지하기 위해 필요로 하는 힘은 200N 이하일 것

3. 방화문

(1) 방화문의 구분

1) 60+ 방화문 : 비차열성능(연기 및 불꽃을 차단할 수 있는 시간)이 60분 이상이고 차열성능(열을 차단할 수 있는 시간)이 30분 이상인 방화문 : (아파트 대피공간 출입문에만 적용)

2) 60분 방화문 : 비차열성능(연기 및 불꽃을 차단할 수 있는 시간)이 60분 이상인 방화문

3) 30분 방화문 : 비차열성능(연기 및 불꽃을 차단할 수 있는 시간)이 30분 이상 60분 미만인 방화문

(2) 방화문의 성능기준

1) 기계적 강도

KS F 3109(문세트)에 따른 비틀림강도 · 연직하중강도 · 개폐력 · 개폐반복성 · 내충격성이 있을 것

2) 내화성능

KS F 2268-1(방화문의 내화시험)에 따른 내화시험 결과 60+ 방화문은 차열성능 30분 이상 및 비차열성능 60분 이상, 60분방화문은 비차열성능 1시간 이상, 30분 방화문은 비차열성능 30분 이상 60분 미만일 것

3) 차연성능

KS F 2846(방화문의 차연성시험)에 따른 차연성시험 결과 KS F 3109(문세트)의 차연성능(차압 25Pa에서 공기누설량 0.9[m³/min·m²] 이하)이 있을 것

4) 개폐력
① 문을 열 때 : 133N 이하
② 완전 개방한 때 : 67N 이하

5) 방화문 인접창(방화문의 상부 또는 측면으로부터 50cm 이내에 설치된 창문)은 KS F 2845(유리구획부분의 내화시험)에 따라 시험한 결과 해당 비차열 성능이 있을 것

(3) 승강기 문을 방화문으로 사용하는 경우의 성능기준

KS F 2268-1(방화문의 내화시험)에 따른 내화시험 결과 비차열 1시간 이상일 것

4. 방화댐퍼

(1) 설치기준

1) 미끄럼부는 열팽창, 녹, 먼지 등에 의해 작동이 저해받지 않는 구조일 것
2) 방화댐퍼의 주기적인 작동상태, 점검, 청소 및 수리 등 유지·관리를 위하여 검사구·점검구는 방화댐퍼에 인접하여 설치할 것
3) 부착 방법은 구조체에 견고하게 부착시키는 공법으로 화재 시 덕트가 탈락, 낙하해도 손상되지 않을 것
4) 배연기의 압력에 의해 방재상 해로운 진동 및 간격이 생기지 않는 구조일 것

(2) 성능기준

1) 내화시험 : 비차열 1시간 이상의 내화성능
2) KS F 2822(방화댐퍼의 방연시험방법)에서 규정한 방연성능이 있을 것
누설량 : 온도 20℃, 압력차 19.6N/m²에서 통기량 5m³/min·m² 이하

5. 성능시험방법 : (방화셔터, 방화문, 방화댐퍼 공통적용)

(1) 내화시험 및 방연성시험은 시험체 양면에 대하여 각 1회씩 실시
(2) 내화성능시험체와 방연성능시험체는 동일한 구성·재료 및 크기로 제작. 다만, 방화댐퍼의 경우에는 내화성능시험체는 가장 큰 크기로, 방연성능시험체는 가장 작은 크기로 제작한다.
(3) 시험체는 실제의 것과 동일한 구성·재료 및 크기의 것으로 하되, 실제의 크기가 가열로의 크기(3m×3m)보다 큰 경우에는 가열로에 설치할 수 있는 최대의 크기로 한다.

23 방화문의 성능시험

1. 개요

(1) 국내 방화문의 성능시험방법에 대하여 과거에는 화염전파방지 성능을 시험하는 내화시험 만을 주로 적용하여 왔으나, KS F 3109의 개정과 「방화문 및 자동방화셔터의 기준」(국토교통부고시)의 제정으로 차연성 시험이 필수항목으로 추가되어 방화문 성능시험이 새롭게 정립되게 되었다.

(2) 현행 국내기준의 방화문 성능시험방법은 KS F 2268-1에 따른 내화시험과 KS F 2846의 차연성시험 및 KS F 3109(문 세트)에 따른 비틀림강도, 연직하중강도, 개폐력, 개폐반복성, 내충격성, 등의 시험을 하도록 규정하고 있다.

2. 방화문의 내화시험(KS F 2268-1)

(1) 시험방법

1) 시험체
   ① 크기 : 너비2m, 높이2.5m
   ② 설치 : 실제 사용되는 벽구조에 맞게 설치하며, 벽체의 이면에 평행하게 설치한 문틀에 장착한다.

2) 시험절차
   ① 가열조건 : 노 내의 평균온도가 다음 관계식을 따르도록 조절되어야 한다.

   $$T = 345\log_{10}(8t+1) + 20$$

   여기서, T : 가열로 내 평균온도[℃]
   t : 시간[분]

   ② 가열방법 : 위의 가열온도로 시험체의 한쪽면을 가열한다.
   ③ 노 내의 압력조정 : 시험체 하단면으로부터 높이 500mm 위치에서 압력이 0[Pa], 시험체 상단면에서 압력이 20[Pa] 이하가 되도록 조정한다.
   ④ 이면온도측정
      ㉮ 평균상승온도 : 5개 이상의 고정열전대를 방화문에 설치하며, 1개는 문 중앙점, 기타는 4분할면의 각 중앙점에 설치하여 이면온도를 측정한다.

㉯ 최고상승온도 : 5개의 고정열전대, 이동열전대 및 문틀에 설치한 열전대를 통하여 이면의 고온이 예상되는 위치에서 측정한다.

(2) 성능기준

1) 차열성

시험 중 이면온도가 시험시작시의 온도보다 다음 온도 이상으로 상승하지 않아야 한다.
① 평균상승온도 : 140K
② 최고상승온도 : 180K

2) 차염성

① 면패드시험 : 시험 중 시험체 이면에 설치된 면패드가 착화되지 않을 것
② 균열게이지시험
  ㉮ 6mm 균열게이지가 시험체를 관통하여 150mm 이상 수평이동되지 않을 것
  ㉯ 25mm 균열게이지가 시험체를 관통하지 않을 것
③ 화염전파시험 : 이면에 10초 이상 지속되는 화염 발생이 없을 것

(3) 성능기준의 적용

1) 차열성 방화문

위 성능기준의 차열성과 차염성 모두에 합격해야 한다.

2) 비차열성 방화문

위 성능기준에서 차염성만 적용하며, 그 차염성 시험 중 면패드시험을 제외한 균열게이지시험과 화염전파시험만을 적용한다.

3. 방화문의 차연시험(KS F 2846)

(1) 시험방법

1) 시험체

① 크기 : 너비 2m, 높이 2.5m
② 작동시험 : 방화문을 시험체 틀에 설치하고 시험챔버에 결합한 후 문짝의 작동부재를 10번 개폐하여 정상작동 유무를 확인한다.

2) 시험절차

① 시험장치의 공기누설 측정 : 시험장치 개구부의 모든 틈새를 폐쇄하고 시험 압력을 가하여 100Pa에서 공기누설량이 $1m^3/h$를 초과하지않아야 한다.

② 방화문의 공기누설량 측정

㉮ 시험체 양면에 5-10-25-50-70-100Pa의 차압에서 공기누설량을 측정

㉯ 다시 5Pa의 차압과 100Pa의 차압에서 공기누설량을 측정

㉰ 위의 방식으로 각각 2회씩 측정하고 그 평균값을 산출하여 기록한다.

(2) 성능기준

차압 25Pa 상태에서 공기누설량이 $0.9[m^3/min \cdot m^2]$를 초과하지 않을 것

4. KS F 3109(문 세트)에 따른 방화문의 성능시험

(1) 비틀림강도 시험

1) 시험방법

① 시험체를 시험체 설치틀에 고정하고, 문을 약 90도 각도로 열고, 문 손잡이 앞쪽 상단 50mm 위치를 부동점으로 고정한다.

② 재하 하중을 문 손잡이 앞쪽 하단 50mm 위치에 설치한다.

③ 시험하중의 1/5의 예비하중을 1분이상 재하한다.

④ 예비하중을 제거하고, 약 3분 경과 후에 변위측정장치의 영점을 조정한다.

⑤ 시험하중의 재하 상태에서 약 5분 경과 후에 면 외 변위를 0.1mm 단위로 측정한다.

⑥ 재하하중을 제거하고, 약 3분 경과 후, 면 외 잔류 변위를 0.1mm 단위로 측정한다.

⑦ 시험 종료 후 문의 개폐 이상 유무를 확인한다.

2) 성능기준

문의 개폐에 이상이 없고 사용상 지장이 없을 것

(2) 연직하중강도 시험

1) 시험방법

① 시험체를 시험체 설치틀에 고정하고, 문을 약 90도 각도로 열고, 문 위쪽 끝 단으로부터 50mm 위치를 부동점으로 고정한다.

② 문 아래쪽 끝단으로부터 50mm 위치에 문의 연직방향 움직임을 측정할 수 있도록 변위장치를 측정한다.

③ 시험하중의 1/5의 예비하중을 1분 이상 재하한다.

④ 예비하중을 제거하고, 약 3분 경과 후에 변위측정장치의 영점을 조정한다.

⑤ 시험하중의 재하 상태에서 약 5분 경과 후에 면 외 변위를 측정한다.

⑥ 재하하중을 제거하고, 약 3분 경과 후 면 외 잔류 변위를 측정한다.

⑦ 시험 종료 후 문의 개폐 이상 유무를 확인한다.

2) 성능기준

잔류 변위가 3mm이하에서 문의 개폐에 이상이 없고 사용상 지장이 없을 것

(3) 개폐력 시험

1) 시험방법

① 시험체를 시험체 설치틀에 고정하고, 문의 작동여부를 확인한다.

② 문에 하중을 주는 작용점은 손잡이로 하고 그 위치에 로프를 고정한다.

③ 닫힌 위치에 있는 문에 추를 재하하여 문의 200mm 이동 확인을 하고, 200mm 열어서 둔 상태에서 추를 재하하여 문이 닫히는 위치까지 이동하는 것을 확인한다.

④ 추의 무게를 1N 씩 증가시키면서 문이 열리는 최소의 힘 및 문이 닫히는 최소의 힘을 측정하여 그 하중에서 5회 반복 실시하고, 5회 모두 열리고 닫히는 상태를 확인한다.

2) 성능기준

문이 원활하게 작동할 것

(4) 개폐반복성 시험

1) 시험방법

① 시험체를 시험체 설치틀에 고정하고, 문의 작동여부를 확인한다.

② 본 시험전에 먼저 위의 개폐력시험 방법에 따른 문의 개폐력을 측정한다.

③ 문을 5회 개폐 후, 닫는 위치에서 변위 측정점의 원위값을 측정하며, 변위 측정점은 문끝 아래·위의 각 끝에서 50mm 위치로 한다.

④ 문의 열림각도 : 80±5°

⑤ 문의 개폐속도 : 1분 동안 최대 15회

⑥ 시험 중 면 내 변위를 닫는 위치에서 0.1mm 단위로 측정한다.

⑦ 시험 종료 후 문의 개폐 이상 유무를 확인한다.

2) 성능기준

문의 개폐에 이상이 없고 사용상 지장이 없을 것

(5) 내충격성 시험

1) 시험방법

① 시험체를 시험체 설치틀에 고정하고, 문의 작동여부를 확인한다.

② 시험체 충격용 모래주머니는 지름 약 350mm의 가죽주머니로서 그 안에 건조된 모래를 채우고, 총질량은 30±1[kg]으로 한다.

③ 모래주머니를 로프의 각도가 65° 이하에서 낙하높이가 50cm가 될 때까지 로프가 휘지 않도록 하여 시험체 문의 중앙에 1회 가격한다.

④ 충격시험 종료 후 유해한 변형이 없고 개폐에 지장이 없는지 확인한다

2) 성능기준

1회의 충격으로 해로운 변형이 없고, 개폐에 지장이 없을 것. 다만 유리의 파손은 지장이 없는 것으로 한다.

24 구조용 강재의 온도와의 상관관계

1. 개요

(1) 건축물의 구조용 강재(Steel Structure)는 다른 재료보다 뛰어난 내구성을 가지며, 상당기간 건축물의 구조적인 하중을 지탱하는 구조로서의 역할을 다 하고 있지만 일단 화재에 노출되어 가열된다면 그 강도가 급격히 저하되는 것이 큰 단점이라 할 수 있다.

(2) 내화구조 건축물에서는 이와 같은 단점을 보완하기 위하여 주요구조부용 구조용 강재에 대하여 필수적으로 내화피복처리를 함으로써, 화재시 일정시간 동안 화염 및 열의 차단기능을 갖도록 하고 있다.

2. 구조용 강재의 온도에 따른 강도의 변화

강재(Steel Structure)에 열을 가하게 되면 그림과 같이 초기에는 강도가 소폭 증가하였다가 다시 급격히 저하되면서 탄성계수와 항복점도 계속 저하되어 전체 강도의 저하로 이어지면서 530~540℃에서 구조부재로서의 기능을 상실하는 것으로 간주한다. 따라서 국내(KS F 2257) 및 국제적(UL, ASTM)으로 내화성능의 기준온도를 평균온도 1,000°F로 하고 있다.

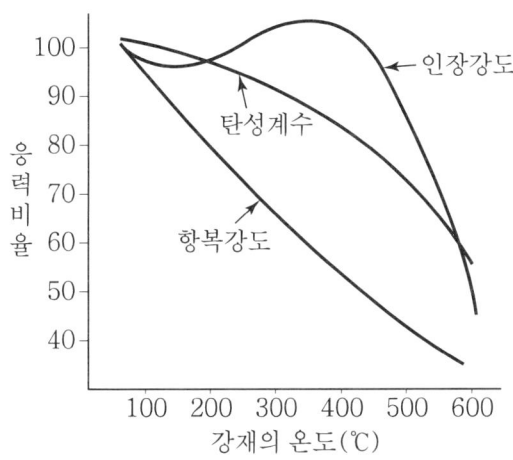

(1) 150℃ : 인장강도 약 5% 감소
(2) 350℃ : 인장강도 오히려 약 10% 증가. 단, 탄성계수 및 항복강도는 계속 감소
(3) 530~540℃ : 인장강도 약 50% 감소
(4) 570℃ : 탄성계수 이하로 저하 : 하중 재하시 붕괴 가능하므로 구조부재의 기능을 상실한 상태
(5) 650℃ : 인장강도 약 75% 감소
(6) 800℃ : 인장강도가 0(Zero)에 가깝게 된다.

3. 결론

일반 건축물에서 구조용 강재의 융점은 약 1,500℃ 이지만 538℃ 정도에서 인장강도가 50% 저하되고, 800℃ 이상이면 인장강도가 0(Zero)이 되어 구조부재로서의 기능을 상실하게 되므로, 화재시 건축물 구조체의 붕괴위험을 방지하기 위하여 필수적으로 내화피복을 하는 것이다.

25. 내화피복

1. 개요

내화피복이란 주요구조부의 철골 등이 가열될 때 화염의 직접적인 접촉을 차단하여 철골이 변태점 온도에 도달하는 시간을 지연시키기 위하여 단열성이 우수한 피막을 입히는 것을 말한다.

2. 철골구조 건축물의 주요구조부에 대한 내화피복과 구조안전성의 관계

(1) 철골구조 건축물에서 구조용 강재의 융점은 약 1,500℃이나 538℃ 정도에서 인장강도가 50%로 저하되고, 800℃ 이상이면 인장강도가 0이 되므로, 화재시 건물 구조체의 붕괴 위험을 방지하기 위하여 필수적으로 내화피복을 하는 것이다.

(2) KS F 2257 및 UL, ASTM의 구조용 강재의 허용온도기준
   1) 평균 : 538℃
   2) 최고온도 : 649℃

(3) 구조용 강재의 내화피복을 통한 구조안전성 확보
   1) 건축물의 철골조의 표면에 단열성이 우수한 내화피복재로 피복을 함으로써 화재시 철골의 허용온도 이상으로의 상승을 지연시키고 구조적 강도의 저하방지
   2) 위험물시설의 주요 구조물·장치 등의 Support 등을 내화피복 함으로써 화재시 고열로 인한 철골조 등의 구조적 강도의 저하방지

3. 내화피복공법

(1) 습식공법

   1) 현장타설공법

   ① 철골 주위에 거푸집을 설치하고 콘크리트를 현장 타설하는 공법
   ② 접합부의 문제가 없고 경제성·내구성이 좋다.
   ③ 적용[예] : 철근콘크리트, 경량콘크리트, 기포콘크리트

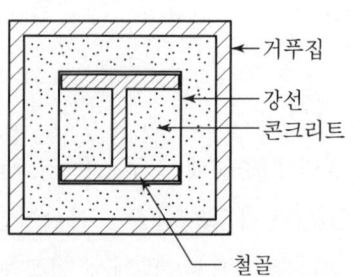

2) 미장공법

① Metal Lath, Rib Lath 등으로 바름바탕을 만들고 그 위에 모르타르나 플라스터를 바르는 공법

② 적용[예]

㉮ 철망모르타르, 펄라이트모르타르, 질석모르타르

㉯ 펄라이트플라스터, 질석플라스터

3) 뿜칠공법

① 내화재료(암면, 모르타르, 펄라이트, 시멘트 등)를 직접 철골면에 압축공기로 뿜칠하는 공법

② 종류

㉮ 습식 : 암면+시멘트・질석+물
　　　　　(사전 혼합)

㉯ 건식

　㉠ 암면+시멘트 ┐
　㉡ 물　　　　　┘ 노즐 선단에서 혼합

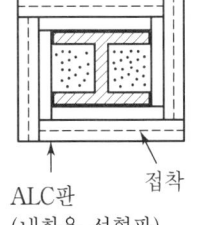

4) 도장공법

① 내화용 도료를 강재에 칠하는 공법

② 적용 : 석유화학공장 등의 외부 노출철골 또는 대공간 구조철재

(2) **건식공법**

1) 붙임공법

① 철강재에 내화용 성형판을 내열성 접착제 등으로 붙이는 공법

㉮ 벽　　　　　　　　　　　　　㉯ 기둥

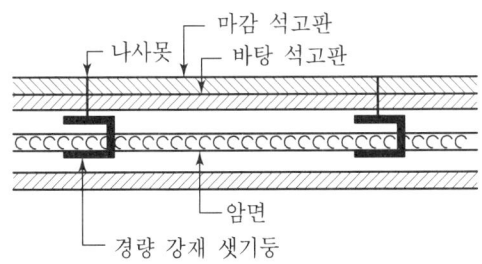

② 특성

㉮ 접합부에 대한 유의를 요함

㉯ 치장마감이 가능

㉰ 벽체에 많이 사용

③ 적용[예] : 석고판, 암면판, ALC판, PC판

2) 멤브레인 공법

① 바닥이나 철골보에 직접 내화피복하지 아니하고 바닥 Slab 아래층 천장의 반자에서 내화피복성능을 가지도록 암면흡음판 사용

② 또는 반자면을 내화재로 코팅처리하여 바닥과 보를 화재의 고열로부터 보호하는 공법

③ 반자를 지지하는 반자틀 및 클립 부재의 열응력에 의한 변형에 대해 대응책이 있어야 한다.

3) 조적공법

석재, 벽돌, 콘크리트블록 등을 사용하여 강재를 둘러싸서 내화피복하는 공법

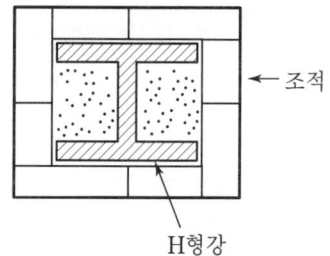

3. 특수내화공법

(1) 수냉강관기둥 내화공법

기둥마다 물을 채운 Steel Columm(강관)을 설치한 것으로, 화재시 화재층 기둥의 강관에 열이 흡수되고 대류에 의해 물이 순환되면서 열을 분산·냉각시키게 된다.

(2) 내화강(FR강 : Fire Resistance) 사용

주요구조부를 크롬, 몰리브덴 등의 합금원소를 첨가하여 강재의 온도가 550℃에 이르기까지 항복강도의 감소를 최소화하는 합금강으로 사용

4. 결론

〈국내 내화구조기준의 문제점〉

(1) 화재성상에 따른 내화시간의 개념이 적용되지 않고 있다.

현행 국내 건축법규상의 내화구조기준에는 화재성상에 관계없이 단순히 구조별·재료별·층별로 내화기준을 정하고 있을 뿐이다.

(2) 대책(개선책)

건물의 화재성상에 따른 성능위주의 내화설계가 필요함

26. 건축내장재의 연소성능 평가방법

1. 개요

(1) 국내 내장재료의 난연성 등급은 국토교통부 고시(제2006-476호 : 2006.11.8)로 KS F ISO 1182(불연성 시험), KS F ISO 5660-1(열방출률 시험) 및 KS F 2271 중 가스유해성 시험에 의하여 불연재료, 준불연재료, 난연재료로 분류하고 있다.

(2) 그러나, 선진 외국에서는 이를 보다 공학적·정량적으로 평가하는 방법을 개발하여 사용하고 있으며, 국내에서도 KS에 대하여 국제규격(ISO)과의 부합화 작업의 일환으로 내장재료의 화재안전성평가 방법도 국제기준으로의 전환을 지향하고 있다.

2. 건축 내장재에 대한 국제적인 화재위험성평가 방법의 종류

(1) 불연성 시험(Non Combustibility Test)

1) 대상 시험체가 일정한 가열온도(750℃)에서 어느 정도 발열하는지 온도로 측정하는 시험
2) 국내의 KS F ISO 1182(불연성 시험)과 동일
3) 시험조건
   가열온도 : 750±5℃에서 10분간 안정(10분간 최대편차 10℃ 이하)
4) 측정항목
   ① 온도상승 : 최고온도(최종 1분간 평균온도)
   ② 잔염 시간(초)
   ③ 연료 질량 감소율(%)

(2) 화염전파성 시험

1) 화재에 노출된 내장재의 화재확산의 정도를 평가하는 시험
2) 수직방향으로 설치된 시험체를 복사열에 노출시켜 착화열, 방출열 등을 측정한다.
3) 복사강도 : $50kW/m^2$
4) 측정항목
   ① 착화열   ② 총 방출열량
   ③ 최대 열방출률   ④ 평균 연소지속열
   ⑤ 소화시 임계열류량

(3) 바닥재 화재시험

1) 바닥에 수평방향으로 설치된 시험체를 고온복사열에 노출시켜 화염전파거리에 의한 임계복사량 및 연기발생량을 측정하여 평가한다.
2) 적용[예] : ASTME-648, NFPA 253, UL 992, ISO 9239

(4) 콘칼로리미터 시험

1) 측정원리
   ① 일반적으로 순연소열은 연소하는데 필요로 하는 산소의 량에 비례한다. 즉, 물질의 연소시 산소 1kg이 소비되면 약 13,100kJ의 열을 방출한다는 관계가 성립된다.
   ② 복사열에 노출된 시험체에 대하여 연소생성물 흐름 속의 산소농도와 그 유속으로부터 유도된 산소소비량을 측정하여 시험체의 열방출 특성을 평가하는 것이다.
   ③ 이 시험방법은 시험체가 화재에 노출되는 동안 열방출률에 기여하는 정도를 평가 하는데 사용되는 것으로 미국 NIST에서 개발한 콘칼로리미터를 이용한 시험이다.

2) 시험조건
   ① 가열방식 : 복사열(복사강도 : 50kW/m^2 이상)
   ② 가열체 : 콘히터
   ③ 가열시간 : 5분~20분
   ④ 시험체 규격 : 100×100×50mm

3) 시험방법
   시험체를 0~100 kW/m^2의 복사열에 노출시켜 대기조건에서 연소시키고, 이때의 배출가스 유량과 산소농도를 측정하고 산소소비량을 산출하여 열방출률을 계산한다.

4) 측정항목
   ① 열방출률　　　　　　② 총 방출열량
   ③ 최대 열방출속도　　　④ 유효 연소열
   ⑤ 발화시간　　　　　　⑥ 질량감소율

(5) 룸 코너 화재시험

1) 개요

내장재의 연소성능을 측정하기 위한 실대규모 화재시험(Full Scale Room Test) 방법으로 Flash Over 도달시간 등을 측정하는 데 사용된다.

2) 측정항목
　① F.O 도달시간
　② 실내 최고온도
　③ 열방출률

3) 시험장치
　① 단일 개구부(0.8×2m)를 갖춘 구획실(2.4×3.6×2.4m)
　② 연소가스 수집장치

4) 시험조건
　① 시험체 설치 : 벽면 3면과 천장에 설치한 내장재를 구석에 위치한 화원에 노출시킨다.
　② 시험시간 : 20분 또는 F.O 도달시간까지
　③ 가열원 : 프로판가스 버너

(6) 연기 및 연소가스의 유해성 시험

연소가스 유해성에 대한 판정방법은 다음과 같이 2종류의 방법이 있다.
1) 시험체 연소시 발생되는 연기 및 연소가스를 동물(Mouse)에 노출시켜 행동정지 상태를 관찰하는 방식
2) 가스분석장치를 이용하여 연소가스의 종류별 발생량을 정량적으로 측정하여 인체에 대한 유해성 정도를 판정하는 것

3. 결론

(1) 우리나라의 화재안전분야의 기준도 성능기준 개념의 도입과 함께 국제기준에 부합될 수 있는 기준으로의 전환을 위해 정부는 물론 민간기관도 함께 노력하여야 할 것이다.

(2) 그리고 이러한 평가방법이 실제로 활용되기 위한 일환으로 국내 건축관련법규 중 「건축물 내부마감재료의 난연성능기준」이 국토교통부령으로 제정됨으로써 건축물 내장재료의 성능기준 및 시험방법을 재정립하여 시행하게 되었다.

27. 콘크리트의 수열온도에 따른 열화 Mechanism

1. 개요

화재시 콘크리트의 구조물이 열을 받으면 화재특성, 콘크리트의 종류, 단면형상, 최대 치수, 부위 등에 따라 수열온도가 각각 달라진다.

2. 콘크리트의 열화 과정

(1) 100℃ 이상 : 자유 공극수 방출
(2) 100~200℃ 이상 : 물리적 흡착수가 증발되어 방출되고, 콘크리트가 수축
(3) 300℃ 이상 : 시멘트 수화물이 화학적으로 변질
(4) 400℃ 이상 : 화학적 결합수가 증발되어 방출
 (수열온도 500℃까지는 시멘트 페이스트가 수축하고, 골재는 팽창하는 상반된 거동이 발생)
(5) 500℃ 이상 : 압축강도 저하 약 50%
(6) 500~580℃ : $Ca(OH)_2$가 열분해, 알칼리성이 소실됨
(7) 600~800℃ : 압축강도 저하 약 80% : (콘크리트의 파열·손상)
(8) 1,000~1,200℃ : 콘크리트 폭렬현상 발생
(9) 1,200℃ 이상 : 콘크리트 용융 시작

3. 콘크리트의 수열온도와 변색상황의 관계

(1) 300℃ 미만 : 그을음 등이 부착
(2) 300~600℃ : 핑크색
(3) 600~950℃ : 회백색
(4) 950~1,200℃ : 담황색
(5) 1,200℃ 이상 : 용융상태

4. 맺음말

콘크리트 열화의 가장 큰 요인은 콘크리트의 알칼리 성분이 중성화가 되는 것이다. 콘크리트가 열을 받으면 알칼리 성분의 중성화가 급속도로 진행되므로, 콘크리트 열화 방지의 관건은 이러한 중성화를 억제시키는 것이라 할 수 있다.

28 콘크리트의 폭렬현상

1. 개요

(1) 콘크리트의 폭렬현상(Spalling)이란, 화재시 급격한 가열에 따라 콘크리트 내부의 수증기 압력이 증가하여 해당 인장강도를 초과하면, 콘크리트 표면의 박리 및 탈락현상이 발생하여 콘크리트의 단면감소와 철근의 노출 등으로 콘크리트 구조물의 내력이 저하되어 폭발적으로 균열되면서 파괴되어 건물붕괴까지 이어질 수 있는 현상이다.

(2) 고강도 콘크리트는 일반 콘크리트에 비해 내부 조직밀도가 조밀하게 구성되어 있으므로 가열시 내부 수증기의 압력배출이 어려워 폭발발생 가능성이 높아 화재에 상당히 취약하지만, 일반 콘크리트보다 압축강도와 내구성이 우수한 장점이 있다는 이유로 초고층 건축물의 신축 등에 많이 사용되고 있다.

2. 콘크리트 폭렬현상의 발생원인

(1) 내부 압력상승에 의한 원인

1) 화열의 고온이 열전도에 의해 콘크리트 내부로 전달
2) 콘크리트의 온도상승에 의해 내부의 수분이 증발한다.
3) 증발된 수증기가 원활히 배출되지 못함
    (여기서, 콘크리트가 고강도일수록 콘크리트의 밀도가 높으므로 수증기 배출이 더욱 어려워짐)
4) 배출되지 못한 수증기로 인해 내부압력이 상승한다.
5) 이때 내부압력이 콘크리트의 인장강도를 초과하면 콘크리트가 폭발적으로 균열되면서 파괴된다.

(2) 골재의 열팽창에 의한 원인

1) 화열의 고온이 열전도에 의해 콘크리트 내부로 전달
2) 콘크리트의 온도상승에 의해 내부의 골재가 열 팽창되기 시작함
3) 이때 내부의 Cement Paste(시멘트 경화제)는 반대로 수축작용을 한다.
4) 이와 같이 골재와 Cement Paste의 열팽창계수가 상이하여 각각 다른 팽창·수축거동이 되므로 인해 콘크리트 조직에 균열 및 탈락현상이 발생하여 파괴된다.

3. 폭렬현상의 방지대책

(1) 가연성 합성섬유(폴리프로필렌) 혼입
1) 폴리프로필렌 섬유는 낮은 온도(170℃)에서 용융되므로, 콘크리트 내부 수증기 압이 빠져나갈 수 있는 통로를 만들어 줌으로써 폭렬을 예방할 수 있다.
2) 강섬유의 함유량을 0.1~0.25% 정도로 첨가하여 인장강도를 증가시킨다.

(2) 콘크리트를 내화재로 피복하고 피복두께를 증가시킨다.
1) 콘크리트 부재의 외측을 내화보드, 내화뿜칠 등으로 피복하고 피복두께를 증가시킨다.
2) 콘크리트의 온도가 폭렬발생온도 이상으로 상승되지 않도록 한다.

(3) 콘크리트 표층부의 재료치환
1) 콘크리트의 심재만 고강도콘크리트로 하고, 표층 부분은 폭렬이 잘 발생하지 않는 일반콘크리트의 재료로 치환하는 방식으로 한다.
2) 이 경우 구조계산을 하여 고강도콘크리트와 동일한 강도가 되도록 치환한 콘크리트의 두께 등을 보강하여야 한다.

4. 문제점

(1) 국내의 콘크리트 폭렬방지공법에 대한 성능검증이 미흡하다.
즉, 현행 국내기준에서의 내화시험기준은,
1) 비재하가열시험만 시행(재하가열시험은 미시행)
2) 기둥형만 시험(보의 시험은 미시행)으로 시행하는 방식을 채용하고 있다.

(2) 초고층 건축물 구조에서 콘크리트 폭렬의 위험이 더 높다.
고강도 콘크리트일수록 폭렬발생의 가능성이 높아지는데도 불구하고 초고층 건축물 구조에서는 구조체의 경량화를 위해, 즉 벽체의 두께를 감소하기 위해 고강도 콘크리트를 많이 채용하고 있다.

5. 향후 대책(과제)
(1) 위의 '폭렬현상의 방지대책'의 사항을 반영한 성능위주 내화설계의 도입을 통한 고강도콘크리트의 실질적인 내화성능의 확보
(2) 선진 시험장비의 도입을 통한 국제적인 기준에 맞는 성능검증(시험)제도의 시행

6. 결론

고성능의 고강도 콘크리트일수록 내부조직의 치밀화에 따라 내부 수증기 압력의 배출이 더욱 어려워 폭렬발생 가능성이 높아지므로, 특히 고강도 콘크리트로 구조체의 경량화(벽체 두께 감소)를 추구하는 초고층 건축물 구조에서는 화재 시 콘크리트 폭렬을 통한 구조체의 성능저하의 가능성이 더욱 높다고 할 수 있다. 그러므로 이에 대한 대책수립과 연구·투자가 조속히 이루어져야 할 것으로 판단된다.

29. 건축물 내부마감재료의 적용기준

	용도	해당 용도 거실의 바닥면적	마감재료(벽 및 반자)	
			거실	복도,계단,통로
1	공동주택, 단독주택 중 다중주택·다가구주택	(면적에 관계없이) 모두 적용	불연재료 준불연재료 난연재료	불연재료 준불연재료
2	제2종 근린생활시설 중 공연장·종교집회장·인터넷컴퓨터게임시설제공업소·학원·독서실·당구장·다중생활시설의 용도로 쓰는 건축물			
3	발전시설(자가발전·자가난방용 포함), 방송국, 촬영소, 공장, 창고시설, 위험물 저장 및 처리시설, 자동차관련시설			
4	「다중이용업소의 안전관리에 관한 특별법 시행령」 제2조에 따른 다중이용업의 용도로 쓰는 건축물			
5	5층 이상의 건축물	5층 이상인 층의 거실 바닥면적 합계 500m² 이상		
6	위 1호~4호 용도의 거실 등을 지하층에 설치할 경우의 그 거실	(면적에 관계없이) 모두 적용	불연재료 준불연재료	
7	강판과 심재(心材)로 이루어진 복합자재를 마감재료로 사용하는 부분			
8	문화 및 집회시설, 종교·판매·운수·의료·노유자·수련·숙박·위락·장례시설, 학교, 학원, 오피스텔			

[주의]
(1) 위에서 주요구조부가 내화구조 또는 불연재료로 된 건축물로서 그 거실의 바닥면적(자동식소화설비가 설치된 면적은 제외) 200㎡ 이내마다 방화구획된 건축물은 제외한다.
(2) 계단실이 건축법령에 의한 피난계단 또는 특별피난계단일 경우에는 벽, 반자 및 **바닥까지** 모두 불연재료로 하여야 한다.

30 건축물의 외벽마감재료 및 화재확산방지구조

1. 외벽마감재료

(1) 정의

건축법령상의 외벽마감재료란, 건축물의 외벽으로써 외기와 접하는 부분의 마감재료를 말한다.

(2) 외벽마감재료의 규제대상 및 적용재료

다음 각 호의 어느 하나에 해당하는 건축물의 외벽에는 불연재료 또는 준불연재료를 마감재료(단열재, 도장 등 코팅재료를 포함한다)로 사용하도록 건축법(시행령 제61조제2항)에서 규정하고 있다. 다만, 국토교통부장관이 정하여 고시하는 화재확산방지구조 기준에 적합하게 마감재료를 설치하는 경우에는 난연재료를 사용할 수 있다.

1) 상업지역(근린상업지역은 제외)의 건축물로서 다음 각 목의 하나에 해당하는 것
  ① 제1종·제2종 근린생활시설, 종교·판매·문화 및 집회·운동·위락시설의 용도로 쓰는 건축물로서 그 용도로 쓰는 바닥면적 합계가 2천㎡ 이상인 건축물
  ② 공장(국토교통부령으로 정하는 화재 위험이 적은 공장은 제외)의 용도로 쓰는 건축물로부터 6m 이내에 위치한 건축물
2) 의료시설, 교육연구시설, 노유자시설 및 수련시설의 용도로 쓰는 건축물
3) 3층 이상 또는 높이 9m 이상인 건축물
4) 1층의 전부 또는 일부를 필로티 구조로 설치하여 주차장으로 쓰는 건축물
5) 공장, 창고시설, 위험물 저장 및 처리시설, 자동차관련시설의 용도로 쓰는 건축물

2. 화재확산방지구조

(1) 정의

국토교통부장관이 정하여 고시한 화재확산방지구조는, 건축물에서 수직 화재확산 방지를 위하여 외벽마감재와 외벽마감재지지구조 사이의 공간(아래의 그림에서 '화재확산방지재료' 부분)을 다음 각 호 중 하나에 해당하는 재료로 매 층마다 최소 높이 400mm 이상 밀실하게 채운 것을 말한다.

1) 한국산업표준 KS F 3504(석고보드 제품)에서 정하는 12.5mm 이상의 방화 석고보드
2) 한국산업표준 KS L 5509(석고시멘트판)에서 정하는 석고 시멘트판 6mm 이상인 것 또는 KS L 5114(섬유강화시멘트판)에서 정하는 6mm 이상의 평형 시멘트판인 것
3) 한국산업표준 KS L 9102(인조 광물섬유 단열재)에서 정하는 미네랄울 보온판 2호 이상인 것
4) 한국산업표준 KS F 2257-8(건축부재의 내화시험방법-수직 비내력 구획부재의 성능조건)에 따라 내화성능을 시험한 결과 15분의 차염성능 및 이면온도가 120K 이상 상승하지 않는 재료

(2) 화재확산방지구조의 예

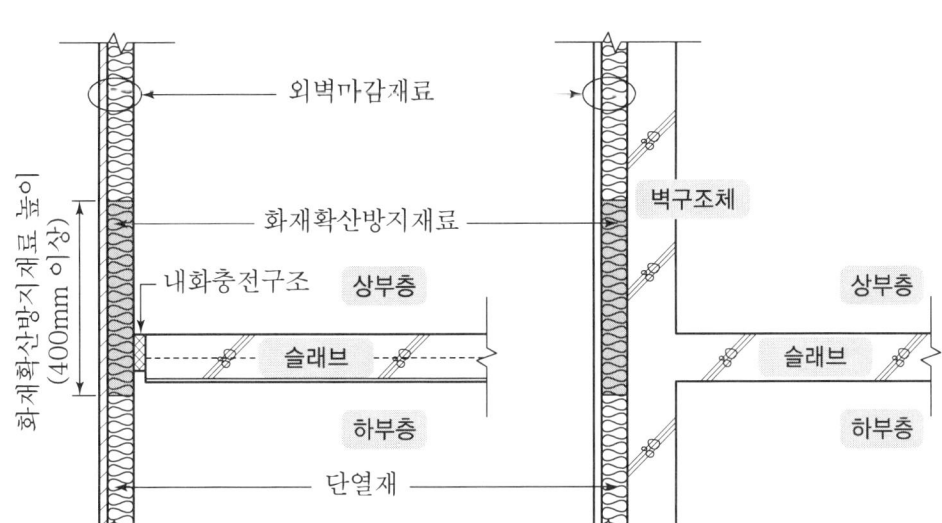

31. 화재에 대한 수동적 방화대책

1. 개요

방화대상물의 방화시스템은 건축구조부재에 의한 구획화·불연화의 방호개념인 수동적 방화(Passive Fire Protection) 시스템과 각종 방화설비적인 방화개념인 능동적 방화(Active Fire Protection) 시스템으로 대별할 수 있다.

2. 수동적 방화(Passive Fire Protection)의 개념

수동적 방화의 기본개념은 화재확산방지용의 구획화와 연소방지 목적의 불연화·난연화이다.

(1) 수동적 방화의 역할

1) 화염과 연기의 확산을 최소화하기 위해 대상물을 구획화하는 것
2) 대상물의 방화구획 관통부의 틈새에 Fire Stopping으로 각 부를 확실하게 Sealing하는 것
3) 구조물의 부재를 통한 열전달에 의해 가연성 물질이 자연발화되는 것을 방지하기 위해 방열보온을 하는 것
4) 건물 내외 마감재료를 불연재료 또는 난연재료화하여 초기 연소를 방지하는 것
5) 화재시 고온에 노출될 수 있는 구조부재를 내화피복하여
   ① 철구조물의 변형이나 붕괴를 방지
   ② 콘크리트의 박리나 폭렬을 방지하고 붕괴 또는 수선비용을 절감

(2) 수동적 방화의 이점

1) 화재시의 허용피난시간 연장 : 건물의 거주자가 연기나 화염의 방해를 받기 전에 안전하게 피난
2) 건축주의 재산손실비용을 최소화
3) 높은 안전도 확보에 따른 보험비용의 절감
4) 소방대원이 소화활동을 할 수 있는 시간과 공간여건을 제공

3. 수동적 방화대책

(1) 일반 건축물의 수동적 방화대책

1) 출화방지대책

① 건물 마감재료의 불연화 : 불연재료, 준불연재료, 난연재료
② 점화원의 제어

2) 화재확산 방지대책

① 방화구획 : 방화벽, 방화구조, 내화구조, 방화문
② 내화피복 : 내화구조

3) 피난대책

방연구획 : 구획방연으로 연기 차단

(2) 화학공정설비의 수동적 방화대책

화학공정설비에서도 화재발생을 예방하고 그 확산을 제한하는 목적으로 수동적 방화시스템이 고려되어야 한다.

1) 화재의 예방적 제어대책

① 공정 중의 누설이나 Spill을 방지
② 점화원의 제어

2) 화재확산 방지대책

① Plant의 Layout 조정
  ㉮ 높은 구조물과 바닥 사이의 굴뚝효과에 의해 화재 확산
  ㉯ 굴뚝효과는 바닥과 커다란 Column 아래 부분에서도 발생
② 위험물 저장탱크 주위에 방유제 설치

3) 물질의 비상방출

① 압력방출 및 Flaring
② Blowdown
③ Dumping

4) 내화피복

① 화재방호피복 : 내화피복의 주된 목적은 가연물 함유 용기의 도괴를 방지
② 내화피복 재료 : 콘크리트, 마그네슘시멘트, 내화용 도료 등

4. 결론

(1) 수동적 방화시스템은 방화설비보다 오히려 건축물 자체의 구조물에 의해 화염과 연기를 차단하여 화재확산방지 및 피난안전을 확보하는 것이다.
(2) 수동적 방화시스템의 이점은 항상 실패의 가능성을 내포하고 있는 진압설비에 비해 고장이나 인간의 실수와는 거의 무관하므로, 관리상 실수에 대해서는 안전하다고 할 수 있다.
(3) 화학공정 설비에서도 화재발생을 예방하고 그 확산을 제한하는 목적으로 수동적 방화시스템이 고려되어야 하겠다.

32 대형 쇼핑몰에서 피난계단의 문제점과 개선방안

1. 피난계단의 현행법규적 현황

(1) 직통계단

1) 설치대상(「건축법 시행령」 제34조)

   거실의 각 부분으로부터 계단에 이르는 보행거리가 30m 이내가 되도록 설치단, 주요구조부가 내화구조 또는 불연재료인 경우 : 50m, 층수가 16층 이상인 공동주택 : 40m

2) 2개소 이상의 직통계단을 설치하는 경우 설치기준

   ① 직통계단 2개소의 출입구 간의 가장 가까운 직선거리 : 건축물 평면의 최대 대각선 거리의 1/2 이상(단, 자동식소화설비를 설치한 경우 1/3 이상)
   ② 각 직통계단 간에는 각 거실과 연결된 복도 등의 통로를 설치

(2) 피난계단 및 특별피난계단

1) 피난계단 : 지상 5층 이상 또는 지하 2층 이하인 층으로부터 피난층으로 통하는 직통계단
2) 특별피난계단 : 지상 11층 이상 또는 지하 3층 이하의 층으로부터 피난층으로 통하는 직통계단

2. 대형 쇼핑몰에서 피난계단의 실태와 문제점

(1) 국내 현행법규에는 건축물의 용도와 수용인원의 밀집도를 고려하지 않은 획일적인 피난통로 및 피난계단의 기준을 적용하고 있다.
(2) 대형 쇼핑몰에서는 주차장의 확보가 판매전략상 중요하기 때문에 지상에서 가까운 지하에 판매시설을 설치하고 그 상부를 주차장으로 배치하는 경우가 있다. 이런 경우 비상시 피난에 불리한 수직피난형태가 되므로 이에 따른 적절한 피난계획이 수립되어야 한다.
(3) 매장의 특성상 수직이동 동선은 대부분 엘리베이터나 에스컬레이터를 사용하고 있기 때문에 화재시 무의식중에 피난이 불가능한 엘리베이터로 이동하거나 피난계단을 인식하기 어려워 피난시간의 지체를 가져오기 쉽다.
(4) 대형 할인매장의 경우 거의 모든 층에 계산대가 설치되어 있으나 폭이 좁고, 고정되어 있어서 피난시 장애물이 될 수 있다.
(5) 대형 쇼핑몰 건축물의 건축계획시 성능위주 방화설계의 적용이 미비함

3. 개선방안

(1) 적정수용인원 및 피난능력의 산정
건축물 용도별로 면적당 수용인원을 제한하는 규정과 그에 맞는 피난용량의 산정을 규정하는 제도적 검토가 필요함

(2) 피난로의 수와 배치
건축물의 규모·수용인원을 고려하여 피난계단의 수와 폭, 이격거리의 규정을 제정

(3) 피난통로까지의 보행거리
1) 현재, 구조물의 재료에 따라서만 완화를 하고 있으나,
2) 건축물 용도의 특성 및 거주자의 구성을 고려하여 완화 또는 강화가 필요함
3) 스프링클러설비의 설치에 따른 완화도 필요함

(4) 건축물 설계의 피난계획시 가급적 수직피난동선은 지양하고 수평피난동선이 되도록 계획
(5) 매장 안에는 거실통로유도등을 상부형과 바닥매립형을 함께 설치함으로써 화재시 피난계단으로의 유도를 효과적으로 할 수 있음

(6) 각 층 매장의 계산대 출구 외의 출구통로 확보

　　피난용량의 일정비율 이상은 계산대를 통과하지 않고 안전구역으로 대피할 수 있는 배치계획이 필요함

(7) 인명안정성 평가를 통한 성능위주설계의 적용

　1) 대형 쇼핑몰 건축물의 피난계획 설계에서 화재·피난 시뮬레이션에 의한 인명안전성 평가를 통한 성능위주설계의 적용
　2) 건축계획승인시 공인된 전문기관에 의한 검증 필요

4. 결론

(1) 건축물의 용도 및 규모별로 수용인원 산정 및 피난용량 산정의 기준을 마련
(2) 대형 쇼핑몰의 피난계획설계에서 화재·피난시뮬레이션에 의한 인명안전성 평가를 적용한 성능위주설계의 적용을 유도
(3) 일정규모 이상의 건축물에는 건축계획 승인시 공인된 전문기관에 의한 인명안전성 평가와 검증을 의무화하는 제도적 검토가 필요함

33 발코니의 구조변경(거실화)에 따른 화재안전상 문제점 및 보완시설기준

1. 개요

(1) 공동주택에서 발코니의 구조변경에 의한 거실화에 관련하여 화재안전상 가장 큰 문제점이 Cantilever가 없어지는 것이라고 할 수 있다.
(2) 이러한 위험성을 최대한 줄이기 위해 다음과 같이 여러 가지 보완시설을 의무적으로 설치하도록 건설교통부령으로 규정하고 있다.

2. 발코니의 구조변경에 의한 거실화에 따르는 화재안전상의 문제점

(1) Cantilever 제거효과

　　화재시 발코니를 통한 상층으로의 연소확대를 저지하는 역할을 하는 Cantilever가 없어지므로 화재시 상층으로의 연소확대위험에 노출될 수 있다.

(2) 대부분의 아파트에는 세대 간의 경계벽에 접한 발코니에 대피공간을 설치하는데 이 경우에는 발코니를 통하여 인접세대로 대피할 수 있는 여지가 없어진다.(다만, 인접세대와 공동으로 대피공간을 설치하는 경우에는 그러하지 아니하다)

(3) 이러한 위험성에 대비하기 위하여 여러 가지 보완시설을 설치하기는 하나 화재안전측면에서 보면 매우 취약한 편이다.

3. 발코니의 구조변경에 의한 거실화에 따르는 보완시설

(1) 대피공간

1) 설치대상

　아파트로서 4층 이상 층의 각 세대에서 2개 이상의 직통계단을 사용할 수 없는 경우

2) 설치제외대상

　① 인접세대와의 경계벽이 파괴하기 쉬운 경량구조 등인 경우
　② 경계벽에 피난구를 설치한 경우
　③ 발코니의 바닥에 하향식 피난구를 설치한 경우

3) 설치기준

　① 위치 : 바깥의 공기와 접하는 곳으로서, 채광방향과 관계없이 거실 각 부분에서 접근이 용이한 장소에 설치. 단, 인접세대와 공동으로 설치하는 대피공간은 인접세대를 통하여 2개 이상의 직통계단을 쓸 수 있는 위치에 우선 설치
　② 출입구 : 60+ 방화문으로서 거실 쪽에서만 열 수 있는 구조이며 대피공간을 향해 열리는 밖여닫이로 해야 한다.
　③ 방화구획 : 1시간 이상의 내화성능을 갖는 내화구조의 벽으로 방화구획하고 벽·천장·바닥의 내부마감재료는 준불연재료 또는 불연재료 사용
　④ 바닥면적 : $2m^2$ 이상(단, 인접세대와 공동으로 설치하는 경우에는 $3m^2$ 이상)
　⑤ 창호 : 폭 0.7m×높이 1.0m 이상(창틀 부분은 제외)은 개폐 가능할 것
　⑥ 조명설비 : 휴대용 손전등 비치 또는 비상전원이 연결된 조명설비 설치

(2) 방화판 또는 방화유리창

1) 설치대상

　아파트 2층 이상의 층에서 스프링클러의 살수범위에 포함되지 않는 발코니를 구조변경하는 경우

2) 설치기준

① 설치높이 : 바닥판 두께를 포함하여 높이 90cm 이상
② 창호와 일체 또는 분리하여 설치 가능
③ 내화성능
   ㉮ 방화판 : 불연재료 사용
   ㉯ 방화유리창 : KS F 2845에 따른 시험결과 비차열 30분 이상인 방화유리로 하고, 발코니 바닥과의 사이에 틈새가 없어야 하며, 틈새가 있는 경우에는 「건축물의 피난·방화구조 등의 기준에 관한 규칙」에서 정하고 있는 내화충전성능을 인정받은 재료로 틈새를 메워야 한다.

(3) 발코니의 난간

1) 난간의 높이 : 1.2m 이상
2) 난간살 사이의 간격 : 10cm 이하

(4) 화재감지기 및 발코니 내부마감재료

1) 설치대상

스프링클러의 살수범위에 포함되지 아니하는 발코니를 구조변경하여 거실로 사용하는 경우

2) 설치기준

① 당초의 발코니부분에 화재감지기 설치(단, 단독주택은 제외)
② 내부마감재료는 난연재료급 이상을 사용(단, 건축법시행령 제61조에 의해 바닥면적 200m² 이내마다 방화구획되어 있는 부분은 제외한다.)

4. 결론

(1) 아파트의 발코니를 거실로 구조변경할 경우 Cantilever가 제거되므로 화재시 상층으로의 연소확대위험에 노출되게 된다.
(2) 이에 대한 대안으로 대피공간, 방화유리창 등의 보완시설을 설치하지만 대피공간은 화재확산과는 직접적인 관련이 없으며, 방화유리창 등은 스프링클러를 설치하는 경우에는 면제가 되므로 Cantilever의 대안으로는 미흡하다고 할 수 있다.

34. 샌드위치 패널의 종류별 특성 및 화재위험성

1. 개요

(1) 샌드위치 패널은 내부에 스티렌폼, 우레탄폼, 글라스울 등의 단열재를 심재로 하여 그 양면에 약 0.5mm 두께의 강판을 표면재로 부착한 형태의 합성구조재로서 소정의 단열효과와 구조적 강도를 발휘하도록 일정 규격의 단위패널로 제작된 일종의 경량복합패널이라 할 수 있다.

(2) 1970년대에 국내에 도입된 이후 공장, 창고시설 및 상업용 매장 등의 내·외벽 및 지붕구조에 많이 사용되고 있으며, 자재비, 인건비, 공기단축, 단열효과 등에서 경제성이 좋으므로 다양한 용도에 널리 사용되고 있으나, 화재에 대한 취약성이 단점으로 남아 있는 실정이다.

2. 샌드위치 패널의 화재위험성

(1) 샌드위치패널은 단열재의 양면(표면재)이 불연재인 강판으로 되어 있으므로 화재 초기에는 착화를 지연시킬 수 있다.

(2) 그러나 강판은 열전도성이 좋아서 열이 내부 단열재로 쉽게 전달되므로, 화재시 일정시간 화열에 노출되면 가연성인 심재(단열재)가 강판 내부에서 연소될 수 있다.

(3) 특히, 단열재가 발포 폴리스티렌폼일 경우 발화점이 100℃ 정도이나, 화재시 Flash Over에서의 실내온도가 1,000℃ 이상 되므로 F/O에 도달되기 전에 단열재가 연소될 수 있으며 이로 인해 F/O가 촉진되게 된다.

(4) 단열재가 우레탄폼, 발포 폴리스티렌폼 등 고분자계의 재료일 경우 화재시 다량의 유독가스가 발생되어 인명피해의 주된 원인이 될 수 있다.

(5) 양면의 표면재가 불연성(강판)이므로 패널 내부의 심재에 주수소화가 어렵다.

(6) 위 사항들에 대한 대책으로, 단열재를 불연성의 것으로 사용함으로서 화재시 단열재의 연소 및 유독성 가스의 발생을 방지할 수 있다.

3. 샌드위치 패널의 종류별 특성

(1) 발포 폴리스티렌폼 패널 (Expanded Poly-Stylene Foam Panel)

1) 내부 단열재로 발포 폴리스트렌폼을 사용하고 외부 표면재는 상·하 양면에 착색 아연도장강판을 특수 열중합방식으로 일체화 시킨 샌드위치패널로서 다

양한 건축물의 용도에 가장 널리 사용되고 있다.
2) 장점
① 단열성능이 뛰어나므로 건물의 에너지효율이 높다.
② 자체강도와 내구성이 강하다.
③ 제품 가격이 저렴하고, 자체 무게가 가벼워서 시공비도 절감된다.
3) 단점
① 화재시 단열재가 쉽게 용융되고 화염전파가 용이하므로 불에 가장 취약함
② 연소시 유독가스를 발생한다.

(2) 우레탄폼 패널

1) 내부 단열재로 우레탄폼을 사용하고 표면재로는 상·하 양면에 착색 아연도장강판을 라인상에서 자동연속발포와 동시에 접착시키는 자기접착방식을 통해 만들어진 패널로서 냉동창고, 정밀기계공장, 반도체공장, 항온항습실 등에 주로 사용되고 있다.
2) 장점
① 발포 폴리스트렌폼 보다 단열성능, 구조성능, 난연성, 내열성, 등의 성능을 한차원 개선·보완한 것이다.
② 자체강도와 내구성이 제일 강하므로 정밀기계전자공장 등에도 사용된다.
3) 단점
① 연소시 유독가스를 발생한다.
② 공정상 프레온가스 사용에 따른 환경피해(오존층 파괴)가 따른다.
③ KS에서 정하고 있는 난연재료의 성능을 확보하지 못하였다.

(3) PIR 패널 (Poly-Isocyanate Foam Panel)

1) 우레탄폼을 개선·보완한 것(Isocyanate의 비율을 높이고 폴리올의 비율을 낮춘 것)으로서 화재시 손상·변형에 강하고 발연성을 감소시켜 화재 저항성을 강화시킨 것이다.
2) 특성이 우레탄폼 패널과 유사하지만 우레탄폼 패널에 비해 비교적 방·내화성능이 우수하여 KS에서 정하고 있는 난연재료의 성능을 확보하고 있다.

(4) 글라스울 패널 (G/W패널 : Glass Wool Panel)

1) 내부 단열재로 무기질 재료인 글라스울을 사용하고, 표면재로는 상·하 양면에 착색 아연도장강판을 특수 열중합접착방식에 의해 일체화시킨 패널이다.

2) 장점
① 내부 단열재가 KS에서 정하고 있는 준불연재료의 성능을 확보하고 있으므로 화재안전성이 뛰어나다.
② 화재시 유독가스 발생이 없고, 화염전파도 거의 없다.
③ 건축법상의 방화구획과 내화구조 시공이 가능한 내화구조 지정 패널이다.

3) 단점
① 제작공정 및 설치시공시 유리가루의 발생에 따른 환경오염 및 인체 유해 요인이 되고 있다.
② 내부 단열재가 습기나 물에 취약하며, 재활용이 불가능하다.

(5) 미네랄울 패널 (Mineral Wool Panel)

미네랄울 패널은 단열재로 규산칼슘계의 광석을 고열(1500~1700℃)로 용융시켜 만든 미네랄울을 사용하는 것으로 다음과 같은 특성이 있다.

1) 불연성 및 내열성

미네랄울은 순수한 무기질 섬유 이므로 불연성이고 내열성능이 뛰어나 사용온도가 650℃ 로서 국내외 공인기관으로부터 그 성능을 인정받고 있다.

2) 친환경성

미네랄울은 화학적으로 안정된 무기질 재료이므로 열화현상이나 부패 및 변질되지 않는다.

3) 흡음성

미네랄울은 가늘고 균일한 섬유질이 연속된 공극을 형성하고 있어 음을 흡수하는 효과가 있으므로 차음능력이 우수하다.

4. 결론

(1) 샌드위치패널은 단열재가 가연성인 폴리스티렌폼이나 우레탄폼일 경우에는 화재시 화염전파 및 유독가스 발생 등으로 인명피해의 주원인이 될 수 있으며, 글라스울 패널인 경우에는 환경 및 인체에 유해물질이 발생되는 단점이 있다.

(2) 따라서 샌드위치패널의 선정시에는 단열재가 불연성 내지 난연성이면서 환경 및 인체에 악영향이 없는 미네랄울 패널 또는 PIR 패널을 채용하도록 유도하는 보험요율의 반영 등 제도적인 뒷받침이 필요하다.

35. 유리구획의 내화시험방법

1. 개요
건축물 내에 설치되는 유리구획은 주로 방화구획 부분에 설치하는 것으로서 일정한 내화성능이 요구되고 차열성 및 비차열성 유리로 구분되며, 특히 유리방화문, 발코니 확장 시의 방화유리창, 방화문인접유리창 등으로 사용되고 있다.

2. 정의

(1) 유리구획
건축물에 틀이나 그 밖의 고정방법에 의해 고정된 유리를 건축물 내의 방화구획용으로 설치하거나 또는 기존 구획의 일부로 설치하는 것

(2) 차열유리
규정된 내화시간 동안 차열성 및 차염성이 유지되는 유리

(3) 비차열 유리
규정된 내화시간 동안 차염성은 유지되나 차열성은 유지되지 않는 유리

(4) 수직유리구획
수평면에 대한 경사가 80° 초과 90°까지인 유리구획

(5) 경사유리구획
수평면에 대한 경사가 25° 초과 80°까지인 유리구획

(6) 수평유리구획
수평면에 대한 경사가 0° 초과 25°까지인 유리구획

3. 시험체의 크기

(1) 수직유리구획 시험체
1) 실제 유리구획의 높이나 너비가 3m 미만인 경우 : 시험체를 실제 크기로 할 것
2) 유리구획의 높이×너비가 3m×3m보다 큰 경우 : 시험체를 3m×3m로 함

(2) 수평유리구획 시험체

실제의 유리구획 구조가 3m×4m 미만의 가열면을 갖도록 설계되지 않는 한 시험체의 크기는 3m×4m로 함

4. 비가열면의 온도측정

(1) KSF 2257 – 1에 따른 비가열면의 열전대를 사용하여 측정

(2) 열전대

1) 유리 및 틀에 설치하되, 중간선 틀과 중간 간막이가 있을 경우 이를 포함한다.
2) 차열성을 측정하지 아니하는 시험체의 어떤 면에서도 100mm 이내로 근접하여 설치하지 아니할 것

5. 성능기준

(1) 차염성

1) 면패드에 착화되지 않을 것
2) 균열게이지의 관통 및 이동이 없을 것
   ① 6mm 균열게이지 : 시험체를 관통하고, 틈새를 따라 150mm 이상 이동하지 않을 것
   ② 25mm 균열게이지 : 시험체를 관통하여 가열로 내부로 삽입되지 않을 것
3) 비가열면에서 10초 이상 지속되는 화염 발생이 없을 것

(2) 차열성

비가열면의 온도가 시작 시의 평균 비가열면 온도보다 다음의 온도를 초과하여 상승하지 않을 것
1) 평균상승온도 : 140K
2) 최고상승온도 : 180K

6. 결과표시

(1) 내화시험 결과

1) 차염성 및 차열성을 만족한 경과시간(분)으로 표시
2) 시험체의 가열면과 경사도를 명확하게 기술할 것

(2) 표시의 예

1) 비차열 유리구획 시험체
   - 차염성 : 60분
2) 차열 유리구획 시험체
   - 차염성 : 60분
   - 차열성 : 40분

36 내화충전구조

1. 개요

(1) 내화충전구조의 정의

방화구획의 수평·수직 설비관통부 및 건축구조물 각 부재 간의 죠인트 등의 틈새를 통한 화재확산방지를 위하여 불연재료로 밀실하게 충전한 재료 또는 시스템

(2) 내화충전구조의 조건

1) 내화충전용 재료는 접합부 및 재료 자체가 경화 후 균열이 없어야 한다.
2) 시공 및 충분한 경화 후 지지구조의 통상적 진동 및 움직임에 대하여 균열이나 파손이 없는 것
3) 해당 관통부 전체 두께에 대하여 빈틈 없이 충진할 수 있는 것
4) 내화충전구조 세부운영지침에서 정한 기준에 따라 시험한 결과 성능이 확인된 것

(3) 내화충전재(Fire Stop)의 정의 및 개념

1) 불연성이면서 화열을 받을 경우 열팽창하여 틈새를 메워주는 재질이며, 실리콘 폼, 퍼티(putties), 콜크(caulk) 등이 있다.
2) 설비관통부 등의 틈새에 이러한 내화충전재를 채웠을 경우, 화열에 의해 가연성 배관이나 전선이 소실된 경우에도 열팽창되는 충전재가 넓어지는 틈새를 메워줌으로써 연소확대를 방지하게 된다.

2. 내화충전구조의 필요성

(1) 각종 설비의 배관·배선·덕트 등이 벽이나 바닥을 관통하는 경우, 그 관통부의 틈새를 내화충전구조로 메워줌으로써 이 부위를 통한 연소확대를 방지함
(2) 벽 또는 바닥의 설비관통부에 가연성 배관·배선을 설치한 경우, 화재시 화열로 인해 가연성 설비의 변형, 소실 등으로 설비관통부에 구멍이 생겼을 때 이 구멍을 내화충전구조로 메워줌으로써 이 부위를 통한 화재확대를 방지한다.
(3) 건축물 구획부재 간 Joint 또는 Curtain wall과 바닥(Slab) 사이의 틈새를 통한 연소확대의 방지
(4) 건축물 구획부재의 틈새를 통한 구획부재 내부로의 화열 침투에 의한 구획부재 자체의 변형에 의한 연소확대의 방지

3. 과거 내화충전구조로 시멘트 모르타르를 바르는 방식의 문제점

(1) 시멘트모르타르 재료 자체가 경화 후 균열이 발생함으로, 이 균열틈새를 통하여 화염 및 연기가 통과하여 화재확대의 원인이 될 수 있음
(2) 건축물 구획관통설비 지지구조의 진동 등 통상적인 움직임에 대하여 시멘트모르타르의 균열이나 탈락이 발생한다.
(3) 시멘트모르타르는 설비관통부 표면에만 시공되어 화열에 쉽게 노출되므로, 화재시 시멘트모르티르가 쉽게 탈락된다.

4. 내화충전구조의 내화시험방법

내화충전구조 세부운영지침에 의한 시험 절차·방법·판정기준에 따른 시험결과 내화충전구조는 구획부재에 요구되는 동등 이상의 내화성능(시간)을 가져야 한다.

(1) 시험순서

1) 건축물의 구조부재에 배관 등의 관통설비를 관통시키고 충전재를 주입한다.
2) 주입한 충전재가 경화되도록 충분히 양생한다.
3) KS F 2257-1의 표준시간-온도곡선에 의한 가열시험을 한다.
   즉, 가열온도는 노 내의 평균온도가 다음 관계식을 따르도록 조절되어야 함

   $T = 345\log_{10}(8t+1) + 20$

   여기서, T : 가열로 내의 평균온도[℃]
   t : 시간[분]

(2) 판정기준

1) 차열성능 : 시험용 열전대 중에서 어느 한 개라도 초기온도보다 180[K]를 초과하지 않을 것
2) 차염성능 : KS F 2257-1에 의해 결정(단, 균열게이지는 적용 제외)
   ① 시험체의 비가열면에서 10초 이상 지속되는 화염발생이 없을 것
   ② 면패드에 의한 시험일 경우 면패드에 착화가 발생되지 않을 것

5. 내화충전구조의 성능등급

부재구분 \ 내화성능	1시간	1.5시간	2시간
스터드구조 경량부재 (건축용 철강재·보드류·벽체 포함)	A-1	A-1.5	A-2
콘크리트패널부재	B-1	B-1.5	B-2
콘크리트부재	C-1	C-1.5	C-2

<사용기준>
- A등급 : 모든 등급(A·B·C등급)의 구획부재에 사용 가능
- B등급 : B·C등급의 구획부재에 사용 가능
- C등급 : C등급의 구획부재에만 사용 가능

6. 결론

(1) 내화충전구조는 방화구획의 설비관통부 및 각 구조부재 간의 죠인트 등의 틈새를 통한 화재확산의 방지를 위하여 불연재료로 밀실하게 충전한 것으로 Passive Fire Protection의 한 부분으로서 중요한 역할을 한다.
(2) 과거에는 내화충전구조로 시멘트모르타르를 바르는 방식이 많이 사용되었으나, 시멘트모르타르 재료 자체가 경화 후 균열이 발생하는 단점이 있으므로, 이의 대안으로 KS규격 또는 내화충전구조 세부운영지침의 기준에 따라 내화충전구조로 인정한 구조로 된 것만을 사용하도록 하는 법령이 제정되어 시행하게 되었다.

37. 이중외피구조(Double Skin System)

1. 개요

(1) Double Skin System이란, 건축물의 유리창 외벽을 이중으로 한 것 즉, 외벽을 유리로 구성된 이중 벽체의 구조로 하여 그 사이로 공기가 순환되도록 한 시스템을 말한다.

(2) 이러한 이중외피구조는 실내와 실외의 사이에 공간(cavity)을 형성하며, 이 공간의 상·하부에는 통기구가 있어 이 공간을 통하여 상시 대류작용이 일어나므로, 보다 효율적인 환기성능 및 화재 시 제연성능도 향상되게 된다.

2. Double Skin System의 구조 및 특성

(1) 구조

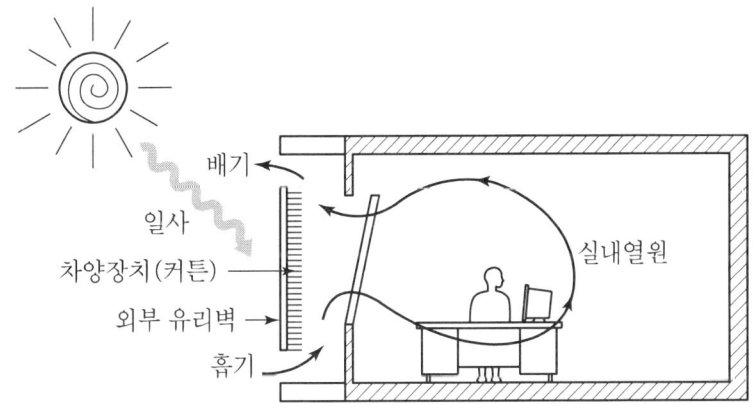

[이중외피시스템의 개념도]

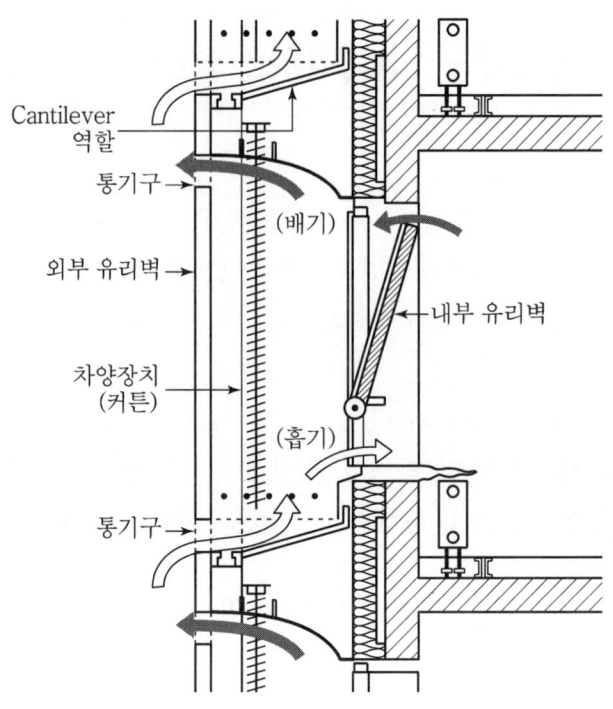

[이중외피시스템의 상세도]

(2) 특성

위의 그림과 같이 유리벽 사이에 형성된 공간(cavity)과 통기구에 의해 상시 대류작용이 일어나므로 다음과 같은 특성을 갖게 된다.
1) 자연환기력 향상에 의한 배연성능 향상
2) 여름철에는 냉방에너지 절약 : 실외 차양장치 작동(닫음)
3) 겨울철에는 난방에너지 절약 : 두 외피사이 공간의 완충기능으로 온실효과
4) 창문 개방시에도 고속기류의 직접적 영향(맞바람) 감소 : 고층부에도 창문개폐 가능 : (심리적 안정감 부여)
5) 소음차단효과 향상

3. Double Skin System의 종류

(1) 커튼월 이중외피 시스템

1) 구조

그림과 같이 창문이 있는 건물 전면에 유리로 된 두 번째 외피를 설치한 형태의 이중외피 시스템이며, 두 외피사이 공간(cavity) 내의 공기 흐름을 위한 통기구는 흡기구를 건물의 최하단부(1층)에, 배기구는 건물의 최상부에 설치한다.

2) 특성

① 두 외피 사이의 공간 전체가 하나의 굴뚝덕트로 작용하여 환기를 위한 공기의 상승효과(Stack Effect)를 이끌어 낸다.
② 층과 층 사이가 차단되어 있지 않으므로 화재 시 윗 층으로의 화재확산 위험이 클 수 있다.
③ 상층부로 갈수록 하층부에서 상승한 오염공기의 정체현상으로 환기효과가 떨어진다.
④ 이 시스템은 환기를 위한 장점보다는 외부 소음이 심한 곳에서 소음 차단에 더욱 효과적이라 할 수 있다.

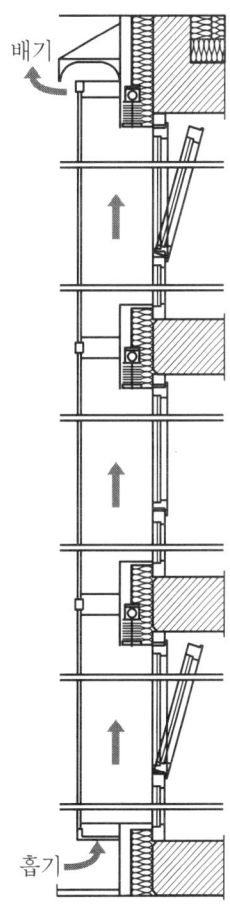

[커튼월 이중외피시스템]

(2) 층별 이중외피 시스템

1) 구조

커튼월 이중외피시스템에서 각 층을 차단시켜 커튼월 이중외피시스템에서의 단점을 개선한 시스템이다.

2) 특성

① 각 층마다 상부와 하부에 흡기구와 배기구가 있으므로 각 층별로 흡기와 배기가 가능하므로 환기 및 배연효과가 가장 우수하다.
② 다만, 층과 층 사이의 흡기구와 배기구가 상하로 너무 근접하여 배치될 경우 아래층에서 배기된

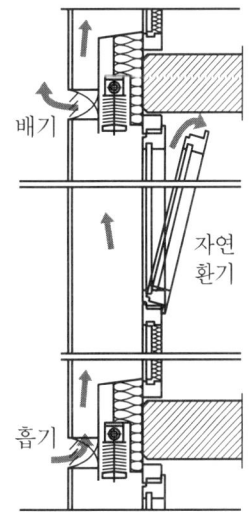

[층별 이중외피시스템]

공기(또는 연기)가 다시 윗 층의 흡기구로 흘러 들어가게 될 수도 있다.

(3) 박스형 창문 시스템 (Box windows type)

1) 구조

그림과 같이 창문 부분만 이중외피 형식으로 되어 있고 그 외의 부분은 일반 외벽체와 동일하게 구성되어 있다.

2) 특성

① 이중외피를 건물의 층별, 또는 실별로 설치할 수 있다.

② 외부창을 포함한 두 개의 창문을 모두 개방하는 것이 곤란하므로 특히, 초고층 주거용 건축물에서는 좀 더 응용된 형식으로의 적용이 요구된다.

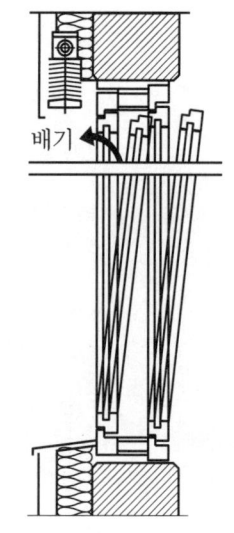

[박스형 창문 시스템]

4. 소방·방재 측면에서의 고려사항

(1) 자연배연효과의 향상

두 외피사이 공간(cavity)의 상·하부 통기구를 통한 공간 내의 대류작용으로 인하여 배연효과가 향상된다. 다만, 여기에 건축법령에 따른 배연창을 적용할 경우 배연창의 유효면적은 내·외부 2개의 개구부 면적을 직렬합산식으로 계산한 면적으로 하여야 한다.

(2) 연돌효과(Stack Effect) 발생

특히, 커튼월 이중외피시스템의 경우 두 외피 사이의 공간 전체가 하나의 굴뚝덕트로 작용하므로 연돌효과의 발생이 용이해 진다.

(3) Cantilever 기능

앞의 그림(이중외피시스템의 상세도)에서와 같이 이중외피시스템(커튼월 이중외피시스템은 제외)에는 화재 시 윗 층으로의 연소확대를 억제하는 Cantilever의 역할을 하기도 한다.

(4) 커튼월 부위의 내화충진 시공문제

커튼월과 바닥슬라브의 접합부위는 층간방화구획의 연장선이므로 건축법규정에서 정하고 있는 내화충진구조의 규정에 따라 기밀하게 시공하여야 한다.

5. 결론

(1) 현대사회에서 지향하고 있는 초고층 건축물에서 외부풍압과 자연환기의 문제는 일반적인 창호시스템으로는 해결할 수 없으므로 이러한 Double Skin System이 많이 적용되고, 갈수록 발전할 것으로 기대된다.

(2) 이에 소방·방재 측면에서도 다음과 같은 사항을 고려한 화재시뮬레이션(FDS)을 통해 화재위험성을 분석하고 이의 응용 및 보완책을 강구하여야 하겠다.
  1) 연돌효과(Stack Effect)의 발생문제
  2) 자연배연효과의 향상문제
  3) Cantilever 기능의 강화문제

Chapter 07

피 난

01. 피난계획 ·· 315
02. 피난계획의 기본방향 ·· 319
03. 피난모델의 종류(Type of Evacuation Models) ························ 322
04. 피난로(Means of Egress) ·· 323
05. Dead-end와 Common Path ·· 326
06. Fail Safe와 Fool Proof ··· 327
07. 국내 피난관련법규의 문제점 및 개선방안 ································ 328
08. 피난기구 ·· 330
09. 상용승강기의 피난수단으로 이용문제 ······································ 332
10. 인명안전설계 시의 기본요구사항(NFPA 101) ·························· 334

01 피난계획

1. 개요

(1) 건축물에서의 피난계획은 건축계획의 한 부분으로서, 건축물 설계의 기본계획인 평면계획과 단면계획시 인명안전차원에서 제1차 안으로 고려되어야 한다.

(2) 피난계획의 3요소
   1) 피난로의 배치
   2) 피난로의 용량
   3) 피난로의 안전구획확보

2. 피난계획의 기본원칙

(1) 복수의 안전장치 확보 : (Fail Safe)
   [예] 2방향 피난로 확보(System의 병렬화), 발코니·트랩 설치

(2) 피난수단은 원시적인 방법으로 : (Fool Proof)

(3) 피난설비는 고정적인 설비로 함

(4) 비상시 인간의 심리적인 특성을 고려한 피난경로계획 수립

(5) 피난경로(동선)의 안전성 확보
   1) 수용능력에 적합한 피난용량 확보
   2) 피난로의 안전구획 확보
      ① 방화구획 : 내화구조로 구획 및 마감재료는 불연재료
      ② 방연구획 : 가압방연 또는 제연경계벽으로 구획방연
   3) 피난로의 구조 : 단순명료
   4) 2방향 피난로 확보
   5) 피난로의 표시 및 유도시설 구비
   6) 예비전원에 의한 조명제공
   7) 수직방향 피난로 계획
      ① 계단부위는 수평피난로보다 피난밀도가 작도록 설계
         [예] 피난자 유동계수
            계단 : 1.3[인/m·s]
            복도 : 1.5[인/m·s]

② 계단 피난시 피난층을 지나쳐 지하층으로 내려가지 않도록 지하층과 피난층의 경계에는 확실한 표지설치
③ 피난계단은 옥상층까지 직접 통하도록 함
④ 피난계단의 바닥면에 미끄럼방지조치 및 난간대 등을 설치

3. 피난계획의 수립

(1) 피난계획의 흐름도

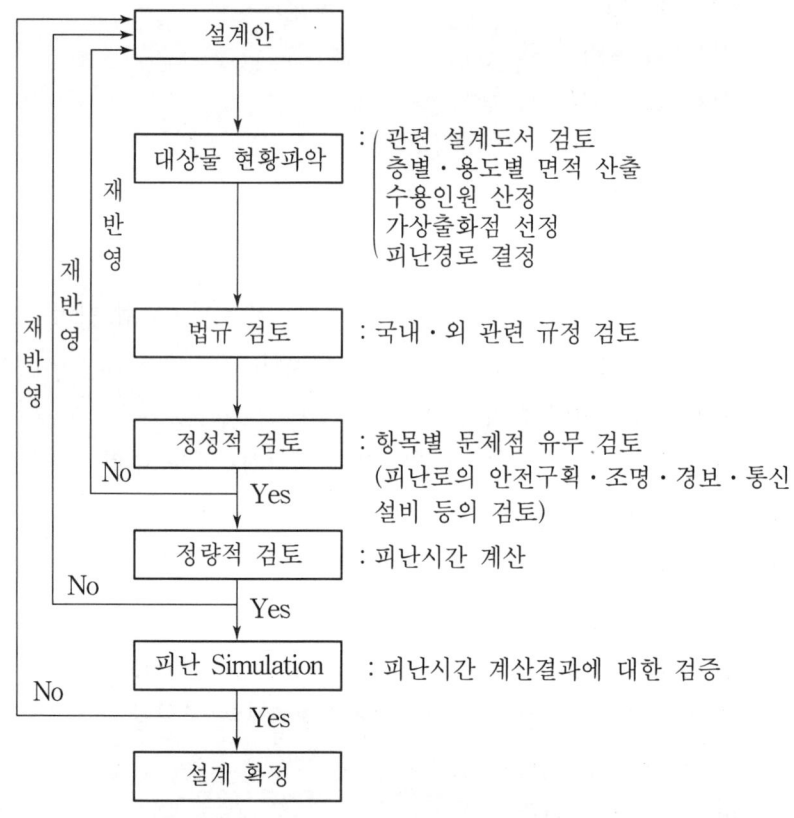

(2) 피난계획 수립순서

1) 대상물의 현황파악

　관련 설계도면 검토 및 층별·용도별 면적 파악

2) 수용인원 산정

　Peak 시간대 최대예상인원수를 기준으로 산정

3) 가상출화점 선정

　① 출화점이 될 가능성이 있는 장소를 선정
　② 피난에 가장 불리한 장소를 선정

4) 피난경로 결정

　① 가상 출화점에서 멀어지는 방향으로 선정
　② 피난시간이 최 단시간이 되도록 선정

5) 법규 검토

　국내·외 관련규정(법규) 검토

6) 정성적 검토(항목별 문제점 유무 검토)

　① 출입문 간의 이격거리 검토
　② 피난로의 안전구획 확보
　③ 조명·경보·통신설비 등의 구비

7) 정량적 검토(피난시간계산)

　① 거실 피난시간

　　T_1(거실 피난시간) $= \max(t_1, t_2)$

　　$t_1 = \dfrac{N}{\lambda \times \sum W}$

　　$t_2 = \dfrac{Lx+y}{v}$

　　T_2(거실 허용피난시간) $= a\sqrt{A_1}$

　　∴ $T_1 < T_2$ 이면 합격

　　여기서, t_1 : 수용인원(N)의 출구통과 소요시간
　　　　　t_2 : 최후 피난자의 출구도착 소요시간
　　　　　λ : 군중유동계수 ┌ 출구 : 1.5[인/m·s]
　　　　　　　　　　　　　　　　└ 계단 : 1.3[인/m·s]
　　　　　$\sum W$: 피난문 폭의 합계[m]=출구폭의 총합계
　　　　　N : 피난자의 수[인]
　　　　　v : 보행속도[m/s] ┌ 1.0 : 다중이용시설
　　　　　　　　　　　　　　　└ 1.5 : 사무소, 학교
　　　　　$Lx+y$: 실내 최대보행거리[m]

a : ┌ 천장고 6m 미만 : 2
　　　└ 천장고 6m 이상 : 3

A_1 : 발화실 면적[m²]

② 층 피난시간

해당 층의 한 거실을 발화실로 가정하여 그 층 전체 피난자의 흐름을 설정하고, 피난시간과 허용피난시간을 비교하여 판정한다.

층 피난시간 계산 : 거실 → 복도 → 계단실

㉮ 복도 피난시간(t_1) : 복도(복도입구 → 계단실)에서의 피난소요시간

$$t_1 = \frac{l}{v}$$

㉯ 복도의 허용피난시간(t_2)

$$t_2 = 4\sqrt{A_{1+2}}$$

㉰ 층 피난시간(T_1)

$$T_1 = \frac{L}{v}$$

㉱ 층 허용피난시간(T_2)

$$T_2 = 8\sqrt{A_{1+2}}$$

∴ 판정 $\begin{cases} t_1 < t_2 \\ T_1 < T_2 \end{cases}$ 이면 합격

여기서, v : 보행속도[1.0m/s]
　　　l : 복도에서의 보행거리(복도 길이)
　　　L : 당해 층 피난경로상의 보행거리(L_{x+y}) + 복도길이(l)
　　　A_{1+2} : 당해 층의 모든 거실 및 복도면적의 합계[m²]

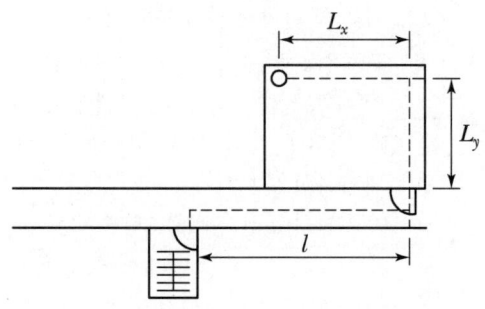

8) 피난시뮬레이션 시행 및 분석

① 각 피난경로마다 피난군집의 유동상황을 예측

㉮ 최후 피난자가 각 요점을 통과하는 시간적 경과를 산정

㉯ 체류지점에서 체류인원수의 시간적 변화상황을 예측

② 각 피난경로마다 연기의 유동상황을 해석

③ 상기 피난군집의 유동상황과 연기유동상황의 상호관계를 조합하여 피난자의 안전성을 검토한다.

9) 위 사항들의 검토결과 안전하다고 판정될 때까지 피난계획을 수정·보완한다.

10) 설계 확정

02 피난계획의 기본방향

1. 개요

피난계획의 기본방향은 다음과 같이 나눌 수 있다.

(1) 피난경로와 피난용량

(2) 재실자의 특성에 따른 배려

(3) 건축물 용도에 따른 배려

(4) 방화대책의 신뢰성 확보에 따른 배려

2. 피난계획의 기본방향

(1) 피난경로와 피난용량

1) 발화실에서의 피난

거실 발화시 연기가 Clear Layer에 도달하기 전에 거실 밖으로 피난을 완료할 수 있는 최대 피난용량의 출입구를 계획

2) 발화층에서의 피난

연기가 발화층의 피난경로를 오염시키기 전에 발화층의 재실자 전원이 계단실 또는 부속실까지 피난할 수 있는 피난용량을 계획

3) 상층에서의 피난

   피난계단의 혼잡을 방지하기 위해 ① 발화층, ② 직상층, ③ 최상층의 순서로 순차적인 피난계획

4) 중간피난거점

   초고층 건물에서 중간층에 방화·방연·안전구획을 확보하고, 일시적인 피난장소로 한다.

5) 피난층에서 옥외로 직접연결

   피난층에서 옥외의 최종피난장소까지 일관된 피난동선계획

(2) 재실자의 특성에 따른 배려

1) 건물 내 각 부분의 피난대상자 수를 예상

   ① 최대 예상 재실자 수의 적용을 원칙

   ② 단, 주택·호텔 객실층과 같이 이용자 수가 한정된 곳은 설계인원을 대상자로 함

2) 재실자의 특정·불특정 구별과 피난능력

   ① 불특정 이용자의 시설인 경우 피난유도시설과 피난시설을 강화

   ② 비상시 판단력이 부족한 사람 및 장애인 등의 재해 약자를 배려한 피난계획수립

(3) 건축물 용도에 따른 배려

1) 실의 용도 및 일상의 유지관리에 따른 배려
2) 취침시설의 경우 화재인지지연 및 피난지연에 대한 대책 강구
3) 복합용도 건물인 경우 이용시간대가 달라 피난로 차단 등에 대한 대비책 강구

(4) 방화대책의 신뢰성 확보에 따른 배려

1) 대규모 Open Central Area : 방화·방연셔터로 구획할 경우 셔터(가동부위)의 개수가 많을수록 신뢰성이 낮아진다. → 중요한 구획부에는 고정벽을 설치
2) 특히, Atrium의 경우 상부 몇 개 층을 Glass Screen으로 병용설치하면 연기가 건물 전체로 전파하는 것을 방지할 수 있다.

3. 결론

〈건축물에서의 피난능력 개선방안〉

(1) 피난시간을 단축시키는 방안

    1) 거주밀도를 낮춤
    2) 피난계단 및 비상구의 수를 증대시킴
    3) 피난계단 및 비상구의 폭을 확대
    4) 피난경로를 수정하여 피난거리 단축
    5) 화재감지 및 경보시간 단축
    6) 비상훈련에 의한 대피시간 단축

(2) 체류가능 시간의 연장

    1) 열·연기배출설비 설치
    2) 고정식 자동소화설비 설치
    3) 화재하중 감소 : 가연물 수용량 및 내장재의 제한
    4) 실의 구조변경

[Reference]

〈비상(Panic)시 인간의 피난행동특성〉

  (1) 귀소본능 : 비상시 자신이 들어왔던 길 또는 평상시 사용하던 통로로 되돌아가려는 본능
  (2) 지광본능 : 비상시 밝은 곳으로 피난하려는 경향
  (3) 추종본능 : 비상시 선도자(지도자)를 따라 행동하려는 경향
  (4) 퇴피본능 : 사고지역으로부터 멀리 피난하려는 경향
  (5) 좌회본능 : 비상피난 중 회전시 오른손이나 오른발을 이용하여 왼쪽으로 회전(좌회전)하려는 경향

〈화재·피난에 관한 적정성의 평가항목〉

  (1) 대상공간의 연기층의 온도분석
  (2) 대상공간의 연기층의 하강시간계산
  (3) 대상공간 내 연기확산평가
  (4) 거주자의 특성분석

(5) 피난시간계산 및 정체구간분석
(6) 화재시나리오 제시
(7) 시뮬레이션 결과를 통한 설계대안의 제시
(8) 방재관련규정의 적합성 검토

03 피난모델의 종류(Type of Evacuation Models)

1. 개요

건축물 내 피난에 있어서 적용할 수 있는 모델의 종류로는 단일 매개변수 추정법, 이동모델, 거동시뮬레이션 모델, 방어모델 등이 있다.

2. 단일매개변수 추정법(Single-parameter Estimation)

(1) 비상사태 이외의 단순보행시간 추정에 이용
(2) 수작업계산 또는 단순한 컴퓨터모델에 이용
(3) 비상구·통로의 폭을 기준으로 유동시간 계산
(4) 보행거리기준으로 보행시간 계산

3. 이동 모델(Movement Models)

(1) 많은 사람들의 Network 유동형태를 따른 것
(2) 설계의 전반적인 평가에 유용함
(3) 문제점
   피난자의 거동을 최적화하는 경향이 있어 예측된 피난소요시간보다 사실성과 보수성이 결여될 수 있음

4. 거동시뮬레이션 모델

(1) 피난자들을 개별적으로 다루어 각각의 고유한 특징을 부여하여 설계시뮬레이션을 사실에 더욱 근접시킴

(2) 문제점

모델 사용시 입력을 위한 가용데이터의 제한으로 예측의 신뢰도가 떨어짐

5. 방어 모델(Tenability Models)

노출시간 영향계산의 자동화에 필요함

04 피난로(Means of Egress)

1. 개요

(1) 피난로(Means of Egress)의 정의

건축물 내의 어느 지점에서부터 공공도로 또는 공지까지 방해를 받지 않고 계속 피난할 수 있는 통로

(2) 피난로의 구성

1) Exit(피난통로)
2) Exit Access(비상구 접근로)
3) Exit Discharge(건물 바깥쪽으로의 출구)

2. Exit

(1) 정의

건축물 내부에서 옥외 지표면으로 연결되는 통로상의 출입구로서 일정한 내화성능의 구조물로 구획된 피난로의 일부분

(2) 구성

1) 출입문 : 방화구획선 상의 출입구 또는 옥외지표면으로 직접 연결되는 출입구
2) 계단
3) 경사로
4) 비상탈출구
5) 옥외 발코니

(3) 층별 Exit

1) 1층 Exit

① 외부지표면으로 직접 연결되는 출입문

② 1층의 수평방화구획선 상의 비상구

2) 2층 이상의 Exit

① 내화구조의 벽으로 구획되고 자기폐쇄식 방화문이 포함된 피난계단

② 2층의 수평방화구획선 상의 비상구

3. Exit Access

(1) 정의

1) 비상구 접근로

2) 비상구에 이르는 피난로의 일부

(2) 구성·구조

1) 비상구에 접근하기 위하여 점유하고 통과하는 모든 공간

2) 즉, 거실·복도·통로 및 방호되지 않은 경사로

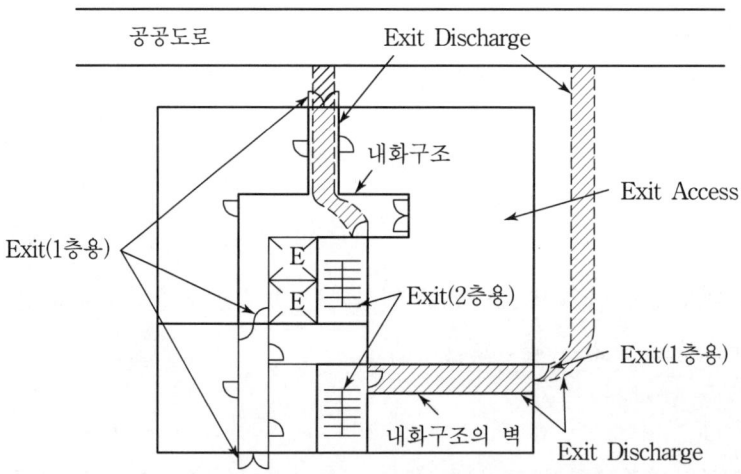

4. Exit Discharge

(1) 정의

옥내 피난통로의 끝부분에서부터 옥외 공공도로까지 연결되는 옥내·외 보행로

(2) 구성·구조

1) 1층의 피난계단 끝부분에서부터 방화구획된 복도를 통하여 비상구까지 피난할 수 있는 옥내보행로
2) 비상구에서부터 공공도로까지 연속되는 옥외보행로
3) 용도의 구분
   ① 1층의 점유자가 통과하는 경우 : Exit Access
   ② 2층의 점유자가 통과하는 경우 : Exit Discharge

5. 접근가능한 피난로(Accessible Means of Egress)

(1) 정의
심한 신체장애자가 이용할 수 있는 공공도로 또는 대피장소로 연결되는 보행로

(2) 즉, 휠체어를 탄 사람이 통행시 도움 없이 Exit 또는 Exit Access, Exit Discharge를 통과하여 대피장소로 피난할 수 있는 보행로

6. 접근가능한 대피장소(Accessible Area of Refuge)

(1) 정의
휠체어를 탄 사람이 계단 또는 기타의 장애물을 거치지 않고 도달할 수 있는 장소

(2) 구조

1) 건물의 옥내에 있는 경우
   ① 자동식 스프링클러설비에 의해 방호되고
   ② 방연 칸막이에 의해 구획된
   ③ 최소 2개 이상의 접근가능한 방이나 공간이 있는 것

2) 공공도로로 가는 이동통로에 있는 경우
   ① 당해 건물의 다른 공간과는 방화구획되고
   ② 다른 층으로의 피난지연이 허용되는 공간

(3) 적용

1) 피난활동이 시작될 때까지 거주자에게 안전을 제공하는 활동구역
2) 즉, 위협받는 구역으로부터 도로로 나가는 전체 피난경로 중의 한 단계
3) 잠재적인 긴급상황을 평가·판단하여 결정한다.

(4) 종류

1) 구획·분할된 층의 구획실
2) 비상용승강기의 승강장
3) 다리(피난교) 또는 발코니
4) 넓은 피난계단참으로 연결된 인접한 다른 건물

05 Dead-end와 Common Path

1. Dead-end

(1) 복도(피난통로)에서 피난구를 지난 통로 부분으로서, 복도의 막다른 부분을 말한다.
(2) 즉, 피난자가 막다른 길에 들어갔을 때 출구가 없어서 왔던 길로 되돌아가야 하는 부분을 말한다.
(3) Dead-end의 제한
화재시 인명안전을 고려하여 막다른 부분이 최소한의 길이가 되도록 계획하여야 한다. Dead-end Limit는 건물용도에 따라 차이가 있지만, 일반적으로 스프링클러가 설치된 경우 15m 이내, 미설치된 경우 6m 이내로 제한한다.

2. Common Path

(1) 피난구를 향하여 한 방향으로만 갈 수 있는 피난구 접근로의 보행로 부분
(2) 방의 가장 먼 지점에서부터 시작하여 보행로(복도)의 방향이 갈라지는 분기점까지 해당된다.

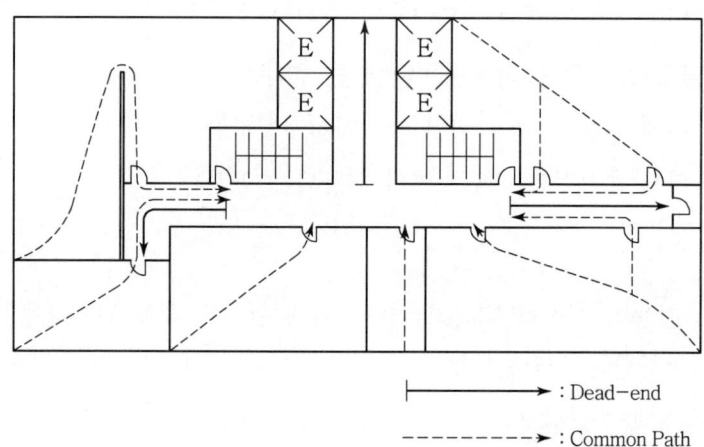

06. Fail Safe와 Fool Proof

1. Fail Safe

(1) 개념

1) 이중안전장치
2) 하나의 안전장치가 고장나거나 그 사용을 실패할 경우, 다른 수단의 안전장치를 이용하여 구제할 수 있게 하는 방식
3) 각종 재해상황에 대처할 수 있도록 적절한 이중안전장치를 사전에 마련하는 것
4) 즉, 안전장치의 Redundancy(이중성)와 Diverse(다양성)의 개념이다.

(2) 적용[예]

1) 2방향의 피난로 설치
2) System의 병렬화
3) 전력이용설비는 비상전원 및 예비전원 확보
4) 무전원 가압수조방식 채용 등

2. Fool Proof

(1) 개념

1) 피난시설 등에서 Panic 상태이거나 저지능자라도 쉽게 판별하고 이용할 수 있도록 하는 개념의 시설
2) 피난시설의 구조를 간단명료하게 한다.
3) 문자보다 간단한 그림이나 색채를 적용한다.

(2) 적용[예]

1) 소화설비 및 경보기기의 표시 : 적색등
2) 피난유도표시등 : 녹색등
3) 피난경로상의 출입문 : 피난방향으로 열리는 구조
4) Door Knob : 회전식이 아닌 레버식으로 함
5) 외광이 들어오는 위치에 피난구 설치

07 국내 피난관련법규의 문제점 및 개선방안

1. 개요

국내 피난관련법규의 대표적인 문제점은 다음과 같다.

(1) 수용인원을 고려한 피난통로 확보의 기준이 없다.
(2) 즉, 건물의 용도와 수용인원의 밀집도를 고려하지 않고 단순보행거리 등의 획일적인 피난계단 및 복도의 기준을 적용한다.
(3) 대규모 복합건축물에 대한 화재·피난 시뮬레이션 적용이 미흡하다.

2. 개선방안

(1) 적정수용인원 및 피난용량의 산정

  1) 문제점

   국내법규에는 면적당 수용인원의 제한규정이 없다.

  2) 개선방안

   건축물 용도별로 면적당 수용인원을 제한하는 규정과 그에 맞는 피난용량의 산정방법을 규정하는 제도적 검토가 필요함

(2) 피난로의 수와 배치

  1) 문제점

   ① 건축물의 규모·수용 인원에 관계없이 최소 2개 이상의 직통계단으로만 규정
   ② 직통계단까지의 거리를 보행거리에 의해서만 규정

  2) 개선방안

   건축물의 규모·용도 및 수용 인원을 고려한 피난로 및 직통계단의 수와 이격거리의 규정을 제정

(3) 관람석 내 통로의 피난용량(능력)

  1) 문제점

   관람석은 많은 좌석과 피난동선이 복잡함

2) 개선방안

　① 수용인원에 따른 객석 내의 유효한 피난통로 확보
　② 객석의 열과 열당 좌석수를 제한

(4) Common Path 및 Dead End

1) 문제점

국내 피난관련법규에서는 정의되지 않은 용어임

2) 개선방안

명확한 피난통로의 확보와 피난경로의 단순화에 목적을 두고 공용 이동통로 및 막다른 통로의 한계를 규정

(5) 피난통로까지의 보행거리

1) 문제점

　① 국내 규정에서 직통계단까지의 보행거리 : 30m 이하
　　단, 주요구조부가 내화구조 또는 불연재료인 경우에는 50m이다.
　② 건축물 용도의 특성 및 거주자의 구성을 고려하지 않고 단지 구조물의 재료에 따른 완화기준을 규정하고 있다.

2) 개선방안

　① 스프링클러설비에 의한 완화규정이 필요
　② 건축물 용도의 특성 및 거주자의 구성에 따른 완화규정 필요

(6) 인명안전성 평가

1) 건축계획시 공인된 전문기관에 의한 검토 필요
2) 컴퓨터를 통한 화재 및 피난 시뮬레이션에 의한 검증 필요

3. 결론

(1) 건축물계획시 성능위주의 방화설계의 접근을 유도
(2) 일정규모 이상의 건축물에는 인명안전성 평가를 의무화
(3) 건축물의 용도 및 규모별로 수용인원산정 및 피난용량산정의 기준 마련

08. 피난기구

1. 개요
피난기구는 화재 시 건물 내의 거주·출입하는 사람들이 정상적인 통로를 통하여 대피하지 못할 경우 대신 피난용 기구를 이용하여 안전한 장소로 피난시킬 수 있는 기계·기구를 말한다.

2. 법규적 설치대상

(1) 설치 제외대상
1) 특정소방대상물의 피난층, 지상 1·2층과 11층 이상의 층
2) 가스시설, 지하구, 지하가 중 터널

(2) 설치대상 및 설치수량
1) 아파트
 : 각 세대마다 1개 이상
2) 노유자시설·의료시설·숙박시설 용도의 층
 : 그 층의 바닥면적 500m^2마다 1개 이상
3) 문화 및 집회시설·운동시설·위락시설·판매시설 용도의 층 또는 복합용도의 층
 : 그 층의 바닥면적 800m^2마다 1개 이상
4) 그 밖의 용도의 층
 : 그 층의 바닥면적 1,000m^2마다 1개 이상

(3) 추가 설치수량
1) 숙박시설(휴양 콘도미니엄은 제외) : 객실마다 완강기 또는 둘 이상의 간이완강기 추가 설치
2) 아파트 : 하나의 관리주체가 관리하는 아파트 구역마다 공기안전매트 1개 이상 추가 설치
3) 노유자시설 : 4층 이상의 층에 설치된 노유자시설 중 장애인 관련시설로서 주된 사용자 중 스스로 피난이 불가한 자가 있는 경우에는 층마다 구조대를 1개 이상 추가 설치

(4) 각 층별 피난기구의 적용 〈개정 : 2022.9.8〉

구분 \ 층별	1층	2층	3층	4층 이상 10층 이하
노유자시설	미끄럼대 구조대 피난교 다수인피난장비 승강식피난기	미끄럼대 구조대 피난교 다수인피난장비 승강식피난기	미끄럼대 구조대 피난교 다수인피난장비 승강식피난기	구조대 피난교 다수인피난장비 승강식피난기
의료시설·근린생활시설 중 입원실이 있는 의원·접골원·조산원			미끄럼대 구조대 피난교 피난용트랩 다수인피난장비 승강식피난기	구조대 피난교 피난용트랩 다수인피난장비 승강식피난기
영업장의 위치가 4층 이하인 다중이용업소		미끄럼대 피난사다리 구조대 완강기 다수인피난장비 승강식피난기	미끄럼대 피난사다리 구조대 완강기 다수인피난장비 승강식피난기	미끄럼대 피난사다리 구조대 완강기 다수인피난장비 승강식피난기
그 밖의 것			미끄럼대 피난사다리 구조대 완강기 피난교 피난용트랩 간이완강기 공기안전매트 다수인피난장비 승강식피난기	피난사다리 구조대 완강기 피난교 간이완강기 공기안전매트 다수인피난장비 승강식피난기

※ 간이완강기는 숙박시설(휴양콘도미니엄은 제외)의 객실(3층 이상)에 한하여 적용
※ 공기안전매트는 공동주택에 한하여 적용

3. 설치기준

(1) 피난기구는 계단·피난구로부터 적당한 거리에 있는 피난·소화활동상 유효한 개구부에 고정하여 설치하거나, 필요한 때에 신속하게 설치할 수 있는 상태로 둘 것
(2) 피난기구를 설치하는 개구부는 서로 동일 수직선상이 아닌 위치에 있을 것(단, 피난교, 피난용 트랩, 간이완강기 및 아파트에 설치하는 피난기구에 있어서는 그러하지 아니하다.)

(3) 피난기구는 소방대상물의 기둥·바닥·보 기타 구조상 견고한 부분에 볼트조임·매입·용접 기타의 방법으로 견고하게 부착할 것
(4) 4층 이상의 층에 피난사다리를 설치하는 경우, 금속성 고정사다리와 쉽게 피난할 수 있는 구조의 노대를 설치할 것
(5) 완강기는 강하시 로프가 소방대상물에 접촉하지 아니하도록 할 것
(6) 미끄럼대는 안전한 강하속도를 유지하도록 하고, 전락방지를 위한 안전조치를 할 것
(7) 구조대의 길이는 피난상 지장이 없고 안전한 강하속도를 유지할 수 있는 길이로 할 것
(8) 완강기로프의 길이는 부착면에서부터 지면, 기타 착지면까지의 길이로 할 것

09 상용승강기의 피난수단으로 이용문제

1. 개요

고층건물에서 화재시 상용 엘리베이터는 여러가지 방재적 취약점 때문에 그동안 피난수단으로의 이용을 금지하여 왔다.

그러나 상용 엘리베이터도 아래에서 제시하는 몇가지 문제점을 보완한다면 초기화재 시점에서는 큰 문제없이 유용한 피난수단으로 이용될 수 있다는 것을 미국 WTC의 9.11 사태에서도 확인되었으며, 특히 초고층건축물 일수록 더욱 유용한 피난수단이 될 수 있다.

2. 고층건물에서 상용승강기를 이용한 피난의 문제점

(1) 화재층에서 승강기가 멈춰 문이 열렸을 경우 승강기내의 탑승객들이 화재와 연기에 노출될 확률이 매우 크다.
(2) 엘리베이터 이용을 위해 일정시간동안 기다려야 할 경우가 있는데 이 시간동안 연기와 화염에 노출될 우려가 있거나, 공황상태에 빠질 우려가 있다.
(3) 화재중에 정전이 일어날 경우 엘리베이터가 운행중에 정지하여 탑승객들을 층간에 갇히게 할 우려가 있다.
(4) 소화를 위해 방수된 물이 엘리베이터의 전원이나 제어배선에 수손피해를 유발할 수 있다.
(5) 화열 및 고온의 연기가 엘리베이터 장비를 과열시켜 엘리베이터의 오동작을 야기시킬 수 있다.

3. 상용승강기를 피난수단으로 이용하기 위한 보완대책

(1) 각 층의 엘리베이터 홀(승강장)을 방화구획 및 방연구획 한다. 여기서 방연구획은 엘레베이터 샤프트와 엘리베이터 홀을 함께 가압하는 급기가압방식이 적합하다.
(2) 모든 층에서는 당해 층의 거주자 전원을 3분 이내에 대피시킬 수 있는 충분한 용량의 승강기 시설을 갖추어야 한다.
(3) 모든 승강기는 정전시 자동으로 비상발전기를 통해 운행되어야 한다.
(4) 모든 승강기의 상황을 파악할 수 있는 CCTV 등의 설비가 설치되어야 한다.
(5) 승강기의 운행시 발생되는 피스톤효과를 완화할 수 있도록 엘리베이터 샤프트의 최상부와 최저부에 플랩댐퍼를 설치한다.
(6) 각 승강장에는 연기감지기를 설치한다.
(7) 승강기 내와 모든 승강장에는 양방향 통신시설을 설치한다.
(8) 건축물의 모든 층에 스프링클러가 설치되어야 한다.
(9) 모든 승강기시스템은 방수시설로 제작되어야 한다.
(10) 화재시 승강기 운전에 관한 비상대응 프로그램이 구비되어야 한다.
    1) 화재시 화재층에서 제일 먼저 피난이 이루어져야 하며, 화재층 피난이 완료된 후에는 화재층의 상부층에서 화재층으로부터 가까운 순서대로 순차적으로 이루어져야 한다.
    2) 초기화재 이후에는 화재층에서 승강기 정지버튼이 작동되지 않아야 한다.
    3) 전원이 끊어졌을 경우에는 모든 승강기가 지정된 층(피난층)으로 이동될 것.
(11) 방재센터에는 승강기에 대한 운행감시 및 제어장치가 설치되어야 한다.

4. 결론

(1) 상용승강기는 상기의 문제점을 보완한다면 최소의 비용으로 최대의 이점을 얻을 수 있는 피난운송수단이 될 수 있다.
(2) 이를 위해서는 건물의 초기설계단계부터 상기의 보완대책이 계획되어야 하고, 이에 따른 적합한 시공이 필요하며, 또 승강기의 정상적인 성능을 유지하기 위하여 평상시 적절한 유지관리가 필요하다.
(3) 전체 거주인원이 단지 승강기만을 이용해 피난하려고 한꺼번에 몰릴 경우 승강기 문이 완전히 닫히기 전에는 운행되지 않는 정체현상 등을 유발할 수 있으므로 계단과 병행하는 피난방식이 요구된다.

10. 인명안전설계 시의 기본요구사항(NFPA 101)

1. 개요

(1) 인명안전코드(NFPA 101)에서 권장하고 있는 인명안전 설계시의 기본요구사항은 건축물 내에서 화재 시 거주자가 안전한 피난을 통하여 인명안전을 달성하기 위한 최소한의 기준을 나타낸 것이다.

(2) NFPA 101에서 규정하고 있는 피난안전의 기본요소
  1) 건축물의 평면계획
  2) 건축물의 구조적 내력
  3) 거주자 보호대책
  4) 피난계획의 적정성

2. 인명안전코드(NFPA 101)에서 권장하는 인명안전 설계시 기본요구사항

(1) Fail Safe 개념의 안전장치를 제공. 즉, 하나의 안전장치에 의존하지 아니하고 적정한 제2의 안전시스템까지 제공해야 한다.

(2) 건축물의 용도, 크기, 형태 및 특징을 고려하여 적정한 인명안전도를 제공해야 한다.

(3) 적합한 피난로 및 안전장치를 위한 고려사항
  1) 건축물 용도의 특성
  2) 점유자의 거동능력
  3) 위험에 노출될 수 있는 사람의 수
  4) 이용 가능한 소방시설
  5) 건축물의 높이와 형태
  6) 기타 안전관련 요소

(4) Fail Safe 개념의 피난설비 제공 : 예비 또는 2중 피난설비를 제공해야 한다.
  단, 둘 다 사용할 수 없게 될 가능성이 최소화되도록 배치해야 한다.

(5) 출구로의 통로가 막히지 않고, 장애물이 없어야 하며, 문이 잠겨있지 않아야 한다.

(6) 피난통로와 출구통로가 혼동되지 않도록 명확하게 표시되어야 하며, 효과적인 사용을 위한 신호가 제공되어야 한다.

(7) 적절한 조명을 제공해야 한다.

(8) 화재의 조기경보를 제공함으로써 점유자가 즉시 대응할 수 있도록 해야 한다.

(9) 수직개구부(수직피난통로)에 대하여 적절한 방호구역을 확보해 주어야 한다.
(10) 모든 인명안전관련 설비는 적용되는 설비기준에 적합하게 설치한다.
(11) 요구되는 모든 사항들이 적절히 가동되도록 유지관리해야 한다.

3. 국내에 적용할 경우 유의할 사항

(1) 건축물의 용도별 최대수용인원을 산정하여 피난용량(피난로의 폭 및 개수)을 산정하고 피난로를 배치해야 한다.
(2) 성능위주 소방설계의 경우에는 건축물의 높이·용도·형태, 이용자의 수와 특성, 및 예상 수용물의 종류·특성 등을 고려하여 피난설계(계획)를 해야 한다.
(3) 일정 규모 이상의 건축물에는 인명안전성 평가를 실시하여 화재발생시 인명안전성이 확보되는지를 검토하여야 한다.

4. 결론

국내에서도 일정 규모 이상의 건축물에는 건축기획 및 건축설계 당시부터 인명안정성 평가를 통하여 화재 시 인명안전이 확보되는지를 검토하고, 인명안전코드(NFPA 101)에서 권장하는 인명안전 설계 시의 기본요구사항을 설계에 적극 반영하도록 하는 제도적 뒷받침이 필요하다.

Chapter 08
소화약제화학

01. 분말소화약제의 종류별 특성 및 소화원리 ·················· 339
02. 분말소화약제의 특수소화효과(녹다운효과, 비누화,
    방진작용, CDC) ·· 342
03. 포소화약제 관련 용어 ·· 345
04. 포소화약제의 발포배율상 분류 ·································· 348
05. 알코올형 포소화약제 ··· 349
06. 수성막 포소화약제 ·· 352
07. 포소화약제의 성분·특성·적용 ································· 354
08. 강화액소화약제(Loaded Stream Agent) ···················· 355
09. Wet Chemical 소화약제 ·· 357
10. Soaking Time ·· 359
11. 부촉매 소화작용 ··· 361
12. 불활성화 방법 ·· 364
13. Peak농도·소염농도·불활성화농도 ··························· 365
14. 가스계소화약제의 선형상수 ······································· 367
15. 물소화약제 ··· 368
16. 할로겐화합물 및 불활성기체 소화약제관련 용어 ······· 371
17. 할로겐화합물 및 불활성기체 소화약제의 종류 ·········· 374
18. 최근 개발된 할로겐화합물 및 불활성기체 소화약제 ··· 381
19. 금속화재용 소화약제(Dry Powder) ·························· 384
20. 소화약제의 보정계수 ··· 386
21. 소화약제의 오존층 파괴 Mechanism ······················· 387
22. PBPK 모델링 ··· 389

01 분말소화약제의 종류별 특성 및 소화원리

1. 개요

(1) 분말소화약제는 연소의 연쇄반응을 제어하는 부촉매 효과를 주된 소화효과로 하며, 급격히 연소확대되는 가연성 액체의 표면화재, 즉 Pool Fire의 소화에 효과적이며, 또 전기적 부도체이므로 전기설비의 화재에도 유용하다.

(2) 그 종류는 제1종, 제2종, 제3종, 제4종으로 다음과 같은 종류별 특성이 있다.

2. 분말소화약제의 종류별 특성

(1) 성분

1) 주성분

① 제1종 : 중탄산나트륨($NaHCO_3$)

② 제2종 : 중탄산칼륨($KHCO_3$)

③ 제3종 : 제1인산암모늄($NH_4H_2PO_4$)

④ 제4종 : 중탄산칼륨+요소[$KHCO_3+(NH_2)_2CO$]

2) 방습제

스테아린산 아연 or 마그네슘

3) 고결방지제

활성분 or 운모분

4) 착색제

1종 : 백색, 2종 : 자색, 3종 : 담홍(핑크)색, 4종 : 회색

(2) 적응화재

1) 제1·2·4종 : B급·C급 화재
2) 제3종 : A급·B급·C급 화재

(3) 분해반응식

1) 제1종 분말

$$2NaHCO_3 \begin{array}{c} \xrightarrow{270℃} Na_2CO_3+CO_2+H_2O = -Qkcal \\ \xrightarrow[850℃]{} Na_2O+2CO_2+H_2O = -Qkcal \end{array}$$

2) 제2종 분말

$$2KHCO_3 \begin{array}{c} \xrightarrow{190℃} K_2CO_3+CO_2+H_2O = -Qkcal \\ \xrightarrow[590℃]{} K_2O+2CO_2+H_2O = -Qkcal \end{array}$$

3) 제3종 분말

① 분해반응식

$$NH_4H_2PO_4 \begin{array}{c} \xrightarrow{166℃} H_3PO_4+NH_3 = -Qkcal \\ \xrightarrow[360℃]{} HPO_3+NH_3+H_2O = -76.95kcal \end{array}$$

② 전해반응식

$$NH_4H_2PO_4 \rightarrow H_2PO_4^- + NH_4^+$$

4) 제4종 분말

$$2KHCO_3+(NH_2)_2CO \rightarrow K_2CO_3+2CO_2+2NH_3 = -Qkcal$$

3. 분말소화약제의 소화작용원리

(1) 제1종·제2종·제4종 분말소화약제

1) 부촉매작용

열분해시 유리된 Na^+, K^+이 연쇄반응을 차단하여 소화한다.

2) 질식작용

열분해시 생성되는 불연성가스(H_2O, CO_2)에 의해 산소농도를 희석시킴

3) 냉각작용

열분해시의 흡열반응과 수증기에 의해서 냉각된다.

(2) 제3종 분말소화약제

1) 부촉매작용

　열분해시 유리된 NH_4^+가 연쇄반응을 차단·억제하여 소화한다.

2) 질식작용

　열분해시 생성되는 불연성가스(H_2O)에 의해 산소농도를 희석시킴

3) 냉각작용

　열분해시의 흡열반응 및 수증기에 의해서 냉각된다.

4) 방진작용

　열분해시 생성되는 메타인산(HPO_3)은 부착력이 우수하여 가연물의 표면에 부착하고 유리상의 피막을 형성하여 가연물과 산소와의 접촉을 차단시킴으로써 일반(A급)화재에서의 잔신현상(점화원을 제거한 상태에서 불꽃을 내지 않고 연소하는 상태)을 방지하게 된다.

4. 분말소화약제(제3종)의 부촉매 소화작용원리

(1) 개요

열분해시 유리된 NH_4^+가 라디칼 포착제(Radical Scavenger)로 작용하여 화염 중의 Chain Carrier(O^+, OH^+)를 포착함으로써 연쇄반응이 중단된다.

(2) Mechanism

연소과정(Free Radical의 연쇄반응)
⇩
$NH_4H_2PO_4$가 고온에 접촉
⇩
NH_4^+가 자유라디칼 형태로 분해
⇩
활성라디칼(O^+, OH^+)과 반응
⇩
라디칼 포착제를 형성
⇩
연쇄반응의 고리를 절단

5. 결론

〈분말소화약제의 특성〉

(1) 우수한 소화성능 : 급속한 연소확대형 액체표면화재에 적합하다.
(2) 전기적 비전도성이다.
(3) 자체 독성 및 부식성이 없으며 반영구적이다.
(4) 제3종은 A, B, C급 화재 모두에 적합하다.
(5) 화세에 침투성이 약하다.
(6) 분말에 의하여 피연소물에 2차적인 피해를 줄 수 있다.
(7) 주위에 과열된 금속이 있으면 재발화 위험성이 있다.
(8) 냉각효과는 약하다.

02 분말소화약제의 특수소화효과(녹다운효과, 비누화, 방진작용, CDC)

1. 개요

분말소화약제의 기본적인 소화작용원리는 부촉매작용에 의한 연소의 연쇄반응억제효과와 질식효과, 냉각효과에 의하지만, 그 외에도 특수소화효과로 Knock-Down 효과, 비누화현상, 방진작용 및 CDC(Compatible Dry Chemical) 등이 있다.

2. 분말소화약제의 Knock-Down 효과

(1) 연소중인 가연물에 분말소화약제를 방사하면, 우선 분말입자들이 가연물의 표면을 덮어 산소공급을 차단하므로 질식효과가 발생된다.
(2) 또한, 동시에 분말소화약제가 연소중인 불꽃을 입체적으로 포위하여 자유라디칼(Free Radical)을 흡착하고, 부촉매작용에 의한 연소의 연쇄반응을 중단시켜 순식간에 불꽃을 꺼지게 하는데, 이를 분말소화약제의 Knock-Down 효과라고 한다.
(3) 분말소화약제의 방사개시 후 10~20초(소화약제가 가라앉는 시간) 이내에 Knock-Down 효과 발생으로 소화되어야 한다.
   만약, 30초 이내에도 Knock-Down 되지 않으면 소화불능(약제의 소화성능미달)으로 판정하는데, 이는

1) 불꽃 규모에 비하여 소화약제 방출률이 부족할 때 발생하며,
2) 입체화재일 경우에는 분말입자가 가라앉으면 소화효과가 없어지고,
3) 냉각효과(약제의 열분해시 흡열반응 및 수증기 발생)는 극히 적기 때문이다.
(4) 분말소화약제는 이러한 단점을 보완하기 위해서는 화재의 강도보다 높은 방사율로 일시에 약제를 방출하여 최단시간에 화재를 진압하여야 한다.

3. 분말소화약제의 비누화현상(Saponification)

(1) 제1종 분말소화약제($NaHCO_3$)를 기름(지방 또는 식용유)의 화재에 방사하면 $NaHCO_3$의 Na^+이온과 기름의 지방산이 결합하여 금속성의 비누거품을 형성하게 된다.
(2) 즉, 중탄산나트륨($NaHCO_3$)의 계면활성제에서 유지의 대부분은 스테아린산 등의 지방산과 글리세린의 에스테르 이므로, 알칼리액으로 처리하면 가수분해가 일어난다. 이 가수분해의 결과로 생긴 지방산이 알칼리로 중화되어서 지방산의 알칼리염으로 된 것이 비누이다.
(3) 이렇게 생성된 비누상 물질은 수증기(H_2O)와 더불어 비누거품을 형성하여 가연성 액체의 표면을 덮게 되므로, 기름의 증발을 억제시키고 산소공급을 차단하여 질식소화효과와 재발화억제효과까지 생기게 하여 소화효과를 높이게 되는데, 이를 분말소화약제의 비누화현상이라 한다.(이것은 제1종 분말소화약제만 해당된다.)

4. 분말소화약제의 방진효과

(1) 제3종 분말소화약제($NH_4H_2PO_4$)가 화재에 방사되어 화열에 의한 열분해시 메타인산(HPO_3)이 생성된다.
   $NH_4H_2PO_4 \rightarrow HPO_3 + H_2O + NH_3$ 360℃
(2) 이때의 메타인산(HPO_3)은 부착력이 우수하여 가연물의 표면에 잘 부착되고, 유리상의 피막을 형성하여 가연물과 산소와의 접촉을 차단함으로써 일반(A급)화재의 소화시에 잔신현상(불꽃을 내지 않고 연소가 계속되는 현상)을 방지하게 되는데 이것을 분말소화약제의 방진효과라고 한다.(제3종 분말소화약제만 해당된다.)

5. 탈수 · 탄화효과

(1) H_3PO_4(올소인산)을 이용
   $NH_4H_2PO_4 \rightarrow H_3PO_4 + NH_3 = -Qkcal$ 166℃

(2) 대부분의 일반 가연물의 연소는 열분해 시 생성되는 가연성 기체에 의해 일어나는데 제1인산암모늄($NH_4H_2PO_4$)은 이와 같은 가연성 기체의 발생을 억제하기 때문에 연소가 중지될 수 있다. 제1인산암모늄은 166℃ 부근에서 암모니아(NH_3)와 올소인산(H_3PO_4)으로 열분해된다. 이때 생성된 올소인산(H_3PO_4)은 목재, 섬유, 종이 등을 구성하고 있는 섬유소를 탈수·탄화시켜 난연성의 탄소와 물로 분해시키기 때문에 연쇄반응이 중단된다.

6. CDC분말소화약제

(1) CDC(Compatible Dry Chemical) 소화약제는 분말소화약제와 포소화약제를 병용한 소화약제로서 이것을 이용한 소화설비를 Twin Agent System이라 한다.

(2) 분말소화약제는 신속한 소화능력(속소성)이 있으나, 유류화재 등에 사용되는 경우에는 소화 후 재발화 위험성이 있다. 그 반면에, 포소화약제는 소화에 걸리는 시간은 길지만, 소화 후에도 거품이 지속되므로 소화 후 재발화 위험은 상당히 적은 편이다.

(3) 따라서, 분말소화약제의 속소성과 포소화약제의 거품의 지속안정성, 이 두가지 장점을 갖춘 CDC(Compatible Dry Chemical)분말소화약제가 개발되었다.

(4) 분말소화약제와 포소화약제의 조합비율
 1) TWIN 10/10 : ABC분말소화약제 10kg + 수성막포 10ℓ
 2) TWIN 30/30 : ABC분말소화약제 30kg + 수성막포 30ℓ

7. 결론

분말소화약제는 주소화효과인 부촉매작용에 의한 연소의 연쇄반응억제효과 외에도 비누화현상, 방진효과, Knock-Down효과, 탈수·탄화효과, Twin Agent System 등의 특수소화효과를 이용하여 더욱더 우수한 성능의 분말소화약제를 개발할 수 있을 것으로 판단된다.

03. 포소화약제 관련 용어

1. Transit Time(Transfer Time)

(1) 정의

1) 포소화약제 원액이 물과 혼합되는 시점부터 포가 형성될 때까지 소요되는 시간
2) 즉, 발포시간을 의미한다.

(2) 영향인자

1) 혼합기에서 발포기까지의 배관길이
2) 포수용액의 유속

(3) System 성능의 영향성

1) 금속비누형의 내알코올형 포

   ① Transit Time을 짧게 해야 한다.
   ② 즉, 포수용액 탱크와 발포기와의 거리가 멀면 금속비누가 배관도중에서 침전되므로 이 거리를 짧게 해야 한다.

2) 불화단백형의 내알코올형 포

   ① Transit Time에 제한이 없다.
   ② 즉, 내열성 및 내유성·내한성이 우수하여 Transit Time의 영향을 받지 않는다.

2. Drainage Time

(1) 정의

1) 발포된 포가 소멸되어 수용액으로 환원하는 데 소요되는 시간
2) 즉, 포의 환원시간을 의미한다.

(2) 측정방법

일반적으로 발포된 포 체적의 25%가 수용액으로 환원되는 데 소요되는 시간을 측정한다.

(3) 소화성능의 영향성

Drainage Time이 길수록 방출된 포가 오래 유지되므로 소화성능도 우수한 것으로 평가된다.

3. 파포현상

(1) 정의

발포된 포가 수용성 액체에 접촉하게 되면 포에 함유된 수분이 수용성 액체 쪽으로 녹아들어가므로 포에서는 탈수현상이 생겨 포가 순간적으로 소멸되는 현상

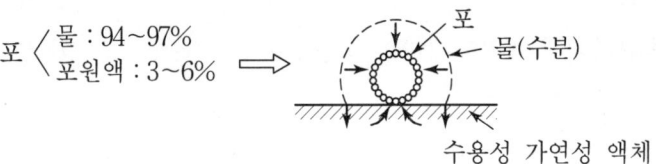

(2) 파포현상의 지속성

포가 소멸됨과 동시에 수용성 액체는 반대로 포 쪽으로 이동하므로, 포의 형성을 유지하게 하는 유기물질을 응고시켜 파포현상이 지속된다.

4. Class A Foam

(1) 포소화약제에서 물의 표면장력을 감소시키고, 침투력과 확산능력을 증대시키기 위한 첨가제
(2) 수직 표면에 잘 부착되는 능력 때문에 산림화재에 우수한 소화약제로 승인되어 있다.
(3) 적용 : 심부화재 및 물의 침투가 어려운 가연물의 소화에 효과적임

5. FFFP(Film Forming Fluoro Protein Foam)

(1) 일명 '막 형성 불화단백포'라고 명명한다.

(2) 작용원리

연료표면에 유체의 수성막을 형성하여 탄화수소 연료의 증발을 억제하고, 연료가 재공급되는 것을 막는 작용을 하는 포

(3) 구성

1) 기제 : 단백질

2) 첨가제
   ① 불화계면활성제
   ② 각종 안정화 첨가제
   ③ 동결·부식방지제 등

(4) 사용농도

보통 3% 또는 6% 수용액으로 사용

(5) Twin Agent 구성가능

1) 분말소화약제와 포소화약제를 배합하여 사용한다.
2) 즉, 분말소화약제의 소화의 신속성과 포소화약제의 재발화 방지의 장점을 얻을 수 있다.

6. 관포체적, 방호면적, 외주선

(1) 관포체적

1) 전역방출방식에서 여유율을 감안한 방호대상공간의 체적
2) 방호대상물의 높이보다 50cm 더 높은 위치까지의 체적
3) 관포체적 $= A \times (H + 0.5\text{m})$

여기서, A : 방호대상물의 바닥면적[m²]
H : 방호대상물의 높이[m]

(2) 방호면적

1) 국소방출방식에서 여유율을 감안한 방호대상물의 바닥면적
2) 방호대상물 높이의 3배에 상당하는 길이를 수평으로 연장한 선으로 둘러싼 부분의 면적
3) 방호면적(m²) $= \dfrac{\pi (3H \times 2 + D)^2}{4}$

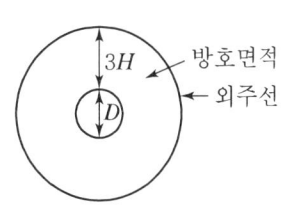

여기서, A : 방호대상물의 바닥면적[m²]
H : 방호대상물의 높이[m]

(3) 외주선

국소방출방식에서 방호면적을 구성하는 외부경계선

04 포소화약제의 발포배율상 분류

1. 개요

(1) 포소화약제는 다음과 같은 팽창률에 의해 분류한다.

$$팽창률 = \frac{발포\ 후\ 포의\ 체적}{발포\ 전\ 포수용액의\ 체적}$$

(2) 발포배율기준은 국내기준과 NFPA기준이 상이하다.

   1) 국내기준

   ① 저발포 : 팽창률 20 이하

   ② 고발포 : 팽창률 80~1,000

   2) NFPA 기준

   ① 저발포 : 팽창률 20 미만(보통 4~12)

   ② 중발포 : 팽창률 20~200

   ③ 고발포 : 팽창률 200~1,000(보통 750~1,000)

2. 저발포 시스템

(1) **저발포 포소화약제**

   팽창률이 20 이하(통상 4~12)인 가장 일반적인 포소화약제

(2) **시스템의 적용**

   1) Foam Head 또는 Foam-water Sprinkler에 사용
   2) 주차장의 포소화전 또는 호스릴포
   3) B급 화재의 경우 고발포보다 적응성이 좋다.

3. 고발포 시스템

(1) **고발포 포소화약제**

   팽창률이 80~1,000(통상 750~1,000)인 포로서, 합성 계면활성제포를 주로 사용한다. 발포장치를 사용하여 공기를 불어넣어 강제로 발포시킨다.

(2) 시스템의 적용

1) 밀폐공간 및 전역방출방식에 주로 적용
2) 넓은 장소의 급속한 소화가 요구되는 장소
3) 지하층 등 소방대의 진입이 곤란한 장소
4) 고발포용 고정포 방출구에 적용
5) A급 화재의 대상물
6) 인화성 액체의 저장·취급시설 등

(3) 고발포 시스템의 특성(장점)

1) 고팽창이므로 빠른 시간 안에 포가 채워진다. 따라서 넓은 장소에도 신속한 소화를 할 수 있다.
2) 화재현장에 신선한 공기를 공급(발포장치의 송풍작용)하면서 소화하므로 질식의 우려가 적다. → 지하공간·무창층에 적합

05 알코올형 포소화약제

1. 개요

(1) 알코올형 포소화약제는 수용성 가연성 액체화재의 소화에 사용하는 것으로 학술적으로는 극성 용제용 포소화약제이다.
(2) 알코올형 포소화약제의 종류로는 불화단백형, 금속비누형, 고분자 겔형이 있다.

2. 내알코올형 포의 소화작용원리

(1) 일반 포소화약제는 거품이 수용성 액체에 접촉하면 거품에 함유된 수분이 재빨리 수용성 액체 쪽으로 녹아들어가므로 거품에는 탈수현상이 생겨 포가 소멸된다. 이를 소포(파포)현상이라 한다.
(2) 소포현상을 방지하려면 수용성 액체와 포의 수분이 서로 접촉되지 않게 하여야 한다. 즉, 포에 반알코올성을 가지게 하면 소포현상이 방지되는데, 이러한 특성을 가진 포를 내알코올형 포소화약제라 한다.

3. 종류별 특성

(1) 고분자 겔형

1) 성분

   알킬산나트륨＋불소계 계면활성제

2) 소화원리

   ① 알킬산나트륨의 수용액이 수용성 액체에 접촉되면 불용성의 Gell이 생성되는 것을 이용
   ② 알코올류의 표면에 불용성의 겔로 피막을 형성시키고 그 피막 위에 거품이 쌓이게 함으로써 질식소화한다.

3) 장점

   소화작용범위가 넓다.

4) 단점

   상당한 고점도이므로 저온(5℃ 이하)에서는 사용불가

(2) 불화단백형

1) 성분

   천연단백질의 가수분해생성물＋불소계 계면활성제

2) 장점

   ① 내열성 및 내유성이 우수하다.
   ② 재연소 방지효과가 우수하다.
   ③ Ring Fire 예방효과가 우수하다.
   ④ Transit Time의 제한이 없다.

3) 단점

   제조가격이 고가이다.

4) 적용대상

   ① 수용성 가연성액체 및 일반 가연성액체의 화재에 모두 적용 가능
   ② 표면하 주입식
   ③ 대형 석유류 저장탱크

(3) 금속비누형

1) 성분

천연단백질의 가수분해 생성물＋합성세제＋에타놀아민

2) 장점

① 내열성이 우수하다.
② 가격이 저렴하다.

3) 단점

① Transit Time을 짧게 해야 한다. 즉, 포수용액 탱크와 발포기의 거리를 짧게 잡아야 금속비누가 침전되는 것을 감소시킬 수 있다.
② 침전물이 다량 발생하는 단점이 있어 현재는 거의 사용되지 않고 있다.

4. 결론

알코올형 포소화약제 중에서도 불화단백형의 장점이 가장 우수함
(1) 내열성과 내유성이 우수
(2) Ring Fire 예방 및 재연소 방지효과 우수
(3) 대형 유류탱크 및 표면하 주입방식에 적용
(4) 수용성 가연성 액체 및 일반 석유류의 화재에 모두 적응하는 포소화약제이다.

06 수성막 포소화약제

1. 개요
(1) 수성막포는 AFFF(Aqueous Film Forming Foam)이라 하고, 상품명으로는 Light Water라고 불리고 있으며, 불소계 계면활성제포의 일종이다.
(2) 액면상에서 불소계 계면활성제 수용액의 수성막을 형성하여 질식소화하는 것으로 기계포 중에서 소화력이 가장 우수하다.

2. 수성막포의 성분 및 특성

(1) 성분
1) 주성분 : 불소계 계면활성제
2) 첨가제 : 기포안정제 등
3) 사용농도 : 3% 또는 6%

(2) 특성
수성막포는 유류화재용 포소화약제 중에서 가장 우수한 소화력을 가짐

1) 장점
   ① 화학적으로 안정되며, 보존성·내약품성이 우수함
   ② 포의 유동성이 좋아 초기소화속도가 빠르다.
   ③ 침투성이 좋아 A급 화재에도 적용

2) 단점
   ① 내열성이 낮다 : Ring Fire 발생 우려
   ② 고발포용으로는 부적합하다.
   ③ 휘발성이 높은 석유류에는 그 증기압에 의해 수성막이 파괴됨

(3) 적용대상
1) 기름층이 얇은 유출유 화재
2) 신속한 소화를 요하는 대상물 : 항공기 화재, 화학플랜트 등
3) 표면하 주입식 포소화설비 : 단, 냉각물분무설비가 설치된 경우에 한하여 적용 가능함
4) A급(심부) 화재

3. 소화원리

(1) 유류 액면 위에 수성막포가 방사되면 포수용액에 함유된 불소계 계면활성제의 분자는 물과 기름 사이에서 배향배열을 하게 된다.
(2) 이때 유류 액면 위에는 불소계 계면활성제의 단분자막을 형성하고,
(3) 또, 그 위에는 아주 얇게 물의 단분자막을 형성하므로 이를 수성막이라 한다.
(4) 막 위의 거품에서 Drain되어 계속적으로 만들어지는 수성막이 연료증기를 억누르는 역할을 하므로 인해
(5) 질식소화작용 및 액체의 증발억제, 포의 전파속도증가 등의 효과가 있다.

4. 결론

(1) 수성막포 소화약제는 상기와 같은 우수한 성능의 장점을 살리면서 단점을 보완하는 방법으로 분말소화약제와 함께 사용하는 Twin Agent System 방식으로 사용하는 것이 효과적이다.
(2) 미국·일본 등의 외국에서는 AFFF를 소방법상 유류탱크의 소화설비로 인정하지 않고 있다. 단지, 자체 보관용이나 공장 내 유출유 화재용으로만 인정하고 있다. 그러나 잘 연구·활용하면 항공기, 플랜트 등의 화재에도 좋은 효과가 있을 것으로 기대된다.

07. 포소화약제의 성분 · 특성 · 적용

종류		성분	특성	적용 대상
단백포		• 기제 : 천연 단백질의 가수분해 생성물 • 첨가제 : 제1철염	• 내열성 우수 : Ringfire 발생이 적다. • 유동성이 낮다. : 소화속도 느림 • 부식성 높고 경년기간이 짧다. : 장기보관이 불리함	• 유류화재(B급) • 대형 유류저장탱크
불화 단백포		• 기제 : 천연 단백질의 가수분해 생성물 • 첨가제 : 불소계 계면활성제	• 내열성 우수 • 포의 유동성 우수 : 소화속도가 빠르다. • 단백포와 수성막포의 단점인 유동성과 열안정성을 보완한 것	• 표면하 주입방식에 적합 • 대형 유류저장탱크 • 석유화학 플랜트
합성계면 활성제포		• 기제 : 계면활성제 • 첨가제 : 기포안정제, 용제, 부동제 등	• 포의 팽창범위가 넓다. : 고체 및 기체연료 등 사용범위가 넓다. • 포의 유동성이 좋다. • 내열성과 내유성이 약하다. • 포가 빨리 소멸됨 : 재발화 위험	• 유출유 화재에 적합 • 가스저장시설에 적합 • 유류탱크에는 부적합 : Ringfire 발생 우려
수성막포 (불소계 계면활성제포)		• 기제 : 불소계 계면활성제 • 첨가제 : 기포안정제 등	• 화학적 안정성, 보존성, 내약품성이 우수 • 포의 유동성 우수 : 초기 소화속도 빠르다. • 재연방지효과 우수 • 내열성 약함 : Ringfire 발생	• 유출유 화재에 적합 • 유류탱크에는 부적합 : Ringfire 발생 우려 • 특형 포방출구에는 부적합
알코올형포	금속비누형	단백질 가수분해액+합성세제+에타놀아민	• 금속비누의 침전물이 다량 발생 • Transit Time을 짧게 하여야 함	• 현재 사용하지 않음
	불화단백형	단백질 가수분해액+불소계 계면활성제	• 내열성 및 내유성 우수 • 수용성 가연성 액체 및 불용성 유류의 양용 모두 적합	• 대형 유류탱크 및 표면하 주입방식(SSI)에 적합
	고분자젤형	알킬산나트륨+불소계 계면활성제	• 고점도이므로 5도 이하에서는 사용불가(원액탱크를 항시 가온유지하여야 함)	• 열대지방에 한하여 사용

08 강화액소화약제(Loaded Stream Agent)

1. 개요

강화액소화약제(Loaded Stream Agent)란, 물(소화수)에 화학제품(탄산칼륨, 인산암모늄 등)을 혼합하여 물의 침투능력과 소화력을 강화시킨 소화약제로서, 특히 심부화재에 적응성이 있을 뿐만 아니라 냉각작용, 질식(피복)작용, 부촉매작용 등이 복합적으로 작용하여 A급 심부화재 및 K급화재(동·식물성 기름을 사용하는 주방용 조리기구의 화재)를 신속하고 효과적으로 진압할 수 있는 소화약제이다.

2. 소화원리

(1) A급(심부)화재의 진압 시 연소원의 표면만 냉각시킬 경우에는 이미 내부온도가 발화점 이상으로 충분히 올라가 있기 때문에 즉시 재발화한다. 그러나 강화액 소화약제는 낮은 표면장력으로 심부화재에 빠르게 침투하여 화염을 순간적으로 차단하고 연소원의 내부온도를 빠른 시간에 냉각시켜 줌으로써 심부화재에서 재발화가 되지 못하고 화재진압이 되는 것이다.

(2) B급(유류)화재의 경우에는 강화액소화약제의 주수형태를 무상으로 방사하면 연소원과 공기(산소)의 접촉을 차단하는 피복작용으로 인하여 질식소화하는 효과가 있으므로 B급(유류)화재에도 적응성이 있는 것이다.

3. 소화효과

반응식 : $H_2SO_4 + K_2CO_3 + H_2O \rightarrow CO_2\uparrow + 2H_2O + K_2SO_4$

(1) 질식(피복)효과

소화약제의 주수형태를 무상으로 방사할 경우 연소원과 공기(산소)의 접촉을 차단하는 피복작용으로 인한 질식소화

(2) 냉각효과

물의 증발잠열 및 기화에 의한 냉각효과

(3) 부촉매효과

탄산칼륨(K_2CO_3)의 활성라디칼(OH^+, H^+)의 포착에 의한 부촉매효과(연소의 연쇄

반응을 억제하여 연소의 진행을 단절하는 효과)

(4) 산소농도희석효과

소화약제의 주수형태를 무상으로 방사할 때 발생하는 물의 미립자(안개모양의 물방울)가 공기(산소)와 치환작용을 하므로 인해 공기 중의 산소농도를 희석하는 효과

4. 강화액 소화약제의 규격

항 목	규 격
표면장력	33 [dyne/cm] 이하
침전량	0.1 [vol%] 이하 (20±2℃)
변질시험 후의 침전량	0.2 [vol%] 이하 (-18±2℃, 65±2℃)
응고점	-20℃ 이하
수소이온농도	설계값 ±0.4 (KS M011기준)

5. 강화액소화약제의 기타 특성

(1) 낮은 표면장력으로 심부화재에 빠르게 침투할 수 있다.
(2) 주성분이 강알칼리성으로 독성이 없어 환경에 무해하다.
(3) 장기간 보관하여도 분해, 침전, 노화가 없다.
(4) 사용온도가 $-20℃ \sim +40℃$ 로서 동절기에도 적응성이 있다.
(5) 방사 시 분진으로 인한 시야 가림이 없어 투시성이 우수하다.
(6) 소화 후 재연소방지용으로도 적합하다.
(7) 전기화재에 사용 시 절연열화하는 단점이 있다.

6. 결론

(1) 강화액소화약제는 일반가연물의 심부화재를 신속히 소화하고, 주방용 식용유화재 등의 유류화재에도 효력이 있는 소화약제가 요망되어 개발된 것이다.
(2) 독성이 없어 친환경적이고, 장기간 동안 보관하여도 분해, 침전 등이 없으며, 동절기에도 동결 우려가 없는 등 여러 가지 장점이 많으므로 인해 주거용 및 상업용 주방의 조리기구용 소화설비에 널리 적용하고 있다.

09. Wet Chemical 소화약제

1. 개념

Wet Chemical이란, 습식 화학소화약제로서 탄산칼륨(K_2CO_3), 초산칼륨($KC_2H_3O_2$) 또는 이들의 화합물에 물을 혼합하여 만든 Water Slurry 형태의 소화약제를 말하며, NFPA 17A에서는 K급화재 전용으로써 주로 대형(상업용) 주방의 후드 및 덕트에 적용하도록 규정되어 있다.

2. 소화원리

(1) 질식(피복)소화효과

탄산칼륨을 이용하여 연소원의 지방층 위에 비누화현상으로 거품을 형성하여 연소원과 공기(산소)의 접촉을 차단하는 피복작용으로 인한 질식소화

(2) 냉각효과

물의 증발잠열 및 기화에 의한 냉각효과

(3) 부촉매효과

탄산칼륨(K_2CO_3)의 활성라디칼(OH^+, H^+)의 포착에 의한 부촉매효과(연소의 연쇄반응을 억제하여 연소의 진행을 단절하는 효과)

3. 적용

(1) 적용대상

1) K급화재(식물성 또는 동물성 기름을 사용하는 주방용 조리기구의 화재)에 대한 전용 소화약제로 적용
2) 상업용 주방의 조리기구 후드 및 덕트에 주로 Pre Engineered System(Package type)으로 설치함

(2) 적용제한

화학소화약제(탄산칼륨, 초산칼륨 등)와 반응할 우려가 있는 장소에는 적용을 제한함

4. 약제 및 시스템의 구조

(1) 약제의 주성분

탄산칼륨(K_2CO_3) 및 초산칼륨($KC_2H_3O_2$) 용액

(2) 시스템의 구조

1) 배관망 : 일제살수식 스프링클러설비 시스템과 유사함
2) 배관재질 : 스테인리스강관 (일반 Steel 강관은 부식을 유발하므로 부적합 함)

5. 인체에 대한 유해성

(1) 일시적인 자극은 접촉을 제거하면 없어짐
(2) 보통 피부·호흡기 등에 지속적으로 중대한 영향을 미치지는 아니함
(3) 눈의 통증은 15분 이상 세척함으로써 치료됨

6. Wet Chemical과 강화액소화약제와의 비교 분석

국내 일각에서는, 강화액소화약제(Loaded Stream)와 Wet Chemical에 대하여 동일한 것으로 오해하는 경우가 있으나, 이것은 다음과 같은 차이점이 있다.

	강화액소화약제	Wet Chemical
주사용 목적	물의 침투능력을 강화하고 빙점을 낮추어 동절기에도 쉽게 A급(심부)화재에 적용	대량의 식물성 또는 동물성 기름화재에서 연소면에 강력한 피막을 형성하므로써 산소를 차단하여 질식(피복)소화
주된 소화효과	침투효과 및 무상방사에 의한 질식(피복)효과	비누화현상에 의한 질식(피복)효과
적용대상	주거용 주방의 후드(소형)	상업용 주방의 후드(대형) 및 덕트
주성분	알칼리 금속염	유기염 또는 무기염
적응화재	A급(심부)화재, B급화재, K급화재	K급화재 전용

7. 결론

Wet Chemical에 대하여 국내에서는 아직 법규·제도적으로 공식적인 소화약제로 규정하지 않고 있으며 또, 강화액소화약제와 구분하지 않고 동일하게 적용하고 있는 실정이다. 그러나, 일본을 제외한 대부분의 외국에서는 Wet Chemical과 강화액소화약제는 별도의 소화약제로 구분하여 적용하고 있다. 그러나, 우리나라에서는 대형 상업용

주방에도 강화액소화약제를 적용하도록 규정하고 있는데, 이런 곳에는 그 특성에 적합한 Wet Chemical이 적용되도록 하는 법규·제도적인 정비가 이루어져야 하겠다.

10. Soaking Time

1. 개념

(1) 가스계 소화약제가 방호구역에 방사되어 설계농도에 도달하여 완전히 소화되고 재발화하지 않도록 하기 위해서는 그 설계농도를 일정시간 유지하여야 한다.

(2) 특히, 심부화재의 경우 소화약제가 가연물에 침투하고 공기의 접촉을 차단하여 재발화가 일어나지 않는 완전소화를 달성하는 데는 일정한 시간이 더 소요된다.

(3) 이때의 필요시간을 Soaking Time이라 하며, 아래 그래프상의 Discharge Time 때부터 약제농도가 계속 감소하여 설계농도 미만까지 감소하는 데 소요되는 시간이다.

2. Soaking Time이 필요한 이유

(1) 표면화재에서는 연쇄반응 억제에 의한 빠른 소화작용을 필요로 하지만, 심부화재일 경우에는 질식 및 냉각에 의한 소화작용이 필요하므로 가스계 소화약제로 소화 시 설계농도의 긴 유지시간이 필요하게 된다.

(2) 가연성·인화성 액체 위험물은 소화시 인화점 이하로의 냉각이 필요하나, 연소 시에는 액면의 온도가 높으므로 인한 재착화가 발생하므로 이를 방지하기 위하여 설계농도의 긴 유지시간이 필요하다.

3. Soaking Time과 소화약제농도와의 상관성

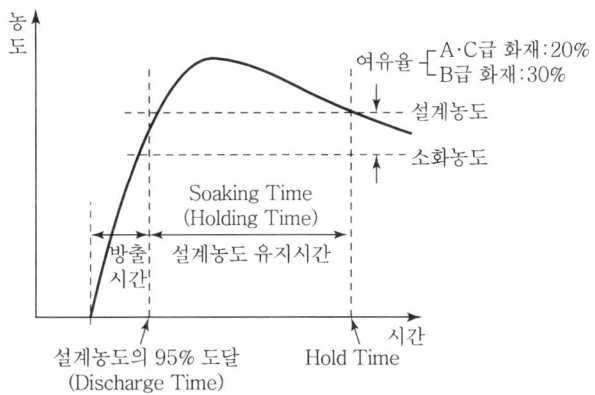

4. Soaking Time과 개구부와의 상관성

(1) 방호구역의 개구부가 클수록 설계농도유지시간이 감소되어 소화에 실패할 확률이 높아진다.
(2) 소화약제량 산정에서 국내 화재안전기준에서는 개구부에 대해 약제량 가산방식을 적용하고 있으나, 이것은 초기농도를 높이게 되므로 NOAEL을 초과하게 될 우려가 있고, 또 방호구역 내 압력상승에 따른 약제누출량 증가 등의 문제가 있다.
(3) 선진국에서는 개구부에 대해 연장방출방식(Extended Discharge)을 적용하고 있는데, 이것은 별도의 방출배관을 이용해서 설계농도유지시간동안 누설되는 양 만큼만 추가로 방출하는 방식이다.
(4) 개구부로 인한 설계농도유지시간 감소의 근본적인 대책은 소화약제 방출시 개구부의 자동폐쇄가 최선의 방책이다.

5. 소화약제 Soaking Time의 적용 [예]

구분		NFPA	IRI	설계농도
CO_2	표면화재	1분	3분	34%
	심부화재	20분	20~30분	
할론	표면화재	10분	10분	5%
	심부화재	10분	30분	
청정소화약제	표면화재	10분	10분	—

6. 결론

가스계소화설비의 설치·시공 후 소화약제 성능시험 시에는 Door Fan Test 및 방호공간의 밀폐도 시험을 실시하여 Soaking Time(설계농도유지시간)을 반드시 확인하여야 한다. 이것은 가스계소화설비에서 소화약제의 성능시험방법은 Door Fan Test 외에 다른 방법은 아직 없기 때문이라고 할 수 있다.

11. 부촉매 소화작용

1. 개요

(1) 연소의 연쇄반응 개념

불꽃연소에서 가연성 분자와 산소가 직접 결합하여 연소가 완성되는 것이 아니라 이들이 분해되어 생성된 활성라디칼(Chain Carrier : H^+, O^+, OH^+)에 의해 연쇄적으로 반응이 연결되어야 연소가 지속되는데, 이러한 현상을 연소의 연쇄반응이라 한다.

(2) 부촉매 소화작용의 개념

부촉매소화작용은 연소의 연쇄반응을 차단·억제하여 소화하는 개념으로, 억제소화작용 또는 화학소화작용이라고도 한다. 부촉매 소화작용은 할로겐화합물소화약제에서 대표적으로 이용되고 있다.

2. 부촉매 소화작용의 원리

소화 시에는 라디칼포착제(Radical Scavenger)가 부촉매 역할을 하여 활성라디칼(Chain Carrier) 역할을 방해하므로 인해 연쇄반응이 중단됨으로써 소화가 이루어진다.

〈라디칼포착제의 소화 Mechanism〉

(1) $OH + H_2 \rightarrow H_2O + H$: 발열전파반응

(2) $H + O_2 \rightarrow OH + O$: 연쇄분기반응

(3) $OH + Hx \rightarrow H_2O + x$: 연소억제반응

(4) $x + RH \rightarrow Hx + R$: 재생반응

           여기서, OH : 활성라디칼(Free Radical)
                    Hx : 할로겐산(라디칼포착제 : Radical Scavenger)
                    RH : 수소를 포함한 화학종
                    R : 알킬기
                    x : Br

3. 할론의 부촉매 소화작용

(1) 부촉매작용의 원리

할론에 함유된 Br이 라디칼포착제(Radical Scavenger)로 작용하여 화염 중의 활성라디칼(Chain Carrier : O^+, OH^+)을 포착함으로써 연쇄반응의 고리를 절단하게 된다.

(2) Mechanism

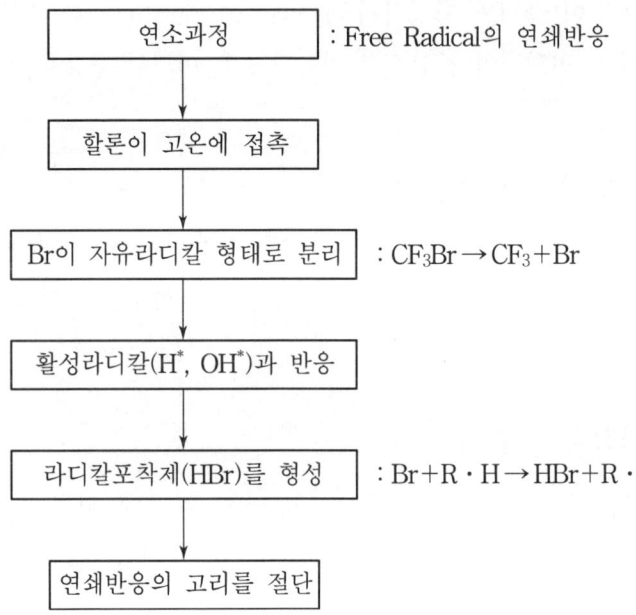

(위와 같은 반응을 통해 H·, OH·는 활성을 잃고, 반응성이 낮은 R·(알킬기)가 남게되어 연쇄반응이 중단되게 된다.)

(3) 할론(Halon 1301) 부촉매작용의 반응식

$CF_3Br + e \longrightarrow CF_3 + Br$: <할론 1301의 열분해> (e : 점화에너지)
$Br + R·H \longrightarrow HBr + R·$: <라디칼 포착>
$HBr + OH \longrightarrow H_2O + Br$: <억제반응>
$Br + CH_3H(RH) \longrightarrow HBr + CH_3(R)$: <재생반응>

4. 분말소화약제의 부촉매 소화작용

(1) 열분해시 유리된 NH_4^+가 라디칼포착제(Radical Scavenger)로 작용하여 화염 중의 활성라디칼(Chain Carrier : O^*, OH^*)을 포착함으로써 연쇄반응이 중단된다.

(2) Mechanism

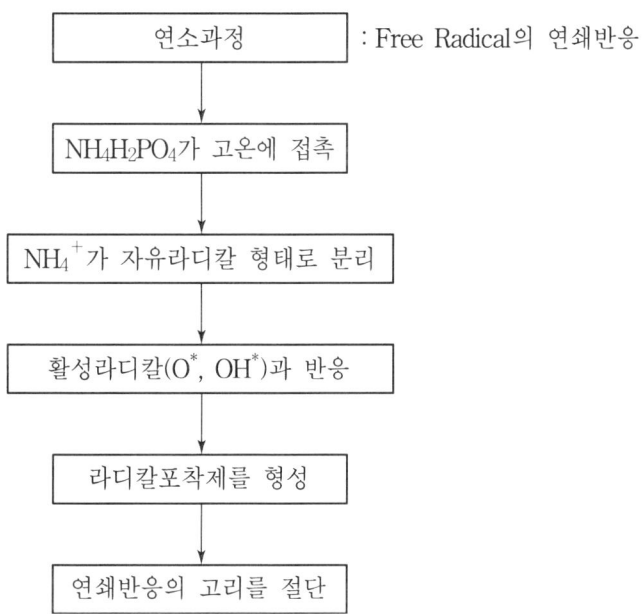

5. FM-200의 부촉매 소화작용

(1) 작용원리

1) FM-200의 열분해시 불소를 포함한 라디칼(CF_3)이 생성되어 이것이 Chain Carrier를 포착함으로써 연쇄반응을 억제함
2) 이때의 CF_3는 전자의 흡수력이 강하므로 산소의 활성화를 억제함

(2) 연쇄반응 차단 Mechanism

$$CF_3CHFCF_3 \longrightarrow R\text{-}H(알킬기) + CF_3$$
$$CF_3H \longrightarrow CF_3 + H$$
$$CF_3OH \longrightarrow CF_3 + OH$$
$$CF_3H + H(OH) \longrightarrow CF_3 + H_2(OH)$$
$$CF_3OH + H \longrightarrow CF_3 + H_2O$$

6. 결론

부촉매소화작용은 연소의 연쇄반응을 억제·차단하여 소화하는 개념으로, 억제소화작용 또는 화학소화작용이라고도 하며, 대부분의 할로겐화합물소화약제에서 부촉매소화작용을 이용하고 있다.

12. 불활성화 방법

1. 개요

(1) 불활성화란, 불연성가스 등을 주입하여 산소농도가 연소범위 미만이 되도록 제어하는 것을 말한다.

(2) 밀폐된 탱크 또는 공간 내를 불활성화하는 방법으로는 크게 퍼지식(Purging Method)과 연속식(Continuous Method)이 있다.

2. 불활성화 방법의 종류

(1) 퍼지식(Purging Method : Batch Method)

 1) 진공퍼지(Vacuum Purging)

   보호하려는 장치 내의 압력을 감소시킨 상태에서 불활성가스를 주입하여 원하는 산소농도로 퍼지시키는 방법

 2) 압력퍼지(Pressure Purging)

   ① 장치 내의 가압상태에서 불활성가스를 주입하여 가스 확산이 된 후에 압력을 대기로 방출하여 정상압력으로 환원하는 방법

   ② 진공퍼지에 비해 많은 양의 Inert Gas가 소요되나 퍼지시간은 짧다.

 3) 스위프퍼지(Sweep-through Purging)

   ① 배관 등에서와 같이 한쪽 개구부에서는 장치 내로 퍼지가스를 주입하고 다른 개구부를 통하여 장치 내의 공기를 방출

   ② 용기나 장치에 압력을 가하거나 진공을 할 수 없을 때 사용하는 방법

(2) 연속식(Continuous Method)

 1) 정유량식(Fixed Rate Application)

   ① 장치 내로 일정량의 퍼지가스가 피크농도에 도달할 때까지 연속적으로 공급하는 방식

   ② 장점 : 구조가 간단

   ③ 단점 : 퍼지가스의 다량 소모

2) 가변유량식(Variable Rate Demand Application)

① 퍼지가스를 필요에 따라 유속과 유량을 변화시키며 가변적으로 공급한다.

② 퍼지가스의 실제 필요량만큼만 공급이 가능하다.

③ 단점 : 유지관리가 어렵다.

3) Oxygen-based Application

① 산소농도 체크를 기본으로 하는 방식

② 불활성가스 사용량을 최소수준으로 유지하면서 산소농도를 연소범위 이하로 제어함

3. 결론

불활성화는 산소농도를 연소범위 미만이 되도록 제어함으로써 연소·폭발을 원천적으로 방지하는 방법이다. 따라서 불활성화는 화재·폭발 예방상 무엇보다도 중요하다고 할 수 있다.

13 Peak농도·소염농도·불활성화농도

1. Peak농도

(1) 예혼합연소에서 기체연료와 공기를 혼합한 가연성혼합기의 혼합비가 연소에 최적상태일 때, 즉 화학양론비 상태일 때 연소(폭발)성능이 최대로 된다.(이 때 공기중의 산소농도는 21%에 가까운 이상적인 조건이다.)

(2) 이 때는 소화약제가 최대의 농도로 방사되어야 소화가 되는데, 이 때 소화할 수 있는 소화약제의 농도값을 Peak농도라 한다.

2. 소염농도

(1) 확산연소에서는 위와 같은 이상적인 연소조건은 얻을 수 없으나, 확산하여 오는 공기중의 산소농도가 21%에 가까울 때에는 가연성가스의 농도가 낮아지므로 소화약제의 농도가 본래의 소화농도보다 낮아도 소화가 이루어진다.

(2) 그리고, 가연성혼합기의 혼합비가 화학양론비에 가까운 이상적인 혼합비 상태에서는 소화약제 농도가 높게 요구되지만 이 때는 공기중의 산소농도가 낮아지므로

(공기의 확산 중에 산화반응에 의해 산소가 소모되고 또, 확산연소이므로 반응면에서의 산소공급이 원활할 수 없기 때문임) 이 경우에도 역시 본래의 소화농도(산소가 21%일 때의 Peak 농도) 보다 낮아도 소화가 이루어진다.

(3) 이러한 원리로 인해 결국 소화약제의 농도가 Peak 농도의 약 $\frac{2}{3}$ 정도에서도 소화가 이루어지는데 이를 소염농도라 한다.

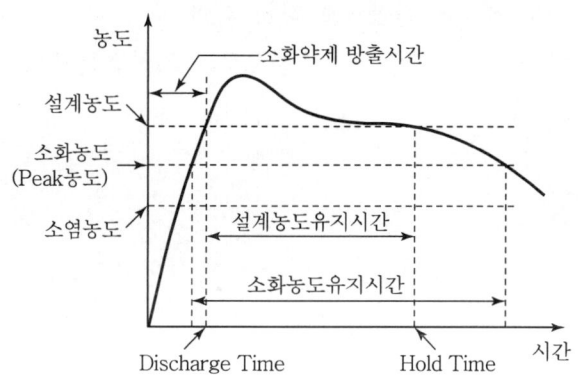

3. 불활성화농도

(1) 산소기준농도로서 화염을 전파하기 위해서는 연소에 필요한 최소한의 산소농도 이상이 요구되는데, 이를 '최소산소농도(MOC)'라 한다.

(2) '불활성화'란 가연성 혼합기에 불활성가스를 주입하여 산소농도를 MOC 미만으로 낮추는 공정을 말한다.(연료의 농도와는 무관하게 산소의 농도를 감소시키므로써 화염의 불활성화를 이룰 수 있다.)

(3) 이때 불활성가스의 주입으로 산소농도가 저하하여 MOC 미만으로 되어 소화가 시작될 때 그 불활성가스의 농도를 '불활성화농도'라 하고, 이러한 공정을 '불활성화'라고 한다.

4. 결론

부촉매성 가스소화약제에 적용하는 약제농도는 다음과 같이 요약할 수 있다.

(1) 소염농도 : 화재 시 소화약제를 방사하였을 때 불꽃이 소염되는 농도

(2) 피크농도 : 소화약제를 방출하면 연소하한계는 높아지고 연소상한계는 낮아져, 연소하한과 상한이 만나 연소범위가 없어지게 되는 때의 농도

(3) 불활성화농도 : 불활성가스의 주입으로 산소농도가 MOC 미만으로 되어 소화가 시작될 때 그 불활성가스의 농도

14 가스계소화약제의 선형상수

1. 개요

선형상수란, 가스계에서 온도변화에 따른 비체적의 관계를 나타내는 것으로 Avogadro 법칙 및 샤를의 법칙에서 가스계의 온도가 상승하면 비체적이 커지는 이론을 이용하여 산출한 K값을 말한다.

2. 소화약제량 계산

$$소화약제량[kg] = \frac{V}{S}\left(\frac{C}{100-C}\right)$$

여기서, V : 방호구역의 체적[m³]
C : 약제의 설계농도[%]
S : 약제의 비체적 $= K_1 + K_2 \times t$ [m³/kg]

3. 비체적

(1) 가스계소화약제의 비체적은 온도에 의존한다.
(2) 비체적 : $S = K_1 + K_2 \cdot t$

여기서, K_1, K_2 : 선형상수
[예] HFC-125의 경우 : $K_1 = 0.1825$, $K_2 = 0.0007$
t : 온도

4. 선형상수

(1) Avogadro 법칙

모든 이상기체는 0℃ 1atm에서 1g·mol의 체적은 22.4l이다.

(2) 샤를의 법칙

모든 이상기체는 온도가 1℃ 상승할 때마다 그 부피가 0℃일 때 부피의 $\frac{1}{273}$배씩 증가한다.

(3) K_1의 의미

0℃에서 그 기체(약제)의 비체적을 의미한다. 즉, 0℃에서의 비체적은 아보가드로의 법칙에 의해, $K_1 = \dfrac{22.4\text{m}^3}{1\text{kg} \cdot \text{mol 분자량}}$ 이 된다.

(4) K_2의 의미

샤를의 법칙에 의해 임의의 온도 $t[℃]$에서의 비체적은,

$K_2 = \dfrac{K_1}{273}$ 이 된다.

5. 결론

가스계소화설비 System의 설계시 적정한 설계농도를 유지하기 위해서는 온도에 따른 체적팽창을 고려하여야 한다. 이에, 소화가스약제량 계산에서는 선형상수를 적용하여 산출하여야 한다.

15 물소화약제

1. 개요

물은 비열과 잠열이 크므로 냉각소화효과가 우수하며, 또한 기화시 기체체적팽창이 크고 표면장력이 커서 질식소화의 효과도 있다.

2. 물의 소화능력

(1) 냉각효과

물은 기화시 잠열이 539kcal/kg으로서 주위공기를 냉각시킨다.

```
절대 0°K
   │      융해잠열        현열         기화 잠열
   ├─→ 0℃ 얼음 ──────→ 0℃ 물 ──────→ 100℃ 물 ──────→ 100℃ 수증기
   │      80kcal/kg      100kcal/kg     539kcal/kg
-273℃
```

∴ 얼음 1kg을 100℃ 수증기로 변화시키는 데 필요한 열량

$$80 + 100 + 539 = 719 \text{kcal/kg}$$

(2) 질식효과

물의 증발시 기화체적팽창률 : 약 1,650배

(3) 타격효과

봉상이나 적상으로 주수하는 경우 연소물의 표면을 타격하는 효과

(4) 희석효과

수용성액체+물 → 가연성 물질의 농도희석

(5) 유화효과

불수용성액체+물 → 액표면에 에멀션 상태의 엷은 막을 형성. 열차단 및 증발억제효과

(6) 복사열 차단

인접한 가연물로의 연소확대방지

(7) 물의 연소진화능력

물 $1l$/min으로 건물 내 일반가연물 약 $0.75m^3$를 진화

3. 물소화약제의 단점

(1) 표면장력이 커서 침투성이 약하다.
(2) 금수성 물질 및 B급·C급 화재에는 적응이 곤란하다.
(3) 소화 후 물에 의한 2차적 피해 발생
(4) 0℃ 이하에서는 동결
(5) 비중이 크다. : Density Modifier(밀도변화제) 첨가
(6) 배관 내 Scale 생성 및 배관부식·마찰손실 증대 등으로 소화용수흐름 장애

4. 물소화약제의 첨가제

(1) Wetting Agent(침투제)

1) 물의 표면장력을 감소시켜 가연물에 대한 침투성을 높이는 작용
2) 주성분 : 인산염+계면활성제
3) [예] Class A포

(2) Viscosity Agent(점도상승제)

1) 물의 점성을 높여 흡착력을 증가시키고 물의 유실을 방지함
2) 공중소화시 목표물로의 도달도를 높인다.
3) [예] Gelgard, MAP, CMC

(3) Emulsifier(유화제)

1) 중질유 등의 연료표면상에 물과 기름의 에멀션을 형성하게 하여 연료증발을 억제시킴
2) [예] 非이온계의 계면활성제 등

(4) Loaded Stream(강화액)

1) 물의 소화효력을 강화시키는 작용
2) 주성분 : 알칼리 금속염의 탄산칼륨, 인산암모늄
3) 특성 : 물의 분해·침전·노화 등을 억제한다.

(5) Density Modifier(밀도변화제)

1) 유류화재에 물을 주수하면 물은 밀도가 커서 유류 밑으로 가라앉으므로 오히려 화재가 확대될 수 있다.
2) 이를 방지하기 위해 막형성포 등을 첨가하면 물의 밀도가 작아져 가라앉지 않는다.
3) [예] 막형성 Foam 소화약제

(6) 산·알칼리제

1) 산과 알칼리의 화학반응을 이용한 소화약제로서
2) 물의 소화효력을 강화시키는 작용을 한다.
3) [예] 산 : 유산, 알칼리 : $NaCO_3$

5. 결론

(1) 물은 냉각 효과가 우수하여 소화약제로써의 장점이 많지만, 전기시설이나 수손피해가 예상되는 장소에는 적용이 곤란한 단점이 있다.
(2) 물소화약제는 소화능력을 보강하기 위하여 그 첨가제로 강화액, 침투제, 점도상승제, 유화제, 밀도변화제, 산·알칼리제 등을 사용한다.

16 할로겐화합물 및 불활성기체 소화약제관련 용어

1. ODP(Ozone Depletion Potential)

(1) **정의** : 오존층파괴지수

어떤 물질의 오존파괴력을 비교하는 물질에 비하여 상대적으로 나타내는 지표이다.

(2) **ODP의 산정방법**

기준물질로서 CFC-11($CFCl_3$)의 ODP를 1로 정하고, 상대적으로 비교하는 물질의 대기권에서의 활성염소와 브롬의 오존파괴능력을 고려하여 그 물질의 ODP를 산정한다.

$$ODP = \frac{비교하는\ 물질\ 1kg이\ 파괴하는\ 오존량}{CFC\text{-}11\ 1kg이\ 파괴하는\ 오존량}$$

2. GWP(Global Warming Potential)

(1) **정의** : 지구온난화지수

어떤 물질이 지구온난화에 기여하는 정도를 비교하는 물질에 비하여 상대적으로 나타내는 지표이다.

(2) **GWP의 산정방법**

일정 무게의 CO_2가 대기 중에 방출되어 지구온난화에 기여하는 정도를 1로 정하였을 때, 같은 무게의 비교하는 물질이 온난화에 기여하는 정도를 고려하여 그 물질의 GWP를 산정한다.

$$GWP = \frac{비교하는\ 물질\ 1kg이\ 기여하는\ 온난화\ 정도}{CO_2\ 1kg이\ 기여하는\ 온난화\ 정도}$$

3. NOAEL(No Observed Adverse Effect Level)

(1) 최대허용농도
(2) 대기 중에서 약제농도를 점차 증가시켜 갈 때 인체에 악영향이 감지되지 않는 최대농도. 즉, 인체에 독성이 전혀 미치지 않는 최대농도를 말한다.

4. LOAEL(Lowest Observed Adverse Effect Level)

(1) 최소한계농도

(2) 대기 중에서 약제농도를 점차 감소시켜 갈 때 인체에 악영향이 감지되는 최소농도 즉, 인체에 독성이나 부작용이 미칠 수 있는 최소농도를 말한다.

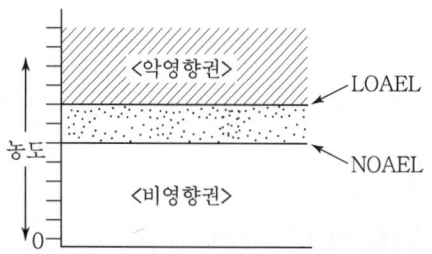

5. NEL/LFL

불활성가스계의 생리학적 영향은 저산소증(질식)이다. 따라서, 저산소분위기에서 인체에 미치는 생리학적 영향에 근거하여 산출된 등가치를 NEL(No Effect Level) 또는 LFL(Lowest Effect Level) 이라 한다.

(1) NEL(No Effect Level)

저산소분위기에서 인체에 생리학적 또는 독성학적 영향을 전혀 미치지 않는 최대 농도를 말하며, 최소 12%의 산소농도에 해당하는 설계농도로 나타낸다.

(2) LEL(Lowest Effect Level)

저산소분위기에서 인체에 생리학적 또는 독성학적 영향을 미칠 수 있는 최소농도를 말하며, 최소 10%의 산소농도에 해당하는 설계농도로 나타낸다.

(3) 설계농도별 NEL/LFL의 적용(NFPA 2001 Code 기준)

설계농도	산소농도	적용가능(노출허용)
NEL 43% 이하	산소농도 : 12% 이상 (보상단계)	노출시간을 5분 이내로 제한할 수 있는 장소에 적용 가능
NEL 43% ~LEL 52%	산소농도 : 10~12% 이상 (저산소증)	노출시간을 3분 이내로 제한할 수 있는 장소에 적용 가능
LEL 52% ~LEL 62%	산소농도 : 8~10% 이상 (심각한 저산소증)	① 비상주지역인 경우 적용가능 ② 노출시간을 30초 이내로 제한 할 수 있는 장소에 적용 가능
LEL 62% 초과	산소농도 : 8% 미만	비상주지역인 경우 적용 가능

6. ALT(Atmospheric Life Time)

(1) 대기권 잔존시간

(2) 소화약제 등이 대기 중에 방출된 후 지구의 대기권에서 완전 분해되거나 소멸되기까지 걸리는 시간을 의미하며 통상 년수로 나타낸다.

7. Soaking Time

(1) 정의

1) 가스계소화약제가 방호구역에 방사되어 설계농도에 도달하여 완전히 소화되고 재발화하지 않도록 하기 위해서는 그 설계농도를 일정시간 유지하여야 한다.

2) 특히, 심부화재의 경우 소화약제가 가연물에 침투하고 공기의 접촉을 차단하여 재발화가 일어나지 않는 완전소화를 달성하는 데 일정한 시간이 더 소요된다. 이때의 필요시간을 Soaking Time이라 한다.

(2) Soaking Time과 소화약제농도와의 상관성

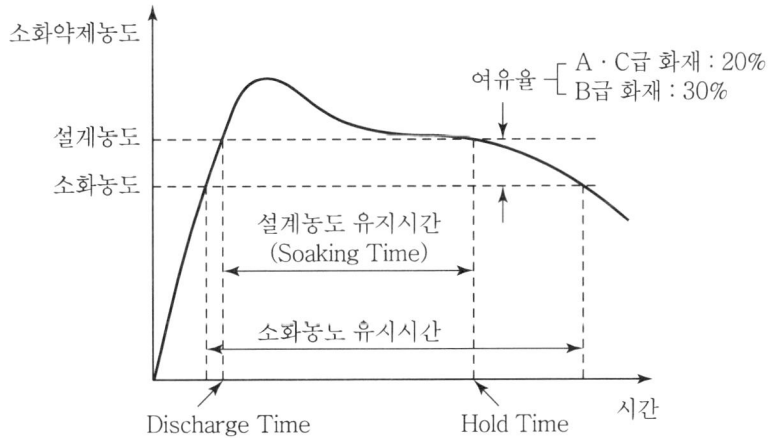

17 할로겐화합물 및 불활성기체 소화약제의 종류

1. 개요

<할로겐화합물 및 불활성기체 소화약제의 조건>

(1) 소화성능 : 기존 할론과 동등 이상이며, 설계농도가 NOAEL 이하일 것
(2) 환경영향 : ODP, GWP, ALT가 낮을 것
(3) 물리적 특성 : 소화 후 잔존물이 없고 전기적 비전도성이며, 냉각효과도 클 것
(4) 안전성 : 저장시 분해되지 않고 용기를 부식시키지 않을 것
(5) 경제성 : 기존 할론설비보다 설치비용 및 약제 가격이 비싸지 않을 것

2. 국내에서 고시된 할로겐화합물 및 불활성기체 소화약제의 종류

법정명 (Designation)		상품명 (Trade Name)	화학식	최대충전압력 (21℃)MPa	최대허용 설계농도
HCFC Blend A		NAF S-III Fine XG Clean A-One	$CHClF_2$(82%) $CHClFCF_3$(9.5%) $CHCl_2CF_3$(4.75%) $C_{10}H_{16}$(3.75%)	4.137	10%
HFC-23		FE-13	CF_3H	4.198	30%
HFC-125		FE-25(FS-125)	CF_3CHF_2	4.137	11.5%
HFC-227ea		FM-200	CF_3CHFCF_3	4.137	10.5%
HCFC-124		FE-241	CF_3CHFCl	2.482	1.0%
FC-3-1-10		CEA-410	C_4F_{10}	2.482	40%
FK-5-1-12		Novec1230	$CF_3CF_2C(O)CF(CF_3)_2$	6.000	10%
HFC-236fa		FE-36	$CF_3CH_2CF_3$	4.137	12.5%
FIC-13I1		Triodide	CF_3I		0.3%
불활성가스	IG-01	Argon	Ar(100%)	31.097	43%
	IG-55	Argonite	N_2(50%) Ar(50%)	30.634	43%
	IG-100	Nitrogen (SN-100)	N_2(100%)	28.000	43%
	IG-541	Inergen	N_2(52%) Ar(40%) CO_2(8%)	31.125	43%

3. 국내에서 시판되고 있는 할로겐화합물 및 불활성기체 소화약제의 종류

법정명	HCFC Blend A	HFC-23	HFC-125
상품명	NAF S-III Fine XG Clean A-One	FE-13 (Any fire)	FE-25 (FS-125)
화학식	$CHClF_2$(82%) $CHClFCF_3$(9.5%) $CHCl_2CF_3$(4.75%) $C_{10}H_{16}$(3.75%)	CF_3H	CF_3CHF_2
방출시간	10초	10초	10초
최소방사압력	0.8 MPa	0.7 MPa	0.6 MPa
소화농도	A급화재 : 7.2% B급화재 : 10%	A급화재 : 10.33% B급화재 : 14.50%	A급화재 : 6.0% B급화재 : 8.7%
NOAEL(vol%)	10%	30%	7.5%
LOAEL(vol%)	10%	50%	10.0%
ODP	0.055	0	0
GWP(100년)	1,700	12,000	3,400
ALT	12년	260년	29년

법정명	HFC-227ea	IG-541	IG-100
상품명	FM-200	Inergen	Nitrogen (SN-100)
화학식	CF_3CHFCF_3	N_2(52%), Ar(40%) CO_2(8%)	N_2(100%)
방출시간	10초	60초	60초
최소방사압력	0.475 MPa	Ansul : 2.28MPa TMX : 2.0MPa	2.04 MPa
소화농도(%)	A급화재 : 5.8% B급화재 : 7.3%	Ansul : 31.25% TMX : 33.40%	31.25% (A·B급화재)
NOAEL(vol%)	9.0%	43%	43%
LOAEL(vol%)	10.5%	52%	52%
ODP	0	0	0
GWP(100년)	3,500	0	0
ALT	33년	0	0

(1) HCFC Blend A

1) 특징

① 과거 청정소화약제 도입 초기에는 국내에서 가장 많이 설치된 청정소화약제였으며, 소화와 관련된 약제의 성상은 기존 Halon 1301과 유사하나, 소화성능은 떨어진다.

② HCFC-22($CHClF_2$)를 주체로 하여 4가지 물질(C, Cl, F, H)이 혼합된 가스로서 설계농도는 A·C급 : 8.6%, B급 : 13% 인데 NOAEL은 10%이므로, B급화재 대상의 경우 정상거주지역에는 적용이 부적합하다.

③ HCFC 계열의 물질로서 오존층 보호를 위한 몬트리올 의정서에서 경과물질로 규정되어 개발도상국에서는 2040년부터 생산을 금지하도록 되어 있었으나, 제19차 총회(2007. 9. 16)에서 2030년부터 생산 금지하도록 수정되었다.

2) 소화원리

① 연소의 연쇄반응억제효과(부촉매작용) : 주된 소화효과 : HCFC Blend A의 열분해시 불소를 포함한 라디칼(CF_3)이 생성되는데 이것이 라디칼포착제로 작용하여 화염 중의 Chain Caarrier를 포착함으로써 연쇄반응이 중단된다.

② 산소농도희석효과 : 방사된 소화가스 자체의 체적에 의해 산소와 치환

③ 냉각효과 : 약제의 열분해시 흡열반응에 의한 냉각

3) 장점

① 소화약제의 체적이 적으므로 저장용기실의 면적소요가 적다.

② 소화약제의 가격이 비교적 저렴하다.

4) 단점

① 소화농도에 문제가 있다.

㉮ NFC 2001(94년)

㉠ UL 1058 시험 : A급화재 소화농도 → 7.2% (설계농도 : 8.6%)

㉯ NFC 2001(96년)

㉠ N·MERI 시험 : B급화재 소화농도 → 9.9% (설계농도 : 12.9%)

㉡ NRL 시험 : B급화재 소화농도 → 11% (설계농도 : 14.3%)

∴ HCFC Blend A의 NOAEL이 10%이므로 B급화재 대상의 경우 정상 거주지역에는 HCFC Blend A의 사용이 불가하다는 결론임

② UL 및 FM에 인증받지 못함(단, UL Canada, NFC 2001, SNAP에는 등재됨)

③ 오존층 보호를 위한 몬트리올 의정서에서 경과물질로 규정됨
  ㉮ 2016년부터 생산량 동결
  ㉯ 2030년부터 생산금지 예정

(2) HFC-23 (FE-13)

1) 특징

① 할로겐화합물 계열의 청정소화약제 중 유일하게 화학적 소화(부촉매작용)보다는 물리적 소화효과(산소농도희석 및 냉각)가 높다.
② 포화증기압이 높은 관계로 할로겐화합물 계열의 청정소화약제 중 유일하게 질소가압을 하지 않고 자기증기압으로 방사된다.
③ UL, FM에서 인증 및 NFPA, SNAP program에서 채택된 제품이다.

2) 소화원리

Br과 Cl를 함유하지 않으므로 화학적 소화보다는 물리적 소화효과가 높다.
① 산소농도희석에 의한 질식소화 : 포화증기압($47.3kg/cm^2$)이 높기 때문임
② 냉각효과 : 약제의 열분해시 흡열반응에 의한 냉각
③ 연소의 연쇄반응억제효과(부촉매작용)

3) 장점

① 포화증기압이 높아 별도의 (질소)가압이 불필요하다.
② 원거리 방호에 유리하며 설비비가 저렴하다.
③ 최대방호높이가 높다 : 7.5m(기타 소화약제는 3.7m) : 별도로 KFI 인정받음
④ Br과 Cl를 함유하지 않아 독성이 적다. 할로겐화합물 소화약제 중 NOAEL이 가장 높아 인체에 대한 안전성이 좋다.(NOAEL : 30%)

4) 단점

① Br이 함유되지 않아 소화성능이 기존 할론보다 떨어진다.
② ODP는 0 이지만, GWP(100년) : 12,000, ALT : 260년으로 지구환경의 유해성이 비교적 높다.
③ 고압용배관(SCH 80)을 사용해야 한다.
④ 저장용기실의 온도가 약제의 임계온도(25.9℃)보다 높은 경우에는 방사시 기체상태로 방사되므로 방사시간이 지연될 수 있다.

(3) HFC-125 (FE-25)

1) 특징
① 소화와 관련된 약제의 성상은 기존 Halon 1301과 유사하나 소화성능은 Halon 1301보다 떨어진다.
② 설계농도는 A급 : 7.2%, B급 : 11.3%인데 NOAEL은 7.5%이므로, B급화재 대상의 경우 정상거주지역에는 적용이 부적합하다.

2) 소화원리
① 연소의 연쇄반응억제효과(부촉매작용) : 주된 소화효과
② 산소농도희석효과 : 방사된 소화가스 자체의 체적에 의해 산소와 치환
③ 냉각효과 : 약제의 열분해시 흡열반응에 의한 냉각

3) 장점
① 소화약제의 체적이 적으므로 저장용기실의 면적소요가 적다.
② 지구환경에 대한 악영향이 비교적 적다.(ODP : 0, GWP : 3,400, ALT : 29년)

4) 단점
① NOAEL(7.5%)이 낮으므로 특히 B급화재 대상물의 경우 설계농도가 11.3% (소화농도 : 8.7%)이므로 사람이 상주하는 장소에는 사용이 불가하다.
② 물성은 Halon 1301과 유사하나 소화성능은 Halon 1301 보다 떨어진다.

(4) HFC-227ea (FM-200)

1) 특징
① 소화성능은 HFC계 소화약제 중 가장 우수하나 약제 및 설비 비용이 비싸다.
② 약제의 충전압력은 저압, 중압, 고압의 3종류이나, 국내에서는 중간압력 (2,482 KPa)을 주로 적용하고 있는데, 낮은 압력의 단점을 보완하기 위하여 약제저장용기 외부에 별도의 질소가압용기를 부설한 PFS(Piston Flow System)을 추가로 KFI 인정을 받아 사용하고 있다.
③ UL, FM에서 인증 및 NFPA, SNAP program에서 채택된 제품이다.

2) 소화원리
① 연소의 연쇄반응 억제효과 : 주된 소화효과
② 산소농도 희석효과 : 방사된 소화가스 자체의 체적에 의해 산소와 치환
③ 냉각효과 : 약제의 열분해시 흡열반응에 의한 냉각

3) 장점

① 소화능력이 우수함(현재의 HFC계 중 가장 우수함)
② 지구환경에 대한 악영향이 비교적 적다.(ODP : 0, GWP : 3,500, ALT : 33년)
③ 소화약제의 체적이 적으므로 저장용기실의 면적소요가 적다.

4) 단점

① 국내의 약제저장압력이 저압($25.3kg/cm^2$)으로서 유효방호거리가 짧다. : 그 대책으로 PFS(Piston Flow System)를 채택하고 있다.
② 약제 및 설비 비용이 고가이다.
③ 화열에 의해 가열되면 HF 발생

(5) IG-541 (Inergen)

1) 특징

① 불활성가스 계열이므로 화학적소화가 아닌 물리적소화의 질식소화(산소농도희석) 약제이나, 주성분이 N_2 및 Ar이므로 인체에 대한 질식은 되지 않는다.
② 약제의 부피가 크므로 약제저장공간이 가장 많이 소요되며, 약제의 충전압력 및 방사압력이 고압인 관계로 방호구역 내에 자동압력배출장치(Relief Venting)가 반드시 필요하다.
③ UL, FM에서 인증 및 NFPA, SNAP program에서 채택된 제품이다.

2) 소화원리

① 산소농도 희석에 의한 질식소화
② 냉각효과 : 방출시 고압기체상태에서 저압으로 변화할 때 기체가 팽창하면서 주위온도를 약간 저하시킨다.
③ 구성분자별 소화특성
  ㉮ N_2 : 방출 후 산소농도를 12~14%로 내려 질식소화
  ㉯ Ar : 혼합기체의 비중을 공기와 같은 1로 유지시켜 방호구역에서 Inergen 가스의 누설을 최소화 한다.
  ㉰ CO_2 : 방출 후 CO_2 농도를 4%로 증가시켜 저산소상태에서도 호흡수를 빠르게 함으로써 인체호흡을 가능하게 하는 역할을 한다.

3) 장점

① ODP, GWP, ALT 모두가 0으로서 지구환경 및 인체에 완전 무해하다.
② 기화냉각이 없으므로 결로의 피해가 없다.
③ 방호구역이 많거나 원거리 방호에 유리하다.
④ 약제 방출시 시계장애가 없다.

4) 단점

① 소화약제의 체적이 가장 크다. : 저장용기 설치공간이 크다.
② 고압설비로서 방호구역에 자동압력배출장치 및 천장(반자) 시설의 보강이 필요함
③ 방출시간이 길다.(60초)
④ 방출시 소음이 크다.

(6) IG-100 (Nitrogen)

1) 특징

① 질소 100%로 구성된 전형적인 불활성가스 소화약제이며, 질소는 공기중에 78%가 포함되어있는 천연가스이므로 지구환경 및 인체에 전혀 영향을 주지 않는다.
② 약제의 부피가 크므로 약제저장공간이 많이 소요된다.
③ 약제의 충전압력 및 방사압력이 고압인 관계로 방호구역 내에 자동압력배출장치(Relief Venting)가 반드시 필요하다.

2) 소화원리

① 산소농도희석에 의한 질식소화
② 냉각효과 : 방출시 고압기체상태에서 저압으로 변화할 때 기체가 팽창하면서 주위온도를 약간 저하시킨다.

3) 장점

① ODP, GWP, ALT 모두가 0으로서 지구환경 및 인체에 완전 무해하다.
② 기화냉각이 없으므로 결로의 피해가 없다.
③ 약제 방출시 시계장애가 없다.
④ 최대방호높이가 높다 : 7.5m(기타 청정소화약제는 3.7m) : 별도로 KFI 인정 받음

4) 단점

① 소화약제의 체적이 크다. : 저장용기 설치공간이 크다.
② 고압설비로서 방호구역에 자동압력배출장치 및 천장(반자) 시설의 보강이 필요함
③ 방출시간이 길다.(60초)
④ 방출시 소음이 크다.

18 최근 개발된 할로겐화합물 및 불활성기체 소화약제

1. 개요

할론 1301 제조금지에 대응하기 위하여 전 세계의 소화설비 업계에서는 환경친화적인 청정소화약제를 다양하게 개발하여 왔다. 최근 청정소화약제 시장에 새로운 몇 가지 소화약제가 출시되었는데, 그것은 FK-5-1-12 및 FIC-13I1 등 이다.

2. FK-5-1-12 소화약제

(1) 개요

1) 상품명(Trade Name) : Novec 1230
2) 국내 법정명 : FK-5-1-12
3) 화학식 : $CF_3CF_2C(O)CF(CF_3)_2$
4) 제조사 : 3M
5) 플루오르화 케톤류에 속함

(2) 주요 물성

1) 무색, 무취
2) 증기압 : 0.4bar(25℃) : (물의 12배)
3) 기화열 : 물의 1/25
4) 비중 : 1.6g/ml(25℃)
5) 비점 : 49℃(1atm)
6) 빙점 : -108℃

7) 최대충전밀도 : 1.0kg/ℓ 이상
8) 소화약제 방사시간 : 10초
9) 최소방사압력 : 0.7Mpa

(3) 소화원리

1) 화학적 반응 : 연소의 연쇄반응 억제작용
2) 냉각작용 : 약제의 열분해시 흡열반응 및 증발잠열(88KJ/kg)에 의한 냉각효과
3) 광분해 반응 : 카르보닐기(C=O기)를 포함하고 있으므로, 대기중에서 햇빛의 자외선과 반응하여 신속히 분해된다.(대류권에서 빨리 사라지게 한다).

(4) 환경영향성

1) ODP : 0(zero) → 염소와 브롬이 포함되지 않기 때문
2) ALT : 약 5일 → 광분해반응으로 대류권에서 빨리 사라진다.
3) GWP : 1
4) NOAEL : 10%
5) 설계농도 : 5~6%

(5) 장점

1) 환경파괴의 최소화 : (ODP : 0, GWP : 1, ALT : 5일)
2) 상온에서 액체상태(비점 : 49℃)이므로 압축가스보다는 취급하기가 용이함
3) 설계농도(5~6%)가 낮으므로 약제부피가 적다.
4) 전기가 통하지 않으므로 전기설비화재에 유리하다.
5) 침투력이 좋아 심부화재에 적용이 가능하다.
6) 방출시 증발이 물보다 약 25배 빠르므로 물체가 젖지 않아 수손피해가 적다.

3. FIC-13I1 소화약제

(1) 개요

1) 미국의 N·MERI(New Mexico Engineering Research Institute)에서 개발하여 Pacific Scientific사(상품명 : Triodide)와 West Florida Ordnance에서 판매하고 있는 소화약제이다.
2) Halon 1301에서의 브롬(Br)을 요오드(I)로 치환한 형태의 소화약제이다.

(2) 주요 물성

1) 화학식 : CF_3I
2) 분자량 : 195.1
3) 비등점 : $-22.5℃$
4) 밀도 : 2.096g/cc
5) 증기압 : 5.33bar

(3) 소화원리

화학적소화와 물리적소화가 공동으로 작용하며, 소화성능도 우수하다.
1) 화학적 소화 : 연소의 연쇄반응억제효과(부촉매작용)
2) 물리적 소화 : 질식소화(산소농도희석효과)

(4) 환경영향성

1) GWP : 1 미만
2) ODP : 0.01
3) ALT : 1.15일
4) NOAEL : 0.2%, LOAEL : 0.4%

(5) 장점

1) 소화성능이 우수하다.(불꽃소화농도 : 3.1%, 불활성화농도 : 5.1%)
2) 소화농도가 낮으므로 필요한 약제량과 약제저장공간이 Halon 1301보다 적다.
3) 환경에의 영향성이 비교적 적다.
4) 할론설비의 배관시스템을 그대로 이용 가능하다.

(6) 단점

1) 반응성이 커서 소화효과는 좋지만 다른 물질과 반응이 활발하여 분해부산물이 많아 독성, 부식성, 경제성에서 불리하다.
2) 불안정성 물질이어서 저장·취급이 어렵다.
3) ODP가 Zero(0)가 아니어서 장기적으로는 규제대상이 된다.
4) NOAEL : 0.2%, LOAEL : 0.4%이므로 사람이 거주하는 곳에서는 사용이 부적합하다.

19 금속화재용 소화약제(Dry Powder)

1. 개요

(1) 일반적으로 금속은 가연성 물질로 간주되지 않는다. 그러나 얇은 조각이나 작은 입자로 나누어진 상태에서 충분한 고열(1,500℃ 이상)에 노출되었을 경우에는 연소할 수 있다.

(2) 금속화재의 소화에 물을 사용하면 연소·폭발이 더욱 심화되므로, 별도의 금속화재용 분말소화약제(Dry Powder)를 사용한다.

2. 금속화재용 소화약제(Dry Powder)의 종류

(1) TMB(Tri Methoxy Boroxyn)

   1) 미국해군연구소에서 개발한 특수 액체소화약제
   2) 주성분 : $(BOOCH_3)_3$
      구조식

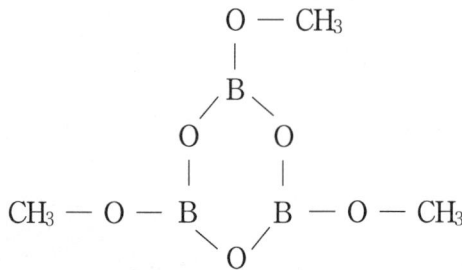

   3) 소화 Mechanism
      ① TMB 약제 자신이 불에 타서
      ② 잔사로서 산화붕소의 Glass상 피막을 형성
      ③ 산소를 차단하여 질식소화하고
      ④ 물과의 반응성이 있는 금속을 피복함으로써
      ⑤ 이것을 방사한 후에는 그 위에 물이나 포소화약제의 사용도 가능해진다.

(2) TEC(Ternary Eutectic Chloride) 분말

   1) 영국에서 알칼리금속화재용으로 개발한 특수소화약제
   2) 주성분 : $BaCl_2$ - 51%, KCl - 29%, NaCl - 20%

3) 소화원리
① 가연물의 피복
② 산소공급 차단
③ 화염의 억제 작용
4) 적용금속화재 : Na, K, Mg

(3) Met-L-X 분말

1) 주성분 : $NaCl + Ca_3(PO_4)_2$(고화방지용 첨가제)
2) 적용 : Na, K, Mg 등의 화재
   금속화재에 방사시 금속의 표면에 달라붙게 되어 산소공급차단효과가 증대하므로 대형 금속화재의 소화에 유리하다.

(4) Pyrene G-1

1) 주성분 : 분말상의 Graphite + 인산화합물
2) 소화원리
   ① 인산화합물이 가열되면 증기가 발생하여 산소공급 차단
   ② Graphite는 열전도에 의한 열방출로 인해 가연금속체의 온도를 발화점 이하로 낮추어 소화한다.
3) 적용 : Na, K, Mg, Al 등의 화재

3. 금속화재의 소화에 물을 사용할 수 없는 이유

(1) 고온(1,500℃ 이상)에서 연소하는 금속에 물이 접촉되면 물분자 내의 수소결합을 끊을 수 있는 높은 에너지 상태가 되므로 물이 분해되어 격렬히 반응한다.

$$H_2O \rightarrow H_2 \uparrow + \frac{1}{2}O_2$$

이때 발생하는 수소가 산소와 혼합하여 격렬하게 폭발하게 되는데 이러한 폭발을 수증기폭발이라 한다.

(2) 금수성 물질인 금속칼륨과 금속나트륨 등은 물과 접촉하면 수소를 발생하면서 격렬히 반응하여 고온의 열을 발생하므로 화재 시 물로 소화하는 것은 불가능하다.

$2K + 2H_2O \rightarrow H_2 \uparrow + 2KOH + 92.8 kcal$

$2Na + 2H_2O \rightarrow H_2 \uparrow + 2NaOH + 88.2 kcal$

따라서 금속칼륨이나 금속나트륨은 보호액 중에 저장해야 한다.

20. 소화약제의 보정계수

1. 개념

국가화재안전기준(NFSC106 제5조1호나목)에서, 가연성 액체·가스 등의 표면화재 방호대상물에 대한 CO_2 소화약제량 계산 시 소화에 필요한 CO_2의 설계농도가 34% 이상일 경우에는 약제량 계산 기본식에 보정계수(MCF)를 곱하여 산출하도록 규정하고 있다.

2. 보정계수의 유도

$$\text{보정계수(MCF)} = \frac{\ln(1-C_2)}{\ln(1-C_1)}$$

여기서, MCF : 물질보정계수
C_1 : 설계농도(대비용)=0.34
C_2 : 최소설계농도(더 높은 설계농도)
ln : 자연대수(Natural Logarithm)

[예] 부타디엔을 CO_2로 방호하고자 할 때의 보정계수 산출
① 부타디엔의 최소설계농도 : 41%
② $MCF = \dfrac{\ln(1-0.41)}{\ln(1-0.34)} = 1.27$

3. 보정계수의 그래프

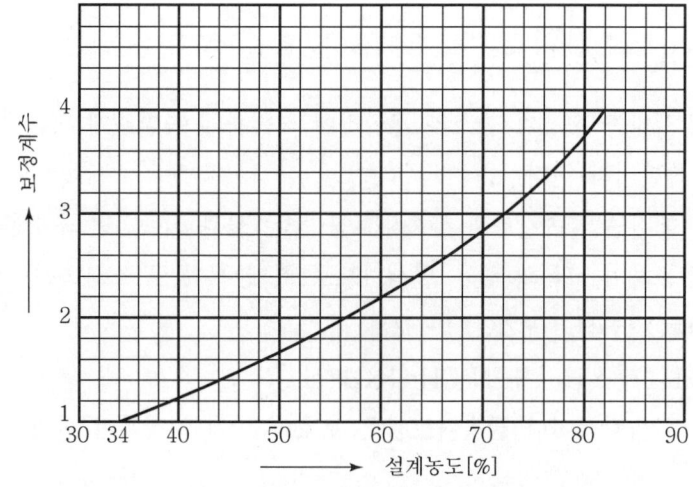

21 소화약제의 오존층 파괴 Mechanism

1. 개요

(1) 지구의 성층권(지상 12~50km)에서 오존(O_3)이 지상 20~25km의 고도에 집중하여 층을 이루어 지구를 에워싸고 있는 것을 오존층이라 하는데, 이 오존층은 인체에 유해한 짧은 파장의 자외선은 흡수하고, 긴 파장의 자외선만 통과시킴으로써 지구상의 생물을 유해한 자외선으로부터 보호하는 역할을 한다.

(2) CFC물질 또는 할로겐화합물에 포함되어 있는 염소(Cl) 또는 브롬(Br)이 지구 외곽에서 태양광 중 유해한 자외선을 막아주는 오존층을 파괴한다.

2. 오존층 파괴 Mechanism

(1) 지상의 대기중에 방출된 CFC물질 또는 할로겐화합물이 대류권에서는 분해되지 않고, 오존층이 있는 성층권에 도달하게 된다.

(2) 이때 CFC물질 또는 할로겐화합물이 태양의 강한 자외선을 받아 광분해(光分解)를 일으키므로 Cl(또는 Br)이 분리된다.

(3) 바로 이 염소원자(또는 브롬원자)가 성층권의 오존이나 산소원자와 반응해서 화학반응 과정을 거쳐 산소로 변환되어 오존을 분해(파괴)시키게 된다.

(4) 또, 스스로 재생되기 때문에 오존파괴가 마치 연쇄반응 하듯이 진행되므로, 1개의 염소원자(또는 브롬원자)가 수천개 내지 수십만개의 오존분자를 분해시킨다.

$$CFCl_3 \rightarrow CFCl_2 + Cl \quad Cl + O_3 \rightarrow ClO + O_2 \quad ClO + O \rightarrow Cl + O_2$$

(5) 오존층의 파괴반응

　1) CFC-11 물질

　　$CFCl_3 \rightarrow CF^{3+} + 3Cl^-$: (CFC-11의 열분해 과정)

　　$Cl^- + O_3 \rightarrow ClO + O_2$: (발생된 Cl^- 이온이 오존과 반응)

　　$3ClO \rightarrow 2Cl^- + O_2$: (Cl^- 이온이 재생성되어 연쇄반응)

　2) Halon 1301

　　$CF_3Br \rightarrow CF^{3+} + Br^-$

$$Br^- + O_3 \rightarrow BrO + O_2$$
$$2BrO \rightarrow 2Br^- + O_2$$

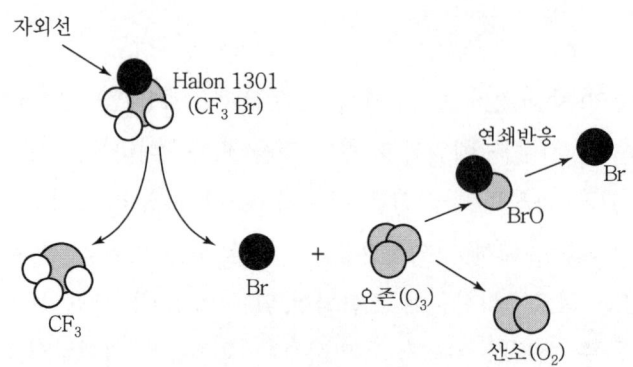

[Halon 1301의 오존층 파괴 Mechanism]

3. 오존층 파괴의 영향

오존층이 파괴되면 태양으로부터 유해한 자외선이 지구 지표면에 도달하는 양이 그만큼 많아지므로 다음과 같은 영향을 미치게 된다.

(1) 인체의 피부암, 백내장 등을 유발시킨다.
(2) 식물의 광합성 작용을 방해하므로 인해 식물의 성장을 저해한다.
(3) 지구의 온실효과가 증대되고, 해수면이 상승한다.
(4) 바다의 생태계 변화 : 바다의 프랑크톤 감소로 먹이사슬이 붕괴될 수 있다.

4. 결론

[오존층 파괴의 예방에 대한 대책]
(1) CFC물질 및 할로겐화합물의 대체 청정소화시스템에 대한 연구개발을 촉진
(2) 기 개발된 청정소화약제는 채용 및 보급을 확대
(3) CFC물질 및 할로겐화합물의 방출시험을 제한하고, 누설 등을 최대한 방지
(4) 프레온가스의 사용을 규제하고 대체물질을 개발

22. PBPK 모델링

1. 정의

PBPK(Physiologically-Based Pharmaco Kinetic) 모델링이란 생리학에 근거한 약물동력학 모델링으로서 독성물질의 흡수, 체내확산, 신진대사 및 배설과 관련된 반응들을 분석하여 인명에 대한 노출안전도를 정량적으로 측정하는 것을 말한다.

2. 개념

(1) PBPK 모델은 인체를 대상으로 직접투여 연구가 불가능한 유해물질에 대하여 동물실험을 통해 얻은 생리적 자료를 근거로 모델식을 이용하여 표적 장기에서의 생물학적 유효용량을 산출하기 위한 과학적인 접근방법 중의 하나이다.
(2) 즉, 할로겐화합물계열의 소화약제에 동물(개)을 노출(5분 동안)시켰을 때 동물(개)에게서 최대동맥혈농도가 측정되었다면, 사람의 동맥혈농도가 동물(개)에게서 측정된 최대동맥혈농도만큼 도달하는 데 걸리는 시간을 Simulation하는 개념이다.

3. PBPK 모델링의 [예]

청정소화약제 중 HFC-125를 PBPK 모델링하는 경우를 보면,
(1) 개에게 아드레날린을 주사하여 5분간 HFC-125에 노출시킨 후,
(2) HFC-125의 LOAEL(11.5%) 상태에서 그 개의 최대동맥혈농도(25.7mg/ℓ)를 측정한다.
(3) 이 측정값을 근거로 하여 PBPK 모델로 Simulation한다.
(4) 이렇게 Simulation하면 그 소화약제흡입농도에서 사람의 동맥혈농도가 25.7mg/ℓ에 도달하는데 걸리는 시간을 예측할 수 있다.

4. 적용

(1) PBPK 모델은 청정소화약제 중 할로겐화합물(HFC) 계열에만 적용하며, 불활성가스 계열의 경우에는 적용하지 않는다. 그 이유는 불활성가스 계열은 천연가스로서 질식을 주체로 하는 소화약제이지만, 할로겐 계열의 경우는 연쇄반응억제효과를 주체로 하는 소화약제로서 열에 의해 분해하는 과정에서 유독성의 분해부산물이 발생하며, 이를 흡입할 경우 인간의 심장 박동에 영향을 주는 물질이기 때문이다.

(2) PBPK 모델을 적용하면 HFC소화약제의 허용되는 최대설계농도가 다음과 같이 증가한다.

Agent	NOAEL	PBPK 허용농도 (최대설계농도)
HFC-227ea	9.0%	10.5%
HFC-125	7.5%	11.5%
HFC-236fa	10.0%	12.5%
FIC-13I1	0.2%	0.3%

(3) NFPA 2001 Code에서는 PBPK 모델링에 의해 노출안전도가 확인된 경우에는 설계농도가 허용농도(NOAEL)보다 높은 경우에도 사람이 상주하는 장소에 대한 소화약제의 적용을 허용하고 있다.

방호구역	설계농도	방출지연 장치	자동/수동 스위치	안전(차단)장치 (노출시간제한)
상시거주지역	NOAEL 이하	○	×	×
	NOAEL 초과 LOAEL 미만	○	○	×
	LOAEL 이상	○	○	○
비거주지역	LOAEL 초과	○	○	○

5. 결론

(1) PBPK 모델은 프로그램에 의한 고도의 시뮬레이션 작업을 거친 후 미국 환경청(EPA)의 승인을 받아야 인정되는 것으로, 소화약제 중 현재까지 PBPK 모델을 적용하여 인정받은 약제는 4개(HFC-227ea, HFC-125, HFC-236fa, FIC-13I1)만 있다.

(2) PBPK 모델의 핵심은 인간의 경우 청정소화약제로부터 노출허용시간을 5분 이내로 제한하여야 한다는 것을 전제로 한다. 이는 청정소화약제를 사용하는 방호구역 내에서 5분 이내에 대피가 완료되어야 한다는 것을 의미한다.

Chapter 09

수계소화설비

[개장] 수계소화설비의 기본설계 393
01. 소방펌프의 기동·정지점 설정 401
02. 소방펌프의 성능시험 409
03. 소방펌프의 축동력 산정방법 411
04. 펌프의 비속도 414
05. 소방펌프 설계시 대수(수량)
    분할의 필요성 416
06. 펌프의 직렬·병렬운전 특성 418
07. 저층부·고층부 분리배관
    시스템의 설계 421
08. Cavitation과 NPSH의 관계 423
09. Surging·Water Hammer 425
10. Churn Pressure 427
11. 가압수조 시스템 429
12. 소방용 합성수지(CPVC) 배관 432
13. 소방용 배관시스템 435
14. 감압장치방식의 종류 및 특징 438
15. 감압밸브 시스템 441
16. 건식밸브의 중간챔버 446
17. Quick Opening Device 447
18. 건식밸브에 Priming Water를
    채워두는 이유 449
19. 건식밸브의 Water Columning 현상 .. 450
20. 건식 스프링클러설비에서의
    방수지연시간 452
21. 저압건식밸브 시스템 454
22. 배관의 부식방지대책 456
23. 스프링클러의 화재감지특성과
    방사특성 459
24. 미분무소화설비 462
25. 미분무소화설비의 적용 466
26. 미분무소화설비의 설계기준 469
27. 첨가제가 혼합된 미분무수의
    소화특성 474
28. 무용접이음 배관 476
29. RTI, RDD, ADD 478
30. 연소할 우려가 있는 개구부의
    소화설비 481
31. Skipping 현상 482
32. 스프링클러헤드의 종류 484
33. 스프링클러설비의 설계시 고려사항 .. 488
34. 스프링클러설비의 수리계산 절차
    (NFPA기준) 491
35. 현행 스프링클러설비 설계에서의
    살수밀도에 대한 문제점 496
36. 국내기준에 의한 스프링클러설비
    설계의 문제점 498
37. 릴리프밸브의 기능 500
38. 연소방지설비 501
39. 압력수조식 소화설비시스템에서의
    Air Lock 502
40. 수계소화설비의 동결방지방법 505
41. 배관 내의 정압과 동압의 관련성 ... 507
42. 스프링클러설비의 프리액션 인터록
    시스템 508
43. 위험물탱크에 대한 포소화설비의
    설계절차 512
44. 포소화약제의 혼합장치 515
45. ILBP(In Line Balanced Pressure
    Proportioner) 518
46. 고발포 발생기(High Expansion Foam
    Generator) 519
47. 표면하주입식 포소화설비 521
48. 압축공기포소화설비 523
49. 자동팽창포소화설비 526
50. 간이스프링클러설비 527
51. 화재조기진압용(ESFR)
    스프링클러설비 531
52. 주거용 스프링클러설비 534
53. 부압식 스프링클러설비 536
54. 강화액소화설비 539

개 장

Professional Engineer Fire Protection

수계소화설비의 기본설계

1. 스프링클러설비 계통도

(1) 폐쇄형헤드방식(습식, 건식, 준비작동식)

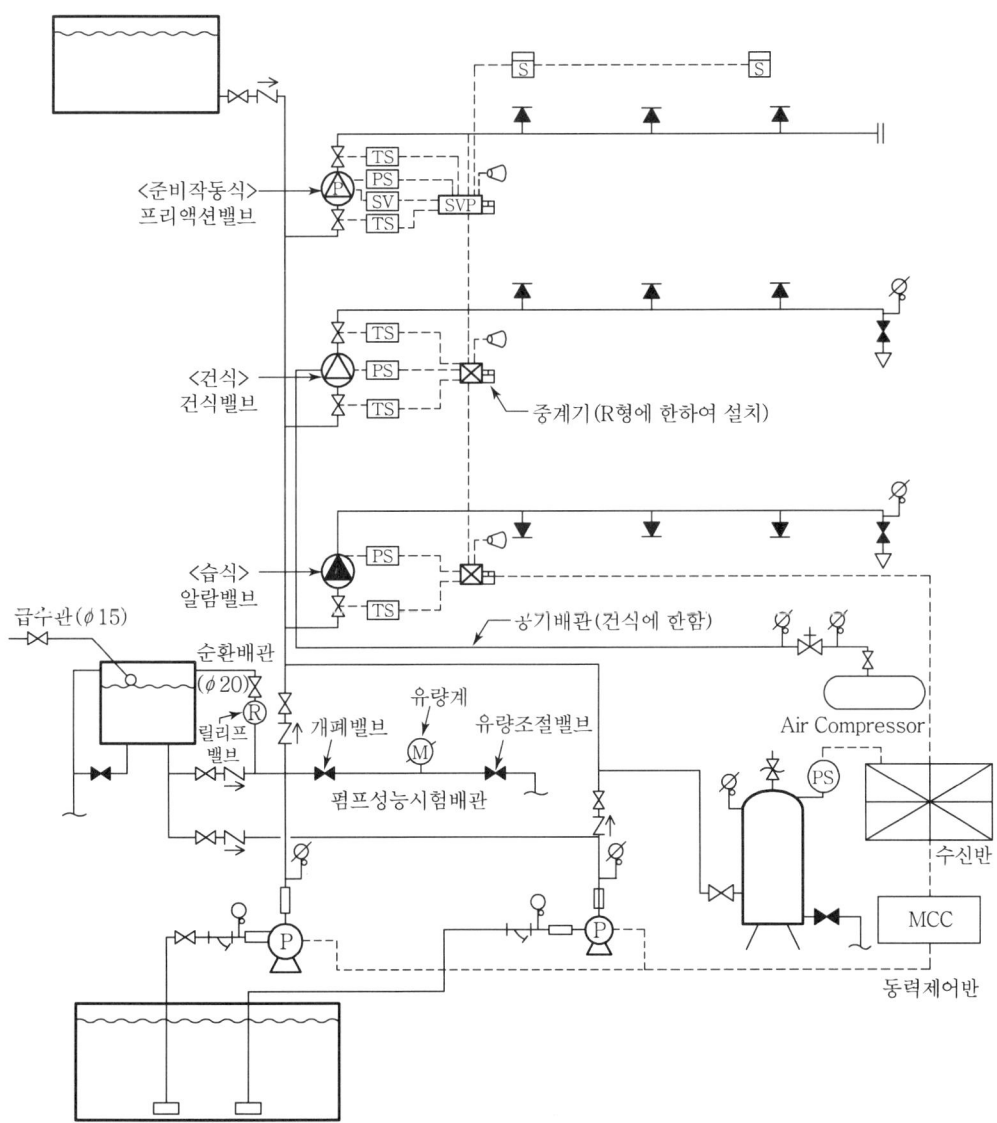

(2) 개방형헤드방식(일제살수식스프링클러설비, 물분무소화설비)

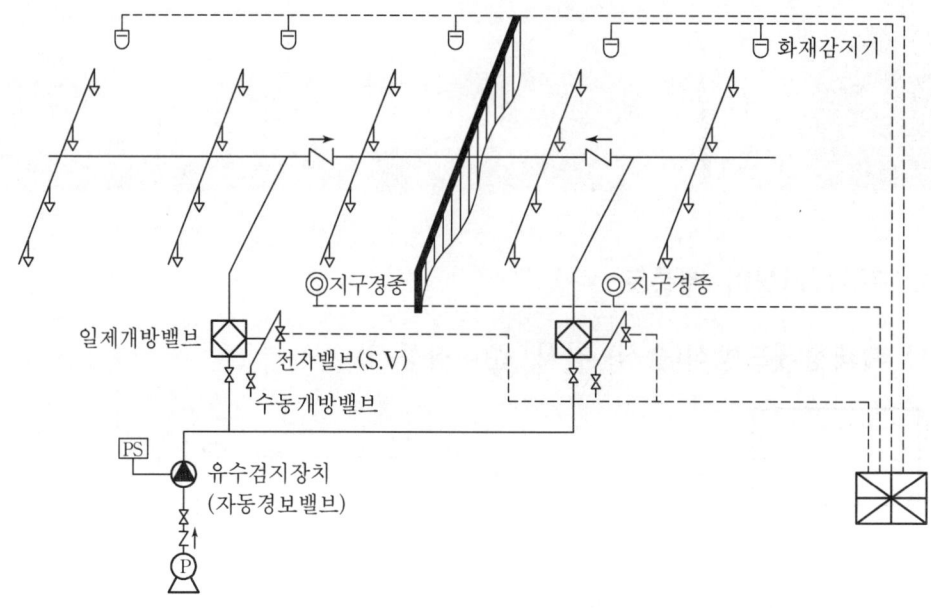

2. 스프링클러설비의 작동 흐름도

(1) 습식(Wet System)

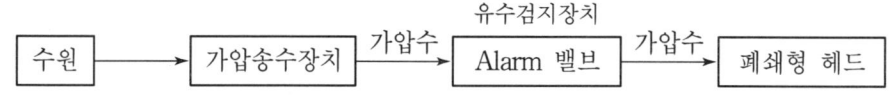

(2) 건식(Dry System)

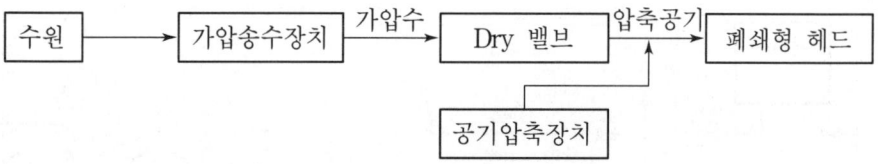

(3) 준비작동식(Pre-Action System)

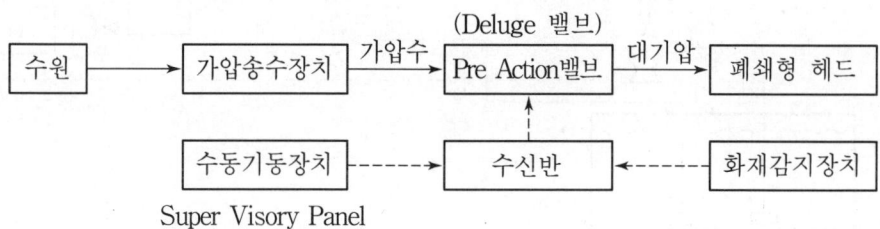

(4) 일제살수식

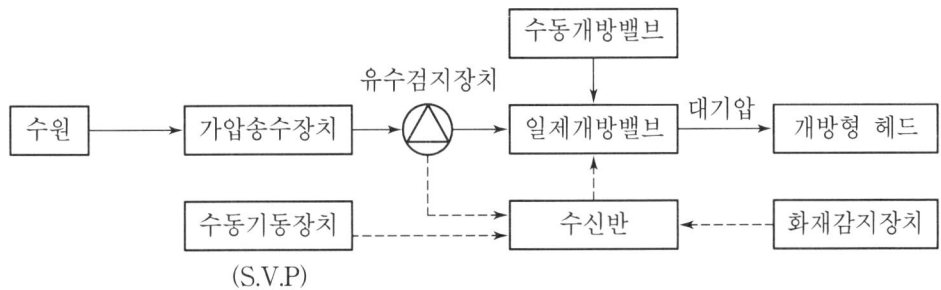

3. 스프링클러설비의 기동방식

(1) 유수검지장치식(습식, 건식)

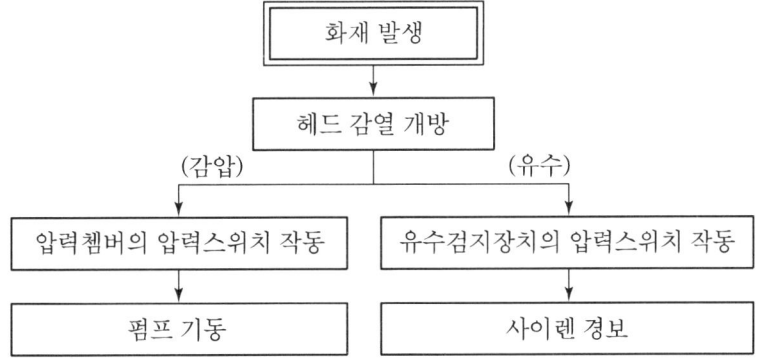

(2) 일제개방밸브식(준비작동식, 일제살수식)

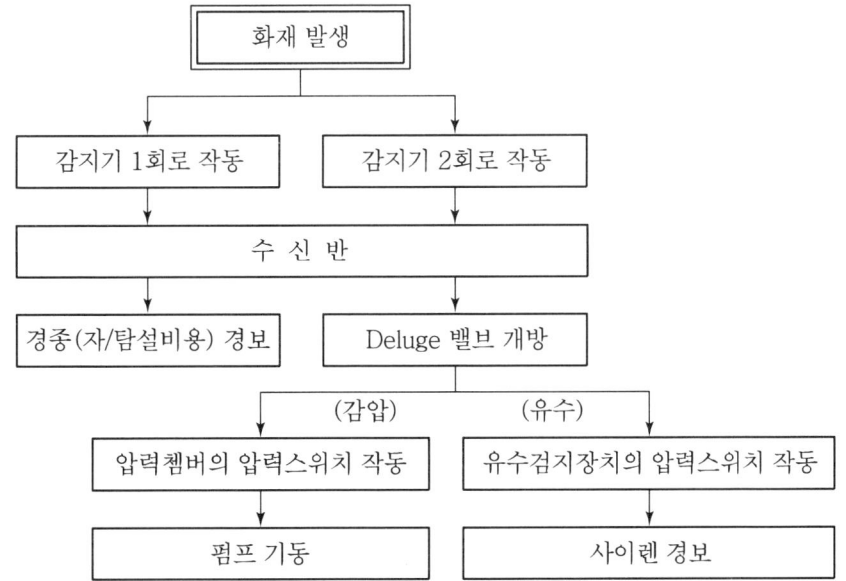

(3) 일제살수식의 기동방식

1) 감지용 헤드에 의한 기동방식

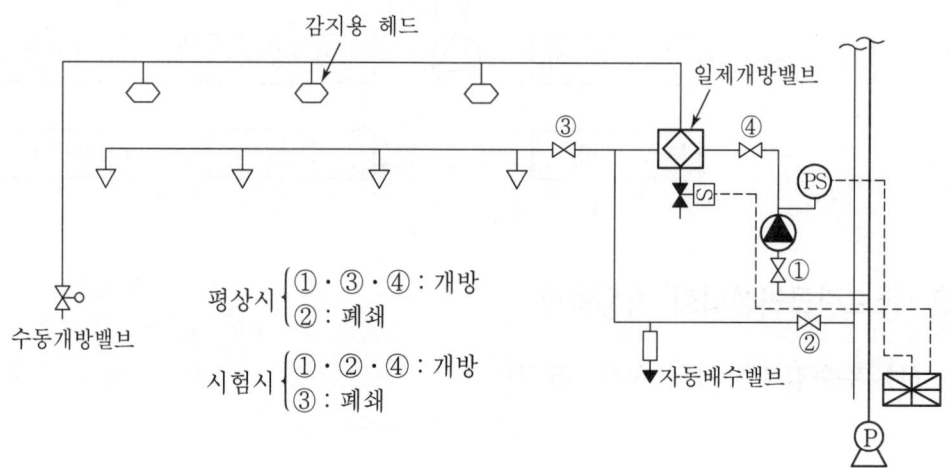

2) 화재감지기에 의한 기동방식

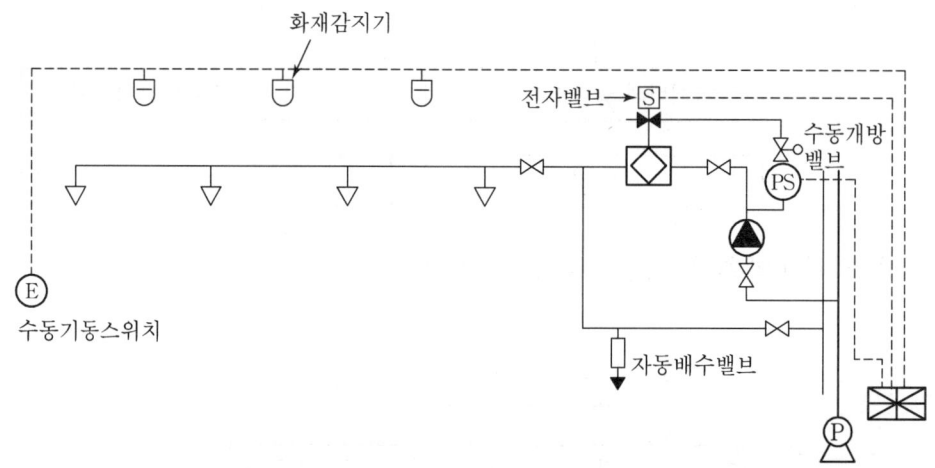

4. 포소화설비의 설계

(1) 포수용액량 계산

1) 고정포방출방식(옥외 탱크저장소에 한함)

   수용액량(Q) = 고정포 방출구의 양(Q_1) + 보조 포소화전의 양(Q_2)
   　　　　　　＋가장 먼 송액관의 내용적(Q_3)

$$Q_1 = A \times q$$
$$Q_2 = N \times 8,000 l = N \times 400 l/\min \times 20\min$$
$$Q_3 = \frac{\pi d^2}{4} \times L$$

여기서, A : 탱크액 표면적[m²]
q : 포 수용액의 방사밀도(포 수용액량)[l/m^2]
　　 =방출률[$l/\min \cdot m^2$]×방출시간[분]
N : 소화전 개수(최대 3개)
d : 송액관 내경[m]
L : 송액관 길이[m]

	특형		Ⅱ·Ⅲ·Ⅳ형	
	포수용액량 [l/m^2]	방출률 [$l/\min \cdot m^2$]	포수용액량 [l/m^2]	방출률 [$l/\min \cdot m^2$]
제1석유류 (인화점 21℃ 미만)	240	8	220	4
제2석유류 (인화점 21~70℃ 미만)	160	8	120	4

2) 포헤드방식

<적용> 옥외탱크저장소를 제외한 모든 대상물에 해당(단, 옥내 고정포방출방식도 포함)

$$Q = N \times q \times T$$

여기서, N : 최대방사구역의 모든 헤드 개수(단, 방사구역당 바닥면적 최대 200m²까지만 적용)
q : N개의 헤드를 동시 개방한 경우의 표준방사량[$l/\min$]
　　 (단, 폼워터 스프링클러헤드의 경우 : 75[$l/\min$])
T : 방사시간(10분)

3) 포소화전방식(호스릴설비 포함)

<적용> 차고·주차장

$$Q = N \times 6,000 l$$

여기서, N : 호스접결구 수(최대 5개)
　　　 $6,000 l = 300 l/\min \times 20\min$

4) 포모니터 노즐방식

   <적용> 위험물저장탱크, 위험물제조소 등

   $Q = N \times q \times T$

   여기서, N : 노즐개수(최소 2개)
   q : N개의 노즐 동시 사용시의 표준방사량 : 1,900[l/min] 이상
   T : 방사시간(30분)

(2) 포약제량 계산

   포약제량 = 수용액량 × 약제농도

(3) 수원량 계산

   수원량 = 수용액량 × (1 - 약제농도)

5. 고정식 포방출구 방식의 종류

(1) I형

   1) 고정지붕구조의 탱크에 상부 포주입법을 이용하는 것
   2) 방출된 포가 액면 아래로 몰입되거나 액면을 뒤섞지 않고 액면을 덮을 수 있는 홈트러프 또는 뮬러튜브 챔버 등의 설비가 된 것

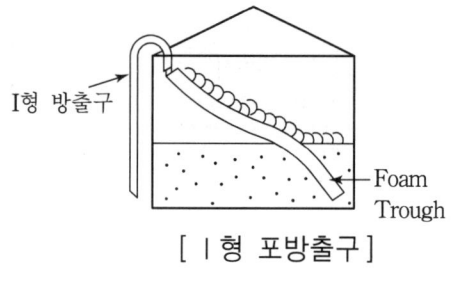

[I형 포방출구]

   3) 탱크 내의 위험물 증기가 포방출구로 역류하여 들어가는 것을 저지할 수 있는 구조·기구를 갖는다.
   4) 적용 : 알코올형 포

(2) II형

   1) 고정지붕구조 또는 부상덮개부착 고정지붕구조의 탱크에 상부 포주입법을 이용
   2) 방출된 포가 디플렉터에 의해 반사되어 탱크벽면을 따라 흘러내려가 유면을 덮어 소화작용을 하도록 하는 것

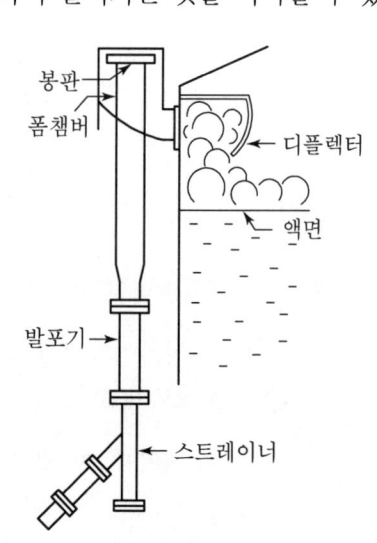

[II형 포방출구]

3) 탱크 내 위험물 증기의 역류방지기능 보유

(3) Ⅲ형(표면하 주입식)

1) 고정지붕구조의 탱크에 저부 포주입법을 이용하는 것
2) 즉, 화재시 탱크의 파괴로 포방출구가 파손되는 단점을 보완하기 위하여
3) 탱크의 유류층 하부에 포방출구를 설치하여 그로부터 방출된 포가 유면 위로 떠올라가서 소화하는 방식
4) 탱크 내 위험물증기의 역류방지기능 보유
5) 적용 : 불화단백포 또는 수성막포 소화약제

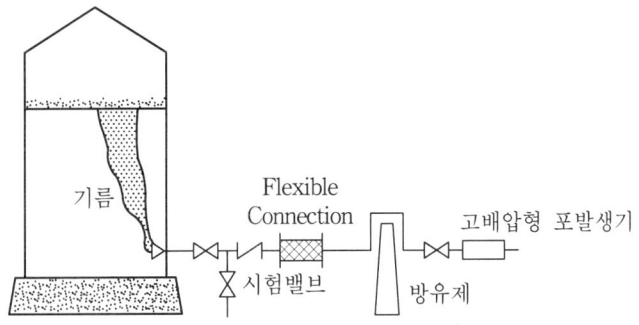

[Ⅲ형(표면하 주입식) 포방출 시스템]

(4) Ⅳ형(반표면하 주입식)

1) 고정지붕구조의 탱크에 저부 포주입법을 이용
2) Ⅲ형 포방출구방식에서 방출된 포가 유면 위로 떠오르는 도중에 위험물과 혼합되는 단점을 보완하기 위하여 송포관 말단에 특수호스 등을 접속한 것
3) 동작시 포의 송출압력에 의해 호스가 전개되어 그 선단이 액면까지 도달한 후 포를 액면 위에 방출하는 방식

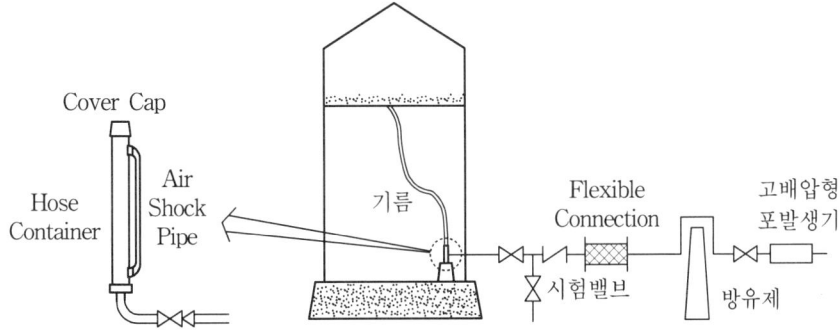

[Ⅳ형(반표면하 주입식) 포방출 시스템]

(5) 특형

1) 부상지붕구조(Floating Roof)의 탱크에 상부 포주입법을 이용
2) 부상지붕 위에서 탱크 내측면과 굽도리판 사이에 형성되는 환상 부분에 포를 방출하여 Seal 화재를 진압하는 것

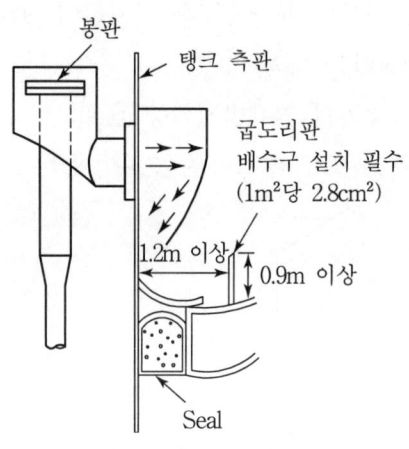

[특형 포방출구]

01 소방펌프의 기동·정지점 설정

1. 개요

(1) 소방펌프의 기동·정지 압력의 설정방법에 관하여 국내에서는 법규적 기준이나 정형화된 기준은 아직 없으나, 여기서는 국내에서 통상적으로 적용되고 있는 방법 중 잘못 적용되고 있는 점을 지적하여 그 이유를 설명하고, 그 개선방안을 기술하였다.

(2) 국가화재안전기준에서 소화펌프가 기동된 후 자동으로 정지되게 하지 않도록 규정됨에 따라 소화배관시스템의 최대사용압력이 과거의 펌프 정격압력에서 체절압력으로 변경되었다. 따라서, 소방펌프의 기동·정지점을 체절운전시스템으로 설정하여야 한다.

2. 소방펌프의 과거 운전압력 설정 및 개선된 운전압력 설정

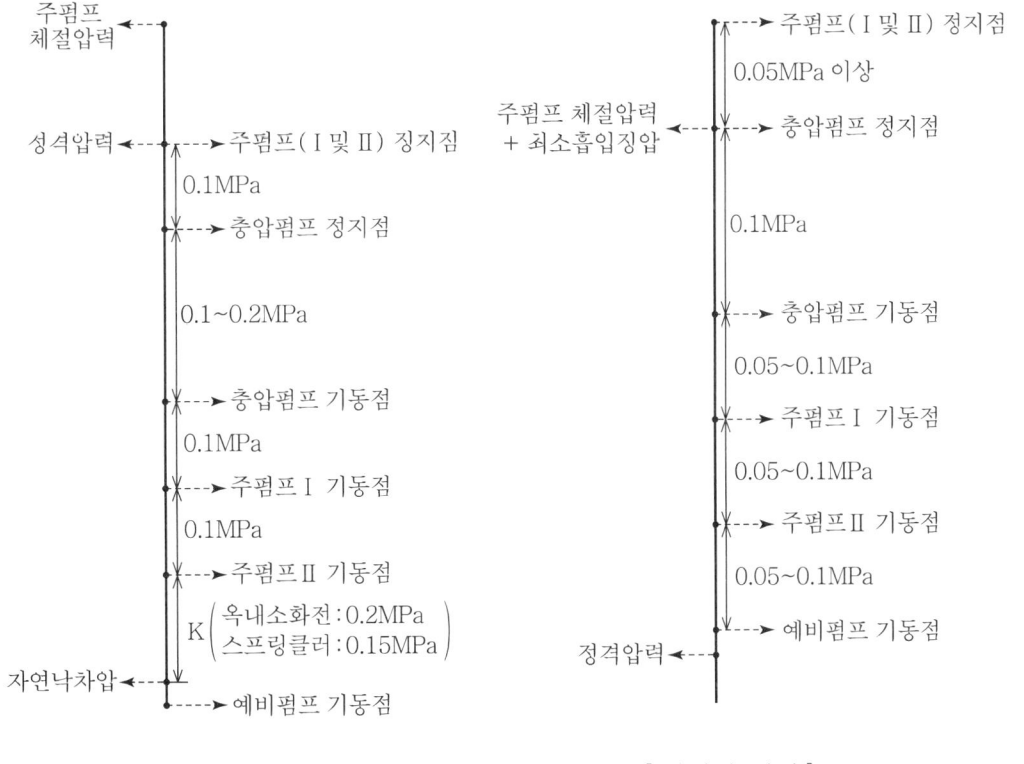

[과거의 설정]   [개선된 설정]

위와 같이 [개선된 설정] 방법으로 설정한 경우에는 펌프(충압펌프는 제외)가 기동된 후 자동정지가 되지 않으므로, 화재안전기준의 자동정지금지 규정을 만족한다. 또, 이 경우 전기적인 방법인 자기유지회로기능을 적용(설치)할 필요가 없다. 그러나, 제2의 안전장치 (Fail-Safe) 차원에서 자기유지회로기능도 적용하고, 기동·정지점도 위와 같이 설정해도 된다. 즉, 두 가지 방법을 함께 적용해도 문제없다고 할 수 있다.

[흡입정압]

최소흡입정압이란, 그림과 같이 펌프의 중심축에서 소화수조의 급수구까지의 수직거리를 말한다. 그러나, 국내의 일반적인 건축물에는 거의 대부분이 펌프와 소화수조 급수구의 높이가 유사한 높이에 설치된다. 이 경우에는 흡입정압을 무시하여도 문제가 없을 것이다.

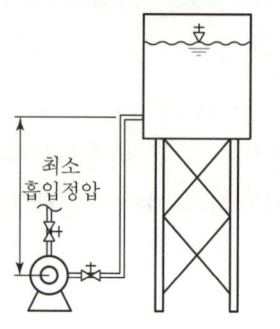

(1) 주펌프의 기동점

1) 과거에 적용하였던 기동점

$$H + 0.15(옥내소화전 : 0.2) \text{MPa}$$

여기서, H : 펌프로부터 최고위 헤드까지 수직거리의 자연낙차압[MPa]

[문제점]

위와 같이 설정할 경우에는 배관 내 상시압력이 너무 낮게 유지된다. 배관 내의 상시 유지압력은 펌프가 운전될 때 예상되는 높은 압력에 평상시에도 길들여져 있도록 유지되어야 한다. 이것은 만일, 평상시 낮은 압력으로 장기간 유지되다가 화재 등으로 펌프가 기동되어 배관시스템에 갑자기 고압(체절압력)이 걸리게 되면 취약부분이 파손되는 등 배관시스템에 Error가 발생될 수 있기 때문이다. 따라서, NFPA기준(NFC 20)에서도 배관 내 상시압력을 주펌프의 체절압력으로 유지하도록 규정하고 있다.

2) 개선된 기동점

① 주펌프의 기동점은 화재시 신속하게 기동될 수 있도록 충압펌프의 기동압력 및 주펌프의 체절압력보다 너무 낮게 설정하지 않아야 한다. 즉, 주펌프의 기동점은 체절압력보다 최대 0.2MPa 이상 낮지 않아야 하며 또한, 정격압력보다는 반드시 높아야 한다.

∴ 주펌프의 기동점 = 체절압력 − (0.1∼0.2) MPa

② 주펌프가 2대일 경우에는 주펌프 1번과 2번의 기동점 차이가 0.05∼0.1MPa 되게 설정하여야 한다. 다만, 이 경우에도 2대 모두 펌프의 정격압력 이상에서 기동되게 설정하여야 한다.

(2) 주펌프의 정지점

1) 과거에 적용하였던 정지점 : 주펌프의 정격압력

① 과거(화재안전기준 개정 전)에는 주펌프의 정지점을 정격압력으로 설정하였다. 이렇게 하면 헤드 1개 개방 등 시스템 최소유량이 방출될 경우에는 펌프의 기동·정지가 짧은 시간에 반복되는 Hunting 현상 발생 및 동력제어반의 Magnet 단자의 손상 등으로 정상운전이 불가능하게 된다.

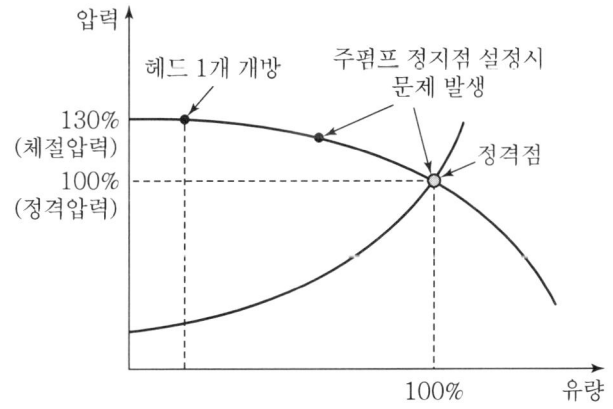

[스프링클러헤드 개방에 따른 펌프성능곡선]

② 또, 시스템 배관의 사용압력한계도 펌프의 정격압력을 기준으로 하여 1.2 MPa 이상일 경우 압력배관(KSD 3562)을 적용하였었다.

2) 개선된 정지점 : 주펌프의 체절압력 + 0.05MPa 이상

※ 여기서, "체절압력 + 0.05MPa 이상"은 체절압력보다 조금이라도 높게 설정하면 된다는 의미이다.

① 시스템의 최소유량(헤드 1개 개방 등)이 방출될 경우에도 기동된 주펌프가 자동으로 정지되지 않도록 정지점을 체절운전점의 초과압력으로 설정함으로써 체절운전이 가능하도록 하여야 한다.
② 또, 시스템 관내의 사용압력한계를 정격압력으로 하는 과거의 설계·시공 관행을 모두 개선하여 관내의 사용압력한계를 주펌프의 체절압력까지로 하여야 한다. 즉, 주펌프의 정지점을 체절압력 이상으로 설정하므로, 배관 및 그 부속류의 사용압력한계를 체절압력에 맞추어 설계 및 시공하여야 한다.

(3) 충압펌프의 기동·정지점 설정

위와 같이 평상시 배관시스템 내의 압력을 주펌프의 체절압력에 근접한 압력으로 유지되게 하려면 충압펌프의 기동·정지점을 다음과 같이 설정하여야 한다.
1) 기동점 : 주펌프 기동점 + (0.05~0.1)MPa
2) 정지점 : 충압펌프 기동점 + 0.1MPa

(4) 예비펌프의 기동·정지점 설정

예비펌프는 주펌프 대용의 Spare(Reserve) 개념으로서 주펌프가 고장 등으로 작동할 수 없는 경우에 사용하는 것이므로 다음과 같은 방법으로 설정하면 된다.
1) 주펌프의 기동점보다 (0.05~0.1)MPa 정도 낮은 압력에서 기동되게 설정하거나,
2) 기동점을 주펌프의 기동점과 동일하게 설정하고, 동력제어반의 동작 Sequence를 주펌프에 기동신호를 주어도 기동하지 못하는 경우에만 예비펌프가 기동하도록 구성하면 된다.

3. 감압밸브 또는 대구경 릴리프밸브를 설치할 경우 운전압력 설정방법

(1) 위와 같이 펌프를 체절운전시스템으로 설정하게 되면 펌프의 체절운전 시 전체 배관시스템에 고압이 걸리는 문제점이 따르게 된다. 이의 대책으로 펌프 토출측에 감압밸브 또는 대구경 릴리프밸브를 설치하고 펌프의 운전압력 설정을 다음과 같이 할 경우 배관시스템의 압력부담을 해결할 수 있게 된다.

> 다만, 이 방법은 펌프의 정격압력이 1.2MPa(압력배관사용압력)에 근접한 압력이면서, 주펌프의 체절압력이 정격압력과의 차이가 큰(약 130% 이상) 경우에만 적용효과가 있다.

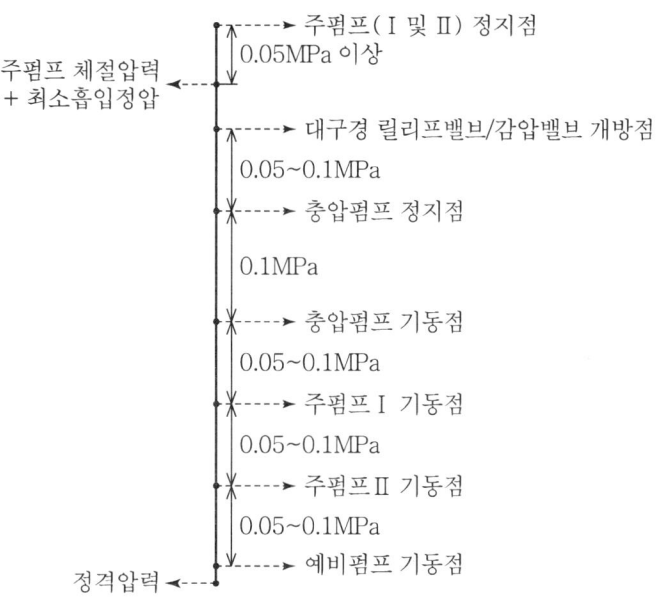

[감압밸브 또는 대구경 릴리프밸브를 설치할 경우 운전압력 설정]

(2) 이 경우, 다음 그림과 같이 릴리프밸브나 감압밸브 중 어느 하나만 설치해도 된다. 즉, 릴리프밸브만 설치할 경우에도 시스템 내의 감압기능은 감압밸브와 유사한 효과를 얻을 수 있으며, 이 경우 By-pass 배관이 필요 없고 주배관 관경보다 3~4단계 작은 규격의 릴리프밸브를 적용할 수 있는 이점이 있으나, 릴리프밸브를 통과한 소화수를 저수조로 Return시켜야 하는 단점이 있다.

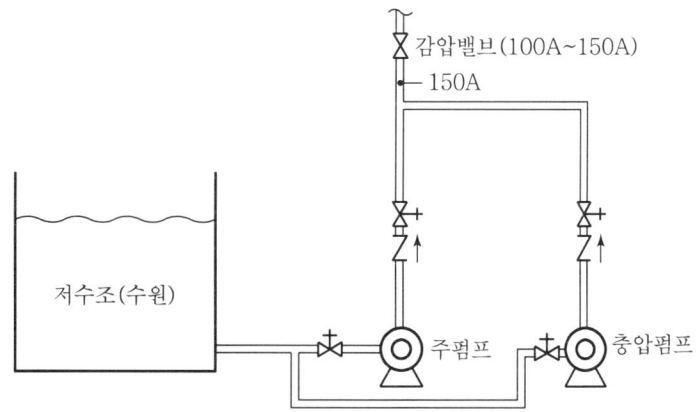

[감압밸브를 설치한 시스템]

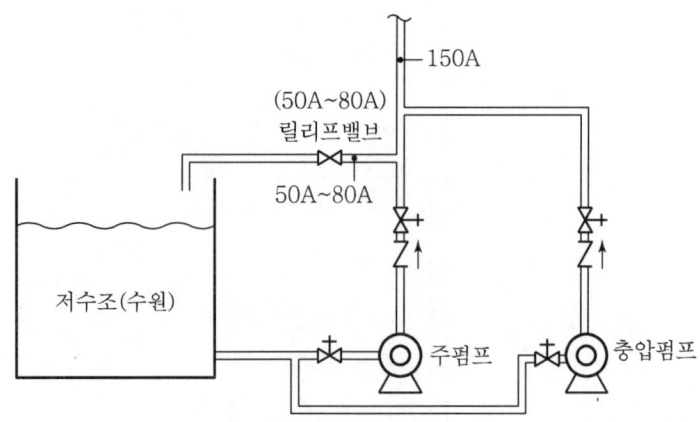

[대구경 릴리프밸브를 설치한 시스템]

4. 소화펌프의 오작동에 대비한 운전압력 설정방법

주펌프의 정지점을 체절압력보다 높게 설정할 경우 펌프가 기동된 후 자동으로 정지되지는 않는다. 그러나 화재가 아닌 상황에서 오작동(비화재 시 기동) 등으로 펌프가 기동되었다면 관리자가 수동으로 정지할 때까지 계속해서 장시간 동안 운전될 수 있는 문제가 있다. 이러한 상황에 대처할 수 있는 방안으로, 다음 그림과 같이 충압펌프의 정지점을 주펌프의 정지점보다 높은 값으로 설정하는 방법이 있다. 다만, 이 경우에는 충압펌프를 웨스코펌프와 같이 체절압력이 주펌프의 체절압력보다 높은 것으로 설치하였을 경우에만 가능하다. 이것은 웨스코펌프의 특성상 압력상승곡선이 가파른 형태의 운전특성을 가지고 있으므로 체절압력이 주펌프보다 훨씬 높기 때문에 이러한 설정이 가능하다. 이 경우에는 배관 내의 압력이 주펌프의 체절압력보다 조금 더 상승 (약 0.05~0.1MPa 정도)하므로 배관시스템 계획 시 이를 고려하여야 한다. 또, 충압펌프를 고압으로 운전 시 동력 소요가 많으므로, 충압펌프의 동력선정 시 계산서상의 동력보다 한 단계 올려서 선정하면 보다 안정된 운전을 할 수 있다.

> 화재안전기준에서, 주펌프의 자동정지금지(수동정지) 규정은 화재 시 즉, 방출(유수)이 발생하는 상태에서 펌프를 자동으로 정지되게 하지 말라는 뜻이지 방출(유수)이 발생하지 않은 경우에도 정지되게 하지 말라는 의미는 아니다.

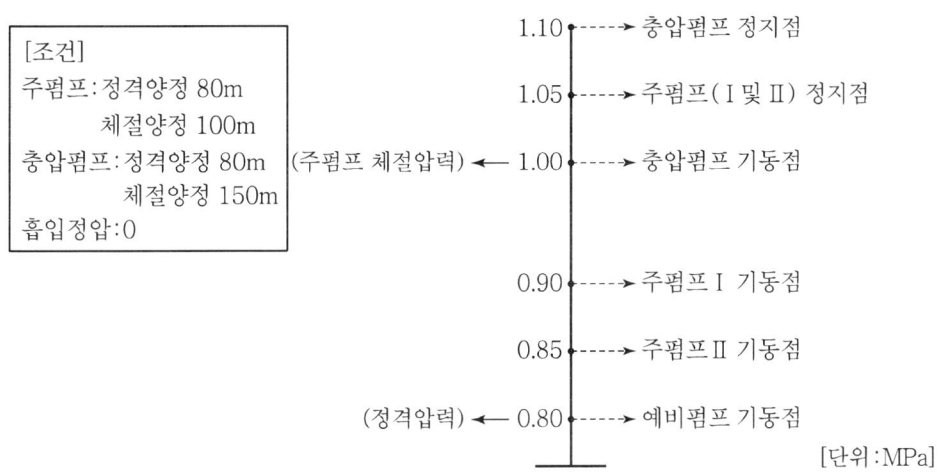

[펌프의 오작동에 대비한 운전압력 설정 예]

위와 같은 설정 상태에서 전기적인 방법인 자기유지회로기능을 적용할 경우에는 펌프의 오작동 시에도 펌프가 정지되지 않으므로 자기유지회로기능을 적용하지 않아야 한다.

5. 기동용 수압개폐장치의 압력스위치 개선을 권장

기존 아날로그식(기계식) 압력스위치는 게이지의 눈금이 정밀하지 못하므로 위와 같이 개선된 펌프의 기동·정지점 설정에서 정밀한 세팅이 어렵다. 그러나, 전자식 압력스위치는 압력값이 정확히 나타나므로 정밀한 세팅에서 상당히 유리하다.

[기동용 수압개폐장치의 전자식과 기계식의 비교]

	기계식	전자식
게이지 눈금	게이지의 눈금이 0.1MPa 단위로 되어 있어 정밀한 세팅이 곤란함 : 펌프의 기동·정지점이 정확하지 못함	게이지의 눈금이 0.01MPa 단위로 되어 있어 정밀한 세팅이 가능함 : 펌프의 기동·정지점이 정확함
압력탱크(쳄버)	압력스위치 자체에 수격작용을 흡수할 수 있는 기능이 없으므로 압력쳄버가 필요함	압력스위치 자체에 수격작용을 흡수할 수 있는 기능(오리피스 설치)이 있으므로 압력쳄버가 불필요함
Diff 범위 (기동점과 정지점 간의 간격)	Diff 눈금이 1MPa용은 0.3MPa, 2MPa용은 0.5MPa까지만 표시되므로 Diff의 범위가 좁다.	Diff 값을 무한대로 적용할 수 있으므로 Diff의 범위가 넓다.

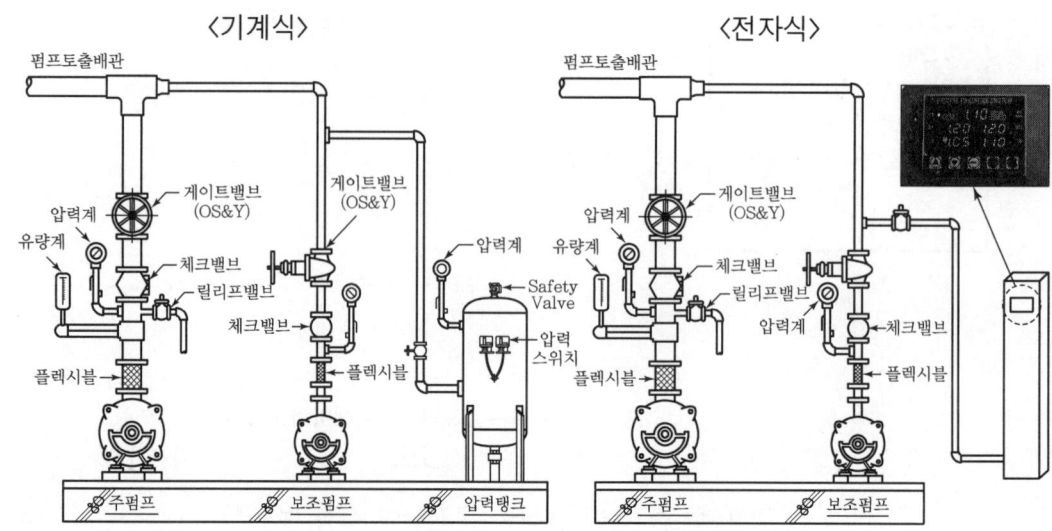

[기동용 수압계폐장치의 설치 상세도]

6. NFPA 기준(NFC 20)에 의한 설정

(1) 충압펌프 정지점 : 주펌프 체절압력+최소급수정압(상수도 직결식인 경우의 최소 급수압력)
(2) 충압펌프 기동점 : 충압펌프 정지점-10psi(0.07MPa)
(3) 주펌프 정지점 : 충압펌프 정지점과 동일(수동정지가 원칙)
(4) 주펌프 기동점 : 충압펌프 기동점-5psi

7. 결론

(1) 국가화재안전기준에서 소화펌프가 기동된 후 자동으로 정지되게 하지 않도록 규정한 것은 소화펌프를 체절운전시스템으로 하라는 의미이다. 즉, 시스템 내의 최대사용압력이 펌프의 체절압력이 되도록 기동·정지점을 설정하라는 것이다.
(2) 또한, 이것은 화재 시 즉, 방출(유수)이 발생하는 상태에서 자동으로 정지되게 하지 말라는 뜻이지 방출(유수)이 발생하지 않은 경우에도 자동으로 정지되게 하지 말라는 의미는 아니다. 따라서, 펌프의 오작동(비화재 시 기동) 시 즉, 방출(유수)이 없는 상태에서는 체절압력 이상에서 펌프를 정지시키도록 정지점을 설정함으로써 펌프의 오작동 시에 펌프를 보호할 수 있게 된다.

02 소방펌프의 성능시험

1. 개요

소방펌프의 시험에서는 체절운전점, 정격운전점, 최대운전점에서의 각 압력을 측정하고, 펌프의 성능곡선을 작성하여 펌프제조업체에서 제공한 성능곡선과 대비가 가능하도록 하여야 한다.

2. 성능시험배관

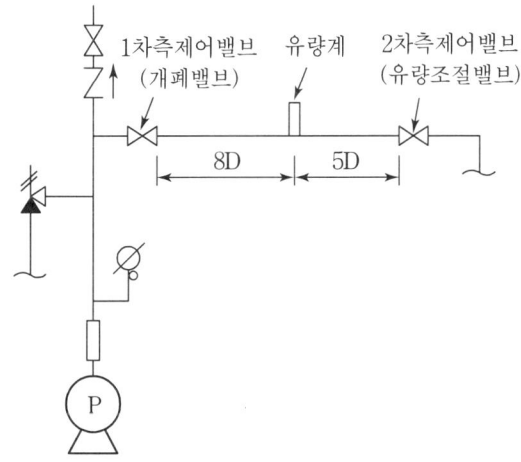

3. 시험순서

(1) 제어반의 충압펌프 기동스위치 : 정지(OFF) 위치로
(2) 주펌프의 토출측 개폐밸브 : 완전히 잠근다.
(3) 성능시험배관의 1차측(상류측) 밸브 : 완전개방
　　　　　　　　2차측(하류측) 밸브 : 잠근다.
(4) 주펌프 기동 : 압력챔버의 배수밸브 개방(펌프기동 후 다시 잠금) 또는 제어반 수동기동스위치 'ON' 위치
(5) 성능시험배관의 2차측 밸브를 서서히 열면서 다음 사항을 측정한다.
　　1) 정격부하시험 : 정격토출량 상태에서 토출압력이 정격양정 이상이면 정상
　　2) 피크부하시험 : 정격토출량의 150%일 때 토출압력이 정격양정의 65% 이상이면 정상

3) 무부하시험(체절운전시험) : 토출량이 Zero(0)인 상태에서 토출압력은 정격양정의 140% 미만이면 정상

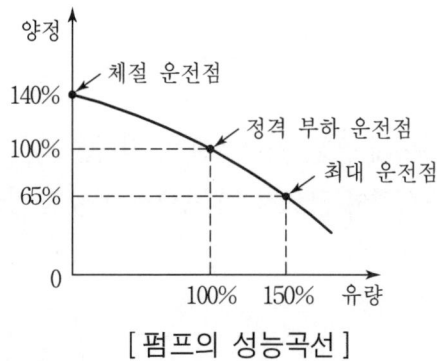

[펌프의 성능곡선]

(6) 복구
1) 시험이 끝나면 성능시험 배관의 2차측 밸브를 열어 배수한 다음 1·2차측 밸브를 모두 잠근다.
2) 주펌프의 토출측 밸브 : 완전 개방
3) 충압펌프 기동스위치 : 정상(자동) 상태로
4) 자동기동 확인 : 압력챔버의 배수밸브를 개방하여 펌프 자동기동을 확인한 후 다시 잠근다.

4. 측정시 주의사항

(1) 성능시험 배관에 유량계의 1차측 밸브와 2차측 밸브 모두 설치
(2) 이때 2차측 밸브는 반드시 유량조절용(Glove) 밸브로 설치
(3) 1차측과 2차측 배관에 규정된 직관부를 확보
(4) 유량계 통과 소화수에 기포 발견시 기포를 완전히 배출 후에 시험 실시

5. 결론

(1) 소화펌프의 성능시험에서 다음과 같은 성능이 되면 정상이다.

구분	유량	압력
정격운전	100%	100~110%
최대운전	150%	65% 이상
체절운전	0%	140% 미만

(2) 제조회사에서 제공한 성능시험곡선과 대비 검토하여 이상이 없어야 한다.

03 소방펌프의 축동력 산정방법

1. 개요

(1) 수계소화설비에서 소화펌프의 축동력 산정에 있어서 국내기준과 NFPA기준이 상이한 부분이 있으나, 여기서는 국내 화재안전기준에 의한 방식으로 기술한다. 다만 펌프의 토출량 산정은 수리계산방식에 의하여 산정한다.
(2) 다음의 항목을 단계별로 산출하고, 그 합산을 계산하여 펌프의 축동력을 산정한다.
   1) 배관의 해당구간 설정
   2) 각 구간별 손실수두 계산
   3) 전양정의 계산
   4) 펌프의 정격토출량 산정
   5) 펌프의 축동력 계산

2. 배관의 해당구간 설정

(1) 방호구역 선정
펌프에서부터 가장 높은 위치 및 먼 거리에 있는 방호구역을 선정한다.

(2) 수리계산의 대상구간 선정
위에서 선정한 방호구역 내에서도 가장 멀리 있는 최말단 헤드로부터 펌프를 향하여 기준헤드개수 만큼의 구간을 선정하여 수리계산한다.

3. 각 구간별 손실수두 계산

(1) 각 구간별 배관의 마찰손실은 Hazen-williams 공식을 이용하여 산출
(2) 배관부속류 및 밸브류의 마찰손실 등가길이 산출
   1) 등가길이 적용시 NFPA기준 등에 의한 Table을 이용하여 산정
   2) 등가길이 산정시의 배관경 적용기준
      ① Reducer, Elbow 및 Tee : 작은 관경의 마찰손실을 반영
      ② 직류Tee의 손실은 미소함으로 반영하지 않아도 된다.

4. 전양정의 계산

(1) 자연낙차수두를 산출
가장 높은 위치의 헤드를 기준하여 낙차수두를 산출

(2) 말단 헤드에서의 방사압력 산출
규정에서 요구하는 최소한의 방사압력을 반영한다.

(3) 각 구간별 마찰손실을 반영
위에서 산정된 구간별 마찰손실을 감안하여 각 구간별로 요구되는 최소방사압력을 산출

(4) 각 수력의 분기지점
분기지점에서 필요압력이 다른 경우에는 큰 압력을 반영한다.

(5) 전양정의 산출
전양정 = 자연낙차수두 + 각 노즐별 요구 방사압력수두 + 구간별 마찰손실수두

5. 펌프의 토출량 산정

(1) 말단 헤드에서의 방수량 산출

$Q = K\sqrt{P}$ 식을 이용하여 산출

(2) 각 구간별 마찰손실을 감안하여 산출한 압력에 의해 각 헤드별 방수량을 계산
1) $P_1 = 0.1\text{MPa}$ 이상
2) $P_2 = P_1 + \Delta P_{1\sim 2}$
3) $Q_2 = Q_1 + K\sqrt{P_2}$

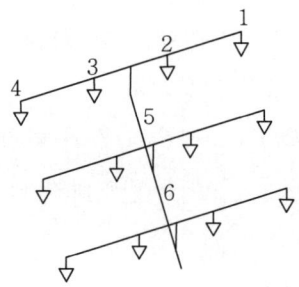

(3) 분기지점 좌·우측의 유량보정

좌·우측 가지배관의 형태(길이, 관경, 헤드수)가 다를 경우 아래의 식을 이용하여 보정한다.

$$Q_A = Q_L \sqrt{\frac{P_H}{P_L}}$$

여기서, Q_A : 좌·우측 가지배관 중 낮은 압력 배관의 보정된 유량
Q_L : 좌·우측 가지배관 중 낮은 압력 배관의 계산(보정전) 유량
P_L : 좌·우측 가지배관 중 두 압력 중 낮은 압력($P_1 + \Delta P_{1~2}$)
P_H : 좌·우측 가지배관 중 두 압력 중 높은 압력($P_3 + \Delta P_{3~4}$)

(4) 각 헤드의 구간별 방수량을 합산

6. 펌프의 축동력 계산

펌프의 축동력 계산식

$$P = \frac{\gamma Q H}{102 \times \eta}$$

여기서, P : 축동력[kW]
γ : 물의 비중량=1,000[kgf/m³]
Q : 펌프의 정격토출량[m³/sec]
H : 전양정[m]
η : 펌프의 효율

7. 결론

펌프의 축동력은 시스템의 전양정, 토출량, 펌프의 효율, 이렇게 세 가지의 인자에 의해 결정된다. 이 중에 전양정과 토출량은 소방시설 설계자가 직접 산정을 할 수 있으나 펌프효율은 펌프 제작사에서 최종 결정하는 것이므로, 소방시설 설계자가 펌프의 동력산정 당시에는 펌프효율에 여유율을 감안하여 산정하여야 한다.

04 펌프의 비속도

1. 비속도의 개념

(1) 송풍기 또는 펌프에 있어서 회전차의 모양과 운전상태를 상사인 상태로 유지하면서 그 회전차의 크기를 변화시켜 단위송출량(1m³/min)과 단위양정(1m)을 내게 할 때 그 회전차에 주어져야 할(필요한) 회전수를 당초(기준이 되는) 회전차의 비교회전도 또는 비속도(Specific Speed)라 한다. 즉, 그림과 같이 B펌프는 A펌프보다 회전차의 크기가 작아진 만큼 더 많은 회전을 하여야 단위송출량, 단위양정이 나올 수 있다.

(2) 즉, 비속도란, 모든 회전차를 양정 1m를 기준으로 하여 1HP의 출력을 낼 수 있는 형으로 치환했을 때, 그 회전차의 회전수를 말한다. 즉, 회전차의 크기와 관계없이 그 형상이 상사이면 모든 회전차의 비교회전수는 동등하다. 또, 역으로 말하면 비교회전수가 동등한 회전차는 상호 상사하며 성능도 동등하다고 할 수 있다.

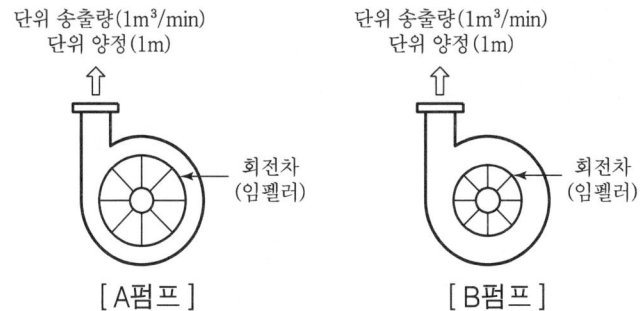

[A펌프]　　　　　　[B펌프]

2. 비속도의 용도

(1) 비속도는 송풍기 또는 펌프에서 회전차의 설계 또는 연구를 수행하는 경우 회전차의 표준수로 사용된다.
(2) 회전날개(또는 임펠러)의 형상을 결정하는 척도
(3) 주어진 양정(H), 회전속도(N), 유량(Q)에서 펌프 또는 송풍기의 종류를 선정하는 척도

$$비속도 = \frac{N \times Q^{\frac{1}{2}}}{H^{\frac{3}{4}}}$$

여기서, N : 회전수[RPM]
　　　　Q : 최고 효율점에서의 유량[m³/min]
　　　　H : 양정[m]

3. 상사법칙

(1) 토출량비

$$\frac{Q_2}{Q_1} = \frac{N_2}{N_1} \times \left(\frac{D_2}{D_1}\right)^3$$

(2) 전양정비

$$\frac{H_2}{H_1} = \left(\frac{N_2}{N_1}\right)^2 \times \left(\frac{D_2}{D_1}\right)^2$$

(3) 동력비

$$\frac{P_2}{P_1} = \left(\frac{N_2}{N_1}\right)^3 \times \left(\frac{D_2}{D_1}\right)^5$$

여기서, Q : 토출량[m³/mim]
N : 회전수[RPM]
D : 회전차(임펠러)의 직경[m]
H : 전양정[m]
P : 동력[kW]

4. 비속도와 펌프 성능특성과의 상관성

(1) 비속도가 높을수록 H-Q 곡선은 가파른 특성이 된다.
(2) 비속도가 낮을수록 H-Q 곡선은 완만한 특성이 된다.
(3) 펌프(또는 송풍기)의 크기에 관계없이 회전차의 상사성 및 형식에 의해 비속도값이 변화한다.
(4) 토출량, 양정이 동일할 경우에는 회전수가 높을수록 비속도가 커지게 된다.

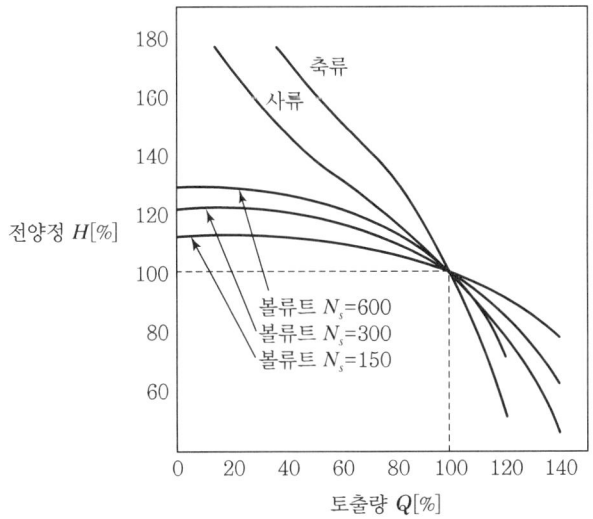

[펌프의 비속도(N_s)에 따른 H-Q 곡선]

5. 결론

(1) 비속도가 클수록 토출량 변화에 따른 펌프효율 변화가 커지고 특히, 토출량 50% 이하에서는 효율이 많이 떨어지게 되므로 주의를 요한다.
(2) 비속도가 적을수록 토출량 변화에 따른 펌프효율의 변화는 적어지나, 토출량에 따라 소요동력이 증가한다.

05 소방펌프 설계시 대수(수량) 분할의 필요성

1. 서론

소방펌프 설계시 대수분할의 적용은 크게 병렬분할과 직렬분할로 구분할 수 있으며 그 적용은 다음과 같다.

(1) 병렬분할의 적용

펌프의 정격토출량은 대용량이지만 헤드의 동시개방 예상개수가 소량인 경우 즉, 토출량 2,400 l/min인 경우 1,200 l/min 펌프 2대로 분할하여 병렬로 적용하여 설계한다.

(2) 직렬분할의 적용

고층건물의 소화설비시스템에서 시스템의 Zoning시, 저층부용과 고층부용으로 분할하여 복수 개의 펌프를 직렬로 적용하여 설계한다.

2. 소방펌프 대수분할의 필요성

(1) 병렬분할

1) 설계 헤드기준개수 30개인 경우 펌프의 정격토출량이 2,400lpm이다.
2) 통계자료에 의하면 일반적인 건축물에서 일반화재에서는 대부분 헤드 5개 이하 개방으로 소화가 종결되었다.
3) 즉, 헤드 5개 개방시 80lpm×5개=400lpm이 된다.
4) 그러나 소요유량이 400lpm 이하임에도 2,400lpm의 대용량 펌프가 기동하게 되면 시스템의 과도한 부하와 전기적인 기동부하가 과대하게 걸리게 된다.
5) 이런 문제를 해소하기 위하여 펌프를 2대로 분할하여 1,200lpm×2대를 병렬로

연결하여 설계한다.
6) 이렇게 되면, 소형화재에서는 1,200lpm 펌프 1대만 기동하게 되며
7) 만일의 경우, 이때도 소화가 되지 않고 헤드의 개방개수가 더 증가하게 되면 나머지 1대의 펌프도 기동하도록 기동장치를 Setting하면 된다.

(2) 직렬분할
1) 고층건물에서 자연낙차압력과 과대한 Columning이 저층부에 작용한다.
2) 이 경우, 1대의 펌프를 이용한다면 저층부의 시스템 관내에는 과대한 압력이 걸리게 되므로 고강도의 관시스템이 요구된다.
3) 그래서, 시스템을 저층부와 고층부로 분할하는 Zoning이 필요하게 된다.
4) 즉, 건물을 일정한 높이의 구역으로 나누어 펌프 1대는 최하층에, 또 1대의 펌프는 중간층(중계펌프 역할)에 직렬로 배치하면 저층부의 과도한 압력은 해결되게 된다.

(3) 설계시 유의사항
1) 펌프의 병렬연결 시 토출량의 합산은 유량이 대기 중으로 방출되는 조건으로 적용한 것이나, 실제로는 대기로 방출되지 않고 배관 내를 흐르므로, 배관 내의 마찰저항으로 인해 병렬로 운전되는 펌프 2대는 유량이 2배로 증가된 만큼 마찰저항이 더 커지게 된다.
2) 따라서, 펌프의 실제 특성곡선은 단형 펌프유량의 2배보다 작게 된다.
3) 직렬로 이용할 경우에도 마찬가지로 실제 양정이 단독 운전시의 2배보다 작게 된다.
4) 그러므로, 설계에서 병렬 또는 직렬로 설계할 경우 펌프의 토출량 또는 양정의 선정은 반드시 여유율을 반영하여 설계하여야 한다.

3. 결론
소방펌프의 대수분할설계의 필요성은 다음과 같이 귀결된다.
(1) 고층건축물의 펌프시스템에서 저층부의 과도한 낙차압력을 해소하기 위해서는 시스템을 일정높이의 구역으로 Zoning하여 복수 개의 펌프를 직렬로 설치한다.
(2) 펌프의 정격토출량이 대용량인 경우 복수 개의 펌프로 토출량을 분할하여 병렬로 연결하고 펌프기동은 헤드가 개방되는 수에 따라 순차적으로 기동되게 함으로써 소수 헤드 개방시 대용량 펌프기동에 의한 시스템의 과부하를 방지할 수 있게 된다.

06. 펌프의 직렬·병렬운전 특성

1. 개요

(1) 대유량 또는 고양정이 소요되는 소화펌프를 설계할 경우 주펌프를 두 대로 분할하여 병렬 또는 직렬로 설계한다.

(2) 펌프의 직렬운전은 펌프의 유량보다 양정을 크게 하고 싶을 때 적용하고, 펌프의 병렬운전은 양정보다 유량을 크게 하고 싶을 때 적용한다.

2. 직렬운전

(1) 동일특성 펌프의 직렬운전

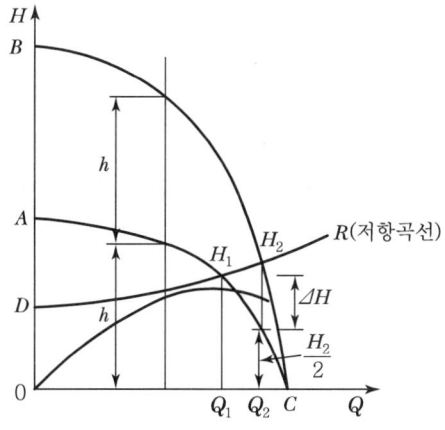

1) 특성곡선 설명

① 펌프 1대 단독운전시 특성곡선 : $A-C$ (운전점 : H_1, Q_1)

② 펌프 2대 합성운전시 특성곡선 : $B-C$ (운전점 : H_2, Q_2)

즉, 토출량은 일정하나 양정은 증가하게 된다.

2) 펌프 2대를 직렬운전시 1대가 각각 부담하는 양정은 단독운전할 때보다 현저하게 감소한다.

즉, $H_1 - \dfrac{H_2}{2} = \Delta H$ 만큼 양정이 감소하게 되므로, $H_1 > \dfrac{H_2}{2}$ 가 된다.

(2) 특성이 다른 펌프의 직렬운전

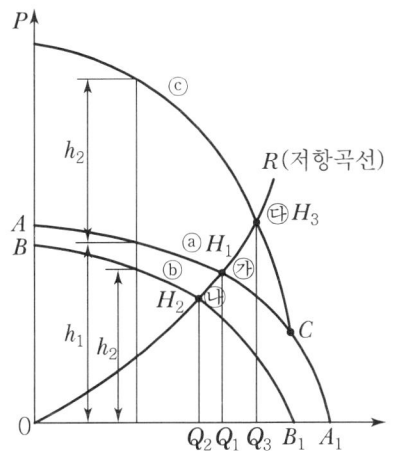

1) 특성곡선 설명

① A펌프의 단독운전점 : ㉮ (H_1, Q_1)

② B펌프의 단독운전점 : ㉯ (H_2, Q_2)

③ 펌프의 합성운전점 : ㉰ (H_3, Q_3)

④ ⓒ곡선은 ⓐ와 ⓑ의 곡선을 종축방향으로 합하여 구한다.

2) 특징

① 임의의 양정(H)과 유량(Q)이 필요할 때 사용할 수 있다.

② 위 특성곡선상의 C점 이하에서 운전하면 B펌프는 체절운전이 되어 저항이 되므로 유체의 흐름을 방해하므로 주의를 요한다.

3. 병렬운전

(1) 동일특성펌프의 병렬운전

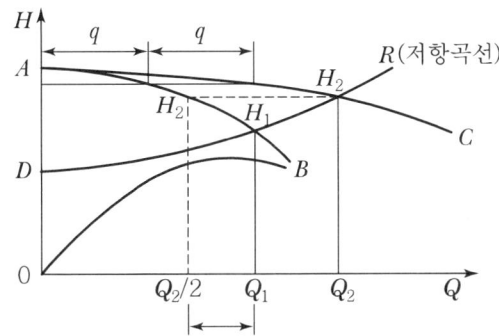

1) 특성곡선 설명

① 펌프 1대 단독운전시 특성곡선 : $A-B$(운전점 : H_1, Q_1)

② 펌프 2대 합성운전시 특성곡선 : $A-C$(운전점 : H_2, Q_2)

2) 펌프 2대를 병렬운전시 1대가 처리하는 유량은 단독운전 시의 유량보다 훨씬 적게 된다.

즉, $Q_1 - \dfrac{Q_2}{2} = \Delta Q$만큼 유량이 감소하게 되므로, $Q_1 > \dfrac{Q_2}{2}$가 된다.

(2) 특성이 다른 펌프의 병렬운전

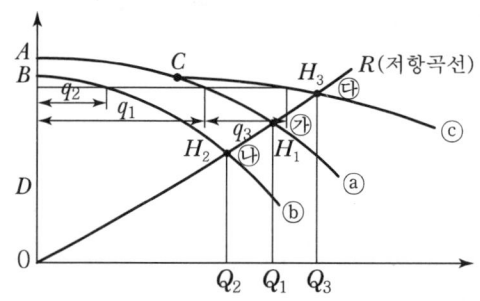

1) 특성곡선 설명

① A펌프의 단독운전점 : ㉮(H_1, Q_1)

② B펌프의 단독운전점 : ㉯(H_2, Q_2)

③ 합성운전점 : ㉰(H_3, Q_3)

④ ⓒ곡선은 ⓐ와 ⓑ의 곡선을 횡축방향으로 합하여 구한다.

2) 특징

① 임의의 유량을 얻고자 할 때 사용한다.

② C점보다 유량이 적은 곳에서 운전하면 B펌프는 체절운전이 되어 저항이 되므로 유체의 흐름을 방해하게 된다.

③ 단독운전 시에는 역류방지를 위해 각 펌프마다 Check Valve를 설치하여야 한다.

4. 결론

(1) 동일특성펌프의 직렬운전 또는 병렬운전시 양정이나 유량은 2배가 되지 않는다.
(2) 그것은 펌프운전 시 유량이 대기로 방출되지 않고 배관 내를 흐르게 되므로 배관 내에서는 마찰저항으로 인하여 직렬 또는 병렬로 작동되는 펌프 2대는 양정 또는 유량이 증가된 만큼 마찰저항이 더 커지게 되기 때문이다.
(3) 특히, 설계시 유의할 사항으로 병렬운전 또는 직렬운전용 펌프의 용량 산정시 반드시 위와 같은 배관의 저항을 고려한 여유율을 반영하여 산정하여야 한다.

07 저층부·고층부 분리배관 시스템의 설계

1. 개요

소방펌프의 최대 운전압력이 과거의 자동정지에 따른 정격압력 운전시스템에서 수동정지에 따른 체절압력 운전시스템으로 개선됨에 따라, 시스템 내의 최대사용압력이 그 전보다 대폭 상승되었다. 따라서, 소화배관시스템 설계에서 저층부와 고층부의 분리지점을 보다 명확하게 계산하여 적용하여야 관내 최대압력이 허용압력(1.2MPa)을 초과하는 것을 최소화할 수 있다.

2. 저층부·고층부 분리배관 시스템 설계계산[예]

[조 건]
- 건축물의 층수 : 지하 2층, 지상 38층
- 건축물의 층고 : 지하층 5.0m, 지상층 3.0m
- 펌프의 체절양정 : 180m
- 감압밸브는 저층부용에만 설치한다.
- 펌프에서 옥내소화전 말단 방수구까지의 마찰손실수두는 10m로 한다.

(1) 저층부와 고층부의 분리지점 산정

저층부·고층부의 분리지점은 압력배관 적용구간을 기준으로 산정한다. 즉, 배관 내 압력수두가 120m되는 지점이 저·고층부의 분기지점이다.
여기서는 체절운전상태 즉, 관 내 흐름이 없는 상태(Churn Pressure)이므로 마찰손실수두는 적용하지 않는다.

$180m - 120m = 60m$

$(5m \times 2) + (3m \times N) = 60m \, (N : 지상층 \, 수)$

$N = \dfrac{60m - 10m}{3m} = 16.67 \rightarrow 지상 \, 17개층$

∴ <저층부> : 지하 2층 ~ 지상 17층
　<고층부> : 지상 18층 ~ 지상 38층

(2) 옥내소화전 감압오리피스 적용구간 산정

옥내소화전 감압오리피스 적용구간은 압력수두 80m[최대방사압력수두(70m)+마찰손실수두(10m)]를 초과하는 구간이 된다.

1) 저층부

   $120m - (70m + 10m) = 40m$

   $(5m \times 2) + (3m \times N) = 40m$

   $N = \dfrac{40m - 10m}{3m} = 10.0 \rightarrow 지상 \, 10개층$

   ∴ 지하 2층 ~ 지상 10층

2) 고층부

   $120m - (70m + 10m) = 40m$

   $(3m \times N) = 40m$

   $N(층수) = \dfrac{40m}{3m} = 13.3 \rightarrow 지상 \, 14개층$

   ∴ 지상 18층 ~ 지상 31층

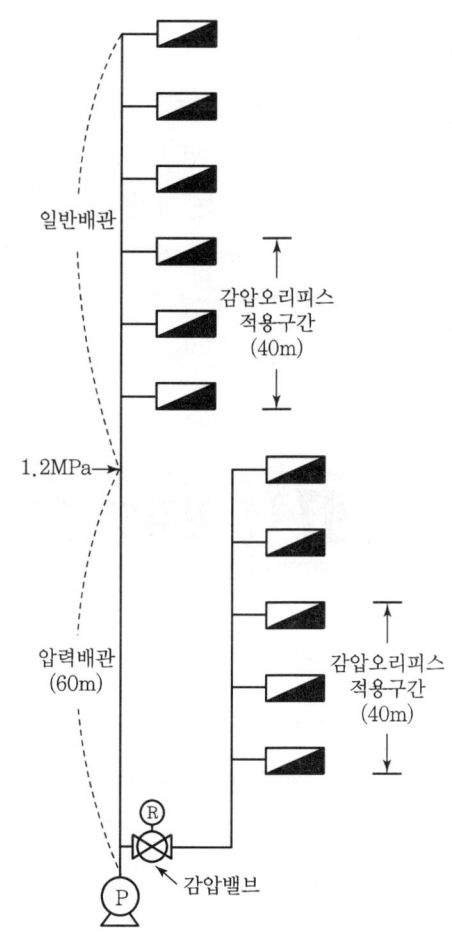

[감압오리피스 적용구간]

08. Cavitation과 NPSH의 관계

1. Cavitation

(1) 발생 Mechanism

1) 밀폐용기 속에서 물의 포화증기압이 낮아지면 비점도 낮아지므로 펌프 내부의 저압부에 물의 일부가 비등·기화하여 기포가 생성한다.
2) 또한 수중에 융해되어 있던 공기가 석출되면서 작은 기포를 다수 발생한다.
3) 이 기포들이 고압부를 만나면 급격히 붕괴되면서 진동·소음을 유발하고 펌프에 기계적 손상을 주는 현상이다.

(2) 발생원인

펌프의 무리한 흡입이 주된 원인
1) 흡입측 양정이 큰 경우
2) 흡입관로의 마찰손실이 과대한 경우
3) 흡입측 관경이 작은 경우
4) 관 내의 유체온도가 상승된 경우
5) 정격토출량 이상 또는 정격양정 이하로 운전하는 경우(서징현상 발생)

(3) Cavitation 발생시의 현상

1) 소음과 진동이 발생
2) 펌프의 효율, 토출량, 양정이 감소
3) 심하면 임펠러나 본체 내면이 손상되어 양수 불능이 된다.

(4) Cavitation 방지대책

근본적으로 펌프의 흡입저항을 줄이는 데 목표를 둔다.
1) 흡입측 양정을 적게 한다.(펌프를 흡수면 가까이에 설치)
2) 흡입관경을 크게 하고, 배관을 단순 직관화
3) 수직회전축 펌프 사용
4) 정격토출량 이상으로 운전하지 말 것 : (서징은 반대)
5) 정격양정보다 무리하게 낮추어 운전하지 말 것
6) 펌프의 회전수를 낮춘다.

2. NPSH(Net Positive Suction Head)

(1) Required NPSH

펌프가 흡입하는 데 필요한 흡입수두

(2) Available NPSH

펌프 흡입시 Cavitation이 발생되지 않고 유효하게 흡입할 수 있는 유효흡입수두 즉, 흡입 전양정에서 수온에서의 포화증기압을 뺀 값을 Av NPSH라 한다.

∴ Av NPSH $= P_a - P_v - H_f \pm H_s$

여기서, P_a : 대기압[kgf/m²]=10mAq
P_v : 포화증기압[kgf/m²]
H_f : 흡입측 마찰손실수두[m]= $f \cdot \dfrac{v^2}{2g} \times \dfrac{l}{d}$
H_s : 낙차(펌프 설치면-수원의 높이)

3. NPSH와 Cavitation의 관계

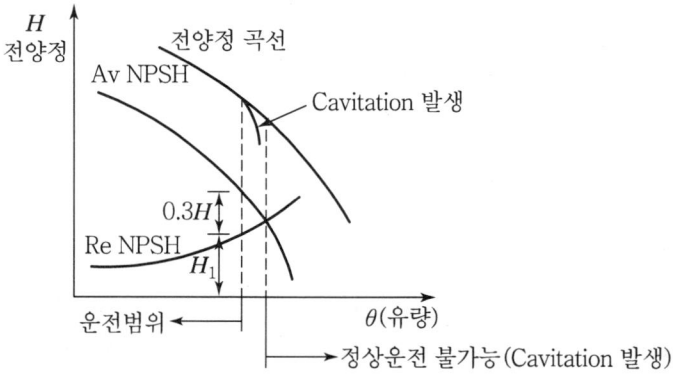

Av NPSH > Re NPSH이면

이론상으로는 캐비테이션이 발생하지 않으나, 고도(해발높이)영향, 마찰손실, 액체온도, 흡수면의 변화 등을 고려하는 여유분을 감안하여 보통 1.3배로 본다.

∴ Cavitation이 발생하지 않는 운전조건은
    Av NPSH ≧ Re NPSH×1.3이다.

4. 결론

펌프에서 Cavitation을 일으키지 않는 안전운전을 하려면 유효흡입양정(Av NPSH)이 필요흡입양정(Re NPSH)보다 최소한 1.3배 이상 더 커야 한다. 즉, Av NPSH ≧ Re NPSH×1.3이 안전운조건이다.

09 Surging · Water Hammer

1. Surging 현상

(1) 정의

펌프, 송풍기, 압축기 등을 저유량 영역(정격토출량 이하)에서 운전할 때, 유량 및 압력이 주기적으로 변화하면서 압력계 및 연성계의 지침이 흔들리고, 진동·소음이 발생하여 불안정한 운전이 되는 현상

(2) 발생원인

1) 펌프운전 시의 특성곡선에서 그 사용범위가 우측으로 올라가는 부분(C~P)일 때 Surging 발생
2) 정격토출량 범위 이하에서 운전할 경우
3) 송수관로 중에 물탱크나 기체상태의 부분이 존재할 경우
4) 유량조절밸브가 펌프에서 원거리에 설치된 경우

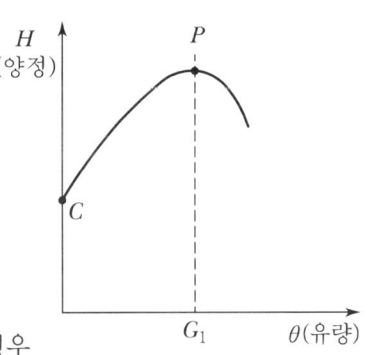

(3) 방지대책

1) 펌프의 운전특성을 변화시킨다. 즉, 펌프의 운전특성곡선에서 그 사용범위가 우측하향구배 특성의 부분이 되도록 모든 조치를 강구 : (회전차나 안내깃의 형상, 치수를 변화시킴)
2) 정격토출량 범위 이하에서 운전하지 않도록 함
3) 배관 중에 수조나 기체상태의 부분이 없도록 조치
4) 유량조절밸브는 펌프 토출측 직후에 근접하여 설치

5) 펌프의 회전속도를 낮춘다.
6) 배관마찰손실을 적게 한다.

2. Water Hammer

(1) 정의

관 내의 유속이 급변하였을 때 유체의 운동에너지가 압력에너지로 변하면서 고압이 발생하여, 관벽을 치면서 큰 진동과 굉음을 발생하는 현상

(2) 발생원인

1) 펌프운전 중 밸브를 급히 개폐한 경우
2) 펌프운전 중 정전 등으로 펌프가 급정지되는 경우
3) 원심펌프의 기동 및 정지시에 관내 물이 역류하여 체크밸브가 닫혔을 때

(3) 방지대책

1) 펌프의 동력축에 Fly Wheel을 설치 : 회전체의 관성모멘트 증대
2) 펌프 토출측에 Air Chamber 설치 : 배관 내 압력변화를 흡수
3) 밸브를 펌프 가까이 설치
4) 펌프 토출측의 체크밸브는 충격흡수식 밸브(스모렌스키)를 사용
5) 펌프 운전 중에 각종 밸브의 개폐는 서서히 조작한다.
6) 관의 내경을 크게 하여 관내 유속을 낮춘다.

3. 결론

(1) 펌프의 운전 시 Surging 현상이 심하게 발생할 경우 펌프의 임펠러 등이 파손되어 운전불능 상태까지 될 수 있으며 또, Water Hammer가 발생할 경우에는 주로 배관시스템이 파손될 수도 있게 된다.
(2) 특히, 소화설비용 펌프는 대부분 고양정이므로 인해 Water Hammer가 발생하기 쉬운 편이다.
(3) 따라서, 소방시설의 설계 및 펌프의 선정 시에 Surging 현상 및 Water Hammer의 방지책을 고려하는 것이 중요하다 하겠다.

10 Churn Pressure

1. 개요

펌프운전에서 Churn Pressure란 펌프의 토출량이 0인 상태 즉, 체절운전상태에서의 펌프 토출측 압력을 말하며, 펌프 최대압력의 한계를 판단하는 기준이 된다.

2. 체질운전에서의 개념

(1) Shut Off Pressure

1) 펌프운전 시 펌프의 토출측 메인밸브를 완전히 닫은 상태 즉, 펌프의 토출량이 0일 때 발생되는 펌프 자체의 토출압력을 Shut off Pressure라 한다.
2) 이 경우는 흡입측 압력을 고려하지 않은 상태의 압력으로 펌프 자체의 순수한 체질압력이 된다.
3) 펌프 자체의 고유 성능을 측정하는 개념으로서 펌프의 성능곡선에 표시되는 압력이다.
4) 현재 펌프성능시험 시 사용하는 체절압력 시험방법에 해당된다.

(2) Churn Pressure

1) 펌프 설비에서 토출량이 0일 때 시스템에 가해지는 압력. 즉, 펌프의 토출측 메인밸브를 개방한 상태에서 펌프운전 시 소화설비시스템에서 방출되는 부분이 없는 상태로 운전될 때 시스템에 가해지는 압력을 Churn Pressure라 한다.
2) 이 경우는 흡입측 압력을 포함하여 토출측에 가해지는 Net 체절 압력으로서 펌프의 고유 성능에 소화설비의 설치상태를 포함한 개념이다.
3) 이때 소화설비시스템에 가해지는 최대압력은 Shut off Pressure에 소화용수의 급수압력(흡입측압력)을 포함시킨 압력이 된다.

(3) Churn Pressure와 Shut off Pressure의 관계

1) 수원이 펌프보다 높은 경우

   Churn Pressure = Shut off Pressure + 흡입양정

2) 수원이 펌프보다 낮은 경우

   Churn Pressure = Shut off Pressure − 흡입양정

3. 체절운전에 대한 대책

(1) 체절운전 시의 문제점

펌프를 체절상태로 장시간 운전하면 고압상태의 공회전 운전이 지속되어 수온이 상승하여 Cavitation 발생 등으로 펌프에 손상이 발생될 수 있다.

(2) 체절운전에 대한 대책

1) 펌프제작 시 펌프의 체절압력을 제한

   소방펌프의 체절압력을 일반적으로 수평회전축 펌프는 정격압력의 125% 이하, 수직회전축 펌프는 140% 이하로 되게 제작을 하고 있으며, 국내 화재안전기준에서는 일률적으로 정격압력의 140% 이상이 되지 않도록 규정하고 있다.

2) 릴리프밸브 및 순환배관 설치

   펌프운전 시 체절압력 미만에서 릴리프밸브가 개방되어 토출되는 물의 일부를 순환배관을 통하여 방류시킴으로써 체절운전이 되지 않도록 한다.

4. 결론

펌프의 체절운전에서의 Shut off Pressure와 Churn Pressure에 대하여 다음과 같이 요약할 수 있다.

(1) Shut off Pressure

펌프의 토출측 메인밸브를 완전히 닫은 상태에서 펌프운전 시 펌프의 토출량이 Zero일 때 발생되는 펌프의 토출압력이며, 이 때 흡입측 압력을 고려하지 않은 상태의 압력으로, 펌프 자체의 순수체절압력 개념이다.

(2) Churn Pressure

펌프의 토출측 메인밸브를 개방한 상태에서 펌프운전 시 소화설비시스템에서 방출되는 부분이 없는 상태로 운전될 때 설비시스템에 가해지는 압력이며, 흡입측 압력을 포함하여 토출측에 가해지는 Net체절압력 개념이다.

11 가압수조 시스템

1. 개요

가압수조시스템은 수계소화설비의 가압송수장치에서 전력 등의 동력공급 없이 압축공기 또는 불연성 고압기체의 자체압력을 가압원으로 하여, 화재감지 즉시 소화용수를 화재현장까지 가압 공급하는 것으로 "저수조+가압송수장치"의 조합시스템을 말한다.

2. 가압수조시스템의 구조

(1) 계통도

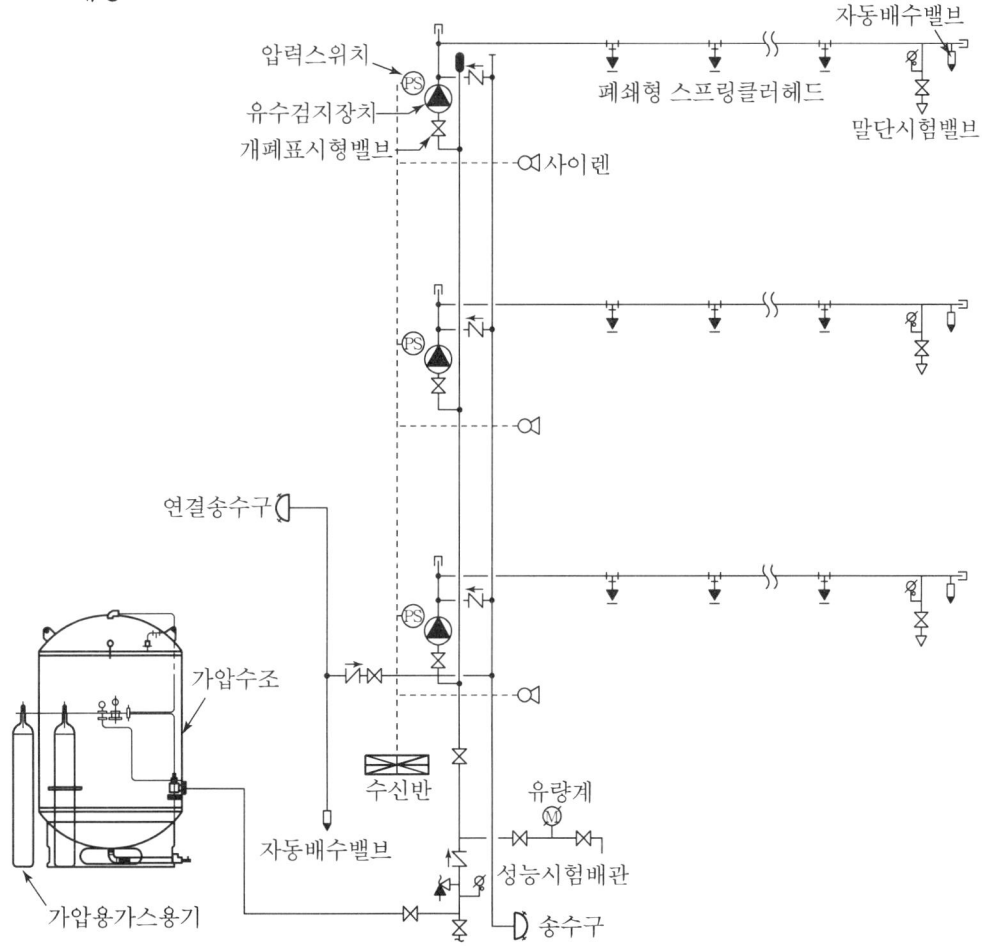

(2) 가압수조의 상세도

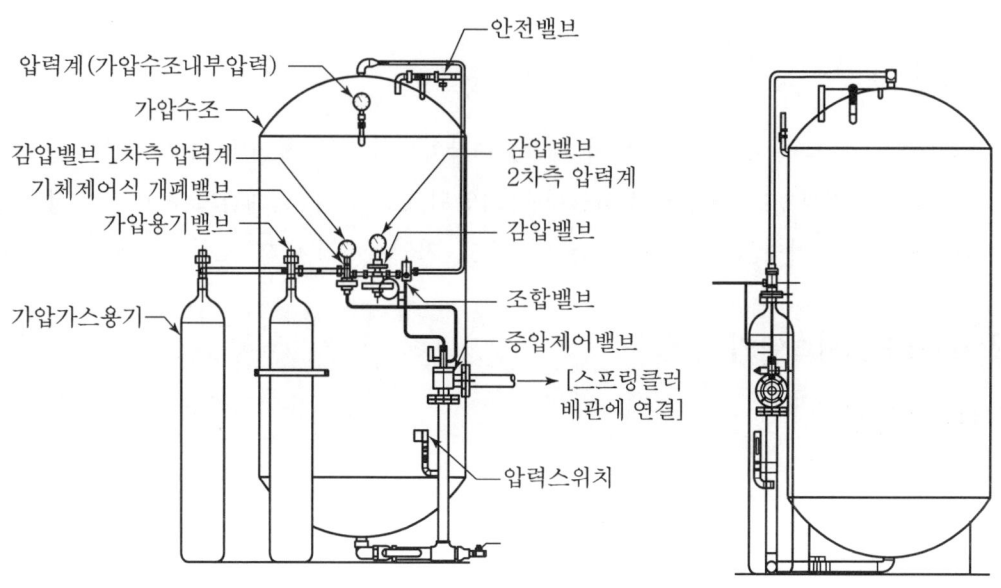

(3) 작동 흐름도

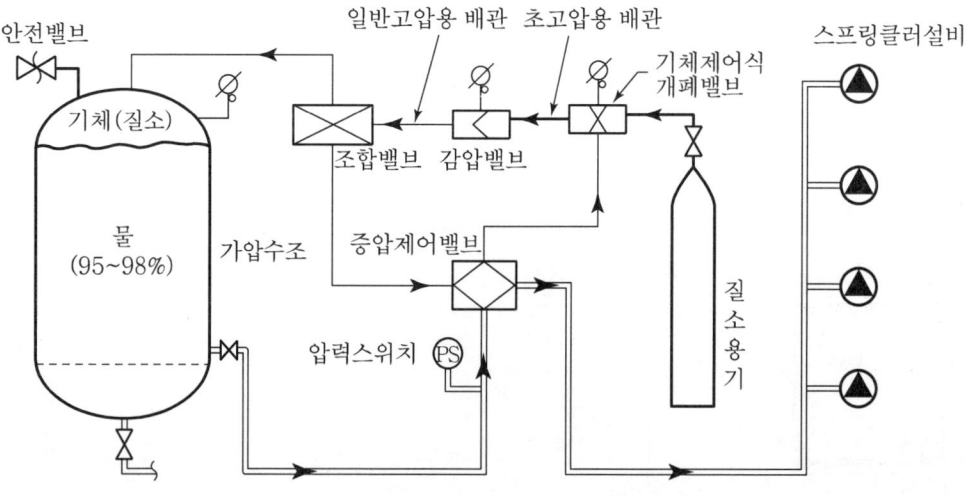

(4) 각 구성요소의 기능

1) 기체제어식 개폐밸브

① 시스템의 가압원인 압축공기(질소)를 시스템에 공급하는 역할을 한다.

② 증압제어밸브와 연결된 동(銅)관에 제어기체력이 있을 경우 밸브가 폐쇄되고, 제어기체력이 없을 경우에는 개방되어 질소가스를 시스템으로 공급한다.

2) 감압밸브

① 고압(15MPa)의 압축가스(질소)를 감압(2MPa)시키는 기능을 한다.

② 평상시에는 항시 고압의 밀봉성 기능을 유지시키는 기능도 있다.

3) 증압제어밸브

① 2차측 배관 내의 압력감소를 감지하여 시스템을 기동시키는 역할을 한다.

② 감압된 질소가스와 가압수조 내의 압력차이 즉, 밸브의 입구와 출구 간의 압력차에 의해 개폐되는 체크밸브식 밸브이다.

③ 헤드 개방이 아닌 소량 누수로 압력이 미량 감소될 경우에는 증압제어밸브가 작동하지 않는다.

4) 조합밸브

① 감압된 기체를 가압수조와 증압제어밸브에 공급하는 역할을 한다.

② 감압시에는 공기를 배기시키는 기능도 한다.

3. 가압수조시스템의 작동원리

(1) 스프링클러헤드의 방수로 2차측 배관 내의 압력이 감소되면,

(2) 증압제어밸브에서 입·출구 간의 압력차를 감지하여 화재로 인식되면, 증압제어밸브가 개방된다.

(3) 증압제어밸브 ↔ 기체제어식 개폐밸브 사이의 동(銅)관에 제어기체력이 감소되면 기체제어식 개폐밸브가 개방된다.

(4) 질소가압용기의 질소가스가 기체제어식 개폐밸브로 진입·통과한 후 감압밸브를 거치면서 감압(15→2MPa)된다.

(5) 감압된 질소가스가 조합밸브를 경유하여 가압수조 내를 가압하게 된다.

(6) 가압수조 내의 소화용수가 질소가스의 가압력에 의해 스프링클러헤드 쪽으로 방출된다.

4. 가압수조시스템의 특성

(1) 비전력 상태에서도 초기화재를 신속하게 진압할 수 있다.
(2) 비전력시에도 상부층에 규정방수압력 확보가능
   기존 옥상수조방식에서 비전력시 상부층 방수압력 미달문제 해결
(3) 비상전원, 소화펌프, Air Compressor 등이 불필요 : 설비비 저렴
(4) 질소가스에 의한 제2의 소화기능 발휘
   급수탱크의 소화용수 방수 후기에는 질소가스가 배관 내의 잔존수와 혼합하여 방출되므로 질소 분무화가 된다.
(5) 가압수조의 용량효율 극대화
   압력수조방식의 유효저수량은 탱크용적의 2/3이나, 가압수조방식은 98%까지 저장 가능하다.

5. 결론

가압수조시스템은 비상전원 및 옥상보조수원의 대체효과가 있으므로 다중이용업 등 소규모 소방대상물에 적용할 경우, 경제성은 물론 작동의 신속성 및 신뢰성이 우수하므로 매우 유용할 것으로 판단된다.

12. 소방용 합성수지(CPVC) 배관

1. 개요

우리나라에서는 소방용 배관 자재로 Fe이 주성분인 탄소강관을 사용해 왔으나 이 배관은 녹 및 Scale 등이 형성되어 수명단축과 배관내경이 축소되는 등의 맹점이 있다. 따라서, 이에 대한 대안으로 CPVC 배관을 제한적으로나마 허용하기에 이르렀다.

2. 기존 탄소강관의 문제점

(1) 녹 및 Scale 발생

   1) 주성분인 Fe이 물속 또는 대기 중에서 산소와 결합하면 산화철(Fe_2O_3)이 발생하여 녹이 생성

2) 습식 배관의 내부에 Scale이 축적

3) 상기 두 요인으로 인해 배관 내의 유체흐름계수가 감소하고 배관 내경이 축소된다.

(2) 지하매설의 경우

배관의 도체성 문제로 전위부식 유발

3. CPVC의 구조

(1) CPVC의 구조

1) 화학명 : Chlorinated Poly Vinyl Chloride
2) 분자식 : $-(CHCl-CHCl)-n$
3) PVC에 비해 인화점이 30~50℃ 높으며 난연성, 내약품성, 전기절연성, 내식성 등이 우수함

(2) 장점

1) 녹 및 Scale 발생이 없다.
2) 관 내의 표면조도가 우수하고, 유체흐름계수가 높다.
3) 중량이 가볍다. : 건물하중의 경량화
4) 녹 및 Scale의 침선이 없으므로 스프링클러헤드 접속배관의 하부 분기가 가능함
5) 기존 PVC에 비해 열전도율이 낮고, 내열성이 우수
6) 본드 접착식 이음으로 시공이 간편함
7) 수명이 반영구적임

(3) 단점

1) 금속배관에 비해 내열성이 떨어진다.
2) 강도면에서 내고압성이 떨어지므로 고압배관에는 불리하다.

4. 법규적 적용대상

(1) 배관을 지하에 매설하는 경우
(2) 내화구조로 구획된 덕트 또는 피트의 내부에 설치하는 경우
(3) 천장과 반자가 불연재료 또는 준불연재료이고, 그 내부에 습식배관으로 설치하는 경우

5. CPVC 배관 시공 시 주의사항

(1) 일반 탄소강관에 비해 휨강도가 약하므로 지지행거의 설치간격을 짧게 설치
(2) 특히, 배관 연결부(이음부)는 용접식이 아닌 본드접착식이므로 연결부(이음부)마다 지지행거를 설치
(3) 배관에 물기가 있거나, 겨울철 영하의 낮은 온도에서는 경화시간이 길어지므로 물기를 제거하고 시공해야 하며 충분한 경화시간이 지난 후에 배관충수를 해야 함
(4) 겨울철 낮은 온도에 의해 충격강도가 저하되므로 취급에 주의한다.
(5) CPVC 배관 전용 접착제를 사용한다.

6. 국내 적용의 현실적 문제점

(1) CPVC 배관에 대한 공사내역 일위대가(정부품셈)가 마련되어 있지 않아 공사비 산출이 곤란하다.
(2) CPVC 배관공사용 시방서(본딩처리의 경화시간, 배관 내 Cleaning 지침 등)가 정립되어 있지 아니하다.
(3) 원자재를 수입에 의존하므로 자재가격이 강관보다 비싸다.
(4) 법적 적용장소의 한계
(5) KFI 인증제품의 한계
(6) 시공기술자의 적법한 자격기준이 미흡하다.

7. 결론

(1) CPVC 배관의 장점

1) 부식 및 녹·Scale 형성이 없다.
2) 수명이 반영구적이다.
3) 중량이 가볍다.
4) 스프링클러헤드 접속배관의 하부 분기가 가능하다.
5) 본드접착식 이음으로 시공이 간편하다.

(2) 국내 생산 및 보급의 활성화가 필요함

국내에서는 CPVC 배관에 대하여 현재 보급이 활성화되고 있으나, CPVC 배관의 장점을 적극 살리고 CPVC 소재의 단점에 대한 연구를 통해 내열성을 보강하고 생산·보급을 더욱 활성화하여 가격 경쟁력을 높임으로써 국내 소방산업의 발전에도 기여할 수 있을 것으로 기대된다.

13 소방용 배관시스템

1. 개요

스프링클러설비의 배관시스템의 종류는 다음과 같다.

(1) Tree 배관(가지배관)방식

1) 규약배관방식에 의한 설계
2) 수리계산방식에 의한 설계

(2) Grid 배관방식

전산프로그램에 의한 설계

(3) Loop 배관방식

1) 전산프로그램에 의한 설계
2) 수리계산방식에 의한 설계

2. 종류별 비교분석

(1) Grid 배관방식(Double Loop)

1) 구조

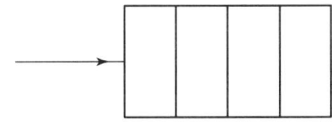

① 평행한 양쪽 주배관이 여러 개의 가지배관으로 연결된 방식
② 가지배관 양쪽에서 물이 공급되며 이때 다른 가지배관은 물의 이송을 보조한다.

2) 장점

① 소화용수 공급의 안정성이 좋다.(가지배관 양쪽에서 송수)
② 유수의 흐름이 분산 : 고른 압력분포 및 압력손실이 적다.
③ 가지배관당 헤드 개수(8개)를 제한하지 아니한다.
④ 설비비용 절감 : 가지배관방식에 비해 소요압력·방출유량 및 수원량, 펌프 용량의 감소 가능

3) 단점

① 습식설비에만 적용 가능
② 수계산으로는 계산이 불가함
③ 전산프로그램의 오류시 그 문제점 파악이 난해함

(2) Loop 배관방식(Single Loop)

1) 구조

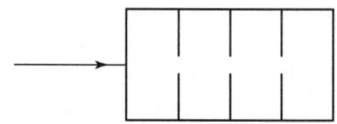

양쪽 주배관끼리는 서로 연결되지만, 양쪽 가지배관끼리는 연결되지 않는 구조

2) 장점

① Grid 배관방식과 같은 건식배관에 대한 적용 제한성이 없다.
② 수리학적 특성에 의해 평가할 수 있다. 즉, 전산프로그램의 도움 없이 해석할 수 있다.

3. 배관 시스템의 설계방식

(1) 규약배관에 의한 설계방식

1) 모든 헤드에서 압력에 관계없이 일정유량이 균등하게 방사된다는 가정하에 주어진 Table에 의해 배관경을 결정한다.
2) 펌프에서 가까운 위치의 헤드나 낙차압력을 많이 받는 저층부 헤드에는 유량이 과다하게 방출될 수 있다.
3) 그러나 모든 헤드의 방수량은 80lpm으로 가정하여 수원량을 산출함
   즉, 수원량 = 80lpm × 20분 × 헤드기준개수
   그러므로 실제 방수시 저장수원의 방출은 20분 이전에 종료될 수 있음

(2) 수리계산에 의한 설계방식

1) 말단 헤드에서 규정된 방사압력과 유량이 나올 수 있도록 배관경을 결정하고, 그 다음 헤드부터는 $Q = K\sqrt{P}$ 의 수리계산에 의해 설계하는 방식
2) 마찰손실은 하이젠 윌리엄 공식에 의거하여 계산
3) 수원량 : 계산에 의한 각각의 공식에 의거하여 계산
   ∴ 규약배관방식에서의 수원량보다 많은 양이 요구됨

(3) 전산프로그램에 의한 설계

1) Grid 배관방식 및 Loop 배관방식에서는 수 계산이 거의 불가능하나, 전산프로그램을 활용함으로써 정확하게 계산할 수 있다.
2) 현재 국내에서 사용하고 있는 배관설계용 전산프로그램
   HP4M : Hardy Cross법을 응용한 프로그램
3) 장점
   계산 결과의 정확성과 신뢰성이 높다.
4) 단점
   ① 전산프로그램 자체에 오류가 발생하면 그 문제점 파악이 어렵다.
   ② 개발된 실제 프로그램이 한정되어 있다.

4. 결론

(1) 소화배관시스템의 설계방식에서 규약배관방식으로 설계한 경우에는 모든 헤드의 방수량이 법정 최소방수량인 $80\,\ell/\min$ 이라고 가정하므로, 실제 설비가동 시 저장수원의 방출이 규정된 방사시간 이 전에 종료될 수 있다.
(2) 따라서, 이러한 문제점을 해결할 수 있고 또, 필요 이상의 큰 배관구경의 사용을 지양하고 가장 적합한 배관구경을 사용하는 경제적인 설계를 하기 위해서는 수리계산에 의한 설계방식이 가장 좋은 방법이라고 할 수 있다.

14 감압장치방식의 종류 및 특징

1. 개요
수계 소화설비의 배관시스템에서 감압장치는 고층건축물에서 저층부와 고층부 사이에 발생하는 자연낙차압력의 과대한 차이를 해소함으로써 설비의 안정성을 도모하는 것으로 그 종류는 다음과 같다.
(1) 중계펌프 이용 방식
(2) 감압밸브에 의한 방식
(3) 배관계통분리에 의한 방식
(4) 고가수조에 의한 방식

2. 종류별 구조 및 특징

(1) 중계펌프 이용방식

1) 구조

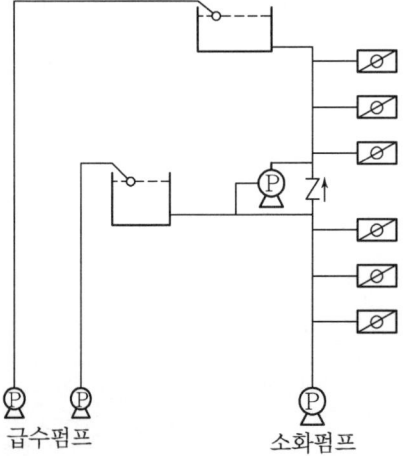

2) 특징
① 과도한 낙차압력을 감소시키기는 하나,
② 중계펌프 및 중간수조의 추가 설치로 설비비 증대

(2) 감압밸브에 의한 방식

1) 소화배관라인에 감압밸브 설치
2) 소방호스 접결구의 인입구 측에 감압밸브 또는 Orifice 설치
3) 감압기능이 있는 소화전 개폐밸브 설치

(3) 배관계통분리에 의한 방식

1) 구조

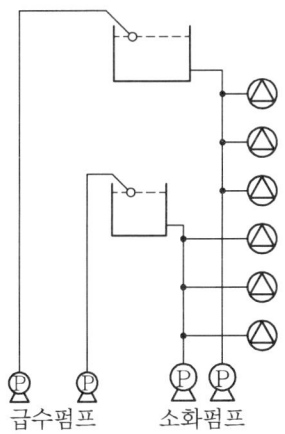

2) 특성

① 저층용 시스템은 비교적 안전하나, 고층용 시스템은 소화펌프와 그 주변 기기 등에 과도한 자연낙차압력이 걸린다.
② 펌프의 추가설치로 설비비 증대

(4) 고가수조 분리에 의한 방식

1) 구조

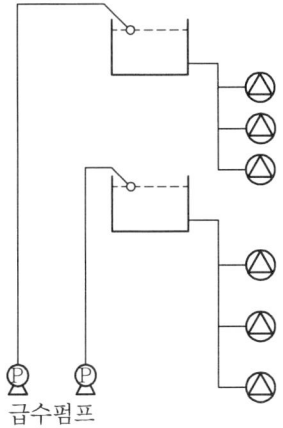

2) 특성

① 안정적인 방수압력을 얻을 수 있다.
② 최저층에도 과도한 낙차압력이 발생치 않는다.
③ 별도의 소화펌프가 불필요 : 설비비 절감
④ 최상층에서 규정방수압력을 얻기 위해서는 고가수조의 높이가 일정 이상이 되어야 한다.

<대안>

고가수조 분리방식의 단점을 보완하여 상부층 전용 소화펌프를 설치

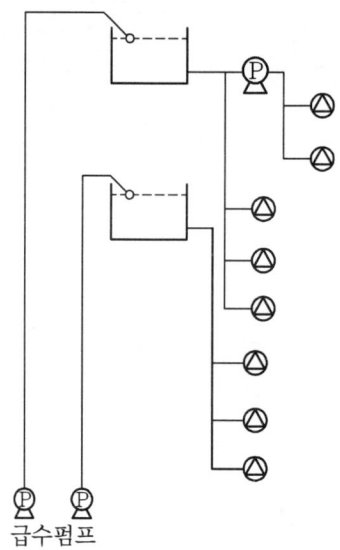

3. 결론

현대건물의 초고층화 시대에 대비하여 고층건물의 특성상 가장 손쉽게 얻을 수 있는 천혜의 자연낙차압력을 가압송수장치의 압력원으로 활용하는 방안에 대하여 적극적인 연구 검토가 필요하다.

감압밸브 시스템

1. 개요

(1) 최근 초고층아파트의 증가추세와 또한 소방법령의 개정으로 배관 내 사용압력이 일정압력 이상 되는 부분은 고압용 배관을 사용하도록 규정됨에 따라 소화배관 시스템에 감압밸브 설치가 증가하고 있는 실정이다.

(2) 감압밸브는 그 종류가 다양하고 각 종류별 작동원리나 성능에서 상당한 차이가 있어 적절한 종류의 밸브를 적합한 방식으로 설치하고 적정한 압력으로 설정·운용하는 것은 소화설비의 성능유지상 매우 중요한 사항이라 할 수 있다.

2. 물용 감압밸브의 종류별 작동원리 및 적용·특성

대분류	구동력 분류		작동원리 및 적용·특성
자력식 감압 밸브	직동식		① 밸브의 출구압력을 밸브를 여닫는 데 직접 이용하는 형식이다. 2차측이 설정압력 이상 올라가게 되면 2차측 압력이 스프링장력을 이겨내고 밸브의 개도를 작게 만들므로 압력이 떨어진다. 반대의 경우에는 2차측의 압력이 떨어지므로 스프링의 힘에 의해 밸브가 열리는 원리이다. ② 구조가 단순하고 조작이 간편하며 적용유체의 범위가 넓다. ③ 밸브의 출구측 압력은 유량증가에 따라 압력이 설정압력보다 낮아지는 경향이 있으므로 정밀한 압력의 조정이 어렵고 배관의 전체계통을 하나의 감압밸브로 감압하는 데는 부적합하다.
	파일럿식	다이어프램식	① 직동형과 유사하나 파일럿밸브를 통하여 간접적으로 제어하는 것이다. 즉 2차측이 설정압력 이상 올라가게 되면 파일럿밸브가 닫혀 1차측의 고압수가 다이어프램에 압력을 가하므로 메인밸브가 닫히게 되어 압력이 떨어진다. 반대의 경우에는 파일럿밸브가 열려 다이어프램을 누르고 있던 1차측의 압력수가 빠져나가게 되므로 메인밸브가 열리게 된다. ② 2차측 압력설정값이 매우 일정하게 유지된다. ③ 제어효과가 우수하며 차압비가 큰 경우와 대용량의 설비에 적합하며 전체 계통을 감압하는 데 유리하다.
		피스톤식	
타력식 감압 밸브	공압식		① 보조동력을 이용하여 감압밸브를 제어하는 방식. 즉 제어반과 연동되는 유·공압실린더, 수압펌프, 전동기, 전자밸브 등을 이용하여 감압밸브의 개폐를 제어하여 감압을 수행하는 방식의 감압밸브 ② 별도의 제어반이 필요하고 전기장치 등이 소요되므로 설비비용이 비싸다.
	수압식		
	유압식		
	전동식		
	전자식		

3. 감압밸브의 선정

(1) 호칭지름(크기) 선정

$$D = \frac{1.167 \times Q \times \sqrt{G}}{\sqrt{P_1 - P_2}}$$

여기서, D : 호칭지름[mm]
Q : 최대유량[m³/hr]
G : 비중(물의 비중 : 1)
P_1 : 입구측(1차) 절대압력[kgf/cm²]
P_2 : 출구측(2차) 절대압력[kgf/cm²]

(2) 밸브 호칭지름 선정시 유의사항

1) 적정한 규격의 밸브 선정
   ① 밸브의 크기가 너무 작은 경우 : 통과유량이 감소된다.
   ② 밸브의 크기가 과대한 경우 : 채터링(디스크의 개도가 너무 작아 발생하는 소음), 편마모 등이 발생한다.
2) 밸브를 통과하는 유체는 기본적으로 압력이 손실되므로 10~20% 정도 여유를 주어 호칭지름을 선정한다.
3) 1·2차측의 압력변동이 심한 경우에는 최소압력을 기준으로 호칭지름을 선정한다.
4) 감압비가 과다(10 : 1 이상)할 경우에는 직렬(2단) 감압방식을 채택하고, 유량의 변화가 극심한 설비의 경우에는 각각의 유량에 맞는 감압밸브를 병렬로 설치한다.

4. 감압밸브의 설치

(1) 물용 감압장치의 표준배관

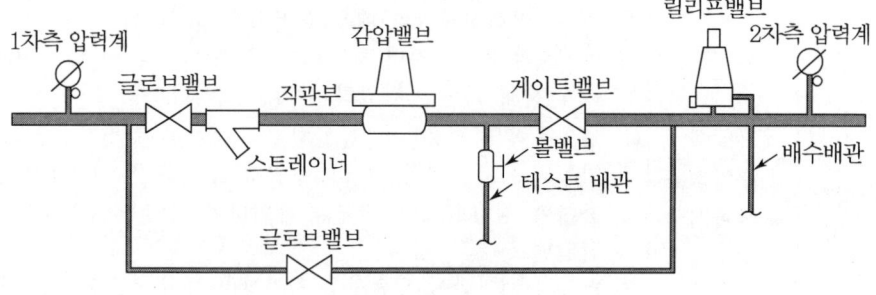

(2) 감압밸브 설치시 유의사항

1) 수평으로 설치 : 수직으로 설치할 경우에는 밸브시트부에 편마모 발생
2) 2차측에 릴리프밸브 설치 : 감압밸브 고장시 설비파손을 예방
   릴리프밸브의 개방압력 설정=감압밸브의 설정압력+(0.08~0.12MPa)
3) 테스트 배관 : 감압밸브 설치 후 압력세팅 및 작동점검 등을 하기 위하여 설치
4) 감압밸브의 입·출구 측에는 직관부 설치 : 밸브나 배관 부속류를 통과한 유체의 난류현상에 대비

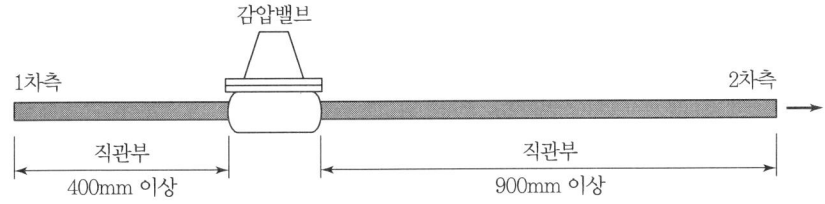

5) By-pass배관 설치 : 배관 Flushing 및 보수작업에 대비
6) 감압밸브 입구 측에는 스트레이너 설치 : 이물질의 유입을 방지
7) 감압밸브 전후에는 압력계 설치 : 감압밸브의 압력조정에 대비

(3) 감압밸브의 직·병렬 설치

1) 직렬설치

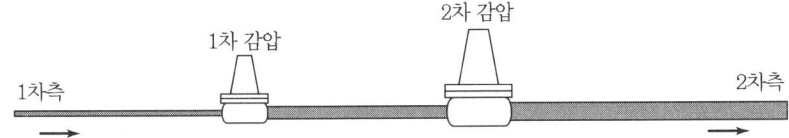

① 감압비가 과대(10 : 1 이상)한 경우 2개의 감압밸브를 직렬로 설치하여 2단으로 감압한다.
② 이 경우 각 단에서의 유량은 동일하지만 압력은 다르게 된다.

2) 병렬설치

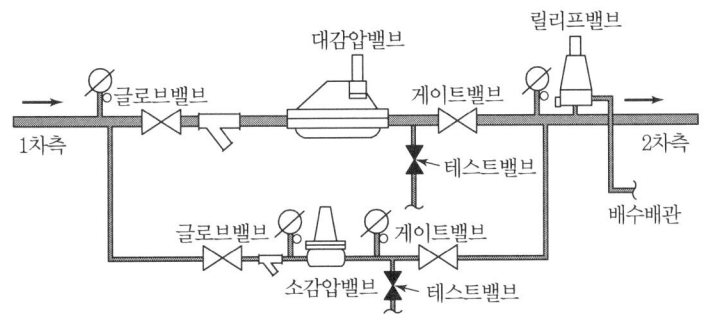

① 설비 내 유량의 변화가 심한 경우에는 각각의 유량에 맞는 감압밸브를 병렬로 설치한다.
② 감압밸브가 최대용량의 25% 이하로 개방된 경우에는 2차측 압력에 변동이 발생하게 된다. 이 경우 병렬식 감압밸브를 설치하면 2차측 압력이 안정적으로 된다.
③ 또, 하나의 감압밸브 고장시 By-pass용 밸브의 대용으로 가능하다.
④ 병렬식 감압밸브의 구경(호칭지름) 선정 및 압력 설정
   ㉮ 부하변동이 심한 설비에는 서로 다른 규격의 밸브를 2개소 이상 병렬로 설치한다.
   ㉯ 단, 정상 운전부하가 최대부하의 50% 이상인 경우에는 동일한 규격의 밸브를 병렬로 설치한다.
   ㉰ 소감압밸브는 대감압밸브의 설정압력보다 0.03MPa 높여서 설정하고, 유량은 20% 정도로 설정한다.

5. 감압밸브의 성능시험

(1) 감압밸브 성능시험용 배관구성

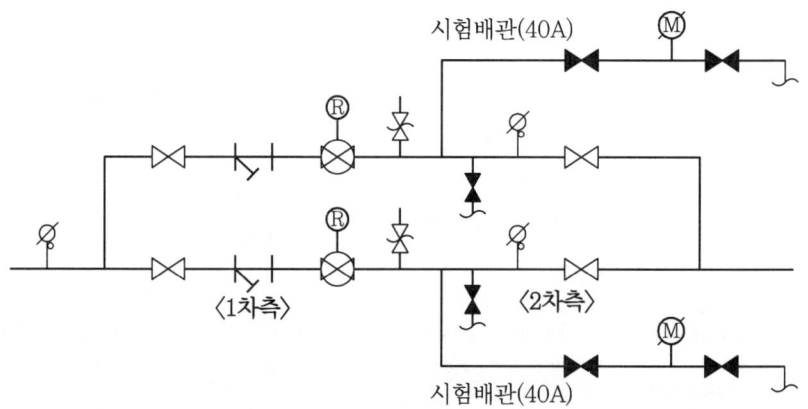

(2) 감압밸브 성능시험 방법

감압밸브의 성능시험은 압력설정시험, 압력유지시험, 방출량시험을 시행한다.
1) 압력설정시험 절차
   ① 감압밸브 2차측 개폐밸브를 개방하여 2차측 게이지 압력이 0이 되게 한다.
   ② 2차측 개폐밸브 폐쇄 후 1차측 개폐밸브를 서서히 개방하여 1차측에 최저 사용압력을 가하고, 2차측 설정압력범위 중 최저·최고·중간압력을 2차측

에 각각 2분간 가하면서 설정압력과의 편차값을 확인
③ 2차측 개폐밸브 폐쇄 후 1차측 개폐밸브를 서서히 개방하여 1차측에 최고사용압력을 가하고, 2차측 설정압력범위 중 최저·최고·중간압력을 2차측에 각각 2분간 가하면서 설정압력과의 편차값을 확인

2) 압력유지시험 절차
① 감압밸브 2차측 개폐밸브를 개방하여 2차측 게이지 압력이 0이 되게 한다.
② 2차측 개폐밸브 폐쇄 후 1차측 개폐밸브를 서서히 개방하여 최저사용압력을 1차측에 가하고, 압력조정장치를 조정하여 2차측 압력을 설정
③ 1차측 압력을 서서히 높여 최고사용압력까지 가압할 때 2차측 설정압력의 편차값 확인
④ ①부터 ③까지 시험할 때 제조사가 제시하는 2차측 설정압력 중 최저·중간·최고값에서 각각 실시한다.

3) 방출시험 절차
① 감압밸브 2차측 개폐밸브를 개방하여 2차측 게이지 압력이 0이 되게 한다.
② 2차측 개폐밸브 폐쇄 후 1차측 개폐밸브를 서서히 개방하여 사용압력을 1차측에 가하고, 압력조정장치를 조정하여 2차측 압력을 설정
③ 2차측 개폐밸브 개방하여 유량을 2분간 방출시키고 설정압력과의 편차 확인
④ ①~③의 시험 시 제조사가 제시하는 2차측 설정압력 중 최저·중간·최고값에서 각각 실시하며, 개폐밸브를 조절하여 방출유량은 각각 800·1,600·2,400L/min로 함. 다만, 호칭경이 80A 이하인 감압밸브는 800L/min 방출유량만 적용

6. 결론

소화설비에 있어서 감압의 필요성
(1) 고층건물에서 저층부 소화설비의 규정방사압력 초과를 예방
(2) 설비시스템의 과대한 압력에 따른 과부하 및 파손을 예방
(3) 과도한 유속에 따른 배관의 침식과 마모를 예방
(4) 높은 압력과 빠른 유속에 따른 Water Hammer 예방
(5) 고압에 대응하기 위한 배관 및 부대장치의 설치비용 증가의 억제

16. 건식밸브의 중간챔버

1. 개요

대부분의 건식밸브에는 공기클래퍼와 물클래퍼 사이에 중간챔버가 있다. 중간챔버는 평상시 대기압 상태이나, 간헐적으로 누수되는 Priming Water를 고이게 하고, Accelerator에서 방출되는 2차측 공기가 이곳을 통하여 건식밸브의 신속한 개방을 돕는 역할을 한다.

2. 구조

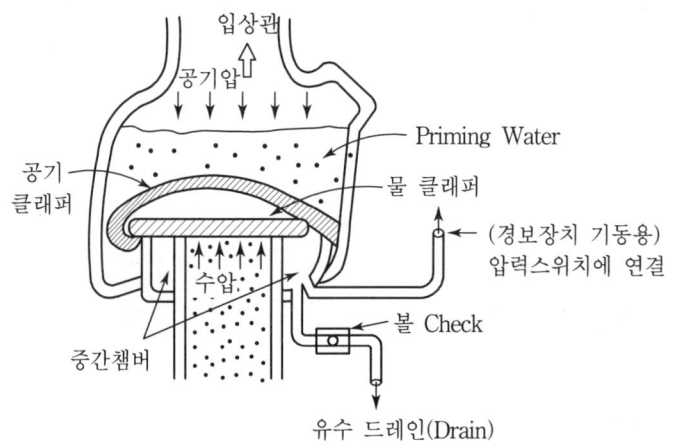

3. 중간챔버의 역할

(1) Priming Water 누수의 채집 · Drain
(2) Accelerator로부터 방출되는 Air의 경로역할을 하며, 클래퍼의 신속한 개방을 돕는다.
(3) 1차측 물의 유수시 경보장치기동용 압력스위치로의 수압전달 경로역할

4. 클래퍼 1·2차측 간의 차압발생원리

(1) Pascal의 원리 이용
 : 클래퍼 1·2차측 간의 면적비(5~6 : 1)를 이용한 차압 발생
(2) Priming Water 중량이 2차측에서 1차측으로 작용
(3) Clapper 자체중량이 2차측에서 1차측으로 작용
(4) 2차측의 공기압력이 1차측으로 작용

5. 결론

(1) 중간챔버는 Accelerator에서 방출되는 2차측 공기를 통과시켜 방출시킴으로써 건식밸브의 신속한 개방을 돕는다.

(2) 또한 간헐적으로 누수되는 Priming Water를 고이게 하는 역할도 한다.

17 Quick Opening Device

1. 개요

스프링클러설비의 건식밸브시스템에서 건식밸브 작동시 클래퍼의 신속한 개방을 돕고, 2차측 배관 내의 압축공기를 신속하게 방출하기 위한 장치로 Accelerator와 Exhauster를 사용한다.

2. Accelerator

(1) 설치목적

건식 스프링클러시스템의 건식밸브에 설치되어 헤드가 개방되었을 때, 건식밸브의 클래퍼를 신속하게 개방시키는 작용을 한다.

(2) 구조

1) Accelerator 입구 : 건식밸브 클래퍼의 2차측에 연결(2차측 압력과 동일)
2) Accelerator 출구 : 중간챔버에 연결(대기압과 통함)

(3) 작동원리

1) 평상시 Accelerator 입구측은 건식밸브 2차측 System과 동일한 압력으로 유지되나, 출구측은 대기압 상태이므로 내부 Poppet에 의해 입구가 차단된 상태 유지
2) 스프링클러 헤드가 개방되어 2차측 압력이 저하되면
3) 차압챔버의 압력변화에 의해 Poppet가 개방되어
4) 입구측의 2차측 공기압이 출구측으로 바로 통과되어 중간챔버로 보내진다.
5) 중간챔버에 2차측 압력이 가해지면 이 압력이 클래퍼를 밀어올리게 되므로 클래퍼가 신속하게 개방된다.

3. Exhauster

(1) 설치목적

건식밸브시스템에 설치되며, 스프링클러헤드가 개방되었을 때 2차측의 공기압을 신속하게 대기 중으로 방출시키는 작용을 한다.

(2) 구조

1) Exhauster 입구 : 건식밸브의 클래퍼 2차측에 연결
2) Exhauster 출구 : 대기 중에 노출

(3) 작동원리

1) 작동원리는 Accelerator와 유사하나 Accelerator에서는 2차측 공기를 중간챔버로 보내는 반면,
2) Exhauster에서는 2차측 공기를 대기 중으로 방출시킴으로써 2차측 공기압을 신속하게 제거하는 역할을 한다.
3) 즉, 헤드가 개방되어 2차측 압력이 저하되면
4) 차압챔버의 압력변화에 의해 내부의 Poppet가 개방되어
5) Exhauster 입구측의 공기압을 대기 중으로 방출하게 한다.
6) 또, 일부는 중간챔버에도 전달되어 클래퍼를 밀어 신속한 개방을 돕는 역할도 한다.

4. 결론

(1) Accelerator

건식밸브 1차측의 압력을 증가시켜 클래퍼를 신속하게 밀어주는 역할을 한다.

(2) Exhauster

2차측의 압축공기를 대기 중에 신속하게 방출케 하여 클래퍼가 더욱 신속하게 개방하도록 하는 역할과, 또 한편으로는 클래퍼를 밀어 신속한 개방을 돕는 역할도 한다.

18 건식밸브에 Priming Water를 채워두는 이유

1. 개요

건식 스프링클러설비의 건식밸브(Dry Pipe Valve)에는 클래퍼 상부에 Priming Water를 채워둠으로써 클래퍼의 틈새기밀 확보 여부를 확인할 수 있으며, 클래퍼 상부의 압축공기 압력이 수평면상에 수직으로 균일하게 작용하도록 하는 역할을 한다.

2. Priming Water를 채워두는 이유

(1) 클래퍼가 확실히 닫혀 있는지의 여부를 물을 채워둠으로써 확인할 수 있다. 즉, 클래퍼에 틈새가 생겨 누수가 되면 밸브의 드레인에서 물방울이 떨어지게 되므로 기밀 여부를 판단할 수 있다.

(2) Priming Water의 중량에 의해 클래퍼 1차측과 2차측의 차압형성을 도와준다.

〈클래퍼 1·2차측 간의 차압형성원리〉

클래퍼 2차측의 낮은 공기압으로도 1차측의 높은 수압과 Balance를 이루는데 그 원리는 다음과 같다.

1) Priming Water의 중량이 2차측에서 1차측으로 작용
2) 클래퍼의 자체중량이 2차측에서 1차측으로 작용
3) 클래퍼 2차측의 공기압력이 1차측으로 작용
4) 클래퍼 1·2차측의 면적비. 즉 2차측 공기압을 받는 면적이 1차측의 수압을 받는 면적보다 더 크므로 파스칼의 원리에 의해 압력차를 유지한다.

(3) 클래퍼 위에 물을 채워둠으로써 수면이 수평면이므로 클래퍼 2차측의 압축공기압력이 수평면상에 수직으로 균일하게 작용하게 되어, 클래퍼를 더욱 확실하게 밀착시킬 수 있게 된다.

3. 결론

건식밸브에 Priming Water를 채워두는 이유에 대하여는 다음과 같이 요약된다.
(1) 클래퍼가 확실히 닫혀 있는지의 여부를 확인할 수 있다.
(2) Priming Water의 중량에 의해 클래퍼 1차측과 2차측의 차압형성을 도와준다.
(3) 클래퍼 위에 물을 채워둠으로써 수면이 수평면이 되므로 클래퍼를 더욱 확실하게 밀착시킬 수 있게 된다.

19. 건식밸브의 Water Columning 현상

1. 개요

건식스프링클러설비에서 건식밸브의 클래퍼 상부에 물이 차올라서 물기둥이 형성되면 건식밸브의 트립시간에 영향을 미치게 되므로서 건식밸브의 작동지연시간이 매우 길어지거나 또는 아예 작동이 되지 않을 수도 있다. 이러한 현상을 Water Columning 현상이라고 한다.

2. 발생원인

(1) 물공급조정밸브를 통한 물 배수의 지연
(2) 2차측 배관 내 압축공기 응축수의 누적
(3) 2차측 배관 내 잔류 소화수의 누적

3. 발생에 대한 영향

(1) 건식밸브의 트립시간(Trip Time) 증대에 따른 방수시간 지연

건식밸브의 클래퍼 상부에 물기둥이 형성되면 물기둥의 정수압이 공기의 압력과 함께 클래퍼를 누르게 되므로 그만큼 트립시간의 지연이 일어나게 된다. 즉, 물기둥의 높이가 3m일 경우 약 $0.3kg/cm^2$의 압력이 클래퍼 상부에 남아 있으므로 클래퍼가 개방하려면 그 만큼의 압력이 더 감소되어야 하므로 클래퍼의 작동시간(트립시간)도 그만큼 길어지게 된다.

(2) 빙점 이하에 노출시 동결로 인한 밸브작동의 불가

주위 온도가 빙점 이하일 경우 건식밸브 내의 동결로 인한 클래퍼의 작동이 불가하며 또, 심할 경우에는 건식밸브의 동파위험도 있다.

4. 방지대책

(1) 압축공기공급관 계통 내에 습기 제거용 필터를 설치
(2) 건식밸브의 클래퍼 상부에 응축수를 제거하기 위한 응축수트랩을 설치
(3) 방수지연시간이 짧은 저압식 건식밸브시스템을 채용
(4) 건식밸브 2차측에 충전압력을 형성하기 위한 압축공기로 질소 또는 Dry Air를 사용

(5) 응축수 확인용 Sight Glass를 설치하고 정기적으로 응축수의 누적량을 확인하여 물공급조정밸브를 통하여 물을 배수한다.

5. 결론

(1) 건식밸브시스템에서 Water Columning 현상이 발생되면 무엇보다도 건식밸브시스템의 제일 단점이라고 할 수 있는 방수시간지연의 원인이 되므로 설비의 성능을 좌지우지할 수도 있는 중요한 사항이라 할 수 있다.

(2) Water Columning 현상에 대한 해결책은 우선 응축수 등이 생기지 않도록 조치하는 방법과 또, 응축수가 발생하더라도 이것이 누적되기 전에 제거하는 방법이며, 더하여 방수지연시간이 짧은 저압식 건식밸브시스템을 채용하는 것이라 할 수 있다.

20. 건식 스프링클러설비에서의 방수지연시간

1. 개요

(1) 건식밸브식 스프링클러설비에서 설비작동시 습식 스프링클러설비에 비해 방수시간의 지연 발생이 가장 큰 단점이다.

(2) 방수지연시간=트립시간(Trip Time)+소화수 이송시간(Transit Time)
즉, 방수지연시간은 화재로부터 헤드가 감열개방된 시점부터 소화수가 방수되기까지의 시간을 말한다.

2. 트립시간(Trip Time)

(1) 건식밸브에서의 트립시간

헤드가 감열개방된 시점부터 공기가 빠져 나가면서 건식밸브의 클래퍼가 열리는 시점까지의 시간을 말한다.

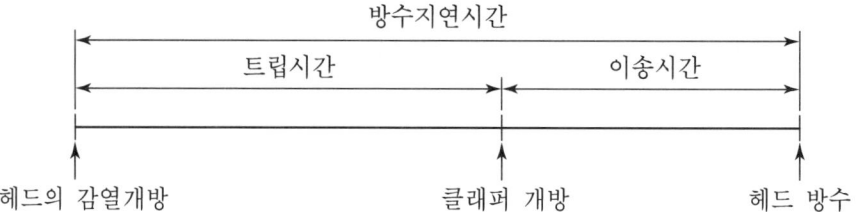

(2) 트립시간에 영향을 주는 요인

1) 2차측의 설정 공기압력 : 높을수록 트립시간이 길어진다.
2) 헤드의 오리피스 구경(K값) : 작을수록 길어진다.
3) 건식밸브의 트립압력 : 낮을수록 길어진다.(저압에서 압력감소에 걸리는 시간이 더 길어진다.)
4) 2차측 배관 내용적 : 클수록 길어진다.

(3) 트립시간의 지연방지책

1) 위의 트립시간에 영향을 주는 요인 4가지에 대한 것 이외에,
2) 액셀러레이터를 설치 : 액셀러레이터는 트립압력까지 감소되기 전에 건식밸브의 중간챔버에 2차측의 고압공기를 불어넣어 강제로 트립시키는 역할을 한다.

3. 소화수 이송시간(Transit Time)

(1) 소화수 이송시간

건식밸브가 트립이 되어 클래퍼가 개방된 시점부터, 1차측의 물이 2차측으로 넘어가 배관 내의 잔류공기를 밀어내면서 감열개방된 헤드까지 물이 이송되어 방수되기까지 걸리는 시간을 말한다.

(2) 소화수 이송시간에 영향을 주는 요인

1) 2차측의 설정 공기압 : 높을수록 길어진다.
2) 1차측의 수압 : 낮을수록 길어진다.
3) 헤드의 오리피스 구경 : 작을수록 길어진다.
4) 2차측 배관 내용적 : 클수록 길어진다.

(3) 소화수 이송시간의 지연방지책

1) 위의 이송시간에 영향을 주는 요인 4가지에 대한 대책 이 외에,
2) Exhauster 설치 : Exhauster는 헤드가 개방되었을 때 2차측의 압축공기를 대기 중으로 신속하게 방출시키는 역할을 한다.

4. 결론

건식 스프링클러설비의 방수지연시간을 분석해 보면,

(1) 소화수 이송시간에 비해 트립시간이 상대적으로 훨씬 긴 것으로 나타났다.
그러므로, 건식밸브의 방수시간지연을 단축시키기 위해서는 트립시간을 단축시키는 것이 보다 효율적이다.
(2) 그리고, 트립시간을 단축시키는 가장 효과적인 방법은 Accelerator를 설치하는 것이다.

21 저압건식밸브 시스템

1. 개요

(1) 건식스프링클러설비에 있어서 근래들어 기존의 건식밸브 대신 대부분 저압건식밸브를 설치하므로 인해 각 제작사에서는 일반식 건식밸브의 생산을 중단하고 저압건식밸브를 생산하고 있다.

(2) 저압건식밸브 시스템은 밸브 2차측의 설정압력을 낮게 유지할 수 있는 장점이 있다. 즉, 2차측의 설정압력이 1차측 압력에 비해 현저하게 낮으므로 1차측 압력과 2차측 압력과의 차이가 큰 고차압 시스템이다.

2. 저압건식밸브의 특성

(1) 저압건식밸브와 일반건식밸브의 작동상 차이점

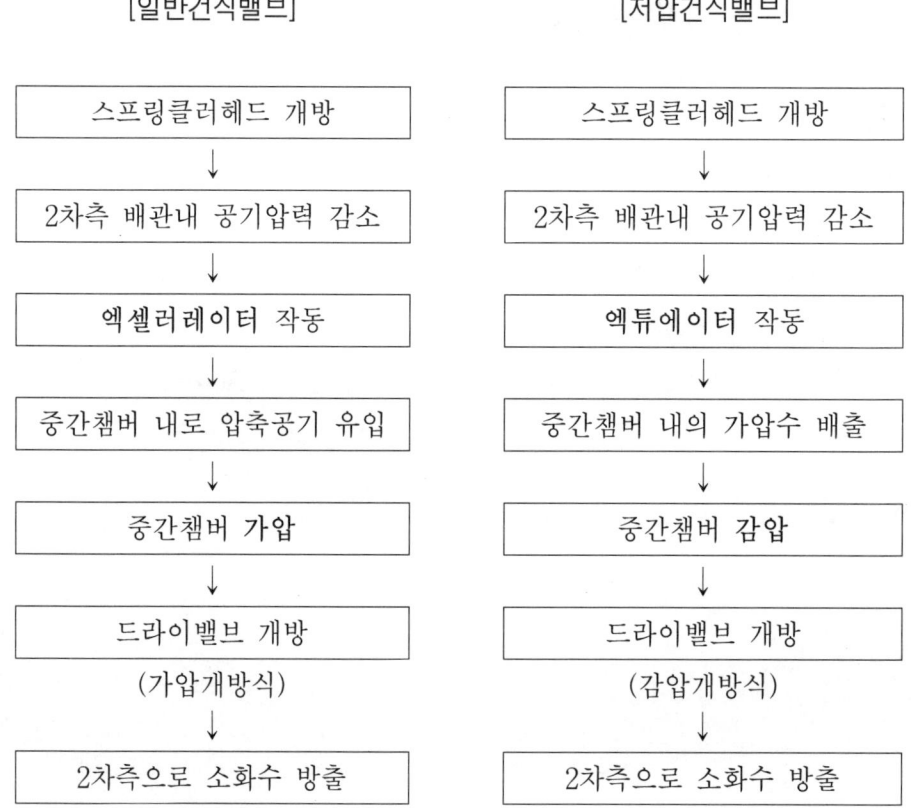

(2) 저압건식밸브의 특징

1) 2차측 압축공기의 설정압력이 낮다.

   <1차측 수압이 1MPa일 경우 2차측의 설정압력>
   - 일반건식밸브의 경우 : 0.35~0.44MPa
   - 저압건식밸브의 경우 : 0.08~0.14MPa

2) 2차측 설정압력이 낮으므로 인한 장점

   ① 드라이밸브(클래퍼) 개방시간이 단축된다.
      ㉮ 건식밸브의 작동시 트립시간 단축
      ㉯ 2차측으로의 소화수 이송시간 단축(헤드방수개시 도달시간 단축)
      ㉰ 급속개방장치(Accelerator)가 불필요함
   ② Air Compressor 용량이 적다.
      일반건식밸브시스템의 콤프레셔 용량의 $\frac{1}{3} \sim \frac{1}{4}$ 정도의 용량만 소요된다.

3. 결론

저압건식밸브시스템은 기존의 건식밸브시템에 비해 2차측 압축공기의 설정압력을 낮게 유지함으로써 드라이밸브 개방시간이 단축되므로 급속개방장치(Quick Opening Device)의 설치가 불필요할 뿐만 아니라 기존 건식밸브시스템의 취약점인 2차측으로의 소화수 이송시간 지연문제를 어느 정도 해결할 수 있는 진일보 한 시스템이라 할 수 있다.

22. 배관의 부식방지대책

1. 정의

(1) 부식

금속재료가 주위 환경과의 화학작용 또는 전기작용에 의해 표면이 산화하여 소모되는 현상

(2) 방식

금속의 부식작용을 일정기간 동안 억제하거나, 노화속도를 저하시키는 일종의 노화방지조치를 말한다.

2. 금속부식의 원리

(1) Mechanism

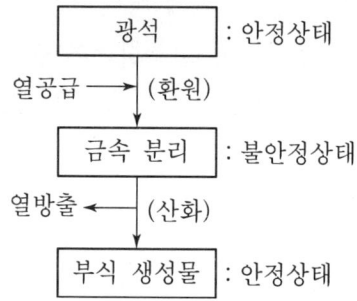

(2) 부식과정의 반응식

$Fe + H_2O + \dfrac{1}{2}O_2 \rightarrow Fe(OH)_2$: 녹색

$Fe(OH)_2 + \dfrac{1}{2}H_2O + \dfrac{1}{4}O_2 \rightarrow Fe(OH)_3$: 붉은색

3. 부식에 영향을 주는 인자

(1) 외적 요인

1) 온도 : 높을수록 부식이 용이함

2) 유속 : 빠를수록 부식이 용이함

3) PH : 낮을수록 부식이 용이함

4) 용해성분 : 용존산소, 염소, 금속성분 등

(2) 내적 요인

1) 금속표면의 균일정도

2) 응력(Stress) : 많을수록 부식이 용이함

4. 부식방지대책

(1) 배관재질의 변화

1) 내부식성 재질을 채용 : 강관은 지양하고, 동관·스테인리스관 또는 소방용 합성수지관(CPVC)으로 채택

2) 지하매설배관 : 상수도용 배관 또는 소방용 합성수지관(CPVC)으로 매설

(2) 금속표면의 피복

1) 방식용 금속으로 표면 Lining : Ti, Cu-Ni 등

2) 유기질 Coating : 페인트, 아스팔트, Tar, Epoxy계통 등

3) 이종금속 간의 접촉을 차단 : 절연개스킷 사용

4) 전기방식법 : 전위를 변화시키는 방식

① 희생양극 방식법

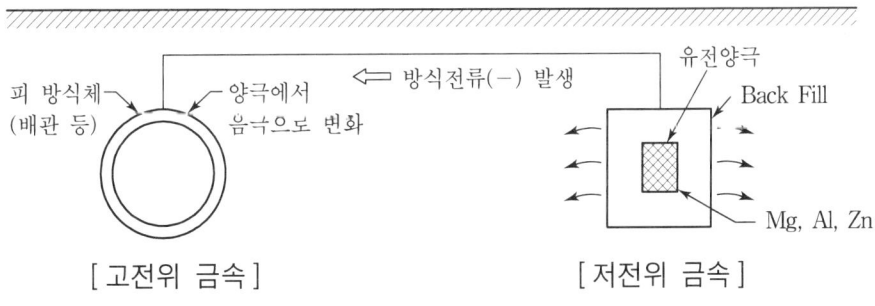

[고전위 금속] [저전위 금속]

고전위 금속(피방식체) ┐접속 (이온화 경향의 차에 의해) → 전지반응 형성 → 저전위 금속에서 금속이온 용출
저전위 금속(유전양극) ┘

→ 방식전류 발생 → 고전위 금속이 음극으로 변화 → 저전위 금속은 소모된다. →〈방식〉

② 외부전원 방식법(강제전류 시스템)

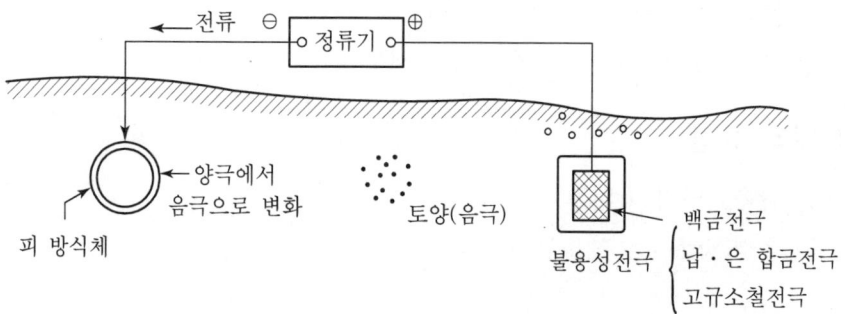

배관과 주위 토양 사이의 전위차로 인해 배관(양극)에서 주위 토양(음극)으로 전류가 흘러 배관이 부식되는 것을, 반대로 외부에서 전원을 공급하여 배관으로 음극전류를 흘려보냄으로써 방식이 되는 원리

5. 결론

부식방지대책은 다음과 같은 방법으로 귀결된다.
(1) 금속재질을 내부식성 재질로 채용
(2) 금속표면을 피복
(3) 이종금속 간의 접촉을 피하고, 접합시에는 절연개스킷 사용
(4) 전기방식법 이용 : 희생양극법 – 일반 배관, 철구조물

23 스프링클러의 화재감지특성과 방사특성

1. 개요
스프링클러설비의 주요 소화특성은 크게 다음 두 가지로 분류된다.

(1) 화재감지특성
화재발생시점부터 소화작업이 시작되는 시점까지의 시간에 관련한 특성

(2) 방사특성
방호대상물의 점유용도 및 화재위험정도에 따른 화재제어 및 진압에 관한 특성

2. 화재감지특성
화재감지특성은 감열부가 작동하는 감도범위를 정하는 반응시간지수와 전도열손실계수에 의해 나타낸다.

(1) 반응시간지수(Response Time Index)
1) 스프링클러 헤드의 감열 개방에 필요한 양의 열을 주위로부터 얼마나 빠른 시간 내에 흡수하는지를 나타내는 특성값
2) 스프링클러 헤드가 일정온도에 얼마나 민감하게 반응하는지, 즉 얼마나 빨리 감열 개방하는지의 척도
3) RTI가 낮을수록 감열체의 온도상승비율이 높아 헤드가 조기에 개방된다.

$$RTI[\sqrt{m \cdot s}] = \tau\sqrt{V}$$

여기서, τ : 감열체의 시간지연상수
V : 기류속도[m/s]

$$\tau = \frac{m \cdot c}{h \cdot A}$$

여기서, m : 감열체의 질량[kg]
c : 감열체의 비열[KJ/kg·℃]
h : 대류 열전달계수[W/m²·℃]
A : 감열체의 표면적[m²]

(2) 전도열손실계수

1) 스프링클러 헤드가 주변으로부터 흡수한 열량 중 배관이나 물을 통하여 손실되는 열량을 나타내는 특성값
2) 이 값이 적을수록 열 손실량이 적어 헤드가 빨리 개방된다.
3) 전도열손실계수 값의 현실적인 범위는 $0.5 \sim 2.0 \sqrt{m/s}$ 이다.
   ① 속동형 스프링클러
   $RTI = 50\sqrt{m \cdot s}$ → 전도열손실계수 : $1\sqrt{m/s}$ 이다.
   ② 표준형 스프링클러
   $RTI : 80 \sim 350\sqrt{m \cdot s}$ → 전도열손실계수 : $2\sqrt{m/s}$ 이다.

3. 방사특성

스프링클러의 방사특성은 화재제어특성과 화재진압특성으로 구분된다.

(1) 화재제어특성(Fire Control)

1) 열방출률을 감소시킴 : 연소물에 물을 방사하여 냉각
2) 화재확산을 억제 : 주변 가연물에도 미리 물을 뿌려 적심
3) 구조물의 붕괴예방 : 천장부의 가스온도를 일정온도 이하로 제어

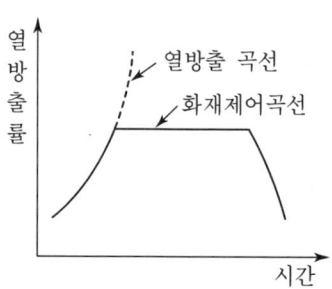

(2) 화재진압특성(Fire Suppression)

1) 물방울의 침투력을 증가시켜 화재플럼을 통과하여 가연물의 연소표면까지 도달하게 하는 특성
2) 열방출률 격감 : 화재의 성장을 억제

3) 재발화 방지

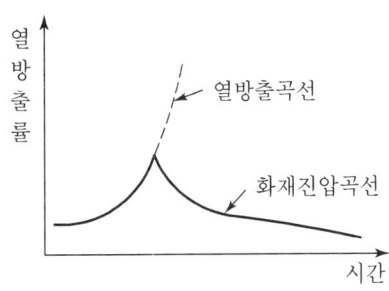

4. 결론

(1) 화재감지특성의 반응시간지수(RTI)는 주거용 스프링클러 등 Quick Response Sprinkler의 연구개발에 중요한 개념으로 적용된다.
(2) 방사특성은 방호대상물이 화재위험도에 따른 화재특성에 맞추어야 하며, 여기에는 화재강도·열방출률·물방울의 크기와 운동량 등을 고려하여야 한다.

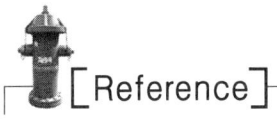

[Reference]

스프링클러설비의 소화특성

- 화재감지특성
  (화재발생에서부터 소화가 시작될 때까지의 시간에 관련된 특성)
  - 반응시간지수(RTI)
  - 전도열손실계수

- 방사특성
  (점유용도, 화재위험정도에 따른 화재 제어·진압에 관한 특성)
  - 화재제어특성
    - 열방출률 감소 : 냉각
    - 화재확산 억제 : 주변 냉각
    - 구조물의 붕괴예방
  - 화재진압특성
    - 물방울의 침투력 증가
    - 열방출률 격감 : 화재성장 억제
    - 재발화방지

24. 미분무소화설비

1. 개요

미분무소화설비는 NFC 750에 등재된 최신개발소화설비로서 기존의 물분무소화설비에 비해 고성능·저충격·경량설비이며, 환경무해·전역방출식의 장점도 있어 스프링클러설비 및 할론소화설비의 대체설비로 주목을 받고 있는 유망한 소화설비이다.

2. 특성

(1) 소화원리

1) 질식효과(산소농도희석)

   미세 물입자의 증발시 발생하는 높은 비체적의 수증기에 의한 산소치환작용 및 공기공급 차단작용으로 인해 산소농도가 희석됨으로써 질식소화효과가 발생된다.

2) 냉각효과

   ① 기상냉각(화염냉각) : 물입자의 증발잠열에 의한 냉각
   ② 표면냉각 : 물입자의 가연물 접촉에 의한 냉각

3) 복사열 차폐효과(방사열의 감소)

   ① 물입자의 크기는 작지만 단위체적당 밀도가 높으므로
   ② 화염으로부터 빼앗는 복사열량이 많다.
   ③ NRC 실험에서 복사열 70% 이상 감소효과 확인

4) 부차적 소화효과

   ① 연기 흡수
   ② 가연성 증기의 희석
   ③ 동적(Kinetic) 효과

(2) 장점

1) 독성이 없고 환경에 무해
2) 소화시 물 피해가 적다.(기존 스프링클러 물 사용량의 약 10%만 사용)
3) 전역방출방식의 성능 유효

4) 전기·전자설비 화재에도 적용 가능
5) 불활성화 및 폭발억제설비로 사용 가능
6) 설비비 저렴 : 소화용수 및 배관구경 감소
7) 적용대상의 다양성

(3) 단점

1) 심부화재에 적용 곤란 : 침투효과 낮다.
2) 기초설계자료 부족 : 소화성능의 변수를 설계할 객관적인 이론이 정립되지 않았다.
3) 노즐 제작비용이 고가

3. 미분무의 크기·누적체적분포 기준

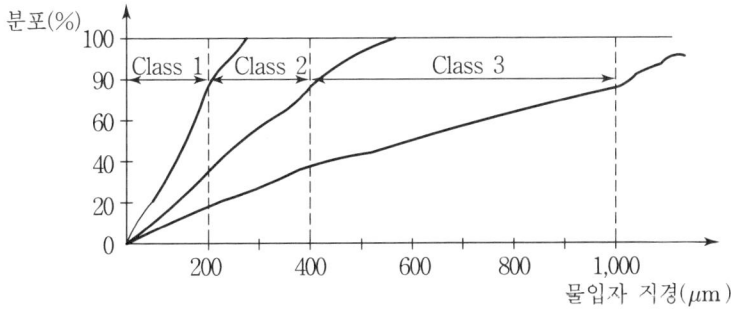

(1) Class 1 : Dv 0.9 ≤ 200μm : 통상 Mist의 정의(단, NFC 750 : 1,000μm 이하)
(2) Class 2 : 200μm < Dv 0.9 ≤ 400μm
(3) Class 3 : 400μm < Dv 0.9 ≤ 1,000μm

※ 화재안전기준(NFSC 104A)상 미분무의 정의

물만 사용하여 소화하는 방식으로 최소설계압력에서 헤드로부터 방출되는 물입자 중 99%의 누적체적분포가 400μm 이하로 분무되고, A·B·C급 화재에 적응성을 갖는 것

4. 시스템의 종류

(1) 방사압력에 의한 분류

1) 저압식

　① 방사압력 : 1.2MPa(175psi) 이하
　② 물입자 크기 : Class 3
　③ 적응성 : A급 화재에 적용가능
　　　　　　고강도 화재의 냉각에 적합하다.

2) 중압식

　① 방사압력 : 1.2MPa 초과 ~ 3.5MPa 이하
　② 물입자 크기 : 중간 정도(Class 2)

3) 고압식

　① 방사압력 : 3.5MPa(500psi) 초과
　② 물입자 크기 : 매우 작다.(Class 1)
　③ 적응성 : B급 화재에 적합(질식·기화냉각효과 크다)
　　　　　　A급 화재에는 부적합(침투효과 낮다)
　　　　　　전기시설장소의 C급 화재에도 적용할 수 있다.

(2) 헤드방식에 따른 분류

1) 폐쇄형 미분무소화설비 : (습식 스프링클러설비와 동일한 구조)
2) 개방형 미분무소화설비 : (일제살수식 스프링클러설비와 동일한 구조)

(3) 소화수 방출방식에 따른 분류

1) 전역방출방식
2) 국소방출방식
3) 호스릴방식

5. 미분무 노즐의 종류

(1) 단일유체 노즐방식

1) 충돌식 노즐 : Water Jet를 반사판에 충돌시켜 작은 물입자로 분쇄한다.

　① Swirl Nozzle : 물입자직경 $100 \sim 400 \mu m$

분사각도 작다. → 국소화재용
② Spiral Nozzle : 물입자직경 100~200㎛
분사각 조절 가능
③ Fine Spray Nozzle : 물입자직경 100㎛ 이하
분사각도 크다.
2) 압력제트노즐(가압식 노즐)
압력범위 175~3,900psi(12~272bar)의 고압 미세분무수를 얻을 수 있다.

(2) 2중유체 노즐방식(Twin Fluid Type)

1) 압축가스가 물에 전단력을 가할 수 있도록 물과 압축성 가스를 챔버에 주입하였다가 방사시 이 압축가스의 압력으로 미분무수를 발생시킨다.
2) 방사압력 : 3~7bar
3) 물입자 : 비교적 크다.
4) 넓은 범위의 분무각 형성이 가능하다.
5) 적응성 : A급 화재에 적합

6. 결론

(1) 미분무수 소화설비는 상기의 장점들을 잘 살리면 할론 및 스프링클러설비의 대체 소화설비로 손색이 없으며, 국내에서는 2010년 9월 10일 법정소화설비에 추가되었으며, 2011년 11월 24일 국가화재안전기준에도 그 구체적인 설치기준이 제정되었으나, 다음과 같은 과제가 남아 있다.

(2) 문제점
1) 소화성능의 변수를 설계할 객관적인 이론 및 근거자료가 정립되지 않았다.
2) 설계과정에서 살수밀도의 측정이 어렵다.
    <대안> 습도를 측정하여 살수밀도로 환산하는 방법을 고려한다.
3) 침투효과가 낮으므로 A급·심부화재에는 소화능력이 떨어진다.

25. 미분무소화설비의 적용

1. 개요

(1) 미분무소화설비에 대한 최근의 관심은 다음 2가지 원인으로 요약할 수 있다.

1) 할론 소화설비의 제한
   ① 할론의 오존층 파괴문제로 단계적 철수
   ② 할론 대체 소화약제의 개발욕구 확산

2) 국제해사기구(IMO)에서 여객선에 스프링클러 설치 의무화
   ① 일정 규모 이상의 여객선에 스프링클러설비 설치 의무화
   ② 모든 여객선에 스프링클러설비 설치 의무화

(2) 현재 적용되고 있는 곳

1) 선박(기관실, 선실, 객실) 및 비행기
2) 지하공동구, Tower Parking
3) Turbine Engine
4) 전기·전자·통신설비, 컴퓨터실 등
5) 가연성액체저장탱크 등의 폭발억제장소

2. 미분무소화설비의 적용

(1) 선박기관실에 적용

1) 적용배경
   ① 설비중량감소 : 작은 관경의 배관과 최소 수원량 사용
   ② 선박기관실에 화재요인 산재 : 디젤연료 및 고온엔진 부품
   ③ 밀폐·제한된 통풍상태의 표면화재 : 디젤연료, 윤활유

2) IMO 요구시험기준
   완전 통기상태에서 은폐된 부분의 디젤 액면화재 및 분무화재(Spray fire)를 소화할 것

(2) 선박의 선실과 객실에 적용

1) 선실·객실화재에는 A급 화재가 포함됨
2) 따라서, 물입자가 B급 화재용보다 더 큰 물입자의 분무수가 필요함
3) 이러한 선실용 노즐을 각 객실마다 2개 또는 3개씩 설치

(3) Turbine Enclosure에 적용

1) 고온 속에서 회전하는 터빈날개는 갑자기 냉각되면 심각한 피해를 입을 수 있다.
2) 방출시간이 조정된 미분무수는 고온의 터빈날개에 물분무로 인한 열충격을 줄일 수 있다.
3) 노즐위치와 동작조건은 시험시설의 기하학적 구조에 의해 결정되기 때문에 'Pre-engineered'(Package형) 시스템이 요구됨

(4) 비행기에 적용

1) 설비중량감소 : 작은 관경의 배관과 최소 수원량 사용
2) 객실 및 화물칸, 엔진실, 승무원실에 적용
3) 비행기 추락 후 객실 내 물분무시스템의 성능목표
    ① 객실로의 화재전파방지
    ② 객실로 침입한 고온가스를 냉각
    ③ 모든 승객의 출구로의 피난시간 확보 : 3분 연장

(5) 지하공동구에 적용

1) 미분무수시스템을 연소방지설비용으로 설치한 구조

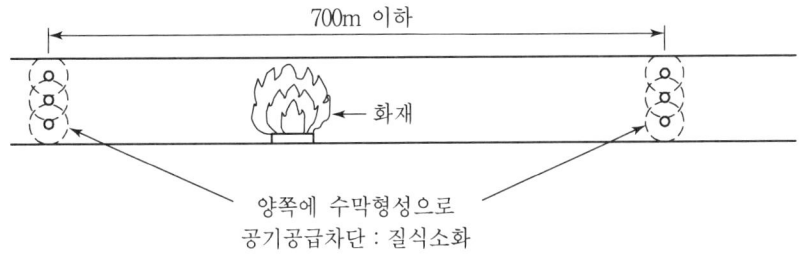

2) 공동구에 설치할 경우의 효과
    ① 질식소화효과 : 공동구 양쪽에 수막형성으로 공기공급차단
    ② 화재확산방지
    ③ 소화수에 의한 물 피해가 적다.(방수량이 소량)

④ 화염으로부터의 복사열 차단효과

⑤ 소방펌프자동차 또는 가압송수장치의 용량이 최소화

(6) 전자기기 설치장소

통신기기 및 컴퓨터실의 실내 및 Access Floor

(7) 가연성액체의 저장·취급시설

폭발억제장소 등

(8) 주택

3. 결론

(1) 기존 가스계소화설비는 지구환경유해 및 경제성이 없으며, 스프링클러설비는 전기화재 비적응 및 물 피해가 가중됨

(2) 미분무수는 소화수량이 적고, 물 피해가 적다. : 구획화 불필요, 분진 및 유독가스 발생이 소량임

(3) 현재까지는 할론 1301 전역방출식을 대체하기에는 미흡하나, 선박용 스프링클러의 대체설비로는 비교적 잘 개발되어가고 있다.

(4) 지금까지 개발된 소화시스템 중에서 공동구 화재에는 미분무수 소화설비가 최적의 소화시스템이다.

(5) 과제 : 고압의 수류에도 마모·변형이 되지 않는 노즐의 개발

26. 미분무소화설비의 설계기준

1. 개요

(1) 미분무소화설비는 환경에 무해하고 기존 물분무소화설비에 비해 고성능·저충격·경량설비 등의 여러 가지 장점이 있어 스프링클러설비 및 가스계소화설비의 대체설비로 주목을 받고 있는 설비이다.

(2) 미분무소화설비는 방호구역의 크기 및 형태, 가연물, 점화원, 환기조건, 화재위치 및 미분무노즐의 특성 등의 다양한 변수에 따라 소화성능의 차이가 있으므로 설계에 앞서 화재시뮬레이션 등을 통하여 공학적 근거에 의한 타당성이 있는 자료를 확보하고 이를 바탕으로 설계하여야 보다 정확한 설계가 될 수 있다고 하겠다.

2. 미분무소화설비의 설계 Process

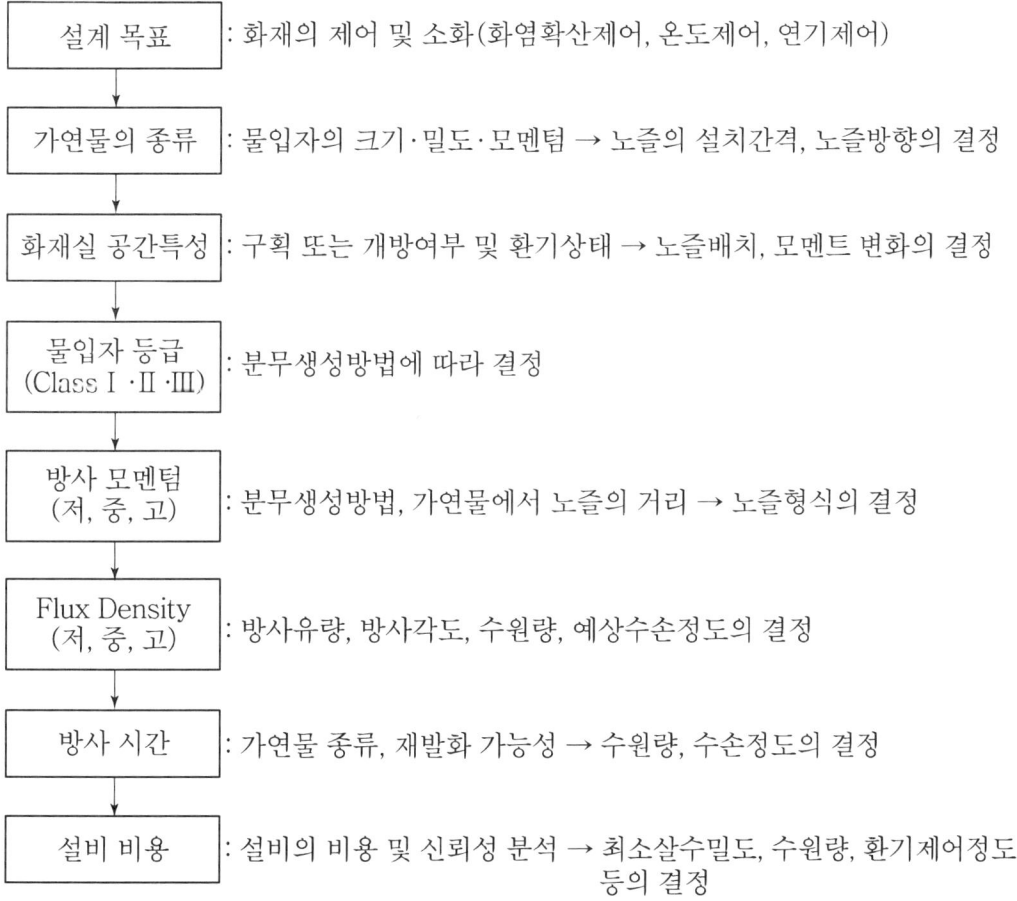

3. 미분무소화설비의 설계요소

(1) 미분무 액적의 크기
액적의 크기가 작을수록 증발이 용이 : 산소희석증대

(2) 방사밀도 및 분포
1) 액적의 크기가 작을수록 단위체적당 밀도는 증대 : 복사열 차단효과 증대
2) 공간의 크기에 대한 액적의 수와 양을 고려하여 방사밀도를 결정한다.

(3) 분사압력
1) 환기가 잘 되지 않는 공간

   낮은 운동량(분사압력)의 미분무도 효과적임

2) 환기가 잘 되는 큰 공간

   ① 충분한 운동량(분사압력)이 필요함
   ② 미분무수가 증발 : 가연물까지 도달하지 못함

3) 방사압력 증가시

   ① 방사유량 및 방사속도 증가
   ② 화염면 타격효과 증가
   ③ 물입자 크기는 감소

(4) 분사각도
살수장애물 및 노즐의 위치에 따라 분사각도를 선정한다.

(5) 노즐의 특성
1) 열의 흡수·제거와 산소농도에 가장 큰 영향을 미치는 인자이다.
2) 노즐특성의 영향인자

   ① 액적의 크기
   ② 방사유량밀도
   ③ 방사분포(분사각도)
   ④ 방사압력

(6) 살수장애물
1) 방호공간의 장애물을 고려하여 노즐의 설치위치를 선정
2) 노즐에서 방호대상물 표면까지의 거리를 적게 할수록 소화효과가 향상된다.

(7) 방출지속시간

재발화 등의 예상되는 변수에 대응하기 위해 방출지속시간을 고려한다.

(8) 수원량의 확보

환기가 원활한 공간에서는 소화 시 많은 유량이 필요하므로 이에 맞는 충분한 수원량의 확보가 필요하다.

(9) 방호구역의 구획화

1) 전역방출식은 국소방출식에 비해 유량이 많이 소요된다.
2) 넓은 공간을 세분화하여 구획하는 것은 신뢰성이 있는 시나리오에 의해서 결정되어야 한다.

(10) 화재 시뮬레이션

미분무소화설비는 방호대상물의 여건 및 미분무 노즐의 특성 등 다양한 변수에 따라 소화성능이 다르게 되므로 화재시뮬레이션을 통하여 공학적 근거에 의한 설계가 필요하다.

4. 미분무소화설비의 설계도서 작성기준

설계도시는 건축물에서 발생 가능한 화재상황을 선정하되, 건축물의 특성에 따라 일반설계도서와 특별설계도서를 각각 1개 이상을 작성하여야 하며, 일반설계도서는 유사한 특정소방대상물의 화재사례 등을 이용하여 작성하고, 특별설계도서는 일반설계도서에서의 발화장소 등을 변경하여 위험도를 높게 만들어 작성한다.

(1) 기본(공통)적인 고려사항

1) 점화원의 형태
2) 초기점화되는 연료의 유형
3) 화재의 위치
4) 출입문과 창문의 초기상태(열림, 닫힘) 및 시간에 따른 변화상태
5) 공기조화설비, 환기설비의 자연형(문, 창문) 및 기계형의 여부
6) 시공 유형과 내장재 유형

(2) 일반설계도서

1) 건물용도 및 사용자 중심의 일반적인 화재를 가상한다.

2) 설계도서에는 다음 사항이 필수적으로 명확히 설명되어야 한다.
  ① 건물사용자의 특성
  ② 사용자의 수와 장소
  ③ 실의 크기
  ④ 가구와 실내 내용물
  ⑤ 연소 가능한 물질들과 그 특성 및 발화원
  ⑥ 환기조건
  ⑦ 최초 발화물과 발화물의 위치
3) 설계자가 필요한 경우 설계도서에 기타 필요한 사항을 추가할 수 있다.

(3) 특별설계도서

특별설계도서는 일반설계도서에서의 발화장소 등을 변경하여 위험도를 높게 만들어 작성하여야 하며, 6개의 특별설계도서용 시나리오 중에서 피해가 가장 심할 것으로 예상되는 조건으로 설계도서를 작성하여야 한다.

5. 미분무소화설비의 주요 설계기준

(1) 수원의 양(Q)

$$Q[\text{m}^3] = N \times M \times T \times S + V$$

여기서, N : 방호구역(방수구역) 내 헤드의 설치개수
M : 설계유량 [m³/min]
T : 설계방수시간 [min]
S : 안전율(1.2 이상)
V : 배관 내의 체적 [m³]

(2) 펌프의 정격토출량

가압송수장치의 송수량은 최저설계압력에서 설계유량[L/min] 이상의 방수성능을 가진 기준개수의 모든 헤드로부터의 방수량을 충족시킬 수 있는 양 이상의 것으로 한다.

(3) 방호구역(방수구역) 설정기준

1) 폐쇄형 미분무소화설비의 방호구역
  ① 하나의 방호구역은 2개 층에 미치지 아니할 것
  ② 하나의 방호구역의 바닥면적은 펌프용량, 배관의 구경 등을 수리학적으로

계산한 결과 헤드의 방수압 및 방수량이 방호구역 범위 내에서 소화목적을 달성할 수 있도록 산정하여야 한다.

2) 개방형 미분무소화설비의 방수구역

① 하나의 방수구역은 2개 층에 미치지 아니할 것
② 하나의 방수구역을 담당하는 헤드의 개수는 최대 설계개수 이하로 할 것. 다만, 2개 이상의 방수구역으로 나눌 경우에는 하나의 방수구역을 담당하는 헤드의 개수는 최대설계개수의 1/2 이상으로 할 것
③ 터널, 지하구, 지하가 등에 설치할 경우에는 동시에 방수되어야 하는 방수구역을 화재발생 당해 방수구역 및 이에 접한 방수구역으로 할 것

6. 결론

미분무소화설비는 소화성능의 여러 가지 변수를 설계할 객관적인 이론 및 규격화된 설계적용기준이 없는 등 근거자료의 정립이 아직까지 미흡한 실정이지만 국가화재안전기준에서 제시하고 있는 설계도서의 작성기준 등 설계의 기본틀은 정하고 있으므로 이를 바탕으로 하여 과학적인 접근방법에 의한 성능위주설계를 구현해 나가야 하겠다.

27. 첨가제가 혼합된 미분무수의 소화특성

1. 개요

미분무수소화설비에서 미분무수의 소화능력 향상을 위하여 물(소화수)의 첨가제로 AFFF(Aqueous Film Forming Foam)와 NaCl를 사용한 결과 미분무수의 모멘텀 증가와 밀도증대의 효과가 있으므로 방사압력이 증대되는 효과를 얻게 되었다.

2. 물의 첨가제에 의한 소화성능

(1) 첨가제의 종류

1) AFFF(Aqueous Film Forming Foam) : 0.3%

① 수성막포(불소계 계면활성제포의 일종)
② 연료 액면에 수용액 상태의 수성막 형성
③ 연료의 증발억제 및 산소공급 차단작용

2) NaCl : 2.5%

① 미분무수의 중량 증가에 의한 Momentum 증가
② 바닷물이 통상 2.5%의 식염수
③ 선박에서 이 바닷물로 미분무수 등의 소화용수로 사용

(2) 첨가제 혼합사용 결과

1) 방사압력 증가

① 모멘텀 증가로 화염면 타격효과 증대
② 방사유량의 밀도 증대

2) 냉각작용 증대

(3) n-헵탄 화염의 소화시험

1) 조건

① 연료 : 에탄올, n-헵탄
② 소화수 : NaCl 2.5% 또는 AFFF 0.3%를 첨가한 미분무수

2) 시험결과

① 소화시간 단축

일반 미분무수에 비해 $\begin{cases} \text{NaCl } 2.5\% : \text{약 } 10\% \text{ 단축} \\ \text{AFFF } 0.3\% : \text{약 } 32\% \text{ 단축} \end{cases}$

② 소화시간 순위

일반 미분무수 > 2.5% NaCl 첨가수 > 0.3% AFFF 첨가수

3. 결론

(1) 물에 첨가제 혼합사용 결과

1) 방사압력 증가
2) 냉각작용 증대

(2) 첨가제의 종류

1) AFFF : Aqueous Film Forming Foam : 0.3%
2) NaCl : 2.5%

28. 무용접이음 배관

1. 개요

배관용 아연도금강관의 용접 및 나사이음부위에서 발생되는 부식의 취약성을 보완하기 위하여 수명이 길고, 시공이 간편한 무용접이음(Grooved Home Joint) 방식이 점차 보급되고 있는 추세이다.

2. 무용접이음방식의 종류

(1) 나사이음

1) 소구경(50A 이하)의 배관에만 적용
2) 충격·진동에 약하다.

(2) Flange 이음

1) 교체·수리시 분해·결합이 가능
2) 플랜지 부착은 용접에 의하므로 숙련공이 요구됨

(3) Grooved Home Joint 방식

1) 구조

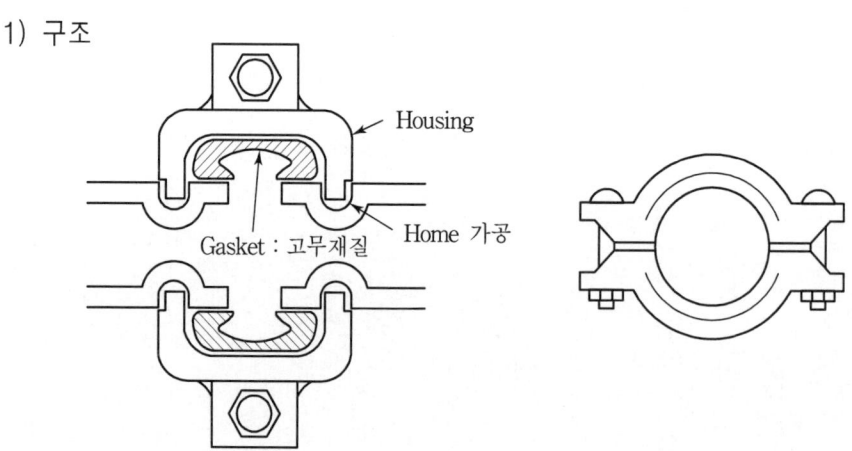

① 배관상에 Groove를 제작하여 연결이음쇠로 연결

② 연결부의 Gasket(고무링)을 하우징으로 덮고 양쪽 볼트를 조여 체결한 방식

2) 특징

① 진동·충격·지진 등을 흡수 : Flexible Joint 역할

② 비숙련공도 시공 가능함

③ 분해·결합이 용이함

④ 용접이음의 단점(부식, 열응력 처리문제)을 해소

3. 결론

(1) Grooved Home Joint 방식의 배관이음은 진동·지진·충격에 견디며 시공성도 간편하고, 향후 수명 및 분해·결합에도 유리한 장점이 있어 기존의 나사 및 용접이음배관의 단점을 극복하였다고 할 수 있다.

(2) 기계설비용 배관에는 오래전부터 적용되어 왔으며, 소방설비용 배관에도 근래에 고층건축물은 물론 일반 공동주택까지 널리 적용되고 있으며, 이후에도 계속해서 확대·보급될 전망이다.

29. RTI, RDD, ADD

1. RTI(Response Time Index)

(1) 정의

1) 스프링클러헤드가 감열개방에 필요한 량의 열을 주위로부터 얼마나 빨리 흡수하는지를 나타내는 특성값
2) 즉, 헤드가 열에 민감하게 반응하는 정도를 정량적인 수치로 나타낸 것

(2) 계산방법

1) $RTI = \tau\sqrt{V}$

   여기서, RTI : 반응시간지수[$\sqrt{m \cdot s}$]
   τ : 감열체의 시간지연상수
   V : 기류속도[m/sec]

   $$\tau = \frac{m \cdot C}{h \cdot A}$$

   여기서, m : 감열체의 질량[kg]
   C : 감열체의 비열[kJ/kg · ℃]
   A : 감열체의 면적[m^2]
   h : 대류 열전달계수[W/m^2 · ℃]

2) 즉, RTI가 낮을수록 감열체의 온도상승비율이 높아 빨리 반응하므로 조기에 개방된다.

(3) 측정방법

일정한 온도와 속도의 열류를 공급하도록 설계된 풍동 내에 스프링클러헤드를 설치하고, 열류를 가하여 스프링클러헤드의 동작시간을 측정하는 것으로, 상승률시험과 플런지시험이 있다.

1) 상승률시험

   풍동 내에 스프링클러헤드를 설치한 상태에서 일정한 온도상승률로 온도를 상승시켜 스프링클러헤드의 동작시간을 측정하는 방법

2) 플런지시험

풍동 내의 일정한 고온의 기류에 스프링클러헤드를 급속하게 투입하여 스프링클러헤드의 동작시간을 측정하는 방법

(4) RTI에 따른 스프링클러 헤드의 분류(ISO 기준)

1) 표준형 : $80 \sim 350 \sqrt{m \cdot s}$
2) 속동형 : $50 \sqrt{m \cdot s}$ 이하

2. RDD(Required Delivered Density)

(1) 정의

1) 필요 진화밀도(분포밀도)
2) 일정크기의 화재를 진화하는 데 필요한 최소한의 방수량
3) 화재가 성장함에 다라 RDD는 더 많이 필요해진다.

(2) 측정방법

1) 특정한 가연물을 큰 열량계에 쌓아올린 후
2) 점화하여 일정한 시간이 경과한 후에
3) 진화할 수 있는 최소한의 물의 양을 측정
4) $RDD = \dfrac{진화할 \ 수 \ 있는 \ 최소한의 \ 물의 \ 양}{가연물 \ 상단의 \ 표면적}$

3. ADD(Actual Delivered Density)

(1) 정의

1) 실제진화밀도(침투밀도)
2) 화재초기에 조기진화하기 위해서는 진화에 필요한 최소한의 물의 양보다 더 많은 양의 물을 방사하여 물을 화염의 뿌리에 침투시켜야 한다. 이때 침투된 물의 분포밀도를 침투밀도라 한다.
3) 화재가 성장함에 따라 ADD는 점차 감소하게 된다.

(2) 측정방법

$ADD = \dfrac{물이 \ 화염을 통과하여 \ 가연물 \ 표면까지 \ 도달한 \ 양}{가연물 \ 상단의 \ 표면적}$

(3) ADD를 결정하는 주요인자

　1) Orifice 구경(K-factor)
　2) 물방울의 크기 및 살수 분포
　3) 방사압력
　4) 스프링클러 헤드와 헤드 간의 간격
　5) 스프링클러 헤드와 가연물 상단 사이의 거리
　6) 가연물의 화재강도 및 적재형태

4. 상호관계성

(1) RDD는 시간이 경과될수록 화세가 확대되어 많은 주수를 필요로 하므로 시간경과에 따라 증가하게 된다.
(2) 반면, ADD는 시간이 지날수록 확대된 화세로 인하여 Fire Plume 주위 물방울의 증발하는 양이 증가하므로 실제 화심 속으로 침투하는 양은 줄어들게 된다.
(3) 그래서 조기진화를 하기 위해서는 진화에 필요한 최소한의 물의 양(RDD)보다 더 많은 양의 물을 방사하여 화염의 뿌리에 침투시켜야 한다.
(4) 즉, ADD > RDD가 되어야 화염에 대한 침투성이 좋아진다.
따라서, 스프링클러가 조기에 작동해야 ADD가 RDD 이상이 되어 소화가 가능해 진다.
(5) 또, RTI가 낮을수록 RDD는 낮아지나, ADD는 높아진다.

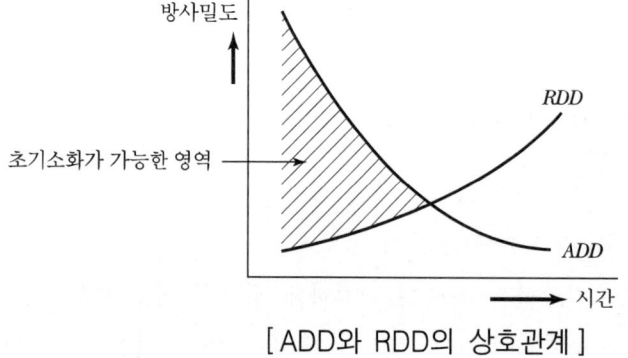

[ADD와 RDD의 상호관계]

5. 결론

(1) 스프링클러설비의 설계시 가능한 최악의 조건에서도 항상 ADD가 RDD보다 크도록 설계하여야 한다.
(2) 또, RTI가 낮을수록 RDD는 낮아지나, ADD는 높아지는 특성을 감안하여 스프링클러헤드 선정에서 RTI를 고려하여야 한다.

30. 연소할 우려가 있는 개구부의 소화설비

1. 정의

국가화재안전기준(NFSC 103)상 '연소할 우려가 있는 개구부'라 함은 방화구획을 관통하는 시설(컨베이어, 에스컬레이터 등)의 주위로서 방화구획을 할 수 없는 부분을 말한다.

2. 설치기준

화재안전기준에서 연소할 우려가 있는 개구부에는 스프링클러헤드를 개구부의 상하좌우에 2.5m 간격으로 설치하거나 또는 별도의 드렌처설비를 개구부에 설치하도록 규정하고 있다.

(1) 스프링클러헤드를 설치할 경우

개구부의 상하좌우에 2.5m 이하 간격으로 설치하고 단, 사람이 상시 출입하는 개구부일 경우에는 상부 또는 측면에 1.2m 이하 간격으로 설치

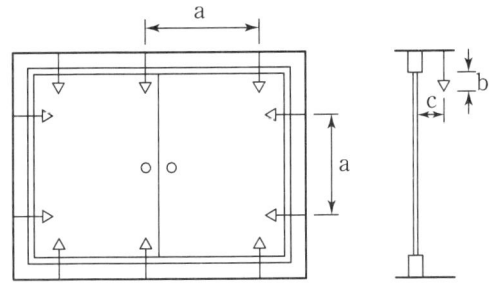

a : 상하좌우에 2.5m 이하 간격
  (단, 사람이 상시 출입하는 개구부 : 상부 또는 측면에 1.2m 이하 간격)
b, c : 0.15m 이하

(2) 드렌처설비

1) 시스템 구성(일제살수식 스프링클러설비와 동일함)

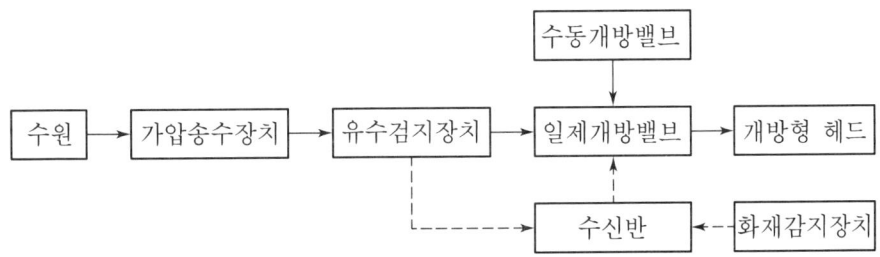

2) 설치기준 : (개방형 스프링클러설비의 기준을 준용)
① 하나의 방수구역당 헤드 개수 : 50개 이하(단, 방수구역을 2개 이상으로 나눌 경우에는 최소 25개 이상)
② 하나의 방수구역이 2개층 이상에 미치지 아니할 것
③ 제어밸브(일제개방밸브, 개폐표시형밸브, 수동조작부를 합한 것을 말한다.) : 소방대상물의 층마다 설치하며, 바닥면으로부터 0.8~1.5m 높이의 위치에 설치
④ 드렌처헤드의 설치간격 : 개구부 위측에 2.5m 이내마다 1개씩 설치
⑤ 가압송수장치의 용량 및 수원량 : 일제살수식 스프링클러설비와 동일함
  ㉮ 펌프의 정격토출량 : 최대 방수구역의 헤드를 동시에 방수할 때 각 헤드의 방수압력 0.1MPa 이상, 방수량 80l/min 이상이 되도록 한다.
  즉, 펌프의 정격토출량=최대방수구역의 드렌처헤드 설치개수×80l/min
  ㉯ 수원량=펌프의 정격토출량×20분(또는, 드렌처헤드 설치개수×1.6m^3)

31 Skipping 현상

1. 정의

스프링클러설비에서 화재 초기에 먼저 개방된 헤드에서 방사된 물이 주변의 헤드를 직접 적시거나 또는 방사된 작은 물입자들이 열기류와 동반 상승하면서 주변 헤드를 적셔 냉각시킴으로써 주변 헤드의 개방을 지연시키거나 미개방되게 하는 현상

2. 발생원인

(1) 스프링클러 헤드가 상호간에 너무 인접하여 설치된 경우
(2) 래크식 창고와 같이 헤드가 수직선상에 여러 개 설치된 경우
(3) 헤드에서 방사되는 물방울의 크기가 너무 작은 경우 화염의 열기류와 동반 상승하면서 주변의 헤드를 적셔 냉각시킨다.

3. 방지대책

(1) 헤드와 헤드 간의 거리가 최소한 1.8m 이상 되게 설치

1) NFPA 기준 : 1.8m 이상
2) FM 기준 : 2.1m 이상

(2) 부득이 1.8m 이내로 설치할 경우

헤드와 헤드 사이에 차폐판을 설치

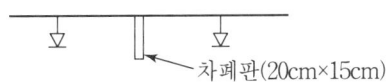

(3) 헤드가 수직선상에 여러 개 설치된 경우

1) Intermediate Level Sprinkler Head 설치

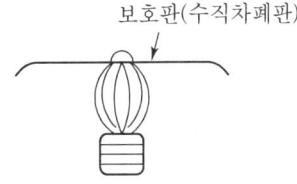

2) ESFR 헤드 설치

① 빠른 응답의 감도성능(RTI : $28\sqrt{m \cdot s}$)과 강력한 화세에 침투할 수 있도록 큰 물방울을 방사함
② 빠른 응답의 감도성능이므로 주변 헤드에 의해 냉각되기 전에 조기에 개방됨

4. 결론

Skipping 현상의 방지책은 다음과 같이 요약된다.

(1) 스프링클러헤드 간의 거리는 최소 1.8m 이상 이격하여 설치한다.
(2) 헤드 간의 거리가 1.8m 미만이 될 경우에는 헤드와 헤드 사이에 차폐판 설치
(3) 헤드가 수직선 상에 여러개 설치될 경우에는 수직차폐판이 설치된 헤드 또는 조기반응형인 ESFR 헤드를 설치한다.

32. 스프링클러헤드의 종류

1. 서언

스프링클러헤드의 방사특성 및 방사패턴은 다음 3요소에 의해 결정된다.

(1) 감도특성(작동 Mechanism)

반응시간지수(RTI) : 헤드가 열에 반응하는 시간의 정도를 정량적인 수치로 표현한 것

(2) Deflector

살수되는 물방울의 크기와 방사패턴을 결정짓는 요소

(3) Orifice

오리피스 구경의 크기에 따라 방사유량이 결정된다.

2. 감도특성에 따른 스프링클러의 분류

ISO 기준에 따른 RTI에 의한 분류는 다음과 같다.

(1) 표준형(Standard Response) : RTI $80 \sim 350 \sqrt{m \cdot s}$

(2) 속동형(Fast Response) : RTI $50 \sqrt{m \cdot s}$ 이하

3. Deflector 및 Orifice에 따른 스프링클러헤드의 분류

(1) 표준형(Standard Spray Sprinkler)

1) 화재진압이 아닌 화재제어용으로 사용
2) 우산모양의 방사특성과 3종류의 물방울 크기를 가진다.
   ① 작은 크기의 물입자 : 화재로부터 열을 흡수하여 실내공기 냉각
   ② 중간 크기의 물입자 : 주변 가연물을 적심 → 연소확대 방지
   ③ 큰 물입자 : 화염 속을 뚫고 들어가 가연물을 적심 → 연소제어 및 화재진압
3) 표준형 헤드의 종류
   ① 표준반응형(Standard Response Spray Sprinkler)
      ㉮ K값 : $27 \sim 114$(국내 : $80 l/min/ \sqrt{kgf/cm^2}$)

㉯ RTI : 80~350 $\sqrt{m \cdot s}$

㉰ 헤드모양 : 환형, 컨실드형, 리세스드형, Flush Type(반매입형)

② 속동형(Quick Response Spray)

㉮ 표준반응형에 비해 응답특성이 빠르므로

㉯ 화재 초기에 개방할 수 있어 헤드의 개방 개수를 줄일 수 있고, 방사유량 및 배관의 크기를 작게 할 수 있다.

㉰ 적용 : 주거용도 및 비주거용도(재산보호용) 모두 적용

㉱ 제한 : 습식 스프링클러, 경급·중급 위험 용도, 천장고 6.1m 이하인 곳에 한하여 사용

③ 확장형(Extended Coverage)

㉮ 표준반응형과 동일한 방사특성 및 물방울 크기이나, 방사영역이 훨씬 넓다.

㉯ K값 : 80~360

㉰ 보다 적은 개수의 헤드 수량이 필요

④ 속동·확장형(Quick Response Extended Coverage)

㉮ 확장형 스프링클러에 속동형을 적용시킨 것

㉯ 감도특성을 제외한 K값 등 기타 방사특성은 확장형과 동일함

(2) 주거용 헤드 (Residential Sprinkler)

1) 인명안전(Flashover 지연으로 인한 대피시간 확보)을 목적으로 개발되었다.

2) 개방온도 및 RTI가 낮다.

① 개방(표시)온도 : 57~74℃

② RTI : (26 $\sqrt{m \cdot s}$)

3) 물입자가 중간 크기와 작은 크기로 방사된다.

① 작은 크기의 물입자 : 열을 흡수하여 실내공기 냉각, 복사열 차단

② 중간 크기의 물입자 : 주변 가연물을 적셔 연소확대 방지

4) 방사각도가 크다.

 : 벽면상단 부위(1.8m 높이)까지 적신다.

(3) ELO (Extra-Large Orifice Sprinkler)

1) 고강도의 화세제어용

2) 오리피스 구경이 크므로(16.3mm) 물방울이 커서(4~5mm) 강한 수직화염 속을 잘 뚫고 들어간다.

3) K-factor : 160(157~164)
4) 방수량 : 210 l/min(표준형의 200% 이상)
5) 방사압력 : 0.2MPa 이상
6) 방호면적 : 최소 80ft² ~ 최대 100ft²
7) 적용 : 랙크식 창고와 같은 저장시설

(4) ESFR(Early Suppression Fast Response)

1) 다른 모든 스프링클러는 화세를 제어하는 것이 목적이나, ESFR은 화재를 진압하는 목적으로 개발되었다.
2) ESFR = 굵은 물입자 + 속동형
  즉, 화재 초기에 물이 강력한 화세를 뚫고 침투할 수 있도록 큰 물방울과 충분한 양의 물을 빠른 감도능력으로 방사하여 화재를 조기에 진압한다.
3) 주수밀도조건
  필요주수밀도(RDD) < 실제주수밀도(ADD)가 되게 방사
4) RTI : $28\sqrt{m \cdot s}$
  K-factor : 200~360
5) 적용 : 랙크식 창고 등(천장에만 설치)

(5) Old Style Sprinkler(舊형 스프링클러)

1) 미국은 1955~1981년 동안 舊형 스프링클러와 분무식 스프링클러만을 사용하였다.
2) Old Style Sprinkler(舊형 스프링클러)
  방사된 물의 절반은 천장으로, 나머지 절반은 바닥으로 살수됨
3) Spray Sprinkler(분무식 스프링클러)
  방사된 물이 전부 바닥으로 살수되는 형태

(6) Special Sprinkler

1) Attic 스프링클러
  ① 일정한 형태의 구배를 가진 방사패턴
  ② 지붕·천장 등의 경사면에 적용
2) 창문 방호용 스프링클러 : 유리창문의 수막설비용
3) 천장 내부 방호용 스프링클러 : 전부 측면으로 향하여 살수하는 방사패턴

4) Flow Control Type(On-Off형)

① 헤드의 2단계 중간 잠금장치기능과 화재감지기능 보유
② 화재성장의 추이 및 온도상승에 따라 자동으로 방수 및 온도하강(화재진화)시에는 자동방수차단기능이 있다.

5) Picker Truck Type

① Duct 내부에 설치하는 것
② 이물질이 헤드반사판에 걸려 쌓이는 것을 방지하기 위해 반사판이 작고 Smooth함

6) Intermediate Level Sprinkler(래크형)

① 래크식 창고 등에서 스프링클러 헤드의 Skipping 방지목적으로
② 헤드 상부에 차폐판을 설치한 것

7) Dry Pendent Type : 동파방지용 헤드

8) Recessed Type(매입형)

헤드의 몸체 일부 또는 전부가 오목한 보호집 안에 설치된 것

9) Flush Type(반매입형)

헤드의 몸체 일부 또는 전부가 반자 내부에 설치되고, 감열부만 반자 아래로 노출

10) Concealed Type(은폐형)

Recessed Type(매입형)에 덮개가 설치된 것

4. 결론

(1) 스프링클러의 방사특성을 결정하는 요소
 1) 감도특성
 2) Deflector
 3) Orifice
(2) 스프링클러 종류 선정시에는 방재공학적인 이론과 실제 화재실험 및 시뮬레이션 등을 통하여 방호구역의 용도와 화재특성에 가장 적합한 헤드 종류를 선정하여야 한다.

스프링클러의 종류		K-factor	RTI(m·s)$^{1/2}$	방수량(l/min)
표준형 (Standard Spray)	표준반응형	27~114	80~350	
	속동형	27~114	50 이하	
	확장형	80~360		
	속동·확장형	80~360		
Residential		43(50)~79	26	
Large Drop		160		211
Extra Large Orifice		203		
ESFR		200~360	28	380

33. 스프링클러설비의 설계시 고려사항

1. 개요

〈스프링클러설비 설계시 검토순서〉

(1) 총괄적 타당성 검토
(2) 살수밀도 설정
(3) 스프링클러설비의 종류 선정
(4) 헤드종류 선정
(5) 배관방식 선정
(6) 가압송수장치의 종류 선정
(7) 수원량 산출

2. 스프링클러설비 설계시 고려사항

(1) 총괄적 타당성 검토

1) 환경적 요소에 따른 검토
① 사용시 2차적 피해의 검토
② 2차 피해 후의 환경적 영향의 평가

2) 작동방식에 따른 검토
　　① 수동식 소화설비
　　② 자동식 소화설비

3) 방호구역 Zoning의 적정성 검토

(2) 살수밀도 설정

1) 화재하중
　　주수시간의 영향인자 : 수용품의 연소성 및 양

2) 화재강도
　　주수율의 영향인자 : 수용품의 적재방법 등

3) 소화수량의 공급속도 : 단위면적당 공급률

(3) 스프링클러설비의 종류 선정

1) 습식 스프링클러설비
　　습식이 화재에 가장 신속·안전하나, 다음 사항을 고려해야 함
　　① 동결관계 고려
　　② 수손피해 예상검토

2) 건식 스프링클러설비
　　동결 우려 장소에 최적 설비
　　① 소화수 공급의 지연성 검토 : 60초 이내 방수(NFC)
　　② 2차측 배관의 용적 제한 검토 : 750Gal 이하(NFC)

3) 준비작동식 스프링클러설비
　　감지장치의 오동작 및 고장이 허용되지 않는다는 조건하에 가능함
　　① 동결 우려 장소
　　② 수손피해의 우려가 있는 장소에 설치

4) 일제살수식 스프링클러설비
　　① 천장이 높아 헤드의 감열 개방이 어려운 장소
　　② 연소의 급격한 확대 우려가 있는 장소

(4) 헤드 선정

1) 방사특성 고려

① 화재제어특성
   (Fire Control)

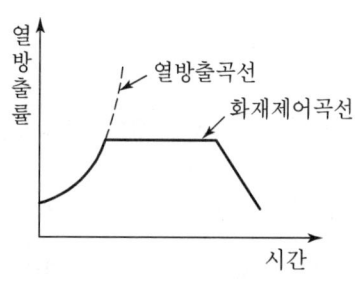

② 화재진압특성
   (Fire Suppression)

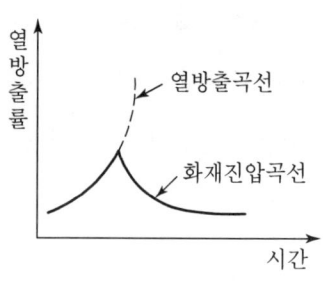

2) 화재감지특성 고려

① Standard Response Sprinkler : $80 < RTI < 350$

② Special Response Sprinkler : $50 < RTI < 80$

③ Fast Response Sprinkler : $RTI < 50$

(5) 배관시스템 선정

1) 규약배관방식

2) 수리계산배관방식

① Grid 배관방식

② Loop 배관방식

(6) 가압송수장치 선정

1) 펌프가압방식

2) 고가수조방식

최상층에서 규정방수압력 확보여부 검토

3) 압력수조방식

탱크 설치위치에 구애받지 않으나 설비비가 고가임

4) 가압수조방식

비전력 상태에서도 설비 가동이 가능하며, 상부층에 규정방수압력 확보 가능

3. 결론

스프링클러설비 설계시 사양기준적인 설계의 고정관념에서 벗어나 성능실행위주의 방화설계를 우선시하는 인식의 전환이 필요하다.
(1) 화재하중·화재강도 및 용도별 화재위험정도에 따른 살수밀도를 고려하는 설계
(2) 배관설계에서 수리계산 및 전산프로그램에 의한 설계를 위한 프로그램의 적극 개발
(3) 주거용 스프링클러설비 관련 세부기준 마련 등이 남은 과제이다.

34. 스프링클러설비의 수리계산 절차 (NFPA기준)

1. 위험용도 분류를 결정

(1) 국내기준

방호대상물의 단순 용도와 층수만을 적용하여 분류하고 있다.

(2) NFPA기준

화재하중(가연물량 및 가연성), 열방출률, 화재위험성 등을 고려하여 적용
1) 경급 위험용도 : 상기 영향인자가 적게 예상되는 용도
2) 중급-I 위험용도 : 상기 영향인자가 중간(보통)인 화재가 예상되는 용도
3) 중급-II 위험용도 : 상기 영향인자가 중간 이상인 화재가 예상되는 용도
4) 상급-I 위험용도 : 상기 영향인자가 크며, 인화성·가연성 액체가 거의 없는 경우
5) 상급-II 위험 용도 : 상기 영향인자가 크며, 인화성·가연성 액체가 중간 이상 저장되어 있는 용도

2. 설계면적(방호면적) 결정

(1) 건축물의 용도·규모·화재 위험성의 범위 내에서 엔지니어링의 기술력과 경험에 의하여 결정한다.
(2) NFC 13에서 설계면적 제한 : $1,500 \sim 5,000 ft^2$

3. 살수밀도 결정

(1) 위험용도 분류와 작동면적에 따라 결정
(2) 통상 NFC의 Area/Density 그래프를 이용하여 구함

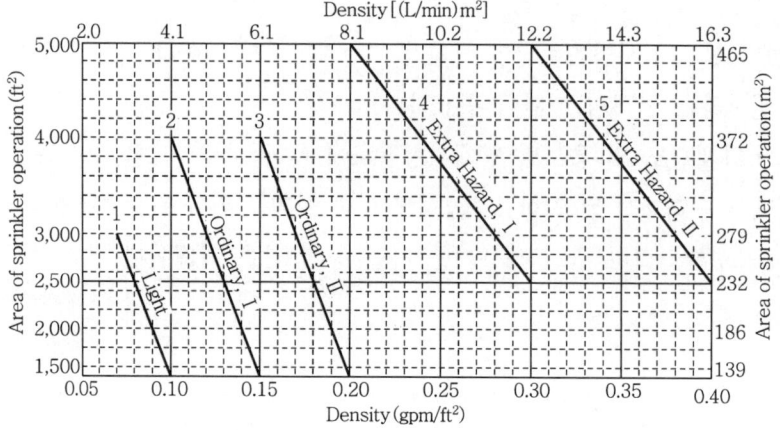

[방수밀도-방수면적 곡선(NFPA 13)]

4. 설계면적의 폭과 형태를 결정

설계면적의 한 변의 길이(폭) : $W = 1.2\sqrt{설계면적}$

5. 헤드수량 결정

(1) 총 헤드 수량$(N) = \dfrac{A_d}{A_s}$

여기서, A_d : 설계면적
A_s : 헤드 1개당 방호면적

(2) 가지배관 1개당 헤드 수량 $= \dfrac{W}{헤드\ 간의\ 거리}$

여기서, W : 설계면적 한 변의 길이(폭)

6. 헤드종류 결정

K값과 오리피스 구경을 고려하여 결정

7. 최 말단 헤드의 필요 최소유량 및 압력의 계산

(1) 유량(Q) = 살수밀도 × 헤드 1개당 살수(방호) 면적

(2) 압력$(P) = \left(\dfrac{Q}{K}\right)^2$

여기서, $K = \dfrac{Q}{\sqrt{P}}$

8. 최 말단 헤드와 두 번째 헤드 사이의 마찰손실 계산

하이젠윌리엄공식을 적용하여 계산

$P = 6.05 \times 10^5 \times \left(\dfrac{Q^{1.85}}{C^{1.85} \times D^{4.87}}\right)$

여기서, P : 단위길이당 마찰손실[bar/m]
Q : 유량[ℓ/min]
C : 조도계수
D : 배관의 실제 내경[mm]

9. 말단에서 두 번째 헤드의 유량 및 압력을 계산

(1) $P_1 = 1[\text{MPa}]$ 이상
(2) $P_2 = P_1 + \Delta P_{1\sim2}$
(3) $Q_2 = Q_1 + K\sqrt{P_2}$

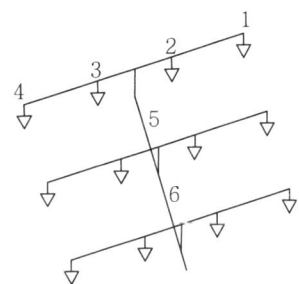

10. 당해 가지배관의 나머지 헤드에 대한 유량 및 압력 계산

11. 좌·우측 유량 보정

좌·우측 가지배관의 형태(길이·관경)가 다를 경우의 유량보정

$Q_A = Q_L \sqrt{\dfrac{P_H}{P_L}}$

여기서, Q_A : 낮은 압력 배관의 보정된 유량
Q_L : 낮은 압력 배관의 계산된(보정전) 유량
P_L : 두 압력 중 낮은 압력$(P_1 + \Delta P_{1\sim2})$
P_H : 두 압력 중 높은 압력$(P_3 + \Delta P_{2\sim3})$

12. 첫 번째 가지배관의 입상 Nipple의 마찰손실 및 가지배관의 K값 계산

(1) 좌·우 가지배관의 유량을 합산하여 계산
(2) 입상 Nipple 최상부에서의 총 필요유량 및 압력으로 K값 계산

$$K(가지배관의\ K값) = \frac{Q}{\sqrt{P}}$$

13. 첫 번째 가지배관과 두 번째 가지배관 사이의 교차배관 "5"의 마찰손실 계산

14. 두 번째 가지배관에서의 필요유량 계산 : 가지배관의 K값을 이용하여 계산

15. 이하 첫 번째 가지배관과 형태가 같은 나머지 가지배관에 대하여 마찰손실과 유량을 계산

16. 첫 번째 가지배관과 형태가 다른 가지배관이 있는 경우에는 그 가지배관의 말단 헤드부터 계산을 해서 유량을 보정한다.

17. 설계면적 내의 유량을 전부 구한 후 펌프의 유효성능과 비교·검토한다.

[Reference]

[수리계산(성능위주설계)의 국내 적용시 문제점]

1. 국내에는 위험용도분류기준이 없으므로 수원량 및 살수밀도 결정이 곤란하다.
2. 국내에는 아직 공인·검증된 수리계산지침서가 없다.(현재, 한국소방기술사회에서 임의로 작성한 공인·검증되지 아니한 수리계산절차서가 있는 것 뿐이다.)
3. 공식적인 검증이 되지 아니한 배관등가길이를 적용하고 있다.
4. 배관두께(SCH)에 따라 등가길이를 다르게 적용해야 하는데(동일 관경에서 SCH이 클수록 배관내경이 작아지기 때문) 이에 대한 실행이 미흡하다.
5. Flexible 배관에 대한 마찰손실 데이터가 부족하다.
6. 수리계산적용 설계시 수원량 및 펌프의 용량 증대에 대한 건축주의 배려 인식이 부족하다.

[수리계산 보고서에 포함할 사항]

1. 설계기준(적용된 국가기준, 국제규격, 업체기준 또는 재보험사 기준 등)
2. 적용 계산식
3. 설계 입력데이터
4. 등가길이 적용기준 및 근거자료
5. 계산방법(사용한 프로그램 제품명 및 Version 또는 수계산)
6. 설계 데이터(설비별 방수량, 방수압력, 기준개수 등)
   (1) 헤드 또는 방수구의 요구 방수량
   (2) 헤드 또는 방수구의 방수압력 범위
   (3) 개방되는 헤드 또는 방수구의 수량
   (4) 기타 필요한 사항
7. 수리계산 요약표
8. 수리계산표(프로그램 계산결과 포함)
9. 관련도면
   • 계통도 및 필요한 평면도
   • 수리계산 Node 지점이 표시된 도면
10. 소방펌프 및 소화수조의 선정결과

35. 현행 스프링클러설비 설계에서의 살수밀도에 대한 문제점

1. 개요

국내기준은 소방대상물 내의 위험성 정도인 화재하중이나 화재가혹도 등에 대한 상관성을 무시하고 건물의 용도 및 층수와의 관련성만을 강조하고 있다. 또한 용도를 광범위하게 적용함으로써 화재시 높은 위험도가 예상되는 장소에 대하여 실제보다 낮은 장소의 기준을 적용한다. 따라서 소화작동 시 주수율이 낮은 결과가 발생할 수 있다.

2. 문제점

(1) 살수밀도의 기준

살수밀도의 국내기준은 NFPA 등 외국기준과 비교해 보면 많은 차이가 있다.

[예] : 내화구조의 15층, 사무실 용도의 건물

1) 국내기준

　① 살수반경 : 2.3m

　② 살수면적 : 10.58m^2/개

　③ 살수밀도 : 7.56l/min·m^2

　④ 헤드기준개수 : 30개

　⑤ 총 살수량 : 2,400l/min

2) NFPA기준

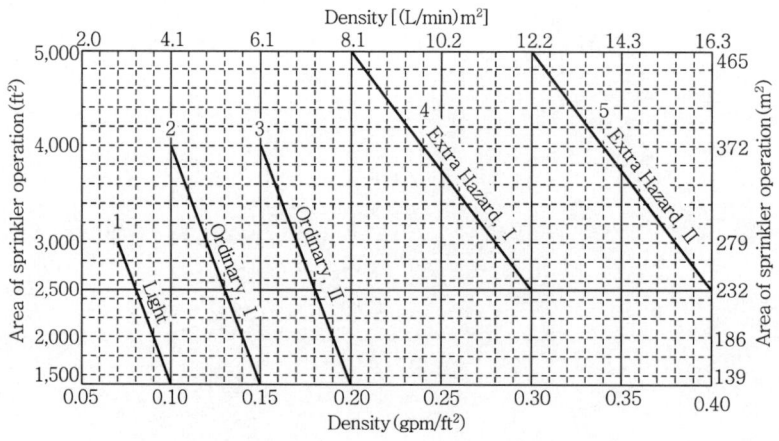

[방수밀도-방수면적 곡선(NFPA 13)]

살수밀도 : 경급 위험용도 - 2.9~4.1l/min·m^2
중급 Ⅰ 위험용도 - 4.1~6.1l/min·m^2
중급 Ⅱ 위험용도 - 6.1~8.1l/min·m^2

(2) 국내기준에 의한 설계에서는 주수율 적용에서 동일한 용도 내에서의 화재하중 및 화재가혹도를 구분하여 적용하지 않고 있다.

[예] : 1) 지상 10층의 일반 사무실의 주수율 : 800l/min(헤드 10개)
2) 지상 10층의 상품 전시실의 주수율은 800l/min(헤드 10개)으로 동일하게 적용하고 있다.

(3) 살수시간

1) 국내기준

위험정도에 관계없이 일률적으로 20분(준초고층 : 40분, 초고층 : 60분) 이상의 살수시간 적용

2) NFPA 등 외국기준

소방대상물의 위험정도에 따라 살수시간 적용
① 경급 위험용도 : 30~60분
② 중급 위험용도 : 60~90분
③ 상급 위험용도 : 90~120분

3. 개선방안

(1) 방호대상물의 화재하중, 화재가혹도, 건물위험용도 등을 고려하여 해당 살수밀도를 결정하고, 그에 따른 헤드방수량, 살수시간, 펌프용량, 수원량을 설계한다.
(2) 화재위험성을 고려하고, 화재시뮬레이션을 통한 성능실행위주의 방화설계가 필요하다.

4. 결론

(1) 사양 기준적인 설계의 고정관념에서 벗어나 성능실행위주의 방화설계를 장려하는 제도적 뒷받침이 필요하다.
(2) 화재위험성을 고려하고 화재피난시뮬레이션과 수리계산, 전산프로그램에 의한 설계방식을 적극적으로 연구·개발하여야 하겠다.

36. 국내기준에 의한 스프링클러설비 설계의 문제점

1. 개요

국내기준에 의한 스프링클러설비 설계에 대한 문제점은 다음과 같이 크게 분류할 수 있다.
(1) 살수밀도를 고려하지 않는 설계
(2) 규약배관설계방식으로 제한(현재는 일부 완화됨)
(3) 주거용 등 인명위주의 스프링클러설비 세부기준 등의 부재

2. 문제점 및 대안

(1) 살수밀도를 고려하지 않는 설계

1) 화재하중·용도별 위험등급 등을 고려하지 않음
2) 헤드의 살수반경을 거의 일률적으로 적용
   [예] 무대부·래크식 창고·아파트 이 외의 건물은 모두 2.3m로 적용
   ① 살수밀도 : 7.56 l/min·m^2
   ② 살수면적 : 10.58m^2/개

〈대 안〉

(가) 화재하중 및 화재가혹도·건물위험용도 등을 고려하여 해당 살수밀도를 결정하고, 그에 따른 헤드방수량·펌프토출량·수원량을 설계
   [예] NFPA의 살수밀도기준
   ㉮ 경급 위험용도 : 2.9~4.1 l/min·m^2
   ㉯ 중급 I 위험용도 : 4.1~6.1 l/min·m^2
   ㉰ 중급 II 위험용도 : 6.1~8.1 l/min·m^2
   ㉱ 상급 I 위험용도 : 8.1~12.2 l/min·m^2
   ㉲ 상급 II 위험용도 : 12.2~16.3 l/min·m^2
(나) 헤드의 살수반경 및 배치거리를 화재하중·건물용도 등을 고려하여 설계

(2) 배관설계에서 규약배관 설계방식으로 제한

1) 모든 헤드는 압력에 관계없이 일정유량이 균등하게 방사된다는 가정하에 주어진 표(Table)에 의해 배관경 등을 결정한다.

2) 펌프로부터 가장 멀리 있는 말단 헤드에서 80l/min 이상 방출되는 것을 기준으로 하여 설계하였으므로, 그 밖의 모든 헤드에서는 80l/min을 초과하여 방출되며, 펌프로부터 가까울수록 더욱더 과다한 양이 방출된다.

그런데, 수원량 계산에서는 모든 헤드의 방수량이 동일하게 각각 80l/min이라고 가정하여 계산한다.

즉, 수원량 = 80l/min × 20분 × N(기준개수)으로 산출하는데,

이로 인해 실제 시스템 작동으로 헤드의 기준개수가 모두 개방되었을 경우에는 저장 수원의 방출은 20분 이전에 종료하게 된다.

〈대 안〉

(가) 수리계산 등에 의한 성능실행위주의 설계가 필요하다.

(나) 상급 이상의 위험용도에 대해서는 수리계산 또는 전산프로그램에 의한 설계를 의무화하는 제도적 뒷받침이 필요하다.

(3) 주거용 스프링클러에 대한 세부기준의 부재

1) 현재 공동주택에 대하여 조기반응형 스프링클러헤드를 설치하도록만 규정되어 있으나,

2) 인명보호 위주의 감도특성 및 방사특성 등의 세부기준의 규정은 없는 상태이다.

〈대 안〉

주택용 스프링클러 관련 세부기준 마련

(가) 감도특성 : 조기작동형, RTI 50 이하

(나) 방사특성 : 방사각도 크게 → 벽면 적심의 높이를 천장의 근접 위치까지 되게 방사

3. 결론

사양기준적인 설계의 고정관념에서 벗어나 성능실행위주의 방화설계를 장려하는 제도적 뒷받침이 필요하다.

(1) 화재하중·용도별 위험정도에 따른 살수밀도를 고려하여 설계

(2) 상급 이상의 위험용도에 대한 소화배관설계에서 수리계산 또는 전산프로그램에 의한 설계를 의무화

(3) 주거용 스프링클러설비 관련 세부기준 마련

37. 릴리프밸브의 기능

1. 설치개념

소방펌프용 릴리프밸브는 펌프의 체절운전시 수온상승을 방지하기 위하여 펌프토출측 순환배관에 설치하여 체절압력 미만에서 개방되게 Setting한다.

2. 체절운전과 수온상승의 연관성

(1) 펌프가 장시간 체절운전을 계속하면 펌프 내의 수온이 상승한다.

(2) 그러나, 아래 그림과 같이 소량의 토출유량만 있어도 온도는 상승하지 않게 된다.

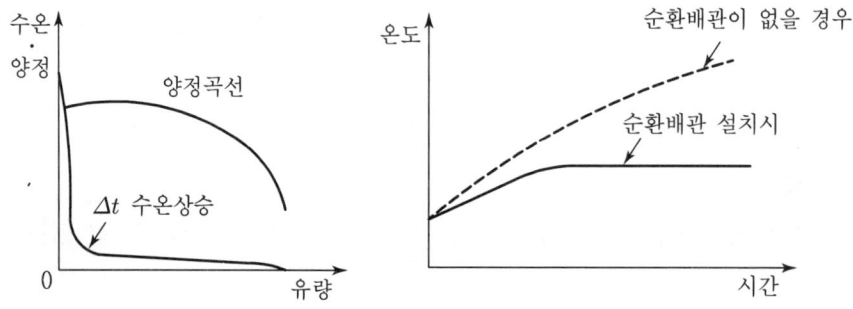

3. 순환배관의 구조

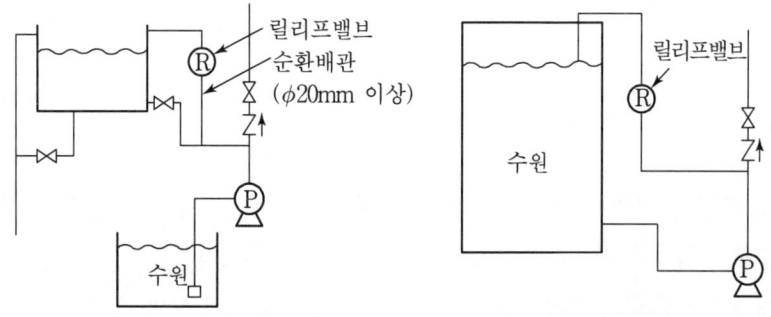

4. 릴리프밸브의 작동

(1) 릴리프밸브는 설정압력 이상이 가해질 때 밸브시트를 지지하고 있는 스프링이 압축되면서 밸브시트가 열리므로 릴리프밸브가 개방된다.

(2) 이때 밸브가 개방되는 압력은 체절압력 미만에서 개방되게 조절한다.

38. 연소방지설비

1. 개요

소방법령에 의한 지하구에서의 소화활동설비로서 화재시 소방차량으로부터 소화용수를 공급받아 지하구 내의 방수헤드를 통하여 방사함으로써 지하구 내의 화재전파를 지연·차단시키기 위한 설비이다.

2. 설비의 구조 및 설치기준

(1) 살수구역

1) 하나의 살수구역의 길이 : 3.0m 이상
2) 소방대원의 출입이 가능한 환기구·작업구마다 지하구의 양쪽(길이) 방향으로 살수구역을 설정하되, 환기구 사이의 간격이 700m를 초과할 경우에는 700m 이내마다 살수구역을 설정

(2) 방수헤드

헤드 간의 수평거리

1) 전용 헤드 : 2.0m 이하
2) 스프링클러 헤드 : 1.5m 이하

(3) 송수구

1) 구경 65mm의 쌍구형
2) 송수구로부터 1m 이내에 살수구역의 안내표지 설치
3) 소방차량이 쉽게 접근할 수 있는 노출된 장소에 설치하되, 눈에 띄기 쉬운 보도 또는 차도에 설치
4) 지면으로부터 높이가 0.5m 이상 1m 이하의 위치에 설치
5) 송수구의 가까운 부분에 자동배수밸브(또는 직경 5mm의 배수공)를 설치
6) 송수구로부터 주배관에 이르는 연결배관에는 개폐밸브를 설치하지 않을 것
7) 송수구에는 이물질을 막기 위한 마개를 씌워야 한다.

(4) 연소방지설비의 계통도

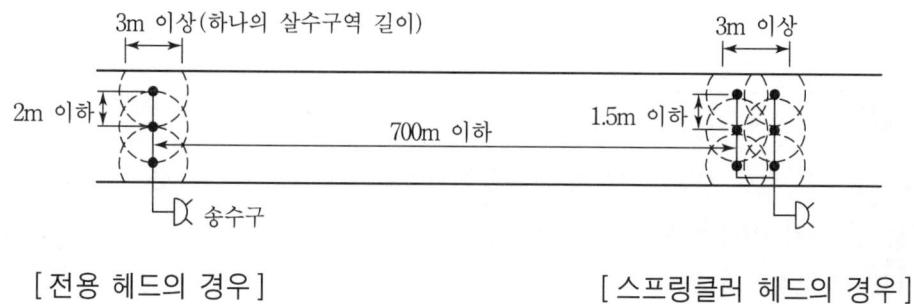

[전용 헤드의 경우]　　　　　　　　[스프링클러 헤드의 경우]

3. 결론

연소방지설비는 지하구 등에서 화재 시 화재를 국한화하여 피해를 최소화하기 위한 설비로써, 지하구의 일정 거리(700m)마다 살수지역을 정해 방수헤드를 설치하고, 옥외에 설치된 송수구를 통해 소화수(물)를 공급하는 것으로써 일종의 수막설비 개념이며, 화재구역으로의 산소공급을 차단하여 질식소화도 병행할 수 있는 설비이다.

39　압력수조식 소화설비시스템에서의 Air Lock

1. 개요

(1) Air Lock이란

　액체를 취급하는 설비시스템에서 기계장치 내부 또는 관로에 부분적으로 공기가 흡입되어 Air Pocket을 형성하여 유체의 흐름에 방해가 되는 상태를 말하며 Air Bound라고도 한다.

(2) 압력수조를 사용하는 소화설비에서 수조 내의 잔류압축공기가 토출배관으로 유입되어 배관 내에 Air Bound가 발생하는 것을 말한다. 즉, 압력탱크 내의 잔류압력이 너무 높아서 고가수조로부터의 물을 송수할 수 없는 현상을 Air Lock 현상이라 한다.

(3) 압력수조의 구조

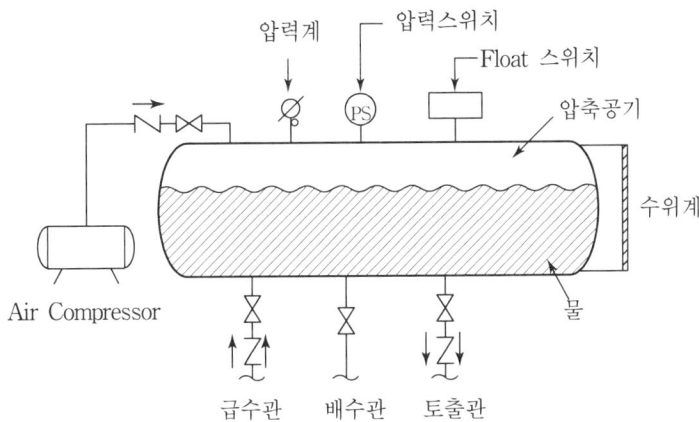

2. 압력수조식 소화설비관 내에서 Air Lock 발생원인

(1) 1차 수원으로 압력수조와 고가수조를 함께 사용하는 소화설비에서 압력수조 내의 잔류공기압이 고가수조의 낙차압에 의한 수두압보다 높을 경우에 발생한다. 즉, 압력수조의 소화수가 방출된 후 이어서 압력수조 내의 압축공기가 토출관으로 유출되므로 배관 내에 Air Lock이 발생한다.

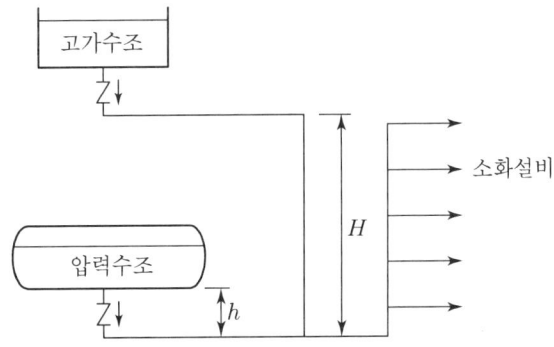

※ H수두압 < 압력수조의 잔류압력 + h수두압이 되면 Air Lock이 발생한다.

(2) Henry의 법칙에 의해 관내의 액체 속에 압력에 비례하는 양의 기체가 용입되어 용존산소 또는 용존탄산가스 등으로 녹아 있다가 압력이 내려갈 때 용입기체가 분리되면서 기포로 환원되어 Air Pocket을 형성한다.

3. Air Lock 발생방지방법

(1) 압력수조 내의 압축공기가 토출관으로 유출하는 경우의 방지책

1) 고가수조의 낙차압력을 충분히 높게 한다. 즉, 고가수조와 압력수조 송수배관의 연결점 간의 높이(H)를 스프링클러헤드 최소방사압력(0.1MPa)과 마찰손실 수두를 고려하여 12.2m(40ft) 이상 유지한다.
2) 급기관을 탱크 상부에 급수관과 토출관은 탱크 하부에 설치한다. 즉, 압력수조 내의 소화수가 방출되었을 때 압력수조 내 잔류압력을 적게한다.
3) 압력탱크 내 공기공간을 줄이고 만수위를 높이고 충전공기압력을 낮게 설정한다.

(2) 용입기체에 의한 Air Lock의 방지방법

압력수조 내에서 공기실과 수실을 격막으로 분리한다.

※ 압력수조 내 공기압력과 체적의 상관관계

$$P_1 V_1 = P_2 V_2$$

여기서, P_1 : 압축공기압력(게이지 압력)[MPa]
P_2 : 수조 내 물이 방출된 후의 잔류압력[MPa]
V_1 : 압축공기체적[m³]
V_2 : 수조 내 물이 완전방출된 후의 공기체적[m³]
H : 압력수조와 최고위 헤드 간의 위치수두[m]

$$\therefore P_1 = P_2 \times \frac{V_2}{V_1} = \left(P_2 + \frac{H}{101.97}\right) \times \frac{V_2}{V_1}$$

4. 결론

〈Air Lock현상의 발생방지대책〉

(1) 고가수조와 압력수조 송수배관의 연결점 간의 높이를 최소한 12m 이상 유지한다.
(2) 압력수조 내 잔류압력을 적게 한다.
(3) 압력탱크 내 만수위를 높이고 충전공기압력은 낮게 설정한다.
(4) 압력수조 내에서 공기실과 수실을 격막으로 분리 설치한다.

40. 수계소화설비의 동결방지방법

1. 개요

소화용수로 사용되는 물은 대기압 상태에서 0℃ 이하가 되면 동결되며 소화설비 관 내에서 동결이 발생되면 다음과 같은 문제점이 발생한다.

(1) 물의 유동성이 없어지므로 소화설비로의 소화수 공급이 불가능해진다.
(2) 물은 동결되면 원래 체적보다 9% 정도 팽창하므로 관 내에서 높은 내압이 발생되며, 이로 인하여 설비의 파손(동파)이 발생될 수 있다.
(3) 이러한 동결을 방지하기 위해서는 아래와 같은 보온방법을 이용하여 설비관 내 물의 온도를 0℃ 이하가 되지 않도록 하여야 한다.

2. 일반적인 동결방지방법

(1) 보온재로 피복하여 보온

1) 유리섬유, 발포폴리에틸렌 등의 보온재로 설비의 배관 등을 덮어 피복하여 외부온도를 차열함으로써 보온하는 방식
2) 주로 옥내배관에 적용한다.

(2) 부동액 주입

1) 프로필렌글리콜 등의 부동액을 소화수에 혼합하여 소화수의 빙점을 낮춘다.
2) 에틸렌글리콜은 독성이 강하므로 부적합하다.

(3) 열선(Heating Coil) 보온

1) 주로 옥외노출배관에 사용한다.
2) 옥내에는 원칙적으로 사용이 부적합함
   ① '보온재+열선'의 조합은 배관 내 물의 온도가 60℃ 이상으로 고온이 될 수 있으며 이로 인한 물의 증발로 Air Pocket이 형성될 수 있다.
   ② 특히, Dry Pipe Valve(건식밸브)에 적용할 경우에는 밸브시트 고착의 우려가 높다.

(4) 관내 물을 유동시키는 방식

극한냉지 또는 온도 급강하 우려 지역에는 비효과적임

(5) 동결심도 이하로 매설

    1) 동결심도 측정 : 2월 하순경 평탄한 도로 등에 조사구멍을 파고 구멍의 벽면에서 식별할 수 있는 얼음덩어리의 최고 깊이를 측정하여 결정한다.

    2) 국내 지방별 표준동결심도

       ① 남부지방 : 600mm

       ② 중부지방 : 900mm

       ③ 북부지방 : 1,200mm

    3) 실제 매립시 표준동결심도에 여유깊이(안전율)를 300mm 정도 더하여 깊게 매립한다.

3. 설비별 동결방지방법

(1) 옥외소화전설비

    1) 관 내부를 항상 건식상태로 유지 : 옥외소화전 하단부에 Auto Drip Valve 설치

    2) 옥외배관은 지하에 매설

(2) 스프링클러설비

    1) 동결 우려가 있는 장소에는 습식 대신 건식시스템을 채용

    2) 냉동창고 등 급속한 동결이 우려되는 장소에는 Double Interlock Preaction System을 채용

    3) 건식시스템(건식, 준비작동식)에서의 하향식헤드에는 드라이펜던트형식의 헤드 설치

4. 결론

〈소화설비의 동결방지방법〉

(1) 보온재로 시스템을 피복하여 보온

(2) 시스템 라인에 부동액을 혼입하는 방식

(3) 옥외 노출배관일 경우 : 보온재+열선설치

(4) 동결심도 이하로 매설

41. 배관 내의 정압과 동압의 관련성

1. 정압과 동압의 개념

(1) 정압
1) 정압이란 관내의 유체가 정지상태에서 나타내는 압력으로, 유체가 물체표면에 수직방향으로 미치는 압력을 말한다.
2) 관내에서 유체의 운동(흐름)이 없는 상태로서 마찰력과 전단응력이 없는 상태로 즉, 속도에너지는 없는 상태이며 내부에너지와 위치에너지만 존재하는 상태이다.

(2) 동압
1) 배관 내 유체의 흐름방향으로 작용하는 속도압력을 의미한다.
2) 즉, 속도에너지를 압력에너지로 환산한 값이다.
3) 동압$(P_v) = \dfrac{v^2}{2g} r$

여기서, v : 유속[m/sec]
r : 유체의 비중량[kgf/m³]
g : 중력가속도 $= 9.8$[m/sec²]

(3) 전압
전압$(P_t) = $ 정압$(P_n) + $ 동압(P_v)

2. 스프링클러설비 방수에 대한 동압의 관련성

(1) 흐름이 없는 상태일 때
관내 전체압력은 배관 내 물의 모든 에너지가 스프링클러헤드의 오리피스를 향해 집중시킬 때, 오리피스에 대해 작용하는 압력은 동압이 없으므로, 정압(P_n) 그대로가 전압(P_t)이 된다.

(2) 흐름이 있는 경우
오리피스를 통한 흐름방향으로 작용하는 전체압력 중에서 보통압력(정압)의 일부가 속도압력(동압)으로 전환되었으므로 [정압=전압-동압]이 된다.

따라서, 스프링클러 방수시 배관 말단헤드를 제외한 모든 헤드에서는 $Q=K\sqrt{P}$ 로 계산되는 유량보다 약간 적은 유량이 방수된다.

(3) 수리계산에서 동압을 고려할 경우

배관을 통하는 유량을 결정할 때 전압 대신 정압이 사용되어야 한다. 그러나 NFPA 13에서는 동압의 효과는 무시하도록 허용하고 있다.

42 스프링클러설비의 프리액션 인터록 시스템

1. 개요

(1) 준비작동식 스프링클러설비에서 3가지 방식의 Interlock System이 있다.
(2) 그것은 감지기 작동에 의해 Pre-action Valve가 개방되는 Single Interlock 방식과 감지기와 스프링클러헤드 개방이 모두 작동되어야 밸브가 개방되는 Double Interlock 방식, 그리고 감지기 또는 스프링클러헤드 개방 중 어느 하나만 작동되어도 밸브가 개방되는 Non Interlock 방식으로 나누고 있다.

2. Single Interlock 방식

(1) 구성방식

국내 화재안전기준에서 규정하고 있는 준비작동설비로 가장 일반적인 구성방식이다.

(2) 작동방식

화재감지기의 작동신호에 의해 Pre-action Valve가 개방된다.

(3) 밸브 2차측 배관 내가 국내는 대기압 상태이나 외국에서는 저압의 공기압력을 충전하여 배관의 기밀상태를 감시하는 방식도 있다.

(4) 장·단점

1) 설비작동 시 방수시간지연 문제가 없다.
2) 화재감지기 고장 등 작동불능일 경우 밸브개방이 불가하다.

(5) 종류

1) 화재감지기 감지방식(Electric Actuation)
2) 감지용 습식 스프링클러헤드방식(Wet Pilot Actuation)
   감지용 헤드는 주변에 설치된 소화용 헤드보다 RTI가 낮은 값으로 선정하여야 한다.
3) 감지용 건식 스프링클러헤드방식(Dry Pilot Actuation)
   감지용 헤드 및 연결배관 내에 가압수 대신 압축공기를 채운 방식

3. Double Interlock 방식

(1) 구성방식
건식 스프링클러설비 시스템에 화재감지장치를 추가한 방식

(2) 작동방식
화재감지기가 동작되고 스프링클러헤드가 감열개방되어야 Pre-action Valve가 개방되는 방식

(3) 종류

1) Electric / Pneumatic Actuation
   화재감지기 + 2차측에 압축공기를 충전한 건식스프링클러설비

2) Electric / Electric Actuation
   화재감지기 + 2차측에 서압공기(감시공기압)를 충전한 건식스프링클러설비
   <작동> 2차측 공기압 감소 → 솔레노이드밸브 개방 → Pre-action Valve 개방

(4) 장·단점

1) 급속한 동파 우려가 예상되는 장소(냉동창고 등)에 적용이 용이함 : 오동작으로 인한 밸브개방 확률이 적다.
2) 설비작동시 방수시간지연이 가장 큰 문제점이므로 이를 감안하여 설계시 다음 사항을 고려한다.(NFPA 기준)
   ① 소요급수량 : 설계방수구역 면적에서 습식설비의 30%를 할증
   ② 2차측 배관내 용적 : 2,840*l* 이내로 제한
   ③ Grid 배관방식의 구성은 금지

④ 급속개방장치(Accelerator) 필수설치

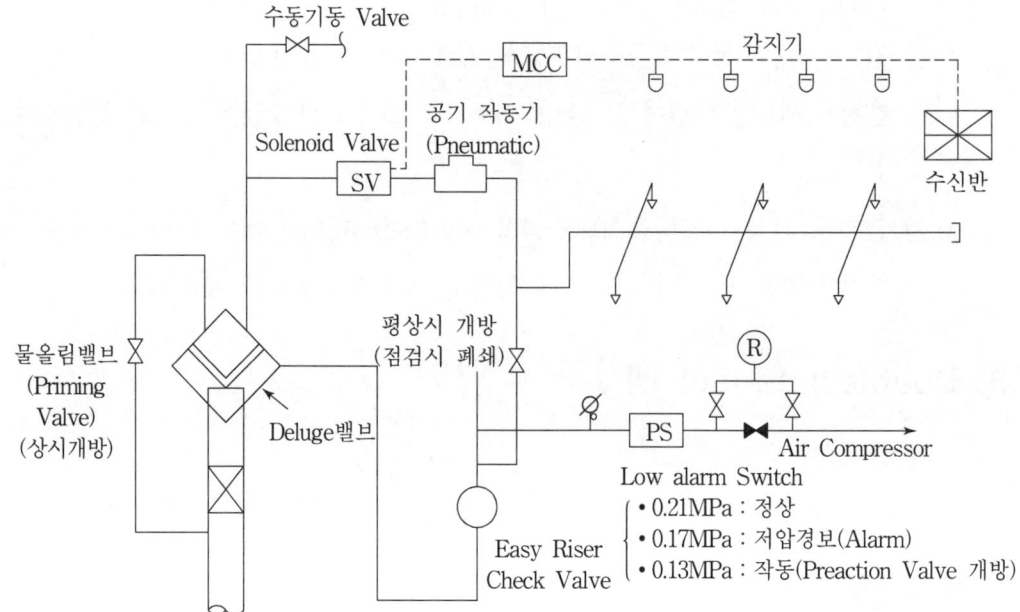

[Double Interlock System 계통도]

4. Non-Interlock 방식

(1) 구성방식

'준비작동식설비 + 건식설비'의 구조로 구성
즉, 준비작동식설비의 장점과 건식설비의 장점을 합한 것이라 할 수 있다.

(2) 작동방식

화재감지기 또는 스프링클러헤드 중 어느 하나라도 감지되거나 감열개방될 경우 Pre-action Valve의 클래퍼가 개방된다.

(3) 장단점

1) 설비작동시 방수시간지연 문제가 없다.(설비작동에 대한 신뢰성은 가장 좋다. 즉, 화재감지기가 고장나더라도 헤드의 감열개방에 의해 Pre-action Valve의 작동을 보장받을 수 있기 때문이다.)
2) 설비의 오동작으로 인한 밸브개방 확률이 높다.

5. 결론

[프리액션 인터록 시스템의 요약]

	Single-Interlock System	Double-Interlock System	Non-Interlock System
구성방식	국내 준비작동식 스프링클러설비와 동일	화재감지기+건식 스프링클러설비	준비작동식+건식 스프링클러설비
밸브작동방식	감지기 작동	감지기 and 스프링클러 헤드	감지기 or 스프링클러 헤드
장점	설비 작동시 방수시간 지연 문제가 없다.	오동작으로 인한 피해 최소화	감지기 고장시 헤드감열에 의해 밸브 개방
단점	감지기 고장시 밸브 개방 불가	방수개시시간 지연	오동작으로 인한 피해의 확률이 높다.

[Reference]

준비작동식 스프링클러설비의 제한사항(NFPA 기준)

1. 시험밸브 개방시 60초 이내에 소화수가 헤드에 도달하여야 한다. 다만, 60초 초과하는 경우에는 PreAction Valve 2차측 배관의 내용적을 750Galan 이하로 제한해야 한다.
2. 하나의 Pre Action Valve에 의해 제어되는 헤드(폐쇄형)수량이 1,000개를 초과하는 경우에는 습식설비로 하여야 한다.
3. 상향형 헤드만을 사용하여야 한다.
    <예외조건>
    (1) 드라이펜던트형 헤드를 설치하는 경우
    (2) 상시 난방이 되며 동결의 우려가 없는 장소
    (3) 수평형헤드·측벽형헤드는 배관 내에 물이 고이지 않은 경우에 한하여 허용

43. 위험물탱크에 대한 포소화설비의 설계절차

1. 개요

위험물 저장탱크에 대한 화재진압설비로는 대부분 포소화설비가 사용되고 있다. 이러한 포소화설비의 적합한 설계를 위해서는 저장위험물의 성상과 저장탱크의 종류 및 크기, 설치상태 등을 고려하고 또, 다음과 같이 설계단계별로 고려할 사항들이 있다.

2. 위험물저장탱크에 대한 포소화설비의 설계절차

(1) 저장위험물의 성상 파악

1) 점도 : 점도가 높은 위험물에는 표면하주입식(Ⅲ형) 포소화설비가 부적합 함
2) 비점 및 인화점 : 비점 및 인화점이 낮은 위험물에는 내열성이 높은 포소화약제를 적용
3) 수용성 여부 : 수용성 위험물에는 알코올형 포소화약제를 적용

(2) 저장탱크의 종류 및 설치상태의 파악

1) 저장탱크의 종류 확인 : CRT, FRT, IFRT 등
2) 저장탱크의 수량, 배치상태 등의 확인
3) 저장탱크의 액 표면적의 계산

(3) 포소화설비 형식의 선정

1) 포소화약제 혼합방식의 선정
   ① 탱크가 소규모이거나 1개 인 경우 : Pressure Proportioner
   ② 탱크가 대규모이거나 여러개 인 경우 : Pressure Side Proportioner 또는 ILBP System

2) 고정포방출구 방식의 선정
   ① CRT의 경우 : Ⅰ형 또는 Ⅱ형 포방출구
   ② FRT의 경우 : 특형 포방출구
   ③ 탱크의 높이가 높은 경우 : 표면하주입식(Ⅲ형)은 부적합함

3) 보조 포소화전 : 탱크의 크기, 수량, 배치간격 등에 의해 설치되어야 함

(4) 포소화약제의 종류 및 혼합농도의 선정

1) 대형 유류저장탱크(특히 FRT) : 내열성이 강한 단백포 또는 불화단백포
2) 표면하주입식 : 불화단백포
3) 위험물저장탱크가 FRT로서 내열성이 강한 포를 요구하거나 또는 휘발성이 높거나 고발포를 요하는 경우 : 수성막포는 부적합 함
4) 저장위험물이 수용성인 경우 : 불화단백형 포, 알코올형 포
5) 포소화약제의 혼합농도 선정 : 3% 또는 6%

(5) 수원량 및 약제량 계산

1) 포수용액량(Q)

$$Q[\text{m}^3] = (A \times Q_1 \times T) + (N \times 400[l/\text{min}] \times 20[\text{분}]) + (송액관\ 내용적)$$

여기서, A : 탱크의 액 표면적[m²]
Q_1 : 고정포 방출량[$l/\text{m}^2 \cdot \text{min}$]
T : 방출시간[분]
N : 보조포소화전의 개수

2) 포약제량

포약제량[m³] = 포수용액량[m³] × 포약제의 농도

3) 수원량

수원량[m³] = 포수용액량 × (1 – 포약제농도)

(6) 펌프용량 계산

1) 정격토출량(Q_P)

$$Q_P[l/\text{min}] = A \times Q_1 + N \times 400[l/\text{min}]$$

2) 전양정(H)

$$H[\text{m}] = H_1 + H_2 + H_3 + H_4$$

여기서, H_1 : 낙차수두[m]
H_2 : 배관의 마찰손실수두[m]
H_3 : 호스의 마찰손실수두[m]
H_4 : 방사압력의 환산수두[m]

3) 전동기 용량(P)

$$P[\text{kW}] = \left(\frac{\gamma Q H}{102 \times 60 \times \eta}\right) K$$

여기서, γ : 물의 비중량 $=1,000[\text{kgf/m}^3]$
Q : 펌프의 정격토출량$[\text{m}^3/\text{min}]$
H : 펌프의 전양정$[\text{m}]$
η : 펌프의 효율
K : 동력전달계수(1.1)

(7) 배관 및 부대시설 설계

1) 배관 Layout

① 배관의 길이가 가급적 짧게 설치되게 설계한다.

② 배관경 선정 : 마찰손실은 Hazen-willams 식으로 하고, 최대 유속이 4m/s 이하 되게 수리계산에 의하여 배관경을 결정한다.

2) 부대시설

① 방유제의 용량(높이) 계산

방유제 용량 = (최대탱크의 용적×1.1) + (최대탱크 이외 탱크의 방유제 높이까지의 용적) + (모든 탱크의 기초부분의 용적) + (당해 방유제 내에 있는 간막이둑 및 배관 등의 용적)

② 발포기의 종류·수량·위치의 결정

(8) 설계도면의 작성

설계도면 작성시에는 계통도, 평면도, 단면도, 입면도 이외에 수원량, 펌프용량 및 혼합장치의 종류·용량 등을 명기해야 한다.

3. 결론

위의 위험물저장탱크에 대한 포소화설비의 설계절차는 SFPE Hand book에 의한 설계절차이며, 국내에서도 설계시 대부분 이러한 설계절차를 인용하여 설계를 하고 있다. 그러나 좀더 국내 실정에 알맞고 보다 상세한 설계지침서의 마련이 필요하다 하겠다.

 **포소화약제의 혼합장치**

1. 개요

포소화약제 혼합장치는 물과 포 원액을 혼합하여 포수용액을 만드는 장치로서 3% 및 6%용이 주로 사용되며, 국내기준에는 다음과 같이 4종류로 정하고 있다.

2. Pump Proportioner Type

(1) 구조원리

그림과 같이 펌프에서 송수되는 물(가압수)의 일부를 바이패스시켜 혼합기로 보내어 약제와 혼합하는 방식

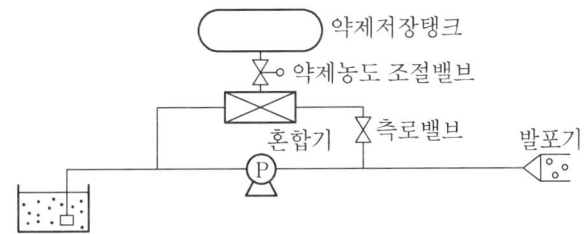

(2) 특징

1) 펌프 흡입측 배관에 압력이 거의 없어야 하며, 압력이 있으면 물이 약제 저장 탱크 쪽으로 역류할 수 있다.
2) 약제흡입가능 높이 : 1.8m 이하
3) 현재 NFPA Code에서 삭제됨

3. Line Proportioner Type

(1) 구조원리

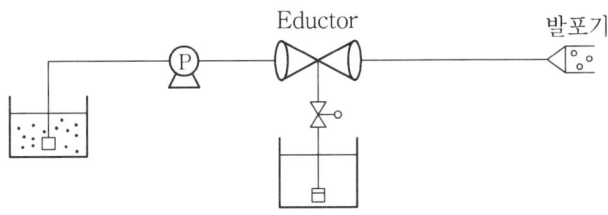

펌프에서 발포기로 가는 관로 중에 설치된 벤투리관의 벤투리 작용에 의해 약제를 물과 혼합하는 방식

(2) 특징

1) 혼합 가능한 유량범위가 좁다.
2) 혼합장치를 통한 압력손실이 크다.
3) 설비비가 저렴하다.
4) 약제흡입가능 높이 : 1.8m 이하

4. Pressure Proportioner Type

(1) 구조원리

펌프와 발포기 간의 관로 중에 설치된 벤투리관의 벤투리 원리에 의한 흡입과 펌프 가압수의 포약제 탱크에 대한 가압에 의한 압입을 동시에 이용하여 약제를 혼합하는 방식

1) 격막식(압송식 : 비례혼합저장조 방식)

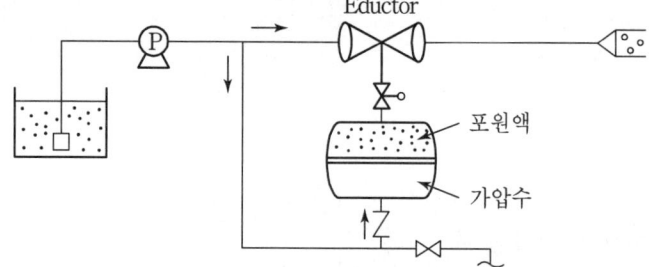

2) 비격막식(압입식)

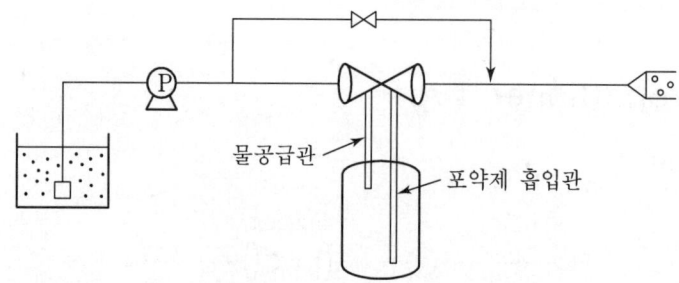

(2) 특징

1) 혼합장치를 통한 압력손실이 적다.
2) 혼합비에 도달하는 시간이 길다.

① 소형 : 2~3분
② 대형 : 15분

(3) 비격막식의 경우
한번 사용한 후에는 포약제 잔량을 모두 비우고 재충전하여야 한다.

5. Pressure Side Proportioner Type

(1) 구조원리
가압송수용 펌프 외에 별도의 포원액 압입펌프를 설치하고, 가압용수 배관 내의 압력에 따라 포원액 저장탱크로 By-pass 되는 양을 자동조절하여 일정비율로 혼합되게 한다.

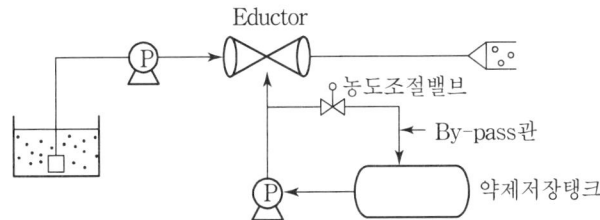

(2) 특징
1) 혼합 가능한 유량범위가 가장 넓다.
2) 혼합기를 통한 압력손실이 적다. : $0.5 \sim 3.4 kg/cm^2$
3) 소화용수가 약제탱크로 역류될 위험이 없다. : 장기보존 가능
4) 원액 펌프의 토출압력이 가압수 펌프의 토출압력보다 낮을 경우 원액이 혼합기에 공급되지 못한다.

6. 결론
포소화약제 혼합장치에 대하여 각 종류별로 다음과 같은 용도에 적용하면 보다 효율적이고 경제적이다.
(1) 대규모의 방호대상물 : Pressure Side Proportioner
(2) 이동식 간이설비 : Line Proportioner
(3) 기타 일반적인 시설물 : 격막식 Pressure Proportioner

45. ILBP(In Line Balanced Pressure Proportioner)

1. 개요

(1) ILBP : 포소화약제 혼합시스템으로서 In Line Balanced Pressure Proportioner의 약어이다.

(2) 기본원리는 Balanced Pressure Proportioner(Pressure Side Proportioner)와 유사하나 포소화약제의 Injection Point가 다수이며, 여러 개의 소화용수 공급배관에 연결된 형식이다.

(3) 방호구역이 많은 대규모 석유화학단지 등에 적합하다.

2. System의 구성

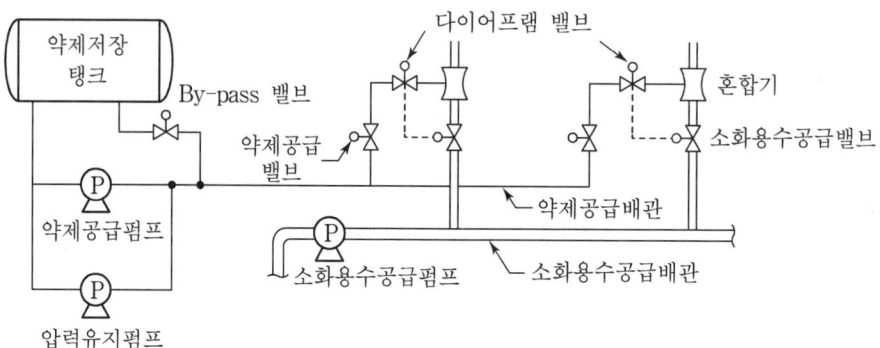

3. 작동원리

(1) 평상시

1) 포소화약제 공급밸브와 소화용수 공급밸브가 닫힌 상태
2) 각 배관 내 상시 일정한 압력 유지

(2) 화재 발생시

1) 포소화약제 펌프와 소화용수 공급펌프가 자동 기동
2) 소화용수 공급밸브 개방시 약제 공급밸브도 자동 개방
3) 혼합기에서 약제와 소화수가 혼합되어 포수용액상태로 방출

(3) 혼합비율의 자동조정

1) 소화용수압력이 높아지면 약제공급라인의 다이어프램 밸브의 개방률이 커져 약제공급배관 내 압력이 저하
2) 약제 By-pass 밸브의 개방률이 적게 되어 약제저장탱크로 By-pass되는 약제량이 적게 된다.

4. 특징

(1) 여러 개의 방호대상물을 동시에 방호할 수 있다.
(2) 포 방출시간 단축
    별도의 포소화약제 공급배관과 혼합기 등을 방호대상물에 근접하여 설치
(3) 발포기의 막힘현상 감소
    1) 포수용액 배관길이의 최소화로 배관 내의 녹 및 Sluge 감소
    2) 발포기 부근까지 배관 내 습식유지로 녹발생 감소

5. 결론

(1) ILBP는 방호대상물이 많은 대규모 석유화학단지, 위험물저장탱크 지역 등에 유리하다.
(2) 다 혼합장치에 비해 설비비용이 고가이므로 소규모 방호대상물인 경우에는 경제성을 검토 할 필요가 있다.

46 고발포 발생기(High Expansion Foam Generator)

1. 포 발생 Mechanism

(1) 포혼합기에서 1차 혼합된 포수용액이,
(2) 제너레이터에 부착된 발포기와 스크린을 통과하게 되면,
(3) 포수용액이 팽창비 80~1,000배의 기포로 변화하여 방출하게 된다.

2. 고발포 발생기의 종류

(1) 흡출식(Aspirator형)

1) 주요구성

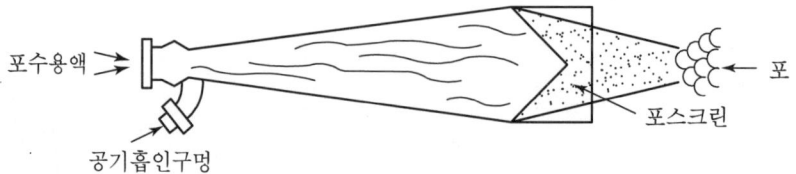

2) 작동원리

① 포수용액 방사의 힘을 이용하여 공기를 흡인하는 방식
② 즉, 포수용액이 발포기를 통해서 분사되면서 공기를 흡인하여 포수용액과 공기가 함께 포스크린을 때려서 약 250배의 배율로 방사되도록 고안한 것

(2) 송풍식

1) 주요구성

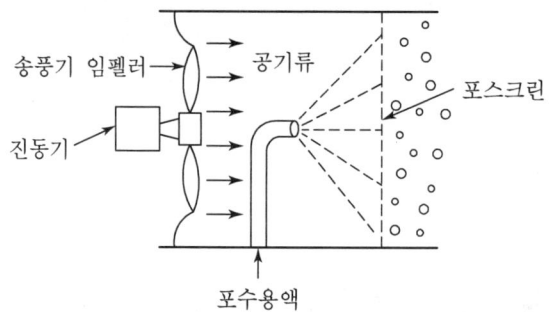

2) 작동원리

① 포수용액이 노즐에서 분사될 때
② 송풍기의 풍압을 이용하여 포스크린을 때리면서 통과하게 하여 약 500~1,000배의 발포배율로 방사되게 하는 방식

3. 결론

국내기준상 고발포용으로 분류되는 팽창비 80~1,000의 포소화설비는 포의 팽창률이 높고 함수율이 적기 때문에 방유제 내의 화재억제용이나 항공기 격납고, 래크식 창고 등의 넓은 공간에 적용하면 유용하다.

47. 표면하주입식 포소화설비

1. 개요
(1) 일반 고정포방출방식은 유류탱크 등의 화재시 폭발에 의하여 탱크 측벽에 설치된 고정포 방출구가 파괴되는 단점을 보완한 형태이다.
(2) 표면하주입식은 탱크저장 유류층 하부에 포방출구를 설치하여 하부에서 방출된 포가 유면 위로 떠올라가서 소화하는 방식이다.

2. 표면하주입방식의 특징

(1) 장점
1) 탱크 측벽의 파괴에도 포방출구설비는 파괴되지 않는다.
2) 포방출시 포의 확산속도가 빠르다.
3) 대직경 탱크의 소화에도 효과적이다.
4) 탱크 상·하부액을 교반시켜 액온도를 저하시킴
5) 탱크유류제품의 주입배관을 포수용액 공급배관으로 이용이 가능

(2) 단점
1) 점도가 높은 유종에는 부적합(440cSt 이상)
2) 수용성 액체 화재에는 부적합
3) FRT나 압력탱크에 부적합
4) 포발생기는 높은 압력(0.7~2.1MPa)을 필요로 함
5) 포소화약제는 불화단백포 또는 수성막포 만 적용 가능

3. 설계기준

(1) 고정포 방출구

1) 방출유속(NFPA 기준)

① Class I_A 및 I_B 유종 : 3m/s 이하
② 기타 유종 : 6m/s 이하

2) 방출압력 : 0.7~2.1MPa
3) 포 방출구의 설치높이

탱크 저부의 수분층보다 높은 위치에 설치

4) 방출구가 2개 이상인 경우

포 확산 이동거리가 30m 이내가 되도록 설치

(2) 포 방출량 및 방출시간

Ⅱ형 방출구를 준용하여 설계

(3) 적용 포소화약제

불화단백포 또는 수성막포가 적합

4. 반표면하 주입식(Semi-Sub Surface Foam Injection System)

(1) 개요

표면하주입식 포방출구를 통해 탱크 저부에서 방출된 포가 유면 위로 떠오르는 동안 저장액체와 혼합되어 포가 소멸되는 단점을 보완한 형태

(2) 구조원리

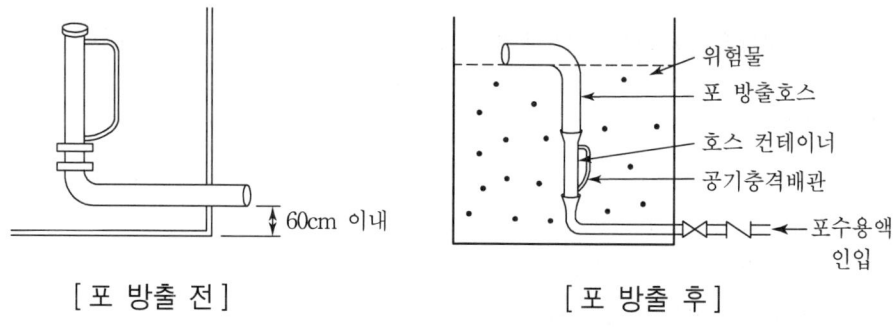

[포 방출 전]   [포 방출 후]

1) 최종 방출구에 호스를 포함한 포 컨테이너가 설치된 구조
2) 포 방출시 포 공급압력에 의해 호스가 팽창되면서 상부로 상승하여 연소액 표면 위에 포를 방출케 한다.

(3) 설치기준

1) 탱크높이 : 18m 이하에 적합
2) 가압송수장치 공급압력 : 1.0MPa 이상
3) 방출 Hose

① 길이 : 저장액 표면까지 도달하는 길이
② 재질 : 가볍고, 내유성이며 가요성 재질의 합성 나일론수지로 된 것

48. 압축공기포소화설비

1. 개요

압축공기포소화설비는 포수용액에 압축공기를 강제 혼입시켜 비교적 작은 크기의 균일한 거품을 생성하기 위한 포발생시스템으로서 기존 포소화설비의 여러 가지 단점을 개선시킨 포소화설비라고 할 수 있다.

2. 압축공기포소화설비의 특성

압축공기포 시스템은 포수용액에 공기를 강제적으로 압입하여 발포함에 따라 기존의 포소화설비에 비해 다음과 같은 장점이 있다.
(1) 방사속도가 높아 원거리 방수가 가능하다.
(2) 안정적이면서 균일한 포를 형성한다.
(3) 포의 체적 및 표면적 증가로 인한 질식소화효과의 성능이 높다.
(4) 포의 환원시간 및 점성이 증가되어 연소물에 흡착성이 좋아서 재발화 방지 및 보호막 형성 등이 우수하다.
(5) 포수용액량 및 물의 사용량을 대폭 줄일 수 있다.(일반 포소화설비에 비해 약 1/5 ~1/7 정도만 소요됨)

3. 구조·원리

(1) 기존의 포소화설비는 혼합장치에서 제조된 포수용액이 분사헤드로 방출되면서 외부 공기를 흡입하여 거품을 생성시키는 원리인데 비해,
(2) 압축공기포소화설비는 분사헤드로 소화약제가 방출되기 이전에 가압공기를 강제로 주입시켜 거품을 생성시키고 이를 배관을 통하여 분사헤드로 방출하는 원리이다.

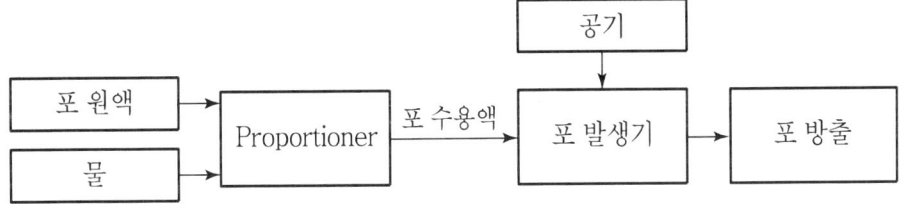

[기존 일반 포소화설비]

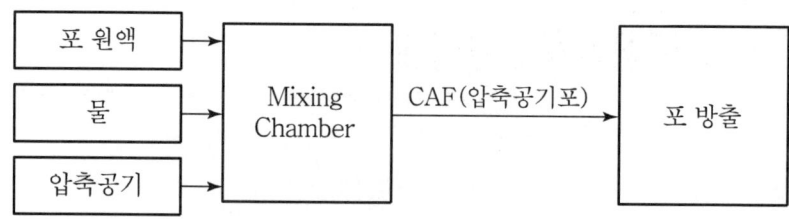

[압축공기포소화설비]

(3) 압축공기포소화설비는 소화수+포원액+압축공기를 이상적으로 혼합하여 기존의 포소화설비보다 더 작은 크기의 균일한 거품입자를 만들어 연소물에 흡착시키므로서 재발화 방지 및 보호막 형성 등의 효과가 있다.

4. 시스템 구성 및 작동

(1) 압축공기포소화설비는 기존의 포소화설비에서 압축공기 시스템이 추가된 설비로 주로 압축공기 Package형태로 설치된다.

(2) 수원의 공급 및 펌프 설치

   1) 수원량 : 기존 포소화설비에 비해 약 1/5~1/7 정도 소요된다.

   2) 펌프 : 압축공기포소화설비 전용 Package형태의 펌프 또는 기존의 소화펌프도 적용 가능하다.

(3) 압축공기의 공급

   1) 압축공기 : 질소 등의 고압가스 또는 공기압축기로 공급이 가능하다.

   2) 압력조정기 : 압축공기를 시스템 작동에 적합한 압력으로 감압하여 공급한다.

   3) 안전밸브 : 압력조정기 2차측 압력이 일정압력 이상 상승할 때 작동한다.

(4) 포 소화약제의 저장

   1) 포원액 저장량은 해당 방호구역에 필요한 약제량을 규정시간 동안 방사할 수 있는 양 이상을 저장한다.

   2) 포원액은 관계 법규정에 따라 공인기관에서 검정받은 제품으로 사용한다.

5. 압축공기포소화설비의 주요 화재안전기준 (일반 포소화설비와 다른 부분)

(1) 적응장소

   1) 고정식 압축공기포소화설비(단, 바닥면적 합계 300m² 미만에 한함)

     ① 발전기실   ② 엔진펌프실   ③ 변압기

     ④ 전기케이블실   ⑤ 유압설비

2) 고정식 압축공기포소화설비 및 이동식 압축공기포소화설비

① 「소방기본법 시행령」 별표 2의 특수가연물을 저장·취급하는 공장 또는 창고
② 차고 또는 주차장
③ 항공기 격납고

(2) 가압송수장치

펌프의 양정이 0.4MPa 이상되는 전용펌프를 설치하여야 한다. 다만, 자동급수장치를 설치한 때에는 전용펌프를 설치하지 아니할 수 있다.

(3) 설계방출밀도

설계방출밀도[$L/min \cdot m^2$]는 설계사양에 따라 정하여야 하나, 최소 다음의 밀도 이상으로 하여야 한다.

1) 일반가연물, 탄화수소류 : $1.63L/min \cdot m^2$ 이상
2) 특수가연물, 알코올류, 케톤류 : $2.3L/min \cdot m^2$ 이상

(4) 배관 등

1) 배관은 소화약제가 균일하게 방출되는 등거리 배관구조로 설치하여야 한다. 즉, 토너먼트 배관방식으로 설치하여야 한다.
2) 압축공기포소화설비를 스프링클러 보조설비로 설치하거나 압축공기포소화설비에 자동으로 급수되는 장치를 설치한 때에는 송수구를 설치하지 않을 수 있다.

(5) 분사헤드

1) 설치 위치

천장 또는 반자에 설치하되, 방호대상물에 따라 측벽에도 설치할 수 있다.

2) 설치 수량

① 유류탱크 주위 : 바닥면적 $13.9m^2$마다 1개 이상
② 특수가연물저장소 : 바닥면적 $9.3m^2$마다 1개 이상

※ 기타 나머지 모든 사항은 기존의 일반 「포소화설비의 화재안전기준」과 동일함

6. 결론

(1) 압축공기포소화설비는 NFPA 11에 등재되어 있는 것으로서 이미 선진국에서는 널리 사용되고 있는 포소화설비이다.

(2) 압축공기포소화설비는 기존 포소화설비의 단점을 보완한 설비로서, 원거리 방수가 가능하고 질식소화효과의 성능이 좋으며, 재발화 방지 및 보호막 형성 등이 우수하고, 수원량도 현저하게 적게 소요되는 장점들이 있어 앞으로 국내에도 널리 사용될 것으로 예상된다.

49 자동팽창포소화설비

1. 개요

미리 예혼합한 포수용액을 CO_2와 함께 저장하였다가 포 방출시 CO_2를 압력원으로 하여 기포형성 및 포를 팽창시키면서 방사하는 System이다.

2. System의 구조원리

(1) 혼합된 포수용액을 가압저장용기에 저장

(2) 포수용액 저장용기의 압력원으로 CO_2 가스를 사용

(3) 포수용액 방출시 CO_2도 동시 방출되므로 압축되어 있던 포수용액이 기포를 형성하면서 급격히 팽창한다.

(4) 기존의 포 흡출장치는 불필요함

3. 특징

(1) 미리 혼합한 포수용액을 저장·사용

(2) 대용량 위험물탱크 등의 화재에도 1분 이내에 진화가 가능

(3) 포 흡출장치 및 지속적인 소화용수 공급이 불필요

(4) 외부 동력원이 불필요

(5) 어떠한 방출속도에도 최고품질의 포소화약제 방출이 가능

(6) 조작법이 간단함

(7) 노즐이 막힐 우려가 없다.

(8) 설비비용이 저렴하고, 유지관리에도 큰 어려움이 없다.

50. 간이스프링클러설비

1. 개요

간이스프링클러설비란, 불특정한 다수인이 이용하는 다중이용업소 등에서 화재 시 예상되는 인명피해 및 재산피해를 최소화하기 위해 자동식 스프링클러설비를 간소화하여 이를 약식으로 도입한 간이식 형태의 스프링클러설비를 말한다.

2. 법규적 설치대상

설치대상	적용기준
1. 공동주택	연립주택 및 다세대주택 : 주택 전용 간이 스프링클러설비 설치
2. 근린생활시설	• 근린생활시설 바닥면적 합계 1,000m^2 이상 : 전층 설치 • 의원, 치과의원 및 한의원으로서 입원실이 있는 시설 • 조산원 및 산후조리원으로서 연면적 600m^2 미만인 시설
3. 교육연구시설 내의 합숙소	• 연면적 100m^2 이상
4. 의료시설	• 종합병원, 병원, 치과병원, 한방병원, 요양병원(정신병원 및 의료재활시설은 제외) : 바닥면적 합계 600m^2 미만인 시설 • 정신의료기관 또는 의료재활시설 : 바닥면적 합계 300m^2 이상 600m^2 미만인 시설 또는 바닥면적 합계 300m^2 미만이고 창살이 설치된 시설
5. 노유자시설	① 노유자생활시설 ② ①에 해당하지 않고 바닥면적 300m^2 이상 600m^2 미만 ③ ①에 해당하지 않고 바닥면적 300m^2 미만이고 창살이 설치된 시설
6. 숙박시설	해당 용도의 바닥면적 합계가 300m^2 이상 600m^2 미만인 것
7. 「출입국관리법」제52조 제2항에 따른 보호시설	건물을 임차하여 보호시설로 사용하는 부분
8. (주상)복합건축물	연면적 1,000m^2 이상인 것 : 전층 설치
9. 「다중이용업소의 안전관리에 관한 특별법」상의 다중이용업소	① 지하층에 설치된 영업장 ② 밀폐구조의 영업장 ③ 실내 권총사격장의 영업장 ④ 숙박을 제공하는 형태의 다중이용업소의 영업장 중 산후조리업·고시원업의 영업장

3. 수원

(1) 상수도직결형

(2) 수조설비형

    1) 수조의 용량 : 간이헤드 2개를 동시에 개방하여 10분 이상 방수할 수 있는 양 다만, 다음의 어느 하나에 해당하는 경우에는 5개의 간이헤드에서 20분 이상 방수할 수 있는 양일 것

        ① 근린생활시설의 바닥면적 합계가 1,000m² 이상인 것

        ② 숙박시설 중 생활형 숙박시설의 바닥면적 합계가 600m² 이상인 것

        ③ 복합건축물(주상 복합건축물만 해당)로서 연면적 1,000m² 이상인 것

    2) 1개 이상의 자동급수장치 구비

4. 가압송수장치

(1) 종류

    펌프가압식, 고가수조식, 압력수조식, 가압수조식, 상수도직결식

(2) 정격토출압력

    가장 먼 헤드 2개를 동시에 개방하여 방수압력 0.1MPa 이상 및 방수량 50ℓ/min 이상(단, 표준반응형 스프링클러헤드의 경우 : 80ℓ/min)일 것

    다만, 가압수조식의 경우에는 헤드 2개를 동시에 개방하여 적정 방수량 및 방수압이 10분(근린생활시설의 경우에는 20분) 이상 유지될 것

5. 배관 및 밸브

(1) 상수도 직결방식

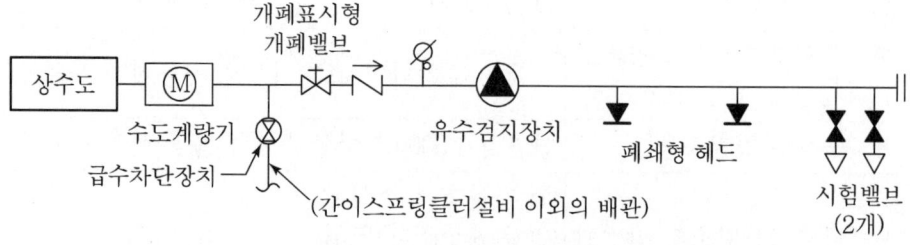

(2) 펌프 등의 가압송수방식

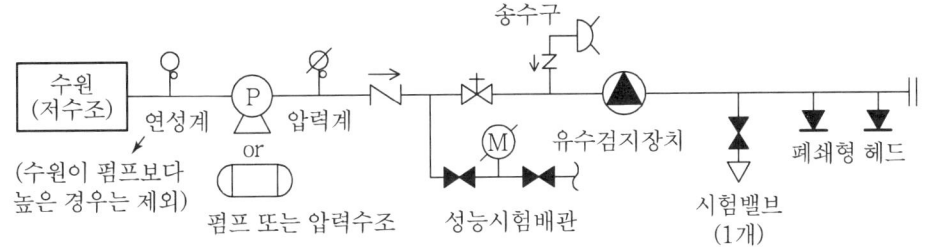

(3) 가압수조방식

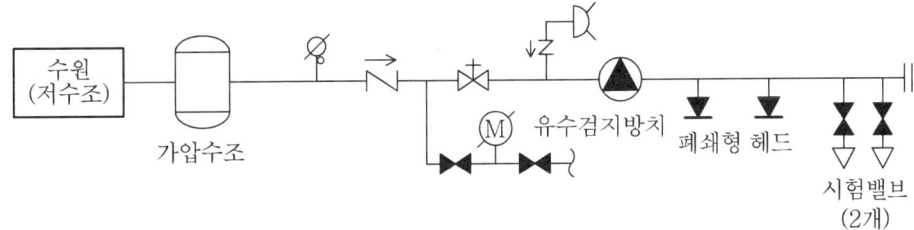

(4) 캐비닛형 가압송수방식

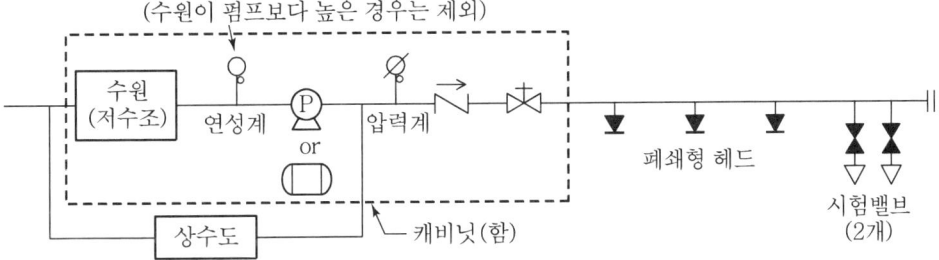

6. 방호구역

(1) 하나의 방호구역 바닥면적이 1,000m²를 초과하지 아니할 것
(2) (그 밖의 사항은 스프링클러설비의 방호구역기준과 동일함)

7. 간이헤드

(1) **폐쇄형 간이헤드 설치**(단, 주차장에는 표준반응형 스프링클러헤드 설치)

(2) 간이헤드의 작동온도

주위 천장 최대 온도	공칭 작동 온도
0~38℃	57~77℃
39~66℃	79~109℃

(3) 헤드의 살수반경(수평거리)

간이헤드를 설치하는 천장·반자·덕트·선반 등의 각 부분으로부터 간이헤드까지의 수평거리는 2.3m 이하가 되게 설치한다. 다만, 성능이 별도로 인정된 간이헤드를 수리계산에 따라 설치하는 경우에는 그러하지 아니하다.

8. 송수구

(1) 구경 65mm의 단구형 또는 쌍구형
(2) 송수배관의 내경 : 40mm 이상
(3) 설치높이 : 0.5~1.0m

※ 다만, 다중이용업소의 영업장으로서 상수도직결형 또는 캐비닛형의 경우에는 송수구를 설치하지 아니할 수 있다.

9. 비상전원

(1) 종류

1) 자가발전설비 또는 축전지설비
2) 비상전원수전설비(단, 가압수조방식은 비상전원 불필요함)

(2) 용량

10분(단, 근린생활시설, 주상복합건축물 등은 20분) 이상 설비를 작동할 수 있는 용량. 다만, 가압수조방식은 모든 기능이 10분(근린생활시설, 주상복합건축물 등은 20분) 이상 유효하게 지속될 수 있는 구조와 기능이 있어야 한다.

(3) 구조

상용전원 중단시 자동으로 비상전원으로 전환되어 전원을 공급받는 구조일 것

10. 주택전용 간이스프링클러설비

(1) 설치대상

소방시설법 시행령 별표4 제1호 마목에 따른 연립주택 및 다세대주택

(2) 설치기준

1) 상수도에 직접 연결하는 방식으로 수도용 계량기 이후에서 분기
2) 수도용 역류방지밸브, 개폐표시형밸브, 세대별 개폐밸브, 간이헤드의 순으로 설치

3) 방수압력과 방수량 : 일반 간이스프링클러설비의 기준과 동일
4) 배관, 간이헤드, 송수구 : 일반 간이스프링클러설비 설치기준을 준용
5) 적용제외 : 가압송수장치, 유수검지장치, 제어반, 음향장치, 기동장치 및 비상전원은 적용(설치) 제외 가능함

51. 화재조기진압용(ESFR) 스프링클러설비

1. 서언

(1) 화재 초기에 빠른 응답의 감도특성과 보다 많은 양의 물이 강력한 화세를 뚫고 침투할 수 있도록 큰 물방울과 충분한 양의 물을 방사하여 화재를 조기에 진압할 수 있는 것으로 ESFR(Early Suppression Fast Response)스프링클러라고 한다.

(2) 기존 일반 스프링클러와의 차이점
  1) 일반(표준) 스프링클러 : 연소확대의 억제 목적
  2) ESFR 스프링클러 : 화재의 조기진압 목적

2. ESFR 스프링클러의 소화특성

ESFR 스프링클러는 강력한 화세에도 화재를 조기에 진압하는 것이 목적이므로 다음과 같은 소화특성이 있어야 한다.

(1) RTI(반응시간지수)가 $28\sqrt{m \cdot s}$ 이고, 열전도계수가 $1\sqrt{m/s}$ 이하인 속동형 스프링클러헤드 사용

(2) 발화점의 위치나 조건에 관계없이 즉, 최악의 조건에서도 항상 ADD가 RDD보다 크도록 설계한다.

3. 설치대상 및 설치장소의 구조

(1) 법규적 설치대상

   천장높이 13.7m 이하의 래크식 창고

(2) 설치제외대상

   1) 제4류 위험물 저장·취급 장소

2) 타이어, 두루마리 종이·섬유류 등 연소시 화염속도가 빠르고, 방사된 물이 하부까지 도달하지 못하는 구조

(3) 설치장소의 구조

1) 당해 층의 높이 : 13.7m 이하
   (단, 2층 이상인 경우 당해 층의 바닥을 내화구조 및 층간 방화구획할 것)
2) 천장의 기울기 : $\dfrac{168}{1,000}$ 이하
3) 보와 보 사이의 간격 : 0.9~2.3m
4) 창고 내 선반의 형태 : 하부로 물이 침투되는 구조

4. 설치기준

(1) 수원(Q)

$$Q[l] = K\sqrt{10P} \times 12 \times 60$$

여기서, K : 상수[l/min/$\sqrt{MPa}$]
P : 방사압력(NFSC 103B 별표3에 의함)
12 : 헤드의 기준개방개수
　　가장 먼 가지배관 3개×각 4개헤드 동시개방(3×4=12)
60 : 방사시간[분]

(2) 헤드

1) 헤드 1개당 방호면적 : 6.0~9.3m²
2) 헤드 간의 간격(가지배관 간의 간격도 동일)
   ① 천장고 9.1m 미만 : 2.4~3.7m
   ② 천장고 9.1~13.7m : 3.1m 이하
3) 헤드의 작동온도 : 74℃ 이하
4) RTI : $28\sqrt{m \cdot sec}$
5) 헤드의 설치기준(단위 : mm)

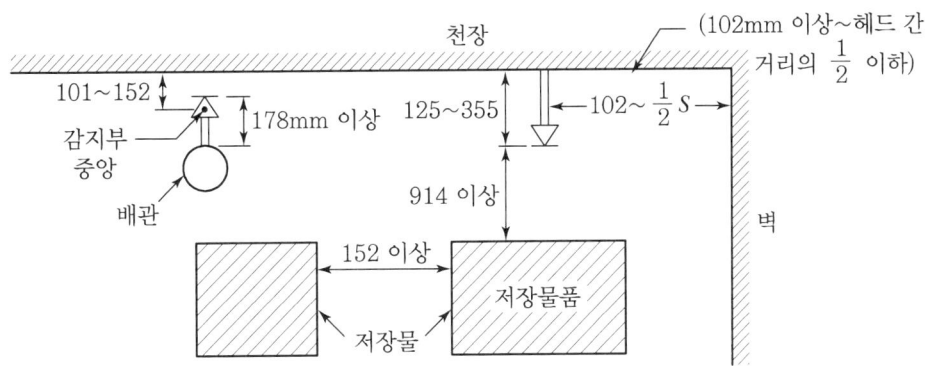

여기서, S : 헤드와 헤드 간의 거리

(3) 저장물품 사이의 간격

152mm 이상

(4) 환기구

1) 공기유동이 헤드의 작동온도에 영향을 주지 않는 구조일 것
2) 화재감지기와 연동하는 자동식이 아닐 것. 단, 최소작동온도가 180℃ 이상인 것은 자동식도 가능함

(5) 기타

일반(표준) 스프링클러설비 설치기준과 동일함

5. 결론

ESFR 스프링클러설비는 화재시 급속한 화염확산이 우려되는 래크식 창고 등에 설치하여 화재초기에 빠른 응답의 감도특성으로 동작하며, 또 큰 물방울의 많은 양의 물을 방사하여 화재를 조기에 진압할 수 있는 설비이다.

52 주거용 스프링클러설비

1. 개요

(1) 인명안전을 중시하여 주거용 스프링클러헤드가 개발되었으며, 내장된 가구나 커튼 등의 화재로 인한 연소확대를 방지할 수 있도록 표준형보다 방사각도를 크게 하여 더 높이 적셔줄 수 있도록 된 구조이다.

(2) 주거용 스프링클러헤드는 보통의 헤드보다 용융링크나 유리벌브가 작고 그것의 동작시간을 짧게 해줘서 스프링클러 동작을 민감하게 한다.

2. 주거용 스프링클러설비의 설치기준

(1) 주거용 스프링클러는 비교적 낮은 설치비용으로 거주자의 생명과 재산을 보호할 수 있어야 한다.

(2) 주거용 스프링클러의 가장 큰 목적은 거주자들이 안전하게 대피할 수 있도록 대피시간을 연장하는 데 있다. 따라서 거주자의 생명을 보존할 수 있는 안전허용치로는 다음과 같이 제시되고 있다. 즉, 주거용 스프링클러는 화재시 아래 조건들이 유지될 수 있도록 하여야 한다.

   1) CO(일산화탄소)의 최대순간허용치 : 3,000ppm 미만
   2) CO의 최대누적허용치 : 4,300ppm/min 미만
   3) 호흡선(바닥으로부터 1.5m 높이)에서의 공기온도 : 93℃(200°F) 미만
   4) 최대허용 천장온도 : 280℃(536°F) 미만

(3) 산업시설화재와는 달리 주거시설의 화재에서는 화재로부터 발생된 열이 대부분의 경우(최소한 초기단계에는) 발화가 시작된 방안에 갇혀 있으므로 거주자의 안전한 대피를 위해서는 스프링클러에 의한 냉각성능이 화염을 뚫고 들어가는 침투성능 보다 더 중요하다.

(4) 주거시설에서는 대부분의 경우 방 하나에 스프링클러헤드 1~2개만을 설치하는 경우가 많으므로 산업시설에서와 같이 다수의 스프링클러가 동시에 개방되어 살수분포가 서로 겹치는 효과를 기대할 수 없으므로 주거용 스프링클러의 살수분포는 전방향에 걸쳐 균일하여야 한다.

(5) 주거시설의 모든 방의 벽에는 가연성 재질의 벽지를 설치하므로, 화재 시 보다 효과적으로 연소확대방지를 할 수 있도록 스프링클러헤드의 방사각도를 표준형보다

크게 하여 벽면의 더 높은 위치까지 적셔 줄 수 있도록 하여야 한다.

3. 주거용 스프링클러설비의 성능조건

(1) 스프링클러헤드의 감열개방온도가 낮아야 한다.(57~74℃)
(2) 온도상승에 대해서도 민감하게 반응하여야 하므로 반응시간지수(RTI)가 낮아야 한다.(NFPA기준 : $26\sqrt{m \cdot s}$, 국내기준 : $50\sqrt{m \cdot s}$)
(3) 주거용 스프링클러의 방사밀도
  1) 방 주위 : 최소한 $3.3\,\ell/min \cdot m^2$의 밀도 유지
  2) 방 한가운데 : 최소한 $2.4\,\ell/min \cdot m^2$의 밀도를 유지할 수 있어야 한다.
(4) 스프링클러로부터 방사된 물은 최소 1.8m의 벽면높이까지 도달되어야 한다.

4. 주거용 스프링클러설비가 다른 스프링클러와 구별되는 8가지 특성

(1) 열-응답특성
(2) 고감도의 감열소자
(3) 바닥적심패턴/밀도
(4) 벽적심패턴/밀도
(5) 화재침투능력
(6) 냉각특성
(7) 순환특성
(8) 방수탄도(Trajectory)

5. 결론

주거용 스프링클러설비에서 이러한 특성상의 제한을 두는 이유는 주거용 스프링클러설비의 인명안전효과와 신속한 작동 및 동시에 방수하는 주거용 스프링클러헤드 작동형태의 설계조건 때문이다.

53 부압식 스프링클러설비

1. 설비의 개요

(1) 준비작동식 스프링클러설비에서 유수검지장치(프리액션밸브) 1차측까지는 정압의 소화수가 충만되어 있고, 2차측 폐쇄형 스프링클러헤드까지는 부압의 소화수로 채워져 있다가, 비화재상태에서 스프링클러헤드가 파손 등으로 개방되었을 때 즉각 고압진공스위치를 작동시켜 진공펌프에 의해 2차측의 소화수를 흡입함으로써 비화재 시 소화수 유출을 방지하여 수손피해를 방지하는 스프링클러설비이다.

(2) 화재발생시에는 즉, 정상적인 스프링클러 작동시에는 화재감지기의 신호에 의해 프리액션밸브의 개방과 동시에 진공펌프를 강제 정지시키므로 2차측 소화수의 유수에 이상이 없으며, 2차측이 항시 소화수로 충만되어 있으므로 화재시 스프링클러헤드로부터 즉시 방수될 수 있어 조기진화에도 유리한 시스템이라 할 수 있다.

2. 설비의 구조 및 작동원리

(1) 평상 시 셋팅 상태

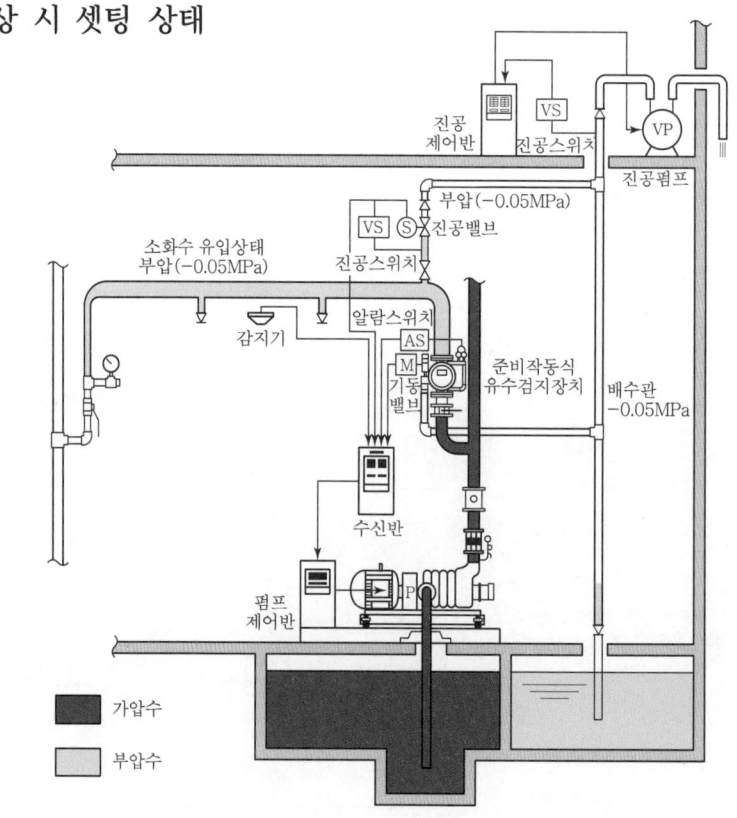

(2) 스프링클러헤드 오작동시의 작동 계통도

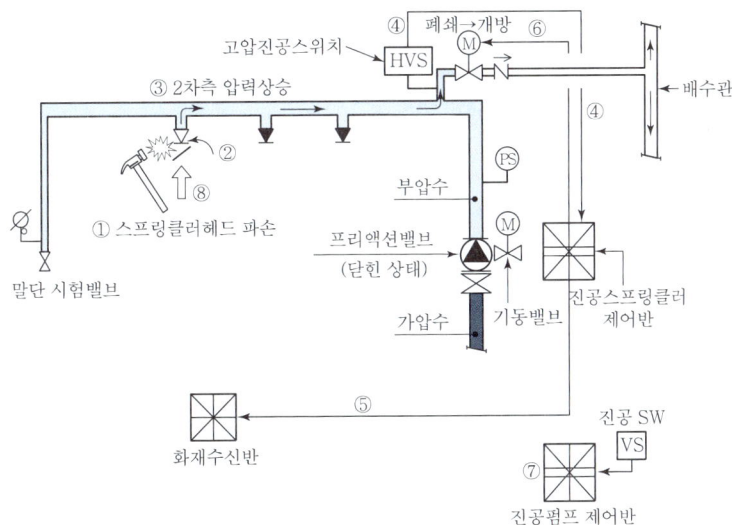

① 스프링클러헤드 파손(비화재시)
② 공기흡입
③ 2차측 압력상승(−0.05MPa → −0.03MPa)
④ 고압진공스위치(HVS) 작동(−0.03MPa에서 ON)
⑤ 스프링클러배관 고장신호(화재수신반에서 스프링클러 고장 표시·경보)
⑥ 오리피스(솔레노이드밸브) 개방 제어
⑦ 진공펌프 기동(진공스위치 연동)
⑧ 연속공기흡입(진공스위치 연동)(−0.05MPa : On, −0.08MPa : Off)

(3) 화재발생시의 작동 계통도

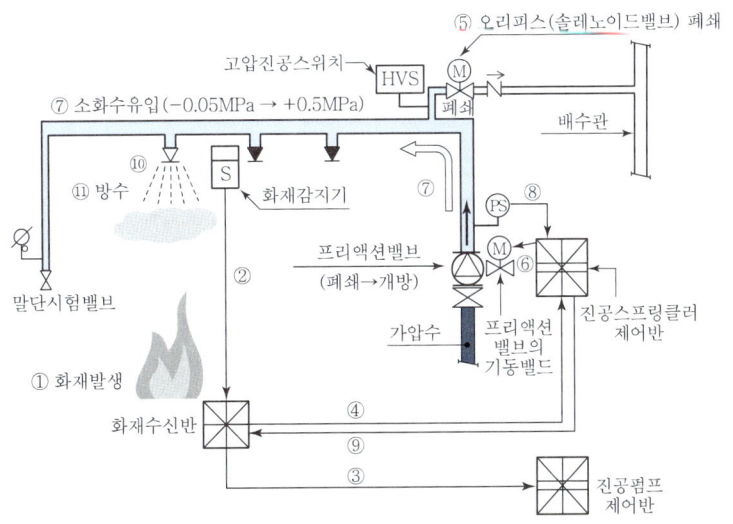

① 화재발생
② 화재감지(화재표시 → 화재예고신호 → 화재판정 → 화재방송)
③ 진공펌프 강제정지 제어
④ 진공스프링클러 제어반 화재신호(환재판정 후 → 화재신호 송출)
⑤ 오리피스(솔레노이드밸브) 폐쇄 제어
⑥ 프리액션밸브의 기동밸브 개방 → 프리액션밸브 개방
⑦ 2차측으로 소화수 유입(2차측 부압 → 정압가압)
⑧ 프리액션밸브 유수검지신호(알람신호) 발생
⑨ 유수검지신호를 화재수신반으로 송출(화재수신반 작동표시)
⑩ 스프링클러헤드를 통하여 소화수 방출
⑪ 소화

3. 설비의 특성

(1) 장점

1) 2차측이 항시 소화수로 충만되어 있는 상태이므로 화재시 프리액션밸브가 작동하면 즉시 소화수가 방수될 수 있어 조기진화가 유리하다.
2) 비화재 상태에서 스프링클러헤드가 파손 또는 오작동되어 개방되었을 때에는 소화수의 유출로 인한 수손피해를 방지할 수 있다.

(2) 단점

1) 배관 내 물을 부압상태로 장기간 유지할 경우 물의 비등점이 낮아져 지속적으로 기포가 발생하고 용존산소가 방출됨으로 인해 스프링클러 작동시 배관 내 물의 흐름이 원활하지 못할 수 있다.
2) 일반 스프링클러설비에 비해 시스템이 복잡해지는데, 시스템이 복잡할수록 설비의 작동 신뢰도가 떨어지는 문제가 있을 수 있다. 즉, 한 예로, 화재로 인한 스프링클러 작동시 진공펌프의 강제 정지가 되지 않았을 경우에는 2차측으로의 유수가 오히려 어려워질 수 있다.
3) 평상시 2차측 배관에 물이 채워지므로 겨울철 동결 우려가 있는 장소에는 적용이 곤란하다.

4. 결론

(1) 부압식스프링클러설비는 준비작동식밸브 2차측 관내에 부압의 소화수를 항시 채워둠으로써 화재시 소화수의 빠른 방수로 조기진화에 유리할 수 있으며, 또 비화재상태에서 스프링클러헤드가 개방되었을 경우에는 소화수의 유출을 방지할 수 있는 장점이 있다.

(2) 그러나, 2차측 배관에 항시 물이 채워지므로 겨울철 동결 우려가 있는 장소에는 적용이 곤란하며 또, 아직 시스템의 신뢰성에 대하여 객관적으로 검증된 바가 없으므로, 이를 정규 습식스프링클러설비와 동일한 개념의 설비로 적용하기로는 아직 미흡할 것으로 판단된다. 즉, 조기반응형헤드를 적용하는 장소(공동주택·노유자시설의 거실 등)에는 적용을 배제하는 것이 안전상 바람직할 것으로 판단된다.

54 강화액소화설비

1. 개요

과거에는 주방의 식용유화재(K급화재)를 유류화재인 B급화재로 분류하였으므로, 이에 대한 소화기구로 분말소화약제를 방사하는 자동식소화기를 설치하였었다. 그러나, 분말소화약제는 조리용 기름과는 비누화반응을 하지 않으므로 소화 후 재발화를 막을 수 없다. 따라서, 주방에는 식용유화재(K급화재)에 적응성이 있는 강화액소화설비를 설치하는 것이 주방에서의 화재안전성을 향상시키는데 필수적이다.

2. 강화액소화설비의 소화효과

(1) 냉각효과

물의 증발잠열 및 기화에 의한 냉각효과

(2) 부촉매효과

탄산칼륨(K_2CO_3)의 활성라디칼(OH^+, H^+)의 포착에 의한 부촉매효과(연소의 연쇄반응을 억제하여 연소의 진행을 단절하는 효과)

(3) 질식(피복)효과

소화약제의 주수형태를 무상으로 방사할 경우 연소원과 공기(산소)의 접촉을 차단하는 피복작용으로 인한 질식소화

(4) 희석효과

소화약제의 주수형태를 무상으로 방사할 때 발생하는 물의 미립자(안개모양의 물방울)가 공기(산소)와 치환작용을 하므로 인해 공기 중의 산소농도를 희석하는 효과

3. 강화액소화설비의 구성

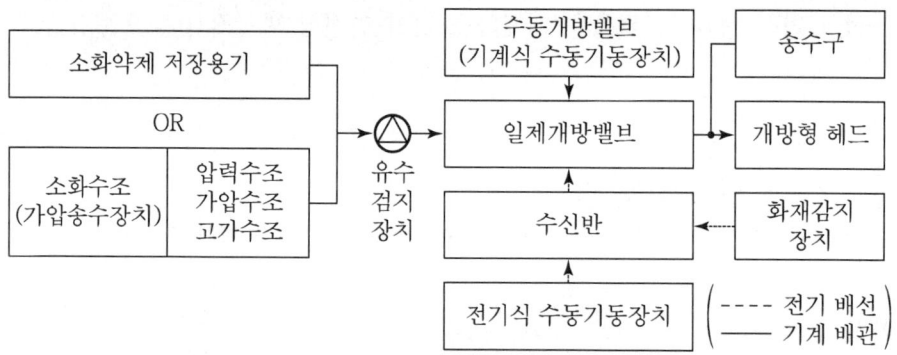

[강화액소화설비(일제살수식)의 계통도]

(1) 소화약제(강화액) 및 가압송수장치

1) [강화액소화약제+가압송수용 저수조] 또는 [강화액소화약제+저장용기]로 구성된다.
2) 저수조 또는 저장용기에 강화액소화약제와 함께 소화약제의 방출원이 되는 압축가스(질소, 압축공기 등)를 봉입한 것이 가압송수장치이다.
3) 가압송수용 저수조의 종류는 압력수조, 가압수조, 고가수조가 있다.

(2) 분사(강화액)헤드

1) 개방형 헤드 : 일제살수식에 적용
2) 폐쇄형 헤드 : 준비작동식 및 습식에 적용

(3) 기동장치

1) 수동식 기동장치
   ① 기계식 : 수동개방밸브를 손으로 직접 개폐 조작하는 것

② 전기식 : 전기스위치를 이용하여 원격으로 수동개방밸브를 개폐하는 것

2) 자동식 기동장치

화재감지장치의 작동에 연동하여 설비를 기동시키는 방식

(4) 일제개방밸브

화재발생 시 자동식 또는 수동식 기동장치의 작동에 따라 일제개방밸브가 열리므로써 소화약제가 분사헤드 쪽으로 유수된다.

(5) 송수구

소방펌프자동차로 외부의 소화수를 해당 설비에 공급하기 위한 송수구

(6) 배관 등

배관의 재질 : 스테인리스강관 또는 소방용 합성수지배관

강화액소화약제는 pH 8 이상으로서 알칼리성을 띠며, 부식의 우려가 있으므로 일반배관용 탄소강관은 부적합 함

(7) 화재감지장치

화재감지기의 작동에 따라 자동기동장치 및 일제개방밸브 등을 작동

(8) 제어반

1) 감시제어반

강화액소화설비의 제어, 감시, 조작 등을 하기 위한 것

2) 동력제어반

동력의 공급, 차단, 예비전원으로 전환 및 감시 등을 하기 위한 것

4. 강화액소화설비의 작동원리

강화액소화설비의 구성과 작동원리는 스프링클러설비와 유사하며, 그 중에서도 일제살수식이 가장 호환성이 좋으므로 여기서 일제살수식에 대해 기술한다.

(1) 화재발생 시 수동식 기동장치 또는 자동식 기동장치가 작동
(2) 일제개방밸브가 개방되어 강화액소화약제가 2차측(헤드 쪽)으로 유수
(3) 유수검지장치에서 유수신호를 발신하여 경보장치가 작동
(4) 강화액소화약제가 분사(강화액)헤드에서 미립상태로 분사됨

5. 기존 소화설비(수계·가스계)와의 성능비교

구분	수계소화설비 (미분무소화설비)	가스계소화설비 (할로겐화합물계열)	강화액소화설비
소화효과	냉각+피복질식+ 산소농도희석	부촉매+ 산소농도희석+냉각	냉각+부촉매+ 피복질식+산소농도 희석+비누화반응
화재적응성	B급화재, 지하공동구, 옥외변압기 등	A급·B급·C급화재	A급·B급·K급화재, 지하공동구, 항공기, 선박 등
재발화 가능성	다소 있다	높다	없다
수손피해	있다	없다	있다
독성 및 환경영향성	없다	GWP 및 ALT가 높다	없다

6. 결론

강화액소화설비는 수계소화설비이면서도 기존 수계소화설비에서 보유하지 못하는 부촉매효과와 비누화효과도 가능하며 또, 심부화재에 대한 적응성도 우수한 점 등 기존의 수계소화설비와 가스계소화설비 양쪽의 장점을 모두 갖춘 우수한 소화설비이다. 따라서, 앞으로 국내에서도 이의 장점을 살려 항공기, 선박, 지하기반시설(지하전력구, 공동구 등)에 적용하면 유용할 것으로 전망된다.

Chapter 10
가스계소화설비

[개장] 가스계소화설비의 시스템구조 ·· 545
   01. 저압식 CO_2 소화설비 ··· 552
   02. 저압식 CO_2 소화설비에서 Vapor Delay Time ····················· 554
   03. CO_2 소화설비의 배관설계시 고려사항 ································ 556
   04. 가스계소화설비의 성능시험상 문제점 ···································· 557
   05. 가스계소화설비의 설계시 고려사항 ······································· 559
   06. 국내 가스계소화설비 설계의 문제점 ····································· 562
   07. Door Fan Test ·· 564
   08. Engineered System & Pre-engineered System ······················· 566
   09. 가스계소화약제의 방출특성 ·· 567
   10. Piston Flow System ·· 570
   11. 과압배출구 ·· 571
   12. 가스계소화설비의 소화농도 측정방법 ··································· 573
   13. 가스계소화설비의 작동시 화재감지부터 설계농도 도달까지의
       필요시간 ·· 574
   14. 할로겐화합물 소화설비의 배관 내 용적률 제한 ······················· 577
   15. 가스계소화설비의 작동시험 ·· 578
   16. 소화가스약제량의 측정법 ··· 579
   17. 가스계소화설비의 Liquid Full ··· 581
   18. 가스계소화약제 방출시의 자유유출(Free Efflux) ···················· 582
   19. Feed Back System ·· 584
   20. 고체에어로졸 소화설비 ··· 585

개 장

Professional Engineer Fire Protection

가스계소화설비의 시스템구조

1. CO_2 · 할론 · 할로겐화합물 및 불활성기체 설비

(1) 설비 작동시 흐름도

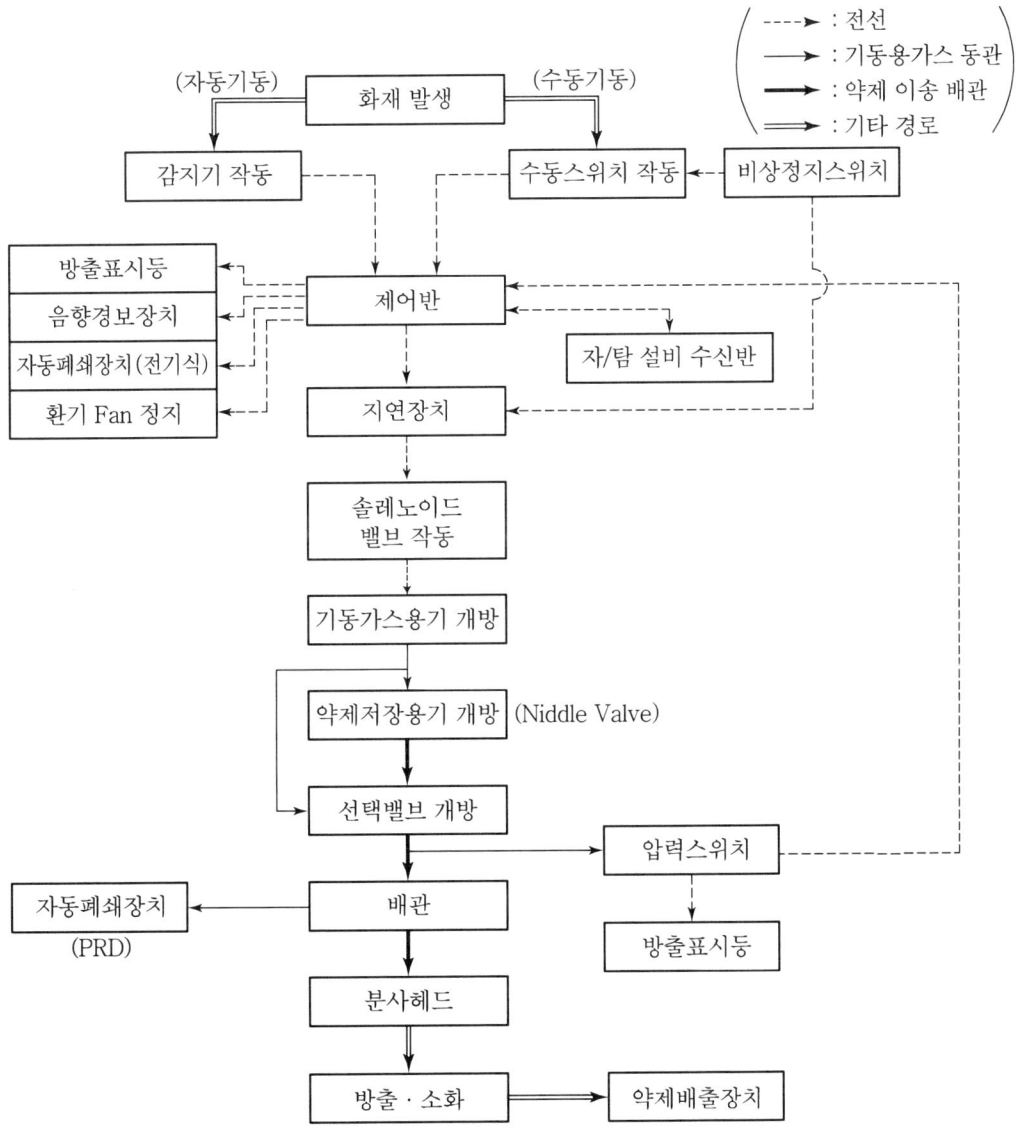

(2) 계통도

1) 가스압력개방식

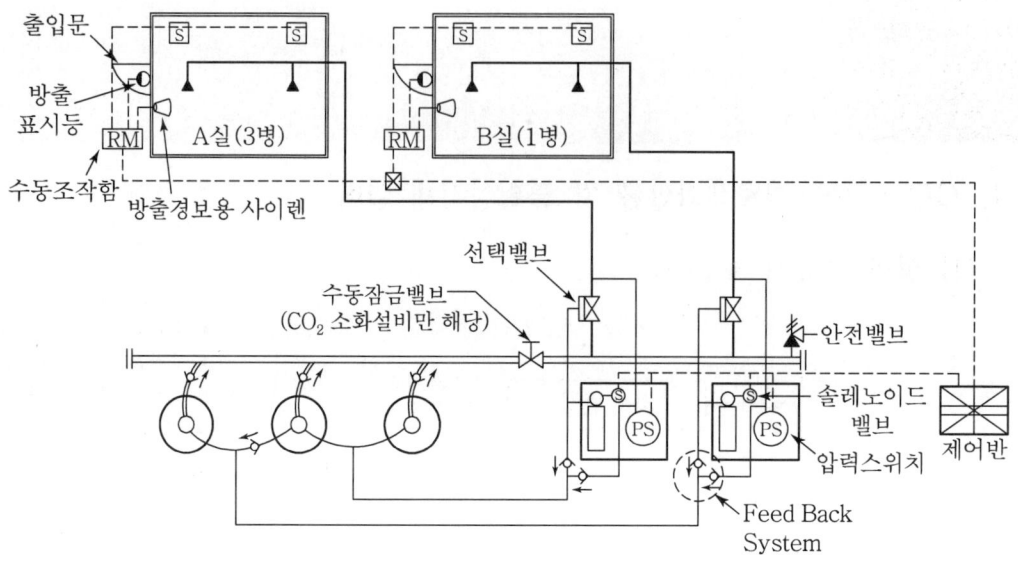

2) 전기개방식

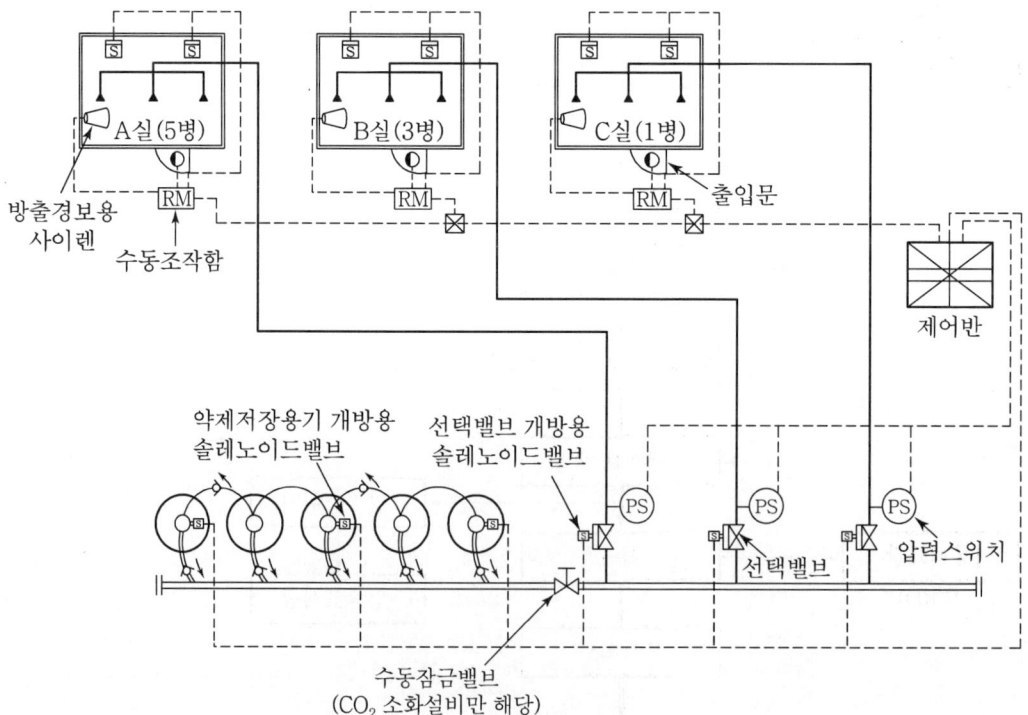

(3) 가스계소화설비의 각 기기 및 밸브류의 기능

1) 기동용 가스용기 및 솔레노이드밸브

① 가스압력식 기동방식에서 약제저장용기 및 선택밸브를 개방시키는 역할을 한다.

② 화재감지기의 작동 또는 수동기동스위치의 작동에 의하여 기동용기의 솔레노이드밸브가 작동하여 공이(파괴침)가 튀어나오면서 기동용기의 봉판을 뚫으면 기동용기의 가스가 방출되며, 그 가스압력으로 선택밸브 및 약제저장용기를 개방시키는 역할을 한다.

2) 지연장치(타이머)

① 화재감지기 또는 수동기동스위치가 작동하였을 때 약제의 방출이 곧바로 되지 않도록 기동용기의 솔레노이드밸브 또는 축압식설비에서는 약제저장용기의 솔레노이드밸브 작동을 일정시간(30초 정도) 후에 작동하도록 지연시키는 장치

② 제어반 내에 설치되어 있으며 손으로 돌려서 시간을 조정할 수 있는데, 통상 30초 정도로 설정하여 운영하고 있다.

3) 선택밸브

소화약제저장탱크로부터 방출된 소화약제를 해당 방호구역으로만 보내기 위해 해당 방호구역 배관라인의 선택밸브를 개방한다.

4) Feed Back System

① 하나의 방호구역에 해당하는 소화약제저장용기의 수량이 다수(10병 이상)일 경우에는 하나의 기동용기 가스량으로 다수의 약제저장용기를 개방하기는 어려우므로, 먼저 개방된 약제저장용기로부터 방출되는 소화약제의 방출압력을 이용하여 나머지 약제저장용기를 개방하는 시스템이다.

② 첫 번째 약제저장용기에서 방출된 소화약제가 선택밸브를 통과한 후 그 일부가 동관을 통하여 압력스위치에 도달하여 압력스위치를 작동시킨다.

③ 이후 압력스위치 쪽으로 계속 흘러오는 소화약제가스는 Feed Back System을 통하여 기동용기에서 나오는 가스와 합세하여 나머지 약제저장용기를 개방하게 된다.

5) 압력스위치

약제저장용기로부터 방출되어 선택밸브를 통과한 소화약제의 일부가 동관을

통하여 그 압력이 압력스위치에 전달되어 압력스위치가 작동되면 그 신호를 제어반으로 보냄으로써 해당 방호구역의 방출표시등이 점등되게 한다.

6) 방출표시등

① 설비가 작동하여 방호구역에 소화약제가 방출되고 있음을 표시하는 것으로써 소화약제저장용기의 약제가 방출되면서 그 가스(약제)압력이 압력스위치에 전달되어 압력스위치를 작동시키면 방출표시등이 점등하게 된다.
② 방호구역의 출입문마다 출입문 바깥쪽 상부에 설치한다.

7) PRD(Piston Release Damper)

① 방호구역에 개구부 또는 통기구가 있을 경우 소화약제가 방출되기 전에 자동으로 폐쇄하는 장치
② 약제저장용기로부터 방출되어 선택밸브를 통과한 소화약제의 일부가 동관을 통하여 PRD에 전달되고 이때 약제가스의 압력으로 피스톤을 밀게 되므로 열린 개구부를 닫히게 한다.
③ 그러나 가스압력개방식이 아닌 전기개방식일 경우에는 PRD와 관계없이 화재감지기와 연동하는 전동모터가 작동하여 개구부를 닫는 방식으로 한다.

8) 수동조작함

① 가스계소화설비의 수동기동장치이다.
② 이것을 작동시켰을 경우, 가스압력개방식은 기동용기의 솔레노이드밸브가 작동하게 되고, 전기개방식은 약제저장용기 및 선택밸브의 솔레노이드밸브를 직접 작동하게 한다.
③ 수동기동스위치 직근에는 실수로 조작을 잘못 했을 경우를 대비하여 소화약제 방출을 지연시킬 수 있는 비상스위치(자동복귀형 스위치로서 수동식 기동장치의 타이머를 순간 정지시키는 기능의 스위치를 말한다)를 설치하여야 한다.

9) 제어반

① 화재감지기 또는 수동기동스위치의 작동신호를 받아 음향경보장치 및 기동용기의 솔레노이드밸브를 작동시키는 출력신호를 내 보내고,
② 또, 압력스위치로부터의 작동신호를 받아 방출표시등, 환기Fan 정지 및 자동폐쇄장치(전기식)를 작동시키는 출력신호를 내보내는 역할을 한다.

2. 분말소화설비
(1) 설비 작동시 흐름도

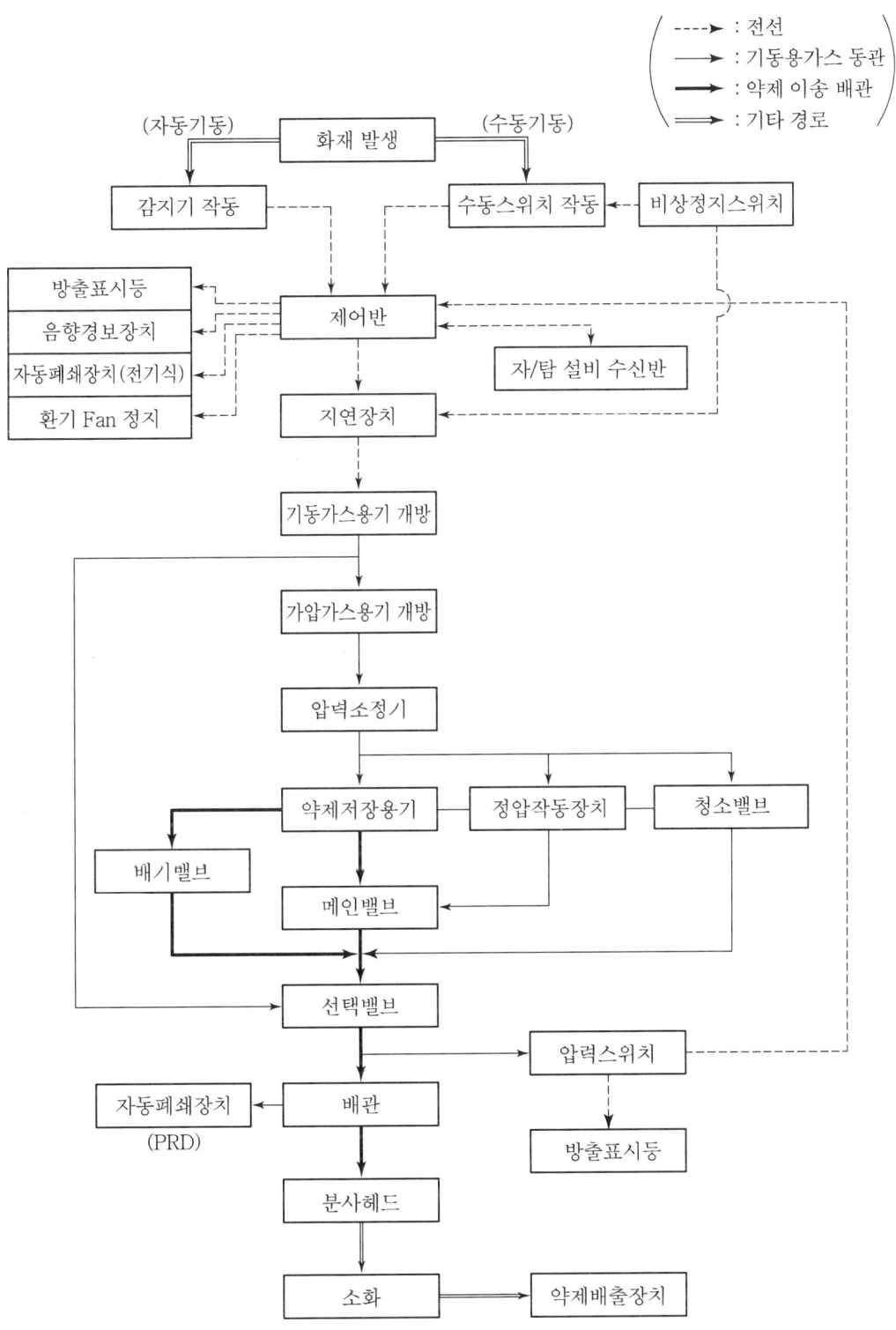

(2) 계통도

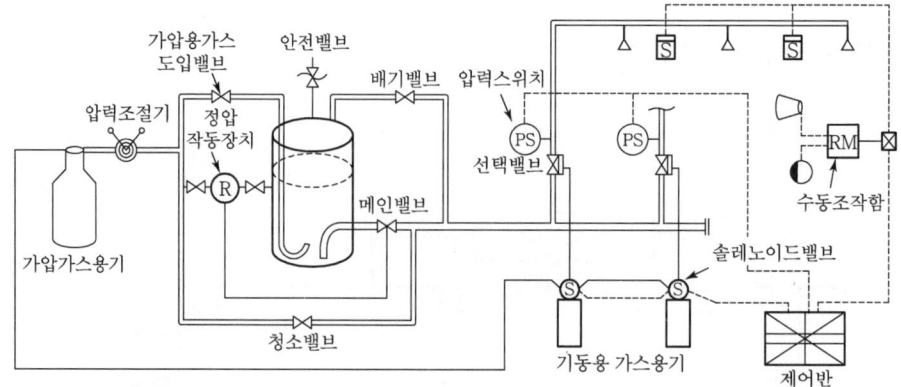

(3) 분말소화약제 저장탱크 주변 배관도

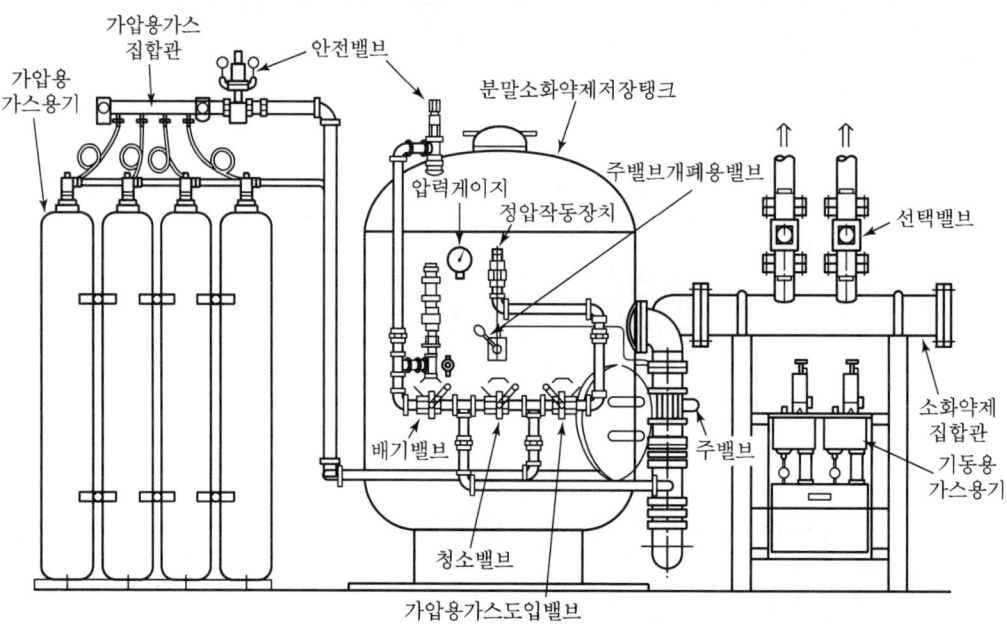

(4) 분말소화설비의 각 기기 및 밸브류의 기능

1) 기동용 가스용기 및 솔레노이드밸브

① 가스압력식 기동방식에서 기동용 가스를 용기 내에 저장하였다가 분말소화설비의 기동시 이 가스의 압력으로 선택밸브 및 가압용 가스용기를 개방시키는 역할을 한다.

② 화재감지기의 작동 또는 수동기동스위치의 작동에 의하여 기동용기의 솔레노이드밸브가 작동하여 공이(파괴침)가 튀어나오면서 기동용기의 봉판을 뚫으면 가스가 방출되며, 이 가스압력으로 선택밸브 및 가압용 가스용기를 개방시키게 한다.

2) 가압용 가스용기

　가압용 가스를 용기 내에 저장하였다가 분말소화설비의 기동시 가압용 가스의 압력으로 약제저장용기 내의 분말소화약제를 가압하여 방출시키는 가압원 역할을 한다.

3) 압력조절기(Regulator)

　① 가압용 가스용기의 고압가스를 적정한 압력으로 감압하는 역할을 한다.
　② 일반적으로 2.5MPa 이하의 압력으로 조정할 수 있는 것으로 설치한다.

4) 주(메인)밸브

　① 분말소화약제저장탱크 내의 약제를 방출할 때 이 밸브를 열어 방출한다.
　② 정압작동장치에서 약제저장탱크 내의 압력에 따라 이 밸브의 개방을 제어한다.

5) 정압작동장치

　① 약제저장탱크의 내부압력이 설정압력으로 되었을 때 약제저장탱크의 메인(주)밸브를 개방시키는 역할을 한다.
　② 가압용 가스용기의 가스가 약제저장탱크 내로 투입되어 분말소화약제를 혼합·교반시킨 후 적정 방출압력이 되면 메인밸브를 개방시킴으로써 소화약제가 방출된다.

6) 청소밸브

　① 분말소화약제의 방출 후에 배관 내에 잔류하고 있는 분말소화약제를 배관 밖으로 방출시킬 때 이 밸브를 개방한다.
　② 이때의 청소에 필요한 가스는 별도의 청소용 가압용기에 저장한다.

7) 배기밸브

　분말소화약제의 방출 후에 약제저장용기 내에 잔류하고 있는 분말소화약제를 용기 밖으로 방출시킬 때 이 밸브를 개방한다.

8) 안전밸브

　① 분말소화약제저장용기 내의 과압을 배출시켜 저장용기를 보호한다.
　② 화재안전기준에서 저장용기의 안전밸브를 가압식은 최고사용압력의 1.8배 이하, 축압식은 용기의 내압시험압력의 0.8배 이하 압력에서 작동하는 것으로 설치하도록 규정하고 있다.

※ 나머지 구성요소(압력스위치, 선택밸브, 방출표시등, PRD, 수동조작함, 제어반 등)는 앞의 1.(3) "가스계소화설비의 각 기기 및 밸브류의 기능"에서와 동일함

01. 저압식 CO_2 소화설비

1. 개요

(1) CO_2의 물리적 성상

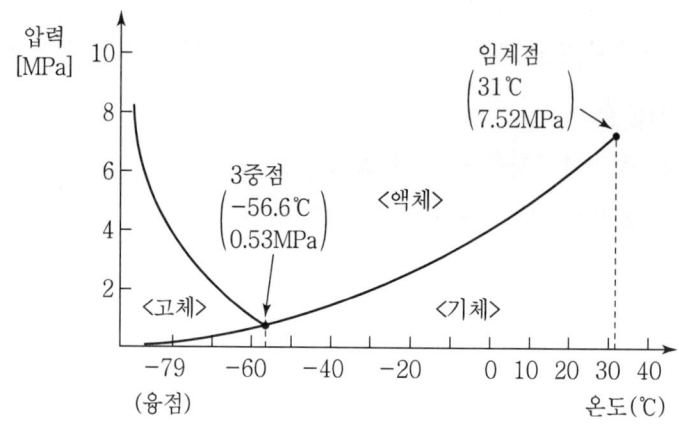

(2) CO_2는 임계점보다 낮고 3중점보다 높은 온도와 압력에서는 액상과 기상이 균형 상태로 존재한다. 즉, 압력과 온도가 내려가면 기상의 밀도가 감소하나 액상의 밀도는 증가한다.

(3) 따라서, CO_2는 저온저장의 경우 많은 양을 저장할 수 있고 또, 방사압력이 저압이므로 설비비가 절감될 수 있다.

2. 고압식과 저압식 시스템의 비교·분석

	고압식	저압식
저장용기	실린더형 : 68l/45kg	탱크형 : 5~40톤, 모듈형 : 5톤 이하
저장압력	5.9MPa at 21℃	2.1MPa at −18℃
방사압력	2.1MPa 이상	1.05MPa 이상
약제량 확인	저울로 용기마다 계량하여 확인	Level Indicator로 약제량을 모니터링
방출시험	1개 방호구역 내 전체 노즐에서 한꺼번에 방출시험	필요한 약제량만 수동/자동으로 방출 가능
배관자재	Schedule 80	Schedule 40
저장 용기실 면적	크다.	고압식의 1/2
적용대상	중·소형 방호구역이 다수 있는 장소	대단위 방호구역(많은 약제량이 필요한 장소)

3. 시스템의 계통도

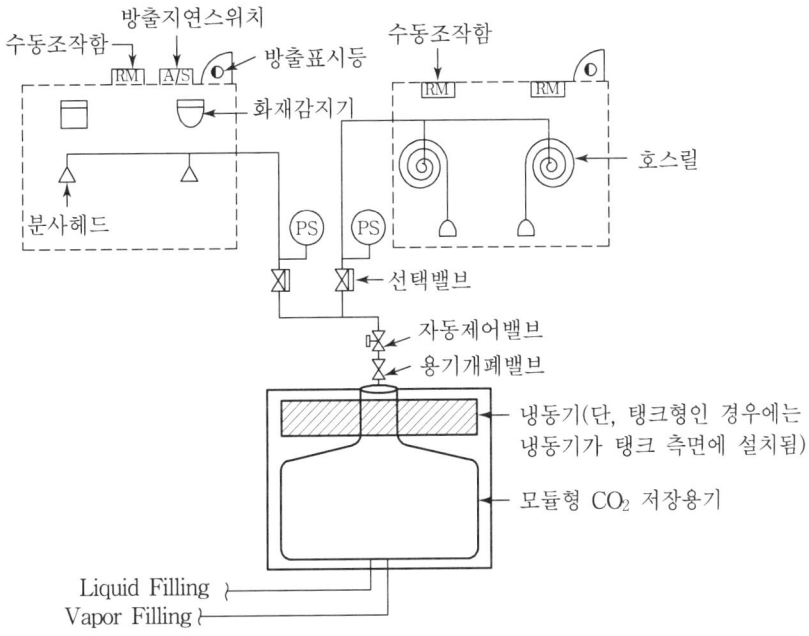

4. 저압식 CO_2 소화약제 저장용기의 설치기준

저장용기의 구성설비	설치기준
충전비	1.1~1.4(고압식은 1.5~1.9)
안전밸브	내압시험압력의 0.64~0.8배의 압력에서 작동
봉판	내압시험압력의 0.8~1.0배의 압력에서 작동
압력경보장치	2.3MPa 이상 및 1.9MPa 이하에서 작동
자동냉동장치	용기 내 온도 -18℃ 이하에서 2.1MPa의 압력 유지
저장용기의 내압시험압력	3.5MPa(고압식은 25MPa) 이상

5. 이산화탄소 소화설비에서 오방출을 방지하기 위한 안전대책

(1) 수동기동장치에 오조작 방지를 위한 보호장치 설치

보호장치를 개방하는 경우 기동장치에 설치된 부저 또는 벨 등에 의하여 경고음을 발하는 시스템 설치

(2) 방출지연스위치 설치

수동기동장치 부근에 자동복귀형 스위치로서 수동기동장치 타이머를 순간 정지시키는 기능의 스위치를 설치

(3) 수동잠금밸브 설치

소화약제저장용기와 선택밸브 사이의 집합배관에 수동잠금밸브 설치

(4) 화재감지기 선정의 개선

교차회로 감지기를 <연기감지기+연기감지기>로 설치한 경우 먼지, 수증기, 기타 가스 등에 의해 오동작할 확률이 높으므로 <연기감지기+열감지기>로 설치한다.

6. 결론

(1) 저압식 CO_2 소화설비는 고압식에 비해 얇은 두께의 저장용기에 많은 양의 CO_2를 저장하므로 많은 소화약제량을 필요로 하는 대규모 방호구역에 적합하다.

(2) 헤드방사압력이 저압이므로 설비비가 저렴하지만 설계적용조건은 고압식과 동일하므로 유용하게 적용될 수 있다.

02 저압식 CO_2 소화설비에서 Vapor Delay Time

1. 개요

저압식 CO_2소화설비에서는 CO_2가스를 $-18℃$의 저온에서 액체상태로 저장하므로, 방출시 방출초기에는 CO_2의 온도가 배관 온도보다 훨씬 낮으므로 인해 배관 내 흐름 중에 배관으로부터 열을 흡수하여 CO_2가 기화되므로 액상으로 방출되는 양은 적어진다. 이와 같이 배관 내에서 기화되는 증기로 인해 약제 방출이 지연되는 시간을 Vapor Delay Time이라 한다.

2. Vapor Delay Time의 발생 Mechanism

(1) 저압식 CO_2소화설비에서 CO_2를 $-18℃$의 저온에서 액체상태로 저장한다.

(2) 소화설비 작동으로 CO_2 방출시 방출초기에는 CO_2의 온도가 배관온도보다 훨씬 낮

으로 인해 배관 내 흐름 중에 배관으로부터 열을 흡수하여 CO_2가 기화된다.
(3) 이렇게 기화된 증기로 인해 액상으로 방출되는 양은 적어진다.
(4) CO_2의 방출이 지속되어 배관이 냉각되면 더 이상 CO_2가 배관으로부터 열을 흡수하지 않으므로 이때부터는 액상으로 방출된다. 이때까지의 시간을 말한다.
(5) 이와 같이 소화약제의 방출개시 시점부터 방출약제 대부분이 액상으로 될 때까지 걸리는 시간을 Vapor Delay Time이라 한다.

3. Vapor Delay Time의 문제점 및 개선방안

(1) 문제점

1) Vapor delay time 동안에는 약제 방출량이 적으므로, 이 기간 동안에는 소화농도에 도달할 수 없다.
2) Vapor Delay Time 이 너무 길어지면 소화지연으로 인해 연소가 확대되고 난 후에 방출이 완료되므로 소화에 실패할 수 있다.

(2) 개선방안

1) 배관길이가 짧게 되도록 소화약제용기를 방호구역에 근접하여 설치한다.
2) Vapor delay time 으로 인한 약제손실에 대비하여 설계약제량에 손실량을 반영하여 보정한다.

4. Vapor Delay Time의 계산

$$Dt = \frac{W \cdot Hp(T_1 - T_2)}{9.13\,Q} + \frac{1050\,V}{Q}$$

여기서, Dt : Vapor delay time[Sec], W : 배관의 중량[Lb]
Hp : 배관의 금속비열[kJ/kg·K](Steel의 금속비열=0.46kJ/kg·K)
T_1 : 약제 방출전 배관온도[°F], T_2 : CO_2 온도[°F]
Q : 보정된 시스템의 유량[Lb/min], V : 배관의 용적[ft^3]

5. Vapor Delay Time의 영향인자

(1) 배관의 온도 : 배관의 온도가 높을수록 Vapor Delay Time이 증가한다.
(2) 배관의 중량 : 배관의 중량이 클수록 배관에 흡수되는 열량이 증가하여 Vapor Delay Time이 증가한다.
(3) 배관의 용적 : 배관 용적이 클수록 Vapor Delay Time이 증가한다.

(4) 보정된 시스템의 유량 : 이산화탄소의 방출유량이 클수록 Vapor Delay Time이 감소한다.

6. 결론

저압식 CO_2소화설비에서 소화가스 방출시 발생하는 Vapor Delay Time 은 약제손실 증대 및 초기소화 실패를 유발할 수 있으므로, 설계시 이에 대비하여 배관의 길이가 짧게 되도록 소화약제용기실을 방호구역에 근접되게 설치하고, 설계약제량에 손실량을 반영하여 보정하여야 한다.

03 | CO_2 소화설비의 배관설계시 고려사항

1. 개요

CO_2 소화설비의 배관시스템 설계에서는 배관 내 사용압력이 고압(2.1MPa 이상)으로써, 약제 방출시 배관 내에 '액상+기상'의 2상계(Two Phase Flow) 흐름이 되므로, 2상계 시스템의 배관 내 압력손실계산이 고려되어야 한다.

2. CO_2 소화설비의 배관설계시 고려사항

(1) 약제방출압력을 고압(2.1MPa 이상)으로 제한하는 이유

1) CO_2 방출시 배관 내에 흐르는 CO_2의 최소압력은 CO_2의 3중점 압력인 0.53MPa 보다 상당히 높게 유지되어야 한다.
2) 이것은 만약 최소압력이 3중점 압력 이하로 떨어지게 되면 배관 내 Dry Ice가 형성되어 방출 노즐을 막아 CO_2 약제의 흐름이 정지되기 때문이다.
3) 따라서, NFPA 12에서도 CO_2 소화설비 설계노즐의 최소방출압력에 대해 고압식은 2.06MPa, 저압식은 1.03MPa 이상으로 제한하고 있다.

(2) 배관 내 2상계(Two Phase Flow) 흐름을 고려

1) 배관 내 유동중인 CO_2 약제는 마찰손실에 의해 압력이 저하하면서 증발하므로 '기상+액상'의 2상계 흐름이 된다.

따라서, 배관설계 시 2상계 시스템의 압력손실 계산이 고려되어야 한다.
2) 배관 내 2상계의 유동으로 약제방출 시 서징에 의한 진동을 고려하여 그에 맞는 적절한 고정·지지를 요한다.
3) 이에 따른 배관의 수축과 팽창에 대해서도 설계시 고려하여야 한다.

[Reference]

CO_2의 대기 중 농도에 따른 인간의 생리적 효과
(1) 0.03% : 평상시 대기 중의 CO_2 농도
(2) 6~7% : 호흡속도 최고상태
(3) 9% 이상 : 짧은 시간 내에 의식 불명
(4) 25~30% : 마취효과 발생

04 가스계소화설비의 성능시험상 문제점

1. 개요

(1) 청정소화약제(할로겐화합물 및 불활성기체)는 1995년 8월에 국내에 처음 도입되었으며, 도입기준은 NFPA 2001을 근간으로 하여 국가화재안전기준에 등재되었으나, 세부적인 기술적 사항에 대해서는 시스템 제조업체의 설계기준을 적용하도록 규정한 바 있다.
(2) 법규적인 세부사항이 명시되어 있지 않으므로 설비의 설계·시공·시험 등에서 일부 잘못 적용되어온 사례가 적지 않았다.

2. 국내 가스계소화설비 성능시험실태

(1) 청정소화약제 소화설비

저장약제의 일부만 방출하는 시험 실시
1) 설계농도, 방출시간, 설계농도유지시간 등의 확인이 불가
2) 기계적인 기능시험에 불과함

(2) CO_2 소화설비

   직접적인 전량 방출시험 실시

   1) 설계농도 및 Soaking Time의 미확인
   2) 과압배출의 미비

3. 설계문제점

방호공간의 개구부에 대하여 밀폐를 배제하고 대신 개구부 보상을 획일적으로 적용 →소화농도유지시간을 보장할 수 없다.

4. 개선방안

(1) 설비의 사전성능검토 실시

   1) 설계프로그램의 검증
   2) 설계기준에 대한 검토
   3) 설계도면 및 수리계산서 검토
   4) 사용자재에 대한 검토·승인
   5) 철저한 시공 관리

(2) 사후성능시험 실시

   1) 배관계통에 대한 기밀시험 및 통기시험 실시
   2) 설비적인(기계·전기장치) 기능시험
   3) 방출시험 실시

   ① CO_2 소화설비

   전량 방출시험 실시 : 설계농도, 방출시간, Soaking Time 등의 확인

   ② 청정소화약제설비

   Door Fan Test 실시 : 밀폐도시험, Soaking Time 등의 확인

5. 결론

(1) 기존의 배관 기밀시험 및 통기시험 위주의 기계적인 기능시험만으로는 소화성능을 보장할 수 없다.

(2) 성능실행위주의 설계 및 시험이 될 수 있도록 기술적으로 접근하는 인식의 전환이 필요하다.

(3) 국가화재안전기준 등에서 가스계소화설비의 설계 및 성능시험에 대한 세부사항을 명시하여 법규·제도적으로도 뒷받침이 되어야 한다.

05. 가스계소화설비의 설계시 고려사항

1. 개요

가스계소화설비의 할로겐화합물계 소화약제는 액체상태로 저장되고, 방출시 배관흐름 도중에 기화되어 2상·3상류의 흐름이 되므로 수계소화설비와는 상이한 계산이 요구되며, 다음과 같은 사항들을 고려하여 설계하여야 한다. 따라서, NFPA 등에서는 Computer Program에 의한 설계 외에는 인정하지 않고 있다.

2. 설계시 고려사항

(1) 소화약제의 독성

1) 2가지의 독성학적 특징

① 소화약제 자체의 독성
② 열분해 생성물의 독성

2) 방출시간

할로겐화합물 계열의 소화약제는 방출시간이 빠를수록 소화시간이 빠르고 독성가스(HF 등)의 발생이 적어진다.

(2) 표면화재와 심부화재의 구분 적용

1) 표면화재

① 질식소화가 주효하다.
② Soaking Time이 비교적 짧게 요구된다.(CO_2 : 3분, 기타 : 10분)

2) 심부화재

① 질식소화 및 냉각소화
② Soaking Time이 길게 요구된다.(CO_2 : 20분, 기타 : 10분)

(3) 전역방출방식과 국소방출방식 적용의 선정 검토

(4) 사전설계시스템(Pre-engineered)과 현장설계시스템(Engineered) 방식의 선정 적용

(5) 설계농도 유지시간(Soaking Time) 검토

Soaking Time 동안 누설되는 소화약제량 만큼 추가로 방사하는 약제용으로 별도의 약제저장용기, 배관 및 노즐을 설계한다.

(6) 개구부 폐쇄 및 개구부 보상 검토
 1) 개구부가 하부에 있을 경우 : 자동폐쇄를 원칙으로 함
 2) 개구부가 상부에 있을 경우 : 자동폐쇄가 곤란한 경우 약제량 가산
 3) 환기 FAN 설비 : 약제방사 시 자동정지시키고, 약제량 가산
 4) 유리창문의 경우 : 약제방출 시 실내압력에 의해 파손될 우려가 있는 경우 약제량 가산
  [예] 소방청 질의회신 : '망입유리 또는 복층유리의 경우에는 개구부로 간주하지 않는다.'로 해석하므로 약제량 가산이 불필요함(그 외는 약제량 가산)

(7) 노즐 오리피스 구경 선정
 1) 노즐 선단의 방사압력으로 설계유량이 방출된다.
 2) 따라서, 배관구경이 아닌 노즐 오리피스 구경으로 설계유량을 계산하여야 한다.

(8) 독립배관방식 적용의 검토
 1) 하나의 방호구역을 담당하는 약제저장량 대비 그 방출경로의 배관 내 용적의 비율에 대한 허용치
 2) [예] Halon 1301 : 1.5
     HCFC Blend A : 1.05 (KFI : 1.25)
     HFC-23 : 1.25 (KFI : 1.69)
     HFC-227ea : 1.25
     IG-541 : 1.5 (KFI : 2.0)

(9) 방호구역의 압력배출장치(Pressure Relief Vent) 검토

특히, 불활성기체 및 CO_2 소화설비는 방사압력이 고압이므로 방호구역의 압력배출구를 반드시 설치하여야 하며, 압력배출구의 면적(A)은 다음과 같이 구한다.

[예] CO_2 소화설비 : $A[\text{mm}^2] = \dfrac{239 \times Q}{\sqrt{P}}$

여기서, Q : 방출유량[kg/min]
P : 방호구역 구조부의 허용내압강도[kPa]
(경량건축물 : 1.2, 일반건축물 : 2.4, Vault(둥근 아치)건축물 : 4.8)

IG-541 소화설비 : $A[\text{cm}^2] = \dfrac{42.9 \times Q}{\sqrt{P}}$

여기서, Q : 방출유량[m³/min]
P : 방호구역 구조부의 허용내압강도[kgf/m²]
(경량칸막이 : 10, 블록마감 : 50, 철근콘크리트 : 100)

(10) 배관방식은 토너먼트방식으로 설계

1) 할로겐화합물 소화설비에서 토너먼트 배관방식으로 할 경우, 노즐 오리피스 구경은 전부 동일하게 할 수 있다.
2) 단, CO_2 및 불활성기체소화설비는 큰 의미가 없음

(11) 오동작 방지장치

1) 교차회로방식의 감지기
2) 복합형·축적형·아날로그 감지기 채택

3. 결론

(1) 상기 '설계시 고려사항'을 제대로 실행하기 위해서는 공인된 전산프로그램 및 시뮬레이션을 통한 성능실행위주의 방화설계를 함으로써 그 실현을 이룩할 수 있다.

(2) 가스계소화설비의 설계절차

1) 소화약제 종류 선정
2) 설계농도 결정
3) 전체 소화약제량 결정
4) 최대 방사시간 결정
5) 설계압력에 맞는 배관(1·2차측 배관) 두께(스케줄) 선정
6) 노즐 선정 : 요구된 방사시간에 요구된 설계농도로 혼합할 수 있는 것
7) 배관배치 및 배관경의 설계

8) 방호구역 배출구 필요 유무 결정
9) 소화약제의 누설을 평가 : 설계농도 유지시간 평가 등

06. 국내 가스계소화설비 설계의 문제점

1. 개요

(1) 국내에 가스계소화설비가 도입된 후 적지 않은 기간이 지났지만 아직 화재·피난 시뮬레이션을 통한 완전한 성능위주설계의 실현을 이룩하지 못하고 있는 실정이다.
(2) 그로 인해 다음과 같은 문제점들이 나타나고 있다. 이런 문제를 해결하기 위해서는 우선 공인된 전산프로그램에 의한 화재·피난시뮬레이션을 통한 성능위주방화설계가 적극적으로 시행되어야 하겠다.

2. 현행 국내 가스계소화설비 설계의 문제점

(1) 설계농도유지시간(Soaking Time)

1) 문제점

국내 기준에서는 방사시간에 대한 규정은 있으나 설계농도유지시간에 대한 규정은 없는 상태이다.

2) 개선안

① 방호구역의 용도·화재하중·화재성상·소화약제의 종류에 따른 최소한의 설계농도유지시간을 규정하여야 한다.
② 시공 후에는 Door Fan Test를 실시하여 설계농도 및 Soaking Time을 확인하여야 한다.

(2) 배관방식

1) 문제점

① 토너먼트 배관방식을 완전하게 적용하지 않고 있으므로,
② 배관의 등가길이가 길수록 배관 내 압력강하가 증가하므로 멀리 있는 노즐

에는 약제 방사량이 감소하므로 그 부분의 오리피스 구경은 더 크게 하여야 한다.

2) 개선안

배관방식을 완전한 토너먼트방식으로 하면 모든 노즐의 약제방사량이 균일하게 되므로 노즐 오리피스 구경을 모두 동일하게 할 수 있다.

(3) 개구부 가산 약제량

1) 문제점

개구부의 위치(높이)에 관계없이 개구부의 단위면적당 약제량을 가산하고 있다.

2) 개선안

① 개구부의 면적뿐만 아니라 위치(높이) 및 약제방출시간도 고려하여 가산해야 한다.

② 이 때의 가산약제량은 주 약제와는 별도의 배관·노즐을 통하여 공급하며, Soaking Time 동안에 누출되는 양만큼 가산하여 방사되게 해야 한다.

(4) 압력 배출구(Pressure Relief Vent)

1) 모든 가스계소화설비는 설계시 과압에 관한 사항을 검토·고려하여야 한다.
2) 필요시 압력배출구 크기(면적)를 계산하여 설치한다.

(5) 표면화재·심부화재 구분의 명확화

표면화재와 심부화재의 정의 및 구분이 명확하지 않아 방사시간, 방사압력의 적용에 혼란이 있다.

3. 결론

상기의 문제점에 대한 개선안을 제대로 실행하기 위해서는 공인된 전산프로그램에 의한 설계를 수행하고, 화재·피난 시뮬레이션을 통한 성능실행위주의 방화설계를 함으로써 그 실현을 이룩할 수 있다.

07. Door Fan Test

1. 개요

(1) 가스계소화설비의 성능시험에서 직접적인 약제방출 없이 출입문에 설치한 Door Fan으로 가압 또는 감압을 실시하고, 전산프로그램을 이용하여 실내·외의 정압차, 공기의 유량, 누설량, 설계농도유지시간 등을 산출하여 소화설비의 성능을 판단하는 간접적인 성능시험기법이다.

(2) 적용대상

전역방출식 가스계소화설비가 설치된 모든 방호구역

(3) 채택기관

NFPA, ISO, IRI, BS

2. 기대효과

(1) 방호구역 내의 누설면적 산출
(2) 누설 개구부의 위치 발견
(3) 설계농도유지시간 산출
(4) 가산 소화약제량 산출
(5) 압력배출구의 필요여부 판단 및 배출구 면적 결정
(6) 소화설비의 적합성 평가

3. 시험순서

(1) 자료준비

건축 및 소방설비의 설계도서 등

(2) 설계도서 검토

1) 방호대상물의 건축구조 검토
2) 소방설비 및 HVAC의 설계도면 검토

(3) 방호구역의 온도·압력·풍속 측정

(4) Door Fan 설치

(5) 방호구역의 출입문은 전부 닫고, 방호구역 외의 출입문은 개방한다.

(6) 가압·감압시험
  1) 실내·외의 정압차 측정
  2) 실내·외의 대기온도 측정
  3) 가압·감압시의 공기유량 측정

(7) 정밀도 검증(측정오차)
  1) Door Fan Panel을 누설등가면적의 30% 정도로 개방한 후 시험
  2) 이때, 누설등가면적의 오차가 ±10% 이내이면 '적합'으로 판정

(8) 시험결과 분석
  1) 실험데이터 입력
  2) 공기유량 결정 : Door Fan 양쪽의 차압, Fan 개구면적 및 공기속도에 의해 결정
  3) 총 누설량 및 누설등가면적 산출 : 계산된 유량과 1개의 얇은 예각 Hole의 방출계수를 이용하여 산출
  4) 설계농도유지시간 산출 : 총 누설면적과 약제방출 시의 실내압력으로 환산

(9) 시험 후 조치
  1) 누출부위 확인 및 기밀보안
  2) 재시험 및 개선방안 제시
  3) 소화설비의 적합성 판정효과 분석

4. 결론

Door Fan Test는 직접적인 약제방출시험 없이 다음과 같은 시험효과를 얻을 수 있다.
(1) 방호구역 내의 누설면적 산출 및 누설 개구부의 위치 발견
(2) 설계농도유지시간 산출
(3) 가산 소화약제량 산출
(4) 압력배출구의 필요여부 판단
(5) 소화설비 적합성의 종합평가

08. Engineered System & Pre-engineered System

1. 정의

(1) Engineered System

각 설계 요소들에 대하여 그 현장의 여건 및 필요에 맞추어 계산하여 설계하는 현장설계방식의 시스템

(2) Pre-engineered System

Engineered System에서와 같은 설계요소들이 사전에 설정되어 있는 설계방식의 System

2. System의 구성

(1) Engineered System

1) System을 이루는 각 구성요소가 현장에 분산 설치되는 방식
2) 즉, 약제저장용기, 노즐, 경보장치, 기동장치, 제어스위치, 화재감지장치 등이 현장에 분산 설치된다.

(2) Pre-engineered System

1) System 구성요소 대부분이 하나의 장비에 집합된 일체형
2) 단, 화재감지장치는 자동화재탐지설비용 감지기와 겸용으로 하거나 현장에 별도로 분산 설치함
3) 통상 'Package형 설비'라고 표현한다.

3. System의 특성

(1) Engineered System

1) 원거리·광범위한 방호구역 또는 다수의 방호구역에 유리함
2) 별도의 약제저장용기실이 필요함

(2) Pre-engineered System

1) 소규모이면서 방호구역 수가 적은 곳에 적합하다.
2) 설치가 간단하며 경제적이다.
3) 방호구역 내의 실면적을 차지하는 단점이 있다.

09 가스계소화약제의 방출특성

1. 분사헤드의 Orifice 구경을 설정하는 이유

(1) 노즐선단의 방사압력으로 설계유량을 방출하므로 유량계산시 배관경이 아닌 오리피스 구경으로 계산하여야 한다.
(2) 노즐을 통하여 약제 방사시 약제의 균일한 분배와 혼합을 위한 유속과 압력을 얻기 위함. 즉, 배관의 등가관장이 길수록 배관 내 압력강하가 증가하므로 멀리 있는 노즐의 오리피스 구경이 더 커져야 한다.
(3) 약제방출시간의 Control

2. 배관을 토너먼트 방식으로 하는 이유

(1) 가스계소화약제의 방출시 배관 내 흐름은 2상계 흐름(Two phase flow)이다.
(2) 즉, 저장용기 가까이에서는 대부분이 액상이나, 배관 내를 흐르면서 점차 기화되어 액체와 기체의 혼합상태가 된다. 액체와 기체의 혼합상태에서는 배관마찰손실이 일정하지 않아 배관의 능가길이에 비례하지 않으므로 마찰손실 및 등가길이가 동일한 조건이 되는 토너먼트 배관방식으로 설치한다.
(3) 분말 또는 가스계소화약제는 급속히 연소하는 표면화재에 주로 적용하므로 약제를 고압·고속으로 방사해야 한다. 이때 배관수송 중 약제가 고압기류에 고르게 확산되어야 규정된 짧은 시간 내에 필요 약제량을 모두 방출할 수 있다.

3. 방출되는 가스량의 불균등 원인

(1) 가스계소화약제의 방출특성

1) 소화약제의 저장상태

    액체상태로 저장(단, 불활성가스는 기체상태)

2) 배관 흐름 도중
　① 액상과 기상의 혼합상태(2상계)
　② 저장용기에 근접한 배관에서는 대부분 액상이나 배관 내를 흐르면서 점차 기화되어 액체와 기체의 혼합상태가 된다.
　③ 액체와 기체의 혼합상태가 되면 배관마찰손실이 일정하지 않아, 배관의 등가길이에 비례하지 않는다.
　④ 그러므로 배관방식은 토너먼트 방식으로 설치한다.

(2) 방출되는 가스량의 불균등 원인

1) 설계단계의 원인
　① 노즐 Orifice 구경 산정의 부적합
　② 배관구경 산정의 부적합
　③ 배관시스템의 부적정 : 토너먼트 방식이 아닌 경우
　④ 방호구역의 거리가 멀어 배관 전체길이와 내용적이 너무 큰 경우

2) 시공단계의 원인
　① 부적절한 자재의 선정 및 설치
　② 설계도면과 시공상태의 불일치

(3) 대안 (설계시 고려사항)

1) 배관경 및 노즐 Orifice 구경의 계산은 공인된 전산 Software에 의하여 계산
2) 배관은 토너먼트 방식으로 설계·시공
3) 배관 내 유체마찰손실을 최소화 : 배관 전체길이를 짧게 하고, 굴곡 개소를 적게 한다.
4) 동시에 방사되는 노즐에 이르는 배관의 내용적 합계 대비 약제저장량 용적의 비율(X)이 다음 수치를 넘지 않도록 독립배관방식을 적용한다.

$$X = \frac{당해\ 방호구역\ 방출경로가\ 되는\ 배관의\ 내용적}{당해\ 방호구역용\ 소화약제\ 저장량의\ 용적}$$

① Halon 1301 : 1.5
② HCFC Blend A : 1.05 (KFI : 1.25)
③ HFC-23 : 1.25 (KFI : 1.695)
④ HFC-227ea : 1.25

⑤ IG-541 : 1.5 (KFI : 2.0)

4. 소화약제의 방사시 방출시간을 제한하는 이유

(1) 할로겐화합물 계통의 방출시간(10초) 제한 목적
1) 소화약제의 열분해 생성물의 최소화
2) 직·간접 화재 피해의 최소화 : 조기소화
3) 배관 내 높은 유속의 확보 : 배관 내 액상과 기상의 균일한 흐름을 얻기 위함
4) 노즐을 통과할 때의 유속을 증가시켜 방사된 소화약제가 공기와 잘 혼합되도록 한다.

(2) 불활성기체 계통의 방출시간(60초) 제한 목적
1) 직·간접 화재손상의 최소화 : 화재의 급속한 진행을 억제
2) 산소결핍 분위기에서 화재연소시간을 최소화
3) 인화성액체 등의 폭발에 대한 불활성화에 적용할 경우 : 연료농도가 폭발하한계에 도달하기 전에 먼저 소화약제농도를 설계농도에 도달시키기 위하여 방출시간을 제한한다.

5. 결론
가스계소화약제의 방출특성의 기본개념은 다음과 같이 요약할 수 있다.
(1) 가스계소화약제는 저장상태는 액체이지만 화재 시 배관과 노즐을 통해 분사되는 과정에서 기화되어 가스상태로 소화작용을 한다.
(2) 배관 내의 흐름 도중에서는 액상과 기상이 혼합상태로 흐르므로 수계소화설비와는 달리 2상계흐름(Two Phase Flow)이 된다.
(3) 노즐로부터 방사되는 가스량은 노즐에서의 방출가스압력과 분구면적에 좌우되므로 각 노즐에서의 방출압력과 분구면적이 적정하도록 설계하는 것이 방출성능을 결정짓는 것이다.

10 Piston Flow System

1. 개요

(1) FM-200 등 할로겐화합물 소화약제는 축압압력이 낮아(통상 2.53MPa) 약제 방출시 송출거리가 짧다.(통상 40m 이내)
(2) 그래서, 소화약제의 송출거리를 길게 하면서도 방출시간을 짧게(10초 이내) 할 수 있는 시스템이 요구되는데, 이러한 필요에 의해 개발한 것이 Piston Flow System이다.

2. 작동 Mechanism

(1) 별도의 가압용 질소가스용기를 설치하여
(2) 설비의 기동시 질소가스가 소화약제용기의 상부로 유입
(3) 이때, 질소가스의 압력으로 용기 하부의 사이펀 관을 통하여 소화약제를 밀어내어 설비 배관망으로 보낸다.

3. 특성(장점)

(1) 소화약제의 송출거리를 길게 할 수 있다.
  [예] FM-200의 경우 최대배관길이 : 150m
(2) 즉, 송출거리가 멀어도 노즐에서의 방출압력을 일정하게 할 수 있다.
(3) 질량 유량의 증대효과로 더 작은 직경의 배관망을 적용할 수 있다.
(4) 용기 내부의 평균압력을 높게 유지할 수 있다.
(5) 기존 할론 1301 설비의 효과적인 대체방안이 될 수 있다.
(6) UL, FM의 승인을 받음

4. 결론

Piston Flow System은 소화약제 방출시 별도의 가압용 질소가스로 가압함으로써 송출거리가 먼 노즐에서의 방출압력을 일정하게 유지할 수 있다. 따라서 송출거리가 짧았던 FM-200의 경우, 최대 배관길이를 150m까지 적용할 수 있게 되었다.

11 과압배출구

1. 개요

(1) 가스계소화설비에서 불활성기체, CO_2 등은 방사압력이 고압이므로, 방호구역에 소화약제 방출시 방호구역 내부가 과압이 되므로 인하여 건축구조물 등에 손상이 생길 수 있다.
(2) 이의 방지를 위해 방호구역에 과압배출구(Pressure Relief Vent)를 설치하여, 소화약제 방사시 방호구역의 압력을 배출해 주어야 한다.

2. 소화약제 방출시의 실내 압력변화

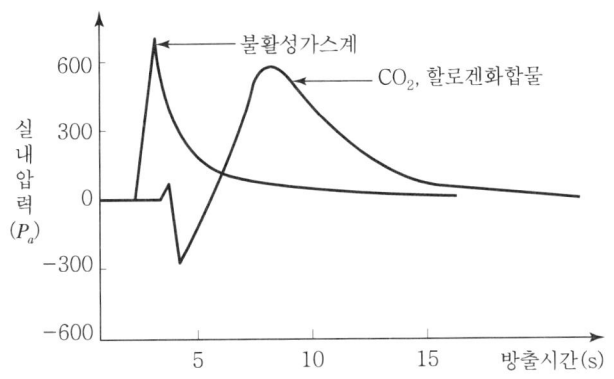

3. 과압배출구의 설계시 고려사항

(1) 벽의 높은 곳에 설치
   <이유> : CO_2 등 대부분의 소화약제는 비중이 공기보다 무거우므로 배출구가 낮은 곳에 위치할 경우 약제방사시 약제의 외부유출로 약제농도가 저하될 수 있다.
(2) 소화약제 방사노즐에서 가능한 먼 곳에 설치
(3) 방호구역 내의 허용압력보다 낮은 압력에서 개방
(4) 과압발생에 따라 자동으로 신속히 개방되도록 설치

4. 소화약제별 과압배출구 산출

(1) CO₂ 소화설비

1) 약제압력

 ① 저장압력 : 상온(20℃)에서 5.9 MPa : (고압식)

 ② 방사압력 : 2.1 MPa

2) 과압배출구의 크기

NFPA 12(5-6-2-2)

$$A = \frac{239 \times Q}{\sqrt{P}}$$

여기서, A : 과압배출구 면적[mm²]
 Q : CO₂ 방사량[kg/min]
 P : 방호구역 허용내압강도[kPa] { 경량 구조물 : 1.2
 일반 구조물 : 2.4
 콘크리트 구조물 : 4.8

(2) Inergen 소화설비

1) 약제압력

 ① 저장압력 : 상온(20℃)에서 15.0MPa

 ② 헤드방사압력 : 2.28MPa

2) 과압배출구의 크기

$$A = \frac{42.9 \times Q}{\sqrt{P}}$$

여기서, A : 과압배출구 면적[cm²]
 Q : 소화약제 방사량[m³/min]
 P : 방호구역 허용내압강도[kgf/m²] { 경량칸막이 : 10[kgf/m²]
 블록(벽돌조) : 50[kgf/m²]
 철근콘크리트벽 : 100[kgf/m²]

5. 결론

그동안 국내 소방법규에는 압력배출기준이 없었으나, NFPA12 (5-6)에서는 CO₂ 및 불활성기체 소화설비 등은 물론 모든 가스계소화설비 설계에서 과압에 관한 압력배출 문제를 고려하여 필요하면 설치하도록 하고 있으며, 여기에는 창이나 문, Damper 등의 누설 틈새를 포함하여 과압배출구의 크기를 산정하도록 하고 있다.

12. 가스계소화설비의 소화농도 측정방법

1. 개요

(1) 가스계소화약제에서 인체에 악영향을 미치지 않는 NOAEL 농도 이하이면서 주어진 시간 내에 완전소화를 할 수 있는 유효한 소화농도와 그에 따른 설계농도를 설정하는 것은 가스계소화설비에서 중요한 사항이다.

(2) 소화약제가스의 측정법에는 절대적 농도측정방법인 'Full Scale Field Test'와 상대적 농도측정방법인 '불활성시험' 및 '불꽃소화시험' 등이 있다.

2. 소화약제 가스의 농도 측정방법

(1) 절대적 농도 측정법

1) Full Scale Field Test(실제형태의 실험)

   ① 실제의 화재실과 동일한 상황을 만들어 놓고 실제 소화약제량을 투입·방사하여 특정한 화재를 주어진 시간 내에 진압할 수 있는지의 여부를 실험하는 방식

   ② 실험에 필요한 비용과 시간이 과다하게 소요되므로 현실성이 적다.

(2) 상대적 농도 측정법

1) Inerting Test(불활성화시험)

   ① 소규모 Sample 공간에서 공기와 가연성 연료의 혼합물 중에 소화약제 가스를 투입하여 불연성 혼합물로 만드는 데 필요한 소화약제의 농도를 측정하는 방식

   ② 즉, '불활성화 설계농도'를 측정하는 방식이다.

   ③ 설계농도는 이때 측정된 농도(소화농도)의 110%를 적용한다.

2) Cup-burner Test(불꽃소화시험)

   ① Cup-burner 장치를 이용하여 불꽃에 소화약제를 직접 방사하여 소화가 되는 데 필요한 소화약제의 농도를 측정하는 방식

   ② 시험이 용이하고 소화약제의 소모량이 적어 가장 많이 사용되는 방식이다.

   ③ 설계농도는 이때 측정된 농도(소화농도)의 120%(단, B급화재 대상물은 130%)를 적용한다.

가스계소화설비의 작동시 화재감지부터 설계농도 도달까지의 필요시간

1. 개요

(1) 아래 그림과 같이 가스계소화설비에서 화재감지부터 소화약제가 방사되어 설계농도에 도달하는데 필요한 시간은 감지시간, 대피시간, 방호구역밀폐(구획조정) 시간, 방출시간 등으로 구분할 수 있다.

(2) 소화약제 방사 시의 시간 개념

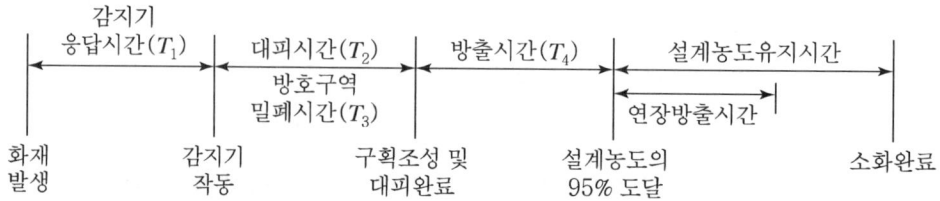

2. 감지시간(감지기 응답시간) : T_1

(1) 화재 발생시 감지기가 이를 감지하여 제어반으로 화재신호를 송출하는데 걸리는 시간이다.
(2) 교차회로방식의 경우에는 1개회로만 작동할 경우에 음향경보장치만 작동하고, 2개 회로 모두 작동되어야 소화약제 방출모드의 진행이 시작된다.
(3) 감지시간을 줄이기 위해서는 방호구역의 환경에 적합한 적응성이 있는 감지기 종류를 선정해야 하며, 가급적이면 아날로그방식의 감지기 등을 채용하여 감지시간 지연의 해소와 신뢰도를 높일 필요가 있다.

3. 대피시간 : T_2

(1) 소화약제가 방사헤드로부터 실제 방출이 시작되기 이전에 재실자가 방호구역 외부로 피난하는데 소요되는 시간
(2) 감지기 1개회로가 작동하여 음향경보가 발령된 시점부터 대피시간이 시작되며, 그

후 감지기 2개회로가 작동하여 제어반의 지연장치에 의해 소정의 지연시간(20~30초)을 거친 후에 기동용 가스용기와 소화약제 저장용기가 개방되어 소화약제가 배관이송시간을 거쳐 방사헤드에 도달될 때까지 걸리는 시간이 실제적인 대피시간이 된다.

4. 방호구역 밀폐시간(구획조성시간) : T_3

(1) 방호구역에 개구부가 개방된 상태에서 소화약제가 방사되면 소화약제가 방호구역 외부로 유출되어 소화효과가 감소될 수 있으므로 소화약제 방출 이전에 각 개구부 및 통기구를 폐쇄하는데 걸리는 시간이다. 이것은 대피시간(T_2)과 동일하게 시작되어 동일하게 종료된다고 할 수 있다.

(2) 소화약제 방출 이전에 즉, 감지기의 교차회로 중 1회로만 작동하여도 방호구역의 창문, 방화셔터, 방화댐퍼 등의 개구부를 폐쇄되게 하고, 환기용 Fan 등의 공조시스템은 정지시키도록 하고 있다.

5. 소화약제 방출시간

(1) 분사헤드로부터 소화약제가 방출되기 시작하는 시점부터 최소설계농도에 도달하는데 필요한 약제량의 95%를 방출하는데 걸리는 시간을 '소화약제방출시간'이라 한다.

  1) 불활성가스계 소화약제 : 방출시간 60초 이내
  2) 할로겐화합물계 소화약제 : 방출시간 10초 이내

(2) 방출시간제한의 목적

  1) 할로겐계 소화약제의 방출시간(10초)제한 이유

   ① 소화약제의 열분해 생성물의 최소화
   ② 직·간접 화재손상의 최소화 : 화재의 신속한 진행을 억제
   ③ 배관 내 높은 유속의 확보 : 배관 내 액상과 기상의 균일한 흐름을 얻기 위함
   ④ 노즐을 통한 충분한 방사유량의 확보 : 방사되는 약제의 유량이 많아도 공기와 잘 혼합되게 함

  2) 불활성가스계 소화약제의 방출시간(60초) 제한 이유

   ① 직·간접 화재손상의 최소화 : 화재의 급속한 진행 억제
   ② 산소결핍 분위기에서 화재 연소시간 최소화

③ 인화성액체 등을 폭발의 불활성화에 적용할 경우 : 연료농도가 폭발하한계에 도달하기 전에 먼저 소화약제농도를 설계농도에 도달시키기 위하여 방출시간을 제한한다.

6. 설계농도유지시간(Soaking Time)

(1) Soaking Time의 필요성

1) 방호구역 내에 소화약제가 방출되어 설계농도에 순간적으로 도달되었다고 즉시 소화가 되는 것이 아니라, 일정한 시간동안 설계농도를 유지하여야 소화가 되며 재발화 방지도 될 수 있다.
2) 그러나 방호구역에는 개구부와 누설틈새가 존재하므로 이를 통하여 소화약제가 누설되면 설계농도 유지가 어려워지므로 이를 보완하여 설계농도유지시간을 확보하기 위해 추가적으로 약제를 방출하는데 이를 '연장방출시간'이라 한다.
3) 연장방출시간 동안에 추가로 방출하는 약제에 대하여는 별도의 약제저장용기, 배관 및 헤드를 통하여 설계농도유지시간 동안에 누설되는 양 만큼 계속 방사해야 Soaking Time을 유지할 수 있다.

(2) Soaking Time과 소화 약제농도와의 상관성

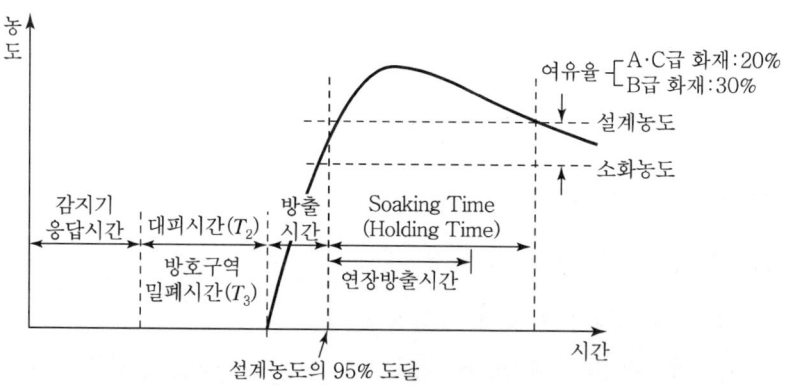

(3) Soaking Time 확보방법

1) 개구부의 크기
① 개구부의 크기가 작을수록 Soaking Time 확보에 유리함
② 각종 누설틈새 면적의 최소화 조치
③ EIT(Enclosure Integrity Test)를 통해 누설면적 크기를 산출하여 보완

2) 개구부의 위치

① 개구부의 위치가 높을수록 Soaking Time 확보에 유리함 : 소화약제는 공기보다 비중이 크기 때문임

② 누설틈새 위치는 EIT 시험을 통해 파악 가능

3) 설비연동 시스템 구축

① 소화약제 방사 시 급·배기설비 및 냉·난방설비 등의 자동정지

② 소화약제 방사 시 창문 등 개구부의 자동폐쇄장치를 작동하여 폐쇄

14. 할로겐화합물 소화설비의 배관 내 용적률 제한

1. 개요

할로겐화합물소화설비에서 하나의 방호구역을 담당하는 저장용기의 소화약제 체적합계보다 소화약제의 방출시 방출경로가 되는 배관의 내용적 비율이 설계기준에서 정한 값 이상일 경우에는 당해 방호구역에 대한 설비는 별도로 독립방식으로 하여야 한다.

2. 배관 내 용적률을 제한하는 이유

(1) 제한된 소화약제 방출시간(10초) 내에 방사가 완료(95% 이상)되도록 하기 위해서이다. 즉, 21℃ 상온에서 최소설계농도에 도달하는 데 필요한 약제량의 95%가 10초 이내에 방출되어야 목표하는 소화효과에 도달할 수 있다.

(2) 약제저장량 대비 방출경로의 배관용적률이 지나치게 클 경우에는 약제가 방출될 때 배관 내에 머무는 시간이 너무 길어지므로 배관 내에서 기화하는 비율이 커진다. 소화약제가 기화할 때는 높은 비체적에 의하여 압력손실이 증가하게 되어 소화약제의 방출율이 떨어지고 소화약제를 빠른 시간 내에 균일하게 방사하는 데 지장을 초래하게 된다.

3. 소화약제별 배관 내 용적률의 제한값

$$= \frac{\text{약제 방출경로상의 배관 내 용적}}{\text{당해 방호구역용 소화약제의 용적(저장량)}}$$

(1) HCFC Blend A : 1.05 (KFI : 1.25)
(2) HFC-23 : 1.25 (KFI : 1.69)
(3) HFC-227ea : 1.25
(4) IG-541 : 1.5 (KFI : 2.0)

15 가스계소화설비의 작동시험

1. 시험 전 준비사항

(1) 설계도서 검토 : 각 설비별 구조·기능·성능기준의 파악
(2) 소화약제 성상의 파악
(3) 점검에 사용할 측정기기, 공구 등의 사전 준비
(4) 대체용기·시험용기 등의 운반시 안전조치 파악
(5) 점검내용·범위 등을 점검자 전원에게 공지
(6) 시험대상 이외의 기동용 가스용기의 솔레노이드밸브는 분리(탈거)한다.
(7) 점검개시에 앞서 관계자와 협의
(8) 구내방송 등으로 점검에 대한 사전 홍보
(9) 점검중 화재시의 대응방안 수립

2. 시험작동방법의 종류

(1) 기동장치 작동시험

1) 화재감지기 작동
2) 수동조작함 작동

(2) 약제방출시험

1) 기동용 가스용기(가스압식) 또는 전자밸브(전기식)를 수동으로 작동
2) 선택밸브 및 약제저장용기를 수동으로 개방

3. 작동방법

(1) 화재감지기 A·B 회로(2개) 동시 작동
(2) 수동조작함의 수동기동스위치 작동
(3) 기동용 가스용기의 솔레노이드밸브를 수동 작동
(4) 선택밸브를 개방하고 약제저장용기의 용기개방장치 니들밸브를 수동 작동
(5) 제어반 시험작동 : '동작시험' 위치에 놓고 각 방호구역별로 동작스위치 작동

4. 시험시 주의사항 및 시험 후 조치사항

(1) 시험 작동 전

1) 시험대상 이외의 기동용 가스용기의 솔레노이드밸브를 기동용 가스용기로부터 분리(탈거)한다.
2) 창문 등의 개방, 귀마개·보안경의 사용 등 안전에 유의한다.

(2) 시험 종료 후

1) 제어반의 조작스위치 등을 원상태로 복구한다.
2) 사용했던 약제저장용기와 기동용 가스용기는 충약된 용기로 교체한다.

16 소화가스약제량의 측정법

1. 중량측정법

(1) 소화약제를 담은 약제저장용기의 무게를 측정하여 약제량을 판단하는 것
   약제중량 = 약제 저장된 저장용기의 중량 − 빈 용기의 중량
(2) 정확하고 보편적 방법이다.
(3) 측정에 많은 시간과 노력이 필요하다.
(4) 판정방법
   약제중량의 측정결과를 제조회사에서 제공하는 중량표 및 도면, 시방서와 비교하여 그 차이가 10% 이하이면 합격

2. 간편식 측정기(검량계)로 측정하는 방법

(1) 단순 검량계로 측정하는 것
(2) 측정이 간편하지만 정밀측정은 어렵다.
(3) 측정순서
    1) 용기밸브에 설치되어 있는 밸브개방장치, 연결관, 용기누름스위치 등을 떼어낸다.
    2) 측정기 선단의 후크를 용기밸브에 부착시킨다.
    3) 측정기의 손잡이를 쥐고 천천히 끌어내려, 측정기의 막대가 거의 수평상태로 되었을 때 중량을 측정한다.
    4) 이때 약제량의 측정값은 용기밸브 및 저장용기의 자체중량을 뺀 값이다.

3. 액화가스 레벨미터(액면계)로 측정

(1) 방사선 투과원리를 이용하는 것
(2) 측정은 용이하나 계측기가 고가격임
(3) 측정장소의 주위온도가 높을 경우 액면판별이 곤란하다.
    임계점 이상의 온도(CO_2 : 31.35℃, 할론 : 67℃)에서는 측정 불가함
(4) 약제량 판독방법
    1) 전용의 환산척 이용
    2) 약제량 계산식 이용

$$약제량(g) = S \cdot \rho_i \cdot b + S \cdot \rho_g \cdot (L-b)$$

여기서, S : 저장용기 단면적[cm²]
          ρ_i : 액화가스밀도[g/cc]
          ρ_g : 기체가스밀도[g/cc]
          b : 측정액면높이[cm]
          L : 저장용기길이[cm]

4. 결론

소화가스약제량 측정방법은 액화가스 레벨미터에 의한 방법이 가장 선진화적인 방법이라 할 수 있다. 이것은 종래의 검량방법보다 노동력, 위험성 등 경제적인 이점은 있으나, 극소량의 감마선(γ)이 계속 방출되고 있기 때문에 피폭선량은 가능한 한 낮게 하고, 방사선원(코발트 60)은 납용기에 보관하여야 하는 단점도 있다.

17. 가스계소화설비의 Liquid Full

1. Liquid Full의 개념

(1) 일반적인 할로겐화합물계 소화약제는 그림과 같이 충전밀도와 온도에 따라 상태도의 형태가 크게 변화한다.

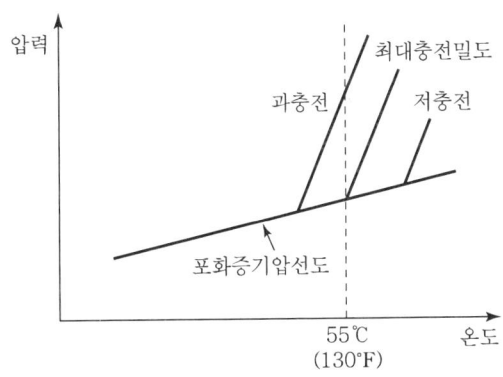

(2) 할로겐화합물계 소화약제는 고압의 액상 상태로 저장한다.
(3) 이렇게 고압액화가스로 저장된 용기 내의 압력은 충전밀도와 온도에 의해 변화한다.
(4) 즉, 약제저장용기 내에서 온도가 상승하면 액상부분이 증발하면서 기상부분의 압력이 증가한다.
(5) 온도가 어느 한도 이상으로 상승되어 그림과 같이 포화증기압 선도에 접하게 되면 용기 내의 압력이 크게 상승한다. 이러한 상태를 "Liquid Full 상태"라 한다.

2. ISO 기준

(1) "할로겐화합물계 소화약제는 저장용기 내의 최대충전밀도를 초과하여 저장하지 않아야 한다."로 규정하고 있다. 즉, 할로겐화합물계 소화약제는 최대충전밀도를 초과하여 저장할 경우 온도가 조금 상승하여도 압력은 크게 상승하게 되어 Liquid Full 상태가 될 수 있기 때문이다.
(2) 할로겐화합물계 소화약제의 저장관련 기준
  1) 55℃(130°F)에서 Liquid Full이 되지 않아야 한다.
  2) 55℃(130°F)에서 용기 내 압력이 설계압력의 120%를 초과하지 않아야 한다.

3. 결론

(1) 할로겐화합물계 소화약제에서 최대충전밀도를 초과하여 충전할 경우 적은 온도상 승에도 압력이 매우 크게 상승하여 Liquid Full 상태가 되므로 인해 약제저장용기의 파괴 등 큰 피해가 발생될 수 있다.

(2) 국내기준에는 할로겐화합물소화설비 기준에만 최대충전밀도의 제한규정이 있고, 할론소화설비에 대하여는 최대충전밀도의 규정이 없는 상태인데, 앞으로 이에 대하여도 보완이 필요하다.

18 가스계소화약제 방출시의 자유유출(Free Efflux)

1. 개요

가스계소화설비의 전역방출시스템에서 방호구역 내로 소화약제가스가 방사되는 경우 방출된 소화약제가스의 체적만큼 실내의 공기가 누설틈새를 통하여 외부로 배출되는 형태를 다음과 같이 3가지로 구분한다.

(1) 완전치환 : 방사된 소화약제량 만큼 실내공기가 외부로 유출되는 개념

(2) 자유유출(Free Efflux) : 방사된 「소화약제량+실내공기」의 혼합기체가 외부로 유출되는 개념

(3) 무유출(No Efflux) : 방호구역이 완전 밀폐되어 실내공기나 소화약제가 유출이 되지 않는 개념

2. 자유유출(Free Efflux)의 개념

(1) 전역방출식 가스계소화설비 시스템에서 소화가스가 방사될 경우 높은 방사압력으로 인하여 개구부 및 누설틈새를 통하여 방호구역 내의 공기와 함께 혼합기체 상태로 자유롭게 유출하게 된다. 이런 상태의 유출을 자유유출(Free Efflux)이라 한다.

(2) 방사 초기에는 공기만 누출되지만 방사가 지속되면서 소화가스의 누출비율이 점점 높아지게 된다.

(3) 즉, 이와 같은 누설은 고농도일수록 소화가스의 누설손실은 점점 커지게 되므로, 소화약제는 요구 설계농도에 비례하여 더 많은 양이 필요하게 된다.

3. CO₂의 Free Efflux 조건에서 관계식 유도

(1) NFPA 12(Annex D)에서 다음과 같은 관계식을 제시하고 있다.

$$e^x = \frac{100}{100-C}$$

여기서, e : 2.718(natural logarithm base)
x : 방호구역에 단위체적당 방사된 CO_2의 체적[m³/m³]
C : 방사 후 CO_2의 농도

x에 대하여 정리하면,

$$\therefore x = 2.303 \log_{10} \frac{100}{100-C}$$

(2) 위의 식에서 계산된 단위체적당 방사된 CO_2의 체적을 중량으로 환산하려면, 비체적 S[m³/kg]의 역수인 $\frac{1}{S}$[kg/m³]을 곱해준다.

$$\therefore W = 2.303 \log_{10} \frac{100}{100-C} \times \frac{1}{S}$$

여기서, W : 방호구역 단위체적당 약제량[kg/m³]
C : 방사 후 CO_2의 농도
S : 비체적[m³/kg]

4. 결론

가스계소화약제 중 CO_2와 Inergen 같은 불활성기체 소화약제는 동일한 체적공간 내에서 할로겐화합물 소화약제보다 약제량이 더 많이 소요된다. 그 이유는 불활성기체 소화약제는 방출시간(1분~20분)이 길기 때문에 소화약제량 계산에서 자유유출(Free Efflux)개념이 적용된 약제량 계산법을 적용하기 때문이다.

19 Feed Back System

1. Feed Back System의 개념

(1) 가스계 소화설비에서 소화약제 저장용기의 개방방식은 별도의 기동용 가스를 이용하여 개방시키는 가스압력개방식을 대부분 사용하고 있다.

(2) 이러한 방식에서는 소화약제저장용기가 여러 개일 경우 즉, 하나의 방호구역에 해당하는 소화약제저장용기 수가 많을 경우에는 1개의 기동용기방출가스(CO_2 0.6~0.8kg)로 약제저장용기 모두를 개방하기에는 역부족이다.

(3) 이러한 경우를 대비하여 먼저 개방된 소화약제저장용기에서 방출되는 소화약제 가스의 일부를 약제저장용기의 용기밸브로 되돌려 그 소화약제가스의 압력으로 나머지 미개방된 소화약제저장용기를 개방시키는 System을 Feed Back System이라 한다.

2. 구조원리

(1) 다음 그림과 같이 선택밸브 2차측 주배관에서 분기하여 압력스위치로 연결되는 동관과 선택밸브 사이를 동관으로 연결하고 그 연결 지점에 체크밸브를 2개소 설치한 구조이다.

(2) 소화약제 방출시 먼저 개방된 소화약제저장용기에서 방출되는 소화약제의 일부가 동관을 통하여 약제저장용기의 용기밸브로 Return되어 그 소화약제가스의 압력으로 나머지 미개방된 약제저장용기를 개방시키는 원리이다.

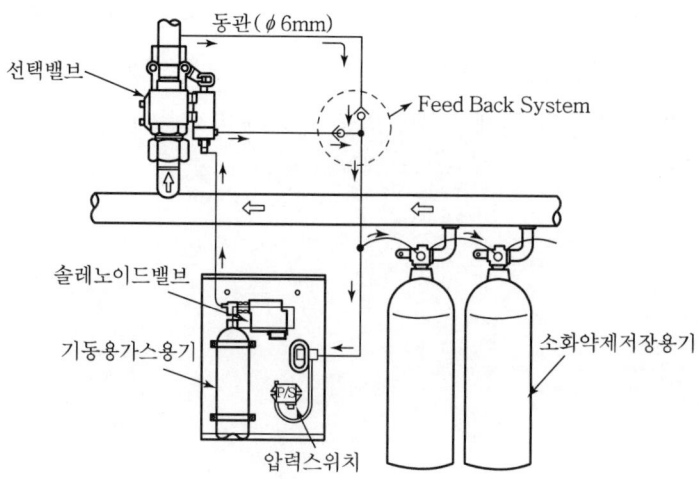

3. 결론

가스계 소화설비에서 Feed Back System을 적용하지 아니하였을 경우 기동용 가스용기 1개로 소화약제저장용기를 개방할 수 있는 한계가 10개 이내라는 연구결과가 있다고 한다.

그러나 소화약제 저장용기 수가 2개 이상인 경우에는 Feed Back System을 적용하는 것이 큰 경제적 부담 없이도 보다 안전한 설비를 확보할 수 있을 것이다.

20 고체에어로졸 소화설비

1. 정의

(1) 에어로졸이란, 가스상태인 매개체에 매달려 공중에 부유하고 있는 미세한 물입자 또는 고체입자($1\mu m$ 미만)를 말한다.
(2) 고체에어로졸 소화설비란, 특정 성분의 고체화합물이 연소할 때 발생되는 K염을 함유한 고농도의 에어로졸이 발생하는데, 이 에어로졸이 연소의 연쇄반응을 차단하는 부촉매 소화원리를 이용하여 화재를 진압하는 시스템을 말한다.

2. 소화원리

(1) 고체에어로졸 소화약제의 주성분인 산화제(KNO_3, $KClO_4$ 등)의 연소시에 발생된 K염은 화염에 의해 분해되어 라디칼을 생성하고, 이 라디칼은 연소 표면에서 발생하는 OH^- 및 H^+가 산소와 반응하는 것을 차단하여 연소의 연쇄반응 고리를 끊음으로써 소화되게 한다.
(2) 고체에어로졸 소화설비는 생성되는 입자의 크기가 작고 입자의 수가 많아, 즉 표면적이 넓어 K염의 분해반응이 활발히 일어나므로, 높은 농도의 K^+를 생성하게 되어 우수한 소화성능을 갖게 된다.

3. 시스템 구성

(1) 소화약제부 : 연소시 K염을 생성하는 고체성분
(2) 반응부 : 소화약제의 연소생성물이 화학반응 하는 공간

(3) 냉각제 : 고온의 에어로졸을 인체와 설비에 무해한 온도까지 냉각함
(4) 노즐 : 냉각된 에어로졸이 노즐을 통해 소화대상물에 분사된다.

4. 작동 Mechanism

(1) 화재실이 일정 온도에 도달하면,
(2) 시스템의 자체점화열선 통 속에 저장된 분말이 배출되면서 냉매를 통과한다.
(3) 이때, 고체에어로졸이 형성된다.
(4) 이때, 열에너지를 흡수하므로 냉각효과가 발생한다.
(5) 동시에 연소의 연쇄반응고리를 차단하게 된다.
(6) 소화

5. 특성

(1) 소화성능이 우수함 : 소화원리는 할론과 같으나, 소화성능은 할론보다 5배 정도 더 높다.
(2) 친환경적이다 : 지구온난화지수 및 오존층파괴지수 = 0
(3) 작동 신뢰성이 높다 : 작동방식이 스프링클러의 글라스벌브 타입과 같은 기계적인 방식이다.
(4) 사용수명이 제한적임 : 사용수명 경과년이 지나면 화합물 물성이 변해 연소시간이 줄어들고 냉각제의 기능도 낮아진다.

6. 결론

고체에어로졸 소화설비는 지구온난화지수 및 오존층파괴지수가 Zero로서 친환경적이면서 소화성능은 할론의 5배나 되는 것으로, 단점인 사용수명의 제한 문제만 보완되면 향후 기존 가스계소화설비의 대체 소화설비로 대두될 것으로 예상된다.

제2권

핵심 소방기술사

권순택 著
소방기술사
소방시설관리사

예문사

제11장 제연설비

[개장] 제연설비의 설계 ·································· 589
  01. 연기제어방식의 종류 ······················· 596
  02. 송풍기의 종류별 특성 ······················· 599
  03. 제연설비 송풍기의 선정 및 설치시 고려사항 ············ 602
  04. 송풍기의 풍량측정 ······················· 604
  05. 송풍기의 풍량제어방법 ······················· 607
  06. 송풍기의 Surging 방지방법 ······················· 611
  07. 부속실제연설비의 설계순서 ······················· 612
  08. 급기가압제연설비의 유입공기배출 ······················· 616
  09. 부속실제연설비의 TAB ······················· 617
  10. 국내 부속실제연설비의 문제점 ······················· 621
  11. 피난경로의 연기에 대한 피난안전성 확보를 위한
      각 구간별 대응방법 ······················· 624
  12. 제연설비의 설계에 필요한 인자 ······················· 626
  13. 도로터널의 제연설비 ······················· 628
  14. 제연설비 덕트의 설계 ······················· 632
  15. 플러그 홀링(Plug-holing)현상 ······················· 635
  16. 초고층건축물의 부속실제연설비에 대한 문제점과
      개선방안 ······················· 637
  17. 초고층건축물의 거실제연설비에 대한 문제점과 개선방안 ······ 641

제12장 자동화재탐지설비

  01. 자동화재탐지설비 시스템의 종류 ······················· 647
  02. NFC 72의 자동화재탐지설비 분류 ······················· 649
  03. P형과 R형 자동화재탐지설비 ······················· 653
  04. 수신기의 구조 및 기능 ······················· 655
  05. 중계기의 종류별 특성 ······················· 657
  06. 자동화재탐지설비와 타 시스템 간의 연동 ······················· 659
  07. MXL Network 자동화재탐지설비 ······················· 661
  08. 연기감지기 ······················· 663
  09. 열감지기의 작동특성 ······················· 665

10. 일반 화재감지기의 설치기준 ·· 666
11. 특수감지기의 종류 및 적응장소 ·· 668
12. 복합형감지기 · 다신호식감지기 ·· 670
13. 차동식 분포형 감지기 ·· 672
14. 정온식 감지선형 감지기 ·· 675
15. 2신호식 감지선형 감지기 ·· 677
16. 광센서 감지선형 감지기 ·· 679
17. 불꽃감지기 ··· 682
18. 광전식 분리형 감지장치 ·· 688
19. 이온화식 인공지능형 감지기 ··· 690
20. 광전식 공기흡입형 감지기 ··· 691
21. 차세대(향후) 개발 감지장치 ·· 693
22. 비화재보의 원인과 방지대책 ··· 695
23. 시각경보장치(Strobe Light) ·· 697
24. 화재감지기용 Thermister의 종류별 특성 ······························ 699
25. 자동화재탐지설비의 경계구역 ·· 701
26. R형 시스템에서 각 설비의 입 · 출력 회로수 산정 ············· 702

제13장 소방전기시설론

01. 종합방재센터 ·· 711
02. 유도등설비 ··· 713
03. 고휘도 유도등 ··· 717
04. 유도등의 배선방식 ··· 720
05. 유도등을 녹색으로 하는 이유 ··· 722
06. 피난유도선설비 ·· 723
07. 유도전동기의 기동방식 ·· 725
08. 내화배선 · 내열배선 ··· 728
09. 차폐배선(Shield배선) ·· 732
10. 무선통신보조설비 ·· 734
11. 누설동축케이블의 손실과 Grading ·· 739
12. 누전경보기 ··· 741
13. 케이블 연소방지용 도료의 도포기준 ···································· 743
14. 비상조명등설비 ·· 745
15. 비상방송설비 ·· 747

16. Seebeck 효과 ·· 750
17. 접지공사의 종류별 접지저항값 및 시공방법 ·············· 751
18. 접지저항의 측정방법 ······································ 756
19. 피뢰설비 ··· 757
20. 축전지의 용량 산정방법 ·································· 760
21. 비상전원과 예비전원 ······································ 763
22. 소방전원보존형 발전기시스템 ··························· 766
23. UPS(무정전 전원공급장치) ····························· 769
24. ESS(전기저장장치) ······································· 773
25. ESS(전기저장장치)의 화재방호대책 ····················· 781

제14장 성능위주 소방설계

01. Performance Based Fire Protection Engineering ·········· 787
02. 성능위주 소방설계의 절차 ······························· 790
03. 성능위주 소방설계 시 성능기준의 결정 ················ 796
04. 성능위주 소방설계용 화재시나리오의 유형 ············ 798
05. 성능위주 소방설계의 시나리오 작성 ···················· 803
06. 성능위주 소방설계에 필요한 시험 ······················ 806
07. 성능위주 내화구조 설계법 ································ 808
08. 설계VE(Value Engineering) ···························· 810
09. 성능위주 피난설계 ··· 814

제15장 각종 건축물의 종류별 방재대책

01. 각종 건축물의 공통적인 방재대책 ······················ 821
02. 각종 건축물의 용도별 방재적 특성 ····················· 823
03. 초고층건축물의 소방방재대책 ··························· 829
04. 초고층건축물의 연돌효과 방지대책 ····················· 834
05. ATRIUM 방재대책 ·· 837
06. 지하구의 소방·방화시설 ································· 840
07. Life Line의 방재대책 ····································· 842
08. 지하철역사의 방재대책 ··································· 845
09. Multiplex(복합상영관) 방재대책 ························ 847

10. 공동주택의 방재대책 ·· 850
11. Clean Room·반도체공장의 방재대책 ·· 853
12. 집회장 무대부의 방재대책 ··· 855
13. 다중이용업소의 소방·방화시설 ·· 857
14. 선박의 방재대책 ·· 863
15. 차량화재의 예방대책 ·· 865
16. 대형 물류(랙크식)창고의 방재대책 ··· 867
17. 대형 할인매장의 방재대책 ··· 870
18. 호텔건축물의 방재대책 ·· 872
19. 광산재해의 방재대책 ·· 874
20. 도장공정의 화재예방대책 ·· 876
21. 실내체육관의 방재대책 ·· 879
22. 냉동창고의 방재대책 ·· 881
23. 노인복지시설의 방재대책 ·· 883
24. 냉각탑의 화재예방대책 ·· 885
25. 목조건축물의 화재위험성과 안전대책 ··· 887
26. 목조문화재 건축물의 방재대책 ·· 890
27. 견본주택(모델하우스)의 방재대책 ··· 892
28. 도로터널의 소방·방재시설 ·· 895
29. 도로터널의 위험도지수 산정기준 ··· 901
30. 덕트화재 ··· 904
31. 지진관련 방재대책 ·· 907
32. 실내사격장의 화재·폭발 안전대책 ··· 909
33. 전통시장의 화재안전대책 ·· 911
34. 원자력발전소의 화재방호대책 ·· 914
35. 박물관 수장고의 화재방호대책 ·· 918
36. 지하주차장의 화재안전대책 ·· 921
37. 전기차량 충전·주차구역의 화재안전대책 ·································· 924
38. 데이터센터의 화재안전대책 ·· 929
39. 풍력발전기(터빈)의 화재안전대책 ··· 931
40. 대형병원의 화재안전대책 ·· 934

제16장 기타·종합

01. 화재원인조사 및 감식요령 ········· 939
02. 화재원인조사의 진행순서 ········· 941
03. 물적증거에 의한 화재감식요령 ········· 943
04. 담배에 의한 화재의 감식요령 ········· 946
05. 전기화재 중 단락흔의 감식방법 ········· 948
06. 방화(放火 : Arson) ········· 950
07. 산불(임야)화재 ········· 953
08. 건축물 Remodeling에 따른 소방시설공사의 적법절차
    (설계·감리·시공) ········· 958
09. 건축물 Remodeling에 따른 소방시설의 변동사항 ········· 961
10. 제조물책임법(Product Liability) ········· 962
11. 방재계획서와 소방계획서 ········· 965
12. 사전재난영향성 검토·평가 ········· 968
13. 다중이용업소의 화재위험평가제도 ········· 972
14. 소화기구의 배치기준 ········· 973
15. HPR 보험의 개념과 조건 ········· 976
16. 화재시 인체에 대한 온도의 영향성 ········· 977
17. 소방시설공사 감리업무 ········· 979
18. NFPA의 NFC와 국내화재안전기준(NFSC)의 개념적 차이 ······ 981
19. 소방시설의 TAB ········· 982
20. 소방시설의 내진설계기준 ········· 984

제17장 계산문제

01. 피난시간 계산 ········· 999
02. 열전달률 계산 ········· 1000
03. 누설면적 및 급기풍량 계산 ········· 1001
04. 차압 계산 ········· 1003
05. 동압을 포함한 수리계산 ········· 1004
06. 옥외탱크저장소의 방유제 용량계산 ········· 1007
07. 프로판가스의 폭발하한계 및 당량비 계산 ········· 1008
08. 포소화설비의 설계계산 ········· 1009

09. 폐쇄된 실의 화재하중 계산 ·· 1012
10. 부속실 제연설비의 설계계산 ·· 1014
11. 소화전 노즐의 반동력 계산 ·· 1017
12. Fire Ball 관련 계산 ·· 1018
13. 수소가스의 한계방출량 계산 ·· 1020
14. 연기배출량 계산 ·· 1021
15. 스프링클러설비의 헤드방사압력 계산 ··································· 1022
16. 스프링클러설비의 수리계산-Ⅰ ·· 1024
17. 스프링클러설비의 수리계산-Ⅱ ·· 1026
18. 펌프의 이론 소요동력 계산 ·· 1032
19. 할로겐화합물 및 불활성기체소화설비의 설계계산 ············· 1033
20. 옥외탱크저장소의 소화설비 및 방유제 용량계산 ············· 1036
21. 불꽃감지기의 배치계산 ··· 1039
22. 소방시설 내진설계의 계산 ··· 1041
23. 소방시설 내진설계의 세장비 계산 ······································ 1048
24. 내진버팀대의 최소회전반경 및 길이 계산 ························· 1050
25. 저·고층부 분리배관 시스템의 설계계산 ···························· 1051
26. 연결송수구의 송수압력 계산 ··· 1053

부록1 답안작성 세부요령 및 답안작성의 견본 1057

※ 소방기술사 법규문제 출제현황 ·· 1068

부록2 건축관계법규

[제1장] 건축법 ··· 1071
[제2장] 건축법 시행령 ··· 1076
[제3장] 건축물의 피난·방화구조 등의 기준에 관한 규칙 ····· 1093
[제4장] 건축물의 설비기준 등에 관한 규칙 ··························· 1118
[제5장] 건축자재등 품질인정 및 관리기준 ····························· 1123
[제6장] 발코니 등의 구조변경절차 및 설치기준 ··················· 1134
[제7장] 건축물의 화재안전성능보강 방법 등에 관한 기준 ····· 1136
[제8장] 고강도 콘크리트 기둥·보의 내화성능 관리기준 ······ 1141

부록 3 소방관계법규

[제1장] 소방기본법 ·· 1149
[제2장] 소방기본법 시행령 ······································ 1150
[제3장] 소방기본법 시행규칙 ·································· 1152
[제4장] 소방시설공사업법 ······································ 1155
[제5장] 소방시설공사업법 시행령 ·························· 1156
[제6장] 소방시설 설치 및 관리에 관한 법률 ·················· 1161
[제7장] 소방시설 설치 및 관리에 관한 법률 시행령 ········· 1168
[제8장] 소방시설 설치 및 관리에 관한 법률 시행규칙 ······ 1202
[제9장] 화재의 예방 및 안전관리에 관한 법률 ················ 1216
[제10장] 화재의 예방 및 안전관리에 관한 법률 시행령 ······ 1222
[제11장] 화재의 예방 및 안전관리에 관한 법률 시행규칙 ···· 1234
[제12장] 다중이용업소의 안전관리에 관한 특별법 ············ 1237
[제13장] 다중이용업소의 안전관리에 관한 특별법 시행령 ···· 1240
[제14장] 다중이용업소의 안전관리에 관한 특별법 시행규칙 ·· 1245
[제15장] 초고층 및 지하연계 복합건축물 재난관리에
　　　　　관한 특별법 ·· 1251
[제16장] 초고층 및 지하연계 복합건축물 재난관리에
　　　　　관한 특별법 시행령 ···································· 1257
[제17장] 초고층 및 지하연계 복합건축물 재난관리에
　　　　　관한 특별법 시행규칙 ································· 1264
[제18장] 소방시설의 내진설계기준 ······························ 1268

Chapter 11
제연설비

[개장] 제연설비의 설계 ·· 589
  01. 연기제어방식의 종류 ·· 596
  02. 송풍기의 종류별 특성 ··· 599
  03. 제연설비 송풍기의 선정 및 설치시 고려사항 ···························· 602
  04. 송풍기의 풍량측정 ··· 604
  05. 송풍기의 풍량제어방법 ··· 607
  06. 송풍기의 Surging 방지방법 ·· 611
  07. 부속실제연설비의 설계순서 ·· 612
  08. 급기가압제연설비의 유입공기배출 ·· 616
  09. 부속실제연설비의 TAB ·· 617
  10. 국내 부속실제연설비의 문제점 ··· 621
  11. 피난경로의 연기에 대한 피난안전성 확보를 위한
      각 구간별 대응방법 ··· 624
  12. 제연설비의 설계에 필요한 인자 ··· 626
  13. 도로터널의 제연설비 ·· 628
  14. 제연설비 덕트의 설계 ·· 632
  15. 플러그 홀링(Plug-holing)현상 ··· 635
  16. 초고층건축물의 부속실제연설비에 대한 문제점과
      개선방안 ·· 637
  17. 초고층건축물의 거실제연설비에 대한 문제점과 개선방안 ·········· 641

개장

제연설비의 설계

1. 거실 제연설비의 설계

(1) 제연구역의 설정기준

1) 하나의 제연구역 면적은 1,000m² 이내
2) 거실과 통로는 상호 제연구획 할 것
3) 하나의 제연구역은 직경 60m 원내에 들어갈 것
4) 통로상의 제연구역은 보행중심선의 길이가 60m 이하
5) 하나의 제연구역은 2개 이상의 층에 미치지 아니할 것

(2) 제연구획의 설치기준

1) 제연구획의 구성 : 보, 제연경계, 벽(가동벽 포함), 방화셔터, 방화문
2) 제연구획의 재료 : 내화재료, 불연재료 또는 제연경계벽으로 성능을 인정받은 것으로서 화재 시 쉽게 변형·파괴되지 아니하고 연기가 새지 않는 기밀성이 있는 재료
3) 제연경계 : 폭 0.6m 이상, 수직거리 2m 이내

(3) 배출량 계산

1) 제연구역이 벽으로 구획된 경우
   ① 제연구역이 거실인 경우
      ㉮ 바닥면적 400m² 미만 : <u>바닥면적 1m²당 1m³/min(최저 5,000m³/HR) 이상</u>일 것(단, 다른 거실의 피난을 위한 경유거실인 경우 : 기준량의 1.5배 이상)
      ㉯ 바닥면적 400m² 이상
         ㉠ 직경 40m 이내 : <u>40,000m³/hr 이상</u>
         ㉡ 직경 40m 초과 : <u>45,000m³/hr 이상</u>
   ② 제연구역이 통로인 경우 : <u>45,000m³/hr 이상</u>

2) 제연구역이 제연경계로 구획된 경우

수직거리	배출량	
	거실직경(40m 이하)	거실(직경 40m 초과) 또는 통로
2m 이하	40,000m³/hr 이상	45,000m³/hr 이상
2m 초과 2.5m 이하	45,000m³/hr 이상	50,000m³/hr 이상
2.5m 초과 3.0m 이하	50,000m³/hr 이상	55,000m³/hr 이상
3m 초과	60,000m³/hr 이상	65,000m³/hr 이상

3) 제연방식이 인접통로배출방식인 경우

통로에 면하는 거실로서 바닥면적 50m² 미만인 경우에는 거실에서 직접 배출하지 아니하고 인접한 통로의 배출로 갈음할 수 있다. 이 경우의 배출기준량은 다음과 같다.(이 경우, 통로에 배기와 동시에 급기도 하여야 한다.)

통로길이	수직거리	배출량	비고
40m 이하	2m 이하	25,000m³/hr 이상	벽으로 구획된 것 포함
	2m 초과 2.5m 이하	30,000m³/hr 이상	
	2.5m 초과 3.0m 이하	35,000m³/hr 이상	
	3m 초과	45,000m³/hr 이상	
40m 초과 60m 이하	2m 이하	30,000m³/hr 이상	벽으로 구획된 것 포함
	2m 초과 2.5m 이하	35,000m³/hr 이상	
	2.5m 초과 3.0m 이하	40,000m³/hr 이상	
	3m 초과	50,000m³/hr 이상	

2. 부속실 제연설비의 설계

(1) 제연방식

1) 기본누설풍량 공급 : 제연구역과 옥내와의 기준차압 유지

   제연구역을 옥외의 공기로 급기·가압하여 제연구역의 압력을 옥내의 기타 구역보다 높게 유지하게 함으로써 제연구역 내로 연기의 침투를 방지하도록 한다.

2) 보충풍량 공급 : 출입문 개방시 방연풍속 유지

   제연구역의 출입문이 일시적으로 개방되는 경우 방연풍속을 유지하도록 옥외

의 공기를 제연구역 내로 보충풍량을 공급한다.

3) 과압방지 조치

제연설비 가동 중에 제연구역의 출입문을 개방하지 않을 경우 제연구역 내가 과압이 되는 것을 방지할 수 있는 유효한 조치를 하는 것이다.

(2) 제연구역의 선정

1) 계단실 단독제연방식
2) 부속실 단독제연방식
3) 계단실 및 부속실 동시제연방식
4) 비상용승강기 승강장 단독제연방식

(3) 차압기준

1) 최소차압 : 40Pa(단, 옥내에 스프링클러 설치된 경우 : 12.5Pa) 이상
2) 최대차압 : 제연구역의 출입문 개방에 필요한 힘(F)이 110N 이하가 되는 차압

$$F = f_c + \frac{W \times A \times \Delta P}{2(W-l)}$$

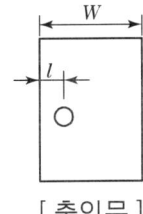

[출입문]

여기서, f_c : 도어클로저의 마찰력[N]
W : 문의 폭[m]
A : 문의 면적[m²]
ΔP : 차압
l : 문손잡이~문끝단 간의 거리[m]

3) 1개층의 부속실 출입문 개방시, 출입문 비개방층의 부속실 차압은 최소차압의 70% 이상일 것
4) 계단실과 부속실의 동시제연 시 계단실의 압력
   ① 부속실 압력=계단실 압력으로 하거나
   ② 부속실 압력≤계단실 압력인 경우의 차압은 5Pa 이하일 것

(4) 급기량 계산

급기량(Q)=누설량(Q_1)+보충량(Q_2)

1) 누설량(Q_1)

$$Q_1 = 0.827 \times A_p \times P^{\frac{1}{n}} \times N$$

<누설량(Q_1) 계산식의 유도>

$Q = A_p \cdot V$에서

$Q_1 = C \cdot A_p \cdot V \cdot N$에서 $V = \sqrt{2g\dfrac{\Delta P}{\gamma}} = \sqrt{\dfrac{2 \cdot \Delta P}{\rho}}$

$= 0.641 \times A_p \times \sqrt{\dfrac{2 \times \Delta P}{1.2}} \times N$

$= 0.827 \times A_p \times \sqrt{\Delta P} \times N$

여기서, Q_1 : 누설공기유량[m³/s]

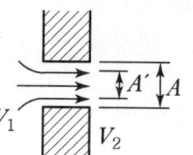

C : 공기흐름계수 : $\dfrac{A'}{A} = 0.641$
A_p : 누설틈새면적[m²]
ΔP : 내·외부 차압[Pa]
g : 중력가속도[m/s²]
γ : 공기비중량[kgf/m³]
ρ : 공기밀도 : 1.2[kg/m³]
N : 부속실 개수
n : 출입문 → 2, 창문 → 1.6

2) 보충량(Q_2)

(가) 계단실이 밀폐형인 경우(창문에 자동폐쇄장치 설치된 경우 포함)

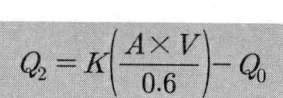

여기서, $Q_N = K\left(\dfrac{AV}{0.6}\right)$

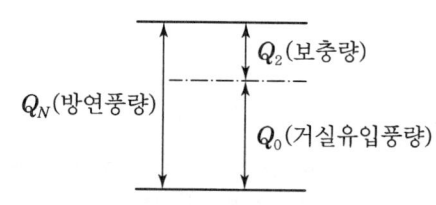

$Q_2 = K\left(\dfrac{A \times V}{0.6}\right) - Q_0$

여기서, Q_1 : 누설풍량[m³/s]
Q_2 : 보충풍량[m³/s]
Q_N : 방연풍량[m³/s](부속실 문 개방 시 옥내로 유입되는 공기량)
Q_0 : 거실유입풍량[m³/s]
K : 부속실의 수 20 이하 → 1, 부속실의 수 20 초과 → 2
A : 부속실 출입문의 면적[m²]
V : 방연풍속[m/s]

① 방연풍속(V)

㉮ 부속실이 거실과 면하는 경우 : 0.7m/s 이상

㉰ 부속실이 복도와 면하는 경우 ┌ 방화구조 : 0.5m/s 이상
　　　　　　　　　　　　　　　└ 방화구조 : 0.5m/s 이상

② 거실유입풍량(Q_0)

K개의 부속실 출입문 각 2개소(옥내 출입문과 계단실 출입문)를 동시 개방시 옥내(거실)로 유입되는 공기량 즉, K개의 부속실에 급기하는 기본(누설) 급기량 + 각 층 계단실로의 누설공기량의 합계
(이것은 계단실에 창문이 없거나, 계단실 창문이 옥내의 연기감지기와 연동하여 자동폐쇄되는 구조일 경우에 한하여 적용할 수 있다.)

㉮ K개의 부속실(열릴 예정인)에 공급하는 기본 급기량(이때, 모든 층의 부속실 출입문이 닫혀 있는 것으로 가정한다.)

$$K\frac{Q_1}{N} = K\{0.827 \times (A_I + A_S) \times P^{\frac{1}{2}}\} \quad \cdots\cdots\cdots\cdots ①$$

여기서, N : 부속실의 수
　　　　K : 부속실의 수 20 이하 → 1, 부속실의 수 20 초과 → 2
　　　　A_I : 기준층(1개층)의 거실쪽 누설틈새면적
　　　　A_S : 기준층(1개층)의 계단실쪽 누설틈새면적
　　　　$A_I{'}$: 피난층의 거실쪽 누설틈새면적
　　　　$A_S{'}$: 피난층의 계단실쪽 누설틈새면적

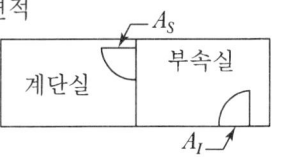

㉯ 각 층 계단실로의 누설량 합계 : 문이 열린 직후 닫혀 있는 기타 층 $\{N-(K+1)\}$에 가해지는 급기량 중에서 계단실로 누설되는 공기량

㉠ 누설면적 계산
　　• 닫혀있는 1개의 부속실 누설면적 합계 = $A_I + A_S$

㉡ 급기량을 배분한다.
　　• 기준층(닫힌 층 전체)의 부속실로부터 계단실로의 누설량

$$= \frac{Q_1}{N} \times \frac{A_S}{A_S + A_I} \times \{N-(K+1)\} \quad \cdots\cdots\cdots\cdots ②$$

　　• 피난층의 부속실로부터 계단실로의 누설량

$$= \frac{Q_1{'}}{N} \times \frac{A_S{'}}{A_S{'} + A_I{'}} \times 1 \quad \cdots\cdots\cdots\cdots\cdots ③$$

∴ 거실유입풍량(Q_0) = ① + ② + ③

③ 보충량(Q_2)

$$Q_2 = Q_N - Q_0 = K\left(\frac{AV}{0.6}\right) - \left[K\left(\frac{Q_1}{N}\right) + \frac{Q_1}{N} \times \frac{A_S}{A_S + A_I} \times \{N - (K+1)\} + \frac{Q_1}{N} \times \frac{A_S'}{A_S' + A_I'}\right]$$

(나) 계단실이 개방형인 경우(창문에 자동폐쇄장치를 설치하지 않는 경우)

계단실이 개방형인 경우에는 거실유입풍량(Q_0)을 적용하지 아니하며 또, 화재안전기준에서 방연풍속 측정시 계단실쪽 출입문과 옥내쪽 출입문을 동시에 개방한 상태에서 측정하도록 규정되어 있으므로 여기서, 방연풍량(Q_N)을 양쪽으로 적용해야 하므로 "$Q_N \times 2$"로 적용하며, 이 경우 K개 부속실의 기본급기량 $K(Q_1/N)$은 제외한다. 따라서, 계단실이 개방형인 경우의 보충량(Q_2) 산출식은 다음과 같다.

$$Q_2 = (Q_N \times 2) - K\left(\frac{Q_1}{N}\right) = K\left(\frac{A \times V}{0.6}\right) \times 2 - K\left(\frac{Q_1}{N}\right)$$

(5) 급기기구 설계

1) 급기덕트 단면적[m²] = $\dfrac{\text{총 송풍량}(Q \times 1.15)}{\text{덕트 내 공기유속[m/s]}}$

2) 급기구댐퍼의 크기[m²] = $\dfrac{\text{부속실 1개당 최대급기량}}{\text{공기유입속도}(10 \sim 14\text{m/s})}$ = $\dfrac{\dfrac{Q_1}{N} + Q_2}{10 \sim 14[\text{m/s}]}$

(여기서, 공기유입속도는 화재안전기준에서 제한하지 않고 있으나, 급기구댐퍼 제작시 약 10~14m/s를 적용하여 5가지 규격으로 규격화하여 제작하고 있다)

(6) 거실유입공기의 배출 설계

1) 수직풍도에 따른 배출방식

① 자연배출식

수직풍도의 내부단면적은 다음 식에 따라 산출하는 수치 이상으로 한다. 다만, 수직풍도의 길이가 100m를 초과하는 경우에는 산출수치의 1.2배 이상의 수치를 기준으로 한다.

$$A_P = \frac{Q_N}{2} = \frac{A \times V}{2}$$

여기서, A_P : 수직풍도의 내부단면적[m²]
Q_N : 방연풍량 = A(출입문 1개의 면적) × V(방연풍속)

② 기계배출식

　㉮ 송풍기의 배출풍량 : 방연풍량(Q_N)+여유량(임의의 값)

　㉯ 수직풍도의 내부단면적[m²] : 풍속 15m/s 이하 되게 적용

　㉰ 배출댐퍼의 개구면적(개구율 감안한 크기) : 수직풍도의 내부단면적과 동일한 크기 이상

2) 배출구에 따른 배출방식

배출구의 개구면적(A_d) = $\dfrac{Q_N}{2.5}$

3) 거실제연설비에 따른 배출방식

소방시설법에 따른 거실제연설비가 설치되고, 거실제연설비의 배출량에 부속실제연설비의 거실유입공기배출량을 합하여 배출하는 경우, 거실유입공기의 배출은 당해 거실제연설비에 따른 배출로 갈음할 수 있다.

(7) 송풍기(Fan)의 동력계산

$$P[\text{kW}] = \dfrac{P_t[\text{mmAq}] \times Q_T[\text{m}^3/\text{sec}]}{102[\text{kgf} \cdot \text{m/sec}] \times \eta} \times K$$

1) 급기송풍기

　① P_t(송풍기 전압) = 덕트의 마찰손실+덕트부속류의 마찰손실
　　　　　　　　　　+급기구저항(5mmAq)+외기취입구저항(5mmAq)
　　　　　　　　　　+부속실차압(50Pa = 5.1mmAq)

　② Q_T(총 송풍량) = 급기량(Q)×1.15

　③ η = 송풍기효율

　④ K = 동력전달효율(1.1)

2) 배기송풍기

　① P_t(송풍기 전압) = 덕트의 마찰손실+덕트부속류의 마찰손실
　　　　　　　　　　+배기구저항(5mmAq)+외기루버저항(5mmAq)

　② Q_T(총 배출풍량) = 방연풍량(Q_N)+여유량(임의의 값)

　③ η = 송풍기효율

　④ K = 동력전달효율(1.1)

01 연기제어방식의 종류

1. 개요

(1) 연기제어란
화재 시 발생하는 연기를 차단, 배출 또는 희석하여 피난안전 및 소화활동의 원활을 목적으로 하는 것을 말한다.

(2) 연기제어방식의 종류

1) 제어방식에 따른 분류

연기제어
- 배연
  - 자연배연
    - 배연창식
    - Smoke Tower식
  - 기계배연
- 희석(급·배기방식) : 연기농도희석 및 연기강하방지
- 방연
  - 차연(가압방연)
  - 밀폐(구획방연)
  - 축연 : 천장이 높은 공간에 적용

2) 제연장소에 따른 분류

거실제연
- 자연제연 : 배연창식 : <건축법>
- 기계제연 : 급·배기방식 : <소방법>
  - 화재당해실 제연방식
  - 인접구역 상호제연방식
  - 인접통로 배출방식

부속실제연
- 급기가압식 : <소방법>
- 배기식 : <건축법>
  - 자연배연(Smoke Tower식)
  - 기계배연(배풍기식)

2. 연기확산제어 방식

(1) 배연

1) 자연배연방식

실내 열기류에 의한 부력 및 외부 바람의 흡출효과에 의한 배출

2) 기계배연방식

① 제3종 기계환기방식에 해당
② 충분한 깊이의 연기층 확보 : 연기층이 깊지 않으면 하부의 공기가 연기층으로 흡입되므로 배연효과 감소
③ 화재실 부압유지 : 연기확산방지
④ 배연구를 공간의 최상부에 설치

(2) 희석

1) 급·배기 방식으로 급기와 동시에 배기를 함으로써 연기농도를 공기로 희석함
2) 희석제연방식의 종류

① 화재 당해실 제연방식 : (부압 유지)

㉮ 화재실을 부압유지 : 연기확산방지

즉, 화재실을 급기량 < 배기량으로 유지한다.

㉯ 상부에서 Clear Layer 높이만큼의 연기량을 배출시키는 한편, 하부에서는 외기를 주입하여 피난 및 소화활동의 원활을 기한다.

이때의 배기량은 면적이 아닌 높이의 함수이다.

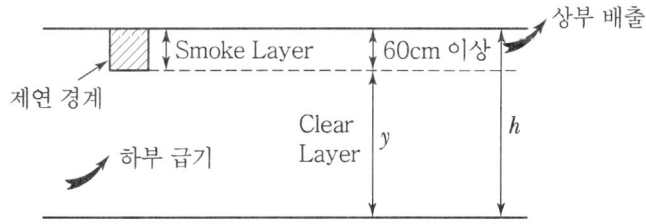

㉰ 화재 당해실(급·배기) 제연방식의 특징

㉠ 소규모 화재실의 경우, 급기의 공급이 화점 부근일 경우 연소를 더욱 촉진하게 된다.
㉡ 실내의 기류가 난기류가 되어 Clear Layer 형성을 방해할 수 있다.

② 인접구역 상호제연방식 : (화재실 : 부압유지, 인접실 : 정압유지)
화재실은 부압을 유지하되, 화재실이 아닌 인접실에는 연기가 침투되지 않도록 급기량 > 배기량으로 하여 정압을 유지하도록 한다.

(3) 방연

1) **차연(가압방연)**

    화재실 이외의 장소(특히 피난로)를 급기가압하여 연기가 침투하지 못하도록 하는 방식

2) **밀폐(구획방연)**

    제연경계벽, 방연댐퍼, 방화문 등의 차연물을 이용하여 방연구획함으로써 연기의 확산을 방지하는 것

3) **축연**

    ① 실내공간의 용적이 크고 천장이 충분히 높은 경우에는 상부에 연기를 모으는 것만으로도 피난에 지장이 없을 수 있다.
    ② 이 경우에는 피난시간과 연기강하시간의 평가가 필요함
    즉, "피난시간 < 연기의 청결층 도달시간"이 성립되어야 한다.

    [Hinkley의 법칙]

    연기층이 Clear Layer에 도달될 때까지 걸리는 시간(t)

    $$t = \frac{20 \cdot A}{J \cdot \sqrt{g}} \times \left(\frac{1}{\sqrt{y}} - \frac{1}{\sqrt{h}} \right)$$

    여기서, A : 실의 바닥면적[m²]
    J : 화염의 둘레길이[m]
    g : 중력가속도 : 9.8[m/sec²]
    y : 청결층 깊이[m]
    h : 실내높이[m]

3. 결론

연기제어방식에서 배연, 희석, 방연 중 방연이 가장 효과적이라 할 수 있으며 또, 방연의 차연, 밀폐, 축연 중에서도 연기제어의 효과가 가장 좋은 것은 차연(가압방연)이라 할 수 있다.

02 송풍기의 종류별 특성

1. 개요

송풍기는 기체를 수송하기 위한 목적으로 사용되며 그 분류는 배출압력, 날개의 모양, 구조 및 형식에 따라 다음과 같이 분류하고 있다.

(1) 배출압력에 따른 분류

1) 0.01MPa(1,000mmAq) 미만의 정압 : Fan
2) 0.01~0.1MPa(1,000~10,000mmAq) 미만의 정압 : Blower
3) 0.1MPa(10,000mmAq) 이상의 정압 : 압축기(Compressor)

(2) 날개형상에 따른 분류

```
         ┌ 비용적형 ┌ 원심식 ┌ 터보형(후곡형)
         │         │        │ 익형(Air Foil)
         │         │        │ 다익형(전곡형) : (Sirocco형)
         │         │        │ 방사익형(Redial형)
         │         │        └ 한계부하형(Limit Load형)
         │         │ 관류식
송풍기 ──┤         │ 사류식
         │         │ 횡류식
         │         └ 축류식 ┌ 프로펠러형(벽부형)
         │                  └ Axial형 ┌ Tube형(Duct in line형)
         │                            └ Vane형
         │
         └ 용적형 ┌ 왕복동식 : Compressor, Booster(승압기)
                  └ 회전식(Rotary형) ┌ Blower형
                                     └ Screw형(Compressor)
```

2. 종류별 특성

(1) 터보형(후곡형)

1) 회전날개(Blade)가 회전방향의 뒤쪽으로 굽은 후곡형(Backward)

회전방향

2) 고효율(75~85%), 고정압이다.
3) Non Over Load 특성(풍량 증가에 따른 소요 동력의 급상승이 없는 특성)이 있다.
4) 고속회전 및 대형구조 가능함
5) 적용 : 고속덕트 공조용 및 각종 집진장치
   광산·터널 등의 급·배기용

(2) 익형(Air Foil)

1) 박판을 접어 유선형의 날개를 형성
2) 다익형의 Over Load 특성을 개선한 형식으로 Limit Load 특성이 있다.
3) 고속회전이 가능하고 소음이 적다.
4) 고효율, 고정압 : 기타 특성과 적용·용도 모두 터보형과 유사함

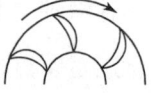

(3) 다익형(전곡형)(Sirocco Fan)

1) 날개 끝부분이 회전방향으로 굽은 전곡형
2) 소형이면서 회전수가 적다.
3) 크기에 비해 풍량이 많다.(날개폭이 넓고 날개수가 많다.)
4) 풍량이 증가하면 축동력이 급격히 증가하여 Over Load가 된다.
5) 적용 : 저속덕트 공조용 및 FCU용, 주차장 환기용 등

(4) 방사익형(Redial형)

1) 방사형의 날개형식
2) 자기청소의 특성이 있다.
3) 효율이 낮고 소음이 크다.
4) 내열, 내마모, 내식성이 우수한 강력구조용 Fan
5) 적용 : 부식성·마모성이 많은 기체에 사용
   시멘트, 제철공업, 각종 화학공장의 공장용 송풍기

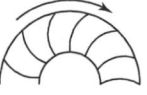

(5) 한계부하형(Limit Load형)

1) 날개모양을 S자 모양으로 구부린 형식
2) Non Over Load 특성(풍량 증가에 따른 소요 동력의 급상승이 없음)이 현저하다.

3) 기타 특성은 터보형과 유사하다.

(6) 축류식 Axial형

1) Vane형(제트팬)과 Tube형(Duct in Line형)이 있다.
2) 큰 풍량, 저정압, 저소음용으로 효율도 높다.
3) 설계점 이외의 풍량에서는 효율이 급격히 떨어지는 단점이 있다.
4) 적용 : 국부배기용 터널, 선박, 지하실 등의 급·배기용

(7) 축류식 프로펠러형(Wall Fan)

1) 프로펠러형 날개에 의해 축방향으로 송풍
2) 저정압이며 소음이 높다.
3) 소요동력은 최소
4) 적용 : 벽부형(Wall Fan)의 국부환기용

(8) 관류식(Roof형)

1) 회전날개는 후곡형
2) 원심력으로 빠져나간 기류가 축방향으로 안내됨
3) 저정압, 저효율 및 송풍량이 적다.
4) 적용 : 옥상 환기용

(9) 횡류식(Cross Flow Fan)

1) 팬날개의 반경방향의 크기는 작으나, 축방향 길이가 크다.
2) 축방향 길이가 증가함에 따라 풍량이 비례적으로 증가한다.
3) 풍량과 정압이 작으며 소음도 작다.
4) 적용 : Air Curtain, 벽걸이형 Room Aircon의 실내기

(10) 사류식

1) 덕트 내에 삽입 가능한 Compact형
2) 특성은 축류형과 유사하나 정압이 더 높다.
3) 소음이 특히 낮다.
4) 적용 : 국소환기용

03 제연설비 송풍기의 선정 및 설치시 고려사항

1. 개요

(1) 제연설비용 송풍기 선정시에는 송풍기의 특성곡선을 검토하여 서어징 범위를 고려하고, 가급적 효율이 높고 Over Load가 걸리지 않는 형식을 선정하여야 한다.

(2) 제연설비용 송풍기의 설치시에는 설치위치를 설비용 배기구와 이격거리를 고려하고, 풍량조절장치의 설치 및 모터의 위치를 고려하여야 한다.

2. 송풍기의 선정시 고려사항

(1) 운전시의 서어징 범위를 고려한다.
  1) 송풍기의 특성곡선을 검토하여 서어징 범위에 들어가지 않는 것을 선정한다.
  2) 같은 풍량에서 송풍기의 크기가 클수록 소음이 적고 효율이 높아서 한 단계 크게 선정하는 경향이 많으나, 적정 풍량 범위보다 송풍기가 커질 경우 서어징 범위가 확대되므로 주의를 요한다.

(2) 가급적 Airfoil형 송풍기 채택을 권장한다.
  1) 제연설비의 송풍기로는 일반적으로 Sirocco Fan을 많이 사용하고 있으나, 이것은 효율(40~60%)이 낮고, 풍량 증가에 따른 소요동력이 급상승하는 Over Load가 걸리는 단점도 있다.
  2) Airfoil형 송풍기는 효율(60~80%)이 높고, Over Load가 걸리지 않는 Limit Load형으로써 고효율, 고정압, 고속회전이 가능하고 소음도 적어 지극히 이상적이지만 제작비가 비싼 것이 단점이다.

(3) 최악 조건의 사용온도를 고려하여 선정한다.
  1) 혹한기의 급기용 송풍기
  통상적으로 20℃를 기준으로 설계하고 있지만, 혹한기(-10℃ 이하)에서 운전할 경우 공기밀도가 10% 이상 증가하므로 소요동력 또한 10% 이상 상승하게 되는바 이러한 조건을 감안하여 설계하여야 한다.
  2) 화재 시의 배연용 송풍기
  특히, 축류형은 모터가 배연 열기류에 직접 노출되기 쉬우므로 모터는 절연등급(H) 및 내열조건에 대하여 제조사의 보증을 받아야 한다. 그러나 고무벨트는 내열성능 보증을 받지 못하므로 주의를 요한다.

3. 송풍기의 설치시 유의사항

(1) 풍량조절장치 설치

1) 특히 Limit Load형이 아닌 송풍기를 풍량이 과대하게 운전할 경우 모터 과부하의 원인이 되므로 반드시 풍량조절장치를 설치하여야 한다.
2) 풍량조절댐퍼는 토출측 보다는 흡입측에 설치하는 것이 더욱 효과적이다.

(2) 급기용 송풍기의 설치 위치

1) 옥상에 설치하는 것 보다는 가급적 지하층 또는 건물 외부의 지상에 설치하는 것이 바람직하다.
2) 이것은 옥상의 기계설비용 배기구 등에서 배출되는 연기 등의 오염된 공기가 급기용 송풍기를 통하여 급기구로 재공급 되는 것을 방지하기 위한 것이다.

(3) 배연용 송풍기의 설치 위치

가급적 옥상 등의 높은 위치가 좋으나, 반드시 바람을 차폐할 수 있는 장소에 설치하거나 또는 바람의 차폐장치를 설치하여야 한다.

(4) 모터의 설치 위치

1) 모터의 설치 위치는 모터의 회전방향과 송풍기의 토출방향에 따라 선정한다.
2) 운진시 모터의 Pully에서 벨트의 잡아 당김력이 아래쪽으로 향하도록 설치한다.

(5) 전동기축과 송풍기축은 직결 시에 편심되지 않게, 즉 두 축의 중심선이 어긋나지 않도록 한다.

4. 결론

송풍기의 선정 시 고려할 사항은 다음과 같이 요약된다.

(1) 송풍기의 특성곡선을 검토하여 운전 시 서어징 범위에 들어가지 않는 것을 선정한다.
(2) 가급적 Sirocco Fan 보다는 고효율, 고정압, 고속회전이 가능한 Airfoil형 송풍기를 채택한다.
(3) 동절기의 혹한기를 감안하여 소요동력에 여유를 주어 설계할 필요가 있다.

04. 송풍기의 풍량측정

1. 기본사항

(1) 측정방식 : 「피토관 이송에 의한 측정」 방식이 가장 정밀한 방식이다. 다만, 풍속이 5m/s 이하인 경우에는 동압이 낮아 판독이 어려우므로 「풍속계에 의한 측정」 방식으로 하여야 한다.
(2) 측정점 : 「동일면적분할법」으로서 16~64점의 측정점 방식이 널리 사용되고 있다.
(3) 피토관 이송은 덕트 단면의 동일 평면 내에서 실시한다.
(4) 동압측정 시 피토관의 전압 측정구가 기류방향의 정면으로 향하도록 한다.

2. 측정위치 선정

(1) 풍량의 측정위치는 송풍기의 흡입측 또는 토출측 덕트에서 정상류가 형성되는 지점을 선정한다.
(2) 덕트의 엘보 등 방향변환지점을 기준으로 상류쪽은 덕트직경(장방향 덕트의 경우 상당지름)의 2.5배 이상, 하류쪽은 7.5배 이상의 지점에서 측정하여야 한다. 다만, 현장여건상 부득이 직관길이가 미달하는 경우에는 그 중에서 최적위치를 선정하여 측정하고 측정기록지에 측정지점을 기록한다.

3. 측정점(피토관 이송점) 선정

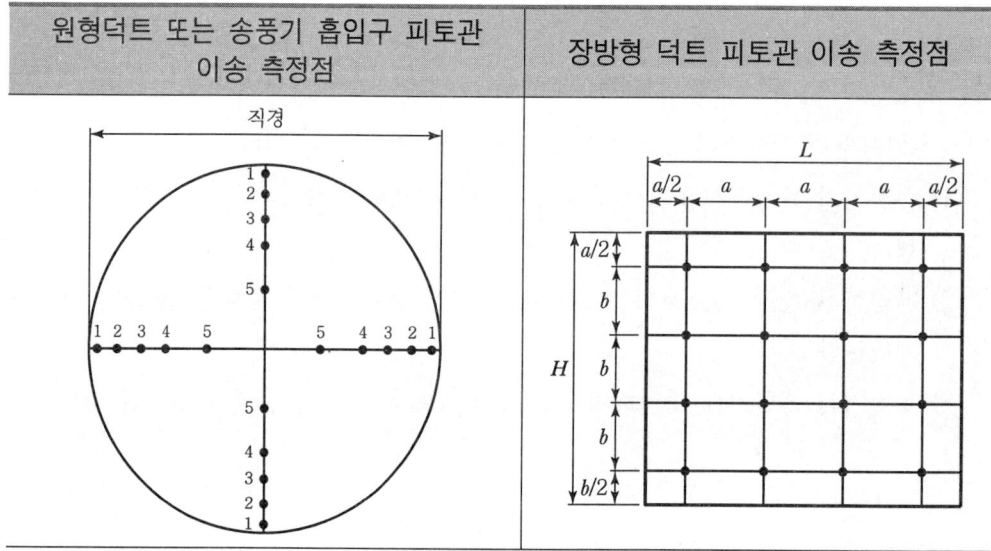

| 원형덕트 또는 송풍기 흡입구 피토관 이송 측정점 | 장방형 덕트 피토관 이송 측정점 |

• 350mm 이상인 경우 총 20개 지점 측정 • 측정점 위치 | 측정점 1	측정점 2	측정점 3	측정점 4	측정점 5
0.0257 D	0.0817 D	0.1465 D	0.2262 D	0.3419 D | (D : 원형덕트의 직경)	• 최소 16점이며 64점 이상을 넘지 않도록 한다. • 64점 이하 측정 시 $a \cdot b$의 간격은 150mm 이하일 것 • [예] : $L=1,100$일 경우 　　　$1,100/150 = 7.33$ 　　　∴ 측정점은 8개소 　　　$a = 1,100/8 = 137.5mm$
---	---

[동일면적분할법의 측정점 사례]

4. 동압 측정방법

[900 × 600 덕트에서의 측정 사례]

(1) 측정점(피토관 이송점) 분할
   - 가로 : 900/150 = 6개소
   - 세로 : 600/150 = 4개소
   - ∴ 측점점 합계 : 6 × 4 = 24개소

(2) 세로방향의 A·B·C·D점에 직경 8mm 이상의 구멍을 뚫은 후 플러그 등으로 밀봉처리한다.

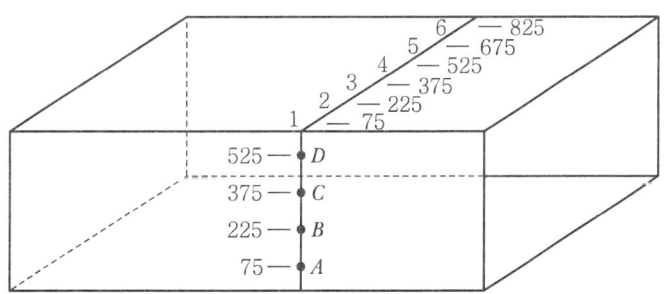

[장방형 덕트의 피토관 이송 측정점 사례]

(3) 피토관을 A점에 삽입하여 75mm 깊이로 밀어 넣어 A-1점의 동압을 측정한다. 계속하여 225mm를 밀어 넣어 A-2점의 동압을 측정한다. 이렇게 하여 A점의 6개소 측정이 완료되면 피토관을 빼서 B점에 삽입한다. 동일한 방법으로 D점까지 모두 측정한다.

5. 피토관 사용방법

피토관의 전압측정구를 차압계의 [+압력]부와 연결하고, 정압측정구를 차압계의 [-압력]부와 연결하여 압력을 측정하면 차압계에 표시되는 압력이 동압을 나타내는 것이다.

6. 풍량 산정

(1) 각 측정점에서 판독된 동압은 반드시 풍속으로 환산하여 기록하고, 이 풍속을 평균하여 전체 풍량을 산정한다.(여기서, 동압을 평균하여 풍속을 산정한 경우에는 풍량이 부정확하게 산정될 수 있다.)

- 풍속환산 공식

  $V = 1.29\sqrt{P_v}$ (V : 풍속[m/s], P_v : 동압[Pa])

- 풍량환산 공식

  $Q = 3600\,VA$ (Q : 풍량[m³/h], V : 평균풍속[m/s], A : 덕트 단면적[m²])

(2) 측정 당시의 공기밀도가 표준상태의 공기밀도보다 10% 이상 변화가 있다면 온도 및 고도에 따른 보정계수를 적용하여 풍속을 계산하여야 한다.

7. 결론

송풍기의 풍량측정방법에 대하여 다음과 같이 요약할 수 있다.

(1) 측정방식

1) 풍속이 5m/s 초과인 경우 : 피토관 이송에 의한 측정
2) 풍속이 5m/s 이하인 경우 : 풍속계에 의한 측정

(2) 측정부위 : 동일면적분할법으로서 16~64점의 측정점 방식

(3) 풍량환산 : 각 측정점에서 판독된 동압을 풍속으로 환산하고, 이를 평균하여 풍량을 산출한다.

05. 송풍기의 풍량제어방법

1. 개요

(1) 송풍기의 제어방법 중 풍량을 감소시켜 시스템 내의 과압을 방지하는 방법이 가장 많이 사용되고 있는데, 이것은 대개 풍량에 여유가 있기 때문에 가능하며 또, 반드시 필요한 장치이다.

(2) 송풍기의 풍량을 감소시키기 위한 제어방법은 여러가지가 있으나, 풍량을 증가시키기 위한 제어방법은 송풍기의 회전수를 증가시키는 방법 뿐이다.

2. 풍량을 감소시키는 제어방법

(1) 토출측 댐퍼에 의한 제어

1) 송풍기의 토출측에 설치된 댐퍼의 개도를 줄이면 관로의 저항이 커져서 풍량이 감소한다.

2) 즉, 댐퍼를 조절하여 풍량을 Q_A에서 Q_B로 줄이면, 저항곡선이 $0-R_1$에서 $0-R_2$로 이동함으로, 송풍기 운전점은 A에서 B로 이동하게 되고 송풍전압은 P_A에서 P_B로 증가한다.

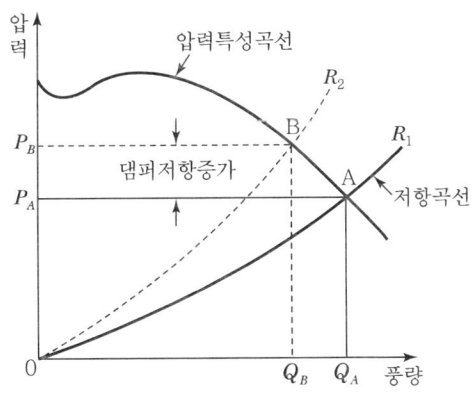

3) 토출측 댐퍼 제어방식은 풍량변화에 따른 압력변화가 가장 크므로 비효율적인 방법이지만, 국내 건축현장에서는 과거부터 관례적으로 이 방식으로 많이 설치하고 있는 실정이다.

(2) 흡입측 댐퍼에 의한 제어

1) 송풍기의 흡입측에 설치된 댐퍼의 개도를 줄이면 송풍기가 흡입측의 공기를 빨아들일 때 흡입측의 압력이 감소하므로 송풍기의 토출압력도 그만큼 감소하게 된다.

2) 조절 전에는 압력특성곡선 $F-C_1$ 및 운전점 A에서 운전되고, 흡입측 댐퍼를 조이면 압력특성곡선 $F-C_2$ 및 운전점 B로 운전되므로, 송풍량이 $Q_A \rightarrow Q_B$로 감소하고, 송풍전압은 $P_A \rightarrow P_B$로 감소한다.

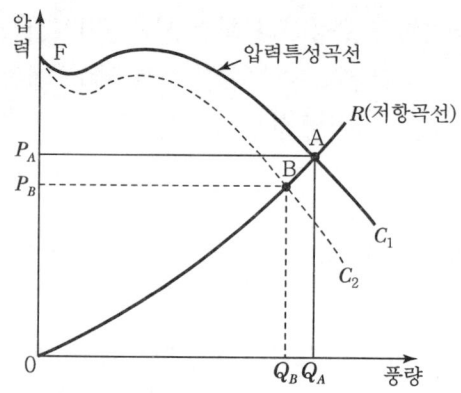

3) 흡입측 제어방식은 풍량을 감소시키면 토출측 제어방식에 비해 압력증가가 없으므로(오히려 압력이 감소함) 동력이 절감되는 효과가 있으며, 또한 서어징(Surging) 영역도 감소되므로 훨씬 유리하다.

(3) 흡입 Vane에 의한 제어

1) 송풍기 흡입구에 Vane을 설치하여 Vane의 기울기로 풍량을 제어하는 방법

2) 그림과 같이 Vane을 완전히 열었을 때는 운전점이 A점으로 되는데, Vane을 조금씩 닫으면 운전점은 A, B, C로 변화되며, 송풍량이 $Q_A \rightarrow Q_B \rightarrow Q_C$로 되고, 송풍전압도 $P_A \rightarrow P_B \rightarrow P_C$로 감소한다.

3) 풍량조절효과는 풍량의 70% 이상에서 좋으며, Limit Load Fan 및 Turbo Fan 등에 사용된다.

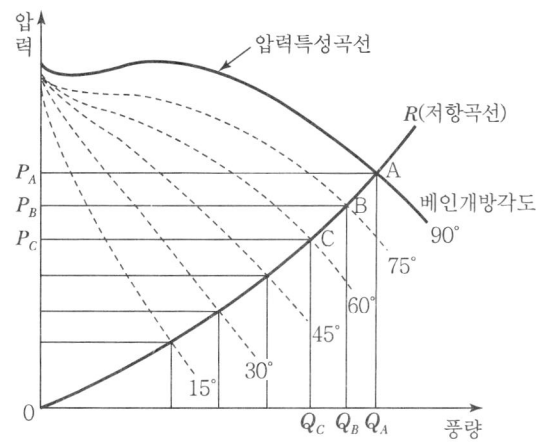

(4) 가변피치(Variable Pitch)에 의한 제어

1) 축류식 송풍기에 부착된 날개의 각도를 변화시켜 풍량을 제어하는 방법이며, Pitch의 각도에 따라 운전특성이 변하게 된다.
2) Pitch의 각도를 조절하면 그림과 같이 풍량은 $Q_A \to Q_B$로, 운전점은 A→B로 변화하게 된다.

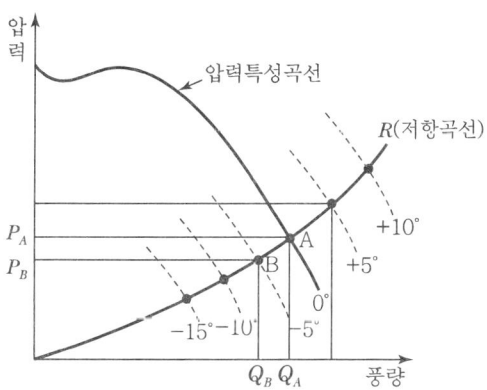

(5) 회전수에 의한 제어

1) 송풍기의 회전수를 변화시켜 풍량을 제어하는 방법으로 회전수의 조절방법은 다음 세 가지 방법이 주로 사용된다.
　① 인버터를 이용하여 제어하는 방법
　② 송풍기 Pully의 감속비를 변화시키는 방법
　③ 송풍기 모터의 극수를 변화시키는 방법

2) 송풍기 회전수가 N_1에서 N_2로 감소하면 풍량은 $\dfrac{N_2}{N_1} = \dfrac{Q_B}{Q_A}$의 비율로 감소한다. 즉, 회전수를 $N_1 \to N_2 \to N_3$로 감소시, 특성곡선은 $C_1 \to C_2 \to C_3$로 변하며, 운전점도 A→B→C로 변화하게 된다.

3) 따라서, 송풍량이 $Q_A \to Q_B \to Q_C$로 감소되고, 송풍전압도 $P_A \to P_B \to P_C$로 감소하게 된다.

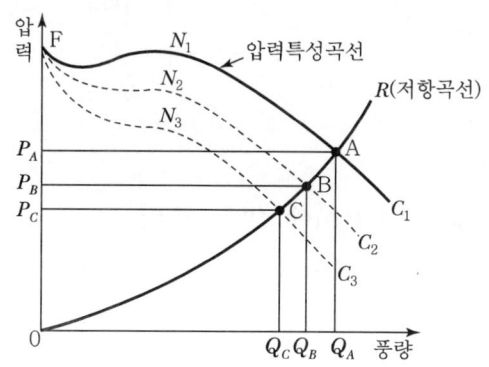

3. 풍량을 증가시키는 방법

송풍기의 크기를 그대로 둔 채 풍량을 증가시키기 위한 방법은 회전수를 증가시키는 방법뿐이다. 즉, 시스템의 조절만으로 풍량을 증가시키는 방법은 회전수를 증가시키는 것으로써 그 방법은 다음 세 가지 방법이 주로 사용된다.

(1) 인버터를 제어하는 방법 : (동력 주파수의 여유가 있을 때만 가능하다.)
(2) 송풍기 Pully의 감속비를 변화시키는 방법
(3) 송풍기 모터의 극수를 변화시키는 방법

4. 결론

송풍기의 풍량조절방법은 다음과 같이 크게 2가지 방법으로 구분된다.

(1) System curve를 조절하는 방법

   1) 댐퍼에 의한 제어
   2) By-Pass에 의한 제어

(2) Fan curve를 조절하는 방법

   1) 송풍기의 회전수 제어
   2) 흡입 Vane에 의한 제어

06 송풍기의 Surging 방지방법

1. 개요

송풍기 운전시의 Surging현상이란, 송풍기를 저풍량으로 운전하여 운전점(풍량의 제어범위)이 특성곡선의 우향상승 부분까지 감소할 경우 공기유동에 격심한 맥동과 진동이 발생되어 불안정 운전이 되는 현상을 말하며, 그 방지책으로는 다음과 같다.

2. 송풍기의 Surging 방지방법

(1) 운전범위 제어에 의한 방법

풍량의 제어범위가 특성곡선상의 우상향 범위에 들어가지 않도록 운전한다. 즉, 아래 그림의 특성곡선에서 운전영역이 A~B일 경우 서어징이 발생되나, 운전영역이 B~C가 되도록 하면 서어징이 발생하지 않는다.

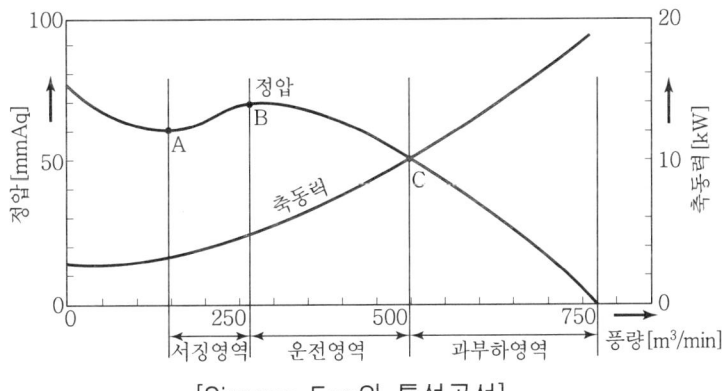

[Sirocco Fan의 특성곡선]

(2) 방출밸브에 의한 방법

필요 풍량이 서어징범위 내에 있을 경우 송풍기의 토출풍량의 일부를 외부로 방출시켜 서어징범위를 벗어나게 하는 방법

이 방식은 축동력의 여분이 필요하며, 또 동력 절감을 위해서는 방출풍량을 송풍기의 흡입측으로 바이패스 시켜 다시 흡입 되도록 설계할 수도 있다.

(3) 풍량조절댐퍼를 송풍기에 근접하여 설치

토출댐퍼가 송풍기에 근접하여 있으면 송풍기 운전시 공기의 맥동을 감쇄시키는 효과가 있으므로 서어징의 범위 및 그 진폭이 작게 된다.

(4) 풍량조절댐퍼를 토출측 보다는 흡입측에 설치

토출측 보다는 흡입측에서 흡입댐퍼나 흡입베인 등으로 풍량을 제어하면 송풍기 날개차 입구의 압력저하에 의한 공기밀도감소 효과를 얻을 수 있으므로 서어징 방지 효과가 우수하다.

(5) 송풍기의 운전압력 특성곡선을 변화시키는 방법

1) 송풍기의 날개 각도를 조절
2) 송풍기의 회전수를 조절
3) 흡입측에 댐퍼 또는 베인을 설치

3. 결론

(1) 송풍기의 운전중 Surging 영역은 임펠러의 형상 및 크기, 풍압·풍량의 크기, 송풍기의 형식에 따라 달라지므로, 설계시 Simulation 등을 통하여 공학적으로 검증된 것으로 선정하여야 한다.
(2) 송풍기 설치시에도 위와 같은 Surging 방지를 위한 방법이 있으나, 무엇보다도 송풍기의 설계·제작에서부터 반영시키는 것이 가장 효과적이다.

07 부속실제연설비의 설계순서

1. 개요

(1) 부속실제연설비는 부속실을 가압하여 부속실과 그 인접한 거실 사이에 차압을 형성시킴으로써 부속실로의 연기유입을 차단하고 또, 부속실의 출입문을 일시적으로 개방하였을 때 그 개방된 출입문을 통하여 연기가 부속실로 유입되는것을 차단할 수 있는 방연풍속을 유지함으로써 부속실과 계단실을 연기로부터 보호하여 거주자의 피난안전성을 확보하고 소방대의 소화활동을 도모하는 설비이다.
(2) 부속실제연설비의 설계방법은 대부분 화재안전기준에서 정형화된 방법으로 규정하고 있으나 그 설계순서에 대하여는 별도로 규정하지 아니하고 있다. 그러므로 다음과 같이 설비 성능적인 면에서 가장 합리적인 방법으로 설계순서를 정하여 설계하여야 하겠다.

2. 부속실제연설비의 설계순서

(1) 제연구역의 선정

1) 계단실 단독제연방식
2) 부속실 단독제연방식
3) 계단실 및 부속실 동시제연방식
4) 비상용승강기 승강장 단독제연방식

(2) 제연구역의 차압목표 설정

1) 최소차압 : 40Pa(단, 옥내에 스프링클러설비가 설치된 경우 : 12.5Pa) 이상
2) 최대차압 : 제연구역 출입문의 개방력이 110N 이하로 되는 차압
3) 1개층의 부속실 출입문 개방 시 출입문 비개방층의 부속실 차압은 최소차압의 70% 이상일 것
4) 계단실과 부속실의 동시제연시 계단실의 압력
   ① 부속실 압력=계단실 압력으로 하거나,
   ② 부속실 압력≤계단실 압력인 경우의 차압은 5Pa 이하 되게 하여야 한다.

(3) 급기풍량 계산

$$급기량(Q) = 누설량(Q_1) + 보충량(Q_2)$$

1) 누설량(Q_1) 계산

$$Q_1 = 0.827 \times A_p \times P^{\frac{1}{n}} \times N$$

여기서, Q_1 : 누설공기유량[m³/s]
A_p : 누설틈새면적[m²]
P : 내·외부 차압[Pa]
N : 부속실 개수
n : 출입문인 경우는 2, 창문인 경우에는 1.6

2) 보충량(Q_2) 계산

(가) 계단실이 밀폐형인 경우(창문에 자동폐쇄장치 설치된 경우 포함)

$$Q_2 = Q_N - Q_0$$

여기서, $Q_N = K\left(\dfrac{AV}{0.6}\right)$

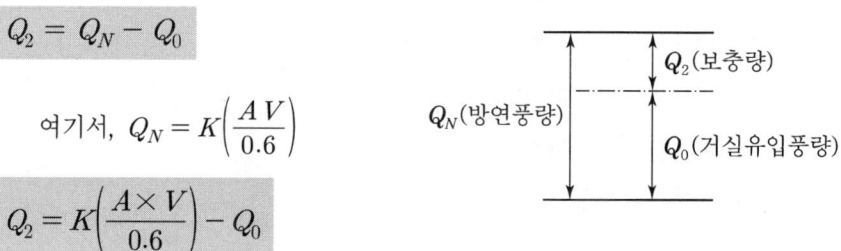

$$Q_2 = K\left(\dfrac{A \times V}{0.6}\right) - Q_0$$

여기서, Q_1 : 누설풍량[m³/s]
Q_2 : 보충풍량[m³/s]
Q_N : 방연풍량[m³/s]=보충풍량(Q_2)+거실유입풍량(Q_0)
Q_0 : 거실유입풍량[m³/s]
K : 부속실의 수 20 이하는 1, 부속실의 수 20 초과인 경우는 2
A : 부속실 출입문의 면적[m²]
V : 방연풍속[m/s]

(나) 계단실이 개방형인 경우(창문에 자동폐쇄장치를 설치하지 않는 경우)

$$Q_2 = (Q_N \times 2) - K\left(\dfrac{Q_1}{N}\right) = \left\{K\left(\dfrac{A \times V}{0.6}\right) \times 2\right\} - K\left(\dfrac{Q_1}{N}\right)$$

(4) 급기기구 설계

1) 급기덕트의 단면적[m²] 계산 : $\dfrac{총송풍량(Q \times 1.15)}{공기유속}$

2) 자동차압급기댐퍼의 크기(면적) 계산

$$: \dfrac{1개\ 층당\ 최대급기량}{공기유입속도} = \dfrac{\dfrac{Q_1}{N} + Q_2}{공기유입속도}$$

(5) 거실유입공기배출방식 결정 및 배기기구 설계

1) 수직풍도에 의한 배출

① 자연배출식

풍도의 크기 계산 : $A_P = \dfrac{Q_N}{2} = \dfrac{A \times V}{2}$

여기서, A_P : 풍도의 내부 단면적[m²]

Q_N : 방연풍량(유입공기배출량)= A(문의 면적)× V(방연풍속)
　　　　　↳ (부속실 문 1개 개방시 거실로 유입되는 공기량)

※ 다만, 수직풍도의 길이가 100m를 초과하는 경우에는 위 식으로 산출된 수치의 1.2배 이상의 수치를 기준으로 한다.

② 기계배출식

㉮ 송풍기의 풍량 : Q_N + 여유량

㉯ 풍도의 크기(풍도의 내부단면적) : 풍속 15m/s 이하 되게 한다.

2) 배출구에 의한 배출

배출구의 개구면적 : $A_d = \dfrac{Q_N}{2.5}$

3) 거실제연설비에 의한 배출

소방법령에 의한 거실제연설비가 설치되고 거실제연설비의 배출량에 부속실 제연설비의 거실유입공기의 양을 추가하여 배출하는 방식

(6) Fan의 동력계산

$$P[\text{kW}] = \dfrac{P_t[\text{mmAq}] \times Q_T[\text{m}^3/\text{sec}]}{102[\text{kgf} \cdot \text{m/sec}] \times \eta} \times K$$

1) P_t(송풍기 전압) : 덕트의 마찰손실 + 덕트부속류의 손실 + 급기구저항(5mmAq) + 외기취입구저항(5mmAq) + 부속실차압(50Pa = 5.1mmAq)
2) Q_T(총 송풍량) : 급기량(Q) × 1.15(송풍기의 풍량은 계산된 급기량보다 15% 더 많게 하여야 한다.)
3) η : 송풍기효율
4) K : 동력전달효율(1.1)

3. 결론

부속실제연설비의 설계에서 핵심사항이라 할 수 있는 누설풍량과 보충풍량의 산정방법에 대하여 과거에는 법규적으로 정형화된 방법으로 규제하고 있었으나, 이제는 이것들이 삭제되었는데 이것은 설계자가 보다 공학적인 접근방법으로 설계를 할 수 있도록 개방되었다고 할 수 있다.

08 급기가압제연설비의 유입공기배출

1. 개요

급기가압제연설비에서 유입공기란 제연구역으로부터 옥내로 유입되는 공기를 말한다. 이것은 제연구역에 급기되는 공기량 중 누설틈새를 통하여 옥내로 유입되는 누설량과, 출입문의 일시적 개방시 방연풍속 유지를 위한 보충량이 옥내로 유입되는 공기량을 유입공기라 한다.

2. 유입공기의 배출이 필요한 이유

급기가압제연설비의 가동 시 옥내에 유입된 유입공기가 배출되지 않으면 옥내에 압력이 차오르게 되고 그 압력이 제연구역의 압력까지 도달하게 되면 제연구역과 옥내 사이의 차압이 없어지게 되므로 옥내의 연기가 제연구역으로 유입될 수 있게 되므로 이 유입공기는 반드시 옥외로 배출하여야 한다.

3. 유입공기의 배출방식

(1) 수직풍도에 의한 배출

제연구역에서 옥상으로 직통하는 전용의 수직풍도를 통하여 배출하는 방식

1) 자연배출식

   굴뚝효과(Stack Effect)에 의한 배출방식

2) 기계배출식

   수직풍도에 전용 송풍기를 연결 설치하여 강제 배출하는 방식

(2) 배출구에 의한 배출

건축물의 옥내에 면하는 외벽마다 옥외와 통하는 배출구를 설치하여 배출하는 방식

(3) 제연설비에 의한 배출

소방법령에 의한 거실제연설비의 배출량에 유입공기 배출량을 합산하여 배출하는 방식

4. 결론

유입공기가 배출되지 않으면 제연구역과 옥내 사이의 차압이 없어지게 되므로 옥내의 연기가 제연구역으로 유입되어 급기가압제연설비의 기능이 상실될 수 있으므로 이 유입공기는 반드시 옥외로 배출하는 시스템을 구축하여야 한다.

09 부속실제연설비의 TAB

1. 개요

(1) TAB는 Testing, Adjusting, Balancing의 약어로서 설비 시스템의 기능과 성능을 시험하고 조정하며, 정량적으로 균형이 이루어지도록 하는 과정을 말한다.
(2) 제연설비 시공에서는 제연설비를 포함한 건축공사의 모든 부분이 완성되는 시점에서 설비의 TAB를 실시하여 설계도서 및 국가화재안전기준에 적합한 성능의 설비가 되도록 하여야 한다.

2. 부속실제연설비 TAB의 절차 및 방법

(1) 제연구역의 모든 출입문의 크기와 열리는 방향이 설계도서와 동일한지 확인
   〈동일하지 아니한 경우〉
   1) 급기량 및 보충량을 다시 산출
   2) 조정가능여부 또는 재설계·개수(改修)의 여부 등을 결정

(2) **출입문의 폐쇄력 측정** : (제연설비를 가동하지 않은 상태에서 측정)

(3) **층별로 화재감지기를 동작시킨다.** : (제연설비 작동 여부의 확인)
   (여기서, 2개 棟 이상이 지하주차장으로 연결된 경우에는 그 棟의 화재감지기 및 주차장에서 하나의 棟으로 들어가는 입구에 설치된 제연용 연기감지기의 작동에 따라 해당 棟의 수직풍도에 연결된 모든 제연구역의 댐퍼가 개방되도록 하거나, 해당 棟을 포함한 둘 이상 棟의 모든 제연구역의 댐퍼가 개방되도록 해야 한다)

(4) **차압측정**
   1) 계단실의 모든 개구부 폐쇄상태를 확인한다.
   2) 승강기의 운행을 중단시킨다.
   3) 옥내와 부속실 간의 차압을 측정하고, 기준치 이내인지 확인한다.
   4) 각 층마다 차압을 측정하고 각 층별 편차를 확인한다. : (이때의 차압측정은 전 층을 측정하며, 차압측정공을 통하여 차압측정기구로 실측하는 것이 원칙이다)

5) 차압의 판정기준
　① 최소차압 : 40Pa(단, 스프링클러설비가 설치된 경우 12.5Pa) 이상
　② 최대차압 : 출입문의 개방력이 110N 이하 되는 차압
6) 차압 측정결과 부적합한 경우
　① 자동복합댐퍼의 정상작동여부 확인 및 조정
　② 송풍기측의 풍량조절댐퍼(VD) 조정
　③ 플랩댐퍼의 조정(설치된 경우)
　④ 송풍기의 풀리비율 조정 : 송풍기의 회전수(RPM) 조정

(5) 방연풍속 측정

1) 계단실 및 부속실의 모든 개구부 폐쇄상태와 승강기 운행의 중단상태를 확인
2) 송풍기에서 가장 먼 층의 제연구역을 기준으로 측정한다.
3) 측정하는 층의 유입공기배출장치(설치된 경우)를 작동시킨다.
4) 측정하는 층의 부속실과 면하는 옥내 출입문과 계단실 출입문을 동시에 개방한 상태에서 제연구역으로부터 옥내로 유입되는 풍속을 측정한다. 다만, 이때 부속실의 수가 20을 초과하는 경우에는 2개층의 제연구역 출입문(4개)을 동시에 개방한 상태에서 측정한다.
5) 이때, 출입문의 개방에 따른 개구부를 아래의 그림과 같이 대칭적으로 균등 분할하는 10 이상의 지점에서 측정한 풍속의 평균치를 방연풍속으로 한다.

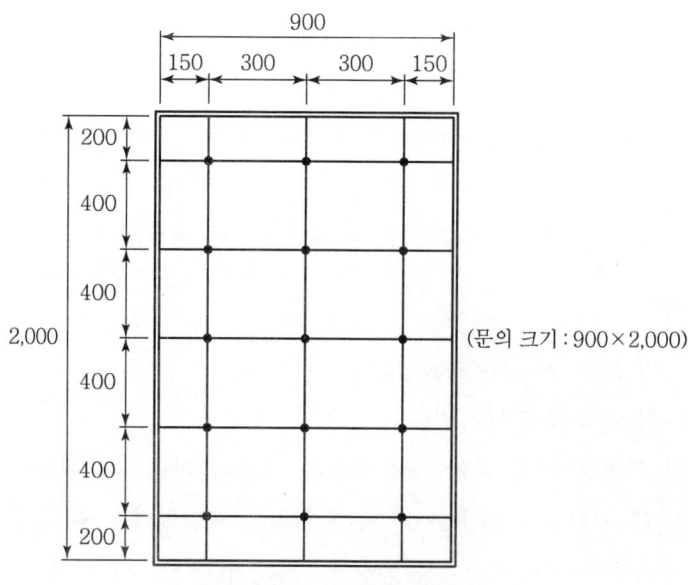

[방연풍속의 측정점 선정 예]

6) 직통계단식 공동주택일 경우에는, 출입문 개방층의 제연구역과 접하는 세대의 외기문(발코니문)을 개방한 상태에서 측정하여야 한다. 그 이유는, 공동주택에는 유입공기배출장치가 없으므로 제연구역 출입문(세대현관문)을 개방하였을 때, 세대 외기문(발코니문)이 모두 닫힌 상태에서는 제연구역과 화재실(세대 내)에 동일압력이 형성되어 공기의 흐름이 없어지므로 방연풍속이 발생되지 아니하기 때문이다.

7) 방연풍속의 판정기준
① 계단실 단독제연방식 및 계단실과 부속실의 동시제연방식 : 0.5m/s 이상
② 부속실 단독제연방식 또는 비상용승강기승강장 단독제연방식의 경우
　㉮ 부속실(또는 승강장)과 면하는 옥내가 거실인 경우 : 0.7m/s 이상
　㉯ 부속실(또는 승강장)과 면하는 옥내가 복도로서 그 구조가 방화구조인 것 : 0.5m/s 이상

8) 방연풍속 측정결과 부적합한 경우
① 자동복합댐퍼의 정상작동여부 확인 및 조정
② 송풍기측의 풍량조절댐퍼(VD) 조정
③ 자동차압급기댐퍼의 개구율 조정
④ 송풍기의 풀리비율 조정 : 송풍기의 회전수(RPM) 조정
※ 여기서, 송풍기의 회전수 조정은 원칙적으로 회전수의 감소 시에만 적용하지만, 실제 현장에서는 소폭의 증가 시에도 적용하고 있다. 이것은 모터의 여유동력과 기계적인 전달여유율(10%) 등이 있으므로 최대 약 20%까지는 증가시킬 수 있기 때문이다.

(6) 출입문 비개방 제연구역의 차압변동치 확인

위의 "(5) 방연풍속 측정"의 시험상태에서 출입문을 개방하지 아니한 직상층 및 직하층의 차압을 측정하여 정상 최소차압(40Pa 이상)의 70% 이상이 되는지 확인하고 필요시 조정한다. : (이때의 비개방층 차압측정은 5개층마다 1개소 측정을 원칙으로 한다)

(7) 출입문의 개방력 측정 : (제연설비 가동상태에서 측정)

1) 제연구역의 모든 출입문이 닫힌 상태에서 측정
2) 출입문 개방력이 110[N] 이하가 되는지 확인
3) 개방력이 부적합한 경우

① 자동복합댐퍼의 정상작동여부 확인 및 조정
② 송풍기측의 풍량조절댐퍼(VD) 조정
③ 플랩댐퍼의 조정(설치된 경우)
④ 송풍기의 풀리비율 조정 : 송풍기의 회전수(RPM) 조정
※ 여기서, 회전수를 감소시킨 경우에는 위의 "(5) 방연풍속측정"으로 돌아가 방연풍속을 다시 측정해서 확인해야 한다.

(8) 출입문의 자동폐쇄상태 확인

제연설비의 가동(급기가압) 상태에서 제연구역의 일시 개방되었던 출입문이 자동으로 완전히 닫히는지 여부와 닫힌 상태를 계속 유지할 수 있는지를 확인하고 필요시 조정한다.

3. 결론

피난경로상의 급기가압식 제연설비의 시공완성단계에서 TAB를 시행하는 궁극적인 목적은 화재 시 제연구역에 연기침입을 방지할 수 있는 차압을 형성시키면서도 출입문의 개방력이 너무 강하지 않을 정도로 즉, 화재 시 노약자도 출입문을 열고 안전하게 피난할 수 있을 정도의 적정한 차압을 유지시키기 위하여 시험·측정 및 조정을 하는 것이다.

10 국내 부속실제연설비의 문제점

1. 서언

특별피난계단 또는 그 부속실과 비상용승강기의 승강장에는 급기가압식 제연설비를 설치하고 있으나, 보다 안전한 피난성능을 확보하기 위해서는 다음과 같은 문제점에 대하여 검토와 보완이 필요하다.

2. 문제점 및 개선안

(1) 최소차압기준이 너무 적게 규정되어 있다.

스프링클러설비가 설치된 경우에는 최소차압을 12.5Pa로 규정하고 있는데 이것은 연돌효과에 의해 쉽게 압력차를 상실할 수 있는 매우 적은 차압이라 할 수 있다.

〈개선안〉

BS5588 Part 4 기준에서는 최소차압을 스프링클러 설치와 상관없이 50Pa로 규정하고 있는데 이것은 연돌효과 및 바람 등의 영향으로 압력차가 줄어도 연기 침입을 막기 위한 최소차압은 유지될 수 있는 기준이라 판단된다.

(2) 아파트에는 거실유입공기의 배출장치를 제외할 수 있도록 규정하면서도 방연풍속을 만족하도록 요구하고 있다.

〈개선안〉

아파트와 같이 거실유입공기의 배출장치를 설치하지 않은 경우 방연풍속이 구현될 수 없다. 다만, 세대 내 거실의 창문이 열려 있을 경우에는 가능하게 된다.
BS5588 Part 4 기준에는 아파트의 경우 세대 내에서 계단실에 이르는 통로에 3개소 이상의 방화문으로 구획되어 있는 경우에는 방연풍속을 요구하지 않고 있다. 이는 계단실과 세대내 사이에 있는 3개의 문이 동시에 개방될 확률이 낮아 연기가 세대로부터 계단실로 유입될 가능성이 없는 것으로 판단하기 때문이다.

(3) 제연구역 선정의 효율적 강화가 필요함

제연구역은 현재까지 대부분 부속실 단독제연방식을 채택하고 있으나, 부속실 단독제연방식 또는 승강장 단독제연방식인 경우에는 최종 안전구획인 계단실이 연기침입으로부터 안전하지 못할 수 있으며, Fail Safe 차원에서도 바람직하지 못하다.

〈개선안〉

제연구역을 계단실과 부속실의 동시가압 및 3개층(발화층, 직상층, 직하층)을 동시 가압하는 방식으로 개선

〈이유〉

계단실 및 부속실 동시가압의 경우에는 계단실의 압력이 가장 높기 때문에 피난 중 일시적으로 문이 열려 부속실로 연기가 유입되더라도 문이 닫히면 곧바로 누설 틈새를 통하여 연기가 희석되게 된다. 또, 현대건축물은 층간 방화구획이 거의 완벽한 구조이므로 발화층에서 연기가 계단실로 침입되는 것만 확실하게 방지한다면 기타 층의 부속실은 가압하지 않아도 안전할 것이다.

(4) 아파트의 경우 계단실 가압이 불가한 구조이다.

〈개선안〉

1) 계단실의 피난층에도 출입문 설치
2) 계단실의 창문에는 자동폐쇄장치 설치 또는 창문을 붙박이형으로 설치
3) 계단실/부속실 간의 출입문에는 자동폐쇄장치 설치
   ① 평상시에는 개방상태로 유지관리하되,
   ② 화재 시 연기감지기 동작과 연동하여 닫히도록 함
   ③ 폐쇄력 : (차압+문의 폐쇄 시 마찰력) : 제연설비 작동 시에도 출입문이 완전히 닫힐 수 있는 폐쇄력으로 설치

(5) 보충풍량 및 거실유입공기량 계산 시 개선할 사항

〈개선안〉

1) 설계현업에서, 부속실 단독제연방식 설계 시 거실유입공기량 계산에서, 계단실 창문에 자동폐쇄장치가 설치되지 않거나 1층에 계단실 출입문이 없어서 계단실 가압이 불가한 구조에 대하여도, 가압 중에 계단실 출입문과 부속실 출입문을 동시개방 시 계단실의 압력이 부속실을 통과하여 거실(옥내)쪽으로 역류되는 공기량이 있는 것으로 가정하고 이것을 감안하여 거실유입공기량을 계산하고 있으나, 이러한 구조에서는 계단실을 대기압 상태로 보고 즉, 계단실에서 거실쪽으로 역류되는 공기량이 없는 것으로 하여 거실유입공기량을 계산하여야 한다. 다만, 계단실 창문에 자동폐쇄장치가 설치되거나 계단실에 창문이 없는 경우에는 그러하지 아니한다.

2) 또, 위의 1)과 같은 계단실 구조에서 보충풍량 계산 시 출입문 1개 개방 조건으로 하여 출입문 1개에 대한 보충풍량을 계산하고 있으나, 국가화재안전기준에서는 방연풍속 측정 시 출입문 2개(부속실 출입문 및 계단실 출입문) 동시개방 조건으로 하도록 규정되어 있으므로, 보충풍량 계산에서도 출입문 2개에 대한 보충풍량을 계산하여야 한다. 다만, 계단실 창문에 자동폐쇄장치가 설치되거나 계단실에 창문이 없는 경우에는 출입문 1개에 대한 보충풍량만 계산하면 된다.

(6) 방연풍량(보충풍량)을 출입문 개방 층에 우선 공급하도록 되어 있다.

설비 가동 시의 방연풍량(보충풍량) 공급에서 화재층과 비화재층을 구분하지 않고 출입문 개방 층에 우선 공급하는 시스템으로 되어 있으므로 인해 화재층에는 상대적으로 방연풍량의 공급이 부족할 수 있다.

〈개선안〉

설비 가동 중 출입문 개방 시 화재층과 비화재층을 구분해서 화재층에만 방연풍량을 공급하고 비화재층은 출입문을 개방하더라도 방연풍량을 공급하지 않도록 시스템을 구성하거나 또는, 이러한 기능이 있는 차압댐퍼를 설치하여야 한다.

또한, 이 경우 화재경보설비의 작동(특히, 30층 이상 고층건축물일 경우 최소 5개 층 이상에서 동시 경보)에 따라 다수의 층에서 피난이 동시에 이루어져 출입문 동시 개방 층이 다수가 되지만, 화재안전기준에서는 초고층건축물에도 2개층에 대한 보충풍량만을 적용하도록 되어 있는 문제점이 해결된다. 즉, 위와 같이 설계를 적용하면 30층 이상의 고층건축물인 경우에도 최소 5개층 이상에서 동시에 피난을 하더라도 화재층이 2개층을 초과하지 않는다면 보충풍량을 2개층으로만 적용하여도 될 것이다.

3. 결론

(1) 국내 부속실제연설비에서, 위와 같은 문제점들이 모두 개선되어야 비로소 안전한 피난에 도움이 되는 제연설비가 될 수 있을 것이다.

(2) 특히, 그 중에서도 (6)번의 "방연풍량(보충풍량)을 출입문 개방층에 우선 공급하는 문제"가 개선되지 아니한 상태에서는 특히, 고층건축물에서 화재 시 피난자들이 여러 층에서 동시 피난 시에는 제연설비가 정상 작동되어도 무용지물이 될 수 있는 심각한 문제가 될 것이므로, 우선 이에 대하여 조속히 개선이 되어야 하겠다.

 피난경로의 연기에 대한 피난안전성 확보를 위한 각 구간별 대응방법

1. 개요

(1) 피난경로는 다음과 같이 구분한다.

1) 1차 안전구획 : 복도 또는 피난 통로
2) 2차 안전구획 : 전실 또는 부속실
3) 3차 안전구획 : 피난계단

(2) 연기제어방식의 종류

1) 배연 : 배기방식
2) 희석 : 급·배기방식
3) 방연
 - 차연 : 급기가압방식
 - 밀폐 : 구획방연
 - 축연

2. 각 구간별 연기제어방법

(1) 제1차 안전구획 : 복도·통로

1) 각 거실(화재실)과 제1차 안전구획(복도·통로) 사이에 불연재의 벽체로 확실하게 구획한다.
2) 기계배연의 경우 급기가 되지 않으면 화재실보다 안전구획이 부압으로 되므로 화재실로부터의 연기 유입을 촉진시킬 수 있다.
3) 연기전파경로가 되기 쉬운 엘리베이터 샤프트의 공간이 피난경로에 직접 면하지 않도록 한다.

(2) 제2차 안전구획 : 계단부속실

1) 작은 부속실에서 급기 및 배연을 할 경우, 문의 개폐장애, 복도의 연기가 부속실에 흡입되지 않도록 검토
2) 피난자가 한꺼번에 몰릴 경우, 문의 개방시간이 길기 때문에 부속실의 급기 및 배연이 필요하다.

(3) 제3차 안전구획 : 피난계단실

1) 피난계단은 내화구조의 벽으로 방화·방연구획하고, 출입구에는 갑종 또는 을종방화문으로 방어한다.
2) 계단실은 배연을 하지 않는 대신 복도나 부속실에서 연기를 충분히 차단해야 한다.
3) 계단실과 직접 면하여 거실이나 창고 등의 출입문을 설치하는 것은 피해야 한다.

3. 결론

건축물 내의 각 구간별 연기제어방식에서 제1차 안전구획(복도·통로)제어방식, 제2차 안전구획(계단부속실)제어방식, 제3차 안전구획(피난계단실)제어방식이 있으나, 궁극적으로는 제3차 안전구획(피난계단실)을 연기로부터 보호하기 위함이다. 즉, 피난계단실을 연기로부터 보호하기 위해 계단부속실에 가압방연을 하는 것이다.

[Reference]

1. 지하공간의 배연설비 설계시 고려사항

(1) 지하철 승강장에서의 화재 시 대피소요시간 산출
(2) 지하철 화재 시 적정 화재강도의 검토
   화재해석을 위한 발열량 데이터의 확보가 요구됨
(3) 화재 시 안전대피온도 및 유독가스에 대한 기준 검토
(4) 화재 시 배연운전모드 선정의 최적화

2. 건물 내 연기확산의 계산 순서

(1) 건물 내 용적계산
(2) 사용자의 화재조건 입력
(3) 화재실의 화재성상 계산
(4) 발생연기량 계산
(5) 연기의 확산 및 하강속도 계산

12. 제연설비의 설계에 필요한 인자

1. 공기흐름(Air Flow)

(1) 공기의 흐름에 의해 당해 공간의 연기이동을 제어할 수 있다.
(2) 공기의 흐름이 연기를 제어하는 가장 보편적인 장소는 통로와 복도이다.
(3) 연기의 흐름의 정지를 위한 공기유속 : (방연풍속)

$$V = 0.0292 \left(\frac{E}{W}\right)^{1/3}$$

여기서, E : 복도로의 에너지방출속도[m/min]
W : 복도의 폭[m]

2. 가압(Pressurization)

(1) 문의 틈새 등을 통한 공기유량은 내·외부 압력차의 1/2승에 비례한다.
(2) 즉, 누설공기의 유량[Q] : 공기의 누설부피 흐름량

$$Q[\text{m}^3/\text{sec}] = CA\sqrt{\frac{2 \cdot \Delta P}{\rho}}$$

여기서, C : 공기의 흐름계수(0.6~0.7)
A : 누설틈새면적[m²]
ΔP : 내·외부 압력차[Pa]
ρ : 흐름경로의 공기밀도 : 1.2[kg/m³]

$C = 0.641$ 및 $\rho = 1.2$를 적용하면

$$\therefore Q = 0.827 A\sqrt{\Delta P}$$

3. 퍼징(Purging)

(1) 출입문의 일시적 개방시 피난지역으로 들어온 연기에 외부공기를 공급하여 희석시키는 것
(2) 퍼지율(공기치환시간) : α

$$\alpha = \frac{1}{t} \ln\left(\frac{C_o}{C}\right)$$

여기서, α : 공기치환시간[min]
t : 문이 닫힌 후의 시간[min]

C_o : 초기 오염물의 농도[%]
C : t시간 후 오염물의 농도[%]

4. 출입문의 개방력 : F[N]

$$F[\text{N}] = F_o + \frac{A \cdot W \cdot \Delta P}{2(W-l)}$$

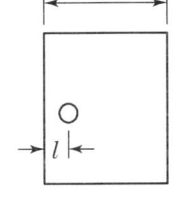

여기서, A : 문의 면적[m²]
ΔP : 문에 작용하는 압력[Pa]
W : 문의 폭[m]
l : (그림 참조)
F_o : 문의 닫힘장치(Door Closer)의 마찰력을 극복하는 힘[N]

5. 개방문의 수

(1) 건물의 거주자 밀도에 따라 동시에 개방문의 수를 결정하여 설계
(2) 모든 문이 동시에 개방되는 것으로 설계에 적용하면 안전하지만 System 설비 비용이 많이 든다.
(3) 동시개방은 직렬개방·병렬개방으로 구분하여 계산

6. 기상자료

실내 연기흐름에서 난방 시에는 별 문제가 없으나, 냉방 시에는 역연돌효과(Reverse Stack Effect)의 문제가 발생한다.

13. 도로터널의 제연설비

1. 개요

(1) 도로터널 내에서 발생하는 차량화재는 화재기류의 하류에 있는 다른 차량들을 발화시켜 다중 차량화재로 발전하며, 이때 발생하는 연기 및 독성가스는 터널 내에 빠르게 확산하므로 대피자의 인명안전에 치명적일 수 있다.

(2) 터널 내 화재 시 연기의 배기 및 제어는 평상시의 환기시스템에 의해 수행되며, 그 방식으로 횡류식 또는 반횡류식과 종류식 환기시스템으로 구분한다.

2. 도로터널화재의 특성

(1) 공간적 특성

1) 제한적 반폐쇄공간 : 연소시 공기공급부족 → 불완전연소 → 연기다량발생 → 산소결핍
2) 단열공간 : 화재 시 축열효과 → 높은 온도 → 구조물의 내화성능감소 → 터널구조물의 파손·붕괴

(2) 연소특성

1) 차량화재의 연소 → 다량의 연료적재로 인한 유류화재로 발전 → 다중차량화재 → 다양한 내장재 연소 → 독성가스 발생 → 고온의 열기류 및 연기의 빠른 확산 → 고온의 복사열 및 대류열의 축적 → 산소농도 저하 → 시야장애 및 피난자 질식 → 피난 및 진압 곤란
2) 차량의 종류 및 화재발생 지점에 따라 화재성상, 화재진압 등에 차이가 있다.
3) 지리적 특성
   대부분 산악지대에 위치하여 도심과는 지리적으로 원거리에 위치하며 산악지 형상 장대화되고 있으므로 인명구조와 화재진압이 곤란한 경우가 많다.

3. 도로터널의 제연특성

(1) 역기류 현상(Back Layering Effect)

1) 터널에서 화재 시 제연시스템이 가동되면 피난방향으로 연기가 전파되지 못하도록 피난방향의 반대방향으로 기류를 불어주어야 하나, 이것이 미약할 경우

연기가 이 기류를 거슬러 피난방향으로 전파되는 현상을 말한다.
2) 터널화재시 역기류가 발생되면 피난자들이 연기 및 독성가스에 의해 질식하게 된다. 이러한 역기류가 발생하지 않도록 하기 위해서는 피난방향의 반대방향으로 불어주는 최소한의 유속이 연기의 확산유속보다 더 커야 한다.

(2) 제연 임계풍속

1) 개념

터널화재에서 Back Layering이 발생하지 않을 정도로 송풍시키는 최소한의 유속을 임계속도(Critical Velocity)라 한다.

2) 임계풍속의 영향인자

① 터널의 단면적

터널의 높이와 단면적이 클수록 임계풍속은 낮아진다.
즉, 터널의 단면적이 증가하면 풍량이 많아지므로 연기의 온도가 단면적의 증가에 따라 내려가기 때문이다.

② 화재하중

화재하중이 클수록 임계풍속이 높아진다.

③ 발열속도(HRR : Heat Release Rate)

화재에서의 HRR이 클수록 임계풍속이 높아진다.

(3) 적용 설계화재강도

1) 화재강도 : 평균 20~30MW
2) 연기발생률 : 80m^3/sec

※ 다만, 위험물 운송차량 등으로서 설계화재강도를 높게 설정할 경우에는 별도로 위험도 분석을 수행하여 시행한다.

4. 도로터널의 제연시스템 방식

도로터널의 제연시스템방식은 기존의 환기설비와 겸용으로 사용하며 그 종류는 다음과 같다.

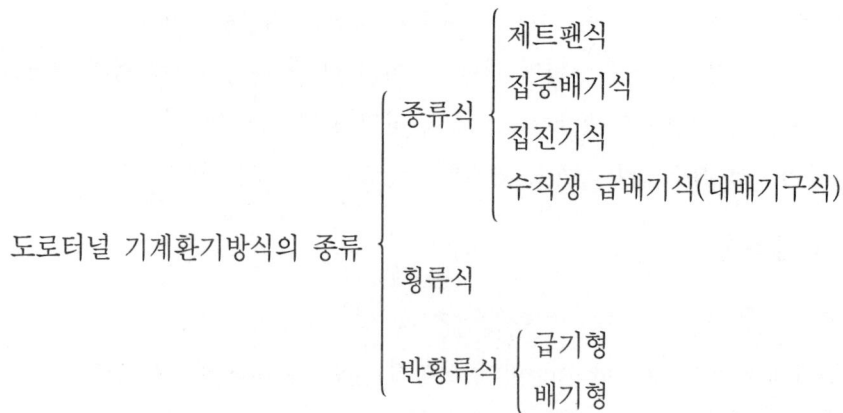

(1) 종류식 환기방식

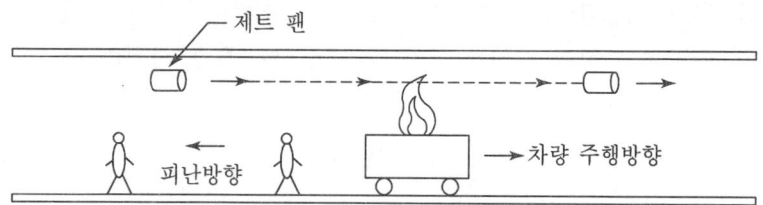

1) 터널을 따라 종방향(입구에서 출구)으로 급기하는 방식으로 대피방향의 반대 방향으로 기류를 제어하여 피난안전을 확보하도록 하는 개념의 제연방식
2) 일방향 터널에서 종방향의 풍속이 낮고 피난연락갱의 간격이 짧은 경우에 한하여 제한적으로 적용함
3) 터널의 입·출구에 분산하여 설치
4) 적용 Fan 종류 : 축류송풍기(Axial Blower) 중 Vane형 Fan(제트 팬)

(2) 횡류식 환기방식

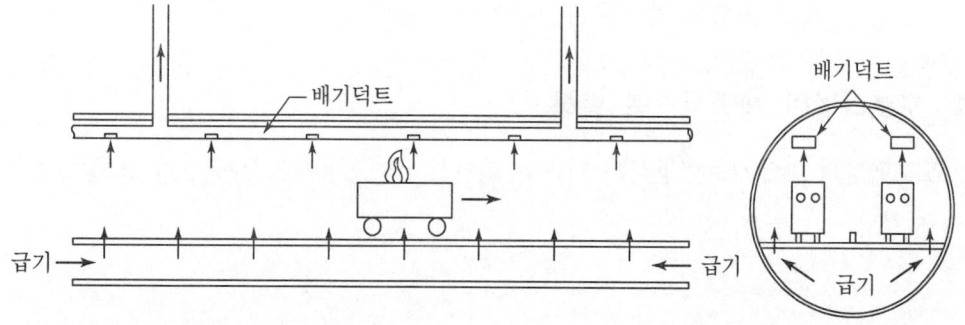

1) 터널 하부 중간중간의 수직 Vent를 통해 급기를 하고 터널상부에 설치된 덕트 및 수직배기구를 통하여 터널 내 기류를 횡방향(바닥에서 천정)으로 흐르게 하

는 방식을 말한다. 연기를 터널 내 화재공간에서 완전히 제거하는 배연을 목적으로 한다.

2) 적용 : 양방향 터널 또는 정체빈도가 높은 일방향 터널

(3) 반횡류식 환기방식

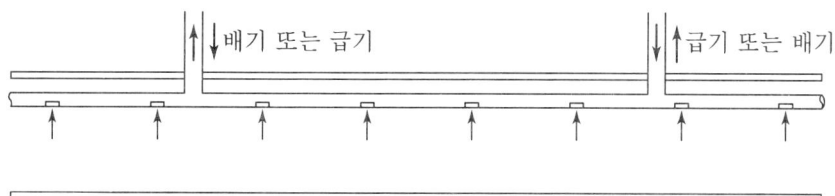

1) 터널 하부로부터의 급기는 되지 않으나 터널 상부에 설치된 덕트 및 수직배기구를 통하여 급기 또는 배기를 함으로써 기류를 횡방향과 종방향으로 흐르게 하는 방식을 말한다.
2) 적용 : 양방향 터널 또는 정체빈도가 높은 일방향 터널
3) 종류 :

반횡류 환기방식
- 급기형 : 급기덕트만 설치
- 배기형 : 배기덕트만 설치
- 급·배기형
  - 전반부 : 배기덕트 설치
  - 후반부 : 급기덕트 설치

5. 결론

(1) 도로터널에서 화재시 제연설비는 화재지역으로부터 연기를 직접 배기하거나, 피난방향의 반대방향으로 기류를 형성하게 함으로써 화재 초기단계에서부터 피난자의 피난안전을 확보할 수 있도록 해주는 중요한 설비이다.

(2) 제연설비의 용량선정 및 환기방식의 설계에서 터널의 단면적, 종단 경사각도, 터널 내 풍속, 이용차량의 종류 및 정체율 등을 고려한 수치 시뮬레이션 등을 통하여 신뢰성을 확인한 후 적용하여야 한다.

14. 제연설비 덕트의 설계

1. 개요
(1) 제연설비의 덕트는 송풍기에서 조성한 소정의 풍량을 반송하는 통로이며, 이것은 시스템 성능을 완성시켜주는 중요한 요소이다.
(2) 덕트의 설계에서 덕트크기(Size) 계산방법에는 정압법, 전압법, 등속법, 정압재취득법 및 T-method법 등 다양하게 있으나, 현장의 여건과 요구되는 성능을 고려하여, 시공 및 성능적·경제적으로 가장 합리적인 방법으로 설계하여야 한다.

2. 덕트의 설계순서
(1) 송풍량 결정 : 각 제연경계구역별로 제연용량계산에 의해 송풍량 결정
(2) 취출구 및 흡입구의 위치, 수량, 형식 등의 결정 : 제연구역 내의 급·배기 분포가 균일하도록 취출구 및 흡입구의 위치 등을 결정
(3) 송풍기의 위치 결정
(4) 덕트의 경로 결정
(5) 댐퍼 등의 부속기구의 부착위치를 결정
(6) 덕트의 크기(Size) 결정 : 정압법, 전압법, 등속법, 정압재취득법 및 T-method법 등
(7) 송풍기의 사양을 결정 : 덕트계통의 마찰저항을 구해 송풍기의 정압을 구하고, 이 정압과 (1)항의 송풍량으로 송풍기의 용량 및 형식을 결정한다.
(8) 설계도면 작성

3. 제연설비 덕트설계시 고려사항
(1) 덕트의 Aspect Ratio는 최대 8 : 1 이상을 넘지 않도록 하고, 가능한 4 : 1 이하로 되게 하는 것이 효과적이다.
(2) 덕트의 분기부에는 풍량조절댐퍼를 설치하여 압력평형을 유지한다.
(3) 덕트내 풍속은 허용풍속(배기 : 15m/s, 급기 : 20m/s) 이하가 되게 한다.
(4) 덕트의 곡률반경은 덕트의 직경 또는 덕트 폭의 1.5배 이상 되게 한다.
(5) 덕트의 Reducer부는 축소각이 30° 이하, 확대각은 15° 이하가 되게 한다.

4. 덕트의 크기(치수) 결정법

(1) 정압법 (일명 등압법 또는 등마찰손실법 : Equal Pressure Method)

1) 덕트 내의 동압은 고려하지 않고 정압만을 반영하는 방식
2) 덕트의 단위길이당 마찰손실이 일정한 상태가 되도록 마찰손실 선도에서 직경을 구하는 방법
3) 풍량과 마찰손실에 의해 덕트의 크기를 선도 또는 계산척(Duct measure)으로 구한다.
4) 송풍기의 정압계산이 간단하고, 덕트 말단으로 갈수록 풍속이 느려지므로 소음처리가 비교적 용이하다.
5) 주덕트와 분기덕트에 대하여 모두 같은 압력손실로 가정하여 설계하므로, 급기일 경우 송풍기에서 가까운 분기덕트에 필요이상의 풍량이 흐르게 된다.
6) 분기 덕트에서 경로의 길이가 다른 경우에는 길이가 짧은 분기측 덕트에 풍량조절댐퍼를 설치하거나 덕트 크기를 작게하여 가능한 경로의 마찰손실을 같게 해야 한다.
7) 등압을 기준으로 하므로, 동압의 감소분이 정압으로 변환되어 재취득되는 압력은 무시하므로, 덕트 말단으로 갈수록 풍량이 증대되어 조정이 곤란하게 된다.
8) 현재 가장 많이 사용되고 있는 덕트 설계법이다.

(2) 전압법 (Total Pressure Method)

1) 덕트 내의 정압 과 동압을 모두 반영하는 방식
2) 덕트 각 부분의 국부저항은 전압기준에 의해 손실계수를 이용하여 구한다.
3) 각 취출구까지의 전압력 손실이 같아지도록 덕트의 단면을 결정한다.
4) 이 경우 기준경로의 전압력 손실을 먼저 구하고 다른 취출구에 이르는 덕트 경로는 이 기준경로의 전압력 손실과 거의 같아지도록 설계한다.
5) 이 기준경로와 전압력 손실과의 차이는 댐퍼, 오리피스 등에 의해 조정된다.
6) 전압법을 사용하면 정압재취득법은 필요 없게 된다.

(3) 정압재취득법 (Static Pressure Regain Method)

1) 덕트내 유동에서 주덕트에서 말단덕트로 갈수록 풍속이 감소한다.
2) 베르누이 정리에 의해서 풍속이 감소하면 동압이 감소하고, 동압 감소분의 일부가 정압을 상승시킨다.

정압 상승분 : $\Delta P = R \left(\dfrac{V_1^2}{2g} \gamma - \dfrac{V_2^2}{2g} \gamma \right)$

여기서, R : 정압재취득계수 (0.5~0.9)
V_1, V_2 : 덕트의 상류 및 하류측의 취출구 풍속[m/s]
γ : 공기의 비중량 (1.293kg/m³)
g : 중력가속도 (9.8m/sec²)

3) 이 정압의 상승분을 다음구간 덕트의 압력손실에 재이용하는 방식을 정압재취득법이라 한다.
4) 정압 상승분이 다음구간의 분기덕트 또는 취출구까지의 덕트 및 국부저항의 압력손실 합계와 동일하도록 하면, 각 취출구와 분기덕트의 정압이 일정하게 된다.
5) 이렇게 되면 각 취출구 직전의 정압이 일정한 값이 되므로, 각 취출구에서 댐퍼에 의한 풍량조절을 하지 않아도 예정된 송풍량은 취출할 수 있다.
6) 정압이 재이용되므로 필요한 송풍동력은 감소한다.
7) 설계계산이 복잡하므로 수계산이 곤란하다.

(4) 등속법 (Equal Velocity Method)

1) 모든 덕트내의 풍속이 일정하다고 가정하고 덕트의 크기를 결정하는 방식
2) 풍량을 미리 정하여 놓고, $Q = AV$를 이용하여 V(풍속)가 일정하다고 가정하고, A(덕트 크기)를 구하는 방식이다.
3) 주로 배기덕트 또는 분체 등의 수송용 고속덕트에 사용된다.
4) 덕트의 각 구간마다 마찰손실 및 저항이 다르기 때문에 정압설계가 어렵다.
5) 풍량의 배분이 곤란하여 밸런싱 유지가 어렵고, 또 풍속을 정하는데 광범위한 덕트설계 경험과 지식이 필요하므로, 잘 사용되지 않고 있다.

5. 결론

제연설비의 덕트 설계시, 먼저 제연용량에 적합한 풍량을 구하고 그 풍량으로 덕트의 크기를 구한 후, 설정된 풍량이 제연구역에 가장 균일하게 분포될 수 있도록 취출구와 흡입구의 크기 및 수량을 결정하고, 시공 및 성능적·경제적으로 가장 합리적인 덕트 경로를 결정하여야 한다.

15 플러그 홀링(Plug-holing)현상

1. 정의
(1) 배연설비의 작동 시 배기용량이 너무 클 경우 연기층(Smoke Layer)의 연기와 함께 그 하부에 있는 청결층(Clear Layer)의 공기까지 빨려나가는 현상이다.
(2) 수직배출구의 직하부에 Smoke Layer의 깊이가 얕고 배출량이 많을 경우 연기층이 형성되지 않고 Clear Layer의 공기가 배출될 수 있는데, 이러한 현상을 Plug-holing이라 한다.

2. Plug-holing의 발생원인

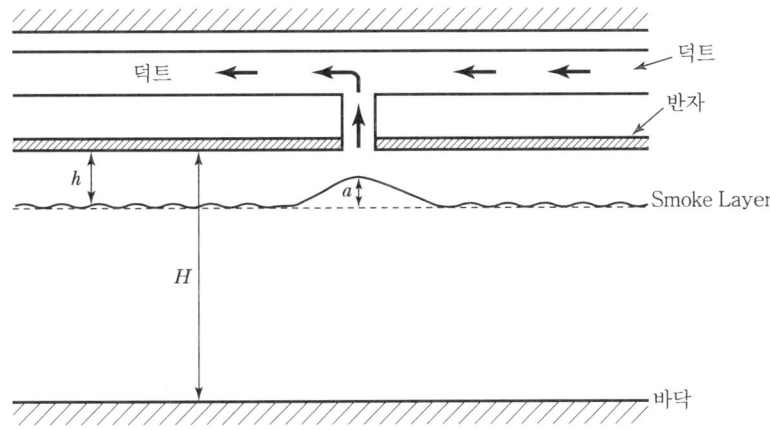

(1) Plug-holing은 위의 그림에서 a가 h(연기층의 깊이)보다 클 경우에 발생한다.
(2) 넓은 천장에 비해 배연구 수가 적으면 발생한다.
(3) 배연구 1개당 배연구 면적이 클수록 발생이 용이해진다.

3. Plug-holing이 없는 최대 배출유량 산출

$$Q = 0.354kh^{\frac{5}{2}} \times \left(\frac{T_s - T_o}{T_s}\right)^{\frac{1}{2}} \times \left(\frac{T_o}{T_s}\right)^{\frac{1}{2}}$$

여기서, Q : 플러그 홀링이 없는 최대배출유량[kg/sec]
T_s : 연기층의 절대온도[K]
T_o : 실내(주변)의 절대온도[K]
h : 배출구 하부 연기층의 깊이[m]
k : 배출구 위치의 선정계수

4. Plug-holing의 방지대책

(1) h(연기층의 깊이)를 H(연료 표면에서 천장까지의 거리)의 20% 깊이로 유지될 수 있는 용량의 배출휀을 선정한다.
(2) 연기층(h)이 얕은 경우에는 배출구의 크기를 줄이고 배출구 수량은 증가시켜 배출량을 분배한다. 즉, 하나의 배출구당 최대배출용량을 제한한다.

5. 결론

연기제어설비의 설계 시에는 Plug-holing, Confined Flow, Sealing Jet Flow, 연기의 단층현상 등 다양한 변수들을 충분히 검토하고, 이를 위해서 화재모델링 및 피난시뮬레이션 등의 광학적 검증절차를 거쳐서 설계에 반영하여야 실제 화재 시 제연설비의 효율성 및 인명의 안전을 확보할 수 있다.

16. 초고층건축물의 부속실제연설비에 대한 문제점과 개선방안

1. 개요

초고층건축물에 설치되는 제연설비의 종류로는 부속실제연설비와 거실제연설비 및 피난용승강기의 승강로가압설비가 있다. 이 중에 부속실제연설비와 거실제연설비는 과거 오래전부터 설치되어 왔으나, 이와 관련한 화재안전기준 및 설계방식 등이 과거 즉, 초고층건축물이 거의 없을 당시의 저층건축물을 기준으로 만들어 졌으나, 이것을 초고층건축물에 그대로 적용시켜 설계를 하다보니 다음과 같은 문제점이 발생되는 것으로 판단된다.

2. 각 구간별 급기휀 용량의 적용

(1) 문제점

1) 모든 초고층건축물에서는 피난안전구역층에 설치된 중간기계실에 제연용 송풍기를 설치하므로 그림과 같이 배치되는 구조가 된다.

2) 수직풍도 라인에 급기송풍기 4대가 그림과 같이 배치될 경우 각 송풍기에서 급기하는 해당 영역이 각각 다르지만, 대부분의 설계에서는 4대의 송풍기용량(정압 및 풍량)을 모두 동일하게 선정하여 설계하고 있다.

3) 이렇게 될 경우 상부(A~B) 구간의 풍도에는 과압이 형성되는 반면, 하부(C~D) 구간의 풍도에는 저압이 형성되므로 인해 하부(C~D) 구간의 제연구역에는 규정된 성능(차압 및 방연풍속)에 미치지 못하게 된다. 이것은 풍도 내의 공기가 압축성 유체이기 때문이다.

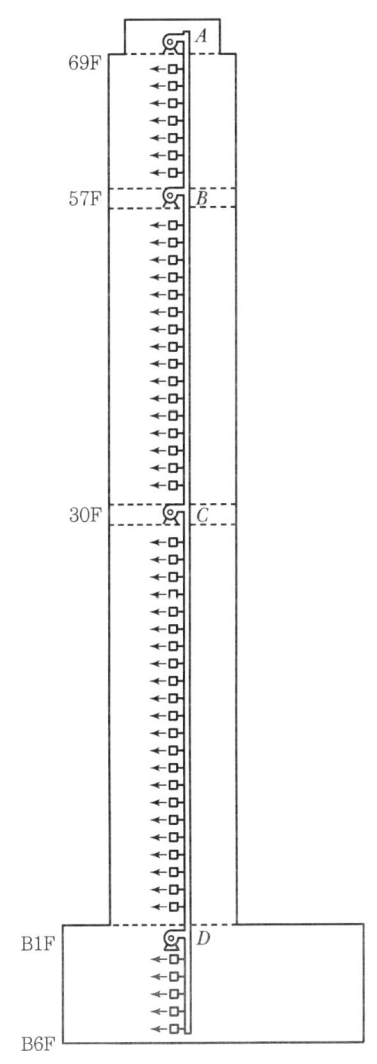

[초고층건축물의 제연송풍기 배치사례]

(2) 개선방안

각 송풍기 간의 층수 및 덕트길이를 따져서 각 송풍기마다 해당하는 영역만큼의 송풍기용량(정압 및 풍량)을 선정하여야 전체 구간에 균일하게 급기가압을 할 수 있다.

3. 보충량(방연풍량)의 적용

(1) 문제점

1) 현행 화재안전기준의 보충량 적용에서 "화재 시 출입문 동시개방 층수"에 대하여 "부속실의 수가 20 이하는 1개층 이상, 20을 초과하는 경우에는 2개층 이상의 보충량을 적용한다."로 규정하고 있을 뿐, 20층을 훨씬 초과하는 초고층건축물을 고려하는 구체적인 규정은 없는 상태이다.
2) 따라서, 설계 사례들을 살펴보면, 설계자마다 그 적용에 있어서 많은 차이를 나타내고 있다. 즉, 부속실의 수가 75개인 건축물에 대한 보충량 산정에서, 화재 시 출입문 동시개방 층수를 2개층만 적용하여 산정한 설계가 있는가 하면, 어떤 설계자는 위와 동일한 구조 및 조건(층수 등)의 건축물에서 출입문 동시개방 층수를 8개층으로 적용하여 설계한 사례도 있는데, 이는 전자와 후자의 보충량 차이가 4배가 되며 총급기량(송풍기 풍량) 차이는 약 280%가 되는 것이다.

(2) 개선방안

1) 현재까지는 초고층건축물의 보충량 산정에서 화재 시 출입문 동시개방 층수의 적용에 대한 별다른 기준이나 정립된 과학적인 자료가 없는 실정이다.
2) 그렇다면, 현재로서 가장 객관적인 방법은, 화재안전기준에서 화재 시 출입문 동시개방 층수의 적용을 "부속실 수 20개 당 1개층의 출입문 개방"으로 규정하고 있으므로, 위와 같이 부속실 수가 75개인 건축물에 대한 보충량 산정에서 화재 시 출입문 동시개방 층수를 $75 \div 20 = 3.75 ≒ 4$개층으로 적용하는 것이 보다 객관적인 설계라고 할 수 있다.
3) 다만, 여기서 유의할 것은, 화재안전기준에서 정하는 바에 따라 부속실과 면하는 옥내쪽 및 계단실쪽 출입문 2개를 동시에 개방하는 것으로 적용하여야 한다.

4. 중간피난층 외기취입구의 이중화

(1) 문제점

대부분의 초고층건축물 설계에서 중간피난층에 설치된 부속실제연설비용 급기송풍기의 외기취입구에 대하여 하부층에서 화재 시 외부로 분출되어 상승하는 연기의 유입방지대책이 설계에 적용되지 아니함으로 인해, 화재 시 피난경로상에 연기를 공급하게 되므로 오히려, 제연설비로 인해 다수의 피난자들이 연기에 질식되는 대형 인명피해사고가 될 우려가 있다.

(2) 개선방안

그림과 같이 각 중간피난층의 급기송풍기용 외기취입구를 양쪽으로 설치하고, 각 OA덕트(외기취입구와 송풍기간의 연결덕트) 내에 연기감지기와 제연댐퍼(SMD)를 설치하여, 화재 시 연기가 유입되는쪽의 OA덕트 내 제연댐퍼가 자동 폐쇄되도록 시스템을 구성하면 화재 시 외기취입구로의 연기유입을 방지할 수 있다.

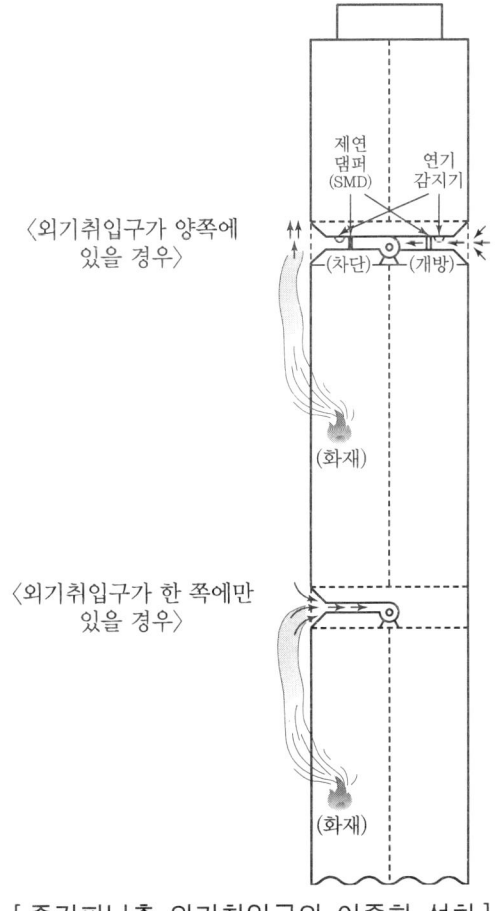

[중간피난층 외기취입구의 이중화 설치]

5. 연돌효과가 제연설비에 미치는 영향의 최소화 방안

건축물 내에 연돌효과가 클 경우 급기가압방식의 제연설비에서는 차압제어가 어렵게 된다. 따라서, 우선 연돌효과의 발생요소와 그 방지대책에 대하여 건축적인 측면에서 살펴보면 다음과 같다.

(1) 연돌효과의 방지대책

1) 건축물 외피의 기밀성 확보(외부기류의 건물 내 유입방지)
   ① 1층 현관 출입구에 전실(방풍실) 및 회전문 설치
   ② 각 층 상용승강기의 승강장을 전실(방풍실) 형태로 구획

2) 계단실, 승강기샤프트(승강로) 등 수직샤프트의 Zoning화

   계단실 및 승강기의 승강로 등의 수직샤프트를 일정한 수직거리마다 구획하여 Zoning화 하면 연돌효과를 대폭 줄일 수 있게 된다.

   > 여기서, 건축물 내부에서는 계단실 및 승강기샤프트가 연돌효과에 가장 큰 영향을 미치는데, 계단실은 30개층 이내마다 피난안전구역층 설치로 인해 수직 Zoning이 쉽게 이루어지지만, 승강기샤프트는 이러한 수직 Zoning이 쉽지 않으므로 인해 대부분의 초고층건축물에서 적용하지 않고 있다.

(2) 연돌효과가 제연설비에 미치는 영향의 최소화 방안

1) 수직(입상)풍도의 Zoning화

   앞의 그림(초고층건축물의 제연송풍기 배치사례)에서와 같이 수직풍도의 Zoning이 되어 있지 않을 경우에는 연돌효과의 영향으로 차압제어 및 방연풍속의 제어가 어렵게 된다. 따라서, 수직풍도를 일정한 층수로 묶어서 Zoning화 하므로써 연돌효과가 제연설비에 미치는 영향을 대폭 감소시킬 수 있다. 그러나, 이 또한 극히 일부를 제외한 대부분의 초고층건축물의 제연설비 설계에서 이의 적용을 간과하고 있는 실정이다.

2) 수직풍도의 과압 배출

   특히, 연돌효과에 의해 과압이 예상되는 고층부의 수직풍도 또는 위와 같이 수직풍도가 Zoning화가 되어 있는 경우에는 그 Zone 내에서 고층부분의 수직풍도에 과압배출댐퍼 등을 이용하여 과압을 배출하면 연돌효과가 제연설비에 미치는 영향을 최소화 할 수 있다.

5. 결론

건축물이 진화되고 발전되면 소방시설의 설계·설치기준 및 법령·제도 등도 거기에 맞게 개선되고 발전되어야 한다. 즉, 과거에 저층건축물을 기준으로 하여 만들어진 소방시설의 설계·설치기준 및 법령·제도를 초고층건축물에 그대로 적용하여 설계 및 시공을 한다면 이것은 화재안전 및 인명안전을 기대하기 어려울 것이다. 따라서, 「고층건축물의 화재안전기준」 제연설비부분에서 고층건축물을 고려한 내용을 추가하고, 사전재난영향검토 및 성능위주설계의 심의지침 등에도 이러한 내용의 반영이 필요하다 하겠다.

17 초고층건축물의 거실제연설비에 대한 문제점과 개선방안

1. 개요
(1) 초고층건축물에는 각 종 샤프트가 길고 많으므로 인해 연돌효과가 높으며 또한, 고층부로 갈수록 외부 풍압이 강하여 연기제어가 어려우므로 인해 제연설비나 배연창 등의 적용이 어렵다.
(2) 초고층건축물 중 공동주택은 거실제연설비가 법적 설치대상에서 제외되지만 그 외에는 법적 의무설치대상에 해당된다. 그러나, 현재까지도 「고층건축물의 화재안전기준」 등 어디에도 고층건축물의 제연설비를 고려한 내용이 반영된 곳은 거의 없는 상태이다.

2. 배연창 대신 기계식배연설비를 권장

배연설비는 관계법규에서 자연배연식(배연창) 또는 기계배연식 중 선택하여 설치할 수 있도록 규정되어 있다. 그런데 배연창이 설치하기가 간편하기 때문에 저층건축물은 거의 대부분 배연창으로 설치하는 것은 물론이고, 일부 초고층건축물에도 기계배연설비 대신 배연창으로 설계한 사례도 있는 실정이다.

[초고층건축물에서 배연창의 문제점]
(1) 고층부에서 배연창이 개방될 경우 건물 외부의 강력한 풍압에 의한 외부에서 내부로의 강한 바람으로 인해 오히려 연기 및 화염의 확산이 극대화 될 수 있다.

(2) 저층부에서는 연돌효과에 의해 외기와의 압력차가 커진 상태에서 배연창이 개방되면 내부로 공기가 신속하게 유입되면서 연소촉진 및 화재확산을 가속화 시킨다.
(3) 고층부로 갈수록 외부의 높은 풍압으로 인해 배연창의 개폐 자체가 어려울 수 있으며, 강한 바람의 영향으로 배연창이 탈락 등 파괴될 위험성도 있다.

3. 화재실 단독제연방식 대신 인접구역 상호제연방식을 권장

거실제연설비에서 제연구역이 제연경계로 구획된 판매시설의 매장 등에는 인접구역상호제연방식(일명 샌드위치가압방식)을 많이 채용하고 있지만, 그 외의 건축물에는 대부분 화재실단독제연방식(화재실 내에서 급기와 배기가 동시에 이루어지는 방식) 또는 거실배기-통로급기 방식을 채용하고 있다. 특히 제연구역이 대부분 소규모 화재실인 초고층건축물은 아래의 "화재실단독제연방식의 문제점"에 가장 가까운 건축물이라 할 수 있으나 거의 대부분이 화재실단독제연방식을 채용하고 있는 실정이다.

(1) 화재실 단독제연방식의 문제점
1) 소규모 화재실의 경우 실내의 기류가 난기류가 되어 Clear Layer(연기층 아래의 청결층)의 형성을 방해할 수 있다.
2) 급기의 공급이 화점 부근일 경우 연소를 더욱 촉진하게 된다.
3) 화재안전기준에서 제연구역 바닥면적이 400㎡ 이하인 경우에는 급기구를 천정에도 설치할 수 있도록 규정하고 있는데, 이것은 배기구와 급기구가 동일한 높이에 설치되므로 인해 급기된 신선한 공기의 일부는 곧바로 배기구로 배출될 수 있으므로 그만큼 연기의 배출효율이 떨어질 수 있다.
4) 화재실을 부압유지가 되도록 하여야 연기가 인접구역으로 확산되는 것을 방지할 수 있다. 그러나, 화재안전기준에서는 급기량을 배출량 이상 되게 하도록 규정하고 있으므로 인해 화재실을 양압유지가 되게 함으로써 인접구역으로의 연기확산 우려가 있다.

(2) 개선방안
제연구역이 대부분 소규모 화재실인 초고층건축물은 인접구역상호제연방식(샌드위치가압방식)이 가장 적합한 것으로 판단된다.

[인접구역 상호제연방식의 특징]
1) 화재층에서는 배기를 하여 부압을 형성하게 하고, 화재층의 직상층과 직하층에는 급기를 하여 양압을 형성시킴으로써 연기의 침투를 방지할 수 있게 된다.

2) 제연구역이 한 층에 여러 개가 있을 경우, 화재실에는 "급기량＜배기량"으로 하여 부압을 유지하게 하고, 화재실이 아닌 인접실에는 "급기량＞배기량"으로 하여 양압을 형성시킴으로써 연기의 침투를 방지할 수 있게 된다.

3. 결론

(1) 근래 국내에서도 토지의 효율적 사용과 도시 랜드마크로서의 초고층건축물을 경쟁적으로 건설하고 있다. 그러나, 현재까지 「고층건축물의 화재안전기준」 등 어디에도 고층건축물의 제연설비를 고려한 내용이 반영된 곳은 거의 없는 상태이다.

(2) 위와 같이 초고층건축물의 배연창 적용은 많은 문제점이 있으므로 이것은 건축법규적으로 재검토할 필요가 있으며 또, 위와 같이 예상제연구역이 대부분 소규모 화재실인 초고층건축물에 대한 제연설비 적용의 특수성을 감안하여 이 부분에 대한 화재안전기준 등도 재정비할 필요가 있다 하겠다.

Chapter 12

자동화재탐지설비

01. 자동화재탐지설비 시스템의 종류 ·· 647
02. NFC 72의 자동화재탐지설비 분류 ·· 649
03. P형과 R형 자동화재탐지설비 ·· 653
04. 수신기의 구조 및 기능 ·· 655
05. 중계기의 종류별 특성 ·· 657
06. 자동화재탐지설비와 타 시스템 간의 연동 ······························· 659
07. MXL Network 자동화재탐지설비 ·· 661
08. 연기감지기 ·· 663
09. 열감지기의 작동특성 ··· 665
10. 일반 화재감지기의 설치기준 ··· 666
11. 특수감지기의 종류 및 적응장소 ·· 668
12. 복합형감지기·다신호식감지기 ··· 670
13. 차동식 분포형 감지기 ··· 672
14. 정온식 감지선형 감지기 ·· 675
15. 2신호식 감지선형 감지기 ·· 677
16. 광센서 감지선형 감지기 ·· 679
17. 불꽃감지기 ·· 682
18. 광전식 분리형 감지장치 ·· 688
19. 이온화식 인공지능형 감지기 ··· 690
20. 광전식 공기흡입형 감지기 ·· 691
21. 차세대(향후) 개발 감지장치 ·· 693
22. 비화재보의 원인과 방지대책 ··· 695
23. 시각경보장치(Strobe Light) ··· 697
24. 화재감지기용 Thermister의 종류별 특성 ································· 699
25. 자동화재탐지설비의 경계구역 ··· 701
26. R형 시스템에서 각 설비의 입·출력 회로수 산정 ···················· 702

01 자동화재탐지설비 시스템의 종류

1. 수신기 형식

(1) P형수신기 시스템

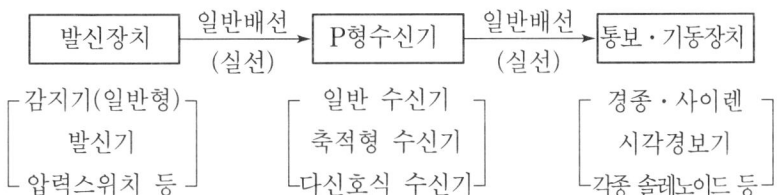

(2) 일반 R형수신기 시스템

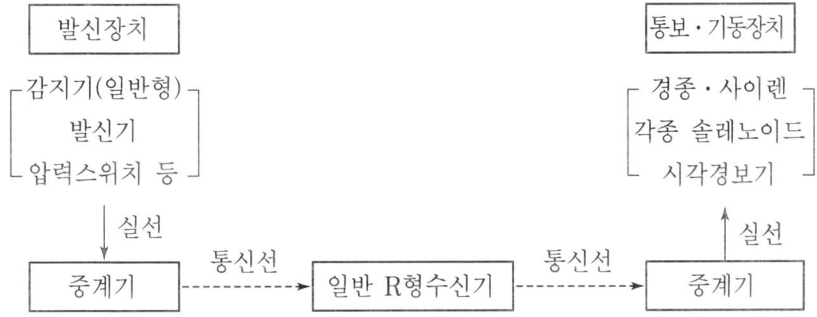

(3) 아날로그 R형수신기 시스템

일반 R형 수신기 시스템에 아날로그 감지기능을 추가한 것으로 비화재보 대폭 감소 및 효율적인 유지보수 가능함

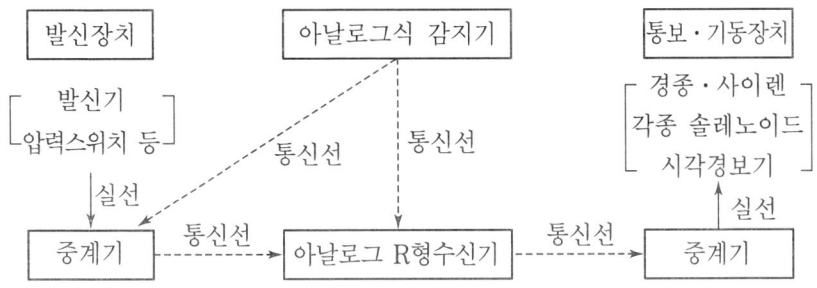

(4) 인텔리전트 R형수신기 시스템

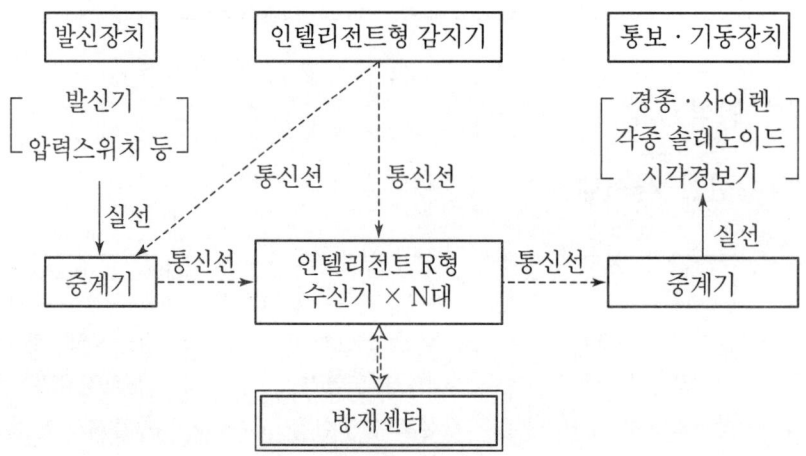

1) 여러 대의 수신기를 통신 Network로 상호 연결한 Network 기능
2) 화재신호를 서로 주고받는 Peer to Peer 기능과
3) 수신기 각각의 개별적 운영이 가능한 Stand Alone 기능
4) 각 방호구역의 화재특성에 지능적으로 적용할 수 있는 인텔리전트형 감지기 (아날로그 기능+자동환경보정 기능)의 적용이 효과적임

2. R형 System별 비교·분석

	일반 R형	아날로그 R형	인텔리전트 R형
수신기간 Network 기능	×	×	○
시스템 수용 회로수	1,000회로 이하	1,000회로 이상	1,000회로 이상
Loop 배선 적용	×	○	○
감지기 적용	일반형 감지기	아날로그 감지기	인텔리전트 감지기
자동환경보정 기능	×	×	○
원격감시 및 원격 보수기능	×	×	○
비상음성 경보기능	×	×	○

02 NFC 72의 자동화재탐지설비 분류

1. 개요

자동화재탐지설비의 분류에 있어서 국내에서는 설비의 구성부품에 따라 적용하고 있으나, NFC 72에서는 입력장치회로, 신호선로회로, 통보장치회로의 3가지 형태로 분류하고 있다.

2. 설비의 구성

(1) 입력장치회로(IDC : Initiating Device Circuit)

1) 수신기나 중계기로 화재신호를 전송하는 회로로서 주소기능이 없는 입력장치에 사용하는 회로. 즉, P형 System에서 (수신기) ~ (감지기, 수동기동장치, 압력스위치 등) 사이의 회로
2) 일반 접점 신호기기의 ON/OFF 회로에 적용
3) P형 수신 System에 적용
4) 회로의 말단에 종단저항 설치
5) 적용기기 : 감지기, 발신기 등 각종 감시용 신호입력장치
6) 입력신호의 종류
   ① 경보신호(Alarm Signal)
   ② 화재신호(Fire Alarm Signal) : 화재감지기, 발신기, 유수검지장치 등이 동작되는 화재신호
   ③ 보안신호(Delinquency Signal) : 설비담당이나 보안감독에게 어떠한 조치가 필요하다고 지시하는 신호
   ④ 피난신호(Evacuation Signal)
   ⑤ 경비순찰신호(Guard's tour Supervisory Signal)
   ⑥ 감시신호(Supervisory Signal)
   ⑦ 고장신호(Trouble Signal) : 회로의 단선, 단락, 지락을 나타내는 고장신호

(2) 통보장치회로(NAC : Notification Appliance Circuit)

1) 수신기로부터 통보장치로 신호를 보내어 경보를 발하게 하는 장치의 회로 즉, (중계기) ~ (벨, 사이렌, 시각경보기 등) 사이의 회로

2) 적용기기 : Bell(경종), Siren, Strobe light(시각경보기)

(3) 신호선로회로(SLC : Signaling Line Circuit)

1) R형 System에서 수신기~중계기, 또는 수신기~수신기 사이의 통신에 사용되는 통신선(신호선)으로 연결된 회로
2) 적용기기 : R형 수신기 및 중계기, Analogue식 감지기
3) Class A 배선방식에 적합
4) 종단저항은 불필요함

3. 배선회로방식

각 배선회로의 Loop Back 기능의 여부에 따라 Class 또는 Style로 구분한다.

(1) Class

단선이나 지락, 단락 중 어느 한 가지 고장상태에서 신호를 송신하는 기능의 여부에 따라 Class A와 Class B로 구분한다.

1) Class A

① 어느 한쪽의 선로에서 단선 등의 고장이 발생하여도 다른 한쪽 선로로 정상적인 통신기능을 유지할 수 있는 배선방식
② 적용 : 4선식 Loop 배선방식의 신호선로회로

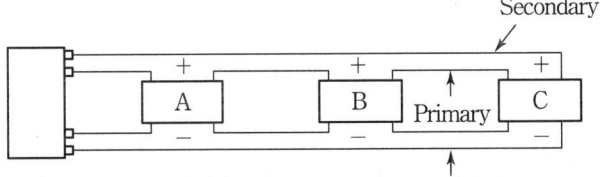

2) Class B

① 단선부위 이후로는 신호를 송신할 수 없는 회로
② 적용 : 2선식의 일반배선방식(송배선식)
③ 설비비용은 적으나 System의 안전성이 떨어짐

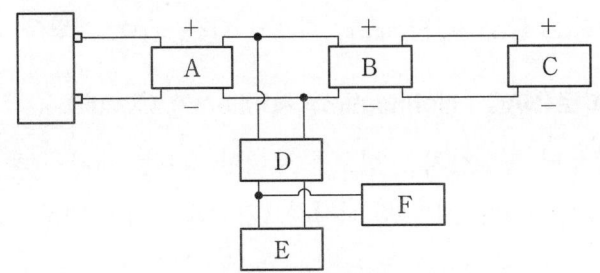

(2) Style

단선, 지락, 단락 중 어느 한 가지 또는 두 가지가 동시에 고장일 경우에도 신호를 송신할 수 있는 기능의 여부에 따라 Style로 구분한다.

1) 입력장치(IDC)의 Style

① Class A : (Style D)

② Class B : (Style B)

2) 통보장치(NAC)의 Style

① Class A : (Style Y)

② Class B : (Style Z)

3) 신호선로(SLC)의 Style

① Style 6, Style 7 : (Class A)

② Style 4 : (Class B)

> NFPA 72의 2010 Edition부터는 SLC에서만 Style 구분방법을 그대로 사용하고, 나머지 IDC와 NAC에서는 사실상 Style 구분이 없어지고 Class로만 구분하고 있다.

4. 회로별 고장 중 신호발신능력(경보능력)

회로 종류	Class	Style	단일고장			동시고장		
			단선	지락	단락	단선&지락	단선&단락	단락&지락
IDC	B	-	×	○	-	-	-	-
	A	-	○	○	-	-	-	-
NAC	B	-	×	○	×	-	-	-
	A	-	○	○	×	-	-	-
SLC	B	4	×	○	×	×	×	×
	A	6	○	○	×	○	×	×
	A	7	○	○	○	○	×	×

5. 배선방식의 적용[예]

(1) Style 4

1) 개(開) 회로의 일반배선방식
2) 일방향통신 : 수신기와 Local 기기 간의 통신이 일방향
3) 고장지점 이후의 통신이 불가함

(2) Style 6

1) 폐회로방식의 Loop 배선방식
2) 양방향 통신 : 수신기와 Local 기기 간의 통신이 양방향
3) 고장지점 이후에도 통신이 가능함 : 한쪽 선로가 단선시에는 다른 한쪽 선로를 통하여 통신이 가능하다. 다만, 단락시에는 통신이 불가함

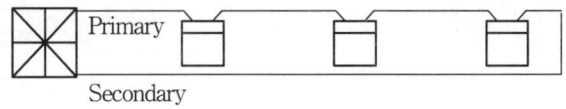

(3) Style 7

1) 다수의 수신기가 있을 경우 각 수신기를 Network로 연결하여 수신기 상호간에 폐회로를 구성
2) 한 방향에서 Trouble이 발생하여도 다른 한쪽 선로로 정상작동이 가능함
3) 여기서는 단락시에도 화재신호 발신이 가능하다. 그것은 Local 수신기 자체에 Isolate 기능이 있으므로 고장시 고장회로 분리 후 통신이 가능하기 때문이다.

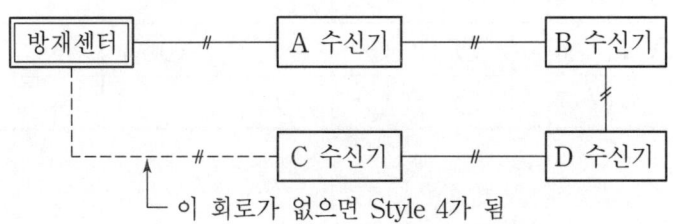

(4) 종합회로

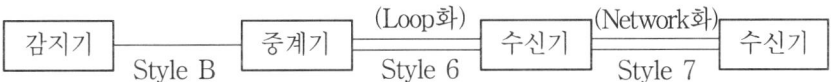

6. Peer to Peer 기능과 Stand Alone 기능

(1) Peer to Peer 기능

1) R형 수신 System에서 Network로 구성되어 있는 각각의 수신기는 상호 대등한 관계에 있으며, 주수신기나 부수신기와 같은 종속적 관계가 아니다.
2) 이때 상호 대등한 관계에서 감시·제어신호를 서로 주고받는 것을 Peer to Peer 기능이라 한다.

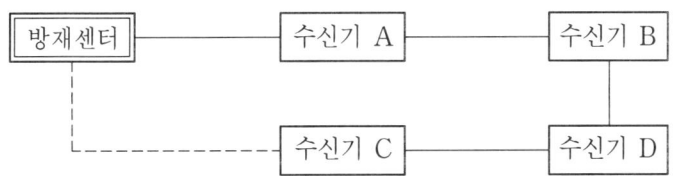

(2) Stand Alone 기능

이러한 Network 구성에서 Loop System이 아닌 경우 서로 통신이 두절되었을 때에는 각각의 수신기(A, B, C, D)에서 독립적으로 그 기능을 수행하는 것을 Stand Alone 기능이라 한다.

03 P형과 R형 자동화재탐지설비

1. 개요

(1) P형 자동화재탐지설비

1) 감지기 또는 발신기에서 보내는 신호를 중계기를 거치지 않고 직접 수신하여 화재발생을 통보하는 설비
2) 각 경계구역마다 별도의 배선(실선)으로 구성

(2) R형 자동화재탐지설비

1) 감지기 또는 발신기에서 보내는 신호를 중계기를 거쳐 고유신호로 수신하는 것

2) 중계기와 수신기 사이에 신호선(2가닥)을 통하여 Multiplexing 방식에 의하여 화재신호를 수신한다.

2. P형과 R형의 특성 비교·분석

	P형	R형
회로방식	개별회로방식 (반도체 및 릴레이 방식)	공통회로방식 (컴퓨터 처리방식)
신호종류	전회로 공통신호	각 회로별 고유신호
신호전달 방식	개별(실선) 전달방식	다중통신방식(Multiplexing)
신호표시 방식	지구창의 점등방식	디지털표시방식(CRT)
구성	중계기 불필요	중계기 필요
배선	(실선) Local 기기 ⟶ 수신기	(실선)　　(통신선) Local ⟶ 중계기 ⟶ 수신기
도통시험	감지기 말단까지 시험	중계기까지 시험 (단, 분산형은 말단까지)
선로전압 강하	선로 길이에 따라 전압강하 발생	전압강하 없다.
경제성	시설비 과다 소요(배선수 과다)	시설비 대폭 절감
증설·이설	별도의 수신반 또는 대용량 수신기로 교체	1) 수신기 확장카드 추가 및 중계기 증설 2) 선로 길이를 길게 할 수 있으므로 증설이 용이함
신뢰성	수신기 고장시 자동화재탐지설비 전체 기능 마비	1) 수신기가 고장이 나도 중계기는 독자적으로 운용 가능 2) 특정 중계기 고장시 다른 중계기는 동작하므로 전체시스템 마비는 없다.
회로수용 능력	1면당 180회로 수용	1면당 1,000회로 수용
종단저항	필요	불필요
대상규모	소규모 건물(10층 이하)	고층 또는 대규모 건물, 분산된 건물

04. 수신기의 구조 및 기능

1. P형 수신기

⟨P형 2급에는 없는 기능⟩

전화장치, 발신기응답회로, 화재표시등, 도통시험장치

(1) 회로선택 스위치

(2) 비상경보 스위치 : 지구경종을 모두 동시에 명동시킬 경우 사용

(3) 비상전원시험 스위치 : 비상전원 양부시험

(4) 주경종 스위치

(5) 지구경종 스위치

(6) 도통시험 스위치

(7) 작동시험 스위치

(8) 복구 스위치

(9) 전압계 : 회로도통시험 및 비상전원 양부시험에서 전압계의 지시값으로 판단

2. R형 수신기

(1) 구조

1) 중앙처리장치(CPU)

2) 표시제어장치 : LCD 표시창, 각종 표시등, 제어스위치 등

3) 통신장치 : RS-485 통신

4) 전원공급장치 : 무보수 밀폐형 연축전지를 많이 사용
   감시기능 내장, 예비전원으로 절환·복구 기능
   예비전원 양부시험장치 보유

5) 계통확장모듈(Module)

(2) R형 수신기의 기능

1) 화재성상의 비교판단기능
   입력된 데이터와 실제현장 상황데이터를 비교하여 비화재와 실화재를 구분함으로써 비화재보를 예방

2) 자동환경보정·감도설정기능

3) 인공지능형 아날로그 Detection 기능
4) 일반형 감지기 및 P형 수신기와의 호환기능
5) 운영자 암호체계 구성
6) 1인 Walk Test 기능
   ① 감지기 또는 발신기를 시험 작동시키면, 짧은 시간 경보 후 자동복구되므로 1인이 시험 가능한 시스템
   ② 즉, 운영자 1인이 현장을 돌면서 감지기나 발신기 등의 정상작동 여부를 직접 Test할 수 있는 기능
7) Pre-alarm 기능
   인텔리전트 감지기에서 감지기 스스로 Learning Time을 갖고, 설치환경에 가장 적합한 감도와 화재예측감도(Pre-alarm 감도)를 설정해서 화재의 가능성을 관리자에게 사전 통보하는 기능. 이후 계속해서(50초 이상) 연기가 들어오면 실제 화재신호로 인식하여 화재경보를 발한다.
8) 무선호출기능
   현장에서 화재상황이 발생한 경우에 문자호출기를 가진 운영자에게 한글로 문자 호출을 하여 운영자가 어디에 있더라도 즉시 상황보고를 받을 수 있는 기능
9) 자기진단 및 선로감시기능
10) Peer to Peer 기능
11) Stand Alone 기능
    서로 통신이 두절된 경우에도 독립적으로 작동할 수 있는 기능
12) Network 기능
    통신 Network로 연결된 수신기들이 주종관계(Master Slave)가 아닌 대등관계(Peer to Peer)로서 감시·제어신호를 주고받는다.
13) 음성경보시스템
    화재발생시 등의 비상방송시스템
14) 원격감시 및 원격 유지보수기능

05. 중계기의 종류별 특성

1. 개요

자동화재탐지설비에 사용하는 중계기는 접점신호를 통신신호로, 통신신호를 접점신호로 변환시켜 주는 일종의 신호변환장치의 역할을 하는 것으로서, 그 종류는 집합형과 분산형으로 대별한다.

2. 구조 및 계통도

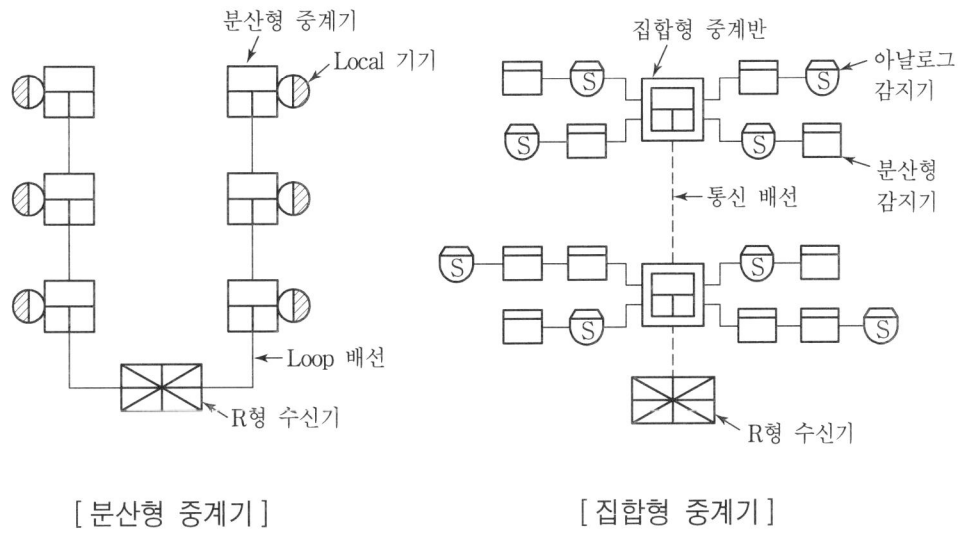

[분산형 중계기]　　　　　　　　[집합형 중계기]

3. 특징

(1) 분산형

1) 회로가 소용량으로서 Local 경계구역마다 중계기를 설치함
2) 발신기함 등에 내장하여 설치
3) 전원공급은 수신기의 비상전원(DC 24V)을 이용
4) Local에 설치된 중계기의 전원을 수신기로부터 공급받아 거리에 따른 전압강하가 발생하므로 전선의 굵기를 크게 하여야 한다.

(2) 집합형

1) 대용량 회로(30~40회로)를 수용
2) 통상 전기배선용 Pit(배선전용실) 내부에 설치
3) 전원공급은 외부전원(AC220V)을 이용
4) 하나의 중계기당 보통 2~3개 층을 담당
5) 중계기 전원을 직근에서 공급받을 수 있으므로 전압강하는 발생하지 않는다.

4. 분산형과 집합형의 비교·분석

구분	분산형	집합형
전원공급	1) 수신기의 비상전원(DC 24V)을 이용 2) 중계기 자체에는 전원장치 없음	1) 외부전원(AC 220V) 이용 2) 정류기 및 비상축전지 내장
통신방식	Pulse Position Modulation 방식	Pulse Code Modulation 방식
회로수용능력	소용량(5회로 이하)	대용량(30~40회로)
설치방식	1) 발신기함에 설치 2) 각 경계구역마다 설치	1) 전기 Pit실 등에 설치 2) 2~3개 층당 1대씩 설치
전원공급사고	전체시스템 마비	내장된 예비전원에 의해 정상작동
통신계통사고	2종 포설에 의한 Loop Back 기능 보유	독립제어기능으로 자동절환
전원 선로	전압강하 발생으로 전선을 굵게 함	전압강하 없다.
적용대상	아날로그 감지기를 객실별로 설치하는 호텔, 오피스텔, 아파트 단지	1) 수신기와 거리가 먼 초고층 빌딩, 대단위 건축물, 공장 등 2) 선로의 전압강하가 우려되는 장소

5. 결론

중계기를 통하는 신호는 입력신호와 출력신호로 구분하는데, 이 들의 입·출력신호 수에 따라 분산형중계기와 집합형중계기로 분류한다. 따라서, 입·출력신호 수가 적은 곳에는 분산형중계기를 적용하여 소용량을 담당하게 하고, 입·출력신호 수가 많은 곳에는 집합형중계기를 적용하여 대용량을 담당하게 한다.

06. 자동화재탐지설비와 타 시스템 간의 연동

1. 개요

(1) 건축물 내에서 화재와 연관되는 모든 설비는 자동화재탐지설비의 신호에 의해서 자동으로 작동되어야 목적하는 바 화재안전효과를 얻을 수 있다.

(2) 즉, 방재관련설비는 자동화재탐지설비와 연동하여 자동으로 동작하게 하여야 화재의 조기발견, 초기소화, 피난시간 확보 등이 가능하게 된다.

2. 자동화재탐지설비와 연동되는 설비

(1) 방화구획·방연구획 관련설비

1) 자동방화셔터
2) 자동방화문
3) 가동형 제연경계벽

(해당구역 화재감지기의 동작신호에 의해 작동)

(2) 화재경보설비

1) 비상방송설비
2) 자동화재속보설비

(3) 피난설비

1) 유도등설비
2) 승강기설비
   ① 화재시 상용승강기는 피난층으로 강제 복귀시키고 비상용승강기만 운행되게 한다.
   ② 에스컬레이터 : 화재시 운행중인 것은 정지시켜 피난계단 대신 이용하게 한다.
   ③ 잠금장치 문의 해정장치

(4) 연기제어설비

1) 급·배기용 Fan
2) 제연설비
3) 배연창
4) 공조설비 : 화재시 해당구역의 공조설비를 정지시켜 연기의 강제이동을 방지

(5) 자동소화설비
   1) 스프링클러설비
   2) 물분무등소화설비

3. 연동설비의 동작계통도

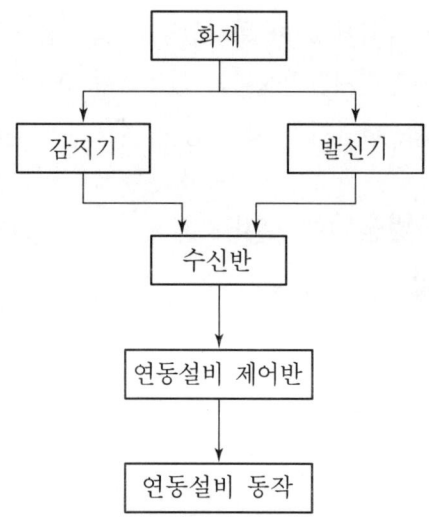

4. 결론

건축물 내에서 화재와 관련되는 모든 설비는 자동화재탐지설비와 연동하여 자동으로 작동하게 함으로써 화재의 조기발견, 초기소화, 피난시간 확보 등 목적하는 바의 화재안전효과를 얻을 수 있다.

07 MXL Network 자동화재탐지설비

1. 개요

통신 Network를 이용한 인공지능형 자동화재탐지설비로서, 아날로그 주소형 감지기와 Class A, Style 7 배선, R형 수신기 등으로 구성된 인텔리젼트 R형 복합식 수신기 시스템의 자동화재탐지설비이다.

2. 적용 대상

(1) 초대형 빌딩 또는 완벽한 신뢰도가 요구되는 시설물
(2) NFPA Code 또는 UL/FM 인증제품을 요구하는 건축물
(3) 광범위한 산업지역을 Network로 연결해 집중 감시하는 지역
(4) 기타 원자력발전소, 국제공항시설 등

3. MXL System의 주요기능

(1) 인공지능형 Analogue Detection 기능
(2) Network 기능 : Peer to Peer 기능 및 Stand Alone 기능 포함
(3) 1인 Walk Test 기능
    감지기 또는 발신기를 시험작동시키면 짧은 시간 경보 후 곧바로 자동 복구되므로 1인이 시험 가능
(4) Pre-alarm 기능
    감지기 또는 Learning Time을 갖고, 화재의 가능성을 관리자에게 사전에 통보하는 기능
(5) 선로감시기능 : System의 단선·단락·접지를 감시
(6) 자기진단기능
(7) 자동환경보정 및 감도설정기능
(8) 화재성상의 비교판단기능 : 비화재와 실화재를 구분하는 기능
(9) Enable/Disable 기능 : 감지기능의 정지 및 복구기능
(10) Interface 기능 : 공유
(11) 무선호출기능 : Pager
(12) 원격감시 및 원격유지보수 기능

4. 시스템의 구성

(1) MXL R형 수신기
(2) MXL-R형 중계반
(3) Analogue형 감지기 또는 Air Sampling Detector
(4) CRT
(5) 부표시반
(6) Class A 배선
(7) Style 6 및 Style 7 배선

5. 배선방식

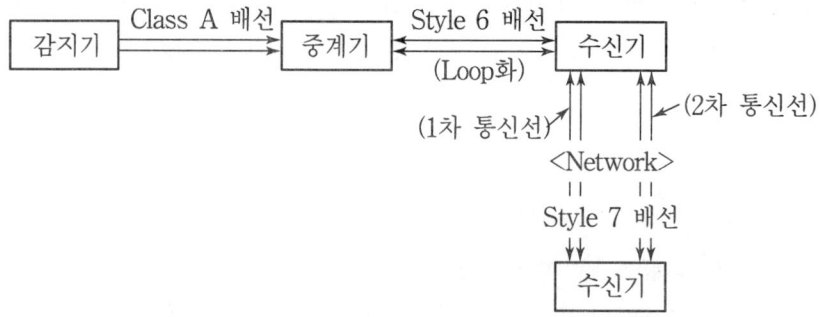

(1) Class A 배선

감지기와 중계기 간의 배선을 Loop화 하여 선로상에 Trouble(단선·단락·접지)이 발생하여도 동작이 가능하여 화재신호를 송신할 수 있는 회로

(2) Style 6 배선

신호선로(SLC)의 Style로서 중계기와 수신기 간의 배선을 Loop화 한 회로방식의 Class A 배선

(3) Style 7 배선

신호선로(SLC) Style의 Class A 배선방식으로서, 주로 수신기와 수신기 간의 Network 통신용 Loop 배선방식의 4회로 배선방식에 사용된다.

08. 연기감지기

1. 작동원리

(1) 이온화식

연기농도의 변화에 따른 이온전류의 변화를 이용

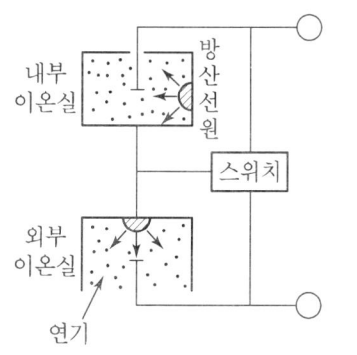 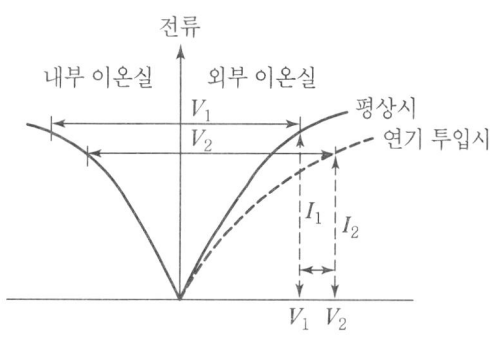

1) 연기가 외부 이온실로 유입
2) 연기 미립자가 이온을 흡착하여 전기저항이 증가
3) 이온전류 감소($I_1 \to I_2$)
4) 전압 상승($V_1 \to V_2$)
5) ΔV를 증폭시켜 전기회로 작동
6) 수신기로 화재신호를 발송

(2) 광전식

산란광의 변화에 의한 광전소자의 전기저항 변화를 이용

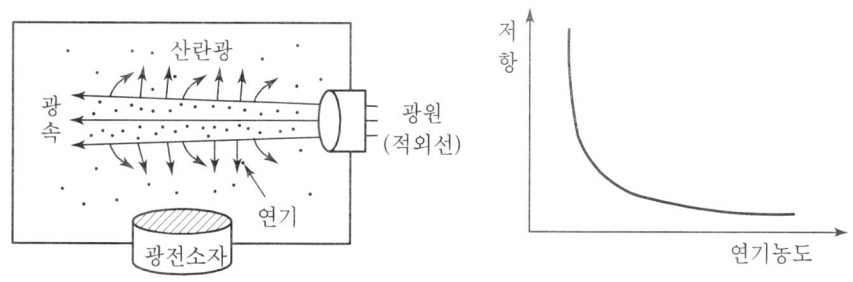

1) 연기가 감지기 내부로 유입
2) 광원으로부터의 빛이 연기 입자에 의해 난반사되어 산란광 발생

3) 광전소자는 이 산란광을 받아 전기저항 감소
4) 저항 감소에 따라 전류흐름이 증가
5) 이를 검출하여 화재신호 전송

2. 이온화식과 광전식의 특성 비교

적응성	이온화식	광전식
적용 화재	표면화재(B급 화재)	심부화재(A급 화재)
연기 입자	작은 입자(0.3μm 이하)	큰 입자(0.3~15μm)
연기 색상	연기색상과 무관 : 이온에 연기입자가 흡착되는 것에 관계되므로	밝은회색 : 밝은 색일수록 빛을 많이 반사함
적용 장소	1) 환경이 깨끗한 장소 2) 비가시성 연기가 발생할 수 있는 곳 3) 컴퓨터실 등 4) B급 화재 등 불꽃화재	1) 훈소화재가 예상되는 장소(A급 화재) 2) 주방부근 등
비화재보	1) 온도·습도·바람에 민감 2) 전자파에 의한 영향이 없다.	1) 분광특성상 다른 파장의 빛에 의해 동작할 수 있다. 2) 전자파에 의한 오동작의 우려가 있다.

3. 감도 특성

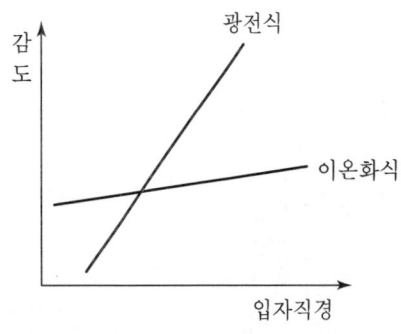
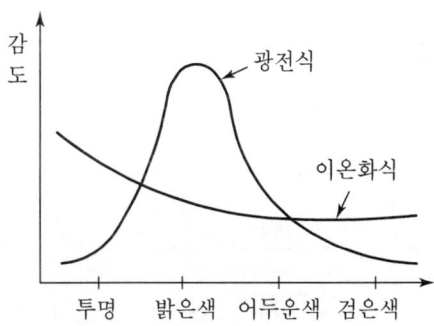

09 열감지기의 작동특성

1. 서언

아래 그림에서 직선 T와 같이 온도가 직선으로 상승했을 때 직선 T와 감지기 작동특성곡선 a, b, c의 교점을 통해 각종 감지기의 작동시간 및 온도를 알 수 있다.

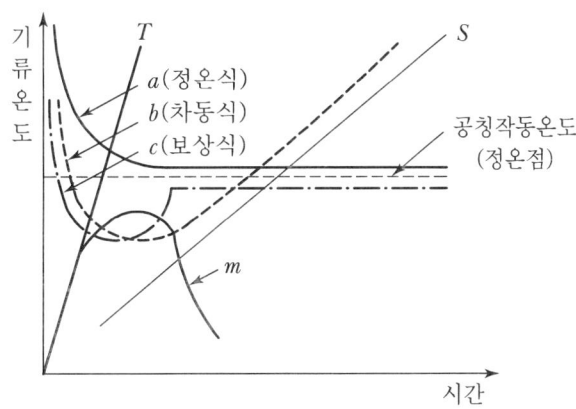

2. 각 감지기별 작동특성

(1) 정온식 감지기

1) 곡선 a와 같이 기류온도가 일정온도(공칭작동온도) 이상이 되면 동작하는 것
2) 곡선 m과 같이 공칭작동온도 이하의 일시적인 온도상승인 경우에는 작동하지 않는다.
3) 작동하는 데 시간이 걸리고, 작동할 때에는 주위온도가 높아진 상태이다.

(2) 차동식 감지기

1) 곡선 b와 같이 온도상승률이 일정 이상이 될 때 작동하는 것
2) 직선 S로 표시되는 온도상승률 이하의 훈소화재에서는 작동하지 않는다.
3) 단위온도상의 변위량은 같지만 열적 시정수가 다른 2개의 감열소자(순요소 및 역요소)로 구성됨

(3) 보상식 감지기

1) 곡선 c와 같이 구조적으로 차동식과 정온식 양쪽의 기능을 갖도록 한 것
2) 열적 시정수만 다른 것이 아니라 단위온도상의 변위량도 각기 다른 2개의 감열소자로 구성
3) 차동식·정온식 2개의 감열소자가 OR회로 동작특성으로 어느 한쪽에서 동작되면 화재신호를 송신하게 된다.

10 일반 화재감지기의 설치기준

1. 열식 감지기(스포트형)

(1) 감지기 설치위치

1) 천장 또는 반자의 옥내에 면하는 부분
2) 공기유입구로부터 1.5m 이상 떨어진 위치(단, 분포형은 예외)

(2) 보상식 및 정온식 감지기

정온점이 주위 최고온도보다 20℃ 이상 높은 것으로 설치

(3) 정온식 감지기

주방·보일러실 등 다량의 화기를 취급하는 장소에 설치

(4) 부착 높이별 감지기 1개당 바닥면적[m²]

부착 높이	구조	차동식·보상식		정온식		
		1종	2종	특종	1종	2종
4m 미만	내화구조	90	70	70	60	20
4m 이상 8m 미만	내화구조	45	35	35	30	–

2. 연기감지기

(1) 연기감지기의 법정 설치장소

1) 계단 및 경사로 : 수직거리 15m 이상
2) 복도 : 길이 30m 이상
3) 천장 또는 반자의 높이 : 15m 이상 20m 미만의 장소
4) 엘리베이터 승강로(권상기실이 있는 경우에는 권상기실), 린넨슈트, 파이프 덕트, 기타 이와 유사한 장소
5) 다음 각 목의 어느 하나에 해당하는 특정소방대상물의 취침·숙박·입원 등 이와 유사한 용도로 사용되는 거실
   ① 공동주택, 오피스텔, 숙박시설, 노유자시설, 수련시설
   ② 교육연구시설 중 합숙소
   ③ 의료시설, 근린생활시설 중 입원실이 있는 의원·조산원
   ④ 교정 및 군사시설
   ⑤ 근린생활시설 중 고시원

(2) 설치위치

1) 복도 및 통로 : 보행거리 30m마다 1개 이상 설치
2) 계단 및 경사로 : 수직거리 15m마다 1개 이상 설치
3) 천장 또는 반자가 낮은 실내 또는 좁은 실내 : 출입구 가까운 부위에 설치
4) 천장 또는 반자 부근에 배기구가 있는 경우 : 그 부근에 설치
5) 벽 또는 보로부터 0.6m 이상 이격하여 설치
6) 감지기 1개당 바닥면적[m²]

부착 높이	1종·2종	3종
4m 미만	150	50
4m 이상 20m 미만	75	—

11. 특수감지기의 종류 및 적응장소

1. 개요
국가화재안전기준에는 비화재보의 발생률이 낮은 특수한 감지기 8가지를 규정하고, 비화재보 발생의 우려가 높은 장소에는 이 8가지 감지기 중에서 적응성 있는 감지기를 설치하도록 하여 신뢰성있는 화재정보를 수신할 수 있도록 하고 있다.

2. 특수감지기의 종류
(1) 불꽃감지기
(2) 분포형 감지기
(3) 복합형 감지기
(4) 광전식 분리형 감지기
(5) 정온식 감지선형 감지기
(6) 다신호방식의 감지기
(7) 아날로그방식의 감지기
(8) 축적방식의 감지기

3. 특수감지기의 적응장소

(1) 다음 각 항목에 적용할 수 있는 감지기
- 교차회로방식을 갈음할 수 있는 감지기
- 지하구 또는 터널에 적용하는 감지기
- 비화재보 발생 우려장소에 적용하는 감지기

  여기서, 비화재보 발생 우려장소란 다음 각 호 중 1의 경우로서 일시적인 열·연기·먼지 등의 발생에 의해 화재신호를 발신할 우려가 있는 장소를 말한다.
  ㉮ 지하층·무창층 등으로서 환기가 잘 되지 아니하거나 실내면적이 $40m^2$ 미만인 장소
  ㉯ 감지기 부착면과 실내 바닥과의 거리가 2.3m 이하인 곳

  1) 불꽃감지기
  2) 분포형 감지기
  3) 복합형 감지기
  4) 광전식 분리형 감지기
  5) 정온식 감지선형 감지기

6) 아날로그방식의 감지기
7) 다신호방식의 감지기
8) 축적방식의 감지기

(2) 화학공장, 제련소, 격납고에 적용할 수 있는 감지기

1) 불꽃감지기
2) 광전식 분리형 감지기

(3) 전산실 또는 반도체공장에 적용할 수 있는 감지기

1) 광전식 공기흡입형 감지기

(4) 지하구 또는 터널에 적용할 수 있는 감지기

상기 제(1)항 각 호의 감지기 중에서 먼지·습기 등의 영향을 받지 아니하고 발화지점을 확인할 수 있는 감지기

4. 특수감지기에 부적합한 장소(특수감지기 공통)

(1) 현저한 고온 연기 또는 부식성 가스의 발생 우려가 있는 장소
(2) 평상시 다량의 연기 또는 수증기·결로가 체류하는 장소(이 경우 차동식 분포형 또는 보상식 감지기 사용가능)
(3) 평상시 화염에 노출되는 장소

5. 부착높이별 적응 감지기

8m 이상~15m 미만	15m 이상~20m 미만	20m 이상
① 차동식 분포형 ② 이온화식 1종 또는 2종 ③ 광전식(스포트형·분리형·공기흡입형) 1종 또는 2종 ④ 연기복합형 ⑤ 불꽃감지기	① 이온화식 1종 ② 광전식(스포트형·분리형·공기흡입형) 1종 ③ 연기복합형 ④ 불꽃감지기	① 불꽃감지기 ② 광전식(분리형·공기흡입형) 중 아날로그 방식

6. 고층건축물(30층 이상)의 특정소방대상물에 설치하는 감지기

아날로그방식의 감지기로서 감지기의 작동 및 설치지점을 수신기에서 확인할 수 있는 것으로 설치하여야 한다. 다만, 공동주택의 경우에는 감지기별로 작동 및 설치지점을 수신기에서 확인할 수 있는 아날로그방식 외의 감지기로 설치할 수 있다.

12. 복합형감지기 · 다신호식감지기

1. 개요

국가화재안전기준에서 규정하고 있는 비화재보의 발생률이 낮은 특수감지기 8종류 중 복합형감지기와 다신호식감지기는 2종류 이상의 감지기능 또는 감지특성을 보유한 감지기이다. 즉, 감지기의 화재감지원리 또는 화재감지특성 중 하나의 기능에 의해 작동하는 것이 아니고, 하나의 감지기에 두 가지의 감지원리 또는 감지특성을 조합하여 화재를 감지하도록 하는 감지기가 복합형감지기와 다신호식감지기이다.

2. 동작원리 및 동작방식

(1) 복합형감지기

1) 동작원리 : 하나의 감지기에 감지원리가 다른 2종류 이상의 감지기능을 보유한 것으로 즉, 하나의 감지기에 두가지의 감지기능을 조합하여 화재를 감지하도록 하는 감지기이다.
2) 동작방식 : AND회로 개념의 동작 즉, 2종류의 감지기능이 모두 작동하였을 때 화재신호를 발신한다.
3) 신호의 수 : 단신호 즉, 하나의 신호를 발신한다.

(2) 다신호식감지기

1) 동작원리 : 하나의 감지기에 감지원리는 같으나 감도(연기농도), 공칭작동온도, 축적여부 등이 다른 2종류 이상의 감지기능을 조합하여 화재를 감지하도록 하는 감지기로서 복합형 감지기의 일종이다.
2) 동작(출력)방식 : OR회로 방식의 동작 즉, 2종류의 감지기능 중 어느 하나의 감지기능이 작동하였을 때 화재신호를 발신한다.
3) 신호의 수 : 다신호 즉, 공칭작동온도 또는 연기농도에 따라 단계별로 2 이상의 신호를 발신한다.

3. 종류

(1) 복합형 감지기

1) 열복합형감지기 : "차동식+정온식"의 두 가지 기능을 겸비한 것

2) 연기복합형감지기 : "이온화식＋광전식"의 두 가지 기능을 겸비한 것

3) 열연복합형감지기 : "열감지기＋연기감지기"의 두 가지 기능을 겸비한 것

(2) 다신호식 감지기

1) 정온식 스포트형 60℃/80℃

2) 광전식 1종 축적형/비축적형

3) 이온화식 스포트형 1종/2종

4. 적응장소

(1) 지하층·무창층 등으로서 환기가 잘 되지 아니하거나 실내 면적이 작은($40m^2$ 미만) 장소로서 일시적으로 발생한 열·연기 또는 먼지 등으로 인하여 화재신호를 발신할 우려가 있는 장소

(2) 감지기의 부착면과 실내 바닥과의 거리가 적은(2.3m 이하) 장소로서 일시적으로 발생한 열·연기 또는 먼지 등으로 인하여 화재신호를 발신할 우려가 있는 장소

5. 결론

복합형감지기, 다신호식감지기 및 보상식감지기의 감지특성과 동작(출력)방식을 다음과 같이 요약할 수 있다.

구분	보유감지기능	동작(출력)방식	신호의 수
복합식	감지원리가 다른 2종류 이상의 감지기능 보유	AND회로 방식	1
다신호식	감지원리는 같으나 감도가 다른 2종류 이상의 감지기능 보유, 신호를 2단계 이상 발신	OR회로 방식	2
보상식	정온식과 차동식의 감지기능 보유	OR회로 방식	1

13. 차동식 분포형 감지기

1. 개요

(1) 주위온도가 일정 상승률 이상이 되었을 때 작동하는 감지기로, 광범위한 장소의 열 효과의 축적을 검출하며 감지부와 검출부가 분리되어 있는 감지기이다.

(2) 그 종류로는 공기관식, 열반도체식, 열전대식이 있으며 또, 감도에 따라 1종, 2종, 3종으로 나누어진다.

2. 구조 및 작동원리

(1) 공기관식

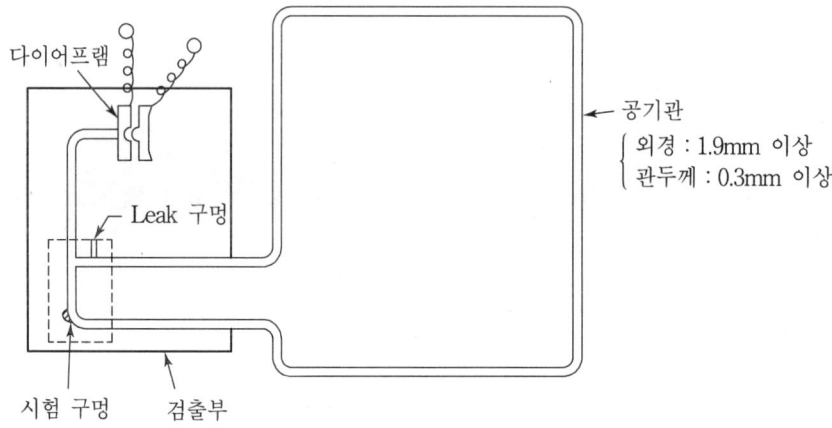

1) 천장면에 설치된 공기관이 화재 등에 의해 가열되면 공기관 내의 공기가 팽창되어 검출부 내의 다이어프램을 압박하여 접점을 닫음으로써 화재신호를 발신한다.

2) 화재 이외의 완만한 온도상승의 경우에는 팽창공기가 Leak 구멍을 통하여 외부로 빠져나가므로 접점이 닫히지 않아 화재신호를 발신하지 않는다. 즉, 정해진 범위 내의 공기팽창에 대해서는 경보를 발하지 않는다.

(2) 열전대식

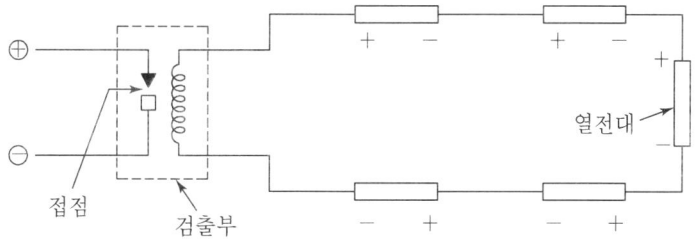

1) 그림과 같이 직렬로 연결된 열전대부에서 화재시 온도차에 의한 Seebeck 효과로 인해 발생하는 열기전력을 이용하여 미터릴레이를 작동시켜 화재신호를 발신하게 된다.
2) Seebeck 효과
   서로 다른 두 종류의 금속도선을 서로 접합하여 폐회로를 만들고 두 접합점에 대하여 서로 다른 온도를 유지하여 온도차를 주게 되면 두 접점 사이의 전위차로 인해 기전력이 발생하여 폐회로에 전류가 흐르는 현상

(3) 열반도체식

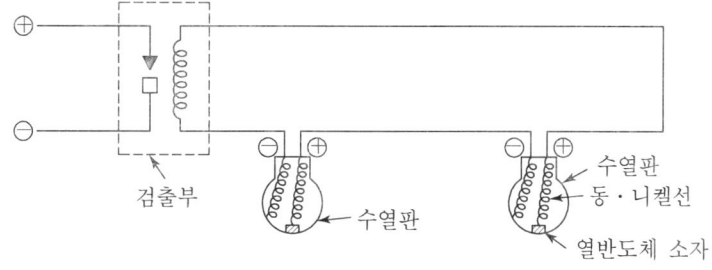

1) 열을 받으면 기전력이 발생하는 열반도체 소자를 내장한 것
2) 화재 등으로 온도가 급상승하면 열반도체 소자에 온도차가 생기는데, 이로 인해 열기전력이 발생하여 미터릴레이를 작동시킴으로써 화재신호를 보내게 된다.
3) 난방 등의 완만한 온도상승 시에는 열기전력이 작아 작동하지 않는다.

3. 설치기준

(1) 공기관식

1) 1개의 검출부당 접속하는 공기관의 길이는 100m 이하
2) 공기관의 노출부분 길이는 감지구역마다 20m 이상

3) 공기관은 도중에서 분기하지 아니할 것
4) 검출부는 5° 이상 경사되지 않게 부착
5) 검출부는 바닥으로부터 0.8~1.5m 위치에 설치
6) 공기관의 설치간격

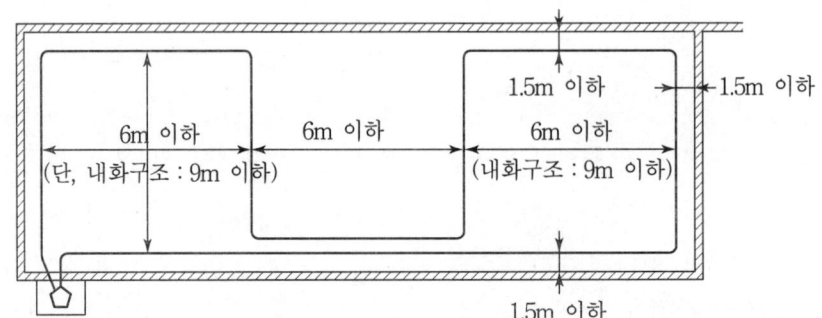

(2) 열전대식

1) 1개의 검출부에 접속하는 열전대부는 20개 이하
2) 감지구역의 바닥면적 18m²(주요구조부 내화구조 : 22m²)마다 열전대부 1개 이상. 다만, 바닥면적이 72m²(내화구조 88m²) 이하인 경우에는 4개 이상

(3) 열반도체식

1) 1개의 검출부에 접속하는 감지부는 2~15개
2) 감지부는 부착높이에 따라 다음의 바닥면적마다 1개 이상으로 설치

부착높이별 구분		열반도체식(단위 : m²)	
		1종	2종
8m 미만	내화구조	65	36
	기타 구조	40	23
8m 이상 15m 미만	내화구조	50	36
	기타 구조	30	23

14 정온식 감지선형 감지기

1. 개요

정온식 분포형 감지기로서 주위온도가 일정 이상이 되면 도선에 피복된 가용 절연물이 용융하여 두 도선 간에 선간단락이 일어나 화재신호를 발신하는 방식으로 대표적인 비재용형 감지기이다.

2. 구조

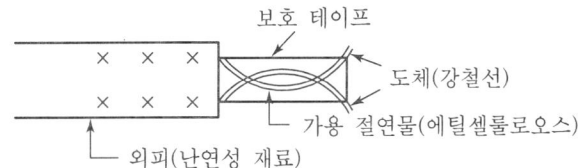

3. 동작원리

(1) 화재 등의 가열로 인해 강철선을 피복하고 있는 에틸셀룰로오스가 녹으면
(2) 트위스팅시킨 강철선이 원형으로 되돌아가려는 비틀리는 힘에 의해
(3) 두 도선이 달라붙어 선간단락이 일어나 폐회로를 구성
(4) 이때 두 도선 간에 전류가 흐르게 되어
(5) 화재신호를 발신한다.

4. 특성

(1) 장점

1) 작동시 화재지점을 정확히 알 수 있다.(선로길이에 비례하는 저항을 이용)
2) 어느 지점에서도 감도가 균일하다.
3) 부식성 가스, 화학물질, 습기, 먼지 등의 영향을 받지 않는다.
4) 사용온도범위가 넓다.
5) 하나의 회로에 장거리(1,500m)까지 포설 가능
6) 설치·철거가 용이함
7) 자기진단기능 보유

(2) 단점

1) 비재용형으로 녹은 부분은 재사용이 불가함
2) 감지기 부착높이 4m 미만에만 사용 가능
3) 작은 규모의 실내에는 비경제적임
4) 전용수신기를 설치해야 화재지점을 파악할 수 있으므로 설치비용이 고가이다.

5. 적용대상

(1) 지하구, 터널, 광산, 송유관
(2) 위험물 탱크, 냉각탑
(3) Cable Tray, Conveyor
(4) 배전설비 등

6. 설치기준

(1) 감지기와 감지구역 각 부분의 수평거리

주요 구조부	1종	2종
내화구조	4.5m	3m
기타 구조	3m	1m

(2) 보조선이나 고정금구를 사용하여 감지선이 늘어지지 않도록 설치
(3) 단자부와 마감 고정금구의 설치간격 : 10cm 이내
(4) 감지선의 굴곡반경 : 5cm 이상
(5) 케이블 트레이에 설치하는 경우 : 케이블 트레이 받침대에 마감금구를 사용하여 설치하고, Sine Wave 형태로 설치

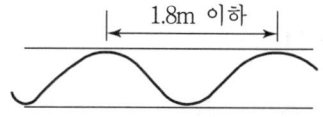

(6) FRT에 설치하는 경우
    받침대 등을 사용하여 원주를 따라 설치
(7) 분전반 내부에 설치하는 경우
    접착제를 이용, 돌기를 바닥에 고정시키고, 그 곳에 감지기 설치
(8) 공칭작동온도 설정
    지하구 등의 최고 주위온도를 고려하여 Cable의 허용온도를 기준으로 설정

15. 2신호식 감지선형 감지기

1. 개요
화재경보기능을 2단계로 예비경보신호와 화재경보신호로 구분하여 발신할 수 있도록 하나의 감지배선 내에 작동온도점이 다른 2개의 감지선으로 2중화한 3선식 감지선형 감지기이다.

2. 개발동기
기존의 단신호식 감지선형 감지기에서는 주위온도가 케이블의 허용온도 이상으로 올라가도 감지기 작동설정온도 이하에서는 작동하지 않으므로 조기에 화재예방조치를 취하지 못하는 단점이 있다.

3. 구조원리
2개의 도선을 각기 다른 용융점(70℃, 90℃)을 갖는 가용절연물로 피복한 후, Guide Conductor를 포함한 3선으로 Twisting하여 하나의 Cable 형태로 조합하여 외장처리한 것

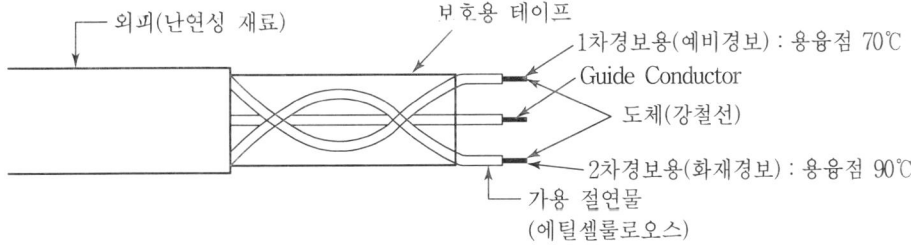

(1) 가용절연물
1) 한 선은 70℃ 작동용 : EVA 수지에 적색 안료를 혼합
2) 다른 한 선은 90℃ 작동용 : EVA 수지에 노란색의 안료를 혼합
3) 절연물의 두께 : 0.2~0.02mm

(2) 보호용 테이프
1) 3개의 도선을 Twisting Pitch 45mm 정도로 연합
2) 폭 20mm PS(Poly Styrene) 테이프를 사용하여 $\frac{1}{3}$이 중첩되게 감싼다.

(3) Sheath(외피)

3개의 도선에 대하여 감지 대상물과의 접촉성을 향상시키면서도 열전달 특성이 우수하도록 0.4mm 두께로 외장처리

4. 작동 Mechanism

(1) 제1보(예비경보신호)

70℃(케이블 허용온도)에서 예비경보신호 발신

(2) 제2보(화재경보신호)

90℃(케이블 허용온도)에서 화재경보신호 발신

5. 적용대상

(1) 지하구
(2) 석유화학탱크, 컨베이어 벨트
(3) 터널, 교량, 송유관 등
(4) 기타 전력, 통신망의 화재감지장치

6. 결론

화재경보 발신기능을 제1보(예비경보)와 제2보(화재경보)의 2단계로 구분하여 발신하는 감지기를 사용함으로써, 조기에 화재위험을 예측하여 인명피난 및 화재진압태세를 구축함으로써 피해의 최소화를 구현할 수 있다.

16 광센서 감지선형 감지기

1. 개요

난연성을 가진 광섬유 케이블과 Laser Beam을 사용하고, 아날로그 감지기 기능에 의해 화재발생위치와 각 구간별 온도변화를 실시간으로 정확히 통보해주는 기능이 있는 최신 장거리 감지기능의 감지기이다.

2. 작동 Mechanism

(1) 기본원리

광센서 주변의 온도변화에 따른 Laser 빛의 산란현상을 이용하여 이것을 전기적 신호로 변환시켜 전 구역의 분포온도를 실시간 Analogue 방식으로 감지한다.

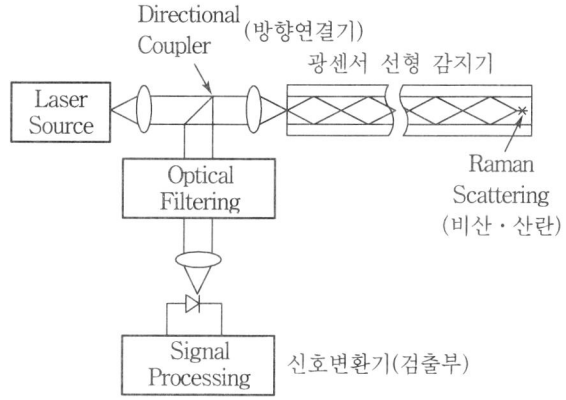

[광센서 광케이블 감지기의 기본원리]

(2) 동작과정

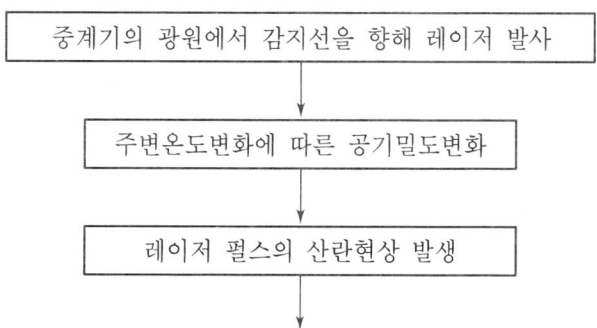

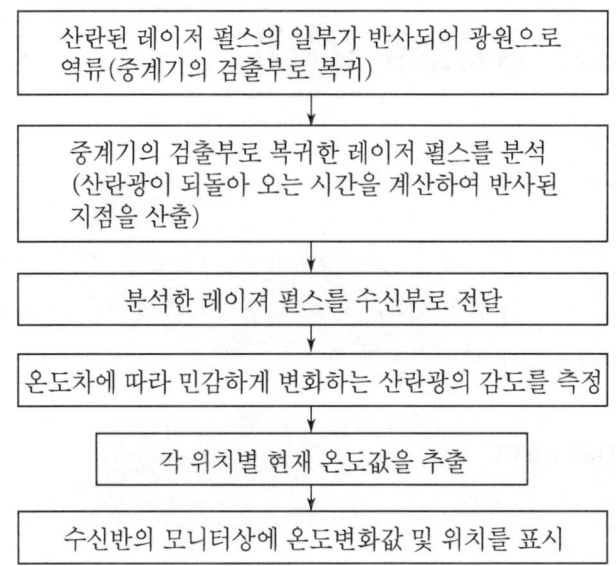

(3) 시스템의 구성

1) 광센서용 감지선 : 난연성 케이블
2) 중계기 : 컨트롤러(광센서 제어장치)
   ① 광원 : 레이저 펄스를 발사
   ② 검출부 : 레이저 펄스를 온도값으로 변환
3) 화재 수신반 및 모니터
   모든 데이터의 수집·분석·표시 및 지시

(4) 특성

1) 장점
   ① 주변 환경(바람, 매연, 가스, 습기, 전자파 등) 변화의 영향을 받지 않는다.
   ② 터널·지하구 등에서도 정확한 발화위치 파악 가능
   ③ 정온식·차동식·보상식 중 선택적으로 사용 가능
   ④ 작동온도를 임의로 설정 가능
   ⑤ 화재발생장소를 1m 단위까지 확인 가능
   ⑥ 각 구간별 온도를 실시간으로 1℃ 단위로 표시
   ⑦ 최장거리의 감지능력 보유(최대 12km)

2) 단점

① 설비비 고가 : 전용의 수신기 및 중계기 필요
② 감지구역이 작은 규모의 실내에는 비경제적임
③ 국내 법규상 설치기준이 없다.

(5) 설계방식

1) Single Ended 방식(단일종단방식)

① 감지선이 감지구역 내의 말단에서 단말 처리되는 방식
② 적용
 ㉮ 사방으로 설치된 지하공동구 등
 ㉯ 지역이 광범위한 발전설비, 플랜트설비, 위험물 취급시설 등

2) Double Ended 방식(이중종단방식)

① 감지선을 Loop 배선방식으로 설치
 ㉮ 단선시에도 작동 가능
 ㉯ NFC의 Class A 배선기능 만족
② 적용
 ㉮ 상·하행 별도구간으로 된 자동차, 지하철, 터널
 ㉯ 대규모 창고, 주차장 등

3. 결론

정보화 사회의 발달과 더불어 그 중요성이 증대되고 있는 지하공동구 등의 화재안전을 위해서는 이러한 최신 장거리 화재감지시스템을 적용하면 매우 유용할 것으로 판단된다.

17 불꽃감지기

1. 개요

(1) 불꽃감지기란, 화염에서 발생되는 특정 파장의 방사선에너지를 감지하여 이것을 전기적 에너지로 변환시켜 화재신호를 전송하는 방식의 감지기를 말한다.

(2) 불꽃감지기의 종류는 다음과 같이 분류하고 있다.
 1) 자외선 감지기(U.V형)
 2) 적외선 감지기(I.R형)
  ① CO_2 공명방사 감지방식
  ② 다파장 감지방식
  ③ 정방사 감지방식
  ④ Flicker 감지방식

2. 자외선 감지기(Ultraviolet Fire Detector) : UV형

(1) 구조 및 작동원리

1) 화염에서 방사되는 자외선을 감지하는 센서관으로 '가이거뮬러관'이라 명명하는 방전관으로 구성
2) 이 센서관에서 자외선을 흡수하면 광전자를 방출한다.
3) 이때, 기전력이 발생하는 이른바 광전효과를 이용한 것임
4) 특히, 자외선 영역 중 $0.18 \sim 0.26 \mu m$의 파장에서 가장 강한 에너지 레벨이 되는데, 이를 검출하여 화재신호로 변환시키는 것이다.

[Reference]

[광전효과]

1. 광전효과의 원리

 광전효과란, 빛이 어떤 물체에 부딪칠 때 전자가 방출되는 현상을 말한다. 즉, 금속물체의 표면에 파장이 짧은 빛 또는 자외선, X선 등을 비추면 그 표면에서 전자가 튀어 나오는 데, 이러한 현상을 광전효과(Photoelectric Effect)라 하고, 이때 튀어나온 전자를 광전자라고 한다.

> 또, 이때 빛을 강하게 하면 튀어나오는 전자의 수가 증가한다. 즉, 빛의 세기에 비례하여 흐르는 전류의 양이 증가한다.
>
> 2. 광전효과의 적용
>   자외선 불꽃감지기의 감지센서는 광전효과를 이용한 것이다. 즉, 화염에서 발생되는 자외선 영역(90~380nm)의 파장을 감지하여 화재신호를 발신하는 감지기가 자외선 불꽃감지기이다.

(2) 특성

1) 장점

   ① 화재감지기 중 감응속도가 가장 빠르다.
   ② 비, 바람, 온도, 습도, 압력의 영향을 받지 않는다.(옥외용으로 적합)
   ③ 폭발성 물질의 저장·취급시설에도 적용

2) 단점

   ① 연기·분진에 대한 영향을 많이 받는다. : 자외선 검출파장이 협소(0.18~0.26μm)하기 때문임
   　<대책안> 자외선 Pass Filter 장착
   ② 조명, 진동, X-선, 태양광선, 아크용접광선 등에 의한 오보의 요인이 있다. 즉, 일정한 동작 광원 또는 변동하는 광원이 존재하면 비화재보의 우려가 있다.

(3) 적용대상

1) 감지가능한 화원

   ① 탄화수소로 구성된 연료의 화재
   ② Mg, H_2, S_2, NH_3 등을 포함한 연료의 화재

2) 발화·폭발성 물질의 저장·취급시설
3) 가스 또는 석유류 관련시설
4) 화학공업시설 및 고체위험물 취급시설

3. 적외선 감지기(Infra Red Fire Detector) : IR형

화염에서 방사되는 적외선의 변화를 검출하여 전기적 신호로 변환시켜 화재신호를 발신하는 감지기로 다음과 같은 종류가 있다.

(1) CO_2 공명방사 감지방식

1) 작동원리

    탄화수소 물질의 연소시 방사되는 CO_2 특유의 파장 중 $4.4\mu m$에서 최대 에너지 강도를 갖는다. 이것을 검출하여 화재신호를 발신하는 방식이다.

2) 검출소자 : 세렌화납(PbSe)

3) 광학필터

    $3.5 \sim 5.5\mu m$의 적외선 Pass Filter 사용

4) 장점

    ① 연기·분진·X선·아크용접광선 등의 영향이 적다.
    ② 창의 더러워짐에 강하므로 유지관리가 쉽다.

5) 단점

    ① 백열전구, 열기구 등에 의한 오보의 우려가 있다.
    ② 즉, 변동하는 열원에 의해 비화재보 발생

6) 적용대상

    ① 건물의 옥내용으로 적합
    ② 높은 천장 또는 넓은 공간의 실내
    ③ 금속, NH_3, H_2, S_2 등의 화재에는 부적합

(2) 다파장 검출방식

1) 작동원리

    연소시 불꽃에서 발생되는 공명선의 파장과 자연분광의 파장과의 에너지 차이를 검출하여 화재를 인식함

2) 검출소자

    태양전지(SPD : Silicon Photo Diode) + PbS

3) 특성

광학필터와 검출소자를 조합하여 파장에 대한 에너지 분포를 식별하므로, 일반 조명광·자연광 등의 환경적인 빛의 영향에 의한 오보의 우려가 없으며 화재 검출감도도 우수하다.

(3) 정방사 검출방식

1) 원리

   $0.72\mu m$ 이하의 가시광선을 차단하는 적외선 Filter에 의해 적외선 파장영역 내에서 일정한 양의 방사량을 검출하는 방식

2) 검출소자

   ① 태양전지(SPD) : Silicon Photo Diode
   ② Photo Transister

3) 적용장소

   ① 가솔린 화재가 예상되는 터널 등에 사용
   ② 밝은 장소에는 사용이 부적합
   ③ 지하금고, 은폐창고 등에 사용

(4) Flicker 검출방식

1) 원리

   적외선 영역에서 파장의 요동하는 성분을 초전소자를 이용하여 검출하는 방식

2) 주파수 영역 : $1 \sim 10Hz\,(4.3\mu m)$

	자외선(UV)	적외선(IR)
검출파장	0.18~0.26μm의 자외선 파장	적외선 4.4μm(CO_2 공명방사방식)
검출소자	방전관(가이거뮬러관)	다파장방식 : SPD+PbS CO_2 공명방사식 : 세렌화납(PbSe) 정방사방식 : ① SPD ② Photo Transister
기능 (감도)	감도가 빠르나 비화재보의 우려가 높다.	감도가 늦으나 비화재보의 우려가 낮다.
연기영향	연기·분진 증가시 급격하게 감도 저하	파장이 길므로 연기·분진의 영향이 적다.
오동작 (오보)	조명, 진동, X-ray선, 태양광선, 용접시의 광선에 의한 오보 요인이 있다.	백열전구, 열기구 등 변동하는 열원에 의한 오보의 우려가 있다. X선, 용접광선 등의 영향은 적다.
적응성	온도, 습도, 압력, 바람 등의 영향을 받지 않으므로 (옥외용)으로 적합	건물의 (옥내용)으로 높은 천장 또는 넓은 공간에 적합
관리적 측면	투과창이 오손되면 감도가 저하되므로 수시로 청소를 요함	투과창이 오손되어도 감도기능의 저하가 적다. 즉, 창의 더러워짐에 강하다.

4. 불꽃감지기의 설치기준

〈국가화재안전기준상의 기준〉

(1) 공칭감시거리 및 공칭시야각은 형식승인 내용에 따를 것
(2) 공칭감시거리 및 공칭시야각을 기준으로 감시구역이 모두 포용될 수 있도록 설치
(3) 감지기의 설치위치 : 천장, 벽면 또는 모서리
(4) 천장에 설치하는 경우 : 감지기가 바닥을 향하도록 설치
(5) 수분이 많이 발생할 우려가 있는 장소 : 방수형 설치
(6) 그 밖의 설치기준은 형식승인내용에 따르며, 형식승인사항이 아닌 것은 제조사의 시방에 따라 설치할 수 있다.

5. 불꽃감지기의 사용실태

(1) UV/IR형

1) 미국에서 상품화됨
2) 기능 : UV와 IR 두 현상이 모두 존재할 때 동작하는 AND 회로기능
3) 장점 : 오보가 적다.
4) 단점 : 연기, 먼지 및 창의 더러워짐에 약하다.

(2) IR/IR형

1) UV/IR형의 결점을 없애기 위해 개발
2) 장점 : 오보가 거의 없고, 연기나 창의 더러워짐에도 강하다.
3) 단점 : 수광소자로 사용되는 세렌화납(PbSe)의 제작이 어렵고 고가이다.

6. 결론

(1) 불꽃감지기는 가장 감응이 빠르므로 급격한 연소 또는 폭발성 물질의 시설물에 매우 유용하다.
(2) 특히, IR/IR형은 주위환경에 대한 적응성도 우수하고 오보확률도 거의 없어 성능이 매우 우수하다.
(3) 이후의 과제는 가격인하와 세렌화납(PbSe)의 개발보급 및 광대한 건물, 래크식 창고 등 특수한 건물에 대한 화재감지방법 등은 아직 개발연구 및 발전의 여지가 많다고 생각된다.

18. 광전식 분리형 감지장치

1. 개요

광전식 분리형 감지기는 광전식 스포트형의 송광부와 수광부를 분리 설치한 형태이며, 일정한 공간에 광범위하게 확산된 연기의 농도를 검출하여 화재신호를 전송하는 방식이다.

2. System의 구성

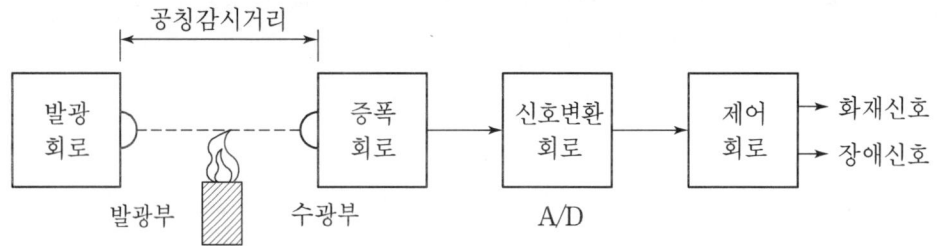

3. 작동 원리

(1) 광전식 스포트형과의 차이점

1) 스포트형 : 산란광식 – 수광량의 증가에 따라 화재신호출력
2) 분리형 : 감광식 – 수광량의 감소에 따라 신호출력

(2) 작동 Mechanism

1) 송광부에서 수광부로 항시 적외선 Pulse를 보내고 있는 상태에서,
2) 송광부와 수광부 사이 공간에 연기가 유입되면,
3) 수광부의 수광량 감소에 따른 전기적인 변화를 검출하며,
4) 이때, 수광량 감소가 일정량을 초과하면 화재신호를 전송한다.

4. 특성

(1) 장점

1) 비화재보 방지에 효과적임
2) 연기유입에 대한 감응이 빠르다.

3) 감시거리에 따라 감도의 가변설정이 가능

(2) 단점
1) 비가시성 연기 또는 엷은색 연기에는 감도가 떨어진다.
2) 천장고가 낮거나 공간이 협소한 장소에는 부적합하다.

5. 적용장소
(1) 높은 천장 또는 넓은 대공간 : Atrium, 체육관, 격납고 등
(2) 일시적으로 발생한 열, 연기 등으로 화재신호를 발신할 우려가 있는 장소 : 화학공장, 제련소 등
(3) 먼지가 다량 발생하는 장소 등

6. 설치기준(NFSC 기준)
(1) 감지기 수광면은 햇빛을 직접 받지 않도록 설치
(2) 광축 : 나란한 벽면으로부터 0.6m 이상 이격하여 설치
(3) 광축의 길이 : 공칭감시거리 범위 이내일 것
(4) 광축의 높이 : 천장높이의 80% 이상일 것
(5) 송광부 및 수광부 : 설치된 뒷벽으로부터 1m 이내 위치에 설치

7. 결론
(1) 광전식 분리형 감지기는 비화재보의 우려가 적고, 감도를 가변시킬 수 있어 어디서나 당해 장소의 환경에 맞는 S/N비를 유지할 수 있다.
(2) 특히, 높은 천장 또는 넓은 대공간의 장소, 즉, 실내체육관, Atrium 및 화학공장, 제련소 등에 적용하면 대단히 유용하다.

19. 이온화식 인공지능형 감지기

1. 개념

인공지능형 감지기란, 감지기의 경보발신레벨을 고정시키지 않고 환경변화에 따라 경보레벨을 스스로 가변설정하는 감지기를 말한다.

2. 원리

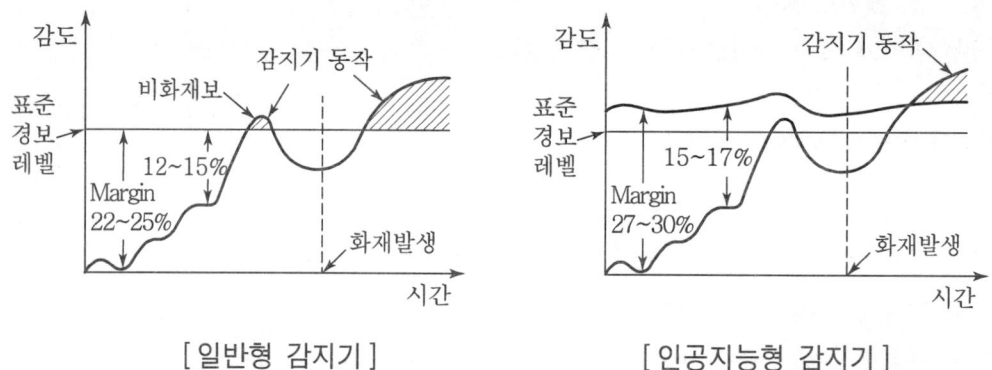

[일반형 감지기]   [인공지능형 감지기]

(1) 환경이 좋을 때

감지기에 전원이 투입되면 자동으로 경보레벨이 22~25% 범위에 설정된다.

(2) 환경이 나쁠 때

1) 먼지·연기 등으로 환경이 5% 정도 오염되었다고 가정하면,
2) 감지기에 전원이 투입되면 자동으로 경보레벨이 증가하여 27~30%로 설정된다.
3) 단, 표준경보레벨은 22~25%를 그대로 유지

(3) 환경이 변할 때

1) 습도·가압·담배연기 등 여러가지 원인으로 환경상태가 변하면,
2) 그 때마다 자동으로 경보레벨을 '표준레벨+환경오염변화율'로 조절함으로써 비화재보를 방지할 수 있다.

20 광전식 공기흡입형 감지기

1. 개요

광전식 공기흡입형 감지기(Air Sampling Smoke Detection System)는 연소 초기단계에서 발생하는 초미립자 연소생성물을 포함한 주변공기를 Pipe를 통하여 흡입 채취한 후, 검출부에서 그 연기농도를 측정하여 화재신호를 송출하는 연기 조기감지 시스템이다.

2. 특성

(1) 연기의 조기감응도가 탁월함
(2) 공기유속, 습도, 분진, 전자파의 영향 등을 받지 않는다.
(3) 연기입자의 크기에 제한을 받지 않는다.
(4) 연기농도에 따라 여러 단계별로 경보 가능

3. 종류별 특성 및 작동원리

(1) Cloud Chamber Type

1) 시스템의 구성

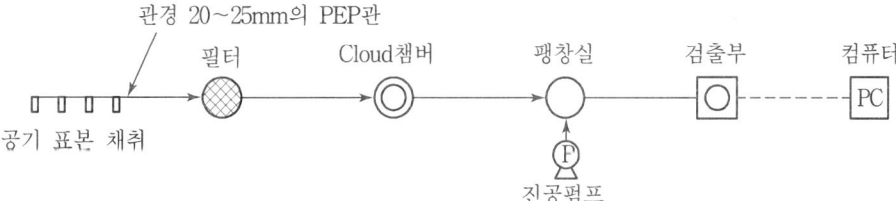

2) 작동 Mechanism

① Air Sample 채취
② Filter 통과
③ 습도챔버(Cloud Chamber)로 흡인
④ 진공펌프에 의해 압력이 낮아진 팽창실을 통과
⑤ 이때 초미립 연기입자가 있으면 연무형태로 응축
⑥ 연기입자 주위를 수증기로 둘러싸서 큰 입자로 변형시킴
⑦ 광전자 감지기로 연기농도 측정 : 광전식의 산란광 검출원리 이용
⑧ 화재신호 송출

(2) Xenon Lamp Type

1) System의 구성

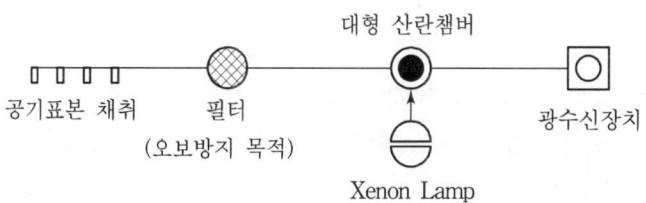

2) 작동원리
   ① 고광도의 Xenon Lamp를 Air Sample을 향해 비추면
   ② 초미립 연소생성물들이 Xenon 광선을 산란(반사)시킬 때
   ③ 이때의 산란광을 검출하여 연기농도를 측정한다.

3) 특징
   ① 검출하는 파장이 짧다. : ($0.3\mu m$ 이하)
   ② Xenon Lamp의 수명이 짧다.

4. 적용장소
(1) 신속한 환기가 요구되는 장소 : Clean Room, 반도체공장 등
(2) 분진, 습기, 온도 및 기류의 변화가 심한 곳
(3) 전자파 등으로 오보의 우려가 있는 장소
(4) 고가의 장비가 설치된 장소 : 박물관, 미술관, 실험실, 생산라인 등

5. 설계 시 고려사항
(1) 하나의 방호구역(1개의 Sampling Pipe Network) 면적은 2,000m^2 이하
(2) 하나의 검출부당 Sampling Hole의 수는 100개 이하
(3) 하나의 Pipe당 Sampling Hole의 수는 25개 이하
(4) 하나의 검출부당 최대 파이프 개수는 4개, 최대 통합길이는 200m(4×50)
(5) 가장 말단 Sampling Hole에서 설정농도의 연기를 검출부로 이송하여 경보가 발송되는데 까지 2분 이내가 되도록 설계
(6) 각 흡입배관의 공기흐름이 균일하도록 Sampling Hole의 크기를 설계

21 차세대(향후) 개발 감지장치

1. 개요

(1) 산업기술이 발전하고 과학화·다양화됨에 따라 화재감지기술도 더욱 정확하고 다양한 방식이 요구되고 있다.

(2) 향후 개발 및 적용이 본격화될 감지기
   1) 연소가스감지기
   2) 연소음감지기(Sound Detector)
   3) 적외선카메라를 이용하는 화재감지장치
   4) 동영상 화재감지장치(VSD)
   5) Package 기능의 화재감지기

2. 연소가스감지기

(1) 개요

1) 연소물질에 의해 생성된 것으로 산화와 환원이 가능하나, 응집력이 없는 입자를 연소(화재)가스(H_2O, CO, CO_2, HCl, HCN, H_2S, NH_3, N_2O 등)라 하며,

2) 반도체나 촉매소자를 이용하여 이 연소가스의 농도변화를 감지하여 화재신호를 발신하는 감지기이다.

(2) 작동원리

1) 금속산화 반도체 방식 : 산화나 환원가스의 농노변화에 의한 반도체의 선기적 특성(전도도) 변화를 이용하여 화재를 감지하는 방식

2) 촉매소자 방식 : 연소가스에 의하여 촉매소자의 온도상승에 따라 소자의 저항이 변화하는 것을 이용하여 신호를 발신하는 방식

3. 연소음을 이용하는 화재감지장치(Sound Detector)

(1) 개요

물질이 연소할 때 발생하는 연소음. 즉, 연소중의 CO_2 Spike 등에 의해 발생되는 소리를 감지하여 이것을 전기적 신호로 변환시켜 화재경보신호를 발신하는 시스템

(2) 연소음의 특성과 분류

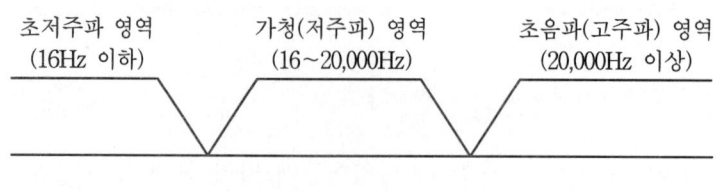

[연소음의 주파수 영역]

1) 가청 영역

   일상 잡음이 많으므로 이를 연소음과 구별하기 어렵다.

2) 초음파 영역

   ① 사람의 귀로 들을 수 없을 만큼 일상 잡음도 적다.
   ② 연소물의 종류에 따라 고주파 성분의 차이가 있으므로 모든 연소현상에 전부 대응하지는 못한다.

3) 초저주파 영역

   ① 사람의 귀로 들을 수 없으며, 일상 잡음도 적다.
   ② 화재감지에서 초저주파 영역의 성분을 취하는 방식이 가장 유효하다.

(3) 결론

1) 연소음을 가장 유효하게 감지할 수 있는 주파수 영역은 초저주파 영역이다.
2) 연소음과 기타 소음을 구분하는 방법

   음의 파워 스펙트로 적분치의 시간변화율을 도입하여 연소음을 증대시킴으로써 기타 음과 구분할 수 있다.

4. 적외선카메라를 이용하는 화재감지장치

(1) 작동원리

1) 적외선카메라 및 I-TV를 사용하여 온도분포를 컬러 모니터상에 색상으로 나타나게 하여 화재를 감지하는 방법
2) 온도 3~5°C마다 색상을 다르게 표시하고, 어떤 온도의 크기(면적)가 설정값 이상이 되면 경보용 신호를 발신하는 방식

(2) 특성

1) 경보기준레벨의 조정이 용이하므로 비화재보가 적다.
2) 그 예로서 방호대상물에 사람이 있을 때는 사람이 화재를 발견할 가능성이 크므로 경보기준레벨을 낮추고, 사람이 없을 때는 정상레벨로 올린다. 이때 유인·무인의 선택 조작은 인체감지기를 이용하여 자동으로 할 수 있다.

5. 동영상 화재감지장치(VSD : Video Smoke Detection System)

(1) 작동원리

1) 동영상 화재감지장치(VSD)는 감지구역 내에 CCTV를 설치하여 카메라에서 촬영된 영상을 고성능 컴퓨터로 분석하는 기술에 그 바탕을 두고 있다.
2) CCTV로 실시간으로 촬영된 영상을 VSD 시스템에서 연기정보 등을 비교·분석하여 화재신호를 송신한다.

(2) 특성

1) 연기입자가 눈에 보이지 않는 단계에서부터 화재검출이 가능하다.
2) 모든 종류의 화재(표면화재, 훈소화재 등)에 대한 검출이 가능하다.
3) 온도, 습도, 바람, 표고 등의 영향을 받지 않는다.

6. Package 기능 화재감지기

(1) 기존의 화재감지기는 감지기가 센서기능만 담당하고, 화재발생의 판단기능은 수신기가 담당한다.
(2) Package 기능의 화재감지기는 첨단소자의 센서기능과 Fuzzy 이론을 이용하여 감지기 자체에 센서기능과 화재발생을 판단하는 기능까지 갖도록 한 감지기이다.

22 비화재보의 원인과 방지대책

1. 서언

비화재보란, 자동화재탐지설비에서 System의 경년변화 등의 내적요인 또는 환경적 원인 등의 외적요인에 의해서 화재가 아닌 경우에도 화재로 인식되어 경보를 발하는 것을 말한다.

2. 비화재보의 발생원인

(1) 인위적 요인
1) 담배연기, 자동차 배기가스 등의 끽연에 의한 것
2) 음식물 조리에 의한 열·연기
3) 용접광선, 조명등, 인공광 등 : 불꽃감지기의 경우

(2) 설치상의 요인
1) 비적응성 감지기 설치
2) 감지기 부착 높이의 부적합
3) 고전압 선로에 근접한 설치

(3) 환경적 요인
1) 기상적 요인 : 바람, 습도, 온도, 기압 등
2) 먼지, 수증기, 가스, 염분 등

(4) 기능상의 요인
1) 감지기의 경년변화에 의한 감도저하
2) 접점의 부식에 의한 접속
3) 감지기 Leak Hole의 막힘

3. 비화재보의 방지대책

(1) 적응성이 있는 감지기 선정
    1) 이온화식 연기감지기
        ① B급 화재 등 불꽃화재가 예상되는 장소
        ② 환경이 깨끗한 장소
    2) 광전식 연기감지기
        ① A급 화재 등 훈소가 예상되는 장소
        ② 밝은 회색 연기가 발생되는 화재
(2) 오동작이 적은 감지기 종류 선정
    연소가 급속히 확대될 수 있는 곳이나 조기경보가 요구되는 장소는 피하여야 한다.

1) 연기식보다 열식 감지기 채용
2) 스포트형보다 분포형
3) 일반형보다 특수형 채용 : 보상식, 축적형, 복합형, 다신호식, 아날로그형
4) 특히 수증기, 연기, 부식성 가스가 체류하는 곳에는 차동식 분포형 감지기 채용

(3) 감지기 설치장소의 주위환경 개선
(4) 축적기능이 있는 수신기 선정
(5) 오동작방지기 설치
(6) 감지기의 방수시험 강화
(7) 연기감지기의 경우
1) 1회로당 감지기 수량을 제한함(항상 감시전류가 흐르고 있으므로)
2) 실내공기 유입구에서 1.5m 이상 이격하여 설치
3) 벌레 등의 침입에 대한 방지조치

4. 결론

(1) 비화재보 방지책과 화재안전책은 서로 상대성이 있으므로 신중히 고려해야 하며,
(2) 보다 적응성 있는 감지기를 적재적소에 채용하고, 유지관리를 잘하는 것이 최선의 방법이라 판단된다.

23 시각경보장치(Strobe Light)

1. 개요

화재경보설비에서 통보장치(NAC)는 일반적으로 벨·사이렌 등 청각경보장치를 사용하는 것 외에도 청각장애인을 위한 시각경보장치를 다중이용시설에 의무적으로 설치하도록 하는 법규가 마련되어 시행되고 있다.

2. 설치의 법규적 근거

(1) 소방시설법 시행령 및 국가화재안전기준(NFSC)
(2) 장애인·노인·임산부 등의 편의증진에 관한 법률 시행령 별표 2 제3호

3. 법규적 설치대상

<자동화재탐지설비 설치대상물 중 다음의 시설>
(1) 근린생활·위락·숙박·노유자·의료·업무·문화 및 집회시설, 창고시설 중 물류터미널
(2) 지하상가, 방송통신시설 중 방송국, 교육연구시설 중 도서관, 발전시설 및 장례식장

4. 성능기준

	국내(KFI) 기준	NFC 72
섬광률	1~3Hz	1/3~3Hz
광도(cd)	15~1,000cd	1,000cd 이상
광원 색상	투명 또는 백색	투명 또는 백색

5. 특성

(1) Xenon 섬광램프를 이용하여 발신기의 경종과 병렬로 접속하여 설치
(2) 대공간 적용 가능
    동조기(Synchronized Control Unit)를 사용하여 섬광시기를 동조시킴
(3) 소비전류가 적어 전원공급장치에 영향이 적다.
(4) 성능시험 인증제품(KFI) 사용

6. 시스템 구성(계통도)

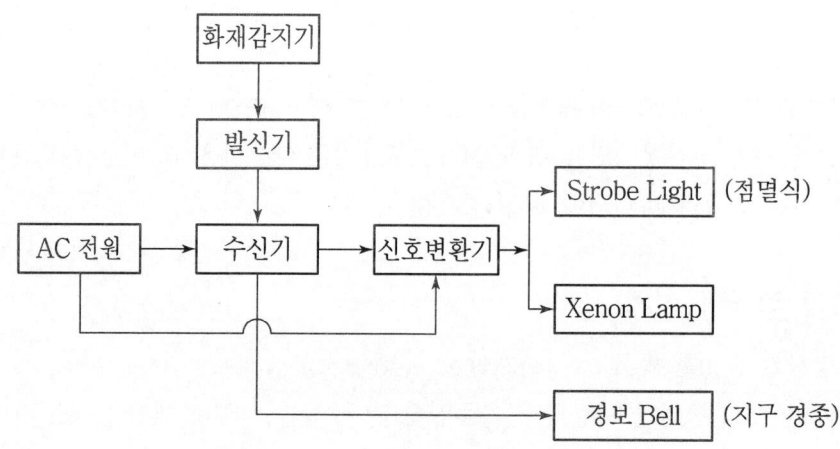

7. 설치기준

(1) 설치장소

1) 복도·통로·청각장애인용 객실 및 공용 거실에 설치하며, 각 부분으로부터 유효하게 경보를 볼 수 있는 위치에 설치
2) 공연장·집회장·관람장 등의 경우에는 시선이 집중되는 무대부 부분에 설치

(2) 설치높이

바닥으로부터 2m 이상 2.5m 이하

(3) 하나의 소방대상물에 2 이상의 수신기가 설치된 경우

어느 수신기에서도 시각경보장치 및 지구음향장치가 작동하도록 한다.

24 화재감지기용 Thermister의 종류별 특성

1. 개요

Thermister는 온도변화에 의해 소자의 전기저항이 변화하는 금속산화물 반도체의 감온소자를 말하며 그 종류로는 PTC와 NTC, CTR이 있으며 화재감지기 중 열식 감지기에 주로 이용되고 있다.

2. 종류별 특성

(1) PTC(Positive Temperature Coefficient)

1) 정온도 특성의 서미스터이다.
2) 즉, 온도가 상승함에 따라 전기저항값이 증가하는데, 이때의 전류흐름의 변화를 측정하여 화재신호를 송신하게 된다.
3) 주성분 : 티탄산바륨($BaTiO_3$)

(2) NTC(Negative Temperature Coefficient)

1) 부온도 특성의 서미스터이다.
2) 즉, 온도가 상승하면 전기저항이 감소하는 특성이 있다.
3) 일반적으로 화재감지용 서미스터는 이 NTC를 이용한다.

4) 주성분 : 니켈(NiO), 코발트(CoO), 망간(MnO) 등의 산화물을 적당한 비율로 혼합하여 소결한 반도체 소자이다.

(3) CTR(Critical Temperature Resister)

1) 어떤 특정온도범위에서 전기저항이 급격히 감소하는 특성의 서미스터이다.
2) 주성분 : 산화바라듐(VO_2)

3. Thermister를 이용한 화재감지기

(1) 정온식 감지선형 감지기

1) 구조

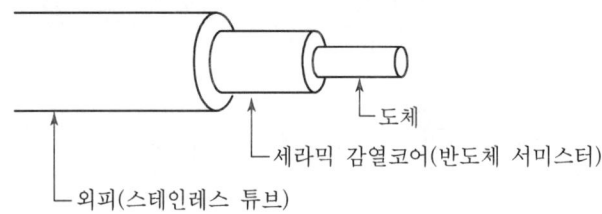

2) 동작원리

① 평상시에는 도체에 작은 전류가 흐르지만
② 주위온도가 상승하면 반도체 서미스터의 저항이 감소하여 전류흐름이 증가한다.
③ 이때 전류의 증가를 감지하여 화재신호를 송신한다.

(2) 열전대식 차동식분포형 감기지
(3) 열반도체식 차동식분포형 감지기

4. 결론

Thermister는 특정온도범위에서 전기저항이 변하므로서 전류흐름이 변화하는 원리를 이용하는 것으로, 이를 이용한 화재감지기는 정온식 감지선형 감지기와 열전대식 차동식분포형 감지기, 열반도체식 차동식분포형 감지기 등이 있다.

25 자동화재탐지설비의 경계구역

1. 정의

(1) 자동화재탐지설비에서 "경계구역"이라 함은 소방대상물내에서 화재를 유효하게 감지하고 또 화재신호를 유효하게 제어(발신 및 수신)할 수 있는 구역의 범위를 말한다.

(2) "1경계구역"은 자동화재탐지설비의 1회로(1회선)가 화재를 유효하게 감시하고 화재신호를 제어할 수 있는 구역을 말한다.
즉, 경계구역의 수=수신기의 회로선(지구선) 수=종단저항의 수

2. 경계구역의 설정기준

(1) 하나의 경계구역이 2개 이상의 건축물에 미치지 아니할 것
(2) 하나의 경계구역이 2개 이상의 층에 미치지 아니할 것
　　다만, 500m^2 이하의 범위 내에서는 2개층으로 가능함
(3) 하나의 경계구역의 면적이 600m^2 이하로서 한변의 길이 50m 이하
　　다만, 주된 출입구에서 내부 전체가 보이는 것은 한변의 길이가 50m 범위 내에서 1,000m^2 이하
(4) 도로터널의 경우 하나의 경계구역 길이는 100m 이하
(5) 계단, 경사로, 파이프 피트 및 덕트, 엘리베이터 승강로(권상기실이 있는 경우에는 권상기실) 등은 별개의 경계구역으로 설정하되, 하나의 경계구역의 높이가 45m 이하되게 설정한다.
　　다만, 이 중에서도 지하층의 계단 및 경사로는 별도의 경계구역으로 설정(단, 지하층 수가 1개인 경우는 제외)
(6) 외기에 면하여 상시 개방된 차고, 창고, 주차장 등에서 외기에 면하는 5m 미만의 범위 안에 있는 부분은 경계구역의 면적에 산입하지 아니한다.
(7) 스프링클러설비 또는 물분무등소화설비에 화재감지장치의 감지기를 설치한 경우 당해 소화설비의 방호구역과 동일하게 설정할 수 있다.

3. 경계구역 설정시 유의사항

(1) 건물의 용도 및 유지관리상 관련이 있는 장소로서 면이 접한 것은 동일 경계구역으로 설정한다.
(2) 경계구역이 가급적 동일 방화구획 내가 되도록 설정한다.
(3) 화재감지기 설치가 면제되는 장소(목욕탕, 샤워시설이 있는 화장실 등)도 경계구역의 면적에 포함하여 산출한다. 다만, 별개의 경계구역으로 설정하는 계단실, 경사로, 파이프샤프트 등과 바닥면적에 산입되지 아니하는 옥외계단은 제외한다.
(4) 경계구역의 경계는 실내의 중앙을 경계선으로 하는 것을 피하고, 벽·복도 등을 따라 설정한다.
(5) 복도, 통로, 방화벽으로 설정한 경계구역마다 경계선 및 번호를 부여한다.
(6) 경계구역의 번호는 수신기에서 가까운 장소로부터 먼 장소의 순서로 부여한다.

26. R형 시스템에서 각 설비의 입·출력 회로수 산정

설비 구분	회로 구분	입력	출력	내용
자동화재 탐지설비	감지기 (발신기)	1	–	1) 입력 : 경계구역수와 입력회로수가 동일함(경계구역마다 1개의 입력회로) 2) 출력 : 발신기(경종) 수량과 출력수가 동일함 시각경보기 1
	경종 시각경보기	–	2	
스프링클러 설비	습식	2	1	1) 입력 : 알람밸브 개방감시 1(P/S : 압력스위치) 개폐밸브 개방감시 1(T/S : 탬퍼스위치) [각 스위치 1개당 입력수 1개] 2) 출력 : 사이렌 1
	준비작동식	4	2	1) 입력 : 감지기 A회로 1 감지기 B회로 1 프리액션밸브 개방감시(P/S) 1 개폐밸브 개방감시(T/S) 1 2) 출력 : 사이렌 1 준비작동밸브 기동(S/V) 1
	건식	2	1	1) 입력 : 드라이밸브 개방감시(P/S) 1 개폐밸브 개방감시(T/S) 1 2) 출력 : 사이렌 1

가스계 소화설비	팩케이지식 및 전역방출식 (공통적용)	5	3	1) 입력 : 감지기 A회로 1, 감지기 B회로 1 　　　　방출확인 1, 수동기동 확인 1 　　　　지연스위치 1 2) 출력 : 사이렌 1, 솔레노이드 1 　　　　방출표시등 1 　　　　(단, 전용 제어반이 있는 시스템에서는 R형 　　　　수신기에서의 출력은 없음)
제연설비	전실제연	3	2	1) 입력 : 감지기 회로 1 　　　　급기댐퍼상태 확인 1 　　　　거실유입공기 배출댐퍼상태 확인 1 2) 출력 : 급기댐퍼 기동 1 　　　　거실유입공기 배출댐퍼 기동 1
	거실제연	3	2	1) 입력 : 감지기 회로 1 　　　　급기댐퍼상태 확인 1(자연급기방식인 　　　　경우 제외) 　　　　배기댐퍼상태 확인 1 2) 출력 : 급기댐퍼 기동 1(자연급기방식은 제외) 　　　　배기댐퍼 기동 1 ※ 제연구역별로 감지기회로는 1회로이며 댐퍼 　수에 비례하여 입력과 출력이 1개씩 증가함
	방화셔터	4	2	1) 입력 : 감지기 회로 2(단, 전용감지기 회로 있 　　　　을 경우에 한함) 　　　　셔터상태 확인 2 2) 출력 : 셔터 기동 2 ※ 감지기 2회로(열감지기 및 연기감지기)에 의 　한 셔터동작을 2단계로 동작되게 함
	세연스크린	2	1	1) 입력 : 감지기회로 1(단, 전용감지기 회로 없 　　　　을 경우 제외) 　　　　스크린상태 확인 1 2) 출력 : 스크린 기동 1
	방화문	2	1	1) 입력 : 감지기회로 1(단, 전용감지기 회로 없 　　　　을 경우 제외) 　　　　문 상태 확인 1(문 1개마다 입력수 1 　　　　개, 단, 쌍문은 입력수 2개) 2) 출력 : 문 개폐 기동 1(문 1개마다 출력수 1개, 　　　　단, 쌍문일 경우에도 출력수는 1개)
	배연창	1	1	1) 입력 : 배연창 상태 확인 1(자동화재탐지설비와 　　　　연동) 2) 출력 : 배연창 기동 1

[R형 자동화재탐지설비 시스템과의 각 설비별 결선도]

(1) R형 자동화재탐지설비 결선도

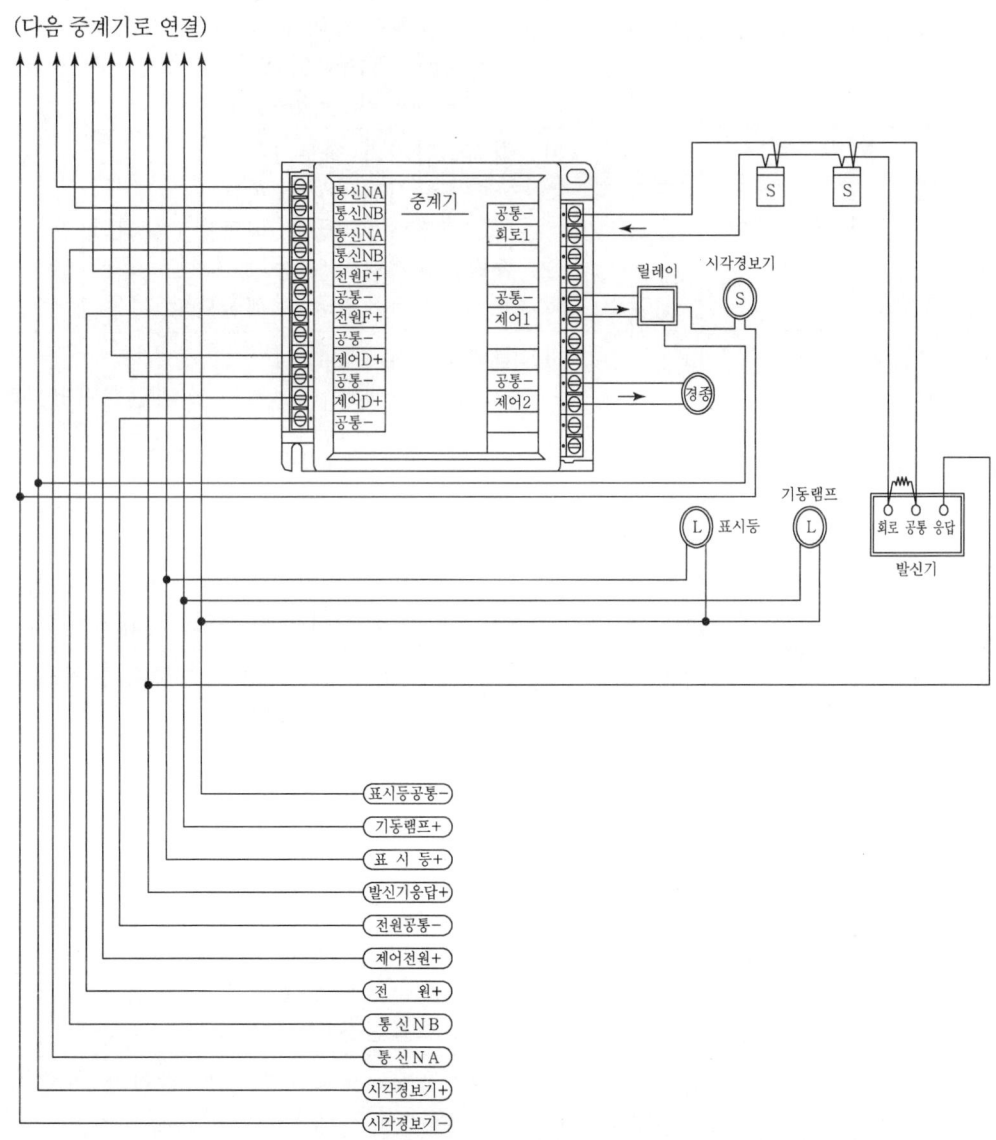

(2) 습식 스프링클러설비 결선도

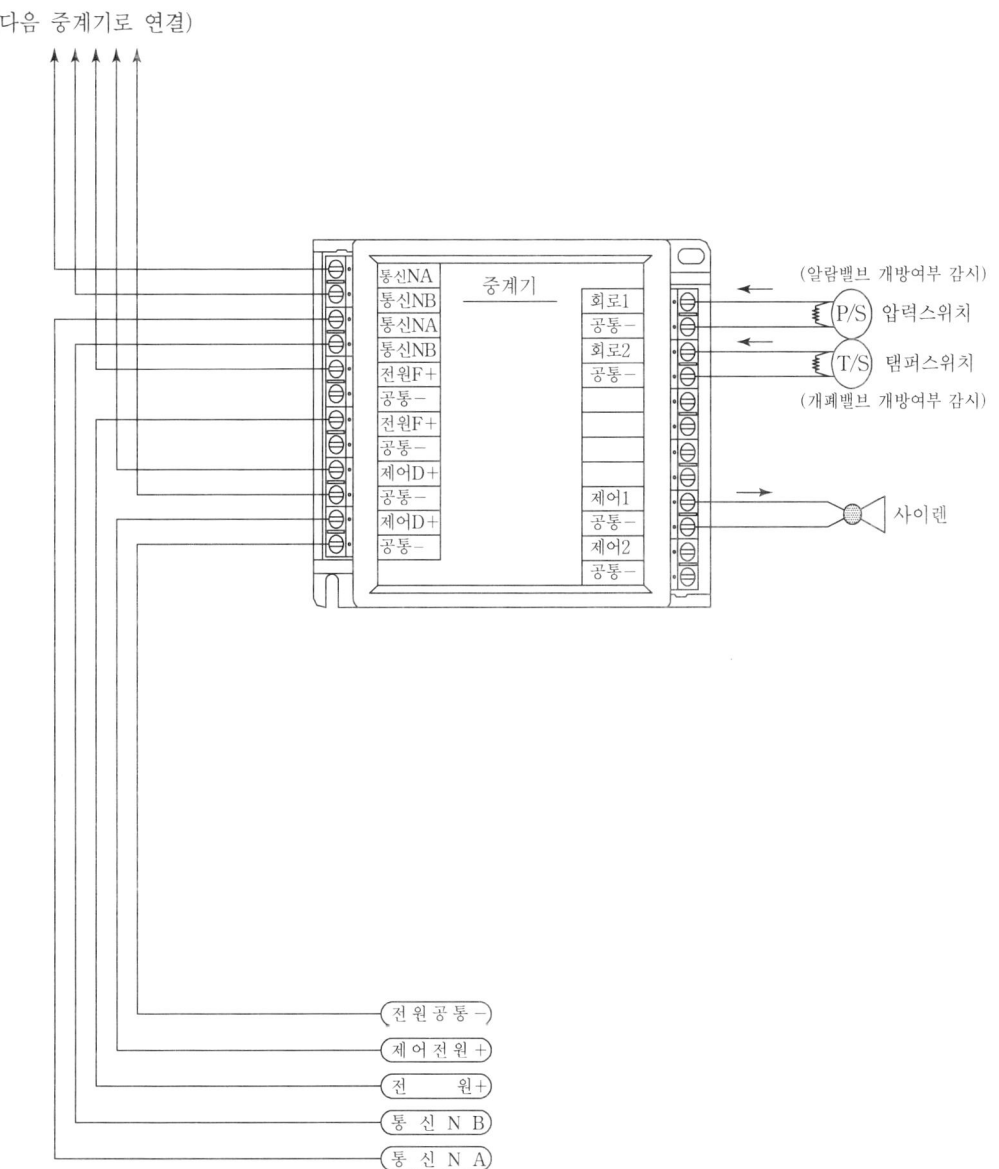

(3) 준비작동식 스프링클러 SVP 결선도

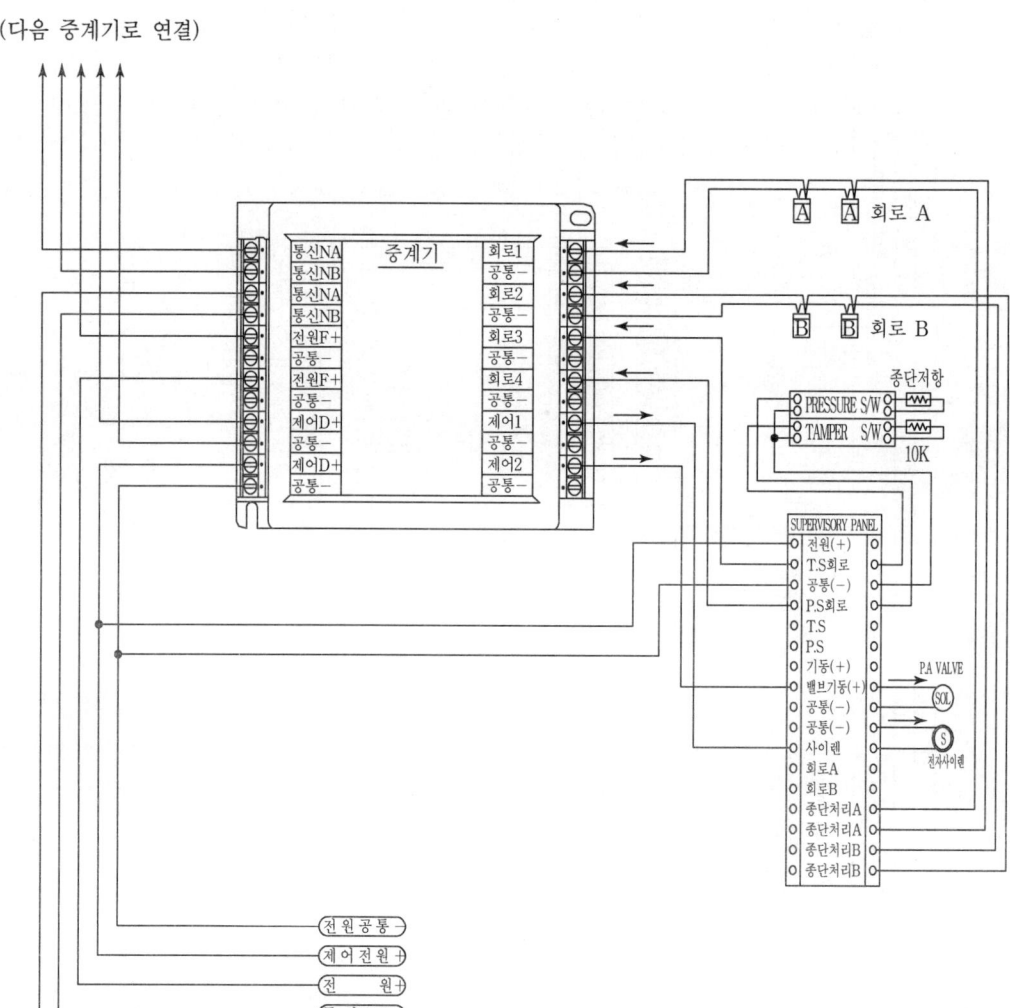

(4) 가스계소화설비 결선도 : (전용 제어반이 있는 시스템의 경우)

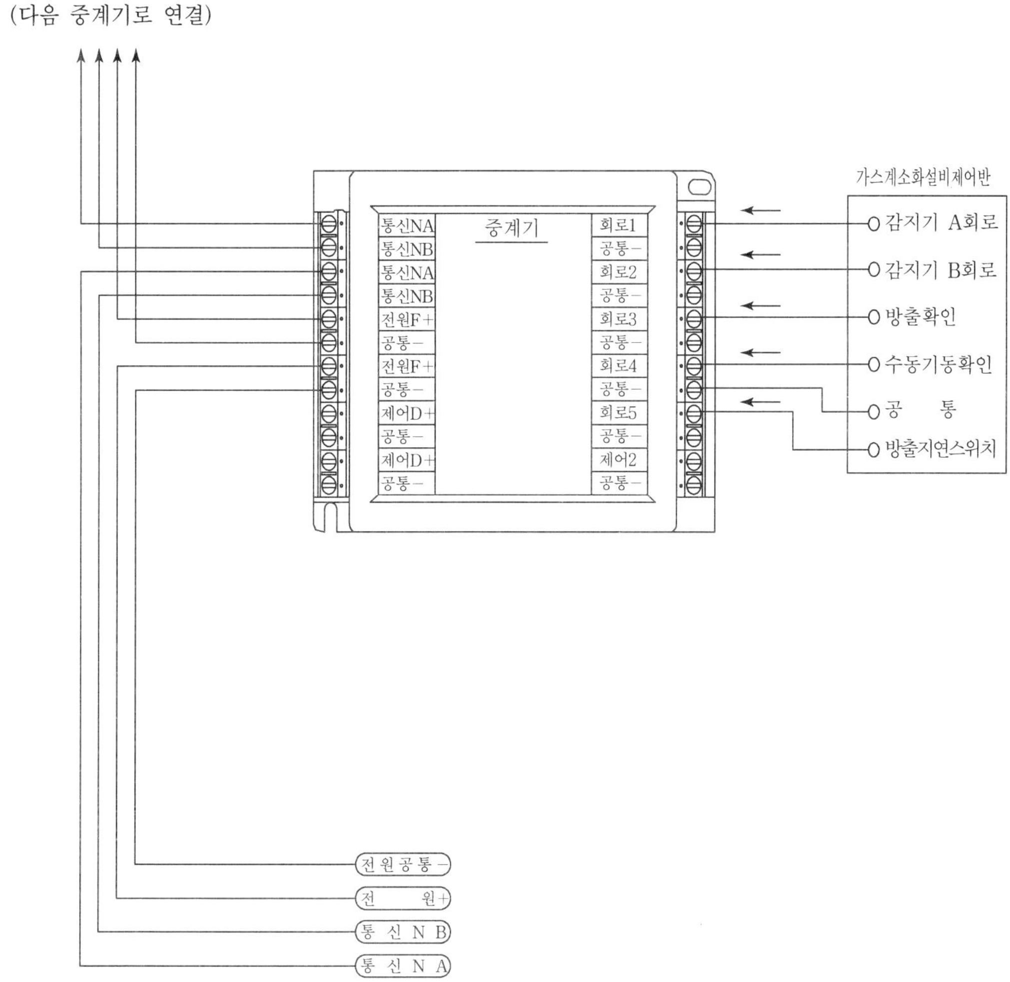

(다음 중계기로 연결)

중계기 단자: 통신NA, 통신NB, 통신NA, 통신NB, 전원F+, 공통-, 전원F+, 공통-, 제어D+, 공통-, 제어D+, 공통-

회로단자: 회로1, 공통-, 회로2, 공통-, 회로3, 공통-, 회로4, 공통-, 회로5, 공통-, 제어2, 공통-

가스계소화설비제어반:
- 감지기 A회로
- 감지기 B회로
- 방출확인
- 수동기동확인
- 공   통
- 방출지연스위치

전원공통-
전   원+
통 신 N B
통 신 N A

(5) 부속실제연설비 결선도

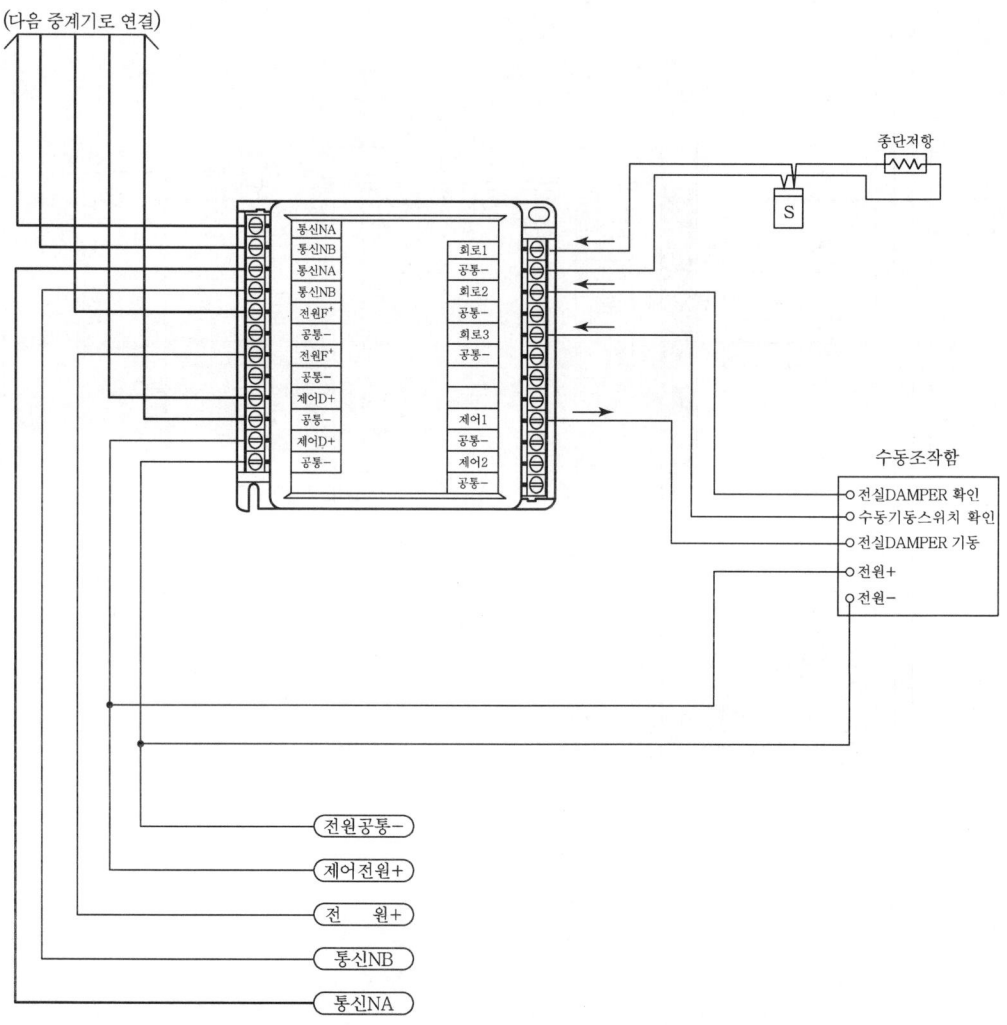

Chapter 13

소방전기시설론

01. 종합방재센터 …………………………………………… 711
02. 유도등설비 ……………………………………………… 713
03. 고휘도 유도등 …………………………………………… 717
04. 유도등의 배선방식 ……………………………………… 720
05. 유도등을 녹색으로 하는 이유 ………………………… 722
06. 피난유도선설비 ………………………………………… 723
07. 유도전동기의 기동방식 ………………………………… 725
08. 내화배선·내열배선 …………………………………… 728
09. 차폐배선(Shield배선) ………………………………… 732
10. 무선통신보조설비 ……………………………………… 734
11. 누설동축케이블의 손실과 Grading ………………… 739
12. 누전경보기 ……………………………………………… 741
13. 케이블 연소방지용 도료의 도포기준 ………………… 743
14. 비상조명등설비 ………………………………………… 745
15. 비상방송설비 …………………………………………… 747
16. Seebeck 효과 ………………………………………… 750
17. 접지공사의 종류별 접지저항값 및 시공방법 ………… 751
18. 접지저항의 측정방법 …………………………………… 756
19. 피뢰설비 ………………………………………………… 757
20. 축전지의 용량 산정방법 ……………………………… 760
21. 비상전원과 예비전원 …………………………………… 763
22. 소방전원보존형 발전기시스템 ………………………… 766
23. UPS(무정전 전원공급장치) …………………………… 769
24. ESS(전기저장장치) …………………………………… 773
25. ESS(전기저장장치)의 화재방호대책 ………………… 781

01 종합방재센터

1. 개요

종합방재센터는 대형 소방대상물 또는 복잡한 소방대상물에서 소방방재시설 및 기타 설비의 관리운영의 일원화로, 화재·가스·전기·방범·건축설비 등 일련의 재해에 대응하는 종합방재시설의 중추기구로서의 역할을 하는 곳이다.

2. 설치위치 및 구조

(1) 설치 위치

1) 피난층 또는 지하1층에 설치
   다만, 다음 각호의 1에 해당하는 경우에는 지상2층 또는 지하1층 외의 지하층에도 설치할 수 있다.
   ① 특별피난계단부속실 출입구로부터 보행거리 5m 이내에 전용실의 출입구가 있는 경우
   ② 아파트의 관리동에 설치하는 경우
2) 화재 또는 침수 등의 재해로 인한 피해의 우려가 없는 곳에 설치
3) 건물관리사가 상시 근무하는 장소

(2) 구조 및 설비

1) 다른 부분과는 방화구획한다.
2) 비상조명등 설치
3) 급·배기설비 설치

3. 갖추어야 할 방재설비

(1) 자동화재탐지설비의 수신기 및 주음향장치
(2) 비상방송설비의 증폭기 및 조작부
(3) 누전경보기의 수신기
(4) 가스누설경보설비의 수신기
(5) 무선통신보조설비의 무선기기 접속단자
(6) 승강기의 감시반 및 연락전화

(7) 비상용승강기의 귀환제어장치
(8) 자동방화문의 작동감시제어반
(9) 각종 소화설비의 작동감시제어반
(10) 제연설비 작동감시제어반
(11) 비상전원 공급확인제어반
(12) 각종 CCTV 상황감시반

4. 방재센터의 설비기능

(1) 일반적인 필수기능

1) 자동화재탐지설비의 수신 및 제어기능
2) 각종 소화펌프의 기동표시 및 수동기동기능
3) 각종 소화설비 및 경보설비의 회로별 도통시험 및 작동시험
4) 다음 각 설비의 기동표시 및 수동기동기능
   ① 스프링클러설비의 일제개방밸브
   ② 가스계소화설비의 기동
   ③ 제연설비 기동
   ④ 공조설비 기동
5) 소방용 수조의 저수위 표시 및 음향경보기능
6) 비상전원의 공급표시 및 상용·비상용으로의 전환기능
7) 승강기와의 연락전화
8) 비상용승강기의 작동감시 및 귀환제어기능
9) 누전경보기의 수신기능
10) 가스누설경보설비의 수신기능

(2) 건축물별 선택기능

1) 자동방화문 또는 방화셔터의 개방표시 및 원격작동기능
2) 연결송수관설비 가압송수펌프의 수동기동스위치
3) 소방관서와의 비상전화장치

5. 성능위주설계 가이드라인상 종합방재센터 설치기준

(1) 소방대가 지휘·통제 및 재난정보수집 등 원활한 소방활동을 할 수 있도록 충분한 공간을 확보할 것

(2) 1층 또는 피난층에 설치하며, 종합방재실의 출입문은 양방향에서 출입할 수 있도록 최소 2개 이상 설치하며, 그중 1개소는 외부에서 직접 진입이 가능하게 할 것
(3) CCTV를 통해 상시 모니터링 가능한 구조로 하고, 보안요원 등이 상시 근무할 수 있도록 할 것
(4) 근무인력이 교육, 회의, 대기(휴식), 화장실 및 비상시 소방대의 지휘를 위한 공간을 마련하고 방화구획할 것
(5) 급·배기설비는 전용으로 구성하고, 비상시 비상전원이 공급될 수 있도록 할 것
(6) 비상용콘센트의 통전여부를 종합방재센터에서 상시 모니터링할 수 있게 할 것
(7) 종합방재실(감시제어반실)과 관리사무실은 상호 인접하게 설치하며, 같은 공간에 구획하여 설치하는 경우에는 상호 출입이 가능하도록 출입문을 설치할 것
(8) 용도별 관리권원을 분리하여 2개소 이상 설치할 경우에는 상호 재난관리상황을 확인하고 제어할 수 있는 시스템을 갖출 것

6. 결론

종합방재센터의 기능은 평상시에는 각종 설비 및 방재시설 즉, 화재·가스·전기·건축기계설비 등의 감시 및 유지관리 기능을 수행하고, 또, 화재 등 비상시에는 상황을 조기에 파악하고, 정보를 제공하여 종합적인 방재대응을 할 수 있도록 하는 방재의 중추적 기능을 하는 곳이다.

02 유도등설비

1. 개요

(1) 유도등은 피난설비로서, 화재시 정전상태에서도 피난자가 피난구 또는 피난방향을 인지할 수 있는 밝기로 조사하는 녹색의 등화장치를 말한다.
(2) 설치장소에 따라 피난구유도등, 통로유도등, 객석유도등의 3종류로 분류하고 있다.

2. 피난구유도등

피난구 또는 피난경로로 사용되는 출입구의 상부에 설치하는 유도등

(1) 설치대상

　1) 옥내로부터 직접 지상으로 통하는 출입구 및 그 부속실의 출입구
　2) 직통계단실 및 그 부속실의 출입구
　3) 상기 1)호 및 2)호의 출입구에 이르는 복도·통로로 통하는 출입구
　4) 안전구획된 거실로 통하는 출입구

(2) 설치제외

　1) 바닥면적 1,000㎡ 미만인 층으로서 옥내로부터 직접 지상으로 통하는 출입구
　2) 대각선 길이가 15m 이내인 구획된 실의 출입구
　3) 거실의 각 부분으로부터 하나의 출입구에 이르는 보행거리가 20m 이하이고, 비상조명등과 유도표지가 설치된 거실의 출입구

(3) 설치기준

　1) 설치높이 : 바닥으로부터 1.5m 이상
　2) 조명도기준 : 상용전원으로 등을 켜는 경우(주위 조도를 10~30Lx로 한다)에는 직선거리 30m의 위치에서, 비상전원으로 등을 켜는 경우(주위 조도를 0~1Lx로 한다)에는 직선거리 20m의 위치에서 각기 보통시력으로 피난유도표시에 대한 식별이 가능하여야 한다.

3. 통로유도등

복도·통로·계단의 피난경로상에 당해 장소의 조도가 피난상 유효하도록 설치하는 유도등으로서 복도통로유도등, 거실통로유도등, 계단통로유도등으로 분류한다.

(1) 설치대상

　1) 각 거실과 그로부터 지상에 이르는 복도 또는 계단의 통로에 설치
　2) 복도통로유도등은 복도에, 거실통로유도등은 거실의 통로에, 계단통로유도등은 계단참 또는 경사로 참마다 설치

(2) 설치제외

　1) 구부러지지 않는 복도 또는 통로로서, 길이가 30m 미만인 것
　2) 제 1)호에 해당되지 아니하는 복도 또는 통로로서, 보행거리가 20m 미만이고 이와 연결되는 출입구에 피난구유도등이 설치된 것

(3) 설치기준

1) 백색 바탕에 녹색으로 피난방향을 표시할 것
2) 설치높이
    ① 복도 및 계단통로유도등 : 바닥으로부터 1.0m 이하
    ② 거실통로유도등 : 바닥으로부터 1.5m 이상(단, 기둥에는 1.5m 이하)
3) 조도 : 다음 거리에서 1Lx 이상

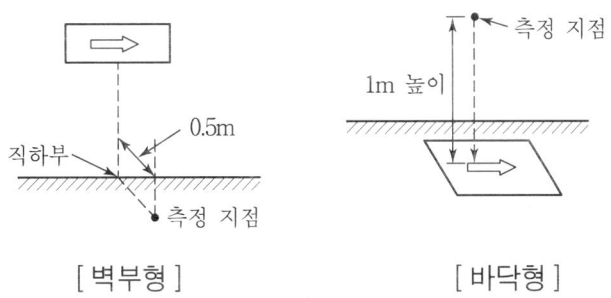

[벽부형]　　　　　　[바닥형]

4) 계단통로유도등 : 각 층의 계단참 또는 경사로참마다 설치
5) 복도통로유도등 및 거실통로유도등 : 구부러진 모퉁이 및 보행거리 20m마다 설치
6) 주위에 이와 유사한 등화광고물, 게시물 등을 설치하지 아니할 것
7) 통행에 지장이 없도록 설치할 것

4. 객석유도등

관람장, 집회시설 등에서 화재시 관객이 쉽게 피난방향을 인지할 수 있도록 객석 통로의 바닥면에 유효한 조도로 설치하는 유도등

(1) 설치대상

1) 문화·집회 및 운동시설
2) 유흥음식점(무대가 설치된 카바레·나이트클럽에 한한다.)

(2) 설치제외

1) 주간에만 사용하는 장소로서 채광이 충분한 객석
2) 거실 등의 각 부분으로부터 출입구에 이르는 보행거리가 20m 이하인 객석으로서 그 통로에 통로유도등이 설치된 경우

(3) 설치기준

1) 객석통로의 바닥 또는 벽에 설치
2) 설치개수 = $\dfrac{\text{객석 통로의 직선부분 길이}}{4} - 1$
3) 조도 : 통로바닥의 중심선 0.5m의 높이에서 측정하여 0.2Lx 이상

5. 유도등의 전원 및 배선

(1) 전원

1) 상용전원

   축전지, 전기저장장치 또는 교류전원의 옥내 간선으로 하고, 전원까지의 배선은 전용으로 함

2) 비상전원

   ① 축전지로 할 것
   ② 용량
    ㉮ 지하층을 제외한 층수가 11층 이상이거나, 지하층 또는 무창층으로서 도매시장, 소매시장, 지하역사 또는 지하상가인 것 : 60분 이상의 용량
    ㉯ 기타(상기의 ㉮에 해당하지 않는 것) : 20분 이상의 용량

(2) 배선

1) 유도등용 인입배선과 옥내배선을 직접 연결할 것(배선도중에 개폐기를 설치할 수 없다.)
2) 유도등 회로에는 점멸기를 설치하지 아니할 것. 즉, 2선식 배선으로 설치할 것 다만, 아래 제3)호에 해당하는 경우는 예외
3) 유도등 회로에 점멸기를 설치할 수 있는 경우(즉, 소등할 수 있는 구조) 다음 각 호의 1에 해당하는 장소로서 3선식 배선방식에 의해 상시 충전되는 구조
   ① 공연장·암실 등으로서 어두워야 할 필요가 있는 장소
   ② 외부광에 의해 피난구 또는 피난방향을 쉽게 식별할 수 있는 부분
   ③ 관계인 또는 종사원이 주로 사용하는 장소
4) 3선식 배선은 내화배선 또는 내열배선으로 사용할 것

03 고휘도 유도등

1. 개요(휘도의 개념)

(1) 조도

1) 정의 : 단위면적이 받는 빛의 양. 즉 수광(입사)면의 밝기를 뜻함
2) 단위 : Lx(럭스)
3) 조도[Lx] $= \dfrac{cd}{l^2}\cos\theta$ 또는 $\dfrac{lm}{A}\cos\theta$

  여기서, l : 광원에서 수광면까지의 거리[m]
  cd : 광도[cd]
  θ : 광축의 각도
  A : 수광면의 면적[m²]
  lm : 광속[lm]

(2) 광도

1) 정의 : 광원에서 발하는 빛의 세기(강도)
2) 단위 : cd(칸델라)

(3) 휘도

1) 정의 : 광원에서 발하는 빛의 밝기, 즉 발광체 표면의 밝기를 뜻한다.
2) 단위 : nt(니트) : [cd/m²]
3) 휘도[nt] $= \dfrac{cd}{A}$

  여기서, A : 발광체의 표면적[m²]
  cd : 광도[cd]

(4) 광속

1) 정의 : 광원에서 발하는 빛의 양. 즉, 광원으로부터 전파되는 단위시간당 가시광선의 양
2) 단위 : lm(루멘)

2. 고휘도 유도등의 특징

(1) 장점

1) 휘도가 높으므로 피난자의 시인성이 높다.
2) 소비전력이 적다.
3) 수명이 길다. : 진동 등에 강해 고장확률이 낮다.
4) 소형이다. : 필라멘트를 사용하지 않으므로 관경이 작다.

(2) 단점

1) 파손의 우려가 높다.
2) 제작가격이 비싸다.

3. 고휘도 유도등의 종류

고휘도 유도등의 종류로는 CCFL, T-5, LED 등이 있다.

(1) CCFL

1) 정의

   '냉음극형 형광등'으로서, Cold Cathode Fluorescent Lamp의 약어이다.

2) 작동원리

   ① 일반 형광등은 방전관이 방전을 시작할 때 열전자를 사용하는 '열음극형'이나,
   ② CCFL은 방전시 가열되지 않고, 이온충격에 의한 2차전자 방출과 이온의 재결합에 의한 광전자방출로 방전을 시작함
   ③ 즉, CCFL의 양쪽 전극에 전압을 가하면 2차전자는 수은과 충돌하고, 수은이 이온화되어 방전하면서 (253.7nm 파장의) 자외선을 발생하는데, 이 자외선이 방전관 내벽에 도포되어 있는 형광물질을 자극해서 가시광선을 발생시킨다.

3) 구조

   ① 관경이 작은(2.6mm) 초세관 속에 형광물질을 도포
   ② 유리관 내부 : 수은·아르곤·네온의 혼합가스를 충전

(2) T-5

    1) 작동원리

        ① 램프의 양끝에 있는 필라멘트를 가열하여 열전자를 방출한다.

        ② 열전자와 램프 내의 수은과의 충돌로 생긴 자외선이 램프 표면의 형광물질을 자극하여 발광한다.

    2) 특징

        ① 관경 : 16mm(T-5)

            일반 유도등의 형광등 관경은 26mm(T-8), 28mm(T-9), 32mm(T-10)가 있다.

        ② 반드시 전자식 안정기로 점등한다.

(3) LED(Light Emitting Diode)

    1) 원리

        ① 일반 다이오드는 전류가 흐르면 에너지를 발생하지만, LED용 다이오드는 전류가 흐르면 빛을 방출한다.

        ② 이러한 발광 다이오드를 이용한 것으로, 전기에너지가 반도체 안에서 직접 빛으로 전환되는 방식이다.

    2) 특징

        ① 형광램프에 비해 광도는 낮으나, 빛의 방향과 식별도(선면도)가 우수하다.

        ② 램프의 교체가 불필요함

        ③ 다른방식에 비해 광변환 비율이 높아 에너지 효율이 높다.

        ④ 수은등을 사용하지 않으므로 환경 유해성이 없다.

4. 결론(문제점 및 대책)

(1) 문제점

    지하공간 등에서 다량의 짙은 농도의 연기에는 고휘도 유도등 또한 시인성이 역부족일 수 있다.

(2) 대책안

    1) 고휘도 유도등에 음향경보기능을 함께 보유한 복합기능의 유도등을 개발

2) 다중이용시설 등에는 유도등을 설치할 때 바닥형도 병행 설치를 의무화하여 대구지하철 화재사고와 같은 재해에 대비하여야 하겠다.

04 유도등의 배선방식

1. 2선 배선방식

(1) 배선구조

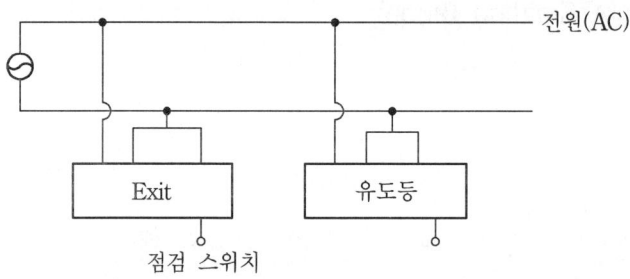

(2) 동작특성

1) 상시 점등하는 방식 : 점멸기 없음
2) 소등상태에서는 예비전원에 충전이 되지 않는다.
3) 만약 점멸기로 소등하게 되면 예비전원 용량만큼만 점등이 지속된 후에는 소등이 되며, 그 후부터는 점등을 보장할 수 없다.
   그 이유는 소등상태에서는 예비전원에 충전이 되지 않기 때문이다.

(3) 문제점(단점)

1) 평상시에도 점등상태이므로 전력소모가 많다.
2) 점멸기에 의해 소등된 상태에서는 예비전원에 충전되지 않는다.

2. 3선 배선방식

(1) 배선구조

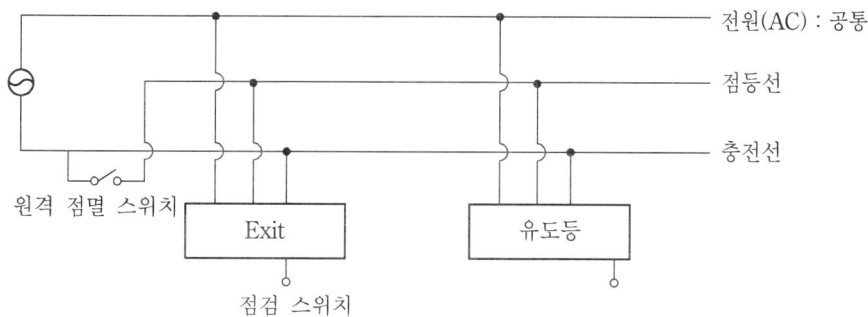

(2) 동작특성

1) 평상시 소등상태로 있다가 화재 또는 소방시설의 작동시에 자동으로 점등하는 시스템
2) 점멸기로 소등하면 유도등은 꺼지나, 예비전원에 충전은 지속되고 있는 상태가 된다.
3) 다만, 정전이나 단선이 되어 전원 자체가 공급되지 않으면 자동으로 예비전원에 의해 규정된 시간(용량) 동안만 점등된다.

(3) 장점

1) 원격점멸스위치 1개로 다수의 유도등을 일괄 제어할 수 있다.
2) 공연장, 극장 등 사람의 재실 여부가 확실히 구별되는 장소에 사용할 경우 전력 절감이 가능하다.

(4) 단점

평상시 소등상태로 있으므로, 거주자가 평소 비상구 위치에 대해 무관심하게 된다.

(5) 3선식 배선방식에서는 다음 각 호 중 1의 경우에는 자동으로 유도등이 점등되어야 한다.

1) 자동화재탐지설비의 감지기 또는 발신기 작동
2) 비상경보설비의 발신기 작동
3) 자동소화설비의 작동
4) 상용전원의 정전 또는 전원선의 단선
5) 방재센터 또는 전기실의 배전반에서 수동으로 점등

05. 유도등을 녹색으로 하는 이유

1. 인체 눈망막의 세포조직구성

(1) Cone Cell : 원뿔형의 추상체
  천연색에는 민감하지만, 약한 빛에는 무력함
(2) Rod Cell : 막대형 간상체
  흑백의 명암에서만 작용하며, 약한 빛에서도 형태 파악이 가능함

2. Purkinje Effect

(1) 주위 밝기의 변화에 따라 물체색의 명도가 변화되어 보이는 현상
(2) 즉, 밝은 곳에서는 같은 밝은 계통인 적색이 밝게 보이나, 어두워지면 적색은 선명도가 떨어지고 녹색이나 청색이 밝게 보이게 되는 현상을 말한다.
(3) 그림과 같이 밝은 곳에서 눈의 최대시야감도의 파장은 약 555nm이나, 어두운 곳에서는 약 510nm으로서 최대시야감도가 파장이 짧은 쪽으로 이동한다. 이러한 현상을 Purkinje Effect라 한다.

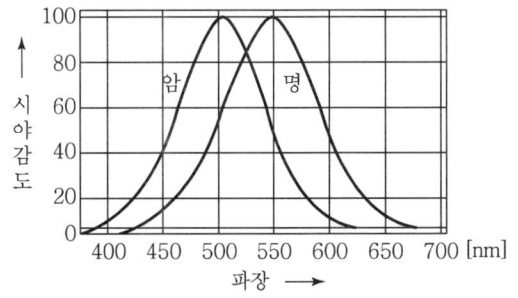

3. 유도등의 색상

(1) 간상체는 세포생리구조상 어두운 곳에서는 녹색광을 잘 흡수하지만 적색광은 잘 흡수하지 않는다.
(2) 화재·정전 등으로 어두워진 환경에서는 약한 빛에 무력한 추상체는 도움이 되지 않으나, 약한 빛에서도 Purkinje 효과가 우수하며, 형태 파악을 가능케 하는 간상체(Rod Cell)는 중요한 역할을 한다.
(3) 따라서, 어두운 곳에서는 적색보다 녹색이 눈에 더 잘 보이므로 유도등의 색상을 녹색으로 하는 것이다.

4. 결론

화재·정전 등으로 어두운 환경에서는 녹색광이 적색광에 비해 Rod Cell(간상체)의 Purkinje 효과가 우수하여, 눈에 더 잘 보이게 되므로 유도등의 색상을 녹색으로 하는 것이다.

06 피난유도선설비

1. 개요

(1) 햇빛이나 전등불의 빛을 축광하거나 전류에 따라 빛을 발하는 유도체로서,
(2) 화재·정전 등 유사시 어두운 상태에서 고유의 빛을 발하여 피난을 유도할 수 있는 띠모양의 발광체이며,
(3) 지하층의 피난로 등에 설치하는 일종의 피난유도설비이다.

2. 구조 및 원리

(1) 축광식

평소 밝은 조명상태의 전등불 또는 햇빛을 축광해 놓았다가 유사시 주위가 어두워졌을 때 고유의 빛을 발함으로써 피난을 유도할 수 있는 것으로 띠모양의 발광체 구조임

(2) 광원점등식(전류에 의한 방식)

비상전원에 연결되어 있으며, 유사시 주위가 어두워졌을 때 전류를 흘려보내게 되면 그 전류에 의해 빛을 유도하여 발광함으로써 어두운 상태에서도 피난을 유도할 수 있는 띠모양의 구조임

3. 설치대상

(1) 「다중이용업 특별법」에 의한 다중이용업소의 영업장 안에 있는 통로·복도에 설치. 단, 고시원업 또는 산후조리업의 경우에는 광원점등방식으로 설치하여야 한다.
(2) 지하철 역사 등 고밀도의 다중이용시설 지하층의 피난로

4. 설치기준

(1) 축광식

1) 구획된 각 실로부터 주출입구 또는 비상구까지 이르는 통로에 설치
2) 바닥으로부터 높이 50cm 이하의 위치 또는 바닥 면에 설치
3) 피난유도 표시부는 50cm 이내의 간격으로 연속되도록 설치
4) 부착대에 의하여 견고하게 설치
5) 외광 또는 조명장치에 의하여 상시 조명이 제공되거나 비상조명등에 의한 조명이 제공되도록 설치

(2) 광원점등식

1) 구획된 각 실로부터 주출입구 또는 비상구까지 설치
2) 피난유도 표시부는 바닥으로부터 높이 1m 이하의 위치 또는 바닥 면에 설치
3) 피난유도 표시부는 50cm 이내의 간격으로 연속되도록 설치하되, 실내장식물 등으로 설치가 곤란할 경우에는 1m 이내의 간격으로 설치
4) 수신기로부터의 화재신호 및 수동조작에 의하여 광원이 점등되도록 설치
5) 비상전원이 상시 충전상태를 유지하도록 설치
6) 바닥에 설치되는 피난유도 표시부는 매립하는 방식을 사용할 것
7) 피난유도 제어부는 조작 및 관리가 용이하도록 바닥으로부터 0.8m 이상 1.5m 이하의 높이에 설치

(3) 고층건축물(30층 이상)의 피난유도선 설치기준

1) 피난안전구역이 설치된 층의 계단실 출입구에서부터 피난안전구역 주 출입구 또는 비상구까지 설치
2) 계단실에 설치하는 경우 계단 및 계단참에 설치
3) 피난유도 표시부의 너비는 최소 25mm 이상으로 설치
4) 광원점등식으로 설치하되, 60분 이상 유효하게 작동할 것

5. 성능기준(광원점등식)

(1) 휘도

상용전원 및 비상전원 점등상태에서 피난유도선의 방향표시 부분의 휘도가 20cd/m^2 이상일 것

(2) 식별도

피난유도선 표시부의 광원을 상용전원으로 점등한 상태에서는 직선거리 20m의 위치 및 비상전원으로 점등한 상태에서는 직선거리 15m의 위치에서 각기 보통시력에 의하여 표시면의 방향표시가 명확히 식별되어야 한다.

07 유도전동기의 기동방식

1. 개요

유도전동기의 기동방식은 전동기의 용량에 따라 다음과 같은 방식이 적용되고 있다.
(1) 직입기동방식(전전압 기동)
(2) Y-Δ 기동(star-Delta 기동)
(3) 기동보상기 기동방식
(4) Reactor 기동방식
(5) 단권변압기 기동방식

2. 종류별 특성 및 원리

(1) 직입기동(Line Start)방식

1) 정격전압의 전원에 직접 접속하여 기동하는 방식. 즉, 전동기 단자에 전전압을 직접 인가하여 기동하는 방식이다.
2) 특성
   ① 부하의 관성모멘트가 크다.
   ② 필요 이상으로 높은 토크가 부하에 쇼크를 준다.
   ③ 기동전류 : 전부하 전류의 500~650%
      기동토크 : 전부하 토크의 100~200%
   ④ 전원용량이 적은 소형전동기(3.7kW 이하)에만 적용

(2) Y-Δ (Star-Delta) 기동방식

1) 기동시에는 1차 권선을 Y로 접속하여 기동하고, 충분히 가속하고 나서 Δ로 접속을 바꾸는 방식

2) 각 상에 걸리는 기동토크는 직입기동방식의 1/3이 된다. 즉, 각 상에 걸리는 전압은 Y는 Δ의 $1/\sqrt{3}$이 되고, 토크는 전압의 2승에 비례하므로 결국 전압은 1/3배가 된다.
3) 상전류도 $1/\sqrt{3}$이 되나, 선전류가 상전류의 $1/\sqrt{3}$이 되므로 역시 1/3배가 된다.
4) 따라서, 기동전류 및 기동토크 모두 직입기동시의 1/3배가 된다.
5) 주로 5.5~37kW 정도의 전동기에 적용한다.
6) 기동방법은 처음에 MC_1과 MC_2를 투입해서 Y(star)로 결선되어 기동시키고, 회전속도가 어느 정도 가속된 후에 MC_2를 개방함과 동시에 MC_3를 투입해서 Δ(delta)로 결선되어 전전압을 인가한다.

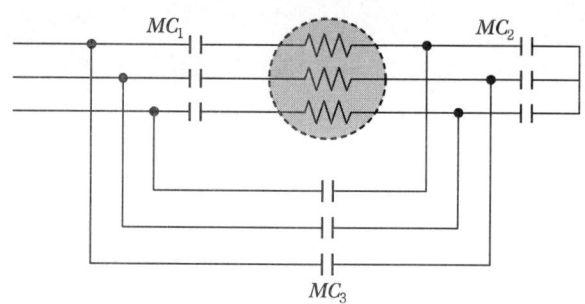

(3) 기동보상기(Kondorfar) 기동방식

1) 기동용 3상 단권변압기로 기동전압을 감소시켜 기동하는 방식
2) 전압의 감압비를 $1/\alpha$로 하면 기동전류, 기동토크 모두 직입기동시의 $1/\alpha^2$이 된다. 즉 기동전류 및 기동토크가 변압기 전압탭(%)의 2승에 비례하여 감소한다.
3) 주로 22kW 이상의 대형 전동기에 적용한다.
4) 기동방법은 MC_1과 MC_2를 먼저 투입해서 단권변압기를 경유해서 감압된 전압이 전동기에 가해지게 하여 기동시키고, 기동 후에는 MC_3를 투입함과 동시에 MC_2를 개방하여 전전압이 가해지게 한다.

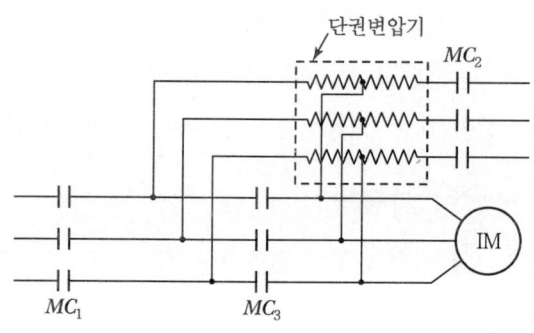

(4) Reactor 기동방식

1) 전동기 1차측에서 Reactor를 직렬로 접속하여 기동전류를 억제하여 기동하고, 기동 후에 직접 전원에 접속하는 방식이다.
2) 기동전류 : 직입기동시의 $1/\alpha$

   기동토크 : 직입기동시의 $1/\alpha^2$
3) 기동방법은 처음에 MC_1을 투입해서 Reactor를 경유하여 전동기에 전압을 가하고, 기동 후에 MC_2를 투입함과 동시에 MC_1을 개방하여 전전압이 가해지게 한다.

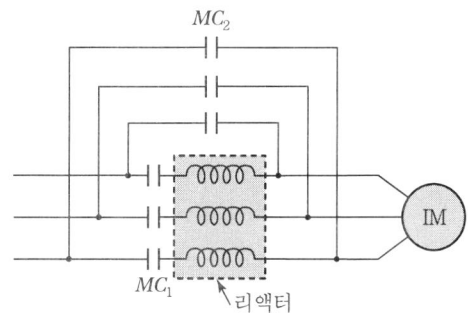

(5) VVF(Variable Voltage Variable Frequency) 기동방식

1) 전동기에 공급하는 전압과 주파수를 반도체 회로로 변화시키는 방식이다.
2) 즉, 전동기에 인가되는 전압이 증가하면 전류와 토크가 증가하며, 전동기의 회전수는 주파수에 비례하여 증가하는 원리를 이용하는 것이다.
3) 유도전동기를 VVF로 제어하면 에너지절약이 되는 장점이 있으나, VVF 장치에서 고주파가 발생하여 전동기 등에 악영향을 줄 수도 있으므로 유의하여야 한다.

3. 결론

(1) Y-Δ 기동 : ┌ 기동전류 : $1/3$
              └ 기동토크 : $1/3$

〈전압의 감압비를 $1/\alpha$로 하면〉

(2) 기동보상기 기동 : ┌ 기동전류 : $1/\alpha^2$
                    └ 기동토크 : $1/\alpha^2$

(3) Reactor 기동 : ┌ 기동전류 : $1/\alpha$
                  └ 기동토크 : $1/\alpha^2$

08. 내화배선 · 내열배선

1. 내화배선

(1) 사용전선

1) 내화전선(FR-8)
2) 450/750V 저독성 난연 가교 폴리올레핀 절연전선
3) 0.6/1kV 가교 폴리에틸렌 절연 저독성 난연 폴리올레핀 시스 전력케이블
4) 6/10kV 가교 폴리에틸렌 절연 저독성 난연 폴리올레핀 시스 전력케이블
5) 가교 폴리에틸렌 절연 비닐시스 트레이용 난연 전력케이블
6) 0.6/1kV EP 고무절연 클로로프렌 시스 케이블
7) 300/500V 내열성 실리콘 고무 절연전선(180℃)
8) 내열성 에틸렌-비닐 아세테이트 고무 절연케이블
9) 버스덕트(Bus Duct)
10) 기타 「전기용품 및 생활용품 안전관리법」 및 「전기설비기술기준」에 따라 동등 이상의 내화성능이 있다고 산업통상자원부장관이 인정하는 것

(2) 공사방법

1) 내화전선 : 케이블 공사방법에 따라 설치한다.
2) 기타전선 : 다음 「표」의 공사방법에 따라 설치한다.

	매립할 경우	非 매립의 경우
사용 전선관	금속관, 합성수지관 2종 금속제 가요전선관	금속관 2종 금속제 가요전선관
공사방법	위의 전선관에 전선·케이블을 수납하여, 내화구조의 벽 또는 바닥에 25mm 이상의 깊이로 매설한다.	① 배선을 내화성능의 배선전용실 또는 배선용 샤프트·피트·덕트 등에 설치하되 ② 다른 설비용 배선과는 15cm 이상 이격하거나, 가장 굵은 배선지름의 1.5배 높이 이상의 불연성 격벽을 설치한다.

(3) 내화전선의 성능기준

내화전선의 내화성능은 KS C IEC 60331-1과 2(온도 830℃ / 가열시간 120분) 표준 이상을 충족하고, 난연성능 확보를 위해 KS C IEC 60332-3-24 성능 이상을 충족할 것

(4) 내화전선의 사용 예 : FR-8

1) 상용 전원회로 : 비상콘센트 · 자동화재탐지 · 비상방송 · 비상경보설비에 한함
2) 비상용 전원회로 : 모든 소방설비의 비상용 전원회로에 해당 됨
3) 기타 방재용 전선

2. 내열배선

(1) 사용전선

(내열배선의 사용전선은 위 1항의 내화배선의 사용전선과 동일함)

(2) 공사방법

1) 내열전선(FR-3), 내화전선(FR-8) : 케이블 공사방법에 따라 설치한다.
2) 기타전선 : 다음 「표」의 공사방법에 따라 설치한다.

	전선관 공사	비전선관(노출배선) 공사
사용 전선관	금속관, 금속덕트, 금속제 가요전선관	-
공사방법	1) 위의 전선관에 전선 · 케이블을 수납하여 설치하거나 2) 케이블 공사방법(불연성 덕트에 설치하는 경우에 한한다.)에 따라 설치한다.	배선을 내화성능의 배선전용실 또는 배선용 샤프트 · 피트 · 덕드 등에 설치하되, 다른 실비용 배선과는 15cm 이상 이격하거나, 가장 굵은 배선지름의 1.5배 높이 이상의 불연성 격벽을 설치한다.

(3) 내열전선의 사용 예 : FR-3

1) 각종 소방설비용 약전선로
2) 즉, 유도등 및 자동화재탐지설비 등의 제어 · 신호회로용의 배선

3. 내열·내화배선의 설비적용

(1) 소화설비(수계 및 가스계 일체)

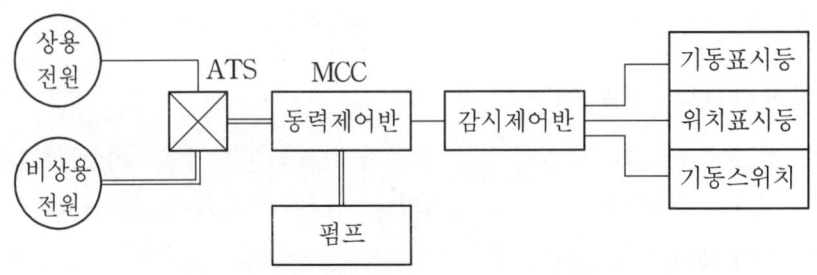

단, 단일실 내에 설치되는 경우 발전기에서 제어반까지의 전원회로는 예외

<범례> ═══ : 내화배선
──── : 내열배선 또는 내화배선
------ : 내열배선·내화배선 또는 Shield 배선
(Shield 배선 : 아날로그식·다신호식감지기 또는 R형 수신기용 배선회로에 한하여 적용함)

(2) 자동화재탐지설비, 비상방송설비, 비상경보설비

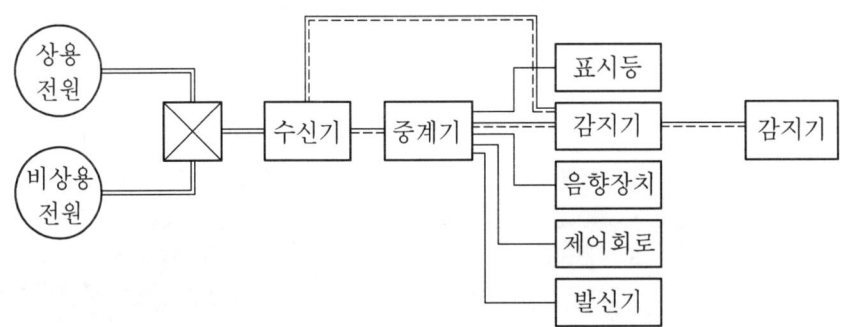

(3) 비상콘센트설비

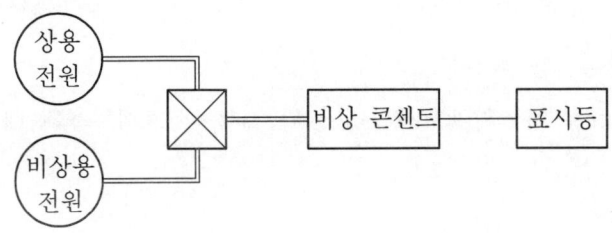

4. 내화배선에 1종 금속제 가요전선관을 적용할 수 없는 이유

  (1) 1종 금속제 가요전선관은 철판을 나사선 모양으로 감아 제작한 것으로,
  (2) 내수성과 기계적 강도가 취약하므로 전기설비기술기준(제86조)에서, 건조하고 전개된 장소에 한하여 적용하도록 규정하고 있다.
  (3) 따라서, 내화구조의 벽 또는 바닥에 매설해야 하는 내화배선에는 부적합하다.

5. 내화전선을 전선관 내에 배선할 수 없는 이유

  (1) 전선의 절연물은 온도가 상승할수록 절연내력이 현저하게 저하된다.
  (2) 전선관의 내부는 통풍이 어려우므로 화열에 노출되면 관 내부의 가열된 공기가 빨리 식지 않으므로 전선의 절연내력이 급격히 감소하여 절연기능을 상실할 수 있다.
  (3) 따라서, 내화전선을 전선관 내에 (수납)배선하는 것은 부적합하다.

09. 차폐배선(Shield배선)

1. 개요

(1) 신호전송선로 등에서 신호전송 중에 정전유도, 자기유도 등의 외부 자력선에 의한 유도작용으로 인해 데이터가 변하거나 신호가 감소하는 등의 전자파 방해현상을 방지하기 위하여 차폐기능이 있는 트위스트 실드선(Shield Twisted Pair) 등을 사용하는데 이러한 배선을 차폐배선이라 한다.

(2) 법규적 제한사항
국가화재안전기준(NFSC)에서 자동화재탐지설비 배선 중 아날로그식·다신호식 감지기 또는 R형수신기용으로 사용되는 것은 의무적으로 실드선을 사용하도록 규정하고 있다.

2. 배선의 차폐방식

차폐방식	구조	특징
테이프차폐 (S) : Shield	동 또는 알루미늄테이프 등을 배선 위에 감는 방식	1) 유연성, 굴곡성이 없다. 2) 접지가 용이하다. 3) 가격이 저렴하다.
편조차폐 (SB) : Shield Braid	가는 동선 여러가닥을 직조(엮어짠)하여 피차폐물을 덮어 씌우는 방식	1) 유연성이 뛰어나다. 2) 구조적으로 매우 안정하다. 3) 실드효과가 우수하다.

3. Shield 배선의 적용

(1) 국내의 내열배선규정에 적합한 전선

기호	전선명칭	차폐 방식
CCV-S	제어용 가교 폴리에틸렌 비닐절연쉬스 케이블	동테이프 차폐
CCV-SB	제어용 가교 폴리에틸렌 비닐절연쉬스 케이블	동선 편조 차폐
FR-CVV-SB	난연성 비닐절연 비닐쉬스 케이블	동선 편조 차폐
H-CVV-SB	내열성 PVC절연 내열성 비닐쉬스 케이블	동선 편조 차폐
HFCCO-SB	가교폴리에틸렌 절연 저독성 난연 폴리올레핀 쉬스 케이블	동선 편조 차폐

(2) 경제성과 기능적인 면을 고려하면 H-CVV-SB 케이블을 적용하는 것이 가장 유리하다.

4. Shield 배선의 시공방법

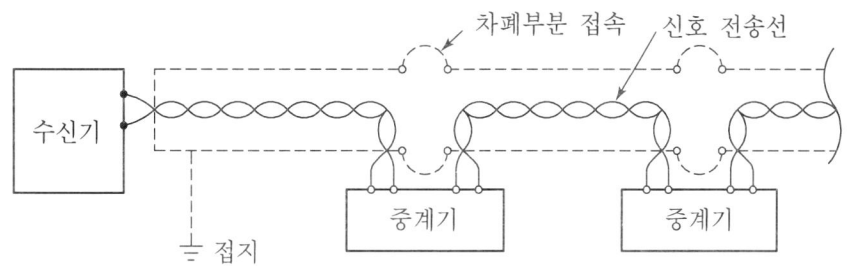

(1) 그림과 같이 실드선의 차폐부분은 서로 접속하여 수신기에서 별도 접지하여야만 차폐효과를 기대할 수 있다.
(2) 이때, 차폐부분은 함체 또는 배관부분 등에 접촉되지 않도록 하여야 전자유도를 방지할 수 있다.

5. 결론

(1) 신호전송로는 반드시 Shield 선으로 배선·시공하여야 하며, 그 적용은 '내열성 PVC 절연 내열성 비닐 쉬스(제어용) 케이블(H-CVV-SB)'의 동선편조 차폐방식을 적용하고,
(2) 차폐부분은 서로 접속하여 반드시 접지하고 함체 또는 배관부분 등에 접촉하지 않게 시공하여야 차폐효과를 기대할 수 있다.

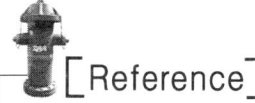[Reference]

※ 트위스트 선로의 종류

1) STP(Shield Twisted Pair) : 케이블 피복의 안쪽 면과 내선에 차폐처리를 한 케이블
2) FTP(Foil Twisted Pair) : 케이블 피복의 안쪽에만 차폐처리를 한 케이블
3) UTP(Unshield Twisted Pair) : 非차폐케이블 즉, 차폐처리를 하지 않은 무차폐 케이블로서 이중와선(쌍케이블)으로 된 케이블

10. 무선통신보조설비

1. 개요

(1) 소방대상물의 지하층, 지하가 등에서 소화활동시 소방대의 무선통신의 원활한 이용환경을 만들기 위하여 누설동축케이블 등으로 설치한 소화활동설비의 일종이다.

(2) 법규적 설치대상

1) 지하가 : 연면적 1,000㎡ 이상
2) 지하층의 바닥면적 합계 : 3,000㎡ 이상
3) 지하 층수가 3 이상으로서 지하층 바닥면적 합계 1,000㎡ 이상
4) 지하가 중 터널 : 길이 500m 이상
5) 지하구 : 국토의 계획·이용에 관한 법률 제2조 9호에 의한 공동구
6) 층 수가 30층 이상인 건축물로서 16층 이상 부분의 모든 층

2. System의 종류

(1) 누설동축케이블 방식(LCX) : Leaky Coaxial Cable

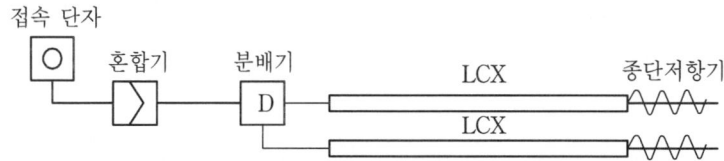

1) 케이블 자체에서 전파가 방사되는 방식
2) 지하철 홈 등 가늘고 긴 건축물에 적합

(2) 공중선(안테나) 방식

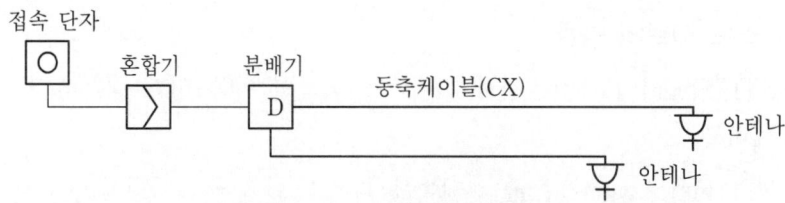

1) 장애물이 적은 대공간, 극장, 강당 등에 적합
2) 말단에서 전파강도가 떨어지는 단점이 있다.

(3) 복합방식

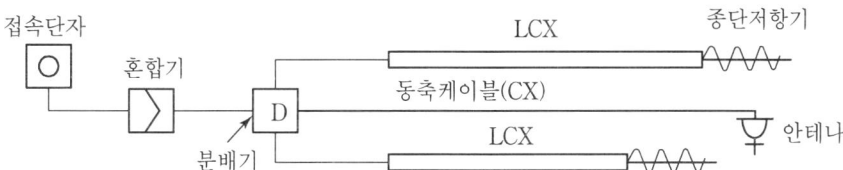

3. 구성요소

(1) 동축케이블(Coaxial Cable)

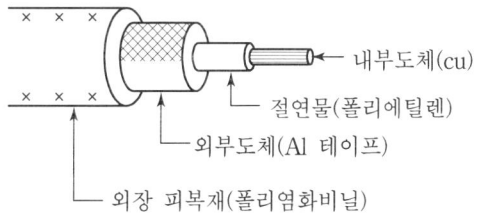

외부 잡음의 영향을 받지 않으므로 고주파 전선용 회로의 도체로 많이 사용된다.

(2) 누설동축케이블(Leaky Coaxial Cable)

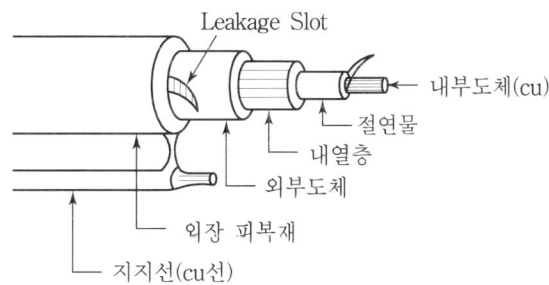

1) 동축케이블의 외부도체에 가느다란 홈(Slot)을 만들어 이곳을 통하여 전파가 외부로 새어나갈 수 있도록 한 케이블
2) 동축케이블과 안테나의 특성을 함께 갖는다.
3) 누설동축케이블을 통하여 전송되는 전자파의 일부가 외부도체의 Slot을 통하여 공기중에 방사되어, 케이블의 축을 따라 밀도가 높은 전자계를 형성함으로써 무선교신이 용이하게 된다.

(3) 증폭기(Amplifier)

신호전송시 전기신호가 약해져 수신이 곤란해지는 것을 방지하기 위해서 전기신호의 진폭을 증대시키는 장치

(4) 분배기(Allotter)

신호전원의 전력을 각 부하에 균등하게 배분하는 장치로서, 신호의 전송로가 분리되는 장소에 설치한다.

(5) 분파기(Branching Filter)

주파수가 다른 신호가 공존하는 경우 그 신호들을 효율적으로 분리 또는 결합하기 위한 장치

(6) 혼합기(Mixer)

2개 이상의 입력신호를 원하는 비율로 조합한 출력이 발생하도록 하는 장치

(7) 공중선(안테나)

전파의 원활한 송·수신을 위하여 동축케이블의 말단에 설치한 공중 도체

4. 설치기준

(1) 누설동축케이블

1) 고압 전로로부터 1.5m 이상 이격하여 설치
2) 말단에는 무반사 종단저항 설치
3) 임피던스 : 50Ω
4) 재질 : 불연성 또는 난연성의 것
5) 지지금구 : 금속재 또는 자기재로서 4m 이내마다 설치

(2) 무선기기 접속단자

1) 설치높이 : 0.8~1.5m
2) 수위실 등 사람이 상시 거주하는 곳에 설치
3) 지상의 접속 단자 : 보행거리 300m 이내마다 설치

(3) 증폭기

1) 전원 : 축전지 또는 교류전원의 옥내간선으로 하고, 전원까지의 배선은 전용으

로 할 것
      2) 전면에는 표시등 및 전압계 설치
      3) 비상전원 부착(축전지) : 30분 이상의 용량

(4) 분배기, 분파기, 혼합기
      1) 임피던스 : 50Ω
      2) 먼지, 습기, 부식 등에 의하여 기능에 이상이 없도록 설치
      3) 점검이 편리하고, 화재 등의 피해 우려가 없는 장소에 설치

5. 결론
무선통신보조설비는 다음과 같이 건물형태에 따라 케이블방식을 선별하여 적용하여야 보다 효율적이고, 경제적인 설비가 될 수 있다.
(1) 터널, 지하철 선로 등 가늘고 긴 건축물
    : 누설동축케이블(LCX) 방식 적용
(2) 내부장애물이 적고 넓은 공간, 극장, 대규모 홀 등
    : 공중선방식 적용

[Reference]

1. 누설동축케이블의 기호
LCX-FR-SS-20D-486
(1) LCX : 누설동축케이블(Leaky Coaxial Cable)
(2) FR : 난연성(Flame Resistance)
(3) SS : 자기지지 서포트(Self Supporting)
(4) 20 : 절연체 외경 : 20[mm]
(5) D : 특성 임피던스 : 50[Ω]
(6) 48 : 사용 주파수
    1) 1 : 150[MHz]대 전용
    2) 4 : 400[MHz]대 전용
    3) 14 : 150・400[MHz]대 전용
    4) 48 : 400・800[MHz]대 전용
(7) 6 : 결합손실

2. 전압정재파비 : VSWR(Voltage Standing Wave Ratio)

(1) 정의

전기신호에서 전압파의 변형에 의한 진폭 즉, 정상파 진폭의 최대치와 최소치의 비율을 말한다.

(2) Mechanism

1) 누설동축케이블의 송신단에서 신호를 보내면
2) 수신단에서 반사가 일어남
3) 이때, 되돌아온 파와 진행파가 서로의 간섭현상에 의해 전압파에 변형을 일으켜 산과 골이 생기어 파형을 만드는데, 이때의 파형을 정재파라고 한다.
4) 이때, 전압의 최대치와 최소치의 진폭의 비를 전압정재파비라 한다.
5) 즉, 정상파 진폭의 최대치와 최소치의 비율을 전압정재파비라 한다.
6) 이것은 높은 주파수에서 선로의 균일성을 알 수 있는 척도이며, 비율이 적을수록 선로는 균일하다.

(3) [예]

1) 누설동축케이블의 전압정재파비 : 100~500MHz에서 1.5 이하
2) 공중선의 전압정재파비 : 사용 주파수대에서 2.0 이하

3. 무반사 종단저항

(1) 개념

1) 누설동축케이블에서 전송되는 전파가 종단에서 반사되어 송신효율이 떨어지는 것을 방지하기 위하여 전송로의 말단에 저항을 설치하여 전자파의 반사를 방지하는 것
2) 특성 임피던스가 다르면 반사가 발생하므로 임피던스가 같은 저항을 전송로의 말단에 설치하는 것이다.

(2) 개략적 특성

1) 임피던스 : 50Ω
2) 전압정재파비 : 100~500MHz에서 1.2 이하

11. 누설동축케이블의 손실과 Grading

1. 개요

(1) 무선통신보조설비의 누설동축케이블에서 케이블 길이에 따라 신호입력부로 부터 멀어질수록 신호크기가 감쇄되는 양[dB]을 손실이라 하며 그 종류로는 전송손실과 결합손실이 있다.

(2) 누설동축케이블에서 Grading이란 누설동축케이블을 통한 전파송신시 수신레벨의 감소폭을 줄이기 위해 결합손실이 큰 케이블부터 단계적으로 접속하는 것을 말한다.

2. 케이블의 손실

(1) 전송손실

케이블 길이방향으로 신호가 전달될 때 신호 입력부에서 멀어질수록 도체 자체손실, 절연체손실, 복사손실 등이 발생되며, 이들 손실의 합계를 전송손실이라 한다.

(2) 결합손실

어떤 전기회로에 추가로 기기 또는 케이블을 결합시켰을 때 발생되는 손실을 말한다.

(3) 전송손실과 결합손실 간의 상관관계

1) 결합손실이 큰 것 : 전송손실이 적다.
2) 결합손실이 적은 것 : 전송손실이 크다.(복사손실이 커지기 때문임)

3. 케이블의 Grading

(1) Grading이란, 케이블을 통한 전파전송시 손실에 의한 수신레벨의 감소폭을 적게 하기 위하여 케이블의 결합손실과 전송손실 간의 관계를 이용하여 결합손실이 큰 케이블부터 단계적으로 접속하는 것을 말한다.

(2) Grading의 원리

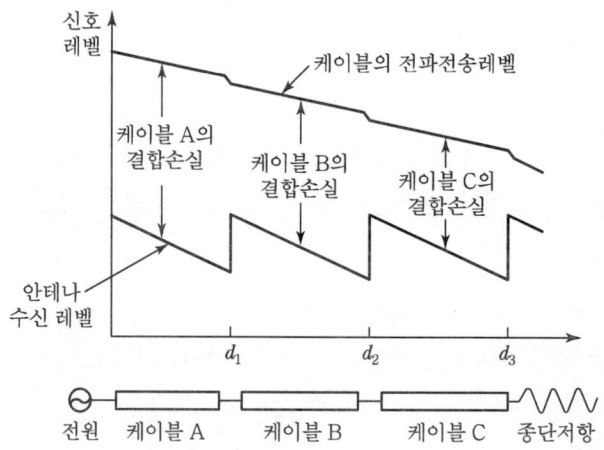

- 전송손실 : A < B < C
- 결합손실 : A > B > C

Leakage Slot을 통해서 전파가 공간으로 퍼져나갈 때 C_A는 손실을 크게 해서 전파가 조금만 나가게 하고 C_B는 보통 정도로 하고, C_C는 손실을 작게 해서 전파가 가장 많이 나가도록 해서 누설동축케이블이 설치된 모든 공간에서 전파의 세기를 비교적 균일하게 하는 것이다.

4. 결론

(1) 누설동축케이블의 손실에 있어서 결합손실이 큰 것은 전송손실이 적으며, 반대로 전송손실이 큰 것은 결합손실이 적어지는 특성이 있다.
(2) 이러한 결합손실과 전송손실 간의 관계를 이용하여 결합손실이 큰 케이블부터 단계적으로 접속함으로써 전송레벨의 급격한 감소를 방지할 수 있다.

12. 누전경보기

1. 개요

(1) 건축물 내부의 전기설비로부터 누설전류를 감지하여 경보를 발하는 장치로 영상변류기, 수신부, 경보음향장치로 구성된다.

(2) 법정설치대상
내화구조가 아닌 건축물로서 벽·바닥·반자의 일부나 전부에 대하여 불연재료 또는 준불연재료가 아닌 재료에 철망을 넣어 만든 건축물로서, 계약전류용량이 100A를 초과하는 소방대상물

2. 작동원리

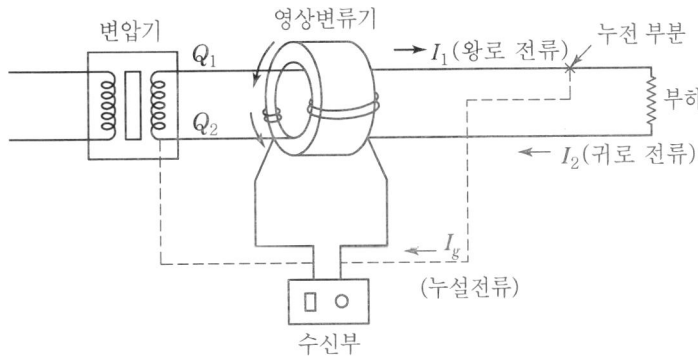

(1) 누설전류가 없는 경우

　1) 귀로전류(I_2) = 왕로전류(I_1)

　2) I_2에 의한 자속(Q_2) = I_1에 의한 자속(Q_1)

　∴ $Q_1 = Q_2$가 되어 서로 상쇄한다.

(2) 누설전류가 있는 경우

　1) 귀로전류(I_2) = 왕로전류(I_1) - 누설전류(I_g)

　2) 즉, 누설전류에 의한 자속이 생기게 되어 변류기에 유기전압을 유도시킨다.

　3) 수신기에서 이 전압을 증폭하고, 이것을 입력신호로 하여 계전기 릴레이를 동작시켜 경보를 발하도록 한다.

3. 주요구성부

(1) 영상변류기

1) 누설전류를 검출하는 장치
2) 종류로는 관통형과 분할형이 있다.

(2) 수신부

영상 변류기의 2차 권선에서 유기하는 미소전압을 수신하고, 이것을 증폭하여 계전기를 동작시켜 음향장치가 경보를 발하도록 한다.

(3) 음향장치

수신기에서 보내오는 신호에 의해 경보음을 발하는 것으로, 누전발생을 관계자에게 알리는 장치이다.

4. 설치기준

(1) 용량의 구분적용

1) 경계전로의 정격전류가 60A를 초과하는 전로
   : 1급 누전경보기 적용
2) 경계전로의 정격전류가 60A 이하인 전로
   : 1급 또는 2급 누전경보기 적용

(2) 영상변류기 설치장소

1) 옥외 인입선의 제1부하측 지점
2) 제2종 접지선측의 점검이 쉬운 장소
3) 변류기를 옥외의 전로에 설치하는 경우에는 옥외형의 것을 설치할 것

(3) 음향장치

1) 음량 및 음색이 다른 기기의 것과 명확히 구별될 것
2) 수위실 등 사람이 상시 근무하는 장소에 설치

(4) 전원

1) 분전반으로부터 전용회로로 설치
2) 각 극에는 개폐기 및 과전류차단기(15A 이하) 설치
3) 전원의 개폐기에는 '누전경보기용'의 표지 부착

(5) 수신부
1) 옥내의 점검이 편리한 장소에 설치하되
2) 다음 각 호의 장소 이외의 곳에 설치한다.
   ① 가연성 또는 부식성의 증기·가스·먼지 등이 다량 체류하는 장소
   ② 화약류를 제조하거나, 저장 또는 취급하는 장소
   ③ 습도가 높은 장소
   ④ 온도변화가 급격한 장소
   ⑤ 대전류 회로, 고주파 발생 회로 등에 영향을 받을 수 있는 장소

5. 결론
(1) 해마다 전체 화재발생원인 중 전기누전으로 인한 화재가 큰 비중을 차지하고 있다.
(2) 현재 법규적으로 非내화구조의 소방대상물에만 누전경보기 설치의무를 부여하고 있는데, 향후에는 일정규모 이상의 노후된 내화구조 건축물에도 설치를 의무화하는 것이 화재안전에 큰 도움이 될 것으로 판단된다.

13 케이블 연소방지용 도료의 도포기준

1. 개요
연소방지용 도료란 건축물 마감재나 케이블·전선 등에 방염도료를 도포하는 것으로서, 도포된 부위를 가열할 경우 도료가 발포하거나 단열의 효과가 있어 착화를 지연시킬 수 있는 도료를 말한다.

2. 법규적 도포 대상
(1) 지하구 내에 설치된 케이블·전선 등에 도포하며,
(2) 다음 각 호 부분의 중심으로부터 양쪽으로 전력용 케이블은 20m 이상, 통신 케이블은 10m 이상 도포한다.
   1) 지하구와 교차되는 수직구 또는 분기구
   2) 케이블이 상호 연결된 부분
   3) 집수정 또는 환풍기가 설치된 부분

4) 지하구로 인입 또는 인출되는 부분
5) 분전반, 절연유 순환펌프 등이 설치된 부분
6) 기타 화재발생위험이 우려되는 부분

3. 도료의 도포방법
(1) 도포하고자 하는 부분에 오물을 제거하고 충분히 건조시킨 후에 도포한다.
(2) 도포 두께 : 평균 1.0mm 이상
(3) 유성도료의 1회당 도포간격 : 2시간 이상(단, 환기가 원활한 곳에서 실시하고 지하구 내에서는 금지)

4. 성능기준 및 시험방법
(1) 인체에 유해한 석면 등이 함유되지 않을 것
(2) 건조에 대한 시험
　1) 시험방법 : KSM 5000 중 시험방법 2511, 2512
　2) 건조방법
　　① 가열건조 : 65±2℃에서 24시간 건조
　　② 7일간 자연건조 : 고화·경화·불접착·완전 건조 중 하나에 해당할 것
(3) 산소지수
　1) 산소지수 평균 30 이상(단, 난연테이프는 28 이상)
　2) 산소지수 $= \dfrac{O_2}{O_2 + N_2} \times 100$

　　여기서, O_2 : 시료의 연소 중 최저산소유량
　　　　　 N_2 : 시료의 연소 중 최저질소유량

5. 문제점
(1) 국내 연소방지용 도료는 대부분 수성형태이며,
(2) 국내 지하구 특성상 곡선설치구간이 많고, 잦은 보수공사를 하므로,
(3) 케이블 도료의 굴곡특성의 강화가 요구됨

6. 결론
지하구 내에서의 화재는 대부분 케이블·전선 등의 연소에 의한 화재이므로, 케이블·전선에 대하여 방염도료를 도포하여 난연화하는 것이 지하구 화재예방에 유익할 것으로 판단된다.

14. 비상조명등설비

1. 개요
화재 등의 재해시 상용전원이 차단될 경우 재실자의 피난안전성을 확보하고, 인명구조 및 소화활동의 원활을 위해 필요한 최소한의 조도 이상을 확보하기 위한 조명장치

2. 법규적 설치대상

(1) 설치대상
1) 지하층을 포함한 층수가 5층 이상인 건축물 : 연면적 3,000m² 이상
2) 지하층·무창층 : 바닥면적 450m² 이상
3) 지하가 중 터널 : 길이 500m 이상
4) 휴대용 비상조명등
   ① 숙박시설
   ② 수용인원 100인 이상의 영화상영관, 지하역사, 백화점, 대형할인점, 쇼핑센터, 지하상가

(2) 면제대상
1) 비상조명등설비 전체의 면제
   피난구유도등 또는 통로유도등을 기준에 맞게 설치한 경우, 그 유효범위 내에 한하여 면제
2) 비상조명등설비 개별등의 면제
   ① 거실의 각 부분에서 출입구까지 보행거리가 15m 이내인 부분
   ② 의원·경기장·공동주택·의료시설·학교의 거실

3. 설계시 고려사항

(1) 등기구 형식
소방대상물의 용도에 따라 등기구 형상, 조명도, 광원 형태 등을 결정
1) 전용형 : 상용전원의 광원과 예비전원의 광원을 분리
2) 겸용형 : 하나의 광원으로 상용전원, 예비전원을 겸용

(2) 등기구 배치

　　피난유도에 최적위치 및 장소를 결정

(3) 적정 초기 조도

　　1) 최저 1Lux 이상
　　2) 경년변화에 따른 광도의 감소를 고려

4. 설치기준

(1) 설치장소

　　각 거실과 그로부터 지상에 이르는 복도·통로·계단

(2) 조도

　　각 부분의 바닥에서 1Lux 이상

(3) 비상전원

　　1) 예비전원 내장형
　　　① 20분 이상 작동용량의 축전지 내장
　　　　(단, 지상 11층 이상의 층과 지하층·무창층으로서 도매·소매시장, 터미널, 지하역사, 지하상가인 곳은 그 부분에서 피난층에 이르는 부분의 비상조명등을 60분 이상 작동시킬 수 있는 용량)
　　　② 예비전원 충전장치 내장
　　　③ 점검스위치 설치

　　2) 예비전원 비내장형
　　　① 20분 이상 용량의 축전지설비, 자가발전설비 또는 전기저장장치
　　　　(단, 비상전원의 기타 용량은 상기 예비전원 내장형 단서의 내용과 동일함)
　　　② 상용전원 정전시 비상전원으로 자동 절환될 것
　　　③ 비상전원 설치장소에는 방화구획 및 비상조명등을 설치할 것

5. 의견(결론)

비상조명등설비에서 예비전원 내장형의 경우 전선, 등기구, 부대설비에 대한 내열성 관련기준은 있으나, 가장 많이 사용하고 있는 자가발전설비에 의한 비상조명등설비의 경우에는 이러한 기준이 없는 상태이므로 관련기준의 제정이 필요함

〈휴대용 비상조명등 설치기준〉

(1) 객실 또는 영업장 안의 구획된 실마다 잘 보이는 곳에 설치
(2) 백화점·대형할인점·쇼핑센터·영화 상영관 : 보행거리 50m 이내마다 3개 이상
    지하역사·지하상가 : 보행거리 25m 이내마다 3개 이상 설치
(3) 설치 높이 : 바닥으로부터 0.8~1.5m
(4) 사용시 자동으로 점등되는 구조
(5) 어둠 속에서도 위치 확인이 가능할 것
(6) 외함은 난연성
(7) 건전지 : 방전방지조치를 할 것
    충전식 배터리 : 상시 충전
(8) 건전지·배터리의 용량 : 20분 이상의 작동용량

15 비상방송설비

1. 개요

비상방송설비는 자동화재탐지설비에 의해 감지된 화재를 신속하게 소방대상물 내부에 있는 거주자에게 방송으로 화재발생을 알림으로써, 화재초기에 안전한 피난을 하도록 하기 위한 경보설비이다.

2. 설치대상

(1) 연면적 3,500[m²] 이상인 특정소방대상물
(2) 지상 11층 이상인 특정소방대상물
(3) 지하 3층 이상인 특정소방대상물

3. 설비의 작동 흐름도

자동화재탐지설비로부터 화재신호를 수신기에서 수신하여 방송설비의 조작부로 신호를 송출함으로써 확성기를 통하여 화재발생을 거주자에게 알림

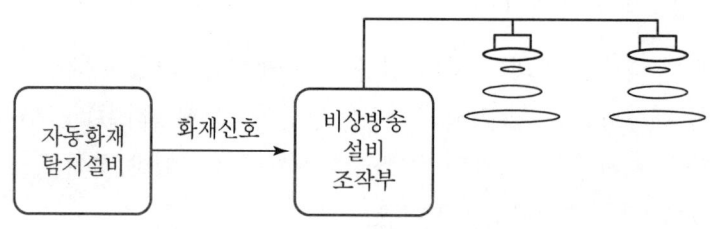

[비상방송설비의 작동흐름도]

4. 배선

(1) 적용 배선의 종류

1) 전원회로의 배선 : 내화배선
2) 그 밖의 배선 : 내화배선 또는 내열배선

(2) 배선방식

화재로 인하여 하나의 층의 확성기 또는 배선이 단락 또는 단선되어도 다른 층의 화재통보에 지장이 없도록 할 것

(3) 배선회로의 절연저항

1) 전원회로의 전로와 대지 사이 및 배선 상호 간의 절연저항 : 전기사업법 제67조의 규정에 따른 기술기준이 정하는 바에 따른다.
2) 부속회로의 전로와 대지 사이 및 배선 상호 간의 절연저항 : 하나의 경계구역마다 직류 250V의 절연저항측정기로 측정한 절연저항이 0.1MΩ 이상

(4) 배선의 결선방식

확성기의 배선방식은 2선식 결선방식과 3선식 결선방식이 있으며, 3선식은 평상시에 일반방송설비로 사용하고, 화재 등의 비상시에는 자동으로 비상상황을 방송할 수 있도록 한 설비이다.

[2선식의 결선]

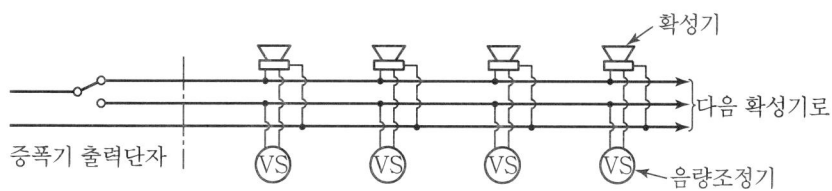

[3선식의 결선]

5. 음향장치의 설치기준

(1) 확성기

1) 음성입력 : 3W(실내 1W) 이상
2) 수평거리 : 각 층마다 설치하되, 해당층의 각 부분에 유효하게 경보를 발할 수 있는 거리 이하
3) 음량 : 1m 거리에서 90폰 이상
4) 화재신호 수신 후 방송개시 소요시간 : 10초 이내

(2) 음량조정기

음량조정기의 배선 : 3선식

(3) 음향장치의 성능기준

1) 정격전압의 80%에서 음향을 발할 수 있을 것
2) 자동화재탐지설비의 작동과 연동될 것

(4) 조작부

1) 조작부의 조작스위치 설치높이 : 0.8m 이상 1.5m 이하
2) 둘 이상의 조작부가 설치된 경우에는 상호간 동시 통화와 어느 조작부에서도 전 구역에 방송이 가능할 것

6. 결론

비상방송설비는 화재 시 신속하게 소방대상물에 있는 거주자에게 방송으로 화재발생을 알리는 경보설비로서, 경보방식은 직상층 우선경보방식을 적용하고, 또 확성기는 3선식 배선방식으로서, 평상시 일반 방송용으로 사용 중 비상상황 발생 시에는 일반방송을 자동으로 차단하고 비상방송을 할 수 있는 방식으로 결선하여야 한다.

16. Seebeck 효과

1. 개요
서로 다른 2종류의 금속도선의 양끝을 접속하여 폐회로를 구성하고, 양끝의 접점 간에 온도차이를 주게 되면 두 접점 사이에 전위차가 발생한다. 이를 열전현상(Thermo-electric)이라하며, 이 때의 전위차에 따른 열기전력이 발생한다. 이러한 현상을 Seebeck 효과라 한다.

2. 구조

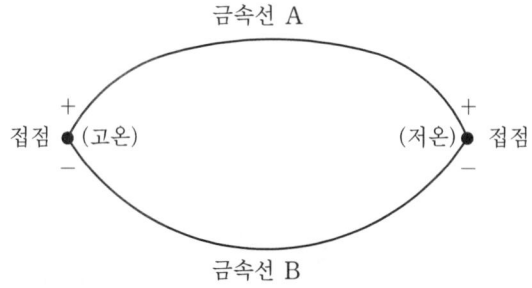

3. 작동원리
(1) 하나의 금속봉 양끝 A, B에 온도차이를 주면 A, B 사이에는 전위차에 따른 기전력이 나타난다.
(2) 이 기전력은 금속의 종류에 따라 다르기 때문에 2종류의 금속 양 끝 A, B를 접속했을 때, 각 금속에 나타나는 A, B 사이의 기전력 차가 생겨 회로에 전류가 흐른다.
(3) 한쪽 금속의 중간을 절단하면, 절단된 양 끝에 2종류 금속에 대한 기전력의 차가 나타난다. 이것을 열기전력이라고 하며, 이러한 현상을 Seebeck 효과라고 한다.

4. 적용 [예]
(1) 차동식 분포형 열전대 감지기
차동식 분포형 감지기 중 열전대식 감지기의 작동원리는 화재 등으로 열전대 양단의 접점이 가열되면 양단의 온도차에 따른 열기전력이 발생하여 릴레이에 전류가 흘러 접점이 닫힘으로써 화재신호를 전송하게 된다.

(2) 온도계

온도계의 온도 측정에 사용되는 열전기쌍은 이러한 열기전력 발생원리의 Seebeck 효과를 이용한 것이다.

17 접지공사의 종류별 접지저항값 및 시공방법

1. 정의

(1) 접지

전기기기의 지락사고를 방지하기 위하여 전기기기와 대지 사이를 도전체로 접속하는 것으로 Grounding 또는 Earthing이라 한다.

(2) 접지공사

전기기기, 전선금속관 등 접지해야 할 물체와 대지 사이를 전기적으로 접속하는 시공을 말한다.

(3) 접지저항

접지전극과 대지 사이의 전기적 접촉저항을 말한다. 접촉저항은 두 물체 산의 전기적인 연결(접속) 부위에서 이완이 있을 경우에 발생한다.

2. 접지공사의 목적

(1) 인체의 감전방지

각종 전기기기에서 발생한 누설전류를 인체보다 저항이 낮은 대지로 흘려보냄으로써 인체가 감전되지 않게 한다.

(2) 전기설비 및 기기의 보호

Shield 선의 도체를 대지와 접속함으로써 전기·전자·통신기기의 안정된 동작을 확보할 수 있다.

(3) 정전기의 축적을 방지

도체 또는 부도체의 대전된 정전기를 대지로 방류함으로써 정전기의 축적을 방지할 수 있다.

3. 소방설비에서 접지해야 할 부위

(1) 수신기와 전원과의 접속부위
(2) 감시제어반 및 동력제어반
(3) 수계소화설비의 펌프
(4) 무선통신보조설비의 무선기기 접속단자 설치부위
(5) 비상방송설비의 앰프 설치부위
(6) 유도등 및 비상조명등의 전원부
(7) 제연설비의 송풍기 설치장소
(8) 비상발전기의 전원 연결부위
(9) 비상전원수전설비의 설치장소
(10) 누전경보기의 설치부위

4. 종류별 접지저항값 및 적용용도

접지공사의 종류	적용	접지저항
제1종 접지	고압 및 특고압의 전기기기의 갓철대, 외함 등의 접지	10Ω 이하
제2종 접지	고압 및 특고압 전로와 저압 전로를 결합시키는 변압기의 중성점 또는 단자 등의 접지	$\dfrac{150}{\text{전로의 1선 지락전류}[A]}$ Ω 이하
제3종 접지	400V 미만 저압의 전기기계기구의 갓철대, 외함 등의 접지	100Ω 이하
특별 3종 접지	400V 이상 저압의 전기기계기구의 갓철대, 외함 등의 접지	10Ω 이하

5. 접지저항의 저감대책

(1) 물리적인 저감방법

1) 수평공법

① 접지극을 병렬접속하고 상호 간격을 크게 함
② 접지극의 지름을 확대 : 지름이 2배 증가하면 접지저항 10% 감소됨
③ 매설지선 및 평판접지극 방식 채용
④ Mesh공법 : 공용 접지시 안정성이 좋다.

2) 수직공법(보링공법)

    접지극의 매설깊이를 증대 : 매설깊이가 깊을수록 접지저항이 감소함

(2) 화학적인 저감방법

1) 접지극 주위에 전해질계 등의 화학적 약제를 뿌려 대지의 저항률을 낮추는 방식
2) 화학적 저항저감약제는 인체에 대한 안전성, 전극의 도전성이 우수하고, 전극을 부식시키지 않아야 한다.

6. 접지설비의 시공방법

(1) 시공방법의 종류

1) 망상(MESH) 접지공법

    토양을 망상형태로 파고 금속 도선끼리 그물(망) 형상으로 접속하여 시공하는 방식

2) 접지봉 타설공법

    구리도금의 접지봉(금속봉)을 두들겨 박는 방식으로 작업은 간단하며 주로 낮은 저항률에 적용

3) 접지판형 공법

    금속판(접지판)을 수평이나 수직으로 토양에 묻는 방식으로 비교적 넓은 면적에 적용

4) 망상 & 접지봉형의 병용 접지공법

    금속망 형태의 접지전극의 가장자리에 또는 지락전류가 많이 흐를 것으로 예상되는 부위에 접지봉형 전극을 망상접지극과 연결하는 방식

5) 구조체 접지공법

    건축물 구조체의 철근이나 철골을 접지극으로 이용하는 방식

6) 매설지선 공법

    접지도선(나도체)을 대지 중에 수평 또는 방사형태로 매설하는 방식

7) 다중 접지극 공법

    여러개의 접지봉을 2m 이상의 간격으로 타설하고 이들을 도체로 연결하여 하나의 접지극으로 사용하는 방식

8) 보링접지 공법

보링머신으로 땅속에 직경 10cm 이상, 깊이 1m 이상으로 지하수위 아래까지 구멍을 뚫고 이 구멍에 접지극과 접지저항 저감제를 채워넣는 방식

(2) 소방설비의 접지 시공방법

소방설비는 400V 미만의 저압용으로서 제3종 접지공사 방식을 적용한다.
위 (1)항의 시공방법의 종류 중 접지판형 공법에 대하여 기술한다.

1) 3심케이블(접지선 포함)의 접지

전원콘센트에 3극 접속기구를 꽂아 접지전극과 연결한다.

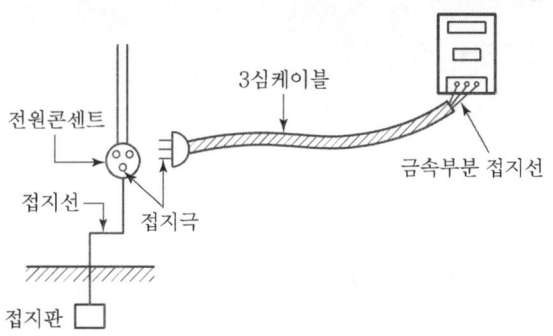

[3심 케이블 접지방식]

2) 2심케이블(접지선 별도)의 접지

접지선 끝에 접지극을 연결하여 접지전극에 연결한다.

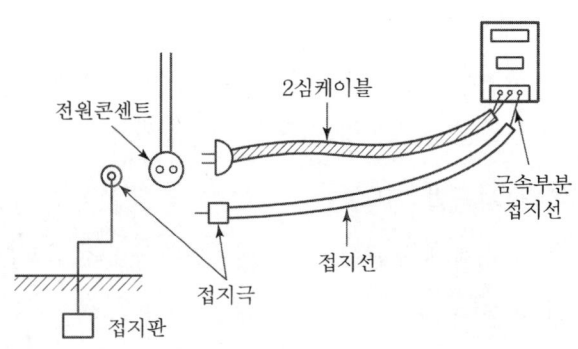

[2심 케이블 접지방식]

3) 접지전극의 설치

① 동판전극과 접지봉을 사용하며, 지중에 매설되므로 내부식성 재료를 사용함

② 동판전극

　두께 0.7mm 이상, 면적 900cm² 이상이 되는 것을 사용

③ 접지극의 위치

　㉮ 지중 매설깊이는 최저 75cm 이상

　㉯ 철주 등으로부터 1m 이상 이격 : 너무 가까우면 접지극 부근의 전위가 상승함

④ 접지봉

　지름 8mm, 길이 0.9m 이상이 되는 것을 사용

⑤ 접지선

　제3종 접지공사이므로 접지선의 단면적은 0.75mm² 이상이어야 한다. 일반적으로 가요성이 있는 캡타이어 케이블을 사용함

7. 결론

〈접지시설이 부적합할 때의 문제점〉

(1) 장비운전 시의 과부하나 기계에 문제발생 시 전기차단기가 정확히 동작하지 못해 화재나 장비의 파손이 발생할 수 있다.

(2) 특히, 습도가 높은 우천 시에 장비로부터 누전이 될 경우 누전차단기가 정격동작을 하지 못해 인체에 감전사고를 일으킬 수 있다.

(3) 하절기 낙뢰로 인해 높은 서지전압이 발생할 경우 화재발생, 장비파손 및 인명피해 사고가 발생할 수 있다.

18. 접지저항의 측정방법

1. 개요

접지저항의 측정법에는 전위강하측정법(3점 전위차 측정법), 전압강하법, 접지저항계, HOOK-ON법 등이 있으나, 이 중에서도 일반적으로 전위강하측정법(3점 전위차 측정법)을 가장 많이 사용하고 있는 바, 여기서 이에 대한 측정방법을 기술한다.

2. 3점 전위차 측정법(3-Point Fall of Potential Test)

(1) 접지저항측정의 구성도

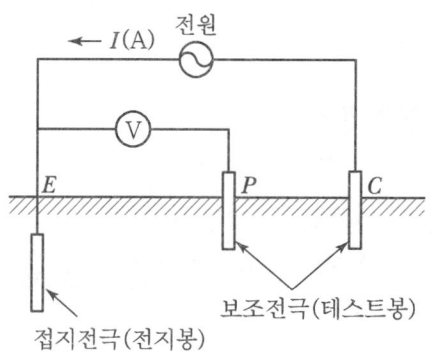

(2) 측정방법

1) 접지전극(E) ~ 보조전극(C) 간에 전원을 연결한다.
2) 전원에서 대지방향으로 전류 I(A)를 흐르게 한다.
3) 이때 접지전극(E) ~ 보조전극(P) 간의 전위차 E(V)를 측정한다.
4) 접지저항 측정치의 환산

$$접지저항측정치 = \frac{E \sim P \text{ 간의 전위차}(E)}{접지전류(I)}$$

(단, 디지털식 측정기인 경우에는 저항치가 자동환산되어 표시창에 표시된다.)

3. 결론

접지저항치가 각 종 규정에서의 저항기준치 이하가 되는지의 여부는 접지공사의 완공시는 물론 그 후에도 정기적인 측정을 통하여 확인하고 유지하여야 한다.

19 피뢰설비

1. 개요
피뢰설비는 건축물 등에 접근하여 오는 뇌격전류(낙뢰)를 피뢰설비에 유입하여 뇌격전류를 대지로 흐르게 하므로써 뇌해로부터 건축물 등을 보호하는 설비이다.

2. 법규적 설치대상
(1) 높이 20m 이상의 건축물(철탑 등 공작물을 포함한다)
(2) 낙뢰의 우려가 있는 건축물
(3) 지정수량 10배 이상을 취급하는 위험물의 저장소·제조소

3. 피뢰설비 방식의 종류

(1) 돌침방식
1) 금속체의 전극봉(피뢰침)을 피보호물(건축물)에서 직접 돌출시켜 설치한 방식으로 일반 건축물에 널리 사용되고 있는 가장 일반적인 방식이다.
2) 구성 : 돌침부 + 피뢰도선 + 접지극
3) 수평 투영면적이 작은 일반 고층건축물에 적합하다.

(2) 수평도체방식(증강보호방식)
1) 건축물의 최상단에 돌침을 설치하고, 그 둘레에 수평도체를 설치한 방식
2) 건축물의 상단(용마루, 파라펫 또는 지붕위)을 따라서 수평도체를 설치한 방식
3) 구성 : 수평도체(용마루 위 도체) + 피뢰도선 + 접지극
4) 수평 투영면적이 넓은 건축물에 적합하다.

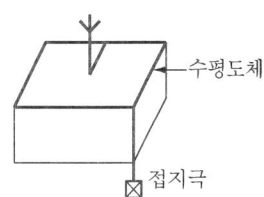

(3) 케이지방식(완전보호방식)

1) 피보호물을 연속된 망상도체로 싸는 방식으로 내부의 피보호물을 보다 완벽하게 보호하기 위한 방식
2) 구성 : 케이지(망상도체)+피뢰도선+접지극
3) 낙뢰로부터 완전한 보호가 필요한 건축물에 적용(무선중계소 등)

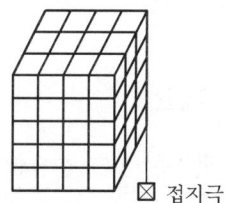

(4) 독립피뢰침방식

1) 피보호물에서 이격하여 지상에 독립하여 설치되는 돌침방식
2) 위험물 취급·저장시설 등 뇌격전류를 완전히 독립시킬 필요가 있는 곳에 설치
3) 구성 : 돌침부+피뢰도선+접지극

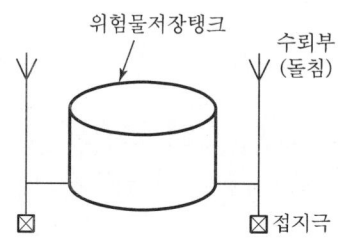

(5) 독립 가공지선 방식(간이보호방식)

1) 피보호물 상단으로부터 적당한 거리를 두고 설치하는 것으로, 가공된 지선(支線)방식의 도체를 지상까지 연결하여 설치하는 방식
2) 이동용건축물, 임시건축물 등에 사용

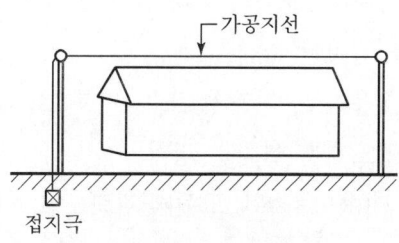

4. 피뢰설비의 보호범위

(1) 돌침방식의 보호각

피뢰시스템의 레벨	보호각법		보호각 $\alpha°$
	회전구체반경 r (m)	메시치수 W (m)	
I	20	5 × 5	아래 그림 참조
II	30	10 × 10	
III	45	15 × 15	
IV	60	20 × 20	

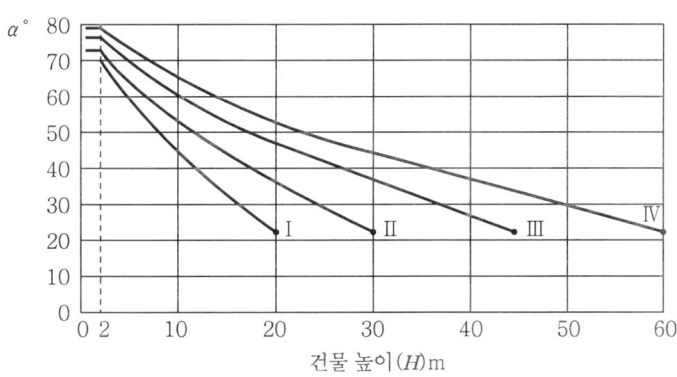

[피뢰시스템의 레벨별 회전구체 반경, 메시치수와 보호각의 최대값]

(2) 건축물 측면의 보호

건축물 측면에서는 낙뢰에 대비해서 외벽에 20m 높이마다 수평도체방식의 피뢰설비를 해야 한다. 이로 인해 건축물 옥상이나 외벽에 낙뢰를 받더라도 종전보다 피해가 현저하게 감소될 수 있다.

5. 피뢰설비의 설치기준 (건축물의 설비기준 등에 관한 규칙)

(1) 피뢰설비는 한국산업표준이 정하는 피뢰레벨 등급에 적합한 피뢰시설일 것. 다만, 위험물시설에 설치하는 피뢰설비는 피뢰시스템 레벨 II 이상일 것

(2) 돌침은 건축물의 맨 윗부분으로부터 25cm 이상 돌출시켜 설치하되,「건축물의 구조기준 등에 관한 규칙」에 따른 설계하중에 견딜 수 있는 구조일 것

(3) 피뢰설비의 재료는 수뢰부, 접지극, 인하도선의 동(銅)선(피복은 제외)의 최소단면적이 50mm² 이상이거나 이와 동등 이상의 성능을 갖출 것

(4) 피뢰설비의 인하도선을 대신하여 철골구조물, 철근콘크리트조 등을 사용하는 경우

에는 건축물 금속구조체의 최상단부와 지표레벨 사이의 전기저항이 0.2Ω 이하일 것
(5) 측면 낙뢰를 방지하기 위하여 높이 60m 초과 건축물에는 지면에서 건축물 높이의 4/5가 되는 지점으로부터 최상단 부분까지의 측면에 수뢰부를 설치 할 것
(6) 접지는 환경오염을 일으킬 수 있는 시공방법이나 화학첨가물 등을 사용하지 아니한다.
(7) 건축설비용 금속배관 등 금속재 설비는 전위가 균등하게 이루어지도록 전기적으로 접속한다.
(8) 피뢰설비와 전기설비·통신설비 접지계통의 접지극을 공용하는 통합접지공사를 하는 경우에는 한국산업표준에 적합한 서지보호장치(SPD)를 설치할 것

6. 결론

(1) 피뢰설비는 낙뢰로부터 소방대상물 내의 인명 및 설비 등을 보호하는 것으로 설치기준에 적합하고 안전하게 설치되어야 한다.
(2) 소방설비 관점에서는 낙뢰시 피뢰설비로 유입되는 전류로 인해 대지 전위가 상승하여 R형수신기, 중계기 등에 악영향을 줄 수 있으므로 접지공사 시 철저한 주의가 요구된다.

20. 축전지의 용량 산정방법

1. 개요

축전지의 용량을 산정하는 순서는 다음과 같다.
(1) 방전전류 산출
(2) 방전시간 결정
(3) 방전전류와 방전시간의 예상부하특성곡선 작성
(4) 축전지의 종류 결정
(5) 축전지 셀(Cell)수의 결정
(6) 허용최저전압의 결정
(7) 용량환산계수(K값)의 결정
(8) 축전지 전체용량의 계산

2. 축전지 용량 산정

(1) 방전전류의 산출

$$방전전류[A] = \frac{부하용량[V \cdot A]}{정격전압[V]}$$

(2) 방전시간의 결정

1) 순간부하 : 통상 1분을 적용
2) 연속부하 : 통상 30~60분을 적용

(3) 예상부하특성곡선의 작성

최악의 조건에서도 사용이 가능하도록 방전의 말기에 큰 방전전류가 출력되는 것으로 가정하여 그래프를 작성한다.

(4) 축전지 종류의 결정

소방시설에서는 급속방전형을 주로 적용한다.

(5) 축전지 셀(Cell)수의 결정

$$축전지의 셀수 = \frac{부하\ 정격전압[V]}{셀당\ 공칭전압[V]}$$

(6) 허용최저전압의 결정

기기로부터 요구되는 최저전압 중 가장 높은전압 + 선로상의 전압강하량

(7) 용량환산계수(K값)의 결정

1) 방전전류, 방전시간 및 사용온도 등과 관계하여 표준방전특성으로 결정하는 환산계수이다.
2) 극판의 형식 및 사용온도에 따라 다르며 실험에 의한 「표」에 따라 적용한다.

(8) 축전지 용량의 계산

1) 용량환산 공식

$$용량(C) = \frac{1}{L}[K_1 I_1 + K_2(I_2 - I_1) + \cdots K_n(I_n - I_{n-1})][AH]$$

여기서, L : 보수율(여유율의 역수)
K : 용량환산계수

2) 계산 [예] : 제81회 소방기술사 제1교시 문제6번

[문제] 할로겐화합물소화설비가 설치되어 있는 건축물에 설치되는 복합형 수신기(소화설비의 감시제어반 겸용)의 비상전원용 연축전지의 용량을 산정하시오.

〈조건〉 평상시 동작기기의 소비전류는 1.5A, 화재시 동작기기의 소비전류는 4.5A, 축전지의 여유율(안전율)은 125% 적용하고 축전지의 용량은 정수로 선정한다. 기타 조건은 무시한다.

[답안]

1. 법규적 동작(방전)시간 검토
   (1) 자동화재탐지설비의 평상시 감시시간 : 60분
   (2) 할로겐화합물소화설비의 유효동작시간 : 20분

2. 예상부하특성곡선 작성

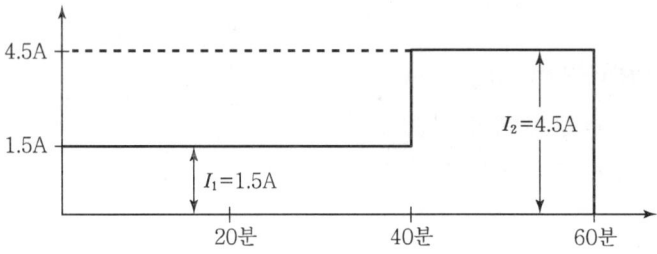

3. 용량 계산

   $C = \dfrac{1}{L}[K_1 I_1 + K_2(I_2 - I_1) + \cdots K_n(I_n - I_{n-1})][AH]$에서,

   문제에서 전류의 크기와 여유율만 제시하고, 기타조건은 무시한다고 하였으므로 보수율(L)=1로 보고, 용량환산시간(K)은 법규적 방전시간으로 적용한다.

   $C = \dfrac{1}{1} \times \left[1.5A \times \dfrac{60}{60}\text{hour} + (4.5 - 1.5) \times \dfrac{20}{60}\text{hour}\right] \times 1.25[AH]$

   $= 3.125[AH] \to 4[AH]$

4. 축전지의 용량 결정

   문제의 조건에서 축전지 용량을 정수로 선정하라고 하였으므로 축전지 용량은 4[AH]로 결정한다.

21. 비상전원과 예비전원

1. 개요

(1) 고도의 산업사회화로 되고 있는 현대는 전기 사용이 계속 증가되고 있으며 특히, 통신네트워크의 자유화에 의하여 정보화빌딩이 많이 건축되고 있으므로 신뢰성이 높은 전원설비의 필요성이 점차 증가되고 있으며, 이에 따른 전원의 안정성 및 고품질화가 중요한 과제로 부각되고 있다.

(2) 소방설비는 대부분 전원에 의해 작동되는 설비들이므로 상용전원 이외에 상용전원 차단 시 공급되는 자체보유 AC전원장치(비상발전설비 등)인 비상전원과 또, 이 비상전원의 공급중단 시 공급되는 DC전원장치인 예비전원시스템을 갖추고 있다.

2. 비상전원

(1) 정의

전기사업자(한국전력)로부터 공급되는 상용전원이 차단된 경우 자체보유하고 있는 비상발전설비, 축전지설비(무정전전원공급장치 : UPS) 또는, 전기저장장치에 의하여 공급되는 AC전원공급장치를 말한다.

(2) 법규적 적용대상 소방설비

1) 옥내소화전설비
2) 스프링클러설비, 화재조기진압용 스프링클러설비, 간이스프링클러설비
3) 물분무소화설비, 미분무소화설비
4) 포소화설비, 연결송수관설비(가압송수장치를 설치한 경우)
5) 제연설비, 비상콘센트설비
6) 내장형 축전지(예비전원)를 비상전원으로 갈음하는 설비
   ① 가스계소화설비
   ② 분말소화설비
   ③ 경보설비(자동화재탐지·비상경보·비상방송설비)
   ④ 피난설비(유도등·비상조명등설비)
   ⑤ 무선통신보조설비

(3) 설치기준

1) 유효용량(시간)

① 소화설비, 비상콘센트설비, 제연설비
- ㉮ 30층 미만인 소방대상물 : 20분 이상
- ㉯ 30층~49층인 소방대상물 : 40분 이상
- ㉰ 50층 이상인 소방대상물 : 60분 이상

2) 설치장소 및 설치구조 기준

① 점검이 편리하고 화재 및 침수 등의 재해로 인한 피해를 받을 우려가 없는 장소에 설치
② 다른 장소와는 방화구획한다.
③ 실내에는 비상조명등을 설치
④ 옥외로 직접 통하는 급·배기설비를 설치
⑤ 상용전원으로부터 전력의 공급이 중단된 때에는 자동으로 비상전원으로부터 전력을 공급받아야 한다.
⑥ 자가발전설비는 다음 각 목 중의 하나를 설치한다.
- ㉮ 소방부하 전용 발전기
- ㉯ 소방전원보존형 발전기 : 소방부하 이외의 부하와 겸용일 경우

3. 예비전원

(1) 정의

상용전원이나 비상전원(비상발전기 또는 UPS)의 공급중단 시 DC 24V를 공급하는 축전지(소방용 기계·기구에 내장됨)로 충전장치와 정류장치를 갖추고 있다.

(2) 적용대상 소방설비

1) 경보설비의 수신기·중계반·제어반·전원공급반
2) 소화설비의 감시제어반
3) 비상방송설비·무선통신보조설비의 증폭기
4) 비상조명등·유도등의 등기구

(3) 설치기준

1) 유효용량(시간)

① 소화설비

㉮ 30층 미만인 소방대상물 : 20분 이상

㉯ 30층~49층인 소방대상물 : 40분 이상

㉰ 50층 이상인 소방대상물 : 60분 이상

② 경보설비(자동화재탐지・비상경보・비상방송설비)

그 설비에 대한 감시상태를 60분간 지속한 후 10분(30층 이상의 소방대상물은 30분) 이상 유효하게 경보할 수 있어야 한다.

③ 유도등설비 및 비상조명등설비

20분 이상 작동할 수 있는 용량. 다만, 다음의 경우에서 피난층에 이르는 부분의 설비는 60분 이상일 것

㉮ 지하층을 제외한 층수가 11층 이상의 층

㉯ 지하층 또는 무창층으로서 도매시장, 소매시장, 여객자동차터미널, 지하역사 또는 지하상가

2) 설치구조기준

① 소방용 기계・기구에 내장한다. 다만, 상용전원이 축전지인 경우에는 내장하지 아니할 수 있다.

② 시각경보장치는 전용의 축전지설비에 의하여 점등되도록 하여야 한다. 다만, 시각경보기에 작동전원을 공급할 수 있도록 형식승인을 받은 수신기를 설치한 경우에는 그러하지 아니하다.

4. 결론

화재안전기준 등 소방관계법규적으로는 예비전원이 비상전원의 범주에 속하도록 되어 있으나, 법규적으로 예비전원에 대하여 별도의 정의나 개념 정립이 되어 있지 않으므로 인해 실제 소방 현업에서는 일반적으로 예비전원에 대한 개념을 가지고 있지 않은 실정이다. 그러므로 앞으로 예비전원에 대한 법규적 개념정립과 설치기준에 대하여도 재정리가 필요하다 하겠다.

22. 소방전원보존형 발전기시스템

1. 개요

(1) 현행 국가화재안전기준(NFSC 103)에서 비상발전기의 과부하 위험방지를 위해 소방부하 및 비상부하(소방 이 외의 부하) 겸용인 경우, 이 두 가지 부하의 "합계용량 발전기" 또는 "소방전원보존형 발전기"를 의무적으로 선택 적용하도록 규정하고 있다.

(2) 즉, 상용전원 차단 시 비상전원을 공급하는 비상용 자가발전설비에서 소방전용 발전기가 아닌 소방용과 정전(비상)용 2가지 부하 겸용 발전기인 경우, 정전 및 화재(소방시설 작동)가 동시에 발생 시 비상전원 용량이 정상부하에 미치지 못하는 전력부족사태 발생을 방지하기 위하여 위와 같이 "합계용량 발전기" 또는 "소방전원보존형 발전기"를 의무적으로 적용하도록 한 것이다.

2. 소방전원 보존형 발전기의 개념

(1) 비상전원으로 자가발전설비를 설치할 경우 다음 각 호 중 하나에 해당되는 발전기를 설치하여야 한다.
   1) 소방용 및 정전용 부하기준으로 별도 설치할 경우 각각 전용의 소방용 발전기 및 정전용 발전기를 별도로 설치
   2) 소방용과 정전용 부하기준 겸용으로 설치할 경우에는 합산부하 비상전원용량 발전기를 설치
   3) 소방용과 정전용 부하기준 겸용으로 하고, 두 부하 중 더 큰 한쪽 부하기준으로 설치할 경우에는 소방용 전원 우선보존형 발전기를 설치

(2) 소방전원 보존형 발전기의 개념
   소방용과 정전용 부하 겸용의 자가발전설비에서, 두 부하 중 더 큰 한쪽 부하기준으로 설치하였을 경우, 화재 및 정전이 동시발생 시에 비상전원을 정전용 및 소방용 양쪽으로 자동공급하고, 화재로 인해 소방부하가 증가하여 발전기의 과부하에 접근되는 경우에는 정전용 부하의 일부 또는 전부를 자동으로 차단하는 콘트롤러를 구비함으로써, 소방부하에 비상전원이 연속적으로 공급되게 하는 작동장치를 가진 발전기를 말한다.

3. 자가발전설비의 설치방식

(1) 전용의 소방용 및 정전용 발전기를 별도로 설치하는 경우

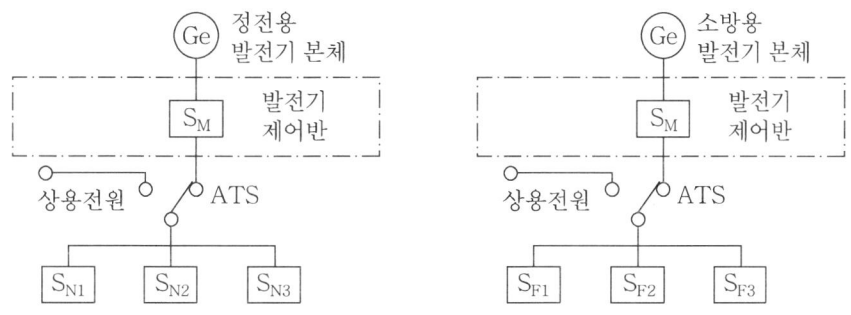

여기서, Ge : 자가발전기 본체
S_M : 주전원 전력차단기
ATS : 자동전력변환스위치
S_{N1}, S_{N2}, S_{N3} : 정전용 분기 전력차단기
S_{F1}, S_{F2}, S_{F3} : 소방용 분기 전력차단기

(2) 합산부하 비상전원용량 발전기를 설치하는 경우

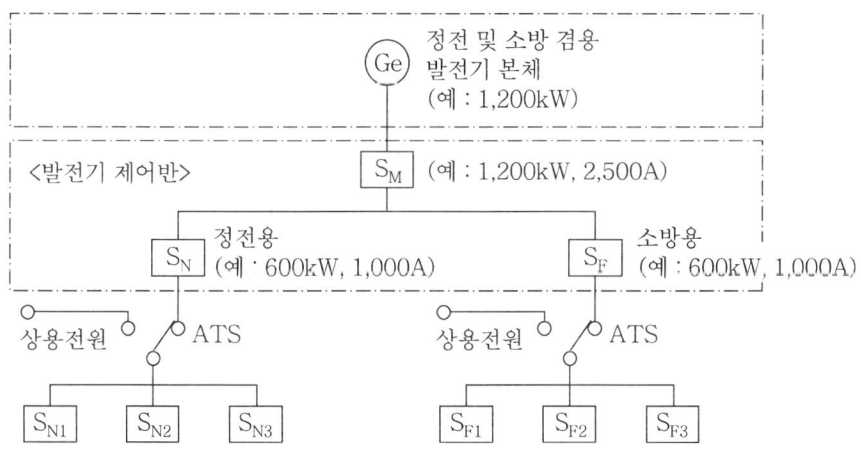

여기서, Ge : 자가발전기 본체　　S_M : 주전원 전력차단기
S_N : 정전용 전력차단기　　S_F : 소방용 전력차단기
ATS : 자동전력변환스위치
S_{N1}, S_{N2}, S_{N3} : 정전용 분기 전력차단기
S_{F1}, S_{F2}, S_{F3} : 소방용 분기 전력차단기

(3) 소방전원 보존형 발전기를 설치하는 경우

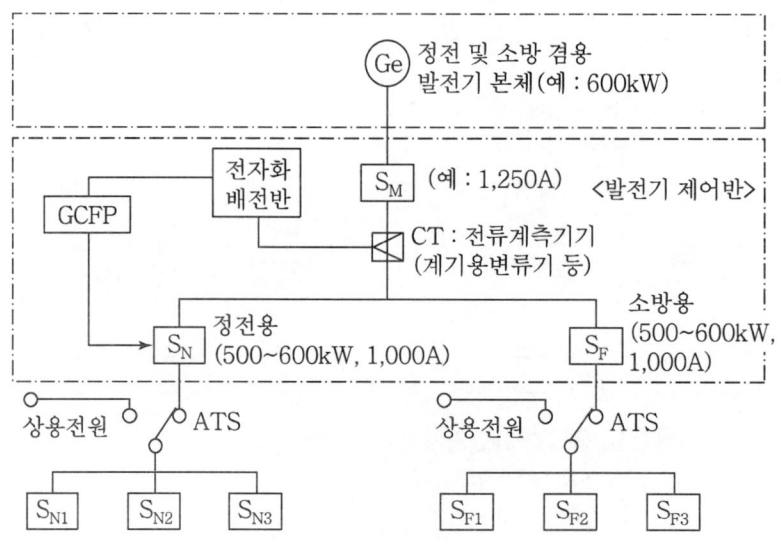

여기서, Ge : 자가발전기 본체 S_M : 주차단기
S_N : 정전용 전력차단기 CT : 계기용 변류기
S_F : 소방용 전력차단기 ATS : 자동전력변환스위치
GCFP : 소방전원 보존형 발전기 콘트롤러
　　　　(Generator Controller for Fire Power)
S_{N1}, S_{N2}, S_{N3} : 정전용 분기 전력차단기
S_{F1}, S_{F2}, S_{F3} : 소방용 분기 전력차단기

[시스템 작동원리]
1) 정전 시 또는 정전 및 화재 시에는 저전압 계전기에 의한 ATS 작동으로 소방 및 정전(비상) 양쪽부하에 비상전원이 자동 공급된다.
2) 화재 확대에 의해 소방부하가 점차 증가하면, 사전에 설정된 발전설비의 정격부하 이상 및 정전(비상)부하 이하의 전류값에서 출력된 컨트롤러의 제어전원을 정전용 전력차단기 Trip단자에 공급되게 하여 주차단기가 차단되기 전에 정전용 전력차단기를 먼저 차단하여 소방부하에 전원이 연속적으로 공급되도록 한다.

4. 결론

'소방전원 보존형 발전기'는 소방부하 및 정전부하 겸용의 발전기로서 합계용량 발전기 적용시 거의 두 배가 소요되는 설치비의 과도한 부담을 해소하기 위해, 두 부하 중 한쪽 부하 기준으로 정격출력용량을 적용하는 경우, 화재 및 정전의 동시 발생시 과부하 방지를 위해 개발된 것으로, 신설 발전설비에는 물론 기존의 비상발전기에도 이 시스템을 적용하면 비상전원의 부족문제를 개선할 수 있다.

23 UPS(무정전 전원공급장치)

1. 개요

(1) UPS(Uninterruptible Power Supply)는 상용 교류전원의 순간정전, 전압변동, 주파수변동 등에도 전원의 연속성과 안정성을 보장하기 위한 장치이다. 즉, 전원의 장애를 양질의 전원으로 바꾸어 전원에 의한 피해를 사전에 예방하거나 그 피해규모를 최소화 하기 위한 것이다.

(2) 이것은 자동화재탐지설비 수신기 등의 소방설비에는 물론 OA기기 등 일반 전산장비에도 전원의 품질변동에 신속하게 대응할 수 있으므로 현대사회에서 널리 사용되고 있으며, 특히 근래 컴퓨터의 보급 확대와 더불어 그 수요가 급증하고 있다.

2. UPS의 구성과 원리

(1) 구성

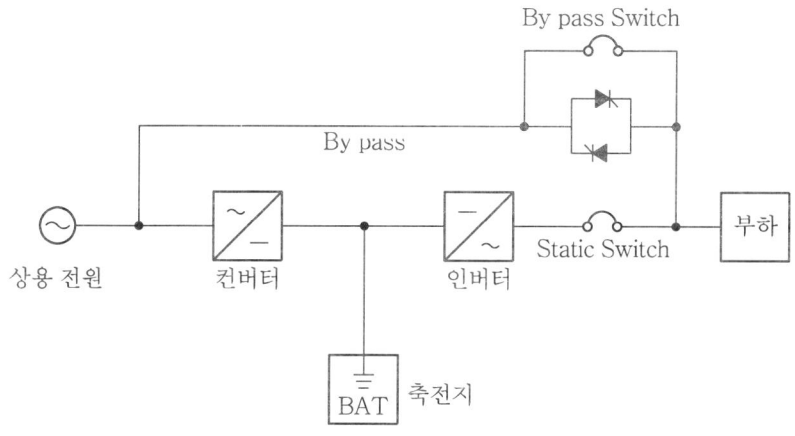

1) 정류기(Converter) : 입력전원인 교류전원을 직류전원으로 변환하는 장치로 인버터에 직류전원을 공급함과 동시에 축전지를 충전하는 역할을 한다.
2) 인버터(Inverter) : 직류전원을 양질의 교류전원으로 변환하는 장치
3) 절체스위치(Static Switch) : 인버터의 과부하 등 이상현상 발생시 예비전원으로 전환시키는 스위치
4) 축전지(Battery) : 정전시 인터버에 전원을 공급하여 부하에 주어진 방전시간 동안 무정전상태를 유지하기 위한 직류전원장치

5) 감시반 : UPS의 상태를 감시하기 위한 것으로, 기기의 원활한 운영을 위하여 UPS의 전면 상단에 설치된다.

(2) 작동원리

1) 상용전원 정상시
   상용전원의 교류입력을 정류기에서 직류로 변환시켜 인버터를 통하여 부하에 안정된 교류전력을 공급하는 동시에 축전지를 충전시키는 상태를 유지한다.
2) 상용전원 정전시
   상용전원이 차단되면 평상시 정류기로부터 충전되었던 축전지에서 인버터로 직류전원이 공급되므로 부하에는 무정전상태로 주어진 방전시간 동안 안정된 전력을 공급하게 된다.
3) 상용전원 정상 복구시
   차단되었던 상용전원이 다시 정류기로 공급되면 축전지의 방전이 자동으로 정지되고 상용전원은 정류기를 거쳐 인버터를 통해 부하에 안정된 전력을 공급하게 되며 방전된 축전지를 재충전하게 된다.
4) 고장 또는 과부하시
   인버터의 출력주파수 및 전압과 상용전원을 자동 동기시키는 방식이므로, 장비의 고장 또는 과부하시 상용전원과 동기된 상태로 동기 절체스위치를 통하여 절체되어 부하에 안정된 전력을 공급한다.
5) 비상시
   동기절체부의 고장 등으로 예비전원으로 운전이 되지 않거나 UPS를 수리할 경우에는 Bypass Switch를 On 하여 Bypass 회로를 이용하여 교류전원을 공급한다.

3. 스위칭(Switching)소자의 종류

(1) GTO
게이트에 역방향의 전류를 흐르게 하는 것으로 Turn Off 할 수 있는 기능을 가진 사이리스터의 반도체소자

(2) BJT
전자 및 정공 두 종류의 캐리어에 의해 전류가 형성되므로 양극성 트랜지스터로 동작하며, 주로 선형 증폭기회로에 사용한다.

(3) IGBT

접합형 트랜지스터로서 게이트-이미터 간의 전압이 구동되어 입력신호에 의해서 On/Off가 이루어지는 것으로 대전력 고속스위칭이 가능한 반도체소자

(4) Power Mosfet

금속 산화막 반도체 전장(電場)효과 트랜지스터이며, 한 종류의 캐리어에 의해서 전류가 형성되므로 단극성 트랜지스터로 동작한다.

4. UPS용 축전지 선정방법

(1) 기본사항

1) 설비의 부하용량을 충분히 만족하되 가급적 표준용량으로 선정
2) 부하기동 시 UPS의 출력 한계치를 초과하지 않게 선정
3) 순차기동 시 나중에 투입한 부하의 기동전류에 의한 출력전압 변동이 먼저 투입한 부하의 허용값을 초과하지 않아야 한다.
4) 향후 설비의 증설에 대한 고려도 있어야 한다.

(2) 축전지 용량의 결정조건

1) 방전전류
2) 방전시간
3) 방전종지전압
4) 축전지 액의 온도 : (납축전지의 경우 온도 1℃ 변화에 용량 1% 변화)

(3) 축전지 종류의 선정

1) 설비의 부하조건, 설치장소, 부하의 특성 등을 고려하여 가장 적합한 종류를 선정한다.
2) 축전지의 종류
   ① 납축전지 : 단자 전압이 높고 산무의 발생이 없어 설치장소의 제약을 받지 않으며, 비교적 경제적이어서 과거 대부분의 예비전원설비에 사용되어 왔다.
   ② 알칼리축전지 : 고에너지밀도, 내부저항, 자기방전 등의 특성이 뛰어나고, 소형경량, 과충전·과방전에 강하고 수명이 길어 비상전원용으로 이용이 확대될 전망이다.

5. UPS 선정시 주의사항

(1) UPS의 용량 선정에서 부하의 역률, 병렬운전조건, 주변환경부하, 향후 설비의 증설로 인한 부하증가 등을 고려하여 선정한다.
(2) 장기간(수년 동안) 무정전이 가능하고 수명이 반영구적인 것으로 선정
(3) 전력공급을 지속적으로 하면서 보수점검의 가능여부를 고려하여 선정
(4) 각 종 노이즈의 영향을 주거나 받는지의 여부를 고려하여 선정

6. UPS 설치시 고려사항

(1) 설치장소

옥내(실내) 설치가 표준이나, 부득이하게 옥외에 설치할 경우에는 방수 즉, 이슬 및 습기에 대한 대책이 필요함

(2) 설치실의 구조

1) 불연성이며 습기가 없는 공간에 설치
2) 실내환기는 강제환기방식으로 하며 환기구에는 에어필터를 설치
3) 축전지는 가스발생이 없는 종류에 한해서 UPS와 같은 장소에 설치할 수 있다.
4) 환기공간을 위해 UPS의 전·후면과 상부에 일정한 이격거리가 유지되게 설치
5) 출입구 및 통로에는 기기의 반·출입을 고려하여 1.5m 이상의 공간을 확보

(3) 배선계획

1) 출력 배선회로의 전압강하는 2% 이내가 되도록 선정
2) 배선방식은 설치하중, 내진성, 내열성, 노이즈의 영향 등을 고려하여 선정
3) 향후 설비의 증설을 고려하여 선정

7. 결론

최근에는 금융, 방송, 산업 등 신뢰성이 요구되는 시스템이 증가함에 따라 병렬운전 UPS의 도입이 확산되고 있으며 정보화 사회로의 급진전으로 모든 시스템이 네트워크화 됨에 따라 UPS도 네트워크상에서 관리할 필요성이 증대되었다. 소방시설 또한 이 시스템을 활용함으로써 소방안전의 신뢰성 제고 및 소방설비의 경비절감 등을 기할 수 있겠다.

ESS(전기저장장치)

1. 개요

(1) ESS는, Energy Storage System 또는 Electric Storage System의 약어로써 생산된 전력을 발전소, 변전소 및 송전선 등을 포함한 각각의 연계 시스템에 저장한 후 전력이 필요한 시기에 선택적·효율적 사용을 통해 에너지 효율을 극대화시키는 에너지(전기)저장시스템이다. 즉, 야간에 유휴전력을 저장하였다가 전력소모가 심한 주간에 저장된 전력을 사용하는 시스템 등의 전기저장시스템을 말한다.

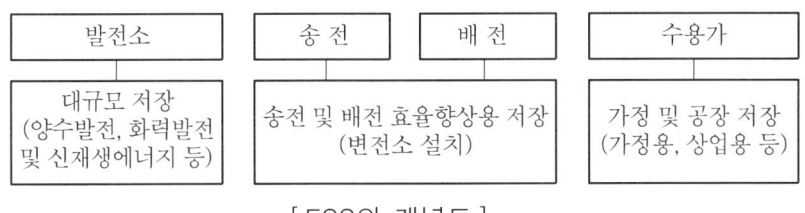

[ESS의 개념도]

(2) 현재 사용되고 있는 ESS는 양수발전시스템과 UPS 및 태양광·풍력 등의 신재생에너지 사용에도 유용하게 활용되고 있다.

  1) 양수발전시스템(PHES : Pumped Hydro Energy System)
  잉여의 전기를 활용하여 아래쪽의 물을 높은 곳으로 끌어올려 보관하였다가 전기가 필요한 때에 수력발전을 통하여 다시 전기를 생성시키는 방식

  2) UPS(Uninterruptible Power Supply : 무정전 전력공급장치)
  일정 용량의 배터리가 내장되어, 전력공급이 차단되더라도 한동안 전력을 안정적으로 공급하는 역할을 하는 것으로, 주로 정전 시 기계나 컴퓨터 정보 등의 손실을 예방하기 위해 사용되는 일시적인 전기저장장치이다.

  3) 신재생에너지
  태양광·풍력발전은 기후 조건에 따라 전력의 품질이 고르지 않고, 공급되는 양도 일정하지 않은데, 이런 문제를 ESS를 통해 해결할 수 있다.

2. ESS의 구성

(1) 배터리 랙(Rack)

1) 배터리 셀(Cell)이 조합되어 모듈(Module)을 이루고 이 모듈들이 조합되어 랙(Rack)을 구성한다.
2) ESS(전기저장장치)의 핵심 구성품으로서 여기에 전력을 저장하는 장치

(2) BMS(Battery Management System)

1) 배터리 랙에 있는 셀 및 모듈을 제어하는 장치
2) 배터리의 수명예측, 셀의 용량보호, 안전성 확보 및 최대성능발휘 등을 위하여 제어한다.

(3) PCS(Power Conversion System)

1) 교류(AC) · 직류(DC)의 전류변환장치로서, 컨버터(Converter)와 인버터(Inverter)로 구성되어 있다.

2) 전류변환방식
① 전력의 저장 시(컨버터 사용) : 교류 → 직류
② 사용처로 공급 시(인버터 사용) : 직류 → 교류

3. ESS의 종류별 특성

(1) 배터리방식

1) 리튬(Li) 전지
① 원리
㉮ 전기 · 전자의 흐름은 전위가 높은 음극에서 양극으로 흐르는 원리를 이용 즉, 전위가 높은 리튬이온이 음극에서 양극으로 흐르므로 인해 전류가 흐르게 된다.
㉯ 충전 시에는 다시 양극에서 음극으로 흘려서 재충전이 가능함
② 특성
㉮ 장점 : 에너지의 밀도와 효율이 높다, 폭넓게 적용할 수 있다.
㉯ 단점 : 안전성 및 수명이 검증되지 아니함, 가격이 고가임
③ 구조
Li전지는 그림과 같이 음극(흑연), 양극, 전해질로 구성된다.

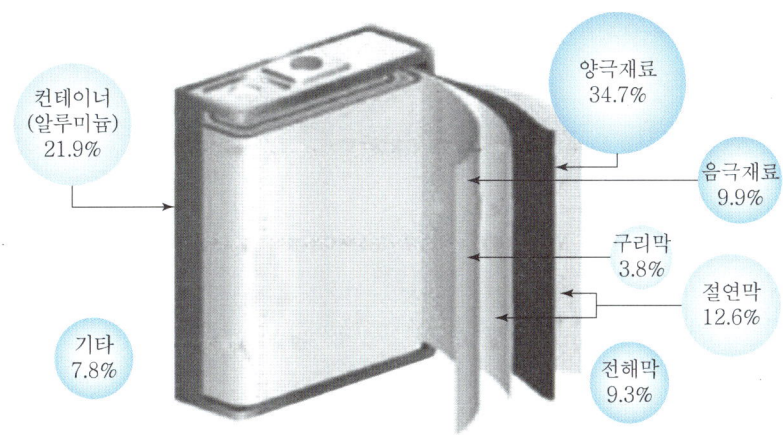

[Li 전지의 구조]

2) 나트륨황(NaS)전지

① 원리

㉮ 나트륨은 음극, 유황은 양극으로 구성되며, 전위가 높은 나트륨에서 전위가 낮은 유황으로 전류가 흐르는 원리를 이용 즉, 용융상태의 나트륨과 유황의 반응으로 전기를 저장한다.

㉯ 충전 시에는 다시 양극에서 음극으로 흘려서 재충전이 가능함

② 특성

㉮ 장점 : 높은 에너지밀도, 낮은 비용, 출력용량이 크고 자기방전이 없어 대용량화가 용이함

㉯ 단점 : 소재 부족, 높은 방전율, 에너지 효율이 낮다.

③ 구조

NaS전지는 양극(S), 음극(Na), 고체전해질 및 분리막(Al_2O_3)으로 구성된다.

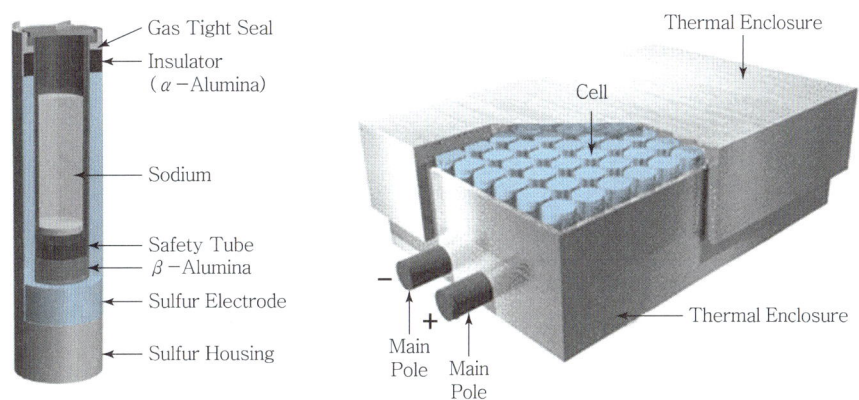

[NaS 전지의 구조]

3) 레독스플로우(Redox Flow) 전지
   ① 원리

   전해액 내 이온들의 산화·환원 시의 전위차를 이용하여 전기에너지를 충·방전한다. 즉, 활물질이 산화물질에 의해 충·방전되는 시스템으로서 전해액의 화학적 에너지를 직접 전기에너지로 저장하는 전기화학적 축전장치이다. 따라서, 저장탱크에 금속이온의 수용성 전해액을 펌프로 송출시켜 충전시키며, 화학작용으로 다시 방전될 때 전류가 흐르는 원리이다.

   ② 특성
   ㉮ 장점 : 활물질 자체는 수명제한이 없으며, 유지보수 비용이 적고, 상온에서 작동하며 환경 문제가 적어 대용량화가 용이하다.
   ㉯ 단점 : 에너지의 밀도와 효율이 낮다.

   ③ 구조

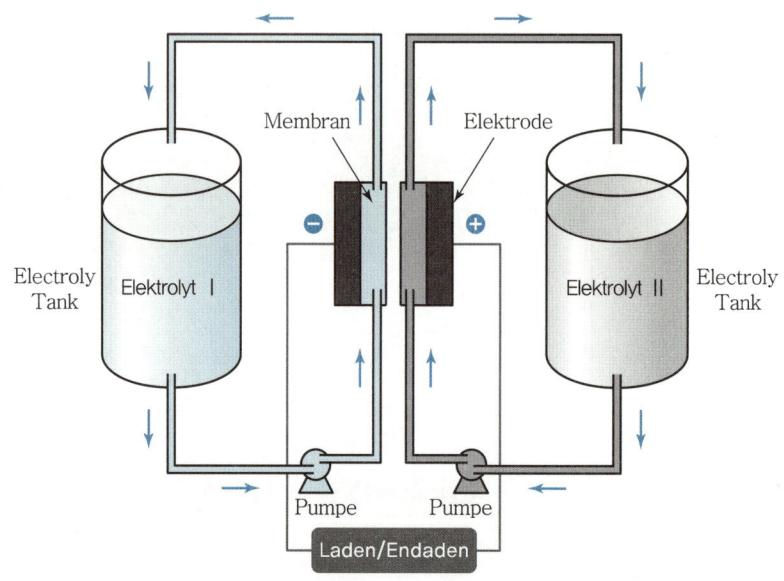

   [레독스플로우 전지의 구조]

4) 슈퍼캐패시터(Super Capacitor)
   ① 원리

   슈퍼캐패시터는 화학반응을 이용하는 배터리와는 달리 전극과 전해질 계면으로의 단순한 이온의 이동이나 표면화학반응에 의한 충전현상을 이용한다. 즉, 이온의 표면에 전기화학적 흡착으로 전기를 저장한다.

   ② 특성
   ㉮ 장점 : 급속 충·방전이 가능하고 높은 충·방전 효율 및 반영구적인 사

이클 수명 특성으로 보조배터리나 배터리 대체용으로 사용되며, 축전용량이 대단히 크다.

㉯ 단점 : 에너지밀도가 낮고 고비용이 요구되며 출력시간이 짧다.

③ 구조

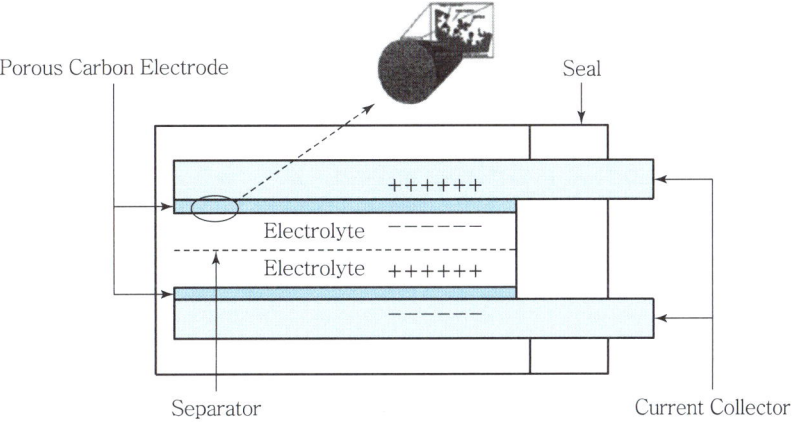

[슈퍼캐패시터의 기본구조]

(2) 非배터리방식

1) 양수발전시스템(PHES : Pumped Hydro Energy System)

잉여의 전기를 활용하여 아래쪽의 물을 높은 곳으로 끌어올려 보관하였다가 전기가 필요한 때에 수력발전을 통하여 다시 전기를 생성시키는 방식

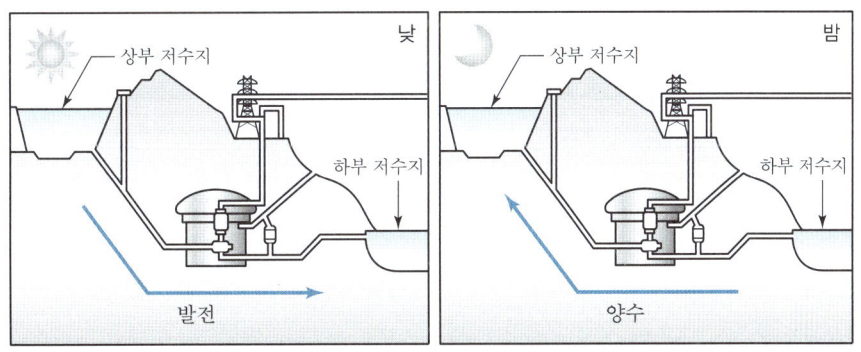

[양수발전의 원리]

2) 압축공기저장방식(Compressed Air Energy Storage)

① 원리

공기를 고압으로 압축하여 폐광 등의 지하에 저장하였다가 전기가 필요할 때 이 압축공기를 이용하여 발전기를 돌려 전기를 생산하는 방식

② 특성
- ㉮ 장점 : 대규모로 장시간 저장할 수 있고 출력도 수 시간대에 걸쳐 얻을 수 있으며, 수명도 길다. 단위용량당 발전비용도 저렴함
- ㉯ 단점 : 초기 구축비용이 과다함, 에너지밀도가 낮으며, 공기압축 시 화석연료의 사용이 불가피함, 지리적 제약이 따른다.

3) 플라이휠(Flywheel)방식

① 원리

플라이휠의 회전운동에 의해 전기를 저장하는 방식 즉, 전기에너지를 회전하는 운동에너지로 저장했다가 필요한 때에 다시 전기에너지로 변환하는 방식

② 특성
- ㉮ 장점 : 높은 에너지효율, 수명이 길며, 단위용량당 발전비용이 저렴함
- ㉯ 단점 : 초기 구축비용이 과다함, 대용량 구현이 어렵고, 에너지밀도가 낮으며, 진동에 민감하다.

4. ESS의 적용(활용효과)

전력저장용 ESS는 주파수 조정, 피크감소(Peak Shifting), 비상전원공급장치(UPS), 신재생에너지의 출력안정 등의 목적으로 설치 운영된다.

(1) 주파수 조정용

순간적인 전력 수요변화에 대한 적시적 전력공급으로 주파수를 보정한다.

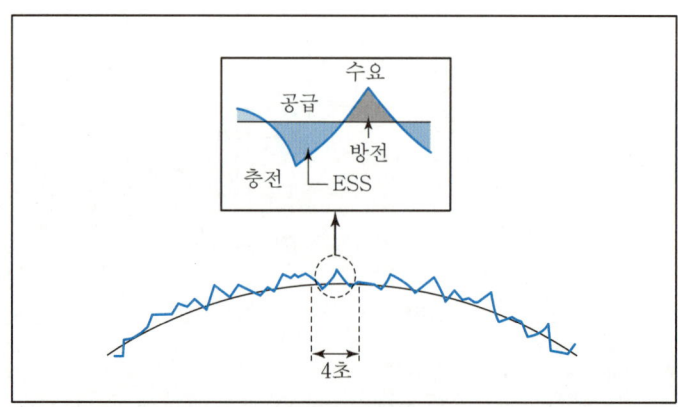

[주파수 조정]

(2) 피크감소(Peak Shifting ; 피크전력관리)

심야시간의 잉여전력을 저장하였다가 Peak 수요 시 추가전력을 공급한다.

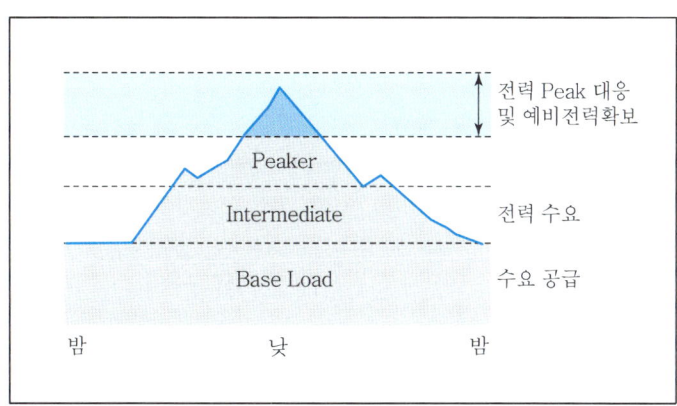

[피크감소]

(3) 비상전원공급장치(UPS)

상용전원에서 일어날 수 있는 전원장애를 극복하여 좋은 품질의 안정된 교류전력을 공급하는 무정전 전원장치이다.

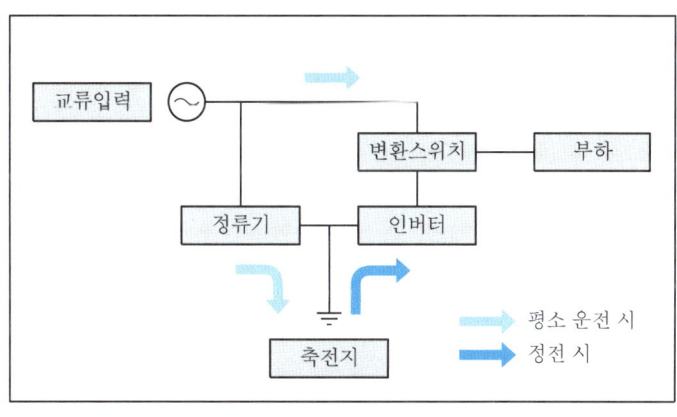

[UPS]

(4) T&D Deferral(송·배전 효율향상)

수요 Peak 대비 부족한 전력망 용량을 ESS를 통해 분산한다.

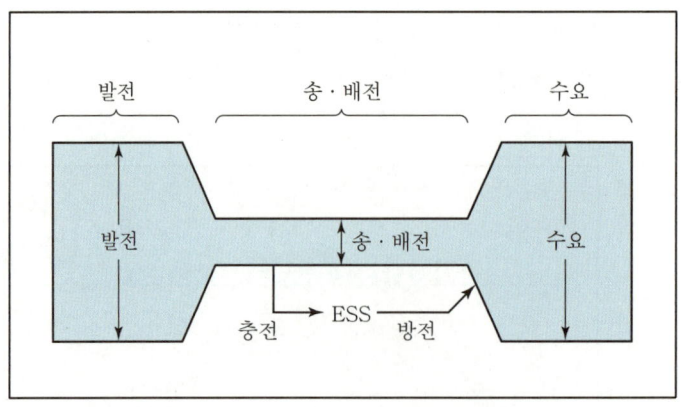

[T&D Deferral]

(5) 신재생에너지의 출력안정

태양광·풍력발전 등은 기후 조건에 따라 전력의 품질이 고르지 않고, 공급되는 양도 일정하지 않은데, 이러한 신재생에너지 공급의 변동성을 에너지의 저장·발산을 통해 안정화한다.

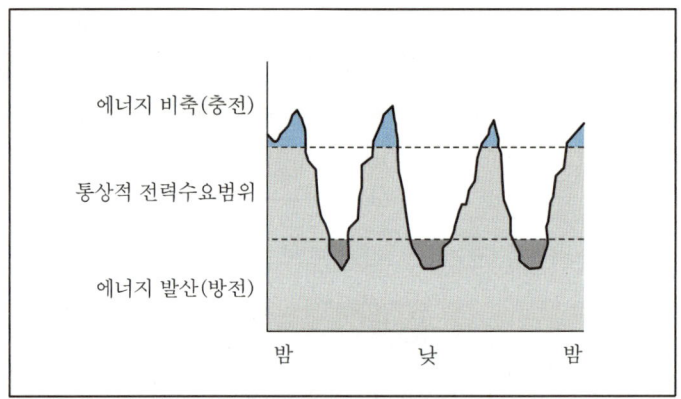

[신재생에너지 통합]

5. 결론

(1) 현대 사회에서 ESS의 수요는 급성장 추세에 있으며, 최근 국내에서는 1MWh 이상의 소비전력건축물에 대하여 ESS 사용을 의무화 시키는 제도를 도입하는 방안을 검토 중에 있다.

(2) 특히, 현재 상용화가 진행되고 있는 태양광 발전시스템에 이러한 ESS시스템을 연계시킴으로써 향후 전력수요에 적극적으로 대응할 수 있을 뿐만 아니라 향후 ESS 산업의 성장을 도모하는데 크게 기여할 수 있을 것이라 기대된다.

25. ESS(전기저장장치)의 화재방호대책

1. 개요

(1) ESS(Electric Storage System)는 외부 전기에너지를 저장해 두었다가 필요한 때에 전기를 공급하는 설비로서, 근래 우리나라에서 추진하고 있는 신재생에너지 확대정책인 "3020계획"(2030년까지 신재생에너지 발전 비중을 20%까지 늘리는 계획)에서 ESS가 핵심 솔루션으로 자리잡아 가고 있다.

(2) 그러나, 여기에서 큰 문제가 ESS의 핵심인 리튬이온 배터리가 화재·폭발에 상당히 취약하다는 것이다. 다시 말해서, 리튬이온 배터리는 열이나 진동에 취약하기 때문에 항상 화재의 위험성이 상존하고 있다는 것이 가장 큰 문제점으로 되어 있다.

2. ESS의 화재특성

(1) 리튬이온 배터리의 발화위험성

  1) 리튬이온 배터리 셀(Cell)에 98℃의 열을 10분간 가하면 가스가 방출된다.

  2) 이 상태에서 계속 가열하여 배터리 내부온도가 170℃ 이상 되면 자연발화 및 열폭주(Thermal Runaway)가 발생한다.

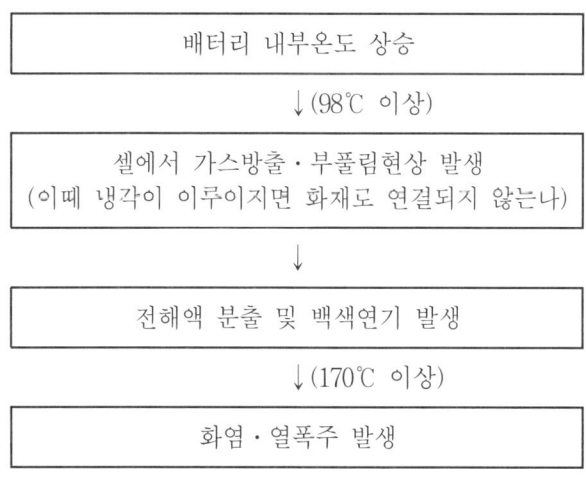

[리튬이온 배터리의 화재 Mechanism]

(2) 리튬이온 배터리는 가연성 전해질로 구성되어 있으며 에너지 밀도가 높아서 화재가 발생하면 배터리 내부 화학작용이 종료될 때까지 불이 꺼지지 않으므로 2~8시

간까지 연소할 수 있다.
(3) 리튬이온 배터리에 화재 시 연속적인 열폭주로 인해 많은 열이 축적되기 때문에 화재성상은 A급화재 및 심부화재로 취급하여야 한다.
(4) 배터리 셀(Cell)에서 발생하는 가스에는 유독가스(일산화탄소, 아세틸렌 등)가 포함되어 있어 질식위험이 따른다.
(5) 열폭주·폭발에 의한 구조물의 붕괴 및 파편의 비산 위험도 있다.
(6) 소방설비 비상전원용 ESS인 경우 화재 시에는 정전상태가 되므로 소방설비의 작동 불능상태가 된다.

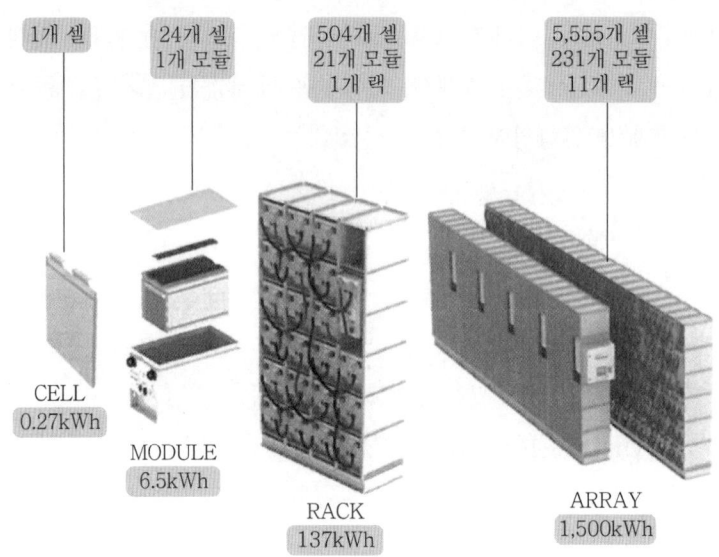

[리튬이온 배터리의 구성]

3. 국내 ESS 화재사례로 본 화재원인

(1) 배터리 충·방전 시의 발열 : (고온으로 인한 자연발화)
(2) 배터리 셀(Cell)의 상간단락으로 인한 고온 자연발화
(3) 배터리의 기계적인 충격·진동(지진동 포함)
(4) BMS(Battery Management System)의 퓨즈 불량 : (과전류를 차단하지 못함)
(5) BMS 시스템상의 오류 : (이상 고전압의 차단, 열감지, 배터리 상태 등의 사전감시 기능을 수행하지 못함)

4. ESS 화재·폭발의 방호대책

(1) 배터리의 모듈(Module)이나 랙(Rack)의 화재확산방지를 고려한 설계

1) 밀집설치를 지양 : 랙과 랙 간의 이격거리를 1m 이상 확보
2) 랙의 외함을 불연소재로 설치
3) 모듈과 모듈 사이에는 화염차단용 차폐시설 구비
4) 전선은 내화전선으로 설치
5) ESS 설치실은 내화구조로 방화구획

(2) 배터리 셀 밸런싱(개별셀 충·방전방식) 채택
(3) 배터리 셀의 노화를 예측할 수 있는 데이터 시스템 구축
1) 배터리 내부 발생열 및 충·방전상태 등을 수치해석을 통해 시뮬레이션 시행
2) 항온항습챔버 및 전압·전류·저항·온도측정장비 등의 계측장비를 활용한 데이터 확보
3) 위의 배터리 이상데이터는 BMS 내부 저장시스템에 저장뿐만 아니라 이메일로 관계자들에게 자동으로 전송하는 시스템 구축 : (화재·폭발로 시스템 저장장치가 소실되어도 사후 화재원인데이터 확보 가능)

(4) 배터리 설치실에 열방출용 통풍구조 확보
(5) 배터리 설치실은 상시 적정한 온도 및 습도를 유지
(6) ESS 용량 250kW 이상은 옥외에 설치하고, 타 건물과의 이격거리는 3m 이상 : (NFPA-855)
(7) ESS에 대한 별도의 재난대응메뉴얼을 만들어 활용

5. 소화대책

(1) 리튬이온 배터리의 화재성상은 심부화재이므로 가스계 소화약제는 내부로 침투가 어려워 외부 불꽃만 제거될 뿐 축적된 열을 낮추는 냉각작용도 미약하므로 적응성이 떨어진다고 할 수 있다.
(2) 일반 스프링클러설비는 리튬이온 배터리의 열폭주에 의한 강력한 화세를 진압하는 데는 역부족인 것이다.
(3) 위와 같이 리튬이온 배터리에서 화재 시에는 일반적인 소화설비의 작동으로는 소화가 되지 않으므로, 다량의 물로 강력하게 냉각시킴과 동시에 주변으로의 확산을 방지하는데 목표를 두고 다음의 소화설비를 권장한다.
1) ESFR(화재조기진압용) 스프링클러설비
다량의 살수량(방수밀도 K값 200 이상)으로 강력한 화세를 진압할 수 있는 설비이나, 전기설비에 수계소화설비를 적용하여야 하는 문제가 있을 수 있는데, 어차피 화재부분의 배터리는 사용불능상태가 되므로 큰 문제가 되지는 않는다.

2) 고발포소화설비

   팽창비 1000배까지의 배율로 방사될 수 있는 포소화설비로, 강력한 질식소화효과와 냉각소화효과를 동시에 발휘함으로써 배터리의 열폭주에 대응할 수 있는 소화설비이다.

(4) 화재감지는 조기감지가 절실하므로 공기흡입형 감지기가 적합하다.
   1) 연기의 조기감응도가 탁월하다.
   2) 공기유속, 습도, 분진, 전자파의 영향을 받지 않는다.
   3) 연기입자의 크기에 제한을 받지 않는다.
   4) 연기농도에 따라 여러 단계별로 경보가 가능하다.

(5) ESS의 기반설비(전원·제어·차단설비)에는 일반 자동소화설비(가스계소화설비)를 설치 : (이 부분에서 화재 시에는 초기진압하여 배터리 쪽으로 확산을 방지하는 데 목표를 두어야 한다.)

6. 결론

(1) ESS의 리튬이온 배터리는 열이나 진동에 취약하기 때문에 항상 화재·폭발의 위험성이 상존하고 있으며 또, 일단 화재가 발생하면 열폭주로 인해 일반적인 소화설비의 작동으로는 소화가 되지 않는다는 것이 큰 문제로 되어 있다.

(2) 리튬이온 배터리의 화재성상은 심부화재이므로 가스계소화설비는 적응성이 없으나, 현재 국내에 설치되어 있는 대부분의 ESS 시설에 가스계소화설비를 설치한 상태이며, 화재감지 또한 신속한 조기감지가 요구되지만 일반 스포트형 감지기를 설치한 상태이다.

(3) 이의 개선책으로, 소화설비는 강력한 화세와 열폭주에 대응할 수 있는 ESFR 스프링클러설비 또는 고발포소화설비로 교체하고, 또한 화재감지기는 조기감응도가 탁월한 공기흡입형감지기로 교체하여야 ESS에 대한 기본적인 화재방호대책이 될 수 있을 것으로 본다.

Chapter 14
성능위주 소방설계

01. Performance Based Fire Protection Engineering ········· 787
02. 성능위주 소방설계의 절차 ·· 790
03. 성능위주 소방설계 시 성능기준의 결정 ························· 796
04. 성능위주 소방설계용 화재시나리오의 유형 ··················· 798
05. 성능위주 소방설계의 시나리오 작성 ······························ 803
06. 성능위주 소방설계에 필요한 시험 ·································· 806
07. 성능위주 내화구조 설계법 ··· 808
08. 설계VE(Value Engineering) ··· 810
09. 성능위주 피난설계 ·· 814

01 Performance Based Fire Protection Engineering

1. 개요

성능위주 방화설계란 사양기준적인 설계방식에서 벗어나 설계대상물에 대한 화재 및 폭발현상을 방재공학적으로 분석하고, 화재모델링의 결과를 토대로 설계대상물의 화재상황을 예측하여, 가장 합리적이고 경제적인 방화설계를 하는 것을 말한다.

2. 성능위주 방화공학의 주요내용

(1) 건축구조물 분야

1) 화재로 인한 실내온도상승 및 화재발전속도 예측
2) 화재감지기 작동시간 산출
3) 연기의 발생량 및 이동시간 계산
4) 화재하중 및 화재가혹도 계산
5) F/O 도달시간 및 인명피난시간 계산

(2) 석유화학·위험물 분야

Pool Fire 및 Jet Fire로부터 방출되는 거리별 복사열량 산출

3. 기대효과

(1) 소방설비의 고효율 저비용화 : 건축비용절감
(2) 기존법규로 적용할 수 없는 공간 및 시설물에 대한 과학적인 소방안전설계 : (자율적·적극적·정량적인 설계)
(3) 소방기술발전의 활성화
(4) 화재안전 극대화 및 경제적 이익

4. 성능위주 방화설계의 과정

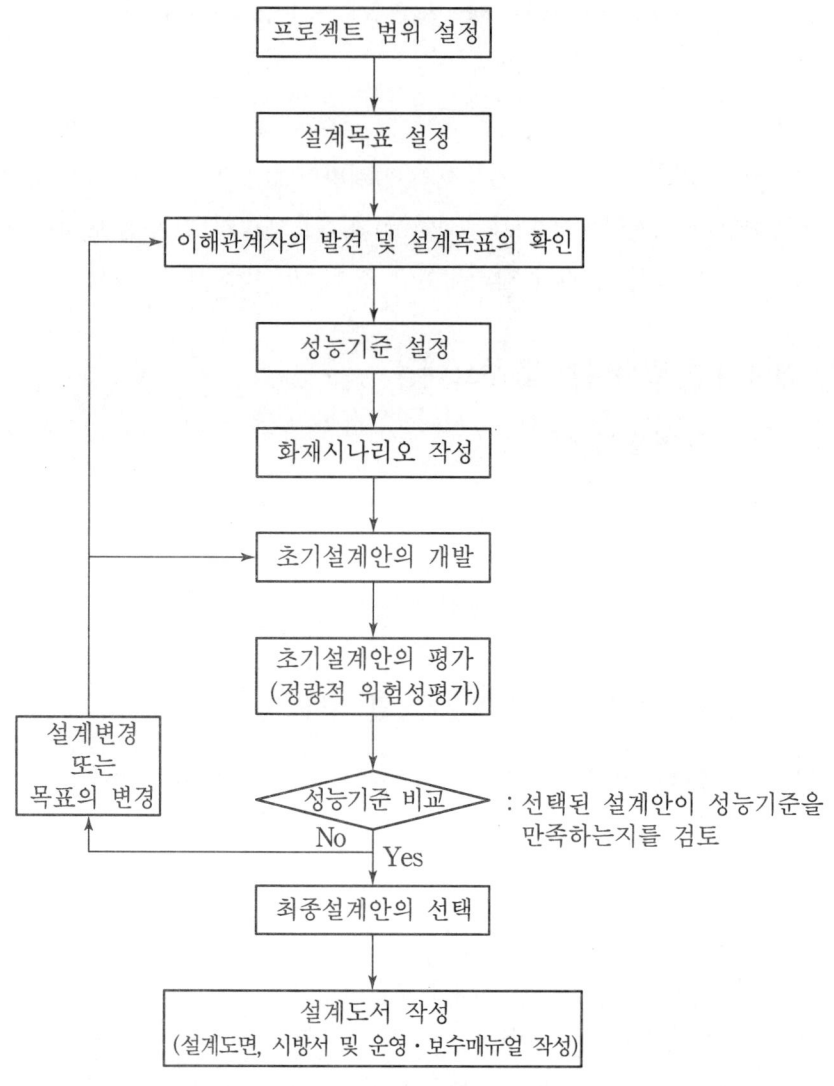

5. 성능위주 방화설계에 대한 국내·외의 동향

(1) 외국의 동향

1) 제도적으로 도입한 나라 : 영국, 스웨덴, 호주, 뉴질랜드, 미국, 캐나다
2) 도입을 준비 중인 나라 : 스위스, 대만, 프랑스 등

(2) 국내의 동향

1) 2009. 1. 1.부터 일정 규모 이상의 소방대상물(아파트는 제외)에 대하여는 성능위주 소방설계를 의무적으로 시행하도록 하는 법제화가 시작됨

2) 국내에서 성능위주설계로 관계 법규정을 초월하여 적용한 사례
  ① 인천공항 여객터미널의 방화구획 설정
  ② 고속철도 광명역사의 방화구획 설정
  ③ 강남 ASEM 빌딩 지하공간에서 수막설비를 설치한 유리벽으로 방화구획

6. 문제점 및 대책안

(1) 기술적 측면

1) 문제점
  ① 국내실정에 알맞은 통일된 PBD 설계지침서 및 설계프로그램의 미비
  ② 화재·피난시뮬레이션 관련 프로그램 및 연구 부족

2) 개선안
  ① 통일된 PBD 설계지침서의 정립
  ② 국내실정에 맞는 PBD 설계프로그램 개발
  ③ 화재·피난시뮬레이션 관련연구의 활성화

(2) Data-Base

1) 문제점 : 소방설계용 각종 Data-base의 부족
2) 개선안 : 각종 Data-base의 구축
  ① 연소실험 자료
  ② 화재발생확률 자료
  ③ 건축자재의 열특성 자료
  ④ 화재안전설비의 고장률 자료

(3) 기술인력 및 교육훈련

1) 문제점 : 시뮬레이션을 수행하고 평가할 수 있는 기술인력 부족
2) 개선안 : 교육·훈련을 통한 기술인력 양성
  ① 설계자, 감리자
  ② 인·허가자
  ③ 시공자
  ④ 안전관리자
  ⑤ 기타 관련자

7. 결론

(1) 사실상 국내의 소방에서도 국가화재안전기준(스프링클러 수리계산 및 부속실제연설비 설계 등)에서 성능위주설계를 부분적으로나마 인정하고 있다.
(2) 또, 2009. 1. 1.부터 일정규모 이상의 소방대상물에는 법제화 시행이 시작되었으며, 그 후 2011. 5. 3. 「소방시설 등의 성능위주설계 방법 및 기준」이 제정되어 성능위주 소방설계가 제도적·법규적으로도 본격 시행하게 되었다.
(3) 그러나, 소방설계용 각종 Data-base의 부족, PBD 설계지침서의 정립, 설계자의 교육·훈련 등의 과제는 앞으로도 계속 보완이 요구되므로 이에 대하여는 정부·학계·산업계 등 모든 소방관계자들이 적극적인 지원을 아끼지 않아야 하겠다.

02 성능위주 소방설계의 절차

1. 개요

성능위주 소방설계라 함은 사양기준적인 설계방식에서 벗어나 화재·폭발현상을 공학적으로 분석하고, 화재모델링의 결과를 토대로 설계대상물의 화재상황을 미리 예측하여 가장 합리적이고 경제적인 방화설계를 수행하는 것을 말한다.

2. PBD 설계수행을 위한 선행요건

(1) 통일된 PBD 설계지침서의 정립

(2) 교육훈련

   대상 : 설계자·감리자·인허가자·시공자·안전관리자 및 기타 관련자

(3) 화재·피난 시뮬레이션에 관한 연구

(4) Data-base의 구축

   1) 연소실험자료
   2) 화재발생확률 자료
   3) 화재안전설비의 고장률
   4) 건축자재의 열특성 자료

3. 성능위주 소방설계의 행정적인 절차

(1) 사전검토

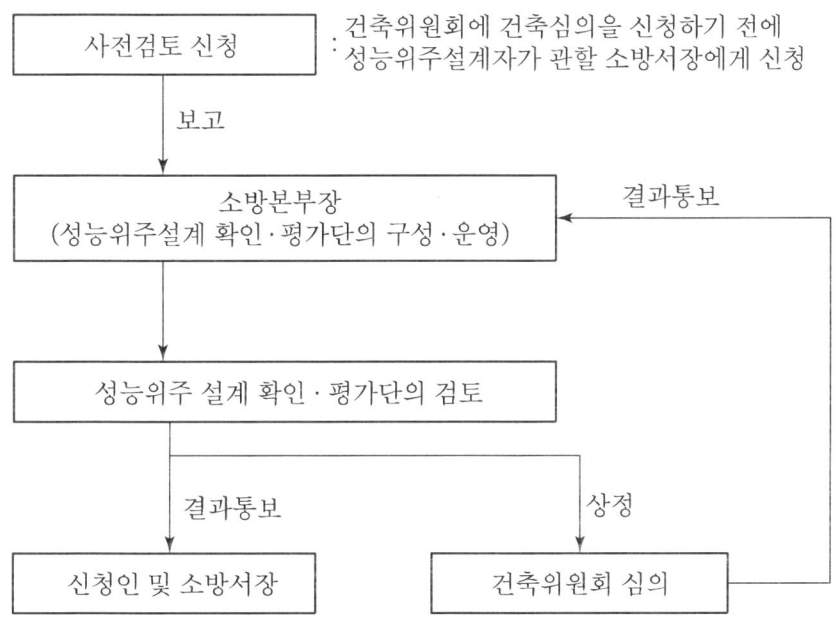

(2) 검증 및 심의

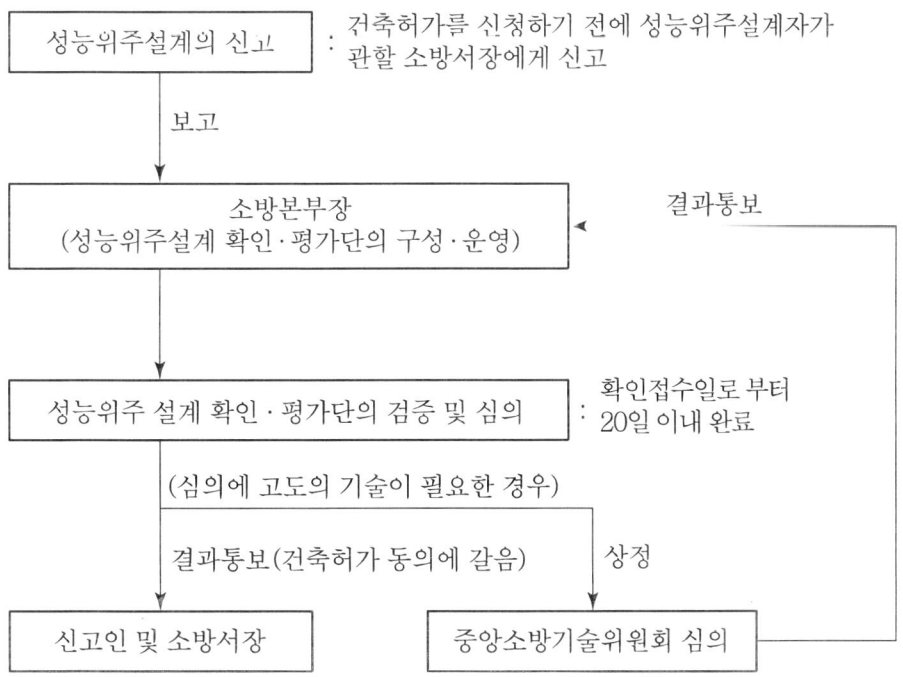

4. 성능위주 소방설계의 설계실무적인 절차

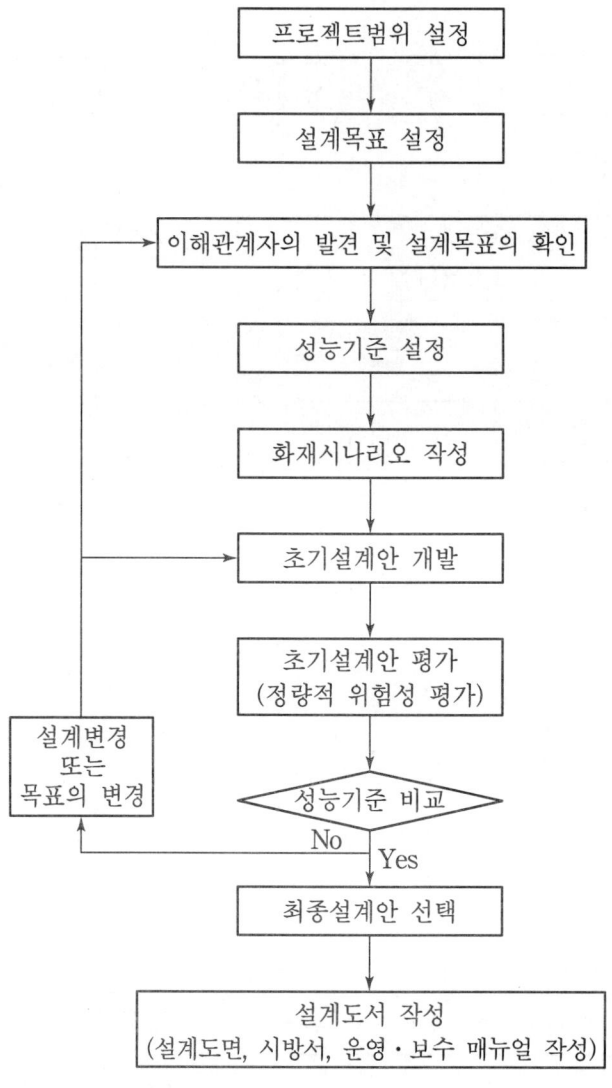

(1) 프로젝트의 범위설정

1) 건축물의 용도 및 특성
2) 설계의도 : 건축물의 소유자 또는 건축팀이 요구하는 특징
3) 신축·개축·증축·보수의 구분
4) 방화시스템의 구성
5) 적용 가능한 법규

(2) 설계목표 설정

1) 화재안전의 기본목적

① 인명피해의 최소화

② 재산 및 보존물의 손실 최소화

③ 환경피해의 최소화

④ 기능의 연속 및 기업활동의 연속성 유지

2) 기타 목적

① 건축비용 절감

② 설계유연성 최대화

(3) 이해관계자의 발견과 설계목적의 확인

1) 화재안전의 기본목적을 만족시키는 범위 내에서 서술
2) 특정기술기준 및 보험관련기준의 요구사항을 만족시키는 형태로 서술

(4) 성능기준의 설정(성능범위의 확정)

1) 화재에 대한 인간의 노출한계 범위
2) 노출되는 복사열의 크기
3) 연소생성물질 및 공기의 온도
4) 연기의 농도 및 연기층 두께·이동

(5) 화재시나리오의 작성 및 선정기준

1) 시나리오 작성

① 가능한 시나리오의 구성

② 시나리오의 종류 선택

③ 시나리오의 수를 측정

④ 각 프로젝트의 목적과 범위에 맞게 작성

2) 시나리오 선정기준

① 계산의 초기조건

㉮ 압력 : 1기압

㉯ 온도 : 20℃

㉰ 공기밀도 : 1.204kg/m³

㉱ 공기비열 : 1,100J/kg·K

② 벽체 : 구획/단열
③ 화재 크기
④ 스프링클러 헤드의 특성값

(6) 초기설계안의 개발
1) 출화 및 화재성장
2) 화염의 확산제어 및 연기제어
3) 화재탐지 및 경보
4) 소화설비 : 능동적 방화시설
5) 거주자 행동 및 피난
6) 수동적 방화시설 : 건축물의 구조부재에 의한 화재확산방지시설 및 연소방지시설

(7) 초기설계안의 평가 : (정량적 위험성평가)
Time Line방법으로 시간대별 사건의 평가
1) 점화(발화)
2) 화재감지
3) 피난시작
4) 창문파손
5) Flash Over
6) 수동소화
7) 구조체 붕괴
8) 진화

(8) 성능기준 비교
1) 선택된 초기설계안이 성능기준을 만족하는지 확인
2) 만일 규정된 성능기준을 만족하지 못할 경우에는 설계변경 또는 설계목표를 변경하고 처음부터 다시 실행한다.

(9) 최종설계안의 선택

(10) 설계도서 작성
1) 설계도면
2) 시방서
3) 시공상세도면

4) 시험성적서
5) 운전 및 유지보수 지침서
6) 설계보고서
　① 프로젝트범위
　② 설계목표
　③ 성능범위
　④ 엔지니어 능력
　⑤ 화재시나리오
　⑥ 최종설계안
　⑦ 평가서
　⑧ 중요 설계특성
　⑨ 참고자료

4. 결론

(1) 국내에서는 2011년 5월 3일 「소방시설 등의 성능위주설계 방법 및 기준」이 제정되어 이때부터 성능위주 소방설계가 제도적으로도 본격적으로 시행하게 되었다.

(2) 그러나, 보다 양질의 성능위주설계를 하려면 앞에서 제시한 「PBD 설계 수행을 위한 선행 요건」을 충실히 쌓아 나가야 하며, 이를 위해서는 정부·학계·산업계 등 모든 소방관계자들의 적극적인 지원과 협력이 있어야 할 것이다.

03. 성능위주 소방설계 시 성능기준의 결정

1. 개요

(1) 성능위주 소방설계에서의 성능기준은 설계목적과 부합하여 가장 중요한 척도가 된다.
(2) 설계목적에 따라 성능기준을 정해두어야 화재시뮬레이션 후 분석결과를 비교·평가하여 개선안을 제시할 수 있다.

2. 설계목적에 따른 성능기준의 수립

(1) 인명안전에 따른 기준

거주인이 화재와 그에 따른 생성물에 노출될 경우 영향을 받는 사항에 대한 기준

1) 열적 안전기준

① 거주자에게 직접 노출되는 복사열 : $2kW/m^2$ 미만
② 바닥에서 반사되는 복사열 : $10kW/m^2$ 미만
③ 실내 최대온도 : 110℃ 미만
④ 실내 상층부의 연기온도 : 200℃ 미만

※ 화재로 인한 복사열에 사람이 노출되었을 경우 시간경과에 따른 피해의 정도

순간복사열량(kW/m^2)	인명피해정도
25.0	1분 내 100% 사망
12.5	1분 내 1% 사망
4.0	20초 이상 노출시 경상
1.6 이하	장시간 노출에도 이상 없음

2) 독성

연소생성물의 유독성으로 인한 인체에 대한 피해의 정도

① CO 농도 : 1,400ppm 이하
② CO_2 농도 : 5% 이하

3) 연기

① 화재시 안전한 대피를 위한 최소한의 가시성 확보 : 가시거리 4m 이상

② 실내 연기층(청결층)의 높이 : 1.8m 이상
③ 피난통로상의 피난유도등은 이 기준에 의하여 조도 및 위치선정

(2) 인명안전 외의 기준(非인명안전기준)

건물·기계장치 및 설비 등을 보호하기 위한 기준

1) 열피해
    ① 설비기기나 구조물의 화재에 의한 용융, 그을음, 균열, 변형 및 점화
    ② 열에 의한 주요구조부의 손상으로 구조물 붕괴
    ③ 열피해 크기의 영향인자
        ㉮ 대상물의 형상
        ㉯ 거리
        ㉰ 대상물의 물리·화학적 특성 값

2) 연기피해
    ① 그을음과 탄화물로 인한 기계·장비의 오동작 유발
    ② 미술관·박물관 등에서 보존 물품의 손상

3) 방화구획용 구조물의 손상
    ① 방화셔터용 전동모터
    ② 구획관통부의 내화충진재 등

4) 화재에 노출되는 물질의 속성
    이격거리 및 가연물의 속성과 현상이 중요한 요소로 작용

3. 법령(소방시설법 시행규칙 제9조)상의 성능위주설계기준 내용

(1) 소방자동차 진입(통로)동선 및 소방대 진입경로 확보
(2) 화재·피난 모의실험을 통한 화재위험성 및 피난안전성 검증
(3) 건축물의 규모와 특성을 고려한 최적의 소방시설 설치
(4) 소화수 공급시스템 최적화를 통한 화재피해 최소화 방안 마련
(5) 특별피난계단을 포함한 피난경로의 안전성 확보
(6) 건축물의 용도별 방화구획의 적정성 확보
(7) 침수 등 재난상황을 포함한 지하층 안전확보 방안 마련

04. 성능위주 소방설계용 화재시나리오의 유형

1. 개요
(1) 화재시나리오란, 건물 내 연소생성물의 확산, 화재의 성장, 화재에 대한 사람들의 반응 및 연소생성물의 영향 등을 정의하는 조건들의 집합체를 말한다.
(2) 소방청에서 제정한「소방시설 등의 성능위주설계 평가 운영 표준 가이드라인」에서 '화재 및 피난시뮬레이션의 시나리오 작성기준'을 다음과 같이 제정하고 이를 기준으로 성능위주소방설계를 실시하도록 하고 있다.

2. 시나리오 유형
시나리오는 실제 건축물에서 발생 가능한 시나리오를 선정하되, 건축물의 특성에 따라 아래 사항의 시나리오 적용이 가능한 모든 유형 중 가장 피해가 클 것으로 예상되는 최소 3개 이상의 시나리오에 대하여 실시한다.

(1) 시나리오 1
1) 건물용도, 사용자 중심의 일반적인 화재를 가상한다.
2) 시나리오에는 다음 사항이 필수적으로 명확히 설명되어야 한다.
   ① 건물사용자 특성   ② 사용자의 수와 장소
   ③ 실의 크기   ④ 가구와 실내 내용물
   ⑤ 환기조건   ⑥ 최초 발화물과 발화물의 위치
   ⑦ 연소 가능한 물질들과 그 특성 및 발화원
3) 설계자가 필요한 경우 기타 시나리오에 필요한 사항을 추가할 수 있다.

(2) 시나리오 2
1) 내부 문들이 개방되어 있는 상황에서 피난로에 화재가 발생하여 급격한 화재 연소가 이루어지는 상황을 가상한다.
2) 화재시 가능한 피난방법의 수에 중심을 두고 작성한다.

(3) 시나리오 3
1) 사람이 상주하지 않는 실에서 화재가 발생하지만, 잠재적으로 많은 재실자에게 위험이 되는 상황을 가상한다.

2) 건축물 내의 재실자가 없는 곳에서 화재가 발생하여 많은 재실자가 있는 공간으로 연소 확대되는 상황에 중심을 두고 작성한다.

(4) 시나리오 4

1) 많은 사람들이 있는 실에 인접한 벽이나 덕트 공간 등에서 화재가 발생한 상황을 가상한다.
2) 화재 감지기가 없는 곳이나 자동으로 작동하는 화재진압시스템이 없는 장소에서 화재가 발생하여 많은 재실자가 있는 곳으로의 연소확대가 가능한 상황에 중심을 두고 작성한다.

(5) 시나리오 5

1) 많은 거주자가 있는 아주 인접한 장소 중 소방시설의 작동범위에 들어가지 않는 장소에서 아주 천천히 성장하는 화재를 가상한다.
2) 작은 화재에서 시작하지만 큰 대형화재를 일으킬 수 있는 화재에 중심을 두고 작성한다.

(6) 시나리오 6

1) 건축물의 일반적인 사용 특성과 관련, 화재하중이 가장 큰 장소에서 발생한 아주 심각한 화재를 가상한다.
2) 재실자가 있는 공간에서 급격하게 연소확대 되는 화세를 중심으로 작성한다.

(7) 시나리오 7

1) 외부에서 발생하여 본 건물로 화재가 확대되는 경우를 가상한다.
2) 본 건물에서 떨어진 장소에서 화재가 발생하여 본 건물로 화재기 확대되거나 피난로를 막거나 거주가 불가능한 조건을 만드는 화재에 중심을 두고 작성한다.

3. 시나리오의 적용기준

(1) 인명안전 기준

구 분	성능기준	비 고
호흡 한계선	바닥으로부터 1.8m	
열에 의한 영향	60℃ 이하	

가시거리에 의한 영향	용도	허용가시거리 한계	단, 고휘도유도등, 바닥유도등, 축광유도표지를 설치한 집회시설 및 판매시설은 7m 적용 가능
	집회시설 판매시설	10m	
	기타시설	5m	

독성에 의한 영향	성분	독성기준치	기타의 독성가스는 실험결과에 따른 기준치로 적용 가능
	CO	1,400ppm	
	HCN	80ppm	
	O_2	15% 이상	
	CO_2	5% 이하	

(2) 피난가능시간 기준

(단위 : 분)

용도	W1	W2	W3
사무실, 상업 및 산업건물, 학교, 대학교 (거주자는 건물의 내부, 경보, 탈출로에 익숙하고, 상시 깨어 있음)	< 1	3	> 4
상점, 박물관, 레져스포츠 센터, 그 밖의 문화집회시설 (거주자는 상시 깨어 있으나, 건물의 내부, 경보, 탈출로에 익숙하지 않음)	< 2	3	> 6
기숙사, 중/고층 주택 (거주자는 건물의 내부, 경보, 탈출로에 익숙하고, 수면상태일 가능성 있음)	< 2	4	> 5
호텔, 하숙용도 (거주자는 건물의 내부, 경보, 탈출로에 익숙하지도 않고, 수면상태일 가능성 있음)	< 2	4	> 6
병원, 요양소, 그 밖의 공공 숙소 (대부분의 거주자는 주변의 도움이 필요함)	< 3	5	> 8

여기서,

W1 : 방재센터 등 CCTV 설비가 갖춰진 통제실의 방송을 통해 육성 안내를 제공할 수 있는 경우 또는 훈련된 직원에 의하여 해당 공간 내의 모든 거주자들이 인지할 수 있는 육성 안내를 제공할 수 있는 경우

W2 : 녹음된 음성 메시지 또는 훈련된 직원과 함께 경고방송 제공할 수 있는 경우

W3 : 화재경보신호를 이용한 경보설비와 함께 비 훈련 직원을 활용할 경우

(3) 수용인원 산정기준

(단위 : 1인당 면적[m²])

사용용도	m²/인	사용용도	m²/인
집회용도		상업용도	
고밀도지역 (고정좌석 없음)	0.65	피난층 판매지역	2.8
저밀도지역 (고정좌석 없음)	1.4	2층 이상 판매지역	3.7
		지하층 판매지역	2.8
벤치형 좌석	1인/좌석길이 45.7cm		
고정좌석	고정좌석 수	의료용도	
취사장	9.3	입원치료구역	22.3
서가지역	9.3	수면구역(구내숙소)	11.1
열람실	4.6	교정, 감호용도	11.1
수영장	4.6(물 표면)	업무용도	9.3
수영장 데크	2.8	주거용도	
헬스장	4.6	호텔, 기숙사	18.6
운동실	1.4	아파트	18.6
무대	1.4	대형 숙식주거	18.6
집근출입구, 좁은 통로, 회랑	9.3	창고용도 (사업용도 외)	수용인원 이상
카지노 등	1	보호용도	3.3
스케이트장	4.6	교육용도	
공업용도		교실	1.9
일반 및 고위험공업	9.3	매점, 도서관, 작업실	4.6
특수공업	수용인원 이상		

4. 화재시뮬레이션 수행결과의 신뢰성 확보방안 (출처 : 소방청 성능위주설계 가이드라인)

(1) 기본 화재시나리오 및 인명안전기준은 다음의 내용을 반영

1) 가장 위험한 시나리오 외에 실제 자주 발생하는 화재는 화재통계에 따른 시나리오를 반영

2) 하나의 건축물에 여러 용도가 복합적인 경우 용도별로 화재 및 피난 시뮬레이

션 수행

3) 주상복합아파트, 생활형 숙박시설, 오피스텔, 호텔 및 이와 유사한 특정소방대상물은 위의 "2. 시나리오 유형"에서 언급한 시나리오 1은 단위세대나 객실이 있는 기준층, 시나리오 2는 근린생활시설이나 상가가 있는 기준층, 시나리오 3은 지하주차장을 대상으로 시뮬레이션 수행

(2) 화재 · 피난시뮬레이션 수행 시 필수로 제시할 사항

1) 건물 내의 용도별 사용자 특성 : 해당지역의 인구통계, 장애인 비율 등 활용
2) 사용자의 수와 발화장소 : 용도별 재실자 밀도, 최대 수용인원 표기
3) 실의 크기 : 시뮬레이션 수행 도면 내 치수 및 스케일 표시
4) 가구와 실내 내용물, 자동차 등은 지오메트리에 반영하여 피난할 수 없는 장애공간 또는 보행할 수 없는 공간으로 설정
5) 연소 가능한 물질들과 그 특성 및 발화원
   ① 소방청 R&D를 통한 실물화재 DB 활용
   ② 각종 연소실험 연구논문이나 보고서 데이터 인용 및 출처 표기
6) 주차장 연기배출 : 급 · 배기설비 설계안에 대한 평가 · 검증 필요
7) 최초 발화물의 위치
   거주밀도가 높은 다중이용시설(공연장, 문화 및 집회시설, 판매시설 등)의 경우 화재 시 피난계단실로의 진입에 방해가 되는 곳을 화재실로 우선 설정

(3) 화원의 크기와 특성 설정 시 객관적 근거자료 명시

(4) 소방청 R&D 연구과제의 실물 화재실험에 근거한 모델화원 DB, 단일가연물 DB, 공간용도별 DB, 장치물성 DB를 토대로 화재시뮬레이션 수행

   ※ 해당 DB에 누락된 경우 NFPA Code, SFPE 핸드북, 국내외 R&D 연구보고서, SCIE 등재저널 논문, 한국연구재단 등재지 등에 게재된 연구논문의 내용을 인용

(5) 격자크기는 NUREG-1824(미국 원자력 규제위원회)의 민감도 권장범위를 참고하여 선정

5. 결론

(1) 화재 및 피난 시뮬레이션의 시나리오는 성능위주설계에서 핵심사항이므로 시뮬레이션 수행자는 시나리오 작성기준과 그 대상물의 현황을 충분히 숙지하고 시뮬레

이션 수행에 임하여야 한다.
(2) 시뮬레이션 프로그램 작업에서, 입력하는 요소와 적용하는 기준에 따라 결과값이 크게 달라질 수 있으므로, 입력요소와 적용기준을 그 대상물에 맞게 정확히 적용해야 제대로 된 결과를 도출할 수 있게 된다.

05. 성능위주 소방설계의 시나리오 작성

1. 개요
성능위주소방설계를 위한 시나리오 작성은 먼저 설정된 성능기준과 비교하여 결과값을 도출하기 위한 중간과정이라 할 수 있다.

2. 화재시나리오의 구성요소
시나리오에는 다음 사항이 필수적으로 명확히 설명되어야 한다.
(1) 건물사용자의 특성
(2) 사용자의 수와 장소
(3) 실의 크기
(4) 가구와 실내 내용물
(5) 환기조건
(6) 최초 발화물과 발화물의 위치
(7) 연소가능한 물질들과 그 특성 및 발화원

3. 시나리오 작성 진행절차

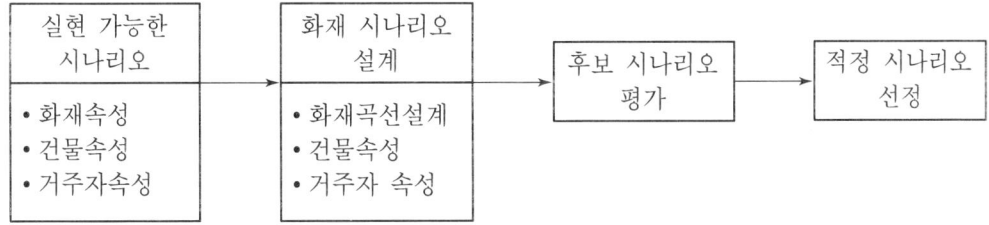

4. 화재시나리오 작성에 사용되는 도구

(1) FMEA(Failure Modes and Effects Analysis)
   1) 시스템상 각 요소에서 발생할 수 있는 각각의 고장모드를 분석하는 기법

2) 작성절차

① 시스템상의 구성요소를 정함

② 발생할 수 있는 고장모드를 열거

③ 발생할 수 있는 결과들을 도출

3) 화학공장이나 원자력 발전소의 위험성 분석기법에 적용

(2) FA(Failure Analysis)

고장모드에 관한 고장 메커니즘을 분석하기 위한 기법

(3) What If

결과를 미리 설정해 두고, 그 결과를 초래할 수 있는 원인을 도출 해내는 질문분석 기법

(4) 사고사례 Check List

1) 미리 준비된 Check List를 이용하여 각 척도들에 대한 점수를 매겨서 평가하는 방식

2) 전통적인 사고사례나 기기·설비·건물 등의 이력관리 데이터를 통하여 같은 종류의 위험이 발생될 수 있는 취약점을 미리 찾아내는 방법

(5) 통계 자료

각종 사고사례의 통계자료를 활용하면 취약점을 선정하는 데 신뢰성을 높일 수 있다.

(6) 기타

1) ETA(Event Tree Analysis) : 사건수 분석(귀납적 분석)

2) FTA(Fault Tree Analysis) : 결함수 분석(연역적 분석)

3) HAZOP Study 등

5. 시나리오에 반영할 화재성장곡선의 설계에 필요한 요소

(1) 점화원

1) 연료의 표면적

2) 점화온도

3) 점화시간 등

(2) 화재성장(Growth)

1) 훈소화재
2) 불꽃화재

(3) 1차 연료

1) 연료의 상태(액체, 고체, 기체)
2) 연료의 속성과 양(화재성장속도, 열방출속도, 무게)
3) 연료의 형상과 배열(표면적, 위치 등)
4) 연소생성물의 방출속성 등

(4) 2차 연료

1) 연료 속성 : 점화온도, 이격거리 등
2) 전도 : 1차 화원의 온도, 전도도 등
3) 대류 : Plume의 온도·열전달계수 등
4) 복사 : 화염의 크기와 형상·온도·열전달계수 등

(5) 화재 확대 가능성

1) 화재하중
2) 개구부의 위치 및 크기
3) HVAC 시스템

(6) 대상물의 위치

화재의 확대를 예측하기 위해서는 대상물의 위치가 반드시 선정되어야 한다.

6. 결론

실현 가능한 화재시나리오를 작성하기 위해서는 많은 요소를 고려하여야 하며 특히 '화재의 속성, 건물의 속성, 거주 인원의 속성'들을 필수적으로 감안하여야 보다 완벽하게 실현가능한 화재시나리오의 조건들을 충족할 수 있을 것이다.

06. 성능위주 소방설계에 필요한 시험

1. 개요

소방설계를 위한 시험에서, 종래의 규제위주 소방설계를 위한 시험과 성능위주 소방설계를 위한 시험의 2종류로 대별하여 분석해 보기로 한다.

2. 규제위주 소방설계를 위한 시험

(1) 개요

1) 종래의 시험은 사용되는 온도의 조건을 연소물질의 특성이나 건축물의 화재특성을 고려하지 아니하고, 단순히 시간-온도 곡선을 일률적으로 적용
2) 이 시험의 특성은 단순히 합격·불합격을 가리는 것임

(2) 시험의 종류

1) 내부마감재료시험(Steiner Tunnel Test)

   마감재료의 화염전파특성을 시험
   [예] ASTM E-84, NEPA 255 등

2) 내화시험(Fire Resistance Testing)

   1990년대 초에 개발된 시간-온도곡선 사용
   [예] ASTM E-119

3. 성능위주 소방설계를 위한 시험

(1) 개요

1) 종래의 시험은 단순히 합격이냐 불합격이냐 만을 판정하였으나,
2) 성능위주설계를 위한 시험에서는 다음과 같은 내용을 파악해야 한다.
   ① 만약 실패할 경우, 실패의 이유는?
   ② 정확히 언제 실패했는가?
   ③ 실패한 시점에서 시험체의 온도는?

(2) 화재시뮬레이션 프로그램 사용

1) 건축물의 형태
2) 건축자재의 물리적 특성
3) 내부 수용물의 연소특성 자료
4) 환기조건

(3) 화재모델링시 사용되는 물질연소특성의 시험

1) 연소열 방출량 시험
   ① 연소시험시 소비된 산소량을 기준으로 열방출률을 계산
   ② 단위 : kW

2) 연소열 방출량시험의 종류
   ① 콘 칼로리미터(Cone Calorimeter)
      ㉮ 시험재료의 연소시 방출되는 평균연소열 방출량을 kW/m^2로 측정
      ㉯ 연소시험의 소비된 산소량을 기준으로 계산
      ㉰ 약 $100kW/m^2$까지 측정 가능하며, 가장 많이 사용되는 시험방법임
   ② 가구 칼로리미터(Furniture Calorimeter)
      ㉮ 가구와 같이 큰 연소물질을 시험하는 데 사용
      ㉯ 산소사용량, 질소감소량, 연소생성물질 등을 측정
      ㉰ 개방된 장소에서 실시 : 실내화재효과를 재현할 수 없다.
   ③ 실 칼로리미터(Room Corner Calorimeter)
      ㉮ 실내에 특정 내장재를 사용한 경우 화재시 F/O 도달시간, 실내최고온도, 열방출률 등을 측정하기 위해 사용
      ㉯ 실내화재조건의 재현 가능
      ㉰ 연소열 방출량, 연소생성물질 등도 측정 가능

4. 결론

성능위주 소방설계에서 설계목표 설정의 범주에 해당하는 거주가능조건(실내온도·연기층 깊이의 한계치)과 소방설비의 성능기준을 제시하기 위해서는 화재시뮬레이션 프로그램을 사용하여야 정확한 설계가 될 수 있다.

07 성능위주 내화구조 설계법

1. 개요

성능위주 내화설계라 함은 현행 건축법규의 내화관련 사양기준에 의존하지 않고, 방화공학적인 접근에 의하여 실제 화재성상을 예측하고 그에 따른 구조체의 열적·역학적 성상을 예측하여 내화성능 평가기준에 따라 평가를 실시하여 내화성능의 사양을 정하는 것을 말한다.

2. 성능위주 내화설계의 순서

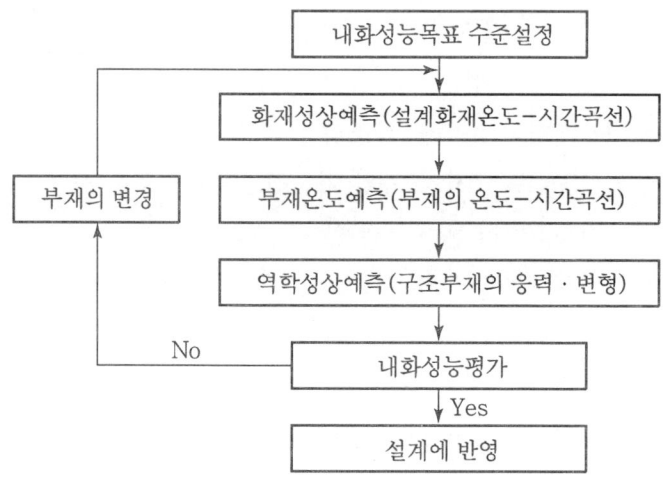

(1) 내화성능 목표수준 설정

1) 피난안전확보

설계피난시간 : 피난시뮬레이션을 통한 피난시간×안전계수

안전계수 : 건물의 용도, 건축지역, 방화대책 등을 근거로 안전계수 설정

2) 연소확대방지

설계화재시간=화재하중×안전계수

(2) 화재성상예측

1) F/O 이후의 최성기 화재를 대상

2) 구획 내 최성기 화재형태의 영향인자
  ① 화재실의 형상 및 크기
  ② 개구부의 형상·크기
  ③ 설계화재하중
3) 화재성상의 예측결과
  ① 화재구획 내의 시간-온도곡선이 구해짐
  ② 그 곡선상의 어느 시점까지 내화성능을 확보해야 하는 설계화재시간이 정해진다.

(3) 부재의 온도예측

1) 벽·바닥 등 구획부재의 온도예측
  ① 구획부재의 내부온도와 이면온도를 산정
  ② 구획부재의 내부온도 : 부재의 역학성상 예측에 이용
  ③ 구획부재의 이면온도 : 부재의 차열성 평가에 이용
2) 기둥·보 및 가구부재의 온도예측
  화재시간·온도곡선이나 화재 Plume 온도 및 단열치수나 사양에 의해 온도를 예측

(4) 역학성상예측

1) 역학성상의 예측은 가구조건·부재의 단면치수·작용하중에 의한다.
2) 역학성상의 예측결과
  가구부재의 응력·변형이 구해져 구조안전성 평가에 이용된다.

(5) 내화성능평가

1) 평가기준
  ① 기능별 평가기준 : 피난안전확보, 연소확대방지, 도괴방지
  ② 부재별 평가기준 : 구획부재, 가구부재별 평가
2) 평가항목
  차열성, 차연성, 차염성, 구조안전성

(6) 부적합한 경우

1) 부재의 내화피복 두께를 증가시키거나, 부재의 종류 또는 화재구획의 위치를 변경한다.

2) 변경 후 위의 (1)~(5)의 과정을 재수행하여 만족할 때까지 반복작업을 한다.

3. 결론

성능위주 내화구조설계에서 내화성능의 평가결과 평가기준을 만족하여야 한다. 평가기준을 만족하지 않을 경우 부재사양을 변경하거나 구획부재의 위치를 변경한 후 다시 각 화재성상의 예측 및 분석·평가하여 평가기준을 만족할 때까지 이 작업을 반복하여야 제대로 된 내화구조설계가 될 수 있다.

08 설계VE(Value Engineering)

1. 정의

(1) VE(Value Engineering : 가치공학)란, 필요한 기능은 높이고 불필요한 기능 또는 불필요한 비용을 찾아 이를 제거함으로써 전체적인 원가는 절감하고 가치(Value)는 증가시키는 기법

(2) 설계VE란, 시설물의 최소 생애주기비용(시설물의 내구연한 동안 투입되는 총비용)으로 시설물의 기능, 성능 및 품질을 향상시키기 위하여 여러 분야의 전문가로 설계VE 검토조직을 구성하고 워크숍을 통하여 설계에 대한 경제성 및 현장적용의 타당성을 기능별, 대안별로 검토하는 것을 말한다.

2. VE 실시대상

(1) 건설기술진흥법(정부 및 공공기관 발주 건설공사)상 실시대상

1) 총공사비 100억원 이상인 건설공사의 기본설계 및 실시설계(일괄·대안입찰공사, 기술제안입찰공사, 민간투자사업 및 설계공모사업을 포함)
2) 총공사비 100억원 이상인 건설공사로서 실시설계 완료 후 3년 이상 지난 후 발주하는 건설공사(단, 발주청이 여건변동이 경미하다고 판단하는 공사는 제외)
3) 총공사비 100억원 이상인 건설공사로서 공사시행 중 총공사비 또는 공종별 공사비 증가가 10% 이상 조정되어 설계를 변경하는 경우(단, 단순 물량증가나 물가변동으로 인한 설계변경은 제외)
4) 그 밖에 발주청이 설계단계 또는 시공단계에서 설계VE가 필요하다고 인정하

는 건설공사

(2) 민간 건설공사

1) 이용자가 대중인 공공 Project
2) 공사금액이 고비용인 Project : (VE를 통한 일반적인 절감액은 5~10%)
3) 복잡하고 복합적인 Project
4) 신기술이 적용되는 유일무이한 Project
5) 동일한 건축물의 반복적인 Project
6) 특별히 성능위주설계가 요구되는 Project
7) 엄격한 공사비 예산이 적용되는 Project

3. VE 실시 시기 및 횟수

(1) 기본적인 실시시기

기본설계, 실시설계에 대하여 각각 1회 이상 실시

(2) 일괄입찰공사, 민간투자사업 및 기술제안입찰공사

1) 일괄입찰공사 : 실시설계적격자 선정 후 실시설계단계에서 1회 이상
2) 민간투자사업 : 우선협상자 선정 후 기본설계에 대해 1회 이상, 실시계획승인 이전에 실시설계에 대하여 1회 이상
3) 기본설계기술제안입찰공사 : 입찰 전 기본설계·실시설계적격자 선정 후 실시설계에 대하여 1회 이상
4) 실시설계기술제안입찰공사 : 입찰 전 기본설계 및 실시설계에 대하여 각각 1회 이상

(3) 실시설계 완료 후 3년 이상 경과한 뒤 발주하는 건설공사의 경우

공사발주 전에 설계VE를 실시하고, 그 결과를 반영한 수정설계로 발주해야 함

(4) 시공단계

발주청이나 시공자가 필요하다고 인정하는 시점에 실시

4. VE 수행자격

(1) 「건설기술진흥법」에 따른 당해 건설사업관리용역사업자
(2) 발주청 소속직원(시공자가 수행할 경우 시공사 직원 및 해당 공종의 하수급인도 포함)

(3) 설계VE 검토업무의 수행경력이 있거나, 이와 유사한 업무를 수행한 자
(4) VE 전문기관에서 인정한 최고수준의 VE전문가 자격증 소지자
(5) 기타 발주청이 필요하다고 인정하는 자

5. VE 검토조직의 구성

설계VE는 발주청이 주관하여 실시하며, 발주청은 검토조직의 담당자를 선임하고 검토조직의 담당자는 검토조직을 관리한다.

(1) 설계VE 검토조직은 발주청 또는 「건설기술진흥법」에 따른 건설사업관리용역업자가 다음 조건에 적합한 책임자, 관리자, 팀원으로 구성한다.

　1) 검토조직의 책임자 : 최소한 40시간 이상 VE전문교육과정을 이수한 자
　2) Facilitator(관리자) : VE전문기관에서 인정한 최고수준의 VE전문가 자격증 소지자
　3) 팀원 : 중요한 공종의 전문기술인 1인 이상

(2) 검토조직을 발주청 소속직원으로만 구성하는 경우

외부전문가(VE전문가 자격증 소지자) 1인 이상이 포함되어야 한다.

(3) 시공자가 설계VE를 수행할 경우

시공자가 주관하여 검토조직을 구성하여 실시하며, 발주청 담당자, 건설사업관리용역업자, 설계VE 대상 시설물의 하수급인 등을 포함할 수 있다.

6. 설계자가 제시하여야 할 자료

(1) 설계도(설계도가 작성이 되지 않은 경우 스케치로 대체)
(2) 지형도 및 지질자료
(3) 주요 설계기준
(4) 표준시방서, 전문시방서, 공사시방서 및 설계업무지침서
(5) 사업내역서, 공사비산출서
(6) 관련법규 등에 기초한 협의 및 허가수속 등의 진행상황
(7) 기타 검토조직이 필요하다고 인정하여 요구하는 자료 : 구조계산서, 원가계산서, LCC(Life Cycle Cost : 생애주기비용)자료 등

7. VE 검토업무의 절차 및 내용

(1) 준비단계(Pre-Study)

검토조직의 편성, 설계VE대상 선정, 설계VE기간 결정, 오리엔테이션 및 현장답사 수행, 워크숍계획수립, 사전정보분석, 관련자료의 수집 등

(2) 분석단계(VE Study)

선정한 대상의 정보수집, 기능분석, 아이디어의 창출, 아이디어의 평가, 대안의 구체화, 제안서의 작성 및 발표

1) 분석단계에서 해당 사업의 설계자로부터 원안 설계내용에 대한 의견을 듣는 것을 원칙으로 한다.
2) 대안의 구체화 및 제안서 작성은 안전성, 경관성, 내구성 및 기능을 손상하지 않는 범위에서 유지관리비 등을 포함시킨 생애주기비용의 관점에서 행한다. 단, 생애주기비용의 관점에서 설계VE가 불가능한 경우에는 건설사업비용의 관점에서 행한다.
3) 당해 사업의 비용배분 및 기능분석을 명확히 할 수 있는 자료를 작성한다.
4) 발주청, 설계자와 검토조직이 한 장소에 모여 워크숍 형태로 수행되어야 한다.

(3) 실행단계(Post-Study)

검토조직은 설계VE에 따른 비용절감액과 검토과정에서 도출된 모든 관련자료를 발주청에 제출하여야 하며, 발주청은 제안이 기술적으로 곤란하거나 비용을 증가시키는 등 특별한 사유가 없는 한 설계에 반영하여야 한다.

8. 결론

국내의 소방시설설계 현업에서 VE를 성능위주설계와 더불어 하나의 생산관리 가치향상기법으로서의 효과적인 적용을 위해서는 이 기법에 대한 근본적인 이해와 실행에 대한 의지가 건설전문집단에는 물론 건축주에게도 요구되며, 이의 올바른 정착을 위해서는 제도적인 뒷받침과 체계적인 연구 등의 준비과정이 있어야 할 것이다.

09 성능위주 피난설계

1. 개요

(1) 건축물의 성능위주피난설계 시 최소피난시간(RSET : Required Safety Escape Time)과 유효(허용)피난시간(ASET : Available Safety Escape Time : 거주가능시간)을 검토하여 그 중 긴 시간을 피난시간으로 결정하여야 피난안전을 확보할 수 있다.

(2) 화재시 건물내의 열·연기 등의 거동을 예측하는 화재모델링과 재실자에 대한 피난시뮬레이션을 행하여 피난대책을 수립한다.

2. 피난시간의 예측과정

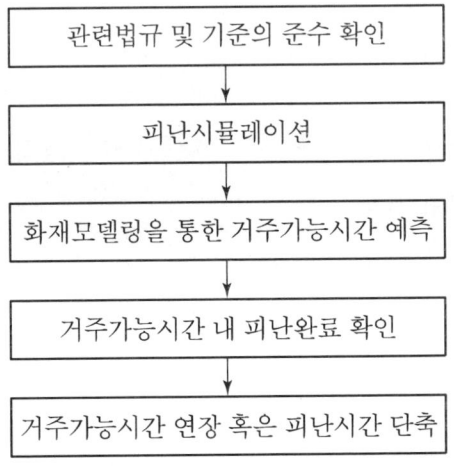

(1) 피난시뮬레이션(피난시간 예측)

1) 개념

① 피난상 가장 불리한 조건의 발화지점으로부터 안전구역까지 피난소요시간 및 보행거리, 피난시 정체예상부분 등을 분석한다.

② 피난시뮬레이션 결과를 비교·분석하여 피난안전성을 평가한다.

2) 피난시간의 결정요인

① 환경적 요인 : 건물의 출입구 위치, 출입구의 폭, 복도의 폭 및 길이, 계단의 폭, 건물의 공간구성, 피난통로상의 장애물 등

② 개인적 요인 : 보행속도, 신체조건 등

3) 피난시간 절감대책

① 건축물 내의 거주밀도 감소, 피난경로 단축, 피난용량(출입구의 수 및 폭, 복도·계단의 폭)의 증가

② 화재의 감지·경보시간 단축

(2) 화재모델링(거주가능시간 예측)

1) 개념

① 화재시 열·연기의 발생 및 이동현상 등의 화재성상을 공학적으로 분석한다.

② 화재모델링을 함으로써 허용피난시간의 판단, 화재로 인한 구조물의 영향 및 소방시설의 유효성을 판단할 수 있다.

2) 거주가능시간 연장 대책

① 건축물 마감재의 불연재료화 및 주요구조부의 내화성능 향상

② 스프링클러설비의 RTI 값 향상

③ 제연설비의 기능 향상

④ 실내 가연성 수용물의 제한 등

3. ASET(Available Safety Escape Time)

(1) 개념

화재개시 시점부터 거주자의 체류가능조건의 한계 즉, 거주가능한계시간으로 위험이 파급되기 직전까지 걸리는 시간이다.

(2) 거주자의 체류가능조건

1) 실내최대온도 : 100~110℃

2) 최저산소농도 : 18%

3) 연기층 높이 : 바닥에서 1.5m 이상

4. RSET(Required Safety Escape Time)

(1) 개념

화재개시 시점부터 거주자가 실제 피난완료할 때 까지 필요한 최소시간이다.

(2) RSET의 구성요소

$$\therefore \text{RSET} = T_d + T_a + T_p + T_m$$

1) 감지시간

   감지시간은 화재의 발화 이후부터 자동식 화재감지시스템 또는 화재발생 징후를 최초로 인식한 거주자에 의하여 감지되기까지 경과된 시간이다.

2) 경보시간

   ① 경보시간은 화재감지 이후 화재발생을 알리기까지의 시간에 해당된다.
   ② 만일, 자동식 화재감지시스템에 의해 최초 감지시 바로 경보를 하게 되면 이때의 경보시간은 0이 되며, 단계별 감지시스템을 사용하거나 자동식 화재감지시스템이 없는 경우에는 수 분 동안 경과될 수도 있다.

3) 피난개시 준비시간

   ① 인식시간 : 화재경보가 주어지고 그 경보에 대하여 최초로 반응할 때까지의 경과시간
   ② 반응시간 : 최초의 반응이 나타나고 피난구를 향하여 최초의 이동이 발생할 때까지의 경과시간

4) 이동시간

   ① 보행시간 : 건물 내 거주자가 비상출구까지 보행에 소요되는 시간
   ② 출구통과시간 : 비상출구에 도달한 거주자가 출구를 통과하는 데 소요되는 시간

5. 피난시간의 향상대책

(1) RSET의 감소방안

1) 거주밀도를 하향조정

2) 건축구조를 피난거리가 단축되게 설계
3) 비상구 및 피난계단의 수를 증가시킴
4) 비상구 및 피난계단의 폭을 증대
5) 화재 시 감지·경보까지의 시간을 단축

(2) ASET의 증대방안

1) 제연설비의 설치
2) 자동식소화설비 설치
3) 실의 구조 및 창문(개구부)의 형식·크기 등을 변경
4) 가연물의 종류 및 사용량을 제한

6. 결론

(1) 필요피난시간(RSET)=감지시간+경보시간+피난개시 준비시간+이동시간
(2) 피난한계 : ASET(허용피난시간) > RSET(필요피난시간)이 되어야 안전한 피난이 될 수 있다.
(3) 거주가능시간(ASET)은 총피난시간(RSET)과 Flash Over까지 고려한 것으로 총피난시간이 거주가능시간보다 작아야 안전하다고 할 수 있다.

[Reference]

〈 건축물의 피난성능평가 〉

	RSET (필요피난시간)	ASET (허용피난시간)
요소	• 피난 인원의 특성 • 피난경로의 효율성 • 안전구획까지의 거리	• 화재전파속도 • F/O 도달시간 • 연기층의 하강시간
측정 방법	• 피난모델링 • 피난시간 계산공식	• 화재모델링 • 화재현상 수계산공식
결과	피난완료시간	위험수준 도달시간
※ RSET < ASET이면 합격		

Chapter 15
각종 건축물의 종류별 방재대책

01. 각종 건축물의 공통적인 방재대책 ········ 821
02. 각종 건축물의 용도별 방재적 특성 ········ 823
03. 초고층건축물의 소방방재대책 ··· 829
04. 초고층건축물의 연돌효과 방지대책 ········ 834
05. ATRIUM 방재대책 ················ 837
06. 지하구의 소방·방화시설 ······· 840
07. Life Line의 방재대책 ············· 842
08. 지하철역사의 방재대책 ·········· 845
09. Multiplex(복합상영관) 방재대책 ········ 847
10. 공동주택의 방재대책 ············· 850
11. Clean Room·반도체공장의 방재대책 ········ 853
12. 집회장 무대부의 방재대책 ······ 855
13. 다중이용업소의 소방·방화시설 ········ 857
14. 선박의 방재대책 ···················· 863
15. 차량화재의 예방대책 ············· 865
16. 대형 물류(랙크식)창고의 방재대책 ········ 867
17. 대형 할인매장의 방재대책 ······ 870
18. 호텔건축물의 방재대책 ·········· 872
19. 광산재해의 방재대책 ············· 874
20. 도장공정의 화재예방대책 ········ 876
21. 실내체육관의 방재대책 ·········· 879
22. 냉동창고의 방재대책 ············· 881
23. 노인복지시설의 방재대책 ······· 883
24. 냉각탑의 화재예방대책 ············ 885
25. 목조건축물의 화재위험성과 안전대책 ········ 887
26. 목조문화재 건축물의 방재대책 ·· 890
27. 견본주택(모델하우스)의 방재대책 ········ 892
28. 도로터널의 소방·방화시설 ····· 895
29. 도로터널의 위험도지수 산정기준 ········ 901
30. 덕트화재 ···························· 904
31. 지진관련 방재대책 ················ 907
32. 실내사격장의 화재·폭발 안전대책 ········ 909
33. 전통시장의 화재안전대책 ········ 911
34. 원자력발전소의 화재방호대책 ··· 914
35. 박물관 수장고의 화재방호대책 ··· 918
36. 지하주차장의 화재안전대책 ····· 921
37. 전기차량 충전·주차구역의 화재안전대책 ········ 924
38. 데이터센터의 화재안전대책 ····· 929
39. 풍력발전기의 화재안전대책 ····· 931
40. 대형병원의 화재안전대책 ········ 934

01 각종 건축물의 공통적인 방재대책

1. 개요

본 Section에서는 대부분의 건축물에서 공통으로 적용될 수 있는 방재대책 내용을 기술하였다. 여기에, 다음 Section(각 건축물의 용도별 방재적 특성)에서 나오는 각 건축물의 용도별 화재·방재적 특성과 그에 따르는 특정 소방·방재시설을 추가하면 거의 모든 건축물에 대한 방재대책은 포용될 수 있을 것이다.

2. 방재대책

(1) 건축계획적 측면(수동적 방재대책)

1) 건축물 배치계획시 고려사항

   ① 소방차 진입로 확보
   ② 피난 및 소화활동용 대지 안의 공지 확보
   ③ 인접건물과의 안전한 인동거리 확보

2) 건축물 설계시 고려사항

   ① 출화예방대책

   ㉮ 내장재의 불연화
   ㉯ 각종 전선의 내열·내화 및 규정용량의 것으로 선정

   ② 화재확산 방지대책

   ㉮ 방화구획 : 특히 수직관통부의 방화·방연구획 철저
   ㉯ 방연구획 : 상용승강기 승강장에도 방연구획 및 연소방지조치 필요

   ③ 상층연소 방지대책

   ㉮ Spandrel 높이 증대 : 최소 90cm 이상
   ㉯ Cantilever 설치 : 50cm 이상
   ㉰ 창문모양 : 횡장형을 배제하고 장장형을 지향함

   ▭ (×)   ▯ (○)

   ㉱ 창유리 : 망입유리 및 수막설비 설치

3) 피난계획시 고려사항

　① 각 층별로 2방향 피난로 확보 : Fail Safe
　② 피난경로는 간단명료하고, 피난수단은 원시적인 방법 : Fool Proof
　③ 피난설비는 고정적인 설비로 함
　④ 각 피난로의 안전구획 확보
　⑤ 중간피난층 및 피난용승강기 설치 : (고층건축물인 경우)
　⑥ 헬기에 의한 피난계획 고려
　⑦ 피난시간 계산 및 피난시뮬레이션에 의한 피난용량 확보
　⑧ 특별피난계단 및 비상용승강기 설치

(2) 소방설비적인 측면(능동적 방재대책)

[기본 목표] : 종합방재시스템의 인텔리전트화 및 Network화

1) 경보설비

　① 인텔리전트 R형 자동화재탐지설비 채택 및 Network화
　② 누전경보기 및 가스누설차단경보장치
　③ 비상방송설비

2) 소화설비

　① 소화기구 : 수동식·자동식 소화기 및 자동확산 소화용구
　② 옥내 및 옥외 소화전 설비
　③ 스프링클러설비
　④ 물분무 등 소화설비

3) 피난설비

　① 피난기구
　② 유도등·유도표지
　③ 비상조명등설비

4) 소화활동설비

　① 제연설비 : 부속실제연설비 및 지하층·무창층의 거실제연설비
　② 연결송수관설비
　③ 비상콘센트설비
　④ 무선통신보조설비

(3) 방화관리적인 측면

1) 종합방재시스템의 인텔리전트화 및 Network화 : 종합방재센터의 설치·운영
2) 신방재 교육의 도입
3) 실질적인 자위소방대의 조직
4) 가연물의 환경정비 및 저장·취급의 관리강화
5) 화기사용설비의 관리강화

3. 결론

다음과 같은 사항들이 실천되어야 인명안전이 확보되는 방재대책이 될 수 있다.
(1) 건축계획단계에서부터 종합적인 방재대책의 반영
(2) 인명안전을 우선 고려하는 방재계획의 수립
(3) 화재 모델링 및 시뮬레이션에 의한 성능위주 소방설계의 실현
(4) 설계·시공·감리에서 책임 있는 기술자격자 참여의 제도적인 보장

02 각종 건축물의 용도별 방재적 특성

1. 고층건축물의 방재적 특성

(1) 화재특성

1) 높은 연돌효과(Stack effect)의 발생

① 연돌효과에 의한 압력차 계산식

$$\Delta P = 3,460 \times h \left(\frac{1}{T_o} - \frac{1}{T_i} \right)$$

여기서, ΔP : 실내·외부의 압력차[Pa]
h : 건물의 중성대로부터 건물 상단까지의 높이[m]
T_o : 실 외부 온도[K]
T_i : 실 내부 온도[K]

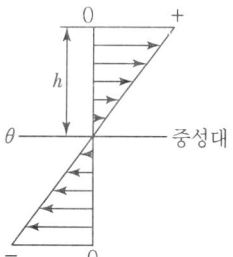

② 위의 식에서와 같이 고층건축물은 h(중성대에서 건물 상단까지의 높이)가 매우 높으므로 즉, 각종 Shaft가 매우 길므로 인해 연돌효과에 의한 압력차가 크게 된다. 따라서, 이러한 연돌효과로 인해 상승기류가 활발해 지므로 상층부로의 연기 및 연소 확대의 위험이 커지게 된다.

2) 외부창을 통한 상층부로의 연소확대위험이 크다.

연돌효과에 의한 실내·외의 압력차 및 F/O 등의 원인으로 외부로 분출되는 화염이 있을 경우, 이 화염의 상승 열기류가 상층의 벽(창)쪽으로 달라 붙으려는 경향이 생기므로 상층의 창을 가열하게 되어 창이 파괴되므로 인해 상층으로의 연소확대가 용이하게 된다.

3) 배연창 적용이 곤란하다.

① 배연창이 개방될 경우 고층부에는 건물 외부에서 내부로의 강한 바람으로 인해 오히려 건물 내부로 연기 및 화염의 확산이 용이해진다.

② 저층부에서는 연돌효과에 의해 외기와의 압력차가 커지므로 인해 배연창이 개방되면 건물 내부로 공기가 유입되어 연기 및 화염의 확산이 용이해진다.

(2) 피난·소화활동상의 문제점

1) 고층부에는 외부 소방력 지원이 곤란함(특히 높이 31m 초과 건축물)
2) 수직피난경로의 길이가 길어 보행피난시 피난시간이 오래 걸린다.
3) 고층부에서는 피난시 승강기를 선호하므로 2차적인 피해가 증가 함
4) 상용승강기의 승강장에는 방연구획 미비 : 승강로를 통한 연기확산 위험
5) 다수층의 많은 인원이 동시 피난 : 직상층 우선경보방식이라도 수직샤프트 등을 통하여 빠르게 화재가 확산될 경우
6) 대부분 무창·폐쇄공간 : 피난시 방향감각 상실
7) 피난로와 소방대 진입로가 중첩될 수 있다.
8) 복합빌딩의 경우 : 피난동선의 합류로 인한 패닉발생 우려

[호텔]
9) 폐쇄상태의 밀실에서 잠을 잔다. : 객실별로 경보설비·제연설비 필요
10) 대부분의 투숙객이 잠든 시간, 즉 인명위험이 가장 높은 시간에 근무자가 최소화된다.
11) 연회장·숙소·주방 등 다종 용도의 복합건축물 형태이다.

(3) 개선방안

1) 준초고층건축물에도 중간피난층(피난안전구역)을 설치

   현행 건축법규상 준초고층건축물(30층~49층)의 경우에는 피난층 또는 지상으로 통하는 직통계단을 설치하는 경우 피난안전구역의 설치를 제외할 수 있도록 규정하고 있으나, 여기에도 소방방재시설을 갖춘 중간피난층(피난안전구역)의 설치가 요구된다.

2) Stack Effect(연돌효과) 방지대책

   ① 수직계단 및 엘리베이터 승강로의 높이가 클수록 연돌효과가 커지므로 피난계단 및 엘리베이터 승강로를 일정구간별로(30개층 이내마다) 수직분리하여 상·하부를 구획한다.
   ② 하층부에서 공기유입이 커지면 연돌효과가 커지므로 현관에 방풍실을 설치하고 현관문을 이중문 또는 회전문으로 설치하여 하층부에서 공기유입을 최소화시킨다.
   ③ 상용승강기에도 승강장을 구획하여 전실(부속실)을 설치한다.
   ④ 층간구획을 기밀시공하여 누설부위가 없도록 한다.
   ⑤ 지상 1층 또는 하층부의 로비 등은 급기가압제어를 통해 외부공기가 유입되지 않도록 한다.

3) 제연설비의 개선

   ① 기계식 배연설비 방식으로 설치 : 고층부에는 높은 풍압으로 인해 배연창(자연배연)방식은 부적합 함
   ② 배기량만 강제규정하고, 급기량은 최소화하여 덕트용량 및 층고 증가요인을 최소화
   ③ 화재층에는 배기만 하여 부압이 형성되게 하고, 화재층의 직상·직하층에는 급기만 하여 양압을 형성하여 연기침입을 방지한다.

4) 소화설비의 가압송수방식을 고가수조방식으로 적용

   ① 고층건축물의 특성상 가장 손쉽고 안정적인 방수압력을 얻을 수 있는 자연낙차방식 즉, 고가수조방식을 채용한다.
   ② 이 경우 고가수조방식의 단점인 최상부층에서 규정방수압력의 미달을 방지하기 위해 최상부 부근 층은 펌프가압방식으로 별도의 zone을 구성하여야 한다.

5) Fail-Safe 개념을 적용

① 소화설비용 입상배관과 자동화재탐지설비용 입상간선 등은 두 개의 별도 샤프트에 2중으로 설치하여 신뢰성을 향상시킨다.

> 현행 법규정(고층건축물의 화재안전기준)에서, 50층 이상인 건축물에는 소화설비용 입상배관은 2중으로 설치하도록 규정하고 있으며, 자동화재탐지설비의 통신·신호배선에 대하여도 2중 배선으로 설치하도록 규정하고 있다.

② 소방시설용 비상전원의 공급라인도 2중화 한다.

2. 지하공간의 방재적 특성

(1) 화재특성

1) 폐쇄공간
    ① 공기공급부족 → 불완전연소 → 다량의 연기 및 CO 발생 → 산소결핍 → 피난자 질식 → 소화활동장애
    ② 열·연기의 방산이 적어 축적 → 고온·고압환경 조성 → 건축재료의 내화성능 감소 → (체류가스에 의한 폭발가능)
2) 소화용 주수에 의한 수손피해 : 자연배수 불가
3) 패닉발생위험 : 연기에 의한 빛의 차단으로 방향감각 상실
4) 피난방향과 연기이동방향이 일치됨
5) 소방대의 진입로와 피난자의 피난로가 교차됨 : 계단 또는 경사로
6) 지하가·지하철 역사 등 다중이용시설에 연결된 경우 피난동선의 합류 등 복합화에 따른 위험요인 존재

(2) 방재대책

1) Sunken Garden 설치
    ① 외광이 지하층으로 직접 들어오게 함
    ② 피난기구를 이용하면 이곳을 통해 지상으로 피난 가능
2) 제연설비능력 강화
    ① 공조설비와 겸용이 아닌 전용 제연설비 설치 : 신뢰도 확보
    ② 화재·피난시뮬레이션을 통한 제연용량 확보
3) 연기의 이동·유인 통로가 피난통로와는 별개가 되도록 설계

4) 2방향 피난로 확보

3. 백화점 등 다중이용시설의 방재적 특성

(1) 화재특성(방재적 특성)

1) 화재하중이 높다.
2) 무창층이 대부분임 : 지하공간과 유사한 화재특성 연출
3) 고밀도의 불특정 다수인이 이용 : Panic 발생 용이함
4) 방화구획 곤란 : 방화셔터 아래에 판매·진열대 등을 설치
5) 대공간이 많다. : 연기제어에 유의를 요함

(2) 방재대책

1) 피난동선의 안전성 확보
   ① 2방향 이상의 피난로 확보 : Fail Safe
   ② 화재·피난시뮬레이션에 의한 피난용량 확보
   ③ 피난로의 안전구획확보
   ④ 피난로의 구조는 간단명료 : Fool Proof

2) 상용승강기
   ① 화재시 즉시 피난층으로 강제복귀
   ② 승강장에 방연구획 확보 : 승강로를 통한 연기확산 방지

3) 거실제연설비 능력강화

4) 자동화재탐지설비
   ① 인텔리전트 R형 자동화재탐지설비 채용
   ② 음향경보 외에 시각경보장치(Strobe Light) 설치

5) 소방방재설비의 인텔리전트화 및 Network화

6) 피난훈련 및 홍보·교육 : 직원 및 이용자

7) 복합건축물인 경우
   ① 건축물 용도별로 각각 방화상 독립된 부분으로 계획
   ② 피난시설이 상호공용인 경우 : 화재경보를 순차경보되게 함

③ 방재정보 시스템의 Network화

8) 재해약자를 배려하는 계획

① 수직피난보다는 수평피난계획을 고려 : 비화재 Zone(전실, 발코니 등)에 일시 체류공간 확보
② 유아실 등 거동이 곤란한 약자의 거실인 경우 : 그 부분을 신뢰성 높은 방화·방연구획으로 차단

4. 사회복지시설의 방재적 특성 : (재해 약자를 배려하는 피난계획)

(1) 수평피난방식 적용

1) 평면을 분할하여 방화구획하고, 비화재 Zone에 일시적인 체류공간 확보
2) 복도에 안전구획이 성립되지 않을 경우 피난에 유효한 발코니 설치
3) 특별피난계단이 요구되지 않는 규모라도 계단실에 구획된 부속실을 설치

(2) 중환자실·수술실 등 거동이 곤란한 약자의 거실인 경우

1) 신뢰성 높은 방화·방연구획 확보
2) 구획된 Zone 내에서도 피난계단 또는 또 하나의 구획된 Zone으로 피난경로를 확보

5. 도로터널의 화재특성

(1) 터널의 구조적 특성에 따른 자연풍(2~10m/s) 상존
(2) 화재시 이 자연풍으로 연기의 급속확산 : 피난장애 및 질식위험
(3) 화재시 양방향 피난로 확보 불가 : 도피 연락갱 부재의 경우
(4) 차량은 다량의 유류를 함유하므로 연소시 발열량이 큼
(5) 차량 내·외장재의 연소로 다량의 연기 및 독성가스 발생
(6) 전소화재시는 인접차량으로 신속히 전파

03 초고층건축물의 소방방재대책

1. 정의

(1) 고층건축물(초고층건축물 포함)

1) 국내 기준

층수가 30층 이상이거나 높이가 120m 이상인 건축물

2) IBC(International Build Code) 기준

높이 75ft(22.5m) 이상인 건축물

(2) 초고층건축물

1) 국내 기준

층수가 50층 이상이거나 높이가 200m 이상인 건축물

2) BOMA(Building Owners & Managers Association) 기준

층수가 50층 이상이거나 높이가 130m 이상인 건축물

2. 고층건축물의 화재특성

(1) 높은 연돌효과(Stack effect)의 발생

1) 연돌효과에 의한 압력차 계산식

$$\Delta P = 3,460 \times h \left(\frac{1}{T_o} - \frac{1}{T_i} \right)$$

여기서, ΔP : 실내·외부의 압력차[Pa]
h : 건물의 중성대로부터 건물 상단까지의 높이[m]
T_o : 실 외부 온도[K]
T_i : 실 내부 온도[K]

2) 상기 식에서와 같이 고층건축물은 h(중성대에서 건물 상단까지의 높이)가 매우 높으므로 즉, 각종 Shaft가 매우 길므로 인해 연돌효과에 의한 압력차가 크게 된다. 따라서, 이러한 연돌효과로 인해 상승기류가 활발해지므로 상층부로

의 연기 및 연소 확대의 위험이 커지게 된다.

(2) 외부창을 통한 상층부로의 연소확대위험이 크다.

위의 연돌효과에 의한 실내·외의 압력차 및 F/O 등의 원인으로 외부로 분출되는 화염이 있을 경우, 이 화염의 상승 열기류가 상층의 벽(창)쪽으로 달라 붙으려는 경향이 생기므로 상층의 창을 가열하게 되어 창이 파괴되므로 인해 상층으로의 연소확대가 용이하게 된다.

(3) 배연창 적용이 곤란하다.

[초고층건축물에서 배연창의 문제점]
(1) 초고층건축물의 고층부에서 배연창이 개방될 경우 건물 외부의 강력한 풍압에 의한 외부에서 내부로의 강한 바람으로 인해 오히려 건물 내부로 연기 및 화염의 확산이 극대화 될 수 있다.
(2) 초고층건축물의 저층부에서는 연돌효과에 의해 외기와의 압력차가 커진 상태에서 배연창이 개방되면 내부로 공기가 신속하게 유입되면서 연소촉진 및 화재확산을 가속화 시키는 결과를 초래할 수 있게 된다.
(3) 초고층건축물에서는 고층부로 갈수록 높은 풍압으로 인해 배연창의 개폐 자체가 어려울 수 있으며, 강한 바람의 영향으로 배연창의 탈락 등 파손될 위험성도 있다.

3. 피난 및 소화활동상의 문제점

(1) 피난상의 문제점

1) 수직피난경로의 길이가 길다.

고층부에서 피난층에 이르기까지의 피난거리가 멀어서 노약자는 물론 일반인도 보행피난이 어렵고 피난시간도 오래 걸린다.

2) 피난 시 승강기를 선호하므로 2차적인 피해 우려가 있다.

수직피난경로의 거리가 길므로 인해 피난자들이 상용승강기를 이용하여 피난하려는 경향이 많다. 이 경우 화재층에서 승강기가 멈춰 문이 열렸을 경우 승강기 내의 탑승객들이 화열과 연기에 노출될 확률이 높으며 또, 승강로를 통하여 고층부로의 화재확산 원인이 될 수도 있다.

3) 다수층의 많은 인원이 동시에 피난

화재 시의 경보방식이 화재층·직상층 우선경보방식이더라도 화재가 승강기의 승강로 등의 수직샤프트 등을 통하여 빠르게 확산될 경우에는 다수층의 많은 재실 인원이 동시에 피난할 수도 있어 피난에 혼란이 가중될 수 있다.

4) 대부분 무창·폐쇄공간

고층부의 풍해를 방지하기 위하여 대부분 무창·폐쇄공간 구조로 하므로, 피난 시 방향감각을 상실하기 쉬우며, 특히 피난계단실이 연기에 오염되면 피난이 불가능해질 수도 있다.

(2) 소화활동상의 문제점

1) 고층부에는 외부에서 화재진압이 곤란하다.

고층부의 외부에는 헬기 이외에 소방력이 미치지 못함

2) 피난로와 소방대 진입로가 중첩

피난계단 등에서 다수의 피난인원과 진입하는 소방대원이 마주쳤을 때 혼잡이 발생하여 피난 및 소방대 진입이 지연될 수 있다.

3) 대부분 무창·폐쇄공간

풍해를 방지하기 위하여 대부분 무창·폐쇄공간 구조로 하므로, 건물내에 유입된 연기 등의 제어가 어렵고, 화재에 대한 정보지연으로 소화대책 수립이 지연될 수도 있다.

4. 일반 건축물에 비해 강화되어야 할 소방방재시설

(1) 상용승강기를 피난용승강기로 보강

기존 법정 피난용승강기는 고층건축물의 동별로 1대 이상만 설치하도록 규정하고 있으므로, 대형 건축물에서는 피난용량에 비해 현저하게 모자라는 실정이다. 따라서, 이의 대안으로 일반용 상용승강기를 화재로부터 보호될 수 있도록 다음과 같은 보강조치를 하여 화재시 피난에 이용할 수 있도록 한다.

1) 각 층의 승강장 및 승강로를 방화구획 및 방연구획(급기가압제연설비)
2) 재실자가 가장 많은 층의 재실자 전원을 3분 이내에 대피시킬 수 있는 용량의 승강기 시설을 갖추어야 한다.
3) 모든 승강기는 정전시 자동으로 비상발전기를 통해 운행될 것
4) 모든 승강기에 CCTV 및 비상전화 장치 설치
5) 모든 승강기시스템은 방수시설로 제작 및 설치

6) 화재시 승강기 운전에 관한 비상대응 프로그램의 구비
7) 방재센터에는 승강기에 대한 운행감시 및 제어장치를 설치

(2) 피난안전구역

(현행의 피난안전구역 설치기준 외에 추가로 보완이 요구되는 사항)

1) 면적기준의 과학적 근거에 의한 세부화

현행의 설치기준에는 면적에 대한 기준이 있으나 보다 더 과학적인 기준이 필요하다. 즉, 건축물의 용도에 따른 거주밀도와 피난대상자의 신체적·심리적 특성을 고려한 피난시뮬레이션 등의 과학적인 분석을 통하여 합리적인 대피공간의 면적을 확보할 수 있도록 하는 기준이 필요하다.

2) 내화성능

대피공간과 다른 공간과는 확실하게 구획하는 것은 물론, 보다 강화된 방화성능을 갖추어야 한다. 즉, 일정시간 이상의 방화 및 내화기능을 수행할 수 있는 구조로 하여야 한다.

3) 방연성능

옥내에서 피난안전구역으로 통하는 출입문에는 급기가압식 제연설비를 설치한 전실을 통한 방연구획을 하여야 한다.

(3) 주요구조부의 내화구조

1) 초고층건축물에 주로 적용되고 있는 고강도 콘크리트는 조직이 치밀해서 화재시 콘크리트 내부의 수분증발에 따른 폭열위험이 크고 내화성능이 일반 콘크리트보다 떨어진다는 것이 실제 시험결과 확인되었다.
2) 따라서 고강도 콘크리트를 사용하는 초고층건축물에 있어서는 내화구조를 보강조치하고 반드시 공인시험기관에서 인증한 것을 사용하여야 할 것이다.

(4) 소화배관에 Expension Joint 설치

1) 건축물이 고층일수록 수직하중이 증가하므로 기둥 및 벽체와 같은 수직하중을 받는 구조체에 축소현상(Shortening)이 발생하는데, 이때 건물에 설치된 배관 등이 수축하게 되어 파손될 수 있다.
2) 이와 같은 건축물의 축소현상(Shortening)에 대비하여 소화배관 등 주요배관에 Expension Joint를 설치하여 배관의 파손을 방지하여야 한다.

(5) 연돌효과 방지대책

1) 건축물 외피의 기밀성 확보(외부기류의 건물 내 유입방지)
   ① 1층 현관 출입구에 전실(방풍실) 및 회전문 설치
   ② 지하층 방풍실의 출입문을 기밀성 강화도어로 설치
   ③ 옥탑층의 환기용 그릴창호 대신 Fix Type 창호로 설치하고 기계식 환기설비 설치

2) 계단실, 승강기샤프트(승강로) 등 수직샤프트의 Zoning화
   계단실 및 승강기의 승강로 등의 수직샤프트를 일정한 수직거리마다 구획하여 Zoning화 하면 연돌효과를 대폭 줄일 수 있게 된다.

5. 결론

(1) 현행 국내기준의 초고층건축물에 보강하여야 할 소방방재시설은 다음과 같이 요약된다.
   1) 상용승강기를 피난용승강기로 보강하여 유사시 피난용으로 사용
   2) 피난안전구역 설치기준에 면적기준과 내화성능·방연성능의 기준을 보완
   3) 내화구조로 사용되는 고강도 콘크리트에 대하여 내화성능을 보강
   4) 소화설비의 배관에 Expension Joint 설치

(2) 위 사항들이 모두 보완된다 하더라도 법규가 초고층건축물의 모든 상황을 고려하여 제정될 수는 없기 때문에, 이를 보완하는 제도가 성능위주설계 및 사전재난영향성검토 제도이다. 따라서, 이들의 검토·심의에서 보다 체계적이고 심도있는 검토·심의를 통하여 보다 적합한 방재대책이 수립되도록 하여야 하겠다.

04 초고층건축물의 연돌효과 방지대책

1. 개요

(1) 초고층건축물에서 연돌효과(Stack Effect)는 실내·외의 온도차에 의해 발생한 부력으로 인하여 저층부로 유입된 차가운 외기가 엘리베이터샤프트나 계단실을 타고 상승하여 상층부를 통해 외부로 유출되는 현상을 말한다.

(2) 연돌효과로 인한 기류이동은 화재시 연기의 급속한 상승·확산 및 엘리베이터 문의 오작동 등의 심각한 문제들을 야기시킨다.

(3) 특히, 초고층건축물에서는 샤프트의 수직구획이 길고 크므로 인해 연돌효과가 매우 크므로 이의 저감방안이 절대적으로 필요하다 하겠다.

2. 연돌효과의 원리

1) 건물 내의 온도가 외기온도보다 높으면 공기밀도가 적어져 상승하려는 부력이 발생하는데, 이때 건물 내의 상·하부 간에 공기밀도차가 발생하고, 이로 인해 연기가 수직 공간을 따라 상승하는 현상을 연돌효과(Stack Effect)라 한다.

2) 연돌효과에 의한 연기이동의 원리

$$\Delta P = 3,460 \left(\frac{1}{T_o} - \frac{1}{T_i} \right) h$$

여기서, ΔP : 내·외부 압력차[Pa]
T_o, T_i : 내·외부 공기의 절대온도[K]
h : 중성대로부터의 높이[m]

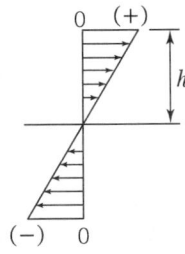

위의 식에서 알 수 있듯이 건물 내·외의 온도차(공기밀도차)와 중성대의 위치에 따라 내·외부의 압력차가 발생하고, 이 압력차에 의해 건물 하부에서 건물 내로 유입된 공기는 다시 건물 내 상·하부 간의 공기밀도차에 의해 수직적으로 발생하는 압력차로 인해 상승하려는 부력이 발생하여 건물 상부로 이동하게 된다.

3. 초고층건축물에서 연돌효과로 인한 문제점

(1) 저층부 화재시 배연창의 개방은 오히려 화재실에서 계단실 내부로의 연기유입을 가속화시키는 결과를 초래할 수 있다.

(2) 상층부에서는 계단실의 압력이 과도하게 높아 피난자가 옥내에서 계단실로의 진입

이 불가능해질 수 있다.
(3) 저층부에서는 계단실의 압력이 지나치게 낮아서 계단실 출입문이 열린 후에는 닫히지 않는 문제가 발생할 수 있다.
(4) 연돌효과가 클 경우에는 계단실 가압방식의 제연설비를 적용할 수 없다.

4. 초고층건축물의 연돌효과 방지대책

연돌효과를 효율적으로 저감할 수 있는 방안에 대하여 아래와 같이 건축계획측면, 기계설비측면, 소방측면으로 구분하여 검토하고자 한다.

(1) 건축계획측면

연돌효과의 대응은 설계초기단계인 건축계획단계에서부터 고려되어야 근본적인 대응방안 수립이 가능하다.

1) 건축물 외피의 기밀성 확보 : (외부기류의 건물 내 유입방지)

① 1층 현관출입구의 회전문 및 전실(방풍실) 설치
② 지하층 방풍실의 출입문을 기밀성 강화도어로 설치
③ 옥탑층의 환기그릴창 대신 Fix 창호로 설치하고 기계식 환기설비 설치

2) 수직샤프트의 Zoning

① 계단실, 엘리베이터샤프트 등 수직샤프트의 Zoning
② 계단실과 엘리베이터샤프트를 동일층에 수직구획하였을 경우 수직구획의 길이(높이)에 비례하여 연돌효과가 현저하게 감소한다.

3) 건축물 내부의 평면구획 : (저층부에서의 기류 유입방지)

① 엘리베이터홀(승강장)을 구획
② 로비층 및 지하층의 수평적 구획
③ 로비에서 엘리베이터홀까지 방풍구획 설치
④ 저층부의 공용공간과 고층부 출입구역의 연결부를 구획 : 연결통로에 기류의 이동을 차단하기 위한 가압공간의 전실을 설치

(2) 기계설비측면

1) 엘리베이터샤프트의 냉각

엘리베이터샤프트 내부의 온도가 낮아지면 엘리베이터 문 전후의 압력차가 감소하게 되어 기류의 유출입을 감소시킨다.

2) 엘리베이터샤프트 상부에 차압조절용 댐퍼를 설치

   승강로로 외기가 유입되어 상승유동 후 차압조절용 댐퍼를 통하여 배출되므로 승강로 내부온도의 저하로 연돌효과 저감 및 엘리베이터 문 전후의 압력차가 감소한다.

3) 방풍실 및 현관로비 부분을 가압

4) 방풍실내 FCU(Fan Coil Unit : 난방급기) 설치

5) 엘리베이터 기계실의 환기창 대신 팩케이지 에어컨 설치

6) 공조시스템의 가압·가변풍량 및 과압방지시스템 설치

   ① Zone별 공조가압
   ② 상층부의 배기저감
   ③ 주방 및 식당의 제3종환기방식 채용

(3) 소방측면

연돌효과가 소방의 제연시스템에 미치는 영향을 최소화시키는 방법

1) 제연공간의 기밀유지

   연돌효과에 대응한 제연성능 확보에 가장 중요한 요소이다.

2) 제연공간의 과압을 배출

   ① 고도의 자동제어를 통한 급기제어
   ② 조정 가능한 추가 달린 Barometric damper를 이용하여 압력 배출
   ③ 공기압이나 전기모터 작동식 과압배출댐퍼를 이용하여 압력 배출

3) 계단실, 승강로 등 샤프트 내의 연돌효과를 방지

   ① 지상층 계단실의 자동개방식 문이나 과압배출댐퍼를 통하여 압력 배출
   ② 배출휀으로 계단실의 과압을 배출

5. 결론

(1) 위에서 제시한 바와 같이 초고층건축물에서의 연돌효과 방지대책으로 건축적 방안과 기계설비적 방안, 소방설비적 방안들이 있으나, 무엇보다 가장 효과적인 방안은 건축계획적 방안인 주 출입문 및 건물 외피의 기밀도를 최대한 확보해 주는 것이다.

(2) 따라서, 위와 같이 연돌효과에 대한 대책들을 효과적으로 적용하려면 설비적 방안

보다는 설계초기단계에서 적용할 수 있는 건축계획적 방안들의 개발이 절대적으로 필요하다 하겠다.

05. ATRIUM 방재대책

1. 개요

(1) ATRIUM의 설치목적
   1) 태양광선을 건물 중앙에 끌어들이기 위함
   2) 건물 내에서 적극적인 공간감 연출

(2) 아트리움 공간은 건물 내의 상하를 관통하는 큰 수직공간으로서 분할되지 않은 Void 공간으로 구성되어 있으므로 다음과 같은 화재특성 및 문제점이 있다.

2. 화재특성 및 문제점

(1) 화재시 Stack Effect 가속화
(2) 아트리움 바닥에서 화재시 연료지배형화재 형태로 급성장
(3) 방화구획 곤란함
(4) 연기제어 곤란 : 아트리움 상부 온도가 고온시에는 연기상승 곤란함
(5) 연기감지기 적용곤란
(6) 스프링클러설비 적용곤란
   1) 천장고가 높아 스프링클러헤드 작동온도 도달 곤란
   2) 방출된 물방울은 낙하하는 동안 비산·증발

3. 적용 가능한 소방설비시스템

(1) 수평분사형 헤드를 사용한 일제살수식 스프링클러설비
   1) 현장에서 실험한 결과 최대방사거리가 일반 측벽형 헤드는 4.5m이나, 수평분사형 헤드는 10m가 되는 것을 실험으로 확인함
   2) 단, 아트리움과 인접한 거실 내외에는 일반(표준형) 스프링클러헤드를 고밀도로 설치

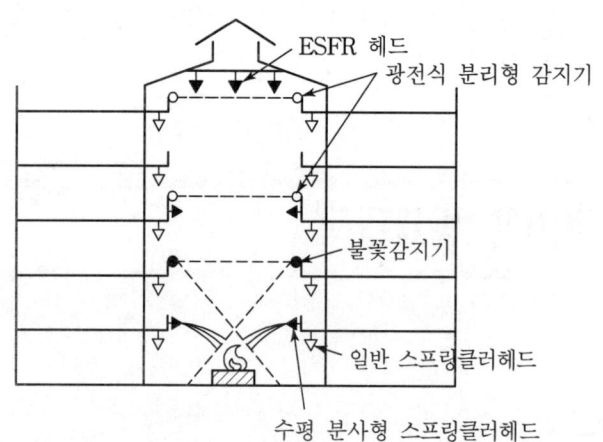

(2) 이동식 스프링클러설비

스프링클러 헤드를 화점 가까이로 이동하여 효과적으로 화재를 진압할 수 있다.

1) 승강형
헤드 설치면을 상하로 이동하는 방식

2) 상하·좌우 이동형
헤드 설치면을 화원을 향해 자유자재로 이동하는 방식

(3) 방수총 소화설비

대규모 홀 등에서 불꽃감지기가 먼 거리의 화염도 신속히 감지하여 중앙제어반으로 신호를 송신하면, 여기서 컴퓨터 시스템에 의해 방사각도·방사거리 등을 계산하여 방수총을 통하여 화점에 정확히 방사하도록 하는 소화설비이다.

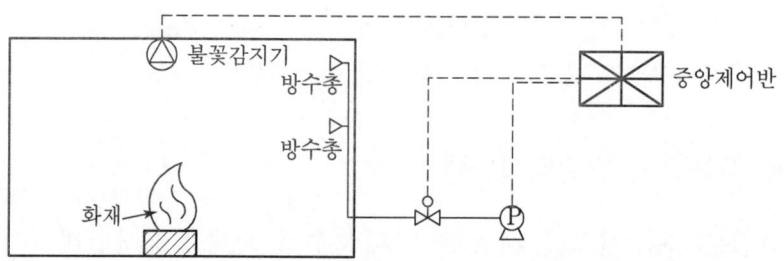

유효사거리 : 중거리용 65m, 장거리용 90m

(4) 화재감지 System

1) 적외선 불꽃감지기 채택

① 비교적 먼 거리의 화염도 신속하게 감지
② 단점 : 훈소화재일 경우 감지 곤란

2) 광전식 분리형 감지기 채택 가능

단점 : 비가시성 연기 또는 엷은 색 연기에는 감도 저하, 광축 이외 부분의 연기는 감지 불가

(5) 연기제어대책

1) 제연경계구획 설치

아트리움과 인접거실 사이의 경계부에는 자동폐쇄형 방화·방연셔터로 구획

2) 배연설비에 의한 연기제어

① 아트리움 상부에 연기를 축적시키는 한편, 기계식 배연설비에 의한 강제배연
② 최상층에서 청결층을 유지할 수 있는 배연용량 확보
③ 중성대 위치가 가능한 높게 유지되도록 설계

4. 결론

(1) 소화설비

1) 화재·피난 시뮬레이션을 통한 성능위주의 소방설비 설계
2) 수평분사형 헤드를 사용한 일제살수식 스프링클러설비
3) 방수총 소화설비 채택
4) 이동식 스프링클러설비 채택

(2) 화재감지시스템

1) 적외선 불꽃감지기 채택
2) 광전식 분리형 감지기 채택

(3) 연기제어

1) 상부에 축연 및 강제배연방식
2) 중성대 위치를 높게 설계
3) 아트리움 인접공간과의 경계부에는 제연경계구획 설치

06 지하구의 소방·방화시설

1. 정의

(1) 전력·통신용의 전선이나 가스·냉난방용의 배관 또는 이와 비슷한 것을 집합수용하기 위하여 설치한 지하 인공구조물로서 사람이 점검 또는 보수를 하기 위하여 출입이 가능한 것 중 다음의 어느 하나에 해당하는 것

  1) 전력 또는 통신사업용 지하 인공구조물로서 전력구(케이블 접속부가 없는 경우에는 제외한다) 또는 통신구 방식으로 설치된 것

  2) 1) 외의 지하 인공구조물로서 폭이 1.8m 이상이고 높이가 2m 이상이며 길이가 50m 이상인 것

(2) 「국토의 계획 및 이용에 관한 법률」 제2조제9호에 따른 공동구

2. 법규적 소방·방화시설의 설치기준

(1) 자동화재탐지설비

  1) 경계구역

   지하구의 화재안전기준 제12조에 따라 자동화재탐지설비 화재안전기준의 경계구역 기준을 준용

  2) 적응감지기

   자동화재탐지설비의 화재안전기준 제7조제1항 각 호의 감지기(특수감지기 8종) 중 먼지·습기 등의 영향을 받지 않고 발화지점(1m 단위)과 온도를 확인할 수 있는 것

(2) 연소방지설비

  1) 설치대상

   전력 또는 통신사업용의 지하구

  2) 살수구역

   ① 소방대원의 출입이 가능한 환기구·작업구마다 지하구의 양쪽 (길이) 방향으로 살수헤드를 설정하되, 환기구 사이의 간격이 700m를 초과할 경우에는 700m 이내마다 살수구역을 설정

② 하나의 살수구역의 길이 : 3.0m 이상

3) 방수헤드

① 헤드설치위치 : 천장 또는 벽면

② 헤드간의 수평거리

㉮ 전용헤드 : 2.0m 이하

㉯ 스프링클러헤드 : 1.5m 이하

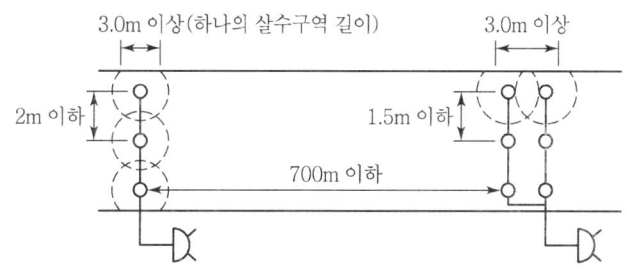

[연소방지설비 전용헤드방식]　　[스프링클러헤드방식]

(3) 연소방지재의 도포

1) 대상

지하구 내에 설치된 케이블·전선 등으로서 다음 각 목에 해당하는 부분

① 분기구

② 지하구의 인입부 또는 인출부

③ 절연유 순환펌프 등이 설치된 부분

④ 기타 화재발생 위험이 우려되는 부분

2) 제외대상

케이블·전선 등을 한국산업표준(KS C IEC 60332-3-24)에서 정한 난연성능 이상의 제품으로 설치한 경우

(4) 방화벽

1) 설치대상

전력 또는 통신사업용의 지하구

2) 설치기준

① 내화구조로서 홀로 설 수 있는 구조일 것

② 방화벽의 출입문은 60분방화문 또는 60+ 방화문으로 설치할 것

③ 방화벽을 관통하는 케이블·전선 등에는 국토교통부 고시(내화구조의 인정 및 관리기준)에 따라 내화채움구조로 마감할 것
④ 방화벽의 설치위치는 지하구의 분기구 및 국사·변전소 등의 건축물과 지하구가 연결되는 부위(건축물로부터 20m 이내)에 설치할 것

(5) 무선통신보조설비

1) 설치대상

「국토의 계획 및 이용에 관한 법률」 제2조제9호에 의한 공동구

2) 설치기준

무전기접속단자의 설치장소 : 방재실, 공동구의 입구, 연소방지설비 송수구가 설치된 장소(지상)

(6) 통합감시시설

1) 설치대상

소방법령에 의한 지하구

2) 설치기준

① 소방관서와 지하구의 통제실 간의 정보통신망을 구축할 것
② 정보통신망은 광케이블 또는 이와 유사한 성능을 가진 선로일 것
③ 수신기는 지하구의 통제실에 설치하되 화재신호, 경보, 발화지점 등 수신기에 표시되는 정보가 관할 소방관서의 119상황실 정보통신장치에 표시되도록 할 것

07 Life Line의 방재대책

1. 개요

Life Line이란 전기·통신·수도·가스시설 등의 도시기능을 위한 주요 핵심시설로서, 주로 지하구, 공동구 및 가스공급시설 등이 주를 이룬다.

2. Life Line의 사고특성

(1) Life Line 자체의 직접적인 재해
(2) 인근사업장으로의 2차 재해 발생
    1) 전력·통신·가스·용수 등의 공급 중단
    2) Life Line 간의 기능 연관성에 따른 피해
    3) 2차 산업 및 3차 산업의 일시적 기능 상실
(3) 대중의 심리적·정신적 피해가 크다.
(4) 지하·공동구 화재의 경우
    1) 공기공급부족 → 불완전연소 → 연기다량발생 → 열·연기 체류
        ┌→ 산소 결핍 → 피난자 질식 → 소화활동 곤란
        └→ 고온·고압환경 조성 → 건축재료의 내화성능 저하 → 체류가스에 의한 폭발 가능
    2) Cable·보온재 등의 연소로 유독가스 발생
    3) 외부 개구부 미비 : 다량의 열·연기 체류
    4) 지하구 내 조명·통신이 불통 : 화재지점의 판단이 곤란함
    5) 케이블 연소확대 위험

3. 관리체계

〈관리주체가 이원화됨〉

(1) 공동구의 건축구조물 : 시설안전관리공단에서 관리
(2) 공동구 내에 수용된 각 시설물 : 각 사업주체에서 개별관리
    1) 상수도 : 수자원공사 및 지방자치단체
    2) 가스 : 가스안전공사 및 민간 가스회사
    3) 전기 : 전력회사

4. 문제점

(1) 법규적 문제점
    1) 시설관리에 대하여 각각 개별법을 적용 : 각기 상이한 내용의 안전기준 및 중복 규제
    2) 재해관리과정에서 권한 및 책임한계 불분명

3) 1994년 소방법규 개정 이전에 설치된 지하구는 개정법 적용이 되지 않아 소방·방재시설이 전무함

(2) 관리행정조직상의 문제점
1) 관리업무가 여러 부처에 분산
2) 재해대책반을 비상설 조직 및 개별적으로 운영
3) 재해관리시설의 노후화
4) 재해관리 전문인력의 부족

5. 개선방안

(1) 법규적 측면
1) Life Line의 재해예방 및 재해발생시의 대책을 법제화
2) Life Line 시설물의 계획·설계 단계에서부터 방재개념의 적용을 법제화

(2) 관리적 측면
1) Life Line 시설물 관리에 대한 조직체계의 일원화
2) 통합관리를 위한 특별행정조직의 설립
3) 관리인력의 전문성 확보

(3) 시설적인 측면
1) 실효성 있는 소방·방화시설을 구비
2) 노후된 시설의 보수·교체
3) 각 Cable 및 배관 보온재의 난연화
4) 공동구 통합감시체계 구축
5) 인접건물과의 연결부위에는 방화·방연구획 확보

6. 결론

(1) Life Line 재해시에는 직접 피해보다 2차적인 손실이 더욱 크다. 즉 사회기반시설이 온통 마비될 수도 있다.
(2) 이러한 중대성을 감안하여 모든 법규적, 정책적 기획에서 이에 대한 방재대책을 우선 반영하여야 한다.
(3) 특히, 건축계획·설계에서부터 그 방재개념을 적용하도록 하는 것이 중요하다.

08 지하철역사의 방재대책

1. 개요

지하철역사는 불특정 다수인이 이용하는 지하심층의 밀폐공간임에도 불구하고 승강장 층(플랫홈)은 소방법령의 적용을 받지 않고 있어 스프링클러설비 및 제연설비가 설치되어 있지 않아 화재발생 시 대형재해의 위험이 예상되는 곳이다.

2. 방재적 특성

(1) 지하공간의 화재특성

1) 밀폐공간으로서

화재발생 → 공기공급부족 → 불완전연소 → 연기·유독가스 다량발생 → 산소결핍 및 시야장애 → 질식·피난 장애 → 소화활동장애

2) 지하철의 열차풍으로 인한 연소확대 및 제연성능 장애유발

(2) 피난상의 문제점

1) 대피통로가 계단으로 한정됨
2) 연기농연 시 시야 확보곤란 및 유도등 식별곤란
3) 비상구 일체형 방화셔터의 경우 셔터가 닫혔을 경우 부설된 비상출구의 폭이 피난인원에 비해 작다.

(3) 소방시설적인 문제점

1) 승강장 층에는 중요소방시설 면제 : 도시철도법 제8조에 의해 소방당국과 도시철도공사와의 협의에 의해 면제
    ① 스프링클러헤드의 설치 제외 : 철로 상부의 전기고압선로 문제
    ② 제연설비 면제 : 소방법상 '터널'로 간주
2) 지하철의 객차도 소방법 적용을 받지 않고 있다.
    ① 객실 내장재의 불연화 미비
    ② 객실 내부의 소방시설 미비

3. 방재대책

궁극적인 목표 : 화재·피난시뮬레이션 및 화재모델링을 통한 성능위주 방화설계의 실행 및 방재공학적인 접근으로 방재대책 마련

(1) 제연설비의 강화

1) 피난통로가 연기통로화 되지 않도록 별도의 연기유인통로 설계
2) 현재 면제된 승강장 층에도 소방법상의 제연설비 의무화
3) 지하철 차량의 화재하중을 고려한 제연시스템 보완
4) 즉, 승강장 층에는 선로 상부 축연과 상·하부 급·배기방식으로 제어하면 피난허용시간까지 하부 청결층 유지가 가능함

(2) 스프링클러설비 : 승강장에도 스프링클러 설치 의무화

1) 승강장 천장부에 집열이 곤란 : (스크린도어가 천장까지 연결되지 않는 경우 한)
   ① 천장부의 양측단 가장자리에 기류차단용 가대 설치
   ② RTI가 낮은 스프링클러헤드 설치
2) 전기고압선로 부위
   Water mist 소화설비 적용

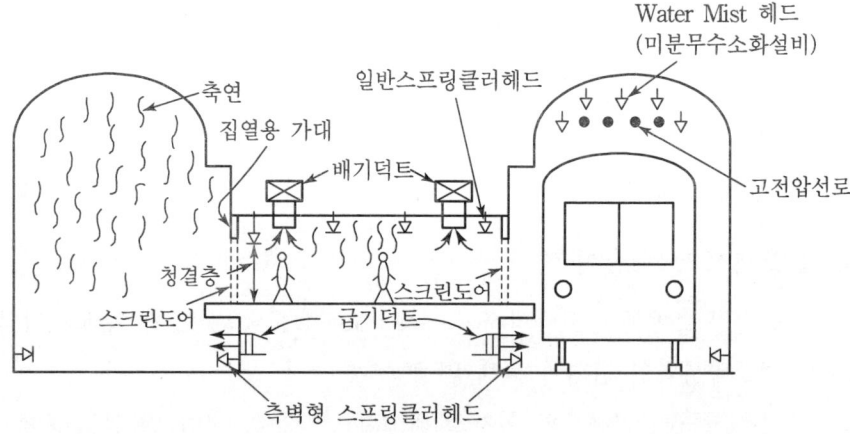

3) 객차의 객실 내에도 장기적으로 Water Mist 소화설비 등의 자동식소화설비 설치 고려

(3) 방화셔터는 피난에 지장이 없도록 연기감지기 작동에 의한 1단계 하강 후, 열감지기 작동에 의해 2단계로 하강하는 자동시스템으로 설치

(4) 피난유도등설비의 강화

1) 장애인을 위한 음향 겸용 유도등 및 점멸형(섬광형) 유도등 설치
2) 벽의 하단부에는 피난유도선(발광식 Life Line) 설치
3) 승강장 바닥에는 바닥형 유도등 설치

4. 결론

(1) 지하철 역사와 같은 불특정 다수인이 이용하는 건물에 대하여는 건축계획에서부터 모든 방재대책을 적극 고려해야 한다.
(2) 특히, 설계시 방재공학적인 접근 및 화재·피난시뮬레이션을 통한 성능위주의 방화설계가 적극 시행되도록 제도적인 뒷받침이 필요하다.

09 Multiplex(복합상영관) 방재대책

1. 개요

건축물에서 Multiplex란, 하나의 건축물에서 One Stop Entertainment를 제공하는 복합화된 시설로서 특히, 다수의 영화관이 밀집해 있는 곳으로서 일명 "복합상영관"이라고도 한다.

2. 방재적 특성

(1) 대부분 무창층 : 지하공간과 같은 화재특성 연출
   1) 환기지배형 화재
   2) 연소열의 축적
   3) 연기배출 곤란
   4) 공기공급 부족 → 불완전연소 → 연기 다량생성
(2) 고밀도의 불특정 다수인이 이용하는 공간 : 동시 피난에 따른 Panic 발생 우려
(3) 객석의 특성상 피난동선의 복잡화 및 피난동선의 합류로 인한 혼란 가중
(4) 영화관은 초고층 또는 지하 심층에 설치되는 추세
(5) 영화관 내부의 화재하중 가중 : 음향제어용 가연성 내장재 및 포지·카펫 등이 사용됨

3. 방재대책

(1) 수동적 방화대책

1) 피난시설

① 피난통로

㉮ 피난로의 피난용량 확보 : 화재·피난시뮬레이션에 의한 안전한 피난용량 확보

㉯ 피난로의 수(NFPA 기준)

㉠ 수용인원 500명 미만 : 2개 이상

㉡ 수용인원 500~1,000명 : 3개 이상

㉢ 수용인원 1,000명 초과 : 4개 이상

㉰ 각 피난로는 서로 이격·분산하여 설치

㉱ 피난동선은 단순·직선화

② 출입문

㉮ Panic Bar 등을 설치

㉯ 피난방향으로 열리는 구조

③ 피난유도등설비 : 바닥에는 피난유도선(발광식 Life Line) 설치

2) 연소확대방지시설

① 방화구획

㉮ 각종 출입문에는 방화문 설치

㉯ 에스컬레이터 주변에는 자동방화셔터로 구획

㉰ 특히, 영사실의 투과창은 고강도유리 사용 및 자동방화셔터로 구획

② 내장재

㉮ 불연재 사용

㉯ 실내장식물의 방염처리

(2) 능동적 방화대책

1) 화재경보설비

① 인텔리전트 R형 자동화재탐지설비 채용

② 높은 천장에 대비하여 일반감지기를 배제하고 특수감지기 채용(단, 불꽃감지기는 제외)

③ 다수의 영화관이 집중된 곳은 순차적인 구분경보방식 채용

2) 제연설비

① 객석부의 천장을 높게 : 축연량 증대

② 제연방식 : 기계식의 상부배기・하부급기 방식

③ 제연용량 : 하부 Clear Layer를 유지하는 제연용량 확보

3) 소화설비

① 습식 스프링클러설비 채용 : 속동형 헤드 적용 → 상영관의 높은 천장에 대비

② 영사실은 청정소화가스설비 및 제연설비 설치

4) 누전차단기

영사실에 용도별 누전차단경보기 설치

(3) 방화관리적인 대책

1) 방재시스템의 Network화 및 인텔리전트화
2) 군중관리자(피난유도 요원) 배치 : 수용인원 250명당 1인 이상
3) 종업원의 방화・피난 유도훈련(신방재 교육의 도입)

4. 결론

(1) Cinema Complex는 대부분 무창층 구조이며, 고밀도의 불특정 다수인이 이용하는 건물특성으로 화재시 Panic 발생 등으로 큰 재해가 예상되는 시설이므로,

(2) 건축계획단계에서부터 상기의 방재대책을 고려한 종합방재계획을 수립하고 이를 설계에 반영

(3) 설계시 방재공학적인 접근으로 화재・피난시뮬레이션을 통한 성능위주의 방화실계를 적용하여야 하겠다.

10 공동주택의 방재대책

1. 개요

〈고층아파트의 방재적 특성〉

(1) 상층 연소확대가 용이한 구조
   1) 발코니의 개조로 거실화 : Cantilever 제거효과
   2) Spandrel이 짧다. : 거실의 전면 부위
(2) 승강기의 승강로 및 설비 샤프트 등이 길어 Stack Effect 가속화
(3) 폐쇄형 공간 : 세대 상호간의 격리·구획 : 화재 인지 곤란
(4) 내부 화재하중이 크다.
(5) 가스·전기 등 화기의 사용빈도가 높다.
(6) 거주자의 자체 초기 대응력이 취약하다.
   1) 주간 : 부녀자·노약자만 거주
   2) 야간 : 모두 숙면상태 → 화재발견 및 피난의 지연

2. 방재상의 문제점 및 개선안

(1) 건축적 측면

   1) 1층에 계단실 출입문 또는 부속실이 없으므로 계단실 가압방연이 불가함
      〈개선안〉
      계단실의 각층 창문을 붙박이창으로 설치하거나 또는, 개폐식 창문일 경우에는 자동폐쇄장치를 설치하고, 1층에도 계단실 출입문을 설치하면 계단실도 가압방연이 가능함

   2) 단일피난동선(직통계단실형인 경우)
      현행 법규에서 발코니의 세대 간 경계부위에 수납공간, 창고 등의 설치를 제한하는 규정이 없으므로 옆 세대로 피난 즉, 양방향 피난이 곤란함
      〈개선안〉
      ① 발코니 바닥에 하향식 피난구를 설치
      ② 건축법규의 개정을 통해 발코니의 세대 간 경계부위에 수납공간 등의 설치를 제한하고, 그 부위에 파괴가 용이한 간막이벽을 그림과 같이 설치

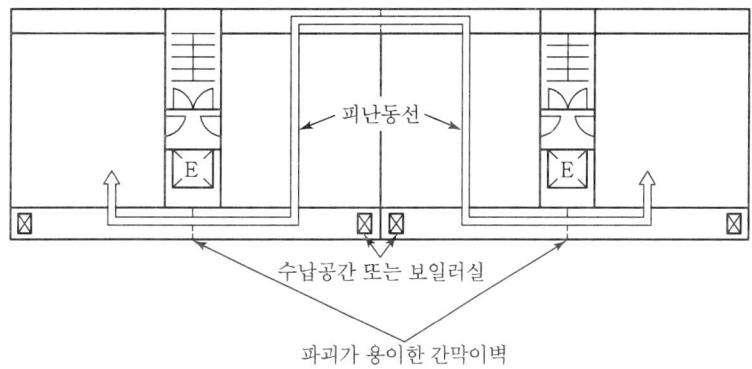

3) 발코니의 개조로 인한 거실화 : Cantilever 제거효과

　　<개선안>

　　발코니를 거실로 개조하기 어려운 구조로 건축한다. (단, 개조 후 다음 조건이 충족되는 경우에는 개조의 허용을 고려)

　　① Cantilever : 50cm 이상 확보
　　② Spandrel : 90cm 이상 확보

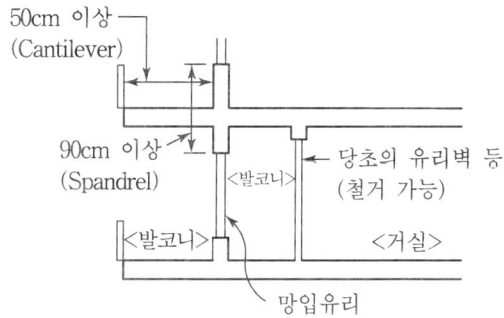

　　③ 발코니의 세대 간 경계부위

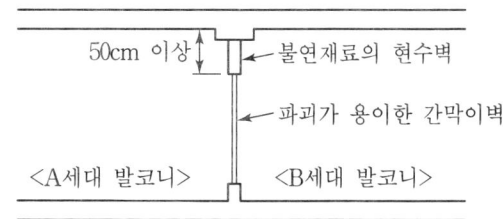

(2) 설비적 측면

1) 부속실제연설비

① 아파트에도 전층가압방식을 적용하고 있다.
<개선안>
3개층(발화층, 직상층, 직하층)가압방식의 개발 제안 : 공동주택은 밀폐구조이며 내부 연기의 확산우려가 적은 벽식구조이므로 가능함

② 중복도형(타워형)으로서 복도에 창문이 있는 경우, 전실제연설비를 면제하고 있다.
<개선안>
중복도형에서 복도에 창문이 있어도 자연배연효과가 적으므로 화재시 이 부위를 통하여 계단실까지 연기로 오염될 위험이 높다. 따라서 이 경우에도 부속실제연설비를 설치하여 가압방연하여야 한다.

③ 계단부속실에서 계단실로 통하는 출입문을 평상시 개방상태로 유지 : 가압방연 불가
<개선안>
계단실 출입문은 연기감지기와 연동시켜 화재시 자동으로 닫히는 시스템으로 한다.(이것은 2007. 12. 28. 이후부터 신축되는 아파트에 한하여 적용되고 있으나, 그 이전에 신축된 아파트에는 적용되지 아니하고 또, 일반건축물에도 적용할 필요가 있으나 현행법상 적용이 제외되어 있다.)

(3) 관리적 측면

1) 아파트 각 동별로 1개소 이상의 소방차량 전용주차공간 확보
2) 피난계단에 피난장애용 물품을 적치하지 않도록 주민들에게 교육·홍보한다.

3. 결론

소방시설 적용에서 아파트에 대하여 완화하고 있는 소방법규정들이 최근 상당부분 보완이 되기는 하였으나, 그간의 초고층화·다양화된 현재의 아파트 방재대책에 적합한지 전반적으로 방재공학적인 검토가 이루어져야 하겠으며 특히, 초고층 아파트에 대하여도 성능위주소방설계 및 사전재난영향성검토를 적극 적용하는 제도적 뒷받침이 있어야 하겠다.

11 | Clean Room · 반도체공장의 방재대책

1. 개요

Clean Room은 보통 반도체공장 또는 미생물실험실 등의 청정실, 무진실 등을 의미하며, 불순물을 극도로 제거하여야 하는 전자공업·연구실험실 등으로서 입자의 농도, 온도, 습도, 압력이 지정된 한계 내에서 정밀하게 제어되는 실이다.

2. 방재적 특성

(1) Clean Room

1) 대부분 기밀구조이고 소구획으로 구분되어 있어 피난 및 소화활동이 곤란하다.
2) 내부 기류의 속도가 빠르고 환기율이 높아 화재감지기와 스프링클러의 작동이 지연될 수 있다.
3) 건물 내 에너지밀도가 높다. 즉, 전기설비, 화학약품, 가스설비(실란, 디실란, 수소 등 폭발성이 높은 가스 사용) 등의 위험요소가 많다.
4) 각종 설비가 정밀한 고가품으로서 소화용 주수에 의한 2차적 재해가 발생한다.
5) Top-Down 방식의 고풍량 공조시스템으로 인해 실내압력이 외부보다 30% 이상 높다.

(2) 반도체공장

1) 공정 중 실란 등 폭발·부식성 액체 또는 가스가 다량 사용된다.
2) 반도체 제조용 가스는 수소 및 할로겐 화합물이 내부분이다.
3) 공조설비를 통하여 다른 부분으로 열·연기의 확산위험이 크다.
4) 부대시설인 위험물 저장시설 및 유틸리티 공급시설 등에서도 화재위험성이 높다.
5) 반도체공장의 주된 화재원인
   ① 공정상에서 위험물질 및 가연성가스 등의 누설
   ② Oven 등과 같은 장비의 과열
   ③ 생산장비의 과밀배치로 인한 전력의 과다 사용
   ④ 신규공정의 도입·설치 등으로 인한 용접 등의 위험작업

3. 방재대책

(1) 건축구조적인 계획

1) 내화구조 및 불연성 내장재 채용
2) Clean Room 상호간의 경계벽을 1시간 이상(반도체 제조공정에서는 3시간 이상)의 내화구조로 방화구획
3) 상부층의 바닥은 방수처리
4) 위험물 취급시설의 장소와는 상·하층을 피한다.
5) 지진에 대비하여 내진설계에 반영
6) 컴퓨터시설, 인화성 액체 등의 위험물은 별도의 구획된 실이나 독립된 건물에 설치

(2) 설비적인 계획

1) 제연설비

   ① 화재실과 인접실 간의 차압을 유지하는 제연시스템 채용
   ② 화재시 급·배기 자동모드 설정
      ㉮ 화재실 : 배기
      ㉯ 인접실 : 급기

2) 실란 등의 위험물 운송에 대한 방재적 조치

   ① 이중배관 사용
   ② 이동방유제 채용

3) 전기배선의 불연화 및 규정용량의 전기기구류 사용

(3) 소방설비계획

1) 화재 조기감지대책

   ① 화재감지기 : Air Sampling Detector System 채용 → 실내기류에 와류가 많고 화재의 조기감지가 요구되는 곳이므로 Air Sampling Detector System이 필요함
   ② 가스누설 감지·차단설비의 설치

2) 소화대책

   ① 가연성 액체, 전기설비 등의 장소 : 가스계소화설비 채용

② 그 외의 장소 : 습식스프링클러 중 RTI가 낮은 속동형 헤드 채용(작동온도 : 57℃)
③ Access Floor 내부 및 배기가스 덕트 내부에도 스프링클러헤드 설치
④ 전산·컴퓨터실에도 수계소화설비 채용가능
　㉮ 모든 전산장비는 240V 이하의 저압전기 사용
　㉯ 물이 컴퓨터의 자석·테이프 등에 악영향을 주지 않는다.
⑤ 소화기
　㉮ 분말소화기 비치는 금물
　㉯ 할론소화기 부적응 장소 : 실란·디보란·수소화물계 취급장소

(4) 방화관리적인 대책

1) 종합방재시스템의 인텔리전트화 및 네트워크화
2) 비상계획 및 종합방재계획의 수립
3) 가연물 및 위험물에 대한 환경정비 및 저장·취급의 관리강화
4) 작업원에 대한 신방재 교육·훈련

12 집회장 무대부의 방재대책

1. 개요

(1) 공연장·관람시설 등은 실내가 대부분 무창층인 대공간이며, 고밀도의 불특정 다수인이 이용하는 시설이다.
(2) 특히, 무대부는 천장이 높은 관계로 화재감지설비 및 자동소화설비 등의 적용에 난해한 면이 있으므로 이에 대한 연구가 필요하다.

2. 집회장의 방재적 특성 및 문제점

(1) 대부분이 무창층 구조

지하공간과 같은 화재특성 연출

(2) 화재감지기 적용

1) 문제점

무대부의 천장고가 높아서

① 상부 공기의 온도가 상승하면 압력증가로 연기의 상승곤란

② 연기가 상부에 도달하기 전에 감지레벨 이하로 확산

2) 대책안

천장고가 높은 장소에는 적응성 있는 특수감지기 설치

① 아날로그식 감지기

② 불꽃감지기

③ 광전식 분리형 감지기

(3) 스프링클러설비 적용

1) 문제점

① 천장고가 높아 스프링클러헤드의 감열개방이 어렵다.

② 헤드방사가 되어도 물입자가 저부에 도달하기 전에 증발

2) 대책안

① 개방형 헤드의 일제살수방식 채용

② 천장의 최하단부(갤러리 하부)에는 일반 폐쇄형 헤드 병용설치

3. 출화 및 연소확대 방지대책

(1) 출화방지대책

1) 무대부 바닥은 건축법상 불연화 대상에서 제외되어 있으나, 바닥의 목재를 방염처리하는 등 난연화 하여야 한다.

2) 장막·커튼·대도구 등 실내장식물의 불연화·난연화

3) 무대 천장부의 각종 전기케이블은 난연화·불연화

(2) 연소확대 방지대책

1) 무대부와 분장실 사이 : 부분 방화구획

2) 무대부와 객석 사이 : 간접 방화구획 고려 → 자동방화·방연셔터 설치

(3) 연기제어

1) 무대부 및 객석부의 천장을 높게 : 축연량 많게
2) 무대부 및 객석부의 정상부 : 기계식 배연설비 설치

4. 피난대책

(1) 피난시설은 Fail Safe 및 Fool Proof 개념을 반영
(2) 객석에서 외부로의 피난경로는 직접 외부와 직결될 것
(3) 출입구 부근에 체류공간 확보
(4) 피난층 이외의 층에는 발코니 또는 Sunken Garden 설치
(5) 출입문은 밖으로 열리는 구조
(6) 병목이 생기지 않는 출입구 및 피난계단 설치
(7) 객석의 바닥에는 바닥형(매립형) 피난유도등 설치

5. 결론

(1) 관람집회시설은 무창층·밀폐공간·고밀도의 불특정다수인이 이용하는 건축특성으로 화재시 Panic 발생 등의 재해가 예상되는 곳이다.
(2) 건축계획단계에서부터 상기의 문제점을 고려한 종합방재계획을 입안하고 설계에 반영
(3) 설계시 법규정 준수에만 만족할 것이 아니라 화재·피난시뮬레이션을 통한 성능위주의 방화설계를 실현하여야 한다.

13 다중이용업소의 소방·방화시설

1. 개요

소방법령에 의한 다중이용업소는 불특정다수인이 이용하는 시설이지만, 주로 소규모 건축물에 속해 있어 법정소방시설의 적용을 받지 않는 곳이 많으므로 인해 「다중이용업소의 안전관리에 관한 특별법」을 제정하여, 다중이용업소의 영업장에는 이 들에 대한 별도의 소방·방화시설을 갖추도록 규정하고 있다.

2. 다중이용업의 범위

(1) 식품위생법에 따른 휴게음식점영업, 제과점영업 또는 일반음식점영업으로서 영업장의 바닥면적 합계가 100m²(영업장이 지하층인 것은 66m²) 이상인 것. 다만, 영업장이 지상 1층 또는 지상과 직접 접하는 층에 설치되고, 그 영업장의 주된 출입구가 건축물 외부의 지면과 직접 연결되는 곳에서 하는 영업을 제외한다.

(2) 단란주점영업, 유흥주점영업

(3) 영화상영관, 비디오물감상실업, 비디오물소극장업, 복합영상물제공업

(4) 목욕장업 중 불가마시설을 갖춘 업소로서 수용인원 100명 이상인 것

(5) 게임제공업, 노래연습장업, 산후조리업, 고시원업, 실내권총사격장업, 실내골프연습장업, 안마시술소

(6) 수용인원 300명 이상의 학원

(7) 수용인원 100명 이상 300명 미만의 학원으로서 다음 각 목의 어느 하나에 해당하는 것. 다만, 학원부분과 다른 용도의 부분 간에 방화구획된 것은 제외한다.
  1) 하나의 건축물에 학원과 기숙사가 함께 있는 학원
  2) 하나의 건축물에 학원과 기타의 다중이용업소가 함께 있는 경우
  3) 하나의 건축물에 학원이 둘 이상 있는 경우로서 전체 학원의 수용인원 합계가 300명 이상인 경우

(8) 소방청장이 관계 중앙행정기관의 장과 협의하여 행정안전부령으로 정하는 영업 : 전화방업, 화상대화방업, 수면방업, 콜라텍업 등

3. 법규적 소방·방화시설

(1) 소방시설

  1) 소화설비

   ① 소화기 또는 자동확산소화기 : 다중이용업소 영업장 안의 구획된 각 실마다 설치
   ② 간이스프링클러설비(캐비넷형 포함) 설치대상
     ㉮ 지하층에 설치된 영업장
     ㉯ 밀폐구조의 영업장
     ㉰ 산후조리업·고시원업·권총사격장의 영업장

2) 경보설비
　① 비상벨설비 　　⎫ (이 중에 하나 이상을 설치하되, 노래반주기 등 영상음향장
　② 자동화재탐지설비 ⎬ 치를 사용하는 영업장에는 자/탐설비를 의무적으로 설치)
　　　㉮ 자동화재탐지설비를 설치하는 경우에는 감지기와 지구음향장치는 구획된 실마다 설치
　　　㉯ 영상음향차단장치가 설치된 영업장에는 자동화재탐지설비의 수신기를 별도로 설치
　③ 가스누설경보기 : 가스시설을 사용하는 주방이나 난방시설이 있는 영업장에만 설치

3) 피난설비
　① 피난기구(미끄럼대, 피난사다리, 구조대. 완강기) : 4층 이하 영업장의 비상구(발코니 또는 부속실)에 설치
　② 피난유도선 : 영업장 내부 피난통로 또는 복도가 있는 다음의 영업장에만 설치한다.
　　　㉮ 단란주점영업・유흥주점영업・영화상영관・비디오물감상실업・노래연습장업・산후조리업・고시원업 영업장
　　　㉯ 피난유도선은 전류에 의하여 빛을 내는 방식으로 할 것
　③ 유도등, 유도표지 또는 비상조명등 : 이 중에 하나 이상을 설치하며, 영업장 안의 구획된 실마다 설치
　④ 휴대용 비상조명등 : 영업장 안의 구획된 각 실마다 잘 보이는 곳(실 외부에 설치할 경우에는 출입문 손잡이로부터 1m 이내 부분)에 1개 이상 설치

(2) 비상구

1) 설치대상

다중이용업소의 영업장(2개 이상의 층이 있는 경우에는 각 층별 영업장)마다 주된 출입구 외에 비상구를 1개 이상 설치

2) 설치제외대상
　① 주된 출입구 외에 해당 영업장 내부에서 피난층 또는 지상으로 통하는 직통계단이 주된 출입구로부터 영업장 긴 변 길이의 1/2 이상 떨어진 위치에 별도로 설치된 경우
　② 피난층에 설치된 영업장(바닥면적 33m² 이하로서 영업장 내부에 구획된 실이 없고 영업장 전체가 개방된 구조를 말한다)으로서 그 영업장의 각 부분

으로부터 출입구까지의 수평거리가 10m 이하인 경우
3) 설치기준
   ① 설치위치 : 주된 출입구의 반대방향에 설치하되, 주된 출입구로부터 영업장의 긴 변 길이의 1/2 이상 떨어진 위치에 설치
   ② 비상구의 규격 : 가로 75cm 이상, 세로 150cm 이상 (문틀은 제외)
   ③ 문의 열림 방향 : 피난방향으로 열리는 구조일 것. 다만, 주된 출입구의 문이 피난계단 또는 특별피난계단의 문이 아니거나 방화구획이 아닌 곳에 위치한 경우로서 다음 요건을 충족하는 경우에는 비상구를 자동문[미서기(슬라이딩) 문을 말한다]으로 설치할 수 있다.
      ㉮ 화재감지기와 연동하여 개방되는 구조
      ㉯ 정전 시 자동으로 개방되는 구조
      ㉰ 정전 시 수동으로 개방되는 구조
   ④ 문의 재질 : 주요구조부가 내화구조인 경우 비상구 및 주된 출입구의 문을 방화문으로 설치. 다만, 다음 어느 하나에 해당하는 경우에는 불연재료로 설치할 수 있다.
      ㉮ 주요구조부가 내화구조가 아닌 경우
      ㉯ 비상구 또는 주된 출입구의 문이 지표면과 접하는 경우로서 화재의 연소확대 우려가 없는 경우
      ㉰ 비상구 또는 주된 출입구의 문이 「건축법 시행령」 제35조에 따른 피난계단 또는 특별피난계단의 설치기준에 따라 설치하여야 하는 문이 아니거나 같은 법 시행령 제46조에 따라 설치되는 방화구획이 아닌 곳에 위치한 경우
   ⑤ 비상구의 기타구조
      ㉮ 비상구는 구획된 실 또는 천장으로 통하는 구조가 아닐 것. 다만, 영업장 바닥에서 천정까지 불연재료·준불연재료의 것으로 구획된 부속실(전실)은 그러하지 아니하다.
      ㉯ 비상구는 다른 영업장 또는 다른 용도의 시설(주창장은 제외)을 경유하는 구조가 아니어야 하며, 층별 영업장은 다른 영업장 또는 다른 용도의 시설과 불연재료·준불연재료의 차단벽이나 칸막이로 분리되어야 함
      ㉰ 영업장 위치가 지상 4층 이하인 경우 : 피난시에 유효한 발코니(75cm × 150cm×높이 100cm 이상의 난간을 설치한 것) 또는 부속실(준불연재료

이상의 것으로 바닥에서 천정까지 구획된 실로서 75cm×150cm 이상의 크기인 것)을 설치하고, 그 장소에 적합한 피난기구를 설치할 것

4) 복층구조 영업장의 비상구 설치기준

영업장 구조	설치기준	특례기준
각각 다른 2개 이상의 층에 내부계단 또는 통로가 설치되어 하나의 층의 내부에서 다른 층으로 출입할 수 있도록 되어 있는 구조	1. 각 층마다 영업장 외부의 계단 등으로 피난할 수 있는 비상구를 설치할 것 2. 비상구 문은 방화문의 구조로 설치할 것 3. 비상구 문의 열림 방향은 실내에서 외부로 열리는 구조로 할 것	영업장의 위치·구조가 다음에 해당하는 경우에는 그 영업장으로 사용하는 어느 하나의 층에만 비상구를 설치할 수 있다. 1. 건축물의 주요구조부를 훼손하는 경우 2. 옹벽 또는 외벽이 유리로 설치된 경우 등

(3) 영업장 내부 피난통로

1) 설치대상

구획된 실이 있는 단란주점영업·유흥주점영업·비디오물감상실업·복합영상물제공업·노래연습장업·산후조리업·고시원업의 영업장

2) 설치기준

① 통로의 폭 : 120cm 이상. 다만, 양옆에 구획된 실이 있는 영업장으로서 구획된 실 출입문의 열리는 방향이 피난통로 방향일 경우에는 150cm 이상
② 구획된 실에서부터 주된 출입구 또는 비상구까지 이르는 내부 피난통로의 구조는 세 번 이상 구부러지는 형태가 아닌 구조일 것

4. 방재상의 문제점

(1) 대부분 제연설비 설치대상에서 제외됨 : 대부분의 다중이용업소는 지하층 또는 무장층에 위치하지만 바닥면적이 $1,000m^2$ 이하이므로, 제연설비 설치대상에서 제외되므로 인해 화재시 연기에 의한 인명피해의 위험성이 크다.
(2) 업주 및 내부구조의 빈번한 변경
(3) 화재의 조기발견과 초기 소화력의 미비
  1) 자체 방화관리인력 부족
  2) 자체소화·경보시설 등의 노후 및 관리소홀

3) 자동식 초기소화설비의 미비

5. 결론(개선대책)

(1) 법규·제도적 보완

1) 소방법

① 일정규모 이상인 다중이용업소의 지하층에는 제연설비 설치를 의무화
② 다중이용업소의 피난경로(비상구, 직통계단 등)의 폐쇄 또는 물품적재 등의 불법행위에 대하여 벌칙을 강화
③ 다중이용업소의 화재위험평가제도를 확대 적용

2) 건축법

① 다중이용업소의 직통계단 설치기준을 강화
② 다중이용업소 영업장이 지상층에 있는 경우 배연창 설치를 의무화

(2) 업주 및 건축주의 소방안전에 관한 의식의 개선이 요구됨

14. 선박의 방재대책

1. 개요

선박은 외부로부터 고립된 해상에서 화재가 날 경우, 외부지원을 쉽게 받을 수 없는 특성 때문에 엄청난 인명피해와 재산손실의 위험이 있는 곳이다. 그럼에도 불구하고 이에 대한 사회적인 위험인식과 방재대책이 비교적 미흡한 실정이다.

2. 선박의 화재특성

(1) 화재의 발생인자가 육상의 산업시설보다 근접하여 상존
(2) 운항용 연료를 상시 다량 보유
(3) 적재화물에 인화성·발화성 물질 존재
(4) 기관실에 고온 착화원 상시 존재
(5) 선박 좌초로 인한 적재위험물의 유출에 따른 화재위험성 존재

3. 방재상의 문제점

(1) 선박은 소방법 및 건축법규의 적용을 받지 않고 있다.
(2) 화재시 자체 조기대응력 부족 : 승무원에 의존
(3) 외부(구조대) 지원 곤란
(4) 내부방화구획 곤란 : 선박 대부분의 구조체가 내화성이 미흡한 부재로 구성
(5) 자동식 소화설비 등의 미비
(6) 선박 내 좁은 공간에서 화기사용빈도가 높다.

4. 방재대책

(1) 기관실은 별도의 방화·방연구획 고려
(2) 선박 좌초에 따른 적재위험물의 유출 및 화재예방대책 수립
(3) 내부객실의 방화구획
  1) 선박에는 밀폐구조의 실이 다량 존재
  2) 이에 대하여 내화성능이 부여되도록 건축설계에서 고려

(4) 소방설비대책
　　1) 소화설비
　　　① 미분무소화설비
　　　　㉮ 소화원리
　　　　　㉠ 산소 희석에 의한 질식소화
　　　　　㉡ 기상냉각 : 미립자의 증발잠열에 의한 냉각효과
　　　　　㉢ 가연물 표면냉각
　　　　㉯ 장점
　　　　　㉠ 방사유량이 소량 : 방출 소화수량의 최소화
　　　　　㉡ 스프링클러설비 및 할론소화설비의 대체효과
　　　　　㉢ 전기적 비전도성 : 전기화재에 적용가능
　　　　㉰ 단점
　　　　　㉠ A급 심부화재 적용곤란
　　　　　㉡ 기초설계자료 부족
　　　　　㉢ 노즐제작비용 고가
　　　② 옥외소화전설비
　　　　㉮ 소화전은 갑판 위에만 적용가능
　　　　㉯ 선박 내부에 주수할 경우 방사된 유량의 중량으로 인해 선박침몰 우려가 있다.
　　2) 화재경보설비
　　　화재감지기는 내부식성 감지기 채용 : 일반감지기는 염분이 함유된 기류에 의해 접점이 부식됨

5. 결론

(1) 선박은 일반건축물에 비해 화재위험성이 높으나 현행 소방법·건축법의 제도권 밖에 있다.
(2) 장기적인 대책이라도 일정규모 이상의 선박 제작시에는 소방법에 의한 설계·시공·감리의 적용을 받도록 하여야 하겠다.
(3) 국제기준에는 IMO 협약 SOLAS II-2에서 미분무소화설비의 설치가 의무화되었는 바 이에 대한 대응책도 강구되어야 하겠다.

15. 차량화재의 예방대책

1. 개요
현대사회는 차량교통수단이 급속히 증가하고 있다. 이에 따라 차량화재사고가 전체 화재 중 상당한 비중을 차지하고 있는 바, 차량화재에 대한 예방책과 그 연구도 향상되어야 하겠다.

2. 차량화재의 원인

(1) 연료의 누출로 인한 출화
1) 충돌·전복사고 : 연료누출 + 충격스파크 또는 전기배선의 합선스파크
2) 주유 중 가솔린 등의 유출 + 흡연 등 화기취급 부주의
3) LPG 충전소 : LPG 누설 + 차량엔진의 누전스파크 등

(2) 엔진 과열
1) 엔진냉각장치 고장 또는 냉각수 부족
2) 엔진의 Back Fire, Knocking 등의 이상 연소
3) 과중적재상태로 장시간 고속주행

(3) 전기장치 결함
1) 전기배선 절연불량 : 단락(Short Circuit) 및 스파크 발생
2) 퓨즈용량 부적합 : 배선과열

(4) 방화
1) 정신이상자 및 취객
2) 사회불만자
3) 가정불화·복수·원한
4) 보험금을 노린 방화

3. 문제점
(1) 현행 법규상 소화기 의무비치대상 차량이 다음과 같이 제한적임
　　1) 7인 이상의 승합자동차
　　2) 위험물운송차량으로만 한정됨

(2) 대형버스에도 비상용 출입구가 없다.
(3) 창유리가 통유리로 됨 : 피난곤란
(4) 엔진화재로 보닛(Bonnet)이 과열되었을 때, 보닛의 개방이 곤란함

4. 예방대책

(1) 연료누출 관련
1) 차량연료탱크 : 차량이 뒤집혀도 연료가 누출되지 않고, 충돌시에도 파손되지 않는 특수강도·구조의 연료탱크 개발
2) LPG 주유소 : 가스누설경보장치 필수, 주유 중에는 엔진정지 필수

(2) 엔진과열
1) 엔진냉각장치의 정기적인 점검·정비
2) 엔진의 이상작동시 운행중지 및 정비
3) 장시간 고속주행은 삼가

(3) 전기장치
1) 규정용량의 퓨즈 사용
2) 전기배선의 난연화·불연화

(4) 방화
1) 차량 내 가연물질의 적재 삼가
2) 야간에 외진 곳에 주차 삼가

(5) 법규적 대책
1) 소화기 의무비치대상을 승용차까지 확대
2) 대형승합차는 비상용 출입구를 별도로 설치
3) 창유리는 쉽게 파괴가 가능한 재질·구조로 함

5. 결론

차량화재에 대한 예방책은 다음과 같은 내용을 중심으로 연구개발되어야 하겠다.
(1) 연료누출방지가 가능한 차량연료탱크 개발
(2) LPG 충전소의 가스누설경보장치의 첨단화
(3) 차량방화범죄의 예방책 강구
(4) 법규적으로 소화기비치대상차량 확대적용

16. 대형 물류(랙크식)창고의 방재대책

1. 개요

(1) 물류(랙크식)창고 및 창고형 판매시설 등은 화재하중이 높으므로 방화설계 시 수용물품의 화재성상과 가연물의 양, 종류, 적재방법 및 화재위험등급에 따라 소방시설을 적용해야 한다.

(2) 여기서, 화재성상은 발화난이도 및 화재전파속도에 의존하며, 적재방법은 적재높이, 적재형태, 저장물 간의 간격, 통로폭 등을 포함한다.

(3) 특히, 랙크식 창고는 수용물품을 다단식 선반(Rack)에 입체적으로 적재함으로 인해 화재 시 연소확대속도가 매우 빠르다.

2. 랙크식 창고의 화재특성

(1) **대부분 무창층 구조**

   1) 화재시 지하층과 같은 밀폐공간의 화재성상을 연출한다.
   2) 화재의 조기발견이 곤란하다.
   3) 건물 내·외부에서 인력소화가 곤란하다.

(2) **저장물의 집적상태**

   1) 다단식 선반(Rack)에 입체적으로 물품을 적재 : 수용품의 공기접촉면적이 커서 연소되기 쉽고, 상부로 화염확산이 용이하며 또한, 열에 녹은 수용품이 떨어져 하부로도 연소확대가 될 수 있다.
   2) 층고(15m~40m)가 매우 높아 수용품을 높게 적재 : 연돌효과 발생

(3) **내부수용물의 포장재료 등이 대부분 비닐계열** : 연소시 유독가스 발생

(4) **방화구획이 없는 대공간**

   1) 이송크레인의 운행을 위해 내부 방화구획을 하지 않는다.
   2) 따라서, 화재초기에 진압을 실패하면 전소 가능성이 커진다.

(5) **랙크 자체의 붕괴위험**

   랙크는 내화피복이 되지 않은 나철골이 대부분이므로, 화재시 고열을 받을 경우 붕괴될 위험이 있다.

3. 방재대책

(1) 건축설계 시 고려사항
1) 건축물 주요구조부의 내화구조화 및 마감재료의 불연화
2) 랙크는 내화뿜칠, 내화도료 등으로 내화피복 조치
3) 건축물의 폭(너비)이 큰 경우 : 이송크레인의 주행방향으로 방화구획 강구
4) 천정면에 배연구 설치 : 천정면 스프링클러헤드의 동시 다수 작동을 예방
5) 출입구를 창고 후방에도 설치 : 출입구마다 소화전 설치
6) 컴퓨터 시뮬레이션에 의한 안전성 검토결과를 설계에 반영

(2) 화재예방대책
1) 수용물의 위험성 검토 및 그에 따른 적절한 보관 : 즉, 다른 물질과 반응하는 물품 등은 격리하여 보관, 등
2) 이송크레인설비 등 기타 점화원이 될 우려가 있는 전기시설의 유지보수 철저
3) Pallets의 재질은 플라스틱을 지양하고, 빈 Pallets은 따로 보관 : 화재하중 경감
4) 창고 내 화기취급 엄금
5) 방화관리시스템 강화
    ① 방화관리계획의 수립 및 소방활동 매뉴얼의 책정
    ② 설치된 전기기구 등에 대한 출화방지대책 수립

(3) 소화대책
1) 창고에는 통상 근무자가 없으므로 자동식 소화설비가 효과적임
2) 랙크식 창고에 가장 유효한 소화설비는 ESFR 스프링클러설비이다.
    ① 천정이 높고, 수용품이 입체적 집적형태로 화재초기에 연소확대가 예상되므로, 이에 대응할 수 있는 ESFR Sprinkler를 채용
    ② 랙크 내의 헤드에는 직상부에 차폐판을 설치하여 Skipping을 방지
    ③ 기타 일반 스프링클러설비가 부적합한 이유 : 방수시간지연 및 작은 크기의 물방울
3) 옥내소화전설비 : 스프링클러설비에 의한 진화 이후, 잔화처리를 위해 설치
4) 경보설비
    ① 천정이 높으므로 불꽃감지기가 가장 유효함
    ② 다만, 대공간의 경우에는 불꽃감지기와 아날로그식감지기 또는 공기흡입형 감지기를 함께 설치하는 것이 효과적이다.

4. 성능위주설계 가이드라인상 소방시설 등의 적용기준

(1) 소화설비

가연물의 종류, 양, 적재방법 등 물류창고의 특성을 고려하여 스프링클러 적용할 것

1) 스프링클러헤드 : 라지드롭(K-factor 160) 또는 조기진압용헤드(ESFR, K-factor 200~360) 적용
2) 헤드배치 : 랙크식창고는 랙의 단마다 인랙스프링클러헤드 설치(단, ESFR 적용 시 제외)
3) 헤드의 기준개수 : 라지드롭(K-factor 160) : 30개
   조기진압형헤드(ESFR, K-factor 200~360) : 12개
4) 수원용량 : 120분 가동용량

(2) 경보설비

1) 화재의 조기감지, 위치확인 및 비화재보 방지를 위한 공기흡입형감지기 등 특수감지기 적용
2) 조기 안내방송을 위한 비상방송설비의 성능강화(음향 : 1W → 3W)

(3) 피난설비

랙크식창고의 랙통로 부분에 축광식 피난유도선 또는 랙부착유도등을 설치하여 피난설비의 인지도를 향상시킬 것

(4) 방화시설

1) 방화구획 완화규정은 제한적용
   ① 3,000m^2마다 내화구조의 벽으로 구획(불가피한 경우 방화셔터 설치)
   ② 물류창고 자동화설비(컨베이어벨트, 수직반송장치 등) 설치로 인해 방화구획을 완화하는 부분에는 화재조기진압형스프링클러(ESFR)를 적용하고 개구부 부분은 드렌처설비 설치

(5) 기타

1) 물류창고 밀집지역에는 상수도소화용수를 확보할 것
2) 물류창고 주위에 소방활동공간을 확보할 것(위험물 보유공지 개념)

5. 결론

물류산업의 발전으로 대형 물류창고(랙크식 창고)의 설치가 크게 증가되고 있다. 그러나, 수용물품 집적형태의 특수성 등으로 인해 화재시에는 막대한 재산손실이 예상되는 시설이므로, 설계단계에서부터 위에서 기술한 방재대책을 반영하고, 이와 관련한 시뮬레이션 및 화재모델링을 개발하여 화재안전대책에 적용하여야 하겠다.

17 대형 할인매장의 방재대책

1. 개요

국내에 대형 Shopping Mall이 들어서기 시작한 때는 1990년대 중반부터이다. 그동안 쇼핑문화가 급속도로 확산되면서 대형 Shopping Mall이 전국적으로 수백여 개로 확대되었다. 그럼에도 불구하고 대형 Shopping Mall은 여전히 여러 가지 방재적 위험에 노출되어 있으나 아직까지도 이에 대한 대비책이나 연구가 미흡한 실정이다.

2. 화재특성

(1) 전 매장이 Open 공간 : 급격한 연소확대가 용이함
(2) 대부분 무창층 구조 : 지하층과 같은 화재성상 연출
(3) 내부 수용물이 다량의 가연물질이므로 화재하중이 크다.
(4) 대부분 다단식 선반에 적재
(5) 수용물의 포장재료 등이 대부분 비닐계열 : 연소시 유독가스 발생
(6) 고밀도의 불특정다수인이 이용 : 화재시 Panic 발생위험

3. 방재적인 문제점 및 개선방안

(1) 건물벽의 구조가 대부분 스티로폼 내장형 샌드위치패널로 되어 있으나, 국내 '건축재료시험기준'에서 이를 난연재료로 인정하고 있다.
  〈샌드위치패널의 문제점〉
  강판과 강판 사이의 충전재인 발포 폴리스티렌폼의 발화점이 100℃ 정도이나, 화재시 F/O에서의 실내온도가 1,000℃ 이상 되므로 화재시 발포 폴리에틸렌폼이 발화되어 연소는 물론 유독가스와 연기가 다량 발생한다.

(2) 내부마감재료 규제대상에서 자동소화설비가 설치되는 부분은 제외하고 있다.
(3) 매장 내의 방화구획으로 내화구조의 벽 대신 방화셔터로 구획하고 있다.
   ※ 방화셔터의 문제점 : 작동시 강하 장애, 폐쇄시 피난장애, 내화성능 부족 등의 문제가 있다.
   <개선안>
   1) 방화셔터가 강하하는 직하부에는 매대 등 장애물의 존치를 금지한다.
   2) 매장 내에서는 방화구획의 면적을 완화하고, 그 대신 현행의 스프링클러설비 설치기준 및 성능을 강화하여 적용 : Large drop 또는 ESFR 헤드 적용
(4) 피난계단의 수를 해당층의 바닥면적과 보행거리에 따라 산정하도록 규정하고 있다.
   <개선안>
   1) 피난용량산정에서, 바닥면적과 보행거리 외에 매장의 수용인원과 용도를 반영한 피난계산에 의한 피난로 수와 용량의 확보가 필요하다.
   2) 공인된 전산프로그램을 이용한 화재·피난 시뮬레이션에 의한 검증이 필수적임
(5) 피난유도체계의 미비
   <개선안>
   1) 피난유도조직(군중관리자)을 구성하여 배치
   2) 이들에 대하여 정기적인 피난유도훈련 실시
(6) 피난통로 또는 방화구획에 장애가 되는 과다한 상품 적재
   <개선안>
   1) 사업주 및 종업원의 안전의식 고취
   2) 관련 제도·법규의 강화

4. 결론

(1) 대형 Shopping Mall의 건축 시에는 고밀도의 불특정 다수인이 이용하는 시설임을 감안하여 건축계획 당시부터 방재관련 종합대책을 적극 고려하여야 한다.
(2) 방화설계시 방재공학적인 접근에 의한 성능위주설계의 실행
   1) 피난계산 및 시뮬레이션을 통한 피난용량 확보
   2) F/O 및 연기의 청결층 도달시간 검토
   3) 스프링클러헤드의 종류·작동온도·RTI의 선정
(3) 인명안전성평가 실시
   공인된 전산프로그램에 의한 화재·피난 시뮬레이션을 통한 검증

18. 호텔건축물의 방재대책

1. 개요

호텔건축물은 현대적인 기능의 요구에 따라 대규모화, 고급화, 복합용도화되어가고 있다. 또한, 건물이용자는 불특정한 다수인으로서 화재시 Panic 발생확률이 높으며, 보다 체계적인 방화시설이 요구되는 건축물이다.

2. 방재적 특성

(1) 주로 고층건축물이므로 Stack Effect가 크다.
(2) 고층부에는 외부지원 곤란
(3) 불특정다수인이 이용하는 장소
   1) 이용자들의 피난경로 등에 대한 정보부족 : Panic 확률이 높다.
   2) 피난시 승강기 선호 : 2차 피해의 요인
(4) 연회장·숙소·주방 등 다종 용도의 복합건축물
(5) 폐쇄상태의 객실에서 잠을 잔다. : 객실별로 제연설비 및 방송 스피커, 주소형 화재 감지장치 필요
(6) 투숙객이 잠든 사이 즉, 인명위험이 가장 높은 시간대에 근무하는 직원이 최소화가 된다.

3. 방재대책

(1) 건축계획적인 측면

1) 건축재료의 불연화(난연화) 추구

   ① 내장재의 불연화 : <건축법 사항>
   ② 실내장식물(침구류 등)의 방염화 : <소방법 사항>

2) 철저한 방화·방연구획의 구성

   ① 이용시간별, 용도별로 Zoning
   ② Spandrel, Cantilever의 강화적용
   ③ 방연구획 강화 : 특히 상용승강기의 승강장

3) 피난경로의 안전확보

　① 피난계산 및 시뮬레이션에 의한 피난용량 확보
　② 피난로의 안전구획 확보
　③ 피난동선의 명쾌성 확보 : Fool Proof
　④ 2방향 피난로 확보 : Fail Safe

(2) 설비적인 측면

1) 방재설비의 인텔리전트 및 Network화

2) 화재경보설비(자동화재탐지설비)

　① 주소형 아날로그식 감지장치
　② 객실마다 비상방송설비용 스피커 설치
　③ 장애인을 위한 시각경보기(Strobe Light) 추가설치

3) 제연설비

　각 객실마다 제연설비 설치강화

4) 소화설비

　자동식 습식스프링클러설비

5) 상용승강기

　화재시 발화층에 정지되지 않게 하고, 즉시 피난층으로 강제복귀

(3) 방화관리적인 측면

1) 피난·홍보·교육훈련 : 종업원 및 이용자 대상
2) 실질적인 자위소방대의 조직
3) 종합방재센터의 적극적인 활용

4. 결론

〈호텔의 화재안전성 실현을 위한 법규적 개선의 제안〉

(1) 비상용승강기 설치대상 강화

　과거에 비상용승강기 설치대상이 건물높이 41m에서 31m로 강화되었으나, 불특정 다수인이 이용하는 호텔 등에는 다수인의 인명안전차원에서 이미 건축된 건물일지라도 이를 소급하여 적용(일정기간의 유예기간을 준 뒤 적용)할 필요가 있다.

(2) 객실마다 시각경보기(Strobe Light) 및 주소형 화재감지기, 비상방송설비용 스피커 설치의 의무화
(3) 제연설비 설치대상의 강화
현행 법규상 호텔에 대한 제연설비 설치대상을 지하층이나 무창층에 대해서만 설치 의무화가 되어 있으나, 불특정다수인이 이용하는 호텔 등에는 지상층에도 복도·통로 및 각 객실에 소방법상의 제연설비 설치를 의무화하는 법령으로 강화할 필요가 있다.

19. 광산재해의 방재대책

1. 개요

광산은 채굴장의 막장과 같은 특수한 환경조건으로 인해 화재시 산소결핍, 분진폭발, 가스폭발 및 갱목소실로 천장붕락 등의 다양한 피해를 입게 된다. 이러한 이유로 광산은 화재예방과 소화대책을 위한 방화대책 설정에 있어서 일반건축물에 비해 많은 제약을 받는다.

2. 광산갱도의 방재적 특성

(1) 광산화재원인의 종류

1) 잠복화재 : 퇴적물(광석·석탄 등)의 자연발화 → Smoldering 원인
2) 노출화재 : 노출된 가연성 물질(갱목·탄진 등)의 착화원에 의한 인화성 화재

(2) 화재 특성

1) 갱내는 밀폐공간 : 강제환기에 의존
2) 탄진 등 가연성 분진이 체류 : 분진폭발 원인
3) 메탄가스 발생확률이 높다. : 가스폭발 원인
4) 갱내는 온도가 높고 지반변동 등의 영향을 받는다.
5) 궤도·컨베이어 등에 의한 마찰스파크의 발생이 용이
6) 피난로의 절대원칙인 '양방향 피난로' 확보가 곤란

3. 방재대책

(1) 출화방지대책

1) 목재류의 난연처리

① 표면처리법 : 방화용 페인트를 목재표면에 덧칠함
② 가압주입법 : 방화방지제를 목재 속에 가압주입하는 방식

2) 갱내 화재의 조기경보시스템 구축

(2) 연소확대 방지대책

1) 방화지대 설치

갱도의 천장이나 벽면에 물을 함유한 암염층이나 염화석회를 주성분으로 하는 Paste(페스트)로 피복하여, 화재시 이에 함유된 수분의 증발잠열을 이용하여 냉각·진화시킴

2) 살수지대 설치

① 화재시 갱도 주위의 열기류 온도를 목재발화온도(400℃) 이하로 저하시키기 위하여 설치
② 강제통풍이 되는 갱도의 공간부에 물을 분무하여 증발잠열의 냉각효과를 극대화시킴

(3) 직접소화방법

1) 고팽창포제에 의한 포소화설비

① 질식효과 및 냉각효과
② 분진폭발·가스폭발·심부성 화재에도 효과가 있다.

2) 컨베이어 시설 부위

컨베이어를 따라 연속적으로 작동할 수 있는 소화설비 설치

(4) 갱내 안전지대 설치

유독가스·연기 등으로부터 보호받는 장소 확보

4. 결론

(1) 갱도 내에는 지상의 산업시설과는 달리 지반변동에 대한 각종 방·내화구조의 적응성 및 내구성 저하에 대한 배려가 요구된다.
(2) 출화방지책 : 목재류의 난연처리
(3) 연소확대방지책 : 방화지대, 살수지대의 설치
(4) 소화대책 : 고팽창포 소화설비의 설치
(5) 갱내 화재안전을 위한 각종 정기안전점검 실시도 중요하다.

20 | 도장공정의 화재예방대책

1. 개요

가연성 유성도료를 Spray하는 도장작업장은 쉽게 인화 연소할 수 있는 제1석유류와 가연성 증기도료의 잉여분이 존재하므로 화재·폭발 위험성이 상존하고 있는 장소이다.

2. 도장공정의 발화위험요인

(1) 도장공정의 종류
  1) 분무도장(Spray)
  2) 분체도장(Powder)
  3) 침지도장(Dipping)

(2) 발화위험요인
  1) 인화성 용제
  2) 인화성 도료
  3) 발화원 존재 : 정전기 스파크, 열매 보일러, 전기기구 등

3. 화재예방대책

(1) 도장 작업실 내 증기도료 잉여분의 배출장치 설치
    가연성 증기농도를 폭발하한계의 25% 이하로 유지

(2) 도료·용제의 취급관리

　　사용량 초과 및 잉여분 축적의 금지

(3) 도장실 내 발화원 제거

　　담뱃불 등의 화기를 철저히 제한

(4) 정전기대책

　　접지 및 본딩, 기계류(자동정전도장기 등) 및 Trench의 Steel Grating

(5) 제1종 위험장소이므로 모든 전기장치는 도장실 외부에 설치하거나 또는 전기방폭 구조화 함

(6) Spray Booth는 규정된 설치기준을 준수

4. Spray Booth의 설치기준

(1) 설치장소

　　1) 내화구조의 벽으로 구획된 지상 1층의 단층 건축물

　　2) 다른 대상물과 1m 이상 이격

(2) 구조

　　1) 외벽 및 간벽 : 1시간 이상 내화성능의 벽

　　2) 출입문 : 갑종방화문

　　3) 창문 : 가능한 없는 구조

　　4) 배수시설 : 높이 10cm 이상의 경계턱 및 집유조 설치

　　5) 바닥 : 적당한 구배 및 방수처리

(3) 환기설비

　　1) 방식 : 강제환기설비

　　2) 용량 : 실내가연성 증기농도를 폭발하한계의 25% 이하로 유지할 수 있는 용량

　　3) 배기덕트 및 연도 : 단열재로 피복

5. 소화대책

(1) **습식**(조기반응형 헤드 적용) **또는 일제살수식 스프링클러설비 설치**

　　〈설치장소〉

　　1) Spray Booth

　　2) 도료의 저장실·배합지역·건조지역

3) 배기덕트 내부

(2) 수동식 소화기 비치

〈적용 소화기〉
1) CO_2 소화기
2) 분말소화기

(3) Draft Curtain 설치

1) 설치장소 : 도장작업실 외부
2) 설치목적 : 화재시 열의 확산방지 목적

(4) 화재경보설비

1) 방폭지역이므로 접점이 노출되는 감지기는 설치 불가함
2) 불꽃감지기 등의 특수감지기 설치 : 발화시 0.5초 이내에 감지하여 경보장치의 작동 및 전력차단이 필요함

6. 결론

도장작업장의 화재예방대책은 다음과 같이 요약된다.
(1) 도장작업실 내에 증기도료 잉여분의 배출장치 설치
(2) 도료·용제의 사용량 초과 및 잉여분 축적의 금지
(3) 도장작업실 내의 발화원 제거
(4) 정전기대책 : 접지 및 본딩, Trench의 Steel Grating 등
(5) 모든 전기장치는 도장실 외부에 설치하거나 또는 전기방폭구조화 한다.

21. 실내체육관의 방재대책

1. 개요

(1) 실내경기장은 천장이 매우 높고 실내공간이 대용량이므로 스프링클러 등의 통상적인 소방설비를 적용하는 것이 곤란하다.

(2) 불특정한 다수인이 운집한 관람석에서 화재 등의 사고가 일어날 경우에는 2차적인 대형인명피해의 위험이 있는 만큼 이에 대한 예방대책의 연구가 필요하다.

2. 실내경기장의 화재특성 및 문제점

(1) 방화구획이 곤란함

(2) 천장고가 높으므로 연기제어 곤란 : 상부온도가 높은 경우 연기의 상승이 곤란함

(3) 화재시 다수 관람객이 동시에 인지 : 동시 피난으로 출입구 등에서 2차재해 우려

(4) 스프링클러설비 적용 곤란

    1) 천장고가 높아 헤드개방온도에 도달하기가 어렵다.

    2) 방출된 물방울은 낙하하는 동안 비산됨

(5) 연기감지기 적용곤란

    상부온도가 높은 경우 연기의 상승이 곤란함

3. 방재대책

(1) 화재감지 System

    1) 적외선 불꽃감지기 채용

        ① 먼 거리의 화염도 신속하게 감지

        ② 특히, IR/IR형은 오보가 거의 없고 연기 및 창의 더러워짐에 강하다.

        ③ 단점 : 훈소화재인 경우 감지가 곤란

    2) 아날로그식 분리형 광전식 감지기 적용가능

        ① 높은 천장·넓은 공간의 체육관 등에 유효하다.

        ② 단점 : 비가시성 또는 엷은 색 연기에는 감도가 떨어짐

(2) 소화설비대책

   〈방수총 소화설비 채용〉

   1) 작동 Mechanism

   대규모 공간에서 불꽃감지기가 먼 거리의 화염도 신속하게 감지하여 그 신호를 중앙제어반으로 송신하면, 여기서 컴퓨터시스템에 의해 방사거리, 방사각도 등을 계산하여 방수총을 통하여 화점에 정확히 방사하도록 하는 설비

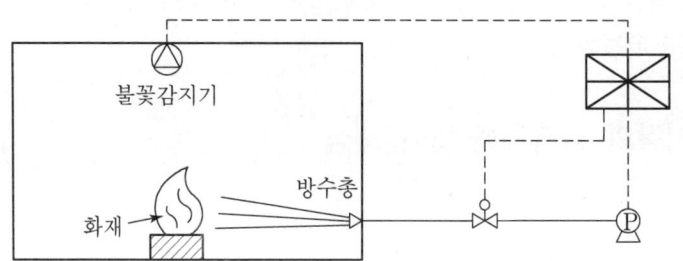

   2) 유효사거리

   ① 중거리용 : 65m
   ② 장거리용 : 90m

(3) 연기제어대책

   1) 기계배연방식 채용

   상부에 축연시키는 한편 제3종 배연설비에 의한 강제배연

   2) 자연배연방식의 효과적인 설계

   ① 중성대 위치를 가능한 높게 설계
   ② 화재시 하부층에서 청결층이 유지될 수 있는 상부배연구 크기 확보

(4) 피난대책

   1) 피난유도조직(군중관리자) 구성배치(NFPA : 250명당 1인)
   2) 피난계산 및 화재·피난시뮬레이션을 통한 피난용량 확보
   3) 피난훈련

   관리자·종사자의 관람객 피난유도훈련을 정기적으로 실시

4. 결론

(1) 실내체육관의 방화대책에서는 화재시의 경보 및 소화설비대책에 우선하여 인명안전을 위한 피난대책과 제연설비대책을 우선적으로 심도있게 검토하여야 한다.
(2) 경기장 구조특성상 천장이 높아 화재감지기와 스프링클러설비 등을 적용하기 곤란하므로 불꽃감지기 및 방수총소화설비 등의 적용을 검토하여야 한다.

22 냉동창고의 방재대책

1. 개요

냉동창고는 일반 건축물에 비해 화재 발생률은 낮지만, 냉동창고의 특성상 높은 화재하중의 수용품을 선반(Racks)에 입체적으로 집적하므로, 일단 화재가 발생되면 짧은 시간에 많은 수용품이 열·연기에 의한 큰 경제적 손실과 재실자 존재시 인명피해를 입게 된다. 그러므로 냉동창고는 확률적인 화재발생률과 관계없이 방재대책의 수립은 필수적이라 할 수 있다.

2. 냉동창고의 종류 및 구조

(1) 종류

1) 냉장고 : 저장온도범위 18~0℃, 주로 과실류를 저장
2) 냉장실 : 서장온도범위 2~-9℃, 비냉동 육류 등을 저장
3) 냉동실 : 저장온도범위 -15~-23℃, 냉동식품의 육류·어류 등을 저장
4) 급속냉동실 : 저장온도범위 -17~-35℃, 냉동식품의 초기냉동용

(2) 구조

1) 가연성물질(발포 플라스틱 단열재)+불연성 물질(내화구조)의 구조
2) 고형의 발포 플라스틱은 폴리스틸렌 및 폴리우레탄 판넬과 같은 형태로 많이 사용된다.
3) 폴리우레탄 판넬은 냉동창고의 벽 또는 지붕의 구조물 재료로도 사용된다.
4) 밀폐형 구조 : 화재시 지하공간과 같은 화재성상

3. 냉동창고의 화재원인

(1) 전기적 단락(Short circuit)

전기배선, 모터, 램프 및 전열선 등의 단락에 의한 불꽃 점화원

(2) 절단 및 용접에 의한 스파크

(3) 인화성 물질의 취급 중 누설에 의한 점화

(4) 가연성 단열재(발포 폴리에틸렌 폼, Cork, 셀룰로오즈 등)의 연소

4. 화재예방대책

(1) **단열재의 불연화**

냉동창고 내 단열재를 불연재 또는 준불연재료로 채용

(2) 전기적 단락 및 용접 등에 의한 스파크, 등 점화원이 될 우려가 있는 부분의 유지관리의 강화

(3) **인화성 물질 취급시 특별관리**

인화성 물질 취급시 사전 안전교육, 감독자 배치 등 특별관리강화

5. 소화대책

(1) **소화기 비치**

수동식 소화기를 저장실 내에 배치

(2) **자동식 스프링클러설비 설치**

1) 준비작동식 스프링클러설비 채용 : 평상시 2차측 배관내를 건식상태로 유지

2) 오작동으로 인한 배관의 동결방지 대책으로 Double Interlock Preaction System 방식을 채용

(3) **냉동창고에 부적합한 소화설비**

1) 이산화탄소소화설비 : CO_2를 초저온 속에 방출시 가스화 되기가 어렵다.

2) 포소화설비 : 초저온 속에서는 거품이 동결되므로 신속히 소멸된다.

3) 불화성가스계 소화설비 : 방사압력이 고압이지만 과압배출구의 설치가 곤란

6. 결론

냉동창고는 화재발생확률은 비교적 낮지만, 일단 화재가 발생되면 열·연기에 의한 큰 손실를 입게 되므로, 확률적인 화재발생률과 관계없이 다음과 같은 방재대책을 필

수적으로 수립하여야 한다.
(1) 냉동창고 내 단열재의 불연화
(2) 전기적 단락 및 용접 등에 의한 스파크, 등 점화원이 될 우려가 있는 부분의 유지관리의 강화
(3) Double Interlock Pre-action Sprinkler 설비방식 채용
(4) 또는 저압형 청정소화약제소화설비를 채용

23 노인복지시설의 방재대책

1. 서언
(1) 노인시설은 노인이 집단 거주하는 아파트식 주택 또는 공공시설로서 식당·위생·문화·의료·편의시설 등을 갖추고 있으며, 일정의 규율성과 다양성을 내포하고 있다.
(2) 노인은 신체적·심리적인 쇠퇴로 인해 화재에 대한 감지 및 대응능력이 취약하므로, 이를 감안한 소방·방재시설을 계획하여야 한다.

2. 노인의 방화대책상 특성(문제점)
(1) 화재에 대한 감지 및 대응능력이 부족
(2) 자기보호능력의 부족
(3) 거동곤란으로 피난 및 구조의 곤란

3. 노인시설의 방재대책(설계시 고려사항)
(1) 노인은 신체상태에 따라 자활노인, 피보호노인, 피보조노인으로 분류한다.
  1) 피보호노인 및 피보조노인의 거실 : 저층부(피난층)에 소규모·분산식으로 배치
  2) 자활노인의 거실 : 2층 이상에 배치
  3) 용도분리의 원칙 : 다중이용장소는 거실과 분리하여 배치

(2) 방화구획
  1) 비교적 작은 규모로 기능별로 구획
  2) 화재위험성이 큰 부분은 완전 독립적으로 구획
  3) 거실에서 복도로 통하는 출입문 : 방화문으로 설치

(3) 안전피난설계

1) 2방향 이상의 피난경로 확보
2) 인간의 귀소본능을 이용하는 피난경로의 설정
3) 수직피난방식은 지양하고, 수평피난방식을 우선 고려하는 피난계획수립
4) 모든 거실에는 외부와 직접 통하는 출입문 설치
5) Fail Safe와 Fool Proof 개념에 입각한 피난시설 설계
6) 안전한 피난공간(안전구역) 확보 : 발코니, 옥상, 정원 등
7) 전용대피시설 설치 : 경사로, 비상하강기(구조대 등), 피난용승강기
8) 제연설비 : 거실 및 피난경로상에 필수적임
9) 건축물의 층수를 4층 이하로 제한 : 노인은 피난약자임을 고려

(4) 건축방재사항

1) 주요구조부 : 내화구조
2) 외벽마감재료 및 실내마감재료 : 불연재료 또는 난연화
3) 방화구획 : 소규모・분산식・기능별로 구획

(5) 소방시설

1) 자동화재경보시스템
2) 노인상황통보시스템
3) 자동소화설비 : 간이스프링클러설비 등

4. 결론

(1) 노인시설은 저층부・소규모・분산식 배치가 안전하며, 방화구획・방연구획의 필요성이 일반건축물에 비해 높다.
(2) 안전피난 설계계획

1) 수직피난방식은 지양하고, 수평피난방식을 고려하는 설계
2) 양방향 이상의 피난경로 확보
3) 안전구역(발코니, 옥상 등) 확보
4) 일반적인 피난수단 외에 전용피난시설 확보

24. 냉각탑의 화재예방대책

1. 서언

(1) 냉각탑의 화재사고는 국내외를 막론하고 종종 발생하고 있으며, 불연성 재질이 아닌 경우 화재위험성이 상존하고 있는 상태이다.

(2) 냉각탑에 대한 소방시설은 국내기준이 마련되어 있지 않아 설계단계에서 이를 구성하기가 어렵고, 유지관리상으로도 화재예방활동을 제대로 하지 못하고 있는 실정이다.

2. 냉각탑 화재의 원인

(1) 점화원

1) 외부적인 요인
   ① 용접작업 중의 불티
   ② 담뱃불
   ③ 인근의 나화(소각장, 굴뚝 등)

2) 자체의 잠재된 점화원
   ① 전기과부하로 인한 모터의 과열
   ② 전기케이블 등의 합선

(2) 가연물

1) 유도 통풍형 냉각탑인 경우, 냉각탑 안에 상당히 건조한 구역이 존재
2) 냉각탑 내부 표면에 부착된 Scale이 건조되어 착화물이 될 수 있다.
3) 냉각탑이 지면에 설치된 경우 : 가연성 소재의 폐기물, 마른 잡초 등이 주변에 쌓여 있을 때 착화될 수 있다.

3. 냉각탑의 화재예방대책

(1) 냉각탑의 불연성 재질 사용
(2) 위험요소로부터 이격거리 확보

1) 냉각탑의 외장재가 가연성 구조인 경우

   30m 이상 이격(단, 30m 이내인 경우 물분무소화설비 설치)

2) 외장재가 불연성 구조인 경우

   12m 이상 이격(단, 12m 이내인 경우 물분무소화설비 설치)

(3) 소방시설설치

1) 소방시설 설치대상 냉각탑

   ① 유도통풍형 냉각탑
   ② 위험요소로부터 일정거리 내에 있는 가연성 재질의 냉각탑
   ③ 지붕 등 수동 화재진압이 곤란한 장소에 설치되는 가연성 재질의 냉각탑

2) 적응소화설비의 종류

   ① 물분무 소화설비 : 방수밀도 $6.2 l/min \cdot m^2$ 이상
   ② 일제살수식 스프링클러설비 : 개방형 하향식 헤드
   ③ 건식 스프링클러설비 : 폐쇄형 상향식 헤드
   ④ 준비작동식 스프링클러설비 : 폐쇄형 상향식 헤드

3) 기타 소방시설 구비

   ① 화재감지장치 : 정온식 감지선형 또는 차동식 스포트형 감지기 채용
   ② 화재시 Fan 자동정지용 자동제어 스위치 구비
   ③ 비상시 접근로(사다리) 구비

(4) 화재예방을 위한 유지관리기준 확립

1) 냉각탑에서 용접작업시 안전수칙 철저히 준수

   ① 주변의 가연성 물질제거 및 차폐조직
   ② 소화기 비치
   ③ 작업감독자 현장입회 등

2) 전동기 과전류보호장치(OCR) 구비 등 전기합선 예방조치
3) 지면에 위치한 경우

   잔디, 잡목, 가연성 폐기물 등을 주변에서 제거

4) 냉각탑 주변에서 흡연금지
5) 전기절연진단 및 정기적 점검 시행

4. 결론

(1) 냉각탑의 화재사례 등을 볼 때 화재원인의 첫째가 용접작업 중의 불티이고, 둘째가 전기적인 과부하로 인한 모터과열, 전기합선 등이다.
(2) 따라서, 이들 원인에 대응하는 대비책을 갖추는 것이 냉각탑 화재예방의 보다 효과적인 대책이 되겠다.

25 목조건축물의 화재위험성과 안전대책

1. 개요

목재는 경량인 데 비해 강도가 크고 열전도율이 낮으며, 가공 및 공급이 용이한 점 등의 장점이 있는 반면, 연소하기 쉬우므로 인해 화재시 Flash-over 및 최성기에 도달하는 시간이 내화건축물보다 빠르게 진행하므로 화재위험성이 높다.

2. 목재의 연소특성

(1) 목재의 성분 및 열적 특성

1) 목재의 구성성분
   산소, 수소, 탄소, 질소, 셀룰로오스(건조목재주성분), 무기물, 수분, 리그닌
2) 목재의 인화점 : 250~270℃
   목재의 발화점 : 420~460℃

(2) 목재의 착화와 연소에 영향을 미치는 요인

1) 목재의 외형
   잘게 나누어질수록 표면적이 커지므로 연소가 잘 되게 된다.
2) 열전도
   ① 목재의 열전도율 : 철의 약 1/350 정도
   ② 두꺼운 목구조건물에서 화재시 목탄의 단열효과로 인해 경량철골구조보다 더 오래 견딜 수 있다.

3) 수분함량

목재의 수분함량이 15% 이상이면 고온에도 착화가 어렵다.

4) 가열속도와 시간

5) 자연발화

목재는 오염상태 및 통풍이 불량할수록 자연발화가 용이해진다.

(3) 목재의 연소단계

1) 200℃ : 연소가스(수증기, CO_2, 초산, 개미산 등) 발생
2) 200~280℃ : ┌ 흡열반응 <1차 반응>
             └ CO_2가 본격 발생
3) 280~420℃ : ┌ 발열반응 <2차 반응>
             └ 탄화물들의 발열반응
4) 420~470℃ : 탄화종료 및 발화
5) 500℃ : ┌ 촉매활동이 활발함
          └ 목탄 생성

3. 목조건축물의 방재관련법 규정

(1) 건축법 시행령

연면적 1,000m² 이상의 목조건축물은 그 외벽 및 처마밑의 연소할 우려가 있는 부분을 방화구조로 하고 그 지붕은 불연재료로 하여야 한다.

(2) 건축물의 구조내력에 관한 기준

주요구조부가 목구조인 건축물은 다음 조건에 모두 부합되게 건축하여야 한다.

1) 높이 : 13m(처마높이 9m) 미만
2) 연면적 : 3,000m² 미만

4. 화재예방대책

(1) 목재의 방염처리

1) 방염성능의 원리

화재시 목재표면의 방염제가 가열되면 열분해되면서 불연성가스를 발생하여 산소농도를 연소하한계 이하로 감소시킴으로써, 연소가 중지되게 한다.

2) 방염제의 성분

① 제1 인산암모늄($NH_4H_2PO_4$) : 10%액
② 제2 인산암모니아 5%액 + 붕산(H_3BO_3) 5% 용액

(2) 방화도료의 도포

1) 목재표면에 방화도료를 도포
2) 이것이 고온의 화염에 노출되면
3) 도료가 발포되어 목재표면을 덮어 화열을 차단함으로써
4) 바탕재로의 열전달을 지연시킨다.

(3) 전기화재의 원인 제거

1) 전선은 금속제 전선관에 수납하여 내열배선 또는 내화배선으로 설치
2) 전기사용량 계산에 근거하여 분전반 설치

(4) 주변 수목 벌채

주변 수목 높이의 1.5배 너비로 벌채

(5) 주변 화기사용 엄금

5. 소화대책

(1) 화재의 조기경보시스템 구축 : 불꽃감지기 또는 연기감지기 설치
(2) 중요한 실내에는 간이스프링클러설비 또는 가스계소화설비 등의 자동소화설비의 설치를 고려. 단, 조기반응형 스프링클러헤드(RTI 50 이하) 채용
(3) 기타는 옥내소화전 또는 옥외소화전설비를 설치
(4) 적응성이 있는 소화기를 실내·외부에 배치
(5) 목조건축물에 적합한 성능위주 소방설계용 화재모델 및 시나리오 개발

6. 결론

(1) 목조건축물의 화재예방대책

1) 건축재료로 사용되는 목재의 방염처리
2) 실내마감재료에 대한 방염도료의 도포
3) 방화섬유판 사용
4) 전기화재의 발생원인 제거(내열배선 또는 내화배선으로 설치)

(2) 화재시의 소화대책

1) 화재의 조기경보시설 구축
2) 중요 실내는 간이스프링클러설비 또는 가스계소화설비 설치
   단, 조기반응형 스프링클러 헤드 채용
3) 기타는 옥내소화전 또는 옥외소화전 설비 설치
4) 목조건축물에 적합한 성능위주설계용 화재모델 및 시나리오의 개발

26 목조문화재 건축물의 방재대책

1. 개요

(1) 우리나라의 목조문화재 건축물은 대부분 사찰건축물로서 오랜 기간 동안 다양한 역사적·문화적 유산을 지니고 있으며, 그 건축적인 의미와 그 보존의 중요성은 지대하다 할 수 있다.

(2) 그러나, 국내 대부분의 목조문화재건축물이 그 문화재적 중요성에 비해 불의의 화재사고 등에 대한 대응 및 보전책이 미흡한 실정이다.

2. 목조건축물의 소방·방재관련법 규정

(1) **건축법 시행령**

연면적 1,000m² 이상의 목조건축물은 그 외벽 및 처마 밑의 연소할 우려가 있는 부분을 방화구조로 하며 그 지붕은 불연재료로 하여야 한다.

(2) **건축물의 구조내력에 관한 기준**

주요구조부가 목구조인 건축물은 높이13m(처마높이는 9m) 미만 및 연면적 3,000m² 미만으로 건축하여야 한다.

(3) **소방시설 설치대상관련 규정**

문화재보호법 제5조에 의거 국보 또는 보물로 지정된 목조건축물은 옥외소화전설비·물분무등소화설비·자동화재속보설비를 설치하여야 한다.

3. 목조문화재 건축물의 화재위험요인

(1) 대부분 사찰 등으로서 지리적으로 외딴 산지에 위치 : 소방대의 진화 및 외부지원이 곤란하다.
(2) 전기설비의 체계적인 관리의 부재 : 전선이 대부분 노출배선으로 설치되고, 분전반 등 전기기구의 용량이 부적합하게 설치된 경우가 많다.
(3) 목조건축물로서 주요구조부 및 내부마감재료까지 대부분 가연성물질로 되어 있어 화재 시 확산이 신속하다.
(4) 소화설비 등 자체 소화력이 미약함 : 법규 개정(공포 2009.2.6, 시행 2010.2.6) 전에 기 건축된 것은 소방법규적으로 제도권 밖에 있는 실정임
(5) 주변에 임목이 많은 경우 주변 산불이 확산되어 문화재로 유소(類燒)될 위험이 있다.
(6) 그 밖의 사찰화재의 주요인
    1) 촛불·향 등의 화기 사용이 빈번함
    2) 외부인의 방화 등

4. 화재예방대책

(1) 건축물 내부마감재료 및 실내장식물에 대한 방염처리 또는 방화도료의 도포
(2) 전기화재의 원인 제거
    1) 전선은 금속제 전선관에 수납하여 내열배선 또는 내화배선으로 설치한다.
    2) 전기사용량 계산에 근거하여 분전반 설치
(3) 사찰 내 상주인원에 대한 방화교육훈련의 시행
(4) 외부침입자에 대한 감시대책 : 보안장비 및 울타리 등의 설치
(5) 사찰의 규모 및 높이에 따른 피뢰접지설비를 고려한다.

5. 소방시스템 대책

(1) 화재조기감지·경보설비의 구축 : 불꽃감지기 또는 연기감지기 채용
(2) 중요한 실내에는 미분무(Water Mist)소화설비 또는 국소방출식 가스계소화설비 등의 자동식소화설비의 설치를 고려한다.
(3) 기타 옥내에는 옥내소화전설비 및 소화기의 비치를 강화한다.
(4) 건물외부의 산불이 확산되어 목조문화재로의 유소(類燒)를 방지하기 위한 대책으로 Water Mist에 의한 수막설비와 옥외소화전설비를 설치한다.
(5) 목조건축물 주변에 임목이 많은 경우에는 주변에 방화대 설치 : 주변 수목 높이의

1.5배 너비로 벌채한다.
(6) 사찰 경내로 소방차량 진입 곤란시 : 사찰 주변에 비상차량 접근도로 설치
(7) 목조건축물에 적합한 성능위주 소방설계용 화재모델 및 시나리오 등을 개발한다.

6. 결론

(1) 목조건축물 화재의 주요인이 주요구조부와 내부마감재료가 가연성인데다 전기설비에 대한 화재안전대책이 미흡하며, 촛불·향 등의 화기를 빈번하게 사용하고, 또한 주변에 임목이 많은 경우 주변 산불이 확산되어 유소(類燒)될 위험도 있다.
(2) 소방·방화시스템 대책으로는 옥내소화전설비와 간이스프링클러설비 또는 국소방출식 가스계소화설비 등의 자동식소화설비와 산불로부터의 유소(類燒)방지를 위한 옥외소화전설비 및 방화대의 설치를 고려하고, 또 목조건축물에 적합한 성능위주 소방설계용 화재모델 및 시나리오도 개발하여야 하겠다.

27 견본주택(모델하우스)의 방재대책

1. 개요

(1) 모델하우스는 특성상 분양시 불특정 다수인이 모이는 장소이며, 건축재료는 화재시 급속하게 연소하는 목재·합판 등의 가연성재료를 주로 사용하고 있다.
(2) 소방법규상(소방시설법 시행령 별표 2)으로는 2018. 6. 27.부터 "문화 및 집회시설"의 용도에 포함시켜 이에 해당하는 소방시설을 설치하도록 규정하고 있다.

2. 견본주택(모델하우스)의 법적 적용

(1) 건축관계법규

'견본주택건축기준' : (주택법 제60조)
1) 견본주택은 인접대지 경계선에서 3m 이상 이격하여 배치
   단, 내화구조인 경우에는 1m 이상 이격
2) 내부평면 : 건축허가 당시 제출된 설계도서와 동일하게 건축
   단, 발코니는 거실·침실 등으로 구조변경 가능
3) 실내마감재료 : 명세서 및 촬영영상물을 승인권자에게 제출

4) 피난시설

① 각 세대 내에서 직접 대피할 수 있는 출구 1개소 이상 설치

② 직접 지상으로 통하는 직통계단 설치

(2) 소방관계법규

소방시설법상의 '문화 및 집회시설'에 해당하는 소방시설을 설치하도록 규정하고 있다.

3. 견본주택(모델하우스)의 화재특성

(1) 견본주택의 건축재료는 합판 및 목재 등의 가연성 재료를 사용하므로 화재발생시 급속하게 연소가 진행된다.

(2) 분양시 불특정 다수인이 모이는 장소로서 화재시 수백 명이 한꺼번에 피난로로 몰리므로 Panic현상 발생우려가 높다.

(3) 화재시 비화, 복사열 등으로 인접건물 또는 차량으로 전파되어 2차화재의 위험도 크다.

(4) 직원들은 소방·방화시설에 대한 인식이 부족하고, 소방·피난 관련 교육이 전무한 상태임

4. 견본주택(모델하우스)의 화재방지대책

(1) 법규적 보완

1) 소방법규

'문화 및 집회시설'의 용도에 해당하는 소방시설의 설치대상에서, 스프링클러설비는 "수용인원 100인 이상"의 조항에 해당되어 설치대상이 되나, 옥내소화전설비는 연면적 3,000㎡ 이상이 되어야 설치대상이 되는데, 대부분의 견본주택은 연면적이 3,000㎡ 미만이므로 옥내소화전설비 설치대상에서 제외되어 있다.

2) 건축법규

① 건축재료는 난연재료급 이상의 사용을 의무화 하고, 목재나 합판의 경우 방염처리 의무화

② 인접건물과의 이격거리를 증대

현행 : 3m 이상(대지경계선 기준) → 변경안 : 6m 이상

(2) 직원(근무자)들의 소방·방화교육 시행

1) 야간경비원들의 화기취급을 통제
2) 직원들에 대한 화재예방 및 화재시 응급대처요령을 교육
3) 화재시 피난군중 통제유도시스템 구축

5. 결론

(1) 법규적 보완

1) 소화설비 중 가장 기본·필수적이라 할 수 있는 옥내소화전설비가 현행 법령에서 사실상 제외되어 있으므로, 이에 대한 법령의 보완·개정이 요구된다.
2) 건축재료는 방염 등 난연재료급 이상을 사용하도록 한다.
3) 인접대지 경계선으로부터의 이격거리 기준을 현행 3m에서 6m 정도로 강화시킨다.

(2) 성능위주 방화설계 적용

현행 사양기준적 소방설계에서 장기적으로는 성능위주의 소방설계에 대한 다양한 모델과 시나리오를 개발하여 모델하우스와 같은 특수한 소방대상물에 우선적으로 성능위주 소방설계를 적용하여야 하겠다.

28. 도로터널의 소방·방재시설

1. 개요

(1) 현대사회는 급속한 산업발전에 따른 차량 및 물류수송량의 증가로 도로증설과 장대터널의 증가가 가속되고 있으며, 또 이에 따른 터널 내 사고가능성 또한 증가일로에 있는 실정이다.

(2) 도로터널에 대한 소방방재시설은 국내 법규상 '도로터널의 화재안전기준' 및 국토교통부의 '도로터널의 방재시설 설치지침'에서 다음과 같이 최소한의 소방방재시설을 규정하고 있다.

2. 도로터널화재의 특성

(1) 공간적 특성

1) 제한적 반폐쇄공간 : 연소시 공기공급부족 → 불완전연소 → 연기다량발생 → 산소결핍
2) 단열공간 : 화재시 축열효과 → 높은 온도 → 구조물의 내화성능감소 → 터널구조물의 파손·붕괴

(2) 연소특성

1) 차량화재의 연소 → 다량의 연료적재로 인한 유류화재로 발전 → 다중차량화재 → 다양한 내장재 연소 → 독성가스 발생 → 고온의 열기류 및 연기의 빠른 확산 → 고온의 복사열, 대류열 및 산소농도 저하 → 시야 장애 및 피난자 질식 → 피난 및 진압 곤란
2) 차량의 종류 및 화재발생지점에 따라 화재성상, 화재진압 등에 차이가 있다.
3) 지리적 특성
   대부분 산악지대에 위치하여 도심과는 지리적으로 원거리에 위치하며 산악지형상 장대화되고 있으므로 인명구조와 화재진압이 곤란한 경우가 많다.

3. 도로터널 소방방재시설의 설치기준

	방재시설		설치대상	설치간격	설치방법
소화설비	수동식 소화기		모든 터널	50m 이내	2개 1조로 설치
	옥내소화전설비		1,000m 이상	50m 이내	-
	물분무소화설비		예상 교통량, 경사도 등 터널의 특성을 고려하여 행정안전부령으로 정하는 터널	방수구역 크기: 터널길이 방향으로 25m 이상	3개 방수구역을 동시에 40분 이상 방수할 수 있는 구조 및 수원량 확보
소화활동설비	제연설비			-	환기설비와 겸용
	무선통신보조설비		500m 이상	-	라디오 재방송설비와 겸용 가능
	연결송수관설비		1,000m 이상	50m 이내	송수구: 터널 입·출구부에 설치 방수구: 옥내소화전과 병설
	비상콘센트설비		500m 이상	50m 이내	소화전함에 병설
경보설비	비상경보설비		500m 이상	50m 이내	-
	자동화재탐지설비		1,000m 이상	경계구역 100m 이내	감열부와 감열부 사이 간격: 10m 이내
피난설비	비상조명등		500m 이상	-	바닥면 조도: 10 lx 이상 기타의 조도: 1 lx 이상
피난시설	「도로터널 방재·환기시설 설치 및 관리지침」	피난연결통로	500m 이상 (연장등급 3등급 이상)	250m 이내	쌍굴터널에서 양쪽 터널 사이에 차단문 설치
		비상주차대	1,000m 이상 (연장등급 2등급 이상)	750m 이내 (양방향 터널)	터널의 양측에 마주보게 (차량회전이 가능하도록) 설치

4. 도로터널 소방시설의 세부설치기준

(1) 수동식 소화기

1) 능력단위
   ① A급 : 3단위 이상
   ② B급 : 5단위 이상
   ③ C급 : 적응성이 있을 것
2) 총중량 : 7kg 이하
3) 설치간격 : 50m 이내(각 소화기 함마다 2개 이상씩 설치)
4) 설치높이 : 바닥면으로부터 1.5m 이하의 높이
5) 설치위치 : 주행차로 우측 측벽에 설치. 단, 편도 2차로 이상의 양방향 터널 또는 4차로 이상의 일방향 터널의 경우에는 양쪽 측벽에 각각 50m 이내의 간격으로 엇갈리게 설치 : (이하 다른 소방설비에도 동일하게 적용)

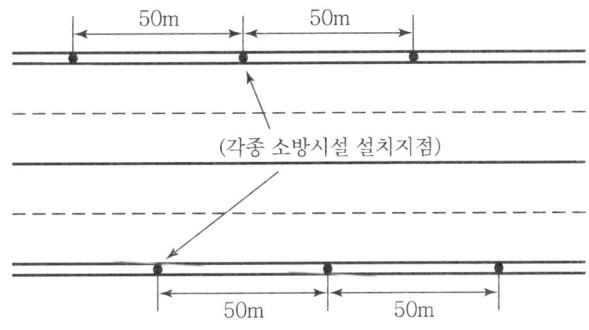

[4차로 이상 터널의 소방시설 설치지점]

(2) 옥내소화전 설비

1) 설치간격 : 50m 이내
2) 설치위치 : 주행차로 우측 측벽에 설치.(단, 편도 2차로 이상의 양방향 터널이나 4차로 이상의 일방향 터널의 경우에는 양쪽 측벽에 각각 50m 이내의 간격으로 엇갈리게 설치)
3) 수원량 : [소화전 2개(단, 4차로 이상의 터널은 3개)의 방수량 × 40분 이상]의 방수량
4) 가압송수장치 : 소화전 2개 동시에 방수 시 노즐선단의 방수압력 0.35MPa 이상 및 방수량 190l/min 이상
5) 주펌프와 동등 이상인 별도의 예비펌프 설치(단, 압력수조 또는 고가수조인 경

우에는 제외)

6) 방수구 : 40mm 구경의 단구형을 1.5m 이하의 높이에 설치
7) 비상전원 : 40분 이상 작동용량

(3) 물분무 소화설비

1) 방수구역 : 터널길이 방향으로 25m 이상으로 하고 동시에 3개 구역 이상을 방수할 수 있을 것
2) 살수밀도 : $6l/m^2 \cdot min$ 이상
3) 수원량 : 방수구역 3개 × 40분 이상의 수원량 확보
4) 비상전원 : 40분 이상 가동 용량

(4) 연결송수관설비

1) 방수압력 : 0.35MPa 이상
2) 방수량 : 400l/min 이상
3) 방수구 및 방수기구함의 설치위치 : 50m 이내의 간격으로 옥내소화전함에 병설하거나 또는 독립적으로 터널출입구 부근과 피난연결통로에 설치
4) 방수기구함 : 65mm 방수노즐 1개와 15m 이상의 호스 3본을 설치
5) 연결송수구 위치 : 터널 입·출구부의 소방차 접근이 용이한 지점에 설치

(5) 제연설비

1) 배출용량

   ① 설계화재강도 적용 : 20MW
   ② 연기발생률 적용 : 80m^3/s
   ③ 배출량 : 발생된 연기와 혼합된 공기를 충분히 배출할 수 있는 용량 이상
   ④ 화재강도가 설계화재강도보다 높을 경우, 위험도 분석을 통하여 설계화재강도를 설정

2) 설치기준

   ① 종류환기방식의 경우 예비용 제트팬을 설치
   ② 횡류환기방식 및 대배기구방식의 배연용 팬은 수치해석 등을 통하여 내열온도 등을 검토한 후에 적용
   ③ 전원공급선, 전원공급장치 등은 250℃ 온도에서 60분 이상 운전상태를 유지할 것

④ 비상전원 : 60분 이상의 작동용량 확보

3) 제연설비의 기동

① 화재감지기가 동작되는 경우
② 발신기의 스위치 또는 자동소화설비의 기동장치를 동작시키는 경우
③ 화재수신기 또는 감시제어반의 수동조작스위치를 동작시키는 경우

(6) 비상경보설비

1) 발신기 및 음향장치

① 설치간격 : 50m 이내
② 설치위치 : 0.8~1.5m의 높이에 설치하되 주행차로 한쪽 측벽에 설치하며 편도 2차선 이상의 양방향터널 또는 4차로 이상의 일방향터널의 경우에는 양쪽 측벽에 엇갈리게 설치
③ 음향장치 : 음향은 1m 떨어진 위치에서 90dB 이상 되게 하고, 터널내부 전체 동시에 경보를 발하도록 설치

2) 시각경보기

① 주행차로 한쪽 측벽에 50m 이내의 간격으로 비상경보설비 상부 직근에 설치
② 전체 시각경보기가 동기방식에 의해 작동되도록 한다.

(7) 비상조명등

1) 조도기준

① 상시 조명이 소등된 상태에서 차도 및 보도의 바닥면의 조도 : 10Lx 이상
② 그 외 모든 지점의 조도 : 1Lx 이상

2) 비상전원

상용전원 차단시 비상전원이 자동으로 60분 이상 점등될 것

3) 충전방법

내장된 예비전원이나 축전지설비에는 상시 충전상태를 유지할 것

(8) 자동화재 탐지설비

1) 경계구역

하나의 경계구역 길이 : 100m 이하

2) 적응감지기 종류

① 차동식 분포형 감지기

② 아날로그방식 정온식 감지선형 감지기

③ 중앙기술심의위원회의 심의에서 터널화재의 적응성이 인정된 감지기

3) 감지기 설치기준

① 감지기의 감열부와 감열부 사이의 간격 : 10m 이하

② 감지기와 터널 좌·우측 벽면과의 이격거리 : 6.5m 이하

4) 발신기 및 지구음향치

비상경보설비의 기준과 동일하게 설치한다.

(9) 무선통신 보조설비

1) 옥외안테나 설치위치 : 방재실 인근, 터널의 입구 및 출구, 피난연결통로
2) 라디오 재방송설비와 겸용으로 설치 가능

(10) 비상 콘센트 설비

1) 설치위치 : 주행차로의 우측 측벽에 50m 이내의 간격으로 설치
2) 설치높이 : 바닥으로부터 0.8m~1.5m의 높이
3) 전원회로 : 단상교류 220V으로서 공급용량이 1.5kVA 이상인 것
4) 콘센트마다 배선용 차단기를 설치하여야 하며, 충전부가 노출되지 않도록 할 것

5. 결론

(1) 도로터널은 반 밀폐구조로서 내부에서 차량화재시 공기유입 부족으로 연기 및 유독성가스가 다량 발생하여 터널 내에 빠르게 확산하므로 대피자의 인명안전에 치명적일 수 있다.

(2) 터널 내 화재시 인명피해를 최소화하기 위해서는 설계시 규정된 소방·방재시설을 절대적으로 준수하여야 할 뿐만 아니라 보다 방화공학적인 접근에 의한 성능위주 방화설계를 통하여 보다 효과적이고도 안전한 소방·방재시설을 적용하여야 하겠다.

(3) 터널의 화재안전대책

1) 건축기획에서부터 성능위주 설계방법에 의해 과학적이고 체계적인 종합방재대책을 수립
2) 터널의 방화설계시 화재강도는 20~30MW를 적용하여 설계한다.

3) 제연설비는 연기를 가능한 한 화재지점에 잡아둔 상태에서 밖으로 배출시키는 일점배출방식(Single Point Extraction)이 가장 효과적이다.
4) 비상주차대 및 피난연락갱을 적절하게 설치하여 원활한 피난 및 구조활동이 되도록 한다.
5) 터널 내부를 실시간 감시·제어할 수 있는 통합관리시스템을 구축한다.
6) 특수위험물 차량 등은 별도로 통행시간을 지정해서 운행하도록 한다.

29. 도로터널의 위험도지수 산정기준

1. 개요

도로터널 건설의 증가와 더불어 국내외적으로 많은 도로터널의 화재사고에서 보듯이, 도로터널에서는 잠재적인 화재발생 사고의 가능성과 이에 따른 대형 인명피해를 우려하지 않을 수 없으며, 이에 대한 대책으로서 「도로터널 방재·환기시설 설치 및 관리지침」을 살펴보면 다음과 같다.

2. 도로터널 방재시설의 설계지침

(1) 도로터널 방재등급 기준

등급	터널연장
1 등급	3,000m 이상($L \geq 3,000$m)
2 등급	1,000[m] 이상 3,000m 미만($1,000 \leq L < 3,000$m)
3 등급	500m 이상 1,000m 미만($500 \leq L < 1,000$m)
4 등급	연장 500m 미만($L < 500$m)

(2) 도로터널 위험도지수 산정기준

1) 교통량은 목표연도(터널준공 20년 후)에 예상되는 연평균일 교통량 기준
2) 위험물 수송은 위험물의 터널통과 금지 또는 위험물 통과시 관리지침에 따라 적용
3) 교통정체는 도로의 특성 및 목표연도의 서비스수준에 의해서 정함
4) 터널위험도는 위험인자별 터널조건에 따른 위험도지수를 구하여 총합을 계산

하고, 6개 항목에 대한 평균값으로 이를 터널위험도로 정의한다.

5) 터널위험도에 대한 터널방재등급의 상향조정방법으로 터널위험도가 2를 초과하는 터널의 경우에는 터널방재등급을 1단계 상향조정하여 방재시설을 설치한다. 단, 4등급 터널의 경우에는 등급의 상향조정을 고려하지 않는다.

[터널위험도 평가기준]
(출전 : 도로터널의 방재·환기시설 설치 및 관리지침)

위험인자	범위	위험정도	위험도지수
연평균일교통량×터널연장	8 미만	매우 낮음	1
	8 이상~16 미만	낮음	2
	16 이상~32 미만	중간	3
	32 이상~64 미만	높음	4
	64 이상	매우 높음	5
경사도	1% 미만	낮음	1
	1% 이상~3% 미만	중간	2
	3% 이상	높음	3
대형차 혼입률	10% 미만	낮음	1
	10% 이상~25% 미만	중간	2
	25% 이상	높음	3
위험물 수송에 대한 법적규제	위험물 통행금지	없음	0
	제한 없음	높음	2
정체정도	서비스수준 C 이상	낮음	1
	서비스수준 D 이상	중간	2
	서비스수준 E 이상	높음	3
통행방식	일방통행	낮음	1
	대면통행	높음	3

3. 터널 위험도지수 산정 시 고려할 위험인자

(1) 터널제원
종단경사도, 터널높이, 곡선반경

(2) 주행거리계
연평균일교통량과 터널연장(전체길이)을 곱한 값

(3) 대형차 혼입률
설계연도의 연평균일교통량의 차종별 구성비 중 대형버스, 중형트럭, 대형트럭 및 특수트럭에 대한 구성비의 합계

(4) 위험물의 수송에 대한 법적규제
위험물수송차량에 대한 감시시스템 및 유도시스템

(5) 정체정도
터널 내의 합류·분류 및 터널진출부의 교차로(IC, JCT)·신호등·Tollgate 설치 여부

(6) 통행방식
대면통행 또는 일방통행

4. 결론
도로터널의 방재등급 기준은 터널연장에 따라서 1등급에서 4등급까지 규정하고, 위험도지수 산정기준은 연평균일교통량, 목표연도의 서비스수순 및 위험인자별 터널조건에 따른 위험도지수를 고려하여 산정해야 한다.

30. 덕트화재

1. 개요

건축물 내의 덕트는 방화구획을 관통하는 부분이 많으므로, 화재시 이를 통하여 다른 구역 또는 다른 층으로의 연소확대가 되는 주된 원인 중의 하나이며, 다음과 같은 연소확대의 형태가 있다.

(1) 덕트 내에서 발화한 화재

덕트 내부의 유류찌거기, 섬유류 등의 가연성 먼지의 연소로 덕트 내에서 출화하여 당해구역 또는 다른 구역으로 확산되는 화재

(2) 화재실에서 덕트 내부로 전파된 화재

화재실에서의 열·연기가 덕트 내부로 유입되어 덕트를 통하여 다른 구역으로 유출되면서 확산되는 화재

(3) 덕트 외부의 보온재 등이 연소되는 화재

보온재를 불연재 또는 준불연재가 아닌 것으로 채용하므로 인해 화재시 덕트 보온재가 연소되면서 덕트 경로를 따라서 확산되는 화재

2. 덕트화재의 특성

(1) 덕트 내의 화염·열·연기의 전파속도가 빠르다.

1) 덕트 내부의 기류속도
   - 급기 : 2~5m/s,
   - 배기 : 3~10m/s이다.
2) 고온 화재기류의 부력 및 덕트 내에 연료가 있는 경우 연료의 연소속도까지 가해져 더욱 빠르게 전파된다.
3) 덕트의 재질이 금속재 일 경우, 덕트가 외부 화재열을 받으면 복사열에 의해 덕트 내부의 연소속도는 더욱 가속화된다.

(2) 연돌효과의 가속화

덕트 내 방화댐퍼에 의한 구획 불량시 입상덕트 내 연돌효과의 가속화로 화재의 수직전파를 촉진하게 된다.

(3) 화원의 위치파악이 곤란하다.

덕트화재시 덕트에서 다수의 급·배기구를 통하여 열·연기가 배출되므로 인해 화원의 위치파악이 어렵다.

(4) 소화가 곤란하다.

1) 덕트의 대부분이 천장 또는 피트 속에 설치되어 있으므로 소화시 직접 접근이 곤란하다.
2) 덕트 자체가 밀폐구조이므로 덕트 내부로의 직접적인 주수가 곤란하다.

3. 덕트화재의 예방대책

(1) 덕트의 설계시 고려사항

1) 덕트 내부의 점검과 청소 등을 고려하여 점검구의 위치, 크기, 구조를 선정
2) 덕트 재질의 불연화

    부식성 증기 배출용 덕트의 경우에는 PVC 대신 스테인리스 재질을 채용

3) 덕트 내 화기투입 방지구조로 설계

    ① 외기취입구 및 배기구 등은 담배꽁초 등이 들어가지 않는 구조로 설계
    ② 외기취입구의 위치는 열·연기가 유입되지 않는 장소로 한다.

4) 덕트의 방화구획 관통부위에는 방화·방연댐퍼를 설치
5) 덕트 보온재의 불연화

    폴리에틸렌폼 등의 보온재는 가연성이고, 글라스울은 준불연재이나 인체 유해성 및 환경오염 등의 문제가 있으므로, 화재안전성이 좋으면서 인체 유해성도 없는 재질의 보온재를 채용해야 한다.

(2) 덕트 내·외부에 대한 정기적인 점검 및 청소

(3) 공사 중의 관리

1) 덕트가 설치된 실내에서 유기용제를 사용하는 작업이 있는 장소에서는 덕트의

댐퍼를 닫아두는 조치를 취한다.

2) 건물 준공 후 변경·증설시 당초의 설계 시 의도되었던 덕트화재 대책을 반영

4. 덕트 내 연소확대 방지대책

(1) 덕트용 화재감지기 설치

Spark-ember감지기 등 덕트 내 빠른 기류에도 정상적으로 작동할 수 있는 종류의 화재감지기를 덕트 내에 설치

(2) 방화·방연댐퍼 설치

열·연기감지기와 연동하여 작동하거나 또는 용융프즈 방식에 의해 작동되는 방화댐퍼를 구획관통부마다 설치

(3) 덕트용 스프링클러설비 설치

1) 화재위험이 높은 덕트 내에는 덕트용으로 사용하는 Picker Truck Type 스프링클러헤드를 설치

2) 또는, 감지기와 연동하여 작동하는 일제살수식 스프링클러를 적용할 수도 있다.

(4) 덕트 계통도를 방재센터에 비치

방재실에서 덕트 및 방화·방연댐퍼의 위치와 댐퍼의 작동상태를 항시 확인할 수 있는 시스템 확보

5. 결론

(1) 덕트화재는 방화구획된 건축물에서 연소확대의 주된 경로 중의 하나이지만, 국내에서는 아직까지 이에 대한 적절한 방화규정이 없는 실정이다.

(2) 특히, 앞으로 초고층건축물 시대를 대비하기 위해서라도 덕트설계에서부터 화재특성 등의 방재특성을 고려하는 설계지침 등의 방화규정을 도입하는 것이 필요하다 하겠다.

31. 지진관련 방재대책

1. 개요

(1) 지구온난화 및 기상이변 현상이 갈수록 심화됨에 따라 지구촌 곳곳에서 지진발생이 증가하고 있다.

(2) 이에, 지진에 대한 방재대책을 심도있게 연구·기획하고 건축계획 당시부터 이에 대한 방재성능 및 대비책을 고려하는 것이 중요하다.

2. 지진 시의 화재발생원인 (지진화재발생 Mechanism)

(1) 직접적인 화재원인

   1) 전기 및 관련설비의 파손으로 인한 화재
   2) 가스 등 가연성 기체의 유출
   3) 휘발유·석유 등 가연성 액체의 유출
   4) 정전기로 인한 화재
   5) 자연발화

(2) 화재확대의 간접적인 원인

   1) 지진과 화재 동시 발생시 소방부문의 진화능력 부족
   2) 지진으로 인한 소방시설의 변형·파손
   3) 소방차량의 접근 곤란 : 도로 붕괴 등
   4) 기온·풍속·풍향 등의 갑작스런 변화에 의한 영향

3. 지진관련 방재대책

(1) 건축적인 내진대책

   1) 건축계획 및 설계

   ① 내진구조로 설계 : 철골구조 채용
      → 철골구조는 강도가 높고 충격에 대한 에너지 흡수력이 크며 콘크리트에 비해 자중이 가벼워 지진에 유리하나, 접합부가 취약한 단점이 있다.
   ② 내장재 : 불연 또는 난연재료 사용
   ③ 특히, 전기 및 가스시설의 내진설계를 강화

④ 설비배관에는 진동 브레이스(Sway Brace) 및 Flexible Coupling 설치

2) 지진 다발지역의 도시계획

① 건물 간의 인동거리를 확대
② 건물 사이에 공간 및 녹지를 증대하여 건물붕괴 및 연소확대방지에 대비

3) 현행 건축법상 내진설계 의무대상

① 층수가 지상 2층 이상인 건축물
② 연면적 $200m^2$(목구조건축물은 $500m^2$) 이상
③ 높이가 13m 이상인 건축물
④ 국가적 문화유산으로서 국토교통부령으로 정하는 것

(2) 소화설비 배관에 대한 내진대책

1) 지진시 배관의 과도한 응력 발생에 대한 예방대책

① 배관 이음부에 가요성 이음장치 설치
② 배관과 건물과의 간격이 적당히 유지되게 설치
③ 지진분리배관 사용 : 추가적인 유연성이 요구되는 배관에 설치
④ 벽 또는 바닥의 관통부에는 시멘트로 고착되지 않도록 이중관(Sleeve)을 설치

2) 지진시 배관의 과도한 변위에 대한 예방대책

① 입상관의 최상부에 내진 Brace 설치
② 건축물 구조체를 관통하는 부위의 배관에는 배관지지 부위로부터 일정한 이격거리에 가요성 이음장치를 설치한다.

(3) 응급·피난대책

1) 재해정보의 신속한 수집·전달시스템의 Network화
2) 도시 및 건물의 특성에 맞는 각종 피난시설의 증설
3) 신방재교육의 도입 및 지진방재계획 수립
4) 건물별 자체 소방조직력 강화

(4) 구조 및 복구수리대책

1) 신속한 구조 및 복구작업을 위한 공간 및 장비를 미리 준비하여 위험예상지역에 우선 배치
2) 도로붕괴에 대비하여 헬기에 의한 공중구조활동대책을 수립

4. 결론

(1) 건축물의 계획 및 설계단계에서부터 지진방재성능을 반영하는 것이 중요함
(2) 지구상에서 지진으로 인한 재해가 가장 큰 재해인 만큼 지진방재대책에 대하여 정부의 정책적 지원 및 투자가 요구된다. 또한 범국민적으로도 적극적인 지원과 참여운동이 요구되는 사안이다.

32 실내사격장의 화재·폭발 안전대책

1. 개요

(1) 실내사격장은 대부분 지하층 또는 무창층의 밀폐공간형태의 구조이며, 평상시 사격실 내에 잔류화약분말이 체류하고 있으므로 화재·폭발의 위험성이 높은 시설이다.
(2) 실내사격장의 사격실에는 방음효과를 위해 다공성 계란판형 폴리우레탄 흡음재를 실내마감재로 사용하는데, 이것은 잔류화약분말이 쉽게 축적될 수 있는 구조로서 화재시 이 축적된 잔류화약분말이 급격하게 연소되므로 쉽게 폭발로 이어지게 된다.

2. 실내사격장의 화재·폭발원인

(1) 실내사격장의 사격실 내에는 사격시 발생하는 잔류화약분말이 평상시 체류할 수 있으며, 여기에 총구의 불꽃, 유탄의 강재요소 충돌에 의한 스파크, 담뱃불 등이 점화원이 되어 쉽게 화재·폭발이 발생될 수 있다.
(2) 사격실의 벽면과 천장면에는 방음장치를 위해 계란판형 흡음재를 설치하게 되는데 이 흡음재는 잔류화약분말이 쉽게 축적될 수 있는 구조이며, 가연성 폴리우레탄 흡음재일 경우에는 화재시 잔류화약분말이 연소하면서 흡음재의 연소도 촉진하게 된다.
(3) 실내사격장은 통상적으로 밀폐형 구조인 지하층이나 무창층에 설치되므로 평상시 효율적인 환기가 되지 않거나 흡음재를 정기적으로 청소하지 않으면 체류하는 잔류화약분말로 인해 쉽게 화재·폭발이 발생될 수 있다.

3. 실내사격장의 화재·폭발 안전대책

(1) 흡음재
1) 가연성 폴리우레탄 흡음재의 사용을 금지하고 불연성 흡음판으로서 계란판형이 아닌 Board형을 채용하도록 한다.
2) 다공성 계란판형 흡음재일 경우에는 정기적으로 흡음재 면을 청소하여 잔류화약분말의 축적을 방지한다.

(2) 잔류화약 제거 및 관리
1) 사격실 바닥과 흡음재를 정기적으로 청소하여 잔류화약을 제거한다.
2) 수거된 잔류화약은 밀봉하여 안전한 장소에 보관하고 관리를 철저히 한다.

(3) 환기방식
1) 사격으로 발생한 잔류화약분말과 가연성가스가 체류하지 않고 완전히 배기되는 구조 및 충분한 공기유동량을 확보하는 환기설비를 갖춘다.
2) 환기설비는 급기와 배기가 동시에 작동하는 급·배기방식으로 설치한다.

(4) 탄자받이 주위 강재요소의 제거
탄자받이의 주위에 있는 강재 구조물은 탄자와의 충돌 시 스파크를 일으켜 화재의 원인이 될 수 있으므로 탄자받이 주위의 강재 구조물을 모두 제거한다.

(5) 사격실 바닥구조
사격실 바닥은 틈새가 없는 콘크리트 구조로 하여 잔류화약을 쉽게 제거할 수 있도록 하며, 카펫을 사용하지 않아야 한다.

(6) 금연
담뱃불이 사격장 화재의 점화원이 될 수 있으므로 어떤 경우에도 흡연이 허용되어서는 안 된다.

(7) 소방설비
1) 경보설비
사격실 내에 가연성가스의 농도가 일정 이상되면 경보를 발하는 방식의 조기 경보방식을 채용

2) 소화설비

화재시 폭발로 진행되기 전에 조기에 작동할 수 있는 속동형 스프링클러 또는 개방형헤드의 일제살수식 스프링클러설비를 채용

4. 결론

(1) 실내사격장 화재·폭발의 주원인

사격 시 발생하는 가연성가스와 잔류화약분말이 체류한 상태에서 총구의 불꽃, 탄자의 강재요소 등이 점화원이 되어 쉽게 화재·폭발이 발생될 수 있다.

(2) 실내사격장의 화재·폭발 안전대책

1) 사격실의 흡음재 : 계란판형 가연성(폴리우레탄) 흡음재의 채용을 금지하고, 불연성 흡음재로서 계란판형이 아닌 Board형을 채용
2) 탄자받이 주위 강재요소의 제거
3) 사격실 바닥 : 틈새가 없는 콘크리트구조
4) 잔류화약분말의 정기적인 제거와 철저한 관리
5) 환기방식 : 충분한 공기유동량를 확보하는 급·배기방식
6) 소방설비 : 가스경보방식 및 속동형 스프링클러설비 설치

33 전통시장의 화재안전대책

1. 개요

(1) 전통시장이란, 「전통시장 및 상점가 육성을 위한 특별법」제2조에서 "등록시장이나 인정시장에 해당하는 장소로서 상업기반시설이 노후화되어 개·보수 또는 정비가 필요하거나 유통기능이 취약하여 경영개선 및 상거래의 현대화촉진이 필요한 장소"로 정의하고 있으며, 일명 "재래시장"이라고도 한다.
(2) 전통시장은 대부분이 건축구조적으로 낡고 오래된 건축물이 밀집되어 있으면서 가연성물질이 산재되어 있어 화재하중 또한 상당히 높은 편이지만, 체계적인 관리시스템이나 소방시설 및 화재보험가입률 등이 매우 취약한 상태이므로 인해 항상 화재위험을 내포하고 있는 장소라고 할 수 있다.

2. 화재안전관리 실태 및 문제점

(1) 건축구조적 측면

1) 전통시장은 대부분 노후화된 건축물이 밀집되어 있어 화재발생시 빠르게 확산될 우려가 높다.
2) 소규모 점포가 연속하여 밀집되어 있으므로 인해 점포별로 방화구획, 연소확대 방지시설 및 소방시설의 설치·관리가 곤란하다.
3) 대부분 복잡한 미로식 통로구조로 되어 있어서 유사시 소방차 진입 및 이용자들의 피난이 어려울 수 있다.

(2) 전기설비적인 측면

1) 건축물 내 전기설비 또한 노후화 및 경년변화 등에 의한 단락(Short) 등으로 발화원인이 되기 쉬운 여건이다.
2) 전기배선 및 차단기의 용량 등이 취약하여 전기화재의 원인이 되기 쉽다.
3) 수배전실 전기설비의 원격감시장치를 대부분 미설치(약 6%만 설치됨)

(3) 화재하중 및 유독성

1) 의류, 포목 및 각 종 플라스틱제품 등의 가연성물질이 다량으로 산재되므로 화재하중이 높다.
2) 화재 시 의류, 포목, 플라스틱 등 화학제품의 연소로 인해 유독성 연기가 다량 발생되므로 피난 및 소화활동에 불리하다.

(4) 유사시 신속한 소화활동의 장애요인 산재

1) 시장주변 도로상의 불법주차 및 시장 내 통로상의 노점상 판매대(좌판) 등으로 인해 소방차 진입이 곤란하다.
2) 시장 내 고압전선이 공중에 산재되어 있으므로 사다리차 전개 등이 곤란함

(5) 소방시설

1) 대부분이 소규모 건축물로 이루어져 있으므로 인해 소방관계법령상의 소방시설 설치대상에 해당되지 않는 경우가 많다.
2) 「다중이용업소의 안전관리에 관한 특별법」은 2006. 3. 24에 처음 제정되었으나, 전통시장은 대부분 그 이전에 건축되었으므로 이 법의 적용도 받지 않는 경우가 많다.

(6) 화재안전관리

대부분 영세한 생계형 상인들로 구성됨으로 인해 자체경비 및 화재예방활동 등의 안전관리가 소홀하다.

3. 화재안전대책

(1) 발화원 관리대책

1) 전열기구 및 가스연료 조리기구 등을 철저하게 통제·관리한다.
2) 난방기구, 조명설비 등의 열원은 가연성 물품과 이격하여 안전거리 확보

(2) 연소확대방지 대책

1) 건축물 마감재료의 불연화
2) 방화구획의 세분화
3) 가연성 물품이 적재된 곳에는 불연성의 덮개(커버)를 씌워서 관리

(3) 전기설비의 정비

전기설비의 일제점검을 통하여 노후화 및 경년변화가 심한 부분은 교체 및 정비

(4) 방화의 예방

1) 야간 등 비영업시간에는 출입문의 시건장치 철저
2) 침입자 감시시스템 운영 : CCTV 등 출입통제시스템 구축

(5) 소방시설의 개선·보완

현행 소방법령상 설치대상에 해당되지 아니하더라도 화재 취약부분에는 아래의 소방시설을 선별적으로 보완설치한다.

1) 화재의 조기감지 및 경보
   ① 자동화재탐지설비 설치 : 전통시장에 적응성이 있는 아날로그감지기 적용
   ② 층수가 다수인 대규모 시장인 경우에는 자동화재속보설비를 추가 설치

2) 소화설비
   ① 옥내소화전 및 옥외소화전은 기본·필수적으로 설치
   ② 화재취약지역에는 스프링클러설비 또는 간이스프링클러설비 설치

3) 피난계획
   일반 대형 다중이용건축물과 동일한 피난계획 및 피난시스템 구축

4. 결론

(1) 전통시장은 위와 같이 화재에 취약한 곳이지만 대부분이 소규모 건축물로 이루어져 있으므로 인해 소방관계법령상의 소방시설 설치대상에 해당되지 아니하는 경우가 많으므로, 전반적으로 소방시설이 매우 취약하다고 할 수 있다. 따라서, 특별히 화재에 취약한 전통시장에 대하여는 선별적으로 현행의 소방관계법령을 소급하여 적용시킬 필요가 있다 할 것이다.

(2) 최근 들어 전통시장 현대화사업의 정부시책을 통해 그동안 낙후되었던 전통시장의 많은 부분이 개선되어가고 있으나, 아직도 화재안전측면에서는 미흡한 부분들이 많은 실정이다. 이것은 앞으로도 정부당국과 상인 및 소방시설관계자들이 지속적으로 풀어가야 할 숙제라 하겠다.

34. 원자력발전소의 화재방호대책

1. 개요

(1) 원자력발전소의 화재방호 목적은 화재 시 원자로의 안전정지상태를 유지하여 외부환경으로 방사성물질의 누출을 최소화 하며, 종사자의 인명과 재산을 보호하는 데 있다.

(2) 원자력발전소의 소방시설은 심층방어개념에 입각하여, 발생된 화재를 조기에 감지하고 조기에 진압하여 화재로 인한 피해를 최소화시킬 수 있는 중요한 방어수단이다.

2. 원자력발전소의 심층화재방어(Fire Defense in Depth)

(1) 심층방어의 개념

원자력발전소의 심층방어의 개념은, 깊은 심(深), 여러 층(層), 즉 "여러 겹의 깊이 있는 안전장치"를 뜻하는 것으로서 원자력발전시설에서는 크게 5단계의 원칙과 목표로 이루어진다.

[원자력발전소의 심층방어 5단계 원칙]

단계	원칙	목표
제1단계	심각한 사고가 일어날 가능성을 최소화한다.	• 여유있게 설계한다. • 보수적으로 운영한다.
제2단계	문제발생 시 조기에 감지하고 최대한 신속하게 대응한다.	• 감시체계를 다양하게 • 현장대응은 신속하게
제3단계	사고발생 시 그 범위가 설계기준 이내로 국한되게 한다.	• 안전계통은 철저히 갖춘다. • 사고대응능력을 강화한다.
제4단계	심각한 사고가 발생할 경우 그 피해가 원자력시설을 넘어서지 않도록 한다.	• 방사성물질의 외부누출 금지 • 격납건물의 안전성 강화
제5단계	중대사고 발생시 피해를 최소화하기 위해 외부에서 비상조치를 시행한다.	• 방사성 비상경보 발령 • 주민대피 조치

(2) 소방시설의 심층화재방어 개념의 적용

소방시설의 심층화재방어 개념은 다음과 같이 3단계로 적용되고 있다.

1) 예방 : 화재의 발생방지
2) 조기감지・진화 : 신속한 화재감지・진화 및 화재확산방지
3) 영향의 최소화 : 발전소 안전에 중요한 구조물・계통 및 기기들을 보호

3. 원자력발전소의 화재방호에 관한 설계기준

「원자로시설 등의 기술기준에 관한 규칙」에서 화재방호관련 설계기준을 다음과 같이 규정하고 있다.

(1) 안전에 중요한 구조물・계통 및 기기는 다음 각 호의 기준에 적합하도록 설계하고 배치하여야 한다.

1) 원자로시설 내 어느 한 지역에서 화재가 발생하는 경우 원자로안전정지(Reactor Safe Shutdown)・잔열제거 및 방사성물질의 유출방지능력에 현저한 지장을 초래하지 아니할 것
2) 원자로시설 전체에 가능한 한 비가연성 또는 내화・내열재료를 사용하여야 하며, 화재가 발생하더라도 안전에 중요한 구조물・계통 및 기기에 미치는 악영향을 최소화할 수 있도록 해당 설비 안전의 중요도에 따라 적절한 능력을 가진 화재탐지 및 소화계통을 설치할 것

3) 소화계통의 고장·손상 또는 오동작으로 인하여 안전에 중요한 구조물·계통 및 기기들의 안전성 능력이 심각하게 저하되지 아니하도록 할 것

(2) 화재위험도 분석

원자로시설에 대하여는 다음 각 호의 사항을 고려하여 화재위험도분석을 하여야 한다.
1) 화재방호구역의 구분
2) 가연성물질의 종류 및 크기
3) 설계기준화재의 범주
4) 화재감지 및 진압설비
5) 화재위험성의 평가
6) 원자로안전정지·잔열제거·화재감시 및 방사성물질의 유출방지 능력

4. 일반산업계와 원자력산업계의 화재방호 방법(전략)상의 차이점

(1) 안전정지분석(SSA ; Safety Shutdown Analysis) 시행

원자력시설 방호구역 내에서 화재, 지진 등 이상상태가 발생될 경우 원자로의 자동정지기능(Auto Safety Shutdown)을 평가하는 것으로서 원자력시설의 안전성 확보를 위한 심층방어개념의 핵심이라 할 수 있다.

(2) 화재위험도분석(FHA ; Fire Hazard Analysis) 시행

각 방호구역별 예상화재에 대한 위험성과 화재안전성을 정성적·정량적으로 검토하여 화재방호 및 화재예방조치의 적합성을 평가하는 것으로 이것은 설계 당시부터 시행하는 것은 물론, 운전시에도 주기적으로 시행하고 있다.

(3) 확률론적 안전성분석(PSA ; Probability Safety Analysis) 시행

원자력시설의 설계, 운전, 정비 등을 종합적으로 고려하여 원자력시설의 전체적인 안전성을 평가하는 것

(4) 주기적인 화재방호계획의 수립

각 발전소별로 화재방호계획을 주기적으로 수립하고 화재방호계획서를 작성하여 이에 따라 운영한다.

5. 원전시설의 국내 소방법 및 원자력법 적용 시 화재방호의 문제점

(1) 소방시설 설계측면

1) 소방시설법에서 원전은 발전시설로 분류되어 있으나, 원전의 특수성이 반영된 특화된 화재안전기준이 없는 상태임
2) 원자력법과 소방법의 설계 접근방법의 차이로 인한 설계기준의 통일성 및 일관성 확보가 곤란함
3) 원전 화재방호계통의 국제적 표준설계기준과 불일치 함

(2) 원자력 안전측면

1) 스프링클러설비 등 수계소화설비 동작 시 방출된 소화용수에 의한 안전계통의 계전설비 손상 및 안전기능의 상실 가능성이 증가
2) 원자로 안전정지 기기에 대한 침수방호(Flooding Protection) 문제가 존재
3) 방사능물질의 외부누출 가능성 증가 및 방사성 오염물질 처리의 곤란문제 존재
4) 무선통신(고주파)에 의한 안전설비의 오동작 가능성 존재
5) 자동소화설비와 같은 Active설비의 오동작 가능성으로 인한 발전소 운전 불안전성 증가

6. 결론

(1) 원자력발전소의 화재방호계획은 원자력안전법의 목적에 따라 방사선에 의한 재해방지와 공공의 안전을 도모하고, 소방법령의 목적에 따라 작업자의 인명안전과 재산보호를 위한 방호수단을 심층화재방어 개념에 입각하여 수립하여야 한다.
(2) 우리나라의 경우, 원사력발전소의 화재방호계통을 적용하기 위한 강제 요건으로 소방관계법과 원자력법을 동시에 적용하는 비합리적인 규제제도를 가지고 있는데, 이에 대한 개선책으로, 원전의 화재방호설비는 원자력법에 의한 화재하중에 따른 화재위험도분석 결과를 설계에 반영하고, 소방관계법에서는 예외조항으로 인정받을 수 있도록 하는 제도적 정비가 있어야 하겠다.

35. 박물관 수장고의 화재방호대책

1. 개요

(1) 수장고는 박물관, 미술관, 도서관, 자료관, 기념관 등에서 유물이나 작품 또는 자료를 전시 및 대출기간을 제외한 대부분의 기간동안 보관 및 관리하는 장소이며 특히, 박물관의 수장고는 우리 민족의 소중한 가치를 지닌 문화재를 장기간 보관 및 관리하는 장소로서 그 중대성이 매우 크다고 할 수 있다.

(2) 이러한 수장고에 적용되는 소방설비는 수장하는 문화재의 특성에 부합하고 또, 소화제의 방출에 따른 수손피해, 인명안전피해 등의 2차적인 피해가 발생하지 않는 것으로 선정하여야 한다.

2. 수장고의 화재방호적 특성

(1) 건축·구조적인 특성

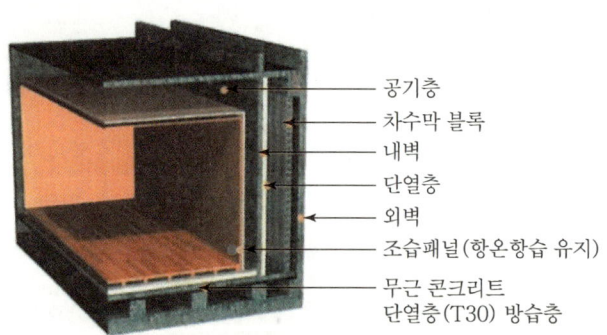

[수장고의 단면도]

1) 외벽을 이중벽체 및 공기층 설치 : 외부로부터의 누수나 결로 등의 방지
2) 지진대비 방진·면진설계 적용
3) 단열·방화·방수설계 적용
4) 낮은 습도를 유지하기 위해 실내마감재료 및 수납장 등은 전면 목재로만 설치하므로 화재하중이 매우 높은 편이다.
5) 출입문은 차량출입이 가능하도록 높이 3m, 폭 2m 이상으로 설치하며, 방범철제문 안쪽에 방충망과 투시점검구가 설치된 속문을 설치한다.

6) 주변의 강물이 범람해도 침수피해가 없도록 건물의 지반(G/L)을 일정높이 (3.5m 이상)로 올린다.

(2) 설비적인 특성

1) 항온·항습설비 구비
   ① 온도유지 : 최소 0℃, 최대 28℃
   ② 습도유지 : 금속류는 45% 미만, 직물류는 55% 전후
2) 정기적으로 수장고를 훈증 처리하기 위한 설비용 배선구 설치 : (누전사고 등을 방지하기 위해 수장고 내에는 전기콘센트가 없음)
3) 화상인터폰 설치

3. 수장고 소방시설의 문제점

(1) 소화설비

1) 수장품의 수손피해 때문에 대부분 가스계소화설비를 설치하였으나, 그 중 일부는 이산화탄소소화설비가 설치된 곳이 있어, 이로 인한 인명피해 사고가 발생한 사례도 적지 않게 나타나고 있다.
2) 따라서, 소방청에서는 2015. 3. 24. 부로 이산화탄소소화설비에 대한 안전장치 규정을 강화하여 시행에 들어갔으나, 그 이전에 설치(건축허가동의)된 설비에 대하여는 소급적용이 되지 않으므로 인해 이런 부분에는 여전히 문제가 남아 있다고 할 수 있다.
3) 위 그림(수장고 단면도)의 공기층 부분에서 화재 시 수장고 내부로 화재가 전이될 우려가 있으나, 여기에는 소화설비의 설치를 제외하고 있다.
4) 수장고 내에 옥내소화전이 설치된 경우 화재진화를 위한 방수 시 수손피해를 입을 수 있다.
5) 가스계소화설비가 설치된 수장고에 과압배출구가 대부분 설치되어 있지 않거나, 인테리어 공사 시 과압배출구를 막아버린 부분도 있다.

(2) 경보설비

1) 대부분의 수장고 화재감지기는 수장환경의 특수성을 고려하지 않고 단순히 면적 및 높이에 따른 법규적인 수량만 산출하여 설치됨
2) 대부분이 천정부에 열감지기 및 연기감지기를 교차회로방식으로 설치 : 공조하강기류(상부급기 - 하부배기 방식)로 인해 화재응답지연 우려가 높다.

3) 자동화재속보설비는 관계법규상 설치의무대상에 해당되지 않으므로 인해 대부분의 수장고에 설치되지 않은 상태이다.

(3) 피난설비

1) 대부분의 수장고는 밀폐형의 무창층에 위치하므로 외부광이 유입될 수 없는 구조인데도 유도등의 점등방식을 3선식 방식으로 설치된 곳이 있다.
2) 유도등의 설치방법이 잘못된 곳이 많다. : 피난방향과 반대로 설치되거나, 피난출구가 아닌 출입문에 설치된 것 등

4. 수장고 소방시설의 개선방안

(1) 소화설비

1) 문화재를 보관·관리하는 박물관에 대하여는 이산화탄소소화설비에 대한 안전장치 강화규정에 대하여 법규개정 전에 설치한 곳이라도 소급적용하는 것으로 개선이 필요함
2) 수장고 벽체의 공기층 내부에도 자동소화설비의 설치가 필요함 : 공기층 내부 화재 시 수장고 내부로의 화재 전이를 방지
3) 옥내소화전은 인근 복도에 설치하고, 수장고 내부에는 옥내소화전 대신 호스릴방식의 미분무소화설비를 설치 : 수손피해 방지
4) 가스계소화설비가 설치된 수장고에 과압배출구가 설치되어 있지 않았거나 과압배출구를 막은 부분에 대하여는 추가로 설치하거나 원상태로 복구

(2) 경보설비

1) 수장고의 화재감지기는 수장환경의 특수성을 고려하여 수동형감지기(일반형감지기)보다는 능동형감지기(공기흡입형감지기 등)를 채택 : 공조하강기류에 대응하고 신속한 화재감지가 가능함
2) 자동화재속보설비는 법규상 설치의무대상이 아니지만 소중한 문화재 등을 보관·관리하면서도 관리자가 상시 근무하는 여건이 아닌 수장고에는 반드시 설치되어야 함

(3) 피난설비

1) 유도등은 2선식방식(상시점등방식)으로 설치 : 대부분의 수장고는 무창층에 위치하므로 외부광이 유입될 수 없는 구조임

2) 유도등은 수장품과 적정한 이격거리를 확보하여 설치 : 유도등에서 발하는 조도에 의한 수장품의 훼손 방지
3) 수장고 내부 및 복도 등의 피난경로에는 피난유도선 설치
4) 수장고 내에 휴대용비상조명등 비치 : 비상조명등의 전원공급 차단에 대비

5. 결론

(1) 박물관의 수장고는 소중한 문화유산인 문화재를 장기간동안 보관 및 관리하는 장소로서 지진, 홍수 등의 자연재해는 물론 화재로부터 안전이 보장되어야 한다. 따라서, 각종 소방시설의 올바른 선정과 설계가 이루어져야 한다.
(2) 즉, 수장고에 적용하는 소방시설은 소방시설의 작동에 따른 수장품의 손상이나 영향 및 인체와 환경에 미치는 영향 등을 고려하여 설비의 종류 및 소화약제의 종류 등을 선정하는 것이 중요하다.
(3) 또, 수장고에 이미 설치된 소방시설에 대하여는 정밀한 점검을 실시하여 미비된 부분은 위의 개선안과 같이 개선·보완함으로써 화재 등의 잠재된 위험으로부터 보호할 수 있을 것이다.

36 지하주차장의 화재안전대책

1. 개요

(1) 대부분의 아파트단지와 대규모 건축물에는 지하주차장을 필수적으로 설치·운용하고 있는데, 지하주차장은 밀폐된 구조이면서 넓은 공간이므로 인해 화재발생 시 연기의 제어와 배출이 어려워 피난과 구조활동에 큰 장애를 초래할 수 있다.
(2) 그러나, 국내 소방관련 법규에서 지하주차장의 제연·배연설비에 관한 규정이 없는 상태이므로 인해 화재 시 연기로 인한 추가적인 위험에 노출될 수 있는 실정이다.

2. 지하주차장의 화재위험 특성

(1) 밀폐구조로 인한 위험성

지하주차장은 밀폐된 구조이면서 넓은 형태의 구조로 인해 화재발생 시 연기의 제어와 배출이 어려워 피난과 구조활동에 장애가 발생할 수 있다.

(2) 지하주차장 화재는 차량·유류화재로 연결될 수 있다.
    지하주차장은 전기자동차를 포함하여 다수의 차량이 밀집된 장소이므로 여기서 화재 시 차량에 탑재된 연료의 연소·폭발로 급격한 화재확산이 될 수 있다.

(3) 화재의 고열로 인한 천장붕괴 위험이 있다.
    천장슬래브가 화재의 고열에 노출될 수 있는 구조이므로 화재 시 고열에 의해 철골구조의 내화피복이 다량으로 탈락할 수 있으며, 이로 인해 천장슬래브가 붕괴될 수 있는 위험이 있다.

(4) 지하주차장에서 각 동(棟)으로 바로 연결되는 구조가 많다.
    공동주택, 주상복합건축물 등의 경우 지하주차장에서 각 동(棟)으로 바로 연결되는 구조로서 엘리베이터 코어구조 또한 세대까지 바로 연결되는 구조가 많아 지하주차장 화재 시 각 동(棟) 세대까지 연기확산 등의 위험이 있다.

3. 지하주차장의 화재안전상 문제점

(1) 제연·배연설비 설치규정의 부재
    국내 소방관련 법규나 제도적으로 지하주차장의 제연 또는 배연설비 설치에 관한 규정이 없는 상태이므로 인해 화재 시 연기의 제어와 배출이 되지 않아 피난과 소화·구조활동에 큰 장애를 초래할 수 있는 실정이다.

(2) 작동 신뢰성이 낮은 준비작동식 스프링클러설비 설치

(3) 지하주차장을 통한 연돌효과 심화
    특히, 고층건축물의 지하주차장은 지상(외부)과 연결된 램프를 통한 외기의 영향을 받아 고층부로의 연돌효과가 더욱 심화되므로 연기가 건축물 내부의 수직통로를 통해 건축물 전체로 확산될 위험이 있다.

(4) 화재진압이 곤란함
    지하주차장은 밀폐공간이므로 화재 시 열과 연기로 가득차고 차량폭발 및 천장붕괴 등의 위험이 있으므로 화재진압 시 다음과 같은 어려움이 있다.
    1) 화재현장에 진입이 곤란함
    2) 화재 시 시야확보가 곤란함
    3) 지하주차장의 낮은 층고는 소방차 진입장애 요인이 된다.
    4) 소방대원의 안전위험 : 차량연료탱크 폭발 및 천장붕괴 위험

4. 지하주차장의 화재안전상 개선방안

(1) 일정규모 이상의 지하주차장에는 거실제연설비 설치 또는 환기설비용 급·배기설비를 화재 시 제연설비로 전환하는 시스템을 의무화하는 법제화가 필요함
(2) 지하주차장에 대한 화재안전성능·기술기준의 제정이 필요함
(3) 지하주차장 전기차량 화재의 효율적 예방·대응방안 마련 및 전기차량 화재안전성능에 적합한 기준의 제정이 필요함
(4) 소방설비의 개선방안
    1) 준비작동식 스프링클러는 작동 신뢰도가 낮으므로 습식 스프링클러를 채택
    2) 부득이 준비작동식 스프링클러를 설치하는 경우에는 설비기동용 화재감지기를 신뢰도가 높은 감지기(광전식 공기흡입형 감지기, 광센서 감지선형 감지기, 아날로그식 열감지기 등)로 채택
    3) 화재감지기는 보와 보 사이마다 1개[교차회로방식에서는 2개(열·연기)]씩 설치 : 보에 의해 열·연기가 차단되는 단점을 보완
(5) 고층건축물의 지하주차장 내에 접한 동(棟)으로 진입하는 출입구에는 전실을 통하여 진입하는 구조로 설치 : 지하주차장을 통한 고층부로의 연돌효과 감소
(6) 지하심층·대공간 주차장에는 별도의 화재안전구역(소방관 거점공간) 설치

5. 성능위주설계 가이드라인상 지하주차장 화재안전대책

(1) 지하주차장 연기배출설비
    1) 환기설비를 이용하여 연기배출을 하며, 필요 환기량은 $27CMH/m^2$ 또는 환기 횟수 10회/hr 이상 중 큰 것으로 할 것
    2) 급기구는 벽면 하부에 하향형 루버로 설치하고, 배기구는 벽면 상부에 상향형 루버로 설치할 것(급·배기구 그릴의 면풍속은 5m/s 이하일 것)
    3) 비상전원의 용량확보, 급기팬과 배기팬은 균등 분산배치 및 배기팬·덕트·전선의 내열성을 확보할 것
    4) 급·배기용 개별 환기팬에 대한 수동 기동스위치를 종합방재실 내에 설치할 것
    5) Hot Smoke Test를 통하여 실질적인 배연성능을 검증할 것
    6) 지하주차장 바닥면적이 $20,000m^2$ 이상인 경우 시뮬레이션으로 배연성능을 검증하여 급·배기 설비의 용량, 설치위치, 설치수량, 설치방향 등을 선정할 것
(2) 지하주차장에 옥내소화전함이 설치된 기둥의 색상은 다른 기둥의 색상과 구분되게 하고, 기둥 상단 2면 이상에 표시등(상시 점등)을 설치할 것

(3) 주차장은 보행거리기준 50m 이하 되게 계단을 배치하고, 계단 인근에는 폭 1m 이상으로 피난경로를 표시할 것
(4) 지하주차장 한 개층 바닥면적이 5,000m² 이상이고, 주차램프 수가 2개 이상일 경우 주차램프 위치를 기준으로 주차램프 설치 수 만큼 방화구획을 검토할 것(단, 지하주차장에 K-115 이상의 습식 스프링클러를 설치하는 경우에는 적용제외 가능)
(5) 자동방화셔터는 해당 층 감지기에 의해 작동되어야 하며, 작동방식은 1단 강하방식으로 적용할 것
(6) 보의 깊이가 층고의 10%를 넘고, 보의 간격이 층고의 40%를 넘는 보는 보와 보 사이마다 화재감지기를 설치할 것
(7) 기계식 주차장은 별도 방화구획하여 다음과 같은 설비를 설치할 것
   1) 내부 진입을 위한 출입구를 설치(60+ 방화문 적용)할 것
   2) 전용의 유수검지장치와 전용 송수구(유수검지장치 2차측 연결)를 설치할 것
   3) 연기를 유효하게 배출할 수 있는 배출설비(배기팬·덕트·전선의 내열성 확보)를 구성할 것

6. 결론

(1) 지하주차장은 밀폐된 구조로서 화재발생 시 연기의 제어와 배출이 어려워 피난과 소화·구조활동에 큰 장애를 겪을 수 있는 등 화재안전상 매우 취약한 시설이다.
(2) 그럼에도 지하주차장에 대한 제연설비 등 화재안전관련 성능·기술기준 제정이 되지 아니하고, 적용 소방설비 또한 신뢰도가 낮은 설비들을 적용할 수 있도록 되어 있는 등 법규·제도적으로 소외되어 있는 바, 이 부분들은 조속히 법규·제도적으로 보완·정비되어야 하겠다.

37. 전기차량 충전·주차구역의 화재안전대책

1. 개요

전기차량의 산업발전 및 수요증가에 따른 보급률에 비해 전기차량에 대한 기술정보 및 화재대응에 필요한 장비, 위험성 인식, 교육 등이 미흡하며 특히, 전기차량의 지하주차장 이용에 대한 화재안전성에 적지 않은 난제가 존재하고 있는 실정이다.

2. 전기차량의 화재위험특성

(1) 전기차량의 핵심요소인 리튬이온배터리의 특성상 높은 에너지밀도를 가지고 있어 화재 시 열폭주가 발생하여 화재가 급격히 확산되고 화재진압이 매우 어려운 특성이 있다.
(2) 지하주차장에서 전기차량 화재 시의 위험특성
   1) 연기 및 열기류의 배출이 곤란함
   2) 화재현장에 진입이 곤란함
   3) 시야확보가 곤란함
   4) 일반(표준) 스프링클러설비 등의 소화설비로는 화재진압이 곤란함
   5) 소방대원의 안전위험 : 열폭주에 의한 차량폭발 및 천장붕괴 위험

3. 전기차량 화재의 주요발생원인

(1) 전기차량 배터리의 결함
   배터리셀 내부 양극판과 음극판 사이의 분리막 손상
(2) 배터리의 과충전 또는 과방전
   1) 과충전 시 열을 수반하여 배터리 내부에 가연성 가스를 발생시키고 전해액 변화와 분리막을 손상시킴
   2) 과방전 시 배터리 내부 구리극판을 통해 비정상적으로 전자가 공급되어 극판이 녹으면 내부 단락이 발생하여 화학적 반응에 의한 발열이 생김
(3) 차량자체 전기장치의 결함
(4) 전기 절연물의 절연불량 및 파손
(5) 냉각장치 손상에 따른 과열 및 충·방전에 따른 과열 시의 방열 부족

4. 전기차량 화재의 소화방법

(1) 화재초기단계(발화기)
   1) 방출량이 큰 스프링클러헤드(K-factor 115 이상) 방수에 의한 냉각
   2) 질식소화덮개를 화재차량에 덮어 씌워 질식소화 및 화재확대차단
(2) 화재 성장기 ~ 최성기 단계
   1) 연결송수관설비 방수구를 이용한 주수·냉각소화
   2) 상방향 직수소화장치를 이용하여 차량 하부(배터리 위치)에서 직상부로 주수·냉각소화

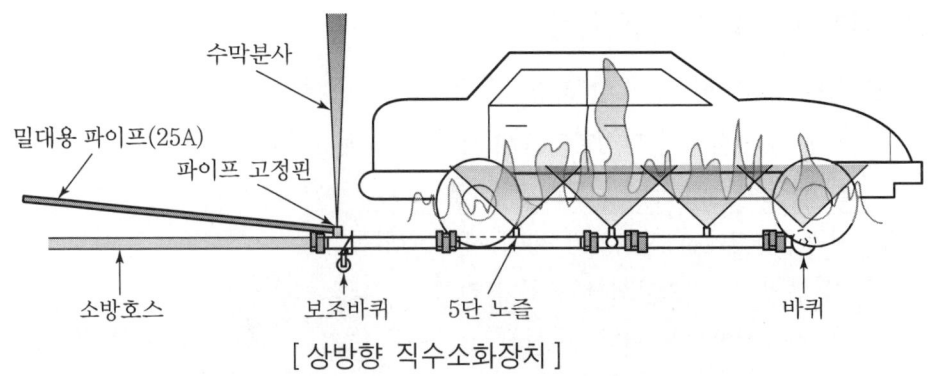

[상방향 직수소화장치]

① 전기차량 충전구역에서 가장 가까운 옥내소화전함 옆에 보관
② 화재 시 옥내소화전 또는 소방차에서 공급되는 소방호스와 연결하여 사용

(3) 감쇠기 단계

1) 높이 600mm 이상의 물막이판으로 화재차량을 중심으로 4면을 막고 그 안에 물을 채워 화재차량을 수중 냉각시킴
2) 물막이판 내 충수용 급수배관은 소방설비용 배관과는 별개로 설치 필요

5. 전기차량 충전·주차구역의 화재안전대책

(1) 화재경보설비

1) 자동화재탐지설비 전용회로 및 감지기의 위치조정

 ① 충전·주차구역마다 별도의 경계구역 설정 : 신속한 화재위치 확인
 ② 화재감지기는 보와 보 사이마다 1개[교차회로방식에서는 2개(열·연기)]씩 설치 : 보에 의해 열·연기가 차단되는 단점을 보완

2) 충전·주차구역마다 열화상카메라 등 화재감시용 CCTV 설치

 ① 전기차량 배터리의 열폭주 발생 전 단계에서 사전 징후 감지
 ② 불꽃 또는 일정온도 이상이 감지되면 경보설비 시스템과 자동 연동

(2) 소화설비

1) 충전·주차구역 상부에 방출량이 큰 스프링클러헤드(K-115 이상) 설치
2) 옥내소화전 및 연결송수관설비의 방수구를 충전·주차구역 직근에 법정 설치 수량보다 증가시켜 추가 설치
3) 충전구역이 설치된 층마다 상방향 직수장치, 질식소화덮개, 물막이판을 비치

(3) 지하층에 충전·주차구역이 설치된 경우 추가할 사항

1) 연기배출설비 설치

거실제연설비 설치 또는 환기설비용 급·배기설비를 화재 시 제연설비로 전환하는 시스템 구축

2) 피난용 대피선을 주차장 바닥면에 축광식 페인트(반사도료)로 설치

① 피난시간 단축 및 신속한 대피로 확보를 위한 시설
② 대피선의 너비는 50cm 이상으로 비상구 또는 피난계단 출입구까지 설치

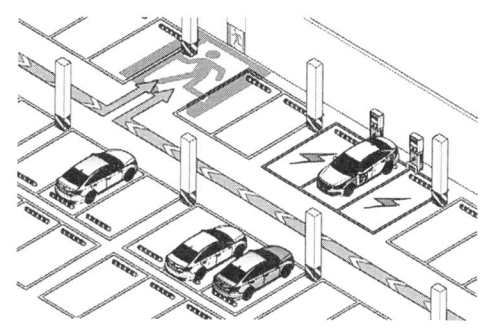

6. 성능위주설계 가이드라인상 소방시설등의 적용기준

(1) 전기차량 주차구역(충전장소)의 설치장소

지상에 설치하는 것을 원칙으로 하되, 지하에 설치할 경우에는 원활한 소방활동을 위해 지표면과 가까운 층에 설치

(2) 소화설비

1) 적응성 있는 소화기 및 옥내소화전을 5m 이내에 설치
2) 주차구역 및 충전장소 상부에 방출량이 큰 스프링클러헤드(K-115 이상) 설치
3) 수원량은 수리계산으로 산정

(3) 소화활동설비

1) 전용의 연결송수관설비 방수구와 방수기구함 설치

① 방수기구함에는 "전기자동차 전용 주차구역용"을 표시한 표지 부착
② 방수구는 쌍구형으로 설치
③ 호스 2개 이상 및 관창을 비치

2) 주차구역 및 충전장소 인근에 질식소화덮개(약 25kg) 비치
   ① 식별이 용이한 곳에 비치
   ② 보관함 별도 설치(이동이 용이한 바퀴달린 수레에 보관)
   ③ 사용설명서 및 표지판 부착

(4) 경보설비
1) 자동화재탐지설비는 별도의 전용 경계구역회로 구성 및 조기감지용 감지기 설치
2) 종합방재실에서 전용 감지기회로와 연동하여 화재 시 전기차량의 충전전원을 자동 또는 수동으로 차단 및 확인이 가능할 것

(5) 방화시설
전기차량 전용구역(충전장소)은 차량 수 3대 이하 단위별로 천장까지 3면을 방화벽(격리벽체)으로 구획할 것

(6) 기타시설
1) 전용배출설비 설치 : 배기팬·덕트·전선의 내열성 확보
2) 전기차량 전용구역마다 차수판 설치 또는 물막음 가능한 구조로 할 것
3) 전용구역 상부에는 배관, 덕트, 트레이 등의 방재관련설비 외의 설비는 설치 금지

(7) 시뮬레이션
전기차량 전용 충전시설은 방화구획된 주차구역 내의 전체 차량에서 발화하는 것으로 가정하여 시뮬레이션을 수행할 것

7. 결론
(1) 전기차량의 리튬이온배터리 특성상 높은 에너지밀도를 가지고 있어 화재 시 열폭주가 발생하여 화재가 급격히 확산되고 화재진압이 매우 어려운 특성이 있다.
(2) 전기차량 화재가 지하주차장과 같이 밀폐된 공간에서 발생하면, 연기배출이 어렵고 일반(표준) 스프링클러설비 등의 소화설비로는 화재진압이 어려움으로 인해 화재진압이 지연되어 대규모 인명피해와 재산손실을 초래할 가능성이 크다. 따라서, 이에 대한 체계적인 연구와 제도·법규적인 개선이 필요하다 하겠다.

38. 데이터센터의 화재안전대책

1. 데이터센터와 컨테인먼트시스템의 개념

(1) 데이터센터(Data Center)

인터넷 및 유·무선 통신네트워크와 이를 지원하는 데이터의 처리·저장을 위하여 관련 전산장비를 일정한 공간에 모아서 통합하여 운영·관리하는 시설

(2) 컨테인먼트(Containment) 시스템

데이터센터에서 전산장비의 서버랙 설치공간의 일정 부분에 차단벽을 설치하여 뜨거운 공기와 차가운 공기가 섞이지 않도록 함으로써 전산장비의 냉각효율과 에너지효율을 높여주는 시스템

2. 데이터센터의 화재발생 시 위험성

(1) 직접적인 손실위험

1) 자산가치가 일반적인 제조시설보다 상당히 크다.
2) 다수의 내부 및 외부의 전기배선·케이블이 존재한다.
3) 전산장비의 구성품 대부분이 가연성이다.

(2) 업무중단으로 인한 위험

1) 데이터센터 손괴는 자체 금전적 손실도 크지만, 지역사회 모든 관련시설의 갑작스런 이용불가로 인해 더욱 심각한 피해가 발생할 수 있다.
2) 사전에 수립된 비상복구계획 및 신속한 대응 여부에 따라 네트워크에 주는 영향범위, 서비스 중단시간 및 사고의 여파 등의 차이가 크게 된다.

3. 컨테인먼트시스템 구성 시 화재안전상 고려할 사항

(1) 컨테인먼트 구성품을 난연급 이상의 재료로 설치

(2) 컨테인먼트 내부의 화재, 온도, 습도 등의 모니터링 시스템 구축

(3) 소화가스가 원활하게 유입되는 구조로 설치

가스계소화설비의 분사헤드를 측벽에도 설치할 수 있는 구조로 설치

(4) 자동식소화설비의 방사장애발생 최소화 조치
   1) 컨테인먼트용 커튼 및 수직칸막이의 재조정
   2) 소화설비용 헤드를 커튼 및 수직칸막이에 맞추어 위치조정 또는 추가설치

(5) 화재감지기는 컨테인먼트 환경에 적응성이 있는 감지기 적용
   1) 열복도형 컨테인먼트시스템 내 : 열감지기 적용
   2) 기타 부분 : 연기감지기 적용

4. 데이터센터의 안전관리방안 검토사항

(1) 비상대응조직 구성

(2) 비상대응계획

   주요시설·설비현황의 파악, 현장점검 실시, 전원차단계획의 실현 가능성 확인 등을 포함

(3) 온도제어 실패에 대비한 비상대응계획
   1) 냉각장치에 이상이 발생되었을 경우 전산장비를 순차적으로 정지시키는 시스템 구축
   2) 장비의 이중화(Fail Safe System), 장비과열상황의 감지 및 경보시스템, 비상대응의 의사결정 및 비상조치에 이르는 가용시간 등을 포함

(4) 전산장비 및 HVAC 시스템의 전력차단계획
   1) 화재 시 재점화 될 수 있는 요소의 제거
   2) 전산장비의 연기노출 최소화 조치 : 화재 시 전산장비 및 HVAC 시스템의 전력차단계획 수립

5. 결론

데이터센터에서 화재 시 해당 건물만의 손실문제가 아니라, 인터넷 및 유·무선 통신장애 등으로 인해 지역사회 모든 관련시설의 운영이 정지됨으로써 이로 인해 발생하는 혼란과 손실은 지역사회에 거의 재난 수준의 문제가 될 수도 있는 만큼 이에 대한 화재안전대책을 체계적으로 준비하여야 하겠다.

39. 풍력발전기(터빈)의 화재안전대책

1. 개요

(1) 풍력발전은 유동하는 공기의 운동에너지를 이용해 로터(Rotor)를 회전시켜 기계적인 에너지로 변환하고, 이를 이용하여 전기를 생산하는 기술이다.

(2) 화력에너지 대신 신재생에너지의 사용증가에 따라 풍력발전산업은 앞으로도 지속적으로 성장할 것으로 예상되나, 여기서 화재발생 시 소화가 곤란한 부분이 있으므로 풍력발전기에 대한 화재특성과 예방책을 파악하여 효과적인 방호설비를 적용할 필요가 있다.

2. 풍력발전기(터빈)의 구조

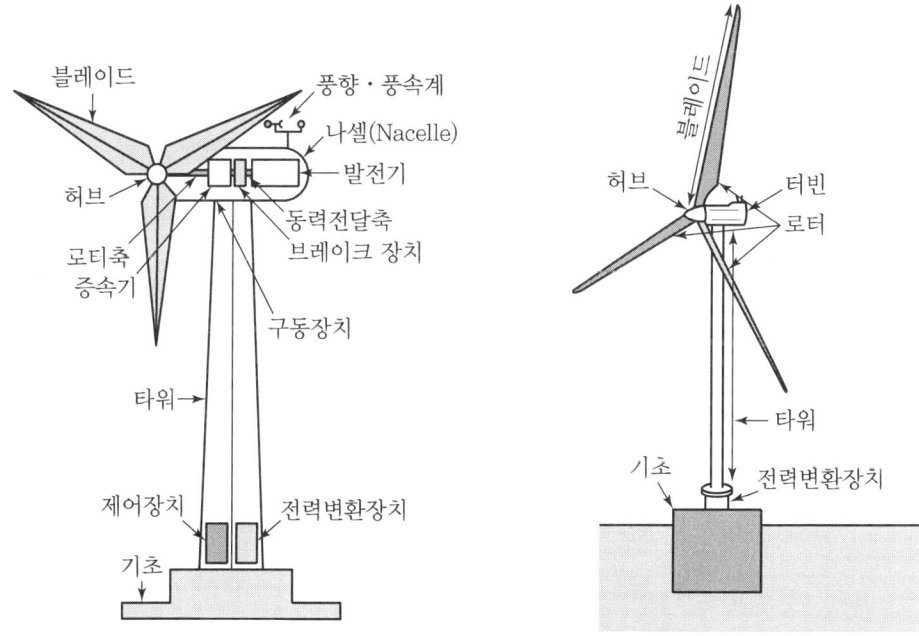

(1) 기계장치부

1) 블레이드(Blade) : 바람으로부터 회전력을 생산하는 회전날개
2) 증속기(Gearbox) : 블레이드의 회전속도를 증속시키는 속도변환장치
3) 제동장치(Brake) : 기동·제동 및 운용효율성 향상을 위한 브레이크장치

(2) 전기장치부

1) 발전기(Generator) : 기계장치부로부터 전달되는 회전력을 이용하여 로터(Rotor)를 구동시켜 전기를 생산하는 장치
2) 전력안정화장치(Power System Stabilizer) : 운전 중 부하변화, 임피던스 변화 등에 의한 일시적인 출력의 변화에 대응하여 안정된 전력을 공급하기 위한 장치

(3) 제어장치부

1) 무인운전을 할 수 있는 Control System
2) 모니터링 시스템 : 원격지 제어 및 지상에서 시스템 상태를 감시할 수 있는 장치
3) Yawing Controller : 블레이드가 바람이 불어오는 방향으로 움직이도록 블레이드의 방향을 조절하는 장치
4) Pitching Controller : 블레이드의 경사각을 조절하는 장치

3. 화재위험성

(1) 발화원인

1) 기계시스템

   ① 과풍속으로 인한 브레이크장치 패드의 과열
   ② 제어기 고장으로 고속·무부하운전 등으로 인한 과열
   ③ 회전 베어링부의 윤활유 부족에 따른 마찰 증가로 인한 발열

2) 전기시스템

   ① 낙뢰로 인한 과전류에 의한 발화
   ② 발전기 내부 각종 결합부의 경년변화로 인한 발열
   ③ 발전기 내부 전기회로의 단락발생으로 인한 발열

(2) 육상 풍력발전기의 화재위험성

1) 나셀(Nacelle : 발전기케이스/덮개)이 지상에서 20m~100m 높이에 설치되어 있어 화재 시 접근이 어렵다. : 나셀 내부에서 화재발생 시 외부에서 진입이 곤란함으로 초기화재를 진압하지 못하면 나셀 전체가 전소될 수 있다.
2) 나셀의 재질은 FRP로서 화재 시 착화되어 그 낙하물이 산불로 연결될 수 있다.
3) 소방차 접근가능거리가 제한되고 기상조건에 따라 소방헬기 지원에 제약이 발생한다.

(3) 해상 풍력발전기의 화재위험성

1) 해상 풍력발전기에서 화재발생 시 선박접안이 곤란하여 접근이 어렵다.
2) 소방헬기는 기상조건에 따라 소화활동에 제약이 발생한다.
3) 초기화재를 진압하지 못하면 나셀 전체가 전소될 수 있다.

4. 화재방호설비(화재감지, 화재진압)의 개선방안

(1) 수동적 화재방호대책(Passive system)

1) 낙뢰방지시스템 설치
2) 불연성 또는 난연성 재질 적용 : 유압유 및 윤활유, 나셀(Nacelle)의 재질, 단열재(Isulation), 내화도료 등

(2) 능동적 화재방호설비(Active system)의 개선방안

구분	기존현황	개선방안
화재감지	화재감지방식의 단일방식 적용으로 신뢰도가 떨어짐	일반 화재감지기 외에도 영상, 적외선열화상, 자외선 등 복합센서 기반의 화재감지방식 적용으로 신뢰도 향상
	비화재보의 최소화를 위한 신기술 적용이 미흡함	인공지능 기반기술 적용으로 비화재보 최소화
	나셀 내부 기기의 특성을 고려하지 아니한 화재감지기 선정	나셀 내부 화재시뮬레이션을 통한 최적 화재감지기 선정
화재진압	화재 시 발열량과 Soaking Time을 고려하지 아니한 소화약제량 설계	화재 시뮬레이션을 통한 화재 시 발열량을 계산하여 Soaking Time을 고려한 소화약제량 산출로 재발화 방지
	소화약제 방출 후 잔류물이 존재하는 소화약제로 인한 2차 피해 유발	방출 후 잔류물이 남지 않는 불활성기체소화약제 적용
	나셀 내부 기기의 특성을 고려하지 아니한 소화설비 적용	나셀 내부의 터빈, 인버터, 베어링 등의 기계적·전기적 특성을 고려한 최적 소화설비 적용

5. 결론

풍력발전기의 화재는 그 특성과 환경적 제약조건 때문에 대응하기가 어렵지만, 그 화재특성을 정확히 파악하고 이를 고려한 Passive system과 Active system(화재조기감지 및 화재진압 시스템)을 갖추게 되면 풍력발전기의 화재안전성은 크게 향상될 것으로 예상한다.

40. 대형병원의 화재안전대책

1. 개요

(1) 첨단 의료장비와 정보통신기술이 발전하고, 경제수준의 향상과 건강관리산업의 발전 등으로 고부가가치를 창출하는 대형병원이 증가하고 있다.

(2) 대형병원에는 불특정한 다수의 환자와 의료진이 상주하는 만큼 화재가 발생하면 대규모 인명피해가 발생할 위험이 크다. 특히, 고층건축물이나 복합시설에 위치한 경우 소화활동과 재해약자인 환자들의 피난이 더욱 어려우므로 이에 대한 체계적인 화재안전대책이 필요한 시설이다.

2. 대형병원의 방재적 특성

(1) 공간특성

1) 재해약자인 환자들의 피난능력 부족
2) 불특정한 다수인의 출입 및 상주
3) 내부구조가 복잡하고 다수인이 이용하므로 피난경로가 혼잡하다.

(2) 연소특성

1) 발화 위험성

① 화재하중이 크다 : 다수의 병상침대, 커튼 등의 가연물 존재
② 전기화재 위험 : 다양한 전기설비로 전기에너지 소요가 많음
③ 인화성 물질 사용 : 약품, 소독제, 의료용 알코올 등

2) 연소확대 위험성

① 수직관통부를 통한 연돌효과의 영향으로 상층부로 연소 및 연기확산 가속화
② 강제 급·배기시스템으로 인한 연기 및 유독가스의 확산 가속화

(3) 피난 및 소화활동상의 문제점

1) 피난상 문제점

① 재해약자인 환자들의 자력피난이 어렵다.
② Draft Effect : 계단실 등의 수직공간에서 강한 Draft Effect로 인해 피난문이 열리지 않거나 연기가 급속히 확산될 수 있다.

2) 소화활동상 문제점

① 피난자의 대피경로와 소방대의 진입경로가 서로 상충될 수 있다.

② 고층건축물인 경우 외부 소방대 지원 곤란 : 고가사다리차의 접근 불가

3. 대형병원의 화재안전대책

(1) 화재예방대책

1) 위험물질 관리

인화성 용제와 고압가스의 화재·폭발위험성을 고려한 관리 및 교육

2) 내장재의 불연화

병원 내부의 실내마감재료는 불연재료 또는 난연재료를 적용

3) 실내장식물의 방염

커튼, 카펫, 간이칸막이 등의 난연화(방염)

(2) 연소확대방지대책

1) 방화구획

① 병원 내의 용도별·면적별·층별·수직관통부별로 방화구획

② 입원실, 린넨슈트, 덤웨이터, 기송관시스템 등은 별도 방화구획

③ 병원 내 동(棟)과 동(棟) 사이 연결통로는 동(棟)과의 접속부위마다 방화구획

④ 상층연소 확대방지 : 스팬드럴과 캔틸레버를 적합하게 설치

2) 연기확산방지

① 수용인원 50인 이상의 경우 한 층에 2개존 이상으로 방연구획 설치

② 각 방연구획마다 양방향 피난로 설치

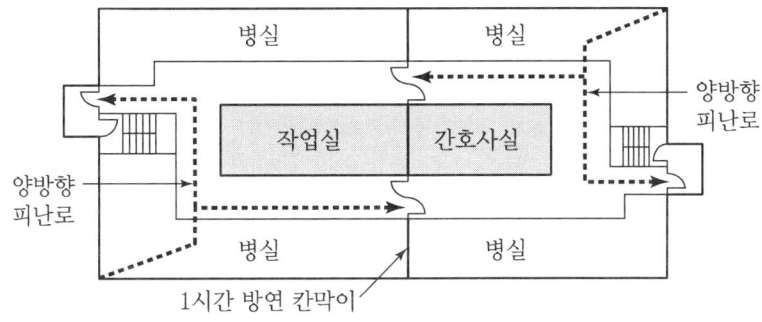

(3) 소화대책

　1) 자동소화시스템

　　① 병원 전체 습식 스프링클러설비 적용 및 입원실은 조기반응형 헤드 적용
　　② 첨단 의료장비가 비치된 구역에는 가스계소화설비 설치

　2) 화재경보설비

　　① 알코올, 산소 등의 인화성물질 사용장소에는 이온화식 연기감지기 설치
　　② 시각장애인을 위한 진동을 이용한 화재경보장치와 청각장애인을 위한 시각 경보장치 설치
　　③ 입원실 등 수면공간에는 주변 평균소음 수준보다 +15dB 이상 음량을 강화 적용

(4) 피난대책

　1) 수평피난시스템의 피난경로 계획

　　재해약자인 환자들이 수직으로 피난하기 어려운 상황을 고려

　2) 별도의 피난용승강기 설치

　　환자들이 피난계단을 이용하기 어려운 점을 고려

　3) 특수형 유도등 설치

　　시각장애인을 위한 음성피난유도시스템 등을 설치

4. 결론

(1) 대형병원은 그 특성상 다수의 재해약자인 환자와 의료진이 상주하고 다양한 전기설비와 고가의 첨단의료장비가 운영되는 공간으로서 화재발생 시 큰 인명피해와 재산손실을 초래할 수 있다.

(2) 병원의 화재안전대책으로는 거동이 불편한 환자들의 피난대책이 무엇보다 중요하며, 철저한 위험물질관리와 빈틈없는 방연시설 및 연소확산방지 설계가 필수이며 또, 정기적인 소방설비 점검과 피난교육 등이 필요하다.

Chapter 16

기타 · 종합

01. 화재원인조사 및 감식요령 ·· 939
02. 화재원인조사의 진행순서 ·· 941
03. 물적증거에 의한 화재감식요령 ······································ 943
04. 담배에 의한 화재의 감식요령 ······································ 946
05. 전기화재 중 단락흔의 감식방법 ···································· 948
06. 방화(放火 : Arson) ·· 950
07. 산불(임야)화재 ··· 953
08. 건축물 Remodeling에 따른 소방시설공사의 적법절차
    (설계·감리·시공) ·· 958
09. 건축물 Remodeling에 따른 소방시설의 변동사항 ········· 961
10. 제조물책임법(Product Liability) ································· 962
11. 방재계획서와 소방계획서 ·· 965
12. 사전재난영향성 검토·평가 ··· 968
13. 다중이용업소의 화재위험평가제도 ································ 972
14. 소화기구의 배치기준 ·· 973
15. HPR 보험의 개념과 조건 ·· 976
16. 화재시 인체에 대한 온도의 영향성 ······························ 977
17. 소방시설공사 감리업무 ·· 979
18. NFPA의 NFC와 국내화재안전기준(NFSC)의 개념적 차이 ········ 981
19. 소방시설의 TAB ·· 982
20. 소방시설의 내진설계기준 ·· 984

01 화재원인조사 및 감식요령

1. 정의

(1) 화재

사람이 의도하지 않은, 또는 고의에 의해 발생하는 연소현상으로서 소화시설 등을 사용하여 소화할 필요가 있는 것을 말한다.

(2) 화재조사

화재의 원인을 규명하고 화재로 인한 피해를 산정하기 위하여 현장확인, 자료의 수집, 관계자 등에 대한 질문, 감식, 감정, 실험 등을 행하는 일련의 행동을 말한다.

2. 화재조사의 목적

(1) 발화원인 및 연소확대요인을 규명하여 차후 화재예방을 위한 대책을 수립
(2) 화재발생상황 및 손해상황을 집계하고 통계화하여 정책자료로 활용
(3) 방화 또는 실화 등 발화원인에 대한 책임을 규명
(4) 화재원인에 따른 각종 기술개발연구

3. 화재의 감식과 감정

화재원인의 감식과 감정은 다음과 같이 그 개념이 구별된다.

(1) 화재의 감식

화재원인의 판단을 위하여 전문적인 지식·기술·경험을 활용하여 주로 시각에 의한 종합적인 판단으로 구체적인 사실 관계를 규명하는 것
   1) 최초 발화부분의 발견
   2) 소실물 탄화부분의 탐색
   3) 방증자료의 수집과 분석
   4) 과학적인 기술·경험 및 시각에 의한 종합적인 판단

(2) 화재의 감정

화재와 관계되는 물건의 형상과 재질·성분·성질 등 이와 관련되는 모든 현상에 대하여 과학적인 방법으로 실험을 행하고, 그 결과를 근거로 화재원인을 밝히는 자료를 얻는 것을 말한다.

4. 발화부의 추정방법

(1) 발화부 추정방법(Ⅰ)

1) 도괴의 방향
   발화건물의 기둥, 벽, 건자재 등은 발화부 방향으로 도괴되는 경향이 있다.

2) 연소의 상승성(V-Pattern)
   화염은 가연물을 따라 수직으로 상승하고 옆방향과 아래로는 연소속도가 상당히 완만하므로 역삼각형(V자)모양으로 연소한다.

3) 탄화심도
   탄화심도는 발화부에 가까울수록 깊어지는 경향이 있다.

4) 연소흔의 감식
   균열흔, 무염흔, 주염흔, 박리흔 등을 관찰하여 연소상태를 판단한다.

5) 최근 소화행적
   최근의 소화행적을 보면 발화부를 향하여 소화를 시도한 흔적이 있다.

(2) 발화부 추정방법(Ⅱ) : 5대 원칙

1) 발화원으로 추정되는 물체에 인접한 가연물이 착화되어 진행된 경로에 대해 무리한 추론이 없어야 한다.
2) 발화원의 형체가 남아있지 않은 경우에는 소손상황, 발견상황, 발화장소의 환경조건 등을 종합적으로 고찰하여 발화원인으로서의 타당성이 있을 것
3) 과거의 화재사례 및 경험에 비추어서 발화의 가능성에 현저한 모순이 없을 것
4) 추정되는 발화원 이외의 인접한 다른 물건 등에 대해서는 발화의 가능성이 없을 것
5) 발화지점으로 추정되는 장소의 소손상황에 모순이 없으며, 출화점으로부터 전체적인 소손상황에 대한 연소확대경로로서 소손의 연결이 확인될 것

5. 결론

화재원인조사에서 발화원인의 판정이 핵심사안이다.

(1) 현장조사결과의 상황증거에 의한 발화원, 발화장소, 착화물의 결정
(2) 소손상황, 발견상황, 조사자의 의견, 각종 증언 등 전체 요소를 분석하여 과학적인 타당성에 의거, 현장에서 판정
(3) 현장에서 판정이 곤란할 때에는 재현실험, 감정, 과거사례 등을 참조하여 사후에 판정

02 화재원인조사의 진행순서

1. 개요
(1) 화재에 의한 소실과 파손으로 인해 현장 내에 있던 물건들은 그 원형을 잃어버린 파괴된 상태로 남는다.
(2) 이 상태로 화재원인조사를 진행하기 때문에 고도의 기술과 경험이 요구되며 화재조사를 잘못하였을 때는 두 번 다시 할 수 없는 관계로,
(3) 화재조사의 수순과 유의사항을 충분히 이해하여야 하며 또, 철저히 준수하는 것이 절대적으로 필요하다.

2. 화재원인조사의 진행순서

(1) 조사계획의 수립과 사전준비
1) 조사요원 구성 및 각자 임무분담
2) 전기, 가스 및 화재현장 기업체 등 관계기관으로 통보 및 협조요청
3) 현장보존구역 설정 및 출입통제

(2) 화재현장의 연소상황과 특이한 흔적을 관찰
1) 현장의 외곽과 외주부로부터 중심부를 향하여 관찰
2) 높은 곳에서 현장의 전체를 관찰한다.
3) 건물의 구조를 고려해서 불길의 흐름과 연기의 흐름을 추정·관찰
4) 탄화가 약한 곳으로부터 강한 곳을 향한 흔적을 관찰
5) 연소된 건축물·물건 등의 무너진 도괴 방향성을 확인
6) 불연물의 변색, 박리, 용융, 변형 등을 관찰
7) 특이한 냄새 등을 확인

(3) 관계자에 대한 탐문과 질의
1) 빠른 시간 안에 많은 사람으로부터 정보를 얻는다.
2) 출화 전의 화기, 설비, 사람의 출입, 작업사항 등 관계자로부터 출화 전의 상황을 확인한다.
3) 건축주 및 관계인의 도움을 받아 화재건물의 도면을 작성

(4) 발굴한 핵심장소와 그 주변의 탐색범위를 검토 : <발화범위 결정>
   1) 소손상황 및 탐문상황으로부터 대략의 출화지점을 추정하여 발굴해야 할 범위를 결정
   2) 기타 외곽의 비산범위, 빈터, 쓰레기장 등의 탐색범위를 결정

(5) 현장의 발굴과 복원을 실시
   1) 관계자의 입회하에 실시한다.
   2) 상부로부터의 낙하물질에 대비하는 보강조치 등, 안전조치 후에 실시
   3) 선정범위의 최외곽에서부터 출화지점을 향하여 실시
   4) 직접 손으로 취급하는 수작업으로 실시
   5) 발굴이 종료되면 출화전의 상황을 이해할 수 있도록 복원한다.
   6) 발굴과 복원 전 과정의 관련기록을 실시간으로 행한다. : 도면작성, 사진촬영, 녹화, 녹음 등

(6) 발화(출화)원인을 검토
   1) 출화시 발화원으로서의 필요한 요건을 모두 만족하는지 확인
   2) 전체의 소손상황과 연결이 되는지 확인
   3) 추정되는 발화원 이외의 다른 발화원은 발화의 가능성이 없는지 확인
   4) 화재조사 관계자 전원이 모여서 검토

(7) 발화원인을 판정
   현장확인결과 감식·감정결과, 문헌조사내용, 사고사례, 관계자 증언 등의 종합적인 판단으로 모순이 없다고 인정될 때 출화원인으로 판정한다.

(8) 현장보존을 해제
   1) 화재관계자에게 화재조사의 결과를 설명한다.
   2) 출입금지구역을 해제한다.

3. 결론

화재조사 및 감식·감정에 대하여는 전문성, 타당성, 완벽성을 추구하여야 하며, 특히 앞으로 화재조사·감정기관의 민영화에 대비하여 물적·인적·자격요건 등의 체계적인 준비가 필요하다 하겠다.

03 물적증거에 의한 화재감식요령

1. 개요
(1) 현장의 물증을 감식함으로써 발화장소, 발화원인, 화염경로, 피해확대요인 등을 확인할 수 있다.
(2) 그러나 화재·폭발현장은 구조, 내용물, 설비, 소화활동 등으로 인하여 동일하게 보존되기 어렵기 때문에 이들을 종합하여 결론을 얻어낼 수 있는 총체적인 안목이 필요하다.

2. 화재감식의 개념
(1) 화재감식이란, 화재발생원인의 판단을 위하여 전문적인 지식과 기술·경험을 활용하여 주로 시각에 의한 종합적인 판단으로 구체적인 사실관계를 규명하는 것을 말한다.
(2) 화재감식의 주요내용
  1) 최초발화부분의 발견
  2) 소실물 탄화부분의 탐색
  3) 방증자료의 수집과 분석
  4) 과학적인 기술·경험과 시각에 의한 종합적인 판단

3. 물적증거에 의한 화재감식요령

(1) 화재흔적의 관찰
1) 경계선(영역) : 화재로 인한 물성의 변화, 열방출률, 화재진화활동, 열원, 환기상태, 화재노출시간에 따라 경계구역이 나타나게 된다.
2) 표면효과 : 물체의 부드러운 표면보다는 거친 표면에서 난류효과가 크게 작용하여 표면에서 피해가 증가하게 된다.
3) 수평면 관통부 : 파손이 심한 쪽으로부터 화염이 전파되었다고 볼 수 있다.
4) 물질의 소손상태
  ① V(U) 패턴 : 유염연소 후 연소물질의 표면에 'V'자 형태의 연소흔적이 남는다.
  ② Pointer Method : 막대(화살) 모양으로 소손
  ③ Truncated Cone Method : 원뿔모양으로 소손

5) 연소흔의 종류
　① 균열흔 : 목재표면의 균열연소흔은 발화부에 가까울수록 잘고 가늘어지는 경향이 있으며, 다음 3유형으로 구분할 수 있다.
　　㉮ 완소흔 : 비교적 낮은 온도(700~800℃)에서 천천히 연소된 경우 홈이 삼각 또는 사각형태를 나타낸다.
　　㉯ 강소흔 : 900℃ 정도 가열되면 홈이 깊은 요철이 형성된다.
　　㉰ 열소흔 : 1,100℃ 정도 가열되면 홈이 가장 깊은 상태이며 맹렬한 확산이 중심부에서 나타난다.
　② 무염흔 : 초기발화단계의 연소흔으로 불꽃이 없는 무염연소의 흔적이며 국부적으로 패인 형상이다.
　③ 박리흔 : 목재나 콘크리트 표면이 강한 수열을 받으면 탄화하거나 결합력 상실에 의해 떨어져나가는 현상이다.
　④ 주염흔 : 일반화재에서 연기를 왕성하게 내면서 타는 상태(환기지배형 화재)로 바뀌면서 건물의 불연성 구조물 등에 불꽃흔적을 남기는 현상이다.

(2) 가연물(건축구조물, 가구류, 적재물 등)의 도괴방향 관찰

간접적으로 연소의 방향을 추정하는 데 참고할 수 있다.

(3) 화염의 유동 및 강도

1) 유동형태 : 초기열원으로부터 화재의 유동과 성장, 연소생성물의 발화에 따라 변하게 된다.
2) 열의 강도형태 : 다양한 강도의 열 노출에 따라 물질의 반응이 달라진다.

(4) 탄화물의 변형

화재에 노출된 목재 탄화물은 수축, 갈라짐, 팽창 등이 생긴다.

(5) 콘크리트 폭열

콘크리트가 급속하게 고온가열되면 콘크리트 혼합물과 철근 또는 자갈 사이의 차등 팽창 및 콘크리트에 존재하는 수분 등의 기화팽창에 의해 폭발현상이 발생할 수 있다.

(6) 연기와 Carbon(검댕)

1) 화염이 벽과 천장에 닿을 때 일반적으로 검댕이 퇴적하게 된다.
2) 연기와 검댕은 화재장소에서 상대적으로 온도가 낮은 곳에 응축하는 경향이 있으므로, 화염의 경로를 추정하는 데 사용될 수 있다.

(7) 완전연소

완전연소된 부분은 불연성 표면의 연기와 검댕의 응축물이 모두 연소함으로써 깨끗한 상태를 보이게 된다.

(8) 산화

가연성물질이 산화되면 색과 구조에 변화가 생기며, 이는 노출시간과 온도에 의존하게 된다.

(9) 하소(Calcination)

1) 하소란, 화재시 석고벽 표면이나 회반죽 등에서 발생하는 물리·화학적 변화를 말한다.
2) 석고보드가 화염에 노출되면 유기접합체의 탄화로 인해서 회색으로 변하고, 계속해서 가열되면 탄소가 연소되어 흰색으로 변하며, 더욱 가열되면 석고판이 탈수됨과 동시에 파괴되어 부서지게 된다. 이러한 현상을 하소(Calcination)라 한다.
3) 따라서, 이러한 하소상태를 보고 화재시의 가열 지속시간과 가열온도 등을 추정할 수 있다.

(10) 용융상태

1) 금속, 플라스틱, 유리 등 : 기존의 실험값과 비교하여 용융온도 파악
2) 합성물질 등 특수한 물질 : 새로운 실험으로 용융온도 파악

(11) 유리창 파손상태

1) 일반적으로 화재로 생성된 압력만으로는 유리창이 파손되기 어렵다.
2) 화염에 노출된 유리와 절연된 부분과의 사이에 60℃ 이상의 온도차이가 발생하면 유리창의 전체 면에 파도처럼 갈라짐이 발생한다.

4. 결론

물적 증거에 의한 화재감식으로 발화원인 판정방법

(1) 화재흔적 및 연소흔의 관찰

(2) 가연물의 도괴방향 관찰

(3) 탄화물의 변형, 화염의 유동·강도, 연기와 Carbon, 용융상태 등을 관찰

04 담배에 의한 화재의 감식요령

1. 개요

(1) 담배에 의한 화재는 담배 자체가 완전히 소손되어 탄화 해 버리므로 출화부위에 발화원으로서 증거물을 거의 남기지 않는다.

(2) 이 때문에 화재원인의 입증도 항상 화재현장의 출화개소의 소손상황, 관계자의 진술 및 환경조건 등의 상황증거에 기초하여 종합적으로 검토할 수 밖에 없다.

2. 담배의 착화조건 및 주요 가연물에 대한 착화 가능성

(1) 담뱃불의 발화 가능성

1) 불꽃이 없는 무염화원으로서 가연물을 무염착화시킨다.

2) 담뱃불의 최고온도

① 중심부 : 700~800℃

② 표면 : 200~250℃

3) 풍속에 따른 연소성 : 1.5m/s일 때가 가장 좋고 3.0m/s 이상이면 소화된다.

(2) 담뱃불에 의한 도시가스의 인화 가능성

1) 도시가스는 발화점이 높아 담뱃불로는 인화할 수 없다.

2) 이는 도시가스 구성요소의 발화점(H_2 : 585℃, CO : 651℃, CH_4 : 537℃)이 높으므로 담뱃불로는 이 발화점까지 높일 수 없기 때문이다.

(3) 담뱃불에 의한 가솔린 증기의 인화 가능성

1) 가솔린 증기가 폭발한계농도 내에 있는 장소에서 담뱃불을 피워도 즉시 인화

하기는 어렵다.
2) 그것은 담배의 무염착화 상태에서는 중심부의 온도가 700~800°C이나 그 표면은 찬(맑은) 공기로 둘러싸여 있으며, 이것이 열을 빼앗으므로 담뱃불 가까이에서도 가솔린의 발화점인 280~300°C에 도달할 수 없기 때문이다.

(4) 면제품(이불·의류 등)의 착화가능성
1) 무염착화하여 무염연소를 계속하다가,
2) 신문지 등의 가연물이나 공기 등의 조연제의 유입 등 연소조건이 갖추어지면 불꽃을 일으키며 유염연소 한다.

(5) 우레탄폼, 카페트, 스티로폼, 화학섬유 등
접촉되는 부분만 용융 및 탄화되고 착화하지는 않는다.

3. 담배에 의한 화재의 감식요령

출화개소 부근에 있어서 담배 이외의 발화원은 없는 것을 전제로 하여 다음 조건을 확인 해 가는 것이 필요하다.

(1) 담배에 의해 착화할 수 있는 가연물의 존재를 확인한다.
(2) 끽연 행위의 사실을 확인한다. 단, 행위자가 특정될 필요는 없으며, 행위자가 반드시 끽연행위를 긍정할 필요도 없다.
(3) 행위자의 끽연행위와 착화발염에 이르기까지의 경과시간이 착화물과의 관계에 있어서 타당한 연소범위 내에 있을 것
(4) 연소흔 등의 연소상황을 추정한다.
통상 담뱃불에 의한 화재는 초기에 타는 특징으로서, 착화에서부터 발염에 이르기까지 어느 정도의 경과시간이 필요하며, 이 때문에 출화개소에 깊이 타들어간 흔적을 남기는 경우가 많다.

4. 결론

(1) 담뱃불은 불꽃이 없는 대표적인 무염화원으로서 가연물을 무염착화시킨다.
(2) 화재시 담배 자체가 완전히 탄화하므로 출화부위에 발화원으로서의 증거물을 거의 남기지 않는 것이 대부분이다.
(3) 이 때문에 이의 감식요령으로는 출화부위에서 담배 이외의 발화원은 존재하지 않는다는 것을 전제로 확인 해 가는 것이 필요하다.

05. 전기화재 중 단락흔의 감식방법

1. 개요

(1) 전기화재의 발생은 기본적으로 전류의 발열작용에 의한 주울열과 단락 등에 의한 아크에서 수반되는 불꽃에 기인한다고 할 수 있다.
(2) 전선의 단락에 의한 화재의 감식에서는 전선의 배선경로와 취급상황, 착화물의 연소성, 출화부위의 소손상황, 용융흔의 형태 및 다른 화원의 가능성 등을 종합적으로 판단하여야 한다.

2. 단락에 의한 출화의 특성

(1) 단락의 개념

　1) 전선의 절연피복이 파괴된 상태로 전류가 흐를 때 양쪽 극의 전선 또는 도체가 서로 접속(Short)되어 폐회로가 구성되는 것
　2) 이때 Shot부의 낮은 저항에 의해 매우 큰 전류가 흐르게 되어 주울열이 발생
　3) 이때 단락에 의해 발생한 열·스파크가 주위의 인화성 물질에 접촉하면 착화한다.

(2) 단락에 의한 출화의 특징

　1) 단락시 발생하는 불꽃은 국부적·순간적이므로, 순간적 에너지는 크지만 주위 가연물의 온도를 발화온도까지 높이기는 어려우므로 곧바로 출화로 이어지는 확률은 매우 낮다.
　2) 그러나, 가연성 기체나 미세먼지 등은 충분히 착화시킬 수 있으며,
　3) 연속적으로 단락불꽃이 발생하는 경우와 접촉불량 등에 의해 이미 온도가 상승되어 있거나 Graphite화(흑연화)가 진행되어 있는 전선피복류에는 착화할 위험이 크다.

3. 단락흔의 감식요령

(1) 전선의 단락에 의한 화재는 소손상황과 용융흔 발생상황 등에 특징이 있으나, 모두 단독으로는 결정적인 물증이 되지는 못한다. 따라서 전선의 배선경로와 취급상황, 출화부위의 소손상황, 착화물의 연소성, 용융흔의 형태 및 다른 화원의 가능성 등을 종합적으로 분석하여 판단하여야 한다.

(2) 전기배선 용융흔의 종류

1) 전선 자체의 단락흔(1차흔)

   망울의 형상이 구형이고 광택이 있음

2) 외부화염에 의한 단락흔(2차흔)

   망울의 형상이 구형이 아니며, 광택이 없는 경우가 많다.

3) 자체화열에 의한 용융흔(열흔)

   광택이 없으며 용단부위가 둥그스름함이 적고, 용융범위가 넓으며, 용적이 아래로 흐른 것이 현저하다.

(3) 전선의 용융된 망울의 크기에 의한 판단

1) 일반적으로 용융된 망울의 크기가 큰 쪽이 전원측 방향이다.
2) 통전 여부의 입증은 일반적으로 화염이 부하측에서 전원측으로 진행한 것으로 판단한다.

4. 결론

화재현장의 배선 및 코드류에 용융흔이 남게 되는데 이의 외형적 특징으로 단락흔(1차흔), 외부화염에 의한 단락흔(2차흔), 또는 자체 화열에 의한 용융흔(열흔)인지를 판별할 수가 있으나 신뢰도가 약 60% 정도 된다고 한다.

06. 방화(放火 : Arson)

1. 개요

방화(Arson)는 다수인의 인명과 재산상의 손실을 초래할 뿐만 아니라, 심리적으로도 사회적 불안감을 초래할 수 있다. 따라서, 방화는 악질적인 사회적 강력범죄행위라 해도 과언이 아니다.

2. 방화의 원인

(1) 음주·약물중독자·정신이상자 등의 이유 없는 방화
(2) 사회불만자 등의 피해보상심리로 인한 방화
(3) 개인 간의 원한·분노·복수 등
(4) 다른 범죄를 은폐하기 위한 수단 등
(5) 보험금을 노리는 방화

3. 방화의 특징

(1) 계절이나 주기에 관계없이 불특정하게 발생한다.
(2) 주로 단독범행이 많다.
(3) 주로 야간에 많이 발생한다.
(4) 휘발유·석유·시너 등의 방화보조물을 많이 사용한다.
(5) 피해범위가 넓고 주로 인명을 대상으로 한다.

4. 방화의 판단요령

(1) 일반건축물 방화

1) 최초 발화지점에서 연소된 물질이 평소 당해장소에서 보기 드문 것일 경우
2) 최초 발화지점에 유류사용 흔적이 있거나 특수화학물질 등의 냄새가 나는 경우
3) 화재의 확산속도가 건물의 구조, 가연성에 비해 급격히 확산된 경우
4) 소화설비, 경보설비 등을 고의로 작동되지 않도록 차단시킨 흔적이 발견된 경우
5) 창문, 출입문 등이 열린 채 화재가 진행된 경우
6) 창문, 출입문 등에 무단으로 진입한 흔적이 있는 경우
7) 동시에 여러 곳에서 화재가 진행된 경우

8) 내부 물건의 도난 등 범죄의 흔적이 있는 경우
9) 재실자가 피난을 시도한 흔적이 없거나 외상이 심한 경우

(2) 차량 방화

1) 주변에서 동시에 여러 대의 차량화재가 발생한 경우
2) 차량의 유리창 또는 차체 외부에 고의적인 파손흔적이 있는 경우
3) 주변 바닥에 유류가 흘렀거나 유류를 사용했던 용기가 발견된 경우
4) 트렁크, 엔진룸, 차량출입문 등이 열린 채로 화재가 진행된 경우
5) 차량내부 중요물품의 도난흔적이 있는 경우

5. 방화의 방지대책

(1) 법규적 대책
화재보험사기 등 방화범죄에 대한 법규의 제·개정으로 처벌강화책 마련

(2) 행정적 대책
1) 과학적인 조사전담반 설치운영
2) 방화의 위험성에 대한 대국민 홍보
3) 주민차원의 자율방범체계 강화

(3) 교육
1) 화재예방·안전에 관한 아동교육 시행
2) 화재조사 전문인력 양성
3) 방화범에 대한 정신분석학적 처방 및 치료

(4) 연구
방화범죄관련 전문연구기관 설립

(5) 건물·시설관리
1) 가연성 물품을 계단실 또는 건물 외부에 노출상태로 적재하지 않는다.
2) 옥외주차장 및 가연물 적재장소에는 조명기구와 감시카메라 설치 및 방화요인 제거
3) 빈 집·차고·창고 등에 대한 시건장치 철저
4) 야간에 외진 곳에 주차하지 않는다.
5) 건축구조물의 외부 노출부위에는 불연재료 사용

6. 방화를 예방하기 위한 건축물의 설계 포인트

(1) 일반적인 사항(건축물의 배치 및 구조·재료사항)

1) 건축물 외벽의 불연화 : 불연재료 또는 준불연재료 적용
2) 단지계획 시 어둡거나 외진구석 등 사각지대가 생기지 않도록 배치하고, 보행로는 차로와 인접하거나 평행하게 배치하여 지나가는 차량이 감시자 역할을 할 수 있게 한다.
3) 계단실이나 엘리베이터 승강장은 감시의 시선이 잘 미치는 위치에 배치
4) 주차장은 개방형으로 설계하고, 주차장의 조명등은 LED 등을 적용하여 조도를 향상시킨다.
5) 감시형 CCTV 설치 및 종합감시실 운영

(2) 범죄예방을 위한 환경설계기법(CPTED)

CPTED는 여러 학문간 연계를 통해 도시 및 건축공간 설계 시 범죄의 기회를 제거하거나 최소화 하는 방향으로 계획하여, 범죄 및 불안감을 저감시키는 설계기법이며 감시, 접근통제, 공동체강화를 기본으로 하고 있다.

1) 자연감시 : 주변에서 잘 볼 수 있고, 은폐장소를 최소화 시킨 설계
2) 접근통제 : 외부인 및 부적절한 사람의 출입을 통제하는 설계
3) 영역성 강화 : 해당 공간에 대한 책임의식과 준법의식을 강화시키는 설계
4) 활동의 활성화 : 자연감시와 연계된 다양한 활동을 유도하는 설계
5) 유지관리 : 지속적으로 안전한 환경유지를 위한 설계

7. 결론

(1) 방화와 관련하여 모두가 가까운 곳에서부터 조심하는 것은 물론 불우한 이웃을 애정 어린 관심으로 보는 생활이 필요하다. 이웃의 관심과 따뜻함이 있을 때 대부분의 범죄는 줄어들기 때문이다.
(2) 방화의 예방과 관련하여 각 가정에서부터 사회 전반에 이르기까지 교육·홍보·주변환경관리 등 범국민적인 예방홍보활동을 지속적으로 벌여 나가야 하겠다.

07 산불(임야)화재

1. 개요
(1) 산불(임야)화재란, 사람에 의한 실화·방화 또는 낙뢰 등으로 발생한 불씨가 착화원이 되어 산림 내의 낙엽·초류·임목 등이 연소하는 화재를 말한다.
(2) 산불에 의한 산림파괴는 지구온난화 현상과 가뭄·홍수 등 인류의 생존을 위협하는 대재앙을 불러올 수도 있다.

2. 산불화재의 문제점
(1) 산불예방에 대한 대국민 홍보·교육의 부족
(2) 산불감시체계의 낙후 : 주민의 신고와 산림순찰에만 의존
(3) 산불진압체계가 비합리적임 : 지휘체계의 다변화 및 전문성 부족
(4) 산불진화장비가 낙후 및 전근대적임 : 갈쿠리, 삽, 생엽의 나뭇가지 등에 의존
(5) 산불진화용수의 부족

3. 산불화재의 발화원인
(1) 쓰레기 소각, 논·밭두렁 태우기
(2) 흡연(담배꽁초)
(3) 방화(Arson)
(4) 낙뢰(번개)

4. 산불화재의 영향인자

(1) 지형의 경사도
경사도가 클수록 산불의 진행방향과 확산속도에 큰 영향을 준다.

(2) 풍속

(3) 상대습도 및 온도
가연물의 건조도 및 연소속도에 영향

(4) 가연물

가연물의 종류 · 양 · 크기 · 배열상태 · 건조도 · 밀도

5. 산불화재의 확산형태

산불화재의 확산과정은 지표화 → 지중화 → 수간화 → 수관화 → 비화의 단계로 진행되어 간다.

(1) 지표화(Surface fire : 표면화재)

1) 산림대의 낙엽, 잡초 등이 연소하는 화재
2) 산불화재의 시발점이 되는 것이며, 가장 발생빈도가 높은 산불형태이다.
3) 연소면적은 풍속과 화재경과시간의 제곱에 비례한다.

(2) 지중화(Ground fire : 훈소성 화재)

1) 땅속의 나무뿌리 부분이 연소하는 화재
2) 산소공급이 적어 훈소상태로 진행되므로 연기가 적고 불꽃이 없으므로 발견하기가 어렵다.
3) 진화하기가 어렵고, 진화 후에도 재발화의 우려가 크다.

(3) 수간화(樹幹火 : Stem fire)

1) 나무의 기둥(줄기)이 연소하는 화재
2) 수목의 상층부 화재로 전이되기 위한 가교역할을 하는 단계
3) 나무기둥의 표면이 건조하거나 특히, 나무내부의 공동(구멍)부분이 있을 경우 이것이 굴뚝역할을 하므로 더욱 격렬하게 연소가 진행된다.

(4) 수관화(樹冠火 : Crown fire)

1) 나무의 가지부분이 연소하는 화재 즉, 나무의 윗부분이 연소하는 것
2) 화세가 강하고 연소진행속도가 빨라서 진화가 어려우며, 초대형 산불의 주요원인이 된다.
3) 부력에 의한 Fire Plume 발생으로 소방헬기도 접근하기 어렵게 된다.
4) 사다리장작 구실을 하는 작은 수목을 타고 불길이 상승기류에 휩쓸려 수목의 윗부분(최상부)으로 이동하는 과정이다.
5) 화염이 나무의 윗부분을 태우는 데 그치지 않고 꼭대기와 꼭대기로 이어져 방화대를 넘어갈 경우 진압이 사실상 불가능하게 된다.

(5) 비화(飛火)

1) 수관화(樹冠火) 상태에서 발생하는 대류현상에 의한 상승기류로 인해 불티가 상승하여 비화를 유발시켜 수십km까지 산불을 확산시킬 수 있다.
2) 산불이 비화까지 진행되면 방화대를 초월하여 확산될 수 있으므로 진압이 불가능해져 재해를 더욱 가중시킬 수 있다.

6. 산불의 진화방법

(1) 헬기 활용 : 공중에서 소화약제 또는 물을 살수

〈산림화재용 소화약제의 종류〉
1) Class A Foam(포소화약제)
2) Viscosity Water(VICOS)
3) Fire Brake(Wet Chemical의 Water Slurry)

(2) 낙엽층이 두꺼운 경우

방화선 설치 : 임목을 베어내고 도랑을 파서 연료의 연결고리를 절단

(3) 화세가 약한 초기화재

응급소화 : 소화봉 또는 생엽의 나뭇가지, 흙 등으로 응급소화

(4) 화세가 강할 경우

맞불을 놓거나 임목을 베어내어 방화선 설치

(5) 수원조달이 용이한 곳

양수펌프와 장거리 호스릴을 이용하여 주수소화

7. 산불진화관련 장기적인 대책

(1) 진화장비의 현대화

1) 헬기의 효율적 운영시스템인 GPS(Global Position System)의 운영
2) 산불진화용 특수소방차 개발
   장거리용 호스릴소화전 및 고압플랜저펌프를 소방차량에 탑재하여 산림인접지역의 소방파출소마다 비치

(2) 전문 산불진화조직의 운영

(3) 산불진화 지휘체계의 단일화 및 전문화

(4) 산불진화 용수시설 확보

(5) 산불진화계획 수립 및 가상훈련 실시

(6) 산불종료 후 2차 피해방지를 위한 복구계획 수립

8. 산불의 예방대책

(1) 산림학적 희박화를 실행

산림학적 희박화란, 산림의 화재하중을 경감시켜 화재 시의 화재양상을 개선하는 것을 말한다.

1) 상부층 희박화

   주로 큰 직경의 큰 나무를 제거하는 방법

2) 하부층 희박화

   주로 작은 나무를 제거하는 방법

3) 선택적 희박화

   선택적으로 개별나무를 제거하고 나머지는 남겨두는 방법

4) 자유 희박화

   큰 나무를 선택적으로 제거하여 작은 나무의 성장을 촉진시킨다.

5) 지리적 희박화

   상부층 캐노피에 구애받지 않고 사전에 정해진 간격이나 지리적 모양에 따라 나무를 제거하는 방법

6) 다양한 밀도 희박화

   여러가지 방법의 산림학적 희박화를 조합하여 적용함으로써 산림의 밀도를 감소시켜 연료의 연속성을 감소시키는 방법

(2) 산불의 예방·감시활동의 선진화

1) 기상인자·지형·연료의 종류에 따른 '산불확산예측프로그램'의 개발
2) 산불감시의 자동화 : 산불취약지역에 CCTV 설치·운영

(3) 산불예방계획의 사전수립

(4) 산불취약지역에 방화수림대 조성

화재에 강한 수목을 20m 이상의 폭으로 심어 산불의 확산을 차단할 수 있는 방화수림대를 형성시킨다.

9. 화재원인별 조사방법

(1) 쓰레기 소각 및 논·밭두렁 태우기

1) 소각로 및 쓰레기의 연소잔해 확인
2) 소각로 주변의 연료 또는 가연물의 상황 확인
3) 발화시간대의 풍속, 풍향, 습도 등 기상상황 확인

(2) 흡연(담배꽁초)

1) 담배에 의해 착화할 수 있는 가연물의 존재를 확인
2) 당시의 풍속, 상대습도 등 기상상황 확인
3) 담배의 필터부분 DNA검출 가능
4) 담배꽁초로 인한 화재발생 요건
   ① 상대습도 22% 미만
   ② 담배꽁초의 불똥방향이 아랫방향으로 향하게 안착해야 함
   ③ 담배꽁초 불똥부분 면적의 30% 이상이 가연물과 접촉해야 함

(3) 방화(Arson)

1) 특정한 곳에 가연물의 연소잔해가 집중되어 있는 경우
2) 방화를 위한 도구(원격점화장치, 지연점화장치 등)의 사용흔적이 있는 경우
3) 근처 장소에서 2차화재 등 여러 곳에서 발화한 경우

(4) 낙뢰(번개)

1) 낙뢰를 맞은 나무의 파손흔적 점검 : (줄기나 껍질이 수직방향으로 갈라짐)
2) 땅에 뇌격되었을 때의 흙이나 바위가 용융된 흔적이 존재
3) 당시의 기상청 낙뢰정보 분석 및 낙뢰 목격자 진술 분석

건축물 Remodeling에 따른 소방시설공사의 적법절차 (설계·감리·시공)

1. 개요

(1) 건축물 Remodeling의 정의
건축물의 노후화 억제 및 기능향상 등을 위하여 내부설비 등의 교체·정비를 포함한 건축물의 전반적인 수선공사를 의미한다.

(2) 법규적용의 문제
리모델링공사는 건축법상의 대수선이나 증축, 개축, 용도변경의 범주에 해당되지 않는 경우에는 건축허가 대상에 해당되지 않으므로 소방법규상의 건축허가동의 대상에도 포함되지 않는다. 또한, 소방설비의 증설이 없고, 소화펌프, 수신반 또는 동력제어반의 교체·보수공사가 없는 리모델링공사의 경우에는 소방법규상의 착공신고대상에도 포함되지 아니하고 있다. 따라서, 사실상 일부 리모델링공사는 소방법규적으로는 아직 사각지대에 놓여 있다고 할 수 있다.

2. 소방시설공사의 적법절차

설계 → 건축허가동의 → 소방감리자 지정신고 → 착공신고 → 시공 및 감리 → 완공검사 → 감리결과의 통보 및 보고 → 완공필증 교부

(1) 설계

〈소방시설의 법정 설계(감리)자격 범위〉

1) 전문소방시설 설계(감리)업

   모든 특정소방대상물에 설치되는 소방시설의 설계(감리)

2) 일반소방시설 설계(감리)업

   ① 연면적 3만m^2(공장은 1만m^2) 미만의 특정소방대상물(단, 소방기계분야는 제연설비가 설치되는 대상물은 제외)의 소방시설 설계(감리)

   ② 아파트(단, 소방기계분야는 제연설비가 설치되는 것은 제외)의 소방시설 설계(감리)

   ③ 위험물제조소 등에 설치되는 소방시설의 설계(감리)

(2) 감리

1) 소방시설의 법정 감리자격 범위

(상기의 소방시설 법정 설계자격 범위와 동일함)

2) 소방감리자 지정대상

① 신설 또는 개설

통합감시시설, 소화용수설비, 연결송수관설비, 무선통신보조설비, 자동화재탐지설비, 비상조명등, 비상방송설비

② 신설, 개설 또는 증설

옥내소화전설비, 옥외소화전설비

③ 신설, 개설 또는 구역(방호·경계·제연·살수구역 등)의 증설

스프링클러설비등(캐비닛형 간이스프링클러설비는 제외), 물분무등소화설비(호스릴 방식의 소화설비는 제외), 제연설비, 연결살수설비, 비상콘센트설비, 연소방지설비

※ 건축물의 리모델링에서 소방시설공사는 대부분 개설에 해당한다고 볼 때 대부분의 리모델링공사는 소방감리자 지정대상에 해당된다고 할 수 있다.

(3) 시공

1) 착공신고대상

① **신설공사** : 아래의 소방설비를 제외한 모든 소방설비의 신설공사

소화기구, 자동소화장치, 피난구조설비, 단독경보형감지기, 자동화재속보설비, 누전경보기, 시각경보기, 가스누설경보기, 통합감시시설

② **증설공사**

㉮ 옥내·옥외소화전설비의 증설

㉯ 스프링클러설비·간이스프링클러설비·물분무등소화설비·자동화재탐지설비·제연설비·연결살수설비·연결송수관설비·비상콘센트설비·연소방지설비의 구역(방호·경계·제연·살수구역 등)의 증설

③ **정비공사** : 다음의 어느 하나에 해당하는 것의 전부 또는 일부를 개설, 이전 또는 정비하는 공사

㉮ 수신반

㉯ 소화펌프

㉰ 동력(감시)제어반

※ 리모델링공사에서 소방시설공사는 대부분 개설에 해당되지만, 착공신고대상에서의 개설은 수신반, 소화펌프 및 동력제어반에만 해당되고, 이를 제외한 개설공사인 경우에는 착공신고대상에서 제외된다.

2) 시공자격

① 연면적 1만m² 이상의 특정소방대상물 : 전문소방시설공사업자
② 연면적 1만m² 미만의 특정소방대상물 : 일반소방시설공사업자

(4) 완공검사

1) 완공검사자 : 소방본부장 또는 소방서장
2) 공사감리자가 지정된 경우에는 감리결과보고서로 완공검사를 갈음한다.

〈완공검사를 위한 소방본부장·소방서장의 현장확인대상 범위〉

(가) 문화 및 집회·종교·판매·노유자·수련·운동·숙박·창고시설 및 지하상가, 다중이용업소
(나) 스프링클러설비등이나 물분무등소화설비가 설치되는 특정소방대상물
(다) 연면적 1만 m² 이상이거나 11층 이상인 특정소방대상물(아파트는 제외)
(라) 지상에 노출된 가연성가스 탱크의 저장용량 합계가 1,000톤 이상인 시설

(5) 감리결과의 통보 및 보고 : (공사가 완료된 날부터 7일 이내)

1) 감리결과의 통보대상

① 특정소방대상물의 관계인
② 특정소방대상물의 건축공사를 감리한 건축사
③ 소방시설공사의 도급인

2) 감리결과의 보고대상

소방본부장 또는 소방서장

3. 결론

건축물의 리모델링에서 소방시설은 대부분 개설(재시공)되는 현실이지만, 증설이 없고 수신반, 소화펌프, 또는 동력제어반의 교체·보수가 없는 리모델링공사의 경우에는 착공신고대상에서 제외되어 있으므로 인해 소방당국의 관리권에서 벗어나 있는 실정이다. 앞으로, 아파트의 재건축제한정책의 강화 등으로 인한 본격적인 건축물의 리모델링 시대를 대비하여 이러한 제도적·법규적인 미비점들이 보완·개선되어야 하겠다.

09 건축물 Remodeling에 따른 소방시설의 변동사항

<조건> 연면적 900m²의 다중이용업소 : (자동화재탐지설비 및 옥내소화전, 간이스프링클러설비 설치됨)
  (1) 건축물의 평면 재배치 : 화재감지기의 수량 및 회로수 증설
  (2) 소화배관 교체 및 옥상수조 제거

※ 소방시설의 변경설치 또는 증설의 경우에는 변경·증설 당시의 법규를 적용함

1. 옥상수조 제거사항

(1) 주펌프의 성능과 동등 이상의 성능이 있는 예비펌프 추가설치

이 때의 예비펌프에는 비상전원을 연결하여 설치하거나, 또는 비상전원이 없을 경우에는 엔진펌프방식으로 설치하여야 한다.

(2) 저수량 재검토

당초 구(舊) 법규에 의해 "유효수원량 중 1/3 이상"을 옥상수조에 설치하고, 나머지(2/3)를 지하수조에 설치한 경우에는 현행의 법정 유효수원량(3/3) 이상이 되도록 지하수조를 증설하여야 한다.

2. 소화배관 교체사항

<CPVC 배관으로 재질변경 가능함>
다음 각 호의 1에 해당하는 경우 소방용 합성수지배관으로 설치가능
(1) 내화구조로 구획된 피트·덕트에 설치하는 경우
(2) 천장과 반자가 불연재료 또는 준불연재료이고, 그 내부에 습식배관으로 설치하는 경우
(3) 배관을 지하에 매설하는 경우

3. 배관의 분기방향

<습식스프링클러 하향식 헤드의 경우>

(1) 구(舊)법규

1) 교차배관 : 가지배관 밑에 설치
2) 헤드접속배관 : 가지관 상부에서 분기하여 회향식 배관방식으로 설치

(2) 현행법규

1) 교차배관 : 가지배관과 수평으로 설치하거나 또는 가지배관 밑에 설치 가능함
2) 헤드접속배관 : 먹는물을 수원으로 하는 경우에는 가지배관의 측면 또는 하부에서 분기할 수 있다.

4. 자동화재탐지설비의 회로수(경계구역) 증설관련사항 : <착공신고 대상>

(1) P형 수신기 System인 경우

1) 수신기의 용량 증설
2) 별도의 수신기 추가설치

(2) R형 수신기 System인 경우

1) 중계기 증설
2) 수신기에 확장카드 삽입 및 프로그램 수정

10 제조물책임법(Product Liability)

1. 개요

제조물의 결함으로 인한 소비자의 신체 또는 재산상에 발생한 손해에 대하여 제조업자의 손해배상 책임을 규정함으로써 간접적인 소비자 안전을 확보하기 위한 제도

2. 정의

(1) 제조물

1) 대상
   ① 제조 또는 가공된 모든 동산
   ② 전기 및 기타 관리할 수 있는 자연력

2) 제외대상
   ① 부동산
   ② 미가공 농산물
   ③ 소프트웨어·정보 등 지적재산권

(2) 결함

1) 제조상의 결함

   원래 의도한 설계와 다르게 제조·가공된 경우의 결함

2) 설계상의 결함

   합리적인 대체 설계를 채택하였다면 피해를 줄이거나 피할 수 있는 경우

3) 표시상의 결함

   합리적인 설명·경고, 기타의 표시로 피해나 위험을 줄이거나 피할 수 있는 경우

(3) 제조업자

제조물을 제조·가공 또는 수입을 업으로 하는 자

3. 제조물의 책임

(1) 제조업자의 책임

제조업자는 제조물의 결함으로 인해 생명·신체 또는 재산상의 손해를 입은 자에게 그 손해를 배상하여야 한다.(단, 제조물 자체에서 발생한 손해는 제외)

(2) 면책

제조업자가 다음 각 호의 1을 입증하는 경우
1) 제조물을 공급하지 아니한 사실
2) 공급 당시의 과학기술수준으로 결함의 발견이 불가능한 것
3) 공급 당시의 법 기준을 준수한 경우

4. 소방용품의 제조물책임법에 대한 대책방안

(1) 소방용품에 대하여는 형식승인과 개별검정을 시행하고 있으나 이는 국가에서 규정하고 있는 최소한의 기준에 불과한 것으로, 이를 필한 것만으로는 제조물에 대한 책임을 면할 수 없다.

(2) 대책방안

1) 안전성을 고려한 설계·제작·시공

   국내 소방산업의 현장에서는 안전성보다는 경제적 논리에 의해 저가 제품이

선호되고 있으나 설계, 제작, 시공의 전반적인 분야에서 안전성을 최우선으로 고려하는 개선이 필요하다.

2) 법령기준의 만족 이상으로 여유율을 주어 설계 및 시공

소방법령기준은 최소한의 기준을 규정한 것이므로 여기에서 더하여 안전율과 성능을 고려하는 성능위주설계를 지향하여야 한다.

3) 소방제품을 사용용도(목적)별로 구분

[예] ① 화재예방용
② 초기화재진압용
③ 화재확대방지용

4) 표시상 결함의 방지대책

[예] 사용방법 및 오사용・오작동시 위험상황 등의 경고문 표시의 명확화

5) 표준시공법 및 취급설명서의 보급

6) PL보험 가입

5. 결론

(1) 제조물책임법이 기존 민법과 다른 점은 그 책임의 요건을 제조업자의 고의・과실에서 제조물의 결함으로 변경한 것이다.
(2) 소방제품은 형식승인과 개별검정을 받고 있으나 이는 최소한의 기준에 불과한 것이며, 이를 필하였다 하더라도 소방제품의 결함으로 발생한 손해에 대하여, 제조업자의 손해배상 책임을 규정함으로써 소비자 보호는 물론 화재안전성을 높이는 효과도 가져올 수 있다.

11. 방재계획서와 소방계획서

1. 개요

(1) 방재계획서는 건설해야 할 건축물의 종합방재계획에 관하여 그 계획의 개요, 방재설비의 설계, 유지관리 방법 등을 총괄적으로 포함하여 고찰하는 종합방재계획서를 말한다.

(2) 소방계획서는 준공되어 사용 중인 건축물에 대하여 소방시설 법령에 의해 당해 방화관리대상물의 방화관리업무 전반에 관하여 필요한 사항을 정하고 실천하기 위하여 작성한 계획서를 말한다.

2. 방재계획서의 작성내용(항목)

(1) 건축물의 개요

1) 건축개요 : 건축물의 명칭·위치·용도·규모·구조
2) 건축물의 특성
3) 건축물의 배치
4) 방재센터 위치

(2) 방재계획의 기본방침

1) 부지계획 : 소방차 진입로, 피난층의 출입구 위치(피난용 공지), 소화활동 공지
2) 출화방지 : 내장재의 불연·난연화
3) 연소확대방지 : 방화구획 등
4) 피난계획
5) 연기제어

(3) 방재계획의 내용

1) 주요구조부의 내화구조
2) 내장재료의 불연·난연화
3) 방화구획 및 방연구획
4) 피난계획
   ① 피난시설의 배치와 구조
   ② 피난용량 확보

㉮ 피난시간 계산 및 피난시뮬레이션에 의함
㉯ 제1차 및 제2차 안전구역으로의 피난소요시간과 피난허용시간의 산출 및 비교 검토
③ 피난설비
㉮ 피난기구
㉯ 비상조명등 및 유도등
5) 화재의 감지 및 통보
자동화재탐지설비, 비상방송설비, 비상경보설비 등의 종류 및 배치
6) 제연설비
① 제연방식
② 제연설비의 형식·구조
7) 소화설비
각종 적응성 있는 소화설비의 종류 및 배치
8) 비상용승강기 및 비상용 출입구 : 배치 및 구조·형식
9) 방재센터
① 위치 및 진입경로
② 관리운영방식
10) 방재시설의 유지관리
① 유지관리의 주체
② 유지관리의 운영방법

3. 소방계획서의 작성내용(항목)

(1) 화재의 예방

1) 소방시설의 점검·정비·보완
2) 방화순찰, 소방교육, 방화환경의 조성, 화기사용의 제한, 통제·제한구역 지정 등

(2) 화재의 진압

소방훈련, 화재발생 시의 행동요령 등

(3) 방화관리자의 업무내용

(4) 자위소방대의 조직 및 임무

(5) 소방대책위원회 구성 등

(6) 방화관리 일반

1) 소방현황 사항
   ① 건축물의 기본현황
   ② 건축물 배치도 및 소방시설 배치도
   ③ 소방시설 현황
   ④ 피난·방화시설 현황
   ⑤ 화재발생 우려가 있는 설비의 현황
   ⑥ 위험물시설 현황
   ⑦ 화기책임자 지정현황

2) 필수 소방행정 사항
   ① 소화기 관리대장
   ② 소방시설의 점검·정비·보완기록부
   ③ 소방교육·훈련실시기록부
   ④ 방화순찰일지
   ⑤ 소방대책 위원회 회의록
   ⑥ 소방시설 외관점검표
   ⑦ 소방시설 작동기능점검표
   ⑧ 소방시설 종합정밀점검표

3) 공문서 및 관련문서의 보존관리에 관한 사항

(7) 벌칙사항

방화관리에 관한 명령 및 의무 불이행자 등에 대한 조치에 관한 사항

4. 결론

(1) 일정규모 이상의 건축물은 건축계획 당시부터 종합방재계획을 수립하고 건축계획·설계에서부터 이를 반영하는 것이 중요하다.

(2) 일정규모 이상의 대규모 또는 화재위험도가 높은 건축물은 건축허가 전에 방재계획서를 제출하여 전문기관의 심의를 받게 하는 제도적 장치가 필요하다.

12 사전재난영향성 검토 · 평가

1. 개요

(1) 건축물의 사전재난영향성 검토는 화재, 지진, 폭발, 붕괴, 등의 재난으로부터 인명과 재산의 보호 및 안전성의 확보를 위한 것이며, 통상 직접적인 재난대책과 간접적인 재난대책으로 구성되고 있다.

(2) 직접적인 재난대책으로는 화재에 의한 불과 연기, 지진 등에 의한 진동·외부충격·붕괴 등을 직접적으로 제어하는 시스템과 피난을 위한 설비·시설 등으로 구성된다.

(3) 간접적인 재난대책으로는 각종 재난관련 법규정·제도·정책·재난진압전략 및 재난대책관련 각 종 Software 등을 말한다.

2. 사전재난영향성 검토·평가의 분야

초고층건축물 및 지하연계복합건축물에 대하여는 건축허가권자가 건축허가 등을 하기 전에 시행하여야 할 사전재난영향성 검토분야를 다음과 같이 규정하고 있다.

(1) 종합방재실 설치 및 종합재난관리체제 구축계획
(2) 내진설계 및 계측설비 설치계획
(3) 공간의 구조 및 배치계획
(4) 피난안전구역 설치 및 피난시설, 피난유도계획
(5) 소방설비, 방화구획, 방연·배연 및 제연계획, 발화 및 연소확대방지계획
(6) 관계지역에 영향을 주는 재난 및 안전관리계획
(7) 방범·보안의 테러대비 시설설치 및 관리계획
(8) 지하공간 침수방지계획
(9) 그 밖에 대통령령으로 정하는 사항

3. 평가분야별 평가내용

(1) 종합방재실 설치 및 종합재난관리체제 구축계획

평가항목	평가내용
종합방재실 설치	① 재난 시 관계요원 및 관계기관 등이 방재거점장소로서의 기능을 수행할 수 있는 충분한 면적과 시설을 확보 ② 재난 시 외부의 진압·구조대가 용이하게 접근하여 활동할 수 있는 위치와 구조를 확보
종합재난관리체제 구축	전체 방호대상물 및 관계지역을 한 장소에서 상황관리 할 수 있는 통신장비와 연계 Network의 구축

(2) 내진설계 및 계측설비 설치계획

평가항목	평가내용
내진설계	① 건축물의 지반환경을 고려한 예상지 진동에 대하여 건축물의 용도·규모·구조 특성별로 건축물의 구조성능을 충분히 만족시킬 수 있는 구조물로 설계 ② 건축물의 예상지 진동에 대하여 설비기기와 집기 등의 기능장애 또는 이들에 의한 인명손상이 되지 않도록 설계
계측설비 설치	지진가속도계측기는 건축물의 지진거동특성을 계측하기에 가장 적합한 위치에 설치

(3) 공간의 구조 및 배치계획

평가항목	평가내용
공간의 구조 및 배치계획	① 건축물 용도별로 화재확산제어계획 및 거주자 피난계획의 적합성 ② 로비, 아트리움 등 대규모 개방공간의 화재확산방지시스템 계획 ③ 파이프샤프트, 엘리베이터샤프트, 연도 등 수직공간에서의 열·연기의 확산방지시스템 계획

(4) 피난안전구역 설치 및 피난시설·피난유도계획

평가항목	평가내용
피난안전구역 설치계획	① 피난안전구역의 수용규모와 배치의 적합 여부 ② 피난안전구역에서 장시간 대기할 수 있는 안전성 확보 ③ 피난안전구역에서 피난층 및 외부로의 대피가 원활하고 외부 소방대의 진압활동시 유용하게 사용
피난시설 및 피난유도계획	① 화재층의 거주자 및 건축물의 관리자가 화재 등의 재난발생을 조기에 인지할 수 있다. ② 피난경로를 단순명료하게 한다.

(5) 소방설비, 방화구획, 방연·배연 및 제연계획, 발화 및 연소확대 방지계획

평가항목		평가내용
소방설비, 방화구획, 방연·배연 및 제연계획		① 방연구획 및 방화구획에 의해 연기를 발생공간에 국한시킨다. ② 제연설비에 의해 연기의 확산을 방지하고 배연을 유효하게 한다.
발화방지계획		① 열원에 의한 발화가능성을 근본적으로 단절되게 한다. ② 가연물의 양을 최소화 ③ 화재의 발생을 사전에 방지할 수 있도록 관리가 용이한 공간
화재확대방지계획	초기소화	① 출화 발생장소를 조기에 발견할 수 있는 여건 ② 관리자가 화재 발생장소에 신속히 도착 가능 ③ 재실자가 없는 경우에도 화재초기에 자동소화가 가능
	연소확대방지	① 방화구획 등으로 화재를 발생공간에 국한시킴 ② 실내마감재료 및 실내장식물을 난연화하여 화염확산방지
	외부연소확대방지	① 인접건물과의 안전한 인동거리 확보 ② 외벽 개구부의 방화조치 ③ 인접한 지하연계공간과의 접속부분에 방화조치
수손방지 및 인프라 보호		① 소화수의 방수에 의한 수손피해를 최소화 할 수 있는 조치 ② 전력, 통신 등 건축물 Life-line이 화재영향을 받을 수 없도록 조치
소화활동계획		① 화재층의 소화활동거점공간 및 소화활동 시 화염 및 연기로부터의 방호조치 계획 ② 소방차, 외부응급차량 등의 진입로 및 건물 외부에서 소화활동할 수 있는 공간계획 ③ 소화활동의 사전공지시스템 구축

(6) 관계지역에 영향을 주는 재난 및 안전관리계획

평가항목	평가내용
관계지역에 영향을 주는 재난 및 안전관리계획	① 소방방재활동을 위한 공간을 관계지역 및 부지 내에 적합하게 배치 ② 소방방재시설을 부지 내 및 부지 경계에 소방방재활동에 적합하게 배치 ③ 재난발생 시 인접한 건축물에 영향을 주지 않도록 안전한 인동거리 확보

(7) 방범·보안·테러대비 시설설치 및 관리계획

평가항목	평가내용
테러대비 시설설치 및 관리계획	① 건축물 내에서 폭발 및 생화학적 공격으로부터 거주자 들이 인명 및 재산의 손실을 방지할 수 있는 구조와 재료로 계획 ② 건물 외부에서의 폭발 등은 건물 외곽에서 방어되는 부지계획 ③ 건물의 보안관리 등을 상시 통합운영관리될 수 있는 설비시스템으로 계획

(8) 지하공간 침수방지계획

평가항목	평가내용
지하공간 침수방지계획	① 지하공간의 침수를 방지하거나 침수시간을 최대한 지연시킬 수 있는 대책의 확보 ② 지하공간의 침수예상시간을 고려하여 거주자가 미리 대피할 수 있도록 사전예보시스템을 구축

4. 결론

(1) 대형 건축물에 대한 사전재난영향성 검토는 해당 건축물의 계획단계에서부터 즉, 건축물의 설치에 대한 허가 등을 하기 전에 건축물의 안전성을 확보하고, 보다 효율적인 재난예방을 위한 지도를 목적으로 하는 사전검토제도이다.

(2) 국내 관계법령에서는 초고층건축물 및 지하연계복합건축물에 대하여 건축허가권자가 건축허가 등을 하기 전에 사전재난영향성의 검토를 시·도재난안전대책본부장에게 요청하도록 규정하고 있으므로 인해, 사전재난영향성 검토가 초고층건축물 등의 인허가의 사전절차요건으로 되어 있는 만큼, 앞으로 이에 대하여 보다 세부적이고 객관적인 검토·평가 자료의 개발이 필요하다 하겠다.

13 다중이용업소의 화재위험평가제도

1. 정의

다중이용업소의 화재위험평가란, 「다중이용업소의 안전관리에 관한 특별법」에서 정한 일정 규모 및 조건에 해당되는 다중이용업소에 대하여 소방본부장 또는 소방서장이 화재예방 및 화재로 인한 생명·신체·재산상의 피해를 방지하기 위하여 필요하다고 인정되는 경우에 실시하는 평가제도를 말한다.

2. 화재위험평가의 대상

(1) 2,000㎡ 지역 안에 다중이용업소가 50개 이상 밀집하여 있는 경우
(2) 5층 이상인 건축물로서 다중이용업소가 10개 이상 있는 경우
(3) 하나의 건축물에 다중이용업소로 사용하는 영업장 바닥면적의 합계가 1,000㎡ 이상인 경우

3. 화재위험평가에 포함되어야 할 내용

(1) 방재계획 및 방화대책의 기본방향
(2) 화재시 인명피해의 가능성 여부
(3) 화재시 예상 재산피해의 규모
(4) 화재시 건물의 붕괴가능성 여부
(5) 화재시 인접건물로의 연소확대 가능성 여부
(6) 화재시 발생하는 열·연기·유독가스·비산 물질 등이 주변환경에 미치는 영향
(7) 소방차 진입로 및 화재진압작전의 환경
(8) 주요구조부의 내화구조 여부
(9) 실내·외 마감재료의 불연성·난연성 여부
(10) 방화구획의 구성 및 적합 여부
(11) 화재의 발견·통보 및 유도계획
(12) 소방설비의 전반에 관한 적합성 검토
(13) 피난계획 및 피난안전성능평가
(14) 피난시설의 종류 및 배치
(15) 화재·피난시뮬레이션 시행에 의한 공학적 해석

14. 소화기구의 배치기준

1. 개요
소화기는 소방대상물의 용도 및 종류에 따라 적응성이 있는 소화기의 종류를 선정하고, 그 능력 단위가 국가화재안전기준에서 정하고 있는 기준 이상의 것으로서 기준거리 이내로 되게 배치하여야 한다.

2. 소화기구 및 자동소화장치의 분류

- 소화기구
  - 소화기
    - 소형소화기 : 능력단위가 1단위 이상이고 대형소화기의 능력단위 미만인 것
    - 대형소화기 : 운반대와 바퀴가 설치되어 있고 능력단위가 A급 10단위 이상, B급 20단위 이상인 것
  - 자동확산소화기 : 화재를 감지하여 자동으로 소화약제를 방출 확산시켜 국소적으로 소화하는 소화기
  - 간이소화용구
    - 에어로졸식자동소화용구
    - 투척용소화용구
    - 소화약제 외의 것을 이용한 소화용구

- 자동소화장치 [기술사 104회] [기술사 109회]
  - 주거용 주방자동소화장치 : 주거용 주방에 설치된 열발생 조리기구의 사용으로 인한 화재발생 시 열원(전기 또는 가스)을 자동으로 차단하며 소화약제를 방출하는 소화장치
  - 상업용 주방자동소화장치 : 상업용 주방에 설치된 열발생 조리기구의 사용으로 인한 화재발생 시 열원(전기 또는 가스)을 자동으로 차단하며 소화약제를 방출하는 소화장치
  - 캐비닛형 자동소화장치 : 열, 연기 또는 불꽃 등을 감지하고 소화약제를 방사하여 소화하는 캐비닛 형태의 소화장치
  - 가스자동소화장치 : 열, 연기 또는 불꽃 등을 감지하여 가스계 소화약제를 방사하여 소화하는 소화장치
  - 분말자동소화장치 : 열, 연기 또는 불꽃 등을 감지하여 분말의 소화약제를 방사하여 소화하는 소화장치
  - 고체에어로졸자동소화장치 : 열, 연기 또는 불꽃 등을 감지하여 에어로졸의 소화약제를 방사하여 소화하는 소화장치

3. 소화기의 능력단위

(1) 기본소요 능력단위

소방대상물	소화기구의 능력단위
1. 위락시설	바닥면적 30m²마다 1단위 이상
2. 공연장, 집회장, 관람장, 문화재, 의료시설	바닥면적 50m²마다 1단위 이상
3. 근린생활・판매・운수・숙박・노유자・업무시설 및 공동주택, 전시장, 공장, 창고	바닥면적 100m²마다 1단위 이상
4. 그 밖의 것	바닥면적 200m²마다 1단위 이상

[완화적용기준]

① 주요구조부가 내화구조이고 실내마감재료가 난연재료급 이상인 경우 : 위의 기준면적의 2배를 적용(단, 추가소요 단위분은 완화적용 제외)

② 고정식소화설비(옥내・옥외소화전, 스프링클러 등) 또는 대형소화기를 설치한 경우 : 소화기의 2/3(대형소화기를 둔 경우에는 1/2)를 감소하여 적용 [단, 지상 11층 이상인 부분과 근린생활・숙박・판매・노유자・위락・의료・업무・문화 및 집회・방송통신・운동시설, 아파트 등은 감소대상에서 제외]

(2) 추가소요(부속용도별) 능력단위

1) 자동확산소화기(바닥면적 10m² 이하 : 1개, 10m² 초과 : 2개) 및 소화기(바닥면적 25m²마다 1단위 이상)의 추가 설치대상
   ① 보일러실(아파트로서 방화구획된 경우는 제외), 건조실, 세탁소, 등
   ② 음식점 및 호텔, 기숙사, 다중이용업소, 의료시설, 업무시설, 공장 등의 주방
   [이 경우 소화기 중 1개 이상은 주방화재용(K급) 소화기 배치]
   ③ 관리자의 출입이 곤란한 변전실, 송전실, 변압기실, 배전반실

2) 바닥면적 50m²마다 적응성이 있는 소화기 1개 이상 또는 유효설치방호체적 이내의 가스・분말・고체에어로졸 자동소화장치, 캐비넷형자동소화장치의 추가 설치 대상
   ① 발전실, 변전실, 송전실, 변압기실, 배전반실로서 사용전압 교류 600V 또는 직류 750V 이상의 것
   ② 통신기기실, 전산기기실 : (교류 600V 또는 직류 750V 이하의 것도 포함)

3) 소화기 능력단위 2단위 이상 또는 유효설치방호체적 이내의 가스식・분말식・고체에어로졸식 자동소화장치, 캐비넷형자동소화장치의 추가설치 대상 :「위험

물안전관리법 시행령」 별표1의 규정에 따른 지정수량의 1/5 이상~지정수량 미만의 위험물 저장·취급장소

4) 각 가스관련 법령에서 규정하는 가연성가스를 연료로 사용하는 장소 : 각 연소기로부터 보행거리 10m 이내에 3단위 이상의 소화기 1개 이상 추가

(3) 간이소화용구의 능력단위

1) 마른 모래 : 삽을 상비한 50ℓ 이상의 것 1포 : 0.5단위
2) 팽창질석 또는 팽창진주암 : 삽을 상비한 80ℓ 이상의 것 1포 : 0.5단위

4. 수동식 소화기의 배치기준

(1) 각 층마다 배치하되, 소방대상물의 각 부분으로부터 1개의 소화기까지의 보행거리가 다음과 같이 되게 한다.
  1) 소형소화기 : 20m 이내
  2) 대형소화기 : 30m 이내

(2) 각 층이 2 이상의 거실(바닥면적 33m² 이상에 한함)로 구획된 경우 : 각 층마다 설치하는 것 외에 추가로 각 거실마다 (아파트의 경우 각 세대마다) 배치

(3) 지하가 중 터널 : 주행방향의 측벽 길이 50m 이내마다 능력단위 3단위 이상의 소화기 2개 이상 배치

(4) 비치높이 및 표지
  1) 높이 : 바닥으로부터 높이 1.5m 이하에 소화기 배치
  2) 표지 : 보기 쉬운 곳에 부착. 단, 주차장의 경우 바닥으로부터 1.5m 이상 높이에 부착

5. 결론

(1) 소화기는 화재 초기에 화재를 진압함으로써 큰 화재로 확대되는 것을 막을 수 있는 가장 효과적인 소화도구라고 할 수 있다. 즉, 소방차량 10대로도 진압하지 못할 큰 화재일지라도 화재 초기에는 소화기 1대로 진압할 수 있다는 의미이다.

(2) 따라서, 소화기의 중요성을 감안하여 소화기의 배치에서 소화기 종류별 적응성, 능력단위, 배치거리 등을 면밀하게 검토하여 정확하게 배치하고 또, 정기적인 점검 및 유지관리도 제대로 할 때, 비로소 제 기능을 다할 수 있을 것이다.

15. HPR 보험의 개념과 조건

1. 개요
(1) HPR(Highly Protected Risk) 보험은 우량보험대상물을 상대로 하는 보험제도로서, 미국에서 먼저 상품화되었다.
(2) 인수 보험회사에서 규정하고 있는 양호한 방재시설을 갖추고 철저한 유지관리를 이행하는 공장이나 빌딩 등의 우량보험대상물을 HPR 물건이라 한다.
(3) 이러한 물건을 인수하여 보험료를 대폭할인 적용하는 보험을 HPR 보험이라 한다.

2. HPR 보험의 특징
(1) 인수 보험회사에서 정하는 조건에 모두 부합하여야 한다.
(2) 보험회사의 방재전문기술자가 정기적으로 현장 점검하고, 손해방지 및 손해경감에 대한 서비스 제공
(3) 일반보험에 비해 보험요율이 상당히 낮다. : 평균화재보험요율의 20% 정도

3. HPR 물건의 요건
(1) 인수 보험회사의 손실예방기술기준에 따라 유지관리
(2) 양호한 건축구조 및 불연성 내장재, 적정한 방화구획 설치
(3) 자동소화설비 및 옥내소화전 병설설치
(4) 정기적인 점검 시행
(5) 일정규모 이상의 보험 물건
(6) 보험계약자가 직접 점유·관리하에 있는 물건
(7) 방재시설관리와 위험관리에 대하여 경영진이 적극적 참여
(8) 위험공정 및 위험물 취급·저장소에 대한 방호대책 수립
(9) 자위소방대 조직
(10) 건물의 신·증축 및 소화설비의 설치·변경 또는 공정의 변경이 있는 경우에는 설계단계에서 관계자료를 HPR 엔지니어에게 제출하여 사전승인을 득할 것을 요함

4. 결론 (HPR 보험제도의 기대효과)
(1) 보험요율의 인하
(2) 기업체의 안전사고 예방효과 도모

(3) 고객에 대한 위험관리서비스 제공
(4) 국민의 안전생활 향상을 도모함

16. 화재시 인체에 대한 온도의 영향성

1. 개요

(1) 인체가 강한 열에 노출되면 대사가 촉진되어 혈액순환과 호흡이 빨라지고, 땀의 증발이 많아지며, 열로 인한 통증과 화상을 입게 된다.
(2) 인체가 받은 열은 땀이나 호흡 등을 통하여 발산하지만 과도하게 받은 열은 전부 발산되지 못하고, 일부는 신체조직 및 체액에 축적된다.
즉, 인체가 열의 흡수와 발산에 있어서 평형을 유지할 때만이 정상이다.

2. 인체에 대한 온도의 영향성

(1) 방사열에 대한 Stoll 시험 결과

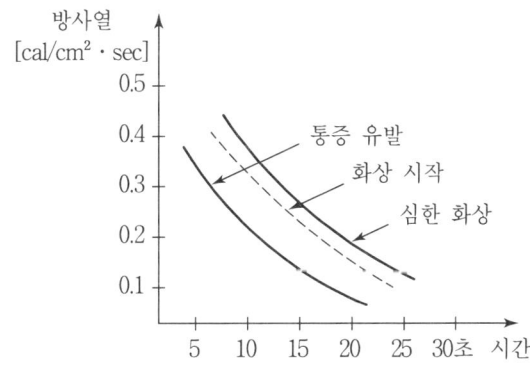

(2) 인간이 방사열에 견딜 수 있는 시간

1) 방사열의 제곱에 반비례한다.
2) 인체의 열 관성에 비례한다.

(3) 실내의 고온환경에서 인간이 견딜 수 있는 시간

<조건> 바람이 없고 습도가 낮은 경우

1) 50℃ : 수 시간
2) 70℃ : 1시간
3) 130℃ : 15분
4) 200℃ : 5분
5) 복사열 : 100초간 노출
   ① $5kW/m^2$: 2도 화상
   ② $12kW/m^2$: 3도 화상 및 치사율 50%

3. 화상의 분류

(1) 1도 화상(홍반성 화상)
1) 화열이 피부 표면층에 국한
2) 환부가 빨갛게 되고 가벼운 통증을 느낀다.

(2) 2도 화상(수포성 화상)
1) 화열이 피부 속에 침투된 것
2) 부위가 분홍색으로 되고 분비액이 쌓인다.
3) 화상 직후~1일 이내 물집이 생긴다.

(3) 3도 화상(괴사성 화상)
1) 화열이 피하지방까지 침투된 것
2) 부위가 회색 또는 검은색을 띠고 신경이 죽어 통증은 적다.
3) 3도 화상이 신체의 (1/3) 이상이면 대부분 사망한다.

(4) 4도 화상(흑색 화상)
화열이 근육 및 뼛속까지 침투한 것

4. 결론

(1) 일반적인 화재시 화열에 의한 인체의 위험요인은 10% 이하로 미미한 정도이며, 그것은 연기의 질식 등에 의해 죽어가는 희생자에게 더해지는 사망요인의 하나로만 작용할 뿐이다.

(2) 화재에서 실제 인체에 대한 치명적인 위험요소는 CO, HCN 등 유독가스와 연기에 의한 질식 등에 의한 경우가 대부분이다.

17. 소방시설공사 감리업무

1. 개요
소방시설공사 감리업무란 소방시설공사에 관한 발주자의 권한을 대행하여 소방시설공사가 설계도서 및 관계법령에 따라 적법하게 시공되는지의 여부를 확인하고, 품질·시공관리에 대한 기술지도를 수행하는 업무를 말한다.

2. 소방시설공사감리자 지정대상

(1) 신설 또는 개설
통합감시시설, 소화용수설비, 연결송수관설비, 무선통신보조설비, 자동화재탐지설비

(2) 신설, 개설 또는 증설
옥내소화전설비, 옥외소화전설비

(3) 신설, 개설 또는 구역(방호·경계·제연·살수구역 등)의 증설
스프링클러설비등(캐비닛형 간이스프링클러설비는 제외), 물분무등소화설비(호스릴 방식의 소화설비는 제외), 제연설비, 연결살수설비, 비상콘센트설비, 연소방지설비

3. 소방시설공사 감리업무내용
(1) 소방시설등의 설치계획표의 적법성 검토
(2) 소방시설등 설계도서의 적합성(적법성 및 기술상의 합리성) 검토
(3) 소방시설등 설계변경사항의 적합성 검토
(4) 소방시설법에 의한 소방용품의 위치·규격 및 사용 자재에 대한 적합성 검토
(5) 공사업자가 작성한 시공상세도면의 적합성 검토
(6) 공사업자가 한 소방시설등의 시공이 설계도서와 화재안전기준에 맞는지에 대한 지도·감독
(7) 완공된 소방시설등의 성능시험
(8) 피난시설 및 방화시설의 적법성 검토
(9) 실내장식물의 불연화와 방염물품의 적법성 검토

4. 소방시설공사 감리의 종류와 방법

(1) 상주공사감리

1) 대상
   ① 연면적 3만m² 이상의 특정소방대상물(아파트는 제외)에 대한 소방시설의 공사
   ② 지하층을 포함한 층수가 16층 이상으로서 500세대 이상인 아파트에 대한 소방시설의 공사

2) 감리방법
   ① 감리업자가 지정하는 책임감리원이 공사현장에 상주하여 소방시설공사업법 제16조(소방시설공사 감리업자의 수행업무)의 업무를 수행하고 감리일지에 기록해야 한다.
   ② 감리기간 : 소방시설용 배관(전선관 포함)을 설치하거나 매립하는 때부터 소방시설 완공검사증명서를 발급받을 때까지
   ③ 감리원이 상주감리하는 기간 중 부득이한 사유나 교육·유급 휴가 등으로 인해 1일 이상 현장을 이탈하는 경우에는 감리일지에 기록하여 발주자의 확인을 받아야 한다. 이 경우 감리업자는 감리원의 업무대행자를 배치하고, 감리원은 새로 배치되는 업무대행자에게 인수·인계 등의 필요한 조치를 해야 한다.

(2) 일반공사감리

1) 대상
   상주공사감리에 해당하지 아니하는 소방시설의 공사

2) 감리방법
   ① 감리원이 주 1회 이상 공사현장을 방문하여 소방시설공사업법 제16조(소방시설공사 감리업자의 수행업무)의 업무를 수행하고 감리일지에 기록해야 한다.
   ② 감리기간 : 소방설비용 가지배관의 설치 또는 전선관을 매립하는 때부터 소방시설 완공검사증명서의 발급, 인수인계 및 소방공사의 정산기간까지
   ③ 1명의 감리원이 담당하는 소방공사감리현장은 5개 이하로서, 감리현장 연면적의 총합계가 10만m² 이하일 것(단, 아파트인 경우에는 연면적 합계에 관계없이 1명의 감리원이 5개 이내의 공사현장을 감리할 수 있다.)

18. NFPA의 NFC와 국내화재안전기준(NFSC)의 개념적 차이

1. 개요

NFC는 미국방화협회(National Fire Protection Association)에서 작성·발간하고 있는 미국의 민간방화기준인 반면에, 국내의 국가화재안전기준(National Fire Safety Code)은 정부에서 제정한 것으로서, 이는 반드시 준수할 것을 강제하고 있다.

2. 개념적인 차이점

	NFSC	NFC
기준의 적용 강도	모두 동일한 필수 규정으로 구성	각 규정마다 적용 강도가 다름 1) Code 2) Standard 3) Recommended(권고사항) 4) Practice(연습, 실행) 5) Guide
적용범위	국내 전체에 공통 적용	각 주나 지방정부에서 임의적으로 선택 가능
제정 및 개정	정부에서 제·개정	민간에서 제·개정
내용 범위	소방설비에 한정됨	소방설비 이외에도 전기, 가스, 피난, 산업용도별 위험, 폭발관련 규정 등의 방대한 범위
적용이 유연성	간결·선명하고, 예외 인정이 적으며, 획일적임	예외조항을 많이 두어 유연성이 풍부함
신기술, 건물 특성 용도 등의 반영	반영이 곤란함	반영이 용이함

3. 결론

NFC는 기준의 제정 및 개정에 대하여 민간의 전문가집단에 의해 이루어지며 정부는 책임질 부분만 발췌하여 사용하나, 국내의 NFSC는 기준의 제정·개정 및 모든 책임을 정부가 지고 있으므로, 개념에서부터 적용까지 많은 차이가 있는 실정이다.

19 소방시설의 TAB

1. 개요

TAB는 시스템의 시험(Testing), 조정(Adjusting), 균형(Balancing) 작업을 통하여 설계목적에 부합하도록 공기·물의 균형분배 및 설계치의 용량을 공급할 수 있는 시스템의 성능확인 등 관련 계통을 종합적으로 시험하고 조정하여 균형을 맞추는 제반 행위를 말한다.

2. 소방설비에서 TAB 적용대상

(1) 거실제연설비의 급·배기 풍량의 균형분배
(2) 부속실제연설비의 급기풍량의 균형분배, 차압 및 방연풍속
(3) 부속실제연설비의 거실유입공기 배출량
(4) 소화수 배관계통의 압력 및 유량분배
(5) 옥내·옥외소화전설비 방수구의 방사압력 및 방사량
(6) 스프링클러설비 헤드의 방사압력 및 방사량
(7) 소화펌프의 성능확인
(8) 제연설비 송풍기의 성능확인

3. TAB의 기대효과

(1) 설계목적에 적합한 시설의 완성
(2) 설비 초기투자비의 절감
(3) 설계 및 시공상의 오류수정 : 시공과정의 품질향상
(4) 효율적인 시설관리 : 운전비용의 절감 및 시설·기기의 수명 연장
(5) 시스템의 신뢰성 향상

4. TAB의 절차 및 내용

(1) TAB 준비단계

  1) 시스템 검토 : 설계도서 및 현장파악
  2) 설비 구성요소의 성능자료 검토

3) 시공상태의 점검
4) 측정점의 선정
5) TAB장비의 점검·청소 및 전원의 이상유무 확인
6) 예비보고서의 작성 및 제출

(2) TAB 실시단계

1) 완공 시스템의 점검확인
   ① 소화수 배관계통의 공기빼기 및 관내 이물질 제거 등
   ② 장비의 시운전 실시

2) TAB 현장에서의 측정 및 조정
   ① 수계소화설비 계통의 측정 및 조정
      ㉠ 소방펌프의 성능시험
      ㉡ 소화수 배관계통의 측정 및 조정
      ㉢ 옥내·옥외소화전설비 방수구의 방사압력 및 방사량
      ㉣ 스프링클러설비 헤드의 방사압력 및 방사량
   ② 제연설비 계통의 측정 및 조정
      ㉠ 제연송풍기의 성능시험
      ㉡ 거실제연설비의 급·배기 풍량의 균형분배
      ㉢ 부속실제연설비의 급기풍량의 균형분배, 차압 및 방연풍속
      ㉣ 부속실제연설비의 거실유입공기 배출량

(3) TAB 완료단계

1) 유지관리에 필요한 사항 및 조건 등의 기록
2) TAB 최종보고서 작성 및 제출

5. 결론

소방시설은 평상시에 사용하지 않는 시설이므로 건축주의 자의적인 TAB 수행은 기대하기 어려운 현실이다. 따라서 소방시설의 완공 전 TAB 실시를 의무화 할 필요가 있다. 이것은 평상시에 사용하지 않는 설비를 비상시에 긴급하게 사용하였을 때 안정적으로 시스템의 제성능이 발휘되게 하려면 더욱 철저한 신뢰성을 확보하고 있어야 하기 때문이다.

20. 소방시설의 내진설계기준

1. 내진설계 소방시설의 적용범위

(1) 내진설계대상 특정소방대상물의 범위

「건축법」제2조제1항제2호에 따른 건축물로서「지진·화산재해대책법 시행령」제10조제1항 각 호에 해당하는 시설

(2) 내진설계대상 소방시설의 범위

「소방시설법 시행령」제15조의 2 제2항에 따른 옥내소화전설비, 스프링클러설비, 물분무등소화설비

(3) 내진설계의 적용제외 대상

1) 위 (2)의 각 소방설비 중 성능시험배관, 지중매설배관, 배수배관 등은 내진설계 적용에서 제외한다.
2) 위 (2)의 각 소방설비에 대하여, 특수한 구조 등으로서 특별한 조사·연구에 의해 설계하는 경우에는 그 근거를 명시하고, 내진설계기준을 따르지 아니할 수 있다.

2. 내진설계기준상 용어의 정의

(1) 내진 : 면진, 제진을 포함한 지진으로부터 소방시설의 피해를 줄일 수 있는 구조를 의미하는 포괄적인 개념을 말한다.
(2) 면진 : 건축물과 소방시설을 지진동으로부터 격리시켜 지반진동으로 인한 지진력이 직접 구조물로 전달되는 양을 감소시킴으로써 내진성을 확보하는 수동적인 지진제어기술
(3) 제진 : 별도의 장치를 이용하여 지진력에 상응하는 힘을 구조물 내에서 발생시키거나 지진력을 흡수하여 구조물이 부담하는 지진력을 감소시키는 지진제어기술
(4) 수평지진하중(F_{pw}) : 지진 시 버팀대에 전달되는 배관의 동적지진하중 또는 같은 크기의 정적지진하중으로 환산한 값으로 허용응력설계법으로 산정한 지진하중
(5) 세장비(L/r) : 흔들림방지버팀대 지지대의 길이(L)와, 최소단면2차반경(r)의 비율을 말하며, 세장비가 커질수록 좌굴(Buckling) 현상이 발생하여 지진발생시 파괴되거나 손상을 입기 쉽다.
(6) 지진거동특성 : 지진발생으로 인한 외부적인 힘에 반응하여 움직이는 특성
(7) 지진분리이음 : 지진으로 인한 진동이 배관에 손상을 주지 않고 배관의 축방향 변위,

회전, 1° 이상의 각도변위를 허용하는 이음. 단, 구경 200mm 이상의 배관은 허용하는 각도변위를 0.5° 이상으로 한다.

(8) 지진분리장치 : 지진발생 시 건축물 지진분리이음 설치위치 및 지상에 노출된 건축물과 건축물 사이 등에서 발생하는 상대변위 발생에 대응하기 위해 모든 방향에서의 변위를 허용하는 커플링, 플렉시블조인트, 관부속품 등의 집합체를 말한다.

(9) 가요성이음장치 : 지진 시 수조 또는 가압송수장치와 배관 사이 등에서 발생하는 상대변위 발생에 대응하기 위해 수평 및 수직 방향의 변위를 허용하는 플렉시블조인트 등을 말한다.

(10) 가동중량(W_p) : 수조, 가압송수장치, 함류, 제어반등, 가스계 및 분말소화설비의 저장용기, 비상전원, 배관의 작동상태를 고려한 무게를 말하며, 다음 각 목의 기준에 따른다.

 가. 배관의 작동상태를 고려한 무게란, 배관 및 기타 부속품의 무게를 포함하기 위한 중량으로 용수가 충전된 배관 무게의 1.15배를 적용한다.

 나. 수조, 가압송수장치, 함류, 제어반등, 가스계 및 분말소화설비의 저장용기, 비상전원의 작동상태를 고려한 무게란, 유효중량에 안전율을 고려하여 적용

(11) 근입깊이 : 앵커볼트가 벽면 또는 바닥면 속으로 들어가 인발력에 저항할 수 있는 구간의 길이

(12) 내진스토퍼 : 지진하중에 의해 과도한 변위가 발생하지 않도록 제한하는 장치

(13) 구조부재 : 건축설계에 있어 구조계산에 포함되는 하중을 지지하는 부재

(14) 지진하중 : 지진에 의한 지반운동으로 구조물에 작용하는 하중

(15) 편심하중 : 하중의 합력방향이 그 물체의 중심을 지나지 않을 때의 하중

(16) 지진동 : 지진 시 발생하는 진동

(17) 단부 : 직선배관에서 방향 전환하는 지점과 배관이 끝나는 지점

(18) S : 재현주기 2400년을 기준으로 정의되는 최대고려 지진의 유효수평지반가속도로서 「건축물 내진설계기준」(KDS 41 17 00)의 지진구역에 따른 지진구역계수(Z)에 2400년 재현주기에 해당하는 위험도계수(I) 2.0을 곱한 값

(19) S_s : 단주기 응답지수로서 유효수평지반가속도 S를 2.5배 한 값

(20) 영향구역 : 흔들림방지버팀대가 수평지진하중을 지지할 수 있는 예상구역

(21) 상쇄배관(offset) : 영향구역 내의 직선배관이 방향전환 한 후 다시 같은 방향으로 연속될 경우, 중간에 방향전환 된 짧은 배관은 단부로 보지 않고 상쇄하여 직선으로 볼 수 있는 것을 말하며, 짧은 배관의 합산길이는 3.7m 이하여야 한다.

(22) 수직직선배관 : 중력방향으로 설치된 주배관, 교차배관, 가지배관 등으로서 어떠

한 방향전환도 없는 직선배관 단, 방향전환부분의 배관길이가 상쇄배관 길이 이하인 경우 하나의 수직직선배관으로 간주한다.
(23) 수평직선배관 : 수평방향으로 설치된 주배관, 교차배관, 가지배관 등으로서 어떠한 방향전환도 없는 직선배관 단, 방향전환부분의 배관길이가 상쇄배관 길이 이하인 경우 하나의 수평직선배관으로 간주한다.
(24) 가지배관 고정장치 : 지진거동특성으로부터 가지배관의 움직임을 제한하여 파손, 변형 등으로부터 가지배관을 보호하기 위한 와이어타입, 환봉타입의 고정장치
(25) 제어반등 : 수신기(중계반 포함), 동력제어반, 감시제어반 등을 말한다.
(26) 횡방향 흔들림방지버팀대 : 수평직선배관의 진행방향과 직각방향(횡방향)의 수평지진하중을 지지하는 버팀대
(27) 종방향 흔들림방지버팀대 : 수평직선배관의 진행방향(종방향)의 수평지진하중을 지지하는 버팀대
(28) 4방향 흔들림방지버팀대 : 건축물 평면상에서 종방향 및 횡방향 수평지진하중을 지지하거나, 종·횡 단면상에서 전·후·좌·우 방향의 수평지진하중을 지지하는 버팀대

3. 내진설계의 계통도

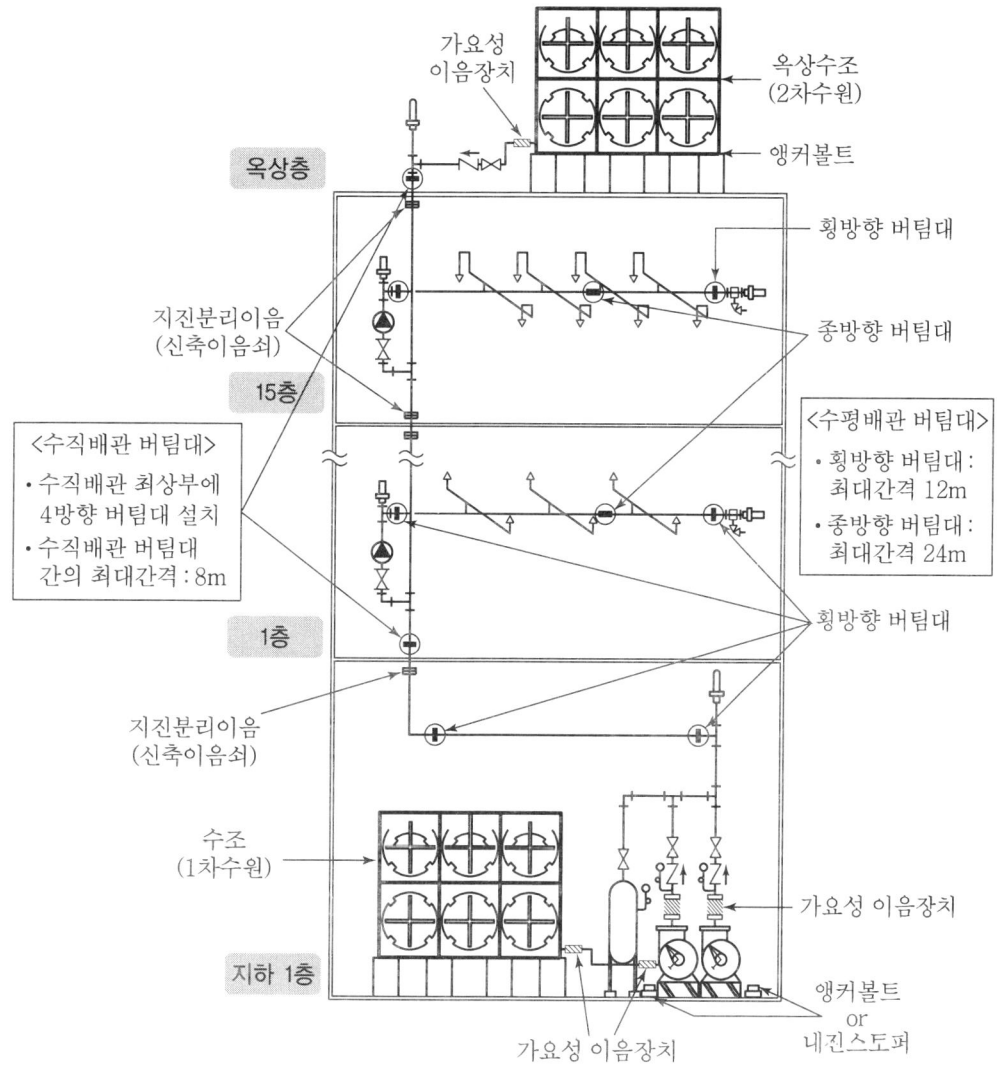

4. 내진설계의 주요기준

(1) 공통적용 사항

1) 지진하중 계산

$$F_{pw} = C_p \times W_p$$

여기서, F_{pw} : 수평지진하중, W_p : 가동중량, C_p : 지진계수

여기서, 「건축물 내진설계기준」 중 '비구조요소의 설계지진력 산정방법'을 따르되, 허용응력설계법을 적용하는 경우에는 허용응력설계법 외의 방법으로 산정된 설계지진력에 0.7을 곱한 값을 수평지진하중(F_{pw})으로 적용한다.

2) 앵커볼트
　① 수조, 가압송수장치, 함, 제어반등, 비상전원, 가스계 및 분말소화설비의 저장용기 등은 「건축물 내진설계기준」 중 '비구조요소의 정착부의 기준'에 따라 앵커볼트를 설치
　② 흔들림방지버팀대 앵커볼트의 최대허용하중 = 제조사가 제시한 설계하중 값 × 0.43
　③ 소방시설을 팽창성·화학성 또는 부분적으로 현장타설된 건축부재에 정착할 경우에는 수평지진하중을 1.5배 증가시켜 적용

3) 기초(패드)
　수조·가압송수장치·제어반등 및 비상전원 등을 바닥에 고정하는 경우에는 기초(패드 포함)부분의 구조안전성을 확인해야 한다.

(2) 수원

1) 수조는 기초(패드 포함), 본체 및 연결부분의 구조안전성을 확인해야 한다.
2) 수조는 건축물의 구조부재나 구조부재와 연결된 수조 기초부(패드)에 고정하여 지진 시 파손(손상), 변형, 이동, 전도 등이 발생하지 않아야 한다.
3) 수조와 연결되는 소화배관에는 가요성이음장치를 설치

(3) 가압송수장치

1) 가압송수장치에 방진장치가 있어 앵커볼트로 지지 및 고정을 할 수 없는 경우에는 다음 각 호의 기준에 따라 내진스토퍼 등을 설치해야 한다. 다만, 방진장치에 이 기준에 따른 내진성능이 있는 경우는 제외한다.
　① 내진스토퍼와 본체 사이에 최소 3mm 이상 이격하여 설치
　② 내진스토퍼는 제조사에서 제시한 허용하중이 위의 (1)-1)에 따른 지진하중 이상을 견딜 수 있는 것으로 설치. 단, 내진스토퍼와 본체 사이의 이격거리가 6mm를 초과하는 경우에는 수평지진하중의 2배 이상을 견딜 수 있는 것으로 설치
2) 가압송수장치의 흡입측 및 토출측에는 가요성이음장치를 설치

(4) 배관

1) 배관 내진설계의 기본기준
   ① 건축물 구조부재 간의 상대변위에 의한 배관의 응력을 최소화하기 위하여 지진분리이음 또는 지진분리장치를 사용하거나 이격거리를 유지해야 한다.
   ② 건축물 지진분리이음 설치위치 및 건축물 간의 연결배관 중 지상노출배관이 건축물로 인입되는 위치의 배관에는 관경에 관계없이 지진분리장치를 설치
   ③ 천장과 일체 거동을 하는 부분에 배관이 지지되어 있을 경우 배관을 단단히 고정시키기 위해 흔들림방지버팀대를 사용해야 한다.
   ④ 배관의 흔들림을 방지하기 위하여 흔들림방지버팀대를 사용해야 한다.
   ⑤ 흔들림방지버팀대와 그 고정장치는 소화설비의 동작·살수를 방해하지 않을 것

2) 배관의 수평지진하중 계산법
   ① 흔들림방지버팀대의 수평지진하중 산정 시 배관의 중량은 가동중량(W_p)으로 산정
   ② 흔들림방지버팀대에 작용하는 수평지진하중은 위의 (1)-1)에 따라 산정
   ③ 수평지진하중(F_{pw})은 배관의 횡방향과 종방향에 각각 적용돼야 한다.

3) 벽, 바닥 또는 기초를 관통하는 배관 주위의 이격기준
   다음 각 호의 기준에 따라 이격거리를 확보해야 한다. 다만, 벽, 바닥 또는 기초의 각 면에서 300mm 이내에 지진분리이음을 설치하거나, 내화성능이 요구되지 않는 석고보드나 이와 유사한 부서지기 쉬운 부재를 관통하는 배관은 그러하지 아니하다.
   ① 관통구 및 배관 슬리브의 호칭구경
      ㉮ 배관의 호칭구경이 25mm 내지 100mm 미만인 경우 : 배관의 호칭구경보다 50mm 이상 커야 한다. 다만, 배관의 호칭구경이 50mm 이하인 경우에는 배관의 호칭구경보다 50mm 미만의 더 큰 관통구 및 배관 슬리브를 설치할 수 있다.
      ㉯ 배관의 호칭구경이 100mm 이상인 경우 : 배관의 호칭구경보다 100mm 이상 클 것
   ② 방화구획을 관통하는 배관의 틈새는 「건축물의 피난·방화구조 등의 기준에 관한 규칙」 제14조제2항에 따라 인정된 내화충전구조 중 신축성이 있는 것으로 메울 것

(5) 지진분리이음

1) 배관의 변형을 최소화하고 소화설비 주요 부품 사이의 유연성을 증가시킬 필요가 있는 위치에 설치
2) 구경 65mm 이상의 배관에는 지진분리이음을 다음 각 호의 위치에 설치
   ① 모든 수직직선배관은 상부 및 하부의 단부로부터 0.6 m 이내에 설치. 다만, 길이가 0.9m 미만인 수직직선배관은 지진분리이음을 생략할 수 있으며, 0.9~2.1m 사이의 수직직선배관은 하나의 지진분리이음을 설치할 수 있다.
   ② 2층 이상의 건물인 경우 각 층의 바닥으로부터 0.3m, 천장으로부터 0.6m 이내에 설치
   ③ 수직직선배관에서 티분기된 수평배관 분기지점이 천장 아래 설치된 지진분리이음보다 아래에 위치한 경우, 분기된 수평배관에 지진분리이음을 다음 각 목의 기준에 적합하게 설치
      ㉮ 티분기 수평직선배관으로부터 0.6m 이내에 지진분리이음을 설치
      ㉯ 티분기 수평직선배관 이후 2차측에 수직직선배관이 설치된 경우 1차측 수직직선배관의 지진분리이음 위치와 동일선상에 지진분리이음을 설치하고, 티분기 수평직선배관의 길이가 0.6m 이하인 경우에는 그 티분기된 수평직선배관에 ㉮목에 따른 지진분리이음을 설치하지 아니한다.
   ④ 수직직선배관에 중간 지지부가 있는 경우에는 지지부로부터 0.6m 이내의 윗부분 및 아랫부분에 설치
3) 위의 (4)-3)-①에 따른 이격거리 규정을 만족하는 경우에는 지진분리이음을 설치하지 아니할 수 있다.

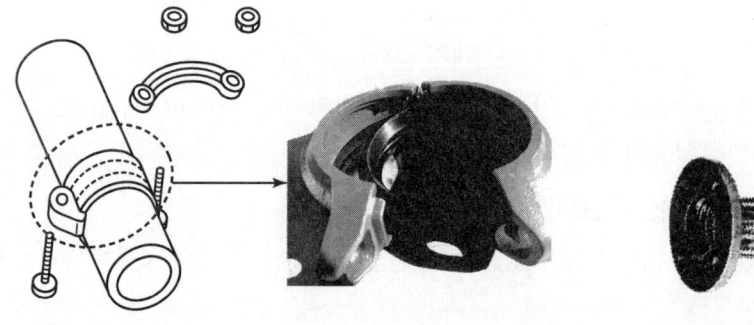 

[지진분리이음]

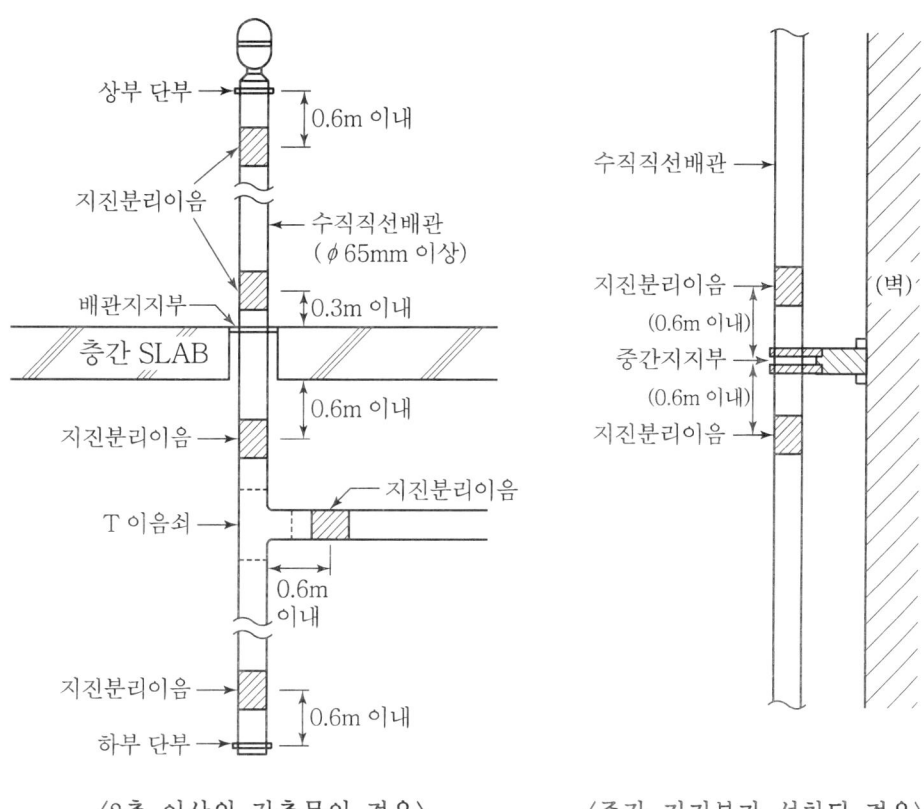

〈2층 이상의 건축물인 경우〉   〈중간 지지부가 설치된 경우〉

(다만, 수직직선배관의 길이가 0.9m 미만인 경우 지진분리이음을 생략할 수 있으며, 0.9~2.1m인 경우에는 하나의 지진분리이음을 설치할 수 있다.)

[지진분리이음의 설치기준]

(6) 지진분리장치

1) 지진분리장치는 배관의 구경에 관계없이 지상층에 설치된 배관으로 건축물 지진분리이음과 소화배관이 교차하는 부분 및 건축물 간의 연결배관 중 지상노출배관이 건축물로 인입되는 위치에 설치
2) 지진분리장치는 건축물 지진분리이음의 변위량을 흡수할 수 있도록 전후좌우 방향의 변위를 수용할 수 있도록 설치
3) 지진분리장치의 전단과 후단의 1.8m 이내에 4방향 흔들림방지버팀대 설치
4) 지진분리장치 자체에는 흔들림방지버팀대를 설치할 수 없다.

[지진분리이음과 지진분리장치의 차이점]

구분	지진분리이음	지진분리장치
설치개념	지진으로 인한 지진동이 전달되지 않도록 진동을 흡수한다.	지진으로 인한 지진하중이 전달되지 않도록 지진동을 격리시킨다.
변위의 허용범위	• 작은 변위를 흡수한다. • 축방향, 회전방향 및 소폭의 각도(1° 이상) 변위만 허용됨	• 큰 변위를 흡수한다. • 모든 방향(4방향)으로의 변위 및 큰 각도의 변위가 허용됨
설치대상	배관구경 65mm 이상인 것으로서 수직직선배관 및 이로부터 티분기된 수평직선배관	• 건축물의 지진분리이음과 소화배관이 교차하는 부분 • 건축물 간의 연결배관 중 지상 노출배관이 건축물로 인입되는 부분
구성품	신축이음쇠(커플링장치) : 그루브형죠인트, 플렉시블죠인트 등	2개 이상 신축이음쇠(커플링장치)의 집합체장치(Assembly) : 스윙죠인트, 익스펜션루우프 등

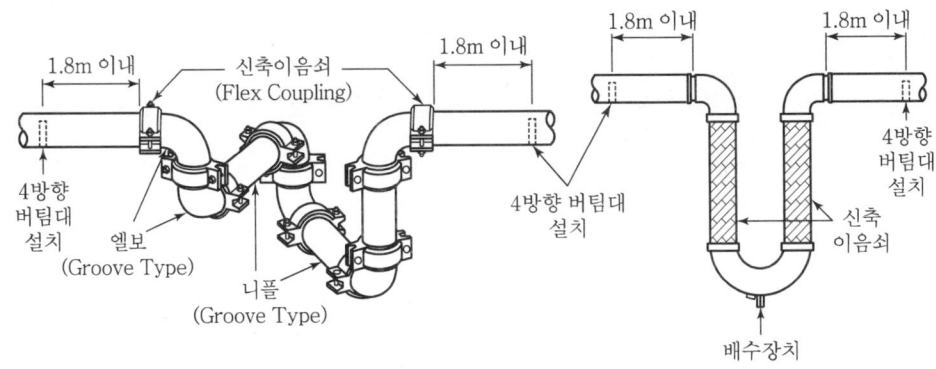

[지진분리장치]

(7) 흔들림방지 버팀대

1) 흔들림방지버팀대는 내력을 충분히 발휘할 수 있도록 견고하게 설치

2) 배관에는 「수평지진하중의 산정 계산법」에서 산정된 횡방향 및 종방향의 수평지진하중에 모두 견디도록 흔들림방지버팀대를 설치

3) 흔들림방지버팀대가 부착된 건축 구조부재는 소화배관에 의해 추가된 지진하중을 견딜 수 있을 것

4) 흔들림방지버팀대의 세장비(L/r)는 300을 초과하지 아니할 것

5) 4방향 흔들림방지버팀대는 횡방향 및 종방향 흔들림방지버팀대의 역할을 동시에 할 수 있을 것

(8) 수평직선배관 흔들림방지버팀대

1) 횡방향 흔들림방지버팀대

① 배관 구경에 관계없이 모든 수평주행배관·교차배관 및 옥내소화전설비의 수평배관에 설치해야 하고, 가지배관 및 기타배관에는 구경 65mm 이상인 배관에 설치. 다만, 옥내소화전설비의 수직배관에서 분기된 구경 50mm 이하의 수평배관에 설치되는 소화전함이 1개인 경우에는 횡방향 흔들림방지버팀대를 설치하지 않을 수 있다.

② 횡방향 흔들림방지버팀대의 설계하중은 설치된 위치의 좌우 6m를 포함한 12m 이내의 배관에 작용하는 횡방향 수평지진하중으로 영향구역 내의 수평주행배관, 교차배관, 가지배관의 하중을 포함하여 산정

③ 흔들림방지버팀대의 간격은 중심선을 기준으로 최대간격이 12m 이하일 것

④ 마지막 흔들림방지버팀대와 배관 단부 사이의 거리는 1.8m 이하일 것

⑤ 영향구역 내에 상쇄배관이 설치되어 있는 경우 배관의 길이는 그 상쇄배관 길이를 합산하여 산정

⑥ 횡방향 흔들림방지버팀대가 설치된 지점으로부터 600mm 이내에 그 배관이 방향전환되어 설치된 경우 그 횡방향 흔들림방지버팀대는 인접배관의 종방향 흔들림방지버팀대로 사용할 수 있으며, 배관의 구경이 다른 경우에는 구경이 큰 배관에 설치

⑦ 가지배관의 구경이 65mm 이상으로서 배관 길이가 3.7m 이상인 경우에는 횡방향 흔들림방지버팀대를 설치한다. 다만, 배관 길이가 3.7m 미만인 경우에는 횡방향 흔들림방지버팀대를 설치하지 아니할 수 있다.

⑧ 횡방향 흔들림방지버팀대의 수평지진하중은 「소방시설의 내진설계기준」 별표 2에 따른 영향구역의 최대허용하중 이하로 적용

⑨ 교차배관 및 수평주행배관에 설치되는 행거가 다음 각 목의 기준을 모두 만족하는 경우 횡방향 흔들림방지버팀대를 설치하지 아니할 수 있다.

㉮ 건축물 구조부재 고정점으로부터 배관 상단까지의 거리가 150mm 이내

㉯ 배관에 설치된 모든 행거의 75% 이상이 ㉮목의 기준을 만족할 것

㉰ 교차배관 및 수평주행배관에 연속하여 설치된 행거는 ㉮목의 기준을 연속하여 초과하지 않을 것

㉱ 지진계수(C_p) 값이 0.5 이하일 것

㉲ 수평주행배관의 구경은 150mm 이하이고, 교차배관의 구경은 100mm 이하일 것

㉾ 행거는 「스프링클러설비의 화재안전기준」 제8조제13항에 따라 설치

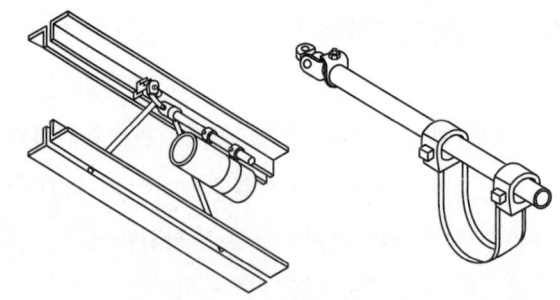

[횡방향 흔들림방지버팀대]

2) 종방향 흔들림방지버팀대
   ① 배관 구경에 관계없이 모든 수평주행배관·교차배관 및 옥내소화전설비의 수평배관에 설치. 다만, 옥내소화전설비의 수직배관에서 분기된 구경 50mm 이하의 수평배관에 설치되는 소화전함이 1개인 경우에는 종방향 흔들림방지버팀대를 설치하지 않을 수 있다.
   ② 종방향 흔들림방지버팀대의 설계하중은 설치된 위치의 좌우 12m를 포함한 24m 이내의 배관에 작용하는 수평지진하중으로 영향구역 내의 수평주행배관, 교차배관 하중을 포함하여 산정하며, 가지배관의 하중은 제외한다.
   ③ 수평주행배관 및 교차배관에 설치된 종방향 흔들림방지버팀대의 간격은 중심선을 기준으로 24m 이하일 것
   ④ 마지막 흔들림방지버팀대와 배관 단부 사이의 거리는 12m 이하일 것
   ⑤ 영향구역 내에 상쇄배관이 설치되어 있는 경우 배관 길이는 그 상쇄배관 길이를 합산하여 산정
   ⑥ 종방향 흔들림방지버팀대가 설치된 지점으로부터 600mm 이내에 그 배관이 방향전환되어 설치된 경우 그 종방향 흔들림방지버팀대는 인접배관의 횡방향 흔들림방지버팀대로 사용할 수 있으며, 배관의 구경이 다른 경우에는 구경이 큰 배관에 설치

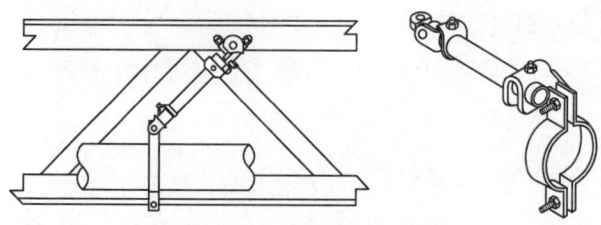

[종방향 흔들림방지버팀대]

(9) 수직직선배관 흔들림방지버팀대

1) 길이 1m를 초과하는 수직직선배관의 최상부에는 4방향 흔들림방지버팀대를 설치. 다만, 가지배관은 설치하지 아니할 수 있다.
2) 수직직선배관 최상부에 설치된 4방향 흔들림방지버팀대가 수평직선배관에 부착된 경우 그 흔들림방지버팀대는 수직직선배관의 중심선으로부터 0.6m 이내에 설치하고, 그 흔들림방지버팀대의 하중은 수직 및 수평방향의 배관을 모두 포함할 것
3) 수직직선배관 4방향 흔들림방지버팀대 사이의 거리는 8m 이하일 것
4) 소화전함의 아래 또는 위쪽으로 설치되는 65mm 이상의 수직직선배관은 다음 각 목의 기준에 따라 설치
   ① 수직직선배관의 길이가 3.7m 이상인 경우 : 4방향 흔들림방지버팀대를 1개 이상 설치하고, 말단에 U볼트 등의 고정장치를 설치
   ② 수직직선배관의 길이가 3.7m 미만인 경우 : 4방향 흔들림방지버팀대를 설치하지 아니할 수 있고, U볼트 등의 고정장치를 설치
5) 수직직선배관에 4방향 흔들림방지버팀대를 설치하고 수평방향으로 분기된 수평직선배관의 길이가 1.2m 이하인 경우 수직직선배관에 수평직선배관의 지진하중을 포함하는 경우에는 수평직선배관의 흔들림방지버팀대를 설치하지 않을 수 있다.
6) 수직직선배관이 다층건물의 중간층을 관통하며, 관통구 및 슬리브의 구경이 위의 (4)-3)-①에 따른 배관구경별 관통구 및 슬리브구경 미만인 경우에는 4방향 흔들림방지버팀대를 설치하지 않을 수 있다.

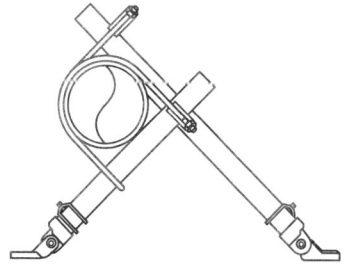

[4방향 흔들림방지버팀대]

(10) 제어반등

1) 제어반등의 지진하중은 위의 4-(1)-1)에 따라 계산하고, 앵커볼트는 4-(1)-2)에 따라 설치. 단, 제어반등의 하중이 450N 이하이고 내력벽 또는 기둥에 설치하는 경우 직경 8mm 이상의 고정용 볼트 4개 이상으로 고정할 수 있다.

2) 건축물의 구조부재인 내력벽·바닥 또는 기둥 등에 고정하여야 하며, 바닥에 설치하는 경우 지진하중에 의해 전도가 발생하지 않도록 설치

3) 제어반등은 지진발생 시 기능이 유지되어야 한다.

(11) 소화전함

1) 지진 시 파손 및 변형이 발생하지 않아야 하며, 개폐에 장애가 발생하지 않을 것

2) 건축물의 구조부재인 내력벽·바닥 또는 기둥 등에 고정하여야 하며, 바닥에 설치하는 경우 지진하중에 의해 전도가 발생하지 않도록 설치

3) 소화전함의 지진하중은 위의 4-(1)-1)에 따라 계산하고, 앵커볼트는 4-(1)-2)에 따라 설치. 단, 소화전함의 하중이 450N 이하이고 내력벽 또는 기둥에 설치하는 경우 직경 8mm 이상의 고정용 볼트 4개 이상으로 고정할 수 있다.

(12) 비상전원

1) 자가발전설비의 지진하중은 위의 4-(1)-1)에 따라 계산하고, 앵커볼트는 4-(1)-2)에 따라 설치

2) 비상전원은 지진발생 시 전도되지 않도록 설치해야 한다.

(13) 가스계 및 분말소화설비

1) 가스계 및 분말소화설비의 저장용기는 지진하중에 의해 전도가 발생하지 않도록 설치하고, 지진하중은 위의 4-(1)-1)에 따라 계산하고 앵커볼트는 4-(1)-2)에 따라 설치

2) 가스계 및 분말소화설비의 제어반등은 위 '(10) 제어반등'의 기준에 따라 설치

3) 가스계 및 분말소화설비의 기동장치 및 비상전원은 지진으로 인한 오동작이 발생하지 않도록 설치해야 한다.

5. 결론

(1) 소방시설의 시설물이 지진에 견디기 위해서는 일정 수준의 자체강도를 갖게 하거나 시설물의 유연성을 증가시켜야 하는데, 일반적으로 경제성을 고려하여 시설물의 유연성을 증가시키는 방식을 적용한다.

(2) 소방시설의 배관 등을 내진설계로 적용할 때 고려할 사항은, 지진발생 시 과도한 응력발생의 방지와 과도한 변위를 방지할 수 있는 구조를 강구하여야 한다.

Chapter 17

계산문제

01. 피난시간 계산 ·· 999
02. 열전달률 계산 ·· 1000
03. 누설면적 및 급기풍량 계산 ······························ 1001
04. 차압 계산 ·· 1003
05. 동압을 포함한 수리계산 ··································· 1004
06. 옥외탱크저장소의 방유제 용량계산 ··················· 1007
07. 프로판가스의 폭발하한계 및 당량비 계산 ········· 1008
08. 포소화설비의 설계계산 ····································· 1009
09. 폐쇄된 실의 화재하중 계산 ······························ 1012
10. 부속실 제연설비의 설계계산 ···························· 1014
11. 소화전 노즐의 반동력 계산 ······························ 1017
12. Fire Ball 관련 계산 ··· 1018
13. 수소가스의 한계방출량 계산 ···························· 1020
14. 연기배출량 계산 ·· 1021
15. 스프링클러설비의 헤드방사압력 계산 ················ 1022
16. 스프링클러설비의 수리계산-Ⅰ ························· 1024
17. 스프링클러설비의 수리계산-Ⅱ ························· 1026
18. 펌프의 이론 소요동력 계산 ······························ 1032
19. 할로겐화합물 및 불활성기체소화설비의 설계계산 ··· 1033
20. 옥외탱크저장소의 소화설비 및 방유제 용량계산 ····· 1036
21. 불꽃감지기의 배치계산 ····································· 1039
22. 소방시설 내진설계의 계산 ······························· 1041
23. 소방시설 내진설계의 세장비 계산 ···················· 1048
24. 내진버팀대의 최소회전반경 및 길이 계산 ········ 1050
25. 저·고층부 분리배관 시스템의 설계계산 ·········· 1051
26. 연결송수구의 송수압력 계산 ···························· 1053

01. 피난시간 계산

[문제] 영화관으로 사용되는 건축물에 대하여 다음 조건을 적용하여 피난시간을 계산하고 그 적합 여부를 판정하시오.

〈조건〉
- 영화관의 바닥면적 : 300m²
- 재실자의 최대인원수 : 400인
- 출구폭의 합계 : 6.0m
- 출구의 유동계수 : 1.5인/m·s
- 천장높이 : 5m

[답안]

1. 거실피난시간(T_1)

$T_1 = \max(t_1, t_2)$

$t_1 = \dfrac{N}{\lambda \times \sum W} = \dfrac{400[\text{인}]}{1.5[\text{인}/\text{m}\cdot\text{s}] \times 6[\text{m}]} = 44.4[\text{sec}]$

$t_2 = \dfrac{L_{x+y}}{V} = \dfrac{17.32[\text{m}] + 17.32[\text{m}]}{1.0[\text{m/s}]} = 34.64[\text{sec}]$

여기서, t_1 : 수용인원(N)의 출구 통과 소요시간[sec]
t_2 : 최후 피난자의 출구 도착 소요시간[sec]
λ : 피난자의 유동계수(NFPA기준)
- 출입구 : 1.5[인/m·s]
- 계단 : 1.3[인/m·s]

$\sum W$: 출구 폭의 합계[m]
V : 보행속도[m/s](NFPA기준)
- 사무소·업무시설 : 1.5
- 혼잡한 장소 : 1.0

N : 피난자 수[인]
L_{x+y} : 실내 최대 보행거리[m]

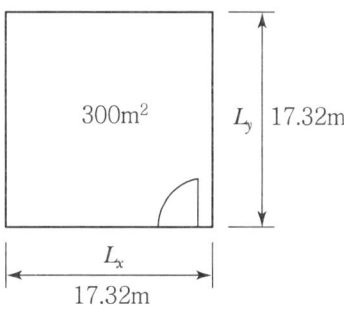

∴ 거실피난시간 = 44.4[sec]

2. 거실허용피난시간(T_2)

거실허용피난시간이란
화재시 Flash-Over 도달 전까지의 소요시간이다. 그러므로 거실피난시간(T_1)은 거실허용피난시간(T_2)보다 짧아야 한다.

$$T_2 = a\sqrt{A_1} = 2\sqrt{300} = 34.6[\text{sec}]$$

여기서, A_1 : 발화실의 바닥면적[m²]
a : 천장높이계수 ┌ 6m 미만 : 2
└ 6m 이상 : 3

3. 판정

(1) 거실피난시간(T_1) < 거실허용피난시간(T_2) 가 되어야 안전한 피난이 될 수 있으나 위의 계산에서는 $T_1 = 44.4$초 > $T_2 = 34.64$초가 되므로 현상태에서는 부적합하다.

(2) 개선방안
1) 출입구의 폭 또는 출입구의 수량을 증가시켜 피난용량을 증대시킨다.
2) Flash-Over 도달 전까지의 소요시간이 피난허용시간이므로 F/O 도달시간이 최소한 44.4초 이상 될 수 있도록 건축적으로 보완하여야 한다.

02 열전달률 계산

[문제] 그림과 같은 화재실의 콘크리트 벽체에서 표면온도 T_A, T_B를 구하시오.

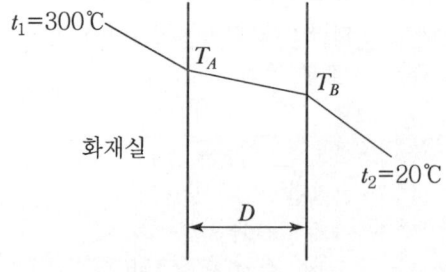

⟨조건⟩ • 화재실 열전달률(αt_1) : 20kcal/m²h°C
• 외부 열전달률(αt_2) : 10kcal/m²h°C

- 전열면적(A) : 5m²
- 벽두께(D) : 30cm
- 콘크리트 열전도율(λ) : 0.9kcal/mh°C

[답안]

$$q = \frac{T_1 - T_2}{\frac{1}{(\alpha t_1)A} + \frac{t}{\lambda A} + \frac{1}{(\alpha t_2)A}}$$

$$= \frac{(300-20)}{\frac{1}{20\times 5} + \frac{0.3}{0.9\times 5} + \frac{1}{10\times 5}} = 2,896.45 [\text{kcal/h}]$$

$$2,896.45[\text{kcal/h}] = \frac{T_1 - T_A}{\frac{1}{(\alpha t_1)A}} \rightarrow T_A = 300 - 2,896.45 \times \frac{1}{20\times 5} = 271°C$$

$$2,896.45[\text{kcal/h}] = \frac{T_B - T_2}{\frac{1}{(\alpha t_2)A}} \rightarrow T_B = 2,896.45 \times \frac{1}{10\times 5} + 20 = 77.9°C$$

$$\therefore T_A = 271[°C], \ T_B = 77.9[°C]$$

03 누설면적 및 급기풍량 계산

[문제] 다음 A실의 내·외 압력차를 50[Pa]로 유지하려면 A실에 급기하여야 할 풍량은 얼마인가?

〈조건〉 모든 출입문의 틈새면적은 각각 0.01m²

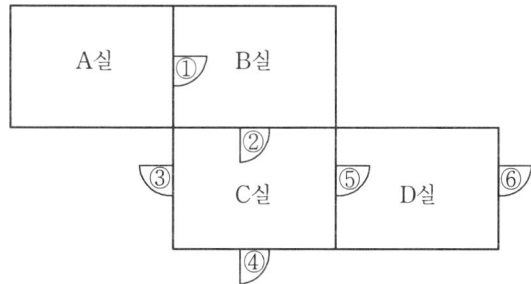

[답안]

1. 누설면적

(1) D실 : ⑤+⑥의 직렬합산

$$\frac{0.01 \times 0.01}{(0.01^2 + 0.01^2)^{\frac{1}{2}}} = 0.00707 \quad \cdots\cdots\cdots ⓐ$$

(2) C실

1) ③+④+ⓐ의 병렬합산

$$0.01 + 0.01 + 0.00707 = 0.02707 \quad \cdots\cdots\cdots ⓑ$$

2) C실 누설면적 : ②+ⓑ의 직렬합산

$$\frac{0.01 \times 0.02707}{(0.01^2 + 0.02707^2)^{\frac{1}{2}}} = 0.00938 \quad \cdots\cdots\cdots ⓒ$$

(3) B실 : ①+ⓒ의 직렬합산

$$\frac{0.01 \times 0.00938}{(0.01^2 + 0.00938^2)^{\frac{1}{2}}} = 0.00684 \quad \cdots\cdots\cdots ⓓ$$

(4) A실의 총누설 등가면적 $= 0.00684 [m^2]$

2. 급기풍량

$$Q = 0.827 \times A_T \times P^{1/2}$$
$$= 0.827 \times 0.00684 \times \sqrt{50}$$
$$= 0.04 [m^3/sec]$$

3. 결과

∴ A실에 50[Pa]을 유지할 때의 급기풍량 $= 0.04 [m^3/sec]$

04 차압 계산

[문제] 다음그림에서 A실에 급기량 0.1m³/sec를 급기할 때 차압[Pa]은 얼마인가?

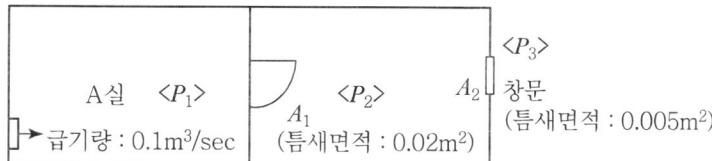

[답안]

$$급기량(Qm^2/sec) = K \times Am^2 \times P^{\frac{1}{n}} \text{에서}$$

$$Q = K \times A_1 \times (P_1 - P_2)^{\frac{1}{n}} = K \times A_2 \times (P_2 - P_3)^{\frac{1}{n}}$$

$$0.1 = 0.827 \times 0.02 \times (P_1 - P_2)^{\frac{1}{2}}$$

$$0.1 = 0.827 \times 0.05 \times (P_2 - P_3)^{\frac{1}{1.6}}$$

$$(P_1 - P_2)^{\frac{1}{2}} = \frac{0.1}{0.827 \times 0.02} = 6.046$$

$$(P_2 - P_3)^{\frac{1}{1.6}} = \frac{0.1}{0.827 \times 0.005} = 24.184$$

$$P_1 - P_2 = (6.046)^2 = 36.554 \quad \cdots\cdots\cdots ①$$

$$P_2 - P_3 = (24.184)^{1.6} = 163.548 \quad \cdots\cdots\cdots ②$$

∴ ①+② = 36.554 + 163.548 ≒ 200[Pa]

↳ $(P_1 - P_3)$: 외기와의 차압

[결과]

∴ A실과 외기의 압력차는 200[Pa]이 된다.

05. 동압을 포함한 수리계산

[문제] 다음 스프링클러 헤드 각각의 방사압력[MPa]과 유량[ℓ/min]을 구하시오. 단, 동압을 포함하여 계산하시오. (1MPa=100mH₂O로 환산한다.)

〈조건〉
- 배관내경 : 25mm
- K계수 : 80
- C값 : 120
- ①번 헤드의 방사압력 : 0.5MPa
- ①번 헤드의 방사유량 : 179 ℓ/min

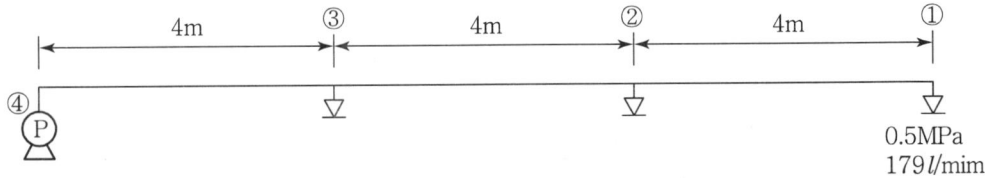

[답안]

1. 개요

(1) 관내 압력

1) 전압(P_t) = 정압(P_n) + 동압(P_v)

2) 헤드방사압력(P_n) = $P_t - P_v$

(2) 동압(P_v)

$Q = 0.6597 D^2 \sqrt{P_v}$ 에서,

$$P_v = \left(\frac{Q}{0.6597 D^2}\right)^2 = 2.3 \times \frac{Q^2}{D^4} [\text{kgf/cm}^2]$$

여기서, D : 배관내경[mm]
Q : 유량[ℓ/min]

2. 계산

(1) 헤드 2번

1) 방사압력 계산

$$\Delta P_{1\sim 2} = 6.174 \times 10^5 \times \frac{179^{1.85}}{120^{1.85} \times 25^{4.87}} \times 4\text{m} = 0.8[\text{kgf/cm}^2]$$

$$P_{t_2} = P_{t_1} + \Delta P_{1\sim 2} = 5 + 0.8 = 5.8[\text{kgf/cm}^2]$$

※ 여기서, $Q_2 = 180$으로 가정하여 시행착오법(Trial & Error)으로 계산한다.

$$P_{v_2} = 2.3 \times \frac{(Q_1 + Q_2)^2}{D^4} = 2.3 \times \frac{(179+180)^2}{25^4} \rightarrow (Q_2 = 180\text{으로 가정})$$

$$= 0.759[\text{kgf/cm}^2]$$

$$\therefore P_{n_2} = P_{t_2} - P_{v_2} = 5.8 - 0.759 = 5.041[\text{kgf/cm}^2] \fallingdotseq 0.504[\text{MPa}]$$

2) 방사유량 계산

$$Q_2 = K\sqrt{P_n} = 80\sqrt{5.041} = 179.62[l/\text{min}]$$

3) 오차범위 확인

가정한 유량(180)과 계산된 유량(179.62)이 일치하는지 비교하여 오차범위한계 $\pm 0.4[l/\text{min}]$ 이내이면 실제유량으로 결정한다.

[시행착오법 설명]

여기서, 시행착오법(Trial & Error)에 의한 계산방법은, 임의의 가정치를 대입하여 계산한 결과 값이 가정한 값과의 차이가 오차범위 이내가 될 때까지 여러번 가정수치를 대입하여 계산하는 방법이다. 예를 들어 가정치를 처음에 $Q_2 = 200[l/\text{min}]$으로 대입하여 계산한 방사유량이 $178.06[l/\text{min}]$으로서 200과 178.06의 오차가 너무 크므로, 다시 190을 대입하여 계산해 보면 $178.85[l/\text{min}]$가 나온다. 그래도 190과 178.85의 오차가 크므로, 이번에는 180을 대입하여 계산해 보면 $179.62[l/\text{min}]$가 나온다. 여기서, 180과 179.62의 오차는 오차범위한계($\pm 0.4l/\text{min}$) 이내이므로 180을 Q_2로 결정한다.

(2) 헤드 3번

1) 방사압력 계산

$$\Delta P_{2\sim 3} = 6.174 \times 10^5 \times \frac{(179+179.62)^{1.85}}{120^{1.85} \times 25^{4.87}} \times 4\text{m} = 2.92[\text{kgf/cm}^2]$$

$$P_{t_3} = P_{t_2} + \Delta P_{2\sim3} = 5.8 + 2.92 = 8.72 [\text{kgf/cm}^2]$$

$$P_{v_3} = 2.3 \times \frac{Q^2}{D^4} = 2.3 \times \frac{(358.62+209)^2}{25^4} \rightarrow (Q_3 = 209\text{로 가정})$$

$$= 1.90 [\text{kgf/cm}^2]$$

$$\therefore P_{n_3} = P_{t_3} - P_{v_3} = 8.72 - 1.90 = 6.82 [\text{kgf/cm}^2] \fallingdotseq 0.682 [\text{MPa}]$$

2) 방사유량 계산

$$Q_3 = K\sqrt{P_{n_3}} = 80\sqrt{6.82} = 208.92 [l/\text{min}]$$

3) 오차범위 확인

가정한 유량(209)과 계산된 유량(208.92)의 오차가 ±0.4[l/min] 이내이므로 합격

(3) 펌프사양 계산

1) 토출압력

$$\Delta P_{3\sim4} = 6.174 \times 10^5 \times \frac{(208.92+358.62)^{1.85}}{120^{1.85} \times 25^{4.87}} \times 4\text{m} = 6.81 [\text{kgf/cm}^2]$$

$$\therefore P_{t_4} = P_{t_3} + \Delta P_{3\sim4} = 8.72 + 6.81 = 15.53 [\text{kgf/cm}^2] \fallingdotseq 1.553 [\text{MPa}]$$

2) 토출유량

$$Q_4 = 179 + 179.62 + 208.92 = 567.54 [l/\text{min}]$$

3. 결과

(1) 2번 헤드

1) 방사압력 : 0.504[MPa]
2) 방사유량 : 179.62[l/min]

(2) 3번 헤드

1) 방사압력 : 0.682[MPa]
2) 방사유량 : 208.92[l/min]

(3) 4번 헤드(펌프)

1) 토출압력 : 1.553[MPa]
2) 토출유량 : 567.54[l/min]

06. 옥외탱크저장소의 방유제 용량계산

[문제] 위험물 옥외탱크저장소를 다음과 같이 설치하였을 때 방유제의 높이(m)를 구하시오.(다만, 당해 방유제 내에는 간막이 둑 및 배관 등은 없는 것으로 한다.)

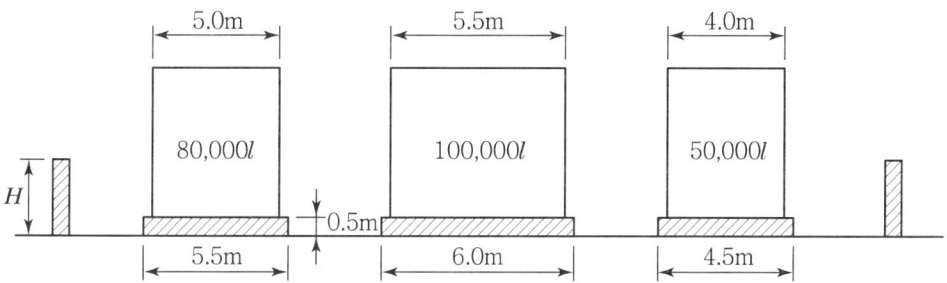

⟨조건⟩ (1) 방유제 면적 : 280[m²]
(2) 각 탱크의 기초높이 : 0.5[m]

[답안]

1. 개요

(1) 방유제 안에 설치된 탱크 수가 2 이상일 경우의 방유제 용량은 가장 큰 용량 탱크 체적의 110%를 기준으로 산정한다.

(2) 방유제 용량(V)

$$V = V_1 + V_2 + V_3$$

여기서, V_1 : 최대 탱크의 용량[m³]×1.1
V_2 : 각 탱크 기초부분(PAD)의 체적[m³]
V_3 : 최대 탱크 이외 탱크의 방유제 높이까지의 체적[m³]
A : 방유제 바닥면적[m²]
H : 방유제 높이[m]

2. 계산

(1) V_1(최대탱크용량)$= 100{,}000[l] \times 1.1 = 110[\text{m}^3]$

(2) V_2(탱크 3개의 기초부분 체적)

$$= \frac{\pi}{4}(5.5^2 + 6.0^2 + 4.5^2) \times 0.5 = 33.97[\text{m}^3]$$

(3) V_3(최대탱크 이외 탱크의 방유제 높이까지의 체적)

$$= \frac{\pi}{4}(5^2 + 4^2) \times (H - 0.5) = 32.2H - 16.1$$

(4) 방유제 면적$(A) = 280[\text{m}^2]$

방유제 높이를 $H[\text{m}]$라 하면,

$V = A \times H = 280 \times H$

$280 \times H = V_1 + V_2 + V_3$

$280H = 110 + 33.97 + 32.2H - 16.1$

$\therefore H = 0.516[\text{m}] \fallingdotseq 52[\text{cm}]$

3. 결과

방유제의 높이(H) : 52[cm] 이상 되어야 한다.

07 프로판가스의 폭발하한계 및 당량비 계산

[문제] $LFL_{25} \fallingdotseq 0.55 C_{St}$ 공식을 이용하여 C_nH_{2n+2}계 프로판가스의 폭발하한계(Vol%)와 당량비를 구하시오. (단, C_{St}는 완전연소 시의 공기 중 연료농도 임)

[답안]

$$LFL_{25} = 0.55 \times C_{st}$$

$$C_{st}(\text{화학양론농도}) = \frac{\text{연료몰수}}{\text{연료몰수} + \text{공기몰수}} = \frac{1}{1 + \dfrac{Z}{0.21}} \times 100$$

여기서, Z : 산소양론계수

1. 폭발하한계

프로판의 완전연소반응식 : $C_3H_8 + 5O_2 \rightarrow 3CO_2 + 4H_2O$

위 연소반응식에서 O_2 몰수 : $Z = 5$

$$C_{st} = \frac{1}{1+\frac{5}{0.21}} \times 100 = 4.03[\text{Vol}\%]$$

$LFL_{25} ≒ 0.55 C_{st}$ 에서

$LFL_{25} = 0.55 \times 4.03 = 2.217 [\text{Vol}\%]$

∴ 프로판가스의 폭발하한계 = 2.217 [Vol%]

2. 당량비

100mol의 프로판 - 공기 혼합기 중에서 프로판의 연소하한값이 2.217mol이므로

이론공기몰수 $= 5 \times 2.217\text{mol} \times \frac{1}{0.21} = 52.78\text{mol}$

과잉공기몰수 $= 100\text{mol} - [$이론공기몰수$(52.78\text{mol}) + $연소하한몰수$(2.217\text{mol})]$
$= 100\text{mol} - (52.78 + 2.217) = 45.0\text{mol}$

당량비 $= \frac{\text{실제연공비}}{\text{이론연공비}} = \frac{2.217/(52.78+45.0)}{2.217/52.78} = 0.54$

∴ 프로판가스의 폭발하한계에서의 당량비 = 54[%]

08 포소화설비의 설계계산

[문제] 다음의 조건에 따라 옥외탱크 저장소에 고정포 Ⅱ형 방출구로 포소화설비를 설계할 경우, 아래 물음에 답하시오.
  (1) 수성막포 6% 사용시 포원액량[l]은 얼마인가?
  (2) 전동기 용량[kW]은 얼마인가?

〈조건〉 1) 탱크용량 : 60,000[l]
  2) 탱크직경 : 15[m]
  3) 탱크높이 : 60[m]
  4) 액 표면적(A) : 100[m²]

5) 보조 포소화전 : 1[개]
6) 배관경 : 100[mm], 배관길이 : 20[m]
7) 폼챔버의 방사압력 : 3.5[kgf/cm²]
8) 배관 및 부속류 마찰손실 : 10[m]
9) 펌프효율 : 75% 안전율 : 10[%]
10) 고정포 방출량(Q_1) : 2.27[l/m² · min]
11) 방출시간(T) : 30[분]

[답안]

1. 포원액량 산정

(1) 적용공식

$$Q_f = (AQ_1TS) + (NS8,000) + \left(\frac{\pi}{4}d^2l \times 1,000S\right)$$

여기서, N : 보조 포소화전의 수량(최대 3개)
S : 포소화약제의 농도
A : 탱크 액 표면적[m²]
Q_1 : 고정포 방출량[l/m² · min]
T : 방출시간[분]

(2) 계산

1) 방출구에서의 소요량

① 액표면적 : $A = 100$[m²]

② 소요량 : $AQ_1TS = 100$[m²] $\times 2.27\left[\dfrac{l}{\min \cdot m^2}\right] \times 30$[min] $\times 0.06$
   $= 408.6$[l]

2) 보조 포소화전에서의 소요량

$N \cdot S \times 400$[lpm]$\times 20$[min] $= 1 \times 0.06 \times 8,000 = 480$[$l$]

3) 송액관에서의 소요량

$\dfrac{\pi}{4} \times 0.1^2 \times 20 \times 1,000 \times 0.06 = 9.43$[$l$]

4) 포원액량의 산정

$$Q_f = 408.6 + 480 + 9.43 = 898.03[l] ≒ 900[l]$$

2. 전동기 용량

(1) 적용공식

$$L[\text{kW}] = \left(\frac{\gamma QH}{102 \times 60 \times \eta} \times S\right) \times K$$

여기서, γ : 물의 비중량
 Q : 토출량[m³/min]
 H : 양정[m]
 η : 펌프의 효율
 S : 안전율
 K : 동력전달계수(일반적으로 1.1을 적용함)

(2) 계산

1) 토출량

$$Q = AQ_1 + N \times 400 [\text{lpm}]$$

$\therefore\ Q = (100 \times 2.27) + (1 \times 400) = 627[\text{lpm}] = 0.627[\text{m}^3/\text{min}]$

2) 양정

$$H = H_1 + H_2 + H_3$$

여기서, H_1 : 낙차손실수두
 H_2 : 마찰손실수두
 H_3 : 방사압력 환산수두

① H_1 : 60[m]

② H_2 : 10[m]

③ H_3 : 35[m]

$\therefore\ H = 60 + 10 + 35 = 105[\text{m}]$

3) 전동기 용량

$$L[\text{kW}] = \left(\frac{\gamma QH}{102 \times 60 \times \eta} \times S\right) \times K$$

$$= \left(\frac{1{,}000 \times 0.627 \times 105}{102 \times 60 \times 0.75} \times 1.1\right) \times 1.1 = 17.36[\text{kW}]$$

3. 결과

계산된 전동기 용량은 17.36[kW]이나 전동기 용량의 규격에 따라 실제 선정은 18.5[kW]로 한다.

09 폐쇄된 실의 화재하중 계산

[문제] 철재함으로 완전 폐쇄된 실의 가연물 하중이 100kg, 6면 중 5면이 폐쇄된 실의 가연물 하중이 50kg, 개방된 실의 가연물이 500kg일 때 총 화재하중을 계산하시오. 단, 폐쇄구획에 대한 최대하중 감소를 고려하여 5면이 폐쇄된 실의 가연물 하중은 75%를 적용하고, 완전폐쇄된 실은 아래 표에 의한 감소계수 값을 적용한다.

K(감소계수) 값	W_E/F
0.4	0.5 미만
0.2	0.5~0.8
0.1	0.8 초과

[답안]

1. 개요

철재함 등으로 완전하게 폐쇄된 구획 내의 가연물은 원칙적으로 연소가 불가하나, 철재함 자체의 가열로 인해 가연성 증기를 발생하므로 가연물의 일부를 연소시킬 수 있다. 즉, 상기의 완전 폐쇄된 실의 가연물과 6면 중 5면이 폐쇄된 가연물에 대하여는 화재하중의 일부가 감소된다.

2. 적용

(1) 구획 내의 총 가연물중량

$F = W_E + W_{PE} + W_F$

여기서, F : 총 화재하중
W_E : 완전 폐쇄된 실의 가연물의 하중
W_{PE} : 6면 중 5면이 폐쇄된 실의 가연물의 하중(75% 적용함)
W_F : 자유롭게 탈 수 있는 개방공간의 가연물 하중

(2) 감소량을 고려한 총 화재하중량

$F_R = K \times W_E + 0.75 \times W_{PE} + W_F$

K(감소계수) 값	W_E/F
0.4	0.5 미만
0.2	0.5~0.8
0.1	0.8 초과

3. 계산

(1) 총 가연물의 양

$100 + 50 + 500 = 650\text{kg}$

(2) 6면중 5면이 폐쇄된 실의 가연물의 양

$50\text{kg} \times 0.75 = 17.5\text{kg}$

(3) 완전 폐쇄된 가연물의 감소계수 : K

$\dfrac{100}{650} = 0.15$

따라서, K(감소계수)값은 0.4 적용

(4) 화재하중 감소를 고려한 총 화재하중

$F_R = K \times W_E + 0.75 \times W_{PE} + W_F$
$= 0.4 \times 100 + 0.75 \times 50 + 500$
$= 577.5\text{kg}$

4. 결과

∴ 총 화재하중 = 577.5[kg]

10. 부속실 제연설비의 설계계산

[문제] 다음 그림의 부속실 제연설비에서 다음 사항을 계산하시오.

1) 총누설면적[m²]
2) 총누설공기량[m³/sec]
3) 각 층당 급기량[m³/sec]
4) 급기구의 크기[m²]

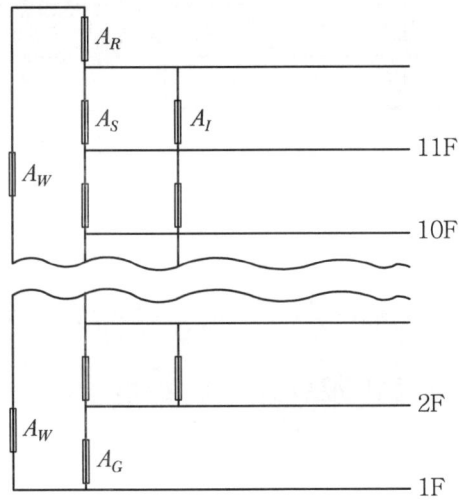

⟨조건⟩
- 제연방식 : 부속실 단독가압방식
- 부속실의 개수 : 10개
- 계단실 개구부 면적 : 0.5m² × 2개(개방상태)
- 급기구 유속 : 5[m/sec]
- 보충 공기량 : 2[m³/sec]
- 차압 : 50[Pa]
- 부속실 출입문의 누설틈새면적 : A_S : 0.06[m²]
  A_I : 0.01[m²]
  A_R : 0.02[m²]
  A_G : 0.02[m²]

[답안]

1. 개요

$$급기량(Q) = 누설량(Q_1) + 보충량(Q_2)$$

(1) 누설량 $(Q_1) = 0.827 \times A_T \times P^{\frac{1}{2}} \times N$

  여기서, A_T : 부속실의 총 누설면적[m³]
  P : 부속실 내·외부간의 차압[Pa]
  N : 부속실 수

(2) 1개층의 최대 급기량 (q)

$$q = \frac{총누설량(Q_1)}{N} + Q_2$$

(3) 급기구의 크기(면적)

$q = A \cdot V$에서

$$A = \frac{1개층의 최대급기량(q)}{급기구 유속(V)}$$

2. 계산

(1) 총 누설면적

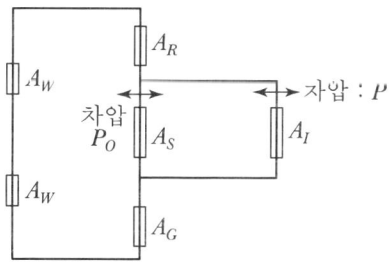

1) $A_R + A_G + A_W$의 병렬 합산

  $0.02 + 0.02 + (0.5 \times 2) = 1.04 [\text{m}^2]$ ·············· ①

2) ① + $N \cdot A_S$의 직렬 합산

  $\left(\dfrac{1}{1.04^2} + \dfrac{1}{(10 \times 0.06)^2} \right)^{-\frac{1}{2}} = 0.52 [\text{m}^2]$ ·············· ②

3) ② + $N \cdot A_I$의 병렬 합산

   $0.52 + (10 \times 0.01) = 0.62 [m^2]$

   ∴ 부속실의 총 누설면적 = 0.62 [m²]

(2) 총 누설공기량(Q_1)

$$Q_1 = 0.827 \times A_T \times P^{\frac{1}{2}}$$

여기서, A_T : 부속실의 총 누설면적[m³]
P : 부속실 내·외부 간의 차압[Pa]

$Q_1 = 0.827 \times 0.62 \times \sqrt{50} = 3.62 [m^3/s]$

∴ 총 누설공기량 = 3.62 [m³/s]

(3) 각 층당 급기량

$$\frac{Q_1}{N} + Q_2 = \frac{3.62}{10} + 2 = 2.362 [m^3/sec]$$

∴ 각 층당 급기량 = 2.36 [m³/sec]

(4) 급기구 면적(A)

$$A = \frac{1개층의\ 최대\ 급기량}{급기구유속} = \frac{2.36 [m^3/sec]}{5 [m/sec]} = 0.472 [m^2]$$

∴ 급기구의 크기 = 0.472 [m²]

11 소화전 노즐의 반동력 계산

[문제] 지름이 40mm인 소방호스에 노즐(Nozzle)선단의 구경이 13mm인 노즐 팁이 부착되어있고, 0.2m³/min의 물을 대기 중으로 방수할 경우 소방호스의 접결구에 작용하는 노즐의 반동력(F)을 구하시오(단위는 N으로 할 것). 단, 유동에는 마찰손실이 없는 것으로 한다. [83회 기출문제]

[답안]

유동하고 있는 유체에 대한 운동량의 변화는 그 유체(분류)에 작용한 힘과 크기가 같고, 방향이 반대인 반력을 물체에 주게 된다. 즉, 노즐에서 유체의 방수시 물체에 주는 힘(반동력)은

$$F = \rho Q(v_2 - v_1)\,[\text{N}]$$

여기서, F : 노즐의 반동력[N]
ρ : 유체의 밀도[kg/m³]
Q : 유량[m³/Sec]
v : 유속[m/Sec]

1. 소방호스(40mm)에서의 유속

$$A_1 = \frac{\pi(40\times10^{-3})^2}{4} = 1.256\times10^{-3}\,[\text{m}^2]$$

$$Q = A_1 V_1 = A_2 V_2$$

$$V_1 = \frac{Q}{A_1} = \frac{(0.2/60)}{1.256\times10^{-3}} = 2.65\,[\text{m/s}]$$

2. 노즐선단(13mm)에서의 유속

$$A_2 = \frac{\pi(13\times10^{-3})^2}{4} = 1.32665\times10^{-4}\,[\text{m}^2]$$

$$Q = A_1 V_1 = A_2 V_2$$

$$V_2 = \frac{Q}{A_2} = \frac{(0.2/60)}{1.32665\times10^{-4}} = 25.13\,[\text{m/s}]$$

3. 노즐의 반동력

$$F = \rho Q(v_2 - v_1)[\text{N}]$$

$$= 1,000\left[\frac{\text{kg}}{\text{m}^3}\right] \times (0.2/60)\left[\frac{\text{m}^3}{\text{s}}\right] \times (25.13 - 2.65)\left[\frac{\text{m}}{\text{s}}\right]$$

$$= 74.93[\text{N}]$$

∴ 노즐의 반동력 = 74.93[N]

12 Fire Ball 관련 계산

[문제] 100kg의 프로판(LPG)이 누출 인화되어 증기운 폭발(BLEVE)이 발생하였다. 그 후속 효과에 관련된 아래 항목을 다음의 계산식을 선별적으로 사용하여 계산하시오. (단, 프로판의 적용 기체밀도는 1.67kg/m³임) [제84회 기출문제]

$W_{TNT} = E/4,200\text{kg}$ $\qquad D_{\max} = 5.25M^{0.31}$

$E = a\Delta H \text{cmf}$ $\qquad q_{\max} = 828M^{0.771}/R^2$

$p_m/p_o = (M_o T_b / M_b T_o)$ $\qquad Zp = 12.73 V_{Va}^{1/3}$

(1) Fire Ball 의 최대직경[m]은?
(2) Fire Ball 중심의 수직높이[m]는?
(3) Fire Ball 중심지면으로부터 수평거리 100m 지점에서의 최대 Heat Flux [kW/m²]는?

[답안]

1. 개요

Fire Ball의 생성에는 다음과 같은 두 가지 형태가 있다.

(1) BLEVE에 의한 Fire Ball 생성

1) BLEVE에 의하여 가연성 액체 및 기체 혼합물이 대량으로 분출될 때
2) 가연범위의 조성조건에서 점화원을 만나면 착화하여 Fire Ball 형성

(2) UVCE에 의한 Fire Ball 생성

1) 용기·배관 등 가연성가스가 대기중에 누설되면
2) 지면으로부터의 입열에 의해 기화·확산한다.
3) 이 때 가연범위 내의 조성조건에서 점화원을 만나면 착화하여 Fire Ball을 형성한다.

2. Fire Ball의 계산

(1) Fire Ball의 최대직경 : Dmax [m]

$$\begin{aligned} D_{\max} &= 5.25 M^{0.314} \\ &= 5.25 \times 100^{0.314} \\ &= \underline{22.29\,[m]} \end{aligned}$$

여기서, M : 연료의 질량[kg]

(2) Fire Ball 중심의 수직높이 : H[m]

$$\begin{aligned} Zp\,[m] &= 12.73\,V^{1/3} \\ &= 12.73 \times (100/1.67)^{1/3} \\ &= \underline{49.80\,[m]} \end{aligned}$$

여기서, V : 연료증기의 체적[m³]

(3) Fire Ball 중심지면으로부터 수평거리 100m 지점에서의 최대 Heat Flux[kW/m²]

$$R = \sqrt{Zp^2 + L^2} = \sqrt{49.8^2 + 100^2} = 111.7\,[m]$$

여기서, R : Fire Ball 중심으로부터 해당 지점까지의 수평거리[m]
Zp : Fire Ball 중심의 수직높이[m]
L : Fire Ball 중심 지면으로부터 해당지점까지의 수평거리[m]
   =100m

∴ 100m 지점에서의 최대 복사열류는

$$Q_{\max}[kW/m^2] = 828 \times \frac{M^{0.771}}{R^2} = \frac{100^{0.771}}{111.7^2} = 2.31\,[kW/m^2]$$

13. 수소가스의 한계방출량 계산

[문제] 체적이 100m³이고 통풍이 잘 되지않는 실험실 내에서 수소(H_2)가스 농도가 연소하한계(4%vol.)에 도달하는 수소가스의 한계방출량[kg]을 계산하시오.(수소분자량 : 2, 공기분자량 : 28.6, 공기밀도 : 1.2kg/m³ 적용)

[답안]

1. 개요
(1) 주어진 문제는 실험실에서 수소가스 방출로 인하여 화재·폭발이 발생하지 않는 액화수소의 한계방출량[kg]이 얼마인지를 계산하는 문제이다.
(2) 문제의 조건에서 통풍이 잘 되지 않는다고 하였으므로 무유출상태(No Efflux)로 가정하여 수소가스의 방출량을 계산한다.

2. 계산
(1) 가연성가스(H_2)의 체적
   LFL = 4[%]을 적용하여 계산

   $4[\%] = \dfrac{X}{100+X} \times 100$ 에서, $X = 4.167[m^3]$

(2) 실험실내의 공기 1kmol의 부피[m³]

   $= \dfrac{공기분자량}{공기밀도} = \dfrac{28.6[kg/kmol]}{1.2[kg/m^3]} = 23.833[m^3/kmol]$

(3) 가연성가스(H_2)의 kmol 수

   $= \dfrac{수소체적[m^3]}{실험실내\ 공기1kmol의\ 부피[m^3/kmol]} = \dfrac{4.167[m^3]}{23.833[m^3/kmol]}$

   $= 0.175[kmol]$

   ∴ 수소 기체의 질량 = 2[kg/kmol] × 0.175[kmol] = 0.35[kg]

3. 결과
실험실 내에서 수소가스 농도가 연소하한계(4%vol.)에 도달하는 수소가스의 한계방출량은 0.35[kg]이 된다.

14. 연기배출량 계산

[문제] 방호대상공간의 바닥면적이 1,000m²인 내부공간에 둘레가 5m인 가연물을 연소시켜 30초 후에 연기 층이 바닥으로부터 2m 높이까지 하강하였다. 이 연기 층이 더 이상 하강하지 않도록 유지하기 위해 배출하여야 하는 분당 연기배출량(m³/min)은?(단, 방호대상공간의 천장높이는 4m이고, 화원의 둘레는 가연물 둘레와 동일하며 Hinkley공식을 사용하고, 기타 조건은 무시한다.)

[답안]

1. 연기의 발생량을 $Q[\text{m}^3/\text{min}]$라 하면

$$Q[\text{m}^3/\text{s}] = AV, \quad V = \frac{H-y}{t}[\text{m/s}]$$

$$\therefore Q[\text{m}^3/\text{s}] = A\frac{(H-y)}{t} \times 60 \quad \cdots\cdots\cdots\cdots ①$$

Hinkley 관계식 : $t = \dfrac{20A}{P_f\sqrt{g}}\left(\dfrac{1}{\sqrt{y}} - \dfrac{1}{\sqrt{H}}\right) \quad \cdots\cdots\cdots ②$

여기서, t : 연기층이 청결층 높이(2m)까지 도달하는데 걸리는 시간
A : 바닥면적[m²]
V : 연기가 차 내려가는 속도[m/s]
P_f : 화원의 둘레[m]
g : 중력가속도(9.8m/s²)
H : 천장높이[m]
y : 청결층높이[m]

2. 분당 연기배출량[m³/min]

식②를 식①에 대입하면,

$$Q = \frac{A(H-y) \times 60}{\dfrac{20A}{P_f\sqrt{g}}\left[\dfrac{1}{\sqrt{y}} - \dfrac{1}{\sqrt{H}}\right]} = \frac{1,000 \times (4-2) \times 60}{\dfrac{20 \times 1,000}{5\sqrt{9.8}}\left[\dfrac{1}{\sqrt{2}} - \dfrac{1}{\sqrt{4}}\right]} = 453.46$$

$\therefore Q = 453.46[\text{m}^3/\text{min}]$

15. 스프링클러설비의 헤드방사압력 계산

[문제] 습식스프링클러설비에 설치한 폐쇄형스프링클러헤드 중 A점에 설치된 헤드 1개만 개방되었을 때 A지점에서의 헤드방사압력은 몇 MPa인지 구하시오.(단, 0.1MPa=10mH₂O로 환산하고, 구간별로 소수점 셋째 자리까지 구하시오.)

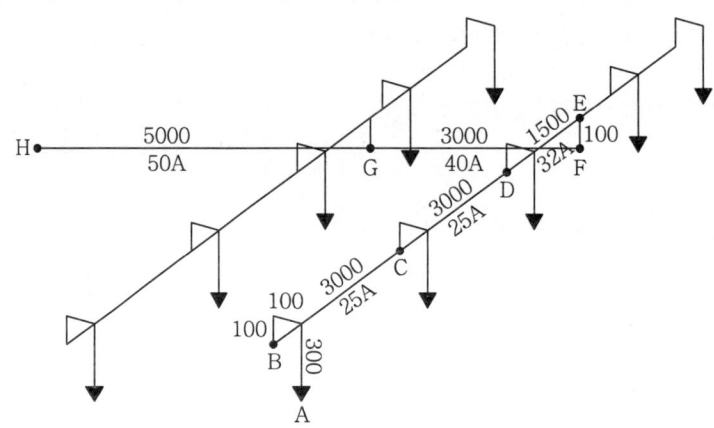

〈조건〉

가. 급수관 H점에서의 가압수 압력은 0.2MPa이다.
나. 티 및 엘보는 직경이 다른 티 및 엘보를 사용하지 않는다.
다. 스프링클러헤드는 15A용 헤드가 설치된 것으로 한다.
라. A점에서의 헤드 방수량은 80ℓ/min으로 계산한다.
마. 직관 마찰손실(100m당)은 다음 표를 이용한다.

유량	25A	32A	40A	50A
80ℓ/min	39.82m	11.83m	5.40m	1.68m

바. 관이음쇠 마찰손실에 해당하는 직관길이[m]는 다음 표를 이용한다.

관이음쇠 \ 관경	25A	32A	40A	50A
엘보 90°	0.9	1.2	1.5	2.1
레듀셔	(25×15) 0.54	(32×25) 0.72	(40×32) 0.9	(50×40) 1.2
직류T	0.27	0.36	0.45	0.60
분류T	1.5	1.8	2.1	3.0

[답안]

1. 마찰손실수두 계산

구간	관경	유량 [ℓ/min]	등가길이[m]	m당 마찰손실 [kgf/cm²/m]	마찰손실 수두[m]
H-G구간	50A	80	5(직관)+0.6(직류T)+ 1.2(레듀셔)=6.8m	$\dfrac{1.68}{100}=0.0168$	6.8×0.0168 =0.1142 ≒0.114
G-E구간	40A	80	3.1(직관)+1.5(엘보)+ 2.1(분류)+0.9(레듀셔) =7.6m	$\dfrac{5.4}{100}=0.054$	7.6×0.054 =0.4104 ≒0.410
E-D구간	32A	80	1.5(직관)+0.36(직류T) +0.72(레듀셔)=2.58m	$\dfrac{11.38}{100}=0.1138$	2.58×0.1138 =0.29360 ≒0.294
D-A구간	25A	80	6.5(직관)+0.27(직류T) +2.7(엘보3개)+0.54(레 듀셔)=10.01m	$\dfrac{39.82}{100}=0.3982$	10.01×0.3982 =3.9859 ≒3.999
낙차수두					0.3-0.1-0.1 =0.1m
계		0.114+0.41+0.294+3.999-0.1=4.717m			

∴ 총 마찰손실수두 = 4.717[mH₂O]

2. 마찰손실압력계산

$$4.717\,[mH_2O] \times \dfrac{0.101325\,[MPa]}{10.332\,[mH_2O]} = 0.04626 ≒ 0.046\,[MPa]$$

3. 헤드방사압력 계산

0.2 [MPa] - 0.046 [MPa] = 0.154 [MPa]

4. 결과

A지점의 헤드방사압력 : 0.154 [MPa]

16 스프링클러설비의 수리계산 - I

[문제] 스프링클러설비에서 다음 그림의 헤드가 모두 개방되었을 때 "A"지점에 필요한 최소압력[MPa]과 유량[ℓ/min]을 구하시오. (단, 1MPa=100mH₂O으로 환산한다.)

〈조건〉
가. 스프링클러헤드의 최소 방사압력은 0.225[MPa]이다.
나. 스프링클러헤드의 "K" 값은 80이다.
다. 배관의 재질은 흑관으로서 신품이다.
라. 배관의 내경은 호칭경을 사용할 것
마. Hazen & Williams 공식을 사용할 것
바. 속도수두(Velocity Pressure)는 무시할 것
사. 별첨 수리계산서 양식을 사용하여 계산할 것
아. 배관부속의 등가길이(단위 : m)는 다음과 같다.

배관부속류	관경 25[mm]	관경 50[mm]
90° 엘보	0.6	1.5
90° 티	1.5	3.1
게이트 밸브	-	0.3
델리지 밸브	1.5	3.4

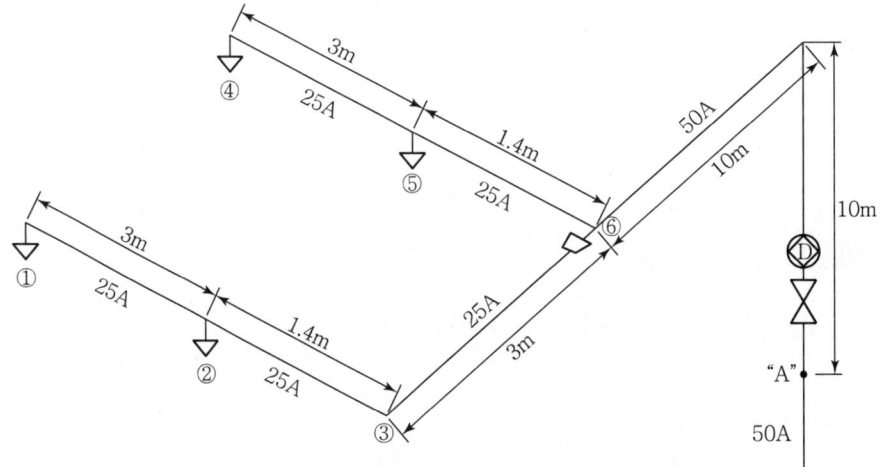

[답안]

1. 각 구간의 마찰손실 [kg/cm²/m]

(1) ①지점의 마찰손실

$$\Delta P = 6.174 \times 10^5 \frac{Q^{1.85}}{100^{1.85} \times d^{4.87}} = 6.174 \times 10^5 \times \frac{120^{1.85}}{100^{1.85} \times 25^{4.87}} = 0.13$$

(2) ②지점의 마찰손실

$$\Delta P = 6.174 \times 10^5 \frac{Q^{1.85}}{100^{1.85} \times d^{4.87}} = 6.174 \times 10^5 \times \frac{252^{1.85}}{100^{1.85} \times 25^{4.87}} = 0.53$$

(3) ③지점의 마찰손실

$$\Delta P = 6.174 \times 10^5 \frac{Q^{1.85}}{100^{1.85} \times d^{4.87}} = 6.174 \times 10^5 \times \frac{252^{1.85}}{100^{1.85} \times 25^{4.87}} = 0.53$$

(4) ⑥지점의 마찰손실

$$\Delta P = 6.174 \times 10^5 \frac{Q^{1.85}}{100^{1.85} \times d^{4.87}} = 6.174 \times 10^5 \times \frac{555^{1.85}}{100^{1.85} \times 50^{4.87}} = 0.08$$

2. 수리계산서

위치 (지점)	유량 [ℓ/min]	관경 [mm]	배관부속	등가길이 [m]	마찰손실 [kgf/cm²/m]	필요압력 [kgf/cm²]	비고
①	q 120	25	엘보	길이 3	0.13	P 2.25	$q = 80\sqrt{2.25} = 120$
				부속 0.6		Pf 0.47	
	Q 120			합계 3.6		Ph −	
②	q 132	25	티	길이 1.4	0.53	P 2.72	$q = 80\sqrt{2.72} = 132$
				부속 1.5		Pf 1.54	
	Q 252			합계 2.9		Ph −	
③	q 0	25	엘보	길이 3	0.53	P 4.26	
				부속 0.6		Pf 1.91	
	Q 252			합계 3.6		Ph −	
⑥	q 303	50	티, 엘보	길이 20	0.08	P 6.17	$q = \sqrt{\frac{6.17}{4.26}} \times 252 = 303$
			댐류지	부속 8.3		Pf 2.26	
	Q 555		게이트	합계 28.3		Ph 1	

"A"	q 555		길이		P 9.43
			부속		Pf
	Q 555		합계		Ph

여기서, P : 토출압력, Pf : 손실압력, Ph : 낙차압력

3. 결과

(1) A지점의 필요최소압력 : 9.43 [kgf/cm^2] ≒ 0.94[MPa]

(2) A지점의 필요최소유량 : 555 [ℓ/min]

17 스프링클러설비의 수리계산 - Ⅱ

[문제] 그림과 같이 설치된 스프링클러설비에서 스프링클러헤드가 모두 개방되었을 경우, 주어진 조건을 참조하여 다음 물음에 답하시오.(단, 1MPa=100mH$_2$O으로 환산한다)

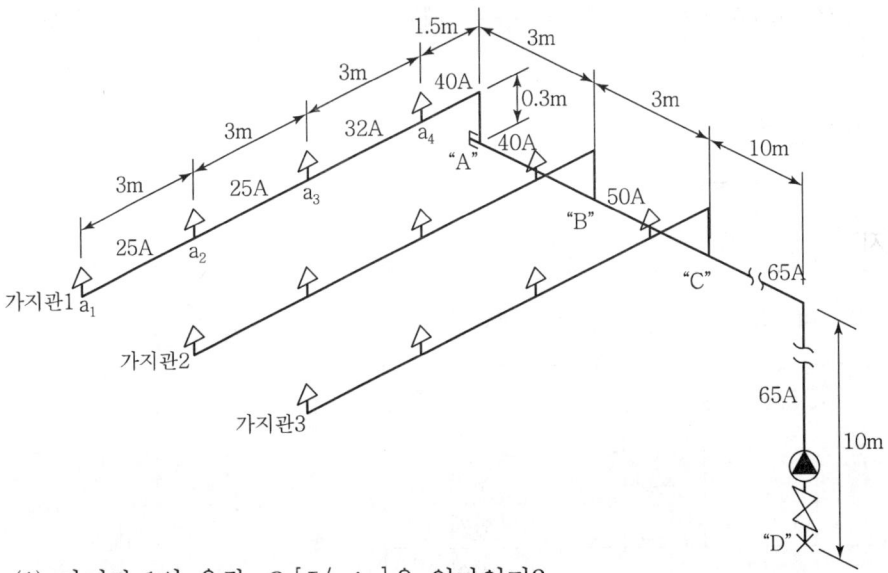

(1) 가지관 1의 유량 Q_1[L/min]은 얼마인가?

(2) 가지관 2의 유량 Q_2[L/min]은 얼마인가?

(3) 가지관 3의 유량 Q_3[L/min]은 얼마인가?

(4) "D"점에서 필요한 유량[L/min]은 얼마인가?

(5) "D"점에서 필요한 압력[MPa]은 얼마인가?

〈조건〉

가. 속도수두는 무시한다.
나. 스프링클러헤드의 최소 방사압력은 0.1[MPa] 이상으로 한다.
다. K값은 80으로 한다.
라. 소화배관은 아연도 강관이며 C값은 120으로 한다.
마. 가지관 1, 2, 3은 동일하다.
바. 배관 마찰손실은 하젠 윌리암 공식을 이용한다.
사. 배관부속의 등가길이는 아래 표와 같다.
   (단, 레듀셔 및 스프링클러헤드에 직접 연결되는 부속의 등가길이는 무시하며, 티에서 직류흐름의 마찰손실은 무시한다.)

배관구경		25A	32A	40A	50A	65A
배관내경(mm)		27.5	36.2	42.1	53.2	69.0
등가길이 (m)	90° 엘보	0.6	0.9	1.2	1.5	1.8
	분류티	1.5	1.8	2.4	3.1	3.7
	게이트밸브	−	−	−	−	0.3
	알람밸브	−	−	−	−	4.3

[답안]

1. 개요

먼저 정확한 수리계산을 위하여 다음 사항을 전제하고 계산에 임한다.

(1) 헤드가 모두 개방되어 있으므로 가지배관에서의 헤드연결부분은 분류티로 적용한다.
(2) 가지배관 말단의 헤드연결용 분류티에서는 소화수의 흐름이 엘보와 동일하게 90° 방향으로만 흐르므로 등가길이를 엘보로 적용한다.
(3) 분류티의 등가길이 적용시 큰 관경을 적용한다. 이것은 등가길이가 큰 관경 쪽이 더 크므로, 보수적인 설계를 위해서이다.
(4) 〈조건〉에서 속도수두는 무시한다고 하였으므로 정압만을 고려하여 계산한다.

2. 계산 과정

(1) a_1-a_2구간

1) a_1의 압력

$$P_1 = 0.1[\text{MPa}] \fallingdotseq 1.0[\text{kgf/cm}^2]$$

2) a_1의 유량

$$Q_1 = K\sqrt{P_1} = 80\sqrt{1.0} = 80[l/\text{min}]$$

3) a_1-a_2구간의 마찰손실

① 총 등가길이 = 0.6m(엘보) + 3.0m(직관) = 3.6[m]

② $\Delta P_{1-2} = 6.174 \times 10^5 \times \dfrac{80^{1.85}}{120^{1.85} \times 27.5^{4.87}} \times 3.6 = 1.1027[\text{kgf/cm}^2]$

(2) a_2-a_3구간

1) a_2의 압력

$$P_2 = P_1 + \Delta P_{1-2} = 1.0 + 0.1027 = 1.1027[\text{kgf/cm}^2]$$

2) a_2의 유량

$$Q_2 = K\sqrt{P_2} = 80\sqrt{1.1027} = 84.0[l/\text{min}]$$

3) a_2-a_3구간의 유량

$$Q_{2-3} = Q_1 + Q_2 = 80 + 84 = 164[l/\text{min}]$$

4) a_2-a_3구간의 마찰손실

① 총 등가길이 = 1.5m(분류티) + 3.0m(직관) = 4.5[m]

② $\Delta P_{2-3} = 6.174 \times 10^5 \times \dfrac{164^{1.85}}{120^{1.85} \times 27.5^{4.87}} \times 4.5 = 0.4844[\text{kgf/cm}^2]$

(3) a_3-a_4구간

1) a_3의 압력

$$P_3 = P_2 + \Delta P_{2-3} = 1.1027 + 0.4844 = 1.5871[\text{kgf/cm}^2]$$

2) a_3의 유량

$$Q_3 = K\sqrt{P_3} = 80\sqrt{1.5871} = 100.78[l/\text{min}]$$

3) a_3-a_4구간의 유량

$$Q_{3-4} = Q_3 + Q_{2-3} = 100.78 + 164.0 = 264.78 [l/\min]$$

4) a_3-a_4구간의 마찰손실

① 총 등가길이 = 1.8m(분류티) + 3.0m(직관) = 4.8[m]

② $\Delta P_{3-4} = 6.174 \times 10^5 \times \dfrac{264.78^{1.85}}{120^{1.85} \times 36.2^{4.87}} \times 4.8 = 0.3287 [\text{kgf/cm}^2]$

(4) a_4-A구간

1) a_4의 압력

$$P_4 = P_3 + \Delta P_{3-4} = 1.5871 + 0.3287 = 1.9158 [\text{kgf/cm}^2]$$

2) a_4의 유량

$$Q_4 = K\sqrt{P_4} = 80\sqrt{1.9158} = 110.73 [l/\min]$$

3) a_4-A구간의 유량

$$Q_{4-A} = Q_4 + Q_{3-4} = 110.73 + 264.78 = 375.51 [l/\min]$$

4) a_4-A구간의 마찰손실

① 총 등가길이 = 2.4m(분류티) + (1.5 + 0.3)m(직관) + 1.2m(엘보) = 5.4[m]

② $\Delta P_{4-A} = 6.174 \times 10^5 \times \dfrac{375.51^{1.85}}{120^{1.85} \times 42.1^{4.87}} \times 5.4 = 0.3380 [\text{kgf/cm}^2]$

(5) A-B구간

1) A지점의 압력

$$P_A = P_4 + \Delta P_{4-A} + H = 1.9158 + 0.3380 + 0.03(\text{낙차수두})$$
$$= 2.2838 [\text{kgf/cm}^2]$$

2) A-B구간의 유량

$$Q_{A-B} = Q_{4-A} = 375.51 [l/\min]$$

3) A-B구간의 마찰손실

① 총 등가길이 = 1.2m(엘보) + 3.0m(직관) = 4.2[m]

[주의] 여기서, 가지배관 말단 분류티("A")에서의 소화수 흐름은 엘보와 동일하게 90° 한쪽방향으로만 흐르므로 등가길이 적용을 엘보로 적용한다.

② $\Delta P_{A-B} = 6.174 \times 10^5 \times \dfrac{375.51^{1.85}}{120^{1.85} \times 42.1^{4.87}} \times 4.2 = 0.2631 [\text{kgf/cm}^2]$

(6) B-C구간

1) B지점의 압력

   $P_B = P_A + \Delta P_{A-B} = 2.2838 + 0.2631 = 2.5469 [\text{kgf/cm}^2]$

2) B-C구간의 유량

   $Q_{B-C} = Q_{A-B} +$ 가지관 2번의 유량

   ① 가지관 2번의 유량은 $Q = K\sqrt{P}$의 공식을 이용하여 계산한다.

   가지관 1번 유량 : 가지관 2번 유량 $= K\sqrt{P_A} : K\sqrt{P_B}$

   → $375.51 : x = 80\sqrt{2.2838} : 80\sqrt{2.5469}$

   ∴ $x = 396.55 [l/\text{min}]$

   ② $Q_{B-C} = Q_{A-B} +$ 가지관 2번 유량
   $= 375.51 + 396.55 = 772.06 [l/\text{min}]$

3) B-C구간의 마찰손실

   ① 총 등가길이 $= 3.1\text{m}(\text{분류티}) + 3.0\text{m}(\text{직관}) = 6.1 [\text{m}]$

   ② $\Delta P_{B-C} = 6.174 \times 10^5 \times \dfrac{772.06^{1.85}}{120^{1.85} \times 53.2^{4.87}} \times 6.1 = 0.4638 [\text{kgf/cm}^2]$

(7) C-D구간

1) C지점의 압력

   $P_C = P_B + \Delta P_{B-C} = 2.5469 + 0.4638 = 3.0107 [\text{kgf/cm}^2]$

2) C-D구간의 유량

   $Q_{C-D} = Q_{B-C} +$ 가지관 3번 유량

   ① 가지관 3번의 유량은 $Q = K\sqrt{P}$의 공식을 이용하여 계산한다.

   가지관 1번 유량 : 가지관 3번 유량 $= K\sqrt{P_A} : K\sqrt{P_C}$

   → $375.51 : x = 80\sqrt{2.2838} : 80\sqrt{3.0107}$

   ∴ $x = 431.15 [l/\text{min}]$

② $Q_{C-D} = Q_{B-C} +$ 가지관 3번 유량
$$= 772.06 + 431.15 = 1,203.21 [l/\text{min}]$$

3) C-D구간의 마찰손실

① 총 등가길이 $= 3.7\text{m}(분류티) + 1.8\text{m}(엘보) + 4.3\text{m}(알람밸브)$
$$+ 3.0\text{m}(게이트밸브) + 20\text{m}(직관) = 32.8[\text{m}]$$

② $\Delta P_{C-D} = 6.174 \times 10^5 \times \dfrac{1,203.21^{1.85}}{120^{1.85} \times 69.0^{4.87}} \times 32.8 = 1.5973 [\text{kgf/cm}^2]$

4) D지점의 압력

$P_D = P_C + \Delta P_{C-D} + H = 3.0107 + 1.4658 + 1.0 = 5.608 [\text{kgf/cm}^2]$

5) D지점의 유량

$Q_D = Q_{C-D} = 1,203.21 [l/\text{min}]$

3. 결과

(1) 가지관 1번의 유량 : $Q_1 = 375.51 [l/\text{min}]$
(2) 가지관 2번의 유량 : $Q_2 = 396.55 [l/\text{min}]$
(3) 가지관 3번의 유량 : $Q_3 = 431.15 [l/\text{min}]$
(4) "D"점에서 필요한 유량 : $Q_D = 1,203.21 [l/\text{min}]$
(5) "D"점에서 필요한 압력 : $P_D = 5.608 [\text{kgf/cm}^2] ≒ 0.56 [\text{MPa}]$

18. 펌프의 이론 소요동력 계산

[문제] 배관길이 60m, 관내경 100mm, 마찰손실계수 0.03인 배관을 통하여 유량 2.4m³/min을 높이 10m까지 송수할 경우 필요한 이론 소요동력[kW]을 구하시오. (단, 펌프효율은 60%, K값은 1.1이다.)

[답안]

1. 관련공식

(1) 펌프의 이론 소요동력(P)

$$P[\text{kW}] = \frac{\gamma \times H \times Q}{\eta \times 102} \times K$$

여기서, γ : 물의 비중량=1,000 [kgf/m³]
  H : 전양정 [m]
  Q : 유량 [m³/min]=2.4 [m³/min]$\times \dfrac{1[\min]}{60[\sec]}$= 0.04 [m³/sec]
  102 : 1 [kW]=102 [kg·m/sec]
  K : 전동기의 동력전달계수=1.1
  η : 펌프의 전효율=60%=0.6

(2) 마찰손실수두(h) : (Darcy–Weisbach식)

$$h[\text{m}] = f \times \frac{\ell}{D} \times \frac{V^2}{2g}$$

여기서, f : 마찰손실계수=0.03
  D : 배관내경 [m]=100 [mm]=0.1 [m]
  ℓ : 배관길이 [m]=60 [m]
  g : 중력가속도=9.8 [m/sec²]
  V : 유속 [m/sec]= $\dfrac{Q}{A} = \dfrac{0.04[\text{m}^3/\sec]}{\dfrac{\pi}{4} \times 0.1^2 [\text{m}^2]}$ = 5.09 [m/sec]

2. 펌프의 이론 소용동력 계산

(1) 전양정(H) 계산

$$H = H_1 + H_2 + H_3$$

여기서, H_1 : 실양정 = 10 [m]

$$H_2 : 마찰손실수두 = f \times \frac{\ell}{d} \times \frac{V^2}{2g}$$

$$= 0.03 \times \frac{60[\text{m}]}{0.1[\text{m}]} \times \frac{5.09^2[\text{m/sec}]}{2 \times 9.8[\text{m/sec}^2]} = 23.79[\text{m}]$$

H_3 : 규정 토출압력수두 = (조건에 없으므로) 0 [m]

∴ 전양정(H) = 10 [m] + 23.79 [m] + 0 [m] = 33.79 [m]

(2) 이론 소요동력(P) 계산

$$P = \frac{\gamma \times H \times Q}{\eta \times 102} \times K$$

$$= \frac{1,000[\text{kgf}/\text{m}^3] \times 33.79[\text{m}] \times 0.04[\text{m}^3/\text{sec}]}{0.6 \times 102[\text{kg} \cdot \text{m/sec}^2]} \times 1.1 = 24.29[\text{kW}]$$

3. 결과

펌프의 이론 소요동력 : 24.29 [kW]

19 할로겐화합물 및 불활성기체소화설비의 설계계산

[문제] 바닥면적 100m²이고, 높이 3.5m인 경유를 연료로 하는 발전기실에 할로겐화합물 및 불활성기체소화설비를 설치하려고 한다. 다음 조건을 이용하여 각 물음에 알맞은 답을 기술하시오.

〈조건〉

(가) HFC-125의 A급화재 소화농도는 6.0%, B급화재 소화농도는 8.7%로 한다.

(나) IG-541의 A급화재 및 B급화재 소화농도는 32%로 한다.

(다) 방사시 온도는 20℃를 기준으로 한다.

(라) HFC-125 저장용기는 68ℓ용 50kg으로 하며, IG-541 저장용기는 80ℓ용 12.4m³로 적용한다.

(마) 소화약제의 선형상수

청정소화약제	분자량	K_1	K_2
HFC-125	58	0.1825	0.0007
IG-541	28	0.65779	0.00239

〈물음〉

1. 발전기실에 필요한 HFC-125의 최소 저장용기수를 구하시오.
2. 발전기실에 필요한 IG-541의 최소 저장용기수를 구하시오.

[답안]

1. 발전기실에 필요한 HFC-125의 최소 저장용기수

(1) 방호구역의 체적 : $100 \, [m^2] \times 3.5 \, [m] = 350 \, [m^3]$

(2) HFC-125의 설계농도

발전기는 경유를 연료로 하므로 B급화재로 적용하며, HFC-125의 B급화재 소화농도가 8.7%이므로 설계농도는 $8.7 \times 1.3 = 11.31 \, [\%]$

(3) HFC-125의 선형상수(비체적) : $S \, [m^3/kg]$

$$S = K_1 + K_2 \times t = 0.1825 + 0.0007 \times 20 = 0.1965 \, [m^3/kg]$$

(4) 소요약제량 : $W \, [kg]$

$$W = \frac{V}{S} \times \frac{C}{100 - C}$$

여기서, V : 방호구역의 체적 = 350 $[m^3]$
S : 소화약제의 선형상수(비체적) = 0.1965 $[m^3/kg]$
C : 소화약제의 설계농도 = 11.31 $[\%]$

$$W = \frac{350 \, [m^3]}{0.1965 \, [m^3/kg]} \times \frac{11.31}{100 - 11.31} = 227.14 \, [kg]$$

(5) 저장용기수

$$\frac{227.14 \, [kg]}{50 \, [kg/병]} = 4.54 ≒ 5 \, [병]$$

∴ 최소 저장용기수 : 68ℓ용 5[병] 설치

2. 발전기실에 필요한 IG-541의 최소 저장용기수

(1) 방호구역의 체적 : $100\,[m^2] \times 3.5\,[m] = 350\,[m^3]$

(2) IG-541의 설계농도

발전기실 적응화재는 B급화재이고, IG-541의 소화농도가 32%이므로, 설계농도는
$32 \times 1.3 = 41.6\,[\%]$

(3) IG-541의 선형상수(비체적) : $S\,[m^3/kg]$

$S = 0.65779 + 0.00239 \times 20 = 0.70559\,[m^3/kg]$

(4) 소요약제량 : $W\,[m^3]$

$$W = 2.303 \times \left(\frac{V_s}{S}\right) \times \log\left(\frac{100}{100-C}\right) \times V$$

여기서, S : 소화약제의 선형상수(비체적) $= 0.70559\,[m^3/kg]$
V_s : 20℃에서의 소화약제의 비체적 $=$ (방사시 온도가 20℃이므로 S 와 동일함) $= 0.70599\,[m^3/kg]$
C : 소화약제의 설계농도 $= 41.6\,[\%]$
V : 방호구역의 체적 $= 350\,[m^3]$

$$W = 2.303 \times \left(\frac{0.70559}{0.70559}\right) \times \log\left(\frac{100}{100-41.6}\right) \times 350\,[m^3] = 188.28\,[m^3]$$

(5) 저장용기수

$$\frac{188.28\,[m^3]}{12.4\,[m^3/병]} = 15.18 ≒ 16\,[병]$$

∴ 최소 저장용기수 : 80 ℓ 용 16 [병] 설치

20 옥외탱크저장소의 소화설비 및 방유제 용량계산

[문제] 다음과 같이 휘발유탱크 1기와 경유탱크 1기를 하나의 방유제에 설치하는 옥외탱크저장소에 대하여 각 물음에 답하시오.

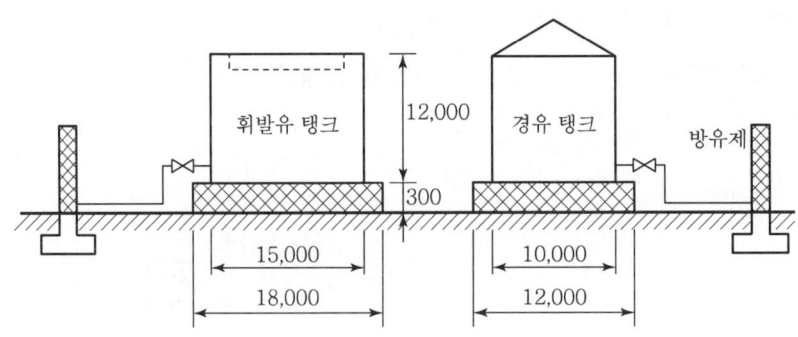

〈조건〉
(가) 탱크용량 및 형태
　① 휘발유탱크 : 2,000m³, 플루팅루프탱크(탱크 내측면과 굽도리판 사이의 거리는 0.6m), 특형
　② 경유탱크 : 900m³, 콘루프탱크, Ⅱ형
(나) 포소화약제의 종류 : 수성막포 3%
(다) 보조포소화전 : 3개 설치
(라) 방유제 면적 : 1,400m²
(마) 각 용량 계산에서 포송액관의 체적은 고려하지 않는다.
(바) 방유제 용량 계산에서 방유제 내의 간막이 둑 및 배관체적은 무시한다.
(사) 각 용량 계산에서 탱크화재의 동시 다발적인 화재는 고려하지 않는다. 즉, 탱크 2기에서 동시에 화재가 발생하는 것은 고려하지 않는다.

비수용성 위험물	
경유	휘발유
Ⅱ형(인화점 21~70℃ 미만)	특형(인화점 21℃ 미만)
포수용액량 120 ℓ/m²	포수용액량 240 ℓ/m²
방출량 4 ℓ/m²·min	방출량 8 ℓ/m²·min

〈물음〉

1. 방유제 높이[m]를 계산하시오.
2. 포원액저장탱크의 법정 최소용량[ℓ]을 계산하시오.
3. 가압송수장치 펌프의 법정 최소유량[ℓ/min]을 계산하시오.
4. 포소화설비의 법정 최소수원량[m³]을 계산하시오.

[답안]

1. 방유제 높이[m]

(1) 설치기준

방유제 안에 설치된 탱크 수가 2 이상인 경우의 방유제 용량은 가장 큰 용량의 탱크 체적의 110%를 기준으로 산정한다.

(2) 관련공식

방유제 용량(V) = $V_1 + V_2 + V_3$

여기서, V : 방유제 용량[m³]
V_1 : 최대 탱크의 용량의 110%의 용량[m³]
V_2 : 모든 탱크의 기초부분(PAD)의 체적
V_3 : 최대 탱크 이외 탱크의 방유제 높이까지의 체적 [m³]

(3) 계산

1) $V_1 = 2{,}000\text{m}^3 \times 1.1 = 2{,}200\text{m}^3$

2) $V_2 = \dfrac{\pi}{4}(18^2 + 12^2) \times 0.3 = 110.27\text{m}^3$

3) $V_3 = \dfrac{\pi}{4}(10^2) \times (H - 0.3) = 78.54H - 23.56$

4) 방유제 면적을 A(1,400m²), 방유제 높이를 H라 하면,

$V = A \times H = 1{,}400 \times H$

$1{,}400 \times H = V_1 + V_2 + V_3$

$1{,}400 = 2{,}200 + 110.27 + (78.54H - 23.56)$

$1{,}400H - 78.54H = 2{,}200 + 110.27 - 23.56$

∴ $H = 1.73$

(4) 방유제 높이 : 1.73 [m]

2. 포원액저장탱크의 법정 최소용량[ℓ]

(1) 고정포방출구용 포원액량

1) 경유탱크용 : $\dfrac{\pi}{4} \times 10^2 [m^2] \times 4 [\ell/m^2 \cdot min] \times 30[min] \times 0.03 = 282.74[\ell]$

2) 휘발유탱크용 : $\dfrac{\pi}{4} \times (15^2 - 13.8^2)[m^2] \times 8[\ell/m^2 \cdot min] \times 30[min] \times 0.03$
   $= 195.43[\ell]$

※ <조건>에서 "동시다발적인 화재는 고려하지 않는다."라고 하였으므로 최대 소화설비용량의 탱크만 적용하여야 한다. 따라서 경유탱크용(282.74ℓ)을 적용한다.

(2) 보조포소화전용 포원액량

$3[개] \times 400[\ell/개 \cdot min] \times 20[min] \times 0.03 = 720[\ell]$

(3) 포원액저장탱크의 법정 최소용량

$282.74 + 720 = 1,002.74[\ell]$

3. 가압송수장치 펌프의 유량 [ℓ/min]

(1) 고정포방출구용 유량

$\dfrac{\pi}{4} \times 10^2 [m^2] \times 4 [\ell/m^2 \cdot min] = 314.16 [\ell/min]$

(2) 보조포소화전용 유량

$3[개] \times 400 [\ell/개 \cdot min] = 1,200 [\ell/min]$

(3) 가압송수장치 펌프의 유량

$314.16 + 1,200 = 1,514.16[\ell/min]$

4. 포소화설비의 법정 최소 수원량[m³]

포수용액량 = 포원액량 ÷ 포소화약제 농도 = $1,002.74[\ell] \div 0.03 = 33,424.67[\ell]$

수원량 = 포수용액량 × (1 − 포소화약제 농도) = $33,424.67[\ell] \times (1 - 0.03)$
$= 32,421.93[\ell]$

∴ 수원량 = $32,421.93[\ell] = 32.43[m^3]$

21. 불꽃감지기의 배치계산

[문제] 공칭시야각 90°, 공칭감시거리 20m인 불꽃감지기를 다음 조건과 같은 실내의 천장면에서 바닥면을 향하여 균등하게 배치하여 화재를 감시하고자 한다. 불꽃감지기 1개가 방호하는 감지면적을 계산하여 최소설치수량을 산출하시오.(단, 기타의 조건은 무시한다.)

〈조건〉
1) 바닥면적 : 392m²(14m × 28m)
2) 천장높이 : 5m

[답안]

1. 감지기 1개가 방호하는 바닥면의 면적[m²]

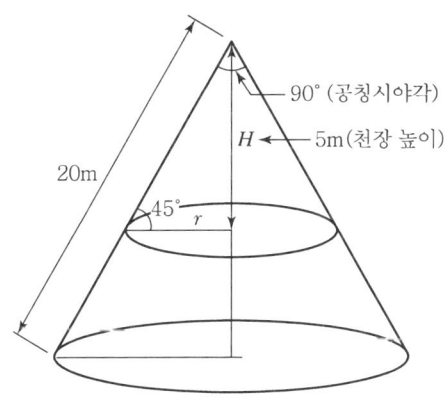

(1) 감지면적의 반지름$(r) = \dfrac{H}{\tan 45°} = \dfrac{5\text{m}}{1} = 5\text{m}$

(2) 감지면적의 지름$(D) = 2r = 2 \times 5\text{m} = 10\text{m}$

(3) 감지면적(A) 계산 : 감지면적을 바닥면의 원에 내접한 정사각형으로 적용하여 그 한 변의 길이(L)를 산출한다.

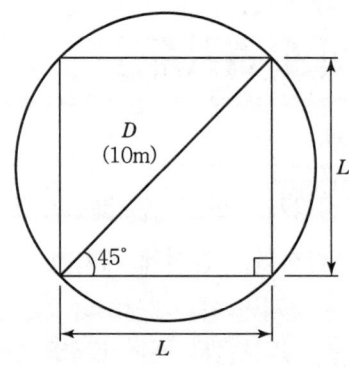

$L = \sin 45° \times D = 0.707 \times 10m = 7.071m$

$A = 7.071m \times 7.071m = 49.999m^2 ≒ 50m^2$

∴ 감지기 1개가 방호하는 바닥면의 면적 = 50[m^2]

2. 감지기의 최소설치수량

(1) 가로방향의 설치수량 : $\dfrac{14}{7.071} = 1.98 ≒ 2$개

(2) 세로방향의 설치수량 : $\dfrac{28}{7.071} = 3.96 ≒ 4$개

(3) 전체 설치수량 : $2 \times 4 = 8$개

∴ 감지기의 최소설치수량 = 8[개]

22 소방시설 내진설계의 계산

[문제] 다음 그림 및 조건과 같은 스프링클러설비에 대하여 내진설계를 적용할 경우 고시된 「소방시설의 내진설계기준」에 따라 다음 물음에 답하시오.

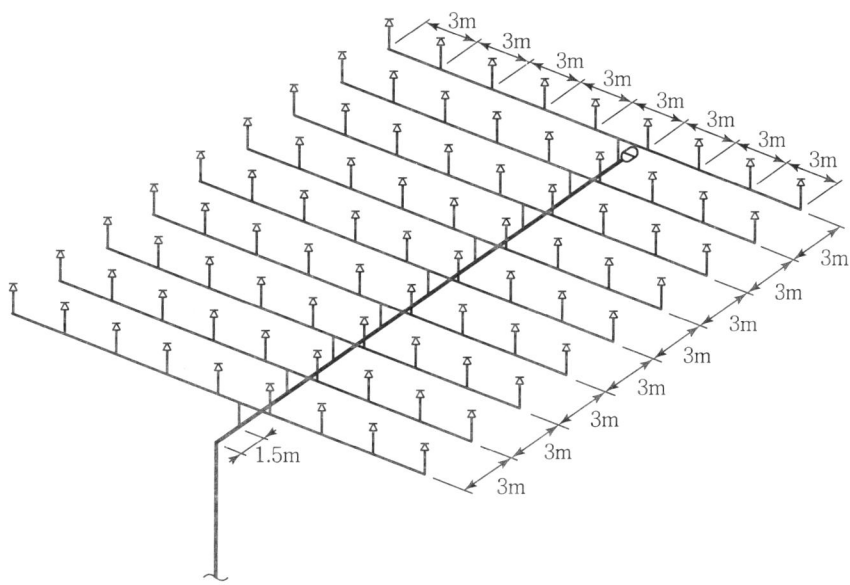

1. 교차배관의 횡방향 흔들림방지버팀대의 설치기준(5개 항목), 필요한 최소개수, 각 버팀대 설치지점의 배관호칭구경[mm], 수평지진하중이 제일 큰 지점의 가동중량[N] 및 수평지진하중[N]을 산출하시오.
2. 교차배관의 종방향 흔들림방지버팀대의 설치기준(5개 항목), 필요한 최소개수, 각 버팀대 설치지점의 배관호칭구경[mm], 수평지진하중이 제일 큰 지점의 가동중량[N] 및 수평지진하중[N]을 산출하시오.
3. 흔들림방지버팀대의 규격이 다음과 같은 경우 적용할 수 있는 버팀대의 최대길이[m]를 산출하시오.

버팀대의 형상 및 크기 [in]		최소회전 반경 [mm]	버팀대의 최대길이 [m]
파이프	2	20.0	
앵글	3×3×1/4	15.0	
봉(전산형)	1/2	2.6	
봉(끝단나사형)	3/4	4.8	

〈조건〉

가. 수평지진하중 계산 시 입상배관 및 기타 수직배관은 포함하지 않는다.
나. 소화배관의 지진계수는 0.5를 적용한다.
다. 배관구경 등의 규격은 다음 표와 같다.
라. 계산값은 소수점 셋째자리에서 반올림하여 둘째자리까지 구한다.

호칭 (A)	내경 [mm]	두께 [mm]	외경 [mm]	배관무게 [N/m]	호칭 (A)	내경 [mm]	두께 [mm]	외경 [mm]	배관무게 [N/m]
25	27.5	3.25	34.0	24.01	65	69.0	3.65	76.3	64.09
32	36.2	3.25	42.7	30.97	80	81.0	4.05	89.1	83.20
40	42.1	3.25	48.6	35.57	100	105.3	4.50	114.3	119.56
50	53.2	3.65	60.5	50.18	150	155.5	4.85	165.2	188.16

[답안]

1. 교차배관의 횡방향 흔들림방지버팀대의 설치기준(5개 항목), 최소개수, 각 버팀대 설치지점의 배관호칭구경[mm], 가동중량[N] 및 수평지진하중[N]의 산출

(1) 횡방향 흔들림방지버팀대의 설치기준

1) 배관 구경에 관계없이 모든 수평주행배관·교차배관 및 옥내소화전설비의 수평배관에 설치하여야 하고, 가지배관 및 기타배관에는 배관구경 65mm 이상인 배관에 설치한다.
2) 설계하중은 설치된 위치의 좌우 6m를 포함한 12m 내의 배관에 작용하는 횡방향 수평지진하중으로 영향구역 내의 수평주행배관, 교차배관, 가지배관의 하중을 포함하여 산정한다.
3) 흔들림방지버팀대의 간격은 중심선 기준 최대간격 12m 초과하지 않을 것
4) 마지막 흔들림방지버팀대와 배관 단부 사이의 거리는 1.8m 초과하지 않을 것
5) 영향구역 내에 상쇄배관이 설치되어 있는 경우 배관의 길이는 그 상쇄배관 길이를 합산하여 산정한다.

(2) 횡방향 흔들림방지버팀대의 최소개수 및 각 버팀대 설치지점의 배관구경[mm]

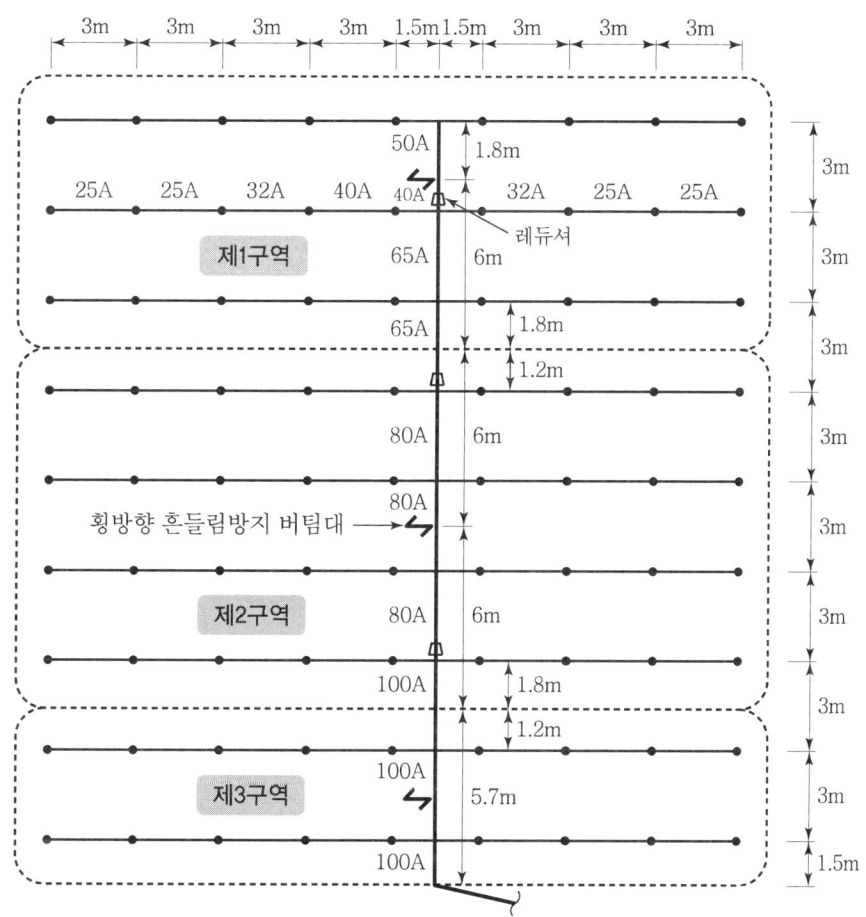

횡방향 버팀대의 최소개수 : 3개	버팀대 위치 이 후의 헤드개수	버팀대 설치지점의 배관호칭구경[mm]
제1구역 : 1개	9	50A
제2구역 : 1개	45	80A
제3구역 : 1개	72	100A

(3) 횡방향 흔들림방지 버팀대의 가동중량 및 수평지진하중 산출

지문에서, "수평지진하중이 제일 큰 지점의 가동중량[N]을 산출하라"고 하였으므로, 제2구역을 기준으로 수평지진하중을 산출한다. 따라서, 제2구역에 해당하는 교차배관 및 가지배관 4개열에 대하여 계산한다.

1) 가동중량 산출

가동중량[N] = 용수가 충전된 배관 무게 × 1.15

① 용수가 충전된 배관무게 산출

물의 비중량(γ) = 9,800[N/m³]이므로,

배관의 단위길이 당 용수무게 = 단위길이 당 배관 내 체적 × 9,800[N/m³]

호칭	내경 [mm]	배관무게 [N/m] : (A)	용수무게 [N/m] : (B)	용수충전배관무게 [N/m] : (A+B)
25	27.5	24.01	5.82	29.83
32	36.2	30.97	10.09	41.06
40	42.1	35.57	13.64	49.21
65	69.0	64.09	36.65	100.74
80	81.0	83.20	50.50	133.70
100	105.3	119.56	85.34	204.90

② 용수충전배관 무게 합계의 산출

호칭	배관길이 합계	용수충전배관 무게[N/m]	용수충전 배관 무게의 합계
25	3m × 4개소 × 4열 = 48m	29.83	48m × 29.83N/m = 1,431.84N
32	3m × 2개소 × 4열 = 24m	41.06	24m × 41.06N/m = 985.44N
40	3m × 2개소 × 4열 = 24m	49.21	24m × 49.21N/m = 1,181.04N
65	1.2m	100.74	1.2m × 100.74N/m = 120.89N
80	3m + 3m + 3m = 9m	133.70	9m × 133.70N/m = 1,203.30N
100	1.8m	204.90	1.8m × 204.9N/m = 368.82N
용수충전 배관무게의 총계			5,291.33[N]

∴ 가동중량 = 용수충전 배관무게 × 1.15
  = 5,291.33[N] × 1.15
  = 6,085.03[N]

[답] 가동중량 : 6,085.03[N]

2) 수평지진하중 산출

$$F_{pw} = 0.5 \times W_p$$

여기서, F_{pw} : 수평지진하중[N]
0.5 : 지진계수
W_p : 가동중량[N] = 용수가 충전된 배관무게 × 1.15

∴ 수평지진하중 = 0.5 × 가동중량 = 0.5 × 6,085.03[N] = 3,042.52[N]

[답] 수평지진하중 : 3,042.52[N]

2. 교차배관의 종방향 흔들림방지버팀대의 설치기준, 최소개수, 각 버팀대 설치지점의 배관호칭구경[mm], 수평지진하중이 제일 큰 지점의 가동중량[N] 및 수평지진하중[N]의 산출

(1) 종방향 흔들림방지버팀대의 설치기준

1) 배관 구경에 관계없이 모든 수평주행배관·교차배관 및 옥내소화전설비의 수평배관에 설치하여야 한다.
2) 설계하중은 설치된 위치의 좌우 12m를 포함한 24m 내의 배관에 작용하는 수평지진하중으로 영향구역 내의 수평주행배관, 교차배관 하중을 포함하여 산정하며, 가지배관의 하중은 제외한다.
3) 수평주행배관 및 교차배관에 설치된 종방향 흔들림방지버팀대의 간격은 중심선을 기준으로 24m를 넘지 않아야 한다.
4) 마지막 흔들림방지버팀대와 배관 단부 사이의 거리는 12m를 초과하지 않을 것
5) 영향구역 내에 상쇄배관이 설치되어 있는 경우 배관 길이는 그 상쇄배관 길이를 합산하여 산정한다.

(2) 종방향 흔들림방지버팀대의 최소개수 및 각 버팀대 설치지점의 배관 호칭구경[mm]

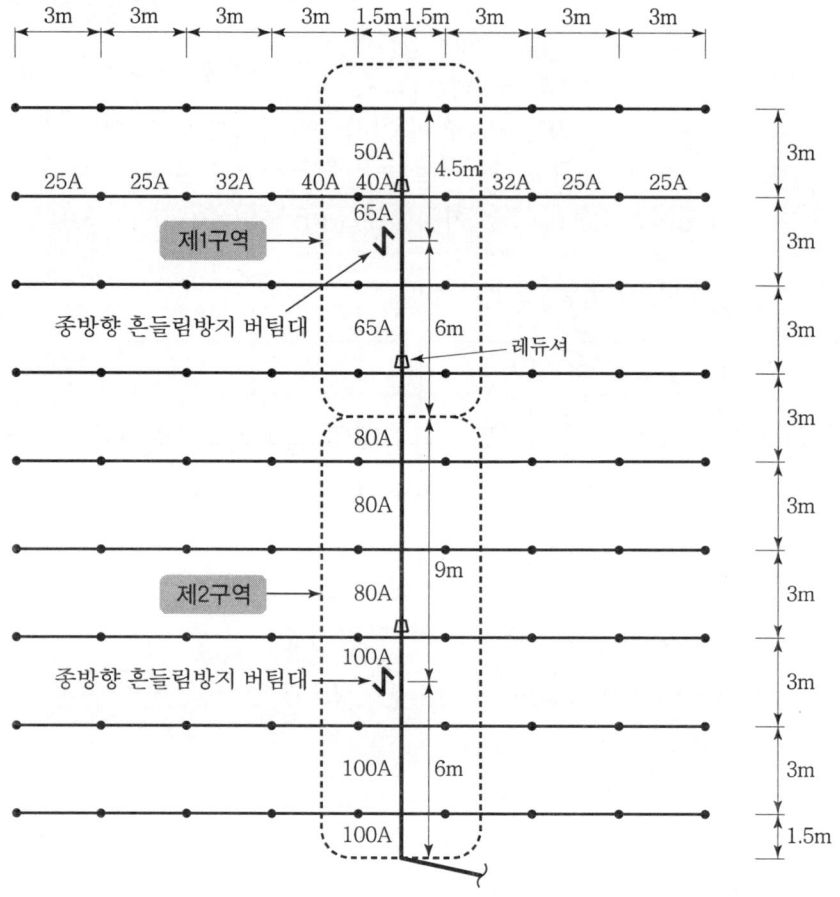

※ 위 도면에서, 교차배관의 전체 길이가 25.5m로서, 종방향버팀대를 1개 설치할 경우 24m(좌·우 12m)를 초과하므로 종향버팀대는 2개를 설치하여야 한다.

종방향 버팀대의 최소 개수 : 2개	버팀대 위치 이 후의 헤드개수	버팀대 설치지점의 배관호칭구경[mm]
제1구역 : 1개	18	65A
제2구역 : 1개	63	100A

(3) 종방향 흔들림방지버팀대의 가동중량 및 수평지진하중 산출

지문에서, "수평지진하중이 제일 큰 지점의 가동중량[N]을 산출하라"고 하였으므로, 제2구역을 기준으로 수평지진하중을 산출한다. 따라서, 제2구역에 해당하는 교차 배관 및 가지배관 5열에 대하여 계산한다.

1) 가동중량 산출

   가동중량[N] = 용수가 충전된 배관무게 × 1.15

   ① 용수가 충전된 배관무게 산출

   물의 비중량(γ) = 9,800[N/m³]이므로,

   배관의 단위길이 당 용수무게 = 단위길이 당 배관 내 체적 × 9,800[N/m³]

호칭	내경 [mm]	배관무게 [N/m] : (A)	용수무게 [N/m] : (B)	용수충전배관무게 [N/m] : (A+B)
25	27.5	24.1	5.82	29.83
32	36.2	30.97	10.09	41.06
40	42.1	35.57	13.64	49.21
80	81.0	83.20	50.50	133.70
100	105.3	119.56	85.34	204.90

   ② 용수충전배관 무게 합계의 산출

호칭	배관길이 합계	용수충전배관 무게[N/m]	용수충전 배관 무게의 합계
25	3m×4개소×5열=60m	29.83	60m×29.83N/m=1,789.8N
32	3m×2개소×5열=30m	41.06	30m×41.06N/m=1,231.8N
40	3m×2개소×5열=30m	49.21	30m×49.21N/m=1,476.3N
80	1.5m+3m+3m=7.5m	133.7	7.5m×133.7N/m=1,002.75N
100	3m+3m+1.5m=7.5m	204.9	7.5m×204.9N/m=1,536.75N
용수충전 배관무게의 총계			7,037.40[N]

   ∴ 가동중량 = 용수충전 배관무게 × 1.15 = 7,037.4[N] × 1.15 = 8,093.01[N]

   [답] 가동중량 : 8,093.01[N]

2) 수평지진하중 산출

   $F_{pw} = 0.5 \times W_p$

   여기서, F_{pw} : 수평지진하중[N],   0.5 : 지진계수
   W_p : 가동중량[N] = 용수가 충전된 배관무게 × 1.15

   ∴ 수평지진하중 = 0.5 × 가동중량 = 0.5 × 8,093.01[N] = 4,046.505[N]

   [답] 수평지진하중 : 4,046.51[N]

3. 흔들림방지버팀대의 규격이 다음과 같은 경우 적용할 수 있는 버팀대의 최대길이[m]

버팀대의 세장비 = L/r

여기서, L : 버팀대의 길이
r : 최소단면2차반경

※ 세장비는 최대 300 이하로 규정하고 있다.

버팀대의 형상 및 크기 [in]		최소단면2차반경 [mm]	버팀대의 최대길이 [m]	
파이프	2	20.0	0.02×300 = 6	∴ 6.0m
앵글	3×3×1/4	15.0	0.015×300 = 4.5	∴ 4.5m
봉(전산형)	1/2	2.6	0.0026×300 = 0.78	∴ 0.78m
봉(끝단나사형)	3/4	4.8	0.0048×300 = 0.78	∴ 1.44m

23 소방시설 내진설계의 세장비 계산

[문제] 소방시설의 내진설계에서 아래 그림(흔들림방지버팀대)에 대한 세장비를 계산하고, 그 사용가능 여부를 판단하시오.

〈조건〉

가. 버팀대의 길이 : 3.2m
나. 좌굴길이의 계수 : 1.2
다. 버팀대의 양단은 Pin으로 지지한다.
라. 각 계산과정에서 소수점 셋째 자리에서 반올림하여 둘째 자리까지 적용한다.

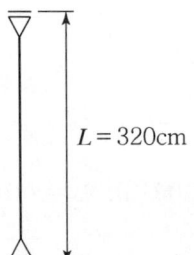
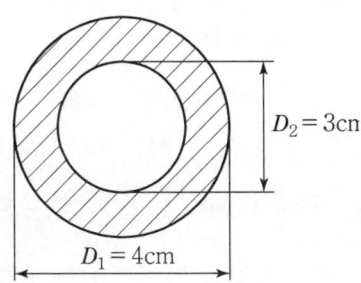

[답안]

$$세장비(\lambda) = \frac{kL}{r}$$

여기서, r : 최소회전반경[cm] = $\sqrt{\dfrac{I}{A}}$

k : 좌굴길이의 계수
A : 버팀대의 단면적[cm²]
L : 버팀대의 길이[cm]
I : 단면 2차 모멘트[cm⁴]

(1) 최소회전반경(r) 계산

① $A = \dfrac{\pi D^2}{4} = \dfrac{\pi(4^2 - 3^2)}{4} = 5.50\,[\text{cm}^2]$

② $I = \dfrac{\pi(D_1^{\,4} - D_2^{\,4})}{64} = \dfrac{\pi(4^4 - 3^4)}{64} = 8.59\,[\text{cm}^4]$

∴ 최소회전반경(r) = $\sqrt{\dfrac{I}{A}} = \sqrt{\dfrac{8.59\,[\text{cm}^4]}{5.50\,[\text{cm}^2]}} = 1.25\,[\text{cm}]$

(2) 세장비(λ) 계산

$\lambda = \dfrac{kL}{r} = \dfrac{1.2 \times 320\,[\text{cm}]}{1.25\,[\text{cm}]} = 307.20$

(3) 사용가능여부 판단

① 세장비 = 307.2
② 「소방시설의 내진설계기준」 제9조에 따라 세장비가 300을 초과하므로 적용할 수 없다.
③ 보완 방법 : 버팀대의 규격을 증대시키거나, 길이를 단축시켜 세장비가 300 이하 되게 하여야 한다.

24. 내진버팀대의 최소회전반경 및 길이 계산

[문제] 소방시설의 내진설계에서 단면적이 9cm²로 동일한 정사각형, 정삼각형, 원형인 버팀대가 있으며, 이 들의 세장비가 300일 경우 버팀대의 최소회전반경[cm]과 길이[cm]를 계산하시오.

[답안]

1. 적용 공식

$$세장비(\lambda) = \frac{버팀대길이(L)}{최소회전반경(r)}$$

$$최소회전반경(r) = \sqrt{\frac{단면2차모멘트(I)}{단면적(A)}}$$

2. 버팀대의 단면2차모멘트 계산

단면종류	단면적(A)	도형	치수[cm]	단면2차모멘트[cm⁴] (I)
정사각형	9cm²	(정사각형 b=h)	$bh = 9 \rightarrow b^2 = 9$ $\therefore b = h = 3\text{cm}$	$I = \dfrac{bh^3}{12} = \dfrac{3 \times 3^3}{12}$ $= 6.75 \text{cm}^4$
정삼각형	9cm²	(정삼각형 b, h)	$b^2 = \left(\dfrac{1}{2}b\right)^2 + h^2$ $\therefore h = \dfrac{\sqrt{3}}{2}b$ $A = \dfrac{bh}{2} = \dfrac{\sqrt{3}b^2}{4} = 9$ $\therefore b = 4.56\text{cm}$ $\therefore h = \dfrac{\sqrt{3}}{2}b = 3.95\text{cm}$	$I = \dfrac{bh^3}{36}$ $= \dfrac{4.56 \times 3.95^3}{36}$ $= 7.81 \text{cm}^4$
원형	9cm²	(원 D)	$\dfrac{\pi D^2}{4} = 9$ $\therefore D = 3.39\text{cm}$	$I = \dfrac{\pi D^4}{64}$ $= \dfrac{\pi \times 3.39^4}{64}$ $= 6.48 \text{cm}^4$

3. 최소회전반경[cm]과 버팀대길이[cm] 계산

단면종류	최소회전반경(r)	버팀대길이(L)
정사각형	$r = \sqrt{\dfrac{I}{A}} = \sqrt{\dfrac{6.75}{9}} = 0.87\,\text{cm}$	버팀대길이(L) $= \lambda \times r$ $L = 300 \times 0.87 = 261\,\text{cm}$
정삼각형	$r = \sqrt{\dfrac{I}{A}} = \sqrt{\dfrac{7.81}{9}} = 0.93\,\text{cm}$	$L = 300 \times 0.93 = 279\,\text{cm}$
원형	$r = \sqrt{\dfrac{I}{A}} = \sqrt{\dfrac{6.48}{9}} = 0.85\,\text{cm}$	$L = 300 \times 0.85 = 255\,\text{cm}$

25 저·고층부 분리배관 시스템의 설계계산

[문제] 다음과 같은 조건의 고층건축물에서 스프링클러설비 및 옥내소화전설비의 저층부·고층부 Zone 구분을 분리배관시스템으로 할 경우 각 설비의 압력배관 적용구간과 옥내소화전 감압오리피스 적용구간에 대하여 각 최소구간을 산정하시오.

〈조건〉
가. 건축물의 층수 : 지하 3층, 지상 48층
나. 건축물의 층고 : 지상층 층별층고 2.85m, 지하층 합계층고 16.5m
다. 옥내소화전설비 펌프의 정격양정 : 185m
라. 스프링클러설비 펌프의 정격양정 : 200m
마. 감압밸브는 저층부용, 고층부용 모두 설치하며, 고층부용 감압밸브 2차측 압력은 펌프의 정격압력을 초과하지 않도록 설정한다.
바. 옥내소화전설비 펌프에서 말단 방수구까지의 마찰손실수두는 12m로 한다.

[답안]

※ 압력배관 적용구간은 펌프운전 시 배관 내 압력수두가 120m 이상되는 구간을 산정하고, 옥내소화전의 감압오리피스 적용구간은 압력수두가 82m[최대 방사압력수두(70m) + 마찰손실수두(12m)]를 초과하는 구간을 산정한다.

1. 스프링클러설비 압력배관구간 산정

$200 - 120 = 80$

$16.5 + (2.85 \times N) = 80$

$N = \dfrac{80 - 16.5}{2.85} = 22.28 ≒ 지상\ 23개층$

∴ 지하 3층~지상 23층

2. 옥내소화전설비 압력배관구간 산정

$185 - 120 = 65$

$16.5 + (2.85 \times N) = 65$

$N = \dfrac{65 - 16.5}{2.85} = 17.0 ≒ 지상\ 17개층$

∴ 지하 3층~지상 17층

3. 옥내소화전설비 감압오리피스 구간

(1) 저층부

$120 - (70 + 12) = 38$

$16.5 + (2.85 \times N) = 38$

$N = \dfrac{38 - 16.5}{2.85} = 7.54 ≒ 지상\ 8개층$

∴ 지하 3층~지상 8층

(2) 고층부

$120 - (70 + 12) = 38$

$(2.85 \times N) = 38$

$N = \dfrac{38}{2.85} = 13.33 ≒ 14개층$

∴ 지상 18층~지상 31층

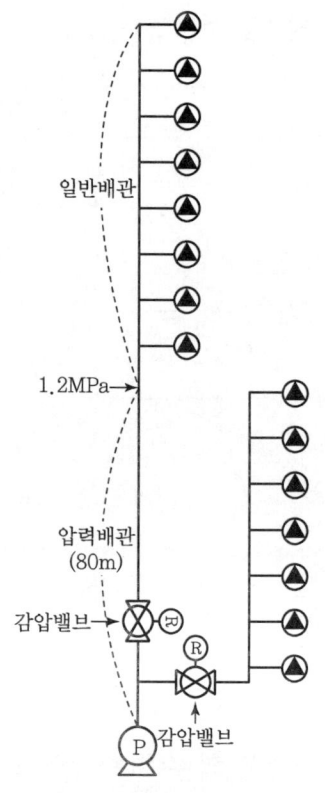

[스프링클러설비]

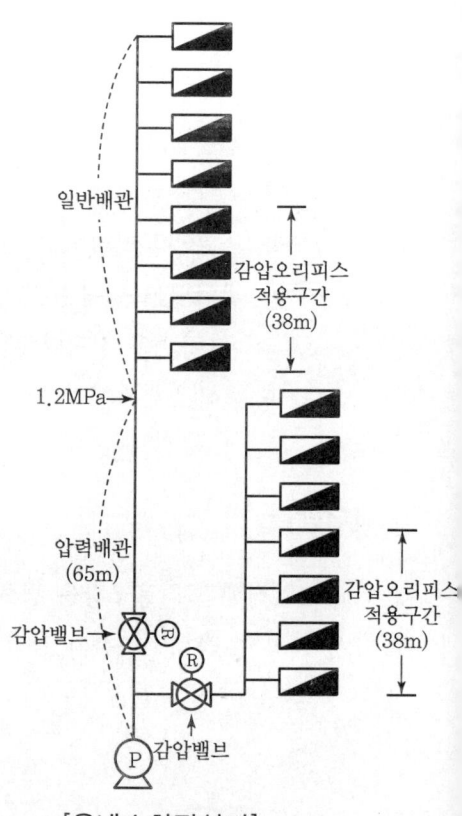

[옥내소화전설비]

26. 연결송수구의 송수압력 계산

[문제] 다음과 같은 조건의 고층건축물에서 각 설비별 연결송수구의 송수압력[MPa] 범위를 계산하시오.

〈조건〉
가. 설비의 종류 : 스프링클러설비, 옥내소화전설비, 연결송수관설비
나. 펌프의 정격양정 : 스프링클러 160m, 옥내소화전 150m, 연결송수관 110m
다. 저층부용 감압밸브 2차측 설정압력 : 스프링클러 1.2MPa, 옥내소화전 1.0MPa
라. H_1 : 송수구~펌프(감압밸브)까지 수직거리=21m
마. H_2 : 송수구~저층부 최저위 스프링클러헤드까지 수직거리=18m
바. H_3 : 송수구~저층부 최저위 옥내소화전방수구까지 수직거리=20m
사. H_4 : 송수구~저층부 최고위 연결송수관방수구까지 수직거리=60m
아. H_5 : 송수구~연결송수관 가압펌프까지 수직거리=65m
자. X_0 : A 지점~펌프(감압밸브)까지 마찰손실수두=2m
차. X_1 : 송수구~A 지점까지 마찰손실수두=3m
카. X_2 : 송수구~저층부 최저위 스프링클러헤드(최하층으로서 입상배관과 가장 가까운 위치의 헤드)까지 마찰손실수두=10m
타. X_3 : 송수구~저층부 최저위 옥내소화전방수구(최하층으로서 입상배관과 가장 가까운 위치의 방수구)까지 마찰손실수두=5m
파. X_4 : 송수구~저층부 최고위 연결송수관방수구(최상층으로서 입상배관과 가장 먼 위치의 방수구) 마찰손실수두=7m
하. X_5 : 송수구~연결송수관 가압펌프까지 마찰손실수두=5m

※ 고층부의 최대송수압력은 최소송수압력에 5%를 가산한 값으로 한다. 다만, 연결송수관설비 고층부에는 최소송수압력에도 5%를 가산한 값으로 한다.
(여기서, 5%로 제한하는 이유는 이 값이 클수록 압력배관 적용범위가 커지므로 압력배관 적용범위를 최소화하기 위함이다)

※ 옥내소화전설비에서 송수구의 최대송수압력으로 송수하였을 때 방수압력이 0.7MPa 초과되는 부분에는 방수구의 호스접결구에 감압오리피스를 설치한다.

※ $1\text{MPa} = 100\text{mH}_2\text{O}$으로 환산한다.
※ 답은 소수점 셋째 자리에서 반올림하여 둘째 자리까지 구한다.

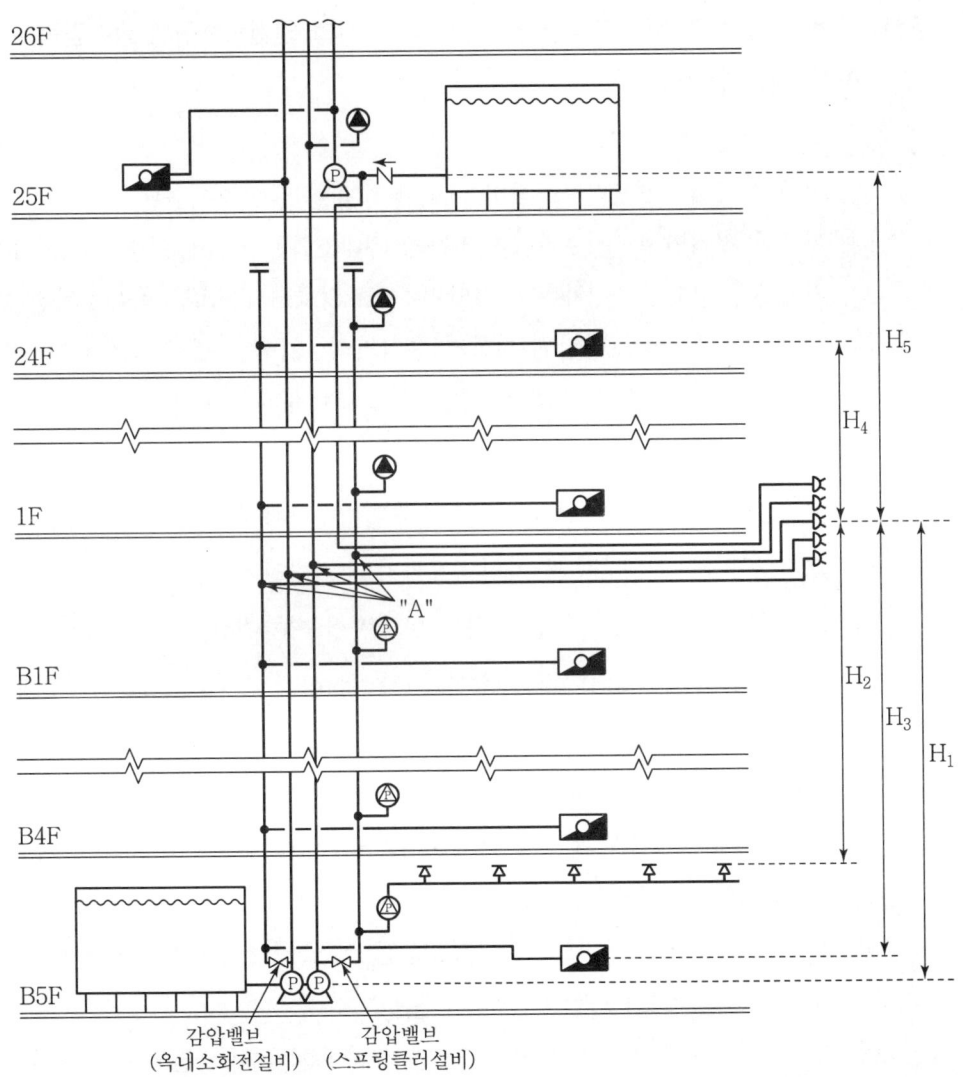

[답안]

※ 연결송수구의 최소송수압력과 최대송수압력은 다음을 기준으로 산정한다.
- 최소송수압력 : 최상부 방수구/헤드에서 규정된 최소방사압력 이상인 압력
- 최대송수압력 : 최하부층에서 일반배관(非압력배관)의 사용한계압력(1.2MPa) 미만인 압력

1. 저층부

(1) 스프링클러설비

1) 최소송수압력

   감압밸브 2차측 압력수두 $- H_1 + (X_1 - X_0) = 120\text{m} - 21\text{m} + (3\text{m} - 2\text{m})$
   $$= 100\text{m} ≒ 1.00\text{MPa}$$

2) 최대송수압력

   일반배관 최대사용압력수두 $- H_2 + X_2 = 120\text{m} - 18\text{m} + 10\text{m}$
   $$= 112\text{m} ≒ 1.12\text{MPa}$$

(2) 옥내소화전설비

1) 최소송수압력

   감압밸브 2차측 압력수두 $- H_1 + (X_1 - X_0) = 100\text{m} - 21\text{m} + (3\text{m} - 2\text{m})$
   $$= 80\text{m} ≒ 0.80\text{MPa}$$

2) 최대송수압력

   일반배관 최대사용압력수두 $- H_3 + X_3 = 120\text{m} - 20\text{m} + 5\text{m}$
   $$= 105\text{m} ≒ 1.05\text{MPa}$$

(3) 연결송수관설비

1) 최소송수압력

   최소방사압력수두 $+ H_4 + X_4 = 35\text{m} + 60\text{m} + 7\text{m} = 102\text{m} ≒ 1.02\text{MPa}$

2) 최대송수압력

   일반배관 최대사용압력수두 $- H_3 + X_3 = 120\text{m} - 20\text{m} + 5\text{m}$
   $$= 105\text{m} ≒ 1.05\text{MPa}$$

2. 고층부

(1) 스프링클러설비

1) 최소송수압력

펌프정격압력수두 $- H_1 + (X_1 - X_0) = 160\text{m} - 21\text{m} + (3\text{m} - 2\text{m})$
$= 140\text{m} \fallingdotseq 1.40\text{MPa}$

2) 최대송수압력

최소송수압력 $+ 5\% = 1.40\text{MPa} \times 1.05 = 1.47\text{MPa}$

(2) 옥내소화전설비

1) 최소송수압력

펌프정격압력수두 $- H_1 + (X_1 - X_0) = 150\text{m} - 21\text{m} + (3\text{m} - 2\text{m})$
$= 130\text{m} \fallingdotseq 1.30\text{MPa}$

2) 최대송수압력

최소송수압력 $+ 5\% = 1.30\text{MPa} \times 1.05 = 1.365\text{MPa} \fallingdotseq 1.37\text{MPa}$

(3) 연결송수관설비

(고층부 연결송수관설비는 가압펌프를 거쳐서 급수되므로 송수구의 송수압력은 가압펌프까지만 도달시키는 압력이면 된다.)

1) 최소송수압력

$H_5 + X_5 +$ 가산값 $= 65\text{m} + 5\text{m} + 5\% = 70\text{m} \times 1.05 = 73.5\text{m} \fallingdotseq 0.74\text{MPa}$

2) 최대송수압력

최소송수압력 $+ 5\% = 0.74\text{MPa} \times 1.05 = 0.777\text{MPa} \fallingdotseq 0.78\text{MPa}$

부록 1

답안작성 세부요령 및 답안작성의 견본

[답안작성 세부요령]

※ 아래 [답안작성요령]에 대하여 평소에 충분히 숙지하고, 서브노트 작성 등 수험공부시 부터 아래 요령에 의한 답안작성 훈련을 충분히 쌓는 것이 합격의 지름길이다!

1. 준비사항

(1) 필기구 선정

기술사 필기시험에서 시간 안배가 대단히 중요한 사항인 만큼 필기구를 시간에 유리한 것으로 선택하는 것도 상당히 중요한 사항이라 하겠다.

즉, 볼펜 찌꺼기가 잘 나오지 않으면서도 부드럽게 쓸 수 있는 것이어야 한다. 그러나 일반 속기용 볼펜은 찌꺼기가 잘 나오는 것이 대부분이나, 저자의 경험으로는 "Velocity" 1.0mm 용을 사용하는 것이 가장 효과적이었다.

또, 글씨의 크기가 약간 큰 것이 유리하므로 볼펜심의 굵기는 1.0mm 용이 가장 적합하다.

물론, 평소 연습할 때부터 이것으로 계속 사용하여 손에 익혀야 하는 것도 필수적이다.

(2) 지참물

- 흑색볼펜
- 계산기 : 프로그램 기능이 없는 계산기만 지참 허용
- 자 : 긴 자는 불리하며 20cm 길이가 가장 적합함
- 손목시계 : 휴대폰우 내 놓지 못하게 하므로 휴대폰 시계는 사용불가함
- 수험표 및 주민등록증(사진이 부착된 공공기관용 신분증도 가능함)

2. 답안 작성전 유의사항

(1) 문제의 요지 파악

문제를 받으면 즉시 답안작성에 들어가지 말고, 문제 전체를 1~2회 정도 정독하면서 질문의 핵심과 문제의 난이도 등을 파악한다.

(2) 문제의 선택

1) 문제의 요지와 난이도가 파악되었으면,
   제1교시는 13문제 중 10문제를, 제2~4교시는 6문제 중 4문제를 선택한다.

여기서, 자신에게 가장 유리한 문제를 우선순위로 골라 선택하면 되는데, 선택의 결정이 어려울 경우에는 자신에게 불리한 문제로서 시간이 많이 소요되는 것부터 우선순위로 제외시키는 방법도 좋은 방법이다.
2) 여기서, 특히 계산문제 선택시 신중을 기하여야 한다.
계산문제의 채점에서 계산과정과 답이 맞으면 만점(25점)이 주어지고, 그 중 하나라도 틀리면 0점을 주는 것이 채점 원칙이기 때문이다. 그래서 계산문제는 확실하게 풀 자신이 있고 또 계산 후 검산까지 가능한 문제이면 선택하고, 그렇지 않으면 가급적 제외하고 다른 문제를 선택하는 것이 현명한 방법이다.

(3) 답안작성의 시간배정

1) 기술사 필기시험은 출제문제에 대한 답안의 작성을 주어진 시간 내에 완성하여야 하는 시간과의 싸움이다. 따라서, 각 문항별 답안작성 시간을 적절히 배정하고, 그것을 잘 이행하는 것이 시험의 당락을 좌우하는 중요한 요소일 수도 있다.
2) 1문제당 평균 작성시간은 앞에서의 문제의 요지파악시간, 선택시간 및 배정시간 등을 제외한 실제 작성시간으로 하여 제1교시는 8분, 제2~4교시는 각 22분 정도로 계획하는 것이 적당하며, 여기에다 각 문제별 난이도 및 답안의 예상분량을 감안하여 시간을 가감하여 배정한다.
3) 만일 선택한 4문제 중에서도 도저히 자신없는 문제가 한 문제 있다면, 이 문제에 대하여는 시간을 가장 적게 배정하고, 그대신 다른 문제에 시간 할애를 많이 하는 것도 하나의 좋은 방법이 될 것이다.

(4) 문제의 우선순위 결정

1) 문제의 번호 순서대로 답안작성을 할 필요는 없다.
그러므로 자신에게 가장 유리한 순서대로 우선순위를 계획하여 문제에 미리 표기해 놓는다.
2) 여기서는 문제의 난이도 보다는 앞에서 배정된 시간이 적은 문제를 우선으로 하여 순위를 정하는 것이 효과적이다.
예를 들어 4문제 중 3문제는 자신이 있으나 1문제는 별 자신이 없는 경우 그 한 문제는 당초 시간배정이 적게 되어 있으므로 제일 먼저 풀게 되는데, 이때는 최대한 아는 데까지만 짧게 작성하고 다음 문제로 넘어가야한다. 다만, 이때 아무리 자신없는 문제라 하더라도 백지상태로 넘어가는 것은 금물이다. 단 몇 줄이라도 반드시 기재하여야 만이 그 문제에 대한 0점처리를 면할 수 있다. 그리고 그 중 가장 시간이 많이 소요될 것으로 예상되는 문제는 제일 뒤로 배정하여 여기서는 시간이 종료될 때까지 원 없이 작성하는 것이 효과적일 것이다.

그러나, 이것은 어디까지나 선택한 4문제 중에서도 자신없는 문제가 있을 때의 방법이고, 그렇지 않을 경우에는 가급적 고른 시간배분과 고른 점수를 얻는 방식이 가장 좋은 방법이다.

3. 답안 작성시 유의사항 및 작성요령

(1) 문제는 요약하여 답안지에 1~2줄 이내가 되게 작성한다.

문제의 문장이 긴 경우 그것을 답안지에 전부 작성할 필요는 없으므로 단축 작성하여 시간을 아껴야 한다. 다만, 이때 문제의 요지와 Key Word는 반드시 들어가야 한다.

(2) 답안의 분량

1) 답안지의 구성

 답안지는 1교시 당 7매(14면)이며 1면당 22칸으로 구성되어 있고, 가로줄의 간격은 1cm, 가로줄의 전체너비는 18cm로 되어 있다.

2) 답안 작성의 분량

 답안 작성은 10점당 평균 1쪽 정도의 분량이 적당하다. 즉, 제1교시는 1문제당 1쪽, 제2~4교시는 1문제당 2.5쪽 정도의 분량이 적당하다.

3) 답안의 분량이 많을수록 반드시 좋은 것은 아니며, 최소한 1교시당 8쪽 이상만 되면 답안분량으로 인한 마이너스는 되지 않는다. 오히려 간결하게 질문에 대한 명확한 답안을 쓰는 것이, 길고 장황하게 작성한 답안보다 높은 점수를 얻을 수 있을 것이다. 장시간 동안 많은 양의 답안지를 검토하는 채점자의 입장에서는 답안 분량이 많은 것이 결코 반가운 일이 아닐 것이다.

(3) 답안 전개의 형식

1) 문제의 형식에 따라 답안의 전개형식을 맞추어야 한다.

 문제의 형식은 다음과 같이 4가지 형식 중 하나의 것으로 출제된다.
 ① ---- 에 대하여 논하시오.
 ② ---- 에 대하여 설명하시오.
 ③ ---- 에 대하여 기술하시오.
 ④ ---- 에 대하여 약술하시오.

2) "논하시오"에 대한 답안의 전개형식

 서론, 본론, 결론의 형식으로 답안을 전개한다.
 ① 서론(개요) : 정의, 개념, 종류(대분류), 등을 간략하게 기술한다.
 ② 본론 : 종류별 특성, 구조(작동)원리, 문제점, 대책(개선안), 등으로 약 1.5 ~

2쪽 정도의 분량으로 작성한다.
③ 결론 : 본론상의 문제점 및 대책안의 요지, 향후 전망, 자신의 견해(의견), 등을 요약하여 가급적 간결하게 기술한다. 다만, 여기서는 본론에서 나왔던 Key Word나 요지 내용을 중복하여 재차 기재하여도 무방하다.
3) "설명하시오"에 대한 답안의 전개 형식
반드시 형식에 구애받지는 않으나, 일목요연하게 표현하려면 가급적 위의 "논하시오"형식의 답안과 같이 개요, 본론, 결론의 형식으로 답안을 전개하는 것이 효과적이다.
4) "기술하시오" 또는 "약술하시오"에 대한 답안의 전개형식
형식에 구애없이 질문내용에 대한 직접적인 답안내용을 가급적 간결하고 명료하게 작성한다.

(4) 본론의 핵심적인 Key Word를 먼저 문제의 여백에 기록한다.

답안의 본론을 작성하기에 앞서, 우선 답안의 핵심 Key Word와 대분류, 소분류 등의 제목의 머리글자들을 문제지의 여백이나 뒷면에 살짝 빠른 속도로 기록하였다가 이것을 기준삼아 본격적으로 답안작성을 하는 것이 보다 효과적이다.

(5) 앞서 계획한 배정된 시간에 맞게 답안작성을 진행한다.

만약, 한 문제에 배정된 시간을 초과하여 작성할 경우 다음 문제의 답안작성 시간이 짧아져 답안이 부실해짐은 물론이며, 이렇게 초과시간이 한 문제, 두 문제 누적되면 끝에 가서는 당황하여 뻔히 알고 있는 것도 다 못쓰고 종료되어 결국 실패의 주원인이 될 수 있다는 것을 명심하여야 한다.

(6) 답안 내용의 정정

답안을 잘못 작성하여 정정할 경우에는 잘못된 부분을 두 줄로 긋고 그 후단 또는 그 상단에 다시 기재하면 된다.
이때, 밑줄을 긋거나 필요 이상으로 새까맣게 칠하는 것은 금물이다.

(7) 답안의 글씨

글씨 크기를 약간 큰 글씨로 쓰는 것이 답안지 분량 면에서나 채점자가 보는 데에도 유리하며, 또 빠른 속도로 쓰려면 조금 날려 쓸 수밖에 없는데, 제3자가 분명하게 알아볼 수 있는 글씨라면 좀 날려 쓰거나 또는 못난 글씨체라도 글씨로 인한 마이너스는 되지 않을 것이다.

(8) 번호체계는 통일하여 일관되게 작성

(후면의 "답안의 견본" 참조)
[예] 1.- - - -

```
        (1) - - - -
          1) - - - -
            ① - - - -
              ㉮ - - - -
```

(9) 문장은 Key Word 중심의 짧은 문장형식으로 작성

답안의 문장을 서술문 형태의 긴 문장으로 작성하면 채점자가 보는 시간이 비교적 많이 소요되며, 작성자 본인도 시간면에서 불리할 뿐만 아니라 아무래도 채점자가 여러모로 부담을 느낄 수 있다.

그래서 문장을 가급적 핵심 Key Word를 중심으로 하여 짧은 문장형식으로 작성하는 것이 유리하다.

(10) 그림, 도표, 그래프 등의 활용

문장만으로 아무리 상세하게 설명한다 하더라도 그림이나 도표 등을 활용하여 간략하게 설명하는 것이 보다 더 효과적이며, 이로써 문장의 분량도 줄일 수 있으므로 더욱 유리하게 된다.

이외에도 현업에서의 실무기술적인 내용을 우선하여 기술하는 것도 좋은 점수를 얻을 수 있는 계기가 될 것이다.

(11) 답안의 마무리 작성

1) 각 문제의 답안작성이 완료될 때마다 마지막 줄의 말단에 "끝"이라 기재한 후, 2줄을 띄우고 다음 문제의 작성에 들어가야 한다.
2) 매 교시마다 마지막 문제 답안의 말단에는 "끝"자 다음 줄에 "이하빈칸"을 기재하여야 한다.

4. 답안 작성의 견본

제1교시(10점)용 견본

문 9) 반응폭주의 발생원인 및 방지대책에 대하여 약술하시오.

답 9)

1. 정의

   어떤 시스템 내에서 반응속도가 지수 함수적으로 상승하고, 반응용기 내의 온도와 압력이 급격히 이상 상승되어 규정조건을 벗어나 반응이 과격하되는 현상을 "반응폭주"라 하며 일명 "Run Way"라고도 한다.

2. 발생 원인

   (1) 원·부자재의 배합 과정의 오류

   (2) 위험물 시스템의 갑작스런 고장 또는 파손

   (3) 불순물의 농축

   (4) 갑작스런 전원 차단

3. 방지 대책

   (1) 원·부재료의 신속한 공급 차단장치 설치

   (2) 보유한 위험물의 신속한 배출장치 설치

   (3) 냉각수 공급설비의 설치

4. 결론

   반응폭주의 예방을 위하여 각종 안전장치의 설치도 중요하지만, 무엇보다도 중요한 것은 운전자가 자신이 관리하는 설비 내에서 진행하는 주반응은 물론 부반응까지도 정확히 파악하고, 각종 기기의 특성을 숙지함으로써 이상의 조기발견과 신속한 대응을 통하여 반응폭주 등의 발생을 미연에 방지할 수 있다. -끝-

제2~4교시(25점)용 견본

문 6) 고강도 콘크리트의 폭렬현상에 대한 발생원인과 그 방지대책에 대하여 설명하시오.

답 6)

1. 개요

   (1) 콘크리트의 폭렬현상(Spalling)이란, 화재시 급격한 가열에 따라 콘크리트 내부의 수증기 압력이 증가하여 해당 인장강도를 초과하면, 콘크리트 표면의 박리 및 탈락현상이 발생하여 콘크리트의 단면감소와 철근의 노출 등으로 콘크리트 구조물의 내력이 저하되어 폭발적으로 균열되면서 파괴되어 건물붕괴까지 이어질 수 있는 현상이다.

   (2) 고강도 콘크리트는 일반 콘크리트에 비해 내부 조직밀도가 조밀하게 구성되어 있으므로 가열시 내부 수증기의 압력배출이 어려워 폭발발생 가능성이 높아 화재에 상당히 취약하지만, 일반 콘크리트보다 압축강도와 내구성이 우수한 장점이 있다는 이유로 초고층 건축물의 신축 등에 많이 사용되고 있다.

2. 콘크리트 폭렬현상의 발생원인

   (1) 내부 압력상승에 의한 원인

      1) 화염의 고온이 열전도에 의해 콘크리트 내부로 전달

      2) 콘크리트의 온도상승에 의해 내부의 수분이 증발

      3) 증발된 수증기가 원활히 배출되지 못함

      4) 배출되지 못한 수증기로 인해 내부압력이 상승함

      5) 이때 내부압력이 콘크리트의 인장강도를 초과하면 콘크리트가 폭발적으로 균열되면서 파괴된다.

(2) 골재의 열팽창에 의한 원인
　1) 화염의 고온이 열전도에 의해 콘크리트 내부로 전달
　2) 콘크리트의 온도상승에 의해 내부의 골재가 열 팽창되기 시작함
　3) 이때 내부의 Cement Paste(시멘트 경화제)는 반대로 수축작용을 함
　4) 이와 같이 골재와 Cement Paste의 열팽창계수가 상이하여 각각 다른 팽창·수축거동이 되므로 인해 콘크리트 조직에 균열 및 탈락현상이 발생하여 파괴된다.

3. 폭렬현상의 방지대책
(1) 가연성 합성섬유(폴리프로필렌) 혼입
　1) 폴리프로필렌 섬유는 낮은 온도(170℃)에서 용융되므로, 콘크리트 내부 수증기압이 빠져나갈 수 있는 통로를 만들어 줌으로써 폭렬을 예방할 수 있다.
　2) 강섬유의 함유량을 0.1~0.25% 정도로 첨가하여 인장강도를 증가
(2) 콘크리트를 내화재로 피복하고 피복두께를 증가시킨다.
　1) 콘크리트 부재의 외측을 내화보드, 내화뿜칠 등으로 피복하고 피복두께 증가시킨다.
　2) 콘크리트의 온도가 폭렬발생온도 이상으로 상승되지 않도록 한다.
(3) 콘크리트 표층부의 재료치환
　1) 콘크리트의 심재만 고강도콘크리트로 하고, 표층 부분은 폭렬이 잘 발생하지 않는 일반콘크리트의 재료로 치환하는 방식으로 한다.
　2) 이 경우 구조계산을 하여 고강도콘크리트와 동일한 강도가 되도록 치환한 콘크리트의 두께 등을 보강하여야 한다.

4. 문제점

(1) 국내의 콘크리트 폭렬방지공법에 대한 성능검증이 미흡하다.

즉, 국내기준에서는 비재하가역시험만 시행(재하가역시험은 미시행)하고, 또 기둥형만 시험(보의 시험은 미시행)을 시행하는 방식을 채용

(2) 초고층 건축물 구조에서 콘크리트 폭렬의 위험이 더 높다.

고강도 콘크리트일수록 폭렬발생의 가능성이 높아지는데도 초고층 건축물 구조에서는 구조체의 경량화를 위해, 즉 벽체의 두께를 감소하기 위해 고강도 콘크리트를 많이 채용하고 있다.

5. 향후 대책(과제)

(1) 위의 '폭렬현상의 방지대책'의 사항을 반영한 성능위주 내화설계의 도입을 통한 고강도콘크리트의 실질적인 내화성능의 확보

(2) 선진 시험장비의 도입을 통한 국제적인 기준에 맞는 성능검증(시험)제도의 시행

6. 결론

고성능의 고강도 콘크리트일수록 내부조직의 치밀화에 따라 내부 수증기 압력의 배출이 더욱 어려워 폭렬발생 가능성이 높아지므로, 특히 고강도 콘크리트로 구조체의 경량화(벽체 두께 감소)를 추구하는 초고층 건축물 구조에서는 화재시 콘크리트 폭렬을 통한 구조체의 성능저하의 가능성이 더욱 높다고 할 수 있다. 그러므로 이에 대한 대책수립과 연구·투자가 조속히 이루어져야 할 것으로 판단된다. - 끝 -

이 하 빈 칸

소방기술사 법규문제 출제현황

소방기술사 시험 회차	건축관계법규	소방관계법규 (위험물법규는 제외)	화재안전기준	합계
134회	2	2	4	8
133회	1	4	5	10
132회	1	2	3	6
131회	1	6	1	8
130회	2	4	1	7
129회	4	-	5	9
128회	4	3	1	8
127회	2	2	3	7
126회	2	3	1	6
125회	1	4	4	9
124회	3	6	8	17
123회	2	4	4	10
122회	-	1	4	5
121회	4	3	2	9
120회	1	2	4	7
119회	2	3	4	9
118회	4	4	1	9
117회	2	2	-	4
116회	7	1	1	9

※ 위와 같이 법규문제는 의외로 출제비중이 높은 데 비해, 통상 수험생들이 소홀이 하는 경향이 많은 실정입니다. 그러나, 법규문제는 이 책에서와 같이 시험에 관련되는 내용(조항)만 뽑아서 요령있게 공부한다면 큰 어려움 없이 많은 득점을 할 수 있는 것이 법규문제의 특성이라 할 것입니다.

※ 소방기술사 시험에서 수험생이 반드시 풀어야 하는 문제 수가 22문제인데, 그 중에 법규문제가 절반 이상 출제될 때도 있는 만큼, 법규가 합격의 지름 길이 될 수 있다는 것을 염두에 두고 공부에 임한다면 성공이 한층 더 쉽게 다가올 것입니다.

부록 2
건축관계법규

[제1장] 건축법 ·· 1071
[제2장] 건축법 시행령 ·· 1076
[제3장] 건축물의 피난·방화구조 등의 기준에 관한 규칙 ··········· 1093
[제4장] 건축물의 설비기준 등에 관한 규칙 ································· 1118
[제5장] 건축자재등 품질인정 및 관리기준 ·································· 1123
[제6장] 발코니 등의 구조변경절차 및 설치기준 ························· 1134
[제7장] 건축물의 화재안전성능보강 방법 등에 관한 기준 ········· 1136
[제8장] 고강도 콘크리트 기둥·보의 내화성능 관리기준 ············ 1141

※ 밑줄 친 부분은 최근에 개정되었거나 신설된 내용임 ※

[제1장] 건축법

(개정 : 2024. 3. 26. 법률 제20424호, 시행 : 2024. 6. 27.)

제2조 (정의)

5. **지하층** : 건축물의 바닥이 지표면 아래에 있는 층으로서 바닥에서 지표면까지 평균높이가 해당 층 높이의 2분의 1 이상인 것
6. **거실** : 건축물 안에서 거주, 집무, 작업, 집회, 오락, 그 밖에 이와 유사한 목적을 위하여 사용되는 방
7. **주요구조부** : 내력벽(耐力壁), 기둥, 바닥, 보, 지붕틀 및 주계단(主階段). 다만, 사이 기둥, 최하층 바닥, 작은 보, 차양, 옥외 계단, 그 밖에 이와 유사한 것으로 건축물의 구조상 중요하지 아니한 부분은 제외한다.
8. **건축** : 건축물을 신축·증축·개축·재축(再築)하거나 건축물을 이전하는 것
9. **대수선** : 건축물의 기둥, 보, 내력벽, 주계단 등의 구조나 외부 형태를 수선·변경하거나 증설하는 것으로서 대통령령으로 정하는 것
10. **리모델링** : 건축물의 노후화를 억제하거나 기능 향상 등을 위하여 대수선하거나 건축물의 일부를 증축 또는 개축하는 행위 〈개정 2017.12.26〉
14. **설계도서** : 건축물의 건축 등에 관한 공사용 도면, 구조계산서, 시방서, 그 밖에 국토교통부령으로 정하는 공사에 필요한 서류
17. **관계전문기술자** : 건축물의 구조·설비 등 건축물과 관련된 전문기술자격을 보유하고 설계와 공사감리에 참여하여 설계자 및 공사감리자와 협력하는 자
19. **고층건축물** : 층수가 30층 이상이거나 높이가 120m 이상인 건축물
20. **실내건축** : 건축물의 실내를 안전하고 쾌적하며 효율적으로 사용하기 위하여 내부 공간을 칸막이로 구획하거나 벽지, 천장재, 바닥재, 유리 등 대통령령으로 정하는 재료 또는 장식물을 설치하는 것 〈신설 2014.5.28〉
21. **부속구조물** : 건축물의 안전·기능·환경 등을 향상시키기 위하여 건축물에 추가적으로 설치하는 환기시설물 등 대통령령으로 정하는 구조물 〈신설 2016.2.3〉

제13조의2 (건축물 안전영향평가) 〈신설 2016.2.3〉

① 허가권자는 초고층 건축물 등 대통령령으로 정하는 주요 건축물에 대하여 제11조에 따른 건축허가를 하기 전에 건축물의 구조, 지반 및 풍환경 등이 건축물의 구조안전과 인접 대지의 안전에 미치는 영향 등을 평가하는 건축물 안전영향평가(이하 "안전영향평가"라 한

다)를 안전영향평가기관에 의뢰하여 실시하여야 한다. 〈개정 2021.3.16〉
② 안전영향평가기관은 국토교통부장관이 「공공기관의 운영에 관한 법률」 제4조에 따른 공공기관으로서 건축 관련 업무를 수행하는 기관 중에서 지정하여 고시한다.
③ 안전영향평가 결과는 건축위원회의 심의를 거쳐 확정한다. 이 경우 제4조의2에 따라 건축위원회의 심의를 받아야 하는 건축물은 건축위원회 심의에 안전영향평가 결과를 포함하여 심의할 수 있다.
④ 안전영향평가 대상 건축물의 건축주는 건축허가 신청 시 제출하여야 하는 도서에 안전영향평가 결과를 반영하여야 하며, 건축물의 계획상 반영이 곤란하다고 판단되는 경우에는 그 근거 자료를 첨부하여 허가권자에게 건축위원회의 재심의를 요청할 수 있다.
⑤ 안전영향평가의 검토 항목과 건축주의 안전영향평가 의뢰, 평가 비용 납부 및 처리 절차 등 그 밖에 필요한 사항은 대통령령으로 정한다.
⑥ 허가권자는 제3항 및 제4항의 심의 결과 및 안전영향평가 내용을 국토교통부령으로 정하는 방법에 따라 즉시 공개하여야 한다.
⑦ 안전영향평가를 실시하여야 하는 건축물이 다른 법률에 따라 구조안전과 인접 대지의 안전에 미치는 영향 등을 평가 받은 경우에는 안전영향평가의 해당 항목을 평가 받은 것으로 본다.

제48조의3 (건축물의 내진능력 공개) 〈신설 2016.1.19〉

① 다음 각 호의 어느 하나에 해당하는 건축물을 건축하고자 하는 자는 제22조에 따른 사용승인을 받는 즉시 건축물이 지진 발생 시에 견딜 수 있는 능력(이하 "내진능력"이라 한다)을 공개하여야 한다. 다만, 제48조제2항에 따른 구조안전 확인대상 건축물이 아니거나 내진능력 산정이 곤란한 건축물로서 대통령령으로 정하는 건축물은 공개하지 아니한다.
  1. 층수가 2층[주요구조부인 기둥과 보를 설치하는 건축물로서 그 기둥과 보가 목재인 목구조 건축물의 경우에는 3층] 이상인 건축물
  2. 연면적이 $200m^2$(목구조 건축물의 경우에는 $500m^2$) 이상인 건축물
  3. 그 밖에 건축물의 규모와 중요도를 고려하여 대통령령으로 정하는 건축물
② 제1항의 내진능력의 산정 기준과 공개 방법 등 세부사항은 국토교통부령으로 정한다.

제49조 (건축물의 피난시설 및 용도제한 등)

① 대통령령으로 정하는 용도 및 규모의 건축물과 그 대지에는 국토교통부령으로 정하는 바에 따라 복도, 계단, 출입구, 그 밖의 피난시설과 저수조, 대지 안의 피난과 소화에 필요한 통로를 설치하여야 한다.
② 대통령령으로 정하는 용도 및 규모의 건축물의 안전·위생 및 방화(防火) 등을 위하여 필요한 용도 및 구조의 제한, 방화구획, 화장실의 구조, 계단·출입구, 거실의 반자 높이, 거실의 채광·환기·배연설비와 바닥의 방습 등에 관하여 필요한 사항은 국토교통부령으로 정한다. 다만, 대규모 창고시설 등 대통령령으로 정하는 용도 및 규모의 건축물에 대해서는 방화구획 등 화재안전에 필요한 사항을 국토교통부령으로 별도로 정할 수 있다. 〈개정 2021.10.19〉

③ 대통령령으로 정하는 건축물은 국토교통부령으로 정하는 기준에 따라 소방관이 진입할 수 있는 창을 설치하고, 외부에서 주야간에 식별할 수 있는 표시를 하여야 한다.
④ 대통령령으로 정하는 용도 및 규모의 건축물에 대하여 가구·세대 등 간 소음 방지를 위하여 국토교통부령으로 정하는 바에 따라 경계벽 및 바닥을 설치하여야 한다.
⑤ 「자연재해대책법」 제12조제1항에 따른 자연재해위험개선지구 중 침수위험지구에 국가·지방자치단체 또는 「공공기관의 운영에 관한 법률」 제4조제1항에 따른 공공기관이 건축하는 건축물은 침수방지 및 방수를 위하여 다음 각 호의 기준에 따라야 한다.
   1. 건축물의 1층 전체를 필로티(건축물을 사용하기 위한 경비실, 계단실, 승강기실, 그 밖에 이와 비슷한 것을 포함한다) 구조로 할 것
   2. 국토교통부령으로 정하는 침수 방지시설을 설치할 것

제50조 (건축물의 내화구조와 방화벽)
① 문화 및 집회시설, 의료시설, 공동주택 등 대통령령으로 정하는 건축물은 국토교통부령으로 정하는 기준에 따라 주요구조부와 지붕을 내화구조로 하여야 한다. 다만, 막구조 등 대통령령으로 정하는 구조는 주요구조부에만 내화구조로 할 수 있다. 〈개정 2018.8.14〉
② 대통령령으로 정하는 용도 및 규모의 건축물은 국토교통부령으로 정하는 기준에 따라 방화벽으로 구획하여야 한다.

제50조의2 (고층건축물의 피난 및 안전관리)
① 고층건축물에는 대통령령으로 정하는 바에 따라 피난안전구역을 설치하거나 대피공간을 확보한 계단을 설치하여야 한다. 이 경우 피난안전구역의 설치기준, 계단의 설치기준과 구조 등에 관하여 필요한 사항은 국토교통부령으로 정한다.
② 고층건축물에 설치된 피난안전구역·피난시설 또는 대피공간에는 국토교통부령으로 정하는 바에 따라 화재 등의 경우에 피난용도로 사용되는 것임을 표시하여야 한다. 〈신설 2015.1.6, 시행일 2015.7.7〉
③ 고층건축물의 화재예방 및 피해경감을 위하여 국토교통부령으로 정하는 바에 따라 제48조부터 제50조까지 기준을 강화하여 적용할 수 있다. 〈개정 2018.4.17〉

제51조 (방화지구 안의 건축물)
① 「국토의 계획 및 이용에 관한 법률」 제37조제1항제3호에 따른 방화지구 안에서는 건축물의 주요구조부와 지붕·외벽 내화구조로 하여야 한다. 다만, 대통령령으로 정하는 경우에는 그러하지 아니하다. 〈개정 2018.8.14〉

> **시행령 제58조 (방화지구의 건축물)**
> 법 제51조제1항에 따라 그 주요구조부 및 외벽을 내화구조로 하지 아니할 수 있는 건축물은 다음 각 호와 같다.

1. 연면적 30m² 미만인 단층 부속건축물로서 외벽 및 처마면이 내화구조 또는 불연재료로 된 것
  2. 도매시장의 용도로 쓰는 건축물로서 그 주요구조부가 불연재료로 된 것

② 방화지구 안의 공작물로서 간판, 광고탑, 그 밖에 대통령령으로 정하는 공작물 중 건축물의 지붕 위에 설치하는 공작물이나 높이 3m 이상의 공작물은 주요부를 불연(不燃)재료로 하여야 한다.

③ 방화지구 안의 지붕·방화문 및 인접 대지 경계선에 접하는 외벽은 국토교통부령으로 정하는 구조 및 재료로 하여야 한다.

건축물의 피난·방화구조 기준/규칙 제23조 (방화지구안의 지붕·방화문 및 외벽 등)

① 「건축법」제51조제3항에 따라 방화지구 안의 건축물의 지붕으로서 내화구조가 아닌 것은 불연재료로 하여야 한다.

② 방화지구안의 건축물의 인접대지경계선에 접하는 외벽에 설치하는 창문 등으로서 제22조제2항의 규정에 의한 연소할 우려가 있는 부분에는 다음 각 호의 방화문 기타 방화설비를 하여야 한다.
  1. 제26조에 따른 갑종방화문
  2. 소방법령이 정하는 기준에 적합하게 창문 등에 설치하는 드렌처설비
  3. 당해 창문등과 연소할 우려가 있는 다른 건축물의 부분을 차단하는 내화구조나 불연재료로 된 벽·담장 기타 이와 유사한 방화설비
  4. 환기구멍에 설치하는 불연재료로 된 방화커버 또는 그물눈이 2mm 이하인 금속망

제52조 (건축물의 마감재료 등)

① 대통령령으로 정하는 용도 및 규모의 건축물의 벽, 반자, 지붕(반자가 없는 경우에 한정한다) 등 내부의 마감재료(제52조의4제1항의 복합자재의 경우 심재를 포함한다)는 방화에 지장이 없는 재료로 하되, 「다중이용시설 등의 실내공기질관리법」제5조 및 제6조에 따른 실내공기질 유지기준 및 권고기준을 고려하고 관계 중앙행정기관의 장과 협의하여 국토교통부령으로 정하는 기준에 따른 것이어야 한다. 〈개정 2021.3.16〉

② 대통령령으로 정하는 건축물의 외벽에 사용하는 마감재료(두 가지 이상의 재료로 제작된 자재의 경우 각 재료를 포함한다)는 방화에 지장이 없는 재료로 하여야 한다. 이 경우 마감재료의 기준은 국토교통부령으로 정한다. 〈개정 2021.3.16〉

③ 욕실, 화장실, 목욕장 등의 바닥 마감재료는 미끄럼을 방지할 수 있도록 국토교통부령으로 정하는 기준에 적합하여야 한다. 〈신설 2013.7.16〉

④ 대통령령으로 정하는 용도 및 규모에 해당하는 건축물 외벽에 설치되는 창호(窓戶)는 방화에 지장이 없도록 인접 대지와의 이격거리를 고려하여 방화성능 등이 국토교통부령으로 정하는 기준에 적합하여야 한다. 〈신설 2020.12.22〉

제52조의2 (실내건축) 〈본조신설 2014.5.28〉

① 대통령령으로 정하는 용도 및 규모에 해당하는 건축물의 실내건축은 방화에 지장이 없고 사용자의 안전에 문제가 없는 구조 및 재료로 시공하여야 한다.
② 실내건축의 구조·시공방법 등에 관한 기준은 국토교통부령으로 정한다.
③ 특별자치시장·특별자치도지사 또는 시장·군수·구청장은 제1항 및 제2항에 따라 실내건축이 적정하게 설치 및 시공되었는지를 검사하여야 한다. 이 경우 검사하는 대상 건축물과 주기(週期)는 건축조례로 정한다.

제52조의4 (건축자재의 품질관리 등)

① 복합자재(불연재료인 양면 철판, 석재, 콘크리트 또는 이와 유사한 재료와 불연재료가 아닌 심재로 구성된 것을 말한다)를 포함한 제52조에 따른 마감재료, 방화문 등 대통령령으로 정하는 건축자재의 제조업자, 유통업자, 공사시공자 및 공사감리자는 국토교통부령으로 정하는 사항을 기재한 품질관리서(이하 "품질관리서"라 한다)를 대통령령으로 정하는 바에 따라 허가권자에게 제출하여야 한다. 〈개정 2021.3.16〉
② 제1항에 따른 건축자재의 제조업자, 유통업자는 한국건설기술연구원 등 대통령령으로 정하는 시험기관에 건축자재의 성능시험을 의뢰하여야 한다.

제59조 (맞벽 건축과 연결복도)

① 다음 각 호의 어느 하나에 해당하는 경우에는 제58조(대지 안의 공지), 제61조(건축물의 마감재료) 및 「민법」 제242조를 적용하지 아니한다.
  1. 대통령령으로 정하는 지역에서 도시미관 등을 위하여 둘 이상의 건축물 벽을 맞벽(대지경계선으로부터 50cm 이내인 경우를 말한다)으로 하여 건축하는 경우
  2. 대통령령으로 정하는 기준에 따라 인근 건축물과 이어지는 연결복도나 연결통로를 설치하는 경우
② 제1항 각 호에 따른 맞벽, 연결복도, 연결통로의 구조·크기 등에 관하여 필요한 사항은 대통령령으로 정한다.

제64조 (승강기)

① 건축주는 6층 이상으로서 연면적이 2천m^2 이상인 건축물을 건축하려면 승강기를 설치하여야 한다. 이 경우 승강기의 규모 및 구조는 국토교통부령으로 정한다.
② 높이 31m를 초과하는 건축물에는 대통령령으로 정하는 바에 따라 제1항에 따른 승강기뿐만 아니라 비상용승강기를 추가로 설치하여야 한다. 다만, 국토교통부령으로 정하는 건축물의 경우에는 그러하지 아니하다.
③ 고층건축물에는 제1항에 따라 건축물에 설치하는 승용승강기 중 1대 이상을 대통령령으로 정하는 바에 따라 피난용승강기로 설치하여야 한다. 〈신설 2018.4.17〉 기술사 117회

[제2장] 건축법 시행령

(개정 : 2024. 12. 17. 대통령령 제35082호, 시행 : 2024. 12. 17.)

제2조 (정의)

1. **신축** : 건축물이 없는 대지(기존 건축물이 철거되었거나 멸실된 대지를 포함)에 새로 건축물을 축조(築造)하는 것
2. **증축** : 기존건축물이 있는 대지 안에서 건축물의 건축면적·연면적·층수 또는 높이를 증가시키는 것
3. **개축** : 기존건축물의 전부 또는 일부[내력벽·기둥·보·지붕틀(한옥의 경우에는 지붕틀의 범위에서 서까래는 제외한다) 중 셋 이상이 포함되는 경우를 말한다]를 철거하고 그 대지에 종전과 같은 규모의 범위에서 건축물을 다시 축조하는 것
4. **재축** : 건축물이 천재지변이나 그 밖의 재해(災害)로 멸실된 경우 그 대지에 다음 각 목의 요건을 모두 갖추어 다시 축조하는 것 〈개정 2016.5.17〉
   가. 연면적 합계는 종전 규모 이하로 할 것
   나. 동(棟)수, 층수 및 높이는 다음의 어느 하나에 해당할 것
      1) 동수, 층수 및 높이가 모두 종전 규모 이하일 것
      2) 동수, 층수 또는 높이의 어느 하나가 종전 규모를 초과하는 경우에는 해당 동수, 층수 및 높이가 「건축법」, 이 영 또는 건축조례에 모두 적합할 것
5. **이전** : 건축물의 주요구조부를 해체하지 아니하고 같은 대지의 다른 위치로 옮기는 것
12. **부속건축물** : 같은 대지에서 주된 건축물과 분리된 부속용도의 건축물로서 주된 건축물의 이용 또는 관리하는 데에 필요한 건축물
13. **부속용도** : 건축물의 주된 용도의 기능에 필수적인 용도로서 다음 각 목의 어느 하나에 해당하는 용도를 말한다.
    가. 건축물의 설비, 대피, 위생, 그 밖에 이와 비슷한 시설의 용도
    나. 사무, 작업, 집회, 물품저장, 주차, 그 밖에 이와 비슷한 시설의 용도
    다. 구내식당·직장보육시설·구내운동시설 등 종업원후생복리시설, 구내소각시설, 그 밖에 이와 비슷한 시설의 용도
    라. 관계법령에서 주된 용도의 부수시설로 설치할 수 있게 규정하고 있는 시설의 용도
14. **발코니** : 건축물의 내부와 외부를 연결하는 완충공간으로서 전망이나 휴식 등의 목적으로 건축물 외벽에 접하여 부가적으로 설치되는 공간을 말한다. 이 경우 주택에 설치되는 발코니로서 국토교통부장관이 정하는 기준에 적합한 발코니는 필요에 따라 거실·침실·창고 등의 다양한 용도로 사용할 수 있다.
15. **초고층 건축물** : 층수가 50층 이상이거나 높이가 200m 이상인 건축물

15의2. **준초고층 건축물** : 고층건축물 중 초고층건축물이 아닌 것 〈신설 2011.7.16〉
16. **한옥** : 「한옥 등 건축자산의 진흥에 관한 법률」제2조제2호에 따른 한옥을 말한다. 〈개정 2016.1.19〉
17. **다중이용 건축물** : 다음 각 목의 어느 하나에 해당하는 건축물을 말한다. 〈개정 2018.9.4〉
   가. 다음의 어느 하나에 해당하는 용도로 쓰는 바닥면적의 합계가 5천m^2 이상인 건축물
      1) 문화 및 집회시설(동물원 및 식물원은 제외한다) 〈개정 2015.9.22〉
      2) 종교시설
      3) 판매시설
      4) 운수시설 중 여객용 시설
      5) 의료시설 중 종합병원
      6) 숙박시설 중 관광숙박시설
   나. 16층 이상인 건축물
17의2. **준다중이용 건축물** : 다중이용 건축물 외의 건축물로서 다음 각 목의 어느 하나에 해당하는 용도로 쓰는 바닥면적의 합계가 1천m^2 이상인 건축물을 말한다. 〈신설 2015. 9.22〉
   가. 문화 및 집회시설(동물원 및 식물원은 제외)   나. 종교시설
   다. 판매시설   라. 운수시설 중 여객용 시설
   마. 의료시설 중 종합병원   바. 교육연구시설
   사. 노유자시설   아. 운동시설
   자. 숙박시설 중 관광숙박시설   차. 위락시설
   카. 관광휴게시설   타. 장례시설
18. **특수구조 건축물** : 다음 각 목의 어느 하나에 해당하는 건축물을 말한다. 〈신설 2014. 11.28〉
   가. 한쪽 끝은 고정되고 다른 끝은 지지(支持)되지 아니한 구조로 된 보·차양 등이 외벽(외벽이 없는 경우에는 외곽 기둥을 말한다)의 중심선으로부터 3m 이상 돌출된 건축물 〈개정 2018.9.4〉
   나. 기둥과 기둥 사이의 거리(기둥의 중심선 사이의 거리를 말하며, 기둥이 없는 경우에는 내력벽과 내력벽의 중심선 사이의 거리를 말한다.)가 20m 이상인 건축물
   다. 무량판 구조(보가 없이 바닥판·기둥으로 구성된 구조를 말한다)를 가진 건축물로서 무량판 구조인 어느 하나의 층에 수직으로 배치된 주요구조부의 전체 단면적에서 보가 없이 배치된 기둥의 전체 단면적이 차지하는 비율이 4분의 1 이상인 건축물 〈신설 2024.12.17〉
   라. 특수한 설계·시공·공법 등이 필요한 건축물로서 국토교통부장관이 정하여 고시하는 구조로 된 건축물

제3조의2 (대수선의 범위) 기술사 101회

다음 각 호의 어느 하나에 해당하는 것으로서 증축·개축 또는 재축에 해당하지 아니하는

것을 말한다.
1. 내력벽을 증설 또는 해체하거나 그 벽면적을 30m² 이상 수선 또는 변경하는 것
2. 기둥을 증설 또는 해체하거나 3개 이상 수선 또는 변경하는 것
3. 보를 증설 또는 해체하거나 3개 이상 수선 또는 변경하는 것
4. 지붕틀을 증설 또는 해체하거나 3개 이상 수선 또는 변경하는 것(다만, 한옥의 경우 지붕틀의 범위에서 서까래는 포함하지 아니한다)
5. 방화벽 또는 방화구획을 위한 바닥 또는 벽을 증설 또는 해체하거나 수선 또는 변경하는 것
6. 주계단·피난계단 또는 특별피난계단을 증설 또는 해체하거나 수선 또는 변경하는 것
7. 미관지구에서 건축물의 외부형태(담장을 포함한다)를 변경하는 것
8. 다가구주택의 가구 간 경계벽 또는 다세대주택의 세대 간 경계벽을 증설 또는 해체하거나 수선 또는 변경하는 것
9. 건축물의 외벽에 사용하는 마감재료(법 제52조제2항에 따른 마감재료를 말한다)를 증설 또는 해체하거나 벽면적 30m² 이상 수선 또는 변경하는 것 〈신설 2014.11.11〉

제10조의3 (건축물 안전영향평가) 〈본조 신설 2017.2.3〉

① 법 제13조의2제1항에서 "초고층 건축물 등 대통령령으로 정하는 주요 건축물"이란 다음 각 호의 어느 하나에 해당하는 건축물을 말한다.
1. 초고층 건축물
2. 다음 각 목의 요건을 모두 충족하는 건축물 〈개정 2017.12.26〉
   가. 연면적(하나의 대지에 둘 이상의 건축물을 건축하는 경우에는 각각의 건축물의 연면적을 말한다)이 10만m² 이상일 것
   나. 16층 이상일 것
② 제1항 각 호의 건축물을 건축하려는 자는 법 제11조에 따른 건축허가를 신청하기 전에 다음 각 호의 자료를 첨부하여 허가권자에게 법 제13조의2제1항에 따른 건축물 안전영향평가(이하 "안전영향평가"라 한다)를 의뢰하여야 한다.
1. 건축계획서 및 기본설계도서 등 국토교통부령으로 정하는 도서
2. 인접 대지에 설치된 상수도·하수도 등 국토교통부장관이 정하여 고시하는 지하시설물의 현황도
3. 그 밖에 국토교통부장관이 정하여 고시하는 자료
③ 법 제13조의2제1항에 따라 허가권자로부터 안전영향평가를 의뢰받은 기관(같은 조 제2항에 따라 지정·고시된 기관을 말하며, 이하 "안전영향평가기관"이라 한다)은 다음 각 호의 항목을 검토하여야 한다.
1. 해당 건축물에 적용된 설계 기준 및 하중의 적정성
2. 해당 건축물의 하중저항시스템의 해석 및 설계의 적정성
3. 지반조사 방법 및 지내력(地耐力) 산정결과의 적정성

4. 굴착공사에 따른 지하수위 변화 및 지반 안전성에 관한 사항

5. 그 밖에 건축물의 안전영향평가를 위하여 국토교통부장관이 필요하다고 인정하는 사항

④ 안전영향평가기관은 안전영향평가를 의뢰받은 날부터 30일 이내에 안전영향평가 결과를 허가권자에게 제출하여야 한다. 다만, 부득이한 경우에는 20일의 범위에서 그 기간을 한 차례만 연장할 수 있다.

⑤ 제2항에 따라 안전영향평가를 의뢰한 자가 보완하는 기간 및 공휴일·토요일은 제4항에 따른 기간의 산정에서 제외한다.

⑥ 허가권자는 제4항에 따라 안전영향평가 결과를 제출받은 경우에는 지체 없이 제2항에 따라 안전영향평가를 의뢰한 자에게 그 내용을 통보하여야 한다.

⑦ 안전영향평가에 드는 비용은 제2항에 따라 안전영향평가를 의뢰한 자가 부담한다.

⑧ 제1항부터 제7항까지에서 규정한 사항 외에 안전영향평가에 관하여 필요한 사항은 국토교통부장관이 정하여 고시한다.

제32조 (구조안전의 확인) 기술사 112회·118회·128회

① 법 제11조제1항에 따른 건축물(건축허가대상 건축물)을 건축하거나 대수선하는 경우 해당 건축물의 설계자는 국토교통부령으로 정하는 구조기준 등에 따라 그 구조의 안전을 확인하여야 한다. 〈개정 2014.11.28〉

② 제1항에 따라 구조 안전을 확인한 건축물 중 다음 각 호의 어느 하나에 해당하는 건축물의 건축주는 해당 건축물의 설계자로부터 구조 안전의 확인 서류를 받아 법 제21조에 따른 착공신고를 하는 때에 그 확인 서류를 허가권자에게 제출하여야 한다.

1. 층수가 2층(주요구조부인 기둥과 보를 설치하는 건축물로서 그 기둥과 보가 목재인 목구조 건축물의 경우에는 3층) 이상인 건축물 〈개정 2017.2.3〉

2. 연면적이 200m²(목구조 건축물의 경우에는 500m²) 이상인 건축물. 다만, 창고, 축사, 작물 재배사 및 표준설계도서에 따라 건축하는 건축물은 제외한다. 〈개정 2017.10.24〉

3. 높이가 13m 이상인 건축물

4. 처마높이가 9m 이상인 건축물

5. 기둥과 기둥 사이의 거리가 10m 이상인 건축물

6. 건축물의 용도 및 규모를 고려한 중요도가 높은 건축물로서 국토교통부령으로 정하는 건축물 〈개정 2017.10.24〉

7. 국가적 문화유산으로 보존할 가치가 있는 건축물로서 국토교통부령으로 정하는 것

8. 제2조제18호가목, 다목 및 라목의 건축물 〈개정 2024.12.17〉

9. 별표1제1호의 단독주택 및 같은 표 제2호의 공동주택 〈신설 2017.10.24〉

③ 제1항 및 제2항 각 호 외의 부분 본문에도 불구하고 방화·방수·단열 등의 성능 개선을 위해 기존 건축물을 국토교통부령으로 정하는 바에 따라 증축 또는 대수선하는 건축주에 대해서는 다음 각 호의 요건을 모두 갖춘 경우 국토교통부령으로 정하는 바에 따라 구조 안전의 확인 방법을 달리 적용할 수 있다. 다만, 제3조의2 제5호에 해당하는 경우에는 제1

호를 적용하지 않는다. 〈제③항 전체 신설 2024.12.17〉
1. 주요구조부의 변경이 없을 것
2. 법 제48조 제1항에 따른 구조내력(構造耐力)의 변경이 국토교통부령으로 정하는 경미한 변경에 해당할 것

④ 제6조제1항제6호다목에 따라 기존 건축물을 건축 또는 대수선하려는 건축주는 법 제5조제1항에 따라 적용의 완화를 요청할 때 구조안전의 확인서류를 허가권자에게 제출하여야 한다. 〈신설 2017.2.3〉

제32조의2 (건축물의 내진능력 공개) 〈본조 신설 2018.6.26〉

① 법 제48조의3제1항 각 호 외의 부분 단서에서 "대통령령으로 정하는 건축물"이란 다음 각 호의 어느 하나에 해당하는 건축물을 말한다.
  1. 창고, 축사, 작물재배사 및 표준설계도서에 따라 건축하는 건축물로서 제32조제2항제1호 및 제3호부터 제9호까지의 어느 하나에도 해당하지 아니하는 건축물
  2. 제32조제1항에 따른 구조기준 중 국토교통부령으로 정하는 소규모건축구조기준을 적용한 건축물

② 법 제48조의3제1항제3호에서 "대통령령으로 정하는 건축물"이란 제32조제2항제3호부터 제9호까지의 어느 하나에 해당하는 건축물을 말한다.

제34조 (직통계단의 설치대상)

① **직통계단의 설치대상** 기술사 119회

건축물의 피난층(직접 지상으로 통하는 출입구가 있는 층 및 제3항에 따른 초고층 건축물의 피난안전구역을 말한다) 외의 층에서 피난층 또는 지상으로 통하는 직통계단(경사로를 포함한다)을 거실의 각 부분으로부터 계단에 이르는 보행거리가 다음과 같이 되게 설치하여야 한다.
  1. 주요구조부가 내화구조 또는 불연재료로 된 건축물(단, 지하층으로서 바닥면적의 합계가 300㎡ 이상인 공연장·집회장·관람장 및 전시장은 제외한다.) : 50m 이하
  2. 층수가 16층 이상인 공동주택의 경우 16층 이상인 층 : 40m 이하 〈개정 2020.10.8〉
  3. 자동화 생산시설에 스프링클러 등 자동식 소화설비를 설치한 공장으로서 국토교통부령으로 정하는 공장(반도체 및 디스플레이 패널 제조공장) : 75m(단, 무인화 공장인 경우는 100m) 이하
  4. 기타(위 사항에 해당하지 아니하는) 건축물 : 30m 이하

② **직통계단을 2개소 이상 설치하여야 하는 대상물** 〈개정 2014.3.24, 2015.9.22〉
  1. 제2종 근린생활시설 중 공연장·종교집회장, 문화 및 집회시설, 종교시설, 장례시설, 주점영업의 용도로 쓰는 층으로서 그 층에서 해당용도로 쓰는 바닥면적의 합계 200㎡(제2종 근린생활시설 중 공연장·종교집회장은 각각 300㎡) 이상인 것 〈개정 2014.3.24〉
  2. 단독주택 중 다중주택, 다가구주택, 제1종 근린생활시설 중 정신과의원(입원실이 있는

경우로 한정한다), 제2종 근린생활시설 중 인터넷컴퓨터게임시설제공업소(해당용도로 쓰는 바닥면적의 합계가 300m² 이상인 경우만 해당)·학원·독서실, 판매시설, 운수시설, 의료시설, 노유자시설 중 아동 관련 시설·노인복지시설·장애인 거주시설 및 「장애인복지법」 제58조제1항제4호에 따른 장애인 의료재활시설, 수련시설 중 유스호스텔 또는 숙박시설의 용도로 쓰는 3층 이상의 층으로서 그 층의 당해 용도로 쓰는 거실의 바닥면적의 합계가 200m² 이상인 것 〈개정 2014.3.24, 2015.9.22〉

3. 공동주택(층당 4세대 이하인 것은 제외) 또는 오피스텔의 용도로 쓰는 층으로서 그 층의 당해용도로 쓰는 거실의 바닥면적의 합계가 300m² 이상인 것
4. 제1호부터 제3호까지의 용도에 쓰지 아니하는 3층 이상의 층으로서 그 층 거실의 바닥면적의 합계가 400m² 이상인 것
5. 지하층으로서 그 층 거실의 바닥면적의 합계가 200m² 이상인 것

③ 초고층 건축물에는 피난층 또는 지상으로 통하는 직통계단과 직접 연결되는 피난안전구역(건축물의 피난·안전을 위하여 건축물 중간층에 설치하는 대피공간을 말한다)을 지상층으로부터 30개 층마다 1개소 이상 설치하여야 한다.

④ 준초고층 건축물에는 피난층 또는 지상으로 통하는 직통계단과 직접 연결되는 피난안전구역을 해당 건축물 전체 층수의 2분의 1에 해당하는 층으로부터 상하 5개층 이내에 1개소 이상 설치하여야 한다. 다만, 국토교통부령으로 정하는 기준에 따라 피난층 또는 지상으로 통하는 직통계단을 설치하는 경우에는 그러하지 아니하다. 〈④항 신설 2011.12.30〉

⑤ 제3항 및 제4항에 따른 피난안전구역의 규모와 설치기준은 국토교통부령으로 정한다.

제35조 (피난계단의 설치대상) 기술사 99회·105회·116회

① **피난계단의 설치대상**

지상5층 이상 또는 지하2층 이하인 층으로부터 피난층 또는 지상으로 통하는 직통계단. 다만, 건축물의 주요구조부가 내화구조 또는 불연재료로 되어 있는 경우로서 다음 각 호의 1에 해당하는 경우에는 그러하지 아니하다.

1. 5층 이상인 층의 바닥면적의 합계가 200m² 이하인 경우
2. 5층 이상인 층의 바닥면적 매 200m² 이내마다 방화구획이 되어 있는 경우

② **특별피난계단의 설치대상**

건축물(갓복도식 공동주택은 제외)의 11층(공동주택의 경우에는 16층) 이상인 층(바닥면적이 400m² 미만인 층은 제외) 또는 지하3층 이하인 층(바닥면적이 400m² 미만인 층은 제외)으로부터 피난층 또는 지상으로 통하는 직통계단

다만, 제1항(피난계단의 설치대상)의 경우에 판매시설의 용도에 쓰이는 층으로부터의 직통계단은 그 중 1개소 이상을 특별피난계단으로 설치하여야 한다.

제36조 (옥외피난계단의 설치대상) 기술사 99회

건축물의 3층 이상인 층(피난층은 제외)으로서 다음 각 호의 어느 하나에 해당하는 용도

로 쓰는 층
1. 제2종 근린생활시설 중 공연장(해당용도로 쓰는 바닥면적의 합계가 300m² 이상인 경우만 해당한다), 문화 및 집회시설 중 공연장이나 위락시설 중 주점영업의 용도로 쓰는 층으로서 그 층 거실의 바닥면적의 합계가 300m² 이상인 것〈개정 2014.3.24〉
2. 문화 및 집회시설 중 집회장의 용도로 쓰는 층으로서 그 층 거실의 바닥면적의 합계가 1,000m² 이상인 것

제37조 (지하층과 피난층 사이의 개방공간 설치)

바닥면적의 합계가 3천m² 이상인 공연장·집회장·관람장 또는 전시장을 지하층에 설치하는 경우에는 각 실에 있는 자가 지하층 각 층에서 건축물 밖으로 피난하여 옥외계단 또는 경사로 등을 이용하여 피난층으로 대피할 수 있도록 천장이 개방된 외부 공간을 설치하여야 한다.

제38조 (관람실 등으로부터의 출구 설치대상)

1. 제2종 근린생활시설 중 공연장·종교집회장(해당용도로 쓰는 바닥면적의 합계가 300m² 이상인 경우만 해당한다)〈신설 2014.3.24〉
2. 문화 및 집회시설(전시장 및 동·식물원은 제외)
3. 종교시설
4. 위락시설
5. 장례시설

제39조 (건축물 바깥쪽으로의 출구 설치대상) 기술사 87회·131회

1. 제2종 근린생활시설 중 공연장·종교집회장·인터넷컴퓨터게임시설제공업소(해당용도로 쓰는 바닥면적의 합계가 300m² 이상인 경우만 해당)〈신설 2014.3.24〉
2. 문화 및 집회시설(전시장 및 동·식물원은 제외)
3. 종교시설
4. 판매 및 영업시설 중 도매시장·소매시장 및 상점
5. 장례시설
6. 업무시설 중 국가 또는 지방자치단체의 청사
7. 위락시설
8. 연면적이 5,000m² 이상인 창고시설
9. 교육연구시설 중 학교
10. 승강기를 설치하여야 하는 건축물

제40조 (옥상광장 등의 설치기준) 기술사 90회·91회·98회

① 옥상광장 또는 2층 이상인 층에 있는 노대등(노대나 그 밖에 이와 비슷한 것을 말한다. 이하 같다)의 주위에는 높이 1.2미터 이상의 난간을 설치하여야 한다. 다만, 그 노대등에

출입할 수 없는 구조인 경우에는 그러하지 아니하다. 〈개정 2018.9.4〉
② **피난용도의 옥상광장 설치대상**
　　5층 이상인 층이 제2종 근린생활시설 중 공연장·종교집회장·인터넷컴퓨터게임시설제공업소(해당용도로 쓰는 바닥면적의 합계가 300m² 이상인 경우만 해당), 문화 및 집회시설(전시장 및 동·식물원은 제외), 종교시설, 판매시설, 장례시설 또는 위락시설 중 주점영업의 용도로 쓰는 경우 〈개정 2014.3.24〉
③ 다음 각 호의 어느 하나에 해당하는 건축물은 옥상으로 통하는 출입문에 「소방시설 설치 및 관리에 관한 법률」 제40조제1항에 따른 성능인증 및 같은 조 제2항에 따른 제품검사를 받은 비상문자동개폐장치(화재 등 비상시에 소방시스템과 연동되어 잠김 상태가 자동으로 풀리는 장치를 말한다)를 설치해야 한다.
　1. 제2항에 따라 피난용도로 쓸 수 있는 광장을 옥상에 설치해야 하는 건축물
　2. 피난용도로 쓸 수 있는 광장을 옥상에 설치하는 다음 각 목의 건축물
　　가. 다중이용 건축물
　　나. 연면적 1,000m² 이상인 공동주택
④ **헬리포트 설치대상**　기술사 99회·129회
　　층수가 11층 이상인 건축물로서 11층 이상인 층의 바닥면적의 합계가 1만m² 이상인 건축물의 옥상에는 다음 각 호의 구분에 따른 공간을 확보하여야 한다.
　1. 건축물의 지붕을 평지붕으로 하는 경우 : 헬리포트를 설치하거나 헬리콥터를 통하여 인명 등을 구조할 수 있는 공간 〈1호 및 2호 신설 : 2011.12.30〉
　2. 건축물의 지붕을 경사지붕으로 하는 경우 : 경사지붕 아래에 설치하는 대피공간
⑤ 제4항에 따른 헬리포트를 설치하거나 헬리콥터를 통하여 인명 등을 구조할 수 있는 공간 및 경사지붕 아래에 설치하는 대피공간의 설치기준은 국토교통부령으로 정한다.

제41조 (대지안의 피난 및 소화에 필요한 통로 설치) 기술사 90회·105회
① 건축물의 대지 안에는 그 건축물의 바깥쪽으로 통하는 주된 출구와 지상으로 통하는 피난계단 및 특별피난계단으로부터 도로 또는 공지(공원, 광장, 그 밖에 이와 비슷한 것으로서 피난 및 소화를 위하여 당해 대지의 출입에 지장이 없는 것을 말한다)로 통하는 통로를 다음 각 호의 기준에 따라 설치하여야 한다.
　1. 통로의 너비는 다음 각 목의 구분에 따른 기준에 따라 확보할 것
　　가. 단독주택 : 유효 너비 0.9m 이상
　　나. 바닥면적의 합계가 500m² 이상인 문화 및 집회시설, 종교시설, 의료시설, 위락시설 또는 장례시설 : 유효 너비 3m 이상
　　다. 그 밖의 용도로 쓰는 건축물 : 유효 너비 1.5m 이상
　2. 필로티 내 통로의 길이가 2미터 이상인 경우에는 피난 및 소화활동에 장애가 발생하지 아니하도록 자동차 진입억제용 말뚝 등 통로 보호시설을 설치하거나 통로에 단차(段差)를 둘 것 〈개정 2016.5.17〉

② 제1항에도 불구하고 다중이용 건축물, 준다중이용 건축물 또는 층수가 11층 이상인 건축물이 건축되는 대지에는 그 안의 모든 다중이용 건축물, 준다중이용 건축물 또는 층수가 11층 이상인 건축물에 소방자동차의 접근이 가능한 통로를 설치하여야 한다. 다만, 모든 다중이용 건축물, 준다중이용 건축물 또는 층수가 11층 이상인 건축물이 소방자동차의 접근이 가능한 도로 또는 공지에 직접 접하여 건축되는 경우로서 소방자동차가 도로 또는 공지에서 직접 소방활동이 가능한 경우에는 그러하지 아니하다. 〈개정 2015.9.22〉

제44조 (피난규정의 적용례)

건축물이 창문, 출입구, 그 밖의 개구부(이하 "창문등"이라 한다)가 없는 내화구조의 바닥 또는 벽으로 구획되어 있는 경우에는 그 구획된 각 부분을 각각 별개의 건축물로 보아 제34조부터 제41조까지 및 제48조를 적용한다. 〈개정 2018.9.4〉

제46조 (방화구획 등의 설치)

① **방화구획의 설치대상** 기술사 121회·127회·130회

주요구조부가 내화구조 또는 불연재료로 된 건축물로서 연면적이 1,000m²를 넘는 것은 국토교통부령으로 정하는 기준에 따라 다음 각 호의 구조물로 구획을 해야 한다. 다만, 「원자력안전법」 제2조제8호 및 제10호에 따른 원자로 및 관계시설은 같은 법에서 정하는 바에 따른다. 〈개정 2020.10.8〉
 1. 내화구조로 된 바닥 및 벽
 2. 제64조제1호·제2호에 따른 방화문 또는 자동방화셔터

② **방화구획의 설치완화(제외) 대상** 기술사 96회·121회·132회 관리사 17회
 1. 문화 및 집회시설(동·식물원은 제외), 종교시설, 운동시설 또는 장례시설의 용도로 쓰는 거실로서 시선 및 활동공간의 확보를 위하여 불가피한 부분
 2. 물품의 제조·가공 및 운반 등(보관은 제외)에 필요한 고정식 대형 기기 또는 설비의 설치를 위하여 불가피한 부분. 다만, 지하층인 경우에는 지하층의 외벽 한쪽 면 전체가 건물 밖으로 개방되어 보행과 자동차의 진입·출입이 가능한 경우로 한정한다. 〈개정 2022.7.26〉
 3. 계단실·복도 또는 승강기의 승강장 및 승강로로서 그 건축물의 다른 부분과 방화구획으로 구획된 부분. 다만, 해당 부분에 위치하는 설비배관 등이 바닥을 관통하는 부분은 제외한다. 〈개정 2020.10.8〉
 4. 건축물의 최상층 또는 피난층으로서 대규모회의장·강당·스카이라운지·로비 등의 용도로 사용하는 부분으로서 그 용도로 사용하기 위하여 불가피한 부분
 5. 복층형 공동주택의 세대안의 층간 바닥부분
 6. 주요구조부가 내화구조 또는 불연재료로 된 주차장
 7. 단독주택, 동물 및 식물관련시설 또는 국방·군사시설(집회, 체육, 창고 등의 용도로 사용되는 시설만 해당한다)에 쓰는 건축물
 8. 건축물의 1층과 2층의 일부를 동일한 용도로 사용하며 그 건축물의 다른 부분과 방화구

획으로 구획된 부분(바닥면적의 합계가 500m² 이하인 경우로 한정한다)〈신설 2019.8.6〉
③ 건축물 일부의 주요구조부를 내화구조로 하거나 제2항에 따라 건축물의 일부에 제1항을 완화하여 적용한 경우에는 내화구조로 한 부분 또는 제1항을 완화하여 적용한 부분과 그 밖의 부분을 방화구획으로 구획하여야 한다. 〈개정 2018.9.4〉
④ 공동주택 중 아파트로서 4층 이상인 층의 각 세대가 2개 이상의 직통계단을 사용할 수 없는 경우에는 발코니(발코니의 외부에 접하는 경우를 포함한다)에 인접세대와 공동으로 또는 각 세대별로 다음 각 호의 요건을 모두 갖춘 대피공간을 하나 이상 설치해야 한다. 이 경우 인접세대와 공동으로 설치하는 대피공간은 인접세대를 통하여 2개 이상의 직통계단을 사용할 수 있는 위치에 우선 설치되어야 한다. 〈개정 2023.9.12〉 기술사 129회
  1. 대피공간은 바깥의 공기와 접할 것
  2. 대피공간은 실내의 다른 부분과 방화구획으로 구획될 것
  3. 대피공간의 바닥면적은 인접세대와 공동으로 설치하는 경우에는 3m² 이상, 각 세대별로 설치하는 경우에는 2m² 이상일 것
  4. 대피공간으로 통하는 출입문은 제64조제1항제1호에 따른 60분+ 방화문으로 설치할 것 〈신설 2024.6.18〉
  5. 국토교통부장관이 정하는 기준에 적합할 것
⑤ 제4항에도 불구하고 아파트의 4층 이상인 층에서 발코니(제4호의 경우에는 발코니의 외부에 접하는 경우를 포함한다)에 다음 각 호의 어느 하나에 해당하는 구조 또는 시설을 갖춘 경우에는 대피공간을 설치하지 아니할 수 있다. 〈개정 2021.8.10, 2023.9.12〉
기술사 118회·123회·129회
  1. 발코니와 인접 세대와의 경계벽이 파괴하기 쉬운 경량구조 등인 경우
  2. 발코니의 경계벽에 피난구를 설치한 경우
  3. 발코니의 바닥에 국토교통부령으로 정하는 하향식 피난구를 설치한 경우
  4. 국토교통부장관이 제4항에 따른 대피공간과 동일하거나 그 이상의 성능이 있다고 인정하여 고시하는 구조 또는 시설(이하 이 호에서 "대체시설"이라 한다)을 갖춘 경우
⑥ 요양병원, 정신병원, 「노인복지법」제34조제1항제1호에 따른 노인요양시설, 장애인 거주시설 및 장애인 의료재활시설의 피난층 외의 층에는 다음 각 호의 어느 하나에 해당하는 시설을 설치하여야 한다. 〈⑥항 신설 2015.9.22〉
  1. 각 층마다 별도로 방화구획된 대피공간
  2. 거실에 접하여 설치된 노대등
  3. 계단을 이용하지 아니하고 건물 외부의 지상으로 통하는 경사로 또는 인접 건축물로 피난할 수 있도록 설치하는 연결복도 또는 연결통로〈개정 2018.9.4〉
⑦ 법 제49조제2항 단서에서 "대규모 창고시설 등 대통령령으로 정하는 용도 및 규모의 건축물"이란 제2항제2호에 해당하여 제1항을 적용하지 않거나 완화하여 적용하는 부분이 포함된 창고시설을 말한다. 〈신설 2022.7.26〉

제47조 (방화에 장애가 되는 용도의 제한) 기술사 87회·96회

① 법 제49조제2항 본문에 따라 의료시설, 노유자시설, 공동주택 또는 장례시설과 위락시설, 위험물저장 및 처리시설, 공장 또는 자동차관련시설(정비공장)은 같은 건축물에 함께 설치할 수 없다. 다만, 다음 각 호에 해당하는 경우로서 국토교통부령으로 정하는 경우에는 같은 건축물에 함께 설치할 수 있다. 〈개정 2022.7.26〉
1. 공동주택(기숙사만 해당한다)과 공장이 같은 건축물에 있는 경우
2. 중심상업지역·일반상업지역 또는 근린상업지역에서 「도시 및 주거환경정비법」에 따른 도시환경정비사업을 시행하는 경우
3. 공동주택과 위락시설이 같은 초고층 건축물에 있는 경우. 다만, 사생활을 보호하고 방범·방화 등 주거 안전을 보장하며 소음·악취 등으로부터 주거환경을 보호할 수 있도록 주택의 출입구·계단 및 승강기 등을 주택 외의 시설과 분리된 구조로 하여야 한다.
4. 「산업집적활성화 및 공장설립에 관한 법률」 제2조제13호에 따른 지식산업센터와 「영유아보육법」 제10조제4호에 따른 직장어린이집이 같은 건축물에 있는 경우

② 법 제49조제2항 본문에 따라 다음 각 호에 해당하는 용도의 시설은 같은 건축물에 함께 설치할 수 없다. 〈개정 2022.7.26〉
1. 노유자시설 중 아동관련시설 또는 노인복지시설과 판매시설 중 도매시장 또는 소매시장
2. 단독주택(다중주택, 다가구주택에 한정한다), 공동주택, 제1종 근린생활시설 중 조산원 또는 산후조리원, 제2종 근린생활시설 중 다중생활시설

제48조 (계단·복도 및 출입구의 설치)

① 법 제49조제2항 본문에 따라 연면적 200㎡를 초과하는 건축물에 설치하는 계단 및 복도는 국토교통부령으로 정하는 기준에 적합해야 한다. 〈개정 2022.4.29〉
② 법 제49조제2항 본문에 따라 제39조제1항 각 호에 해당하는 건축물의 출입구는 국토교통부령으로 정하는 기준에 적합해야 한다.

제51조 (거실의 채광 및 배연설비 등)

① 채광 및 환기를 위한 창문 등의 설치대상
법 제49조제2항 본문에 따라 단독주택 및 공동주택의 거실, 교육연구시설 중 학교의 교실, 의료시설의 병실 및 숙박시설의 객실에는 국토교통부령으로 정하는 기준에 따라 환기를 위한 창문 등이나 설비를 설치해야 한다. 〈개정 2022.4.29〉

② 배연설비의 설치대상 기술사 116회
법 제49조제2항 본문에 따라 다음 각 호에 해당하는 건축물의 거실(피난층의 거실은 제외한다)에는 배연설비를 해야 한다. 〈개정 2022.4.29〉
1. 6층 이상인 건축물로서 다음 각 목의 어느 하나에 해당하는 용도로 쓰는 건축물
  가. 제2종 근린생활시설 중 공연장, 종교집회장, 인터넷컴퓨터게임시설제공업소 및 다중생활시설(공연장, 종교집회장 및 인터넷컴퓨터게임시설제공업소는 해당 용도로

쓰는 바닥면적의 합계가 각각 300m² 이상인 경우만 해당한다)
나. 문화 및 집회시설
다. 종교시설
라. 판매시설
마. 운수시설
바. 의료시설(요양병원 및 정신병원은 제외)
사. 교육연구시설 중 연구소
아. 노유자시설 중 아동관련시설·노인복지시설
자. 수련시설 중 유스호스텔(노인요양시설은 제외)
차. 운동시설
카. 업무시설
타. 숙박시설
파. 위락시설
하. 관광휴게시설
거. 장례시설
2. 다음 각 목의 어느 하나에 해당하는 용도로 쓰는 건축물 〈신설 2015.9.22〉
가. 의료시설 중 요양병원 및 정신병원
나. 노유자시설 중 노인요양시설·장애인 거주시설 및 장애인 의료재활시설
다. 제1종 근린생활시설 중 산후조리원 〈신설 2020.10.8〉
③ 오피스텔에 거실 바닥으로부터 높이 1.2m 이하 부분에 여닫을 수 있는 창문을 설치하는 경우에는 국토교통부령으로 정하는 기준에 따라 추락방지를 위한 안전시설을 설치하여야 한다.
④ 법 제49조제3항에 따라 건축물의 11층 이하의 층에는 국토교통부령으로 정하는 기준에 따라 소방관이 진입할 수 있는 곳을 정하여 외부에서 주·야간 식별할 수 있는 표시를 하여야 한다. 다만, 다음 각 호의 어느 하나에 해당하는 아파트는 제외한다. 〈개정 2019.10.24〉
1. 제46조제4항 및 제5항에 따라 대피공간 등을 설치한 아파트
2. 「주택건설기준 등에 관한 규정」 제15조제2항에 따라 비상용승강기를 설치한 아파트

제53조 (경계벽 등의 설치) 기술사 112회

① 다음 각 호의 어느 하나에 해당하는 건축물의 경계벽은 국토교통부령으로 정하는 기준에 따라 설치해야 한다. 〈개정 2020.10.8〉
1. 단독주택 중 다가구주택의 각 가구 간 또는 공동주택(기숙사는 제외)의 각 세대 간 경계벽(제2조제14호 후단에 따라 거실·침실 등의 용도로 쓰지 아니하는 발코니 부분은 제외)
2. 공동주택 중 기숙사의 침실, 의료시설의 병실, 교육연구시설 중 학교의 교실 또는 숙박시설의 객실 간 경계벽
3. 제1종 근린생활시설 중 산후조리원의 다음 각 호의 어느 하나에 해당하는 경계벽
가. 임산부실 간 경계벽

나. 신생아실 간 경계벽
　　　다. 임산부실과 신생아실 간 경계벽
　4. 제2종 근린생활시설 중 다중생활시설의 호실 간 경계벽
　5. 노유자시설 중 「노인복지법」 제32조제1항제3호에 따른 노인복지주택(이하 "노인복지주택"이라 한다)의 각 세대 간 경계벽
　6. 노유자시설 중 노인요양시설의 호실 간 경계벽
② 다음 각 호의 어느 하나에 해당하는 건축물의 층간바닥(화장실의 바닥은 제외)은 국토교통부령으로 정하는 기준에 따라 설치해야 한다. 〈②항 신설 2014.11.28〉
　1. 단독주택 중 다가구주택
　2. 공동주택(「주택법」 제16조에 따른 주택건설사업계획승인 대상은 제외)
　3. 업무시설 중 오피스텔
　4. 제2종 근린생활시설 중 다중생활시설
　5. 숙박시설 중 다중생활시설

제56조 (건축물의 내화구조) 기술사 89회

① 다음 각 호의 어느 하나에 해당하는 건축물(제5호에 해당하는 건축물로서 2층 이하인 건축물은 지하층 부분만 해당한다)의 주요구조부와 지붕은 이를 내화구조로 해야 한다. 다만, 연면적이 50m² 이하인 단층의 부속건축물로서 외벽 및 처마 밑면을 방화구조로 한 것과 무대의 바닥은 그렇지 않다. 〈개정 2017.2.3〉

　1. 제2종 근린생활시설 중 공연장·종교집회장(해당용도로 쓰는 바닥면적의 합계가 300m² 이상인 경우만 해당한다), 문화 및 집회시설(전시장 및 동·식물원은 제외), 종교시설, 장례시설 또는 위락시설 중 주점영업의 용도로 쓰는 건축물로서 관람실 또는 집회실의 바닥면적의 합계가 200m²(옥외관람석의 경우에는 1,000m²) 이상인 건축물

　2. 문화 및 집회시설 중 전시장 또는 동·식물원, 판매시설, 운수시설, 교육연구시설에 설치하는 체육관·강당, 수련시설, 운동시설 중 체육관·운동장, 위락시설(주점영업의 용도로 쓰는 것을 제외한다), 창고시설, 위험물저장 및 처리시설, 자동차관련시설, 방송통신시설 중 방송국·전신전화국·촬영소, 묘지 관련시설 중 화장시설·동물화장시설 또는 관광휴게시설의 용도로 쓰는 건축물로서 그 용도로 쓰는 바닥면적의 합계가 500m² 이상인 건축물

　3. 공장의 용도로 쓰는 건축물로서 그 용도로 쓰는 바닥면적의 합계가 2천m² 이상인 건축물. 다만, 화재의 위험이 적은 공장으로서 건설교통부령이 정하는 공장을 제외한다.

　4. 건축물의 2층이 단독주택 중 다중주택, 다가구주택, 공동주택, 제1종 근린생활시설(의료의 용도로 쓰는 시설만 해당한다), 제2종 근린생활시설 중 다중생활시설, 의료시설, 노유자시설 중 아동 관련시설·노인복지시설 및 유스호스텔, 업무시설 중 오피스텔, 장례시설 또는 숙박시설의 용도로 쓰는 건축물로서 그 용도로 쓰는 바닥면적의 합계가 400m² 이상인 건축물

5. 3층 이상인 건축물 및 지하층이 있는 건축물. 다만, 단독주택(다중주택 및 다가구주택을 제외한다), 동물 및 식물관련시설, 발전시설(발전소의 부속용도로 사용되는 시설을 제외한다), 교도소·감화원 또는 묘지관련시설(화장시설 및 동물화장시설은 제외한다)의 용도로 쓰는 건축물은 제외한다.

② 법 제50조 제1항 단서에 따라 막구조의 건축물은 주요구조부에만 내화구조로 할 수 있다.

제57조 (건축물의 대규모 건축물의 방화벽 등) 기술사 116회

① **방화벽에 의한 방화구획 대상**

주요구조부가 내화구조 또는 불연재료가 아닌 건축물로서 연면적 1,000㎡ 이상인 건축물은 방화벽으로 구획하되, 각 구획의 바닥면적 합계는 1,000㎡ 미만이어야 한다.

② **방화벽에 의한 구획의 완화(제외) 대상**

1. 주요구조부가 내화구조이거나 불연재료인 건축물
2. 단독주택(다중주택 및 다가구주택은 제외), 동물 및 식물관련시설, 발전시설, 교도소·소년원 또는 묘지관련시설(화장시설은 제외)의 용도에 쓰이는 건축물
3. 내부설비의 구조상 방화벽으로 구획할 수 없는 창고시설

③ **구조를 방화구조 또는 불연재료로 하여야 하는 대상**

연면적 1,000㎡ 이상인 목조 건축물

제58조 (방화지구의 건축물)

법 제51조제1항의 규정(방화지구 내에서의 내화구조 완화대상)에 의하여 그 주요구조부 및 외벽을 내화구조로 하지 아니할 수 있는 건축물은 다음 각 호와 같다.

1. 연면적 30㎡ 미만인 단층 부속건축물로서 외벽 및 처마면이 내화구조 또는 불연재료로 된 것
2. 도매시장의 용도로 쓰는 건축물로서 그 주요구조부가 불연재료로 된 것

제61조 (건축물의 마감재료)

① **건축물 내부 마감재료의 제한 대상** 〈개정 2021.8.10〉

[다만, 아래의 건축물 중에서 주요구조부가 내화구조 또는 불연재료로 되어있고, 그 거실의 바닥면적(스프링클러 등 자동식소화설비를 설치한 바닥면적을 제외한 면적) 200㎡ 이내마다 방화구획되어 있는 건축물은 제외한다]

1. 단독주택 중 다중주택·다가구주택 〈개정 2015.9.22〉

1의2. 공동주택 〈신설 2015.9.22〉

1의3. 제1종 근린생활시설 중 의원, 치과의원, 한의원, 조산원 〈신설 2024.6.18〉

2. 제2종 근린생활시설 중 공연장·종교집회장·인터넷컴퓨터게임시설제공업소·학원·독서실·당구장·다중생활시설의 용도로 쓰는 건축물 〈개정 2015.9.22〉
3. 발전시설, 방송통신시설(방송국·촬영소의 용도로 쓰는 건축물로 한정한다.

4. 공장, 창고시설, 위험물 저장 및 처리 시설(자가난방과 자가발전 등의 용도로 쓰는 시설을 포함한다), 자동차 관련 시설의 용도로 쓰는 건축물 〈개정 2021.8.10〉
   5. 5층 이상인 층 거실의 바닥면적의 합계가 500m^2 이상인 건축물
   6. 문화 및 집회시설, 종교시설, 판매시설, 운수시설, 의료시설, 교육연구시설 중 학교·학원, 노유자시설, 수련시설, 업무시설 중 오피스텔, 숙박시설, 위락시설, 장례시설
   7. 〈삭제 2021.8.10〉
   8. 「다중이용업소의 안전관리에 관한 특별법 시행령」제2조에 따른 다중이용업의 용도로 쓰는 건축물 〈신설 2020.10.8〉
② 건축물 외벽 마감재료의 제한 대상 기술사 93회·104회
   1. 상업지역(근린상업지역은 제외)의 건축물로서 다음 각 목의 어느 하나에 해당하는 것
      가. 제1종 근린생활시설, 제2종 근린생활시설, 문화 및 집회시설, 종교시설, 판매시설, 운동시설 및 위락시설의 용도로 쓰는 건축물로서 그 용도로 쓰는 바닥면적의 합계가 2000m^2 이상인 건축물 〈개정 2019.8.6〉
      나. 공장(국토교통부령으로 정하는 화재 위험이 적은 공장은 제외한다)의 용도로 쓰는 건축물로부터 6m 이내에 위치한 건축물
   2. 의료시설, 교육연구시설, 노유자시설 및 수련시설의 용도로 쓰는 건축물 〈개정 2019.8.6〉
   3. 3층 이상 또는 높이 9미터 이상인 건축물 〈신설 2019.8.6〉
   4. 1층의 전부 또는 일부를 필로티 구조로 설치하여 주차장으로 쓰는 건축물 〈신설 2019.8.6〉
   5. 제1항제4호에 해당하는 건축물 〈5호 신설 2021.8.10〉
③ 법 제52조제4항에서 "대통령령으로 정하는 용도 및 규모에 해당하는 건축물"이란 제2항 각 호의 건축물을 말한다. 〈③항 신설 2021.5.4〉

제61조의2 (실내건축)

법 제52조의2제1항에서 "대통령령으로 정하는 용도 및 규모에 해당하는 건축물"이란 다음 각 호의 어느 하나에 해당하는 건축물을 말한다.
   1. 다중이용 건축물
   2. 「건축물의 분양에 관한 법률」제3조에 따른 건축물
   3. 별표 1 제3호 나목 및 같은 표 제4호 아목에 따른 건축물(칸막이로 거실의 일부를 가로로 구획하거나 가로 및 세로로 구획하는 경우만 해당한다) 〈신설 2020.4.21〉

제62조 (건축자재의 품질관리 등) 〈개정 2019.10.22〉

① 법 제52조의4 제1항에서 "복합자재[불연재료인 양면 철판, 석재, 콘크리트 또는 이와 유사한 재료와 불연재료가 아닌 심재(心材)로 구성된 것을 말한다]를 포함한 제52조에 따른 마감재료, 방화문 등 대통령령으로 정하는 건축자재"란 다음 각 호의 어느 하나에 해당하는 것을 말한다.
   1. 법 제52조의4 제1항에 따른 복합자재

    2. 건축물의 외벽에 사용하는 마감재료로서 단열재
    3. 제64조제1항제1호부터 제3호까지의 규정에 따른 방화문 〈개정 2020.10.8〉
    4. 그 밖에 방화와 관련된 건축자재로서 국토교통부령으로 정하는 건축자재
② 법 제52조의4 제1항에 따른 건축자재의 제조업자는 같은 항에 따른 품질관리서(이하 "품질관리서"라 한다)를 건축자재 유통업자에게 제출해야 하며, 건축자재 유통업자는 품질관리서와 건축자재의 일치 여부 등을 확인하여 품질관리서를 공사시공자에게 전달해야 한다. 〈신설 2019.10.22〉
③ 제2항에 따라 품질관리서를 제출받은 공사시공자는 품질관리서와 건축자재의 일치 여부를 확인한 후 해당 건축물에서 사용된 건축자재 품질관리서 전체를 공사감리자에게 제출해야 한다.
④ 공사감리자는 제3항에 따라 제출받은 품질관리서를 공사감리완료보고서에 첨부하여 법 제25조 제6항에 따라 건축주에게 제출해야 하며, 건축주는 법 제22조에 따른 건축물의 사용승인을 신청할 때에 이를 허가권자에게 제출해야 한다.

제64조 (방화문의 구조) 〈개정 2020.10.8〉

① 방화문은 다음 각 호와 같이 구분한다.
    1. 60분+ 방화문 : 연기 및 불꽃을 차단할 수 있는 시간이 60분 이상이고, 열을 차단할 수 있는 시간이 30분 이상인 방화문
    2. 60분 방화문 : 연기 및 불꽃을 차단할 수 있는 시간이 60분 이상인 방화문
    3. 30분 방화문 : 연기 및 불꽃을 차단할 수 있는 시간이 30분 이상 60분 미만인 방화문
② 제1항 각 호의 구분에 따른 방화문 인정 기준은 국토교통부령으로 정한다.

제81조 (맞벽건축 및 연결복도)

① 법 제59조제1항제1호에서 "대통령령으로 정하는 지역"이란 다음 각 호의 어느 하나에 해당하는 지역을 말한다. 〈개정 2015.9.22〉
    1. 상업지역(다중이용 건축물 및 공동주택은 스프링클러나 그 밖에 이와 비슷한 자동식소화설비를 설치한 경우로 한정한다)
    2. 주거지역(건축물 및 토지의 소유자 간 맞벽건축을 합의한 경우에 한정한다)
    3. 허가권자가 도시미관 또는 한옥 보전·진흥을 위하여 건축조례로 정하는 구역
    4. 건축협정구역
② 삭제 〈2006.5.8〉
③ 법 제59조제1항제1호에 따른 맞벽은 다음 각 호의 기준에 적합하여야 한다.
    1. 주요구조부가 내화구조일 것
    2. 마감재료가 불연재료일 것
④ 제1항에 따른 지역(건축협정구역은 제외한다)에서 맞벽건축을 할 때 맞벽 대상 건축물의 용도, 맞벽 건축물의 수 및 층수 등 맞벽에 필요한 사항은 건축조례로 정한다.

⑤ 법 제59조제1항제2호에서 "대통령령으로 정하는 기준"이란 다음 각 호의 기준을 말한다.
1. 주요구조부가 내화구조일 것
2. 마감재료가 불연재료일 것
3. 밀폐된 구조인 경우 벽면적의 10분의 1 이상에 해당하는 면적의 창문을 설치할 것. 다만, 지하층으로서 환기설비를 설치하는 경우에는 그러하지 아니하다.
4. 너비 및 높이가 각각 5m 이하일 것. 다만, 허가권자가 건축물의 용도나 규모 등을 고려할 때 원활한 통행을 위하여 필요하다고 인정하면 지방건축위원회의 심의를 거쳐 그 기준을 완화하여 적용할 수 있다.
5. 건축물과 복도 또는 통로의 연결부분에 자동방화셔터 또는 방화문을 설치할 것
6. 연결복도가 설치된 대지 면적의 합계가 「국토의 계획 및 이용에 관한 법률 시행령」 제55조에 따른 개발행위의 최대 규모 이하일 것. 다만, 지구단위계획구역에서는 그러하지 아니하다.
⑥ 법 제59조제1항제2호에 따른 연결복도나 연결통로는 건축사 또는 「기술사법」에 따라 등록한 건축구조기술사로부터 안전에 관한 확인을 받아야 한다. 〈개정 2016.5.17〉

제91조 (피난용승강기의 설치) 〈신설 2018.10.16〉 기술사 125회

법 제64조제3항에 따른 피난용승강기(피난용승강기의 승강장 및 승강로를 포함한다. 이하 이 조에서 같다)는 다음 각 호의 기준에 맞게 설치하여야 한다.
1. 승강장의 바닥면적은 승강기 1대당 $6m^2$ 이상으로 할 것
2. 각 층으로부터 피난층까지 이르는 승강로를 단일구조로 연결하여 설치할 것
3. 예비전원으로 작동하는 조명설비를 설치할 것
4. 승강장의 출입구 부근의 잘 보이는 곳에 해당 승강기가 피난용승강기임을 알리는 표지를 설치할 것
5. 그 밖에 화재예방 및 피해경감을 위하여 국토교통부령으로 정하는 구조 및 설비 등의 기준에 맞을 것

[제3장] 건축물의 피난·방화구조 등의 기준에 관한 규칙

(개정 : 2024. 11. 15. 국토교통부령 제1404호, 시행 : 2024. 11. 15.)

제3조 (내화구조) 기술사 86회·92회·114회

1. **벽**
   - 가. 철근콘크리트조 또는 철골철근콘크리트조로서 두께가 10cm 이상인 것
   - 나. 골구를 철골조로 하고 그 양면을 두께 4cm 이상의 철망모르타르 또는 두께 5cm 이상의 콘크리트블록·벽돌 또는 석재로 덮은 것
   - 다. 철재로 보강된 콘크리트블록조·벽돌조 또는 석조로서 철재에 덮은 콘크리트블록 등의 두께가 5cm 이상인 것
   - 라. 벽돌조로서 두께가 19cm 이상인 것
   - 마. 고온·고압의 증기로 양생된 경량기포 콘크리트패널 또는 경량기포 콘크리트블록 조로서 두께가 10cm 이상인 것

2. **외벽 중 비내력벽** 관리사 24회
   위의 제1호의 규정에 불구하고 다음 각 목의 어느 하나에 해당하는 것
   - 가. 철근콘크리트조 또는 철골철근콘크리트조로서 두께가 7cm 이상인 것
   - 나. 골구를 철골조로 하고 그 양면을 두께 3cm 이상의 철망모르타르 또는 두께 4cm 이상의 콘크리트블록·벽돌 또는 석재로 덮은 것
   - 다. 철재로 보강된 콘크리트블록조·벽돌조 또는 석조로서 철재에 덮은 콘크리트블록 등의 두께가 4cm 이상인 것
   - 라. 무근콘크리트조·콘크리트블록조·벽돌조 또는 석조로서 그 두께가 7cm 이상인 것

3. **기둥**
   작은 부분의 지름이 25cm 이상인 것으로서 다음 각 목의 어느 하나에 해당하는 것. 다만, 고강도 콘크리트(설계기준강도가 50MPa 이상인 콘크리트를 말한다)를 사용하는 경우에는 국토교통부장관이 정하여 고시하는 고강도 콘크리트 내화성능 관리기준에 적합해야 한다.
   - 가. 철근콘크리트조 또는 철골철근콘크리트조
   - 나. 철골을 두께 6cm(경량골재를 사용하는 경우에는 5cm) 이상의 철망모르타르 또는 두께 7cm 이상의 콘크리트블록·벽돌 또는 석재로 덮은 것
   - 다. 철골을 두께 5cm 이상의 콘크리트로 덮은 것

4. 바닥
   가. 철근콘크리트조 또는 철골철근콘크리트조로서 두께가 10cm 이상인 것
   나. 철재로 보강된 콘크리트블록조·벽돌조 또는 석조로서 철재에 덮은 콘크리트블록 등의 두께가 5cm 이상인 것
   다. 철재의 양면을 두께 5cm 이상의 철망모르타르 또는 콘크리트로 덮은 것

5. 보(지붕틀을 포함)
   다음 각 목의 어느 하나에 해당하는 것. 다만, 고강도 콘크리트(설계기준강도가 50MPa 이상인 콘크리트)를 사용하는 경우에는 국토교통부장관이 정하여 고시하는 고강도 콘크리트 내화성능 관리기준에 적합해야 한다.
   가. 철근콘크리트조 또는 철골철근콘크리트조
   나. 철골을 두께 6cm(경량골재를 사용하는 경우에는 5cm)이상의 철망모르타르 또는 두께 5cm 이상의 콘크리트로 덮은 것
   다. 철골조의 지붕틀(바닥으로부터 그 아랫부분까지의 높이가 4m 이상인 것에 한한다)로서 바로 아래에 반자가 없거나 불연재료로 된 반자가 있는 것

6. 지붕
   가. 철근콘크리트조 또는 철골철근콘크리트조
   나. 철재로 보강된 콘크리트블록조·벽돌조 또는 석조
   다. 철재로 보강된 유리블록 또는 망입유리로 된 것

7. 계단
   가. 철근콘크리트조 또는 철골철근콘크리트조
   나. 무근콘크리트조·콘크리트블록조·벽돌조 또는 석조
   다. 철재로 보강된 콘크리트블록조·벽돌조 또는 석조
   라. 철골조

8. 「과학기술분야 정부출연연구기관 등의 설립·운영 및 육성에 관한 법률」제8조에 따라 설립된 한국건설기술연구원의 장이 국토교통부장관이 정하여 고시하는 방법에 따라 품질을 시험한 결과 별표 1에 따른 성능기준에 적합할 것 〈개정 2021.12.23〉

9. 다음 각 목의 어느 하나에 해당하는 것으로서 한국건설기술연구원장이 국토교통부장관으로부터 승인받은 기준에 적합한 것으로 인정하는 것 〈9호 신설 2010.4.7〉
   가. 한국건설기술연구원장이 인정한 내화구조 표준으로 된 것
   나. 한국건설기술연구원장이 인정한 성능설계에 따라 내화구조의 성능을 검증할 수 있는 구조로 된 것

10. 한국건설기술연구원장이 제27조제1항에 따라 정한 인정기준에 따라 인정하는 것 〈10호 신설 2010.4.7〉

제4조 (방화구조)

1. 철망모르타르로서 그 바름두께가 2cm 이상인 것
2. 석고판 위에 시멘트모르타르 또는 회반죽을 바른 것으로서 그 두께의 합계가 2.5cm 이상인 것
3. 시멘트모르타르 위에 타일을 붙인 것으로서 그 두께의 합계가 2.5cm 이상인 것
4. 〈삭제 2010.4.7〉
5. 〈삭제 2010.4.7〉
6. 심벽에 흙으로 맞벽치기한 것
7. 「산업표준화법」에 따른 한국산업표준(이하 "한국산업표준"이라 한다)에 따라 시험한 결과 방화 2급 이상에 해당하는 것 〈개정 2022.2.10〉

제5조 (난연재료)

불에 잘 타지 아니하는 성능을 가진 재료로서 한국산업표준에 따라 시험한 결과 가스 유해성, 열방출량 등이 국토교통부장관이 정하여 고시하는 난연재료의 성능기준을 충족하는 것 〈개정 2022.2.10〉

제6조 (불연재료)

불에 타지 아니하는 성질을 가진 재료로서 다음 각 호의 어느 하나에 해당하는 것

1. 콘크리트·석재·벽돌·기와·철강·알루미늄·유리·시멘트모르타르 및 회, 이 경우 시멘트모르타르 또는 회 등 미장재료를 사용하는 경우에는 건축공사표준시방서에서 정한 두께 이상인 것에 한한다.
2. 한국산업표준에 따라 시험한 결과 질량감소율 등이 국토교통부장관이 정하여 고시하는 불연재료의 성능기준을 충족하는 것
3. 그 밖에 제1호와 유사한 불연성의 재료로서 국토교통부장관이 인정하는 재료. 다만, 제1호의 재료와 불연성재료가 아닌 재료가 복합으로 구성된 경우를 제외한다.

제7조 (준불연재료)

불연재료에 준하는 성질을 가진 재료로서 한국산업표준에 따라 시험한 결과 가스 유해성, 열방출량 등이 국토교통부장관이 정하여 고시하는 준불연재료의 성능기준을 충족하는 것

제8조 (직통계단의 설치기준) 기술사 75회·87회

① 영 제34조제1항 단서에서 "국토교통부령으로 정하는 공장"이란 반도체 및 디스플레이 패널을 제조하는 공장을 말한다.
② 영 제34조제2항에 따라 2개소 이상의 직통계단을 설치하는 경우 다음 각 호의 기준에 적합해야 한다.
　1. 가장 멀리 위치한 직통계단 2개소의 출입구 간의 가장 가까운 직선거리(직통계단 간을

연결하는 복도가 건축물의 다른 부분과 방화구획으로 구획된 경우 출입구 간의 가장 가까운 보행거리를 말한다)는 건축물 평면의 최대 대각선 거리의 2분의 1 이상으로 할 것. 다만, 스프링클러 또는 그 밖에 이와 비슷한 자동식 소화설비를 설치한 경우에는 3분의 1이상으로 한다.
   2. 각 직통계단 간에는 각각 거실과 연결된 복도 등 통로를 설치할 것

제8조의2 (피난안전구역의 설치기준) 〈신설 2010.4.7〉 기술사 91회·94회·95회·98회
① 영 제34조제3항 및 제4항의 규정에 의하여 설치하는 피난안전구역은 해당 건축물의 1개층을 대피공간(이하 "대피층"이라 한다)으로 하며, 대피에 장애가 되지 아니하는 범위에서 기계실, 보일러실, 전기실 등 건축설비를 설치하기 위한 공간과 같은 층에 설치할 수 있다. 이 경우 피난안전구역은 건축설비가 설치되는 공간과 내화구조로 구획하여야 한다.
② 피난안전구역에 연결되는 특별피난계단은 피난안전구역을 거쳐서 상·하층으로 갈 수 있는 구조로 설치하여야 한다.
③ 피난안전구역의 구조 및 설비는 다음 각 호의 기준에 적합하여야 한다.
   1. 피난안전구역의 바로 아래층 및 위층은 「녹색건축물 조성 지원법」 제15조제1항에 따라 국토교통부장관이 정하여 고시한 기준 적합한 단열재를 설치할 것. 이 경우 아래층은 최상층에 있는 거실의 반자 또는 지붕 기준을 준용하고, 위층은 최하층에 있는 거실의 바닥 기준을 준용할 것 〈개정 2019.8.6〉
   2. 피난안전구역의 내부마감재료는 불연재료로 설치할 것
   3. 건축물의 내부에서 피난안전구역으로 통하는 계단은 특별피난계단의 구조로 설치
   4. 비상용 승강기는 피난안전구역에서 승하차 할 수 있는 구조로 설치할 것
   5. 피난안전구역에는 식수공급을 위한 급수전을 1개소 이상 설치하고 예비전원에 의한 조명설비를 설치할 것
   6. 관리사무소 또는 방재센터 등과 긴급연락이 가능한 경보 및 통신시설을 설치할 것
   7. 피난안전구역의 면적은 다음 식으로 구한 면적 이상일 것
      (피난안전구역 윗층의 재실자 수 × 0.5) × 0.28m^2
   8. 피난안전구역의 높이는 2.1m 이상일 것
   9. 「건축물의 설비기준 등에 관한 규칙」 제14조에 따른 배연설비를 설치할 것
   10. 기타 소방청장이 정하는 소방 등 재난관리를 위한 설비를 갖출 것
      〈7호~10호: 신설 2012. 1. 6〉

제9조 (피난계단 및 특별피난계단의 구조) 기술사 75회·84회·86회·116회
① **피난계단의 설치대상**
   지상5층 이상 또는 지하2층 이하의 층으로부터 피난층 또는 지상으로 통하는 직통계단(지하1층인 건축물의 경우에는 5층 이상 층의 피난계단과 직접 연결된 지하 1층의 계단을 포함한다)은 피난계단 또는 특별피난계단으로 설치해야 한다.

② **피난계단 및 특별피난계단의 구조**

1. **옥내피난계단의 구조**

   가. 계단실은 창문·출입구 기타 개구부(이하 "창문등"이라 한다)를 제외한 당해 건축물의 다른 부분과 내화구조의 벽으로 구획할 것

   나. 계단실의 실내에 접하는 부분(바닥 및 반자 등 실내에 면한 모든 부분을 말한다)의 마감(마감을 위한 바탕을 포함한다)은 불연재료로 할 것

   다. 계단실에는 예비전원에 의한 조명설비를 할 것

   라. 계단실의 바깥쪽과 접하는 창문 등(망이 들어 있는 유리의 붙박이창으로서 그 면적이 각각 $1m^2$ 이하인 것을 제외한다)은 당해 건축물의 다른 부분에 설치하는 창문 등으로부터 2m 이상의 거리를 두고 설치할 것

   마. 건축물의 내부와 접하는 계단실의 창문 등(출입구를 제외한다)은 망이 들어 있는 유리의 붙박이창으로서 그 면적을 각각 $1m^2$ 이하로 할 것

   바. 건축물의 내부에서 계단실로 통하는 출입구의 유효너비는 0.9m 이상으로 하고, 그 출입구에는 피난의 방향으로 열 수 있는 것으로서 언제나 닫힌 상태를 유지하거나 화재로 인한 연기 또는 불꽃을 감지하여 자동적으로 닫히는 구조로 된 영 제64조제1항제1호의 60+ 방화문(이하 "60+ 방화문"이라 한다) 또는 같은 항 제2호의 <u>60분 방화문</u>(이하 "60분 방화문"이라 한다)을 설치할 것. 다만, 연기 또는 불꽃을 감지하여 자동적으로 닫히는 구조로 할 수 없는 경우에는 온도를 감지하여 자동적으로 닫히는 구조로 할 수 있다. 〈개정 2024.11.15〉

   사. 계단은 내화구조로 하고 피난층 또는 지상까지 직접 연결되도록 할 것

2. **옥외피난계단의 구조** 　기술사 91회·114회　 　관리사 21회　

   가. 계단은 그 계단으로 통하는 출입구외의 창문 등(망이 들어 있는 유리의 붙박이창으로서 그 면적이 각각 $1m^2$ 이하인 것을 제외한다)으로부터 2m 이상의 거리를 두고 설치할 것

   나. 건축물의 내부에서 계단으로 통하는 출입구에는 <u>60+ 방화문 또는 60분 방화문을</u> 설치 〈개정 2024.11.15〉

   다. 계단의 유효너비는 0.9m 이상으로 할 것

   라. 계단은 내화구조로 하고 지상까지 직접 연결되도록 할 것

3. **특별피난계단의 구조** 　기술사 123회　

   가. 건축물의 내부와 계단실은 노대를 통하여 연결하거나 외부를 향하여 열 수 있는 면적 $1m^2$ 이상인 창문(바닥으로부터 1m 이상의 높이에 설치한 것에 한한다) 또는 「건축물의 설비기준 등에 관한 규칙」 제14조의 규정에 적합한 구조의 배연설비가 있는 면적 $3m^2$ 이상인 부속실을 통하여 연결할 것

   나. 계단실·노대 및 부속실(「건축물의 설비기준 등에 관한 규칙」 제10조제2호 가목의 규정에 의하여 비상용승강기의 승강장을 겸용하는 부속실을 포함한다)은 창문 등

을 제외하고는 내화구조의 벽으로 각각 구획할 것
다. 계단실 및 부속실의 실내에 접하는 부분(바닥 및 반자 등 실내에 면한 모든 부분을 말한다)의 마감(마감을 위한 바탕을 포함한다)은 불연재료로 할 것
라. 계단실에는 예비전원에 의한 조명 설비를 할 것
마. 계단실·노대 또는 부속실에 설치하는 건축물의 바깥쪽에 접하는 창문 등(망이 들어 있는 유리의 붙박이창으로서 그 면적이 각각 1m² 이하인 것을 제외한다)은 계단실·노대 또는 부속실외의 당해 건축물의 다른 부분에 설치하는 창문 등으로부터 2m 이상의 거리를 두고 설치할 것
바. 계단실에는 노대 또는 부속실에 접하는 부분 외에는 건축물의 내부와 접하는 창문 등을 설치하지 아니할 것
사. 계단실의 노대 또는 부속실에 접하는 창문은 망이 들어 있는 유리의 붙박이창으로서 그 면적을 각각 1m² 이하로 할 것
아. 노대 및 부속실에는 계단실외의 건축물의 내부와 접하는 창문을 설치하지 아니할 것
자. 건축물의 내부에서 노대 또는 부속실로 통하는 출입구에는 60+ 방화문 또는 60분 방화문을 설치하고, 노대 또는 부속실로부터 계단실로 통하는 출입구에는 60+ 방화문, 60분 방화문 또는 영 제64조제1항제3호의 30분 방화문을 설치할 것. 이 경우 방화문은 언제나 닫힌 상태를 유지하거나 화재로 인한 연기 또는 불꽃을 감지하여 자동적으로 닫히는 구조로 해야 하고, 연기 또는 불꽃으로 감지하여 자동적으로 닫히는 구조로 할 수 없는 경우에는 온도를 감지하여 자동적으로 닫히는 구조로 할 수 있다. 〈개정 2019.8.6, 2021.3.26〉
차. 계단은 내화구조로 하되, 피난층 또는 지상까지 직접 연결되도록 할 것
카. 출입구의 유효너비는 0.9m 이상으로 하고 피난의 방향으로 열 수 있을 것
③ 피난계단 또는 특별피난계단은 돌음계단으로 해서는 안되며 영 제40조제2항의 규정에 의하여 옥상광장을 설치해야 하는 건축물의 피난계단 또는 특별피난계단은 당해 건축물의 옥상으로 통하도록 설치해야 한다. 이 경우 옥상으로 통하는 출입문은 피난방향으로 열리는 구조로서 피난 시 이용에 장애가 없어야 한다. 〈후단 신설 2010.4.7〉
④ 영 제35조제2항에서 "갓복도식 공동주택"이라 함은 각 층의 계단실 및 승강기에서 각 세대로 통하는 복도의 한쪽 면이 외기에 개방된 구조의 공동주택을 말한다.

제10조 (관람석등으로부터의 출구의 설치기준) 기술사 96회

① 영 제38조 각 호의 어느 하나에 해당하는 건축물의 관람실 또는 집회실로부터 바깥쪽으로의 출구로 쓰이는 문은 안여닫이로 하여서는 아니된다.
② 영 제38조에 따라 문화 및 집회시설 중 공연장의 개별관람실(바닥면적이 300m² 이상인 것만 해당한다)의 출구는 다음 각 호의 기준에 적합하게 설치해야 한다.
  1. 관람실별로 2개소 이상 설치할 것
  2. 각 출구의 유효너비는 1.5m 이상일 것

3. 개별 관람실 출구의 유효너비의 합계는 개별 관람실의 바닥면적 100m²마다 0.6m의 비율로 산정한 너비 이상으로 할 것

제11조 (건축물의 바깥쪽으로의 출구의 설치기준) 기술사 87회·131회

① 영 제39조제1항에 따라 건축물의 바깥쪽으로 나가는 출구를 설치하는 경우 피난층의 계단으로부터 건축물의 바깥쪽으로의 출구에 이르는 보행거리(가장 가까운 출구와의 보행거리를 말한다. 이하 같다)는 영 제34조제1항의 규정에 의한 거리이하로 하여야 하며, 거실(피난에 지장이 없는 출입구가 있는 것을 제외한다)의 각 부분으로부터 건축물의 바깥쪽으로의 출구에 이르는 보행거리는 영 제34조제1항의 규정에 의한 거리의 2배 이하로 하여야 한다.

② 영 제39조제1항에 따라 건축물의 바깥쪽으로 나가는 출구를 설치하는 건축물중 문화 및 집회시설(전시장 및 동·식물원을 제외한다), 종교시설, 장례식장 또는 위락시설의 용도에 쓰이는 건축물의 바깥쪽으로의 출구로 쓰이는 문은 안여닫이로 하여서는 아니된다.

③ 영 제39조제1항에 따라 건축물의 바깥쪽으로 나가는 출구를 설치하는 경우 관람실의 바닥면적의 합계가 300m² 이상인 집회장 또는 공연장은 주된 출구 외에 보조출구 또는 비상구를 2개소 이상 설치해야 한다.

④ 판매시설(도매시장·소매시장 및 상점에 한한다.)의 용도에 쓰이는 피난층에 설치하는 건축물의 바깥쪽으로의 출구의 유효너비의 합계는 당해 용도에 쓰이는 바닥면적이 최대인 층에 있어서의 당해 용도의 바닥면적 100m²마다 0.6m의 비율로 산정한 너비 이상으로 하여야 한다.

⑤ 다음 각 호의 어느 하나에 해당하는 건축물의 피난층 또는 피난층의 승강장으로부터 건축물의 바깥쪽에 이르는 통로에는 제15조제5항에 따른 경사로를 설치하여야 한다.

1. 제1종 근린생활시설 중 지역자치센터·파출소·지구대·소방서·우체국·방송국·보건소·공공도서관·지역건강보험조합 기타 이와 유사한 것으로서 동일한 건축물안에 시 당해 용도에 쓰이는 바닥면적이 합계가 1천제곱미터 미만인 것
2. 제1종 근린생활시설 중 마을회관·마을공동작업소·마을공동구판장·변전소·양수장·정수장·대피소·공중화장실 기타 이와 유사한 것
3. 연면적이 5천제곱미터 이상인 판매시설, 운수시설
4. 교육연구시설 중 학교
5. 업무시설중 국가 또는 지방자치단체의 청사와 외국공관의 건축물로서 제1종 근린생활시설에 해당하지 아니하는 것
6. 승강기를 설치하여야 하는 건축물

⑥ 「건축법」 제49조제1항에 따라 영 제39조제1항 각 호의 어느 하나에 해당하는 건축물의 바깥쪽으로 나가는 출입문에 유리를 사용하는 경우에는 안전유리를 사용하여야 한다.

제12조 (회전문의 설치기준) 기술사 90회

1. 계단이나 에스컬레이터로부터 2m 이상의 거리를 둘 것
2. 회전문과 문틀사이 및 바닥사이는 다음 각 목에서 정하는 간격을 확보하고 틈 사이를 고무와 고무펠트의 조합체 등을 사용하여 신체나 물건 등에 손상이 없도록 할 것
   가. 회전문과 문틀 사이는 5cm 이상
   나. 회전문과 바닥 사이는 3cm 이하
3. 출입에 지장이 없도록 일정한 방향으로 회전하는 구조로 할 것
4. 회전문의 중심축에서 회전문과 문틀 사이의 간격을 포함한 회전문날개 끝부분까지의 길이는 140cm 이상이 되도록 할 것
5. 회전문의 회전속도는 분당회전수가 8회를 넘지 아니하도록 할 것
6. 자동회전문은 충격이 가하여지거나 사용자가 위험한 위치에 있는 경우에는 전자감지장치 등을 사용하여 정지하는 구조로 할 것

제13조 (헬리포트와 구조공간 설치기준 등)

① 제40조제4항제1호에 따라 건축물에 설치하는 헬리포트는 다음 각 호의 기준에 적합해야 한다. 기술사 75회·98회
   1. 헬리포트의 길이와 너비는 각각 22m 이상으로 할 것. 다만, 건축물의 옥상바닥의 길이와 너비가 각각 22m 이하인 경우에는 헬리포트의 길이와 너비를 각각 15m까지 감축할 수 있다.
   2. 헬리포트의 중심으로부터 반경 12m 이내에는 헬리콥터의 이·착륙에 장애가 되는 건축물, 공작물, 조경시설 또는 난간 등을 설치하지 아니할 것
   3. 헬리포트의 주위한계선은 백색으로 하되, 그 선의 너비는 38cm로 할 것
   4. 헬리포트의 중앙부분에는 지름 8m의 "H"표지를 백색으로 하되, "H"표지의 선의 너비는 38cm로, "O"표지의 선의 너비는 60cm로 할 것
   5. 헬리포트로 통하는 출입문에 영 제40조제3항 각 호 외의 부분에 따른 비상문자동개폐장치(이하 "비상문자동개폐장치"라 한다)를 설치할 것 〈신설 2021.3.26〉

② 영 제40조제4항제1호에 따라 옥상에 헬리콥터를 통하여 인명 등을 구조할 수 있는 공간을 설치하는 경우에는 직경 10m 이상의 구조공간을 확보해야 하며, 구조공간에는 구조활동에 장애가 되는 건축물, 공작물 또는 난간 등을 설치해서는 안 된다. 이 경우 구조공간의 표시기준 및 설치기준 등에 관하여는 제1항제3호부터 제5호까지의 규정을 준용한다. 〈개정 2021.3.26〉 기술사 119회

③ 영 제40조제4항제2호에 따라 건축물의 지붕을 경사지붕으로 하는 경우 경사지붕 아래에 설치하는 대피공간의 설치기준 〈③항 신설 2012.1.6〉 기술사 99회·119회·129회
   1. 대피공간의 면적은 지붕 수평투영면적의 10분의 1 이상일 것
   2. 특별피난계단 또는 피난계단과 연결할 것
   3. 출입구·창문을 제외한 부분은 해당 건축물의 다른 부분과 내화구조의 바닥 및 벽으로

구획할 것
4. 출입구는 유효너비 0.9m 이상으로 하고, 그 출입구에는 60＋ 방화문 또는 60분 방화문을 설치할 것 〈개정 2024.11.15〉
4의2. 제4호에 따른 방화문에 비상문자동개폐장치를 설치할 것 〈신설 2021.3.26〉
5. 내부마감재료는 불연재료로 설치할 것
6. 예비전원으로 작동하는 조명설비를 설치할 것
7. 관리사무소 또는 종합방재실 등과 긴급 연락이 가능한 통신시설을 설치할 것

제14조 (방화구획의 설치기준) 기술사 82회·98회·114회·124회·126회·127회·130회

① 방화구획의 구획설정 기준
  1. 10층 이하의 층은 바닥면적 1,000m²(자동식 소화설비를 설치한 경우에는 바닥면적 3,000m²) 이내마다 구획할 것
  2. 매 층마다 구획할 것. 다만, 지하 1층에서 지상으로 직접 연결하는 경사로 부위는 제외한다. 〈개정 2019.8.6〉
  3. 11층 이상의 층은 바닥면적 200m²(자동식 소화설비를 설치한 경우에는 600m²) 이내마다 구획할 것. 다만, 벽 및 반자의 실내에 접하는 부분의 마감을 불연재료로 한 경우에는 바닥면적 500m²(자동식 소화설비를 설치한 경우에는 1,500m²) 이내마다 구획할 것
  4. 필로티나 그 밖에 이와 비슷한 구조(벽면적의 2분의 1 이상이 그 층의 바닥면에서 위층 바닥 아래면까지 공간으로 된 것만 해당한다)의 부분을 주차장으로 사용하는 경우 그 부분은 건축물의 다른 부분과 구획할 것 〈신설 2019.8.6〉

② 제1항의 규정에 의한 방화구획은 다음 각 호의 기준에 적합하게 설치해야 한다.
  1. 영 제46조에 따른 방화구획으로 사용하는 60＋ 방화문 또는 60분 방화문은 언제나 닫힌 상태를 유지하거나 화재로 인한 연기 또는 불꽃을 감지하여 자동적으로 닫히는 구조로 할 것. 다만, 연기 또는 불꽃을 감지하여 자동적으로 닫히는 구조로 할 수 없는 경우에는 온도를 감지하여 자동적으로 닫히는 구조로 할 수 있다. 〈개정 2019.8.6, 2021.3.26〉
  2. 다음 각 목에 해당하는 경우 그 부분을 별표 1 제1호에 따른 내화시간(내화채움성능이 인정된 구조로 메워지는 구성부재에 적용되는 내화시간을 말한다) 이상 견딜 수 있는 내화채움성능이 인정된 구조로 메울 것 〈개정 2024.8.26〉
    가. 급수관·배전관 또는 그 밖의 관이나 전선 등이 방화구획을 관통하여 관통부가 생기는 경우
    나. 방화구획의 벽과 벽, 벽과 바닥, 바닥과 바닥 사이에 접합부가 생기는 경우
    다. 방화구획과 외벽 사이에 접합부가 생기는 경우
    라. 방화구획에 그 밖의 틈이 생기는 경우
  3. 환기·난방 또는 냉방시설의 풍도가 방화구획을 관통하는 경우에는 그 관통부분 또는 이에 근접한 부분에 다음 각 목의 기준에 적합한 댐퍼를 설치할 것. 다만, 반도체공장건축물로서 방화구획을 관통하는 풍도의 주위에 스프링클러헤드를 설치하는 경우에는 그

렇지 않다. 기술사 116회·129회
　　　가. 화재로 인한 연기 또는 불꽃을 감지하여 자동적으로 닫히는 구조로 할 것. 다만, 주방 등 연기가 항상 발생하는 부분에는 온도를 감지하여 자동적으로 닫히는 구조로 할 수 있다. 〈개정 2019.8.6〉〈시행 2021.8.7〉
　　　나. 국토교통부장관이 정하여 고시하는 비차열(非遮熱) 성능 및 방연성능 등의 기준에 적합할 것 〈개정 2019.8.6〉〈시행 2021.8.7〉
　4. 영 제46조제1항제2호 및 제81조제5항제5호에 따라 설치되는 자동방화셔터는 다음 각 목의 요건을 모두 갖출 것. 이 경우 자동방화셔터의 구조 및 성능기준 등에 관한 세부사항은 국토교통부장관이 정하여 고시한다. 〈개정 2021.12.23〉
　　　가. 피난이 가능한 60분+ 방화문 또는 60분 방화문으로부터 3m 이내에 별도로 설치할 것
　　　나. 전동방식이나 수동방식으로 개폐할 수 있을 것
　　　다. 불꽃감지기 또는 연기감지기 중 하나와 열감지기를 설치할 것
　　　라. 불꽃이나 연기를 감지한 경우 일부 폐쇄되는 구조일 것
　　　마. 열을 감지한 경우 완전 폐쇄되는 구조일 것

[방화댐퍼의 성능·설치기준(KS F 2815)] 기술사 127회·129회
(1) 내화성능시험 결과 비차열 1시간 이상의 성능이 있을 것
(2) KSF 2822(방화댐퍼의 방연시험방법)에서 규정한 방연성능(폐쇄 시 누출량 : 온도 20℃, 압력차 19.6N/m² 에서 통기량 5m³/min·m² 이하)이 있을 것
(3) 미끄럼부 : 열팽창, 녹, 먼지 등에 의해 작동이 저해받지 않는 구조일 것
(4) 검사구, 점검구 : 방화댐퍼에 인접하여 설치할 것
(5) 부착방법 : 구조체에 견고하게 부탁시키는 공법으로, 화재시 덕트가 탈락, 낙하해도 손상되지 아니할 것
(6) 배연기의 압력에 의해 방재상 해로운 진동 및 간격이 발생하지 않는 구조일 것

　③ 영 제46조제1항제2호에서 "국토교통부령으로 정하는 기준에 적합한 것"이란 한국건설기술연구원장이 국토교통부장관이 정하여 고시하는 바에 따라 다음 각 호의 사항을 모두 인정한 것을 말한다. 〈신설 2019.8.6〉
　　1. 생산공장의 품질 관리 상태를 확인한 결과 국토교통부장관이 정하여 고시하는 기준에 적합할 것
　　2. 해당 제품의 품질시험을 실시한 결과 비차열 1시간 이상의 내화성능을 확보하였을 것
　④ 영 제46조 제5항 3호에 따른 하향식 피난구(덮개, 사다리, 승강식피난기 및 경보시스템을 포함)의 구조는 다음 각 호의 기준에 적합하게 설치해야 한다. 〈개정 2022.4.29〉
기술사 93회·96회·113회·118회 관리사 21회
　　1. 피난구의 덮개(덮개와 사다리, 승강식피난기 또는 경보시스템이 일체형으로 구성된 경우에는 그 사다리, 승강식피난기 또는 경보시스템을 포함한다)는 품질시험을 실시한 결

과 비차열 1시간 이상의 내화성능을 가져야 하며, 피난구의 유효 개구부 규격은 직경 60cm 이상일 것 〈개정 2022.4.29〉
2. 상층·하층간 피난구의 수평거리는 15cm 이상 떨어져 있을 것 〈개정 2022.4.29〉
3. 아래층에서는 바로 윗층의 피난구를 열 수 없는 구조일 것
4. 사다리는 바로 아래층의 바닥면으로부터 50cm 이하까지 내려오는 길이로 할 것
5. 덮개가 개방될 경우에는 건축물관리시스템 등을 통하여 경보음이 울리는 구조일 것
6. 피난구가 있는 곳에는 예비전원에 의한 조명설비를 설치할 것

⑤ 제2항제2호에 따른 내화채움방법에 필요한 사항은 국토교통부장관이 정하여 고시한다. 〈개정 2024.8.26〉

⑥ 법 제49조제2항 단서에 따라 영 제46조제7항에 따른 창고시설 중 같은 조 제2항제2호에 해당하여 같은 조 제1항을 적용하지 않거나 완화하여 적용하는 부분에는 다음 각 호의 구분에 따른 설비를 추가로 설치해야 한다.
1. 개구부의 경우 : 「소방시설 설치 및 관리에 관한 법률」 제12조제1항에 따른 화재안전기준을 충족하는 설비로서 수막을 형성하여 화재확산을 방지하는 설비 〈개정 2024.8.26〉
2. 개구부 외의 부분의 경우 : 화재안전기준을 충족하는 설비로서 화재를 조기에 진화할 수 있도록 설계된 스프링클러

제14조의2 (복합건축물의 피난시설 등) 기술사 97회·126회

영 제47조제1항 단서의 규정에 의하여 같은 건축물 안에 공동주택·의료시설·아동관련시설 또는 노인복지시설(이하 이 조에서 "공동주택 등"이라 한다)중 하나 이상과 위락시설·위험물저장 및 처리시설·공장 또는 자동차정비공장(이하 이 조에서 "위락시설등"이라 한다)중 하나 이상을 함께 설치하고자 하는 경우에는 다음 각 호의 기준에 적합하여야 한다.
1. 공동주택 등의 출입구와 위락시설 등의 출입구는 서로 그 보행거리가 30m 이상이 되도록 설치할 것
2. 공동주택 등(당해 공동주택등에 출입하는 통로를 포함한다)과 위락시설 등(당해 위락시설 등에 출입하는 통로를 포함한다)은 내화구조로 된 바닥 및 벽으로 구획하여 서로 차단할 것
3. 공동주택등과 위락시설 등은 서로 이웃하지 아니하도록 배치할 것
4. 건축물의 주요구조부를 내화구조로 할 것
5. 거실의 벽 및 반자가 실내에 면하는 부분(반자돌림대·창대 그 밖에 이와 유사한 것을 제외한다. 이하 이 조에서 같다)의 마감은 불연재료·준불연재료 또는 난연재료로 하고, 그 거실로부터 지상으로 통하는 주된 복도·계단 그밖에 통로의 벽 및 반자가 실내에 면하는 부분의 마감은 불연재료 또는 준불연재료로 할 것

제15조의2 (복도의 너비 및 설치기준)
① 연면적 200m²를 초과하는 건축물에 설치하는 복도의 유효너비

구분	양 옆에 거실이 있는 복도	기타의 복도
유치원·초등학교 중학교·고등학교	2.4m 이상	1.8m 이상
공동주택·오피스텔	1.8m 이상	1.2m 이상
당해 층 거실의 바닥면적 합계가 200m² 이상인 경우	1.5m 이상 (의료시설의 복도는 1.8m 이상)	1.2m 이상

② 문화 및 집회시설(공연장·집회장·관람장·전시장에 한정한다), 종교시설 중 종교집회장, 노유자시설 중 아동관련시설·노인복지시설, 수련시설 중 생활권수련시설, 위락시설 중 유흥주점 및 장례식장의 관람실 또는 집회실과 접하는 복도의 유효너비는 제1항에도 불구하고 다음 각 호에서 정하는 너비로 해야 한다. 〈개정 2019.8.6〉
  1. 해당 층에서 해당 용도로 쓰는 바닥면적의 합계가 500m² 미만인 경우 : 1.5m 이상
  2. 해당 층에서 해당 용도로 쓰는 바닥면적의 합계가 500m² 이상 1,000m² 미만인 경우 : 1.8m 이상
  3. 해당 층에서 해당 용도로 쓰는 바닥면적의 합계가 1,000m² 이상인 경우 : 2.4m 이상
③ 문화 및 집회시설 중 공연장에 설치하는 복도는 다음 각 호의 기준에 적합해야 한다.
  1. 공연장의 개별 관람실(바닥면적이 300m² 이상인 경우에 한정한다)의 바깥쪽에는 그 양쪽 및 뒤쪽에 각각 복도를 설치할 것
  2. 하나의 층에 개별 관람실(바닥면적이 300m² 미만인 경우에 한정한다)을 2개소 이상 연속하여 설치하는 경우에는 그 관람실의 바깥쪽의 앞쪽과 뒤쪽에 각각 복도를 설치할 것

제16조 (거실의 반자높이)
① 일반 건축물의 반자높이 : 2.1m 이상
② 문화 및 집회시설(전시장 및 동·식물원을 제외한다), 종교시설, 장례식장 또는 위락시설 중 유흥주점문화 및 집회시설, 장례식장 또는 주점영업의 용도에 쓰이는 건축물의 관람석 또는 집회실로서 그 바닥면적이 200m² 이상인 것의 반자높이 : 4.0m 이상
③ 제1항 및 제2항의 규정을 적용함에 있어서 수시로 개방할 수 있는 미닫이로 구획된 2개의 거실은 이를 1개의 거실로 본다.

제17조 (채광 및 환기를 위한 창문 등)
① 채광을 위하여 거실에 설치하는 창문 등의 면적 : 그 거실 바닥면적의 10분의 1 이상
② 환기를 위하여 거실에 설치하는 창문 등의 면적 : 그 거실 바닥면적의 20분의 1 이상. 다만, 기계환기장치 등 공기조화설비를 설치하는 경우에는 그러하지 아니하다.

제18조의2 (소방관 진입창의 기준) 〈신설 2019.8.6〉 기술사 121회

법 제49조제3항에서 "국토교통부령으로 정하는 기준"이란 다음 각 호의 요건을 모두 충족하는 것을 말한다.

1. 2층 이상 11층 이하인 층(직접 지상으로 통하는 출입구가 있는 층은 제외한다)에 각각 1개소 이상 설치할 것. 이 경우 소방관이 진입할 수 있는 창의 가운데에서 벽면 끝까지의 수평거리가 40m 이상인 경우에는 40m 이내마다 소방관이 진입할 수 있는 창을 추가로 설치해야 한다. 〈개정 2024.11.15〉
2. 소방차 진입로 또는 소방차 진입이 가능한 공터에 면할 것
3. 창문의 가운데에 지름 20cm 이상의 역삼각형을 야간에도 알아볼 수 있도록 빛 반사 등으로 붉은색으로 표시할 것
4. 창문의 한쪽 모서리에 타격지점을 지름 3cm 이상의 원형으로 표시할 것
5. 창문유리의 크기는 폭 90cm 이상, 높이 1.0m 이상으로 하고, 실내 바닥면으로부터 창의 아랫부분까지의 높이는 80cm[난간이 설치된 노대등(영 제40조제1항에 따른 노대등을 말한다)에 불가피하게 소방관 진입창을 설치하는 경우에는 120cm] 이내로 할 것 〈개정 2024.8.26〉
6. 다음 각 목의 어느 하나에 해당하는 유리를 사용할 것
   가. 플로트판유리로서 그 두께가 6mm 이하인 것
   나. 강화유리 또는 배강도유리로서 그 두께가 5mm 이하인 것
   다. 가목 또는 나목에 해당하는 유리로 구성된 이중 유리 〈개정 2024.8.26〉
   라. 가목 또는 나목에 해당하는 유리로 구성된 삼중 유리. 이 경우 각각의 유리에 비산방지 필름을 부착하는 경우에는 그 필름 두께를 50μm 이하로 해야 한다. 〈신설 2024.8.26.〉

제19조 (경계벽 등의 구조) 기술사 98회 · 112회

① 법 제49조제4항에서 규정하는 건축물에 설치하는 경계벽은 내화구조로 하고, 지붕밑 또는 바로 위층의 바닥판까지 닿게 해야 한다.
② 소리를 차단하는데 장애가 되는 부분이 없도록 다음 각 호의 어느 하나에 해당하는 구조로 하여야 한다. 다만, 다가구주택 및 공동주택의 세대간의 경계벽인 경우에는 「주택건설기준 등에 관한 규정」 제14조에 따른다.
 1. 철근콘크리트조 · 철골철근콘크리트조로서 두께가 10cm이상인 것
 2. 무근콘크리트조 또는 석조로서 두께가 10cm(시멘트모르타르 · 회반죽 또는 석고플라스터의 바름두께를 포함한다)이상인 것
 3. 콘크리트블록조 또는 벽돌조로서 두께가 19cm 이상인 것
 4. 제1호 내지 제3호의 것 외에 국토교통부장관이 정하여 고시하는 기준에 따라 건설교통부장관이 지정하는 자 또는 한국건설기술연구원장이 실시하는 품질시험에서 그 성능이 확인된 것
 5. 한국건설기술연구원장이 제27조제1항에 따라 정한 인정기준에 따라 인정하는 것

③ 법 제49조제4항에 따른 가구·세대 등 간 소음방지를 위한 바닥은 경량충격음(비교적 가볍고 딱딱한 충격에 의한 바닥충격음을 말한다)과 중량충격음(무겁고 부드러운 충격에 의한 바닥충격음을 말한다)을 차단할 수 있는 구조로 하여야 한다. 〈③항 신설 2014.11.28〉
④ 제3항에 따른 가구·세대 등 간 소음방지를 위한 바닥의 세부기준은 국토교통부장관이 정하여 고시한다. 〈④항 신설 2014.11.28〉

제19조의2 (침수 방지시설)

법 제49조제5항제2호에서 "국토교통부령으로 정하는 침수 방지시설"이란 다음 각 호의 시설을 말한다. 〈개정 2024.8.26〉
1. 차수판(遮水板)
2. 역류방지 밸브

제21조 (방화벽의 구조) 기술사 101회·116회·130회

1. 내화구조로서 홀로 설 수 있는 구조일 것
2. 방화벽의 양쪽 끝과 윗쪽 끝을 건축물의 외벽면 및 지붕면으로부터 0.5m 이상 튀어 나오게 할 것
3. 방화벽에 설치하는 출입문의 너비 및 높이는 각각 2.5m 이하로 하고, 해당 출입문에는 60+ 방화문 또는 60분 방화문을 설치할 것 〈개정 2024.11.15〉

제22조 (대규모 목조건축물의 외벽 등)

① 연면적이 1,000m² 이상인 목조의 건축물은 그 외벽 및 처마밑의 연소할 우려가 있는 부분을 방화구조로 하되, 그 지붕은 불연재료로 하여야 한다.
② 제1항에서 "연소할 우려가 있는 부분"이라 함은 인접대지경계선·도로중심선 또는 동일한 대지안에 있는 2동 이상의 건축물(연면적의 합계가 500m² 이하인 건축물은 이를 하나의 건축물로 본다) 상호의 외벽간의 중심선으로부터 1층에 있어서는 3m 이내, 2층 이상에 있어서는 5m 이내의 거리에 있는 건축물의 각 부분을 말한다. 다만, 공원·광장·하천의 공지나 수면 또는 내화구조의 벽 기타 이와 유사한 것에 접하는 부분을 제외한다.

제22조의2 (고층건축물 피난안전구역 등의 피난 용도 표시) 〈신설 2015. 7.9〉

법 제50조의2제2항에 따라 고층건축물에 설치된 피난안전구역, 피난시설 또는 대피공간에는 다음 각 호에서 정하는 바에 따라 화재 등의 경우에 피난 용도로 사용되는 것임을 표시하여야 한다.
1. 피난안전구역
    가. 출입구 상부 벽 또는 측벽의 눈에 잘 띄는 곳에 "피난안전구역" 문자를 적은 표시판을 설치할 것
    나. 출입구 측벽의 눈에 잘 띄는 곳에 해당 공간의 목적과 용도, 다른 용도로 사용하지 아니할 것을 안내하는 내용을 적은 표시판을 설치할 것

2. 특별피난계단의 계단실 및 그 부속실, 피난계단의 계단실 및 피난용 승강기 승강장
  가. 출입구 측벽의 눈에 잘 띄는 곳에 해당 공간의 목적과 용도, 다른 용도로 사용하지 아니할 것을 안내하는 내용을 적은 표시판을 설치할 것
  나. 해당 건축물에 피난안전구역이 있는 경우 가목에 따른 표시판에 피난안전구역이 있는 층을 적을 것
3. 대피공간 : 출입문에 해당 공간이 화재 등의 경우 대피장소이므로 물건적치 등 다른 용도로 사용하지 아니할 것을 안내하는 내용을 적은 표시판을 설치할 것

제23조 (방화지구안의 지붕·방화문 및 외벽 등)

① 법 제51조제3항에 따라 방화지구 내의 건축물의 지붕으로서 내화구조가 아닌 것은 불연재료로 하여야 한다.
② 방화지구 안의 건축물의 인접대지경계선에 접하는 외벽에 설치하는 창문 등으로서 제22조제2항의 규정에 의한 연소할 우려가 있는 부분에는 다음 각 호의 방화설비를 설치해야 한다.
  1. 60+ 방화문 또는 60분 방화문 〈개정 2024.11.15〉 관리사 17회
  2. 소방법령이 정하는 기준에 적합하게 창문 등에 설치하는 드렌처설비
  3. 당해 창문등과 연소할 우려가 있는 다른 건축물의 부분을 차단하는 내화구조나 불연재료로 된 벽·담장 기타 이와 유사한 방화설비
  4. 환기구멍에 설치하는 불연재료로 된 방화커버 또는 그물눈이 2mm 이하인 금속망

제24조 (건축물의 마감재료 등)

① 법 제52조제1항에 따라 영 제61조제1항 각호의 건축물에 대하여는 그 거실의 벽 및 반자의 실내에 접하는 부분(반자돌림대·창대 기타 이와 유사한 것을 제외한다)의 마감재료(영 제61조제1항제4호에 해당하는 건축물의 경우에는 단열재를 포함한다)는 불연재료·준불연재료 또는 난연재료를 사용해야 하며, 그 거실에서 지상으로 통하는 주된 복도·계단 기타 통로의 벽 및 반자의 실내에 접하는 부분의 마감은 불연재료 또는 준불연재료로 할 것. 다만, 다음 각 호에 해당하는 부분의 마감재료는 불연재료 또는 준불연재료를 사용해야 한다. 〈개정(단서 추가) 2021.9.3.〉
  1. 거실에서 지상으로 통하는 주된 복도·계단 그 밖의 벽 및 반자의 실내에 접하는 부분
  2. 강판과 심재(心材)로 이루어진 복합자재를 마감재료로 사용하는 부분
② 영 제61조제1항 각 호의 건축물 중 다음 각 호의 어느 하나에 해당하는 거실의 벽 및 반자의 실내에 접하는 부분의 마감은 제1항의 규정에 불구하고 불연재료 또는 준불연재료로 하여야 한다.
  1. 영 제61조제1항 각 호에 따른 용도에 쓰이는 거실 등을 지하층 또는 지하의 공작물에 설치한 경우의 그 거실(출입문 및 문틀을 포함한다)〈개정 2015.10.7〉
  2. 영 제61조제1항제6호에 따른 용도에 쓰이는 건축물의 거실
③ 제1항 및 제2항에도 불구하고 영 제61조제1항제4호에 해당하는 건축물에서 단열재를 사용하는 경우로서 해당 건축물의 구조, 설계 또는 시공방법 등을 고려할 때, 단열재로 불연재

료·준불연재료 또는 난연재료를 사용하는 것이 곤란하여 법 제4조에 따른 건축위원회(시·도 및 시·군·구에 두는 건축위원회를 말한다)의 심의를 거친 경우에는 단열재를 불연재료·준불연재료 또는 난연재료가 아닌 것으로 사용할 수 있다. 〈③항 신설 2021.9.3〉

④ 법 제52조제1항에서 "내부마감재료"란 건축물 내부의 천장·반자·벽(경계벽 포함)·기둥 등에 부착되는 마감재료를 말한다. 다만, 「다중이용업소의 안전관리에 관한 특별법 시행령」 제3조에 따른 실내장식물을 제외한다. 〈개정 2014.11.28〉

⑤ 영 제61조제1항제1호의2에 따른 공동주택에는 「다중이용시설 등의 실내공기질관리법」 제11조제1항 및 동법 시행규칙 제10조에 따라 환경부장관이 고시한 오염물질방출 건축자재를 사용해서는 안 된다. 〈개정 2021.3.26〉

⑥ 영 제61조제2항제1호부터 제3호까지의 규정 및 제5호에 해당하는 건축물의 외벽에는 법 제52조제2항 후단에 따라 불연재료 또는 준불연재료를 마감재료(단열재, 도장 등 코팅재료 및 그 밖에 마감재료를 구성하는 모든 재료를 포함한다. 이하 이 조에서 같다)로 사용해야 한다. 다만, 국토교통부장관이 정하여 고시하는 화재확산방지구조 기준에 적합하게 마감재료를 설치하는 경우에는 난연재료(강판과 심재로 이루어진 복합자재가 아닌 것으로 한정한다)를 사용할 수 있다. 〈개정 2022.2.10〉

   1. 삭제 〈2022.2.10〉

   2. 삭제 〈2022.2.10〉

⑦ 제6항에도 불구하고 영 제61조제2항제1호·제3호 및 제5호에 해당하는 건축물로서 5층 이하이면서 높이 22미터 미만인 건축물의 경우 난연재료(강판과 심재로 이루어진 복합자재가 아닌 것으로 한정한다)를 마감재료로 할 수 있다. 다만, 건축물의 외벽을 국토교통부장관이 정하여 고시하는 화재 확산 방지구조 기준에 적합하게 설치하는 경우에는 난연성능이 없는 재료(강판과 심재로 이루어진 복합자재가 아닌 것으로 한정한다)를 마감재료로 사용할 수 있다. 〈개정 2021.9.3〉

⑧ 제6항 및 제7항에 따른 마감재료가 둘 이상의 재료로 제작된 것인 경우 해당 마감재료는 다음 각 호의 요건을 모두 갖춘 것이어야 한다. 〈⑧항 신설 2022.2.10〉

   1. 마감재료를 구성하는 재료 전체를 하나로 보아 국토교통부장관이 정하여 고시하는 기준에 따라 실물모형시험(실제 시공될 건축물의 구조와 유사한 모형으로 시험하는 것을 말한다)을 한 결과가 국토교통부장관이 정하여 고시하는 기준을 충족할 것

   2. 마감재료를 구성하는 각각의 재료에 대하여 난연성능을 시험한 결과가 국토교통부장관이 정하여 고시하는 기준을 충족할 것. 다만, 제6조제1호에 따른 불연재료 사이에 다른 재료(두께가 5mm 이하인 경우만 해당한다)를 부착하여 제작한 재료의 경우에는 해당 재료 전체를 하나의 재료로 보고 난연성능을 시험할 수 있으며, 같은 호에 따른 불연재료에 0.1mm 이하의 두께로 도장을 한 재료의 경우에는 불연재료의 성능기준을 충족한 것으로 보고 난연성능 시험을 생략할 수 있다. 〈개정 2023.8.31〉

⑨ 영 제14조제4항 각 호의 어느 하나에 해당하는 건축물 상호 간의 용도변경 중 영 별표 1 제3호다목(목욕장만 해당)·라목, 같은 표 제4호가목·사목·카목·파목(골프연습장, 놀

이형시설만 해당) · 더목 · 러목, 같은 표 제7호다목2) 및 같은 표 제16호가목 · 나목에 해당하는 용도로 변경하는 경우로서 스프링클러 또는 간이스프링클러의 헤드가 창문등으로부터 60cm 이내에 설치되어 건축물 내부가 화재로부터 방호되는 경우에는 제6항부터 제8항까지의 규정을 적용하지 않을 수 있다. 〈⑨항 신설 2021.7.5〉

⑩ 영 제61조제2항제4호에 해당하는 건축물의 외벽(필로티 구조의 외기에 면하는 천장 및 벽체를 포함) 중 1층과 2층 부분에는 불연재료 또는 준불연재료를 마감재료로 해야 한다. 〈개정(단서 삭제) 2022.2.10〉

⑪ 강판과 심재로 이루어진 복합자재를 마감재료로 사용하는 경우 해당 복합자재는 다음 각 호의 요건을 모두 갖춘 것이어야 한다. 〈⑪항 신설 2022.2.10〉

1. 강판과 심재 전체를 하나로 보아 국토교통부장관이 정하여 고시하는 기준에 따라 실물모형시험을 실시한 결과가 국토교통부장관이 정하여 고시하는 기준을 충족할 것
2. 강판: 다음 각 목의 구분에 따른 기준을 모두 충족할 것
   가. 두께[도금 이후 도장(塗裝) 전 두께를 말한다] : 0.5mm 이상
   나. 앞면 도장 횟수 : 2회 이상
   다. 도금의 부착량 : 도금의 종류에 따라 다음의 어느 하나에 해당할 것. 이 경우 도금의 종류는 한국산업표준에 따른다.
      1) 용융 아연 도금 강판 : 180g/m² 이상
      2) 용융 아연 알루미늄 마그네슘 합금 도금 강판 : 90g/m² 이상
      3) 용융 55% 알루미늄 아연 마그네슘 합금 도금 강판 : 90g/m² 이상
      4) 용융 55% 알루미늄 아연 합금 도금 강판: 90g/m² 이상
      5) 그 밖의 도금 : 국토교통부장관이 정하여 고시하는 기준 이상
3. 심재 : 강판을 제거한 심재가 다음 각 목의 어느 하나에 해당할 것
   가. 한국산업표준에 따른 그라스울 보온판 또는 미네랄울 보온판으로서 국토교통부장관이 정하여 고시하는 기준에 적합한 것
   나. 불연재료 또는 준불연재료인 것

⑫ 법 제52조제4항에 따라 영 제61조제2항 각 호에 해당하는 건축물의 인접대지경계선에 접하는 외벽에 설치하는 창호와 인접대지경계선 간의 거리가 1.5m 이내인 경우 해당 창호는 방화유리창호[한국산업표준 KS F 2845(유리구획 부분의 내화 시험방법)에 규정된 방법에 따라 창틀과 유리 등으로 구성된 유리구획을 시험한 결과 비차열 20분 이상의 성능이 있는 것으로 한정한다]로 설치해야 한다. 다만, 스프링클러 또는 간이스프링클러의 헤드가 창호로부터 60cm 이내에 설치되어 건축물 내부가 화재로부터 방호되는 경우에는 방화유리창호로 설치하지 않을 수 있다. 〈개정 2024.11.15〉

제24조의2 (화재위험이 적은 공장과 인접한 건축물의 마감재료) 기술사 88회 · 105회

① 영 제61조제2항제1호나목에서 "국토교통부령으로 정하는 화재위험이 적은 공장"이란 별표 3의 업종에 해당하는 공장을 말한다. 다만, 공장의 일부 또는 전체를 기숙사 및 구내식

당의 용도로 사용하는 건축물을 제외한다. 〈개정 2021.9.3〉
② 삭제 〈2021.9.3〉
③ 삭제 〈2021.9.3〉

[건축물 내부마감재료 기준의 요점정리]

용도		해당 용도 거실의 바닥면적	마감재료(벽 및 반자)	
			거실	복도, 계단, 통로
1	공동주택, 단독주택 중 다중주택·다가구주택	(면적에 관계없이) 모두 적용	불연재료 준불연재료 난연재료	불연재료 준불연재료
2	제2종 근린생활시설 중 공연장·종교집회장·인터넷컴퓨터게임시설제공업소·학원·독서실·당구장·다중생활시설의 용도로 쓰는 건축물			
3	발전시설(자가발전·자가난방용 포함), 방송국, 촬영소, 공장, 창고시설, 위험물 저장 및 처리시설, 자동차관련시설			
4	「다중이용업소의 안전관리에 관한 특별법 시행령」 제2조에 따른 다중이용업의 용도로 쓰는 건축물			
5	5층 이상의 건축물	5층 이상인 층 거실의 바닥면적 합계 500m² 이상		
6	위 1호~4호 용도의 거실 등을 지하층에 설치할 경우의 그 거실	(면적에 관계없이) 모두 적용	불연재료 준불연재료	
7	강판과 심재(心材)로 이루어진 복합자재를 마감재료로 사용하는 부분			
8	문화 및 집회시설, 종교·판매·운수·의료·노유자·수련·숙박·위락·장례시설, 학교, 학원, 오피스텔			

[주의]
1. 위에서 주요구조부가 내화구조 또는 불연재료로 된 건축물로서 그 거실의 바닥면적(자동식 소화설비가 설치된 면적은 제외) 200m² 이내마다 방화구획된 건축물은 제외한다.
2. 계단실이 건축법령에 의한 피난계단 또는 특별피난계단일 경우에는 벽, 반자 및 바닥까지 모두 불연재료로 하여야 한다.

제24조의3 (건축자재 품질관리서)

① 영 제62조 제1항제4호에서 "국토교통부령으로 정하는 건축자재"란 영 제46조 및 이 규칙 제14조에 따라 방화구획을 구성하는 내화구조, 자동방화셔터, 내화채움성능이 인정된 구조 및 방화댐퍼를 말한다. 〈개정 2021.3.26, 2021.12.23〉

② 법 제52조의4 제1항에서 "국토교통부령으로 정하는 사항을 기재한 품질관리서"란 다음 각 호의 구분에 따른 서식을 말한다. 이 경우 다음 각 호에서 정한 서류(해당 건축자재의 설치·시공 당시 유효한 서류로 한정한다)를 첨부한다. 〈개정 2024.8.26〉

1. 영 제62조제1항제1호의 경우 : 별지 제1호서식. 이 경우 다음 각 목의 서류를 첨부할 것
   가. 난연성능이 표시된 복합자재(심재로 한정한다) 시험성적서(법 제52조의5제1항에 따라 품질인정을 받은 경우에는 법 제52조의6제7항에 따라 국토교통부장관이 정하여 고시하는 품질인정서) 사본 〈개정 2021.12.23〉
   나. 강판의 두께, 도금 종류 및 도금 부착량이 표시된 강판생산업체의 품질검사증명서 사본
   다. 실물모형시험 결과가 표시된 복합자재 시험성적서(법 제52조의5제1항에 따라 품질인정을 받은 경우에는 품질인정서) 사본 〈신설 2021.12.23〉

2. 영 제62조제1항제2호의 경우 : 별지 제2호서식. 이 경우 다음 각 목의 서류를 첨부할 것
   가. 난연성능이 표시된 단열재 시험성적서 사본. 이 경우 단열재가 둘 이상의 재료로 제작된 경우에는 각 재료별로 첨부해야 한다. 〈신설 2021.12.23〉
   나. 실물모형시험 결과가 표시된 단열재 시험성적서(외벽의 마감재료가 둘 이상의 재료로 제작된 경우만 첨부한다) 사본 〈신설 2021.12.23〉

③ 공사시공자는 법 제52조의4제1항에 따라 작성한 품질관리서의 내용과 같게 별지 제7호서식의 건축자재 품질관리서 대장을 작성하여 공사감리자에게 제출해야 한다.

④ 공사감리자는 제3항에 따라 제출받은 건축자재 품질관리서 대장의 내용과 영 제62조제3항에 따라 제출받은 품질관리서의 내용이 같은지를 확인하고 이를 영 제62조제4항에 따라 건축주에게 제출해야 한다.

⑤ 건축주는 제4항에 따라 제출받은 건축자재 품질관리서 대장을 영 제62조제4항에 따라 허가권자에게 제출해야 한다.

제25조 (지하층의 구조)

① **지하층의 구조 및 설비의 설치기준** 기술사 104회·118회·127회

1. 거실의 바닥면적이 50m² 이상인 층에는 직통계단 외에 피난층 또는 지상으로 통하는 비상탈출구 및 환기통을 설치할 것. 다만, 제8조제2항 각 호의 기준에 적합한 직통계단이 2개소 이상 설치되어 있는 경우에는 그러하지 아니하다. 〈개정 2024.8.26〉

1의 2. 제2종 근린생활시설 중 공연장·단란주점·당구장·노래연습장, 문화 및 집회시설 중 예식장·공연장, 수련시설, 숙박시설 중 여관·여인숙, 위락시설 중 단란주점·유흥주점 또는 「다중이용업소의 안전관리에 관한 특별법 시행령」 제2조에 따른 용도에 쓰

이는 층으로서 그 층의 거실 바닥면적의 합계가 50m² 이상인 건축물에는 제8조제2항 각 호의 기준에 적합한 직통계단을 2개소 이상 설치할 것 〈개정 2024.8.26〉
2. 바닥면적 1,000m² 이상인 층에는 피난층 또는 지상으로 통하는 직통계단을 방화구획되는 각 부분마다 1개소 이상 설치하되, 이를 피난계단 또는 특별피난계단의 구조로 할 것
3. 거실의 바닥면적의 합계가 1,000m² 이상인 층에는 환기설비를 설치할 것
4. 지하층의 바닥면적이 300m² 이상인 층에는 식수공급을 위한 급수전을 1개소 이상 설치할 것

② **지하층 비상탈출구의 설치기준** 기술사 118회·127회·128회
1. 비상탈출구의 유효너비는 0.75m 이상으로 하고, 유효높이는 1.5m 이상으로 할 것
2. 비상탈출구의 문은 피난방향으로 열리도록 하고, 실내에서 항상 열 수 있는 구조로 하여야 하며, 내부 및 외부에는 비상탈출구의 표시를 할 것
3. 비상탈출구는 출입구로부터 3m 이상 떨어진 곳에 설치할 것
4. 지하층의 바닥으로부터 비상탈출구의 아랫부분까지의 높이가 1.2m 이상이 되는 경우에는 벽체에 발판의 너비가 20cm 이상인 사다리를 설치할 것
5. 비상탈출구는 피난층 또는 지상으로 통하는 복도나 직통계단에 직접 접하거나 통로 등으로 연결될 수 있도록 설치하여야 하며, 피난층 또는 지상으로 통하는 복도나 직통계단까지 이르는 피난통로의 유효너비는 0.75m 이상으로 하고, 피난통로의 실내에 접하는 부분의 마감과 그 바탕은 불연재료로 할 것
6. 비상탈출구의 진입부분 및 피난통로에는 통행에 지장이 있는 물건을 방치하거나 시설물을 설치하지 아니할 것
7. 비상탈출구의 유도등과 피난통로의 비상조명등의 설치는 소방법령이 정하는 바에 의할 것

제26조 (방화문의 구조) 기술사 121회

영 제64조제1항에 따른 방화문은 한국건설기술연구원장이 국토교통부장관이 정하여 고시하는 바에 따라 품질을 시험한 결과 영 제64조제1항 각 호의 기준에 따른 성능을 확보한 것이어야 한다. 〈개정 2021.12.23〉

제29조 (피난용승강기의 설치 및 구조) 〈본조 삭제 2018.10.18〉

제30조 (피난용승강기의 설치기준) 기술사 96회·100회·104회·110회·113회·116회·117회·125회

영 제91조제5호에서 "국토교통부령으로 정하는 구조 및 설비 등의 기준"이란 다음 각 호를 말한다. 〈개정 2018.10.18〉
1. 피난용승강기 승강장의 구조
   가. 승강장의 출입구를 제외한 부분은 해당 건축물의 다른 부분과 내화구조의 바닥 및 벽으로 구획할 것
   나. 승강장은 각 층의 내부와 연결될 수 있도록 하되, 그 출입구에는 60+ 방화문 또는 60분 방화문을 설치할 것. 이 경우 방화문은 언제나 닫힌 상태를 유지할 수 있는

구조이어야 한다. 〈개정 2024.11.15〉
　다. 실내에 접하는 부분(바닥 및 반자 등 실내에 면한 모든 부분을 말한다)의 마감(마감을 위한 바탕을 포함한다)은 불연재료로 할 것
　라.~사. 〈삭제 2018.10.18〉
　아. 다음의 어느 하나에 해당하는 설비를 설치할 것 〈개정 2024.8.26〉
　　1) 배연설비
　　2) 「소방시설 설치 및 관리에 관한 법률 시행령」 별표 4 제5호가목에 따른 제연설비(이하 "제연설비"라 한다)
2. 피난용승강기 승강로의 구조
　가. 승강로는 해당 건축물의 다른 부분과 내화구조로 구획할 것
　나. 〈삭제 2018.10.18〉
　다. 승강로 상부에 배연설비 또는 제연설비를 설치할 것 〈개정 2024.8.26〉
3. 피난용승강기 기계실의 구조
　가. 출입구를 제외한 부분은 해당 건축물의 다른 부분과 내화구조의 바닥 및 벽으로 구획할 것
　나. 출입구에는 60+ 방화문 또는 60분 방화문을 설치할 것 〈개정 2024.11.15〉
4. 피난용승강기의 전용 예비전원 관리사 17회
　가. 정전시 피난용승강기, 기계실, 승강장 및 폐쇄회로 텔레비전 등의 설비를 작동할 수 있는 별도의 예비전원 설비를 설치할 것
　나. 가목에 따른 예비전원은 초고층 건축물의 경우에는 2시간 이상, 준초고층 건축물의 경우에는 1시간 이상 작동이 가능한 용량일 것
　다. 상용전원과 예비전원 공급을 자동 또는 수동으로 전환이 가능한 설비를 갖출 것
　라. 전선관 및 배선은 고온에 견딜 수 있는 내열성 자재를 사용하고, 방수조치 할 것

[별표 1] 내화구조의 성능기준 (제3조제8호 관련)

1. 일반기준

(단위 : 시간)

용도 구분	용도	용도규모 층수/최고높이[m]		벽 외벽 내력벽	벽 외벽 비내력벽 연소우려가 있는 부분	벽 외벽 비내력벽 연소우려가 없는 부분	벽 내벽 내력벽	벽 내벽 비내력벽 경계벽	벽 내벽 비내력벽 승강기·계단실의 수직벽	보·기둥	바닥	지붕·지붕틀
일반시설	제1종 및 제2종 근린생활·문화 및 집회·종교·판매·운수·교육연구·노유자·수련·운동·업무·위락·자동차관련(정비공장 제외)·동물 및 식물 관련·교정 및 군사·방송통신·발전·묘지관련·관광휴게·장례시설	12/50	초과	3	1	0.5	3	2	2	3	2	1
			이하	2	1	0.5	2	1.5	1.5	2	2	0.5
		4/20 이하		1	1	0.5	1	1	1	1	1	0.5
주거시설	단독주택, 공동주택, 숙박시설, 의료시설	12/50	초과	2	1	0.5	2	2	2	3	2	1
			이하	2	1	0.5	2	1	1	2	2	0.5
		4/20 이하		1	1	0.5	1	1	1	1	1	0.5
산업시설	공장, 창고시설, 위험물 저장 및 처리시설, 자동차관련시설 중 정비공장, 자연순환관련시설	12/50	초과	2	1.5	0.5	2	1.5	1.5	3	2	1
			이하	2	1	0.5	2	1	1	2	2	0.5
		4/20 이하		1	1	0.5	1	1	1	1	1	0.5

2. 적용기준
    가. 용도
        1) 건축물이 하나 이상의 용도로 사용될 경우 위 표의 용도구분에 따른 기준 중 가장 높은 내화시간의 용도를 적용한다.
        2) 건축물의 부분별 높이 또는 층수가 다를 경우 최고 높이 또는 최고 층수를 기준으로 제1호에 따른 구성부재별 내화시간을 건축물 전체에 동일하게 적용한다.
        3) 용도규모에서 건축물의 층수와 높이의 산정은 「건축법 시행령」 제119조에 따른다. 다만, 승강기탑, 계단탑, 망루, 장식탑, 옥탑 그 밖에 이와 유사한 부분은 건축물의 높이와 층수의 산정에서 제외한다.
    나. 구성 부재
        1) 외벽 중 비내력벽으로서 연소우려가 있는 부분은 제22조제2항에 따른 부분을 말한다.
        2) 외벽 중 비내력벽으로서 연소우려가 없는 부분은 제22조제2항에 따른 부분을 제외한 부분을 말한다.
        3) 내벽 중 비내력벽인 경계벽은 건축법령에 따라 내화구조로 해야 하는 벽을 말한다. 〈개정 2024.11.15〉
    다. 그 밖의 기준
        1) 화재의 위험이 적은 제철·제강공장 등으로서 품질확보를 위해 불가피한 경우에는 지방건축위원회의 심의를 받아 주요구조부의 내화시간을 완화하여 적용할 수 있다.
        2) 외벽의 내화성능 시험은 건축물 내부면을 가열하는 것으로 한다.

[별표 1의2]

피난안전구역의 면적산정기준 (제8조의2 제3항제7호 관련)
기술사 108회

1. 피난안전구역의 면적은 다음 산식에 따라 산정한다.
    (피난안전구역 윗층의 재실자 수×0.5)×0.28m^2
    가. 피난안전구역 윗층의 재실자 수는 해당 피난안전구역과 다음 피난안전구역 사이의 용도별 바닥면적을 사용 형태별 재실자 밀도로 나눈 값의 합계를 말한다. 다만, 문화·집회용도 중 벤치형 좌석을 사용하는 공간과 고정좌석을 사용하는 공간은 다음의 구분에 따라 피난안전구역 윗층의 재실자 수를 산정한다.

1) 벤치형 좌석을 사용하는 공간 : 좌석길이/45.5cm
2) 고정좌석을 사용하는 공간 : 휠체어 공간 수+고정좌석 수

나. 피난안전구역 설치 대상 건축물의 용도에 따른 사용 형태별 재실자 밀도는 다음 표와 같다.

용도	사용 형태별		재실자 밀도
문화·집회	고정좌석을 사용하지 않는 공간		0.45
	고정좌석이 아닌 의자를 사용하는 공간		1.29
	벤치형 좌석을 사용하는 공간		-
	고정좌석을 사용하는 공간		-
	무대		1.40
	게임제공업 등의 공간		1.02
운동	운동시설		4.60
교육	도서관	서고	9.30
		열람실	4.60
	학교 및 학원	교실	1.90
보육	보호시설		3.30
의료	입원치료구역		22.3
	수면구역		11.1
교정	교정시설 및 보호관찰소 등		11.1
주거	호텔 등 숙박시설		18.6
	공동주택		18.6
업무	업무시설, 운수시설 및 관련 시설		9.30
판매	지하층 및 1층		2.80
	그 외의 층		5.60
	배송공간		27.9
저장	창고, 자동차 관련 시설		46.5
산업	공장		9.30
	제조업 시설		18.6

※ 계단실, 승강로, 복도 및 화장실은 사용 형태별 재실자 밀도의 산정에서 제외하고, 취사장·조리장의 사용 형태별 재실자 밀도는 9.30으로 본다.

2. 피난안전구역 설치 대상 용도에 대한 「건축법 시행령」 별표 1에 따른 용도별 건축물의 종류는 다음 표와 같다.

용도	용도별 건축물
문화·집회	문화 및 집회시설(공연장·집회장·관람장·전시장만 해당한다), 종교시설, 위락시설, 제1종 근린생활시설 및 제2종 근린생활시설 중 휴게음식점·제과점·일반음식점 등 음식·음료를 제공하는 시설, 제2종 근린생활시설 중 공연장·종교집회장·게임제공업 시설, 그 밖에 이와 비슷한 문화·집회시설
운동	운동시설, 제1종 근린생활시설 및 제2종 근린생활시설 중 운동시설
교육	교육연구시설, 수련시설, 자동차 관련 시설 중 운전학원 및 정비학원, 제2종 근린생활시설 중 학원·직업훈련소·독서실, 그 밖에 이와 비슷한 교육시설
보육	노유자시설, 제1종 근린생활시설 중 지역아동센터
의료	의료시설, 제1종 근린생활시설 중 의원, 치과의원, 한의원, 침술원, 접골원(接骨院), 조산원 및 안마원
교정	교정 및 군사시설
주거	공동주택 및 숙박시설
업무	업무시설, 운수시설, 제1종 근린생활시설과 제2종 근린생활시설 중 지역자치센터·파출소·사무소·이용원·미용원·목욕장·세탁소·기원·사진관·표구점, 그 밖에 이와 비슷한 업무시설
판매	판매시설(게임제공업 시설 등은 제외한다), 제1종 근린생활시설 중 슈퍼마켓과 일용품 등의 소매점
저장	창고시설, 자동차 관련 시설(운전학원 및 정비학원은 제외한다)
산업	공장, 제2종 근린생활시설 중 제조업 시설

[제4장] 건축물의 설비기준 등에 관한 규칙

(개정 : 2024. 8. 7. 국토교통부령 제1375호, 시행 : 2024. 8. 7.)

제9조 (비상용승강기를 설치하지 아니할 수 있는 건축물) 기술사 84회·88회·91회·116회·124회
1. 높이 31m를 넘는 각층을 거실외의 용도로 쓰는 건축물
2. 높이 31m를 넘는 각층의 바닥면적의 합계가 500m² 이하인 건축물
3. 높이 31m를 넘는 층수가 4개층 이하로서 당해 각층의 바닥면적의 합계 200m²(벽 및 반자가 실내에 접하는 부분의 마감을 불연재료로 한 경우에는 500m²) 이내마다 방화구획으로 구획한 건축물
※ 〈비상용승강기의 설치대상〉: 높이 31m를 초과하는 건축물(건축법 제64조)

제10조 (비상용승강기의 승강장 및 승강로의 구조)
1. 삭제 〈1996.2.9〉
2. **비상용승강기 승강장의 구조** 기술사 84회·91회·110회·116회
    가. 승강장의 창문·출입구 기타 개구부를 제외한 부분은 당해 건축물의 다른 부분과 내화구조의 바닥 및 벽으로 구획할 것. 다만, 공동주택의 경우에는 승강장과 특별피난계단의 부속실과의 겸용부분을 특별피난계단의 계단실과 별도로 구획하는 때에는 승강장을 특별피난계단의 부속실과 겸용할 수 있다.
    나. 승강장은 각층의 내부와 연결될 수 있도록 하되, 그 출입구(승강로의 출입구를 제외한다)에는 60+ 방화문 또는 60분 방화문을 설치할 것. 다만, 피난층에는 방화문을 설치하지 아니할 수 있다. 〈개정 2024.8.7〉
    다. 노대 또는 외부를 향하여 열 수 있는 창문이나 제14조제2항의 규정에 의한 배연설비를 설치할 것
    라. 벽 및 반자가 실내에 접하는 부분의 마감재료(마감을 위한 바탕을 포함한다)는 불연재료로 할 것
    마. 채광이 되는 창문이 있거나 예비전원에 의한 조명설비를 할 것
    바. 승강장의 바닥면적은 비상용승강기 1대에 대하여 6m² 이상으로 할 것. 다만, 옥외에 승강장을 설치하는 경우에는 그러하지 아니하다.
    사. 피난층이 있는 승강장의 출입구(승강장이 없는 경우에는 승강로의 출입구)로부터 도로 또는 공지(공원·광장 기타 이와 유사한 것으로서 피난 및 소화를 위한 당해 대지에의 출입에 지장이 없는 것을 말한다)에 이르는 거리가 30m 이하일 것
    아. 승강장 출입구 부근의 잘 보이는 곳에 당해 승강기가 비상용승강기임을 알 수 있는 표지를 할 것

3. **비상용승강기의 승강로의 구조** 기술사 91회·116회
   가. 승강로는 당해 건축물의 다른 부분과 내화구조로 구획할 것
   나. 각층으로부터 피난층까지 이르는 승강로를 단일구조로 연결하여 설치할 것

제13조 (개별난방설비 등) 〈개정 2024.8.7〉

① 영 제87조제2항의 규정에 의하여 공동주택과 오피스텔의 난방설비를 개별난방방식으로 하는 경우에는 다음 각 호의 기준에 적합하여야 한다.
  1. 보일러는 거실 외의 곳에 설치하되, 보일러를 설치하는 곳과 거실 사이의 경계벽은 출입구를 제외하고는 내화구조의 벽으로 구획할 것
  2. 보일러실의 윗부분에는 그 면적이 0.5m² 이상인 환기창을 설치하고, 보일러실의 윗부분과 아랫부분에는 각각 지름 10cm 이상의 공기흡입구 및 배기구를 항상 열려있는 상태로 바깥공기에 접하도록 설치할 것. 다만, 전기보일러의 경우에는 그러하지 아니하다.
  3. 삭제 〈1999.5.11〉
  4. 보일러실과 거실 사이의 출입구는 그 출입구가 닫힌 경우에는 보일러가스가 거실에 들어갈 수 없는 구조로 할 것
  5. 기름보일러를 설치하는 경우에는 기름저장소를 보일러실 외의 다른 곳에 설치할 것
  6. 오피스텔의 경우에는 난방구획을 방화구획으로 구획할 것
  7. 보일러의 연도는 내화구조로서 공동연도로 설치할 것
② 가스보일러에 의한 난방설비를 설치하고 가스를 중앙집중공급방식으로 공급하는 경우에는 제1항의 규정에 불구하고 가스관계법령이 정하는 기준에 의하되, 오피스텔의 경우에는 <u>난방구획을 방화구획으로 구획해야</u> 한다. 〈개정 2024.8.7〉
③ 허가권자는 개별 보일러를 설치하는 건축물의 경우 소방청장이 정하여 고시하는 기준에 따라 일산화탄소 경보기를 설치하도록 권장할 수 있다. 〈신설 2020.4.9〉

제14조 (배연설비)

① 배연설비의 설치기준 기술사 80회
  1. 건축물이 방화구획으로 구획되는 경우에는 그 구획마다 1개소 이상의 배연창을 설치하되, 배연창의 상변과 천장 또는 반자로부터 수직거리가 0.9m 이내일 것. 다만, 반자높이가 바닥으로부터 3m 이상인 경우에는 배연창의 하변이 바닥으로부터 2.1m 이상의 위치에 놓이도록 설치하여야 한다.
  2. 배연창의 유효면적은 별표 2의 산정기준에 의하여 산정된 면적이 1m² 이상으로서 그 면적의 합계가 당해 건축물의 바닥면적(방화구획이 설치된 경우에는 그 구획된 부분의 바닥면적을 말한다)의 100분의 1이상일 것. 이 경우 바닥면적의 산정에 있어서 거실바닥면적의 20분의 1 이상으로 환기창을 설치한 거실의 면적은 이에 산입하지 아니한다.
  3. 배연구는 연기감지기 또는 열감지기에 의하여 자동으로 열 수 있는 구조로 하되, 손으로도 열고 닫을 수 있도록 할 것

4. 배연구는 예비전원에 의하여 열 수 있도록 할 것
5. 기계식 배연설비를 하는 경우에는 제1호 내지 제4호의 규정에 불구하고 소방관계법령의 규정에 적합하도록 할 것

② 특별피난계단 및 비상용승강기의 승강장에 설치하는 배연설비의 구조 기술사 98회·114회·123회
1. 배연구 및 배연풍도는 불연재료로 하고, 화재가 발생한 경우 원활하게 배연시킬 수 있는 규모로서 외기 또는 평상시에 사용하지 아니하는 굴뚝에 연결할 것
2. 배연구에 설치하는 수동개방장치 또는 자동개방장치(열감지기 또는 연기감지기에 의한 것을 말한다)는 손으로도 열고 닫을 수 있도록 할 것
3. 배연구는 평상시에는 닫힌 상태를 유지하고, 연 경우에는 배연에 의한 기류로 인하여 닫히지 아니하도록 할 것
4. 배연구가 외기에 접하지 아니하는 경우에는 배연기를 설치할 것
5. 배연기는 배연구의 열림에 따라 자동적으로 작동하고, 충분한 공기배출 또는 가압능력이 있을 것
6. 배연기에는 예비전원을 설치할 것
7. 공기유입방식을 급기가압방식 또는 급·배기방식으로 하는 경우에는 제1호 내지 제6호의 규정에 불구하고 소방관계법령의 규정에 적합하게 할 것

제20조 (피뢰설비)

[피뢰설비의 설치대상]
1. 낙뢰의 우려가 있는 건축물
2. 높이 20m 이상의 건축물
3. 건축법 시행령 118조 1항에 따른 공작물로서 높이 20m 이상인 것

[피뢰설비의 설치기준] 기술사 90회
1. 피뢰설비는 한국산업표준이 정하는 피뢰레벨 등급에 적합한 피뢰설비일 것. 다만, 위험물저장 및 처리시설에 설치하는 피뢰설비는 한국산업표준이 정하는 피뢰시스템레벨 Ⅱ 이상이어야 한다.
2. 돌침은 건축물의 맨 윗부분으로부터 25cm 이상 돌출시켜 설치하되,「건축물의 구조기준 등에 관한 규칙」 제9조에 따른 설계하중에 견딜 수 있는 구조일 것
3. 피뢰설비의 재료는 최소 단면적이 피복이 없는 동선을 기준으로 수뢰부, 인하도선 및 접지극은 50mm² 이상이거나 이와 동등 이상의 성능을 갖출 것
4. 피뢰설비의 인하도선을 대신하여 철골조의 철골구조물과 철근콘크리트조의 철근 구조체 등을 사용하는 경우에는 전기적 연속성이 보장될 것. 이 경우 전기적 연속성이 있다고 판단되기 위하여는 건축물 금속 구조체의 최상단부와 지표레벨 사이의 전기저항이 0.2옴 이하이어야 한다.
5. 측면 낙뢰를 방지하기 위하여 높이가 60m를 초과하는 건축물 등에는 지면에서 건축물

높이의 4/5가 되는 지점으로부터 최상단부분까지의 측면에 수뢰부를 설치하여야 하며, 지표레벨에서 최상단부의 높이가 150m를 초과하는 건축물은 120m 지점부터 최상단부분까지의 측면에 수뢰부를 설치할 것. 다만, 건축물의 외벽이 금속부재(部材)로 마감되고, 금속부재 상호간에 제4호 후단에 적합한 전기적 연속성이 보장되며 피뢰시스템레벨 등급에 적합하게 설치하여 인하도선에 연결한 경우에는 측면 수뢰부가 설치된 것으로 본다.
6. 접지(接地)는 환경오염을 일으킬 수 있는 시공방법이나 화학 첨가물 등을 사용하지 아니할 것
7. 급수 · 급탕 · 난방 · 가스 등을 공급하기 위하여 건축물에 설치하는 금속배관 및 금속재 설비는 전위(電位)가 균등하게 이루어지도록 전기적으로 접속할 것
8. 전기설비의 접지계통과 건축물의 피뢰설비 및 통신설비 등의 접지극을 공용하는 통합접지공사를 하는 경우에는 낙뢰 등으로 인한 과전압으로부터 전기설비 등을 보호하기 위하여 한국산업표준에 적합한 서지보호장치(SPD)를 설치할 것
9. 그 밖에 피뢰설비와 관련된 사항은 한국산업규격에 적합하게 설치할 것

[별표 2] 배연창의 유효면적 산정기준 (제14조제1항제2호 관련)

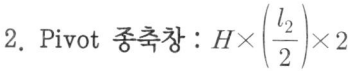

1. **미서기창** : $H \times l$

    l : 미서기창의 유효폭

    H : 창의 유효 높이

    W : 창문의 폭

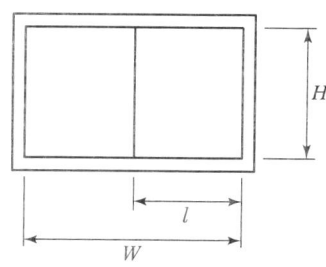

2. **Pivot 종축창** : $H \times \left(\dfrac{l_2}{2}\right) \times 2$

    H : 창의 유효 높이

    l_1 : 90° 회전시 창호와 직각방향으로 개방된 수평거리

    l_2 : 90° 미만 0° 초과시 창호와 직각방향으로 개방된 수평거리

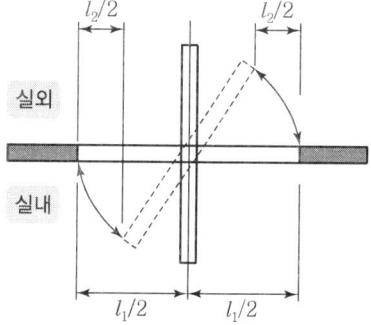

3. Pivot 횡축창 : $(W \times l_1) + (W \times l_2)$

   W : 창의 폭

   l_1 : 실내측으로 열린 상부창호의 길이방향
   으로 평행하게 개방된 순거리

   l_2 : 실외측으로 열린 하부창호로서 창틀과
   평행하게 개방된 수평투영거리

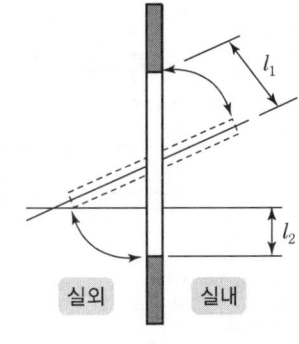

4. 들창 : $W \times l_2$

   W : 창의 폭

   l_2 : 창틀과 평행하게 개방된 순수수평투
   영면적

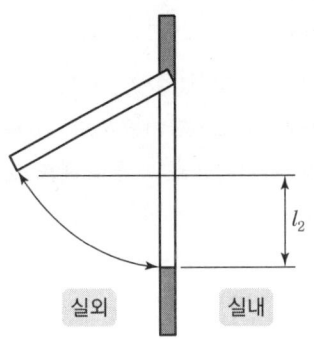

5. 미들창

   ① 창이 실외측으로 열리는 경우 : $W \times l$

   ② 창이 실내측으로 열리는 경우 :

   $W \times l_1$(단, 창이 천장(반자)에 근접하는 경우 : $W \times l_2$)

   W : 창의 폭

   l : 실외측으로 열린 상부창호의 길이방향으로 평행하게 개방된 순거리

   l_1 : 실내측으로 열린 상호창호의 길이방향으로 개방된 순거리

   l_2 : 창틀과 평행하게 개방된 순수수평투영면적

   ※ 창이 천장(또는 반자)에 근접된 경우
   창의 상단에서 천장면까지의 거리 $\leq l_1$

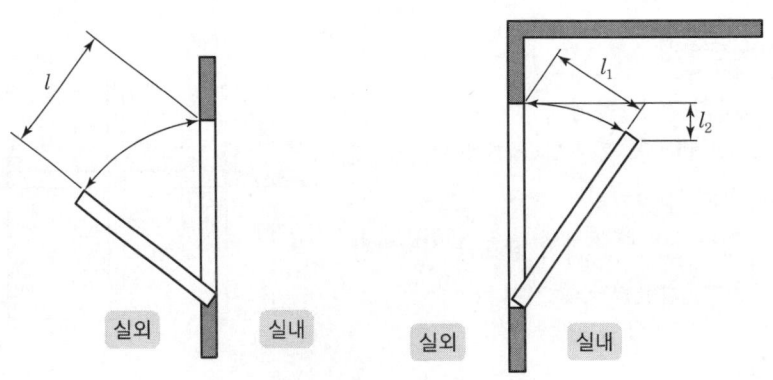

[제5장] 건축자재등 품질인정 및 관리기준

(제정 : 2023. 1. 9. 국토교통부고시 제2023-24호, 시행 : 2023. 1. 9.)

제1조 (목적)

이 기준은 화재발생 시 건축물의 구조적 안전을 도모하고 화재확산 및 유독가스 발생 등을 방지하는 등 인명과 재산을 보호하기 위하여 「건축법」 제52조의5 및 제52조의6에 따라 건축자재등의 인정절차, 품질관리 등에 필요한 사항을 정하고, 「건축물의 피난·방화구조 등의 기준에 관한 규칙」 제3조, 제5조, 제6조, 제7조, 제14조, 제24조, 제24조의7, 제24조의8, 제24조의9, 제26조에서 정한 기준에 따라 건축자재등의 시험방법 및 성능기준 등의 세부사항을 정함을 목적으로 한다.

제2조 (정의)

1. **건축자재등** : 「건축법 시행령」 제63조의2에 따른 건축자재와 내화구조를 말한다.
2. **품질인정자재등** : 제1호에 따른 건축자재등 중 「건축법」 제52조의5 및 제52조의6에 따라 품질인정을 받은 건축자재등
3. **내화구조** : 화재에 견딜 수 있는 성능을 가진 구조로서 「건축물의 피난·방화구조 등의 기준에 관한 규칙」(이하 "규칙"이라 한다) 제3조에 따른 구조
4. **복합자재** : 강판과 단열재로 이루어진 자재로서 법 제56조의6제1항에 따라 품질인정업무를 수행하는 기관으로 지정된 기관이 이 기준에 적합하다고 인정한 제품
5. **방화문** : 화재의 확대, 연소를 방지하기 위해 방화구획의 개구부에 설치하는 문으로서 건축자재등 품질인정기관이 이 기준에 적합하다고 인정한 제품
6. **자동방화셔터** : 내화구조로 된 벽을 설치하지 못하는 경우 화재 시 연기 및 열을 감지하여 자동 폐쇄되는 셔터로서 건축자재등 품질인정기관이 이 기준에 적합하다고 인정한 제품
7. **내화채움구조** : 방화구획의 설비관통부 등 틈새를 통한 화재확산을 방지하기 위해 설치하는 구조로서 건축자재등 품질인정기관이 이 기준에 적합하다고 인정한 제품
8. **품질시험** : 건축자재등의 품질인정에 필요한 내화시험, 실물모형시험 및 부가시험
9. **제조업자** : 법 제52조의5 및 제52조의6에 따라 건축자재등의 품질인정을 받아야 하는 주요 재료·제품의 생산 및 제조를 업으로 하는 자
10. **시공자** : 법 제52조의5 및 제52조의6에 따라 품질인정을 받아야 하는 건축자재등을 사용하여 건축물을 건축하고자 하는 자로서 「건설산업기본법」 제9조의 규정에 따라 등록된 건설업을 영위하는 자(직영공사인 경우에는 건축주를 말한다)

11. **신청자** : 이 기준에 의하여 건축자재등의 품질인정을 받고자 신청하는 자
12. **인정업자** : 이 기준에 따라 건축자재등 품질인정기관으로 부터 구조 또는 제품을 인정받은 자
13. **품목** : 건축자재를 구분하는데 있어 그 구성 제품의 종류에 따라 유사한 재료, 성분 및 형태로 묶어 분류한 것
14. **방화댐퍼** : 환기·난방 또는 냉방시설의 풍도가 방화구획을 관통하는 경우 그 관통부분 또는 이에 근접한 부분에 설치하는 댐퍼
15. **하향식 피난구** : 아파트 대피공간 대체시설로 규칙 제14조제4항에 따른 구조를 갖추어 발코니 바닥에 설치하는 피난설비

[제3조~제22조 : 기술자격시험 및 실무와 무관한 내용이므로 생략함]

제23조 (불연재료의 성능기준) 기술사 85회·89회·93회·101회·114회·117회·121회·128회

1. 한국산업표준 KS F ISO 1182(건축 재료의 불연성 시험 방법)에 따른 시험 결과, 제28조제1항제1호에 따른 모든 시험에 있어 다음 각 목을 모두 만족하여야 한다.
    가. 가열시험 개시 후 20분간 가열로 내의 최고온도가 최종평형온도를 20K 초과 상승하지 않을 것(단, 20분 동안 평형에 도달하지 않으면 최종 1분간 평균온도를 최종평형온도로 한다)
    나. 가열종료 후 시험체의 질량감소율이 30% 이하일 것
2. 한국산업표준 KS F 2271(건축물의 내장 재료 및 구조의 난연성 시험방법) 중 가스유해성 시험 결과, 제28조제3항제2호에 따른 모든 시험에 있어 실험용 쥐의 평균행동정지 시간이 9분 이상이어야 한다.
3. 강판과 심재로 이루어진 복합자재의 경우, 강판과 강판을 제거한 심재는 규칙 제24조제11항제2호 및 제3호에 따른 기준에 적합하여야 하며, 규칙 제24조제11항제1호에 따른 실물모형시험을 실시한 결과 제26조에서 정하는 기준에 적합하여야 한다.
4. 규칙 제24조제6항 및 제7항에 따른 외벽 마감재료 또는 단열재가 둘 이상의 재료로 제작된 경우, 규칙 제24조제8항제2호에 따라 각각의 재료는 제1호 및 제2호에 따른 시험 결과를 만족하여야 하며, 규칙 제24조제8항제1호에 따른 실물모형시험을 실시한 결과 제27조에서 정하는 기준에 적합하여야 한다.

제24조 (준불연재료의 성능기준) 기술사 85회·89회·101회·114회·117회·121회

규칙 제7조에 따른 준불연재료는 다음 각 호의 성능시험 결과를 만족하여야 한다.
1. 한국산업표준 KS F ISO 5660-1[연소성능시험-열 방출, 연기 발생, 질량 감소율-제1부 : 열 방출률(콘칼로리미터법)]에 따른 가열시험 결과, 제28조제2항제1호에 따른 모든 시험에 있어 다음 각 목을 모두 만족하여야 한다.
    가. 가열 개시 후 10분간 총방출열량이 8MJ/m^2 이하일 것

나. 10분간 최대 열방출률이 10초 이상 연속으로 200kW/m²를 초과하지 않을 것
다. 10분간 가열 후 시험체를 관통하는 방화상 유해한 균열(시험체가 갈라져 바닥면이 보이는 변형을 말한다), 구멍(시험체 표면으로부터 바닥면이 보이는 변형을 말한다) 및 용융(시험체가 녹아서 바닥면이 보이는 경우를 말한다) 등이 없어야 하며, 시험체 두께의 20%를 초과하는 일부 용융 및 수축이 없어야 한다.
2. 한국산업표준 KS F 2271(건축물의 내장 재료 및 구조의 난연성 시험방법) 중 가스유해성 시험 결과, 제28조제3항제2호에 따른 모든 시험에 있어 실험용 쥐의 평균행동정지 시간이 9분 이상이어야 한다.
3. 강판과 심재로 이루어진 복합자재의 경우, 강판과 강판을 제거한 심재는 규칙 제24조제11항제2호 및 제3호에 따른 기준에 적합하여야 하며, 규칙 제24조제11항제1호에 따른 실물모형시험을 실시한 결과 제26조에서 정하는 기준에 적합하여야 한다. 다만, 한국산업표준 KS L 9102(인조광물섬유 단열재)에서 정하는 바에 따른 그라스울 보온판, 미네랄울 보온판으로서 제2호에 따른 시험 결과를 만족하는 경우 제1호에 따른 시험을 실시하지 아니할 수 있다.
4. 규칙 제24조제6항 및 제7항에 따른 외벽 마감재료 또는 단열재가 둘 이상의 재료로 제작된 경우, 규칙 제24조제8항제2호에 따라 각각의 재료는 제1호 및 제2호에 따른 시험 결과를 만족하여야 하며, 규칙 제24조제8항제1호에 따른 실물모형시험을 실시한 결과 제27조에서 정하는 기준에 적합하여야 한다.

제25조 (난연재료의 성능기준) 기술사 85회·89회·93회·114회·117회·121회

1. 한국산업표준 KS F ISO 5660-1[연소성능시험-열방출, 연기발생, 질량감소율-제1부:열방출률(콘칼로리미터법)]에 따른 가열시험 결과, 제28조제2항제1호에 따른 모든 시험에 있어 다음 각 목을 모두 만족하여야 한다.
  가. 가열개시 후 5분간 총방출열량이 8MJ/m² 이하일 것
  나. 5분간 최대 열방출률이 10초 이상 연속으로 200kW/m²를 초과하지 않을 것
  다. 5분간 가열 후 시험체를 관통하는 방화상 유해한 균열(시험체가 갈라져 바닥면이 보이는 변형을 말한다), 구멍(시험체 표면으로부터 바닥면이 보이는 변형을 말한다) 및 용융(시험체가 녹아서 바닥면이 보이는 경우를 말한다) 등이 없어야 하며, 시험체 두께의 20%를 초과하는 일부 용융 및 수축이 없어야 한다.
2. 한국산업표준 KS F 2271(건축물의 내장재료 및 구조의 난연성 시험방법) 중 가스유해성 시험결과, 제28조제3항제2호에 따른 모든 시험에 있어 실험용 쥐의 평균행동정지 시간이 9분 이상이어야 한다.
3. 규칙 제24조제6항 및 제7항에 따른 외벽 마감재료 또는 단열재가 둘 이상의 재료로 제작된 경우, 규칙 제24조제8항제2호에 따라 각각의 재료는 제1호 및 제2호에 따른 시험 결과를 만족하여야 하며, 규칙 제24조제8항제1호에 따른 실물모형시험을 실시한 결과 제27조에서 정하는 기준에 적합하여야 한다.

제26조 (복합자재의 실물모형시험) 기술사 128회

강판과 심재로 이루어진 복합자재는 한국산업표준 KS F ISO 13784-1(건축용 샌드위치패널 구조에 대한 화재연소 시험방법)에 따른 실물모형시험 결과, 다음 각 호의 요건을 모두 만족하여야 한다. 다만, 복합자재를 구성하는 강판과 심재가 모두 규칙 제6조에 해당하는 불연재료인 경우에는 실물모형시험을 제외한다.
1. 시험체 개구부 외 결합부 등에서 외부로 불꽃이 발생하지 않을 것
2. 시험체 상부 천정의 평균 온도가 650℃를 초과하지 않을 것
3. 시험체 바닥에 복사 열량계의 열량이 $25kW/m^2$를 초과하지 않을 것
4. 시험체 바닥의 신문지 뭉치가 발화하지 않을 것
5. 화재 성장 단계에서 개구부로 화염이 분출되지 않을 것

제27조 (외벽 복합 마감재료의 실물모형시험) 기술사 128회

외벽 마감재료 또는 단열재가 둘 이상의 재료로 제작된 경우 마감재료와 단열재 등을 포함한 전체 구성을 하나로 보아 한국산업표준 KS F 8414(건축물 외부 마감 시스템의 화재안전성능 시험방법)에 따라 시험한 결과, 다음의 각 호에 적합하여야 한다. 다만, 외벽 마감재료 또는 단열재를 구성하는 재료가 모두 규칙 제6조에 해당하는 불연재료인 경우에는 실물모형시험을 제외한다.
1. 외부 화재확산성능 평가 : 시험체 온도는 시작 시간을 기준으로 15분 이내에 레벨 2(시험체 개구부 상부로부터 위로 5m 떨어진 위치)의 외부 열전대 어느 한 지점에서 30초 동안 600℃를 초과하지 않을 것
2. 내부 화재확산성능 평가 : 시험체 온도는 시작 시간을 기준으로 15분 이내에 레벨 2(시험체 개구부 상부로부터 위로 5m 떨어진 위치)의 내부 열전대 어느 한 지점에서 30초 동안 600℃를 초과하지 않을 것

제28조 (시험체 및 시험횟수 등)

① 제23조의 규정에 의하여 한국산업표준 KS F ISO 1182에 따라 시험을 하는 경우에 다음 각 호에 따른다.
  1. 시험체는 총 3개이며, 각각의 시험체에 대하여 1회씩 총 3회의 시험을 실시한다.
  2. 복합자재의 경우, 강판을 제거한 심재를 대상으로 시험하여야 하며, 심재가 둘 이상의 재료로 구성된 경우에는 각 재료에 대해서 시험하여야 한다.
  3. 액상 재료(도료, 접착제 등)인 경우에는 지름 45mm, 두께 1mm 이하의 강판에 사용두께 만큼 도장 후 적층하여 높이 (50±3)mm가 되도록 시험체를 제작하여야 하며, 상세사항을 제품명에 포함하도록 한다.
② 제24조 및 제25조에 따라 한국산업표준 KS F ISO 5660-1의 시험을 하는 경우에는 다음 각 호에 따라야 한다.
  1. 시험은 시험체가 내부마감재료의 경우에는 실내에 접하는 면에 대하여 3회 실시하며,

외벽 마감재료의 경우에는 앞면, 뒷면, 측면 1면에 대하여 각 3회 실시한다. 다만, 다음 각 목에 해당하는 외벽 마감재료는 각 목에 따라야 한다.

가. 단일재료로 이루어진 경우 : 한면에 대해서만 실시

나. 각 측면의 재질 등이 달라 성능이 다른 경우 : 앞면, 뒷면, 각 측면에 대하여 각 3회씩 실시

2. 복합자재의 경우, 강판을 제거한 심재를 대상으로 시험하여야 하며, 심재가 둘 이상의 재료로 구성된 경우에는 각 재료에 대해서 시험하여야 한다.

3. 가열강도는 50kW/m²로 한다.

③ 제23조부터 제25조까지에 따라 한국산업표준 KS F 2271 중 가스유해성 시험을 하는 경우에는 다음 각 호에 따라야 한다.

1. 시험은 시험체가 내부마감재료인 경우에는 실내에 접하는 면에 대하여 2회 실시하며, 외벽 마감재료인 경우에는 외기(外氣)에 접하는 면에 대하여 2회 실시한다.

2. 시험은 시험체가 실내에 접하는 면에 대하여 2회 실시한다.

3. 복합자재의 경우, 강판을 제거한 심재를 대상으로 시험하여야 하며, 심재가 둘 이상의 재료로 구성된 경우에는 각 재료에 대해서 시험하여야 한다.

제29조 (단일재료 시험성적서)

① 시험기관은 의뢰인이 제시한 시험시료의 재질, 주요성분 및 시험체 가열면 등 세부적인 내용을 확인하여 시험성적서에 명확히 기록하여야 하며, 시험의뢰인은 필요한 자료를 제공하여야 한다.

② 시험성적서 갑지는 다음 각 호의 사항을 포함하여 발급한다. 이 경우 시험성적서 표준서식은 제39조에 따라 국토교통부장관이 승인한 세부운영지침에서 정하며, 각 호의 사항 중 시험대상품, 시험규격, 시험결과, 유효기간은 굵은 글씨로 표기하여야 한다.

1. 신청자 : 회사명, 주소, 접수일자

2. 시험대상품 : 시료명, 모델명, 제품번호

3. 시험규격 : 국토교통부 고시에 의한 시험임을 명확히 기록

4. 성적서 용도

5. 시험기간

6. 시험환경

7. 시험결과 : 불연, 준불연, 난연, 불합격에 해당하는지를 명확히 기록. 다만, 이와 별도로 불연, 준불연, 난연 등 시험결과는 기울기 315(45), HY 견명조 사이즈 22, 회색투명도 50%로 제39조에 따라 국토교통부장관이 승인한 세부운영지침에서 정하는 시험성적서 표준서식에 따라 표시

8. 시험성적서 진위 여부 확인을 위한 QR 코드, 문서 위변조 방지장치, 진위 확인을 위한 홈페이지 주소

③ 시험성적서 을지는 다음 각 호의 사항을 포함하여 발급한다.

1. 제품의 주요성분, 두께, 가열면 등이 표기된 구성도
2. 재질 및 규격, 제조사, 모델명 등이 포함된 제품 및 시스템의 구성 목록
3. 시험체의 밀도(복합자재의 경우 심재의 밀도를 측정)
④ 시험성적서는 발급일로부터 3년간 유효한 것으로 한다.
⑤ 성능시험을 실시하는 시험기관의 장은 시험체 및 시험에 관한 기록을 유지·관리하여야 한다.

제30조 (복합재료 실물모형 시험성적서)

① 외벽 복합 마감재료의 실물모형시험 성적서 갑지는 다음 각 호의 사항을 포함하여 발급한다. 이 경우 시험성적서 표준서식은 제39조에 따라 국토교통부장관이 승인한 세부운영지침에서 정하며, 각 호의 사항 중 시험대상품, 시험규격, 시험결과, 유효기간은 굵은 글씨로 표기하여야 한다.
1. 신청자 : 회사명, 주소, 접수일자
2. 시험대상품 : 시료명, 모델명, 제품번호, 시스템명(표준명이 있을 경우 표기)
3. 시험체 : 설치에 이용된 재료, 부품, 고정상태가 포함된 시험체 설명 및 시스템의 설치 및 고정방법(시방)의 설명 및 설계도서
4. 시험규격 : 국토교통부 고시에 의한 시험임을 명확히 기록
5. 성적서 용도
6. 시험기간
7. 시험환경
8. 시험결과 : 각 레벨에서 측정한 온도와 내부 및 외부에서의 화재 확산 성능이 불합격에 해당하는지 명확히 기록. 단, 이와 별도로 화염, 기계적 반응을 포함한 시험 진행 동안의 육안 관찰 및 사진 기록
9. 시험성적서 진위 여부 확인을 위한 QR 코드, 문서 위변조 방지 장치, 진위 확인을 위한 홈페이지 주소
② 실물모형시험 성적서 을지는 다음 각 호의 사항을 포함하여 발급한다.
1. 시스템에 사용된 각 제품의 주요성분, 두께, 밀도(단열재), 중공층 두께 등이 표기된 구성도
2. 재질 및 규격, 제조사, 모델명 등이 포함된 제품 및 시스템의 구성 목록 및 난연성능 시험성적서(필요 시)
3. 시험체의 밀도(복합자재의 경우 심재의 밀도를 측정) 및 난연성능 성능 및 시험성적서 첨부
③ 외벽 복합 마감재료의 실물모형 시험성적서는 발급일로부터 3년간 유효한 것으로 한다.

제31조 (화재확산방지구조) 기술사 104회·106회·113회·114회·116회·121회

① 규칙 제24조제6항에서 "국토교통부장관이 정하여 고시하는 화재확산방지구조"는 수직 화

재확산방지를 위하여 외벽마감재와 외벽마감재 지지구조 사이의 공간(별표 9에서 "화재확산방지재료" 부분)을 다음 각 호 중 하나에 해당하는 재료로 매 층마다 최소 높이 400mm 이상 밀실하게 채운 것을 말한다.
 1. 한국산업표준 KS F 3504(석고보드 제품)에서 정하는 12.5mm 이상의 방화석고보드
 2. 한국산업표준 KS L 5509(석고 시멘트판)에서 정하는 석고 시멘트판 6mm 이상인 것 또는 KS L 5114(섬유강화 시멘트판)에서 정하는 6mm 이상의 평형 시멘트판인 것
 3. 한국산업표준 KS L 9102(인조 광물섬유 단열재)에서 정하는 미네랄울 보온판 2호 이상인 것
 4. 한국산업표준 KS F 2257-8(건축부재의 내화시험방법-수직 비내력 구획부재의 성능조건)에 따라 내화성능 시험한 결과 15분의 차염성능 및 이면온도가 120K 이상 상승하지 않는 재료
② 제1항에도 불구하고 영 제61조제2항제1호 및 제3호에 해당하는 건축물로서 5층 이하이면서 높이 22m 미만인 건축물의 경우에는 화재확산방지구조를 매 두 개 층마다 설치할 수 있다.

제32조 (단열재 표면 정보 표시)

① 단열재 제조·유통업자는 다음 각 호의 순서대로 단열재의 성능과 관련된 정보를 일반인이 쉽게 식별할 수 있도록 단열재 표면에 표시하여야 한다.
 1. 제조업자 : 한글 또는 영문
 2. 제품명, 단 제품명이 없는 경우에는 단열재의 종류
 3. 밀도 : 단위 K
 4. 난연성능 : 불연, 준불연, 난연
 5. 로트번호 : 생산일자 등 포함
② 제1항의 정보는 시공현장에 공급하는 최소 포장 단위별로 1회 이상 표기하되, 단열재의 성능에 영향을 미치지 않은 표면에 표기하여야 하며, 표기하는 글자의 크기는 2.0cm 이상이어야 한다.
③ 단열재의 성능정보는 반영구적으로 표기될 수 있도록 인쇄, 등사, 낙인, 날인의 방법으로 표기하여야 한다.(라벨, 스티커, 꼬리표, 박음질 등 외부 환경에 영향을 받아 지워지거나, 떨어질 수 있는 표기방식은 제외한다)

제33조 (방화문 성능기준 및 구성)

① 건축물 방화구획을 위해 설치하는 방화문은 건축물의 용도 등 구분에 따라 화재 시의 가열에 규칙 제14조제3항 또는 제26조에서 정하는 시간 이상을 견딜 수 있어야 한다. 화재감지기가 설치되는 경우에는 「자동화재탐지설비 및 시각경보장치의 화재안전기준(NFSC 203)」 제7조의 기준에 적합하여야 한다.
② 차연성능, 개폐성능 등 방화문이 갖추어야 하는 세부 성능에 대해서는 제39조에 따라 국토

교통부장관이 승인한 세부운영지침에서 정한다.
③ 방화문은 항상 닫혀있는 구조 또는 화재발생 시 불꽃, 연기 및 열에 의하여 자동으로 닫힐 수 있는 구조이어야 한다.

제34조 (자동방화셔터 성능기준 및 구성) 기술사 80회·112회

① 건축물 방화구획을 위해 설치하는 자동방화셔터는 건축물의 용도 등 구분에 따라 화재 시의 가열에 규칙 제14조제3항에서 정하는 성능 이상을 견딜 수 있어야 한다.
② 차연성능, 개폐성능 등 자동방화셔터가 갖추어야 하는 세부 성능에 대해서는 제39조에 따라 국토교통부장관이 승인한 세부운영지침에서 정한다.
③ 자동방화셔터는 규칙 제14조제2항제4호에 따른 구조를 가진 것이어야 하나, 수직방향으로 폐쇄되는 구조가 아닌 경우는 불꽃, 연기 및 열감지에 의해 완전폐쇄가 될 수 있는 구조여야 한다. 이 경우 화재감지기는 「자동화재탐지설비 및 시각경보장치의 화재안전기준(NFSC 203)」 제7조의 기준에 적합하여야 한다.
④ 자동방화셔터의 상부는 상층 바닥에 직접 닿도록 하여야 하며, 그렇지 않은 경우 방화구획 처리를 하여 연기와 화염의 이동통로가 되지 않도록 하여야 한다.

제35조 (방화댐퍼 성능기준 및 구성) 기술사 127회

① 규칙 제14조제2항제3호에 따라 방화댐퍼는 다음 각 호의 성능을 확보하여야 하며, 성능확인을 위한 시험은 영 제63조에 따른 건축자재성능 시험기관에서 할 수 있다.
   1. 별표 10에 따른 내화성능시험 결과 비차열 1시간 이상의 성능
   2. KS F 2822(방화댐퍼의 방연시험방법)에서 규정한 방연성능
② 제1항의 방화댐퍼의 성능시험은 다음의 기준을 따라야 한다.
   1. 시험체는 날개, 프레임, 각종 부속품 등을 포함하여 실제의 것과 동일한 구성·재료 및 크기의 것으로 하되, 실제의 크기가 3m×3m의 가열로 크기보다 큰 경우에는 시험체 크기를 가열로에 설치할 수 있는 최대크기로 한다.
   2. 내화시험 및 방연시험은 시험체 양면에 대하여 각 1회씩 실시한다. 다만, 수평부재에 설치되는 방화댐퍼의 경우 내화시험은 화재노출면에 대해 2회 실시한다.
   3. 내화성능 시험체와 방연성능 시험체는 동일한 구성·재료로 제작되어야 하며 내화성능 시험체는 가장 큰 크기로, 방연성능 시험체는 가장 작은 크기로 제작되어야 한다.
③ 시험성적서는 2년간 유효하다. 다만, 시험성적서와 동일한 구성 및 재질로서 내화성능 시험체 크기와 방연성능 시험체 크기 사이의 것인 경우에는 이미 발급된 성적서로 그 성능을 갈음할 수 있다.
④ 방화댐퍼는 다음 각 호에 적합하게 설치되어야 한다.
   1. 미끄럼부는 열팽창, 녹, 먼지 등에 의해 작동이 저해받지 않는 구조일 것
   2. 방화댐퍼의 주기적인 작동상태, 점검, 청소 및 수리 등 유지·관리를 위하여 검사구·점검구는 방화댐퍼에 인접하여 설치할 것

3. 부착방법은 구조체에 견고하게 부착시키는 공법으로 화재 시 덕트가 탈락·낙하해도 손상되지 않을 것
4. 배연기의 압력에 의해 방재상 해로운 진동 및 간격이 생기지 않는 구조일 것

제36조 (하향식 피난구 성능시험 및 성능기준)

① 규칙 제14조제4항에 따른 하향식 피난구는 다음 각 호의 성능을 확보하여야 하며 성능 확인을 위한 시험은 영 제63조에 따른 건축자재성능 시험기관에서 할 수 있다.
 1. KS F 2257-1(건축부재의 내화시험방법 – 일반요구사항)에 적합한 수평가열로에서 시험한 결과 KS F 2268-1(방화문의 내화시험방법)에서 정한 비차열 1시간 이상의 내화성능이 있을 것. 다만, 하향식 피난구로서 사다리가 피난구에 포함된 일체형인 경우에는 모두를 하나로 보아 성능을 확보하여야 한다.
 2. 사다리는 「소방시설 설치·유지 및 안전관리에 관한 법률 시행령」 제37조에 따른 '피난 사다리의 형식승인 및 제품검사의 기술기준'의 재료기준 및 작동시험기준에 적합할 것
 3. 덮개는 장변 중앙부에 637N/0.2m²의 등분포하중을 가했을 때 중앙부 처짐량이 15mm 이하일 것
② 시험성적서는 3년간 유효하다.

제37조 (창호 성능시험 기준)

① 규칙 제24조제12항에 따른 방화유리창의 성능확인을 위한 시험은 영 제63조에 따른 건축자재 성능시험기관에서 할 수 있으며, 차연성능, 개폐성능 등 방화유리창이 갖추어야 하는 세부성능에 대해서는 제39조에 따라 국토교통부장관이 승인한 세부운영지침에서 정한다.
② 시험성적서는 3년간 유효하다.

[제38조~제43조 : 기술자격시험 및 실무와 무관한 내용이므로 생략함]

부칙 〈제2023-24호, 2023.01.09〉

제1조 (시행일)

이 고시는 발령한 날부터 시행한다.

[별표 9] 화재확산방지구조의 예 (제31조 관련)

기술사 127회

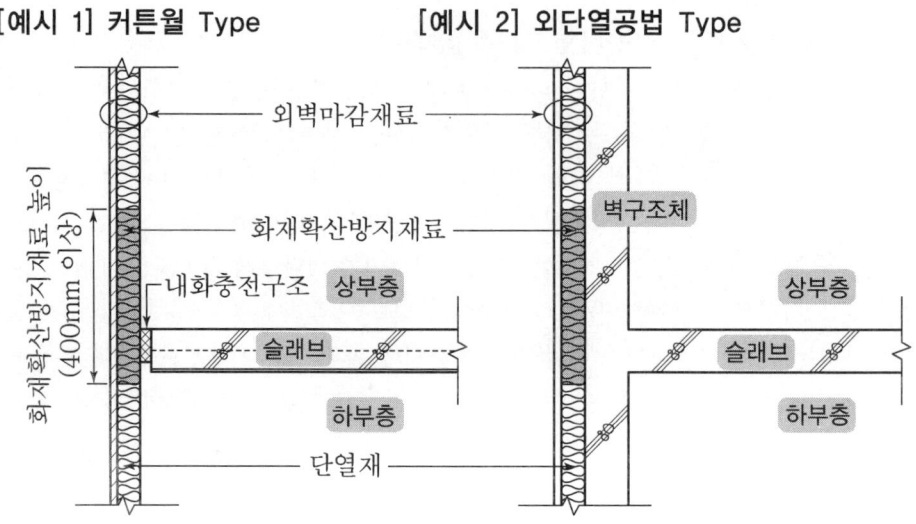

[별표 10] 방화댐퍼의 내화시험 방법 (제35조제1항 관련)

1. 개요

   1.1 목적

   이 방화댐퍼의 내화시험방법은 제35조제1항의 내화성능 확인을 위한 시험방법을 정하는 것을 목적으로 한다.

   1.2 적용범위

   이 내화시험방법은 「산업표준화법」에 따른 한국산업표준(KS)에 우선하여 적용하며, 이 내화시험방법에서 정하지 않은 사항은 한국산업표준(KS)에 따른다. 단, 이 내화시험방법에서 적용하는 한국산업표준은 최신 표준을 적용하여야 한다.

2. 용어의 정의

   이 내화시험방법에서 사용하는 용어는 한국산업표준에서 정한 정의를 적용한다.

3. 시험 방법

   3.1 시험체 제작

   3.1.1 시험체는 연결되는 덕트 등을 제외한 방화댐퍼 본체만을 대상으로 하며, 시험체 제작은 한국산업표준 KS F 2257-1(건축부재의 내화시험방법 – 일반요

구사항) 및 시험신청내용에 따라 가능한 현장 시공조건과 동일하게 제작하여야 한다.

3.1.2 시험체의 크기 등 시험체 제작과 관련된 사항은 한국산업표준 KS F 2257-1에 따른다.

3.2 시험체 양생

시험체의 양생은 일반적인 사용 조건 및 한국산업표준 KS F 2257-1에 따른다.

3.3 내화시험

3.3.1 시험조건

가) 로내 열전대 및 가열로의 압력

로내 열전대 및 가열로의 압력조건은 KS F 2257-1에 따른다.

나) 시험환경

시험환경 조건은 KS F 2257-1에 따른다.

다) 시험의 실시 등

시험의 실시, 측정 및 관측사항 등 시험조건에 관한 기타의 사항에 대하여는 한국산업표준 KS F 2257-1에 따른다.

3.3.2 시험체수

방화댐퍼의 내화시험은 2회를 실시한다. 수직부재에 설치되는 방화댐퍼의 경우 양면에 대해 각 1회씩 시험하며 수평부재에 설치되는 방화댐퍼의 경우 화재노출면에 대해 2회 시험한다.

3.3.3 내화시험방법

내화시험 전 주위온도에서 방화댐퍼의 작동장치(모터 등)를 사용하여 10번 개폐하여 작동에 이상이 없는지를 확인한 후, 방화댐퍼를 폐쇄상태로 하여 한국산업표준 KS F 2257-1의 표준 시간-가열온도 곡선에 따라 가열하면서 차염성을 측정한다.

3.4 판정기준

내화성능은 한국산업표준 KS F 2257-1의 차염성 성능기준에 의하여 결정되어야 한다. 단, 면패드는 적용하지 않는다.

4. 시험결과의 표현

시험성적서에는 신청 내화등급을 표시하고 합·부 표기를 하여야 한다. 기타 시험결과의 표현 및 시험성적서에 명시되어야 할 사항으로서 고시에서 정하지 않은 사항은 한국산업표준 KS F 2257-1에 따른다.

[제6장] 발코니 등의 구조변경절차 및 설치기준

(개정 : 2018. 12. 7. 국토교통부고시 제2018-775호, 시행 : 2018. 12. 7.)

제1조 (목적)
이 기준은 「건축법 시행령」 제2조제14호 및 제46조제4항제4호의 규정에 따라 주택의 발코니 및 대피공간의 구조변경절차 및 설치기준을 정함을 목적으로 한다.

제2조 (단독주택의 발코니 구조변경 범위)
단독주택(다가구주택 및 다중주택은 제외)의 발코니는 외벽 중 2면 이내의 발코니에 대하여 변경할 수 있다.

제3조 (대피공간의 구조) 기술사 123회·129회
① 건축법 시행령 제46조제4항의 규정에 따라 설치되는 대피공간은 채광방향과 관계없이 거실 각 부분에서 접근이 용이하고 외부에서 신속하고 원활한 구조활동을 할 수 있는 장소에 설치하여야 하며, 출입구에 설치하는 갑종방화문은 거실쪽에서만 열 수 있는 구조(대피공간임을 알 수 있는 표지판을 설치할 것)로서 대피공간을 향해 열리는 밖여닫이로 하여야 한다.
② 대피공간은 1시간 이상의 내화성능을 갖는 내화구조의 벽으로 구획되어야 하며, 벽·천장 및 바닥의 내부마감재료는 준불연재료 또는 불연재료를 사용하여야 한다.
③ 대피공간은 외기에 개방되어야 한다. 다만, 창호를 설치하는 경우에는 폭 0.7m 이상, 높이 1.0m 이상(구조체에 고정되는 창틀 부분은 제외)은 반드시 외기에 개방될 수 있어야 하며, 비상시 외부의 도움을 받는 경우 피난에 장애가 없는 구조로 설치하여야 한다.
④ 대피공간에는 정전에 대비해 휴대용 손전등을 비치하거나 비상전원이 연결된 조명설비가 설치되어야 한다.
⑤ 대피공간은 대피에 지장이 없도록 시공·유지관리되어야 하며, 대피공간을 보일러실 또는 창고 등 대피에 장애가 되는 공간으로 사용하여서는 아니된다. 다만, 에어컨 실외기 등 냉방설비의 배기장치를 대피공간에 설치하는 경우에는 다음 각 호의 기준에 적합하여야 한다.
  1. 냉방설비의 배기장치를 불연재료로 구획할 것
  2. 제1호에 따라 구획된 면적은 건축법 시행령 제46조제4항제3호에 따른 대피공간 바닥면적 산정시 제외할 것

제4조 (방화판 또는 방화유리창의 구조) 기술사 123회

① 아파트 2층 이상의 층에서 스프링클러의 살수범위에 포함되지 않는 발코니를 구조변경하는 경우에는 발코니 끝부분에 바닥판 두께를 포함하여 높이가 90cm 이상의 방화판 또는 방화유리창을 설치하여야 한다.

② 제1항의 규정에 의하여 설치하는 방화판과 방화유리창은 창호와 일체 또는 분리하여 설치할 수 있다. 다만, 난간은 별도로 설치하여야 한다.

③ 방화판은 「건축물의 피난·방화구조 등의 기준에 관한 규칙」 제6조의 규정에서 규정하고 있는 불연재료를 사용할 수 있다. 다만, 방화판으로 유리를 사용하는 경우에는 제5항의 규정에 따른 방화유리를 사용하여야 한다.

④ 제1항부터 제3항까지에 따라 설치하는 방화판은 화재시 아래층에서 발생한 화염을 차단할 수 있도록 발코니 바닥과의 사이에 틈새가 없이 고정되어야 하며, 틈새가 있는 경우에는 「건축물의 피난·방화구조 등의 기준에 관한 규칙」 제14조제2항제2호에서 정한 재료로 틈새를 메워야 한다.

⑤ 방화유리창에서 방화유리(창호 등을 포함한다)는 한국산업표준 KS F 2845(유리구획부분의 내화시험방법)에서 규정하고 있는 시험방법에 따라 시험한 결과 비차열 30분 이상의 성능을 가져야 한다.

⑥ 입주자 및 사용자는 관리규약을 통해 방화판 또는 방화유리창 중 하나를 선택할 수 있다.

제5조 (발코니 창호 및 난간등의 구조) 기술사 129회

① 발코니를 거실등으로 사용하는 경우 난간의 높이는 1.2m 이상이어야 하며 난간에 난간살이 있는 경우에는 난간살 사이의 간격을 10cm 이하의 간격으로 설치하는 등 안전에 필요한 조치를 하여야 한다.

② 발코니를 거실등으로 사용하는 경우 발코니에 설치하는 창호 등은 「건축법 시행령」 제91조제3항에 따른 「건축물의 에너지절약 설계기준」 및 「건축물의 구조기준 등에 관한 규칙」 제3조에 따른 「건축구조기준」에 적합하여야 한다.

③ 제4조에 따라 방화유리창을 설치하는 경우에는 추락 등의 방지를 위하여 필요한 조치를 하여야 한다. 다만, 방화유리창의 방화유리가 난간높이 이상으로 설치되는 경우는 그러하지 아니하다.

제6조 (발코니 내부마감재료 등) 기술사 123회

스프링클러의 살수범위에 포함되지 않는 발코니를 구조변경하여 거실등으로 사용하는 경우 발코니에 자동화재탐지기를 설치(단독주택은 제외한다)하고 내부마감재료는 「건축물의 피난·방화구조 등의 기준에 관한 규칙」 제24조의 규정에 적합하여야 한다.

[제7장] 건축물의 화재안전성능보강 방법 등에 관한 기준

(제정 : 2020. 4. 28. 국토교통부고시 제2020-358호, 시행 : 2020. 5. 1.)

제1조 (목적)
이 기준은 「건축물관리법」 제28조제7항에 따른 화재안전성능 보강대상 건축물에 대한 보강방법 및 기준을 정함을 목적으로 한다.

제2조 (용어의 정의)
이 기준에서 사용하는 용어의 정의는 다음과 같다.
1. "필로티 건축물"이란 1층의 전부 또는 일부를 필로티 구조로 설치하여 주차장으로 쓰는 건축물을 말한다.
2. "난연재료(難燃材料)"란 「건축법 시행령」 제2조제9호에 해당하는 불에 잘 타지 아니하는 성능을 가진 재료로서 국토교통부령으로 정하는 기준에 적합한 재료를 말한다.
3. "불연재료(不燃材料)"란 「건축법 시행령」 제2조제10호에 해당하는 불에 타지 아니하는 성질을 가진 재료로서 국토교통부령으로 정하는 기준에 적합한 재료를 말한다.
4. "준불연재료"란 「건축법 시행령」 제2조제11호에 해당하는 불연재료에 준하는 성질을 가진 재료로서 국토교통부령으로 정하는 기준에 적합한 재료를 말한다.
5. "가연성 외부 마감재"란 외단열 공법을 적용한 건축물의 단열재 및 외벽마감재가 제2호에서 규정한 난연재료의 기준에 적합하지 않은 재료를 말한다.
6. "차양식 켄틸레버"란 필로티 주차장에서 발생한 화재가 외벽을 통해 수직으로 확산되는 것을 방지하고자 필로티 기둥 최상단에 설치되는 돌출식 켄틸레버 구조체를 말한다.
7. "불연재료띠"란 제3호에서 규정한 불연재료를 사용하여 건축물의 횡방향으로 연속 시공하여 띠를 형성하도록 한 것을 말한다.
8. "드렌처"란 '스프링클러설비의 화재안전기준(NFSC 103)'에 따라 창이나 벽, 처마, 지붕에 물을 뿌려 수막을 형성함으로써 화재확산방지를 위한 소화설비를 말한다.
9. "소화펌프"란 소화설비 운용을 위한 송수용의 펌프로 화재나 기타 사고의 영향이 미치지 않는 장소에 설치되는 펌프를 말한다.

제3조 (적용대상)
「건축물관리법」 제27조제2항 및 같은 법 시행령 제19조에 해당하는 건축물에 대하여 적용한다.

「건축물관리법」 제27조 (기존 건축물의 화재안전성능보강)
② 다음 각 호의 어느 하나에 해당하는 건축물 중 3층 이상으로 연면적, 용도, 마감재료 등 대통령령으로 정하는 요건에 해당하는 건축물로서 이 법 시행 전 「건축법」 제11조에 따른 건축허가를 신청한 건축물의 관리자는 제28조에 따라 화재안전성능보강을 하여야 한다.
  1. 「건축법」 제2조제2항제3호에 따른 제1종 근린생활시설
  2. 「건축법」 제2조제2항제4호에 따른 제2종 근린생활시설
  3. 「건축법」 제2조제2항제9호에 따른 의료시설
  4. 「건축법」 제2조제2항제10호에 따른 교육연구시설
  5. 「건축법」 제2조제2항제11호에 따른 노유자시설
  6. 「건축법」 제2조제2항제12호에 따른 수련시설
  7. 「건축법」 제2조제2항제15호에 따른 숙박시설

「건축물관리법 시행령」 제19조 (건축물의 화재안전성능보강)
  법 제27조제2항 각 호 외의 부분에서 "연면적, 용도, 마감재료 등 대통령령으로 정하는 요건에 해당하는 건축물"이란 다음 각 호의 요건을 모두 충족하는 건축물을 말한다. 다만, 제4호의 요건은 제1호가목·다목·마목 및 아목만 해당한다.
  1. 건축물의 용도가 다음 각 목의 어느 하나에 해당하는 건축물일 것
    가. 「건축법 시행령」 별표 1 제3호의 시설 중 목욕장·산후조리원
    나. 「건축법 시행령」 별표 1 제3호의 시설 중 지역아동센터
    다. 「건축법 시행령」 별표 1 제4호의 시설 중 학원·다중생활시설
    라. 「건축법 시행령」 별표 1 제9호의 시설 중 종합병원·병원·치과병원·한방병원·정신병원·격리병원
    마. 「건축법 시행령」 별표 1 제10호의 시설 중 학원
    바. 「건축법 시행령」 별표 1 제11호의 시설 중 아동 관련 시설·노인복지시설·사회복지시설
    사. 「건축법 시행령」 별표 1 제12호의 시설 중 청소년수련원
    아. 「건축법 시행령」 별표 1 제15호의 시설 중 다중생활시설
  2. 외단열(外斷熱) 공법으로서 건축물의 단열재 및 외벽마감재를 난연재료(불에 잘 타지 않는 성질의 재료) 기준 미만의 재료로 건축한 건축물일 것
  3. 스프링클러 또는 간이스프링클러가 설치되지 않은 건축물일 것
  4. 1층의 전부 또는 일부를 필로티 구조로 설치하여 주차장으로 쓰는 건축물로서 해당 건축물의 연면적이 1,000m² 미만인 건축물일 것

제4조 (품질기준)
  화재안전성능보강에 적용되는 재료는 불연재료, 준불연재료, 난연재료를 적용하여야 하

고, 설비에 적용되는 재료는 KS표시제품, 형식승인제품 또는 성능인증제품을 사용하여야 하며, KS표시제품이 없을 때에는 KS 규격에 준한 제품을 사용하여야 한다.

제5조 (화재안전성능보강 공법의 적용범위) 기술사 124회
① 화재안전성능보강 대상 건축물은 해당 건축물의 구조형식 등을 고려하여 별표에 따른 보강공법을 적용하여야 한다.
② 제1항에서 규정하고 있는 보강공법 이외의 공법을 적용하기 위해서는 「건축법」 제4조에 따른 건축위원회의 심의를 거쳐야 한다.

제6조 (재검토기한)
「훈령·예규 등의 발령 및 관리에 관한 규정」에 따라 이 고시에 대하여 2020년 5월 1일 기준으로 매 3년이 되는 시점(매 3년째의 4월 30일까지를 말한다)마다 그 타당성을 검토하여 개선 등의 조치를 하여야 한다.

부칙 〈제2020-358호, 2020.4.28〉

이 고시는 2020년 5월 1일부터 시행한다.

[별표] 건축물 구조형식에 따른 화재안전성능 보강공법 기술사 124회

구 분			비 고
필수 적용	필로티 건축물	1층 필로티 천장 보강 공법	필수
		(1층 상부) 차양식 캔틸레버 수평구조 적용 공법	택 1 필수
		(1층 상부) 화재확산방지구조 적용 공법	
		(전층) 외벽 준불연재료 적용 공법	
		(전층) 화재확산방지구조 적용 공법	
		옥상 드렌쳐설비 적용 공법	
	일반 건축물	스프링클러 또는 간이스프링클러 설치 공법	택 1 필수
		(전층) 외벽 준불연재료 적용 공법	
		(전층) 화재확산방지구조 적용 공법	
선택 적용		스프링클러 또는 간이스프링클러 설치 공법	일반건축물은 필수
		옥외피난계단 설치 공법	모든 층
		방화문 설치 공법	-
		하향식 피난구 설치 공법	-

[비고]
1. 1층 필로티 천장보강 공법에 대한 시공기준은 다음 각 목과 같다.
   가. 외기에 노출된 천장면의 가연성 외부 마감재료를 완전히 제거하여야 한다.
   나. 마감재료는 화재, 지진 및 강풍 등으로 인한 탈락을 방지할 수 있도록 고정철물로 고정하여야 하며 준불연재료 또는 난연재료로 한다.
2. 1층 상부 차양식 캔틸레버 수평구조 적용 공법에 대한 시공기준은 다음 각 목과 같다.
   가. 차양식 캔틸레버 구조물은 1층 필로티 기둥 최상단을 기준으로 높이 400mm 이내에서 200mm 이상의 마감재료를 제거한 부위에 설치하여야 한다.
   나. 차양식 캔틸레버 구조물은 금속재질의 브라켓을 외벽 구조체 표면에서 800mm 이상 돌출되어야 하고 두께는 200mm 이상 확보하여야 하며, 브라켓의 내부 충진을 위한 단열재는 불연재료로 한다.
   다. 차양식 캔틸레버 구조물과 기존 외부 마감재료와의 틈은 내화성능을 확보할 수 있는 재료로 밀실하게 채워야 한다.
   라. 차양식 캔틸레버 구조물은 불연속 구간이 없도록 하여야 한다. 다만 현장 여건에 따라 설치 불가능한 구간이 발생할 경우, 해당 구간은 다른 화재안전성능보강 공법을 적용하여야 한다.
3. 1층 상부 화재확산방지구조 적용 공법에 대한 시공기준은 다음 각 목과 같다. [기술사 124회]
   가. 1층 필로티 기둥 최상단을 기준으로 2,500mm 이내에 적용된 단열재를 포함한 외부 마감재료를 완전히 제거하여야 한다.
   나. 단열재를 포함한 가연성 외부 마감재료 제거 부위의 마감은 두께 155mm 이상의 불연재료로 한다.
4. 전층 외벽 준불연재료 적용 공법에 대한 시공기준은 다음 각 목과 같다.
   가. 외벽 전체에 적용된 단열재를 포함한 가연성 외부 마감재료를 완전히 제거하여야 한다.
   나. 단열재를 포함한 가연성 외부 마감재료를 제거한 외벽의 마감은 두께 90mm 이상의 준불연재료로 한다.
5. 전층 화재확산방지구조 적용 공법에 대한 시공기준은 다음 각 목과 같다.
   가. 외벽 전체에 적용된 단열재를 포함한 가연성 외부 마감재료를 완전히 제거하여야 한다.
   나. 불연재료띠는 1층 필로티 기둥 최상단을 기준으로 높이 400mm의 연속된 띠를 형성하도록 시공하고 최대 2,900mm 이내의 간격으로 반복 시공하여야 한다.
   다. 불연재료띠 이외의 외벽 마감은 두께 155mm 이상의 난연재료로 한다.
6. 옥상 드렌처설비 적용 공법에 대한 시공기준은 다음 각 목과 같다.
   가. 옥상 드렌처설비는 아래의 마목을 제외하고는 '스프링클러설비의 화재안전기준(NFSC 103)'을 따른다.
   나. 소화펌프는 설계도서에서 정하고 있는 토출압 및 토출량을 만족시킬 수 있어야 하

며, 콘크리트와 같이 지지력이 있는 바닥면에 고정시켜 진동에 대한 안전성을 확보할 수 있도록 시공되어야 한다.

다. 배관은 설계도서에 정하고 규격의 사이즈로 소화펌프에서 보강대상 건축물의 최상층부의 스프링클러 헤드까지 연결되어야 하며, 동파방지 조치를 취해야 한다.

라. 소화펌프에 전원을 공급하기 위하여 전기배관 및 전기배선은 내화배선으로 시공하여야 한다.

마. 드렌쳐설비는 각각의 드렌쳐헤드 선단에 방수압력 0.05MPa 이상이어야 하며, 헤드와 신속히 개방가능한 전동밸브를 적용하여야 한다. 또한 최상층부의 드렌쳐 헤드는 설계도서에 따라 고르게 분배하여 시공하여야 한다.

7. 스프링클러, 간이스프링클러, 하향식피난구, 방화문, 옥외피난계단의 시공기준은 다음 각 목과 같다.

가. 스프링클러 설비는 '스프링클러설비의 화재안전기준(NFSC 103)'에 적합하게 설치하여야 한다.

나. 간이스프링클러설비는 '간이스프링클러설비의 화재안전기준(NFSC 103A)'에 적합하게 설치하여야 한다.

다. 하향식 피난구는 「건축물의 피난·방화구조 등의 기준에 관한 규칙」 제14조제3항에 따라 설치하여야 한다.

라. 방화문은 「건축물의 피난·방화구조 등의 기준에 관한 규칙」 제26조에 따른 비차열 1시간 이상 방화문을 건축공사 표준시방서에 따라 설치하여야 한다.

마. 옥외피난계단은 건축공사 표준시방서에 따라 설치하여야 한다

[제8장] 고강도 콘크리트 기둥·보의 내화성능 관리기준

(제정 : 2008. 7. 21. 국토교통부고시 제2008-334호, 시행 : 2008. 7. 21.)

제1조 (기준의 목적)

이 기준은 「건축법 시행령」 제2조의 내화구조와 건축물의 피난·방화구조 등의 기준에 관한 규칙(이하 '규칙'이라 한다) 제3조의 규정에 의하여 설계기준강도 50MPa 이상의 콘크리트(이하 "관리대상 콘크리트"라 한다)를 사용한 기둥·보의 내화성능 확인기준과 방법 등을 정함을 목적으로 한다.

제2조 (대상부재)

이 기준은 관리대상 콘크리트를 사용한 기둥 및 보를 대상으로 하며 내화성능 확인을 위한 시험체는 현장과 동일한 재료, 공법, 철근배근 및 피복두께 등을 반영한 기둥형 시험체로 제작·시험한다.

제3조 (시험체의 구성)

관리대상 콘크리트 내화성능 시험체는 콘크리트와 철근, 철골 등으로 구성되며 기둥 또는 보에 내화성능 확보를 위한 재료 및 공법을 포함한 것으로 한다. 다만 수시로 변경 가능한 최종 마감재는 제외한다.

제4조 (내화성능기준)

관리대상 콘크리트 기둥·보의 내화성능은 KSF2257-1(건축부재의 내화시험방법 일반요구사항)에서 제시하는 표준시간-가열온도 곡선에 의하여 별표 2의 규정에 의한 시험을 실시한 결과, 시험체 모두 내화구조 성능기준(국토해양부 고시 제2005-122호)에서 규정한 시간까지 주철근의 온도가 평균 538℃, 최고 649℃ 이하이어야 한다.

제5조 (시험체의 제작 및 시험의뢰)

관리대상 콘크리트를 사용한 기둥형 시험체는 다음 각 호의 규정에 따라 제작한다.
① 관리대상 콘크리트 기둥 및 보의 내화성능을 확인하기 위한 시험체는 별표 1에 따라 기둥형 시험체 2개를 제작하여 시험하여야 한다.
② 시험체의 제작 및 시험의뢰는 다음 각 호에 해당하는 자가 할 수 있으며 시험체도면, 재료, 공법, 제작일, 양생온도, 양생기간 및 관련사항을 별지 서식1호에 따라 작성·기록하여 시

험의뢰 시 제출하여야 한다.
1. 건설산업기본법 제9조의 규정에 따라 등록된 일반건설업을 영위하는 자(직영공사인 경우에는 건축주를 말한다)
2. 콘크리트 또는 내화구조를 구성하는 주요재료·제품의 생산 및 제조자
3. 건설현장의 감리자

제6조 (시험방법 및 시험성적서 등)
관리대상 콘크리트 기둥형 시험체의 내화성능을 평가하기 위한 시험방법은 수직부재용 가열로를 이용하는 경우 KSF2257-7의 시험방법에 의하되 비재하가열시험인 경우 수평부재용 가열로를 이용하며, 이 경우 구체적인 시험방법 및 시험성적서 등은 별표 2에 따른다.

제7조 (전문위원회 운영 등)
① 시험기관은 이 기준의 콘크리트 내화성능 관리를 위하여 콘크리트·재료·구조 등의 전문가로 구성된 전문위원회를 운영할 수 있다.
② 전문위원회에서는 다음 각 호의 사항을 심의·자문할 수 있다.
  1. 관리대상 콘크리트의 표준내화공법
  2. 기타 시험기관이 필요하다고 인정하는 사항 등

제8조 (내화성능 관리)
관리대상 콘크리트를 사용한 기둥·보에 대한 내화성능은 다음과 같이 관리한다.
① 이 기준에 따라 국가표준기본법 제23조 제2항의 규정에 의하여 인정을 받은 시험기관에서 시험하여 제4조의 내화성능기준에 적합한 경우, 내화성능이 있는 것으로 본다.
  다만, 관리대상 콘크리트 중 설계기준강도 60MPa이하의 경우 제4조의 규정에 의한 내화성능기준에 적합하도록 구조보강을 하여 구조기술사가 이를 확인·서명한 경우에는 시험을 실시하지 않을 수 있다.
② KS F 2257-7 또는 ISO 834-7의 재하가열시험방법에 의하여 국외의 시험기관에서 성능이 확인된 경우, 해당구조의 내화성능이 있는 것으로 본다.
③ 이 기준에 의하여 관리대상 콘크리트 내화성능시험을 실시하여 내화성능이 있는 것으로 확인한 경우, 그 설계기준강도 이하의 콘크리트를 사용한 기둥 또는 보에 동일한 재료, 공법 등을 적용한 경우에는 별도의 시험을 실시하지 않을 수 있다. 다만, 기둥형 시험체의 단면적보다 작은 경우에는 적용에서 제외한다.
④ 관리대상 콘크리트의 내화시험성적서 유효기간은 3년으로 하고, 동 콘크리트와 동일한 조건의 재료 또는 공법 등을 적용하는 관리대상 콘크리트는 내화시험을 실시하지 아니하고 유효기간 이내의 시험성적서로 갈음할 수 있다.
⑤ 감리자는 관리대상 콘크리트 부재의 내화성능 시험성적서 또는 제8조제1항 단서규정에 의한 확인서와 현장의 일치여부 등을 확인하여야 한다.

부칙 〈제2008-334호, 2008.7.21〉

제1조(시행일)
이 기준은 고시한 날로부터 시행한다.

[별표 1] 관리대상 콘크리트 내화성능 시험체 제작방법

① 시험체 단면은 현장에서 관리대상 콘크리트를 사용하는 기둥의 단면 중 가장 작은 단면(단면적 기준)의 기둥과 동일하게 제작한다.
② 내화성능 시험용 기둥의 높이는 1.5m로 한다.
③ 시험체 제작 시 콘크리트의 배합 및 철근의 배근량, 배근방법, 피복두께 및 내화성능 확보를 위한 재료, 공법 등은 시공현장과 동일하게 적용하여 제작한다. 단 수시로 변경 가능한 최종마감재 등은 제외한다.
④ 온도측정은 시험체의 1/2 높이에서 아래 그림 위치의 주철근에서 측정하며, 온도측정용 열전대는 한국산업규격에서 정한 기둥의 내화시험방법의 규격에 준하여 콘크리트 타설 전에 피복방향의 주철근 표면에 고정을 위한 구멍을 뚫고 철근내부에 온도센서를 미리 삽입하여 설치한다.

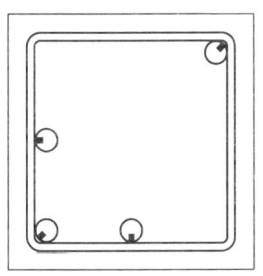
철근콘크리트 구조

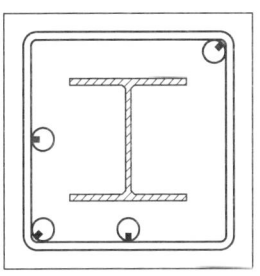
철골철근콘크리트 구조

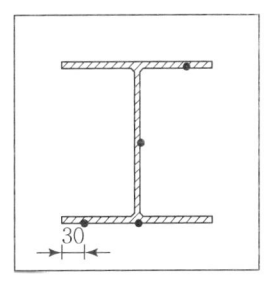
철골조

[열전대 설치 및 온도측정 위치]

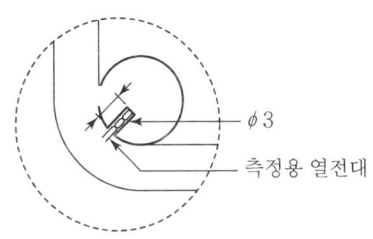
철근콘크리트 구조, 철골철근콘크리트 구조

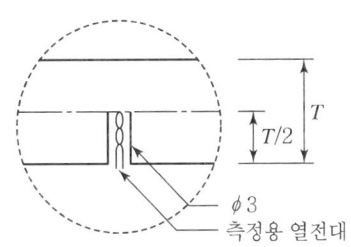
철골조(관리대상 콘크리트 적용)

[열전대 설치 상세]

⑤ 철골철근콘크리트 기둥형 시험체의 경우, 외부의 주철근에 온도센서를 설치하며, 철골만 배치되는 경우에는 한국산업규격에서 정한 기둥의 내화시험방법의 열전대 위치를 따른다.
⑥ 시험체 제작 시 콘크리트 타설방법은 수직타설을 원칙으로 한다.
⑦ 양생은 상온의 실내에서 실시하며, 양생기간은 3개월 이상을 원칙으로 한다. 다만 의뢰자의 요청이 있는 경우 최소 28일 이상으로 할 수 있다.
⑧ 시험체 제작 시 압축강도 시험을 위한 별도의 시험체를 제작하여 동일한 방법으로 양생하며, 국가표준기본법 제23조 제2항의 규정에 의하여 인정을 받은 시험기관에서 발급한 압축강도 성적서 또는 시험체를 내화시험 의뢰 시 제공하여야 한다.

[별표 2] 관리대상 콘크리트 내화성능 시험방법

1. 시험체 확인

1.1 제품 세부도면 확인
   가) 시험체의 단면도, 입면도, 배근도 등
   나) 시험체에 설치된 콘크리트, 철근, 철골 이외의 재료에 대한 설명서 등

1.2 구성재료 및 시험체의 확인
   제출도면과 시험체에 사용된 재료의 동일 여부에 대한 확인서의 확인

1.3 시험체 구성재료 및 제작확인
   가) 시험체에 사용된 콘크리트 재료(내화대책 포함시에 한한다)·구조·공법 등에 의한 내화대책
   나) 관리대상 콘크리트의 적용위치·부위 등
   다) 시험에 사용된 관리대상 콘크리트의 슬럼프, 공기량, 굵은골재 최대치수
   라) 시험체의 제작일 및 양생기간과 양생조건
   마) 관리대상 콘크리트의 설계기준강도
   바) 시방서

2. 시험절차

2.1 관리대상 콘크리트 부재의 내화시험은 91일 압축강도가 설계기준강도 이상임을 확인한 후 시험을 수행한다. 다만 의뢰자의 요청이 있는 경우 재령 28일 이상의 압축강도가 설계기준강도 이상이 되는 것을 확인한 후 시험을 수행할 수 있다.

2.2 관리대상 콘크리트 부재에 대한 시험체 제작 및 시험의뢰는 건설산업기본법 제9조의 규정에 따라 등록된 일반건설업을 영위하는 자(직영공사인 경우에는 건축주를 뜻한다) 또는 콘크리트, 내화구조를 구성하는 주요재료, 제품의 생산 및 제조자, 시공현장인 경우 감리자가 제출한 1.의 확인서를 통하여 적절한 제조 및 양생을 확인 후 내화시

험을 실시한다.
2.3 시험은 동시에 제작된 2개의 시험체에 대하여 실시한다.
2.4 시험종료 후, 시험체를 파괴하여 제출된 위 '1. 시험체 확인사항'과 동일여부를 확인하여야 한다. 다만, 제출된 내용과 시험체가 상이한 경우, 시험성적서를 발급하지 않는다.

3. 시험방법

3.1 시험체 설치
   가) 시험은 수평가열로를 이용하여 시행한다.
   나) 수평가열로 하부에 ALC패널 등을 이용하여 시험체 중앙이 화구의 높이에 맞도록 설치한다.
   다) ALC 등의 패널 위에 세라믹울을 50mm 설치하여 시험체 하부로의 열전달을 막는다.
   라) 시험체는 양측면의 화구로부터 등간격이 되도록 시험체의 중심과 로의 중심선이 일치하게 설치하며, 시험체 간의 거리는 ALC등의 패널 위에서 가능한 멀리 이격시킨다.
   마) 시험체 상부에 세라믹울을 50mm 이상 덮어 상부로의 열전달을 차단하고, 철사 또는 벽돌 등으로 고정한다.

3.2 내화시험 실시
   가) 기둥형 시험체의 크기에 따라 2개 또는 1개의 시험체를 설치하고, 온도측정 부위별 열전대를 연결한다.
   나) 내화시험은 KS F 2257-1(건축부재의 내화시험방법-일반요구사항)의 표준시간-가열온도 곡선을 이용하여 해당 성능의 시간까지 가열한다.
   다) 시험 중 시험체에 설치된 열전대를 이용하여 시험체 내부의 온도를 측정한다.
   라) 시험 중 시험체의 온도가 성능기준을 초과할 경우 그 직전을 내화성능으로 하며 성능기준을 초과하지 않을 경우, 종료시간을 내화성능으로 한다.

4. 시험성적서

4.1 시험성적서의 유효기간은 발급일로부터 3년으로 한다. 단, 구성재료 및 공법 등이 변경된 것은 성능이 확인된 것으로 볼 수 없다.
4.2 시험성적서에는 위 '1. 시험체 확인'의 도면 제반사항 등 성능에 영향이 있는 것은 모두 명기한다.

부록 3
소방관계법규

[제1장] 소방기본법 ·· 1149
[제2장] 소방기본법 시행령 ·· 1150
[제3장] 소방기본법 시행규칙 ····································· 1152
[제4장] 소방시설공사업법 ··· 1155
[제5장] 소방시설공사업법 시행령 ······························· 1156
[제6장] 소방시설 설치 및 관리에 관한 법률 ················ 1161
[제7장] 소방시설 설치 및 관리에 관한 법률 시행령 ······· 1168
[제8장] 소방시설 설치 및 관리에 관한 법률 시행규칙 ···· 1202
[제9장] 화재의 예방 및 안전관리에 관한 법률 ·············· 1216
[제10장] 화재의 예방 및 안전관리에 관한 법률 시행령 ··· 1222
[제11장] 화재의 예방 및 안전관리에 관한 법률 시행규칙 ··· 1234
[제12장] 다중이용업소의 안전관리에 관한 특별법 ········· 1237
[제13장] 다중이용업소의 안전관리에 관한 특별법 시행령 ··· 1240
[제14장] 다중이용업소의 안전관리에 관한 특별법 시행규칙 ··· 1245
[제15장] 초고층 및 지하연계 복합건축물 재난관리에 관한
　　　　　특별법 ·· 1251
[제16장] 초고층 및 지하연계 복합건축물 재난관리에 관한
　　　　　특별법 시행령 ·· 1257
[제17장] 초고층 및 지하연계 복합건축물 재난관리에 관한
　　　　　특별법 시행규칙 ······································· 1264
[제18장] 소방시설의 내진설계기준 ····························· 1268

※ 밑줄 친 부분은 최근에 개정되었거나 신설된 내용임 ※

[제1장] 소방기본법

(개정 : 2024. 1. 30. 법률 제20156호, 시행 : 2024. 7. 31.)

제10조 (소방용수시설의 설치 및 관리 등)
① 시·도지사는 소방활동에 필요한 소화전·급수탑·저수조(이하 "소방용수시설"이라 한다)를 설치하고 유지·관리하여야 한다. 다만, 「수도법」 제45조에 따라 소화전을 설치하는 일반수도사업자는 관할 소방서장과 사전협의를 거친 후 소화전을 설치하여야 하며, 설치 사실을 관할 소방서장에게 통지하고, 그 소화전을 유지·관리하여야 한다.
② 시·도지사는 제21조제1항에 따른 소방자동차의 진입이 곤란한 지역 등 화재발생 시에 초기 대응이 필요한 지역으로서 대통령령으로 정하는 지역에 소방호스 또는 호스릴 등을 소방용수시설에 연결하여 화재를 진압하는 시설이나 장치(이하 "비상소화장치"라 한다)를 설치하고 유지·관리할 수 있다. 〈신설 2017.12.26〉

제21조의2 (소방자동차 전용구역 등) 〈신설 2018.2.9, 시행 2018.8.9〉
① 「건축법」 제2조제2항제2호에 따른 공동주택 중 대통령령으로 정하는 공동주택의 건축주는 제16조제1항에 따른 소방활동의 원활한 수행을 위하여 공동주택에 소방자동차 전용구역(이하 "전용구역"이라 한다)을 설치하여야 한다.
② 누구든지 전용구역에 차를 주차하거나 전용구역에의 진입을 가로막는 등의 방해행위를 하여서는 아니 된다.
③ 전용구역의 설치 기준·방법, 제2항에 따른 방해행위의 기준, 그 밖의 필요한 사항은 대통령령으로 정한다.

[제2장] 소방기본법 시행령

(개정 : 2024. 11. 19. 대통령령 제35007호, 시행 : 2024. 11. 19.)

제2조의2 (비상소화장치의 설치대상 지역) 〈신설 2018.6.26.〉

법 제10조제2항에서 "대통령령으로 정하는 지역"(비상소화장치의 설치대상 지역)이란 다음 각 호의 어느 하나에 해당하는 지역을 말한다.
1. 「화재의 예방 및 안전관리에 관한 법률」 제18조제1항에 따라 지정된 화재경계지구
2. 시·도지사가 법 제10조제2항에 따른 비상소화장치의 설치가 필요하다고 인정하는 지역

제7조의12 (소방자동차 전용구역의 설치대상) 〈신설 2018.8.7〉 기술사 126회

법 제21조의2 제1항에서 "대통령령으로 정하는 공동주택"이란 다음 각 호의 주택을 말한다. 다만, 하나의 대지에 하나의 동(棟)으로 구성되고 「도로교통법」 제32조 또는 제33조에 따라 정차 또는 주차가 금지된 편도 2차선 이상의 도로에 직접 접하여 소방자동차가 도로에서 직접 소방활동이 가능한 공동주택은 제외한다. 〈개정(단서 신설) 2021.5.4〉
1. 「건축법 시행령」 별표 1 제2호 가목의 아파트 중 세대수가 100세대 이상인 아파트
2. 「건축법 시행령」 별표 1 제2호 라목의 기숙사 중 3층 이상의 기숙사

제7조의13 (소방자동차 전용구역의 설치기준·방법) 〈신설 2018.8.7〉 기술사 126회

① 제7조의12 각 호 외의 부분 본문에 따른 공동주택의 건축주는 소방자동차가 접근하기 쉽고 소방활동이 원활하게 수행될 수 있도록 각 동별 전면 또는 후면에 소방자동차 전용구역을 1개소 이상 설치해야 한다. 다만, 하나의 전용구역에서 여러 동에 접근하여 소방활동이 가능한 경우로서 소방청장이 정하는 경우에는 각 동별로 설치하지 않을 수 있다.
② 전용구역의 설치 방법은 별표 2의5와 같다.

[별표 2의 5] 〈신설 2018.8.7〉

전용구역의 설치방법 (제7조의13 제2항 관련) 기술사 126회

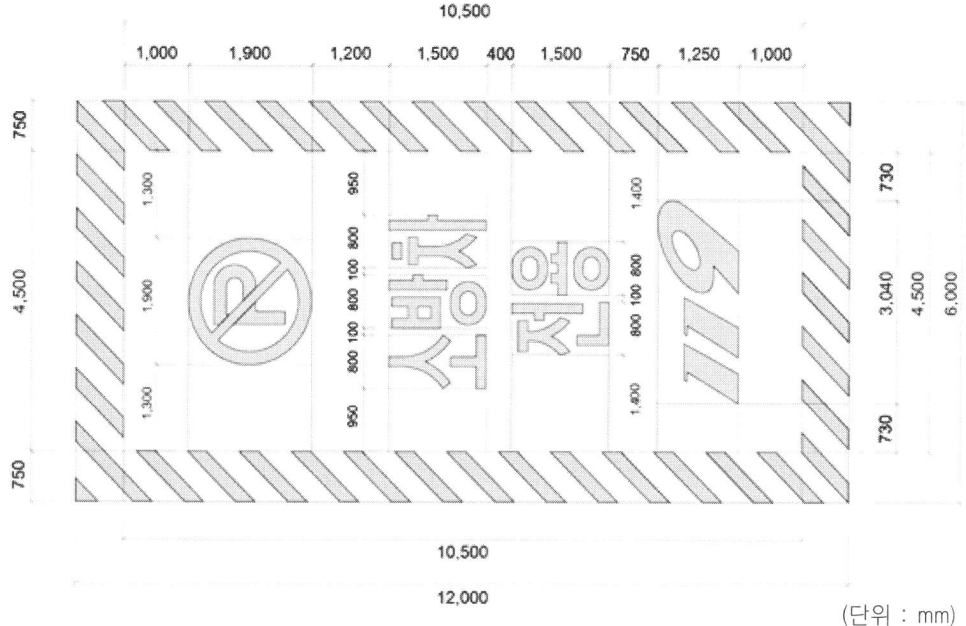

(단위 : mm)

[비고]
1. 전용구역 노면표지의 외곽선은 빗금무늬로 표시하되, 빗금은 두께를 30cm로 하여 50cm 간격으로 표시한다.
2. 전용구역 노면표지 도료의 색채는 황색을 기본으로 하되, 문자(P, 소방차 전용)는 백색으로 표시한다.

[제3장] 소방기본법 시행규칙
(개정 : 2024. 8. 14. 행정안전부령 제511호, 시행 : 2024. 8. 14.)

제6조 (소방용수시설 및 비상소화장치의 설치기준) 〈개정 2018.6.26〉
① 특별시장·광역시장·특별자치시장·도지사 또는 특별자치도지사(이하 "시·도지사"라 한다)는 법 제10조제1항의 규정에 의하여 설치된 소방용수시설에 대하여 별표 2의 소방용수표지를 보기 쉬운 곳에 설치하여야 한다.
② 법 제10조제1항에 따른 소방용수시설의 설치기준은 별표 3과 같다. 〈개정 2018.6.26.〉
③ 법 제10조제2항에 따른 비상소화장치의 설치기준은 다음 각 호와 같다. 〈신설 2018.6.26.〉
  1. 비상소화장치는 비상소화장치함, 소화전, 소방호스(소화전의 방수구에 연결하여 소화용수를 방수하기 위한 도관으로서 호스와 연결금속구로 구성되어 있는 소방용릴호스 또는 소방용고무내장호스를 말한다), 관창(소방호스용 연결금속구 또는 중간연결금속구 등의 끝에 연결하여 소화용수를 방수하기 위한 나사식 또는 차입식 토출기구를 말한다)을 포함하여 구성할 것
  2. 소방호스 및 관창은 「소방시설 설치 및 관리에 관한 법률」 제37조제5항에 따라 소방청장이 정하여 고시하는 형식승인 및 제품검사의 기술기준에 적합한 것으로 설치할 것
  3. 비상소화장치함은 「소방시설 설치 및 관리에 관한 법률」 제40조제4항에 따라 소방청장이 정하여 고시하는 성능인증 및 제품검사의 기술기준에 적합한 것으로 설치할 것
④ 제3항에서 규정한 사항 외에 비상소화장치의 설치기준에 관한 세부 사항은 소방청장이 정한다.

[별표 2] 소방용수표지 (제6조 제1항 관련)

1. 지하에 설치하는 소화전 또는 저수조의 경우 소방용수표지는 다음 각 목의 기준에 따라 설치한다.
   가. 맨홀 뚜껑은 지름 648mm 이상의 것으로 할 것. 다만, 승하강식 소화전의 경우에는 이를 적용하지 않는다.
   나. 맨홀 뚜껑에는 "소화전·주정차금지" 또는 "저수조·주정차금지"의 표시를 할 것
   다. 맨홀 뚜껑 부근에는 노란색 반사도료로 폭 15cm의 선을 그 둘레를 따라 칠할 것
2. 지상에 설치하는 소화전, 저수조 및 급수탑의 경우 소방용수표지는 다음 각 목의 기준에 따라 설치한다.

가. 규격

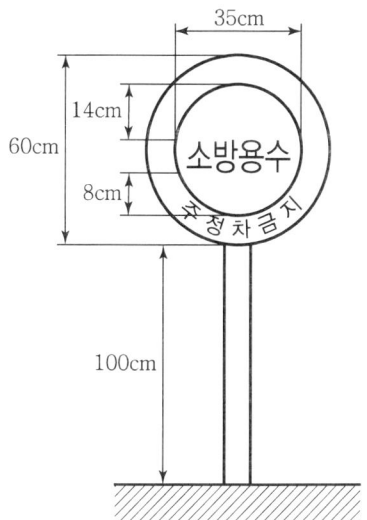

나. 안쪽 문자는 흰색, 바깥쪽 문자는 노란색으로, 안쪽 바탕은 붉은색, 바깥쪽 바탕은 파란색으로 하고, 반사재료를 사용해야 한다.
다. 가목의 규격에 따른 소방용수표지를 세우는 것이 매우 어렵거나 부적당한 경우에는 그 규격 등을 다르게 할 수 있다.

[별표 3] 소방용수시설의 설치기준 (제6조 제2항 관련)

1. 공통기준
   가. 「국토의 계획 및 이용에 관한 법률」 제36조제1항제1호의 규정에 의한 주거지역·상업지역 및 공업지역에 설치하는 경우 : 소방대상물과의 수평거리를 100m 이하가 되도록 할 것
   나. 가목 외의 지역에 설치하는 경우 : 소방대상물과의 수평거리를 140m 이하가 되도록 할 것

2. 소방용수시설별 설치기준
   가. 소화전의 설치기준
   상수도와 연결하여 지하식 또는 지상식의 구조로 하고, 소방용호스와 연결하는 소화전의 연결금속구의 구경은 65mm로 할 것
   나. 급수탑의 설치기준
   급수배관의 구경은 100mm 이상으로 하고, 개폐밸브는 지상에서 1.5m 이상 1.7m 이하의 위치에 설치하도록 할 것

다. 저수조의 설치기준
   (1) 지면으로부터의 낙차가 4.5m 이하일 것
   (2) 흡수부분의 수심이 0.5m 이상일 것
   (3) 소방펌프자동차가 쉽게 접근할 수 있도록 할 것
   (4) 흡수에 지장이 없도록 토사 및 쓰레기 등을 제거할 수 있는 설비를 갖출 것
   (5) 흡수관의 투입구가 사각형의 경우에는 한 변의 길이가 60cm 이상, 원형의 경우에는 지름이 60cm 이상일 것
   (6) 저수조에 물을 공급하는 방법은 상수도에 연결하여 자동으로 급수되는 구조일 것

[제4장] 소방시설공사업법

(개정 : 2024. 1. 30. 법률 제20157호, 시행 : 2025. 1. 31.)

제16조 (소방시설공사감리업자의 수행업무) 기술사 78회·88회·113회·118회·124회·125회·128회·133회

① 소방공사감리업을 등록한 자는 소방공사를 감리할 때 다음 각 호의 업무를 수행하여야 한다.
  1. 소방시설등의 설치계획표의 적법성 검토
  2. 소방시설등 설계도서의 적합성(적법성과 기술상의 합리성을 말한다. 이하 같다) 검토
  3. 소방시설등 설계 변경 사항의 적합성 검토
  4. 「소방시설 설치 및 관리에 관한 법률」 제2조제1항제7호의 소방용품의 위치·규격 및 사용 자재의 적합성 검토
  5. 공사업자가 한 소방시설등의 시공이 설계도서와 화재안전기준에 맞는지에 대한 지도·감독
  6. 완공된 소방시설등의 성능시험
  7. 공사업자가 작성한 시공 상세 도면의 적합성 검토
  8. 피난시설 및 방화시설의 적법성 검토
  9. 실내장식물의 불연화(不燃化)와 방염 물품의 적법성 검토

② 용도와 구조에서 특별히 안전성과 보안성이 요구되는 소방대상물로서 대통령령으로 정하는 장소에서 시공되는 소방시설물에 대한 감리는 감리업자가 아닌 자도 할 수 있다.

> **시행령 제8조 (감리업자가 아닌 자가 감리할 수 있는 보안성 등이 요구되는 소방대상물의 시공 장소)**
> 법 제16조제2항에서 "대통령령으로 정하는 장소"란 「원자력안전법」 제2조제10호에 따른 관계시설이 설치되는 장소를 말한다. 〈개정 2011.10.25〉

③ 감리업자는 제1항 각 호의 업무를 수행할 때에는 대통령령으로 정하는 감리의 종류 및 대상에 따라 공사기간 동안 소방시설공사 현장에 소속 감리원을 배치하고 업무수행 내용을 감리일지에 기록하는 등 대통령령으로 정하는 감리의 방법에 따라야 한다. 〈개정 2020.6.9〉

[제5장] 소방시설공사업법 시행령

(개정 : 2024. 5. 7. 대통령령 제34487호, 시행 : 2024. 5. 17.)

제2조의3 (성능위주설계를 할 수 있는 자의 자격) 기술사 87회

[별표 1의 2]
1. 법 제4조(소방시설업의 등록)에 따른 전문소방시설설계업을 등록한 자
2. 전문소방시설설계업 등록기준에 따른 기술인력을 갖춘 자로서 소방청장이 정하여 고시하는 연구기관 또는 단체
3. 보유기술인력 : 소방기술사 2인 이상

제4조 (소방시설공사의 착공신고 대상) 기술사 131회

법 제13조제1항에서 "대통령령으로 정하는 소방시설공사"란 다음 각 호의 어느 하나에 해당하는 소방시설공사를 말한다. 다만, 「위험물안전관리법」 제2조제1항제6호에 따른 제조소등 또는 「다중이용업소의 안전관리에 관한 특별법」 제2조제1항제4호에 따른 다중이용업소에서의 소방시설공사는 제외한다. 〈개정 2023.11.28〉

1. 특정소방대상물에 다음 각 목의 어느 하나에 해당하는 설비를 신설하는 공사
   가. 옥내소화전설비(호스릴옥내소화전설비를 포함), 옥외소화전설비, 스프링클러설비등소화설비, 물분무등소화설비, 연결송수관설비, 연결살수설비, 제연설비, 소화용수설비 또는 연소방지설비
   나. 자동화재탐지설비, 비상경보설비, 비상방송설비, 비상콘센트설비 또는 무선통신보조설비

2. 특정소방대상물에 다음 각 목의 어느 하나에 해당하는 설비 또는 구역 등을 증설하는 공사 〈개정 2019.12.10〉
   가. 옥내·옥외소화전설비
   나. 스프링클러설비·간이스프링클러설비 또는 물분무등소화설비의 방호구역, 자동화재탐지설비의 경계구역, 제연설비의 제연구역, 연결살수설비의 살수구역, 연결송수관설비의 송수구역, 비상콘센트설비의 전용회로, 연소방지설비의 살수구역

3. 특정소방대상물에 설치된 소방시설등을 구성하는 다음 각 목의 어느 하나에 해당하는 것의 전부 또는 일부를 개설, 이전 또는 정비하는 공사. 다만, 고장 또는 파손 등으로 인하여 작동시킬 수 없는 소방시설을 긴급히 교체하거나 보수하여야 하는 경우에는 신고하지 않을 수 있다. 〈개정 2019.12.10〉

가. 수신반
나. 소화펌프
다. 동력(감시)제어반

제5조 (완공검사를 위한 현장확인대상 특정소방대상물의 범위)

1. 문화 및 집회시설, 종교시설, 판매시설, 노유자시설, 수련시설, 운동시설, 숙박시설, 창고시설, 지하상가 및 「다중이용업소의 안전관리에 관한 특별법」에 따른 다중이용업소
2. 다음 각 목의 어느 하나에 해당하는 설비가 설치되는 특정소방대상물 〈개정 2019.2.10〉
   가. 스프링클러설비등
   나. 물분무등소화설비(호스릴방식의 소화설비는 제외한다)
3. 연면적 1만㎡ 이상 또는 11층 이상인 특정소방대상물(아파트는 제외한다)
4. 가연성가스를 제조·저장 또는 취급하는 시설 중 지상에 노출된 가연성가스탱크의 저장용량 합계가 1천톤 이상인 시설

제10조 (공사감리자 지정대상 특정소방대상물의 범위) [기술사 88회·124회]

① (소방감리자 지정대상)특정소방대상물의 범위
  「소방시설 설치 및 관리에 관한 법률」 제2조제1항제3호의 특정소방대상물
② (소방감리자 지정대상)소방시설의 시공범위
  1. 옥내소화전설비를 신설·개설 또는 증설할 때
  2. 스프링클러설비등(캐비닛형 간이스프링클러설비는 제외한다)을 신설·개설하거나 방호·방수 구역을 증설할 때
  3. 물분무등소화설비(호스릴 방식의 소화설비는 제외한다)를 신설·개설하거나 방호·방수 구역을 증설할 때
  4. 옥외소화전설비를 신설·개설 또는 증설할 때
  5. 자동화재탐지설비를 신설 또는 개설할 때 〈개정 2019.12.10〉
  5의2. 비상방송설비를 신설 또는 개설할 때 〈신설 2019.12.10〉
  6. 통합감시시설을 신설 또는 개설할 때
  6의2. 〈삭제 2023.11.28〉
  7. 소화용수설비를 신설 또는 개설할 때
  8. 다음 각 목에 따른 소화활동설비에 대하여 각 목에 따른 시공을 할 때
    가. 제연설비를 신설·개설하거나 제연구역을 증설할 때
    나. 연결송수관설비를 신설 또는 개설할 때
    다. 연결살수설비를 신설·개설하거나 송수구역을 증설할 때
    라. 비상콘센트설비를 신설·개설하거나 전용회로를 증설할 때
    마. 무선통신보조설비를 신설 또는 개설할 때
    바. 연소방지설비를 신설·개설하거나 살수구역을 증설할 때

[별표 2] 소방기술자의 배치기준

소방기술자의 배치기준	소방시설공사의 현장기준
가. 행정안전부령으로 정하는 특급기술자인 소방기술자(기계분야 및 전기분야)	1) 연면적 20만m² 이상인 특정소방대상물의 공사 현장 2) 지하층을 포함한 층수가 40층 이상인 특정소방대상물의 공사 현장
나. 행정안전부령으로 정하는 고급기술자인 소방기술자(기계분야 및 전기분야)	1) 연면적 3만m² 이상 20만m² 미만인 특정소방대상물(아파트는 제외)의 공사 현장 2) 지하층을 포함한 층수가 16층 이상 40층 미만인 특정소방대상물의 공사 현장
다. 행정안전부령으로 정하는 중급기술자인 소방기술자(기계분야 및 전기분야)	1) 물분무등소화설비(호스릴소화설비는 제외) 또는 제연설비가 설치되는 특정소방대상물의 공사 현장 2) 연면적 5천m² 이상 3만m² 미만인 특정소방대상물(아파트는 제외)의 공사 현장 3) 연면적 1만m² 이상 20만m² 미만인 아파트의 공사 현장
라. 행정안전부령으로 정하는 초급기술자인 소방기술자(기계분야 및 전기분야)	1) 연면적 1천m² 이상 5천m² 미만인 특정소방대상물(아파트는 제외)의 공사 현장 2) 연면적 1천m² 이상 1만m² 미만인 아파트의 공사 현장 3) 지하구(地下構)의 공사 현장
마. 법 제28조에 따라 자격수첩을 발급받은 소방기술자	연면적 1천m² 미만인 특정소방대상물의 공사 현장

[소방기술자 배치기준 요약]

	일반건축물	아파트
특급기술자	① 연면적 20만m² 이상 ② 층수 40층 이상	
고급기술자	① 3만m² 이상 ~ 20만m² 미만	−
	② 층수 16층 이상 ~ 40층 미만	
중급기술자	① 물분무등소화설비 또는 제연설비가 설치되는 것	
	② 5천m² 이상 ~ 3만m² 미만	③ 1만m² 이상 ~ 20만m² 미만
초급기술자	① 1천m² 이상 ~ 5천m² 미만	② 1천m² 이상 ~ 1만m² 미만
	③ 지하구	
인정자격자	연면적 1천m² 미만	

[별표 3] 소방공사감리의 종류 및 방법 기술사 63회

종류	대상	방법
상주 공사 감리	1. 연면적 3만㎡ 이상의 특정소방대상물(아파트는 제외)에 대한 소방시설의 공사 2. 지하층을 포함한 층수가 16층 이상으로서 500세대 이상인 아파트에 대한 소방시설의 공사	1. 감리원은 행정안전부령으로 정하는 기간 동안 공사현장에 상주하여 법 제16조제1항에 따른 업무를 수행하고 감리일지에 기록해야 한다. 2. 감리원이 교육이나 유급휴가 기타 부득이 한 사유로 1일 이상 현장을 이탈하는 경우에는 감리일지 등에 기록하여 발주자의 확인을 받아야 한다. 이 경우 감리업자는 감리원의 업무를 대행할 자를 감리현장에 배치해야 한다. 또한 감리원은 업무대행자에게 업무인계인수 등의 필요한 조치를 해야 한다.
일반 공사 감리	상주공사감리에 해당하지 않는 소방시설의 공사	1. 감리원은 주 1회 이상 공사현장에 배치되어 법 제16조제1항(감리수행업무)에 따른 업무를 수행하고 감리일지에 기록해야 한다. 2. 감리업자는 감리원이 부득이한 사유로 14일 이내의 범위에서 제1호의 업무를 수행할 수 없는 경우에는 업무대행자를 지정하여 그 업무를 수행하게 해야 한다. 3. 위의 2에 따라 지정된 업무대행자는 주 2회 이상 공사현장에 배치되어 제1호의 업무를 수행하며 그 업무수행 내용을 감리원에게 통보하고 감리일지에 기록해야 한다.

[별표 4] 소방공사감리원의 배치기준 기술사 108회·121회

감리원의 배치기준		소방시설공사 현장의 기준
책임감리원	보조감리원	
가. 행정안전부령으로 정하는 특급감리원 중 소방기술사	행정안전부령으로 정하는 초급감리원 이상의 소방공사감리원(기계분야 및 전기분야)	1) 연면적 20만㎡ 이상인 특정소방대상물의 공사현장 2) 지하층을 포함한 층수가 40층 이상인 특정소방대상물의 공사현장
나. 행정안전부령으로 정하는 특급감리원 이상의 소방공사감리원(기계분야 또는 전기분야)	행정안전부령으로 정하는 초급감리원 이상의 소방공사감리원(기계분야 및 전기분야)	1) 연면적 3만㎡ 이상 20만㎡ 미만인 특정소방대상물(아파트는 제외)의 공사현장 2) 지하층을 포함한 층수가 16층 이상 40층 미만인 특정소방대상물의 공사현장

다. 행정안전부령으로 정하는 고급감리원 이상의 소방공사감리원(기계분야 또는 전기분야)	행정안전부령으로 정하는 초급감리원 이상의 소방공사감리원(기계분야 및 전기분야)	1) 물분무등소화설비(호스릴소화설비는 제외) 또는 제연설비가 설치되는 특정소방대상물의 공사현장 2) 연면적 3만m² 이상 20만m² 미만인 아파트의 공사현장
라. 행정안전부령으로 정하는 중급감리원 이상의 소방공사감리원(기계분야 또는 전기분야)		연면적 5천m² 이상 3만m² 미만인 특정소방대상물의 공사현장
마. 행정안전부령으로 정하는 초급감리원 이상의 소방공사감리원(기계분야 또는 전기분야)		1) 연면적 5천m² 미만인 특정소방대상물의 공사현장 2) 지하구(地下溝)의 공사현장

[비고]
1. "책임감리원"이란 해당 공사 전반에 관한 감리업무를 총괄하는 사람을 말한다.
2. "보조감리원"이란 책임감리원을 보좌하고 책임감리원의 지시를 받아 감리업무를 수행하는 사람을 말한다.
3. 소방시설공사 현장의 연면적 합계가 20만m² 이상인 경우에는 20만m²를 초과하는 연면적에 대하여 10만m²(연면적이 10만m²에 미달하는 경우에는 10만m²로 본다)마다 보조감리원 1명 이상을 추가로 배치해야 한다.
4. 위 표에도 불구하고 상주공사감리에 해당하지 않는 소방시설의 공사에는 보조감리원을 배치하지 않을 수 있다.

[소방공사 책임감리원 배치기준 요약]

	일반 건축물	아파트
소방기술사	① 연면적 20만m² 이상 ② 층수 40층 이상	
특급감리원	① 3만m² 이상 ~ 20만m² 미만	-
	② 층수 16층 이상 ~ 40층 미만	
고급감리원	① 물분무등소화설비 또는 제연설비가 설치되는 것	
	-	② 3만m² 이상 ~ 20만m² 미만
중급감리원	연면적 5천m² 이상 ~ 3만m² 미만	
초급감리원	① 연면적 5천m² 미만 ② 지하구	

[제6장] 소방시설 설치 및 관리에 관한 법률

(개정 : 2023. 1. 3. 법률 제19160호, 시행 : 2023. 7. 4.)

제2조 (정의)
1. **소방시설** : 소화설비, 경보설비, 피난구조설비, 소화용수설비, 그 밖에 소화활동설비로서 대통령령으로 정하는 것
2. **소방시설등** : 소방시설과 비상구, 그 밖에 소방관련시설로서 대통령령으로 정하는 것
3. **특정소방대상물** : 건축물 등의 규모·용도 및 수용인원 등을 고려하여 소방시설을 설치하여야 하는 소방대상물로서 대통령령으로 정하는 것
4. **화재안전성능** : 화재를 예방하고 화재발생 시 피해를 최소화하기 위하여 소방대상물의 재료, 공간 및 설비 등에 요구되는 안전성능
5. **성능위주설계** : 건축물 등의 재료, 공간, 이용자, 화재특성 등을 종합적으로 고려하여 공학적 방법으로 화재위험성을 평가하고 그 결과에 따라 화재안전성능이 확보될 수 있도록 특정소방대상물을 설계하는 것
6. **화재안전기준** : 소방시설 설치 및 관리를 위한 다음 각 목의 기준을 말한다.
    가. **성능기준** : 화재안전 확보를 위하여 재료, 공간 및 설비 등에 요구되는 안전성능으로서 소방청장이 고시로 정하는 기준
    나. **기술기준** : 가목에 따른 성능기준을 충족하는 상세한 규격, 특정한 수치 및 시험방법 등에 관한 기준으로서 행정안전부령으로 정하는 절차에 따라 소방청장의 승인을 받은 기준
7. **소방용품** : 소방시설등을 구성하거나 소방용으로 사용되는 제품 또는 기기로서 대통령령으로 정하는 것

제6조 (건축허가등의 동의 등) 기술사 131회
① 건축물 등의 신축·증축·개축·재축(再築)·이전·용도변경 또는 대수선의 허가·협의 및 사용승인의 권한이 있는 행정기관은 건축허가등을 할 때 미리 그 건축물 등의 시공지 또는 소재지를 관할하는 소방본부장이나 소방서장의 동의를 받아야 한다.
② 건축물 등의 증축·개축·재축·용도변경 또는 대수선의 신고를 수리(受理)할 권한이 있는 행정기관은 그 신고를 수리하면 그 건축물 등의 시공지 또는 소재지를 관할하는 소방본부장이나 소방서장에게 지체 없이 그 사실을 알려야 한다.
③ 제1항에 따른 건축허가등의 권한이 있는 행정기관과 제2항에 따른 신고를 수리할 권한이

있는 행정기관은 제1항에 따라 건축허가등의 동의를 받거나 제2항에 따른 신고를 수리한 사실을 알릴 때 관할 소방본부장이나 소방서장에게 건축허가등을 하거나 신고를 수리할 때 건축허가등을 받으려는 자 또는 신고를 한 자가 제출한 설계도서 중 건축물의 내부구조를 알 수 있는 설계도면을 제출하여야 한다.

④ ~ ⑧ : (이 부분은 국가기술자격시험 및 실무에 불필요하므로 생략)

제7조 (소방시설의 내진설계기준)

「지진·화산재해대책법」제14조제1항 각 호의 시설 중 대통령령으로 정하는 특정소방대상물에 대통령령으로 정하는 소방시설을 설치하려는 자는 지진이 발생할 경우 소방시설이 정상적으로 작동될 수 있도록 소방청장이 정하는 내진설계기준에 맞게 소방시설을 설치하여야 한다.

제8조 (성능위주설계)

① 연면적·높이·층수 등이 일정 규모 이상인 대통령령으로 정하는 특정소방대상물(신축하는 것만 해당한다)에 소방시설을 설치하려는 자는 성능위주설계를 하여야 한다.

② 제1항에 따라 소방시설을 설치하려는 자가 성능위주설계를 한 경우에는 「건축법」제11조에 따른 건축허가를 신청하기 전에 해당 특정소방대상물의 시공지 또는 소재지를 관할하는 소방서장에게 신고하여야 한다. 해당 특정소방대상물의 연면적·높이·층수의 변경 등 행정안전부령으로 정하는 사유로 신고한 성능위주설계를 변경하려는 경우에도 또한 같다.

③ 소방서장은 제2항에 따른 신고 또는 변경신고를 받은 경우 그 내용을 검토하여 이 법에 적합하면 신고를 수리하여야 한다.

④ 제2항에 따라 성능위주설계의 신고 또는 변경신고를 하려는 자는 해당 특정소방대상물이 「건축법」제4조의2에 따른 건축위원회의 심의를 받아야 하는 건축물인 경우에는 그 심의를 신청하기 전에 성능위주설계의 기본설계도서 등에 대해서 해당 특정소방대상물의 시공지 또는 소재지를 관할하는 소방서장의 사전검토를 받아야 한다.

⑤ 소방서장은 제2항 또는 제4항에 따라 성능위주설계의 신고, 변경신고 또는 사전검토 신청을 받은 경우에는 소방청 또는 관할 소방본부에 설치된 제9조제1항에 따른 성능위주설계 평가단의 검토·평가를 거쳐야 한다. 다만, 소방서장은 신기술·신공법 등 검토·평가에 고도의 기술이 필요한 경우에는 제18조제1항에 따른 중앙소방기술심의위원회에 심의를 요청할 수 있다.

⑥ 소방서장은 제5항에 따른 검토·평가 결과 성능위주설계의 수정 또는 보완이 필요하다고 인정되는 경우에는 성능위주설계를 한 자에게 그 수정 또는 보완을 요청할 수 있으며, 수정 또는 보완 요청을 받은 자는 정당한 사유가 없으면 그 요청에 따라야 한다.

⑦ 제2항부터 제6항까지에서 규정한 사항 외에 성능위주설계의 신고, 변경신고 및 사전검토의 절차·방법 등에 필요한 사항과 성능위주설계의 기준은 행정안전부령으로 정한다.

제10조 (주택에 설치하는 소방시설)
다음 각 호의 주택의 소유자는 소화기 등 대통령령으로 정하는 소방시설(이하 "주택용소방시설"이라 한다)을 설치하여야 한다.
1. 「건축법」 제2조제2항제1호의 단독주택
2. 「건축법」 제2조제2항제2호의 공동주택(아파트 및 기숙사는 제외한다)

제11조 (자동차에 설치 또는 비치하는 소화기) 〈시행일 : 2024.12.1〉
「자동차관리법」 제3조제1항에 따른 자동차 중 다음 각 호의 어느 하나에 해당하는 자동차를 제작·조립·수입·판매하려는 자 또는 해당 자동차의 소유자는 차량용 소화기를 설치하거나 비치하여야 한다.
1. 5인승 이상의 승용자동차
2. 승합자동차
3. 화물자동차
4. 특수자동차

제13조 (소방시설기준 적용의 특례)
① 소방본부장이나 소방서장은 제12조제1항 전단에 따른 대통령령 또는 화재안전기준이 변경되어 그 기준이 강화되는 경우 기존의 특정소방대상물(건축물의 신축·개축·재축·이전 및 대수선 중인 특정소방대상물을 포함한다)의 소방시설에 대하여는 변경 전의 대통령령 또는 화재안전기준을 적용한다. 다만, 다음 각 호의 어느 하나에 해당하는 소방시설의 경우에는 대통령령 또는 화재안전기준의 변경으로 강화된 기준을 적용할 수 있다.
  1. 다음 각 목의 소방시설 중 대통령령 또는 화재안전기준으로 정하는 것
     가. 소화기구
     나. 비상경보설비
     다. 자동화재탐지설비
     라. 자동화재속보설비
     마. 피난구조설비
  2. 다음 각 목의 특정소방대상물에 설치하는 소방시설 중 대통령령 또는 화재안전기준으로 정하는 것
     가. 「국토의 계획 및 이용에 관한 법률」 제2조제9호에 따른 공동구
     나. 전력 및 통신사업용 지하구
     다. 노유자시설
     라. 의료시설
② 소방본부장이나 소방서장은 특정소방대상물에 설치하여야 하는 소방시설 가운데 기능과 성능이 유사한 스프링클러설비, 물분무등소화설비, 비상경보설비 및 비상방송설비 등의 소방시설의 경우에는 대통령령으로 정하는 바에 따라 유사한 소방시설의 설치를 면제할 수 있다.
③ 소방본부장이나 소방서장은 기존의 특정소방대상물이 증축되거나 용도변경되는 경우에는 대통령령으로 정하는 바에 따라 증축 또는 용도변경 당시의 소방시설의 설치에 관한 대통령령 또는 화재안전기준을 적용한다.

④ 다음 각 호의 어느 하나에 해당하는 특정소방대상물 가운데 대통령령으로 정하는 특정소방대상물에는 제12조제1항 전단에도 불구하고 대통령령으로 정하는 소방시설을 설치하지 아니할 수 있다.
  1. 화재 위험도가 낮은 특정소방대상물
  2. 화재안전기준을 적용하기 어려운 특정소방대상물
  3. 화재안전기준을 다르게 적용하여야 하는 특수한 용도 또는 구조를 가진 특정소방대상물
  4. 「위험물안전관리법」 제19조에 따른 자체소방대가 설치된 특정소방대상물
⑤ 제4항 각 호의 어느 하나에 해당하는 특정소방대상물에 구조 및 원리 등에서 공법이 특수한 설계로 인정된 소방시설을 설치하는 경우에는 제18조제1항에 따른 중앙소방기술심의위원회의 심의를 거쳐 제12조제1항 전단에 따른 화재안전기준을 적용하지 아니할 수 있다.

제15조 (건설현장의 임시소방시설 설치 및 관리)

① 「건설산업기본법」 제2조제4호에 따른 건설공사를 하는 자(이하 "공사시공자"라 한다)는 특정소방대상물의 신축・증축・개축・재축・이전・용도변경・대수선 또는 설비 설치 등을 위한 공사 현장에서 인화성(引火性) 물품을 취급하는 작업 등 대통령령으로 정하는 작업(이하 "화재위험작업"이라 한다)을 하기 전에 설치 및 철거가 쉬운 화재대비시설(이하 "임시소방시설"이라 한다)을 설치하고 관리하여야 한다.
② 제1항에도 불구하고 소방시설공사업자가 화재위험작업 현장에 소방시설 중 임시소방시설과 기능 및 성능이 유사한 것으로서 대통령령으로 정하는 소방시설을 화재안전기준에 맞게 설치 및 관리하고 있는 경우에는 공사시공자가 임시소방시설을 설치하고 관리한 것으로 본다.
③ 소방본부장 또는 소방서장은 제1항이나 제2항에 따라 임시소방시설 또는 소방시설이 설치 및 관리되지 아니할 때에는 해당 공사시공자에게 필요한 조치를 명할 수 있다.
④ 제1항에 따라 임시소방시설을 설치하여야 하는 공사의 종류와 규모, 임시소방시설의 종류 등에 필요한 사항은 대통령령으로 정하고, 임시소방시설의 설치 및 관리 기준은 소방청장이 정하여 고시한다.

제16조 (피난시설, 방화구획 및 방화시설의 관리)

① 특정소방대상물의 관계인은 「건축법」 제49조에 따른 피난시설, 방화구획 및 방화시설에 대하여 정당한 사유가 없는 한 다음 각 호의 행위를 하여서는 아니 된다.
  1. 피난시설, 방화구획 및 방화시설을 폐쇄하거나 훼손하는 등의 행위
  2. 피난시설, 방화구획 및 방화시설의 주위에 물건을 쌓아두거나 장애물을 설치하는 행위
  3. 피난시설, 방화구획 및 방화시설의 용도에 장애를 주거나 「소방기본법」 제16조에 따른 소방활동에 지장을 주는 행위
  4. 그 밖에 피난시설, 방화구획 및 방화시설을 변경하는 행위
② 소방본부장이나 소방서장은 특정소방대상물의 관계인이 제1항 각 호의 어느 하나에 해당

하는 행위를 한 경우에는 피난시설, 방화구획 및 방화시설의 관리를 위하여 필요한 조치를 명할 수 있다.

제17조 (소방용품의 내용연수 등)

① 특정소방대상물의 관계인은 내용연수가 경과한 소방용품을 교체하여야 한다. 이 경우 내용연수를 설정하여야 하는 소방용품의 종류 및 그 내용연수 연한에 필요한 사항은 대통령령으로 정한다.
② 제1항에도 불구하고 행정안전부령으로 정하는 절차 및 방법 등에 따라 소방용품의 성능을 확인받은 경우에는 그 사용기한을 연장할 수 있다.

제18조 (소방기술심의위원회) 기술사 111회

① 다음 각 호의 사항을 심의하기 위하여 소방청에 중앙소방기술심의위원회(이하 "중앙위원회"라 한다)를 둔다.
  1. 화재안전기준에 관한 사항
  2. 소방시설의 구조 및 원리 등에서 공법이 특수한 설계 및 시공에 관한 사항
  3. 소방시설의 설계 및 공사감리의 방법에 관한 사항
  4. 소방시설공사의 하자를 판단하는 기준에 관한 사항
  5. 제8조제5항 단서에 따라 신기술·신공법 등 검토·평가에 고도의 기술이 필요한 경우로서 중앙위원회에 심의를 요청한 사항
  6. 그 밖에 소방기술 등에 관하여 대통령령으로 정하는 사항
② 다음 각 호의 사항을 심의하기 위하여 시·도에 지방소방기술심의위원회(이하 "지방위원회"라 한다)를 둔다.
  1. 소방시설에 하자가 있는지의 판단에 관한 사항
  2. 그 밖에 소방기술 등에 관하여 대통령령으로 정하는 사항
③ 중앙위원회 및 지방위원회의 구성·운영 등에 필요한 사항은 대통령령으로 정한다.

제20조 (특정소방대상물의 방염 등)

① 대통령령으로 정하는 특정소방대상물에 실내장식 등의 목적으로 설치 또는 부착하는 물품으로서 대통령령으로 정하는 물품(이하 "방염대상물품"이라 한다)은 방염성능기준 이상의 것으로 설치하여야 한다.
② 소방본부장 또는 소방서장은 방염대상물품이 제1항에 따른 방염성능기준에 미치지 못하거나 제21조제1항에 따른 방염성능검사를 받지 아니한 것이면 특정소방대상물의 관계인에게 방염대상물품을 제거하도록 하거나 방염성능검사를 받도록 하는 등 필요한 조치를 명할 수 있다.
③ 제1항에 따른 방염성능기준은 대통령령으로 정한다.

제21조 (방염성능의 검사)

① 제20조제1항에 따른 특정소방대상물에 사용하는 방염대상물품은 소방청장이 실시하는 방염성능검사를 받은 것이어야 한다. 다만, 대통령령으로 정하는 방염대상물품의 경우에는 특별시장·광역시장·특별자치시장·도지사 또는 특별자치도지사(이하 "시·도지사"라 한다)가 실시하는 방염성능검사를 받은 것이어야 한다.
② 「소방시설공사업법」제4조에 따라 방염처리업의 등록을 한 자는 제1항에 따른 방염성능검사를 할 때에 거짓 시료(試料)를 제출하여서는 아니 된다.
③ 제1항에 따른 방염성능검사의 방법과 검사 결과에 따른 합격 표시 등에 필요한 사항은 행정안전부령으로 정한다.

제22조 (소방시설등의 자체점검)

① 특정소방대상물의 관계인은 그 대상물에 설치되어 있는 소방시설등이 이 법이나 이 법에 따른 명령 등에 적합하게 설치·관리되고 있는지에 대하여 다음 각 호의 구분에 따른 기간 내에 스스로 점검하거나 제34조에 따른 점검능력 평가를 받은 관리업자 또는 행정안전부령으로 정하는 기술자격자(이하 "관리업자등"이라 한다)로 하여금 정기적으로 점검(이하 "자체점검"이라 한다)하게 하여야 한다. 이 경우 관리업자등이 점검한 경우에는 그 점검 결과를 행정안전부령으로 정하는 바에 따라 관계인에게 제출하여야 한다.
   1. 해당 특정소방대상물의 소방시설등이 신설된 경우 : 「건축법」제22조에 따라 건축물을 사용할 수 있게 된 날부터 60일
   2. 제1호 외의 경우: 행정안전부령으로 정하는 기간
② 자체점검의 구분 및 대상, 점검인력의 배치기준, 점검자의 자격, 점검 장비, 점검 방법 및 횟수 등 자체점검 시 준수하여야 할 사항은 행정안전부령으로 정한다.
③ ~ ⑤ : (이 부분은 국가기술자격시험 및 실무에 불필요하므로 생략)
⑥ 관계인은 천재지변이나 그 밖에 대통령령으로 정하는 사유로 자체점검을 실시하기 곤란한 경우에는 대통령령으로 정하는 바에 따라 소방본부장 또는 소방서장에게 면제 또는 연기 신청을 할 수 있다.

제23조 (소방시설등의 자체점검 결과의 조치 등)

① 특정소방대상물의 관계인은 제22조제1항에 따른 자체점검 결과 소화펌프 고장 등 대통령령으로 정하는 중대위반사항이 발견된 경우에는 지체 없이 수리 등 필요한 조치를 하여야 한다.
② 관리업자등은 자체점검 결과 중대위반사항을 발견한 경우 즉시 관계인에게 알려야 한다. 이 경우 관계인은 지체 없이 수리 등 필요한 조치를 하여야 한다.
③ 특정소방대상물의 관계인은 제22조제1항에 따라 자체점검을 한 경우에는 그 점검 결과를 행정안전부령으로 정하는 바에 따라 소방시설등에 대한 수리·교체·정비에 관한 이행계획을 첨부하여 소방본부장 또는 소방서장에게 보고하여야 한다. 이 경우 소방본부장 또는

소방서장은 점검 결과 및 이행계획이 적합하지 아니하다고 인정되는 경우에는 관계인에게 보완을 요구할 수 있다.

④ ~ ⑥ : (이 부분은 국가기술자격시험 및 실무에 불필요하므로 생략)

제24조 (점검기록표 게시 등)

① 제23조제3항에 따라 자체점검 결과 보고를 마친 관계인은 관리업자 등, 점검일시, 점검자 등 자체점검과 관련된 사항을 점검기록표에 기록하여 특정소방대상물의 출입자가 쉽게 볼 수 있는 장소에 게시하여야 한다. 이 경우 점검기록표의 기록 등에 필요한 사항은 행정안전부령으로 정한다.

② 소방본부장 또는 소방서장은 다음 각 호의 사항을 제48조에 따른 전산시스템 또는 인터넷 홈페이지 등을 통하여 국민에게 공개할 수 있다. 이 경우 공개절차, 공개기간 및 공개방법 등 필요한 사항은 대통령령으로 정한다.
1. 자체점검 기간 및 점검자
2. 특정소방대상물의 정보 및 자체점검 결과
3. 그 밖에 소방본부장 또는 소방서장이 특정소방대상물을 이용하는 불특정다수인의 안전을 위하여 공개가 필요하다고 인정하는 사항

부칙 〈제18522호, 2021. 11. 30.〉

제1조 (시행일) 이 법은 공포 후 1년이 경과한 날부터 시행한다. 다만, 제11조의 개정규정은 공포 후 3년이 경과한 날부터 시행한다.

제2조 (성능위주설계에 관한 적용례) 제8조의 개정규정은 이 법 시행 이후 특정소방대상물에 소방시설을 설치하려는 자가 성능위주설계를 신고하는 것부터 적용한다.

제3조 (자동차에 설치 또는 비치하는 소화기에 관한 적용례) 제11조의 개정규정은 같은 개정규정 시행 이후 제작·조립·수입·판매되는 자동차와 소유권이 변동되어 「자동차관리법」 제6조에 따라 등록된 자동차부터 적용한다.

제4조 (소방시설등의 자체점검에 관한 적용례) 제22조의 개정규정은 이 법 시행 이후 최초로 자체점검 대상이 되는 특정소방대상물의 소방시설등부터 적용한다. 다만, 점검능력 평가를 받은 관리업자의 자체점검에 관한 규정은 이 법 시행 후 2년이 경과한 날부터 적용한다.

제5조 (일반적 경과조치) 이 법 시행 당시 종전의 「화재예방, 소방시설 설치·유지 및 안전관리에 관한 법률」에 따라 행한 처분·절차와 그 밖의 행위로서 이 법에 그에 해당하는 규정이 있으면 이 법의 해당 규정에 따라 행하여진 것으로 본다.

[제7장] 소방시설 설치 및 관리에 관한 법률 시행령

(개정 : 2024. 12. 31. 대통령령 제35151호, 시행 : 2024. 12. 31.)

제2조 (정의)
1. **무창층** : 지상층 중 다음 각 목의 요건을 모두 갖춘 개구부 면적의 합계가 당해 층 바닥면적의 30분의 1 이하가 되는 층 `기술사 74회·119회·127회`
   - 가. 크기는 지름 50cm 이상의 원이 내접할 수 있는 크기일 것
   - 나. 해당 층의 바닥면으로부터 개구부 밑부분까지의 높이가 1.2m 이내일 것
   - 다. 도로 또는 차량이 진입할 수 있는 빈터를 향할 것
   - 라. 화재 시 건축물로부터 쉽게 피난할 수 있도록 창살이나 그 밖의 장애물이 설치되지 아니할 것
   - 마. 내부 또는 외부에서 쉽게 부수거나 열 수 있을 것
2. **피난층** : 곧바로 지상으로 갈 수 있는 출입구가 있는 층

제4조 (소방시설등) 〈신설 2014.7.7〉
법 제2조제1항제2호("소방시설등"의 정의)에서 "대통령령으로 정하는 것"이란 방화문 및 자동방화셔터를 말한다.

제7조 (건축허가등의 동의대상물의 범위 등) `기술사 74회·76회·108회`
① 건축허가등의 대상물의 범위
1. 연면적이 400m² 이상인 건축물이나 시설
   다만, 다음 각 목의 어느 하나에 해당하는 건축물이나 시설은 해당 목에서 정한 기준 이상인 건축물이나 시설로 한다.
   - 가. 학교시설 : 100m²
   - 나. 노유자시설 및 수련시설 : 200m²
   - 다. 정신의료기관(입원실이 없는 정신건강의학과 의원은 제외) : 300m²
   - 라. 「장애인복지법」 제58조제1항제4호에 따른 장애인 의료재활시설 : 300m²
2. 지하층 또는 무창층이 있는 건축물로서 바닥면적이 150m²(공연장의 경우에는 100m²) 이상인 층이 있는 것
3. 차고·주차장 또는 주차 용도로 사용되는 시설로서 다음 각 목의 어느 하나에 해당하는 것
   - 가. 차고·주차장으로 사용되는 바닥면적이 200m² 이상인 층이 있는 건축물이나 주차시설

나. 승강기 등 기계장치에 의한 주차시설로서 자동차 20대 이상을 주차할 수 있는 시설
4. 층수가 6층 이상인 건축물
5. 항공기 격납고, 관망탑, 항공관제탑, 방송용 송수신탑
6. 공동주택, 의원(입원실 또는 인공신장실이 있는 것)·조산원·산후조리원, 숙박시설, 위험물 저장 및 처리시설, 발전시설 중 풍력발전소·전기저장시설, 지하구 〈개정 2024.12.31〉
7. 제1호나목에 해당하지 않는 노유자 시설 중 다음 각 목의 어느 하나에 해당하는 시설. 다만, 가목2) 및 나목부터 바목까지의 시설 중「건축법 시행령」별표 1의 단독주택 또는 공동주택에 설치되는 시설은 제외한다.
   가. 별표 2 제9호가목에 따른 노인관련시설 중 다음의 어느 하나에 해당하는 시설
      1)「노인복지법」제31조제1호에 따른 노인주거복지시설, 같은 조 제2호에 따른 노인의료복지시설 및 같은 조 제4호에 따른 재가노인복지시설
      2)「노인복지법」제31조제7호에 따른 학대피해노인 전용쉼터
   나.「아동복지법」제52조에 따른 아동복지시설(아동상담소, 아동전용시설 및 지역아동센터는 제외한다)
   다.「장애인복지법」제58조제1항제1호에 따른 장애인 거주시설
   라. 정신질환자 관련 시설(단, 24시간 주거를 제공하지 않는 시설은 제외)
   마. 별표 2 제9호마목에 따른 노숙인관련시설 중 노숙인자활시설, 노숙인재활시설 및 노숙인요양시설
   바. 결핵환자나 한센인이 24시간 생활하는 노유자시설
8.「의료법」제3조제2항제3호라목에 따른 요양병원. 다만, 의료재활시설은 제외한다.
9. 공장 또는 창고시설로서「화재의 예방 및 안전관리에 관한 법률 시행령」별표 2에서 정하는 수량의 750배 이상의 특수가연물을 저장·취급하는 것
10. 가스시설로서 지상에 노출된 탱크의 저장용량의 합계가 100톤 이상인 것
② 건축허가등의 제외 대상 기술사 108회
1. 소화기구, 자동소화장치, 누전경보기, 단독경보형감지기, 가스누설경보기 및 피난구조설비(비상조명등은 제외)가 화재안전기준에 적합한 경우 해당 특정소방대상물
2. 건축물의 증축 또는 용도변경으로 인하여 해당 특정소방대상물에 추가로 소방시설이 설치되지 않는 경우 해당 특정소방대상물
3. 소방시설공사의 착공신고 대상에 해당하지 않는 경우 해당 특정소방대상물

제8조 (소방시설의 내진설계)
① 내진설계대상 특정소방대상물의 범위
   「건축법」제2조제1항제2호에 따른 건축물로서「지진·화산재해대책법 시행령」제10조제1항 각 호에 해당하는 시설
② 내진설계대상 소방시설의 범위
   소방시설 중 옥내소화전설비, 스프링클러설비, 물분무등소화설비

제9조 (성능위주설계를 해야 하는 특정소방대상물의 범위) 기술사 87회·99회·111회·113회 117회·119회·123회

1. 연면적 20만m² 이상인 특정소방대상물. 단, 별표 2 제1호가목에 따른 아파트등은 제외
2. 50층 이상(지하층은 제외)이거나 지상으로부터 높이가 200m 이상인 아파트등
3. 30층 이상(지하층을 포함)이거나 지상으로부터 높이가 120m 이상인 특정소방대상물 (아파트등은 제외한다)
4. 연면적 3만m² 이상인 특정소방대상물로서 다음 각 목의 어느 하나에 해당하는 것
 가. 별표 2 제6호나목의 철도 및 도시철도 시설
 나. 별표 2 제6호다목의 공항시설
5. 별표 2 제16호의 창고시설 중 연면적 10만m² 이상인 것 또는 지하층의 층수가 2개 층 이상이고 지하층의 바닥면적의 합계가 3만m² 이상인 것 〈신설 2022.11.29〉
6. 하나의 건축물에 「영화 및 비디오물의 진흥에 관한 법률」 제2조제10호에 따른 영화상영관이 10개 이상인 특정소방대상물
7. 「초고층 및 지하연계 복합건축물 재난관리에 관한 특별법」 제2조제2호에 따른 지하연계 복합건축물에 해당하는 특정소방대상물
8. 별표 2 제27호의 터널 중 수저(水底)터널 또는 길이가 5천m 이상인 것 〈신설 2022.11.29〉

제10조 (주택용 소방시설) 〈신설 2016.1.19〉

법 제10조제1항 각 호 외의 부분에서 "소화기 등 대통령령으로 정하는 소방시설"이란 소화기 및 단독경보형 감지기를 말한다.

제11조 (특정소방대상물에 설치·관리해야 하는 소방시설)

① 법 제12조제1항 전단에 따라 특정소방대상물의 관계인이 특정소방대상물에 설치·관리해야 하는 소방시설의 종류는 별표 4와 같다.
② 법 제12조제1항 후단에 따라 「장애인·노인·임산부 등의 편의증진 보장에 관한 법률」 제2조제1호에 따른 장애인등이 사용하는 소방시설은 별표 4 제2호(경보설비) 및 제3호(피난구조설비)에 따라 장애인등에 적합하게 설치·관리해야 한다.

제12조 (소방시설정보관리시스템 구축·운영 대상)

1. 문화 및 집회시설
2. 종교시설
3. 판매시설
4. 의료시설
5. 노유자시설
6. 숙박이 가능한 수련시설
7. 업무시설
8. 숙박시설
9. 공장
10. 창고시설
11. 위험물 저장 및 처리시설
12. 지하상가 〈개정 2024.12.31〉
12의2. 터널 〈신설 2024.12.31〉
13. 지하구

14. 그 밖에 소방청장, 소방본부장 또는 소방서장이 소방안전관리의 취약성과 화재위험성을 고려하여 필요하다고 인정하는 특정소방대상물 〈신설 2024.12.31〉

제13조 (강화된 소방시설기준의 적용대상) 관리사 24회

법 제13조제1항제2호(소방시설적용기준의 특례 중 지하구, 노유자시설, 의료시설에 설치하여야 하는 소방시설)에서 "대통령령으로 정하는 것"이란 다음 각 호의 소방시설을 말한다.
1. 「국토의 계획 및 이용에 관한 법률」 제2조제9호에 따른 공동구에 설치하는 소화기, 자동소화장치, 자동화재탐지설비, 통합감시시설, 유도등 및 연소방지설비
2. 전력 및 통신사업용 지하구에 설치하는 소화기, 자동소화장치, 자동화재탐지설비, 통합감시시설, 유도등 및 연소방지설비
3. 노유자 시설에 설치하는 간이스프링클러설비, 자동화재탐지설비 및 단독경보형 감지기
4. 의료시설에 설치하는 스프링클러설비, 간이스프링클러설비, 자동화재탐지설비 및 자동화재속보설비

제15조 (특정소방대상물의 증축 또는 용도변경 시의 소방시설기준 적용의 특례) 기술사 123회

① 법 제13조제3항에 따라 소방본부장 또는 소방서장은 특정소방대상물이 증축되는 경우에는 기존 부분을 포함한 특정소방대상물의 전체에 대하여 증축 당시의 소방시설의 설치에 관한 대통령령 또는 화재안전기준을 적용해야 한다. 다만, 다음 각 호의 어느 하나에 해당하는 경우에는 기존 부분에 대해서는 증축 당시의 소방시설의 설치에 관한 대통령령 또는 화재안전기준을 적용하지 않는다. 관리사 24회
1. 기존 부분과 증축 부분이 내화구조로 된 바닥과 벽으로 구획된 경우
2. 기존 부분과 증축 부분이 「건축법 시행령」 제46조제1항제2호에 따른 자동방화셔터 또는 같은 영 제64조제1항제1호에 따른 60분+ 방화문으로 구획되어 있는 경우
3. 자동차 생산공장 등 화재 위험이 낮은 특정소방대상물 내부에 연면적 33m³ 이하의 직원 휴게실을 증축하는 경우
4. 자동차 생산공장 등 화재 위험이 낮은 특정소방대상물에 캐노피(기둥으로 받치거나 매달아 놓은 덮개를 말하며, 3면 이상에 벽이 없는 구조의 것을 말한다)를 설치하는 경우 〈개정 2021.1.5.〉

② 법 제13조제3항에 따라 소방본부장 또는 소방서장은 특정소방대상물이 용도변경되는 경우에는 용도변경되는 부분에 대해서만 용도변경 당시의 소방시설의 설치에 관한 대통령령 또는 화재안전기준을 적용한다. 다만, 다음 각 호의 어느 하나에 해당하는 경우에는 특정소방대상물 전체에 대하여 용도변경 전에 해당 특정소방대상물에 적용되던 소방시설의 설치에 관한 대통령령 또는 화재안전기준을 적용한다.
1. 특정소방대상물의 구조·설비가 화재연소 확대 요인이 적어지거나 피난 또는 화재진압 활동이 쉬워지도록 변경되는 경우
2. 용도변경으로 인하여 천장·바닥·벽 등에 고정되어 있는 가연성 물질의 양이 줄어드는 경우

제18조 (화재위험작업 및 임시소방시설 등) 기술사 130회·131회

① 법 제15조제1항에서 "인화성 물품을 취급하는 작업 등 대통령령으로 정하는 작업"이란 다음 각 호의 어느 하나에 해당하는 작업을 말한다.
  1. 인화성·가연성·폭발성 물질을 취급하거나 가연성 가스를 발생시키는 작업
  2. 용접·용단(금속·유리·플라스틱 따위를 녹여서 절단하는 일을 말한다) 등 불꽃을 발생시키거나 화기(火氣)를 취급하는 작업
  3. 전열기구, 가열전선 등 열을 발생시키는 기구를 취급하는 작업
  4. 알루미늄, 마그네슘 등을 취급하여 폭발성 부유분진을 발생시킬 수 있는 작업
  5. 그 밖에 제1호부터 제4호까지와 비슷한 작업으로 소방청장이 정하여 고시하는 작업
② 법 제15조제1항에 따른 임시소방시설의 종류와 임시소방시설을 설치해야 하는 공사의 종류 및 규모는 별표 8 제1호 및 제2호와 같다.
③ 법 제15조제2항에 따른 임시소방시설과 기능 및 성능이 유사한 소방시설은 별표 8 제3호와 같다.

제19조 (내용연수 설정대상 소방용품)

① 법 제17조제1항 후단에 따라 내용연수를 설정해야 하는 소방용품은 분말형태의 소화약제를 사용하는 소화기로 한다.
② 제1항에 따른 소방용품의 내용연수는 10년으로 한다.

제20조 (소방기술심의위원회의 심의사항) 기술사 118회

① 법 제18조제1항(중앙소방기술심의위원회)제6호에서 "대통령령으로 정하는 사항"이란 다음 각 호의 사항을 말한다.
  1. 연면적 10만m^2 이상의 특정소방대상물에 설치된 소방시설의 설계·시공·감리의 하자 유무에 관한 사항
  2. 새로운 소방시설과 소방용품 등의 도입 여부에 관한 사항
  3. 그 밖에 소방기술과 관련하여 소방청장이 소방기술심의위원회의 심의에 부치는 사항
② 법 제18조제2항(지방소방기술심의위원회)제2호에서 "대통령령으로 정하는 사항"이란 다음 각 호의 사항을 말한다.
  1. 연면적 10만m^2 미만의 특정소방대상물에 설치된 소방시설의 설계·시공·감리의 하자 유무에 관한 사항
  2. 소방본부장 또는 소방서장이 「위험물안전관리법」 제2조제1항제6호에 따른 제조소등의 시설기준 또는 화재안전기준의 적용에 관하여 기술검토를 요청하는 사항
  3. 그 밖에 소방기술과 관련하여 특별시장·광역시장·특별자치시장·도지사 또는 특별자치도지사가 소방기술심의위원회의 심의에 부치는 사항

제30조 (방염성능기준 이상의 실내장식물 등을 설치해야 하는 특정소방대상물) 기술사 125회

1. 근린생활시설 중 의원, 치과의원, 한의원, 조산원, 산후조리원, 체력단련장, 공연장 및 종교집회장 〈개정 2024.12.31〉
2. 건축물의 옥내에 있는 다음 각 목의 시설
    가. 문화 및 집회시설
    나. 종교시설
    다. 운동시설(수영장은 제외한다)
3. 의료시설
4. 교육연구시설 중 합숙소
5. 노유자 시설
6. 숙박이 가능한 수련시설
7. 숙박시설
8. 방송통신시설 중 방송국 및 촬영소
9. 다중이용업의 영업소
10. 제1호부터 제9호까지의 시설에 해당하지 않는 것으로서 층수가 11층 이상인 것(아파트 등은 제외한다)

제31조 (방염대상물품 및 방염성능기준) 기술사 71회 · 80회 · 84회 · 86회 · 93회 · 104회 · 118회 · 119회 · 125회

① 방염대상물품
1. 제조 또는 가공 공정에서 방염처리를 한 다음 각 목의 물품
    가. 창문에 설치하는 커튼류(블라인드를 포함한다)
    나. 카펫
    다. 벽지류(두께가 2mm 미만인 종이벽지는 제외한다)
    라. 전시용 합판·목재 또는 섬유판, 무대용 합판·목재 또는 섬유판(합판·목재류의 경우 불가피하게 설치 현장에서 방염처리한 것을 포함한다)
    마. 암막·무대막(영화상영관에 설치하는 스크린과 가상체험 체육시설업에 설치하는 스크린을 포함한다)
    바. 섬유류 또는 합성수지류 등을 원료로 하여 제작된 소파·의자(단란주점영업, 유흥주점영업 및 노래연습장업의 영업장에 설치하는 것으로 한정한다)
2. 건축물 내부의 천장이나 벽에 부착하거나 설치하는 다음 각 목의 것. 다만, 가구류(옷장, 찬장, 식탁, 식탁용 의자, 사무용 책상, 사무용 의자, 계산대, 그 밖에 이와 비슷한 것을 말한다)와 너비 10cm 이하인 반자돌림대 등과 「건축법」 제52조에 따른 내부 마감재료는 제외한다.
    가. 종이류(두께 2mm 이상인 것)·합성수지류 또는 섬유류를 주원료로 한 물품
    나. 합판이나 목재
    다. 공간을 구획하기 위하여 설치하는 간이 칸막이(접이식 등 이동 가능한 벽체나 천장

또는 반자가 실내에 접하는 부분까지 구획하지 않는 벽체를 말한다)
　　라. 흡음(吸音)을 위하여 설치하는 흡음재(흡음용 커튼을 포함한다)
　　마. 방음(防音)을 위하여 설치하는 방음재(방음용 커튼을 포함한다)
② 방염성능기준
　　1. 버너의 불꽃을 제거한 때부터 불꽃을 올리며 연소하는 상태가 그칠 때까지 시간은 20초 이내
　　2. 버너의 불꽃을 제거한 때부터 불꽃을 올리지 않고 연소하는 상태가 그칠 때까지 시간은 30초 이내
　　3. 탄화(炭化)한 면적은 50cm² 이내, 탄화한 길이는 20cm 이내
　　4. 불꽃에 의하여 완전히 녹을 때까지 불꽃의 접촉 횟수는 3회 이상
　　5. 소방청장이 정하여 고시한 방법으로 발연량을 측정하는 경우 최대연기밀도는 400 이하
③ 소방본부장 또는 소방서장은 제1항에 따른 방염대상물품 외에 다음 각 호의 물품은 방염처리된 물품을 사용하도록 권장할 수 있다.
　　1. 다중이용업소, 의료시설, 노유자시설, 숙박시설 또는 장례식장에서 사용하는 침구류·소파 및 의자
　　2. 건축물 내부의 천장 또는 벽에 부착하거나 설치하는 가구류

제32조 (시·도지사가 실시하는 방염성능검사)

(소방청장이 실시하는 방염성능검사가 아닌 시·도지사가 실시하는 방염성능검사 대상) 법 제21조제1항 단서에서 "대통령령으로 정하는 방염대상물품"이란 다음 각 호의 것을 말한다.
　　1. 제31조제1항제1호라목의 전시용 합판·목재 또는 무대용 합판·목재 중 설치 현장에서 방염처리를 하는 합판·목재류
　　2. 제31조제1항제2호에 따른 방염대상물품 중 설치 현장에서 방염처리를 하는 합판·목재류

제33조 (소방시설등의 자체점검 면제 또는 연기)

① 법 제22조제6항 전단에서 "대통령령으로 정하는 사유(자체점검 실시가 곤란한 사유)"란 다음 각 호의 어느 하나에 해당하는 사유를 말한다.
　　1. 「재난 및 안전관리 기본법」 제3조제1호에 해당하는 재난이 발생한 경우
　　2. 경매 등의 사유로 소유권이 변동 중이거나 변동된 경우
　　3. 관계인의 질병, 사고, 장기출장의 경우
　　4. 그 밖에 관계인이 운영하는 사업에 부도 또는 도산 등 중대한 위기가 발생하여 자체점검을 실시하기 곤란한 경우
② 법 제22조제1항에 따른 자체점검의 면제 또는 연기를 신청하려는 관계인은 행정안전부령으로 정하는 면제 또는 연기신청서에 면제 또는 연기의 사유 및 기간 등을 적어 소방본부장 또는 소방서장에게 제출해야 한다. 이 경우 제1항제1호에 해당하는 경우에만 면제를 신

청할 수 있다.

제34조 (소방시설등의 자체점검 결과의 조치 등)

법 제23조제1항에서 "소화펌프 고장 등 대통령령으로 정하는 중대위반사항"이란 다음 각 호의 어느 하나에 해당하는 경우를 말한다.
1. 소화펌프(가압송수장치를 포함한다), 동력·감시 제어반 또는 소방시설용 전원(비상전원을 포함한다)의 고장으로 소방시설이 작동되지 않는 경우
2. 화재 수신기의 고장으로 화재경보음이 자동으로 울리지 않거나 화재 수신기와 연동된 소방시설의 작동이 불가능한 경우
3. 소화배관 등이 폐쇄·차단되어 소화수 또는 소화약제가 자동 방출되지 않는 경우
4. 방화문 또는 자동방화셔터가 훼손되거나 철거되어 본래의 기능을 못하는 경우

제36조 (자체점검 결과 공개)

① 소방본부장 또는 소방서장은 법 제24조제2항에 따라 자체점검 결과를 공개하는 경우 30일 이상 법 제48조에 따른 전산시스템 또는 인터넷 홈페이지 등을 통해 공개해야 한다.
② 소방본부장 또는 소방서장은 제1항에 따라 자체점검 결과를 공개하려는 경우 공개기간, 공개내용 및 공개방법을 해당 특정소방대상물의 관계인에게 미리 알려야 한다.
③ 특정소방대상물의 관계인은 제2항에 따라 공개내용 등을 통보받은 날부터 10일 이내에 관할 소방본부장 또는 소방서장에게 이의신청을 할 수 있다.
④ 소방본부장 또는 소방서장은 제3항에 따라 이의신청을 받은 날부터 10일 이내에 심사·결정하여 그 결과를 지체 없이 신청인에게 알려야 한다.
⑤ 자체점검 결과의 공개가 제3자의 법익을 침해하는 경우에는 제3자와 관련된 사실을 제외하고 공개해야 한다.

제46조 (형식승인 대상 소방용품)

법 제37조제1항 본문에서 "대통령령으로 정하는 소방용품"(형식승인 대상)이란 별표 3의 소방용품(같은 표 제1호나목의 자동소화장치 중 상업용 주방자동소화장치는 제외한다)을 말한다.

[별표 1] 소방시설 〈개정 : 2022.11.29〉

1. **소화설비**

    물 또는 그 밖의 소화약제를 사용하여 소화하는 기계·기구 또는 설비로서 다음 각 목의 것

    가. 소화기구
    1) 소화기
    2) 간이소화용구 : 에어로졸식 소화용구, 투척용 소화용구, 소공간용 소화용구(신설 2020.9.15.) 및 소화약제 외의 것을 이용한 간이소화용구
    3) 자동확산소화기

    나. 자동소화장치
    1) 주거용 주방자동소화장치
    2) 상업용 주방자동소화장치
    3) 캐비닛형 자동소화장치
    4) 가스자동소화장치
    5) 분말자동소화장치
    6) 고체에어로졸자동소화장치

    다. 옥내소화전설비(호스릴옥내소화전설비를 포함한다)

    라. 스프링클러설비등
    1) 스프링클러설비
    2) 간이스프링클러설비(캐비닛형 간이스프링클러설비를 포함한다)
    3) 화재조기진압용 스프링클러설비

    마. 물분무등소화설비
    1) 물분무소화설비
    2) 미분무소화설비
    3) 포소화설비
    4) 이산화탄소소화설비
    5) 할론소화설비
    6) 할로겐화합물 및 불활성기체(다른 원소와 화학반응을 일으키기 어려운 기체를 말한다) 소화설비 〈개정 2021.1.5〉
    7) 분말소화설비
    8) 강화액소화설비
    9) 고체에어로졸소화설비 〈신설 2019.8.6〉

    바. 옥외소화전설비

2. **경보설비**

    화재발생 사실을 통보하는 기계·기구 또는 설비로서 다음 각 목의 것

    가. 단독경보형 감지기
    나. 비상경보설비
    1) 비상벨설비
    2) 자동식사이렌설비
    다. 자동화재탐지설비
    라. 시각경보기

마. 화재알림설비 〈신설 2022.11.29〉
바. 비상방송설비
사. 자동화재속보설비
아. 통합감시시설
자. 누전경보기
차. 가스누설경보기

3. **피난구조설비**
   화재가 발생할 경우 피난하기 위하여 사용하는 기구 또는 설비로서 다음 각 목의 것
   가. 피난기구
      1) 피난사다리
      2) 구조대
      3) 완강기
      4) 간이완강기 〈신설 2022.11.29〉
      5) 그 밖에 화재안전기준으로 정하는 것
   나. 인명구조기구
      1) 방열복, 방화복(안전모, 보조장갑 및 안전화를 포함한다) 〈개정 2021.1.5〉
      2) 공기호흡기
      3) 인공소생기
   다. 유도등
      1) 피난유도선
      2) 피난구유도등
      3) 통로유도등
      4) 객석유도등
      5) 유도표시
   라. 비상조명등 및 휴대용비상조명등

4. **소화용수설비**
   화재를 진압하는 데 필요한 물을 공급하거나 저장하는 설비로서 다음 각 목의 것
   가. 상수도소화용수설비
   나. 소화수조·저수조, 그 밖의 소화용수설비

5. **소화활동설비**
   화재를 진압하거나 인명구조활동을 위하여 사용하는 설비로서 다음 각 목의 것
   가. 제연설비
   나. 연결송수관설비
   다. 연결살수설비
   라. 비상콘센트설비
   마. 무선통신보조설비
   바. 연소방지설비

[별표 2] 특정소방대상물 〈개정 2024.12.31〉

> 아래의 특정소방대상물 중 1번~26번은 시험에 출제될 확률은 낮으나 소방 실무자를 위한 것이며, 시험 준비를 위한 것이라면 27번~30번 부분만 공부하여도 되겠습니다.

1. 공동주택

가. 아파트등 : 주택으로 쓰는 층수가 5층 이상인 주택

나. 연립주택 : 주택으로 쓰는 1개 동의 바닥면적(2개 이상의 동을 지하주차장으로 연결하는 경우 각각의 동으로 본다) 합계가 660m²를 초과하고, 층수가 4개 층 이하인 주택 〈신설 2022.11.29〉

다. 다세대주택 : 주택으로 쓰는 1개 동의 바닥면적(2개 이상의 동을 지하주차장으로 연결하는 경우 각각의 동으로 본다) 합계가 660m² 이하이고, 층수가 4개 층 이하인 주택 〈신설 2022.11.29〉

라. 기숙사 : 학교 또는 공장 등의 학생 또는 종업원 등을 위하여 쓰는 것으로서 1개 동의 공동취사시설 이용 세대 수가 전체의 50% 이상인 것(「교육기본법」 제27조제2항에 따른 학생복지주택 및 「공공주택 특별법」 제2조제1호의3에 따른 공공매입임대주택 중 독립된 주거의 형태를 갖추지 않은 것을 포함한다) 〈개정 2022.11.29〉

2. 근린생활시설

가. 슈퍼마켓과 일용품(식품, 잡화, 의류, 완구, 서적, 건축자재, 의약품, 의료기기 등) 등의 소매점으로서 같은 건축물(하나의 대지에 두 동 이상의 건축물이 있는 경우에는 이를 같은 건축물로 본다. 이하 같다)에 해당 용도로 쓰는 바닥면적의 합계가 1천m² 미만인 것

나. 휴게음식점, 제과점, 일반음식점, 기원(棋院), 노래연습장 및 단란주점(단란주점은 같은 건축물에 해당 용도로 쓰는 바닥면적의 합계가 150m² 미만인 것만 해당한다)

다. 이용원, 미용원, 목욕장 및 세탁소(공장에 부설된 것과 「대기환경보전법」, 「물환경보전법」 또는 「소음·진동관리법」에 따른 배출시설의 설치허가 또는 신고의 대상인 것은 제외한다)

라. 의원, 치과의원, 한의원, 침술원, 접골원(接骨院), 조산원, 산후조리원 및 안마원(「의료법」 제82조제4항에 따른 안마시술소를 포함한다)

마. 탁구장, 테니스장, 체육도장, 체력단련장, 에어로빅장, 볼링장, 당구장, 실내낚시터, 골프연습장, 물놀이형 시설(「관광진흥법」 제33조에 따른 안전성검사의 대상이 되는 물놀이형 시설을 말한다. 이하 같다), 그 밖에 이와 비슷한 것으로서 같은 건축물에 해당 용도로 쓰는 바닥면적의 합계가 500m² 미만인 것

바. 공연장(극장, 영화상영관, 연예장, 음악당, 서커스장, 「영화 및 비디오물의 진흥에 관한 법률」 제2조제16호가목에 따른 비디오물감상실업의 시설, 같은 호 나목에 따

른 비디오물소극장업의 시설, 그 밖에 이와 비슷한 것을 말한다. 이하 같다) 또는 종교집회장[교회, 성당, 사찰, 기도원, 수도원, 수녀원, 제실(祭室), 사당, 그 밖에 이와 비슷한 것을 말한다.]으로서 같은 건축물에 해당 용도로 쓰는 바닥면적의 합계가 300m² 미만인 것

사. 금융업소, 사무소, 부동산중개사무소, 결혼상담소 등 소개업소, 출판사, 서점, 그 밖에 이와 비슷한 것으로서 같은 건축물에 해당 용도로 쓰는 바닥면적의 합계가 500m² 미만인 것

아. 제조업소, 수리점, 그 밖에 이와 비슷한 것으로서 같은 건축물에 해당 용도로 쓰는 바닥면적의 합계가 500m² 미만인 것(「대기환경보전법」, 「물환경보전법」 또는 「소음·진동관리법」에 따른 배출시설의 설치허가 또는 신고의 대상인 것은 제외한다)

자. 「게임산업진흥에 관한 법률」 제2조제6호의2에 따른 청소년게임제공업 및 일반게임제공업의 시설, 같은 조 제7호에 따른 인터넷컴퓨터게임시설제공업의 시설 및 같은 조 제8호에 따른 복합유통게임제공업의 시설로서 같은 건축물에 해당 용도로 쓰는 바닥면적의 합계가 500m² 미만인 것

차. 사진관, 표구점, 학원(같은 건축물에 해당 용도로 쓰는 바닥면적의 합계가 500m² 미만인 것만 해당하며, 자동차학원 및 무도학원은 제외한다), 독서실, 고시원(「다중이용업소의 안전관리에 관한 특별법」에 따른 다중이용업 중 고시원업의 시설로서 독립된 주거의 형태를 갖추지 않은 것으로서 같은 건축물에 해당 용도로 쓰는 바닥면적의 합계가 500m² 미만인 것을 말한다), 장의사, 동물병원, 총포판매사, 그 밖에 이와 비슷한 것

카. 의약품 판매소, 의료기기 판매소 및 자동차영업소로서 같은 건축물에 해당 용도로 쓰는 바닥면적의 합계가 1천m² 미만인 것

3. 문화 및 집회시설
   가. 공연장으로서 근린생활시설에 해당하지 않는 것
   나. 집회장 : 예식장, 공회당, 회의장, 마권(馬券) 장외 발매소, 마권 전화투표소, 그 밖에 이와 비슷한 것으로서 근린생활시설에 해당하지 않는 것
   다. 관람장 : 경마장, 경륜장, 경정장, 자동차 경기장, 그 밖에 이와 비슷한 것과 체육관 및 운동장으로서 관람석의 바닥면적의 합계가 1천m² 이상인 것
   라. 전시장 : 박물관, 미술관, 과학관, 문화관, 체험관, 기념관, 산업전시장, 박람회장, 견본주택, 그 밖에 이와 비슷한 것
   마. 동·식물원 : 동물원, 식물원, 수족관, 그 밖에 이와 비슷한 것

4. 종교시설
   가. 종교집회장으로서 근린생활시설에 해당하지 않는 것
   나. 가목의 종교집회장에 설치하는 봉안당(奉安堂)

5. 판매시설
    가. 도매시장 : 「농수산물 유통 및 가격안정에 관한 법률」 제2조제2호에 따른 농수산물 도매시장, 같은 조 제5호에 따른 농수산물공판장, 그 밖에 이와 비슷한 것(그 안에 있는 근린생활시설을 포함한다)
    나. 소매시장 : 시장, 「유통산업발전법」 제2조제3호에 따른 대규모점포, 그 밖에 이와 비슷한 것(그 안에 있는 근린생활시설을 포함한다)
    다. 전통시장 : 「전통시장 및 상점가 육성을 위한 특별법」 제2조제1호에 따른 전통시장(그 안에 있는 근린생활시설을 포함하며, 노점형시장은 제외한다)
    라. 상점 : 다음의 어느 하나에 해당하는 것(그 안에 있는 근린생활시설을 포함한다)
        1) 제2호가목에 해당하는 용도로서 같은 건축물에 해당 용도로 쓰는 바닥면적 합계가 1천m^2 이상인 것
        2) 제2호자목에 해당하는 용도로서 같은 건축물에 해당 용도로 쓰는 바닥면적 합계가 500m^2 이상인 것

6. 운수시설
    가. 여객자동차터미널
    나. 철도 및 도시철도 시설[정비창(整備廠) 등 관련 시설을 포함한다]
    다. 공항시설(항공관제탑을 포함한다)
    라. 항만시설 및 종합여객시설

7. 의료시설
    가. 병원: 종합병원, 병원, 치과병원, 한방병원, 요양병원
    나. 격리병원: 전염병원, 마약진료소, 그 밖에 이와 비슷한 것
    다. 정신의료기관
    라. 「장애인복지법」 제58조제1항제4호에 따른 장애인 의료재활시설

8. 교육연구시설
    가. 학교
        1) 초등학교, 중학교, 고등학교, 특수학교, 그 밖에 이에 준하는 학교 : 「학교시설사업 촉진법」 제2조제1호나목의 교사(校舍)(교실·도서실 등 교수·학습활동에 직접 또는 간접적으로 필요한 시설물을 말하되, 병설유치원으로 사용되는 부분은 제외한다. 이하 같다), 체육관, 「학교급식법」 제6조에 따른 급식시설, 합숙소(학교의 운동부, 기능선수 등이 집단으로 숙식하는 장소를 말한다. 이하 같다)
        2) 대학, 대학교, 그 밖에 이에 준하는 각종 학교: 교사 및 합숙소
    나. 교육원(연수원, 그 밖에 이와 비슷한 것을 포함한다)
    다. 직업훈련소
    라. 학원(근린생활시설에 해당하는 것과 자동차운전학원·정비학원 및 무도학원은 제

마. 연구소(연구소에 준하는 시험소와 계량계측소를 포함한다)
바. 도서관

9. 노유자 시설
   가. 노인 관련 시설 : 「노인복지법」에 따른 노인주거복지시설, 노인의료복지시설, 노인여가복지시설, 주·야간보호서비스나 단기보호서비스를 제공하는 재가노인복지시설(「노인장기요양보험법」에 따른 장기요양기관을 포함한다), 노인보호전문기관, 노인일자리지원기관, 학대피해노인 전용쉼터, 그 밖에 이와 비슷한 것
   나. 아동 관련 시설 : 「아동복지법」에 따른 아동복지시설, 「영유아보육법」에 따른 어린이집, 「유아교육법」에 따른 유치원[제8호가목1)에 따른 학교의 교사 중 병설유치원으로 사용되는 부분을 포함한다], 그 밖에 이와 비슷한 것
   다. 장애인 관련 시설 : 「장애인복지법」에 따른 장애인 거주시설, 장애인 지역사회재활시설(장애인 심부름센터, 한국수어통역센터, 점자도서 및 녹음서 출판시설 등 장애인이 직접 그 시설 자체를 이용하는 것을 주된 목적으로 하지 않는 시설은 제외한다), 장애인 직업재활시설, 그 밖에 이와 비슷한 것
   라. 정신질환자 관련 시설 : 「정신건강증진 및 정신질환자 복지서비스 지원에 관한 법률」에 따른 정신재활시설(생산품판매시설은 제외한다), 정신요양시설, 그 밖에 이와 비슷한 것
   마. 노숙인 관련 시설 : 「노숙인 등의 복지 및 자립지원에 관한 법률」 제2조제2호에 따른 노숙인복지시설(노숙인일시보호시설, 노숙인자활시설, 노숙인재활시설, 노숙인요양시설 및 쪽방상담소만 해당한다), 노숙인종합지원센터 및 그 밖에 이와 비슷한 것
   바. 가목부터 마목까지에서 규정한 것 외에 「사회복지사업법」에 따른 사회복지시설 중 결핵환자 또는 한센인 요양시설 등 다른 용도로 분류되지 않는 것

10. 수련시설
    가. 생활권 수련시설 : 「청소년활동 진흥법」에 따른 청소년수련관, 청소년문화의집, 청소년특화시설, 그 밖에 이와 비슷한 것
    나. 자연권 수련시설 : 「청소년활동 진흥법」에 따른 청소년수련원, 청소년야영장, 그 밖에 이와 비슷한 것
    다. 「청소년활동 진흥법」에 따른 유스호스텔

11. 운동시설
    가. 탁구장, 체육도장, 테니스장, 체력단련장, 에어로빅장, 볼링장, 당구장, 실내낚시터, 골프연습장, 물놀이형 시설, 그 밖에 이와 비슷한 것으로서 근린생활시설에 해당하지 않는 것
    나. 체육관으로서 관람석이 없거나 관람석의 바닥면적이 1천m^2 미만인 것

다. 운동장 : 육상장, 구기장, 볼링장, 수영장, 스케이트장, 롤러스케이트장, 승마장, 사격장, 궁도장, 골프장 등과 이에 딸린 건축물로서 관람석이 없거나 관람석의 바닥면적이 1천m² 미만인 것

12. **업무시설**
    가. 공공업무시설 : 국가 또는 지방자치단체의 청사와 외국공관의 건축물로서 근린생활시설에 해당하지 않는 것
    나. 일반업무시설 : 금융업소, 사무소, 신문사, 오피스텔[업무를 주로 하며, 분양하거나 임대하는 구획 중 일부의 구획에서 숙식을 할 수 있도록 한 건축물로서 「건축법 시행령」 별표 1 제14호나목2)에 따라 국토교통부장관이 고시하는 기준에 적합한 것을 말한다], 그 밖에 이와 비슷한 것으로서 근린생활시설에 해당하지 않는 것
    다. 주민자치센터(동사무소), 경찰서, 지구대, 파출소, 소방서, 119안전센터, 우체국, 보건소, 공공도서관, 국민건강보험공단, 그 밖에 이와 비슷한 용도로 사용하는 것
    라. 마을회관, 마을공동작업소, 마을공동구판장, 그 밖에 이와 유사한 용도로 사용되는 것
    마. 변전소, 양수장, 정수장, 대피소, 공중화장실, 그 밖에 이와 유사한 용도로 사용되는 것

13. **숙박시설**
    가. 일반형 숙박시설 : 「공중위생관리법 시행령」 제4조제1호에 따른 숙박업의 시설
    나. 생활형 숙박시설 : 「공중위생관리법 시행령」 제4조제2호에 따른 숙박업의 시설
    다. 고시원(근린생활시설에 해당하지 않는 것을 말한다)
    라. 그 밖에 가목부터 다목까지의 시설과 비슷한 것

14. **위락시설**
    가. 단란주점으로서 근린생활시설에 해당하지 않는 것
    나. 유흥주점, 그 밖에 이와 비슷한 것
    다. 「관광진흥법」에 따른 유원시설업(遊園施設業)의 시설, 그 밖에 이와 비슷한 시설(근린생활시설에 해당하는 것은 제외한다)
    라. 무도장 및 무도학원
    마. 카지노영업소

15. **공장**
    물품의 제조·가공[세탁·염색·도장(塗裝)·표백·재봉·건조·인쇄 등을 포함한다] 또는 수리에 계속적으로 이용되는 건축물로서 근린생활시설, 위험물 저장 및 처리 시설, 항공기 및 자동차 관련 시설, 자원순환 관련 시설, 묘지 관련 시설 등으로 따로 분류되지 않는 것

16. **창고시설**(위험물 저장 및 처리 시설 또는 그 부속용도에 해당하는 것은 제외한다)
    가. 창고(물품저장시설로서 냉장·냉동 창고를 포함한다)
    나. 하역장

다. 「물류시설의 개발 및 운영에 관한 법률」에 따른 물류터미널
라. 「유통산업발전법」 제2조제15호에 따른 집배송시설

17. **위험물 저장 및 처리 시설**
    가. 제조소등
    나. 가스시설 : 산소 또는 가연성 가스를 제조·저장 또는 취급하는 시설 중 지상에 노출된 산소 또는 가연성 가스 탱크의 저장용량의 합계가 100톤 이상이거나 저장용량이 30톤 이상인 탱크가 있는 가스시설로서 다음의 어느 하나에 해당하는 것
    1) 가스 제조시설
        가) 「고압가스 안전관리법」 제4조제1항에 따른 고압가스의 제조허가를 받아야 하는 시설
        나) 「도시가스사업법」 제3조에 따른 도시가스사업허가를 받아야 하는 시설
    2) 가스 저장시설
        가) 「고압가스 안전관리법」 제4조제5항에 따른 고압가스 저장소의 설치허가를 받아야 하는 시설
        나) 「액화석유가스의 안전관리 및 사업법」 제8조제1항에 따른 액화석유가스 저장소의 설치 허가를 받아야 하는 시설
    3) 가스 취급시설
        「액화석유가스의 안전관리 및 사업법」 제5조에 따른 액화석유가스 충전사업 또는 액화석유가스 집단공급사업의 허가를 받아야 하는 시설

18. **항공기 및 자동차 관련 시설**(건설기계 관련 시설을 포함한다)
    가. 항공기 격납고
    나. 차고, 주차용 건축물, 철골 조립식 주차시설(바닥면이 조립식이 아닌 것을 포함한다) 및 기계장치에 의한 주차시설
    다. 세차장
    라. 폐차장
    마. 자동차 검사장
    바. 자동차 매매장
    사. 자동차 정비공장
    아. 운전학원·정비학원
    자. 다음의 건축물을 제외한 건축물의 내부(「건축법 시행령」 제119조제1항제3호다목에 따른 필로티와 건축물의 지하를 포함한다)에 설치된 주차장
        1) 「건축법 시행령」 별표 1 제1호에 따른 단독주택
        2) 「건축법 시행령」 별표 1 제2호에 따른 공동주택 중 50세대 미만인 연립주택 또는 50세대 미만인 다세대주택
    차. 「여객자동차 운수사업법」, 「화물자동차 운수사업법」 및 「건설기계관리법」에 따른

차고 및 주기장(駐機場)

19. 동물 및 식물 관련 시설
    가. 축사[부화장(孵化場)을 포함한다]
    나. 가축시설 : 가축용 운동시설, 인공수정센터, 관리사(管理舍), 가축용 창고, 가축시장, 동물검역소, 실험동물 사육시설, 그 밖에 이와 비슷한 것
    다. 도축장
    라. 도계장
    마. 작물 재배사(栽培舍)
    바. 종묘배양시설
    사. 화초 및 분재 등의 온실
    아. 식물과 관련된 마목부터 사목까지의 시설과 비슷한 것(동·식물원은 제외한다)

20. 자원순환 관련 시설
    가. 하수 등 처리시설
    나. 고물상
    다. 폐기물재활용시설
    라. 폐기물처분시설
    마. 폐기물감량화시설

21. 교정 및 군사시설
    가. 보호감호소, 교도소, 구치소 및 그 지소
    나. 보호관찰소, 갱생보호시설, 그 밖에 범죄자의 갱생·보호·교육·보건 등의 용도로 쓰는 시설
    다. 치료감호시설
    라. 소년원 및 소년분류심사원
    마. 「출입국관리법」제52조제2항에 따른 보호시설
    바. 「경찰관 직무집행법」제9조에 따른 유치장
    사. 국방·군사시설(「국방·군사시설 사업에 관한 법률」제2조제1호가목부터 마목까지의 시설을 말한다)

22. 방송통신시설
    가. 방송국(방송프로그램 제작시설 및 송신·수신·중계시설을 포함한다)
    나. 전신전화국
    다. 촬영소
    라. 통신용 시설
    마. 데이터센터 〈신설 2024.12.31〉
    바. 그 밖에 가목부터 라목까지의 시설과 비슷한 것

23. 발전시설
    가. 원자력발전소
    나. 화력발전소
    다. 수력발전소(조력발전소를 포함한다)
    라. 풍력발전소
    마. 전기저장시설(20[kWh]를 초과하는 리튬·나트륨·레독스플로우 계열의 2차 전지를 이용한 전기저장장치 또는 무정전전원공급장치(UPS)의 시설을 말한다. 이하 같다)〈개정 2024.12.31〉
    바. 그 밖에 가목부터 마목까지의 시설과 비슷한 것(집단에너지 공급시설을 포함한다)

24. 묘지관련시설
    가. 화장시설
    나. 봉안당(제4호나목의 봉안당은 제외한다)
    다. 묘지와 자연장지에 부수되는 건축물
    라. 동물화장시설, 동물건조장(乾燥葬)시설 및 동물 전용의 납골시설

25. 관광휴게시설
    가. 야외음악당
    나. 야외극장
    다. 어린이회관
    라. 관망탑
    마. 휴게소
    바. 공원·유원지 또는 관광지에 부수되는 건축물

26. 장례시설
    가. 장례식장[의료시설의 부수시설(「의료법」 제36조제1호에 따른 의료기관의 종류에 따른 시설을 말한다)은 제외한다]
    나. 동물 전용의 장례식장

27. **지하상가** 〈개정 2024.12.31〉
    지하의 인공구조물 안에 설치되어 있는 상점, 사무실, 그 밖에 이와 비슷한 시설이 연속하여 지하도에 면하여 설치된 것과 그 지하도를 합한 것

27의2. **터널** 〈개정 2024.12.31〉
    가. 차량(궤도차량은 제외한다) 등의 통행을 목적으로 지하, 수저 또는 산을 뚫어서 만든 것
    나. 「도로법」 제50조제2항에 따른 방음터널 〈신설 2024.12.31〉

28. **지하구** 기술사 117회
    가. 전력·통신용의 전선이나 가스·냉난방용의 배관 또는 이와 비슷한 것을 집합수용하기 위하여 설치한 지하 인공구조물로서 사람이 점검 또는 보수를 하기 위하여 출입이 가능한 것 중 다음의 어느 하나에 해당하는 것 〈개정 2020.12.10〉
        1) 전력 또는 통신사업용 지하 인공구조물로서 전력구(케이블 접속부가 없는 경우는 제외한다) 또는 통신구 방식으로 설치된 것
        2) 1) 외의 지하 인공구조물로서 폭이 1.8m 이상이고 높이가 2m 이상이며 길이가 50m 이상인 것
    나. 「국토의 계획 및 이용에 관한 법률」 제2조제9호에 따른 공동구

29. **국가유산**
    가. 「문화유산의 보존 및 활용에 관한 법률」에 따른 지정문화유산 중 건축물
    나. 「자연유산의 보존 및 활용에 관한 법률」에 따른 천연기념물등 중 건축물

30. **복합건축물** 기술사 84회
    가. 하나의 건축물이 제1호부터 제27호까지의 것 중 둘 이상의 용도로 사용되는 것. 다만, 다음의 어느 하나에 해당하는 경우에는 복합건축물로 보지 않는다.
        1) 관계 법령에서 주된 용도의 부수시설로서 그 설치를 의무화하고 있는 용도 또는 시설
        2) 「주택법」 제35조제1항제3호 및 제4호에 따라 주택 안에 부대시설 또는 복리시설이 설치되는 특정소방대상물
        3) 건축물의 주된 용도의 기능에 필수적인 용도로서 다음의 어느 하나에 해당하는 용도
            가) 건축물의 설비(제23호마목의 전기저장시설을 포함한다), 대피 또는 위생을 위한 용도, 그 밖에 이와 비슷한 용도
            나) 사무, 작업, 집회, 물품저장 또는 주차를 위한 용도, 그 밖에 이와 비슷한 용도
            다) 구내식당, 구내세탁소, 구내운동시설 등 종업원후생복리시설(기숙사는 제외한다) 또는 구내소각시설의 용도, 그 밖에 이와 비슷한 용도
    나. 하나의 건축물이 근린생활시설, 판매시설, 업무시설, 숙박시설 또는 위락시설의 용도와 주택의 용도로 함께 사용되는 것

[비고]
1. 내화구조로 된 하나의 특정소방대상물이 개구부 및 연소 확대 우려가 없는 내화구조의 바닥과 벽으로 구획되어 있는 경우에는 그 구획된 부분을 각각 별개의 특정소방대상물로 본다. 다만, 제9조에 따라 성능위주설계를 해야 하는 범위를 정할 때에는 하나의 특정소방대상물로 본다.

2. 둘 이상의 특정소방대상물이 다음 각 목의 어느 하나에 해당되는 구조의 복도 또는 통로로 연결된 경우에는 이를 [하나의 특정소방대상물]로 본다. `기술사 78회·101회`
   가. 내화구조로 된 연결통로가 다음의 어느 하나에 해당되는 경우
      1) 벽이 없는 구조로서 그 길이가 6m 이하인 경우
      2) 벽이 있는 구조로서 그 길이가 10m 이하인 경우. 다만, 벽 높이가 바닥에서 천장까지의 높이의 2분의 1 이상인 경우에는 벽이 있는 구조로 보고, 벽 높이가 바닥에서 천장까지의 높이의 2분의 1 미만인 경우에는 벽이 없는 구조로 본다.
   나. 내화구조가 아닌 연결통로로 연결된 경우
   다. 컨베이어로 연결되거나 플랜트설비의 배관 등으로 연결되어 있는 경우
   라. 지하보도, 지하상가, 터널로 연결된 경우 〈개정 2024.12.31〉
   마. 자동방화셔터 또는 60분+ 방화문이 설치되지 않은 피트(전기설비 또는 배관설비 등이 설치되는 공간을 말한다)로 연결된 경우
   바. 지하구로 연결된 경우
3. 제2호에도 불구하고 **연결통로 또는 지하구와 특정소방대상물의 양쪽에 다음 각 목의 어느 하나에 해당하는 시설이 적합하게 설치된 경우에는 각각 [별개의 특정소방대상물]로 본다.**
   가. 화재 시 경보설비 또는 자동소화설비의 작동과 연동하여 자동으로 닫히는 자동방화셔터 또는 60분+ 방화문이 설치된 경우
   나. 화재 시 자동으로 방수되는 방식의 드렌처설비 또는 개방형 스프링클러헤드가 설치된 경우
4. 위 제1호부터 제30호까지의 특성소방대상물의 지하층이 지하상가와 연결되어 있는 경우 해당 지하층의 부분을 지하상가로 본다. 다만, 다음 지하상가와 연결되는 지하층에 지하층 또는 지하상가에 설치된 자동방화셔터 또는 60분+ 방화문이 화재 시 경보설비 또는 자동소화설비의 작동과 연동하여 자동으로 닫히는 구조이거나 그 윗부분에 드렌처설비가 설치된 경우에는 지하상가로 보지 않는다. 〈개정 2024.12.31〉

[별표 3] 소방용품 〈개정 2022.11.29〉

1. **소화설비를 구성하는 제품 또는 기기**
   가. 별표 1 제1호 가목의 소화기구(소화약제 외의 것을 이용한 간이소화용구는 제외)
   나. 별표 1 제1호 나목의 자동소화장치
   다. 소화설비를 구성하는 소화전, 관창(菅槍), 소방호스, 스프링클러헤드, 기동용 수압개폐장치, 유수제어밸브 및 가스관선택밸브

2. **경보설비를 구성하는 제품 또는 기기**
   가. 누전경보기 및 가스누설경보기
   나. 경보설비를 구성하는 발신기, 수신기, 중계기, 감지기 및 음향장치(경종만 해당)

3. **피난구조설비를 구성하는 제품 또는 기기**
   가. 피난사다리, 구조대, 완강기(지지대 포함), 간이완강기(지지대 포함) 〈개정 2022.11.29〉
   나. 공기호흡기(충전기 포함)
   다. 피난구유도등, 통로유도등, 객석유도등 및 예비전원이 내장된 비상조명등

4. **소화용으로 사용하는 제품 또는 기기**
   가. 소화약제[별표 1 제1호 나목 2) 및 3)의 자동소화장치와 같은 호 마목 3)부터 8)까지의 소화설비용만 해당한다]
   나. 방염제(방염액·방염도료 및 방염성물질)

5. **그 밖에 행정안전부령으로 정하는 소방관련 제품 또는 기기**

※ 위에서 제1호~제4호의 소방용품(단, 상업용 주방자동소화장치는 제외)은 소방법령에 의한 형식승인대상 품목이다.

[별표 4] 특정소방대상물에 설치·관리해야 하는 소방시설의 종류

〈개정 2024. 12. 31〉

1. 소화기구

종류	설치대상
1. 수동식소화기 또는 간이소화용구	① 연면적 33㎡ 이상 ② ①항에 해당하지 않는 시설로서 가스시설, 발전시설 중 전기저장시설, 지정문화재 ③ 터널　　　　　　　④ 지하구 〈신설 2020.12.10〉
2. 투척용소화기	노유자시설 : (화재안전기준에 따라 산정된 소화기 수량의 1/2 이상으로 설치할 수 있다)

2. 자동소화장치 관리사 20회

종류	설치대상
1. 주거용 주방자동소화장치	아파트등 및 오피스텔의 모든 층
2. **상업용 주방자동소화장치** 〈신설 2022.11.19〉	판매시설 중 대규모점포에 입점해 있는 일반음식점
	「식품위생법」 제2조제12호에 따른 집단급식소
3. 그 밖의 자동소화장치	화재안전기준에서 정하는 장소

3. 옥내소화전설비 관리사 20회

설치대상		적용기준	
1. 건축물 용도별	① (모든) 특정소방대상물 (가스시설, 지하구, 무인변전소는 제외)	연면적	3,000㎡ 이상인 것 (터널은 제외)
		• 지하층·무창층 또는 • 4층 이상인 층	바닥면적 600㎡ 이상의 층이 있으면 모든 층
	② ①항에 해당되지 않는 근린생활·판매·운수·의료·노유자·업무·숙박·위락·창고·자동차·군사·방송통신·발전·장례시설 및 공장, 복합건축물	연면적	1,500㎡ 이상인 것
		• 지하층·무창층 또는 • 4층 이상인 층	바닥면적 300㎡ 이상의 층이 있으면 모든 층
2. 건축물 옥상의 차고·주차장		차고·주차 용도의 면적	200㎡ 이상
3. 위에 해당되지 않는 공장·창고시설		특수가연물 저장·취급	지정수량의 750배 이상
4. **터널** 〈개정 2024.12.31〉		길이	1,000m 이상
		예상교통량, 경사도 등 터널의 특성을 고려하여 행정안전부령으로 정하는 터널	

4. 스프링클러설비 관리사 20회

설치대상	적용기준
1. 층수 6층 이상인 특정소방대상물	• (면적에 관계없이 적용)
2. 기숙사 또는 복합건축물	• 연면적 5,000㎡ 이상
3. 문화 및 집회시설(동·식물원은 제외), 종교시설(주요구조부가 목조인 것은 제외), 운동시설(물놀이형 시설은 제외) 관리사 15회·19회	• 수용인원 : 100명 이상 • 영화상영관 : 지하층·무창층인 경우 바닥면적 500㎡ 이상, 그 밖의 층의 경우 바닥면적 1,000㎡ 이상 • 무대부 : 지하층·무창층 또는 4층 이상의 층에 있는 경우에는 무대부 면적 300㎡ 이상, 그 밖의 층에 있는 경우 무대부 면적 500㎡ 이상
4. 판매시설, 운수시설, 창고시설 중 물류터미널	• 수용인원 : 500명 이상 • 바닥면적 합계 5,000㎡ 이상
5. 조산원, 산후조리원, 정신의료기관, 종합병원, 병원, 치과병원, 한방병원, 요양병원, 노유자시설, 숙박이 가능한 수련시설, **숙박시설** <신설 2022.11.29>	• 해당 용도의 바닥면적 합계 600㎡ 이상
6. 창고시설(물류터미널은 제외)	• 바닥면적 합계 5,000㎡ 이상
7. 지하층·무창층 또는 층수가 4층 이상인 층	• 바닥면적 1,000㎡ 이상인 층 : (해당 층만 설치)
8. 랙식 창고	• 천장 또는 반자의 높이 10m 초과하고, 랙이 설치된 층의 바닥면적 합계 1,500㎡ 이상 : (모든 층 설치)
9. 공장 또는 창고시설	• 지정수량 1,000배 이상의 특수가연물을 저장·취급하는 시설 • 중·저준위방사성폐기물의 저장시설 중 소화수를 수집·처리하는 설비가 있는 저장시설
10. 교정 및 군사시설	• 보호감호소, 교도소, 구치소 및 그 지소, 보호관찰소, 갱생보호시설, 치료감호시설, 소년원 및 소년분류심사원의 수용거실 • 「출입국관리법」 제52조제2항에 따른 보호시설 • 「경찰관 직무집행법」 제9조에 따른 유치장
11. <u>지하상가</u> <개정 2024.12.31>	• 연면적 1,000㎡ 이상
12. 발전시설 중 전기저장시설	<신설 2021.8.24>
13. 보일러실, 연결통로	• 위 1.~12.까지의 특정소방대상물에 부속된 보일러실 또는 연결통로 등

5. 간이스프링클러설비 [기술사 80회] [관리사 20회]

설치대상	적용기준
1. **공동주택 중 연립주택 및 다세대주택**	• 화재안전기준에 따른 주택전용 간이스프링클러설비 설치 <신설 2022.11.29>
2. 근린생활시설	• 근린생활시설 바닥면적 합계 1,000m² 이상 • 의원, 치과의원 및 한의원으로서 입원실 또는 인공신장실이 있는 시설 <개정 2024.12.31> • 조산원 및 산후조리원으로서 연면적 600m² 미만인 시설
3. 의료시설	• 종합병원, 병원, 치과병원, 한방병원, 요양병원(의료재활시설은 제외) : 바닥면적 합계 600m² 미만인 시설 • 정신의료기관 또는 의료재활시설 : 바닥면적 합계 300m² 이상 600m² 미만인 시설 또는 바닥면적 합계 300m² 미만이고 창살이 설치된 시설
4. 교육연구시설 내의 합숙소	• 연면적 100m² 이상
5. 노유자시설	① 노유자생활시설 ② ①에 해당하지 않고 바닥면적 300m² 이상 600m² 미만 ③ ①에 해당하지 않고 바닥면적 300m² 미만이고 창살 설치
6. 숙박시설	• 해당 용도의 바닥면적 합계 300m² 이상 600m² 미만인 것
7. 출입국관리법상 보호시설	• 건물을 임차하여 보호시설로 사용하는 부분
8. 주상 복합건축물	• 연면적 1,000m² 이상인 것
※ 「다중이용업소의 안전관리에 관한 특별법」상의 다중이용업소 [관리사 20회]	① 지하층에 설치된 영업장 ② 숙박을 제공하는 형태의 산후조리업·고시원업의 영업장 ③ 밀폐구조의 영업장·실내 권총사격장의 영업장

6. 물분무등소화설비 [기술사 93회·95회]

설치대상	적용기준
1. 항공기 격납고	(면적에 관계없이 적용)
2. 차고, 주차용 건축물 또는 철골조립식 주차시설	연면적 800m² 이상
3. 건축물 내부에 설치된 차고·주차장으로서 차고 또는 주차의 용도로 사용되는 부분	차고 또는 주차의 용도로 사용되는 면적의 합계 200m² 이상
4. 기계장치에 의한 주차시설	20대 이상
5. 전기실, 발전실, 변전실, 축전지실, 통신기기실, 전산실	바닥면적 300m² 이상
6. 중·저준위방사성폐기물의 저장시설 : (가스계소화설비에 한하여 설치)	소화수를 수집·처리하는 설비가 설치되어 있지 아니한 저장시설
7. 터널 : (물분무소화설비에 한하여 적용)	예상교통량, 경사도 등 터널의 특성을 고려하여 행정안전부령으로 정함
8. 국가유산 : 지정문화유산 또는 천연기념물등으로서 소방청장이 국가유산청장과 협의하여 정하는 것 <개정 2024.5.7>	

7. 옥외소화전설비

설치대상	적용기준	비고
1. (모든)특정소방대상물 (아파트등, 가스시설, 지하구, 터널은 제외)	지상 1·2층의 바닥면적 합계 9,000㎡ 이상	같은 구(區) 내에 둘 이상의 특정소방대상물이 행정안전부령이 정하는 연소의 우려가 있는 구조인 경우에는 이를 하나의 특정소방대상물로 본다.
2. 목조건축물	「문화유산보존법」 제23조에 따라 보물 또는 국보로 지정된 것	
3. 공장 또는 창고	지정수량 750배 이상의 특수가연물을 저장·취급하는 장소	

8. 자동화재탐지설비 관리사 20회·24회

설치대상	적용기준
1. **공동주택 중 아파트등·기숙사, 숙박시설** <신설 2022.11.29>	(면적에 관계없이 적용)
2. **층수 6층 이상인 특정소방대상물** <신설 2022.11.29>	(면적에 관계없이 적용)
3. 근린생활(목욕장 제외)·의료·위락·장례시설 및 복합건축물	연면적 600㎡ 이상
4. 근린생활시설 중 목욕장, 문화 및 집회·종교·판매·운수·운동·업무·창고·위험물 저장 및 처리·항공기 및 자동차관련·방송통신·발전·관광휴게시설 및 공장, 터널	연면적 1,000㎡ 이상
5. 교육연구시설(기숙사 및 합숙소 포함), 수련시설(기숙사 및 합숙소를 포함하고 숙박시설이 있는 수련시설은 제외), 동물 및 식물 관련시설, 자연순환관련시설, 교정 및 군사시설, 묘지관련시설	연면적 2,000㎡ 이상
6. 노유자 생활시설	(면적에 관계없이 적용)
7. 위 6호에 해당하지 않는 노유자시설	연면적 400㎡ 이상
8. 숙박시설이 있는 수련시설	수용인원 100명 이상
9. 의료시설 중 정신의료기관 또는 요양병원 • 요양병원(정신병원 및 의료재활시설은 제외)	(면적에 관계없이 적용)
9. 의료시설 중 정신의료기관 또는 요양병원 • 정신의료기관 또는 의료재활시설 : 바닥면적 합계 300㎡ 이상인 시설 또는 바닥면적 합계 300㎡ 미만이고 창살이 설치된 시설	
10. 판매시설 중 전통시장, 지하구	(면적에 관계없이 적용)
11. 터널 <개정 2024.12.31>	길이 1,000m 이상
12. 위 3호 또는 4호에 해당하지 않는 **조산원·산후조리원·전기저장시설** <신설 2021.8.24>	
13. 위 4호에 해당하지 않는 공장 또는 창고시설로서 특수가연물을 저장·취급하는 것	지정수량 500배 이상

9. 기타 경보설비

소방시설	설치대상	적용기준
1. 단독경보형 감지기 [기술사 79회] [관리사 19회]	교육연구시설 또는 수련시설 내에 있는 기숙사·합숙소	연면적 2,000m² 미만
	자/탐설비 설치대상에 해당하지 않는 수련시설(숙박시설이 있는 것만 해당)	
	공동주택 중 **연립주택 및 다세대주택** <신설 2022.11.29>	
2. 비상경보설비	(모든) 특정소방대상물 (불연재료로 된 공장 및 창고시설, 가스시설, 지하구는 제외)	• 연면적 400m² 이상 • 지하층 또는 무창층의 바닥면적 150m² 이상
	터널 <개정 2024.12.31>	길이 500m 이상
	옥내 작업장	작업 근로자수 50명 이상
3. 시각경보기 [기술사 107회] [관리사 19회·20회]	자동화재탐지설비의 설치대상 특정소방대상물 중	근린생활·문화 및 집회·종교·판매·운수·의료·노유자·운동·업무·숙박·위락·발전·장례시설, 창고시설 중 물류터미널, 도서관, 방송국, 지하상가
4. **화재알림설비**	판매시설 중 전통시장 <신설 2022.11.29>	
5. 비상방송설비 [기술사 88회]	(모든) 특정소방대상물(가스시설, 동물·식물 관련 시설, 지하가 중 터널, 지하구는 제외)	• 연면적 3,500m² 이상 • 층수 11층 이상 • 지하층의 층수 3층 이상
6. 자동화재속보 설비 [관리사 20회]	① 노유자 생활시설	(면적에 관계없이 적용)
	② 노유자시설	바닥면적 500m² 이상인 층이 있는 것
	③ 수련시설(숙박시설이 있는 것만 해당)	바닥면적 500m² 이상인 층이 있는 것
	④ 「문화유산보존법」 제5조에 따라 국보 또는 보물로 지정된 목조건축물	
	⑤ 근린생활시설	• 의원·치과의원·한의원으로서 입원실이 있는 시설 • 조산원, 산후조리원
	⑥ 의료시설	• 종합병원, 병원, 치과병원, 한방병원, 요양병원 • 정신병원·의료재활시설로 사용되는 바닥면적 합계가 500m² 이상인 층이 있는 시설
	⑦ 판매시설 중 전통시장	
7. 통합감시시설	지하구	

소방시설	설치대상	적용기준
8. 누전경보기 [기술사 99회]	(모든) 특정소방대상물 (가스시설, 지하구, 지하가 중 터널은 제외)	계약전류용량 100[A] 초과(내화구조가 아닌 건축물로서 벽·바닥 또는 반자의 전부 나 일부를 불연재료 또는 준불연재료가 아닌 재료에 철망을 넣어 만든 것만 해당한다)
9. 가스누설경보기 [기술사 127회]	가스시설이 설치된 특정소방대상물	문화 및 집회·종교·판매·운수·의료·노유자·수련·운동·숙박·장례시설 및 물류터미널

10. 피난구조설비

소방시설	설치대상		적용기준
1. 피난기구 [관리사 20회]	(모든) 특정소방대상물(가스시설, 지하구, 지하가 중 터널은 제외)		피난층, 지상 1·2층 및 11층 이상의 층을 제외한 층에 설치
2. 인명구조기구 <개정 2022. 11.29> [기술사 86회]	방열복 또는 방화복+인공소생기+공기호흡기	관광호텔	지하층을 포함한 층수 7층 이상인 **것 중 관광호텔 용도로 사용하는 층**
	방열복 또는 방화복+공기호흡기	병원	지하층을 포함한 층수 5층 이상인 **것 중 병원 용도로 사용하는 층**
	공기호흡기	① 문화 및 집회시설 중 영화상영관 : 수용인원 100명 이상 ② 판매시설 중 대규모점포 ③ 운수시설 중 지하역사 ④ 지하가 중 지하상가 ⑤ 이산화탄소소화설비 설치대상인 특정소방대상물	
3. 유도등	(모든) 특정소방대상물(축사, 지하가 중 터널은 제외)		피난구유도등·통로유도등·유도표지
	유흥주점영업시설(무대 있는것만 해당), 문화 및 집회시설, 종교시설, 운동시설		상기의 유도등 및 유도표지 외에 객석유도등을 추가 설치
	피난유도선 <신설 2022.11.29>		화재안전기준에서 정하는 장소
4. 비상조명등 [기술사 107회]	① 지하층을 포함한 층수가 5층 이상인 특정소방대상물(창고시설 중 창고 및 하역장, 가스시설, 축사는 제외)로서 연면적 3,000m² 이상		
	② ①항에 해당하지 않는 특정소방대상물(창고, 하역장, 가스시설, 축사는 제외)로서 지하층 또는 무창층의 바닥면적이 450m² 이상인 경우 해당 층		
	③ 지하가 중 터널로서 길이 500m 이상		
5. 휴대용 비상조명등	숙박시설		(전체 해당)
	영화상영관, 판매시설 중 대규모 점포, 지하가 중 지하상가, 지하역사		수용인원 100명 이상

11. 상수도소화용수설비

설치대상	적용기준
(모든) 특정소방대상물 (단, 대지 경계선으로부터 180m 이내에 구경 75mm 이상인 상수도용 배관이 설치되지 않은 지역에는 소화수조 또는 저수조를 설치)	① 연면적 5,000m² 이상(가스시설, 지하구, 지하가 중 터널은 제외) ② 가스시설 : 지상에 노출된 탱크의 저장용량 합계가 100톤 이상인 것 ③ **자원순환관련시설 : 폐기물재활용시설, 폐기물처분시설** 〈신설 2022.11.29.〉

12. 소화활동설비

소방시설	설치대상	적용기준
1. 제연설비 기술사 91회 기술사 103회 관리사 16회	① 문화 및 집회시설, 종교시설, 운동시설	무대부의 바닥면적 200m² 이상 : 해당 무대부
		영화상영관으로서 수용인원 100명 이상 : 해당 영화상영관
	② 지하층이나 무창층에 설치된 근린생활·판매·운수·숙박·위락·의료·노유자·창고시설(물류터미널 한정)	해당 용도의 바닥면적 합계 1,000m² 이상 : 해당 부분
	③ 운수시설 중 시외버스정류장, 철도 및 도시철도 시설, 공항시설 및 항만시설의 대기실 또는 휴게시설 〈개정 2021.1.5〉	지하층 또는 무창층의 바닥면적 1,000m² 이상 : 모든 층
	④ 지하가(터널은 제외)	연면적 1,000m² 이상
	⑤ 지하가 중 터널	예상교통량, 경사도 등 터널의 특성을 고려하여 행정안전부령으로 정하는 터널
	⑥ 특정소방대상물(갓복도형 아파트등은 제외)에 부설된 특별피난계단, 비상용승강기의 승강장 또는 피난용승강기의 승강장	
2. 연결송수관설비 관리사 24회	① 지하가 중 터널	길이 1,000m 이상
	② ①항에 해당하지 않는 (모든) 특정소방대상물(가스시설 및 지하구는 제외)	• 층수 5층 이상으로서 연면적 6,000m² 이상 • 지하층을 포함한 층수가 7층 이상 • 지하 3층 이상으로서 지하층의 바닥면적 합계 1,000m² 이상

3. 연결살수설비 기술사 101회	① 판매시설, 운수시설, 물류터미널	바닥면적 합계 1,000m² 이상
	② (모든) 특정소방대상물(지하구는 제외)	지하층의 바닥면적 합계 150m² 이상 : 지하층의 모든 층 적용
	③ 가스시설	지상에 노출된 탱크의 용량이 30톤 이상인 탱크시설
	④ 위 ①·②의 특정소방대상물에 부속된 연결통로	
4. 비상콘센트설비	① 층수가 11층 이상인 것 : 11층 이상의 층	
	② 지하층의 층수가 3층 이상이고 지하층의 바닥면적 합계 1,000m² 이상 : 지하층의 모든 층 적용	
	③ 지하가 중 터널	길이 500m 이상
5. 무선통신보조설비 관리사 22회	① 지하가(터널은 제외)	연면적 1,000m² 이상
	② 지하층의 바닥면적 합계 3,000m² 이상인 것 또는 지하 3층 이상으로서 지하층의 바닥면적 합계 1,000m² 이상인 것 : 지하층의 모든 층	
	③ 지하가 중 터널	길이 500m 이상
	④ 층수가 30층 이상인 것	16층 이상 부분의 모든 층
	⑤ 지하구 중 공동구	
6. 연소방지설비	지하구(전력 또는 통신사업용인 것만 해당)	

[별표 5] 특정소방대상물의 소방시설 설치의 면제기준 〔기술사 91회〕

〈개정 2022. 11. 29〉

설치대상 소방시설의 종류	설치가 면제되는 기준 (법정 설치 소방시설 대신 아래의 소방시설을 화재안전기준에 적합하게 설치한 경우에는 그 설비의 유효범위에서 설치가 면제된다)
1. 자동소화장치 〈개정 2022.11.29〉	**물분무등소화설비**를 설치한 경우 면제(단, 주거용 주방자동소화장치 및 상업용 주방자동소화장치의 경우 면제대상에서 제외)
2. 옥내소화전설비	소방본부장 또는 소방서장이 옥내소화전설비의 설치가 곤란하다고 인정하는 경우로서 **호스릴 방식의 미분무소화설비** 또는 **옥외소화전설비**를 설치한 경우 면제
3. 스프링클러설비 〈개정 2022.11.29〉	① **자동소화장치** 또는 **물분무등소화설비**를 설치한 경우 면제 ② 전기저장시설에는 소방청장이 정하여 고시하는 방법에 따라 설치한 경우 면제 〈신설 2022.11.29〉
4. 간이스프링클러설비	**스프링클러설비, 물분무소화설비** 또는 **미분무소화설비**를 설치한 경우
5. 물분무등소화설비	차고·주차장에 **스프링클러설비**를 설치한 경우 면제
6. 옥외소화전설비 〈개정 2024.5.7〉	문화유산인 목조건축물에 **상수도소화용수설비**를 옥외소화전설비의 화재안전기준에서 정하는 방수압력·방수량·옥외소화전함·호스의 기준에 적합하게 설치한 경우 면제
7. 비상경보설비	**단독경보형감지기**를 2개 이상 연동하여 설치한 경우 면제
8. 비상경보설비 또는 단독경보형감지기	**자동화재탐지설비** 또는 **화재알림설비**를 설치한 경우 면제 〈개정 2022.11.29〉
9. 자동화재탐지설비 〈개정 2022.11.29〉	자동화재탐지설비의 기능(감지·수신·경보기능)과 성능을 가진 **화재알림설비, 스프링클러설비** 또는 **물분무등소화설비**를 설치한 경우
10. 화재알림설비 〈신설 2022.11.29〉	**자동화재탐지설비**를 설치한 경우 면제
11. 비상방송설비	**자동화재탐지설비** 또는 **비상경보설비**와 동등 이상의 음향을 발하는 장치를 부설한 **방송설비**를 설치한 경우 면제
12. 자동화재속보설비 〈신설 2022.11.29〉	**화재알림설비**를 설치한 경우 면제
13. 누전경보기	**아크경보기** 또는 전기관련법령에 의한 **지락차단장치**를 설치한 경우
14. 피난구조설비	그 위치·구조 또는 설비의 상황에 따라 피난상 지장이 없다고 인정되는 경우 면제
15. 비상조명등	**피난구유도등** 또는 **통로유도등**을 설치한 경우 면제
16. 상수도소화용수설비	① 수평거리 140m 이내에 **공공소방용 소화전**이 설치되어 있는 경우 ② **소화수조** 또는 **저수조**를 설치하는 경우 면제

17. 제연설비 기술사 105회 관리사 16회	거실 제연 설비	① 공기조화설비를 화재안전기준의 제연설비기준에 적합하게 설치하고, 화재 시 제연설비기능으로 자동 전환되는 구조로 설치된 경우 ② 직접 외부공기와 통하는 배출구 면적의 합계가 해당 제연구역 바닥면적의 1/100 이상이고, 배출구부터 각 부분까지의 수평거리가 30m 이내이며, 공기유입구가 화재안전기준에 적합하게(외부 공기를 직접 자연 유입할 경우에 유입구의 크기는 배출구의 크기 이상이어야 한다) 설치되어 있는 경우
	부속실 제연설 비	① 노대와 연결된 특별피난계단인 경우 ② 노대가 설치된 비상용승강기의 승강장인 경우 ③ 「건축법 시행령」 제91조제5호의 기준에 따라 배연설비가 설치된 피난용승강기의 승강장인 경우
18. 연결송수관설비		옥외에 연결송수구 및 옥내에 방수구가 부설된 **옥내소화전설비·스프링클러설비·간이스프링클러설비** 또는 **연결살수설비**를 설치한 경우. 다만, 지표면에서 최상층 방수구의 높이가 70m 이상인 경우에는 설치해야 한다.(면제 제외)
19. 연결살수설비		① 송수구를 부설한 **스프링클러설비, 간이스프링클러설비, 물분무소화설비** 또는 **미분무소화설비**를 설치한 경우 면제 ② 가스관계법령에 따라 설치되는 **물분무장치** 등에 소방대가 사용할 수 있는 연결송수구가 설치되거나, 물분무장치 등에 6시간 이상 공급할 수 있는 수원이 확보된 경우 면제
20. 무선통신보조설비		**이동통신구 내 중계기 선로설비** 또는 **무선이동중계기** 등을 화재안전기준의 무선통신보조설비 기준에 적합하게 설치한 경우 면제
21. 연소방지설비		**스프링클러설비, 물분무소화설비** 또는 **미분무소화설비**를 설치한 경우 면제

[별표 6] 소방시설을 설치하지 않을 수 있는 특정소방대상물 및 소방시설의 범위 [기술사 76회] [관리사 24회]

구분	특정소방대상물	설치하지 않을 수 있는 소방시설
1. 화재위험도가 낮은 특정소방대상물	석재, 불연성 금속, 불연성 건축재료 등의 가공공장·기계조립공장 또는 불연성 물품을 저장하는 창고	옥외소화전설비, 연결살수설비
2. 화재안전기준을 적용하기 어려운 특정소방대상물	펄프공장의 작업장, 음료수공장의 세정 또는 충전하는 작업장, 그 밖에 이와 비슷한 용도로 사용되는 것	스프링클러설비, 상수도소화용수설비, 연결살수설비
	정수장, 수영장, 목욕장, 농예·축산·어류양식용 시설, 그 밖에 이와 비슷한 용도로 사용되는 것	자동화재탐지설비, 상수도소화용수설비, 연결살수설비
3. 화재안전기준을 달리 적용해야 하는 특수한 용도 또는 구조를 가진 특정소방대상물	원자력발전소, 중·저준위 방사성폐기물의 저장시설	연결송수관설비, 연결살수설비
4. 「위험물안전관리법」 제19조에 따른 자체소방대가 설치된 특정소방대상물	자체소방대가 설치된 제조소등에 부속된 사무실	옥내소화전설비, 소화용수설비 연결살수설비, 연결송수관설비

[별표 7] 수용인원의 산정방법 [기술사 76회] [관리사 24회]

1. 숙박시설이 있는 특정소방대상물
   가. 침대가 있는 숙박시설 : 당해 특정소방물의 종사자의 수에 침대의 수(2인용 침대는 2인으로 산정한다)를 합한 수
   나. 침대가 없는 숙박시설 : 당해 특정소방대상물의 종사자의 수에 숙박시설의 바닥면적의 합계를 3m²로 나누어 얻은 수를 합한 수

2. 제1호 외의 특정소방대상물
   가. 강의실·교무실·상담실·실습실·휴게실 용도로 쓰이는 특정소방대상물 : 당해

용도로 사용하는 바닥면적의 합계를 1.9m²로 나누어 얻은 수
나. 강당, 문화 및 집회시설, 운동시설, 종교시설 : 당해 용도로 사용하는 바닥면적의 합계를 4.6m²로 나누어 얻은 수(관람석이 있는 경우 고정식 의자를 설치한 부분에 있어서는 당해 부분의 의자수로 하고, 긴 의자의 경우에는 의자의 정면너비를 0.45m로 나누어 얻은 수로한다)
다. 그 밖의 특정소방대상물 : 당해 용도로 사용하는 바닥면적의 합계를 3m²로 나누어 얻은 수

[비고]
1. 위 표에서 바닥면적을 산정할 때에는 복도(「건축법 시행령」 제2조제11호에 따른 준불연재료 이상의 것을 사용하여 바닥에서 천장까지 벽으로 구획한 것을 말한다), 계단 및 화장실의 바닥면적을 포함하지 않는다.
2. 계산결과 소수점 이하의 수는 반올림한다.

[별표 8] 임시소방시설의 종류와 설치기준 등
(제18조제2항·제3항 관련) 기술사 130회·131회

1. **임시소방시설의 종류**
   가. 소화기
   나. 간이소화장치 : 물을 방사(放射)하여 화재를 진화할 수 있는 장치로서 소방청장이 정하는 성능을 갖추고 있을 것
   다. 비상경보장치 : 화재가 발생한 경우 주변에 있는 작업자에게 화재사실을 알릴 수 있는 장치로서 소방청장이 정하는 성능을 갖추고 있을 것
   라. 가스누설경보기 : 가연성 가스가 누설되거나 발생된 경우 이를 탐지하여 경보하는 장치로서 법 제37조에 따른 형식승인 및 제품검사를 받은 것 〈신설 2022.11.19〉
   마. 간이피난유도선 : 화재가 발생한 경우 피난구 방향을 안내할 수 있는 장치로서 소방청장이 정하는 성능을 갖추고 있을 것
   바. 비상조명등 : 화재가 발생한 경우 안전하고 원활한 피난활동을 할 수 있도록 자동 점등되는 조명장치로서 소방청장이 정하는 성능을 갖추고 있을 것 〈신설 2022.11.19〉
   사. 방화포 : 용접·용단 등의 작업 시 발생하는 불티로부터 가연물이 점화되는 것을 방지해주는 천 또는 불연성 물품으로서 소방청장이 정하는 성능을 갖추고 있을 것 〈신설 2022.11.19〉

2. **임시소방시설을 설치하여야 하는 공사의 종류와 규모**
   가. 소화기 : 법 제6조제1항에 따라 소방본부장 또는 소방서장의 동의를 받아야 하는 특정소방대상물의 신축·증축·개축·재축·이전·용도변경 또는 대수선 등을 위한 공사 중 법 제15조제1항에 따른 화재위험작업의 현장에 설치한다.〈개정 2022.11.29〉
   나. 간이소화장치 : 다음의 어느 하나에 해당하는 공사의 화재위험작업현장에 설치한다.
      1) 연면적 3천㎡ 이상
      2) 해당 층의 바닥면적이 600㎡ 이상인 지하층, 무창층 또는 4층 이상의 층
   다. 비상경보장치 : 다음의 어느 하나에 해당하는 공사의 화재위험작업현장에 설치한다.
      1) 연면적 400㎡ 이상
      2) 해당 층의 바닥면적이 150㎡ 이상인 지하층 또는 무창층
   라. 가스누설경보기 : 바닥면적이 150㎡ 이상인 지하층 또는 무창층의 화재위험작업현장에 설치한다.〈신설 2022.11.19〉
   라. 간이피난유도선 : 바닥면적이 150㎡ 이상인 지하층 또는 무창층의 화재위험작업현장에 설치한다.
   바. 비상조명등 : 바닥면적이 150㎡ 이상인 지하층 또는 무창층의 화재위험작업현장에 설치한다.〈신설 2022.11.19〉
   사. 방화포 : 용접·용단 작업이 진행되는 화재위험작업현장에 설치한다.〈신설 2022.11.19〉

3. **임시소방시설과 기능 및 성능이 유사한 소방시설로서 임시소방시설을 설치한 것으로 보는 소방시설** 관리사 15회
   가. 간이소화장치를 설치한 것으로 보는 소방시설 : 소방청장이 정하여 고시하는 기준에 맞는 소화기(연결송수관설비의 방수구 인근에 설치한 경우로 한정한다) 또는 옥내소화전설비
   나. 비상경보장치를 설치한 것으로 보는 소방시설 : 비상방송설비 또는 자동화재탐지설비
   다. 간이피난유도선을 설치한 것으로 보는 소방시설 : 피난유도선, 피난구유노등, 통로유도등 또는 비상조명등

[제8장] 소방시설 설치 및 관리에 관한 법률 시행규칙

(개정 : 2024. 11. 29. 행정안전부령 제524호, 시행 : 2024. 12. 1.)

제4조 (성능위주설계의 신고) 기술사 104회

① 성능위주설계를 한 자는 법 제8조제2항에 따라 「건축법」 제11조에 따른 건축허가를 신청하기 전에 별지 제2호서식의 성능위주설계 신고서에 다음 각 호의 서류를 첨부하여 관할 소방서장에게 신고해야 한다. 이 경우 다음 각 호의 서류에는 사전검토 결과에 따라 보완된 내용을 포함해야 하며, 제7조제1항에 따른 사전검토 신청 시 제출한 서류와 동일한 내용의 서류는 제외한다.

1. 다음 각 목의 사항이 포함된 설계도서
   가. 건축물의 개요(위치, 구조, 규모, 용도)
   나. 부지 및 도로의 설치 계획(소방차량 진입 동선을 포함한다)
   다. 화재안전성능의 확보 계획
   라. 성능위주설계 요소에 대한 성능평가(화재 및 피난 모의실험 결과를 포함한다)
   마. 성능위주설계 적용으로 인한 화재안전성능 비교표
   바. 다음의 건축물 설계도면
      1) 주단면도 및 입면도
      2) 층별 평면도 및 창호도
      3) 실내·실외 마감재료표
      4) 방화구획도(화재확대방지 계획을 포함한다)
      5) 건축물의 구조 설계에 따른 피난계획 및 피난동선도
   사. 소방시설의 설치계획 및 설계 설명서
   아. 다음의 소방시설 설계도면
      1) 소방시설 계통도 및 층별 평면도
      2) 소화용수설비 및 연결송수구 설치위치 평면도
      3) 종합방재실 설치 및 운영계획
      4) 상용전원 및 비상전원의 설치계획
      5) 소방시설의 내진설계 계통도 및 기준층 평면도(내진 시방서 및 계산서 등 세부 내용이 포함된 상세 설계도면은 제외한다)
   자. 소방시설에 대한 전기부하 및 소화펌프 등 용량계산서
2. 「소방시설공사업법 시행령」 별표 1의2에 따른 성능위주설계를 할 수 있는 자의 자격·

기술인력을 확인할 수 있는 서류
3. 「소방시설공사업법」 제21조 및 제21조의3제2항에 따라 체결한 성능위주설계 계약서 사본
② 소방서장은 제1항에 따라 성능위주설계 신고서를 받은 경우 성능위주설계 대상 및 자격 여부 등을 확인하고, 첨부서류의 보완이 필요한 경우에는 7일 이내의 기간을 정하여 성능위주설계를 한 자에게 보완을 요청할 수 있다.

제5조 (신고된 성능위주설계에 대한 검토·평가) 기술사 113회·127회

① 제4조제1항에 따라 성능위주설계의 신고를 받은 소방서장은 필요한 경우 같은 조 제2항에 따른 보완 절차를 거쳐 소방청장 또는 관할 소방본부장에게 법 제9조제1항에 따른 성능위주설계 평가단의 검토·평가를 요청해야 한다.
② 제1항에 따라 검토·평가를 요청받은 소방청장 또는 소방본부장은 요청을 받은 날부터 20일 이내에 평가단의 심의·의결을 거쳐 해당 건축물의 성능위주설계를 검토·평가하고, 별지 제3호서식의 성능위주설계 검토·평가 결과서를 작성하여 관할 소방서장에게 지체 없이 통보해야 한다.
③ 제4조제1항에 따라 성능위주설계 신고를 받은 소방서장은 제1항에도 불구하고 신기술·신공법 등 검토·평가에 고도의 기술이 필요한 경우에는 중앙위원회에 심의를 요청할 수 있다.
④ 중앙위원회는 제3항에 따라 요청된 사항에 대하여 20일 이내에 심의·의결을 거쳐 별지 제3호서식의 성능위주설계 검토·평가 결과서를 작성하고 관할 소방서장에게 지체 없이 통보해야 한다.
⑤ 제2항 또는 제4항에 따라 성능위주설계 검토·평가 결과서를 통보받은 소방서장은 성능위주설계 신고를 한 자에게 별표 1에 따라 수리 여부를 통보해야 한다.

제6조 (성능위주설계의 변경신고) 기술사 119회

① 법 제8조제2항 후단에서 "해당 특정소방대상물의 연면적·높이·층수의 변경 등 행정안전부령으로 정하는 사유"란 특정소방대상물의 연면적·높이·층수의 변경이 있는 경우를 말한다. 다만, 「건축법」 제16조제1항 단서(경미한 사항 변경) 및 같은 조 제2항에 따른 경우는 제외한다.
② 성능위주설계를 한 자는 법 제8조제2항 후단에 따라 해당 성능위주설계를 한 특정소방대상물이 제1항에 해당하는 경우 별지 제4호서식의 성능위주설계 변경 신고서에 제4조제1항 각 호의 서류를 첨부하여 관할 소방서장에게 신고해야 한다.

제7조 (성능위주설계의 사전검토 신청) 기술사 123회

① 성능위주설계를 한 자는 법 제8조제4항에 따라 「건축법」 제4조의2에 따른 건축위원회의 심의를 받아야 하는 건축물인 경우에는 그 심의를 신청하기 전에 별지 제5호서식의 성능위주설계 사전검토 신청서에 다음 각 호의 서류를 첨부하여 관할 소방서장에게 사전검토를 신청해야 한다.

1. 건축물의 개요(위치, 구조, 규모, 용도)
2. 부지 및 도로의 설치 계획(소방차량 진입 동선을 포함한다)
3. 화재안전성능의 확보 계획
4. 화재 및 피난 모의실험 결과
5. 다음 각 목의 건축물 설계도면
    가. 주단면도 및 입면도
    나. 층별 평면도 및 창호도
    다. 실내·실외 마감재료표
    라. 방화구획도(화재확대방지 계획을 포함한다)
    마. 건축물의 구조 설계에 따른 피난계획 및 피난동선도
6. 소방시설 설치계획 및 설계 설명서(소방시설 기계·전기 분야의 기본계통도를 포함한다)
7. 「소방시설공사업법 시행령」 별표 1의2에 따른 성능위주설계를 할 수 있는 자의 자격·기술인력을 확인할 수 있는 서류
8. 「소방시설공사업법」 제21조 및 제21조의3제2항에 따라 체결한 성능위주설계 계약서 사본

② 소방서장은 제1항에 따른 성능위주설계 사전검토 신청서를 받은 경우 성능위주설계 대상 및 자격 여부 등을 확인하고, 첨부서류의 보완이 필요한 경우에는 7일 이내의 기간을 정하여 성능위주설계를 한 자에게 보완을 요청할 수 있다.

제9조 (성능위주설계 기준)

① 법 제8조제7항에 따른 성능위주설계의 기준은 다음 각 호와 같다.
1. 소방자동차 진입(통로)동선 및 소방관 진입경로 확보
2. 화재·피난 모의실험을 통한 화재위험성 및 피난안전성 검증
3. 건축물의 규모와 특성을 고려한 최적의 소방시설 설치
4. 소화수 공급시스템 최적화를 통한 화재피해 최소화 방안 마련
5. 특별피난계단을 포함한 피난경로의 안전성 확보
6. 건축물의 용도별 방화구획의 적정성
7. 침수 등 재난상황을 포함한 지하층 안전확보 방안 마련

② 제1항에 따른 성능위주설계의 세부기준은 소방청장이 정한다.

제15조 (소방시설정보관리시스템 운영방법 및 통보 절차 등)

① 소방청장, 소방본부장 또는 소방서장은 법 제12조제5항에 따른 소방시설의 작동정보 등을 실시간으로 수집·분석할 수 있는 시스템(이하 "소방시설정보관리시스템"이라 한다)으로 수집되는 소방시설의 작동정보 등을 분석하여 해당 특정소방대상물의 관계인(소방기본법 제2조제3호에 따른 관계인을 말한다. 이하 같다)에게 해당 소방시설의 정상적인 작동에 필요한 사항과 관리 방법 등 개선사항에 관한 정보를 제공할 수 있다. 〈개정 2024.11.29〉

② 소방청장, 소방본부장 또는 소방서장은 소방시설정보관리시스템을 통하여 소방시설의 고

장 등 비정상적인 작동정보를 수집한 경우에는 해당 특정소방대상물의 관계인에게 그 사실을 알려주어야 한다.
③ 소방청장, 소방본부장 또는 소방서장은 소방시설정보관리시스템의 체계적·효율적·전문적인 운영을 위해 전담인력을 둘 수 있다.
④ 제1항부터 제3항까지에서 규정한 사항 외에 소방시설정보관리시스템의 운영방법 및 통보 절차 등에 관하여 필요한 세부 사항은 소방청장이 정한다.

제16조 (소방시설을 설치해야 하는 터널)

① 영 별표 4 제1호다목4)나)에서 "행정안전부령으로 정하는 터널"이란 「도로의 구조·시설 기준에 관한 규칙」 제48조에 따라 국토교통부장관이 정하는 도로의 구조 및 시설에 관한 세부 기준에 따라 옥내소화전설비를 설치해야 하는 터널을 말한다.
② 영 별표 4 제1호바목7) 전단에서 "행정안전부령으로 정하는 터널"이란 「도로의 구조·시설 기준에 관한 규칙」 제48조에 따라 국토교통부장관이 정하는 도로의 구조 및 시설에 관한 세부 기준에 따라 물분무소화설비를 설치해야 하는 터널을 말한다.
③ 영 별표 4 제5호가목6)에서 "행정안전부령으로 정하는 터널"이란 「도로의 구조·시설 기준에 관한 규칙」 제48조에 따라 국토교통부장관이 정하는 도로의 구조 및 시설에 관한 세부 기준에 따라 제연설비를 설치해야 하는 터널을 말한다.

제17조 (연소 우려가 있는 건축물의 구조)

영 별표 4 제1호사목1) 후단에서 "행정안전부령으로 정하는 연소(延燒) 우려가 있는 구조"란 다음 각 호의 기준에 모두 해당하는 구조를 말한다.
1. 건축물대장의 건축물 현황도에 표시된 대지경계선 안에 둘 이상의 건축물이 있는 경우
2. 각각의 건축물이 다른 건축물의 외벽으로부터 수평거리가 1층의 경우에는 6m 이하, 2층 이상의 층의 경우에는 10m 이하인 경우
3. 개구부(영 제2조제1호 각 목 외의 부분에 따른 개구부를 말한다)가 다른 건축물을 향하여 설치되어 있는 경우

제19조 (기술자격자의 범위)

법 제22조제1항 각 호 외의 부분 전단에서 "행정안전부령으로 정하는 기술자격자"란 「화재의 예방 및 안전관리에 관한 법률」 제24조제1항 전단에 따라 소방안전관리자로 선임된 소방시설관리사 및 소방기술사를 말한다.

제20조 (소방시설등 자체점검의 구분 및 대상 등)

① 법 제22조제1항에 따른 자체점검의 구분 및 대상, 점검자의 자격, 점검장비, 점검 방법 및 횟수 등 자체점검 시 준수해야 할 사항은 별표 3과 같고, 점검인력의 배치기준은 별표 4와 같다.

② 법 제29조에 따라 소방시설관리업을 등록한 자(이하 "관리업자"라 한다)는 제1항에 따라 자체점검을 실시하는 경우 점검대상과 점검인력 배치상황을 점검인력을 배치한 날 이후 자체점검이 끝난 날부터 5일 이내에 법 제50조제5항에 따라 관리업자에 대한 점검능력 평가 등에 관한 업무를 위탁받은 법인 또는 단체(이하 "평가기관"이라 한다)에 통보해야 한다.
③ 제1항의 자체점검 구분에 따른 점검사항, 소방시설등점검표, 점검인원 배치상황 통보 및 세부점검방법 등 자체점검에 필요한 사항은 소방청장이 정하여 고시한다.

제21조 (소방시설등의 자체점검 대가)

법 제22조제3항에서 "행정안전부령으로 정하는 방식"이란 「엔지니어링산업 진흥법」 제31조에 따라 산업통상자원부장관이 고시한 엔지니어링사업의 대가 기준 중 실비정액가산방식을 말한다.

제22조 (소방시설등의 자체점검 면제 또는 연기 등)

① 법 제22조제6항 및 영 제33조제2항에 따라 자체점검의 면제 또는 연기를 신청하려는 특정소방대상물의 관계인은 자체점검의 실시 만료일 3일 전까지 별지 제7호서식의 소방시설등의 자체점검 면제 또는 연기신청서에 자체점검을 실시하기 곤란함을 증명할 수 있는 서류를 첨부하여 소방본부장 또는 소방서장에게 제출해야 한다.
② 제1항에 따른 자체점검의 면제 또는 연기 신청서를 제출받은 소방본부장 또는 소방서장은 면제 또는 연기의 신청을 받은 날부터 3일 이내에 자체점검의 면제 또는 연기 여부를 결정하여 별지 제8호서식의 자체점검 면제 또는 연기신청결과 통지서를 면제 또는 연기 신청을 한 자에게 통보해야 한다.

제23조 (소방시설등의 자체점검 결과의 조치 등) 관리사 24회

① 관리업자 또는 소방안전관리자로 선임된 소방시설관리사 및 소방기술사(이하 "관리업자 등"이라 한다)는 자체점검을 실시한 경우에는 법 제22조제1항 각 호 외의 부분 후단에 따라 그 점검이 끝난 날부터 10일 이내에 별지 제9호서식의 소방시설등 자체점검 실시결과 보고서에 소방청장이 정하여 고시하는 소방시설등점검표를 첨부하여 관계인에게 제출해야 한다.
② 제1항에 따른 자체점검 실시결과 보고서를 제출받거나 스스로 자체점검을 실시한 관계인은 법 제23조제3항에 따라 자체점검이 끝난 날부터 15일 이내에 별지 제9호서식의 소방시설등 자체점검 실시결과 보고서에 다음 각 호의 서류를 첨부하여 소방본부장 또는 소방서장에게 서면이나 소방청장이 지정하는 전산망을 통하여 보고해야 한다.
  1. 점검인력 배치확인서(관리업자가 점검한 경우만 해당한다)
  2. 별지 제10호서식의 소방시설등의 자체점검 결과 이행계획서
③ 제1항 및 제2항에 따른 자체점검 실시결과의 보고기간에는 공휴일 및 토요일은 산입하지 않는다.

④ 제2항에 따라 소방본부장 또는 소방서장에게 자체점검 실시결과 보고를 마친 관계인은 소방시설등 자체점검 실시결과 보고서(소방시설등점검표를 포함한다)를 점검이 끝난 날부터 2년간 자체 보관해야 한다.
⑤ 제2항에 따라 소방시설등의 자체점검 결과 이행계획서를 보고받은 소방본부장 또는 소방서장은 다음 각 호의 구분에 따라 이행계획의 완료 기간을 정하여 관계인에게 통보해야 한다. 다만, 소방시설등에 대한 수리·교체·정비의 규모 또는 절차가 복잡하여 다음 각 호의 기간 내에 이행을 완료하기가 어려운 경우에는 그 기간을 달리 정할 수 있다.
  1. 소방시설등을 구성하고 있는 기계·기구를 수리하거나 정비하는 경우 : 보고일부터 10일 이내
  2. 소방시설등의 전부 또는 일부를 철거하고 새로 교체하는 경우 : 보고일부터 20일 이내
⑥ 제5항에 따른 완료기간 내에 이행계획을 완료한 관계인은 이행을 완료한 날부터 10일 이내에 별지 제11호서식의 소방시설등의 자체점검 결과 이행완료 보고서에 다음 각 호의 서류를 첨부하여 소방본부장 또는 소방서장에게 보고해야 한다.
  1. 이행계획 건별 전·후 사진 증명자료
  2. 소방시설공사 계약서

제25조 (자체점검 결과의 게시)

소방본부장 또는 소방서장에게 자체점검결과보고를 마친 관계인은 법 제24조제1항에 따라 보고한 날부터 10일 이내에 별표 5의 소방시설등 자체점검기록표를 작성하여 특정소방대상물의 출입자가 쉽게 볼 수 있는 장소에 30일 이상 게시해야 한다.

[별표 2] 차량용 소화기의 설치 또는 비치 기준

자동차에는 법 제37조제5항에 따라 형식승인을 받은 차량용 소화기를 다음 각 호의 기준에 따라 설치 또는 비치해야 한다.
1. 승용자동차 : 법 제37조제5항에 따른 능력단위 1 이상의 소화기 1개 이상을 사용하기 쉬운 곳에 설치 또는 비치한다.
2. 승합자동차
  가. 경형승합자동차 : 능력단위 1 이상의 소화기 1개 이상을 사용하기 쉬운 곳에 설치 또는 비치한다.
  나. 승차정원 15인 이하 : 능력단위 2 이상인 소화기 1개 이상 또는 능력단위 1 이상인 소화기 2개 이상을 설치한다. 이 경우 승차정원 11인 이상 승합자동차는 운전석 또는 운전석과 옆으로 나란한 좌석 주위에 1개 이상을 설치한다.
  다. 승차정원 16인 이상 35인 이하 : 능력단위 2 이상인 소화기 2개 이상을 설치한다.

이 경우 승차정원 23인을 초과하는 승합자동차로서 너비 2.3m를 초과하는 경우에는 운전자 좌석 부근에 가로 600mm, 세로 200mm 이상의 공간을 확보하고 1개 이상의 소화기를 설치한다.
   라. 승차정원 36인 이상 : 능력단위 3 이상인 소화기 1개 이상 및 능력단위 2 이상인 소화기 1개 이상을 설치한다. 다만, 2층 대형승합자동차의 경우에는 위층 차실에 능력단위 3 이상인 소화기 1개 이상을 추가 설치한다.
3. 화물자동차(피견인자동차는 제외한다) 및 특수자동차
   가. 중형 이하 : 능력단위 1 이상인 소화기 1개 이상을 사용하기 쉬운 곳에 설치한다.
   나. 대형 이상 : 능력단위 2 이상인 소화기 1개 이상 또는 능력단위 1 이상인 소화기 2개 이상을 사용하기 쉬운 곳에 설치한다.
4. 「위험물안전관리법 시행령」 제3조에 따른 지정수량 이상의 위험물 또는 「고압가스 안전관리법 시행령」 제2조에 따라 고압가스를 운송하는 특수자동차(피견인자동차를 연결한 경우에는 이를 연결한 견인자동차를 포함한다) : 「위험물안전관리법 시행규칙」 제41조 및 별표 17 제3호나목 중 이동탱크저장소 자동차용소화기의 설치기준란에 해당하는 능력단위와 수량 이상을 설치한다.

[별표 3] 소방시설등 자체점검의 구분 및 대상, 점검자의 자격, 점검장비, 점검 방법 및 횟수 등 자체점검 시 준수해야 할 사항

1. 소방시설등에 대한 자체점검은 다음과 같이 구분한다.
   가. 작동점검 : 소방시설등을 인위적으로 조작하여 소방시설이 정상적으로 작동하는지를 소방청장이 정하여 고시하는 소방시설등 작동점검표에 따라 점검하는 것을 말한다.
   나. 종합점검 : 소방시설등의 작동점검을 포함하여 소방시설등의 설비별 주요 구성 부품의 구조기준이 화재안전기준과 「건축법」 등 관련 법령에서 정하는 기준에 적합한 지 여부를 소방청장이 정하여 고시하는 소방시설등 종합점검표에 따라 점검하는 것을 말하며, 다음과 같이 구분한다.
      1) 최초점검 : 법 제22조제1항제1호에 따라 소방시설이 신설된 경우 「건축법」 제22조에 따라 건축물을 사용할 수 있게 된 날부터 60일 이내에 점검하는 것을 말한다. 〈개정 2024.11.29〉 관리사 24회
      2) 그 밖의 종합점검 : 최초점검을 제외한 종합점검을 말한다.
2. 작동점검은 다음의 구분에 따라 실시한다. 관리사 22회
   가. 작동점검은 영 제5조에 따른 특정소방대상물을 대상으로 한다. 다만, 다음의 어느

하나에 해당하는 특정소방대상물은 제외한다.
1) 특정소방대상물 중 「화재의 예방 및 안전관리에 관한 법률」 제24조제1항에 해당하지 않는 특정소방대상물(소방안전관리자를 선임하지 않는 대상을 말한다)
2) 「위험물안전관리법」 제2조제6호에 따른 제조소등(이하 "제조소등"이라 한다)
3) 「화재의 예방 및 안전관리에 관한 법률 시행령」 별표 4 제1호가목의 특급소방안전관리대상물

나. 작동점검은 다음의 분류에 따른 기술인력이 점검할 수 있다. 이 경우 별표 4에 따른 점검인력 배치기준을 준수해야 한다.
1) 영 별표 4 제1호마목의 간이스프링클러설비(주택전용 간이스프링클러설비는 제외한다) 또는 같은 표 제2호다목의 자동화재탐지설비가 설치된 특정소방대상물
    가) 관계인
    나) 관리업에 등록된 기술인력 중 소방시설관리사
    다) 「소방시설공사업법 시행규칙」 별표 4의2에 따른 특급점검자
    라) 소방안전관리자로 선임된 소방시설관리사 및 소방기술사
2) 1)에 해당하지 않는 특정소방대상물
    가) 관리업에 등록된 소방시설관리사
    나) 소방안전관리자로 선임된 소방시설관리사 및 소방기술사

다. 작동점검은 연 1회 이상 실시한다.

라. 작동점검의 점검 시기는 다음과 같다.
1) 종합점검 대상은 종합점검(최초점검은 제외한다)을 받은 달부터 6개월이 되는 달에 실시한다. 〈개정 2024.11.29〉
2) 1)에 해당하지 않는 특정소방대상물은 특정소방대상물의 사용승인일(건축물의 경우에는 건축물관리대장 또는 건물 등기사항증명서에 기재되어 있는 날을 말한다)이 속하는 달의 말일까지 실시한다. 다만, 건축물관리대장 또는 건물 등기사항증명서 등에 기입된 날이 서로 다른 경우에는 건축물관리대장에 기재되어 있는 날을 기준으로 점검한다.

3. 종합점검은 다음의 구분에 따라 실시한다. 관리사 22회

가. 종합점검은 다음의 어느 하나에 해당하는 특정소방대상물을 대상으로 한다.
1) 법 제22조제1항제1호에 해당하는 특정소방대상물
2) 스프링클러설비가 설치된 특정소방대상물
3) 물분무등소화설비[호스릴방식의 물분무등소화설비만을 설치한 경우는 제외한다]가 설치된 연면적 5,000㎡ 이상인 특정소방대상물(제조소등은 제외한다)
4) 「다중이용업소의 안전관리에 관한 특별법 시행령」 제2조제1호나목, 같은 조 제2호(비디오물소극장업은 제외한다)·제6호·제7호·제7호의2 및 제7호의5의 다중이용업의 영업장이 설치된 특정소방대상물로서 연면적이 2,000㎡ 이상인 것

5) 제연설비가 설치된 터널
6) 「공공기관의 소방안전관리에 관한 규정」 제2조에 따른 공공기관 중 연면적(터널·지하구의 경우 그 길이와 평균 폭을 곱하여 계산된 값을 말한다)이 1,000m² 이상인 것으로서 옥내소화전설비 또는 자동화재탐지설비가 설치된 것. 다만, 「소방기본법」 제2조제5호에 따른 소방대가 근무하는 공공기관은 제외한다.

나. 종합점검은 다음 어느 하나에 해당하는 기술인력이 점검할 수 있다. 이 경우 별표 4에 따른 점검인력 배치기준을 준수해야 한다.
1) 관리업에 등록된 소방시설관리사
2) 소방안전관리자로 선임된 소방시설관리사 및 소방기술사

다. 종합점검의 점검 횟수는 다음과 같다.
1) 연 1회 이상(「화재의 예방 및 안전에 관한 법률 시행령」 별표 4 제1호가목의 특급 소방안전관리대상물은 반기에 1회 이상)실시한다.
2) 1)에도 불구하고 소방본부장 또는 소방서장은 소방청장이 소방안전관리가 우수하다고 인정한 특정소방대상물에 대해서는 3년의 범위에서 소방청장이 고시하거나 정한 기간 동안 종합점검을 면제할 수 있다. 다만, 면제기간 중 화재가 발생한 경우는 제외한다.

라. 종합점검의 점검 시기는 다음과 같다.
1) 가목1)에 해당하는 특정소방대상물은 「건축법」 제22조에 따라 건축물을 사용할 수 있게 된 날부터 60일 이내 실시한다.
2) 1)을 제외한 특정소방대상물은 건축물의 사용승인일이 속하는 달에 실시한다. 다만, 「공공기관의 안전관리에 관한 규정」 제2조제2호 또는 제5호에 따른 학교의 경우에는 해당 건축물의 사용승인일이 1월에서 6월 사이에 있는 경우에는 6월 30일까지 실시할 수 있다.
3) 건축물 사용승인일 이후 가목4)에 따라 종합점검 대상에 해당하게 된 경우에는 그 다음 해부터 실시한다. 〈개정 2024.11.29〉
4) 하나의 대지경계선 안에 2개 이상의 자체점검 대상 건축물 등이 있는 경우에는 그 건축물 중 사용승인일이 가장 빠른 연도의 건축물의 사용승인일을 기준으로 점검할 수 있다.

4. 제1호에도 불구하고 「공공기관의 소방안전관리에 관한 규정」 제2조에 따른 공공기관의 장은 공공기관에 설치된 소방시설등의 유지·관리상태를 맨눈 또는 신체감각을 이용하여 점검하는 외관점검을 월 1회 이상 실시(작동점검 또는 종합점검을 실시한 달에는 실시하지 않을 수 있다)하고, 그 점검 결과를 2년간 자체 보관해야 한다. 이 경우 외관점검의 점검자는 해당 특정소방대상물의 관계인, 소방안전관리자 또는 관리업자(소방시설관리사를 포함하여 등록된 기술인력을 말한다)로 해야 한다.

5. 제1호 및 제4호에도 불구하고 공공기관의 장은 해당 공공기관의 전기시설물 및 가스시설에 대하여 다음 각 목의 구분에 따른 점검 또는 검사를 받아야 한다.

가. 전기시설물의 경우 : 「전기사업법」 제63조에 따른 사용전검사
나. 가스시설의 경우 : 「도시가스사업법」 제17조에 따른 검사, 「고압가스 안전관리법」 제16조의2 및 제20조제4항에 따른 검사 또는 「액화석유가스의 안전관리 및 사업법」 제37조 및 제44조제2항·제4항에 따른 검사

6. 공동주택(아파트 등으로 한정한다) 세대별 점검방법은 다음과 같다.
   가. 관리자(관리소장, 입주자대표회의 및 소방안전관리자를 포함한다) 및 입주민(세대 거주자를 말한다)은 <u>2년 주기로</u> 모든 세대에 대하여 점검을 해야 한다. 〈개정 2024. 11.29〉
   나. 가목에도 불구하고 아날로그감지기 등 특수감지기가 설치되어 있는 경우에는 수신기에서 원격 점검할 수 있으며, 점검할 때마다 모든 세대를 점검해야 한다. 다만, 자동화재탐지설비의 선로 단선이 확인되는 때에는 단선이 난 세대 또는 그 경계구역에 대하여 현장점검을 해야 한다.
   다. 관리자는 수신기에서 원격 점검이 불가능한 경우 매년 작동점검만 실시하는 공동주택은 1회 점검 시 마다 전체 세대수의 50퍼센트 이상, 종합점검을 실시하는 공동주택은 1회 점검 시 마다 전체 세대수의 30퍼센트 이상 점검하도록 자체점검 계획을 수립·시행해야 한다.
   라. 관리자 또는 해당 공동주택을 점검하는 관리업자는 입주민이 세대 내에 설치된 소방시설등을 스스로 점검할 수 있도록 소방청 또는 사단법인 한국소방시설관리협회의 홈페이지에 게시되어 있는 공동주택 세대별 점검 동영상을 입주민이 시청할 수 있도록 안내하고, 점검서식(별지 제36호서식 소방시설 외관점검표를 말한다)을 사전에 배부해야 한다.
   마. 입주민은 점검서식에 따라 스스로 점검하거나 관리자 또는 관리업자로 하여금 대신 점검하게 할 수 있다. 입주민이 스스로 점검한 경우에는 그 점검 결과를 관리자에게 제출하고 관리자는 그 결과를 관리업자에게 알려주어야 한다.
   바. 관리자는 관리업지로 하여금 세대별 점검을 하고자 하는 경우에는 사전에 점검 일정을 입주민에게 사전에 공지하고 세대별 점검 일자를 파악하여 관리업자에게 알려주어야 한다. 관리업자는 사전 파악된 일정에 따라 세대별 점검을 한 후 관리자에게 점검 현황을 제출해야 한다.
   사. 관리자는 관리업자가 점검하기로 한 세대에 대하여 입주민의 사정으로 점검을 하지 못한 경우 입주민이 스스로 점검할 수 있도록 다시 안내해야 한다. 이 경우 입주민이 관리업자로 하여금 다시 점검받기를 원하는 경우 관리업자로 하여금 추가로 점검하게 할 수 있다.
   아. 관리자는 세대별 점검현황(입주민 부재 등 불가피한 사유로 점검을 하지 못한 세대 현황을 포함한다)을 작성하여 자체점검이 끝난 날부터 2년간 자체 보관해야 한다.

7. 자체점검은 다음의 점검 장비를 이용하여 점검해야 한다. 관리사 22회

소방시설	점검 장비	규격
모든 소방시설	방수압력측정계, 절연저항계(절연저항측정기), 전류전압측정계	
소화기구	저울	
옥내소화전설비 옥외소화전설비	소화전밸브압력계	
스프링클러설비 포소화설비	헤드결합렌치(볼트, 너트, 나사 등을 죄거나 푸는 공구)	
이산화탄소소화설비 분말소화설비 할론소화설비 할로겐화합물 및 불활성기체 소화설비	검량계, 기동관누설시험기, 그 밖에 소화약제의 저장량을 측정할 수 있는 점검기구	
자동화재탐지설비 시각경보기	열감지기시험기, 연(煙)감지기시험기, 공기주입시험기, 감지기시험기 연결막대, 음량계	
누전경보기	누전계	누전전류측정용
무선통신보조설비	무선기	통화시험용
제연설비	풍속풍압계, 폐쇄력측정기, 차압계(압력차 측정기)	
통로유도등 비상조명등	조도계(밝기 측정기)	최소눈금이 0.1럭스 이하인 것

[비고]
1. 신축·증축·개축·재축·이전·용도변경 또는 대수선 등으로 소방시설이 새로 설치된 경우에는 해당 특정소방대상물의 소방시설 전체에 대하여 실시한다.
2. 작동점검 및 종합점검(최초점검은 제외)은 건축물 사용승인 후 그 다음 해부터 실시한다.
3. 특정소방대상물이 증축·용도변경 또는 대수선 등으로 사용승인일이 달라지는 경우 사용승인일이 빠른 날을 기준으로 자체점검을 실시한다.

[별표 4] 소방시설등의 자체점검 시 점검인력의 배치기준

관리사 20회·22회·24회

1. 점검인력 1단위는 다음과 같다. 〈개정 2024.11.29〉

   가. 관리업자가 점검하는 경우에는 주된 점검인력인 특급점검자 1명과 보조 점검인력인 영 별표 9에 따른 주된 기술인력 또는 보조 기술인력 2명을 점검인력 1단위로 하되, 점검인력 1단위에 보조 점검인력으로 2명(같은 건축물을 점검할 때는 4명) 이내의 주된 기술인력 또는 보조 기술인력을 추가할 수 있다.

   나. 소방안전관리자로 선임된 소방시설관리사 또는 소방기술사가 점검하는 경우에는 주된 점검인력인 소방시설관리사 또는 소방기술사 중 1명과 보조 점검인력 2명을 점검인력 1단위로 하되, 점검인력 1단위에 2명 이내의 보조 점검인력을 추가할 수 있다. 이 경우 보조 점검인력은 해당 특정소방대상물의 관계인, 소방안전관리보조자 또는 관리업자 소속의 소방기술인력으로 할 수 있다.

   다. 관계인이 점검하는 경우에는 주된 점검인력인 관계인 1명과 보조 점검인력 2명을 점검인력 1단위로 한다. 이 경우 보조 점검인력은 해당 특정소방대상물의 관계인, 소방안전관리자, 소방안전관리보조자 또는 관리업자 소속의 소방기술인력으로 할 수 있다.

2. 제1호가목에 따라 관리업자가 점검하는 경우 특정소방대상물의 규모 등에 따른 점검인력의 배치기준은 다음과 같다. 〈개정 2024.11.29〉

구분	주된기술인력	보조기술인력
가. 50층 이상 또는 성능위주설계를 한 특정소방대상물	소방시설관리사 경력 5년 이상인 특급점검자 1명 이상	고급점검자 이상 1명 이상 및 중급점검자 이상 1명 이상
나. 「화재의 예방 및 안전관리에 관한 법률 시행령」 별표 4 제1호에 따른 특급 소방안전관리대상물 (가목의 특정소방대상물은 제외)	소방시설관리사 경력 3년 이상인 특급점검자 1명 이상	고급점검자 이상 1명 이상 및 초급점검자 이상 1명 이상
다. 「화재의 예방 및 안전관리에 관한 법률 시행령」 별표 4 제2호 및 제3호에 따른 1급 또는 2급 소방안전관리대상물	소방시설관리사 경력 1년 이상인 특급점검자 1명 이상	중급점검자 이상 1명 이상 및 초급점검자 이상 1명 이상
라. 「화재의 예방 및 안전관리에 관한 법률 시행령」 별표 4 제4호에 따른 3급 소방안전관리대상물	특급점검자 1명 이상	초급점검자 이상 2명 이상

> [비고]
> 1. "주된 점검인력"이란 해당 점검업무 전반을 총괄하는 사람을 말한다.
> 2. "보조 점검인력"이란 주된 점검인력을 보조하고, 주된 점검인력의 지시를 받아 점검업무를 수행하는 사람을 말한다.
> 3. 보조기술인력의 등급 구분(특급점검자, 고급점검자, 중급점검자, 초급점검자)은 「소방시설공사업법 시행규칙」 별표 4의2에서 정하는 기준에 따른다.

3. 점검인력 1단위가 하루 동안 점검할 수 있는 특정소방대상물의 연면적(이하 "점검한도 면적"이라 한다)은 다음 각 목과 같다.
   가. 종합점검 : 8,000m²
   나. 작동점검 : 10,000m²
4. 점검인력 1단위에 보조 점검인력을 1명씩 추가할 때마다 종합점검의 경우에는 2,000m², 작동점검의 경우에는 2,500m²씩을 점검한도 면적에 더한다. 다만, 하루에 2개 이상의 특정소방대상물을 배치할 경우 1일 점검한도 면적은 특정소방대상물별로 투입된 점검 인력에 따른 점검 한도면적의 평균값으로 적용하여 계산한다.
5. 점검인력은 하루에 5개의 특정소방대상물에 한하여 배치할 수 있다. 다만 2개 이상의 특정소방대상물을 2일 이상 연속하여 점검하는 경우에는 배치기한을 초과해서는 안 된다.
6. 관리업자등이 하루 동안 점검한 면적은 실제 점검면적(지하구는 그 길이에 폭의 길이 1.8m를 곱하여 계산된 값을 말하며, 터널은 3차로 이하인 경우에는 그 길이에 폭의 길이 3.5m를 곱하고, 4차로 이상인 경우에는 그 길이에 폭의 길이 7m를 곱한 값을 말한다. 다만, 한쪽 측벽에 소방시설이 설치된 4차로 이상인 터널의 경우에는 그 길이와 폭의 길이 3.5m를 곱한 값을 말한다)에 다음의 각 목의 기준을 적용하여 계산한 면적(이하 "점검면적"이라 한다)으로 하되, 점검면적은 점검한도 면적을 초과해서는 안 된다.
   가. 실제 점검면적에 다음의 가감계수를 곱한다.

구분	대상용도	가감계수
1류	문화 및 집회시설, 종교시설, 판매시설, 의료시설, 노유자시설, 수련시설, 숙박시설, 위락시설, 창고시설, 교정시설, 발전시설, 지하가, 복합건축물	1.1
2류	공동주택, 근린생활시설, 운수시설, 교육연구시설, 운동시설, 업무시설, 방송통신시설, 공장, 항공기 및 자동차 관련 시설, 군사시설, 관광휴게시설, 장례시설, 지하구	1.0
3류	위험물 저장 및 처리시설, 문화재, 동물 및 식물 관련 시설, 자원순환 관련 시설, 묘지 관련 시설	0.9

   나. 점검한 특정소방대상물이 다음의 어느 하나에 해당할 때에는 다음에 따라 계산된 값을 가목에 따라 계산된 값에서 뺀다.
      1) 영 별표 4 제1호라목에 따라 스프링클러설비가 설치되지 않은 경우 : 가목에 따

라 계산된 값에 0.1을 곱한 값
      2) 영 별표 4 제1호바목에 따라 물분무등소화설비(호스릴 방식의 물분무등소화설비는 제외한다)가 설치되지 않은 경우 : 가목에 따라 계산된 값에 0.1을 곱한 값
      3) 영 별표 4 제5호가목에 따라 제연설비가 설치되지 않은 경우 : 가목에 따라 계산된 값에 0.1을 곱한 값
   다. 2개 이상의 특정소방대상물을 하루에 점검하는 경우에는 특정소방대상물 상호 간의 좌표 최단거리 5km마다 점검 한도면적에 0.02를 곱한 값을 점검 한도면적에서 뺀다.
7. 제3호부터 제6호까지의 규정에도 불구하고 아파트등(공용시설, 부대시설 또는 복리시설은 포함하고, 아파트등이 포함된 복합건축물의 아파트등 외의 부분은 제외한다. 이하 이 표에서 같다)를 점검할 때에는 다음 각 목의 기준에 따른다.
   가. 점검인력 1단위가 하루 동안 점검할 수 있는 아파트등의 세대수(이하 "점검한도 세대수"라 한다)는 종합점검 및 작동점검에 관계없이 250세대로 한다.
   나. 점검인력 1단위에 보조 점검인력을 1명씩 추가할 때마다 60세대씩을 점검한도 세대수에 더한다.
   다. 관리업자등이 하루 동안 점검한 세대수는 실제 점검 세대수에 다음의 기준을 적용하여 계산한 세대수(이하 "점검세대수"라 한다)로 하되, 점검세대수는 점검한도 세대수를 초과해서는 안 된다.
      1) 점검한 아파트등이 다음의 어느 하나에 해당할 때에는 다음에 따라 계산된 값을 실제 점검 세대수에서 뺀다.
         가) 영 별표 4 제1호라목에 따라 스프링클러설비가 설치되지 않은 경우 : 실제 점검 세대수에 0.1을 곱한 값
         나) 영 별표 4 제1호바목에 따라 물분무등소화설비(호스릴 방식의 물분무등소화설비는 제외한다)가 설치되지 않은 경우 : 실제 점검 세대수에 0.1을 곱한 값
         다) 영 별표 4 제5호가목에 따라 제연설비가 설치되지 않은 경우 : 실제 점검 세대수에 0.1을 곱한 값
      2) 2개 이상의 아파트를 하루에 점검하는 경우에는 아파트 상호간의 좌표최단거리 5km마다 점검 한도세대수에 0.02를 곱한 값을 점검한도 세대수에서 뺀다.
8. 아파트등과 아파트등 외 용도의 건축물을 하루에 점검할 때에는 종합점검의 경우 제7호에 따라 계산된 값에 32, 작동점검의 경우 제7호에 따라 계산된 값에 40을 곱한 값을 점검대상 연면적으로 보고 제2호 및 제3호를 적용한다.
9. 종합점검과 작동점검을 하루에 점검하는 경우에는 작동점검의 점검대상 연면적 또는 점검대상 세대수에 0.8을 곱한 값을 종합점검 점검대상 연면적 또는 점검대상 세대수로 본다.
10. 제3호부터 제9호까지의 규정에 따라 계산된 값은 소수점 이하 둘째 자리에서 반올림한다.

[제9장] 화재의 예방 및 안전관리에 관한 법률

(개정 : 2023. 4. 11. 법률 제19335호, 시행 : 2024. 2. 15.)

제2조 (정의)

1. **예방** : 화재의 위험으로부터 사람의 생명·신체 및 재산을 보호하기 위하여 화재발생을 사전에 제거하거나 방지하기 위한 모든 활동
2. **안전관리** : 화재로 인한 피해를 최소화하기 위한 예방, 대비, 대응 등의 활동
3. **화재안전조사** : 소방청장, 소방본부장 또는 소방서장이 소방대상물, 관계지역 또는 관계인에 대하여 소방시설등이 소방관계법령에 적합하게 설치·관리되고 있는지, 소방대상물에 화재의 발생위험이 있는지 등을 확인하기 위하여 실시하는 현장조사·문서열람·보고요구 등을 하는 활동
4. **화재예방강화지구** : 특별시장·광역시장·특별자치시장·도지사 또는 특별자치도지사가 화재발생 우려가 크거나 화재가 발생할 경우 피해가 클 것으로 예상되는 지역에 대하여 화재의 예방 및 안전관리를 강화하기 위해 지정·관리하는 지역
5. **화재예방안전진단** : 화재가 발생할 경우 사회·경제적으로 피해 규모가 클 것으로 예상되는 소방대상물에 대하여 화재위험요인을 조사하고 그 위험성을 평가하여 개선대책을 수립하는 것

제7조 (화재안전조사)

① 소방관서장은 다음 각 호의 어느 하나에 해당하는 경우 화재안전조사를 실시할 수 있다. 다만, 개인의 주거에 대한 화재안전조사는 관계인의 승낙이 있거나 화재발생의 우려가 뚜렷하여 긴급한 필요가 있는 때에 한정한다.

1. 「소방시설 설치 및 관리에 관한 법률」 제22조에 따른 자체점검이 불성실하거나 불완전하다고 인정되는 경우
2. 화재예방강화지구 등 법령에서 화재안전조사를 하도록 규정되어 있는 경우
3. 화재예방안전진단이 불성실하거나 불완전하다고 인정되는 경우
4. 국가적 행사 등 주요 행사가 개최되는 장소 및 그 주변의 관계 지역에 대하여 소방안전관리 실태를 조사할 필요가 있는 경우
5. 화재가 자주 발생하였거나 발생할 우려가 뚜렷한 곳에 대한 조사가 필요한 경우
6. 재난예측정보, 기상예보 등을 분석한 결과 소방대상물에 화재의 발생 위험이 크다고 판단되는 경우

7. 제1호부터 제6호까지에서 규정한 경우 외에 화재, 그 밖의 긴급한 상황이 발생할 경우 인명 또는 재산 피해의 우려가 현저하다고 판단되는 경우
② 화재안전조사의 항목은 대통령령으로 정한다. 이 경우 화재안전조사의 항목에는 화재의 예방조치 상황, 소방시설등의 관리 상황 및 소방대상물의 화재 등의 발생 위험과 관련된 사항이 포함되어야 한다.
③ : (이 부분은 국가기술자격시험 및 실무에 불필요하므로 생략)

제8조 (화재안전조사의 방법·절차 등)

① 소방관서장은 화재안전조사를 조사의 목적에 따라 제7조제2항에 따른 화재안전조사의 항목 전체에 대하여 종합적으로 실시하거나 특정 항목에 한정하여 실시할 수 있다.
② 소방관서장은 화재안전조사를 실시하려는 경우 사전에 관계인에게 조사대상, 조사기간 및 조사사유 등을 우편, 전화, 전자메일 또는 문자전송 등을 통하여 통지하고 이를 대통령령으로 정하는 바에 따라 인터넷 홈페이지나 제16조제3항의 전산시스템 등을 통하여 공개하여야 한다. 다만, 다음 각 호의 어느 하나에 해당하는 경우에는 그러하지 아니하다.
  1. 화재가 발생할 우려가 뚜렷하여 긴급하게 조사할 필요가 있는 경우
  2. 제1호 외에 화재안전조사의 실시를 사전에 통지하거나 공개하면 조사목적을 달성할 수 없다고 인정되는 경우
③ 화재안전조사는 관계인의 승낙 없이 소방대상물의 공개시간 또는 근무시간 이외에는 할 수 없다. 다만, 제2항제1호에 해당하는 경우에는 그러하지 아니하다.
④ 제2항에 따른 통지를 받은 관계인은 천재지변이나 그 밖에 대통령령으로 정하는 사유로 화재안전조사를 받기 곤란한 경우에는 화재안전조사를 통지한 소방관서장에게 대통령령으로 정하는 바에 따라 화재안전조사를 연기하여 줄 것을 신청할 수 있다. 이 경우 소방관서장은 연기신청 승인 여부를 결정하고 그 결과를 조사 시작 전까지 관계인에게 알려 주어야 한다.
⑤ 제1항부터 제4항까지에서 규정한 사항 외에 화재안전조사의 방법 및 절차 등에 필요한 사항은 대통령령으로 정한다.

제11조 (화재안전조사 전문가 참여)

① 소방관서장은 필요한 경우에는 소방기술사, 소방시설관리사, 그 밖에 화재안전 분야에 전문지식을 갖춘 사람을 화재안전조사에 참여하게 할 수 있다.
② 제1항에 따라 조사에 참여하는 외부 전문가에게는 예산의 범위에서 수당, 여비, 그 밖에 필요한 경비를 지급할 수 있다.

제17조 (화재의 예방조치 등)

① 누구든지 화재예방강화지구 및 이에 준하는 대통령령으로 정하는 장소에서는 다음 각 호의 어느 하나에 해당하는 행위를 하여서는 아니 된다. 다만, 행정안전부령으로 정하는 바

에 따라 안전조치를 한 경우에는 그러하지 아니한다.
1. 모닥불, 흡연 등 화기의 취급
2. 풍등 등 소형열기구 날리기
3. 용접·용단 등 불꽃을 발생시키는 행위
4. 그 밖에 대통령령으로 정하는 화재 발생 위험이 있는 행위

② 소방관서장은 화재 발생 위험이 크거나 소화 활동에 지장을 줄 수 있다고 인정되는 행위나 물건에 대하여 행위 당사자나 그 물건의 소유자, 관리자 또는 점유자에게 다음 각 호의 명령을 할 수 있다. 다만, 제2호 및 제3호에 해당하는 물건의 소유자, 관리자 또는 점유자를 알 수 없는 경우 소속 공무원으로 하여금 그 물건을 옮기거나 보관하는 등 필요한 조치를 하게 할 수 있다.
1. 제1항 각 호의 어느 하나에 해당하는 행위의 금지 또는 제한
2. 목재, 플라스틱 등 가연성이 큰 물건의 제거, 이격, 적재 금지 등
3. 소방차량의 통행이나 소화 활동에 지장을 줄 수 있는 물건의 이동

③ 제2항 단서에 따라 옮긴 물건 등에 대한 보관기간 및 보관기간 경과 후 처리 등에 필요한 사항은 대통령령으로 정한다.

④ 보일러, 난로, 건조설비, 가스·전기시설, 그 밖에 화재 발생 우려가 있는 대통령령으로 정하는 설비 또는 기구 등의 위치·구조 및 관리와 화재 예방을 위하여 불을 사용할 때 지켜야 하는 사항은 대통령령으로 정한다.

⑤ 화재가 발생하는 경우 불길이 빠르게 번지는 고무류·플라스틱류·석탄 및 목탄 등 대통령령으로 정하는 특수가연물의 저장 및 취급 기준은 대통령령으로 정한다.

제18조 (화재예방강화지구의 지정 등)

① 시·도지사는 다음 각 호의 어느 하나에 해당하는 지역을 화재예방강화지구로 지정하여 관리할 수 있다.
1. 시장지역
2. 공장·창고가 밀집한 지역
3. 목조건물이 밀집한 지역
4. 노후·불량건축물이 밀집한 지역
5. 위험물의 저장 및 처리 시설이 밀집한 지역
6. 석유화학제품을 생산하는 공장이 있는 지역
7. 「산업입지 및 개발에 관한 법률」 제2조제8호에 따른 산업단지
8. 소방시설·소방용수시설 또는 소방출동로가 없는 지역
9. <u>「물류시설의 개발 및 운영에 관한 법률」 제2조제6호에 따른 물류단지</u> 〈신설 2023.4.11〉
10. 그 밖에 제1호부터 제9호까지에 준하는 지역으로서 소방관서장이 화재예방강화지구로 지정할 필요가 있다고 인정하는 지역

② ~ ⑥ : (이 부분은 국가기술자격시험 및 실무에 불필요하므로 생략)

제21조 (화재안전영향평가)

① 소방청장은 화재발생 원인 및 연소과정을 조사·분석하는 등의 과정에서 법령이나 정책의 개선이 필요하다고 인정되는 경우 그 법령이나 정책에 대한 화재 위험성의 유발요인 및 완화 방안에 대한 평가(이하 "화재안전영향평가"라 한다)를 실시할 수 있다.
② 소방청장은 제1항에 따라 화재안전영향평가를 실시한 경우 그 결과를 해당 법령이나 정책의 소관 기관의 장에게 통보하여야 한다.
③ 제2항에 따라 결과를 통보받은 소관 기관의 장은 특별한 사정이 없는 한 이를 해당 법령이나 정책에 반영하도록 노력하여야 한다.
④ 화재안전영향평가의 방법·절차·기준 등에 필요한 사항은 대통령령으로 정한다.

제22조 (화재안전영향평가심의회)

① 소방청장은 화재안전영향평가에 관한 업무를 수행하기 위하여 화재안전영향평가심의회(이하 "심의회"라 한다)를 구성·운영할 수 있다.
② 심의회는 위원장 1명을 포함한 12명 이내의 위원으로 구성한다.
③ 위원장은 위원 중에서 호선하고, 위원은 다음 각 호의 사람으로 한다.
   1. 화재안전과 관련되는 법령이나 정책을 담당하는 관계 기관의 소속 직원으로서 대통령령으로 정하는 사람
   2. 소방기술사 등 대통령령으로 정하는 화재안전과 관련된 분야의 학식과 경험이 풍부한 전문가로서 소방청장이 위촉한 사람
④ 제2항 및 제3항에서 규정한 사항 외에 심의회의 구성·운영 등에 필요한 사항은 대통령령으로 정한다.

제29조 (건설현장 소방안전관리) 기술사 131회

① 「소방시설 설치 및 관리에 관한 법률」 제15조제1항에 따른 공사시공자가 화재발생 및 화재피해의 우려가 큰 대통령령으로 정하는 특정소방대상물을 신축·증축·개축·재축·이전·용도변경 또는 대수선하는 경우에는 제24조제1항에 따른 소방안전관리자로서 제34조에 따른 교육을 받은 사람을 소방시설공사 착공 신고일부터 건축물 사용승인일까지 소방안전관리자로 선임하고 행정안전부령으로 정하는 바에 따라 소방본부장 또는 소방서장에게 신고하여야 한다.
② 제1항에 따른 건설현장 소방안전관리대상물의 소방안전관리자의 업무는 다음 각 호와 같다.
   1. 건설현장의 소방계획서의 작성
   2. 「소방시설 설치 및 관리에 관한 법률」 제15조제1항에 따른 임시소방시설의 설치 및 관리에 대한 감독
   3. 공사진행 단계별 피난안전구역, 피난로 등의 확보와 관리
   4. 건설현장의 작업자에 대한 소방안전 교육 및 훈련
   5. 초기대응체계의 구성·운영 및 교육

    6. 화기취급의 감독, 화재위험작업의 허가 및 관리
    7. 그 밖에 건설현장의 소방안전관리와 관련하여 소방청장이 고시하는 업무
③ 그 밖에 건설현장 소방안전관리대상물의 소방안전관리에 관하여는 제26조부터 제28조까지의 규정을 준용한다. 이 경우 "소방안전관리대상물의 관계인" 또는 "특정소방대상물의 관계인"은 "공사시공자"로 본다.

제36조 (피난계획의 수립 및 시행)
① 소방안전관리대상물의 관계인은 그 장소에 근무하거나 거주 또는 출입하는 사람들이 화재가 발생한 경우에 안전하게 피난할 수 있도록 피난계획을 수립·시행하여야 한다.
② 제1항의 피난계획에는 그 소방안전관리대상물의 구조, 피난시설 등을 고려하여 설정한 피난경로가 포함되어야 한다.
③ 소방안전관리대상물의 관계인은 피난시설의 위치, 피난경로 또는 대피요령이 포함된 피난유도 안내정보를 근무자 또는 거주자에게 정기적으로 제공하여야 한다.
④ 제1항에 따른 피난계획의 수립·시행, 제3항에 따른 피난유도 안내정보 제공에 필요한 사항은 행정안전부령으로 정한다.

제40조 (소방안전 특별관리시설물의 안전관리)
① 소방청장은 화재 등 재난이 발생할 경우 사회·경제적으로 피해가 큰 다음 각 호의 시설에 대하여 소방안전 특별관리를 하여야 한다.
    1. 「공항시설법」 제2조제7호의 공항시설
    2. 「철도산업발전기본법」 제3조제2호의 철도시설
    3. 「도시철도법」 제2조제3호의 도시철도시설
    4. 「항만법」 제2조제5호의 항만시설
    5. 「문화재보호법」 제2조제3항의 지정문화재인 시설(시설이 아닌 지정문화재를 보호하거나 소장하고 있는 시설을 포함한다)
    6. 「산업기술단지 지원에 관한 특례법」 제2조제1호의 산업기술단지
    7. 「산업입지 및 개발에 관한 법률」 제2조제8호의 산업단지
    8. 「초고층 및 지하연계 복합건축물 재난관리에 관한 특별법」 제2조제1호·제2호의 초고층 건축물 및 지하연계 복합건축물
    9. 「영화 및 비디오물의 진흥에 관한 법률」 제2조제10호의 영화상영관 중 수용인원 1천명 이상인 영화상영관
    10. 전력용 및 통신용 지하구
    11. 「한국석유공사법」 제10조제1항제3호의 석유비축시설
    12. 「한국가스공사법」 제11조제1항제2호의 천연가스 인수기지 및 공급망
    13. 「전통시장 및 상점가 육성을 위한 특별법」 제2조제1호의 전통시장으로서 대통령령으로 정하는 전통시장

14. 그 밖에 대통령령으로 정하는 시설물

② ~ ④ : (이 부분은 국가기술자격시험 및 실무에 불필요하므로 생략)

제41조 (화재예방안전진단) 기술사 133회

① 대통령령으로 정하는 소방안전 특별관리시설물의 관계인은 화재의 예방 및 안전관리를 체계적·효율적으로 수행하기 위하여 대통령령으로 정하는 바에 따라「소방기본법」제40조에 따른 한국소방안전원(이하 "안전원"이라 한다) 또는 소방청장이 지정하는 화재예방안전진단기관(이하 "진단기관"이라 한다)으로부터 정기적으로 화재예방안전진단을 받아야 한다.

② 제1항에 따른 화재예방안전진단의 범위는 다음 각 호와 같다.
 1. 화재위험요인의 조사에 관한 사항
 2. 소방계획 및 피난계획 수립에 관한 사항
 3. 소방시설등의 유지·관리에 관한 사항
 4. 비상대응조직 및 교육훈련에 관한 사항
 5. 화재 위험성 평가에 관한 사항
 6. 그 밖에 화재예방진단을 위하여 대통령령으로 정하는 사항

③ ~ ⑥ : (이 부분은 국가기술자격시험 및 실무에 불필요하므로 생략)

부칙 〈제18523호, 2021. 11. 30.〉

제1조 (시행일) 이 법은 공포 후 1년이 경과한 날부터 시행한다.

제2조 (건설현장 소방안전관리대상물 소방안전관리자 선임에 관한 적용례) 제29조 제1항은 이 법 시행 후 최초로 건설현장 소방안전관리대상물을 신축·증축·개축·재축·이전·용도변경 또는 대수선하는 경우부터 적용한다.

제3조 (일반적 경과조치) 이 법 시행 당시 종전의「소방기본법」및「화재예방, 소방시설 설치·유지 및 안전관리에 관한 법률」에 따라 행한 처분·절차와 그 밖의 행위로서 이 법에 그에 해당하는 규정이 있으면 이 법의 해당 규정에 따라 행하여진 것으로 본다.

[제10장] 화재의 예방 및 안전관리에 관한 법률 시행령

(개정 : 2023. 1. 3. 대통령령 제33199호, 시행 : 2023. 1. 3.)

제7조 (화재안전조사의 항목)

소방청장, 소방본부장 또는 소방서장(이하 "소방관서장"이라 한다)은 법 제7조제1항에 따라 다음 각 호의 항목에 대하여 화재안전조사를 실시한다.

1. 법 제17조에 따른 화재의 예방조치 등에 관한 사항
2. 법 제24조, 제25조, 제27조 및 제29조에 따른 소방안전관리 업무 수행에 관한 사항
3. 법 제36조에 따른 피난계획의 수립 및 시행에 관한 사항
4. 법 제37조에 따른 소화·통보·피난 등의 훈련 및 소방안전관리에 필요한 교육(이하 "소방훈련·교육"이라 한다)에 관한 사항
5. 「소방기본법」 제21조의2에 따른 소방자동차 전용구역의 설치에 관한 사항
6. 「소방시설공사업법」 제12조에 따른 시공, 같은 법 제16조에 따른 감리 및 같은 법 제18조에 따른 감리원의 배치에 관한 사항
7. 「소방시설 설치 및 관리에 관한 법률」 제12조에 따른 소방시설의 설치 및 관리에 관한 사항
8. 「소방시설 설치 및 관리에 관한 법률」 제15조에 따른 건설현장 임시소방시설의 설치 및 관리에 관한 사항
9. 「소방시설 설치 및 관리에 관한 법률」 제16조에 따른 피난시설, 방화구획 및 방화시설의 관리에 관한 사항
10. 「소방시설 설치 및 관리에 관한 법률」 제20조에 따른 방염(防炎)에 관한 사항
11. 「소방시설 설치 및 관리에 관한 법률」 제22조에 따른 소방시설등의 자체점검에 관한 사항
12. 「다중이용업소의 안전관리에 관한 특별법」 제8조, 제9조, 제9조의2, 제10조, 제10조의2 및 제11조부터 제13조까지의 규정에 따른 안전관리에 관한 사항
13. 「위험물안전관리법」 제5조, 제6조, 제14조, 제15조 및 제18조에 따른 위험물 안전관리에 관한 사항
14. 「초고층 및 지하연계 복합건축물 재난관리에 관한 특별법」 제9조, 제11조, 제12조, 제14조, 제16조 및 제22조에 따른 초고층 및 지하연계 복합건축물의 안전관리에 관한 사항
15. 그 밖에 소방대상물에 화재의 발생 위험이 있는지 등을 확인하기 위해 소방관서장이 화재안전조사가 필요하다고 인정하는 사항

제16조 (화재의 예방조치 등)

① 법 제17조제1항 각 호 외의 부분 본문에서 "대통령령으로 정하는 장소"란 다음 각 호의 장소를 말한다.
  1. 제조소등
  2. 「고압가스 안전관리법」 제3조제1호에 따른 저장소
  3. 「액화석유가스의 안전관리 및 사업법」 제2조제1호에 따른 액화석유가스의 저장소ㆍ판매소
  4. 「수소경제 육성 및 수소 안전관리에 관한 법률」 제2조제7호에 따른 수소연료공급시설 및 같은 조 제9호에 따른 수소연료사용시설
  5. 「총포ㆍ도검ㆍ화약류 등의 안전관리에 관한 법률」 제2조제3항에 따른 화약류를 저장하는 장소

② 법 제17조제1항제4호에서 "대통령령으로 정하는 화재발생위험이 있는 행위"란 「위험물안전관리법」 제2조제1항제1호에 따른 위험물을 방치하는 행위를 말한다.

제18조 (불을 사용하는 설비의 관리기준 등)

① 법 제17조제4항에서 "대통령령으로 정하는 설비 또는 기구 등"이란 다음 각 호의 설비 또는 기구를 말한다.
  1. 보일러
  2. 난로
  3. 건조설비
  4. 가스ㆍ전기시설
  5. 불꽃을 사용하는 용접ㆍ용단 기구
  6. 노(爐)ㆍ화덕설비
  7. 음식조리를 위하여 설치하는 설비

② 제1항 각 호에 따른 설비 또는 기구의 위치ㆍ구조 및 관리와 화재 예방을 위하여 불을 사용할 때 지켜야 하는 사항은 별표 1과 같다.

③ 제1항 및 제2항에서 규정한 사항 외에 화재 발생 우려가 있는 설비 또는 기구의 종류, 해당 설비 또는 기구의 위치ㆍ구조 및 관리와 화재 예방을 위하여 불을 사용할 때 지켜야 하는 사항은 시ㆍ도의 조례로 정한다.

제19조 (화재의 확대가 빠른 특수가연물)

① 법 제17조제5항에서 "고무류ㆍ플라스틱류ㆍ석탄 및 목탄 등 대통령령으로 정하는 특수가연물"이란 별표 2에서 정하는 품명별 수량 이상의 가연물을 말한다.

② 법 제17조제5항에 따른 특수가연물의 저장 및 취급 기준은 별표 3과 같다.

제29조 (건설현장 소방안전관리대상물) 기술사 131회

법 제29조제1항에서 "대통령령으로 정하는 특정소방대상물"이란 다음 각 호의 어느 하나에 해당하는 특정소방대상물을 말한다.

1. 신축·증축·개축·재축·이전·용도변경 또는 대수선을 하려는 부분의 연면적의 합계가 1만5천m² 이상인 것
2. 신축·증축·개축·재축·이전·용도변경 또는 대수선을 하려는 부분의 연면적이 5천m² 이상인 것으로서 다음 각 목의 어느 하나에 해당하는 것
   가. 지하층의 층수가 2개 층 이상인 것
   나. 지상층의 층수가 11층 이상인 것
   다. 냉동창고, 냉장창고 또는 냉동·냉장창고

제41조 (소방안전 특별관리시설물)

① 법 제40조제1항제13호에서 "대통령령으로 정하는 전통시장"이란 점포가 500개 이상인 전통시장을 말한다.
② 법 제40조제1항제14호에서 "대통령령으로 정하는 시설물"이란 다음 각 호의 시설물을 말한다.
   1. 「전기사업법」제2조제4호에 따른 발전사업자가 가동 중인 발전소(「발전소주변지역 지원에 관한 법률 시행령」제2조제2항에 따른 발전소는 제외한다)
   2. 「물류시설의 개발 및 운영에 관한 법률」제2조제5호의2에 따른 물류창고로서 연면적 10만m² 이상인 것
   3. 「도시가스사업법」제2조제5호에 따른 가스공급시설

제43조 (화재예방안전진단의 대상) 기술사 131회·133회

법 제41조제1항에서 "대통령령으로 정하는 소방안전 특별관리시설물"이란 다음 각 호의 시설을 말한다.

1. 법 제40조제1항제1호에 따른 공항시설 중 여객터미널의 연면적이 1천m² 이상인 공항시설
2. 법 제40조제1항제2호에 따른 철도시설 중 역 시설의 연면적이 5천m² 이상인 철도시설
3. 법 제40조제1항제3호에 따른 도시철도시설 중 역사 및 역 시설의 연면적이 5천m² 이상인 도시철도시설
4. 법 제40조제1항제4호에 따른 항만시설 중 여객이용시설 및 지원시설의 연면적이 5천m² 이상인 항만시설
5. 법 제40조제1항제10호에 따른 전력용 및 통신용 지하구 중 「국토의 계획 및 이용에 관한 법률」제2조제9호에 따른 공동구
6. 법 제40조제1항제12호에 따른 천연가스 인수기지 및 공급망 중 「소방시설 설치 및 관리에 관한 법률 시행령」별표 2 제17호나목에 따른 가스시설
7. 제41조제2항제1호에 따른 발전소 중 연면적이 5천m² 이상인 발전소

8. 제41조제2항제3호에 따른 가스공급시설 중 가연성가스 탱크의 저장용량의 합계가 100톤 이상이거나 저장용량이 30톤 이상인 가연성가스 탱크가 있는 가스공급시설

제44조 (화재예방안전진단의 실시 절차 등) 기술사 131회·133회

① 소방안전관리대상물이 건축되어 제43조 각 호의 소방안전 특별관리시설물에 해당하게 된 경우 해당 소방안전 특별관리시설물의 관계인은 「건축법」 제22조에 따른 사용승인 또는 「소방시설공사업법」 제14조에 따른 완공검사를 받은 날부터 5년이 경과한 날이 속하는 해에 법 제41조제1항에 따라 최초의 화재예방안전진단을 받아야 한다.

② 화재예방안전진단을 받은 소방안전 특별관리시설물의 관계인은 제3항에 따른 안전등급(이하 "안전등급"이라 한다)에 따라 정기적으로 다음 각 호의 기간에 법 제41조제1항에 따라 화재예방안전진단을 받아야 한다.
 1. 안전등급이 우수인 경우 : 안전등급을 통보받은 날부터 6년이 경과한 날이 속하는 해
 2. 안전등급이 양호·보통인 경우 : 안전등급을 통보받은 날부터 5년이 경과한 날이 속하는 해
 3. 안전등급이 미흡·불량인 경우 : 안전등급을 통보받은 날부터 4년이 경과한 날이 속하는 해

③ 화재예방안전진단 결과는 우수, 양호, 보통, 미흡 및 불량의 안전등급으로 구분하며, 안전등급의 기준은 별표 7과 같다.

④ 제1항부터 제3항까지에서 규정한 사항 외에 화재예방안전진단 절차 및 방법 등에 관하여 필요한 사항은 행정안전부령으로 정한다.

제45조 (화재예방안전진단의 범위) 기술사 133회

법 제41조제2항제6호에서 "대통령령으로 정하는 사항"이란 다음 각 호의 사항을 말한다.
 1. 화재 등의 재난 발생 후 재발방지 대책의 수립 및 그 이행에 관한 사항
 2. 지진 등 외부 환경 위험요인 등에 대한 예방·대비·대응에 관한 사항
 3. 화재예방안전진단 결과 보수·보강 등 개선요구 사항 등에 대한 이행 여부

[별표 1] 보일러 등의 설비 또는 기구 등의 위치·구조 및 관리와 화재예방을 위하여 불을 사용할 때 지켜야 하는 사항

1. **보일러** 관리사 15회 기술사 131회

    가. 가연성 벽·바닥 또는 천장과 접촉하는 증기기관 또는 연통의 부분은 규조토 등 난연성 또는 불연성 단열재로 덮어 씌워야 한다.

    나. 경유·등유 등 액체연료를 사용할 때에는 다음 사항을 지켜야 한다.
    1) 연료탱크는 보일러 본체로부터 수평거리 1m 이상의 간격을 두어 설치할 것
    2) 연료탱크에는 화재 등 긴급상황이 발생하는 경우 연료를 차단할 수 있는 개폐밸브를 연료탱크로부터 0.5m 이내에 설치할 것
    3) 연료탱크 또는 보일러 등에 연료를 공급하는 배관에는 여과장치를 설치할 것
    4) 사용이 허용된 연료 외의 것을 사용하지 않을 것
    5) 연료탱크가 넘어지지 않도록 받침대를 설치하고, 연료탱크 및 연료탱크 받침대는 「건축법 시행령」 제2조제10호에 따른 불연재료로 할 것

    다. 기체연료를 사용할 때에는 다음 사항을 지켜야 한다.
    1) 보일러를 설치하는 장소에는 환기구를 설치하는 등 가연성 가스가 머무르지 않도록 할 것
    2) 연료를 공급하는 배관은 금속관으로 할 것
    3) 화재 등 긴급 시 연료를 차단할 수 있는 개폐밸브를 연료용기 등으로부터 0.5m 이내에 설치할 것
    4) 보일러가 설치된 장소에는 가스누설경보기를 설치할 것

    라. 화목(火木) 등 고체연료를 사용할 때에는 다음 사항을 지켜야 한다.
    1) 고체연료는 보일러 본체와 수평거리 2m 이상 간격을 두어 보관하거나 불연재료로 된 별도의 구획된 공간에 보관할 것
    2) 연통은 천장으로부터 0.6m 떨어지고, 연통의 배출구는 건물 밖으로 0.6m 이상 나오도록 설치할 것
    3) 연통의 배출구는 보일러 본체보다 2m 이상 높게 설치할 것
    4) 연통이 관통하는 벽면, 지붕 등은 불연재료로 처리할 것
    5) 연통재질은 불연재료로 사용하고 연결부에 청소구를 설치할 것

    마. 보일러 본체와 벽·천장 사이의 거리는 0.6m 이상이어야 한다.

    바. 보일러를 실내에 설치하는 경우에는 콘크리트바닥 또는 금속 외의 불연재료로 된 바닥 위에 설치해야 한다.

2. **난로**

    가. 연통은 천장으로부터 0.6m 이상 떨어지고, 연통의 배출구는 건물 밖으로 0.6m 이상 나오게 설치해야 한다.

나. 가연성 벽·바닥 또는 천장과 접촉하는 연통의 부분은 규조토 등 난연성 또는 불연성의 단열재로 덮어씌워야 한다.

다. 이동식난로는 다음의 장소에서 사용해서는 안 된다. 다만, 난로가 쓰러지지 않도록 받침대를 두어 고정시키거나 쓰러지는 경우 즉시 소화되고 연료의 누출을 차단할 수 있는 장치가 부착된 경우에는 그렇지 않다.

1) 「다중이용업소의 안전관리에 관한 특별법」 제2조제1항제4호에 따른 다중이용업소
2) 「학원의 설립·운영 및 과외교습에 관한 법률」 제2조제1호에 따른 학원
3) 「학원의 설립·운영 및 과외교습에 관한 법률 시행령」 제2조제1항제4호에 따른 독서실
4) 「공중위생관리법」 제2조제1항제2호에 따른 숙박업, 같은 항 제3호에 따른 목욕장업 및 같은 항 제6호에 따른 세탁업의 영업장
5) 「의료법」 제3조제2항제1호에 따른 의원·치과의원·한의원, 같은 항 제2호에 따른 조산원 및 같은 항 제3호에 따른 병원·치과병원·한방병원·요양병원·정신병원·종합병원
6) 「식품위생법 시행령」 제21조제8호에 따른 식품접객업의 영업장
7) 「영화 및 비디오물의 진흥에 관한 법률」 제2조제10호에 따른 영화상영관
8) 「공연법」 제2조제4호에 따른 공연장
9) 「박물관 및 미술관 진흥법」 제2조제1호에 따른 박물관 및 같은 조 제2호에 따른 미술관
10) 「유통산업발전법」 제2조제7호에 따른 상점가
11) 「건축법」 제20조에 따른 가설건축물
12) 역·터미널

3. 건조설비

가. 건조설비와 벽·천장 사이의 거리는 0.5m 이상이어야 한다.
나. 건조물품이 열원과 직접 접촉하지 않도록 해야 한다.
다. 실내에 설치하는 경우에 벽·천장 및 바닥은 불연재료로 해야 한다.

4. 가스·전기시설

가. 가스시설의 경우 「고압가스 안전관리법」, 「도시가스사업법」 및 「액화석유가스의 안전관리 및 사업법」에서 정하는 바에 따른다.
나. 전기시설의 경우 「전기사업법」 및 「전기안전관리법」에서 정하는 바에 따른다.

5. **불꽃을 사용하는 용접·용단 기구** 관리사 20회

용접 또는 용단 작업장에서는 다음 각 목의 사항을 지켜야 한다. 다만, 「산업안전보건법」 제38조의 적용을 받는 사업장에는 적용하지 않는다.

가. 용접 또는 용단 작업장 주변 반경 5m 이내에 소화기를 갖추어 둘 것
나. 용접 또는 용단 작업장 주변 반경 10m 이내에는 가연물을 쌓아두거나 놓아두지 말 것. 다만, 가연물의 제거가 곤란하여 방화포 등으로 방호조치를 한 경우는 제외한다.

6. **노·화덕설비**
    가. 실내에 설치하는 경우에는 흙바닥 또는 금속 외의 불연재료로 된 바닥에 설치해야 한다.
    나. 노 또는 화덕을 설치하는 장소의 벽·천장은 불연재료로 된 것이어야 한다.
    다. 노 또는 화덕의 주위에는 녹는 물질이 확산되지 않도록 높이 0.1m 이상의 턱을 설치해야 한다.
    라. 시간당 열량이 30만kcal 이상인 노를 설치하는 경우에는 다음의 사항을 지켜야 한다.
        1) 「건축법」 제2조제1항제7호에 따른 주요구조부(이하 "주요구조부"라 한다)는 불연재료 이상으로 할 것
        2) 창문과 출입구는 「건축법 시행령」 제64조에 따른 60+ 방화문 또는 60분 방화문으로 설치할 것
        3) 노 주위에는 1m 이상 공간을 확보할 것

7. **음식조리를 위하여 설치하는 설비**
    「식품위생법 시행령」 제21조제8호에 따른 식품접객업 중 일반음식점 주방에서 조리를 위하여 불을 사용하는 설비를 설치하는 경우에는 다음 각 목의 사항을 지켜야 한다.
    가. 주방설비에 부속된 배출덕트(공기 배출통로)는 0.5mm 이상의 아연도금강판 또는 이와 같거나 그 이상의 내식성 불연재료로 설치할 것
    나. 주방시설에는 동물 또는 식물의 기름을 제거할 수 있는 필터 등을 설치할 것
    다. 열을 발생하는 조리기구는 반자 또는 선반으로부터 0.6m 이상 떨어지게 할 것
    라. 열을 발생하는 조리기구로부터 0.15m 이내의 거리에 있는 가연성 주요구조부는 단열성이 있는 불연재료로 덮어 씌울 것

[비고]
1. "보일러"란 사업장 또는 영업장 등에서 사용하는 것을 말하며, 주택에서 사용하는 가정용 보일러는 제외한다.
2. "건조설비"란 산업용 건조설비를 말하며, 주택에서 사용하는 건조설비는 제외한다.
3. "노·화덕설비"란 제조업·가공업에서 사용되는 것을 말하며, 주택에서 조리용도로 사용되는 화덕은 제외한다.
4. 보일러, 난로, 건조설비, 불꽃을 사용하는 용접·용단기구 및 노·화덕설비가 설치된 장소에는 소화기 1개 이상을 갖추어 두어야 한다.

[별표 2] 특수가연물 기술사 94회·122회·130회

품명		수량
면화류		200kg 이상
나무껍질 및 대팻밥		400kg 이상
넝마 및 종이부스러기		1,000kg 이상
사류(絲類)		1,000kg 이상
볏짚류		1,000kg 이상
가연성 고체류		3,000kg 이상
석탄·목탄류		10,000kg 이상
가연성 액체류		$2m^3$ 이상
목재가공품 및 나무부스러기		$10m^3$ 이상
고무류·플라스틱류	발포시킨 것	$20m^3$ 이상
	그 밖의 것	3,000kg 이상

[비고]

1. "면화류"란 불연성 또는 난연성이 아닌 면상(綿狀) 또는 팽이모양의 섬유와 마사(麻絲) 원료를 말한다.
2. 넝마 및 종이부스러기는 불연성 또는 난연성이 아닌 것(동물 또는 식물의 기름이 깊이 스며들어 있는 옷감·종이 및 이들의 제품을 포함한다)으로 한정한다.
3. "사류"란 불연성 또는 난연성이 아닌 실(실부스러기와 솜털을 포함한다)과 누에고치를 말한다.
4. "볏짚류"란 마른 볏짚·북데기와 이들의 제품 및 건초를 말한다. 다만, 축산용도로 사용하는 것은 제외한다.
5. "가연성 고체류"란 고체로서 다음 각 목에 해당하는 것을 말한다.
   가. 인화점이 40℃ 이상 100℃ 미만인 것
   나. 인화점이 100℃ 이상 200℃ 미만이고, 연소열량이 1g당 8kcal 이상인 것
   다. 인화점이 200℃ 이상이고 연소열량이 1g당 8kcal 이상인 것으로서 녹는점(융점)이 100℃ 미만인 것
   라. 1기압과 20℃ 초과 40℃ 이하에서 액상인 것으로서 인화점이 70℃ 이상 200℃ 미만이거나 나목 또는 다목에 해당하는 것
6. 석탄·목탄류에는 코크스, 석탄가루를 물에 갠 것, 마세크탄(조개탄), 연탄, 석유코크스, 활성탄 및 이와 유사한 것을 포함한다.

7. "가연성 액체류"란 다음 각 목의 것을 말한다.
   가. 1기압과 20℃ 이하에서 액상인 것으로서 가연성 액체량이 40중량퍼센트 이하이면서 인화점이 40℃ 이상 70℃ 미만이고 연소점이 60℃ 이상인 것
   나. 1기압과 20℃에서 액상인 것으로서 가연성 액체량이 40중량퍼센트 이하이고 인화점이 70℃ 이상 250℃ 미만인 것
   다. 동물의 기름과 살코기 또는 식물의 씨나 과일의 살에서 추출한 것으로서 다음의 어느 하나에 해당하는 것
      1) 1기압과 20℃에서 액상이고 인화점이 250℃ 미만인 것으로서 「위험물안전관리법」 제20조제1항에 따른 용기기준과 수납·저장기준에 적합하고 용기외부에 물품명·수량 및 "화기엄금" 등의 표시를 한 것
      2) 1기압과 20℃에서 액상이고 인화점이 250℃ 이상인 것
8. "고무류·플라스틱류"란 불연성 또는 난연성이 아닌 고체의 합성수지제품, 합성수지반제품, 원료합성수지 및 합성수지 부스러기(불연성 또는 난연성이 아닌 고무제품, 고무반제품, 원료고무 및 고무 부스러기를 포함한다)를 말한다. 다만, 합성수지의 섬유·옷감·종이 및 실과 이들의 넝마와 부스러기는 제외한다.

[별표 3] 특수가연물의 저장 및 취급 기준 기술사 94회·122회 관리사 17회

1. **특수가연물의 저장·취급 기준** 기술사 130회

   특수가연물은 다음 각 목의 기준에 따라 쌓아 저장해야 한다. 다만, 석탄·목탄류를 발전용(發電用)으로 저장하는 경우는 제외한다.

   가. 품명별로 구분하여 쌓을 것
   나. 다음의 기준에 맞게 쌓을 것

구분	살수설비를 설치하거나 방사능력 범위에 해당 특수가연물이 포함되도록 대형수동식소화기를 설치하는 경우	그 밖의 경우
높이	15m 이하	10m 이하
쌓는 부분의 바닥면적	200m²(석탄·목탄류의 경우에는 300m²) 이하	50m²(석탄·목탄류의 경우에는 200m²) 이하

   다. 실외에 쌓아 저장하는 경우 쌓는 부분이 대지경계선, 도로 및 인접 건축물과 최소 6m 이상 간격을 둘 것. 다만, 쌓는 높이보다 0.9m 이상 높은 「건축법 시행령」 제2조제7호에 따른 내화구조 벽체를 설치한 경우는 그렇지 않다.

라. 실내에 쌓아 저장하는 경우 주요구조부는 내화구조이면서 불연재료여야 하고, 다른 종류의 특수가연물과 같은 공간에 보관하지 않을 것. 다만, 내화구조의 벽으로 분리하는 경우는 그렇지 않다.

마. 쌓는 부분 바닥면적의 사이는 실내의 경우 1.2m 또는 쌓는 높이의 1/2 중 큰 값 이상으로 간격을 두어야 하며, 실외의 경우 3m 또는 쌓는 높이 중 큰 값 이상으로 간격을 둘 것

2. **특수가연물 표지** 기술사 130회

가. 특수가연물을 저장 또는 취급하는 장소에는 품명, 최대저장수량, 단위부피당 질량 또는 단위체적당 질량, 관리책임자 성명·직책, 연락처 및 화기취급의 금지표시가 포함된 특수가연물 표지를 설치해야 한다.

나. 특수가연물 표지의 규격은 다음과 같다.

특수가연물	
화기엄금	
품 명	합성수지류
최대저장수량 (배수)	000톤(00배)
단위부피당 질량 (단위체적당 질량)	000kg/m³
관리책임자 (직책)	홍길동 팀장
연락처	02-000-0000

1) 특수가연물 표지는 한 변의 길이가 0.3m 이상, 다른 한 변의 길이가 0.6m 이상인 직사각형으로 할 것
2) 특수가연물 표지의 바탕은 흰색으로, 문자는 검은색으로 할 것. 다만, "화기엄금" 표시 부분은 제외한다.
3) 특수가연물 표지 중 화기엄금 표시 부분의 바탕은 붉은색으로, 문자는 백색으로 할 것

다. 특수가연물 표지는 특수가연물을 저장하거나 취급하는 장소 중 보기 쉬운 곳에 설치해야 한다.

[별표 7] 화재예방안전진단 결과에 따른 안전등급 기준

안전등급	화재예방안전진단 대상물의 상태
우수(A)	화재예방안전진단 실시 결과 문제점이 발견되지 않은 상태
양호(B)	화재예방안전진단 실시 결과 문제점이 일부 발견되었으나 대상물의 화재안전에는 이상이 없으며 대상물 일부에 대해 법 제41조제5항에 따른 보수·보강 등의 조치명령이 필요한 상태
보통(C)	화재예방안전진단 실시 결과 문제점이 다수 발견되었으나 대상물의 전반적인 화재안전에는 이상이 없으며 대상물에 대한 다수의 조치명령이 필요한 상태
미흡(D)	화재예방안전진단 실시 결과 광범위한 문제점이 발견되어 대상물의 화재안전을 위해 조치명령의 즉각적인 이행이 필요하고 대상물의 사용 제한을 권고할 필요가 있는 상태
불량(E)	화재예방안전진단 실시 결과 중대한 문제점이 발견되어 대상물의 화재안전을 위해 조치명령의 즉각적인 이행이 필요하고 대상물의 사용 중단을 권고할 필요가 있는 상태

[별표 8] 화재예방안전진단기관의 시설, 전문인력 등 지정기준

1. **시설**

    화재예방안전진단을 목적으로 설립된 비영리법인·단체로서 제2호에 따른 전문인력이 근무할 수 있는 사무실과 제3호에 따른 장비를 보관할 수 있는 창고를 갖출 것. 이 경우 사무실과 창고를 임차하여 사용하는 경우도 사무실과 창고를 갖춘 것으로 본다.

2. **전문인력**

    다음 각 목의 전문인력을 모두 갖출 것. 이 경우 전문인력은 해당 화재예방안전진단기관의 상근 직원이어야 하며, 한 사람이 다음 각 목의 자격 요건 중 둘 이상을 충족하는 경우에도 한 명의 전문인력으로 본다.

    가. 다음에 해당하는 사람
    1) 소방기술사 : 1명 이상
    2) 소방시설관리사 : 1명 이상
    3) 전기안전기술사·화공안전기술사·가스기술사·위험물기능장 또는 건축사 : 1명 이상

나. 다음의 분야별로 각 1명 이상

분야	자격 요건
소방	1) 소방기술사 2) 소방시설관리사 3) 소방설비기사(산업기사를 포함한다) 자격 취득 후 소방 관련 업무경력이 3년(소방설비산업기사의 경우 5년) 이상인 사람
전기	1) 전기안전기술사 2) 전기기사(산업기사를 포함한다) 자격 취득 후 소방 관련 업무 경력이 3년(전기산업기사의 경우 5년) 이상인 사람
화공	1) 화공안전기술사 2) 화공기사(산업기사를 포함한다) 자격 취득 후 소방 관련 업무 경력이 3년(화공산업기사의 경우 5년) 이상인 사람
가스	1) 가스기술사 2) 가스기사(산업기사를 포함한다) 자격 취득 후 소방 관련 업무 경력이 3년(가스산업기사의 경우 5년) 이상인 사람
위험물	1) 위험물기능장 2) 위험물산업기사 자격 취득 후 소방 관련 업무 경력이 5년 이상인 사람
건축	1) 건축사 2) 건축기사(산업기사를 포함한다) 자격 취득 후 소방 관련 업무 경력이 3년(건축산업기사의 경우 5년) 이상인 사람
교육훈련	소방안전교육사

[비고]
소방 관련 업무 경력은 소방청장이 정하여 고시하는 기준에 따른다.

3. **장비**

소방, 전기, 가스, 위험물, 건축 분야별로 행정안전부령으로 정하는 장비를 갖출 것

[제11장] 화재의 예방 및 안전관리에 관한 법률 시행규칙

(제정 : 2022. 12. 1. 행정안전부령 제361호, 시행 : 2022. 12. 1.)

제7조 (화재예방 안전조치 등)
① 화재예방강화지구 및 영 제16조제1항 각 호의 장소에서는 다음 각 호의 안전조치를 한 경우에 법 제17조제1항 각 호의 행위를 할 수 있다.
   1. 「국민건강증진법」 제9조제4항 각 호 외의 부분 후단에 따라 설치한 흡연실 등 법령에 따라 지정된 장소에서 화기 등을 취급하는 경우
   2. 소화기 등 소방시설을 비치 또는 설치한 장소에서 화기 등을 취급하는 경우
   3. 「산업안전보건기준에 관한 규칙」 제241조의2제1항에 따른 화재감시자 등 안전요원이 배치된 장소에서 화기 등을 취급하는 경우
   4. 그 밖에 소방관서장과 사전 협의하여 안전조치를 한 경우

② ~ ④ : (이 부분은 국가자격시험 및 실무에 불필요하므로 생략)

제17조 (건설현장 소방안전관리자의 선임신고)
① 법 제29조제1항에 따른 건설현장 소방안전관리대상물의 공사시공자는 같은 항에 따라 소방안전관리자를 선임한 경우에는 선임한 날부터 14일 이내에 별지 제19호서식의 건설현장 소방안전관리자 선임신고서에 다음 각 호의 서류를 첨부하여 소방본부장 또는 소방서장에게 신고해야 한다. 이 경우 건설현장 소방안전관리대상물의 공사시공자는 종합정보망을 이용하여 선임신고를 할 수 있다.
   1. 제18조에 따른 소방안전관리자 자격증
   2. 건설현장 소방안전관리자가 되려는 사람에 대한 강습교육 수료증
   3. 건설현장 소방안전관리대상물의 공사 계약서 사본
② 소방본부장 또는 소방서장은 건설현장 소방안전관리대상물의 공사시공자가 소방안전관리자를 선임하고 제1항에 따라 신고하는 경우에는 신고인에게 별지 제16호서식의 건설현장 소방안전관리자 선임증을 발급해야 한다. 이 경우 소방본부장 또는 소방서장은 신고인이 종전의 선임이력에 관한 확인을 신청하는 경우 별지 제17호서식의 건설현장 소방안전관리자 선임 이력 확인서를 발급해야 한다.
③ 소방본부장 또는 소방서장은 건설현장 소방안전관리자의 선임신고를 접수하거나 해임 사실을 확인한 경우에는 지체 없이 관련 사실을 종합정보망에 입력해야 한다.

④ 소방본부장 또는 소방서장은 건설현장 소방안전관리대상물 선임신고의 효율적 처리를 위하여 「소방시설 설치 및 안전관리에 관한 법률」 제6조제1항에 따라 건축허가등의 동의를 하는 경우에는 지체 없이 해당 소방안전관리대상물의 위치, 연면적 등의 정보를 종합정보망에 입력해야 한다.

제34조 (피난계획의 수립·시행)

① 법 제36조제1항에 따른 피난계획에는 다음 각 호의 사항이 포함되어야 한다.
  1. 화재경보의 수단 및 방식
  2. 층별, 구역별 피난대상 인원의 연령별·성별 현황
  3. 피난약자의 현황
  4. 각 거실에서 옥외(옥상 또는 피난안전구역을 포함한다)로 이르는 피난경로
  5. 피난약자 및 피난약자를 동반한 사람의 피난동선과 피난방법
  6. 피난시설, 방화구획, 그 밖에 피난에 영향을 줄 수 있는 제반 사항
② 소방안전관리대상물의 관계인은 해당 소방안전관리대상물의 구조·위치, 소방시설 등을 고려하여 피난계획을 수립해야 한다.
③ 소방안전관리대상물의 관계인은 해당 소방안전관리대상물의 피난시설이 변경된 경우에는 그 변경사항을 반영하여 피난계획을 정비해야 한다.
④ 제1항부터 제3항까지에서 규정한 사항 외에 피난계획의 수립·시행에 필요한 세부 사항은 소방청장이 정하여 고시한다.

제35조 (피난유도 안내정보의 제공)

① 법 제36조제3항에 따른 피난유도 안내정보는 다음 각 호의 어느 하나의 방법으로 제공한다.
  1. 연 2회 피난안내 교육을 실시하는 방법
  2. 분기별 1회 이상 피난안내방송을 실시하는 방법
  3. 피난안내도를 층마다 보기 쉬운 위치에 게시하는 방법
  4. 엘리베이터, 출입구 등 시청이 용이한 장소에 피난안내영상을 제공하는 방법
② 제1항에서 규정한 사항 외에 피난유도 안내정보의 제공에 필요한 세부 사항은 소방청장이 정하여 고시한다

제41조 (화재예방안전진단의 절차 및 방법)

① 법 제41조제1항에 따라 화재예방안전진단을 받아야 하는 소방안전 특별관리시설물의 관계인은 별지 제33호서식을 안전원 또는 소방청장이 지정하는 화재예방안전진단기관에 신청해야 한다.
② 제1항에 따라 화재예방안전진단 신청을 받은 안전원 또는 진단기관은 다음 각 호의 절차에 따라 화재예방안전진단을 실시한다.
  1. 위험요인 조사

    2. 위험성 평가
    3. 위험성 감소대책의 수립
③ 화재예방안전진단은 다음 각 호의 방법으로 실시한다.
    1. 준공도면, 시설현황, 소방계획서 등 자료수집 및 분석
    2. 화재위험요인 조사, 소방시설등의 성능점검 등 현장조사 및 점검
    3. 정성적·정량적 방법을 통한 화재위험성 평가
    4. 불시·무각본 훈련에 의한 비상대응훈련 평가
    5. 그 밖에 지진 등 외부 환경 위험요인에 대한 예방·대비·대응태세 평가
④ 제1항에 따라 화재예방안전진단을 신청한 소방안전 특별관리시설물의 관계인은 화재예방안전진단에 필요한 자료의 열람 및 화재예방안전진단에 적극 협조해야 한다.
⑤ 제1항부터 제4항까지에서 규정한 사항 외에 화재예방안전진단의 세부 절차 및 평가방법 등에 관하여 필요한 사항은 소방청장이 정하여 고시한다.

제42조 (화재예방안전진단 결과 제출)

① 화재예방안전진단을 실시한 안전원 또는 진단기관은 법 제41조제4항에 따라 화재예방안전진단이 완료된 날부터 60일 이내에 소방본부장 또는 소방서장, 관계인에게 별지 제34호서식의 화재예방안전진단 결과 보고서에 다음 각 호의 서류를 첨부하여 제출해야 한다.
    1. 화재예방안전진단 결과 세부 보고서
    2. 화재예방안전진단기관 지정서
② 제1항에 따른 화재예방안전진단 결과 보고서에는 다음 각 호의 사항이 포함되어야 한다.
    1. 해당 소방안전 특별관리시설물 현황
    2. 화재예방안전진단 실시 기관 및 참여인력
    3. 화재예방안전진단 범위 및 내용
    4. 화재위험요인의 조사·분석 및 평가 결과
    5. 영 제44조제2항에 따른 안전등급 및 위험성 감소대책
    6. 그 밖에 소방안전 특별관리시설물의 화재예방 강화를 위하여 소방청장이 정하는 사항

[제12장] 다중이용업소의 안전관리에 관한 특별법

(개정 : 2023. 1. 3. 법률 제19157호, 시행 : 2024. 1. 4.)

제2조 (정의)
1. **다중이용업** : 불특정 다수인이 이용하는 영업 중 화재 등 재난 발생시 생명·신체·재산상의 피해가 발생할 우려가 높은 것으로서 대통령령으로 정하는 영업을 말한다.
2. **안전시설등** : 소방시설, 비상구, 영업장 내부 피난통로, 그 밖의 안전시설로서 대통령령으로 정하는 것 〈개정 2014.1.7〉
3. **실내장식물** : 건축물 내부의 천장 또는 벽에 설치하는 것으로서 대통령령이 정하는 것
4. **화재위험평가** : 다중이용업의 영업소가 밀집한 지역 또는 건축물에 대하여 화재 발생의 가능성과 화재로 인한 불특정 다수인의 생명·신체·재산상의 피해 및 주변에 미치는 영향을 예측·분석하고 이에 대한 대책을 마련하는 것 기술사 124회
5. **밀폐구조의 영업장** : 지상층에 있는 다중이용업소의 영업장 중 채광·환기·통풍 및 피난 등이 용이하지 못한 구조로 되어 있으면서 대통령령으로 정하는 기준에 해당하는 영업장 〈신설 2014.1.7〉 관리사 15회
6. **영업장의 내부구획** : 다중이용업소의 영업장 내부를 이용객들이 사용할 수 있도록 벽 또는 칸막이 등을 사용하여 구획된 실(室)을 만드는 것 〈신설 2014.1.7〉

제9조 (다중이용업소의 안전관리기준 등) 〈개정 2016.1.27, 2020.6.9〉
① 다중이용업주 및 다중이용업을 하려는 자는 영업장에 대통령령으로 정하는 안전시설등을 안전행정부령으로 정하는 기준에 따라 설치·유지하여야 한다. 이 경우 다음 각 호의 어느 하나에 해당하는 영업장 중 대통령령으로 정하는 영업장에는 소방시설 중 간이스프링클러설비를 안전행정부령으로 정하는 기준에 따라 설치하여야 한다. 〈개정 2014.1.7〉
   1. 숙박을 제공하는 형태의 다중이용업소의 영업장
   2. 밀폐구조의 영업장
② 소방본부장이나 소방서장은 안전시설등이 행정안전부령으로 정하는 기준에 맞게 설치 또는 유지되어 있지 아니한 경우에는 그 다중이용업주에게 안전시설등의 보완 등 필요한 조치를 명하거나 허가관청에 관계 법령에 따른 영업정지 처분 또는 허가등의 취소를 요청할 수 있다. 〈개정 2016.1.27〉
③ 다중이용업을 하려는 자는 다음 각 호의 어느 하나에 해당하는 경우에는 안전시설등을 설치하기 전에 미리 소방본부장이나 소방서장에게 행정안전부령으로 정하는 안전시설등의

설계도서를 첨부하여 신고하여야 한다. 〈제3항제2호 개정 2015.1.20〉
1. 안전시설등을 설치하려는 경우
2. 영업장 내부구조를 변경하려는 경우로서 다음 각 목의 어느 하나에 해당하는 경우
   가. 영업장 면적의 증가
   나. 영업장의 구획된 실의 증가
   다. 내부통로 구조의 변경
3. 안전시설등의 공사를 마친 경우
⑥ 법률 제9330호 다중이용업소의 안전관리에 관한 특별법 일부개정법률 부칙 제3항에 따라 대통령령으로 정하는 숙박을 제공하는 형태의 다중이용업소의 영업장으로서 2009년 7월 8일 전에 영업을 개시한 후 영업장의 내부구조·실내장식물·안전시설등 또는 영업주를 변경한 사실이 없는 영업장을 운영하는 다중이용업주가 제1항 후단에 따라 해당 영업장에 간이스프링클러설비를 설치하는 경우 국가와 지방자치단체는 필요한 비용의 일부를 대통령령으로 정하는 바에 따라 지원할 수 있다. 〈신설 2020.6.9〉

제9조의2 (다중이용업의 비상구 추락방지) 〈신설 2017.12.26〉

다중이용업주 및 다중이용업을 하려는 자는 제9조제1항에 따라 설치·유지하는 안전시설등 중 행정안전부령으로 정하는 비상구에 추락위험을 알리는 표지 등 추락 등의 방지를 위한 장치를 행정안전부령으로 정하는 기준에 따라 갖추어야 한다.

제10조 (다중이용업의 실내장식물)

① 다중이용업소에 설치하거나 교체하는 실내장식물(반자돌림대 등의 너비가 10cm 이하인 것은 제외한다)은 불연재료 또는 준불연재료로 설치하여야 한다.
② 제1항의 규정에 불구하고 합판 또는 목재로 실내장식물을 설치하는 경우로서 그 면적이 영업장의 천장과 벽을 합한 면적의 3/10(스프링클러설비 또는 간이스프링클러설비가 설치된 경우에는 5/10) 이하인 부분은 「소방시설 설치 및 관리에 관한 법률」제20조제3항에 따른 방염성능기준 이상의 것으로 설치할 수 있다.
③ 소방본부장이나 소방서장은 다중이용업소의 실내장식물이 제1항 및 제2항에 따른 실내장식물의 기준에 맞지 아니하는 경우에는 그 다중이용업주에게 해당 부분의 실내장식물을 교체하거나 제거하게 하는 등 필요한 조치를 명하거나 허가관청에 관계법령에 따른 영업정지 처분 또는 허가등의 취소를 요청할 수 있다. 〈개정 2016.1.27〉

제10조의2 (영업장의 내부구획) 〈신설 2014.1.7〉

① 다중이용업소의 영업장 내부를 구획하고자 할 때에는 불연재료로 구획하여야 한다. 이 경우 다음 각 호의 어느 하나에 해당하는 다중이용업소의 영업장은 천장(반자속)까지 구획하여야 한다.
1. 단란주점 및 유흥주점 영업
2. 노래연습장업

② 제1항에 따른 영업장의 내부구획 기준은 행정안전부령으로 정한다.
③ 소방본부장이나 소방서장은 영업장의 내부구획이 제1항 및 제2항에 따른 기준에 맞지 아니하는 경우에는 그 다중이용업주에게 보완 등 필요한 조치를 조치를 명하거나 허가관청에 관계법령에 따른 영업정지 처분 또는 허가등의 취소를 요청할 수 있다.

제13조 (다중이용업주의 안전시설등에 대한 정기점검 등)

① 다중이용업주는 다중이용업소의 안전관리를 위하여 정기적으로 안전시설등을 점검하고 그 점검결과서를 작성하여 1년간 보관하여야 한다. 이 경우 다중이용업소에 설치된 안전시설등이 건축물의 다른 시설·장비와 연계되어 작동되는 경우에는 해당 건축물의 관계인(「소방기본법」 제2조 제3호에 따른 관계인을 말한다. 이하 같다) 및 소방안전관리자는 다중이용업주의 안전점검에 협조하여야 한다. 〈개정 2021.1.5, 2023.1.3〉
② 다중이용업주는 제1항에 따른 정기점검을 행정안전부령으로 정하는 바에 따라 「소방시설법」 제29조에 따른 소방시설관리업자에게 위탁할 수 있다.
③ 제1항의 규정에 의한 안전점검의 대상, 점검자의 자격, 점검주기, 점검방법 그 밖에 필요한 사항은 행정안전부령으로 정한다.

제15조 (다중이용업소에 대한 화재위험평가 등) 기술사 92회·124회

① 소방청장, 소방본부장 또는 소방서장은 다음 각 호의 어느 하나에 해당하는 지역 또는 건축물에 대하여 화재를 예방하고 화재로 인한 생명·신체·재산상의 피해를 방지하기 위하여 필요하다고 인정하는 경우에는 화재위험평가를 할 수 있다. 관리사 17회
  1. 2,000m² 지역 안에 다중이용업소가 50개 이상 밀집하여 있는 경우
  2. 5층 이상인 건축물로서 다중이용업소가 10개 이상 있는 경우
  3. 하나의 건축물에 다중이용업소로 사용하는 영업장 바닥면적의 합계가 1,000m² 이상인 경우
② 소방청장, 소방본부장 또는 소방서장은 화재위험평가 결과 다중이용업소에 부여된 등급(이하 "화재안전등급"이라 한다)이 대통령령으로 정하는 기준(화재위험유발지수 D등급 ~ E등급) 미만인 경우에는 해당 다중이용업주 또는 관계인에게 「화재의 예방 및 안전관리에 관한 법률」 제14조에 따른 조치(소방대상물에 대한 개수명령)를 명할 수 있다. 〈개정 2023.1.3〉
③ 소방청장, 소방본부장 또는 소방서장은 제2항에 따른 명령으로 인하여 손실을 입은 자가 있으면 대통령령으로 정하는 바에 따라 이를 보상하여야 한다. 다만, 법령을 위반하여 건축되거나 설비된 다중이용업소에 대하여는 그러하지 아니하다.
④ 소방청장, 소방본부장 또는 소방서장은 화재안전등급이 대통령령으로 정하는 기준(화재위험유발지수 A등급 : 평가점수 80 이상) 이상인 다중이용업소에 대해서는 안전시설등의 일부를 설치하지 아니하게 할 수 있다. 〈개정 2023.1.3〉
⑤ 소방청장, 소방본부장 또는 소방서장은 화재위험평가를 제16조제1항에 따른 화재위험평가대행자로 하여금 대행하게 할 수 있다.

[제13장] 다중이용업소의 안전관리에 관한 특별법 시행령

(개정 : 2024. 4. 23. 대통령령 제34449호, 시행 : 2024. 4. 23.)

제2조 (다중이용업의 범위) 기술사 86회

1. 「식품위생법 시행령」 제21조제8호에 따른 식품접객업 중 다음 각 목의 어느 하나에 해당하는 것
   가. 휴게음식점영업·제과점영업 또는 일반음식점영업으로서 영업장으로 사용하는 바닥면적의 합계가 $100m^2$(영업장이 지하층인 것은 $66m^2$) 이상인 것. 다만, 영업장(내부계단으로 연결된 복층구조의 영업장을 제외한다)이 다음의 어느 하나에 해당하는 층에 설치되고 그 영업장의 주된 출입구가 건축물 외부의 지면과 직접 연결되는 곳에서 하는 영업을 제외한다. 〈개정 2018.7.10〉
      (1) 지상 1층
      (2) 지상과 직접 접하는 층
   나. 단란주점영업과 유흥주점영업
2. 영화상영관, 비디오물감상실업, 비디오물소극장업, 복합영상물제공업
3. 학원으로서 다음 각 목의 어느 하나에 해당하는 것
   가. 수용인원 300명 이상의 학원
   나. 수용인원 100명 이상 300명 미만의 학원으로서 다음 각 목의 어느 하나에 해당하는 것. 다만, 학원부분과 다른 용도의 부분간에 방화구획된 것은 제외한다.
      (1) 하나의 건축물에 학원과 기숙사가 함께 있는 학원
      (2) 하나의 건축물에 학원이 둘 이상 있는 경우로서 학원의 수용인원 합계가 300인 이상인 학원
      (3) 하나의 건축물에 학원과 기타의 다중이용업소가 함께 있는 경우
4. 목욕장업 중 불가마시설을 갖춘 업소로서 수용인원 100명 이상인 것
5. ~ 7. 게임제공업, 노래연습장업, 산후조리업, 고시원업, 실내권총사격장, 실내골프연습장업, 안마시술소
8. <u>화재안전등급(이하 "화재안전등급"이라 한다)의 D등급 ~ E등급에 해당하거나, 화재발생시 인명피해발생 우려가 높은 불특정 다수인이 출입하는 영업으로서 소방청장이 관계 중앙행정기관의 장과 협의하여 행정안전부령으로 정하는 영업 : (화상대화방업, 전화방업, 수면방업, 콜라텍업, 방탈출카페업, 키즈카페업, 만화카페업 등)</u> 〈개정 2023.12.12〉

제3조 (실내장식물)

건축물 내부의 천장이나 벽에 붙이는(설치하는) 것으로서 다음 각 호의 어느 하나에 해당하는 것을 말한다. 다만, 가구류와 너비 10cm 이하인 반자돌림대 등과 「건축법」 제52조에 따른 내부마감재료는 제외한다.

1. 종이류(두께 2mm 이상인 것)·합성수지류 또는 섬유류를 주원료로 한 물품
2. 합판이나 목재
3. 공간을 구획하기 위하여 설치하는 간이 칸막이(접이식 등 이동 가능한 벽체나 천장 또는 반자가 실내에 접하는 부분까지 구획하지 아니하는 벽체)
4. 흡음(吸音)이나 방음(防音)을 위하여 설치하는 흡음재(흡음용 커튼을 포함한다) 또는 방음재(방음용 커튼을 포함한다)

제3조의2 (밀폐구조의 영업장)

법 제2조제1항제5호(밀폐구조의 영업장)에서 "대통령령으로 정하는 기준"이란 「화재예방, 소방시설 설치·유지 및 안전관리에 관한 법률 시행령」 제2조제1호 각 목에 따른 요건(무창층의 요건)을 모두 갖춘 개구부의 면적의 합계가 영업장으로 사용하는 바닥면적의 30분의 1 이하가 되는 것을 말한다. 〈개정 2023.12.12〉

제9조 (안전시설등)

다중이용업소의 영업장에 설치·유지해야 하는 안전시설등 및 간이스프링클러설비를 설치해야 하는 영업장은 [별표 1의2]와 같다. 〈개정 2020.12.1〉

[별표 1] 안전시설 등 (제2조의2 관련)

1. 소방시설 기술사 123회
    가. 소화설비
        1) 소화기 또는 자동확산소화기
        2) 간이스프링클러설비(캐비닛형 간이스프링클러설비를 포함한다)
    나. 경보설비
        1) 비상벨설비 또는 자동화재탐지설비
        2) 가스누설경보기
    다. 피난설비
        1) 피난기구
            가) 미끄럼대   나) 피난사다리   다) 구조대
            라) 완강기   마) 다수인 피난장비 바) 승강식 피난기

        2) 피난유도선
        3) 유도등, 유도표지 또는 비상조명등
        4) 휴대용비상조명등
   2. 비상구
   3. 영업장 내부 피난통로
   4. 그 밖의 안전시설
        가. 영상음향차단장치
        나. 누전차단기
        다. 창문

[별표 1의2]
다중이용업소에 설치·유지하여야 하는 안전시설등 (제9조 관련)
기술사 72회 · 74회 · 86회

   1. 소방시설
        가. 소화설비
            1) 소화기 또는 자동확산소화기
            2) 간이스프링클러설비(캐비닛형 간이스프링클러설비를 포함) 다만, 다음의 영업장에만 설치한다. 관리사 24회
                가) 지하층에 설치된 영업장
                나) 법 제9조제1항제1호에 따른 숙박을 제공하는 형태의 다중이용업소의 영업장 중 다음에 해당하는 영업장. 다만, 지상 1층에 있거나 지상과 직접 맞닿아 있는 층(영업장의 주된 출입구가 건축물 외부의 지면과 직접 연결된 경우를 포함한다)에 설치된 영업장은 제외한다. 〈개정 2020.12.1〉
                    ① 제2조제7호에 따른 산후조리업의 영업장
                    ② 제2조제7호의2에 따른 고시원업의 영업장
                다) 법 제9조제1항제2호에 따른 밀폐구조의 영업장 〈개정 2020.12.1〉
                라) 제2조제7호의3에 따른 권총사격장의 영업장
        나. 경보설비
            1) 비상벨설비 또는 자동화재탐지설비. 다만, 노래반주기 등 영상음향장치를 사용하는 영업장에는 자동화재탐지설비를 설치하여야 한다.
            2) 가스누설경보기. 다만, 가스시설을 사용하는 주방이나 난방시설이 있는 영업장에만 설치한다.
        다. 피난설비
            1) 피난기구 : 미끄럼대, 피난사다리, 구조대, 완강기

2) 피난유도선. 다만, 영업장 내부 피난통로 또는 복도가 있는 영업장에만 설치한다.
　　　　　가) 단란주점영업과 유흥주점영업의 영업장
　　　　　나) 영화상영관, 비디오물감상실업 및 복합영상물제공업의 영업장
　　　　　다) 노래연습장업의 영업장
　　　　　라) 산후조리업의 영업장
　　　　　마) 고시원업의 영업장
　　　3) 유도등, 유도표지 또는 비상조명등
　　　4) 휴대용 비상조명등

2. **비상구** 기술사 100회

　　다만, 다음 각 목의 어느 하나에 해당하는 영업장에는 비상구를 설치하지 않을 수 있다.
　　가. 주된 출입구 외에 해당 영업장 내부에서 피난층 또는 지상으로 통하는 직통계단이 주된 출입구 중심선으로부터 수평거리로 영업장의 긴 변 길이의 2분의 1 이상 떨어진 위치에 별도로 설치된 경우 〈개정 2018.7.10〉
　　나. 피난층에 설치된 영업장(영업장으로 사용하는 바닥면적이 33m² 이하인 경우로서 영업장 내부에 구획된 실이 없고, 영업장 전체가 개방된 구조의 영업장을 말한다)으로서 그 영업장의 각 부분으로부터 출입구까지의 수평거리가 10m 이하인 경우

3. **영업장 내부 피난통로. 다만, 구획된 실이 있는 영업장에만 설치한다.** 〈개정 2018.7.10〉

4. **그 밖의 안전시설**
　　가. 영상음향차단장치 : 노래반주기 등 영상음향장치를 사용하는 영업장에만 설치한다.
　　나. 누전차단기
　　다. 창문 : 고시원의 영업장에만 설치한다.

[비고]
1. "피난유도선"이란 햇빛이나 전등불로 축광하여 빛을 내거나 전류에 의하여 빛을 내는 유도체로서 화재 발생 시 등 어두운 상태에서 피난을 유도할 수 있는 시설을 말한다.
2. "비상구"란 주된 출입구와 주된 출입구 외에 화재 발생 시 등 비상시 영업장의 내부로부터 지상·옥상 또는 그 밖의 안전한 곳으로 피난할 수 있도록 「건축법 시행령」에 따른 직통계단·피난계단·옥외피난계단 또는 발코니에 연결된 출입구를 말한다.
3. "구획된 실(室)"이란 영업장 내부에 이용객 등이 사용할 수 있는 공간을 벽이나 칸막이 등으로 구획한 공간을 말한다. 다만, 영업장 내부를 벽이나 칸막이 등으로 구획한 공간이 없는 경우에는 영업장 내부 전체 공간을 하나의 구획된 실로 본다.
4. "영상음향차단장치"란 영상 모니터에 화상 및 음반 재생장치가 설치되어 있어 영화, 음악 등을 감상할 수 있는 시설이나 화상 재생장치 또는 음반 재생장치 중 한 가지 기능만 있는 시설을 차단하는 장치를 말한다.

[별표 4] 화재안전등급 (법 제15조제2항 및 영 제13조 관련)

<개정 2023.12.12> 기술사 110회·124회

등급	평가점수
A	80 이상
B	60 이상 79 이하
C	40 이상 59 이하
D	20 이상 39 이하
E	20 미만

[비고]

"평가점수"란 다중이용업소에 대하여 화재예방, 화재감지·경보, 피난, 소화설비, 건축방재 등의 항목별로 소방청장이 정하여 고시하는 기준을 갖추었는지에 대하여 평가한 점수를 말한다.

[별표 5] 평가대행자가 갖추어야 할 기술인력·시설·장비기준

1. 기술인력 기준 : 다음 각 목의 기술인력을 보유할 것
   가. 소방기술사 자격을 취득한 사람 1명 이상
   나. 다음 1) 또는 2)의 어느 하나에 해당하는 사람 2명 이상
      1) 소방기술사, 소방설비기사 또는 소방설비산업기사 자격을 가진 사람
      2) 「소방시설공사업법」 제28조제1항에 따라 소방기술과 관련된 자격·학력 및 경력을 인정받은 사람으로서 같은 조 제2항에 따른 자격수첩을 발급받은 사람
2. 시설 및 장비 기준 : 다음 각 목의 시설 및 장비를 갖출 것
   가. 화재 모의시험이 가능한 컴퓨터 1대 이상
   나. 화재 모의시험을 위한 프로그램

[제14장] 다중이용업소의 안전관리에 관한 특별법 시행규칙

(개정 : 2024. 4. 12. 행정안전부령 제477호, 시행 : 2024. 4. 12.)

제9조 (안전시설등의 설치·유지기준)
법 제9조제1항에 따라 다중이용업소의 영업장에 설치·유지하여야 하는 안전시설등의 설치·유지 기준은 [별표 2]와 같다.

제11조의2 (다중이용업소의 비상구 추락방지 기준) 〈신설 2019.4.22.〉
① 법 제9조의2에서 "행정안전부령으로 정하는 비상구"란 영업장의 위치가 4층 이하(지하층인 경우는 제외한다)인 경우 그 영업장에 설치하는 비상구를 말한다.
② 제1항에 따른 비상구의 설치기준과 법 제9조의2에 따른 추락 등의 방지를 위한 장치의 설치기준은 별표 2 제2호 다목과 같다.

제11조의3 (영업장의 내부구획 기준) 〈신설 2015.1.7〉
법 제10조의2제1항에 따라 다중이용업소의 영업장 내부를 구획함에 있어 배관 및 전선관 등이 영업장 또는 천장(반자속)의 내부구획된 부분을 관통하여 틈이 생긴 때에는 다음 각호의 어느 하나에 해당하는 재료를 사용하여 그 틈을 메워야 한다.
1. 「산업표준화법」에 따른 한국산업표준에서 내화충전성능을 인정한 구조로 된 것
2. 한국건설기술연구원의 장이 국토교통부장관이 정하여 고시하는 기준에 따라 내화충전성능을 인정한 구조로 된 것

제12조 (피난안내도의 비치대상 등)
① 법 제12조제2항에 따른 피난안내도의 비치대상, 피난안내영상물의 상영대상, 피난안내도의 비치위치 및 피난안내영상물의 상영시간 등은 [별표 2의2]와 같다.
② 제1항에 따라 피난안내도 비치대상 및 피난안내영상물 상영대상의 다중이용업주는 법 제13조제1항에 따라 안전시설등을 점검할 때에 피난안내도 및 피난안내에 관한 영상물을 포함하여 점검하여야 한다.

제14조 (안전점검의 대상, 점검자의 자격 등)
1. 안전점검의 대상 : 다중이용업소의 영업장에 설치된 영 제9조의 안전시설등
2. 안전점검자의 자격 : 다음 각 목의 어느 하나에 해당하는 자
   가. 해당 영업장의 다중이용업주 또는 다중이용업소가 위치한 특정소방대상물의 소방

안전관리자
나. 해당 업소의 종업원 중 다음의 어느 하나에 해당하는 사람 〈개정 2024.1.4〉
   1) 「화재의 예방 및 안전관리에 관한 법률 시행령」 별표 6 제2호마목 또는 같은 표 제3호자목에 따라 소방안전관리자 자격을 취득한 사람
   2) 「소방시설 설치 및 관리에 관한 법률」 제25조에 따른 소방시설관리사 자격을 취득한 사람
   3) 「국가기술자격법」에 따라 소방기술사·소방설비기사 또는 소방설비산업기사 자격을 취득한 사람
다. 「소방시설 설치 및 관리에 관한 법률」 제29조에 따른 소방시설관리업자
3. 점검주기 : 매 분기별 1회 이상 점검
4. 점검방법 : 안전시설등의 작동 및 유지·관리상태를 점검한다.

[별표 2] 안전시설등의 설치·유지 기준 (제9조 관련)

안전시설등 종류		설치·유지 기준
1. 소방시설	가. 소화설비	
	1) 소화기 또는 자동확산소화기	영업장 안의 구획된 실마다 설치할 것
	2) 간이스프링클러설비	화재안전기준에 따라 설치할 것. 다만, 영업장의 구획된 실마다 간이스프링클러헤드 또는 스프링클러헤드가 설치된 경우에는 그 설비의 유효범위 부분에는 간이스프링클러설비를 설치하지 않을 수 있다.
	나. 비상벨설비 또는 자동화재탐지설비	가) 영업장의 구획된 실마다 비상벨설비 또는 자동화재탐지설비 중 하나 이상을 화재안전기준에 따라 설치 나) 자동화재탐지설비를 설치하는 경우에는 감지기와 지구음향장치는 영업장의 구획된 실마다 설치할 것. 다만, 영업장의 구획된 실에 비상방송설비의 음향장치가 설치된 경우 해당 실에는 지구음향장치를 설치하지 않을 수 있다. 다) 영상음향차단장치가 설치된 영업장에 자동화재탐지설비의 수신기를 별도로 설치할 것
	다. 피난설비	
	1) 피난기구	2층 이상 4층 이하에 위치하는 영업장의 발코니 또는 부속실과 연결되는 비상구에는 피난기구를 화재안전기준에 따라 설치할 것 〈개정 2024.4.12〉
	2) 피난유도선	가) 영업장 내부 피난통로 또는 복도에 「유도등 및 유도표지의 화재안전기준」에 따라 설치할 것

		나) 전류에 의하여 빛을 내는 방식으로 할 것
	3) 유도등, 유도표지 또는 비상조명등	영업장의 구획된 실마다 유도등, 유도표지 또는 비상조명등 중 하나 이상을 화재안전기준에 따라 설치할 것
	4) 휴대용비상조명등	영업장 안의 구획된 실마다 화재안전기준에 따라 설치

2. 주된 출입구 및 비상구(이하 이 표에서 "비상구등"이라 한다)
 	
관리사 20회
기술사 90회
기술사 97회
기술사 108회
기술사 123회
기술사 131회
	가. 공통기준
	1) 설치 위치 : 비상구는 영업장(2개 이상의 층이 있는 경우에는 각각의 층별 영업장을 말한다.) 주된 출입구의 반대방향에 설치(다만, 건물구조로 인하여 주된 출입구의 반대방향에 설치할 수 없는 경우에는 그렇지 않다)하되, 주된 출입구 중심선으로부터의 수평거리가 영업장의 가장 긴 대각선 길이, 가로 또는 세로 길이 중 가장 긴 길이의 2분의 1 이상 떨어진 위치에 설치할 것
	2) 비상구등 규격 : 가로 75cm 이상, 세로 150cm 이상(문틀을 제외한 규격)
	3) 구조
	 가) 비상구등은 구획된 실 또는 천장으로 통하는 구조가 아닌 것으로 할 것 다만, 영업장 바닥에서 천장까지 불연재료로 구획된 부속실(전실), 「모자보건법」 제2조제10호에 따른 산후조리원에 설치하는 방풍실 또는 「녹색건축물 조성 지원법」에 따라 설계된 방풍구조는 그렇지 않다.
	 나) 비상구등은 다른 영업장 또는 다른 용도의 시설(주차장은 제외한다)을 경유하는 구조가 아닌 것이어야 할 것
	4) 문
	 가) 문이 열리는 방향 : 피난방향으로 열리는 구조로 할 것
	 나) 문의 재질 : 주요구조부(영업장의 벽, 천장 및 바닥을 말한다)가 내화구조인 경우 비상구등의 문은 방화문으로 설치할 것. 다만, 다음의 어느 하나에 해당하는 경우에는 불연재료로 설치할 수 있다.
	  (1) 주요구조부가 내화구조가 아닌 경우
	  (2) 건물의 구조상 비상구등의 문이 지표면과 접하는 경우로서 화재의 연소 확대 우려가 없는 경우
	  (3) 비상구등의 문이 「건축법 시행령」 제35조에 따른 피난계단 또는 특별피난계단의 설치기준에 따라 설치해야 하는 문이 아니거나 같은 영 제46조에 따라 설치되는 방화구획이 아닌 곳에 위치한 경우
	 다) 주된 출입구의 문이 나)(3)에 해당하고, 다음의 기준을 모두 충족하는 경우에는 주된 출입구의 문을 자동문[미서기(슬라이딩)문을 말한다]으로 설치할 수 있다.
	  (1) 화재감지기와 연동하여 개방되는 구조
	  (2) 정전 시 자동으로 개방되는 구조
	  (3) 정전 시 수동으로 개방되는 구조
	나. 복층구조 영업장(2개 이상의 층에 내부계단 또는 통로가 설치되어 하나의 층의 내부에서 다른 층의 내부로 출입할 수 있도록 되어 있는 구조의 영업장을 말한다)의 기준
	1) 각 층마다 영업장 외부의 계단 등으로 피난할 수 있는 비상구를 설치할 것	

2) 비상구등의 문이 열리는 방향은 실내에서 외부로 열리는 구조로 할 것
3) 비상구등의 문의 재질은 가목4)나)의 기준을 따를 것
4) 영업장의 위치 및 구조가 다음의 어느 하나에 해당하는 경우에는 1)에도 불구하고 그 영업장으로 사용하는 어느 하나의 층에 비상구를 설치할 것
    가) 건축물 주요구조부를 훼손하는 경우
    나) 옹벽 또는 외벽이 유리로 설치된 경우 등

다. 2층 이상 4층 이하에 위치하는 영업장의 발코니 또는 부속실과 연결되는 비상구를 설치하는 경우의 기준 <개정 2024.4.12>

1) 피난 시에 유효한 발코니(활하중 5kN/m² 이상, 가로 75cm 이상, 세로 150cm 이상, 면적 1.12m² 이상, 난간의 높이 100cm 이상인 것) 또는 부속실(불연재료로 바닥에서 천장까지 구획된 실로서 가로 75cm 이상, 세로 150cm 이상, 면적 1.12m² 이상인 것)을 설치하고, 그 장소에 적합한 피난기구를 설치할 것
2) 부속실을 설치하는 경우 부속실 입구의 문과 건물 외부로 나가는 문의 규격은 가목2)에 따른 비상구등의 규격으로 할 것. 다만, 120cm 이상의 난간이 있는 경우에는 발판 등을 설치하고 건축물 외부로 나가는 문의 규격과 재질을 가로 75cm 이상, 세로 100cm 이상의 창호로 설치할 수 있다.
3) 추락 등의 방지를 위하여 다음 사항을 갖추도록 할 것
    가) 발코니 및 부속실 입구의 문을 개방하면 경보음이 울리도록 경보음 발생장치를 설치하고, 추락위험을 알리는 표지를 문(부속실의 경우 외부로 나가는 문도 포함한다)에 부착할 것
    나) 부속실에서 건물 외부로 나가는 문 안쪽에는 기둥·바닥·벽 등의 견고한 부분에 탈착이 가능한 쇠사슬 또는 안전로프 등을 바닥에서부터 120cm 이상의 높이에 가로로 설치할 것. 다만, 120cm 이상의 난간이 설치된 경우에는 쇠사슬 또는 안전로프 등을 설치하지 않을 수 있다.

2의2. 영업장 구획 등	층별 영업장은 다른 영업장 또는 다른 용도의 시설과 불연재료·준불연재료로 된 차단벽이나 칸막이로 분리되도록 할 것. 다만, 가목부터 다목까지의 경우에는 분리 또는 구획하는 별도의 차단벽이나 칸막이 등을 설치하지 않을 수 있다. 가. 둘 이상의 영업소가 주방 외에 객실부분을 공동으로 사용하는 등의 구조 나. 「식품위생법 시행규칙」 별표 14 제8호가목5)다)에 해당되는 경우 다. 영 제9조에 따른 안전시설등을 갖춘 경우로서 실내에 설치한 유원시설업의 허가면적 내에 「관광진흥법 시행규칙」 별표 1의2 제1호가목에 따라 청소년게임제공업 또는 인터넷컴퓨터게임시설제공업이 설치된 경우
3. 영업장 내부 피난통로 기술사 108회	가. 내부 피난통로의 폭은 120cm 이상으로 할 것. 다만, 양 옆에 구획된 실이 있는 영업장으로서 구획된 실 출입문의 열리는 방향이 피난통로 방향인 경우에는 150cm 이상으로 설치하여야 한다. 나. 구획된 실부터 주된 출입구 또는 비상구까지의 내부 피난통로의 구조는 세 번 이상 구부러지는 형태로 설치하지 말 것

4. 창문	가. 영업장 층별로 가로 50cm 이상, 세로 50cm 이상 열리는 창문을 1개 이상 설치할 것	
	나. 영업장 내부 피난통로 또는 복도에 바깥 공기와 접하는 부분에 설치할 것(구획된 실에 설치하는 것을 제외한다)	
5. 영상음향 차단장치 관리사 17회	가. 화재 시 자동화재탐지설비의 감지기에 의하여 자동으로 음향 및 영상이 정지될 수 있는 구조로 설치하되, 수동(하나의 스위치로 전체의 음향 및 영상장치를 제어할 수 있는 구조를 말한다)으로도 조작할 수 있도록 설치할 것	
	나. 영상음향차단장치의 수동차단스위치를 설치하는 경우에는 관계인이 일정하게 거주하거나 일정하게 근무하는 장소에 설치할 것. 이 경우 수동차단스위치와 가장 가까운 곳에 "영상음향차단스위치"라는 표지를 부착해야 한다.	
	다. 전기로 인한 화재발생 위험을 예방하기 위하여 부하용량에 알맞은 누전차단기(과전류차단기를 포함한다)를 설치할 것	
	라. 영상음향차단장치의 작동으로 실내 등의 전원이 차단되지 않는 구조로 설치할 것	
6. 보일러실과 영업장 사이의 방화구획	보일러실과 영업장 사이의 출입문은 방화문으로 설치하고, 개구부에는 방화댐퍼(화재 시 연기 등을 차단하는 장치)를 설치할 것	

[비고]
1. "방화문"이란 「건축법 시행령」 제64조에 따른 60분+ 방화문, 60분 방화문, 30분 방화문으로서 언제나 닫힌 상태를 유지하거나 화재로 인한 연기의 발생 또는 온도의 상승에 따라 자동적으로 닫히는 구조를 말한다. 다만, 자동으로 닫히는 구조 중 열에 의하여 녹는 퓨즈타입 구조의 방화문은 제외한다.
2. 법 제15조제4항에 따라 소방청장·소방본부장 또는 소방서장은 해당 영업장에 대해 화재위험평가를 실시한 결과 화재위험유발지수가 영 제13조에 따른 기준 미만인 업종에 대해서는 소방시설·비상구 또는 그 밖의 안전시설등의 설치를 면제한다.
3. 소방본부장 또는 소방서장은 비상구의 크기, 비상구의 설치거리, 간이스프링클러설비의 배관구경 등 소방청장이 정하여 고시하는 안전시설등에 대해서는 소방청장이 고시하는 바에 따라 안전시설등의 설치·유지 기준의 일부를 적용하지 않을 수 있다.

[별표 2의 2] 피난안내도의 비치대상 등 (제12조 제1항 관련)

1. 피난안내도 비치대상
영 제2조에 따른 다중이용업의 영업장. 다만, 다음 각 목의 어느 하나에 해당하는 경우에는 비치하지 않을 수 있다.
    가. 영업장으로 사용하는 바닥면적의 합계가 33m² 이하인 경우
    나. 영업장내 구획된 실이 없고, 영업장 어느 부분에서도 출입구 및 비상구를 확인할 수 있는 경우

2. 피난안내영상물 상영대상
   가. 영화상영관 및 비디오물소극장업의 영업장
   나. 노래연습장업의 영업장
   다. 단란주점영업 및 유흥주점영업의 영업장. 다만, 피난안내영상물을 상영할 수 있는 시설이 설치된 경우만 해당한다.
   라. 영 제2조제8호에 해당하는 영업으로서 피난안내영상물을 상영할 수 있는 시설을 갖춘 영업장
3. 피난안내도 비치위치
   다음 각 목의 어느 하나에 해당하는 위치에 모두 설치할 것
   가. 영업장 주출입구 부분의 손님이 쉽게 볼 수 있는 위치
   나. 구획된 실의 벽, 탁자 등 손님이 쉽게 볼 수 있는 위치
   다. 인터넷컴퓨터게임시설제공업 영업장의 인터넷컴퓨터게임시설이 설치된 책상. 다만, 책상 위에 비치된 컴퓨터에 피난안내도를 내장하여 새로운 이용객이 컴퓨터를 작동할 때마다 피난안내도가 모니터에 나오는 경우에는 책상에 피난안내도가 비치된 것으로 본다.〈신설 2015.1.7〉
4. 피난안내영상물 상영시간
   영업장의 내부구조 등을 고려하여 정하되, 상영시기는 다음 각 목과 같다.
   가. 영화상영관 및 비디오물소극장업 : 매 회 영화상영 또는 비디오물 상영 시작 전
   나. 노래연습장업 등 그 밖의 영업 : 매 회 새로운 이용객이 입장하여 노래방 기기 등을 작동할 때
5. 피난안내도 및 피난안내 영상물에 포함되어야 할 내용
   가. 화재 시 대피할 수 있는 비상구 위치
   나. 구획된 실 등에서 비상구 및 출입구까지의 피난동선
   다. 소화기, 옥내소화전 등 소방시설의 위치 및 사용방법
   라. 피난 및 대처방법
6. 피난안내도의 크기 및 재질
   가. 크기 : B4(257mm×364mm) 이상. 다만, 각 층별 영업장의 면적 또는 영업장이 위치한 층의 바닥면적이 각각 400m^2 이상인 경우에는 A3(297mm×420mm) 이상의 크기
   나. 재질 : 종이(코팅처리한 것), 아크릴, 강판 등 쉽게 훼손 또는 변형되지 않는 것
7. 피난안내도 및 피난안내 영상물에 사용하는 언어
   피난안내도 및 피난안내영상물은 한글 및 1개 이상의 외국어를 사용하여 작성할 것
8. 장애인을 위한 피난안내 영상물 상영〈신설 2019.4.22〉
   「영화 및 비디오물의 진흥에 관한 법률」 제2조제10호에 따른 영화상영관 중 전체 객석 수의 합계가 300석 이상인 영화상영관의 경우 피난안내 영상물은 장애인을 위한 한국수어·폐쇄자막·화면해설 등을 이용하여 상영해야 한다.

[제15장] 초고층 및 지하연계 복합건축물 재난관리에 관한 특별법

(개정 : 2024. 2. 13. 법률 제20274호, 시행 : 2025. 2. 14.)

제2조 (정의)

1. **초고층 건축물** : 층수가 50층 이상 또는 높이가 200m 이상인 건축물
2. **지하연계 복합건축물** : 지하부분이 지하역사 또는 지하도상가와 연결된 건축물로서 다음 각 목의 요건을 모두 갖춘 것 〈개정 2024.2.13〉
   가. 층수가 11층 이상이거나 용도별 바닥면적 등을 고려하여 대통령령으로 정하는 산정기준에 따른 수용인원이 5천명 이상인 건축물 〈개정 2024.2.13〉
   나. 건축물 안에 건축법령에 따른 문화 및 집회시설, 판매시설, 운수시설, 업무시설, 숙박시설, 위락시설 중 유원시설업(遊園施設業)의 시설 또는 대통령령으로 정하는 용도(종합병원과 요양병원)의 시설이 하나 이상 있는 건축물
3. **관계지역** : 제3조에 따른 건축물 및 시설물(이하 "초고층건축물등"이라 한다)과 그 주변지역을 포함하여 재난의 예방·대비·대응 및 수습 등의 활동에 필요한 지역으로 대통령령으로 정하는 지역을 말한다.
4. **일반건축물등** : 관계지역 안에서 초고층건축물등을 제외한 건축물 또는 시설물
5. **관리주체** : 초고층 건축물등 또는 일반건축물등의 소유자 또는 관리자(그 건축물등의 소유자와 관리계약 등에 따라 관리책임을 진 자를 포함한다)를 말한다.
6. **관계인** : 해당 초고층 건축물등 또는 일반건축물등의 소유자·관리자 또는 점유자를 말한다.
7. **총괄재난관리자** : 해당 초고층건축물등의 재난 및 안전관리 업무를 총괄하는 자
8. **유해·위험물질** : 유독물·독성가스·가연성가스·위험물 등 사람에게 유해하거나 화재 또는 폭발의 위험성이 있는 물질로서 그 종류 및 범위는 대통령령으로 정한다.

제3조 (적용대상)

1. 초고층 건축물
2. 지하연계 복합건축물
3. 그 밖에 제1호 및 제2호에 준하여 재난관리가 필요한 것으로 대통령령으로 정하는 건축물 및 시설물

제6조 (사전재난영향평가) 〈개정 2024.2.13, 시행 2025.2.14〉
① 초고층 건축물등의 신축·증축·개축·재축·이전·대수선 또는 대통령령으로 정하는 용도변경(이하 "설치등"이라 한다)을 하려는 자는 특별시장·광역시장·특별자치시장·도지사 또는 특별자치도지사(이하 "시·도지사"라 한다)에게 초고층 건축물등의 재난 및 안전관리에 관한 사항을 점검·평가하는 사전재난영향평가를 신청하여야 한다.
② 제1항에 따라 신청을 받은 시·도지사는 해당 초고층 건축물등의 설치등에 대한 허가·승인·인가·협의 등(이하 "허가등"이라 한다)의 권한이 있는 자(이하 "허가권자등"이라 한다)가 시장·군수·구청장(자치구의 구청장을 말한다. 이하 같다)인 경우에는 관할 시장·군수·구청장에게 그 사실을 통보하여야 한다.
③ 제1항에 따라 신청을 받은 시·도지사는 제7조제1항에 따른 사전재난영향평가위원회의 심의를 거쳐 사전재난영향평가를 실시하고, 그 결과를 신청을 받은 날부터 대통령령으로 정하는 기간 이내에 사전재난영향평가를 신청한 자에게 통보하여야 한다. 이 경우 허가권자등이 시장·군수·구청장인 경우에는 관할 시장·군수·구청장에게도 그 결과를 통보하여야 한다.
④ 제1항에 따라 사전재난영향평가를 신청한 자는 제3항에 따라 통보받은 사전재난영향평가 결과에 이의가 있는 경우에는 그 결과를 통보받은 날부터 1개월 이내에 시·도지사에게 재평가를 신청할 수 있다.
⑤ 허가권자등은 사전재난영향평가의 결과가 허가등의 신청서에 반영되었는지 확인하여야 한다.
⑥ 제1항에도 불구하고 초고층 건축물등의 설치등을 하려는 자가 「건축법」 제10조제1항에 따른 사전결정을 신청하여 같은 법 제4조의 건축위원회에서 사전재난영향평가 내용을 심의한 경우에는 사전재난영향평가를 받은 것으로 본다. 이 경우 대통령령으로 정하는 재난관리 분야 전문가인 위원수가 그 심의에 참석하는 위원수의 4분의 1 이상이 되어야 한다.
⑦ 건축물 또는 시설물이 증축 또는 용도변경으로 인하여 초고층 건축물등이 되는 경우 사전재난영향평가의 신청 및 사전재난영향평가위원회의 심의 등에 관하여는 제1항부터 제6항까지를 준용한다.
⑧ 제1항부터 제7항까지에서 규정한 사항 외에 사전재난영향평가의 신청 시기, 허가등의 범위 등 사전재난영향평가의 절차 및 방법 등에 관하여 필요한 사항은 대통령령으로 정한다.

제7조 (사전재난영향평가위원회) 〈개정 2024.2.13, 시행 2025.2.14〉
① 사전재난영향평가에 관한 다음 각 호의 사항을 심의하기 위하여 시·도지사 소속으로 사전재난영향평가위원회(이하 "위원회"라 한다)를 둔다.
    1. 제16조에 따른 종합방재실 설치·운영계획
    2. 제17조에 따른 종합재난관리체제 구축·운영계획
    3. 제18조에 따른 피난안전구역 설치·운영계획
    4. 피난시설의 설치 및 피난유도계획

5. 내진설계 및 계측설비 설치계획
   6. 공간 구조 및 배치계획
   7. 소화설비, 방화구획, 방연·배연 및 제연계획, 발화 및 연소확대 방지계획
   8. 방범·보안, 테러대비 시설설치 및 관리계획
   9. 지하공간 침수방지계획
   10. 그 밖에 대통령령으로 정하는 사항
  ② 위원회의 구성·운영에 필요한 사항은 대통령령으로 정한다.

제8조 (사전 허가등의 금지)
  허가권자등은 제6조에 따른 사전재난영향평가 절차가 완료되기 전에 초고층 건축물등에 대한 허가 등을 하여서는 아니 된다. 〈개정 2024.2.13〉

제9조 (재난예방 및 피해경감계획의 수립·시행 등) `기술사 123회·124회`
  ① 초고층 건축물등의 관리주체는 그 건축물등에 대한 재난을 예방하고 피해를 경감하기 위한 계획(이하 "재난예방 및 피해경감계획"이라 한다)을 수립·시행하여야 한다.
  ② 제1항에 따른 재난예방 및 피해경감계획에는 다음 각 호의 내용이 포함되어야 한다. 〈개정 2024.2.13, 시행 2025.2.14〉
   1. 제11조에 따른 재난 및 안전관리협의회의 구성·운영에 관한 사항
   2. 제14조에 따른 교육 및 훈련에 관한 사항
   3. 제16조에 따른 종합방재실의 설치·운영에 관한 사항
   4. 제17조에 따른 종합재난관리체제의 구축·운영에 관한 사항
   5. 제18조에 따른 피난안전구역의 설치·운영에 관한 사항
   6. 제19조에 따른 유해·위험물질의 관리 등에 관한 사항
   7. 제22조에 따른 초기대응대의 구성·운영에 관한 사항
   8. 제24조에 따른 대피 및 피난유도에 관한 사항
   9. 어린이·노인·장애인 등 재난에 취약한 사람을 위한 안전관리대책
   10. 소방시설 설치·유지 및 피난계획
   11. 다른 법령에 따른 전기·가스·기계·위험물 등에 대한 안전관리 계획
   12. 그 밖에 대통령령으로 정하는 사항
  ③ 제1항에 따라 재난예방 및 피해경감계획을 수립한 경우에는 다음 각 호의 계획 등을 작성 또는 수립한 것으로 본다. 〈개정 2024.2.13, 시행 2025.2.14〉
   1. 「화재의 예방 및 안전관리에 관한 법률」 제24조제5항제1호에 따른 소방계획서
   2. 「자연재해대책법」 제37조제1항에 따른 비상대처계획
   3. 「재난 및 안전관리 기본법」 제34조의6제1항 본문에 따른 다중이용시설 등의 위기상황 매뉴얼
  ④ 재난예방 및 피해경감계획의 수립 및 시행에 필요한 사항은 대통령령으로 정한다.

제12조 (총괄재난관리자의 선임 등) 〈개정 2024.2.13, 시행 2025.2.14〉
① 초고층 건축물등의 관리주체는 다음 각 호의 업무를 총괄·관리하게 하기 위하여 총괄재난관리자를 선임하여야 한다. 이 경우 총괄재난관리자는 다른 법령에 따른 안전관리자를 겸직할 수 없다. 〈개정 2024.2.13, 시행 2025.2.14〉
  1. 제9조에 따른 재난예방 및 피해경감계획의 수립·시행
  2. 협의회의 구성·운영 〈신설 2024.2.13, 시행 2025.2.14〉
  3. 제14조에 따른 교육 및 훈련
  4. 제16조에 따른 종합방재실의 설치·운영
  5. 제17조에 따른 종합재난관리체제의 구축·운영
  6. 제18조에 따른 피난안전구역의 설치·운영
  7. 제19조에 따른 유해·위험물질의 관리 등
  8. 제22조에 따른 초기대응대의 구성·운영
  9. 제24조에 따른 대피 및 피난유도
  10. 그 밖에 재난 및 안전관리에 관한 업무로서 행정안전부령으로 정하는 사항
② 초고층 건축물등의 관리주체는 다음 각 호의 어느 하나에 해당하는 경우에는 대통령령으로 정하는 바에 따라 총괄재난관리자의 대리자를 지정하여 일시적으로 그 업무를 대행하게 하여야 한다. 〈신설 2024.2.13, 시행 2025.2.14〉
  1. 총괄재난관리자가 여행·질병이나 그 밖의 사유로 일시적으로 그 업무를 수행할 수 없는 경우
  2. 총괄재난관리자의 해임 또는 퇴직과 동시에 다른 총괄재난관리자가 선임되지 아니한 경우
③ 총괄재난관리자는 해당 초고층 건축물등의 시설·전기·가스·방화 등의 재난·안전관리 업무 종사자를 지휘·감독한다.
④ 총괄재난관리자는 행정안전부령으로 정하는 바에 따라 소방청장이 실시하는 교육을 받아야 한다. 〈개정 2016.1.27〉
⑤ 시·도지사 또는 시장·군수·구청장은 총괄재난관리자가 제4항에 따른 교육을 받지 아니하면 교육을 받을 때까지 그 업무의 정지를 명할 수 있다. 〈신설 2016.1.27〉
⑥ 총괄재난관리자의 자격, 등록, 업무정지의 절차 및 총괄재난관리자의 대리자의 대행기간 등에 관하여 필요한 사항은 행정안전부령으로 정한다. 〈개정 2024.2.13〉

제12조의2 (총괄재난관리자의 조치요구 등) 〈신설 2024.2.13, 시행 2025.2.14〉
① 총괄재난관리자는 제12조제1항 각 호의 업무 수행 중 법령 위반 사항을 발견한 경우에는 지체 없이 초고층 건축물등의 관리주체에게 위반 사항에 대하여 개수(改修)·이전·제거·수리 등 필요한 조치를 요구하여야 한다.
② 초고층 건축물등의 관리주체는 제1항에 따른 조치요구를 받은 경우 지체 없이 이에 따라야 한다.

③ 초고층 건축물등의 관리주체는 제1항에 따른 조치요구를 이유로 총괄재난관리자를 해임하거나 보수의 지급을 거부하는 등 불이익한 처우를 하여서는 아니 된다.
④ 총괄재난관리자는 제1항에 따라 조치요구를 하였으나 초고층 건축물등의 관리주체가 이에 따르지 아니하는 경우에는 시·도지사 또는 시장·군수·구청장에게 그 사실을 알려야 한다.

제16조 (종합방재실의 설치·운영)
① 초고층 건축물등의 관리주체는 그 건축물등의 건축·소방·전기·가스 등 안전관리 및 방범·보안·테러 등을 포함한 통합적 재난관리를 효율적으로 시행하기 위하여 종합방재실을 설치·운영하여야 하며, 관리주체 간 종합방재실을 통합하여 운영할 수 있다.
② 제1항에 따른 종합방재실은 「소방기본법」 제4조에 따른 종합상황실과 연계되어야 한다.
③ 관계지역 내 관리주체는 제1항에 따른 종합방재실(일반건축물등의 방재실 등을 포함한다) 간 재난 및 안전정보 등을 공유할 수 있는 정보망을 구축하여야 하며, 유사시 서로 긴급연락이 가능한 경보 및 통신설비를 설치하여야 한다.
④ 종합방재실의 설치기준 등 필요한 사항은 행정안전부령으로 정한다.

제17조 (종합재난관리체제의 구축) 기술사 123회
① 초고층 건축물등의 관리주체는 관계지역 안에서 재난의 신속한 대응 및 재난정보 공유·전파를 위한 종합재난관리체제를 종합방재실에 구축·운영하여야 한다.
② 제1항에 따른 종합재난관리체제의 구축 시 다음 각 호의 사항이 포함되어야 한다.
  1. 재난대응체제
     가. 재난상황 감지 및 전파체제
     나. 방재의사결정·지원 및 재난 유형별 대응체제
     다. 피난유도 및 상호응원체제
  2. 재난·테러 및 안전·정보관리체제
     가. 취약지역 안전점검 및 순찰정보 관리
     나. 유해·위험물질 반출·반입관리
     다. 소방시설·설비 및 소방안전관리 정보 〈개정 2024.2.13, 시행 2025.2.14〉
     라. 방범·보안 및 테러대비 시설관리
  3. 그 밖에 관리주체가 필요로 하는 사항

제18조 (피난안전구역 설치)
① 초고층 건축물등의 관리주체는 그 건축물등에 재난발생 시 상시근무자, 거주자 및 이용자가 대피할 수 있는 피난안전구역을 설치·운영하여야 한다.
② 제1항에 따른 피난안전구역의 기능과 성능에 지장을 초래하는 폐쇄·차단 등의 행위를 하여서는 아니 된다.

③ 피난안전구역의 설치·운영 기준 및 규모는 대통령령으로 정한다.

제19조 (유해·위험물질의 관리 등)
① 초고층 건축물등의 관리주체는 그 건축물등의 유해·위험물질 반출·반입 관리를 위한 위치정보 등 데이터베이스를 구축·운영하여야 한다.
② 제1항에 따른 관리주체는 유해·위험물질의 방치 등으로 재난발생이 우려될 경우에는 즉시 제거하거나 반출을 명할 수 있다. 또한 유해·위험물질을 이용한 테러 등이 예상될 경우 차량 등에 대한 출입제한을 할 수 있다.
③ 제1항에 따른 관리주체가 제2항에 따른 조치를 취하였을 경우 관할지역의 시장·군수·구청장 또는 소방서장에게 신고하여야 한다.
④ 제1항에 따른 관리주체는 지하공간에 화기를 취급하는 시설이 있을 때에는 유해·위험물질의 누출을 감지하고 자동경보를 할 수 있는 설비 등을 설치하여야 한다.
⑤ 유해·위험물질의 관리 등에 필요한 사항은 행정안전부령으로 정한다.

제20조 (설계도서의 비치 등)
초고층 건축물등의 관리주체는 종합방재실에 재난예방 및 대응을 위하여 행정안전부령으로 정하는 설계도서를 비치하여야 하며, 관계 기관이 열람을 요구할 때에는 이에 응하여야 한다.

[제16장] 초고층 및 지하연계 복합건축물 재난관리에 관한 특별법 시행령

(개정 : 2022. 11. 29. 대통령령 제33004호, 시행 : 2022. 12. 1.)

제3조 (관계지역)

① 법 제2조제3호에서 "대통령령으로 정하는 지역(재난의 예방·대비·대응 및 수습 등의 활동에 필요한 지역)"이란 다음 각 호의 어느 하나에 해당하는 지역을 말한다.
  1. 법 제3조에 따른 건축물 및 시설물(이하 "초고층건축물등"이라 한다)이 있는 대지
  2. 초고층건축물등이 있는 대지와 접한 대지로서 「재난 및 안전관리 기본법」 제16조에 따른 시·군·구재난안전대책본부의 본부장(이하 "시·군·구본부장"이라 한다)이 통합적 재난관리가 필요하다고 인정하여 지정·고시하는 지역.

② 제1항제2호에 따라 관계지역을 지정·고시하는 경우 시·군·구본부장은 시·도본부장에게, 시·도본부장은 중앙본부장에게 그 내용을 보고하여야 한다.

제4조 (유해·위험물질의 종류 및 범위)

  1. 「유해화학물질 관리법」 제2조제3호부터 제7호까지의 규정에 따른 유독물, 관찰물질, 취급제한물질, 취급금지물질 및 사고대비물질
  2. 「위험물안전관리법 시행령」 별표 1에 따른 위험물별 지정수량 이상의 위험물
  3. 「고압가스 안전관리법」의 적용 대상인 가연성가스 및 독성가스
  4. 「산업안전보건법」 제38조에 따른 제조 등의 허가대상 물질
  5. 〈삭제 2016.12.30〉

제5조 (사전재난영향성검토협의) 기술사 127회

① 법 제6조제1항 및 제4항에 따라 특별시장·광역시장·도지사·특별자치도지사(이하 "시·도지사"라 한다) 또는 시장·군수·구청장이 시·도본부장에게 재난영향성 검토에 관한 사전협의(이하 "사전재난영향성검토협의"라 한다)를 요청하여야 하는 경우는 다음 각 호와 같다.
  1. 초고층건축물등의 설치에 대한 허가·승인·인가·협의·계획수립 등의 신청을 받은 경우
  2. 「건축법」 제10조제1항에 따라 초고층건축물등의 건축에 대한 사전결정신청을 받은 경우
  3. 「건축법」 제19조제2항에 따라 용도변경 허가신청을 받은 경우로서 다음 각 목의 어느 하나에 해당하는 경우

가. 법 제6조제4항에 따라 건축물 또는 시설물이 용도변경 또는 용도변경에 따른 수용인원 증가로 초고층건축물등이 되는 경우
　　　나. 초고층 건축물등이 「건축법 시행령」 별표 1 제5호에 따른 문화 및 집회시설로 용도변경되어 거주밀도가 증가하는 경우
　4. 그 밖에 시·도본부장이 사전재난영향성검토협의가 필요하다고 인정하여 고시하는 경우
② 제1항에 따라 신청을 받은 시·도지사 또는 시장·군수·구청장은 허가 등을 하기 전에 다음 각 호의 서류를 첨부하여 시·도본부장에게 사전재난영향성검토협의를 요청하여야 한다.
　1. 법 제7조제1항제1호부터 제9호까지의 규정에 따른 계획서 및 관련 서류
　2. 「건축법」 제11조제2항에 따른 건축계획서와 건축물의 용도, 규모 및 형태가 표시된 기본설계도서
　3. 그 밖에 시·도본부장이 사전재난영향성검토협의에 필요하다고 인정하여 제출을 요구한 것
③ 시·도본부장은 사전재난영향성검토협의를 요청받은 날부터 30일 이내에 초고층 건축물등의 관리주체가 수정·보완할 사항을 포함한 검토 의견을 시·도지사 또는 시장·군수·구청장에게 통보하여야 한다. 다만, 천재지변이나 그 밖의 부득이한 사유로 30일 이내에 검토 의견을 통보하기 곤란한 경우에는 10일의 범위에서 그 기간을 연장할 수 있다.

제6조 (건축위원회 참여 재난관리분야 전문가)
법 제6조제2항 후단에서 "대통령령으로 정하는 재난관리분야 전문가"란 제7조제3항에 따라 사전재난영향성검토위원회의 위원자격을 갖춘 사람을 말한다.

제7조 (사전재난영향성검토위원회의 구성)
① 법 제6조제5항에 따른 사전재난영향성검토위원회(이하 "위원회"라 한다)는 위원장 1명과 부위원장 1명을 포함하여 20명 이상 40명 이하의 위원으로 구성한다.
② 위원회의 위원장(이하 "위원장"이라 한다)은 시·도에 소속되어 재난관리 업무를 담당하는 실장·국장·본부장 중에서 시·도본부장이 임명하고, 부위원장은 위원회의 위원(이하 "위원"이라 한다) 중에서 위원장이 지명한다.
③ 위원은 다음 각 호의 어느 하나에 해당하는 사람 중에서 시·도본부장이 위촉하거나 임명한다. 이 경우 제4호에 해당하는 위원의 수는 전체 위원 수의 4분의 1 이하로 한다.
　1. 초고층건축물등의 건축·유지, 안전관리, 방재 및 대테러 등에 관한 학식과 경험이 풍부한 사람
　2. 「국가기술자격법」에 따라 건설, 기계, 전기·전자, 정보통신, 안전관리, 환경·에너지 분야의 국가기술자격을 취득한 사람이나 같은 분야의 박사 이상의 학위를 취득한 사람
　3. 「건축사법」에 따른 건축사
　4. 재난관리, 소방 또는 대테러 관련 업무에 종사하는 공무원
④ 위촉위원의 임기는 2년으로 하고, 한 차례 연임할 수 있다.

⑤ 위원회의 사무를 처리하기 위하여 위원회에 간사 2명을 두며, 간사는 해당 시·도 소속 공무원 중에서 시·도본부장이 지명한다.

제11조 (사전재난영향성검토협의 내용)

법 제7조제1항제9호에서 "대통령령으로 정하는 사람"이란 다음 각 호의 사항을 말한다.
1. 해일(지진해일을 포함) 대비·대응계획(초고층 건축물등이 해안으로부터 1km 이내에 건축되는 경우만 해당한다)
2. 건축물 대테러 설계 계획[폐쇄회로텔레비전(CCTV) 등 대테러 시설 및 장비 설치계획을 포함한다]
3. 관계지역 대지 경사 및 주변 현황
4. 관계지역 전기, 통신, 가스 및 상하수도 시설 등의 매설 현황

제12조 (재난예방 및 피해경감계획의 수립·시행 등) 기술사 124회

① 초고층건축물등의 관리주체는 법 제9조제1항에 따라 해당 초고층 건축물등에 대한 재난을 예방하고 피해를 경감하기 위한 계획을 계획 시행 전년도 12월 31일까지 매년 수립하여 시행하여야 한다.
② 법 제9조제2항제9호에서 "대통령령으로 정하는 필요한 사항"이란 다음 각 호의 사항이다.
  1. 초고층건축물등의 층별·용도별 거주밀도 및 거주인원
  2. 법 제11조에 따른 재난 및 안전관리협의회 구성·운영계획
  3. 법 제16조에 따른 종합방재실 설치·운영계획
  4. 법 제17조에 따른 종합재난관리체제 구축·운영계획
  5. 재난예방 및 재난발생 시 안전한 대피를 위한 홍보계획
③ 소방청장은 필요하다고 인정하는 경우 재난예방 및 피해경감계획의 수립·시행에 필요한 지침을 작성하여 배포할 수 있다.

제13조 (재난예방 및 피해경감계획의 제출 등)

① 초고층건축물등의 관리주체는 초고층 건축물등에 대하여 「건축법」 제19조제2항에 따른 용도변경허가, 같은 법 제22조에 따른 사용승인 또는 「주택법」 제29조에 따른 사용검사 등을 받은 날부터 30일 이내에 시·군·구본부장에게 재난예방 및 피해경감계획을 제출하여야 한다.
② 시·군·구본부장은 제1항에 따라 재난예방 및 피해경감계획을 받은 날부터 3일 이내에 초고층건축물등의 소재지를 관할하는 소방서장에게 재난예방 및 피해경감계획을 보내야 한다.
③ 소방서장은 제2항에 따라 재난예방 및 피해경감계획을 받은 날부터 15일 이내에 재난예방 및 피해경감계획에 대한 검토의견을 시·군·구본부장에게 보내야 한다.
④ 시·군·구본부장은 제1항에 따라 받은 재난예방 및 피해경감계획을 수정하거나 보완할 필요가 있다고 인정한 경우에는 그 내용을 관리주체에게 통보하여야 하며, 관리주체는 통

보받은 날부터 10일 이내에 재난예방 및 피해경감계획을 수정하거나 보완하여 시·군·구본부장에게 제출하여야 한다. 이 경우 수정되거나 보완된 재난예방 및 피해경감계획의 송부 등에 관하여는 제2항과 제3항을 따른다.

제14조 (피난안전구역 설치기준 등)

① 초고층건축물등의 관리주체는 법 제18조제1항에 따라 다음 각 호의 구분에 따른 피난안전구역을 설치하여야 한다. [기술사 111회·113회·120회]

1. 초고층 건축물 : 「건축법 시행령」 제34조제3항에 따른 피난안전구역을 설치할 것
1의 2. 30층 이상 49층 이하인 지하연계 복합건축물 : 「건축법 시행령」 제34조제4항에 따른 피난안전구역을 설치할 것 〈신설 2016.11.22〉
2. 16층 이상 29층 이하인 지하연계 복합건축물 : 지상층별 거주밀도가 m^2당 1.5명을 초과하는 층은 해당 층의 사용형태별 면적 합계의 10분의 1에 해당하는 면적을 피난안전구역으로 설치
3. 초고층건축물등의 지하층이 법 제2조제2호나목의 용도로 사용되는 경우 : 해당 지하층에 별표 2의 피난안전구역 면적 산정기준에 따라 피난안전구역을 설치하거나, 선큰[지표 아래에 있고 외기(外氣)에 개방된 공간으로서 건축물 사용자 등의 보행·휴식 및 피난 등에 제공되는 공간을 말한다. 이하 같다]을 설치

② 제1항에 따라 설치하는 피난안전구역은 「건축법 시행령」 제34조제5항에 따른 피난안전구역의 규모와 설치기준에 맞게 설치하여야 하며, 다음 각 호의 소방시설을 모두 갖추어야 한다. 이 경우 소방시설은 해당 화재안전기준에 맞는 것이어야 한다. [기술사 113회·125회]

1. 소화설비 중 소화기구(소화기 및 간이소화용구만 해당), 옥내소화전설비, 스프링클러설비
2. 경보설비 중 자동화재탐지설비
3. 피난설비 중 방열복, 공기호흡기(보조마스크를 포함), 인공소생기, 피난유도선(피난안전구역으로 통하는 직통계단 및 특별피난계단을 포함), 피난안전구역으로 피난을 유도하기 위한 유도등·유도표지, 비상조명등 및 휴대용비상조명등
4. 소화활동설비 중 제연설비, 무선통신보조설비

③ 선큰은 다음 각 호의 기준에 맞게 설치 [기술사 113회]

1. 다음 각 목의 구분에 따라 용도별로 산정한 면적을 합산한 면적 이상으로 설치
    가. 문화 및 집회시설 중 공연장, 집회장 및 관람장은 해당 면적의 <u>7% 이상</u> 〈개정 2015.4.14〉
    나. 판매시설 중 소매시장은 해당 면적의 7% 이상
    다. 그 밖의 용도는 해당 면적의 3% 이상
2. 다음 각 목의 기준에 맞게 설치
    가. 지상 또는 피난층(직접 지상으로 통하는 출입구가 있는 층 및 제1항에 따른 피난안전구역을 말한다)으로 통하는 너비 1.8m 이상의 직통계단을 설치하거나, 너비 1.8m 이상 및 경사도 12.5% 이하의 경사로를 설치

나. 거실(건축물 안에서 거주, 집무, 작업, 집회, 오락, 그 밖에 이와 유사한 목적을 위하여 사용되는 방을 말한다) 바닥면적 100㎡ 마다 0.6m 이상을 거실에 접하도록 하고, 선큰과 거실을 연결하는 출입문의 너비는 거실 바닥면적 100㎡ 마다 0.3m로 산정한 값 이상

3. 다음 각 목의 기준에 맞는 설비를 갖출 것
   가. 빗물에 의한 침수 방지를 위하여 차수판, 집수정(물저장고), 역류방지기를 설치 〈개정 2021.1.5〉
   나. 선큰과 거실이 접하는 부분에 제연설비[드렌처(수막)설비 또는 공기조화설비와 별도로 운용하는 제연설비를 말한다]를 설치. 다만, 선큰과 거실이 접하는 부분에 설치된 공기조화설비가 제연설비의 화재안전기준에 맞게 설치되어 있고, 화재발생 시 제연설비 기능으로 자동 전환되는 경우에는 제연설비를 설치하지 않을 수 있다.

④ 초고층 건축물등의 관리주체는 피난안전구역에 제1항부터 제3항까지에서 규정한 사항 외에 재난의 예방·대응 및 지원을 위하여 행정안전부령으로 정하는 설비 등을 갖추어야 한다.

[별표 1] 용도별 거주밀도 (제5조제1항제3호, 제12조제2항제1호 및 제14조제1항제2호 관련)

건축용도	사용형태별	거주밀도 (명/㎡)	비고
문화·집회 용도	가. 좌석이 있는 극장·회의장·전시장 및 그 밖에 이와 비슷한 것 　1) 고정식 좌석 　2) 이동식 좌석 　3) 입석식 나. 좌석이 없는 극장·회의장·전시장 및 그 밖에 이와 비슷한 것 다. 회의실 라. 무대 마. 게임제공업 바. 나이트클럽 사. 전시장(산업전시장)	 n 1.30 2.60 1.80 1.50 0.70 1.00 1.70 0.70	1. n은 좌석 수를 말한다. 2. 극장·회의장·전시장 및 그 밖에 이와 비슷한 것에는 「건축법 시행령」 별표 1 제4호마목의 공연장을 포함한다. 3. 극장·회의장·전시장에는 로비·홀·전실(前室)을 포함한다.

상업용도	가. 매장 나. 연속식 점포 　1) 매장 　2) 통로 다. 창고 및 배송공간 라. 음식점(레스토랑)·바·카페	0.50 0.50 0.25 0.37 1.00	연속식 점포 : 벽체를 연속으로 맞대거나 복도를 공유하고 있는 점포수가 둘 이상인 경우를 말한다.
업무용도	가. 사무실이 높이 60m 초과하는 부분에 위치 나. 사무실이 높이 60m 이하 부분에 위치	1.25 0.25	
주거 용도	가. 공동주택 나. 호텔	R+1 0.05	R은 세대별 방의 개수를 말한다.
교육용도	가. 도서관 　1) 서고·통로 　2) 열람실 나. 학교 　1) 교실 　2) 그 밖의 시설	 0.10 0.21 0.52 0.21	
운동용도	운동시설	0.21	
의료용도	가. 입원치료구역 나. 수면구역(숙소 등)	0.04 0.09	
보육용도	보호시설 (아동 관련 시설, 노인복지시설 등)	0.30	

[비고]

둘 이상의 사용형태로 사용되는 층의 거주밀도는 사용형태별 거주밀도에 해당 사용형태의 면적이 해당 층에서 차지하는 비율을 반영하여 각각 산정한 값을 더하여 산정한다.

[별표 2] 피난안전구역 면적 산정기준 (제14조제1항제3호 관련)

기술사 111회·125회

1. 지하층이 하나의 용도로 사용되는 경우
   피난안전구역 면적 = (수용인원 × 0.1) × 0.28m^2
2. 지하층이 둘 이상의 용도로 사용되는 경우
   피난안전구역 면적 = (사용형태별 수용인원의 합 × 0.1) × 0.28m^2

[비고]
가. 수용인원은 사용형태별 면적과 거주밀도를 곱한 값을 말한다. 다만, 업무용도와 주거용도의 수용인원은 용도의 면적과 거주밀도를 곱한 값으로 한다.
나. 건축물의 사용형태별 거주밀도는 다음 표와 같다.

건축용도	사용형태별	거주밀도 (명/㎡)	비고
문화·집회 용도	가. 좌석이 있는 극장·회의장·전시장 및 기타 이와 비슷한 것 　1) 고정식 좌석 　2) 이동식 좌석 　3) 입석식 나. 좌석이 없는 극장·회의장·전시장 및 기타 이와 비슷한 것 다. 회의실 라. 무대 마. 게임제공업 바. 나이트클럽 사. 전시장(산업전시장)	 N 1.30 2.60 1.80 1.50 0.70 1.00 1.70 0.70	1. N은 좌석 수를 말한다. 2. 극장·회의장·전시장 및 그 밖에 이와 비슷한 것에는 「건축법 시행령」 별표 1 제4호마목의 공연장을 포함한다. 3. 극장·회의장·전시장에는 로비·홀·전실(前室)을 포함한다.
상업용도	가. 매장 나. 연속식 점포 　1) 매장 　2) 통로 다. 창고 및 배송공간 라. 음식점(레스토랑)·바·카페	0.50 0.50 0.25 0.37 1.00	연속식 점포 : 벽체를 연속으로 맞대거나 복도를 공유하고 있는 점포수가 둘 이상인 경우를 말한다.
업무용도		0.25	
주거용도		0.05	
의료용도	가. 입원치료구역 나. 수면구역	0.04 0.09	

[제17장] 초고층 및 지하연계 복합건축물 재난관리에 관한 특별법 시행규칙

(개정 : 2022. 12. 1. 행정안전부령 제361호, 시행 : 2022. 12. 1.)

제2조 (총괄재난관리자의 업무 및 자격)
① 법 제12조제1항제12호에서 "행정안전부령으로 정한 사항"이란 다음 각 호의 사항이다.
  1. 법 제3조에 따른 건축물 및 시설물(이하 "초고층건축물등"이라 한다)의 유지·관리 및 점검, 보수 등에 관한 사항
  2. 방범, 보안, 테러 대비·대응 계획의 수립 및 시행에 관한 사항
② 법 제12조제1항에 따른 총괄재난관리자는 다음 각 호의 어느 하나에 해당하는 사람
  1. 「건축사법」에 따른 건축사와 「국가기술자격법」에 따른 건축·기계·전기·토목 또는 안전관리 분야 기술사
  2. 「화재의 예방 및 안전관리에 관한 법률 시행령」 별표 4 제1호에 따라 특급 소방안전관리대상물의 소방안전관리자로 선임될 수 있는 자격을 갖춘 사람
  3. 「국가기술자격법」에 따른 건축·기계·전기·토목 또는 안전관리 분야 기사로서 재난 및 안전관리에 관한 실무경력이 5년 이상인 사람
  4. 「국가기술자격법」에 따른 건축·기계·전기·토목 또는 안전관리 분야 산업기사로서 재난 및 안전관리에 관한 실무경력이 7년 이상인 사람
  5. 「주택법」에 따른 주택관리사로서 재난 및 안전관리에 관한 실무경력이 5년 이상인 사람

제7조 (종합방재실의 설치기준) 기술사 111회·116회·128회
① 초고층 건축물 등의 관리주체는 법 제16조제1항에 따라 다음 각 호의 기준에 맞는 종합방재실을 설치·운영하여야 한다.
  1. 종합방재실의 개수 : 1개. 다만, 100층 이상인 초고층건축물등(공동주택은 제외)의 관리주체는 종합방재실이 그 기능을 상실하는 경우에 대비하여 종합방재실을 추가로 설치하거나, 관계지역 내 다른 종합방재실에 보조종합재난관리체제를 구축하여 재난관리업무가 중단되지 않도록 하여야 한다.
  2. 종합방재실의 위치
      가. 1층 또는 피난층. 다만, 초고층 건축물등에 특별피난계단이 설치되어 있고, 특별피난계단 출입구로부터 5m 이내에 종합방재실을 설치하려는 경우에는 2층 또는 지하 1층에 설치할 수 있으며, 공동주택의 경우에는 관리사무소 내에 설치할 수 있다.
      나. 비상용승강장, 피난전용승강장 및 특별피난계단으로 이동하기 쉬운 곳

다. 재난정보 수집 및 제공, 방재 활동의 거점(據點) 역할을 할 수 있는 곳
라. 소방대(消防隊)가 쉽게 도달할 수 있는 곳
마. 화재 및 침수 등으로 인하여 피해를 입을 우려가 적은 곳
3. 종합방재실의 구조 및 면적
　가. 다른 부분과 방화구획으로 설치할 것. 다만, 다른 제어실 등의 감시를 위하여 두께 7mm 이상의 망입유리(두께 16.3mm 이상의 접합유리 또는 두께 28mm 이상의 복층유리를 포함)로 된 4m² 미만의 붙박이창으로 설치할 수 있다.
　나. 제2항에 따른 인력의 대기 및 휴식 등을 위하여 종합방재실과 방화구획된 부속실을 설치
　다. 면적은 20m² 이상으로 할 것
　라. 재난 및 안전관리, 방범 및 보안, 테러 예방을 위하여 필요한 시설·장비의 설치와 근무 인력의 재난 및 안전관리 활동, 재난 발생 시 소방대원의 지휘 활동에 지장이 없도록 설치
　마. 출입문에는 출입 제한 및 통제 장치를 갖출 것
4. 종합방재실의 설비 등
　가. 조명설비(예비전원을 포함) 및 급수·배수설비
　나. 상용전원과 예비전원의 공급을 자동 또는 수동으로 전환하는 설비
　다. 급기·배기 설비 및 냉방·난방 설비
　라. 전력공급상황 확인시스템
　마. 공기조화·냉난방·소방·승강기 설비의 감시 및 제어시스템
　바. 자료저장시스템
　사. 지진계 및 풍향·풍속계(초고층 건축물에 한정한다) 〈개정 2016.10.6〉
　아. 소화장비 보관함 및 무정전 전원공급장치
　자. 피난안전구역, 피난용승강기 승강장 및 테러 등의 감시와 방범·보안을 위한 폐쇄회로텔레비전(CCTV)
② 초고층 건축물 등의 관리주체는 종합방재실에 재난 및 안전관리에 필요한 인력을 3명 이상 상주(常住)하도록 하여야 한다.
③ 초고층 건축물 등의 관리주체는 종합방재실의 기능이 항상 정상적으로 작동되도록 종합방재실의 시설 및 장비 등을 수시로 점검하고, 그 결과를 보관하여야 한다.

제8조 (피난안전구역의 설비 등) 기술사 125회

1. 자동심장충격기 등 심폐소생술을 할 수 있는 응급장비
2. 다음 각 목의 구분에 따른 수량의 방독면
　가. 초고층건축물에 설치된 피난안전구역 : 피난안전구역 위층의 재실자 수의 1/10 이상
　나. 지하연계복합건축물에 설치된 피난안전구역 : 피난안전구역이 설치된 층 수용인원의 1/10 이상

제9조 (유해 · 위험물질의 관리 등)

① 초고층건축물등의 관리주체는 그 건축물등에 유해 · 위험물질이 반출 · 반입되었을 때에는 다음 각 호의 사항을 별지 제5호서식의 유해 · 위험물질 관리대장에 기록하고 관리하여야 한다.
 1. 반출 · 반입 목적
 2. 유해 · 위험물질의 종류, 수량, 용도 및 구입처
 3. 유해 · 위험물질 운반자 및 관리책임자
 4. 유해 · 위험물질 운반차량 종류

② 초고층건축물등의 관리주체는 제1항에 따른 유해 · 위험물질의 반출 · 반입 정보에 대한 데이터베이스를 구축하고 운영하여야 한다.

③ 초고층건축물등의 관리주체는 유해 · 위험물질의 효율적인 관리를 위하여 유해 · 위험물질 운반차량을 위한 별도의 진입 · 출입로를 설치하거나 진입 · 출입시간을 통제하여야 한다.

제10조 (설계도서의 비치 등)

법 제20조에서 "(종합방재실에 비치하여야 하는)행정안전부령으로 정하는 설계도서"란 다음 각 호의 설계도서를 말한다.
 1. 「건축법 시행규칙」 별표 2의 설계도서(건축계획서 및 시방서는 제외)
 2. 「소방시설 설치 및 관리에 관한 법률 시행규칙」 제3조제2항제2호 각 목의 설계도서

제12조 (초기대응대의 구성 · 운영 등)

① 초기대응대는 해당 초고층건축물등에 상주하는 5명 이상의 관계인으로 구성한다. 다만, 공동주택은 3명 이상의 관계인으로 구성할 수 있다.

② 초기대응대는 다음 각 호의 역할을 수행한다.
 1. 재난 발생 장소 등 현황 파악, 신고 및 관계지역에 대한 전파
 2. 거주자 및 입점자 등의 대피 및 피난 유도
 3. 재난 초기 대응
 4. 구조 및 응급조치
 5. 긴급구조기관에 대한 재난정보 제공
 6. 그 밖에 재난예방 및 피해경감을 위하여 필요한 사항

③ 총괄재난관리자는 초기대응대에 대하여 다음 각 호의 내용을 포함한 교육 및 훈련을 매년 1회 이상 하여야 한다.
 1. 재난발생장소 확인방법
 2. 재난의 신고 및 관계지역 전파 등의 방법
 3. 초기대응 및 신체방호 방법
 4. 층별 거주자 및 입점자 등의 피난유도 방법
 5. 응급구호 방법

6. 소방 및 피난시설 작동방법
7. 불을 사용하는 설비 및 기구 등의 열원(熱源) 차단방법
8. 위험물품 응급조치 방법
9. 소방대 도착 시 현장유도 및 정보제공 등
10. 안전방호 방법
11. 그 밖에 재난 초기대응에 필요한 사항

④ 초기대응대는 거주자 등의 피난 유도, 구조 및 응급조치, 불을 사용하는 설비 및 기구 등의 열원 차단 등에 필요한 장비를 갖추어야 한다.

[제18장] 소방시설의 내진설계기준

(개정 2022. 12. 1. 소방청고시 제2022-76호, 시행 : 2022. 12. 1.)

[내진시설 계통도]

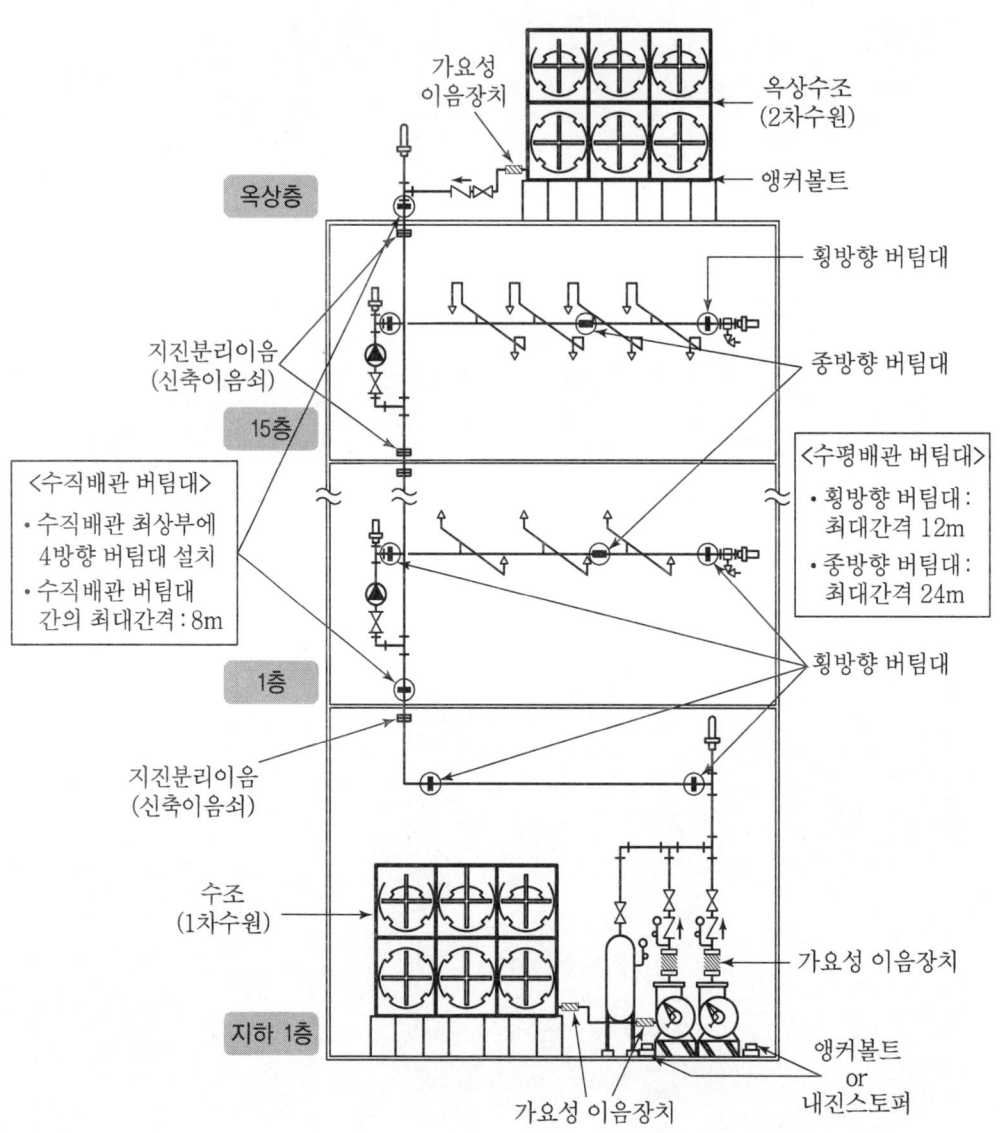

제1조 (목적)

이 기준은 「소방시설 설치 및 관리에 관한 법률」 제7조에 따라 소방청장에게 위임한 소방시설의 내진설계 기준에 관하여 필요한 사항을 규정함을 목적으로 한다. 〈개정 2022. 12.1〉

제2조 (적용범위)

① 「소방시설 설치 및 관리에 관한 법률 시행령」(이하 "영"이라 한다) 제15조의2에 따른 옥내소화전설비, 스프링클러설비, 물분무등소화설비(이하 이 조에서 "각 설비"라 한다)는 이 기준에서 정하는 규정에 적합하게 설치하여야 한다. 다만, 각 설비의 성능시험배관, 지중매설배관, 배수배관 등은 제외한다. 〈개정 2021.2.19, 2022.12.1〉

② 제1항의 각 설비에 대하여 특수한 구조 등으로 특별한 조사·연구에 의해 설계하는 경우에는 그 근거를 명시하고, 이 기준을 따르지 아니할 수 있다. 이 경우 「소방시설 설치 및 관리에 관한 법률」 제18조에 따른 중앙소방기술심의위원회의 심의를 받아야 한다. 〈단서 신설 2022.12.1〉

제3조 (정의) 〈개정 2021.2.19〉

이 기준에서 사용하는 용어의 정의는 다음과 같다.

1. "내진"이란 면진, 제진을 포함한 지진으로부터 소방시설의 피해를 줄일 수 있는 구조를 의미하는 포괄적인 개념을 말한다.
2. "면진"이란 건축물과 소방시설을 지진동으로부터 격리시켜 지반진동으로 인한 지진력이 직접 구조물로 전달되는 양을 감소시킴으로써 내진성을 확보하는 수동적인 지진 제어 기술을 말한다.
3. "제진"이란 별도의 장치를 이용하여 지진력에 상응하는 힘을 구조물 내에서 발생시키거나 지진력을 흡수하여 구조물이 부담해야 하는 지진력을 감소시키는 지진 제어 기술을 말한다.
4. "수평지진하중(F_{pw})"이란 지진 시 흔들림방지버팀대에 전달되는 배관의 동적지진하중 또는 같은 크기의 정적지진하중으로 환산한 값으로 허용응력설계법으로 산정한 지진하중을 말한다.
5. "세장비(L/r)"란 흔들림방지버팀대 지지대의 길이(L)와, 최소단면2차반경(r)의 비율을 말하며, 세장비가 커질수록 좌굴(Buckling) 현상이 발생하여 지진발생 시 파괴되거나 손상을 입기 쉽다. 기술사 110회·119회·124회
6. "지진거동특성"이란 지진발생으로 인한 외부적인 힘에 반응하여 움직이는 특성을 말한다.
7. "지진분리이음"이란 지진발생시 지진으로 인한 진동이 배관에 손상을 주지 않고 배관의 축방향 변위, 회전, 1° 이상의 각도 변위를 허용하는 이음을 말한다. 단, 구경 200mm 이상의 배관은 허용하는 각도변위를 0.5° 이상으로 한다.
8. "지진분리장치"란 지진발생 시 건축물 지진분리이음 설치 위치 및 지상에 노출된 건축물과 건축물 사이 등에서 발생하는 상대변위 발생에 대응하기 위해 모든 방향에서의

변위를 허용하는 커플링, 플렉시블 조인트, 관부속품 등의 집합체를 말한다.
9. "가요성이음장치"란 지진 시 수조 또는 가압송수장치와 배관 사이 등에서 발생하는 상대변위 발생에 대응하기 위해 수평 및 수직 방향의 변위를 허용하는 플렉시블 조인트 등을 말한다. 〈신설 2021.2.19〉
10. "가동중량(W_p)"이란 수조, 가압송수장치, 함류, 제어반등, 가스계 및 분말소화설비의 저장용기, 비상전원, 배관의 작동상태를 고려한 무게를 말하며 다음 각 목의 기준에 따른다.
    가. 배관의 작동상태를 고려한 무게란 배관 및 기타 부속품의 무게를 포함하기 위한 중량으로 용수가 충전된 배관 무게의 1.15배를 적용한다.
    나. 수조, 가압송수장치, 함류, 제어반등, 가스계 및 분말소화설비의 저장용기, 비상전원의 작동상태를 고려한 무게란 유효중량에 안전율을 고려하여 적용한다.
11. "근입 깊이"란 앵커볼트가 벽면 또는 바닥면 속으로 들어가 인발력에 저항할 수 있는 구간의 길이를 말한다.
12. "내진스토퍼"란 지진하중에 의해 과도한 변위가 발생하지 않도록 제한하는 장치를 말한다.
13. "구조부재"란 건축설계에 있어 구조계산에 포함되는 하중을 지지하는 부재를 말한다.
14. "지진하중"이란 지진에 의한 지반운동으로 구조물에 작용하는 하중을 말한다.
15. "편심하중"이란 하중의 합력 방향이 그 물체의 중심을 지나지 않을 때의 하중을 말한다.
16. "지진동"이란 지진 시 발생하는 진동을 말한다.
17. "단부"란 직선배관에서 방향 전환하는 지점과 배관이 끝나는 지점을 말한다. 〈신설 2021.2.19〉
18. "S"란 재현주기 2400년을 기준으로 정의되는 최대고려 지진의 유효수평지반가속도로서 "건축물 내진설계기준(KDS 41 17 00)"의 지진구역에 따른 지진구역계수(Z)에 2400년 재현주기에 해당하는 위험도계수(I) 2.0을 곱한 값을 말한다. 〈신설 2021.2.19〉
19. "S_s"란 단주기 응답지수(short period response parameter)로서 유효수평지반가속도 S를 2.5배한 값을 말한다. 〈신설 2021.2.19〉
20. "영향구역"이란 흔들림방지버팀대가 수평지진하중을 지지할 수 있는 예상구역을 말한다. 〈신설 2021.2.19〉
21. "상쇄배관(offset)"이란 영향구역 내의 직선배관이 방향전환 한 후 다시 같은 방향으로 연속될 경우, 중간에 방향전환 된 짧은 배관은 단부로 보지 않고 상쇄하여 직선으로 볼 수 있는 것을 말하며, 짧은 배관의 합산길이는 3.7m 이하여야 한다. 〈신설 2021.2.19〉
22. "수직직선배관"이란 중력방향으로 설치된 주배관, 교차배관, 가지배관 등으로서 어떠한 방향전환도 없는 직선배관을 말한다. 단, 방향전환부분의 배관길이가 상쇄배관(offset) 길이 이하인 경우 하나의 수직직선배관으로 간주한다. 〈신설 2021.2.19〉
23. "수평직선배관"이란 수평방향으로 설치된 주배관, 교차배관, 가지배관 등으로서 어떠

한 방향전환도 없는 직선배관을 말한다. 단, 방향전환부분의 배관길이가 상쇄배관(offset) 길이 이하인 경우 하나의 수평직선배관으로 간주한다. 〈신설 2021.2.19〉

24. "가지배관 고정장치"란 지진거동특성으로부터 가지배관의 움직임을 제한하여 파손, 변형 등으로부터 가지배관을 보호하기 위한 와이어타입, 환봉타입의 고정장치를 말한다. 〈신설 2021.2.19〉
25. "제어반등"이란 수신기(중계반을 포함한다), 동력제어반, 감시제어반 등을 말한다. 〈신설 2021.2.19〉
26. "횡방향 흔들림 방지 버팀대"란 수평직선배관의 진행방향과 직각방향(횡방향)의 수평지진하중을 지지하는 버팀대를 말한다. 〈신설 2021.2.19〉
27. "종방향 흔들림 방지 버팀대"란 수평직선배관의 진행방향(종방향)의 수평지진하중을 지지하는 버팀대를 말한다. 〈신설 2021.2.19〉
28. "4방향 흔들림 방지 버팀대"란 건축물 평면상에서 종방향 및 횡방향 수평지진하중을 지지하거나, 종·횡 단면상에서 전·후·좌·우 방향의 수평지진하중을 지지하는 버팀대를 말한다. 〈신설 2021.2.19〉

제3조의2(공통 적용사항) 〈신설 2021.2.19〉 기술사 108회 · 120회 · 124회 · 126회

① 소방시설의 내진설계에서 내진등급, 성능수준, 지진위험도, 지진구역 및 지진구역계수는 "건축물 내진설계기준(KDS 41 17 00)"을 따르고 중요도계수(I_p)는 1.5로 한다.
② 지진하중은 다음 각 호의 기준에 따라 계산한다.
  1. 소방시설의 지진하중은 "건축물 내진설계기준" 중 비구조요소의 설계지진력 산정방법을 따른다.
  2. 허용응력설계법을 적용하는 경우에는 제1호의 산정방법 중 허용응력설계법 외의 방법으로 산정된 설계지진력에 0.7을 곱한 값을 지진하중으로 적용한다.
  3. 지진에 의한 소화배관의 수평지진하중(F_{pw}) 산정은 허용응력설계법으로 하며 다음 각 호 중 어느 하나를 적용한다.
    가. $F_{pw} = C_p \times W_p$
       F_{pw} : 수평지진하중, W_p : 가동중량
       C_p : 소화배관의 지진계수(별표 1에 따라 선정한다.)
    나. 제1호에 따른 산정방법 중 허용응력설계법 외의 방법으로 산정된 설계지진력에 0.7을 곱한 값을 수평지진하중(F_{pw})으로 적용한다.
  4. 지진에 의한 배관의 수평설계지진력이 $0.5 W_p$을 초과하고 흔들림 방지 버팀대의 각도가 수직으로부터 45도 미만인 경우 또는 수평설계지진력이 $1.0 W_p$를 초과하고 흔들림 방지 버팀대의 각도가 수직으로부터 60도 미만인 경우 흔들림 방지 버팀대는 수평설계지진력에 의한 유효수직반력을 견디도록 설치해야 한다.
③ 앵커볼트는 다음 각 호의 기준에 따라 설치한다.
  1. 수조, 가압송수장치, 함, 제어반등, 비상전원, 가스계 및 분말소화설비의 저장용기 등은

"건축물 내진설계기준" 비구조요소의 정착부의 기준에 따라 앵커볼트를 설치하여야 한다.
2. 앵커볼트는 건축물 정착부의 두께, 볼트설치 간격, 모서리까지 거리, 콘크리트의 강도, 균열 콘크리트 여부, 앵커볼트의 단일 또는 그룹설치 등을 확인하여 최대허용하중을 결정하여야 한다.
3. 흔들림 방지 버팀대에 설치하는 앵커볼트 최대허용하중은 제조사가 제시한 설계하중 값에 0.43을 곱하여야 한다.
4. 건축물 부착 형태에 따른 프라잉효과나 편심을 고려하여 수평지진하중의 작용하중을 구하고 앵커볼트 최대허용하중과 작용하중과의 내진설계 적정성을 평가하여 설치하여야 한다.
5. 소방시설을 팽창성·화학성 또는 부분적으로 현장타설된 건축부재에 정착할 경우에는 수평지진하중을 1.5배 증가시켜 사용한다.
④ 수조·가압송수장치·제어반등 및 비상전원 등을 바닥에 고정하는 경우 기초(패드 포함) 부분의 구조안전성을 확인하여야 한다.

제4조 (수원) 〈개정 2021.2.19〉 기술사 108회·120회·124회·126회

수조는 다음 각 호의 기준에 따라 설치하여야 한다.
1. 수조는 지진에 의하여 손상되거나 과도한 변위가 발생하지 않도록 기초(패드 포함), 본체 및 연결부분의 구조안전성을 확인하여야 한다.
2. 수조는 건축물의 구조부재나 구조부재와 연결된 수조 기초부(패드)에 고정하여 지진 시 파손(손상), 변형, 이동, 전도 등이 발생하지 않아야 한다.
3. 수조와 연결되는 소화배관에는 지진 시 상대변위를 고려하여 가요성이음장치를 설치하여야 한다.

제5조 (가압송수장치) 〈개정 2021.2.19〉 기술사 108회·120회·124회·126회

① 가압송수장치에 방진장치가 있어 앵커볼트로 지지 및 고정할 수 없는 경우에는 다음 각 호의 기준에 따라 내진스토퍼 등을 설치하여야 한다. 다만, 방진장치에 이 기준에 따른 내진성능이 있는 경우는 제외한다.
1. 정상운전에 지장이 없도록 내진스토퍼와 본체 사이에 최소 3mm 이상 이격하여 설치한다.
2. 내진스토퍼는 제조사에서 제시한 허용하중이 제3조의2제2항에 따른 지진하중 이상을 견딜 수 있는 것으로 설치하여야 한다. 단, 내진스토퍼와 본체 사이의 이격거리가 6mm를 초과한 경우에는 수평지진하중의 2배 이상을 견딜 수 있는 것으로 설치하여야 한다.
② 가압송수장치의 흡입측 및 토출측에는 지진 시 상대변위를 고려하여 가요성이음장치를 설치하여야 한다.

제6조 (배관) 〈개정 2021.2.19〉

① 배관은 다음 각 호의 기준에 따라 설치하여야 한다. 기술사 111회·126회
1. 건물 구조부재간의 상대변위에 의한 배관의 응력을 최소화하기 위하여 지진분리이음

또는 지진분리장치를 사용하거나 이격거리를 유지하여야 한다.
2. 건축물 지진분리이음 설치위치 및 건축물 간의 연결배관 중 지상노출 배관이 건축물로 인입되는 위치의 배관에는 관경에 관계없이 지진분리장치를 설치하여야 한다.
3. 천장과 일체 거동을 하는 부분에 배관이 지지되어 있을 경우 배관을 단단히 고정시키기 위해 흔들림 방지 버팀대를 사용하여야 한다.
4. 배관의 흔들림을 방지하기 위하여 흔들림 방지 버팀대를 사용하여야 한다.
5. 흔들림 방지 버팀대와 그 고정장치는 소화설비의 동작 및 살수를 방해하지 않아야 한다.

② 배관의 수평지진하중은 다음 각 호의 기준에 따라 계산하여야 한다. 기술사 111회
1. 흔들림 방지 버팀대의 수평지진하중 산정 시 배관의 중량은 가동중량(W_p)으로 산정한다.
2. 흔들림 방지 버팀대에 작용하는 수평지진하중은 제3조의2제2항제3호에 따라 산정한다.
3. 수평지진하중(F_{pw})은 배관의 횡방향과 종방향에 각각 적용되어야 한다.

③ 벽, 바닥 또는 기초를 관통하는 배관 주위에는 다음 각 호의 기준에 따라 이격거리를 확보하여야 한다. 다만, 벽, 바닥 또는 기초의 각 면에서 300mm 이내에 지진분리이음을 설치하거나 내화성능이 요구되지 않는 석고보드나 이와 유사한 부서지기 쉬운 부재를 관통하는 배관은 그러하지 아니하다. 기술사 111회
1. 관통구 및 배관 슬리브의 호칭구경은 배관의 호칭구경이 25mm 내지 100mm 미만인 경우 배관의 호칭구경보다 50mm 이상, 배관의 호칭구경이 100mm 이상인 경우에는 배관의 호칭구경보다 100mm 이상 커야 한다. 다만, 배관의 호칭구경이 50mm 이하인 경우에는 배관의 호칭구경보다 50mm 미만의 더 큰 관통구 및 배관 슬리브를 설치할 수 있다.
2. 방화구획을 관통하는 배관의 틈새는 「건축물의 피난·방화구조 등의 기준에 관한 규칙」 제14조제2항에 따라 인정된 내화충전구조 중 신축성이 있는 것으로 메워야 한다.

④ 소방시설의 배관과 연결된 타 설비배관을 포함한 수평지진하중은 제2항의 기준에 따라 결정하여야 한다. 기술사 111회

제7조 (지진분리이음) 〈개정 2021.2.19〉

① 배관의 변형을 최소화하고 소화설비 주요 부품 사이의 유연성을 증가시킬 필요가 있는 위치에 설치하여야 한다.
② 구경 65mm 이상의 배관에는 지진분리이음을 다음 각 호의 위치에 설치하여야 한다.
1. 모든 수직직선배관은 상부 및 하부의 단부로부터 0.6m 이내에 설치하여야 한다. 다만, 길이가 0.9m 미만인 수직직선배관은 지진분리이음을 설치하지 아니할 수 있으며, 0.9m ~2.1m 사이의 수직직선배관은 하나의 지진분리이음을 설치할 수 있다.
2. 제6조제3항 본문의 단서에도 불구하고 2층 이상의 건물인 경우 각 층의 바닥으로부터 0.3m, 천장으로부터 0.6m 이내에 설치하여야 한다.
3. 수직직선배관에서 티분기된 수평배관 분기지점이 천장 아래 설치된 지진분리이음보다 아래에 위치한 경우 분기된 수평배관에 지진분리이음을 다음 각 목의 기준에 적합하게

설치하여야 한다.

　가. 티분기 수평직선배관으로부터 0.6m 이내에 지진분리이음을 설치한다.

　나. 티분기 수평직선배관 이후 2차측에 수직직선배관이 설치된 경우 1차측 수직직선배관의 지진분리이음 위치와 동일선상에 지진분리이음을 설치하고, 티분기 수평직선배관의 길이가 0.6m 이하인 경우에는 그 티분기된 수평직선배관에 가목에 따른 지진분리이음을 설치하지 아니한다.

4. 수직직선배관에 중간 지지부가 있는 경우에는 지지부로부터 0.6m 이내의 윗부분 및 아랫부분에 설치해야 한다.

③ 제6조제3항제1호에 따른 이격거리 규정을 만족하는 경우에는 지진분리이음을 설치하지 아니할 수 있다. 〈신설 2021.1.15〉

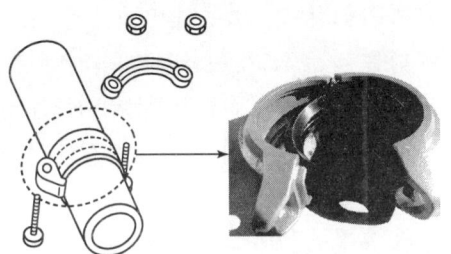
[지진분리이음(신축이음쇠)]

[가요성이음장치(플렉시블조인트)]

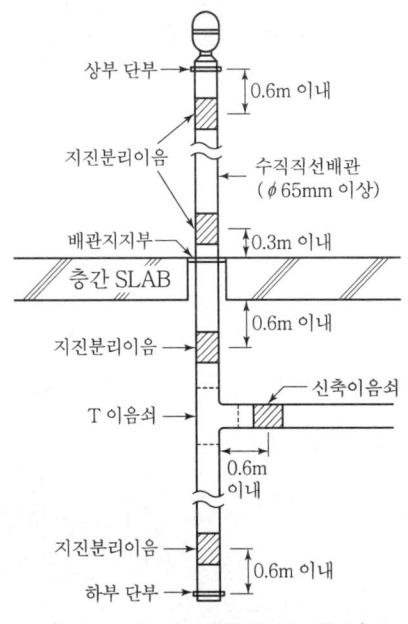
〈2층 이상의 건축물인 경우〉

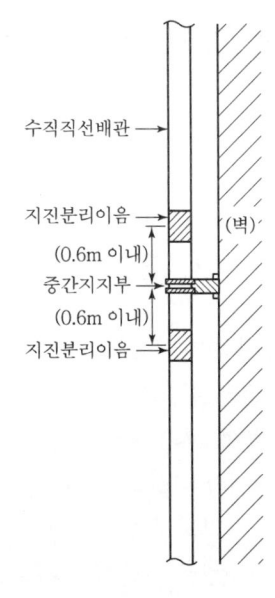
〈중간 지지부가 설치된 경우〉

※ 다만, 수직직선배관의 길이가 0.9m 미만인 경우 지진분리이음(신축이음쇠)을 생략할 수 있으며, 0.9~2.1m인 경우에는 하나의 지진분리이음을 설치할 수 있다.

[지진분리이음의 설치기준]

제8조 (지진분리장치) 〈개정 2021.2.19〉 관리사 23회

지진분리장치는 다음 각 호의 기준에 따라 설치하여야 한다.
1. 지진분리장치는 배관의 구경에 관계없이 지상층에 설치된 배관으로 건축물 지진분리이음과 소화배관이 교차하는 부분 및 건축물 간의 연결배관 중 지상 노출 배관이 건축물로 인입되는 위치에 설치하여야 한다.
2. 지진분리장치는 건축물 지진분리이음의 변위량을 흡수할 수 있도록 전후좌우 방향의 변위를 수용할 수 있도록 설치하여야 한다.
3. 지진분리장치의 전단과 후단의 1.8m 이내에는 4방향 흔들림 방지 버팀대를 설치하여야 한다.
4. 지진분리장치 자체에는 흔들림 방지 버팀대를 설치할 수 없다. 〈신설 2021.2.19〉

[지진분리장치]

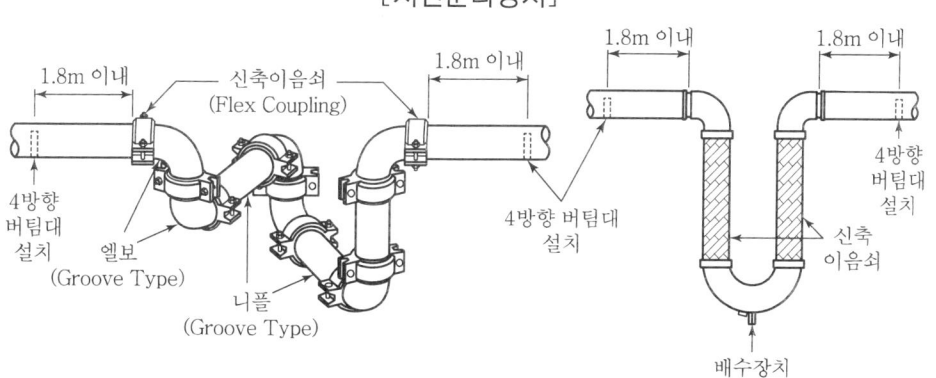

[지진분리이음과 지진분리장치의 차이점]

구분	지진분리이음	지진분리장치
설치개념	지진으로 인한 지진동이 전달되지 않도록 진동을 흡수한다.	지진으로 인한 지진하중이 전달되지 않도록 지진동을 격리시킨다.
변위의 허용범위	• 작은 변위를 흡수한다. • 축방향, 회전방향 및 소폭의 각도 변위를 허용함	• 큰 변위를 흡수한다. • 모든 방향(4방향)으로의 변위 및 큰 각도의 변위가 허용됨
설치대상	배관구경 65mm 이상인 것으로서, 수직직선배관 및 이로부터 티분기된 수평직선배관	• 건축물 지진분리이음과 소화배관이 교차하는 부분 • 건축물 간의 연결배관 중 지상노출배관이 건축물로 인입되는 부분
구성품	신축이음쇠(커플링장치) : 그루브형조인트 등	2개 이상 신축이음쇠(커플링장치)의 집합체장치(Assembly) : 스윙조인트, 플렉시블조인트, 익스펜션루우프 등

제9조 (흔들림 방지 버팀대) 〈개정 2021.2.19〉 기술사 110회

① 흔들림 방지 버팀대는 다음 각 호의 기준에 따라 설치하여야 한다.
  1. 흔들림 방지 버팀대는 내력을 충분히 발휘할 수 있도록 견고하게 설치하여야 한다.
  2. 배관에는 제6조제2항에서 산정된 횡방향 및 종방향의 수평지진하중에 모두 견디도록 흔들림 방지 버팀대를 설치하여야 한다.
  3. 흔들림 방지 버팀대가 부착된 건축 구조부재는 소화배관에 의해 추가된 지진하중을 견딜 수 있어야 한다.
  4. 흔들림 방지 버팀대의 세장비(L/r)는 300을 초과하지 않아야 한다.
  5. 4방향 흔들림 방지 버팀대는 횡방향 및 종방향 흔들림 방지 버팀대의 역할을 동시에 할 수 있어야 한다.
  6. 하나의 수평직선배관은 최소 2개의 횡방향 흔들림 방지 버팀대와 1개의 종방향 흔들림 방지 버팀대를 설치하여야 한다. 다만, 영향구역 내 배관의 길이가 6m 미만인 경우에는 횡방향과 종방향 흔들림 방지 버팀대를 각 1개씩 설치 할 수 있다. 〈신설 2021.2.19〉
② 소화펌프(충압펌프를 포함한다. 이하 같다) 주위의 수직직선배관 및 수평직선배관은 다음 각 호의 기준에 따라 흔들림 방지 버팀대를 설치한다. 〈신설 2021.2.19〉
  1. 소화펌프 흡입측 수평직선배관 및 수직직선배관의 수평지진하중을 계산하여 흔들림 방지 버팀대를 설치하여야 한다.
  2. 소화펌프 토출측 수평직선배관 및 수직직선배관의 수평지진하중을 계산하여 흔들림 방지 버팀대를 설치하여야 한다.
③ 흔들림 방지 버팀대는 소방청장이 고시한 「흔들림 방지 버팀대의 성능인증 및 제품검사의 기술기준」에 따라 성능인증 및 제품검사를 받은 것으로 설치하여야 한다. 〈신설 2021.2.19〉

제10조 (수평직선배관 흔들림 방지 버팀대) 〈개정 2021.2.19〉

① 횡방향 흔들림 방지 버팀대는 다음 각 호에 따라 설치하여야 한다.
  1. 배관 구경에 관계없이 모든 수평주행배관·교차배관 및 옥내소화전설비의 수평배관에 설치하여야 하고, 가지배관 및 기타배관에는 배관구경 65mm 이상인 배관에 설치하여야 한다. 다만, 옥내소화전설비의 수직배관에서 분기된 구경 50mm 이하의 수평배관에 설치되는 소화전함이 1개인 경우에는 횡방향 흔들림 방지 버팀대를 설치하지 않을 수 있다.
  2. 횡방향 흔들림 방지 버팀대의 설계하중은 설치된 위치의 좌우 6m를 포함한 12m 내의 배관에 작용하는 횡방향 수평지진하중으로 영향구역 내의 수평주행배관, 교차배관, 가지배관의 하중을 포함하여 산정한다.
  3. 흔들림 방지 버팀대의 간격은 중심선 기준으로 최대간격이 12m를 초과하지 않아야 한다.
  4. 마지막 흔들림 방지 버팀대와 배관 단부 사이의 거리는 1.8m를 초과하지 않아야 한다.
  5. 영향구역 내에 상쇄배관이 설치되어 있는 경우 배관의 길이는 그 상쇄배관 길이를 합산하여 산정한다. 〈신설 2021.2.19〉

6. 횡방향 흔들림 방지 버팀대가 설치된 지점으로부터 600mm 이내에 그 배관이 방향전환되어 설치된 경우 그 횡방향 흔들림방지 버팀대는 인접배관의 종방향 흔들림 방지 버팀대로 사용할 수 있으며, 배관의 구경이 다른 경우에는 구경이 큰 배관에 설치하여야 한다. 〈신설 2021.2.19〉
7. 가지배관의 구경이 65mm 이상일 경우 다음 각 목의 기준에 따라 설치한다. 〈신설 2021.2.19〉
   가. 가지배관의 구경이 65mm 이상인 배관의 길이가 3.7m 이상인 경우에 횡방향 흔들림 방지 버팀대를 제9조제1항에 따라 설치한다.
   나. 가지배관의 구경이 65mm 이상인 배관의 길이가 3.7m 미만인 경우에는 횡방향 흔들림 방지 버팀대를 설치하지 않을 수 있다.
8. 횡방향 흔들림 방지 버팀대의 수평지진하중은 별표 2에 따른 영향구역의 최대허용하중 이하로 적용하여야 한다. 〈신설 2021.2.19〉
9. 교차배관 및 수평주행배관에 설치되는 행가가 다음 각 목의 기준을 모두 만족하는 경우 횡방향 흔들림 방지 버팀대를 설치하지 않을 수 있다. 〈신설 2021.2.19〉
   가. 건축물 구조부재 고정점으로부터 배관 상단까지의 거리가 150mm 이내일 것
   나. 배관에 설치된 모든 행가의 75% 이상이 가목의 기준을 만족할 것
   다. 교차배관 및 수평주행배관에 연속하여 설치된 행가는 가목의 기준을 연속하여 초과하지 않을 것
   라. 지진계수(C_p) 값이 0.5 이하일 것
   마. 수평주행배관의 구경은 150mm 이하이고, 교차배관의 구경은 100mm 이하일 것
   바. 행가는「스프링클러설비의 화재안전기준」제8조제13항에 따라 설치할 것
② 종방향 흔들림 방지 버팀대는 다음 각 호의 기준에 따라 설치하여야 한다. 〈개정 2021.2.19〉 관리사 17회
1. 배관 구경에 관계없이 모든 수평주행배관·교차배관 및 옥내소화전설비의 수평배관에 설치하여야 한다. 다만, 옥내소화전설비의 수직배관에서 분기된 구경 50mm 이하의 수평배관에 설치되는 소화전함이 1개인 경우에는 종방향 흔들림 방지 버팀대를 설치하지 않을 수 있다.
2. 종방향 흔들림 방지 버팀대의 설계하중은 설치된 위치의 좌우 12m를 포함한 24m 내의 배관에 작용하는 수평지진하중으로 영향구역 내의 수평주행배관, 교차배관 하중을 포함하여 산정하며, 가지배관의 하중은 제외한다.
3. 수평주행배관 및 교차배관에 설치된 종방향 흔들림 방지 버팀대의 간격은 중심선을 기준으로 24m를 넘지 않아야 한다.
4. 마지막 흔들림 방지 버팀대와 배관 단부 사이의 거리는 12m를 초과하지 않아야 한다.
5. 영향구역 내에 상쇄배관이 설치되어 있는 경우 배관 길이는 그 상쇄배관 길이를 합산하여 산정한다.
6. 종방향 흔들림 방지 버팀대가 설치된 지점으로부터 600mm 이내에 그 배관이 방향전환

되어 설치된 경우 그 종방향 흔들림방지 버팀대는 인접배관의 횡방향 흔들림 방지 버팀대로 사용할 수 있으며, 배관의 구경이 다른 경우에는 구경이 큰 배관에 설치하여야 한다. 〈신설 2021.2.19〉

제11조 (수직직선배관 흔들림 방지 버팀대) 〈개정 2021.2.19〉

수직직선배관 흔들림 방지 버팀대는 다음 각 호의 기준에 따라 설치하여야 한다.

1. 길이 1m를 초과하는 수직직선배관의 최상부에는 4방향 흔들림 방지 버팀대를 설치하여야 한다. 다만, 가지배관은 설치하지 아니할 수 있다.
2. 수직직선배관 최상부에 설치된 4방향 흔들림 방지 버팀대가 수평직선배관에 부착된 경우 그 흔들림 방지 버팀대는 수직직선배관의 중심선으로부터 0.6m 이내에 설치되어야 하고, 그 흔들림 방지 버팀대의 하중은 수직 및 수평방향의 배관을 모두 포함하여야 한다.
3. 수직직선배관 4방향 흔들림방지 버팀대 사이의 거리는 8m를 초과하지 않아야 한다.
4. 소화전함에 아래 또는 위쪽으로 설치되는 65mm 이상의 수직직선배관은 다음 각 목의 기준에 따라 설치한다.
   가. 수직직선배관의 길이가 3.7m 이상인 경우, 4방향 흔들림 방지 버팀대를 1개 이상 설치하고, 말단에 U볼트 등의 고정장치를 설치한다.
   나. 수직직선배관의 길이가 3.7m 미만인 경우, 4방향 흔들림 방지 버팀대를 설치하지 아니할 수 있고, U볼트 등의 고정장치를 설치한다.
5. 수직직선배관에 4방향 흔들림 방지 버팀대를 설치하고 수평방향으로 분기된 수평직선배관의 길이가 1.2m 이하인 경우 수직직선배관에 수평직선배관의 지진하중을 포함하는 경우 수평직선배관의 흔들림 방지 버팀대를 설치하지 않을 수 있다. 〈신설 2021.2.19〉
6. 수직직선배관이 다층건물의 중간층을 관통하며, 관통구 및 슬리브의 구경이 제6조제3항제1호에 따른 배관 구경별 관통구 및 슬리브 구경 미만인 경우에는 4방향 흔들림 방지 버팀대를 설치하지 아니할 수 있다. 〈신설 2021.2.19〉

제12조 (흔들림 방지 버팀대 고정장치) 〈개정 2021.2.19〉

흔들림 방지 버팀대 고정장치에 작용하는 수평지진하중은 허용하중을 초과하여서는 아니 된다.

제13조 (가지배관 고정장치 및 헤드) 〈개정 2021.2.19〉 기술사 108회·133회

① 가지배관의 고정장치는 각 호에 따라 설치하여야 한다.
   1. 가지배관에는 별표 3의 간격에 따라 고정장치를 설치한다. 〈신설 2021.2.19〉
   2. 와이어타입 고정장치는 행가로부터 600mm 이내에 설치하여야 한다. 와이어 고정점에 가장 가까운 행거는 가지배관의 상방향 움직임을 지지할 수 있는 유형이어야 한다.
   3. 환봉타입 고정장치는 행가로부터 150mm 이내에 설치한다. 〈신설 2021.2.19〉
   4. 환봉타입 고정장치의 세장비는 400을 초과하여서는 아니 된다. 단, 양쪽 방향으로 두

개의 고정장치를 설치하는 경우 세장비를 적용하지 아니한다. 〈신설 2021.2.19〉
   5. 고정장치는 수직으로부터 45° 이상의 각도로 설치하여야 하고, 설치각도에서 최소 1,340N 이상의 인장 및 압축하중을 견딜 수 있어야 하며 와이어를 사용하는 경우 와이어는 1,960N 이상의 인장하중을 견디는 것으로 설치하여야 한다. 〈신설 2021.2.19〉
   6. 가지배관상의 말단 헤드는 수직 및 수평으로 과도한 움직임이 없도록 고정하여야 한다.
   7. 가지배관에 설치되는 행가는 「스프링클러설비의 화재안전기준」 제8조제13항에 따라 설치한다.
   8. 가지배관에 설치되는 행가가 다음 각 목의 기준을 모두 만족하는 경우 고정장치를 설치하지 않을 수 있다. 〈신설 2021.2.19〉
      가. 건축물 구조부재 고정점으로부터 배관 상단까지의 거리가 150mm 이내일 것
      나. 가지배관에 설치된 모든 행가의 75% 이상이 가목의 기준을 만족할 것
      다. 가지배관에 연속하여 설치된 행가는 가목의 기준을 연속하여 초과하지 않을 것
② 가지배관 고정에 사용되지 않는 건축부재와 헤드 사이의 이격거리는 75mm 이상을 확보하여야 한다. 〈개정 2021.2.19〉

제14조 (제어반등) 〈개정 2021.2.19〉 기술사 108회 · 120회 · 126회

제어반등은 다음 각 호의 기준에 따라 설치하여야 한다.
   1. 제어반등의 지진하중은 제3조의2제2항에 따라 계산하고, 앵커볼트는 제3조의2제3항에 따라 설치하여야 한다. 단, 제어반등의 하중이 450N 이하이고 내력벽 또는 기둥에 설치하는 경우 직경 8mm 이상의 고정용 볼트 4개 이상으로 고정할 수 있다.
   2. 건축물의 구조부재인 내력벽·바닥 또는 기둥 등에 고정하여야 하며, 바닥에 설치하는 경우 지진하중에 의해 전도가 발생하지 않도록 설치하여야 한다.
   3. 제어반등은 지진 발생 시 기능이 유지되어야 한다.

제15조 (유수검지장치)

유수검지장치는 지진발생 시 기능을 상실하지 않아야 하며, 연결부위는 파손되지 않아야 한다.

제16조 (소화전함) 〈개정 2021.2.19〉

소화전함은 다음 각 호의 기준에 따라 설치하여야 한다.
   1. 지진 시 파손 및 변형이 발생하지 않아야 하며, 개폐에 장애가 발생하지 않아야 한다.
   2. 건축물의 구조부재인 내력벽·바닥 또는 기둥 등에 고정하여야 하며, 바닥에 설치하는 경우 지진하중에 의해 전도가 발생하지 않도록 설치하여야 한다.
   3. 소화전함의 지진하중은 제3조의2제2항에 따라 계산하고, 앵커볼트는 제3조의2제3항에 따라 설치하여야 한다. 단, 소화전함의 하중이 450N 이하이고 내력벽 또는 기둥에 설치하는 경우 직경 8mm 이상의 고정용 볼트 4개 이상으로 고정할 수 있다.

제17조 (비상전원) 〈개정 2021.2.19〉

비상전원은 다음 각 호의 기준에 따라 설치하여야 한다.
1. 자가발전설비의 지진하중은 제3조의2제2항에 따라 계산하고, 앵커볼트는 제3조의2제3항에 따라 설치하여야 한다.
2. 비상전원은 지진발생 시 전도되지 않도록 설치하여야 한다.

제18조 (가스계 및 분말소화설비) 〈개정 2021.2.19〉

① 이산화탄소소화설비, 할론소화설비, 할로겐화합물 및 불활성기체소화설비, 분말소화설비의 저장용기는 지진하중에 의해 전도가 발생하지 않도록 설치하고, 지진하중은 제3조의2제2항에 따라 계산하고 앵커볼트는 제3조의2제3항에 따라 설치하여야 한다.
② 이산화탄소소화설비, 할론소화설비, 할로겐화합물 및 불활성기체소화설비, 분말소화설비의 제어반등은 제14조의 기준에 따라 설치하여야 한다.
③ 이산화탄소소화설비, 할론소화설비, 할로겐화합물 및 불활성기체소화설비, 분말소화설비의 기동장치 및 비상전원은 지진으로 인한 오동작이 발생하지 않도록 설치하여야 한다.

제19조 (설치·유지기준의 특례)

소방본부장 또는 소방서장은 기존건축물이 증축·개축·대수선되거나 용도변경되는 경우에 있어서 이 기준이 정하는 기준에 따라 해당 건축물에 설치하여야 할 소방시설 내진설계의 공사가 현저하게 곤란하다고 인정되는 경우에는 해당 설비의 기능 및 사용에 지장이 없는 범위 안에서 소방시설의 내진설계 기준 일부를 적용하지 아니할 수 있다.

제20조 (재검토 기한)

소방청장은 「훈령·예규 등의 발령 및 관리에 관한 규정」에 따라 이 고시에 대하여 2021년 1월 1일을 기준으로 매 3년이 되는 시점(매 3년째의 12월 31일까지를 말한다)마다 그 타당성을 검토하여 개선 등의 조치를 하여야 한다.

부칙 〈제2022-76호, 2022.12.1〉

제1조(시행일)

이 고시는 2022년 12월 1일부터 시행한다.

[별표 1] 단주기 응답지수별 소화배관의 지진계수
(제3조의2제2항제3호 관련)

단주기 응답지수(S_s)	지진계수(C_p)
0.33 이하	0.35
0.40	0.38
0.50	0.40
0.60	0.42
0.71	0.42
0.80	0.44
0.90	0.48
0.95	0.50
1.00	0.51

1. 표의 값을 기준으로 S_s의 사이값은 직선보간법 이용하여 적용할 수 있다.
2. S_s : 단주기 응답지수(Short period response parameter)로서 최대고려 지진의 유효지반가속도 S를 2.5배한 값

[별표 2] 소화배관의 종류별 흔들림방지 버팀대의 간격에 따른 영향구역의 최대허용하중[N] (제10조제1항제8호 관련)

1. KSD3507 소화배관의 흔들림 방지 버팀대의 간격에 따른 영향구역의 최대 허용하중[N]

재료의 항복강도 F_y : 200MPa

배관구경 [mm]	횡방향 흔들림방지 버팀대의 간격[m]				
	6	8	9	11	12
25	450	338	295	245	212
32	729	547	478	397	343
40	969	727	635	528	456
50	1,770	1,328	1,160	964	832
65	2,836	2,128	1,859	1,545	1,334
80	4,452	3,341	2,918	2,425	2,094

100	8,168	6,130	5,354	4,449	3,842
125	13,424	10,074	8,798	7,311	6,315
150	19,054	14,299	12,488	10,378	8,963
200	39,897	29,943	26,150	21,731	18,769

2. KSD3562(#40) 소화배관의 흔들림방지 버팀대의 간격에 따른 영향구역의 최대허용하중[N]

재료의 항복강도 F_y : 250MPa

배관구경 [mm]	횡방향 흔들림방지 버팀대의 간격[m]				
	6	8	9	11	12
25	597	448	391	325	281
32	1,027	771	673	559	483
40	1,407	1,055	922	766	661
50	2,413	1,811	1,581	1,314	1,135
65	5,022	3,769	3,291	2,735	2,362
80	7,506	5,663	4,920	4,088	3,531
100	13,606	10,211	8,918	7,411	6,400
125	22,829	17,133	14,962	12,434	10,739
150	34,778	26,100	22,794	18,943	16,360
200	70,402	52,836	46,143	38,346	33,119

3. CPVC 소화배관의 흔들림방지 버팀대의 간격에 따른 영향구역의 최대허용하중[N]

재료의 항복강도 F_y : 55MPa

배관구경 [mm]	횡방향 흔들림방지 버팀대의 간격[m]				
	6	8	9	11	12
25	113	85	74	61	46
32	229	172	150	125	108
40	349	262	229	190	164
50	680	510	445	370	277
65	1,199	900	786	653	564
80	2,200	1,651	1,442	1,198	1,035

[별표 3] 가지배관 고정장치의 최대설치간격[m]
(제13조제1항제1호 관련)

1. 강관 및 스테인리스(KSD 3576) 배관의 최대설치간격[m]

호칭구경	지진계수(C_p)			
	$C_p \leq 0.50$	$0.5 < C_p \leq 0.71$	$0.71 < C_p \leq 1.4$	$1.4 < C_p$
25A	13.1	11.0	7.9	6.7
32A	14.0	11.9	8.2	7.3
40A	14.9	12.5	8.8	7.6
50A	16.1	13.7	9.4	8.2

2. 동관, CPVC 및 스테인리스(KSD 3595) 배관의 최대설치간격[m]

호칭구경	지진계수(C_p)			
	$C_p \leq 0.50$	$0.5 < C_p \leq 0.71$	$0.71 < C_p \leq 1.4$	$1.4 < C_p$
25A	10.3	8.5	6.1	5.2
32A	11.3	9.4	6.7	5.8
40A	12.2	10.3	7.3	6.1
50A	13.7	11.6	8.2	7.0

핵심 소방기술사

발행일 / 2005년 9월 25일 초판 발행(성안당)
2006년 10월 25일 개정 1판 발행(예문사)
2007년 1월 25일 개정 2판 발행
2007년 6월 5일 개정 3판 발행
2008년 1월 5일 개정 4판 발행
2009년 1월 5일 개정 5판 발행
2010년 1월 5일 개정 6판 발행
2011년 2월 1일 개정 7판 발행
2012년 2월 20일 개정 8판 발행
2013년 3월 15일 개정 9판 발행
2014년 3월 15일 개정 10판 발행
2015년 3월 15일 개정 11판 발행
2016년 3월 15일 개정 12판 발행
2017년 1월 25일 개정 13판 발행
2018년 1월 5일 개정 14판 발행
2019년 1월 5일 개정 15판 발행
2019년 9월 5일 개정 16판 발행
2020년 8월 10일 개정 17판 발행
2021년 8월 5일 개정 18판 발행
2022년 7월 15일 개정 19판 발행
2023년 9월 5일 개정 20판 발행
2025년 1월 15일 개정 21판(전면개정증보판) 발행

저 자 / 권 순 택
발행인 / 정 용 수
발행처 / 예문사

주 소 / 경기도 파주시 직지길 460(출판도시) 도서출판 예문사
T E L / (031) 955-0550
F A X / (031) 955-0660
등록번호 / 11-76호

정가 : 85,000원

• 이 책의 어느 부분도 저작권자나 발행인의 승인 없이 무단 복제하여 이용할 수 없습니다.
• 파본 및 낙장은 구입하신 서점에서 교환하여 드립니다.
• 예문사 홈페이지 http : //www.yeamoonsa.com

ISBN 978-89-274-5734-3   13530